海洋国策研究文集

高之国　张海文　主编

海洋出版社

2007 年 · 北京

图书在版编目(CIP)数据

海洋国策研究文集/高之国,张海文主编. —北京:海洋出版社,2007.7
ISBN 978 - 7 -5027 -6838 -6

Ⅰ. 海…　Ⅱ. ①高…②张…　Ⅲ. 海洋开发 – 中国 – 文集　Ⅳ. P741 –53

中国版本图书馆 CIP 数据核字(2007)第 088759 号

责任编辑:白　燕
责任印制:刘志恒

海洋出版社　出版发行
http://www.oceanpress.com .cn
北京市海淀区大慧寺路 8 号　邮编:100081
北京顺诚彩色印刷有限公司印刷　新华书店经销
2007 年 7 月第 1 版　2007 年 7 月北京第 1 次印刷
开本:787mm × 1092mm　1/16　印张:59.75
字数:1250 千字
定价:120.00 元
发行部:62147016　邮购部:68038093　总编室:62114335
海洋版图书印、装错误可随时退换

谨以此书献给

海洋发展战略研究所建所 20 周年

（1987—2007）

《海洋国策研究文集》编委会

拥抱蓝色的海洋(代序)

高之国[*]

中国是一个陆、海兼具的国家,自古以来海洋就与华夏民族的生存与发展、国家的统一强大、社会的稳定繁荣、人民的生产和生活休戚相关。中国位于太平洋西岸,海岸线长达 1.8 万千米,自北向南跨越寒带、温带、亚热带三个自然地理区域。此一地理特征决定了海洋构成中华民族的半壁江山。按照国际法和《联合国海洋法公约》的有关规定,我国主张的管辖海域面积可达 300 万平方千米,接近陆地领土面积的三分之一,其中与陆地领土享有同等法律地位的领海面积约为 38 万平方千米。可见,海洋是中华民族生存和发展的重要领土资源和物质基础。

在中华民族的发展史上,我们的祖先曾经创造了灿烂的海洋文明。在唐朝直至元末、明初的鼎盛时期,中国的科技、经济、文化和社会发展均居世界领先地位。我国古代发明的"司南"——航海用的指南针,明代郑和七下西洋的壮举,无疑代表着我国海洋文明的巅峰时期。毫无疑问,中华民族对世界海洋的和平开发和利用做出了举世无双的卓越贡献!

但是,到了近代我们疏远了海洋,并且离开海洋越来越远了。明清时期实行的"海禁"政策,中日甲午海战的失败,使得我们这个民族一步一步从世界发展的巅峰上跌落下来,最终沦为一个半封建半殖民地的国家。

古今中外的史实说明,凡大力向海洋发展的国家,皆可国势走强;反之,则有可能沦为落后挨打的地步。昔日的海上强国葡萄牙、西班牙和荷

---

* 国家海洋局海洋发展战略研究所所长,第十届全国人民代表大会代表,外事委员会委员。

兰,当年的日不落帝国英国,第二次世界大战后的两个超级大国之一的苏联,和现在盛气凌人、不可一世的美国,无一走的不是海上兴兵强国之路。

我们中华民族5000年的文明史,更是直接证明中国的统一、稳定、繁荣和昌盛与海洋休戚相关。中华民族的兴衰和耻辱均与海洋密切相关。秦朝的统一,西汉的强盛,唐朝的繁荣,明朝以后的"海禁",清朝末期的挨打,以及近代海防危机和现代海洋权益之争,无一不折射出海洋对中华民族历史进程的重大影响。认真总结历史经验可以看出,重陆轻海是中华民族在过去四五百年间由强到弱,大国地位不保,以及1840年鸦片战争后的100多年间沦为一个半封建半殖民地国家的重要原因之一。

自20世纪60年代开始,科学技术的进步和社会的发展,把人类对海洋的认识和开发利用带进了一个崭新的历史时期。世界范围内投入海洋的科技力量和资金不断加大,海洋的调查研究和勘探开发突飞猛进,新兴海洋产业和高新科技不断涌现。尤其是进入20世纪80年代以来,在世界经济一体化潮流的推动下,国际社会对海洋的认识和运用,已不再局限于传统的航运、捕捞和军事利用等活动,而是把海洋作为人类生存和可持续发展的最后空间。过去三十多年来,世界海洋产业总产值约十年左右翻一番,从上世纪60年代末的1 100亿美元,已经达到2003年的约1.5万亿美元,超过世界经济总产值的4%。据预测,海洋产业直接和间接贡献将从1991年的10%上升到2011年的20%。可以断言,21世纪世界海洋经济仍将持续快速发展,成为世界经济发展的新增长点。21世纪将是人类全面开发利用海洋的新时代。

改革开放以来,我国的海洋事业取得了长足的发展。1978年以前,我国海洋仅有渔业、盐业和沿海交通运输三大传统产业,主要海洋产业总产值只有80亿元左右。海洋产业的发展长期徘徊不前。1978年改革开放以来,我国的海洋事业突飞猛进。主要表现是海洋经济取得了令人瞩目的成就。1980年海洋产业的产值首次突破100亿元,此后海洋经济已实现连续20年总体上保持两位数的增长势头。2006年,我国海洋经济的总产值再创历史新高,达到了1.8万亿元,实现了跨越式的发展。我国的海洋立法和管理也从无到有,逐步形成了比较完善的体系。

尽管我国海洋事业也取得了长足的发展,但仍然面临着比较严峻的形势和挑战:海洋意识薄弱、海洋权益遭受侵犯、海洋环境总体上呈污染加重趋势、海洋管理体制不顺和海上执法力量分散,等等。由于历史和传统等诸多原因,我国的发展战略,国民经济和社会发展的规划基本上局限于陆地上。我们还没有像发达国家那样,对国家在海洋上的政策进行全方位、长视野的评估,没有在国家战略层面对海洋国策进行定位,至今缺乏一个全面的海洋发展战略规划。

21 世纪是海洋世纪。新世纪的到来,为中华民族的伟大复兴,提供了一次不可多得的历史契机。在世纪之交,世界迈向多极化和全球经济一体化之际,中国作为一个上升中的大国,如何面对挑战,抓住发展的战略机遇,争取在 21 世纪中叶以前把中国建设成一个现代化的富强国家,是摆在我们面前的一个重要任务。当前海洋工作的重点,就是应该从 21 世纪国家发展的战略高度,充分认识和重视海洋在国家生活中的重要性,树立正确的国家海洋发展观,确立长远的海洋发展战略。开发利用海洋,发展海洋事业,对于实现全面建设小康社会的战略目标,实现中华民族的伟大复兴,具有重要战略意义。

"海洋国策"也可称为国家的海洋政策。它是国家为实现在海洋领域的战略利益而制定的行动目标和准则。自 1987 年成立以来,国家海洋局海洋发展战略研究所一直致力于国家海洋政策、法律、经济和环境资源等方面的中长期战略性问题研究,取得了大量富有开创性和前瞻性的研究成果,其中一部分已被国家和有关部门采纳,成为发展我国海洋事业的指导性文件,为我国海洋事业的发展提供强有力的决策支持。

现在奉献在您面前的《海洋国策研究文集》,是 20 年来海洋发展战略研究所科研人员部分研究成果的汇编,也是我国海洋战略研究学者心血的结晶。全书共分五篇,从海洋发展战略、海洋政策与管理、海洋法律与权益、海洋经济与科技、海洋环境与资源等领域,对我国海洋国策的研究与制定建言献策,其中不乏高屋建瓴之作。《海洋国策研究文集》是对我国过去 20 年海洋发展战略与政策研究成果的回顾与总结,是我国海洋发展战略和政策研究不可多得的一部参考文献,从中不仅可以看到海洋发展战略研究所的同仁们坚韧不拔、上下求索的足迹,也可以了解到我国海洋事业发展的历程、经验和成就。

值此国家海洋局海洋发展战略研究所成立 20 周年之际,我们非常高兴地将《海洋国策研究文集》奉献给广大关心和热爱我国海洋事业的读者。鉴于我们的水平有限,书中难免存在一些错误和不足之处,希冀大家不吝赐教,共谋海洋发展战略大计,共创海洋事业美好明天!

让我们一起张开双臂,拥抱祖国蓝色的海洋!

出版说明

为庆祝国家海洋局海洋发展战略研究所成立 20 周年(1987—2007),我们将 20 年来战略研究所定期刊物《海洋发展战略研究动态》的文章集录成册,定名为《海洋国策研究文集》,以回顾与总结过去 20 年我国海洋战略与政策研究发展历程和成果,并为 21 世纪我国海洋战略与政策研究与制定提供参考。

《海洋国策研究文集》收录了《海洋发展战略研究动态》(1987—2007)的 126 篇文章,按照相关内容归类分为 5 个部分:海洋发展战略篇、海洋政策与管理篇、海洋法律与权益篇、海洋经济与科技篇和海洋环境与资源篇。为了真实反映 20 年来我国海洋战略研究走过的历程和便于读者阅读,除少量情况外,绝大多数文章都按原时间顺序排列。为了保持原文的风格和内容,编辑过程中仅对少量文字作了必要的修改和调整。本文集绝大多数作者为海洋发展战略研究所科研人员,同时也收录了一小部分外单位的研究成果,在此向所有作者对我国海洋发展战略研究倾注的心血和做出的贡献表示衷心的感谢。本文集所收集的文章时间跨度较长,有些文章在今天看来或许已稍嫌过时,但为保证一个系列研究成果的时序性和原貌,在文集中也一并刊出。

《海洋国策研究文集》可供政府有关管理部门、研究机构、大专院校以及关心我国海洋事业发展的人士阅读参考和收藏。

编者
2007 年 6 月

目　次

第一篇　海洋发展战略

第二篇　海洋政策与管理

第三篇　　海洋法律与权益

第四篇　海洋经济与科技

第五篇　海洋环境与资源

第一篇

海洋发展战略

关于 21 世纪我国东部

大海洋战略的思考

高之国

海洋是人类赖以生存的地球上的最大的水体地理单元,面积为 3.62 亿平方千米,约占地球表面积的 71%。国际上普遍认为,海洋是下个世纪人类社会可持续发展的宝贵财富和最后空间。

中国是一个陆海兼具的国家。自古以来海洋就与华夏民族的生存与发展、国家的统一强大、社会的稳定繁荣、人民的生产和生活休戚相关。中国位于太平洋西岸,此一地理特征决定了海洋构成中华民族的半壁江山。在世纪之交,国民经济和社会持续快速发展 20 余年,顺利收回香港和澳门主权之后,作为一个上升中的大国,如何实现江泽民总书记最近提出的中华民族在 21 世纪的"伟大复兴"的号召,如何设计新世纪中国的整体发展战略,如何认识建设海洋强国与实现"伟大复兴"的关系,这些都是值得我们深入思考的问题。

古今中外的史实说明,凡大力向海洋发展的国家,皆可国势走强;反之,则有可能沦为落后挨打的地步。昔日的海上强国葡萄牙、西班牙和荷兰,当年的日不落帝国英国,二战后的两个超级大国之一苏联,和现在盛气凌人、不可一世的美国,无一走的不是海上兴兵强国之路。我们中华民族 5 000 多年的文明史,更是直接证明中国的统一、稳定、繁荣和昌盛与海洋休戚相关。中华民族的兴衰和耻辱均与海洋密切相关。秦朝的统一,西汉的强盛,唐朝的繁荣,明朝以后的"海禁",清朝末期的挨打,以及近代海防危机和现代海洋权益之争,无一不折射出海洋对中华民族历史进程的重大影响。认真总结历史经验可以看出,重陆轻海是中华民族在过去四五百年间由强到弱,大国地位不保,以及 1840 年鸦片战争后的 100 多年间沦为一个半封建、半殖民地国家的重要原因之一。

在人类发展历史上,东西方均有过各自的海洋文明。西方海洋文明的突出特点是对外探索,冒险,扩张和侵占,其根本的目的是发现和开辟海外市场和殖民地。换言之,西方海洋文明从本质上来说,是外向型的。我国古代海洋文明是黄土文化和农耕意识在海洋上的延续,其特点是闭关自守,主要目的是维护和宣扬以我为主的封建统治和文化。总之,以我国为代表的东方海洋文明的本质是内向型的。虽然在元末明初的鼎盛时期,中国的科技,经济,文化和社会发展均居世界领先地位,并且也曾一度走出国门(郑和七下西洋),但最终并未形成向外发展的有利结局。中、西两种海洋文明之差异,就在于前者是以陆定海,而后者是以海定陆。在一定意义上讲,此种差异奠定了世界格局的基础,并影响了其后的发展。

自20世纪60年代开始,科学技术的发展,把人类对海洋的认识和开发利用带进了一个崭新的历史时期。世界范围内投入海洋的科技力量和资金不断加大,海洋的调查研究和勘探开发突飞猛进,新兴海洋产业和高新科技不断涌现。尤其是进入80年代以来,在世界经济一体化潮流的推动下,国际社会对海洋的认识和运用,已不再局限于传统的航运、捕捞和军事利用等活动,而是把海洋作为人类生存和可持续发展的最后空间。

这一时期,尽管我国海洋事业也取得了重大发展,但在海洋上仍然面临严峻的形势和尖锐的挑战。首先,从海洋观念方面来说,由于我国历史上以农立本,全民自上而下的海洋意识淡薄。这样一个带根本性的问题至今没有彻底改变。其次,从环境和资源角度来看,由于人口膨胀和开发广度扩大,海洋环境总体上呈污染加重趋势。海域生态环境恶化,海洋资源遭到破坏。再次,从行政管理方面来说,海洋管理机构不健全,综合管理能力薄弱,执法力量分散。最后,从海洋权益角度看,中国与所有海洋邻国存在划界争议,并有岛屿被侵占的复杂情况存在。岛屿属归和海域划界都是关系到国家和民族根本利益的重大问题。

还应该指出,由于历史等诸多原因,我们至今缺乏一个全面的海洋发展战略。海洋工作尚未列入国家的长远发展规划。总起来说,从纵向上比,我国的海洋事业在过去50年间的确取得了长足的进步和发展。但从横向上比,我们同世界上发达的海洋大国相比,至少存在着20年以上的差距。

新世纪的到来,为中华民族的伟大复兴,提供了一次不可多得的历史契机。在世纪之交,世界迈向多极化之际,中国作为一个上升中的大国,如何抓住机遇,面对挑战,争取在21世纪中叶以前把中国建设成一个现代化的富强国家,是摆在我们面前的一个重要任务。当前的工作之一,就是应该从国家21世纪发展的战略高度,充分认识海洋在国家生活中的重要性,争取把海洋工作列入国家的议事日程,建立国家的海洋发展观,确立长远的海洋发展战略。

关注海洋,利用海洋,经略海洋,是中华民族发展史上的不绝之声。15世纪初,我国伟大的世界航海先行家郑和就指出:"国家欲富强,不可置海洋于不顾。财富取之海,危险也来自海上……,一旦他国之首夺取南洋,华夏危矣。"我国伟大的革命先行者孙中山先生也曾写到:"昔时之地中海问题,大西洋问题,我可付诸不知不问也,惟今后之太平洋问题,则实关乎我中华民族之生存,中华国家之命运者也。人云以我为主,我岂能付之不知不问乎?"海权"操之在我则存,操之在人则亡。"许多年前我们的先人和革命先行者的思想和主张,至今仍具有重要的现实指导意义。

党的三代领导核心也同样十分重视海洋问题。1953年,毛泽东同志为海军题词:"为了反对帝国义的侵略,我们一定要建立强大的海军"。1979年,邓小平同志指出:我们的战略是近海作战……,近海就是太平洋北部。江泽民同志最近也指出:"我们一定要从战略高度认识海洋,增强全民族的海洋意识";"为建设具有强大综合作战能力的现代化海军而奋斗。"

21世纪在我国实施东部大海洋战略,具有现实必要性和可行性。中国是世界人口的头号大国,陆地空间不足,资源有限,海洋是今后可持续发展的最后空间。在国家统一问题上,香港和澳门回归后,台湾问题更加突出。台湾问题的和平解决,必须依赖强大的海上力量作为后盾。台湾问题的解决,可以作为东部大海洋战略的切入点。

台湾问题解决之后,外国的武力威胁也将是长期存在的。中国自北向南,完全处在由岛链形成的半闭海状态,没有强大的海洋力量,就无法保证安全的出海通道。由于多年经济高速发展,中国从1993年已由石油净出口国变为净进口国。目前年进口石油4000多万吨,约占全部石油需求的1/5。从中长期看,石油需求的一半可能依赖进口。海上通道和能源安全保障将是21世纪初叶我国面临的又一个新问题。我国在维护海洋权益方面面临十分严峻的形势,在有可能划归我国管辖的几百万平方千米海域中,有相当一部分属于争议区。岛屿归属和划界争议的解决,渔业和油气资源争端,同样需要强大的综合海上力量作为保证。

中华民族要在21世纪实现腾飞和复兴,建设海洋强国是不可或缺的内容。这样才能使中国真正成为一个屹立于世界民族之林的大国。海洋强国的概念主要包括海洋经济、海洋科技和海洋军事等三方面的内容。第一,海洋经济强国。海洋产业的产值占到国民生产总值的20%以上,使海洋开发总体实力逐步接近或达到国际先进水平。第二,海洋科技强国。在国内,推动科学发展,大力提高技术能力建设。"十五"期间使海洋科技贡献率从30%左右提供到50%左右,2015年提高到60%,为我国现代化事业做出应有的贡献。第三,海洋军事强国。建设一支以海军为主体的海上综合力量,有能力保证台湾问题的解决,有能力反封锁反制约,有能力保护未来我国的海上运输线。此外,海洋强国的概念还包括国际海洋事务强国,海洋油气生产大国等方面的内容。

我国已经决定实施西部大开发战略,加快中西部地区的发展。西部大开发的重点包括基础设施建设,资源开发利用,农业经济发展,生态和环境保护和人才的培训和引进等。西部大开发是我国21世纪初叶国家发展的一项重大战略决策和举措,是一项中期发展战略。同时,还应考虑和启动东部的大海洋战略。东部的大海洋战略可以作为西部大开发的接替战略,是一项长期发展战略。

新中国成立以来,特别是经过 20 多年的改革和开放,我们国家的经济得到空前发展,综合国力有了很大提高,我们走向海洋的时机已经到来,条件已基本成熟。实施西部大开发战略,将为制定和实施建设海洋强国战略提供更好的物质基础和条件。因此我们认为,中国在 21 世纪的发展,应该是东、西两翼的发展战略。西部大开发战略,是开发内在的空间和资源;东部大海洋战略,是发展外在的空间和资源。两者相辅相成,振兴中华民族的目标是一致的。一个真正意义上的世界大国,同时必须是海洋强国。建设太平洋地区海洋强国,是实现江泽民总书记提出的中华民族伟大复兴号召的重要战略措施之一。中国在 21 世纪的整体发展战略应该是西部的大开发和东部的大海洋两步走的方略。

21 世纪是海洋世纪,更是太平洋世纪。在世纪之交这样一个千载难逢的重要历史关头,把握世界的脉搏,顺应时代潮流的发展,奏响中华民族进军海洋的号角,是我们这一代人责无旁贷的历史使命。我们可以相信:中国发展成为世界海洋强国之日,必将是中华民族伟大复兴之时!

(《海洋发展战略研究动态》,以下简称《动态》2000 年第 3 期)

把海洋开发列入国家
发展战略的建议

杨金森

第45届联合国大会曾作出决议,要求沿海国家把海洋开发列入国家发展战略。这个决议是符合中国情况的,我国应该把海洋开发作为国家的发展战略,并且采取一些政策性措施,把海洋开发真正放在战略地位,使中国成为海洋经济强国,使海洋为实现国家的第二步、第三步战略目标做出更大的贡献。具体建议是:

一、把海洋作为特殊的经济带列入地区经济发展规划

我国的经济发展存在很大地区差异,客观上形成了西部、中部、东部三个经济带,海洋开发包括在东部经济带之中。现在,有必要把海洋作为一个特殊的经济带,制定专项规划和政策,并且把开发建设经济带作为跨世纪的蓝色工程。海洋经济带是以海洋为地域空间,以海洋资源为开发对象,以海洋产业为经济主体的特殊经济地带。划分海洋经济带的依据是:

——有近300万平方千米的海洋地域空间。其中,海洋渔场281万平方千米,大陆架130多万平方千米,其中含油气盆地60多万平方千米;滩涂面积2.17万平方千米,20米水深以下浅海域15.37万平方千米;我国在国际海底区域获得15万平方千米的多金属结核开辟区;我国还可以利用广阔的公海。上述海洋地域空间与陆地三大经济地带平均320万平方千米的面积大体相当,完全可以成为一个独立的经济地带。

——有丰富的海洋资源。中国海域已记录的生物种类20 278种,其中鱼类3 032种,节枝动物2 976种,海藻790种,软体动物2 557种;海底石油资源量150亿~200亿吨,天然气14.09亿立方米;地下卤水资源量110亿吨以上,以及取之不尽的海水资源;港址资源160多处,旅游景点1 500多处;海洋能装机总资源量4.31亿千瓦。国际海底多金属结核矿区有丰富的矿产资源。

——有不断扩大的海洋产业群。20世纪60年代以前,主要海洋产业是海洋捕捞、海水制盐和海洋航运业;70年代以来,海洋油气开发、海水增养殖(海洋农牧化)、海洋旅游和娱乐逐步成为规模越来越大的新兴产业;预计在21世纪初期,海水直接

利用、海洋化工、海洋药物将成为具有一定规模的产业;深海采矿、海洋能发电是正在进行早期技术准备和资源勘查的未来产业。海洋已经成为沿海省份新的经济增长点,"海上辽宁"、"海上山东"等开发建设已取得重要进展;海洋开发也将成为推动国家经济和社会发展的新的积极力量。把海洋作为特殊经济带的政策性措施有两条:

1. 国家在制定国土和区域经济发展规划时,把海洋作为一个独立的区域,依据海洋的特殊情况作出规划。

2. 制定一些开发和保护海洋的特殊政策,其中包括适用于中西部地区的某些政策,如加强中西部地区资源勘查、优先安排资源开发和基础设施建设项目、逐步增加财政支持和建设投资等,因为海洋是富饶而未充分开发的资源宝库,与中西部地区很相似。

二、制定"蓝色工程计划",协调海洋开发和保护工作

开发和保护海洋引起了国务院约20个部门和沿海各级政府的重视,开成了各种规划和计划,"九五"期间还确定了一批开发建设项目,研究、开发、利用和保护海洋出现了前所未有的好形势。例如:由国家计委牵头经国务院批准的《全国海洋开发规划》,交通、水产、盐业、石油等开发规划,沿海地区制定的建设"海上辽宁"、"海上山东"等地区海洋开发规划,200海里专属经济区和大陆架勘测专项计划和海洋科技计划,维护海洋权益、保护海洋环境、防止海洋灾害计划等。这些规划都是为开发和保护海洋而制定的,投资数量很大,动员的人力物力很多,汇合起来形成了开发和保护海洋的跨世纪伟大工程——中国的蓝色工程。开发和保护海洋投资大、涉及的部门多,部门之间相互联系和影响大,应该有国家的总体规划和计划。70年代以来,美、日等发达国家大体10年制定一次全国性的规划和政策,是值得借鉴的经验。我国的涉海规划和计划,除《全国海洋开发规划》之外,都是各部门和地区分别制定的,缺乏共同的总体目标,相互之间联系和协调很少,有些项目在海域使用方面还有矛盾,或者相互有影响。《全国海洋开发规划》是国家计委牵头、国家海洋局组织制定的,比较全面。但是,这个规划是国土规划性质的,比较宏观和原则,不是实际执行计划。为此,应该制定一项政策性的计划,可以叫《蓝色工程计划》,用它把开发和保护海洋的重大项目统一起来,成为国家对海洋开发和保护工作实行宏观管理的一项措施。蓝色工程计划可以分阶段制定和实施。"九五"期间,由国务院批准,国家计委、国家科委和国家海洋局,把已经确定和正在实施的海洋科技项目、海洋开发项目、海洋基础设施建设项目、海洋环境保护和服务领域的项目,以及各地区的涉海开发建设项目,汇总起来,提出一些共同的战略目标和政策,制定一些协调管理措施,作为中国的第一个蓝色工程计划。"九五"末期,组织各部门和沿海地区合作制定2001—2005年的蓝色工程计划。

三、要制定开发和保护海洋的基本政策

开发和保护海洋在客观上已经成为全球的和沿海国家的战略问题,联合国正在制定各种重大措施,许多沿海国家也都在制定新国家海洋政策。第45届联合国大会做出了把海洋开发列入沿海国家发展战略的决议;第48届联合国大会要求沿海国家建立海洋综合管理制度;1998年被定为世界海洋年,召开联合国海洋大会。目前,许多沿海国家和国际组织、国际性研究机构,都在为海洋大会做准备。开发海洋在我国也引起了各级政府和领导、广大群众和企业界的重视。江泽民同志关心海洋工作,1994年7月题写了"振兴海业,繁荣经济"的题词。李鹏总理多次视察海岛和沿海地区,题写过"管好用好海洋,振兴沿海经济"等题词。刘华清同志题写了"探索海洋奥秘,发展蓝色产业"。海洋开发已被沿海各省(区、市)列为地区发展战略,建设"海上辽宁","海上山东……"已形成热潮;沿海省级书记和省长都亲自过问海洋开发。1996年以来,许多沿海地区出现了非海洋产业的企业下海的现象,使海洋开发出现了新活力。开发和保护海洋涉及海洋权问题,领国之间海上疆界划分问题,合理开发和保护海洋资源问题,防止海洋污染和保护海洋生态环境问题,防止和减轻海洋灾害问题,海洋综合管理问题等。这些问题涉及20余个部门的业务工作及广大沿海地区的海洋开发和保护活动,国家应该有统一的政策。这是其他国家开发和保护海洋的重要经验,也是国际组织对沿海国家的基本要求。为此,我们建议国务院就海洋开发和保护的重大问题做出决定,作为国家海洋工作的基本政策。具体领域可包括:

1. 海洋基本法律制度问题;

2. 合理开发和保护海洋资源问题;

3. 防止海洋污染和生态环境保护问题;

4. 海洋防灾减灾和公益服务问题;

5. 海洋管理问题;

6. 处理国际海洋事务的原则立场问题。

(《动态》2002年第6期)

全面关注国家海洋利益

杨金森

在我国的海洋事务中,海洋权益四个字作为一个概念,一般是指在国家管辖海域内的权利和利益的总称。在这个意义上,海洋权益中的权利是指在国家管辖海域范围内主权、主权权利、管辖权和管制权;利益则是由这些权利派生的各种好处、恩惠。在这种意义上的海洋权益不包括公海和国际海底区域及其他超出我国管辖海域范围的海域和区域的权利和利益。因此,海洋权益这个概念不能完全包括国家的海洋利益,有必要建立海洋利益的概念。

世界上的任何国家都有海洋利益,越是大国,越是发达国家,海洋利益越大。我国已经是融入全球体系的大国,必然有巨大的海洋利益。全面关注和维护国家的海洋利益具有重大意义。

一、海洋的利用价值

海洋利益是从海洋的利用价值产生的。海洋有多种利用价值,因此也有多种海洋利益。

1. 海洋经济价值(海洋资源价值)

海洋是富饶而未充分开发利用的资源宝库,有巨大的开发利用价值。海洋是生物资源、能源、水资源等多种战略资源的开发基地。开发利用海洋资源已经形成了多产业组成的海洋经济体系,全球海洋经济产值已经超过1万亿美元。

2. 海洋军事价值

海洋的军事利用价值包括屯兵、练兵、武器实验和作战四个方面。海洋是多维立体空间,海洋屯兵方式也是多维化的。海岸和岛屿屯驻岸防兵,海面屯驻水面舰艇部队,水下屯驻潜艇部队。全球海洋是连在一起的,海洋上的兵力机动性好,海洋的各个区域都可以屯兵。112个国家拥有海军,总兵力约254万人,占世界总兵力的11.1%。这些海军共有各种舰艇8 000多艘,飞机5 000多架。海洋又是良好的兵力演练场所,武器试验场所,以及重要的战场。

3. 海洋交通价值

海洋是世界政治经济地理结构的一个重要单元,是全球政治经济运转的通道。海洋成为全球通道有多种原因。在地球表面,71% 是汪洋大海,陆地只是海洋中的"岛屿"。陆地几大洲之间,以及岛屿之间都是海洋,因此不适宜陆路、空运的货物只能海运。由于世界生产力的发展超出了自然经济阶段,各国的物质生产活动紧密相联,原材料和最终产品的运输,越来越多地需要跨洲际进行,形成了全球一体化的形势,这就对海洋运输提出了越来越多的社会需求。海洋运输有很多优越性,连续性强,费用低,适合大宗货物运输等。因此,在世界大洋上形成了许多重要航线,成为世界经济一体化的大通道。例如:北大西洋航线,西欧加勒比海航线,西欧、地中海航线,西欧、北美经地中海苏伊士运河至中东、印度、远东澳大利亚航线,西欧、地中海和北美东岸至南美东海岸航线,西欧、北美经好望角至印度洋航线,北太平洋航线,远东至加勒比海、北美东海岸航线,澳、新(指澳大利亚、新西兰,下同)至北美东西海岸间港口的南太平洋航线,远东至澳、新航线,远东至中东航线。

4. 海洋科研价值

有史以来,海洋始终是人类考察研究的对象,并且已经成为许多现代科学发现的重要场所,有极大的科学研究价值。当代人类面临的地球变暖、气候变化、生命起源等重大科学问题的解决,都有赖于海洋科学研究。科学家为了研究海洋地质和地球物理学的一些根本问题,进行了深海钻探、地球物理调查、印度洋考察等大型海洋科学研究,证实了大陆漂移学说、海底扩张理论、板块构造理论等,从而揭示了许多有关海洋和大陆起源的重大问题,促进了地球科学的发展。人类当前面临的地球起源、生命起源、人类起源、全球变化规律等重大科学问题,都与海洋有重要关系。

5. 海洋生态价值

Robert Costanza 等人 1997 年在 Nature 杂志上撰文,公布了他们对全球海洋在一年内对人类的生态服务价值的评估结果。价值类别包括气体调节、干扰调节、营养盐循环、废物处理、生物控制、生境、食物产量、原材料、娱乐和文化形态等。计算结果为:全球海洋生态系统价值为每年 461 220 亿美元,每平方千米的海洋平均每年给人类提供的生态服务价值大约为 57 700 美元。

二、海洋权益和海洋利益的概念和分类

在海洋领域,我们经常讲海洋权益,单独讲海洋利益比较少。海洋利益与海洋权益有联系,但又不同。海洋权益包括权利和利益两种含义。权利是利益的基础。权利是国内立法和国际法律制度赋予的。利益是依据权利享有的好处和恩惠。在《联

合国海洋法公约》中,权利一般用 rights,利益一般用 benefits,或 interests。我国的涉海法律中也是这样用的。我国《领海及毗连区法》、《专属经济区和大陆架法》中海洋权益都译为 maritime rights and interests。

海洋权益这个概念在海洋界已经使用多年,20 世纪 80 年代初期以后,学术界的文章和政府文件中就频敏使用。1992 年通过的《中华人民共和国领海及毗连区法》第一次在正式法规中使用了这个概念:"为行使中华人民共和国对领海的主权和对毗连区的管辖权,维护国家安全和海洋权益,制定本法。"《中华人民共和国专属经济区和大陆架法》也使用了这个概念:"为保障中华人民共和国对专属经济区和大陆架行使主权权利和管辖权,维护国家海洋权益,制定本法。"

海洋权利属于国家主权范畴,是国家的领土向海洋延伸形成的一些权利,或者说,国家在海洋上获得的一些属于领土主权性质的权利,以及由此延伸或衍生的一些权利。国家在领海区域享有完全的主权,这与陆地领土主权是一样的。在毗连区享有安全、海关、财政、卫生几项管制权,这是由领海主权延伸或衍生的权利。在专属经济区和大陆架享有勘探开发自然资源的主权权利,这是一种专属权利,也可以说是仅次于主权的"准主权";在专属经济区还有对海洋污染、海洋科学研究、海上人工设施建设的管辖权,这可以说是上述"准主权"的延伸。

海洋权益和海洋利益可以分区考察,也可以划分为不类别研究。权利是利益的依据。有了海洋权利,国家才可以在海上进行活动,得到各种好处——国家海洋利益。海洋权是有区域差别的。本国管辖海域的海洋权是国际公约和国内立法确定的,各国在公海和国际海底区域以及其他海域的权利是《联合国海洋法公约》确定的。沿海国家在不同的海洋区域有不同的海洋权,因此也有不同的海洋利益。海洋利益应该是国家利益的重要组成部分。根据一位研究国家利益的专家的说法,国家利益的内容包括经济利益、政治利益、安全利益、文化利益四个方面。国家利益的排序是:民族生存、政治承认、经济收益、主导地位、世界贡献。借鉴这些概念,我们可以把国家海洋利益划分不同类别。

三、海洋权益和海洋利益的区域分类

海洋权益和海洋利益在区域上可以分为四类:(1)国家管辖海域的主权、主权权利与和平、安全利益;(2)行使公海自由的利益(interests of exercise of the high seas);(3)利用和分享国际海底区域人类共同继承财产利益,这是全人类的利益(benefit of mankind);(4)在其他沿海国家管辖海域内可分享的利益。《公约》规定可参与渔业资源剩余捕捞量等。

（一）国家管辖海域的海洋权益

领海主权:《联合国海洋法公约》第二条规定:"沿海国的主权及于其陆地领土及

其内水以外邻接的一带海域","此项主权及于领海的上空及其海床和底土"。这种主权包括：自然资源的所有权；航运管辖权；国防保卫权；边防、关税和卫生监督权；领空权；管辖权；确定海上礼节权等。

领海区域的和平和安全利益：这种利益在《联合国海洋法公约》中是通过解释船舶无害通过的意义说明的："通过只要不损害沿海国的和平、良好秩序或安全，就是无害的。""如果外国船舶在领海内进行下列任何一种活动，其通过即应视为损害沿海国的和平、良好秩序或安全：

（a）对沿海国的主权、领土完整和政治独立进行任何武力威胁或使用武力，或以任何其他违反《联合国宪章》所体现的国际法原则的方式进行武力威胁或使用武力；

（b）以任何种类的武器进行任何操练或演习；

（c）任何目的在于搜集情报使沿海国的防务或安全受损害的行为；

（d）任何目的在于影响沿海国防务或安全的宣传行为；

（e）在船上起落或接载任何飞机；

（f）在船上发射、降落或接载任何军事装置；

（g）违反沿海国海关、财政、移民或卫生的法律和规章，上下任何商品、货币或人员；

（h）违反本公约规定的任何故意和严重的污染行为；

（i）任何捕鱼活动；

（j）进行研究或测量活动；

（k）任何目的在于干扰沿海国任何通信系统或任何其他设施或设备的行为；

（l）与通过没有直接关系的任何其他活动。"

国家在专属经济区的主权权利：《联合国海洋法公约》第五十六条规定，沿海国在专属经济区内有："勘探和开发、养护和管理海床上覆水域和海床及其底土的自然资源（不论为生物或非生物资源）为目的的主权权利，以及关于在该区内从事经济性开发和勘探，如利用海水、海流和风力生产能等其他活动的主权权利"。

沿海国在专属经济区还享有三项管辖权：人工岛屿、设施和结构的建造和使用；海洋科学研究；海洋环境的保护和保全。

国家在大陆架的主权权利：《联合国海洋法公约》第七十七条规定，"沿海国为勘探大陆架和开发其自然资源的目的，对大陆架行使主权权利。"

（二）行使公海自由的利益

任何国家都有"行使公海自由的利益"。包括六大自由：航行自由；飞越自由；铺设海底电缆和管道自由；建造国际法容许的人工岛屿和其他设施的自由；捕鱼自由；科学研究自由。

（三）分享国际海底财产的利益

《联合国海洋法公约》规定："区域"及其资源是人类共同继承财产。"国家管辖范围以外的海床和洋底区域及其底土的资源为人类的共同继承财产，其勘探与开发应为全人类的利益而进行，不论各国的地理们置如何。"国际海底管理局要"在无歧视的基础上公平分配从区域内活动取得的财政及其他经济利益"。

国际海底区域的科学研究和技术发展，也要为全人类的利益服务。《公约》规定："区域"内的海洋科学研究，应按照第十三部分专为和平目的并为谋求全人类的利益进行。"促进和鼓励向发展中国家转让这种技术和部学知识，使所有缔约国都从其中得到利益。""在区域内发现的一切考古和历史文物，应为全人类的利益予以保存或处置，但应特别顾及来源国，或文化上的发源国，或历史和考古上的来源国的优先权。"

四、海洋利益类别划分

海洋利益可以划分为海洋政治利益、海洋经济利益、海洋交通利益、海洋安全利益、海洋科学利益。

（一）海洋政治利益

拥有各种海洋区域是最重要的海洋政治利益。国家在本国海洋区域的海洋权是海洋政治利益的核心。海洋权包括主权，毗连区管制权，专属经济区和大陆架的主权权利与管辖权等。这些权利的核心是划定领海、毗连区、专属经济区和大陆架区域，这是国家利益中涉及民族生存、政治承认的重大问题。所以，在维护海洋权利方面，最重要的任务是在海洋划界中寸海必争，力争获得比较大的海洋区域。世界上兴起的"蓝色圈地运动"，就是争夺海洋政治利益。世界海洋中有 1.09 亿平方千米的沿海区域将要划归沿海国家管辖，其中大部分国家都要与周边国家划分海上边界。海上划界涉及各民族的根本利益，是一项十分艰难的政治任务。划界工作已经进行了多年，目前只完成了 1/3，预计 21 世纪上半叶有可能基本完成。海上边界划定之后，开发好和管理好管辖海域，使各项海洋权不受侵害，也是沿海国家的重要任务。

（二）海洋经济利益

开发管辖海域的资源，以及公海和国际海底的资源，形成各种海洋产业，发展海洋经济，获得经济收益，是海洋经济利益。海洋经济利益与陆地经济利益也不同。获得海洋经济利益要靠经济和科技实力。沿海国有权开发利用本国管辖海域的资源，获得经济利益。但是，如果沿海国家开发能力低，经济利益就不能得到有效保障。（1）如果沿海国家没有能力捕捞专属经济区生物资源的全部可捕量，要"准许其他国家捕捞可捕量的剩余部分"。（2）200 海里以外的大陆架区域的非生物资源开发，要向国际海底管理局缴付费用或实物。（3）公海的捕鱼利益、航行利益、科研利益等，也要依靠实力,经济实力差的国家,实际上就能获得这些利益。(4)国际海底区域的资源勘探开发更要有实力,没有经济和科技实力的国家,不能获得具有专属权利的故区,独立开发其资源,而只能分享"区域"内活动取得的财政和经济利益,这就是很小的一部分了。

(三)海洋交通利益

海洋交通既是经济问题,又是政治、经济、军事的综合性问题。作为产业,海洋交通运输业是经济利益问题。作为广义的大通道,它是民界政治、经济和贸易联系的通道,也是军事力量调动的通道。海洋交通是早期帝国主义国家掠夺财富的途经。保护海上交通线是世界海战的重要任务。任何一个融入世界经济体系的国家,都离不开海上交通;国家的经济贸易往来发展到什么地方,海上交通利益就到什么地方。

(四)海洋安全利益

海洋是一些国家干涉别国、威胁别国安全的通道,也是沿海国家国防屏障和门户。海上安全问题包括海上军事威胁和海上战争,利用海洋运送兵力,威胁和侵犯别国陆地领土,利用海洋进行广播、收集情报等威胁沿海国家和平、良好秩序和安全等。自从帝国主义出现以来,利用海洋威胁沿海国家和平,良好秩序和安全的问题就出现了,现在这个问题仍然十分严重,美国是利用海洋威胁和干涉别国的头号大国。任何一个沿海国家,特别是发展中沿海国家,都有受到海上威胁的危险。

(五)海洋科研利益

为了解决全球性的重大科学问题,出现了"海洋大科学"(Ocean Megascience)研究,包括全球海洋观测(GOOS),海洋科学钻探(Scientific Ocean Drilling),热液海洋过程及其生态系统(Hydrothermal Ocean Processes and Ecosystems),海洋生物多样性(Ocean Biodiversity),海岸带综合管理学(Integrated Coastal Management)等领域。这些海洋大科学研究包括许多区域的和全球的重大课题,例如:海洋与气候变化研究,包括厄尔尼诺现象研究、太平洋周期变化研究、极地冰海变化研究、地球变暖与物质循环等;海底动态与地震研究,包括板快形成过程研究、海底热点区域动态研究、地震产生过程研究等;海洋生态系统研究,包括生态系统结构和物质循环机制研究、深海和地壳内微生物研究、海洋生态环境修复科学技术研究等。这些课题的成果对于揭示地球起源、生命起源、人类起源(海洋人类学)、全球变化规律,研究气候变化、生物多样性、海洋健康和废物清除、防灾减灾等,都有重要意义。所以,发展海洋科学涉及国家的政治权利、经济利益、军事安全和国家形象,也是一种重大利益。

五、我国管辖海域的主要海洋权益

我国有哪些海洋权益,是一个大家都熟悉的问题,不展开说。为了简便,或许可以借助一个表格的形式来表达我国在自己管辖海域的海洋权益。例如：

分类　　　海区	黄海	东海	南海
海洋政治权益	拥有领海、毗连区、专属经济区、大陆架区域	拥有领海、毗连区、专属经济区、大陆架区域	拥有领海、毗连区、专属经济区、大陆架区域
海洋经济权益	渔业生产、油气开发、其他利用	渔业生产、油气开发、其他利用	渔业生产、油气开发、其他利用
海洋交通利益	航行权；出海通道安全	航行权；出海通道安全	航行权；出海通道安全
海洋安全权益	防止海上入侵 避免海上冲突 防止各种威胁	防止海上入侵 避免海上冲突 防止各种威胁	防止海上入侵 避免海上冲突 防止各种威胁
海洋科研权益	海洋科研管辖权；特有的海洋学问题	海洋科研管辖权；特有的海洋学问题	海洋科研管辖权；特有的海洋学问题

六、我国的全球海洋利益

我国是世界上人口最多的沿岸大国，是融入全球经济体系的最重要的发展中大国，我国在全球海洋上有广泛的战略利益。

（一）完善海洋法律秩序的利益

这是世界各国共同需要的海洋政治利益的重要组成部分。《联合国海洋法公约》开头语说：制定海洋法公约，"为海洋建立一种法律秩序，以便利国际交通和促进海洋的和平用途，海洋资源的公平而有效的利用，海洋生物资源的养护以及研究、保护和保全海洋环境。"这种海洋法律秩序，"将有助于按照《联合国宪章》所载的联合国的宗旨和原则巩固各国间符合正义和权利平等原则的和平、安全、合作和友好关系，并将促进全世界人民的经济和社会方面的发展。"国际海洋法律秩序还需要完善，我国应该积极利用参与权，在完善海洋法律秩序方面发挥更大作用。

（二）利用世界海洋资源的利益

（1）国际海底区域是我国获得战略金属资源的矿区；（2）公海是发展远洋渔业的海域。要树立大海洋思想，积极利用世界海洋资源，包括通过各种合作的方式利用其他国家的海洋资源，通过独立自主的勘探开发或参与国际合作，积极利用国际海底资源、公海资源及其他海域的有关资源。

（三）利用全球通道的利益

我国是海陆兼备的国家,在世界经济一体化的大势下,与世界各地的经济贸易和科技文化联系越来越多,利用世界大洋通道是一个极其重要的战略问题。我们必须有出海通道,必须保障海上交通线安全。公海分布着全球重要航道的海域及通航海峡,这些都是重要的海上通道。美国、俄国、英国、日本等大国,都很重视维护其在公海及其他沿海国专属经济区等海域内的航行自由、飞越自由的权利和利益,尤其重视对通航海峡的控制和争夺。美国在世界上选择了16个通航海峡,作为控制大洋航道的咽喉点,它们是:阿拉斯加湾、朝鲜海峡、望加锡海峡、巽他海峡、马六甲海峡、红海南部的曼德海峡、北部的苏伊士运河、直布罗陀海峡、非洲以南和北美航道、波斯湾和印度洋之间的霍尔本兹海峡、巴拿马运河、佛罗里达海峡。这些海峡实际上是所有从事海洋运输的国家都要用的通道。这些海峡被封锁,世界上绝大多数国家的经济发展都要受影响。

我国要进入世界大洋,必须经过朝鲜海峡、大隅海峡、巴士海峡、马六甲海峡等出海通道。我国的海上交通线遍及全球海洋,必须有利用全球通道的权利和利益。我国的国际航线分为:(1)东行航线,包括中国至日本航线,中国至北美东海岸航线,中国至北美西海岸航线,中国至中美洲航线,中国至南美洲东海岸航线,中国至南美洲西海岸航线。(2)西行航线,这是一条十分重要的航线,由我国沿海各港口穿过马六甲海峡进入印度洋、线海、过苏伊士运河,入地中海,进入大西洋,包括中国至中南半岛航线,中国至孟加拉航线,中国至阿拉伯湾航线,中国至红海航线,中国至东非航线,中国至西非航线,中国至地中海航线,中国至黑海航线,中国至西欧航线,中国至北欧、波罗的海航线。(3)北行航线,它由我国沿海各港口北行进入北朝鲜西海岸的南浦。东海岸的元山、兴甫和清津港等,俄罗斯远东的海参崴、纳霍德卡等港。(4)南行航线,包括中国至新加坡、马来西亚航线,中国至印尼航线,中国至菲律宾航线,澳新航线,中国至西南太平洋岛国航线等。

（四）海洋安全利益

国家安全的主要威胁已经从陆疆转向海疆。我国面临的海域被第一岛链(琉球群岛、台湾、菲律宾群岛)、第二岛链(小笠原群岛、马利亚那群岛),以及朝鲜海峡、大隅海峡、巴士海峡、马六甲海峡等海峡封闭着,并处于某些国家的军事力量封锁状态,外国干涉和侵略我国,可能主要是从海上来。我国的西部和北部陆疆已经形成比较稳定的格局,海洋方向的斗争则呈现多元化的趋势:海上战争和战争威胁,海上入侵,控制海上交通线,争夺海洋资源和海洋权益。

（五）与我国安全密切相关的海区

(1)濒临我国的边缘海是外国侵犯和干涉我国的必经之海区。(2)西北太平洋区域,重点是菲律宾海,这是外国干涉我国必须利的战场区域,是我国近海防御的重点区域。(3)南太平洋是战略核武器试验的目标海域。(4)大洋是战略核潜艇实施战略威慑和核反击的活动区域。

海洋科学研究利益:科学研究涉及国家利益中的民族生存、政治承认、经济收益、主导地位、世界贡献。《联合国海洋法公约》专门对海洋科学研究问题做出了各种规定。其中第238条规定:"所有国家,不论其地理位置如何,以及各主管国际组织,在本公约所规定的其他国家的权利和义务的限制下,均有权进行海洋科学研究。"作为世界大国,我们应该重视海洋科学研究,这也是国家利益。(1)与我国相邻的边缘海对我国大陆气候变化、我国管辖海域的生态环境,以及国家安全有重要影响,应该加强研究。(2)适度参与一些全球性海洋科学研究项目,为世界海洋科学发展做出应有的贡献。(3)自主进行一些必要的全球海洋科学研究,体现大国地位,获取我国的特殊利益。

(《动态》2002年第4期)

贯彻十六大"实施海洋开发"
的战略部署

——建议及时启动《海洋开发战略规划》的制定和实施工作

高之国

党的十六大报告中提出要"实施海洋开发"。这是一项具有深远历史意义的战略部署。党的十六大报告是指导我国未来发展的纲领性文件,海洋开发列入其中,即意味着它已经列入党的议事日程,列入了国家的发展战略。这是海洋事业大发展的历史性机遇,是启动建设海洋强国战略的最好时机。"实施海洋开发"的战略部署,建设海洋强国,是我们这一代海洋工作者义不容辞的历史任务。

一、"实施海洋开发"战略部署的背景

海洋是人类赖以生存的地球上的最大的水体地理单元,面积为3.6亿平方千米,约占地球表面积的71%。同时,海洋也是最大的政治地理单元。按照《联合国海洋法公约》被划分为领海、专属经济区、大陆架、国际海底区域和公海等法律地位不同的海洋区域。其中,划归沿海国家管辖的海域约为1.1亿平方千米,国际社会共有的公海和国际海底区域为2.5亿平方千米。世界上已有100多个沿海国家通过国内立法宣布了国家海洋管辖范围,当代的"蓝色圈地运动"在世界范围内已陆续完成。国际上普遍认为,海洋是21世纪人类社会可持续发展的宝贵财富和最后空间,是人类可持续发展所需要的能源、矿物和食物、淡水及稀有金属重要的战略资源基地。

古今中外的历史经验说明,凡大力向海洋发展的国家,皆可国势走强;反之,则国运式微。昔日的海上强国葡萄牙、西班牙和荷兰,当年的日不落帝国英国,二战后的两个超级大国之一苏联,和现在盛气凌人、不可一世的美国,无一不是走的海上兴兵强国之路。我们中华民族5000多年的文明史,更是直接证明中国的统一、稳定、繁荣和昌盛与海洋休戚相关;中华民族的兴衰和耻辱均与海洋密不可分。秦朝的统一,西汉的强盛,唐朝的繁荣,明朝以后的"海禁",清朝末期的落后挨打,以及近代海防危机和现代海洋权益之争,无一不折射出海洋对中华民族历史进程的重大影响。

以史为鉴,可知兴替。重陆轻海是中华民族在过去四五百年间由强到弱,大国地

位不保,以及 1840 年鸦片战争后的 100 多年间沦为一个半封建、半殖民地国家的重要原因之一。

21 世纪是海洋世纪。国际社会普遍以全新的目光关注和重视海洋。许多沿海国家纷纷从政治、经济、军事、科技等方面加大对海洋开发、利用的力度。世界上的滨海地区已成为沿海国家社会发展和经济开发的"黄金地带",沿海海洋生态系统的间接价值每年估计为 11.7 万亿美元。20 世纪 70 年代以来,世界海洋产业总产值十年左右翻一番,从 60 年代末的 1 100 亿美元,已达到目前的约 1 万亿美元。2000 年海洋产业对全球 GDP 的贡献达到了 31 万亿美元。据预测,到 2011 年将从 1991 年的 4.2% 上升到 10%;直接和间接贡献从 1991 的 10% 上升到 2011 年的 20%。目前,世界上 60% 以上的人口居住在距离海岸线 100 千米以内的沿海地区。进入 21 世纪,沿海地区的人口有可能达到人口总数的 3/4。可以断言,21 世纪世界海洋经济仍将持续快速发展,成为世界经济发展的新增长点。沿海地区仍然是人类生产和生活的最佳地带,各国人口将进一步向沿海地区移动。世界经济(包括新经济)中心仍然在沿海地区。

中国是一个陆海兼具的国家。自古以来海洋就与华夏民族的生存发展、国家的统一强大、社会的稳定繁荣、人民的生产和生活休戚相关。中国位于太平洋西岸,海岸线长达 1.8 万千米,自北向南跨越寒带、温带、亚热带三个自然地理区域。此一地理特征决定了海洋构成中华民族的半壁江山。按照国际法和《联合国海洋法公约》的有关规定,我国主张的管辖海域面积可达 300 万平方千米,接近陆地领土面积的 1/3。其中与领土有同等法律地位的领海面积为 38 万平方千米。在顺利收回香港和澳门主权之后,中国作为一个上升中的大国,如何实现江泽民同志提出的中华民族在 21 世纪"伟大复兴"的号召,如何贯彻和落实党的十六大报告的全面建设小康社会的任务,如何实施海洋开发、建设海洋强国,为建设小康社会做出更大贡献,是一个值得我们深入思考的问题。

二、"实施海洋开发"战略部署的重大意义

关注海洋,利用海洋,经略海洋,是中华民族发展史上的不绝之声。15 世纪初,明朝伟大的航海家郑和就指出:"国家欲富强,不可置海洋于不顾。财富取之海,危险也来自海上……,一旦他国之首夺取南洋,华夏危矣。"我国伟大的革命先行者孙中山先生也曾写到:"昔时之地中海问题,大西洋问题,我可付诸不知不问也,惟今后之太平洋问题,则实关乎我中华民族之生存,中华国家之命运者也。人云以我为主,我岂能付之不知不问乎?"海权"操之在我则存,操之在人则亡。"许多年前我们的先人和革命先行者的思想和主张,至今仍具有重要的理论和现实指导意义。

党的三代领导核心也同样十分重视海洋问题。1953 年,毛泽东同志为海军题词:

"为了反对帝国主义的侵略,我们一定要建立强大的海军"。1979 年,邓小平同志指出:我们的海洋战略要关注近海和太平洋北部。1995 年江泽民同志指出:"我国是一个陆地国家,也是一个海洋大国。……开发和利用海洋,对于我国的长远发展将具有越来越重要的意义。我们一定要从战略的高度认识海洋,增强全民族的海洋意识。"2002 年 3 月 5 日江泽民同志在听取海南省人大代表汇报海洋工作时,进一步强调指出:"建设海洋强国是新时期的一项重要历史任务"。江泽民同志的讲话高瞻远瞩地指明了海洋在 21 世纪我国社会和经济发展中的极端重要性。这种重要性可以概括为以下几点:

1. 海洋是"蓝色国土"和人类共同继承的遗产

这是世界各国越来越重视海洋的重要原因。(1)根据《联合国海洋法公约》的规定,沿海国家可以划定 12 海里领海,构成领土的组成部分。我国领海和内水面积约 37 万 ~ 38 万平方千米,这是我国的"蓝色国土"。(2)沿海国家可以划定 200 海里专属经济区和大陆架做为自己的管辖海域,在这些海域沿海国有勘探开发自然资源的主权权利,以及海洋科研、海洋环保、人工设施建设三方面管辖权。在行使这些主权权利和管辖权的意义上,专属经济区和大陆架可以说是"准国土",因此也可以称为"蓝色国土"。(3)世界海洋中共有 25 170 万平方千米国际海底区域,其中蕴藏着丰富的资源,这是人类共同继承的财产,由国际海底管理局代表全人类进行管理。在国际海底区域已经发现了约 3 万亿吨多金属结核资源,以及巨量的钴结壳、多金属软泥、多金属硫化物资源。最近又发现了相当于全球石油资源总量两倍以上的天然气水合物资源。世界各国都可以通过国际海底管理局去勘探开发国际海底区域的资源。目前,许多国家都申请了矿区,作为长期战略储备。我国 1991 年经联合国批准,在太平洋获得了 15 万平方千米矿区,我们还准备进行深海钴结壳及其他资源勘探,为子孙后代争得更多的后备战略资源。这种人类共同遗产可以成为我们的"海外资产"。

2. 海洋还可以作为生存空间,为缓解人口作出重要贡献

沿海地区既适合发展经济,又适合人类生存,因此在世界近现代史上一直存在着人口趋海移动的规律。经济发展程度越高,人口越向沿海地区集中。这是世界性规律。联合国《21 世纪议程》估计,目前距海岸线 60 千米的沿海地区居住着一半以上的人口,2020 年这一比例可提高到 3/4。目前,中国沿海省份总人口 47 967 万,约占全国人口总数的 40%;沿海市县总人口 16 354 万,约占全国人口总数的近 14%。预计中国达到中等发达国家水平时,沿海地区的人口可能达到 7 亿 ~ 8 亿,可为分散内陆地区的人口压力做出贡献。

3. 海洋可以成为蓝色经济带

随着科学技术的不断进步，人类在海洋中不断发现新的可开发资源，海洋逐步成为综合开发的经济区。我国的经济发展形成了西部、中部和东部经济带，海洋开发包括在东部经济带中。200 海里专属经济区和大陆架制度建立之后，我国管辖海域扩大到约 300 万平方千米，我们建议把海洋作为一个特殊的经济带，制定专项规划和政策，并把开发建设海洋经济带作为跨世纪的蓝色工程。海洋经济带可以形成四大类海洋经济区（带），包括：海岸带海洋经济带（第一海洋经济带）；海岛海洋经济带（第二海洋经济带）；大陆架和专属经济区海洋经济区（第三海洋经济带）；国际海底采矿区和公海渔业区等（第四海洋经济带）。

4. 海洋开发可以形成不断扩大的产业群，成为国民经济的重要组成部分和新的增长点

进入 90 年代以来，除了渔业、盐业和运输业等规模越来越大的传统海洋产业之外，海洋石油工业、海洋旅游业也已发展成为主要的海洋产业。预计 21 世纪初期，海洋化工、海水利用、海洋医药、海洋农牧化、海洋能发电等，将逐步成为规模越来越大的独立产业。2020 年前后深海矿产资源也将进入商业性开发阶段。目前，海洋产业的新增产值占国内生产总值的 2% 左右，预计 2010 年可提高到 5% 以上，一些沿海省份海洋产业新增产值有可能达到国内生产总值的 10% 以上，成为国民经济的重要推动力量。

5. 实施海洋开发，在维护国家统一和出海通道安全方面也有重要意义

香港和澳门回归后，台湾问题更加突出。台湾问题的解决，必须依赖强大的海洋力量作为后盾。台湾问题解决之后，外国敌对势力对我国的分化和武力威胁也将长期存在。中国自北向南，完全处在由岛链形成的半闭海状态和包围中，没有强大的海洋力量，就无法保证安全的出海通道和航行自由。由于多年经济高速发展，中国从 1993 年已由石油净出口国变为净进口国。目前年进口石油已超过 7 000 多万吨，约占全部石油需求的 1/3。从中长期看，石油需求的一半可能依赖进口。海上通道和能源安全保障将是 21 世纪初叶我国面临的一个国家安全新问题。

6. 海洋还可以为缓解环境压力提供无偿服务

海洋处在地球表层的最低部位，是垃圾特别是污水的最后归宿。海洋有强大的自净能力，成为处理废弃物的宝贵资源。合理利用海洋的自净能力可以为人类社会发展做出巨大贡献。我国目前每年入海污水总量约 100 亿吨，每年估计增加 5% ~8%。中国正处在经济起飞的初期阶段。根据其他国家的经验，在沿海地区形成临海工业带是经济起飞的重要标志。我国的临海工业带正在建设的过程中，许多沿海地区都在规划建设重化工产业、电力产业和其他新兴产业。沿海地区的工业废物、生活垃圾必然大幅度增加，今后

10～15 年左右时间仅污水排海总量就可能达到 200 亿吨。海洋为经济起飞提供了垃圾处理场所,同时也为我们提出了保护海洋环境的艰巨任务。

7. 实施海洋开发是西部大开发战略的接替战略

中国在 21 世纪的发展,应该是东、西两翼的发展战略。西部大开发战略,是开发内在的空间和资源;实施海洋开发、建设海洋强国可以说是东部大海洋战略,目的是拓展外在的空间和资源。实施东部大海洋战略,又能以资金、技术、人才更好地支持西部大开发。因此,西部大开发和东部大海洋战略可以互为依托,相辅相成,二者的结合可以更好地解决中华民族在 21 世纪的生存和发展问题。实施海洋开发、建设海洋强国,是实现江泽民总书记提出的中华民族伟大复兴号召的重要战略措施之一。因此,我们认为,在实施西部大开发的同时,还应考虑并适时启动东部的大海洋战略。东部的大海洋战略可以作为西部大开发的接替战略,是一项长期发展战略。

三、"实施海洋开发"战略部署的基础和条件

我国拥有广阔的海域和丰富的海洋资源。我国东南两面临海,海岸线总长度位居世界第四。面积在 500 平方米以上的岛屿 7 372 个,主张管辖的海域面积近 300 万平方千米。我国大陆架面积居世界第五位,油气资源沉积盆地约 70 万平方千米,石油资源量估计为 240 亿吨左右,天然气资源量估计为 14 万亿立方米,还有大量的天然气水合物资源。我国管辖海域内有海洋渔场 280 万平方千米,20 米以内浅海面积 2.4 亿亩,海水可养殖面积 260 万公顷;已经养殖的面积 71 万公顷。浅海滩涂可养殖面积 242 万公顷,已经养殖的面积 55 万公顷。我国已经在国际海底区域获得 7.5 万平方千米多金属结核矿区,多金属结核储量 5 亿多吨。这些都是我国建设海洋强国的物质条件。

我国的综合国力大幅提高,具备实施海洋开发战略部署的经济和科技能力。2002 年我国国内生产总值超过 10 万亿元,有能力加大海洋的开发利用,加强海洋力量建设。沿海地区经济和社会快速发展,成为我国率先实现现代化的黄金地带。我国海洋事业已经有比较好的物质基础和条件。

我国的海洋产业迅速发展,具备了实施海洋开发战略部署的能力。1978 年以前,我国海洋仅有渔业、盐业和沿海交通运输三大传统产业,主要海洋产业总产值只有几十亿元左右。1978 年改革开放以来,我国的海洋事业突飞猛进,海洋经济取得了令人瞩目的成就。海洋经济的飞速发展是我国整个国民经济发展中的一个亮点。我国海洋产业的年产值连续多年以两位数的速度递增,创造了世界上开发利用海洋的奇迹。目前,我国三大传统海洋产业迅猛发展:海盐业年产量 2 000 万吨,连年保持世界第一。海洋渔业和水产品产量上升至世界第一位,占我国海洋产业总产值的 50% 左右,约占世界水产品总量的 25% 以上。航运进入世界十大海运国行列。全国现有海运船舶 10 378 艘,净载重 3 000 多万吨

位。新兴海洋产业,如海洋石油工业、海水养殖业、滨海旅游业,也都从无到有,后来居上,跨入世界先进行列。海洋产业总产值,从 1979 年的 64 亿元,一跃上升为 2001 年的 7 200多亿元。

我国的海洋立法和管理也从无到有,逐步形成了比较完善的体系。1958 年,我国政府发表了关于领海的声明,确立了我国领海的基本原则和制度;1992 年 2 月,我国公布实施《领海及毗连区法》,从此中国有了自己的"海洋宪章";1998 年,我国又颁布了另一部重要大法《专属经济区和大陆架法》,从而完成了维护我国海洋权益和管辖权的法律框架。2002 年 1 月,我国颁布实行了《海域使用管理法》,为最终实现海洋的综合管理奠定了法律基础。此外,第八届全国人民代表大会常务委员会还于 1996 年 5 月 15 日批准了《联合国海洋法公约》,为合理维护我国海洋权益、全面参与国际海洋事务提供了法律上的保证。改革开放以来,我国颁布的重要涉海法律和规章已有 20 多部,初步建立了我国的海洋法律体系和制度。

综上所述,新中国成立以后,特别是改革开放以来社会经济的快速发展,已为东部大海洋战略提供了"软、硬"两方面的条件。实施西部大开发战略的同时,着手启动建设海洋强国的战略是适宜的。中国在 21 世纪的整体发展战略应该是西部的大开发和东部的大海洋两步走的方略。

四、"实施海洋开发"战略部署的措施

历史经验证明,开发海洋、建设一个海洋强国需要数十年、甚至上百年的时间。俄罗斯从一个内陆国发展成为一个沿海国,前后用了 400 多年时间。美国自 19 世纪末马汉提出建立太平洋地区海洋强国以来,到第二次世界大战成为世界海洋强国,用了 50 年的时间。根据运用皮尔数学模型进行的预测研究,我国海洋经济发展 1998 年以前处于孕育期,1999—2015 年为成长期,2016—2033 年为全盛期,2034 年之后为成熟期。可以看出,21 世纪头 30 年是我国海洋经济发展的最佳时期。我们一定要不辱使命,紧紧抓住这一历史发展上不可多得的战略机遇期,从现在开始着手,十五期间启动实施海洋战略部署的筹划工程,制定15 ~ 20 年长远规划,用十年时间打下基础,2010 年至 2030 年我国经济总量接近美国时,成为太平洋地区的海洋强国,2030 年至 2050 年成为世界海洋强国,最终为国家本世纪中叶在总体上成为中等发达国家创造条件和做出重要贡献。

今后 20 年是我国建设海洋强国,全面建设小康社会的战略机遇期。我们要认真贯彻党的十六大提出的"实施海洋开发"的战略部署。具体建议是:

请国家发展和改革委员会会同国家海洋局等部门,把编制《中国海洋开发战略规划》列入国家长期规划编制和研究工作中,尽快组织力量开始研究,争取 2005 年左右,完成《中国海洋开发战略规划》编制工作,"十一五"计划期间正式开始实施海洋开发战略规划。

《中国海洋开发战略规划》的内容可考虑包括以下几方面:

1. 世界海洋资源开发利用趋势,新世纪我国海洋资源开发战略研究。如何合理利用我国海洋资源? 如何利用世界公共海洋资源? 如何利用其他国家的海洋资源?

2. 我国海洋国土(近300万平方千米管辖海域)的总体发展战略研究,包括把海洋国土作为"新东部"的可行性及其意义,领海开发战略和布局,专属经济区和大陆架的立法战略和布局,海洋国土治理与保护战略。

3. 我国海洋产业现代化的发展战略研究。我国规模较大的海洋产业只有5~6个,产业门类比国外少,海洋产业现代化水平低,如何调整我国的海洋产业结构,赶上国际先进水平,实行现代化?

4. 发展海洋高新技术,提高海洋产业国际竞争力,以及推动海洋新兴产业发展的战略和措施。发达国家海洋科技对海洋产业发展的贡献率在70%左右,我国海洋产业发展还主要依靠扩大开发规模、增加资源投入,科技贡献率只有30%左右,国际竞争力低,可持续发展的问题严重。

5. 海洋资源可持续利用、海洋经济可持续发展战略研究。研究内容包括海洋生态承载力研究,海洋污染治理战略和政策研究,海洋生态建设战略和规划,海洋生态环境保护体制、机制等。我国海洋污染严重,海洋生态退化问题突出,人口过多,海洋开发保护压力大,如何解决合理开发利用与保护的关系问题。

我们可以相信,中国发展成为世界海洋强国之日,必将是中华民族实现小康社会和伟大复兴之时!

(《动态》2003年第3期)

关于建设海洋强国的几点战略思考

张海文

一、海权与海洋强国的关系

海权应该说是一个从西方引进的东西。

狭义的海权,一般来说是指英文 Seapower 一词。根据《新英汉词典》的解释 Seapower 是"(1)海军强国;(2)海上力量"(上海译文出版社,1997 年版,第 1220 页)。在这个意义上的海权,军事成分和军事色彩占了主要的地位。它是历史上西方殖民国家推行其扩张霸权的国家政策的一种重要手段。

从历史上看,西方殖民主义、霸权主义国家的强大和发展可以说都离不开运用其"海上力量",都建设有强大的海军,是"海军强国"。在世界军界享有盛名的马汉,撰写《海权对历史的影响》(1889 年)(即人们通常所说的《海权论》)一书主要目的是通过分析古代历史诸强的兴衰史,说明海权在历史发展中的重要性,控制海洋在国家推行对外扩张中的重要战略作用,以及控制海洋对近代国家利益的重要战略意义。美国总统罗斯福接受了马汉的思想,改变国策,扩大海军,加强海外事业,到第二次世界大战期间,成为世界海洋强国。"谁控制了海洋,谁就控制了世界贸易;谁控制了世界贸易,谁就可以控制世界的财富,最后也就控制了世界本身。"这是当时英国的立国思想。英国在这个思想指导下,扩大海军,开拓海外殖民地,发展海外航运和贸易,以至掌握海上霸权 100 多年,殖民地遍布全球,成为当时最强大的国家。日本也是在改变"锁国政策"之后,向海权国家转变,建设海军,向海外发展。日中、日俄两次海战之后,日本成为东亚地区的海洋强国,世界三大强国之一。

人类历史发展到了 21 世纪,人们普遍地认为,尽管目前世界上还存在而且不断的发生着局部冲突,甚至是局部战争,但是,总的发展方向和国际形势是"和平"与"发展"。因此,我们无疑地应该从现代的、全球的角度来诠释"海权"一词及内涵,以及它所包容的理念。

广义的海权,是一种观念,也是一种政策和战略。它是国家海洋战略与海军战略的核心和基础。其实质是国家在一定时期内海洋的活动自由权和控制权,通过运用优势的海上力量与正确的战略和战术,实现在全局上的对海洋上的控制权力。因此,海权还是一个历史范畴,随着人类社会的发展,其内涵也在发生着变化。不同的民族、国家和集团,都可以运用这一战略去参加海洋上的竞争;同时,它们在实施这一战略时,都不可避免地赋予这一战略以不同的形态与内容,从而使之形成具有不同历史时代特征与阶级属性的海权理念和理论。

建设海洋强国可以说是广义的海权问题。海洋强国是指一个国家拥有开发海洋、利用海洋和控制海洋的综合性海上力量,能够通过运用其海上优势最大限度地维护国家利益,并为本国社会经济等各方面的发展提供更大的战略空间和战略物质储备,增强其综合性国力。因此,海洋强国本身不是目的,它是使一个国家成为世界强国的一种战略。

海洋强国是一个国家在一定历史时期根据自身发展的需要而实施的一项国家战略。不论是资本主义国家或者是社会主义国家,为了自身发展的需要,均可以运用此战略发展壮大自己。

世界上的海洋强国有两种性质,两种类别。一类是殖民主义、帝国主义、现代霸权主义国家,对外实施侵略扩张政策的国家,即传统意义上的海权国家。另一类是自强自立自卫、不侵略别国的国家。或谓一类是扩张性的海洋强国,一类是防御性的海洋强国。二者在建设海洋强国方面有共同之处,更有一些本质区别。

扩张性的海洋强国的本质是通过对外侵略扩张而强大国力,强大国力的目的又是为了有能力推行和建立更大范围和规模的对外扩张和世界霸权。

防御性的海洋强国的本质是自强自立自卫,通过壮大国力达到防御外来侵略,维护国家利益的目的。

扩张性的海洋强国与防御性的海洋强国除了性质不同之外,在其他一些方面也有不同之处,反映在建设海洋强国的各个主要环节,包括建设条件,建设目的,建设内容,建设手段和措施等各方面。

二、我国建设海洋强国的目的和必要性

中华民族在近代所遭受的侵略绝大部分是通过海洋而来的;中华民族屈辱的近代史是所有中国人,包括全世界有自尊心的华裔后人心灵上一个永远抹不去的伤疤和阴影;而实现中华民族的伟大复兴,使中华民族永远免遭欺辱,得以有尊严地屹立于世界各民族之林,则是所有华人的共同愿望和美好的祝愿。

孙中山先生已深刻地认识到"中国海权一日不兴,则国基一日不宁。""争太平洋之海权,即争太平洋之门户权,人方以我为争,岂置之不知不问"。孙中山先生还明确指出:海权"操之在我则存,操之在人则亡"。

新中国成立后,我国党和国家领导人都非常重视我国的海军建设和海洋事业的发展。经过50年几代人的共同努力,在我国综合国力逐步提高的同时,我国已建设了一定规模的

综合性海上力量,各项海洋事业正在逐步赶上世界先进水平,有些方面甚至加入世界的领先行列。

进入 21 世纪,我国虽然没有面临着侵略或大规模外来攻击的近忧,但是,仍然面临着各种潜在的威胁。目前和今后一个时期内,我国需要维护的国家利益的内涵和范围都将不断的变化和发展,都需要有强大的综合性国力去维护。

因此,在 21 世纪,将我国建设成为现代化的海洋强国的根本目的就是为了让海洋永远不再成为中华民族心腹之患,就是为了让海洋在中华民族伟大复兴的过程中发挥其不可替代的作用,就是为了让海洋成为中华民族与世界各民族和平共处、友好往来、共同发展的通途。

三、建设海洋强国的必要性

从历史上看,一般海洋强国同时就是世界政治强国、经济强国、军事强国。不成为海洋强国,就不可能成为世界强国。

我国建设海洋强国的目的与历史上和当今的霸权国家本质上完全不同。我国建设海洋强国是实现中华民族伟大复兴的重要组成部分,一个历史性任务,需要分阶段的实施。

我国应成为海洋强国,这样,在全球化的形势下,才能保证我国拥有安全的可供各类船舶自由航行出入的海上通道,这样才能保证我国融入全球化体系不受制于其他海洋强国;不成为海洋强国,在多级化世界中,就不可能成为在世界上有发言权的政治大国。

从长远需要看,我国应当具备强大的"综合性海上力量",具有利用全球海洋空间的活动能力和自由权,具有捍卫国家主权、领土完整和海洋权益强大海防力量。在 21 世纪,我国建设海洋强国面临着艰巨的任务。到 21 世纪中叶,我国的综合性海上力量应该达到能够维护我国以下四个重要方面的利益需要:第一,主权和领土完整的需要,包括对外和对内的领土主权统一问题;第二,稳定和安全的需要,包括国内、周边和区域性的稳定和安全;第三,发展和强大的需要,包括经济、社会和综合国力等各方面;第四平等和正义需要,包括反对地区性和世界霸权主义的需要。

(《动态》2001 年第 7 期)

21 世纪海洋开发面临的形势和任务

刘　岩　曹忠祥

21 世纪是全世界大规模开发利用海洋资源、扩大海洋产业、发展海洋经济的新时期。未来 20 年,是我国全面建设小康社会的关键时期,也是我国和平崛起和实现民族伟大复兴的历史进程中承上启下的重要阶段。"实施海洋开发"是实现上述宏伟目标的重要举措。在这样一个历史时期,必须认清形势、抓住机遇、创新思路、明确任务,加快海洋开发步伐,发展海洋经济,建设海洋经济强国。

一、海洋开发面临的形势

(一)海洋开发的国际背景

1996 年生效的《联合国海洋法公约》(简称公约)确立了新的领海、大陆架和专属经济区、公海和国际海底区域制度,标志着世界海洋开发新秩序已经形成。约占全球海洋面积 30% 的 1.09 亿平方千米的近海,被沿海国以 200 海里专属经济区的形式划为有管辖权的海域。许多沿海国家重新审视本国的海洋政策,制定新的海洋开发战略,使这些管辖海域向国土化方向发展,由此形成了"蓝色圈地运动",海洋开发利用具有全球化趋势。全世界共有 151 个沿海国家,其中海岸相邻或相向的国家出现 380 多处需要划分海洋边界区域,目前只解决了约 1/3。今后 20 年的时间里,海上划界将是国际海洋事务的一个重要方面,以争夺专属经济区和大陆架资源、国际海底区域资源以及深海生物资源利用为主要目的的海洋权益之争将愈演愈烈。海洋高科技成为海洋开发竞争的核心,许多国家都在积极发展海洋高技术,深化海洋资源利用,推动海洋生物技术产业、海洋精细化工产业、海洋医药产业等高技术产业的发展。一些发达国家的海洋产业已经超过 20 个,成为新的经济领域。2001 年,世界海洋经济产值约 1.3 万亿美元,占世界经济总量的 4%,成为新的经济增长点。

(二)我国海洋开发的成就与问题

我国主张管辖海域近 300 万平方千米,是全面建设小康社会的战略资源基地和中华民族长远生存发展的重要空间。我国政府非常重视海洋开发,建立了较为完善的海洋开发和管理法律制度,已经制定了《领海及毗连区法》、《专属经济区和大陆架法》《海洋环境保护法》、《海域使用管理法》、《海上交通安全法》、《渔业法》等法律法规,在我国海洋开发与管理中发挥了积极作用。

海洋开发领域不断扩大,由近海向远海、由浅海向深海不断推进;新的可开发资源不断发现,南海天然气水合物的调查取得重大突破,深海矿产资源勘探取得重要进展,海水淡化和海水直接利用已经在沿海一些严重缺水城市中发挥明显作用。海洋科学技术发展迅速,已经形成海洋环境技术、资源勘探开发技术、海洋通用工程技术为主,包含 20 个技术领域的海洋技术体系。20 多年来,海洋经济快速发展,增长速度一直高于国内生产总值增长速度;2003 年海洋产业总产值达万亿元以上,增加值占GDP 的 3.8%,为我国的现代化做出了重要贡献。同年 5 月国务院颁布的《全国海洋经济发展规划纲要》具有里程碑式的意义,标志着我国海洋开发进入新的阶段,预示着我国海洋开发新秩序即将形成,这对加快我国海洋开发进程,规范海洋开发活动,促进海洋经济可持续发展带来了新的机遇。

我国的海洋开发还存在众多突出问题,包括对海洋资源国土化认识不足;海洋资源过度开发与开发利用不足并存,特别是争议海区、公海、国际海底区域资源开发能力较低,利用不足;海洋经济发展面临总量增加与结构调整、素质提高双重任务;海洋科技成果产业化水平低,自主创新能力较差,科技贡献率不足 20%,海洋科技发展总体水平有待进一步提高;海洋综合管理能力较低,近海海洋开发存在无序、无度现象,海洋环境资源破坏严重;海洋生态环境保护形势严峻,成为海洋经济发展的"瓶颈"。

二、海洋开发的思路和原则

(一)总体思路

牢固树立和落实科学发展观,从国家战略需求出发,与 2020 年全面实现小康社会的目标相适应,围绕海洋产业现代化、海洋开发布局建设、海洋科学技术和海洋生态环境保护 4 个重点,部署 21 世纪前期我国海洋开发战略任务,推动海洋开发全面协调发展。

树立大时空思想,在世界海洋开发整体框架下推进我国的海洋开发。一方面,以开放促开发,加大我国海洋开发的外向带动力度,拓展我国海洋经济发展空间;另一方面,合理开发和保护我国海洋国土资源,重视争议区的国家管理实践,放眼全球海洋资源,积极参与海洋开发的国际事务,通过多种方式积极利用世界海洋资源、国际海底区域和公海资源,抢占海洋资源份额,最大限度地维护我国海洋权益。

强化海洋国土意识,从国土开发视角构筑海洋开发的战略框架。针对《公约》确立的新的海洋制度所带来的我国海域管辖范围的巨大变化,必须树立全新的海洋国土观,充分行使我国的合法权益,实施对海洋国土的有效管辖和实际控制。在综合权衡陆地区域经济发展基础、发展需求及海洋国土资源状况的基础上,把海洋作为国家国土资源开发的战略布局重点之一,统筹规划和开发,满足国家国土开发的总体要求。

重视培育海洋经济发展的新要素,提高海洋经济的贡献率。以现代国家竞争优势理论为依据,立足于我国海洋开发的实际,确定海洋经济发展新的要素培育的有效战略。注重培育和创造自身缺乏的新经济要素,大力发展与储备海洋开发高新技术,提高科技对海洋经济发展的贡献率。以科技进步为动力,发现更多的可利用资源,高效利用常规资源;大力发展海洋高新技术产业,调整和优化海洋产业结构,改造和提升传统海洋产业,发展新兴海洋产业,拓展海洋产业,提高海洋产业现代化水平,推动海洋产业集群的形成,构建特定的国家海洋开发竞争优势,提高海洋经济对国民经济的贡献率。

全面贯彻科学发展观,保证海洋经济与环境保护协调发展。坚持以人为本,处理好海洋经济发展与海洋资源、生态环境保护的关系。坚持生态力就是生产力,建立合理开发和利用海洋资源的生态经济系统,实施海洋生态系统化管理,保障海洋资源的可持续利用、保护海洋生态环境,促进海洋经济持续、快速、健康发展。

(二)基本原则

维护海洋权益的原则。在海洋开发的过程中要认真维护国家的海洋权益。实现国家管辖海域的主权、主权权利和管辖权,同时要积极参与世界公共海洋资源的开发利用,争取分享更多的公共海洋资源份额,积极利用全球海上通道,维护海洋安全。

统筹规划与协调发展的原则。统筹规划海域的合理使用,保障各种海洋产业协调发展;统筹规划各地区的海洋开发,逐步形成各具特色的海洋经济区;提出规划海洋开发与保护的重点任务,保障海洋可持续利用。

可持续发展的原则。持续、快速发展海洋经济是海洋开发的核心目标。按照科学发展观的要求,坚持开发与保护并重,把海洋开发规模维持在海洋资源与环境的承载力基础上,防止无序、无度利用海洋资源,保护海洋生态环境,走海洋经济可持续发展之路。

科技先导的原则。坚持科技兴海,科技是第一生产力,大力发展海洋高新技术,提高海洋开发的技术水平和能力。依靠科技进步,调整海洋产业结构,促进海洋产业的升级换代,推动海洋新兴产业的发展,努力实现海洋产业现代化,把海洋资源优势转化为海洋经济优势。

积极参与国际海洋开发事务的原则。持续的推进海洋开发的对外开放,在资金、技术、人才等方面走"引进来"与"走出去"相结合的道路,以开放促开发,带动海洋经济发展。加强多边和双边的海洋开发国际合作,并有条件的争取发挥重要作用,提升参与国际海洋开发事务的能力。

三、海洋开发的战略任务

(一)海洋产业现代化

坚持科技创新,面向国际市场,遵循"大产业、大市场、大流通"的基本原则,通过现代科学技术与海洋产业发展相结合、大力发展海洋高新技术产业,推动海洋产业结构和技术结构的快速升级,提高海洋产业的国际竞争力,走国际化发展之路。

坚持以效益为中心,以市场需求为导向,按照"以养为主,养、捕、加、贸并举"的方针,建设现代海洋渔业发展体系,积极推进海洋水产业和渔区经济结构的战略性调整,保障海洋生物资源可持续利用与协调发展,实现海洋渔业由"产量型"向"质量效益型"和"负责任型"的战略转变;鼓励发展与渔业增长相适应的第三产业,拓展渔业空间,延伸产业链条,大力推进渔业产业化进程。海洋交通运输业的发展要进行结构调整,优化港口布局,拓展港口功能,注重港口发展由数量增长型向质量提高型转化;建立结构合理、位居世界前列的海运船队,逐步建设海运强国。实施旅游精品战略,发展海滨度假旅游、海上观光旅游和涉海专项旅游;加强旅游基础设施与生态环境建设,促进滨海旅游业的可持续发展。海洋油气业要实行油气并举、立足国内、发展海外,自营开采与对外合作并举,积极探索争议海域油气资源的勘探开发方式,重点加快进入南海深水领域步伐,开发天然气水合物资源;坚持上下游一体化发展,完善产业结构,增强产业抗风险能力。坚持"科学发展、开源增量、合理替代"的方针,把发展海水利用作为战略性的接续产业加以培植;重点发展海水直接利用和海水淡化技术,降低成本,扩大海水利用产业规模,推动海水资源产业化的全面发展。海洋生物医药业重点发展海洋生物活性物质筛选技术,重视海洋微生物资源的研究开发,加强医用海洋动植物的养殖和栽培;研究开发一批具有自主知识产权的海洋药物。加强深海勘探与研究,重点是深海海底资源勘探和开发、深海生物基因开发和深海科技研究。

(二)海洋开发战略布局

我国海洋开发建设的时序和布局原则是由近及远,先易后难,优先开发海岸带及邻近海域,优先开发有争议海区资源,加强海岛保护与建设,有重点开发大陆架和专属经济区,加大国际海底区域的勘探开发力度。

按照海陆联动和海陆一体化发展思路,优先开发海岸带及临近海域,实施中心区域带动战略,以长江三角洲、珠江三角洲和环渤海经济圈为中心,构建海岸带开发宏观战略格局和海洋经济增长极,建成我国第一海洋经济带,带动沿海地区经济发展。遵循"开发与保护并重,保护中开发"的原则,建设海岛生态经济区。大陆架和专属经济区开发要坚持争议海区适度开发,传统海区综合开发,适度加大对黄海、东海、南海争议区的油气资源和渔业资源开发力度,逐步减少对渤海油气资源的开发,在专属经济区形成我国生物资源开发和海产品生产基地,在大陆架区域形成我国油气资源开发基地,逐步将渤海变成我国油气资源的战略储备基地。大力发展远洋捕捞,通过加入国际和区域性渔业组织,积极开发公海水产资源;以寻求我国 21 世纪战略资源可接替区为目的,加大对国际海底区域资源研究、勘探和开发的投入,使我国成为国际海底和深海研究开发强国之一,推动深海产业快速发展。

(三)海洋科技发展

以建设海洋强国为目标,以促进海洋可持续利用为主线,面向海洋开发从浅海到深海发展的战略需求,重点发展海洋综合服务保障、海洋资源可持续利用、海洋生态环境保护领域的高新技术体系。启动数字海洋工程、海洋蓝色食物计划、深海探测计划,大幅度提高我国海洋科学研究水平和创新能力,推动海洋科学和技术的发展,逐步缩小和世界海洋科技强国的差距,使我国海洋科技总体水平接近同期国际先进水平,从而为实施海洋开发提供强有力的科技支撑,2020 年使我国进入世界海洋科技强国的行列。

(四)海洋生态环境保护

利用生态系统管理的理念与方法,坚持"河海统筹、海陆一体管理",制定海洋生态系统化管理规划,分区分类对我国海洋生态环境实施有效管理。加强海洋污染防治和生态建设,严格控制陆源污染物排海,对渤海、长江口及其邻近海域、珠江口及其邻近海域等重点区域实施综合整治。完善和建立海洋生态环境综合监测预警系统,重点实施渤海污染和生态环境监测系统能力建设。到 2020 年,海洋生态破坏和环境污染加剧的趋势基本遏制,重点河口、海湾环境质量得到根本好转、生物资源和生态系统功能得到有效保护和恢复,溢油、赤潮等环境灾害明显减少;海洋生态环境监测系统总体能力接近或达到 20 世纪末国际先进水平。

实施海洋开发战略、全面建设小康社会,是新世纪我国经济和社会发展的重要战略部署。为此,必须正确认识新时期海洋开发面临的机遇和挑战,以科学规划为指导,建立行之有效的海洋开发促进和保障机制,促进海洋开发各项战略任务的落实和顺利实施,使我国海洋经济发展再上新台阶,为小康社会建设和民族伟大复兴做出更大贡献。

(《动态》2004 年第 10 期)

关于将海洋纳入全国国土规划的思考

王　芳

　　我国是一个陆海兼备的国家,除拥有 960 万平方千米的陆域国土外,还有近 300 万平方千米的管辖海域。在优越的自然环境、雄厚的技术经济基础、完善的基础设施和优越的区位条件基础上,我国沿海地区已经成为人口、产业和经济等要素高度集聚的区域。为保障全面建设小康社会的奋斗目标的实现,党的十六大报告明确指出,要"实施海洋开发",这意味着开发海洋已经列入党的议事日程,列入了国家的发展战略。

　　近十多年来,我国区域发展格局有了巨大变化。伴随着经济的高速增长,发展和资源环境要素在许多地区严重不协调。特别是在东部沿海地区,由于缺乏统一的海陆系统规划,有些生产要素在海陆产业间不能合理流通,海陆产业链条难以达到最优耦合,甚至海域功能区与沿岸陆域功能区不相吻合,致使海陆产业布局衔接错位,海洋经济发展与陆域经济发展存在着一定程度的矛盾。

　　在经济全球化国际大趋势下,我国未来相当长的一段时期内,人口继续增加并向东部沿海地区集聚,大都市区的集聚程度及社会经济负荷持续大幅度增加,使得处于饱和状态的近海及沿海地区,面临更大的压力。同时,未来我国海洋生态承载能力将面临新一轮经济社会发展的巨大压力,特别是经济全球化将使海洋生态面临新的挑战。

　　因此,海洋作为我国国土的重要组成部分,在全国国土规划中理应作为一个重要的区域来进行谋划。通过合理规划海洋开发格局,科学合理地配置和利用海洋资源与空间,促进近海海域及岛屿的开发和整治,利用毗邻海洋的区位优势推动陆地生产力布局重心向海推移,实现海域与陆域国土开发格局的衔接,加快向海洋经济大国的转变,以最终完成建设海洋强国的历史性任务。

一、海洋经济区的划分及发展方向

　　《全国海洋经济发展规划纲要》明确指出,在我国的海洋区域划分上,按照由岸向海的地理区位,可分为海岸带及邻近海域、海岛及邻近海域、大陆架及专属经济区和国际海底四个区域;在开发时序上,应遵循"由近及远,先易后难"原则,优先开发海岸带及邻近海域,加强海岛保护与建设,有重点开发大陆架和专属经济区,加大国际海底区域的勘探开发力度。因此,在将海洋纳入全国国土规划区域进行谋划时,海洋经济区的划分必须以此为基础,结合沿海地区的实际情况确定发展方向。鉴于全国国土规划的范围及时序要求,应以海岸带及岛屿区域为重点。

（一）海岸带经济区及发展方向

21世纪,经济中心沿海化这一世界经济分布特征愈加明显,表现在我国也十分突出。据研究,1990年~2003年,全国经济总量在空间分布上进一步向东部沿海地区集聚,沿海地区所承载的经济总量持续增加。在沿海地区中,又主要集中在长江三角洲地区、珠江三角洲地区、京津冀地区、闽南厦漳泉地区、辽中地区及山东半岛地区。中科院地理所刘卫东博士研究表明,今后外资仍将以流入沿海地区为主,在珠江三角洲和长江三角洲分别以香港和上海为中心已经形成了这类具有全球竞争力的大都市经济区。今后,在京津冀地区、辽中南地区、山东半岛等区域还有可能出现这种大都市经济区,成为我国参与国际竞争的主要支撑点。这决定了我国未来区域发展空间格局的主体框架是:在"T"字型空间骨架上发展出若干具有国际竞争力的大都市经济区。

由于海岸带地处辽阔的陆域与海域之间,陆海两类经济荟萃,在经济建设中具有双重的辐射,是海洋经济建设的核心区。在全国生产力总体布局上,把"T"形总格局中沿海地带这一"一"主轴线作为重点,考虑我国沿海地区的自然、经济特征及现行的行政区划等因素,根据海洋经济区的划分原则和指导思想,兼顾海洋资源的空间组合以及海洋经济发展程度与水平,把沿海地带划分为北、中、南及海南岛四个海洋经济区。经济区内的海洋开发与整治要以《全国海洋功能区划》及全国国土功能区域划分为基础,打破行政区域界限,统筹重大基础设施、生产力布局和生态环境建设,实施中心区域带动战略,提高区域的整体竞争力,发挥各自优势,培养沿海"增长极"。

第一,北部海洋经济区以环渤海经济圈为中心,包括辽宁、河北、天津、山东三省一市,在沿岸有天津、大连、青岛三个特大城市,还有辽东半岛、山东半岛两个经济开发区,形成"三点两区一环"的分布格局。北部区海洋开发主导方向是海洋农牧化基地建设、石油天然气开发、高新技术产业、港口、盐业及滨海旅游等。

第二,中部海洋经济区以长江三角洲为中心,即以上海为核心,包括两翼的江苏、浙江两省的海岸带地区。中部区海洋开发利用的主导方向是港口、高新技术产业、海洋旅游及农、渔、盐业等。

第三,南部海洋经济区以珠江三角洲为核心,包括福建、广东、广西两省一区。开发利用方向是港口、高新技术产业和滨海旅游业等。

第四,海南省作为我国海岛省份,以海口为核心组成海南岛海洋经济区。发展的重点是港口、港口工业、海洋石油、滨海旅游等。

（二）海岛生态海洋经济区构成

海岛是我国海洋经济发展中的特殊区域,在国防、权益和资源等方面有着很强的特殊性和重要性。作为一个较为独立的生态系统,生物多样性相对较低,自然资源,特别是淡水资源不足,加之自然灾害等多种因素,致使海岛生态系统脆弱,承载力较低。我国海岛开发主要集中在有居民海岛,主要分布在浙江、福建、广东、山东附近海域,其中近岸岛屿居多。我国的海岛除南海诸岛外,绝大多数围绕在我国沿海东南边缘,大多数成群岛分布。海岛及邻近海域的资源优势主要是渔业、旅游、港址和海洋可再生能源。总体看来,海岛的经济基础薄弱,生态系统脆弱。发展海岛经济要因岛制宜,遵循"开发与保护并重——保护中适度开发,开发中注重保护",以及军民兼顾、平战结合的原则,建设海岛生态海洋经济区,实现经济发展、资源环境保护和国防安全的统一。

按照我国海岛分布的区位以及海岛经济带形成的预测,大体可划为三个海岛经济区:以长山群岛、庙岛群岛为主体的北部海岛经济区;以上海崇明岛、浙江舟山群岛为主中部海岛经济区;以台湾为主体包括福建平潭、东山岛及广东广西沿岸岛屿以及南海诸岛在内的南部海岛经济区。

海岛及邻近海域的主要发展方向是:加大海岛和跨海基础设施建设力度,加强中心岛屿涵养水源和风能、潮汐能电站建设;调整海岛渔业结构和布局,重点发展深水养殖;发展海岛休闲、观光和生态特色旅游;推广海水淡化利用;建立各类海岛及邻近海域自然保护区。

二、海洋经济区建设的基本原则和主要任务

沿海陆域巨大的经济容量和发展潜力,是以丰富的海洋资源和广阔的海洋空间为依托的。在空间布局上,海洋产业系统中各个具体产业的布局还是落在沿海陆域,即使是在海域完成生产过程的海洋捕捞、海洋运输、海上石油等产业也需要建立相应的陆上基地。因此,必须实施海陆经济互动战略,进行海陆一体化建设。

海岸带是海陆一体化建设的载体,从地理范围上看,海岸带同时包括了近海海域及沿岸一定范围的陆域。海岸带地区是海陆各产业开发资源、综合布局生产的主要场所,应结合海岸带不同岸段的具体特点,并与海岸带综合经济分区结合起来,科学合理地调整海陆产业结构,进行产业升级,增强海陆产业的紧密联系。本着局部与全局需要相结合、开发利用与保护整治相结合、资源开发主导方向与综合开发相结合、近期开发与长远开发相结合、军用与民用相结合的原则进行海岸带开发和海陆一体

化建设。从国民经济全局和海岸带整体来看,至 2020 年,海陆一体化开发建设布局重点任务主要包括:

一是沿海城市体系建设。建立以港口城市群为中心的沿海城市体系。我国主要城市与港口密不可分,中科院地理所有关研究表明,2005—2020 年是我国大多数省市城市化加快发展的时期,但东部地带的城市化速度要继续明显快于西部地区。目前大连、天津、青岛、上海、广州五个特大城市构成了沿海城市体系的最主要中心。到 2020 年,要以上海为全国沿海港口城市体系的中心,建成为我国的门户港,并以天津、大连为左翼,以广州为右翼,以其它开放港口城市为骨干,联合沿岸 40 多个大、中、小港口城市为基础,形成全国港口城市群体系。

二是海水增养殖基地建设。扩大滩涂、浅海开发,建立一批专业化、工厂化养殖基地,积极推广高效生态养殖技术,建立养殖清洁生产示范工程;加强海产品的加工和综合利用,发展保活、保鲜技术,开发新型加工产品,开拓国内外市场。到 2020 年,使我国近海海域成为稳定的海产食物开发区和海上农牧化基地。海水增养殖基地建设的重点是"两岛一湾"(即辽东半岛、山东半岛和渤海)、海岛(舟山群岛、长山列岛等)以及江苏沿岸、浙闽沿岸和海南岛,力争建设一批专业化的增养殖基地。具体如下:首先,建设"两岛一湾渔业综合开发区",坚持并扩大对虾种苗放流增殖,开展蟹、海蜇、土著鱼类放流,扩大贝类底播面积,建设海珍品增殖试验区;其次,在辽东半岛、山东半岛及江苏北部海岸滩涂浅海水域,建设海水增养殖基地,发展海珍品增养殖。在长岛、长海、海州湾建设海洋牧场,开展大马哈鱼放流增殖。同时。因地制宜开展文蛤、鳗鱼、紫菜及对虾等养殖;第三,在港湾众多的浙南沿海和舟山群岛,建设海水养殖基地和种苗基地,并逐步把增养殖的重点转移到潜力较大的浅海中层水域和海底增殖,实行立体增养殖;第四,重视福建水产增养殖基地建设,发展浮筏养殖、放流增殖和滩涂港养对虾;第五,在两广沿海,以建设人工鱼礁,发展种苗放流为主,积极建立名特水产品绿色养殖及生产加工基地;第六,在海南岛,加强北部增殖区建设,以增殖热带特产品种为主,建设全国的海水特产区。

三是沿海城市旅游带的建设与发展。我国海洋旅游资源的利用方向主要可归结为观光游、娱乐游和休闲度假游三种形式。从旅游资源的成因角度、空间组合和开发优势状况分析,中国滨海旅游资源的基本格局大致成"S"形态势,由北向南可分为 3 大一级旅游区——黄渤海消夏避暑旅游区、东海文化娱乐旅游区、南海避寒娱乐旅游区,以及 11 个二级旅游区,28 个主要景区。近期的重点任务是,发展以大连、青岛、天津、秦皇岛为中心的环渤海旅游带,形成包括黄渤海北部、渤海西部、黄渤海南部的黄渤海消夏避暑旅游区;发展以上海、杭州、宁波为中心的上海、杭州湾沿岸旅游带,建成涵盖苏北、长江三角洲、浙江的东海文化娱乐旅游区;发展以珠江三角洲为中心的广东沿海旅游带和海南岛热带旅游区,形成覆盖台湾、福建、广东、广西、海南等省区的南海避寒休闲娱乐旅游区。

四是海水利用产业化基地建设。以天津、青岛、大连等海水利用技术支撑力量强、产业化条件好的城市为基础,建设国家海水利用产业化北方基地;以上海、深圳、厦门、宁波等为基础,选择若干个南方城市和海岛,在开展示范城市活动和以满足海岛军民用水需求为目标的海岛海水利用工程的基础上,建设国家级海水利用产业化南方基地。海水利用产业化基地建设包括建立膜法海水淡化技术装备生产基地、发展海水利用设备制造业、加快发展海洋生物、海水化学资源综合利用产业等。

五是沿海主枢纽港建设和发展。沿海大型港口,为沿岸流域和内地腹地向海外输出货物与商品流入提供了便捷的海上通道,成为托举区域海洋经济的支撑力量。继续加强优良港湾开发和以综合性港口为中心的运输系统及产业基地建设,到2020年,围绕集装箱枢纽港在区域经济、贸易、金融中心中的作用,在我国沿海建立2～3个集装箱枢纽港,即以香港为中心,深圳为补充的华南枢纽港,充分发挥香港航运中心的作用,形成香港、深圳港口联手发展的格局;以上海港为中心,以浙江宁波港的深水条件和江苏太仓港的区位优势为补充的华中枢纽港,建设我国最大的国际海运体系;选择适当时机建设以青岛港为重点的北方集装箱枢纽港。同时,围绕港口建设推进临港工业区的形成与发展,推动工业、尤其是重化工业布局向海推移,建设临海型工业地带,并由此带动临海区域城镇发展和城镇化水平的提高。

六是加大油气勘探力度并加快海洋石油基地建设。进一步加强海洋油气资源开发,争取尽快在渤海、东海、珠江口、北部湾等地获得新的突破。同时,配合海洋油气资源的勘探开发,在陆上港口附近建设一批海洋石油基地。在大陆架区域形成我国油气资源开发基地,逐步将渤海变成我国油气资源的战略储备基地。

三、国土规划中的海洋生态建设和环境保护任务

利用生态系统管理的理念与方法,坚持"河海陆统筹协调、一体化综合管理",制定海洋生态系统化管理规划,分区分类对我国海洋生态环境实施有效管理。

第一,重视近海重要生态功能区的修复和治理,重点是渤海、舟山海域、闽南海域、南海北部浅海等生态环境的恢复与保护。建设一批海洋生态监测站。开展海洋生态保护及开发利用示范工程建设。

第二,开展全国性海洋生态调查,重点开展红树林、珊瑚礁、海草床、河口、滨海湿地等特殊海洋生态系及其生物多样性的调查研究和保护。在加强现有海洋自然保护区保护能力建设的基础上,建立和完善各具特色的海洋自然保护区,形成良性循环的海洋生态系统。

第三,加强海洋污染防治和生态建设,严格控制陆源污染物排海,对渤海、长江口及其邻近海域、珠江口及其邻近海域等重点区域实施综合整治。完善和建立海洋生

态环境综合监测预警系统,重点实施渤海污染和生态环境监测系统能力建设。到
2020 年,使海洋生态破坏和环境污染加剧的趋势基本遏制,重点河口、海湾环境质量
得到根本好转,生物资源和生态系统功能得到有效保护和恢复,溢油、赤潮等环境灾
害明显减少,海洋生态环境监测系统总体能力接近或达到 20 世纪末国际先进水平。

（《动态》2006 年第 4 期）

关于完善我国海洋法律体系
的基本设想

贾 宇

海洋占地球表面积的 70.78%,它不仅是生命的摇篮,而且在科技飞速发展和人口、资源、环境面临严重危机的今天,人类越来越重视对海洋的开发、利用和保护。1992 年联合国环境与发展大会通过的《21 世纪议程》指出:"海洋环境(包括大洋和各种海洋以及邻接的沿海区)是一个整体,是全球生命支持系统的一个基本组成部分,也是一种有助于实现可持续发展的宝贵财富",要求"沿海国承诺对在其国家管辖内的沿海区和海洋环境进行综合管理和可持续发展"。1993 年第 48 届联合国大会通过的决议,敦促世界各国把海洋管理列入国家发展战略,各国应加快国内立法,使之与《联合国海洋法公约》(以下简称《公约》)相衔接。

"实施可持续发展战略,推进社会事业全面发展"被写进《中华人民共和国国民经济和社会发展"九五"计划和 2010 年远景目标纲要》,明确规定"依法保护并合理开发土地、水、森林、草原、矿产和海洋资源,完善自然资源有偿使用制度和价格体系";"加强海洋资源调查,开发海洋产业,保护海洋环境"。第八届全国人民代表大会第五次会议上李鹏总理所作的政府工作报告,也多次提到海洋工作。在国际上海洋事务已经成为广泛关注的热点,在国内海洋工作也已得到党中央、国务院越来越多的关注和重视。在这种形势下,有必要检视我国的涉海立法,尽快制定、颁布、修改相关法律,把《公约》赋予缔约国的权利通过国内立法加以实现,健全我国的海洋法律制度,完善海洋法律体系。

一、我国海洋立法的历史和现状

(一)我国近代史上的涉海立法

中华民族对海洋的利用可谓历史久远,航海技术也曾经十分高超。至少从公元前 3 世纪起直至十五世纪中叶为止,中华民族的古代航海事业与航海技术始终居于世界领先地位,以郑和七下西洋达到顶峰。明清两代闭关锁国,在以葡萄牙、西班牙、荷兰、英国等为代表的西方殖民主义国家从海上大举东侵时,实行海禁政策无异于坐以待毙。1840 年的鸦片战争,致使国门被从海上全面打开,外敌入侵,海权丧失,有海无防。

1875 年,日船因到朝鲜(当时为清朝属地)沿岸进行测量而遭清军炮击,日本大使提出抗议。李鸿章代表清政府声明,沿岸 10 里(约 3 海里)以内是中国的领海。这是迄今为止所能发现的我国最早的关于领海的"声明"。

第一次提到中国领海并对有关领海制度加以规定的双边条约是中国和墨西哥通商条约,该条约签定于 1899 年 12 月 14 日(清光绪二十五年十一月十二日)。条约第十一款规定:"彼此均以海岸去地三力克(每力克合中国十里)为水界,以退潮时为准,界内由本国将税关章程切实施行,并设法巡辑,以杜走私、漏税"。按此规定,中国的领海宽度约为 9 海里。

在 1930 年海牙国际法编纂会议上,当时的中国政府代表发表声明,中国赞成 3 海里领海宽度。

试图通过法律手段进行海洋管理,在旧中国最早也只能追溯到 1931 年。1931 年 4 月,经海军部提议,国民党政府行政院发布了"领海范围为三海里令",缉私区为 12 海里。但当时国内连年战乱,加以外敌入侵,并未能在 3 海里内行使有效的管辖,亦未能建立起领海制度,更无从谈起海洋法律制度和海洋法律体系。

(二)1949 年以后至 20 世纪 80 年代初的涉海立法

1949 年新中国成立以后,起"临时宪法"作用的《中国人民政治协商会议共同纲领》、1954 年宪法和 1975 年宪法,对海洋和海洋权益均未著一字。1978 年宪法第 6 条第 2 款规定:"矿藏、水流、国有的森林、荒地和其他海陆资源,都属于全民所有",而现行的 1982 年宪法,甚至通篇没有一个海字,只在第 9 条规定滩涂作为自然资源属于国家所有。

1958 年 9 月 4 日我国政府发表《中华人民共和国关于领海的声明》,才初步建立起我的领海制度。"声明"宣布我国领海宽度为 12 海里;领海基线采用直线基线,基线以内的水域是中国的内海,基线以内的岛屿是中国的内海岛屿;一切外国飞机和军用船舶,未经许可,不得进入中国的领海和领海上空,任何外国船舶在中国领海航行,必须遵守中国政府的有关法令。但由于没有公布领海基点,这一领海制度还是很不完善的。此后的相当长时期内,涉海立法工作未能正常展开,只在个别领域颁布了少量法律、法规,如:

1954 年 1 月 23 日政务院命令公布《中华人民共和国海湾管理暂行条例》;

1956 年 6 月 30 日交通部发布《老铁山水道航行规定》;

1959 年 12 月 9 日交通部发布《关于港口引水工作的规定》;

1964 年 6 月 8 日国务院命令公布《外国籍非军用船舶通过琼州海峡管理规则》;

1976 年 11 月 12 日交通部发布《中华人民共和国交通部海港引航工作规定》(前述 1959 年 12 月 9 日的规定废止)等。

(三)20 世纪 80 年代以来的涉海立法

中共十一届三中全会以来,我国重视法制建设,立法工作得到加强,一批重要的基础性法律相继颁布、实施。随着我国法制建设的不断加强,新的部门法也逐步形成、完善,使得我国的法律体系初具规模。此间我国的政治体制改革和经济体制改革正在探索中进行,立法工作(包括涉海立法)不免带有时代特色。而从全球经济发展来看,海洋经济正在逐步成为新的经济增长点,我国也逐渐认识到并开始重视海洋经济的发展,使得涉海立法有了一定的进展,成为我国法制建设的重要组成部分。我国现行涉海立法多出于 80 年代以后,其中一些重要的涉海法律、法规都是在这一期间相继出台的,如 1982 年的《海洋环境保护法》,1983 年的《海上交通安全法》,1985 年的《海洋倾废管理条例》,1992 年的《领海及毗连区法》,1996 年的《涉外海洋科研管理条例》等,全国人大常委会已对《专属经济区和大陆架法》草案进行了讨论。

现行主要涉海法律、法规如下表所示:

类别	法律、法规名称	发布部门	发布日期	实施日期
主权	1. 中华人民共和国领海及毗连区法	全国人大常委会	1992.2.25	1992.2.25
	2. 中华人民共和国政府关于领海的声明			1958.9.4
环境保护	1. 中华人民共和国海洋环境保护法	全国人大常委会	1982.8.23	1983.3.1
	2. 海洋石油勘探开发环境保护管理条例	国务院	1983.12.29	1983.12.29
	3. 防止船舶污染海域管理条例	国务院	1983.12.29	1983.12.29
	4. 海洋倾废管理条例	国务院	1985.3.6	1985.4.1
	5. 防止拆船污染环境管理条例	国务院	1988.5.18	
	6. 防治海岸工程和建设项目污染损害海洋环境管理条例	国务院	1990.5.25	1990.8.1
	7. 防治陆源污染物污染损害海洋环境管理条例	国务院	1992.10.27	1992.10.27
	8. 国务院关于同意天津古海岸与湿地等十六处自然保护区为国家级自然保护区的批复	国务院	1992.10.27	1992.10.27
	9. 海洋环境预报与海洋灾害预报警报发布管理规定	国家海洋局	1993.10.87	1993.10.8
	10. 中华人民共和国水生野生动物保护实施条例	国务院	1993.10.29	1993.10.29
	11. 自然保护区条例	国务院	1994.10.9	1994.12.1
	12. 海洋自然保护区管理办法	国家海洋局	1995.5.29	1995.5.29
	13. 中华人民共和国大气污染防治法(95 年修正)	全国人大常委会	1995.8.29	1988.6.1

续表

类别	法律、法规名称	发布部门	发布日期	实施日期
矿产资源	1.中华人民共和国对外合作开采海洋石油资源条例	国务院	1982.1.30	1982.1.30
	2.矿产资源勘查登记管理暂行办法	国务院	1987.4.29	
	3.石油及天然气勘查开采登记管理暂行办法	石油工业部	1987.12.24	
	4.国家海域使用管理暂行规定	财政部	1993.5.21	1993.5.21
	5.中华人民共和国矿产资源法(修正)	全国人大常委会	1996.8.29	1997.1.1
	6.开采海洋石油资源缴纳矿区使用费的规定	财政部		
	7.矿产资源监督管理暂行办法	国务院		
渔业及生物资源	1.水产资源繁殖保护条例	国务院	1979.2.10	
	2.中华人民共和国渔业法	全国人大常委会	1986.1.20	1986.7.1
	3.中华人民共和国渔业法实施细则	农牧渔业部	1987.10.19	1987.10.19
	4.渔业资源增殖保护费征收使用办法	国务院	1988.10.9	
	5.渔业行政处罚程序	农业部	1992.2.1	1992.2.1
	6.关于切实加强通航水域捕捞鳗鱼苗和开采黄砂管理的通知	交通部 农业部 地矿部 水利部 公安部	1992.6.27	1996.6.27
	7.渔业船舶及船用产品检验收费办法	国家物价 局财政部	1992.10.15	1992.10.15
	8.渔业船舶检验计费规定	国家物价局 财政部	1992.10.15	1992.10.15
	9.中华人民共和国农业法	全国人大常委会	1993.7.2	1993.7.2
交通运输	1.海港管理暂行条例	政务院	1954.1.23	
	2.外国籍非军用船舶通过琼州海峡管理规则	国务院	1964.6.8	1964.6.8
	3.中华人民共和国对外籍船舶管理规则	交通部	1979.8.22	
	4.中华人民共和国海上交通安全法	全国人大常委会	1983.9.2	1984.1.1
	5.航道管理条例	国务院	1987.8.22	
	6.中华人民共和国海商法	全国人大常委会	1992.11.7	1993.7.1
	7.国务院关于进一步改革国际海洋运输管理工作的通知	国务院	1992.11.10	1992.11.10
	8.中华人民共和国船舶和海上设施检验条例	国务院	1993.2.14	1993.2.14
	9.国防交通条例	国务院 中央军委	1995.2.24	1995.2.24
	10.国际航行船舶进出中华人民共和国口岸检查办法	国务院	1995.3.21	1995.3.21
	11.海港水域交通安全管理条例科研			
科研	中华人民共和国涉外海洋科学研究管理规定	国务院		1996.10.1

类别	法律、法规名称	发布部门	发布日期	实施日期
文物保护	1. 中华人民共和国水下文物保护管理条例	国务院	1989.10.20	1989.10.20
	2. 中外合作打捞水下文物管理条例			
	3. 关于外商参与打捞中国沿海水域沉物管理办法	国务院	1992.7.12	1992.7.12
测绘	中华人民共和国测绘法	国务院	1992.12.28	1993.7.1
其他	1. 盐业管理条例			
	2. 中华人民共和国海关法	全国人大常委会	1987.1.22	1987.7.1
	3. 中国海事仲裁委员会仲裁规则	中国国际贸易促进委员会	1988.9.12	1989.1.1
	4. 铺设海底电缆管道管理规定	国务院	1989.2.11	1989.3.1
	5. 中国人民解放军《铺设海底电缆管道管理规定》实施办法	国家海洋局 总参谋部通信部	1994.9.19	1994.10.1

二、完善我国海洋法律体系的必要性

（一）我国涉海立法存在一些需要解决的问题

涉海立法作为我国法制建设的组成部分,随着我国法制建设的发展而发展。自20世纪80年代以来,已颁布了一批涉及海洋的法律、法规,这些法律、法规的制定和实施,有力地促进了我国海洋事业的发展,对促进海洋开发活动和保护海洋资源与环境起了重要的作用,使我国的海洋管理工作基本上有法可依,得以正常进行。但在涉及国家主权权利和资源、作为《公约》主要内容的专属经济区和大陆架的立法和海洋综合管理制度的建立上,还没有专门的法律、法规。目前,我国海洋法律制度建设上存在的主要问题包括:

1. 海洋法律规范尚不完备,海洋法律制度不够健全,没有形成完善的海洋法律体系。80年代以来涉海立法虽得以加强,但也不可否认其中专门的海洋立法不能算多,而且其中多为专项性的行业法规。许多法律、法规中涉及海洋时也只是略提一二。这就使得海洋法律规范还不完备,不能形成完善的海洋法律体系。

2. 现行涉海法律、法规过于原则化,适用性较差;有些已经建立的海洋法律制度内容不够完善、不配套、不系统。我国现行涉海法律、法规中的相当一部分是在1993年宪法确认"国家实行社会主义市场经济"之前陆续制定的,难免含有反映计划经济体制的原则、制度和规定。由于立法指导思想和立法技术方面的原因,导致整个海洋法律体系不完善。如渔业法、海上交通安全法、海洋环境保护法等均规定其适用范围是我国的内水、滩涂、领海及我国管辖的一切其他海域,从而对所有国家管辖海域不分性质和法律地位,笼统规定、一概适用,因而不能适应对具有不同法律性质的各种海域进行管理的具体要求;目前有些专门的海洋法规的内容还不是很完善,只限于作出原则性规定,所建立的海洋法律制度也只有最基本的内容。如根据我国的领海及毗连区法,外国军用船舶通过我国领海需经我国有关部门批准,但关于批准的程序、条件等却没有相应的规定。

3.《公约》赋予沿海国许多权利,这些权利需要通过国内立法去实现。但有些重要的法律制度我国尚未建立,有些已有的法律制度也有需要完善之处。比如,我国虽已在1996年5月15日批准《公约》时宣布建立专属经济区和大陆架制度,但尚未颁布专属经济区和大陆架法。提请八届全国人大常委会审议的《中华人民共和国专属经济区和大陆架法(草案)》,主要是确定我国对专属经济区和大陆架的主权权利和管辖权,并对此作出原则性规定,没有也不可能对所有相关具体问题都作出详细规定。即便近期颁布专属经济区和大陆架法,仅仅依靠该法实现《公约》赋予的权利、行使管辖权和进行管理,也是远远不够的。因此,有必要制定配套法规。配套法规应将专属经济区和大陆架法的原则性规定具体化,包括:(1)生物资源的养护和管理条例;(2)非生物资源的勘探和开发管理条例;(3)从事经济性开发和勘探活动管理条例;(4)人工岛屿、设施和结构的建造和使用管理条例;(5)海洋科学研究管理条例,(6)保护和保全海洋环境条例;(7)海底电缆管道铺设、使用条例等。又如,在既存的领海及毗连区制度中,尚需补充一些内容,包括:(1)海峡过境通行管理制度;(2)实施紧追权制度;(3)管制领海内船舶航行制度;(4)外国军舰无害通过领海的审批制度,(5)毗连区内管制权的行使等。

4.立法进程滞后,尤其是对在海洋经济的发展中出现的海洋开发与资源、环境的保护、可持续发展等比较突出、尖锐的问题,缺乏严密而适用的法律规范。比如,海域作为国有资源,是各种海洋开发利用活动的空间范围,具有有限性、不可再生性和使用的排他性、有偿性。海洋经济的发展使得海域利用的矛盾日见突出,如不同主体在某一特定海域进行交叉活动而产生矛盾。但目前关于海域使用的法规立法层次较低,不能适应实际需要,急需升格。

5.健全海洋法律制度,完善海洋法律体系,除与《公约》接轨外,很重要的一点,就是要规范海洋资源的开发与保护活动,以实现可持续发展的战略目标。为此,应该尽快建立、健全我国的海洋资源开发、保护基本法,海岸带综合管理法等法律、法规。

(二)国际海洋法律制度新发展的要求

《联合国海洋法公约》已于1994年11月16日生效。截止至1997年3月15日,世界上151个沿海国家中已有113个批准了《公约》,充分体现了《公约》的普遍性。

根据《公约》的内容,沿海国纷纷调整国家海洋政策、海洋管理体制和机构,修订、颁布国内相关法律,以与《公约》接轨,实现《公约》赋予的权利,最大限度地保护本国的利益。由此形成了新的开发、利用海洋的热潮,并被沿海国提到战略高度。如日本政府在 1996 年 3 月就将《公约》及需要修改、颁布的八项相关涉海法案一并提交国会审议。其中,五项修改的法案包括:"领海及毗连区法"、"关于核废料污染法"、"关于水产资源保护法"、"防止海洋污染和灾害法"、"海上保安厅法";三项新法案是"专属经济区及大陆架法"、"关于对专属经济区的渔业等行使管辖权法"、"关于养护及管理海洋生物资源法"。韩国在 1996 年 8 月设立了海洋部,将过去由 13 个部、3 个厅分散管理的涉海业务由海洋部集中管理,统一规划。

1996 年 5 月 15 日,第八届全国人民代表大会常务委员会第十九次会议通过了批准《公约》的决议,表明我国履行《公约》的立场。《公约》确立了一系列全新的海洋法律制度。为了更好地实现《公约》赋予缔约国的权利和履行所承担的国际义务,最大限度地维护我国的海洋权益并与《公约》接轨,有必要健全我国的海洋法律制度,完善海洋法律体系,形成具有中国特色的海洋立法框架。

与《公约》相对照,有些法律制度尚未建立或需要完善,主要有:

(1)专属经济区和大陆架制度。包括:①专属经济区内生物资源养护和管理制度;②跨越国家管辖海域生物资源养护的双边或多边协定;③生物资源管理的执法与司法程序;④人工岛屿、设施、结构的建造、管理制度。

(2)国际海底区域管理制度。包括:"区域"内环境保护制度;"区域"内自然资源勘探开发制度。

(3)在公海上行使权利的制度。包括:实施登临、检查的制度;实施紧追权的制度;船舶管理制度。

(4)完善海洋环境保护制度。包括全球性或区域性的海洋环境保护制度。

(5)完善海洋科学研究管理制度。

(三)改革、理顺海洋管理体制的要求

我国的海洋管理开始于 20 世纪 50 年代,是随着国家海洋开发工作范围和规模的扩大逐步建立起来的。经过几十年的实践,已初步建立了一套中央与地方相结合、综合管理与部门管理相结合的海洋管理体制,其中行业和部门管理占有重要地位。我国宣布建立专属经济区和大陆架制度以后,国家管辖海域的扩大使海洋管理面临严峻而重大的新任务。但目前的管理体制导致海上执法力量分散,不能形成有效的管理能力,不能适应形势的需要。今年的人代会上已有多位人大代表就此提出议案。海洋管理体制改革的基本方向之一应该是依法行政,依法管理。因此,加强海洋法制建设刻不容缓。

三、关于健全、完善我国海洋法律制度、体系的设想

我国政府已经开始重视海洋经济的发展,进而重视作为管理手段的海洋法律规范的建设问题。《中国21世纪议程》将"可持续发展"作为国家战略,为此要"开展对现行政策和法规的全面评价,制定可持续发展法律、政策体系,突出经济、社会与环境之间的联系与协调。通过法规约束、政策引导和调控,推进经济与社会和环境的协调发展";为保证可持续发展,要"健全法制,强化管理,运用法律和必要的行政手段"及"建立可持续发展法律体系,并注意与国际法的衔接"。《中国海洋21世纪议程》更将海洋法制建设作为重要的方案领域之一。为此,要采取切实行动,"建立、健全海洋法律、法规体系","促进中国海洋法规与国际相关法规的接轨",形成具有中国特色、适合我国国情、规范海洋开发、保护、管理等活动并适应可持续发展需要的海洋法律体系。

（一）关于完善我国海洋法律制度的思路

1. 适合我国国情。法律体系的建立必须同本国的经济发展水平、法律传统、民族文化传统等相适应,必须符合本国国情,符合法律自身的内在要求,保持内部的和谐一致。我国现在还处于社会主义的初级阶段,生产力发展水平比发达国家还有很大差距,陆上资源的相对匮乏使得海洋资源的开发、利用和保护变得极为迫切。海洋管理工作必须要有严密而充分的法律保障,以保证依法管理。

2. 适应我国社会主义市场经济体制的要求。从某种意义上讲,市场经济就是法制经济。法作为上层建筑是为经济基础服务的,海洋法律规范当然要适应我国社会主义市场经济体制的要求。海洋经济的发展也必须遵循市场经济体制的规律,需要法律作为保障的手段。

3. 有预见性,适度超前。法要反映经济基础的现实,但又不能一直落后于生产力的发展水平,要有预见性和指导性,应对经过科学论证而确认的社会、经济发展过程中必然出现的问题作出适度超前的规定。

4. 应与《公约》所建立的法律制度相协调。《公约》作为一部经过十年的谈判、磋商、妥协、斗争才得以诞生、集人类智慧之大成的"海洋宪章",对海洋的用途、资源及活动的各个方面都作了规定,建立起了一系列法律制度。我国1958年的领海声明以及1992年《领海及毗连区法》建立的领海和毗连区制度,与《公约》确立的相关法律制度是基本协调的。我国关于专属经济区制度、大陆架制度的一贯主张与《公约》的有关内容也是基本一致的。此外,《公约》还对用于国际航行海峡的过境通行制度、群岛国制度、公海的登临和检查权制度、岛屿制度、闭海或半闭海区域国家的合作、内陆国出入海洋的权利和过境自由、国际海底等作了较明确的规定,对与人类开发海洋活

动有关的海洋环境的保护与保全、海洋科学研究、海洋技术的发展和转让、争端的解决等也作了相应的规定。作为《公约》的缔约国，我们应该积极适应国际海洋法律制度发展的新形势，调整相关国内立法，维护国家的海洋权益。

（二）关于我国海洋法律体系内容的设想

法以社会关系为调整对象，社会关系的多样性和复杂性决定了法律规范的多样性，对法律规范的划分形成了不同的法律部门，这些法律部门间相互协调一致，有机联系，构成一国的法律体系。"法律体系通常指由一个国家的全部现行法律规范分类组合为不同的法律部门而形成的有机联系的统一整体"（《中国大百科全书·法学》第 84 页），说明一国法律规范之间的统一、区别、相互联系和协调性。法律体系的外部结构的主干是各种部门法，内部结构的基本单位是各种法律规范。因而，一国的法律体系是多层次的，每一层次都包括许多法律、法规。研究法律体系，可以清楚地了解和掌握本国法律的全貌，对理想状态的法律体系作出设想，还可以发现现行法律的缺陷，为立法预测、立法规划和具体的立法工作提供依据。

海洋法律规范是维护国家海洋权益，管理海上各项活动包括海洋资源开发、利用和环境保护等活动的基本措施和手段。海洋法律规范既要体现我国关于海洋的方针、政策、原则，又要明确各级机构的管理范围和分工，并规定对违法行为的处罚方法和处理程序。海洋法律规范体现于不同的涉海法律、法规中，完善的海洋法律规范需要全面的涉海立法，全面的涉海法律、法规才能形成健全的海洋法律体系。

海洋法律体系作为我国总的法律体系的一个分支，涉及几个法律部门，由不同类别、不同层次的法律、法规构成。包括：国家立法机关制定的有关海洋的法律，国家最高行政机关颁布的有关海洋的行政法规，国家海洋主管部门与其他有关部门单独或联合制定的有关海洋的部门规章，各省、市、自治区地方立法机关和政府制定的有关海洋的地方性法规和规章。

（三）关于我国海洋法律体系基本框架结构的设想

根据我国涉海法律、法规的性质、作用、适用范围和法律效力的不同，对我国海洋法律体系的基本框架结构作如下设想：

第一层次是关于我国海洋权益的法律，包括领海和毗连区法，专属经济区和大陆架法。

第二层次是关于海洋资源的开发利用、交通运输、环境保护、科学研究等的法律，包括渔业法、矿产资源法、海洋环境保护法等。

第三层次是为实施上述法律而制定的行政法规、部门规章、条例等规范性文件。

第四层次是地方性法规和规章。

《公约》关于国家在其管辖海域范围内的主权、主权权利和管辖权的规定，是我国作为缔约国从《公约》获得的权利,是我国进行相关国内立法的基本内容之一。《公约》关于国家管辖海域的规定,是我国确定国家管辖海域范围的国际法依据,是我国相关立法的空间效力范围。因此,领海及毗连区法、专属经济区和大陆架法,作为确定我国国家管辖海域范围及权利的"基本法",理应处于我国海洋法律体系基本架构的基础地位。在此基础上并结合我国的具体情况,方能细化各涉海行业、部门等的管理内容。

　　根据上述设想,试拟列我国海洋法律体系如图所示。

领海及毗连区法＊		领海无害通过管理办法 外国军用船舶通过中国领海管理规定 领海基点标识保护管理条例 毗连区管制条例 海上缉私条例 海上执法条例
专属经济区和大陆架法		专属经济区生物资源养护和管理条例 专属经济区内人工构造物建造、使用管理条例 大陆架自然资源管理办法
(综合管理)	海岸带管理法	海洋区域规划条例 海洋旅游管理条例 海上人工构造物管理条例 海岸防护整治管理条例 海岸工程建设项目管理办法
(区域管理)	国家海域使用管理法	海域使用金征收管理办法 海域使用许可证管理条例 海域使用登记管理办法 外商使用海域管理条例
(海洋环境保护)	海洋环境保护法＊	海洋监视监测条例 防止放射性物质污染海洋环境管理条例 海洋自然保护区管理条例
(海洋科学研究管理)	海洋科学研究管理法	海洋技术开发转让法
(海洋资源开发保护)	矿产资源法＊	海洋矿产资源管理条例
	渔业法＊	
(深海采矿)	国际海底区域矿产资源勘探开发管理法	
(海上交通安全管理)	海上交通安全法＊	
其他		在公海上行使有关权利的法律
	海商法＊	海商法实施细则

	海关法	
		海洋测绘管理条例
		海洋文物管理条例
		海洋能开发管理条例

注:有 * 者已有。

（四）需要配套的法规

我国虽然已有一些涉海立法,但若要构建一个完善的海洋法律体系框架,似乎还需一些法规配套。

（五）关于海洋立法的优先领域的思考

改革开放以来,我国的海洋经济迅速发展,海洋产值平均年增长率在 20% 以上,1996 年主要海洋产业的产值已近 2 900 亿元人民币,成为国民经济的重要组成部分。近年来沿海各省、区、市越来越重视海洋经济的发展,纷纷提出战略目标,采取了带有战略性的措施,海洋经济已经成为沿海地区经济发展的新增长点。

海洋经济是以海洋为空间,以海洋资源开发为内容的经济活动。海洋空间及其资源属于国家所有。在对海洋及海洋资源、环境的开发利用及研究活动中,国家要进行计划、组织、调控,法律是重要的手段。然而,目前我国既无统一的进行海洋综合管理的政府部门,亦无统一的海上执法队伍。更有甚者,涉海行业和沿海地方对海洋及其资源的开发利用,还没有完全做到有序、有偿,还存在着重使用、轻管理,重开发、轻保护等不合理、不利于可持续发展的情况。应该迅速建立起海洋及其资源的有偿使用法律制度、海洋综合管理法律制度等重要又急需的法律、法规。此外,为维护我国的海洋权益,充分实现《公约》赋予缔约国的权利并履行缔约国的义务,完善我国的海洋法律体系,考虑到我国涉海立法的现状,目前似应优先考虑进行如下立法研究工作:

1. 制定《国家海域使用管理法》

海域是"海洋国土"的主体,是海洋经济赖以生存、发展和繁荣的主要依托,是各种海洋资源开发利用活动的空间范围。随着陆地资源的日益减少和我国经济发展对海洋资源需求的不断提高,海洋在国民经济中的重要性越来越明显,应该从国家经济发展全局的角度,规划、规范、管理、协调海域资源的利用和保护,应以"国家海域使用管理法"作为"基本法"。其中似应涉及如下主要问题:

（1）关于国家海域使用基本原则的规定。

(2)关于国家海域范围的规定。

(3)关于海域使用证制度和海域有偿使用制度的规定。

(4)关于海域使用权取得的规定。

(5)关于海域使用费的规定。

(6)关于违反本法应受处罚的规定等。

2. 制定《领海无害通过管理办法》

(1)关于非无害通过的规定。

(2)关于无害通过的暂停的规定。

(3)对违反领海无害通过规则的措施的规定。

(4)关于海道和分道通航制的规定。

(5)关于外国船舶的义务的规定。

(6)对外国船舶违法活动的处理的规定。

(7)对外国船舶管辖权的行使的规定。

3. 制定《专属经济区生物资源养护和管理条例》

(1)关于对生物资源的主权权利的规定。

(2)关于决定总可捕量和各鱼种的可捕量的规定。

(3)关于促进专属经济区内生物资源的最适度利用的规定。

(4)关于决定我国的捕捞能力的规定,及在没有能力捕捞全部可捕量的情况下,准许其他国家捕捞剩余部分的规定。

(5)关于外国渔船进入我国专属经济区内捕鱼的规定。

(6)关于进入我国专属经济区内捕鱼的外国渔船应当遵守我国的有关法律和规章的规定。

(7)关于高度洄游鱼种和跨界鱼种的养护和管理的规定。

(8)关于为养护渔业资源而需采取的限制性措施的规定。

(9)关于为确保有关法律和规章得到遵守而采取登临、检查、逮捕和进行司法程序的措施的规定。

4. 制定《专属经济区内人工构造物建造、使用管理条例》

(1)对人工岛屿、设施和结构的建造和使用的专属管辖权的规定,包括有关海关、财政、卫生、安全和出入境的法律和规章方面的管辖权。

(2)关于建造并授权和管理建造、操作和使用人工岛屿、设施和结构的专属权的规定。

(3)关于人工岛屿、设施和结构的建造必须妥为通知并对其存在维持永久性的警告方法的规定。

(4)关于在人工岛屿、设施和结构的周围设置安全地带,采取适当措施确保安全,以及一切船舶必须尊重这些安全地带的规定。

(5)关于人工岛屿、设施和结构的建造和使用在航行、环境保护等方面的要求的规定。

此外,有些法规对我国的管辖海域不分性质,笼统规定加以适用,不适应当前海洋管理的现实需要,应尽快修改。如:《中华人民共和国海上交通安全法》、《中华人民共和国海洋环境保护法》、《中华人民共和国海洋石油勘探开发环境保护管理条例》、《中华人民共和国渔业法》等。

总之,不论是执行《公约》、维护国家海洋权益,还是调整我国海洋开发与管理,都需要健全的海洋法律制度,完善的海洋法律体系。因此,有必要加强涉海立法的研究,修改现行法律、法规中不适应的部分,尽快颁布现实需要又与《公约》接轨的法律、法规,以更好地维护国家的海洋权益。

(《动态》1997 年第 6 期)

加快我国海洋自主创新技术
产业化发展的战略思考

中共中央、国务院中发[1999]14号文件向全国印发了"关于加强技术创新,发展高科技,实现产业化的决定"。党的十五大明确指出:"要充分估量未来科学技术特别是高技术发展对综合国力、社会经济结构和人民生活的巨大影响,把加速科技进步放在经济社会发展的关键地位"。《国家中长期科技发展规划纲要》提出了到2020年我国科技发展的目标是:"自主创新能力显著增强,科技促进经济社会发展和保障国家安全的能力显著增强,为全面建设小康社会提供强有力的支撑;基础科学和前沿技术研究综合实力显著增强,取得一批在世界具有重大影响的科学技术成果,进入创新型国家行列,为在本世纪中叶成为世界科技强国奠定基础。"自主创新、建设创新型国家是全面实践科学发展观、改变关键技术依赖于人、受制于人局面、开创社会主义现代化建设新局面的重大国家战略。

海洋是我国国民经济的新领域,是重要的资源基础和环境保障,海洋对国民经济和社会发展的作用越来越重大,特别对人口占国民总数40%以上、土地面积占陆域国土面积14%、经济产出占全国国民经济总产值(GDP)60%的沿海地区来说,海洋资源开发、海洋生态安全、海洋环境保护等直接关系到海洋经济的可持续发展能力,从而影响整个区域的经济发展和社会进步。

一、我国海洋自主创新技术产业化发展现状

现代海洋开发是集"高技术、高投入、高风险、高产出"于一体的、海陆关联的人类经济活动。当今愈演愈烈的国际海洋竞争的核心就在于争夺海洋开发的主动权,获得海洋开发的高回报。

高技术的竞争其实质就是经济力、发展权的竞争,其目标实现的基本途径就在于拥有自主知识产权的技术及其产业化经济转换的能力。"九五"以来,国家"863计划"连续多年把海洋高技术及其产业化纳入其中。自20世纪90年代后期以来,海洋高技术及其产业化得到了较快的发展,有力地推动了我国的海洋开发进程,大力促进

了海洋经济的持续快速发展。到 2005 年,我国海洋经济总产值已经达到 16 987 亿元,海洋产业增加值 7 202 亿元,相当于国内生产总值(GDP)的 4%,对沿海地区经济(GDP)的贡献达到 10% 左右;形成了拥有 12 个主要海洋产业的海洋产业体系。近海的渤、黄、东、南四大海区不同程度地得到经济开发,形成了渤海油气开发区、东海油气开发区、南海北部油气开发区、北部湾油气开发区等多个海上能源供应基地;沿海滩涂、浅海、港湾的海水养殖业高度发达,海洋农牧化迈出了大步伐;船舶工业迅猛发展,成为世界第二造船大国;海洋交通运输船队穿梭于世界各大洋与港口;海洋旅游从滨海休闲到海上运动、海岛探险等快速发展成为支柱海洋产业之一。

正是由于高度重视了海洋开发的技术创新与制度创新,使海洋经济步入国民经济发展的快车道,成为我国国民经济高速发展时期的新经济领域。随着我国对沿海的持续开放,建立在海洋区位优势基础上的港口经济和外向型经济迅猛发展;建立在海洋资源优势基础上的现代海洋渔业(包括海水增养殖业、水产品加工业等)、海洋石油天然气开采工业、海洋旅游业、海水资源综合利用产业、滨海砂矿开采业、海洋制盐及盐化工业等得到迅速发展壮大;建立在海洋高新技术平台上的海水养殖品种的苗种培育和养成技术、海洋生物活性物质提取技术、海洋生物基因工程技术、海洋油气高效开采技术、海水淡化技术和直接利用技术,以及深海技术等催生了一系列海洋新兴产业的发展。海洋油气勘探开采及加工业、海底矿产资源勘探开采业、海洋水产养殖业、海洋药物制造业、海水淡化和综合利用产业、海洋水产品加工业、沿海船舶修造业、海洋可再生能源电力工业,以及海洋工程、海底通讯电缆制造与铺设、海洋环境保护、海洋科学研究等,各类产业相继成长并快速发展。其中,海洋油气业、海洋渔业、港口及海洋运输业和滨海旅游业已经形成我国海洋经济的四大支柱产业。

(一)海洋油气高效勘探开采技术及海洋油气工业

我国海洋油气工业在海洋产业中是新兴的高技术、高投入、高风险、高效益的重要的能源产业,也是海洋产业中的高技术主导产业。改革开放以来,海洋油气工业对我国国民经济发展发挥了重要作用,对海洋民族产业的发展发挥着海洋高技术主导产业的带动作用。据统计,2005 年,海洋原油产量突破了 3 000 万吨,比上年增长11.5%;海洋天然气产量达 62.77 亿立方米,比上年增长 2.3%。海洋油气工业总产值 739 亿元,增加值 467 亿元,比上年增长 17.9%。

中国海洋石油总公司是我国海洋油气工业的主要企业,该公司创建于 1982 年,在缺技术、缺人才、缺资金的情况下,只能依靠国家给政策,用我国的海洋油气资源换回发达国家的技术、资金和人才,与发达国家合资,走了一条"引进、消化、吸收、再创新"的发展道路。90 年代进一步贯彻了"三新三化"的战略,即"新思想、新技术、新方法,标准化、国产化、简易化"。从而将"引进、消化、吸收"方针,引申为"引进、集成、应用、创新"的方针,以引进、集成国内外先进技术为主,应用研制生产中所需的新技术,从而形成具有自己特色的勘探开发生产海上油气工程能力和配套技术,这样不仅主要关键技术达到了国际先进水平,也使公司效益不断攀升,桶油成本由14美元降到10美元以下,大大提高了国际竞争能力。

目前,中国海洋石油总公司基本形成了拥有知识产权的一系列关键技术,主要包括:(1)油气可采资源评价与复杂勘探目标评价技术;(2)海上时移地震油藏监测技术与天然气藏地震勘探技术;(3)渤海稠油油田开发及提高采收率技术;(4)可控三维轨迹钻井技术与高温高压气藏固井技术;(5)海洋石油成像测井与钻井中途油气层测试技术;(6)浮式生产储运系统(FPSO);(7)液化天然气(LNG)引进与工业利用技术;(8)重质油利用——中海36-1高等级道路沥青技术;(9)海洋石油与天然气化工技术。

(二)船舶制造技术与海洋船舶工业

改革开放以来,我国船舶工业取得长足进步,造船产量已从80年代初期的34.2万载重吨提高到2005年的1 212万载重吨,占世界造船份额由不足1%上升到17%。自1994年以来,中国造船产量一直位居世界第三,与韩、日的差距正在不断缩小。2005年,我国海洋船舶工业总产值817亿元,增加值176亿元,比上年增长11.8%。党和国家领导人高度重视船舶工业,胡锦涛总书记指示:"我们不仅要努力成为世界造船大国,还应树雄心、立壮志,使我国成为世界造船强国"。

船舶工业是军民结合型产业,是为海军建设、航运交通和海洋开发提供主要装备的战略性产业。加快发展船舶工业对于加强海军武器装备建设、拉动国民经济增长、扩大机电产品出口、解决劳动力就业和国家安全具有重要的战略意义。在国民经济116个产业部门中,船舶工业对其中97个产业有直接消耗,关联面达84%。船舶工业是综合加工装配工业,有"综合工业之冠"的美称。

截止2004年底,我国船舶工业共有船舶企业645家,其中国有企业157家,集体企业62家,私营企业171家,港澳台商投资企业40家,外商投资企业54家,呈现出多种经济成份竞相发展的格局。全部从业人员数量28.8万人,拉动机械、电子等相关配套产业就业百余万人。目前已形成中国船舶工业集团公司、中国船舶重工集团公司和各地方及其他造船企业三足鼎立的产业格局。

我国船舶工业经过几十年的建设和发展,已经拥有一支科研配套完整、科技实力很强的船舶研究设计力量,建立了相对完整的船舶设计和配套研究以及企业技术开发体系,形成了较强船舶产品和配套产品自主研发设计的科技创新能力。中国船舶工业已经具备了超大型油船、大型集装箱船、大型散货船、化学品船等船型的研发能力,精度造船技术、船舶涂装技术、模块化造船技术等船舶建造技术的研发工作取得了明显的进步,通过引进国外先进的 CAD/CAM 软件系统,并对其进行消化吸收和应用,信息技术已在船舶工业部分领域得到应用。在具备了上述各项技术创新能力的基础上,船舶工业成功地开发了超大型油船(VLCC)、液化天然气船(LNG)、超大型集装箱船、滚装船、海上浮式生产储油装置(FPSO)、海洋平台等船舶产品,不断提升我国船舶工业的竞争力和实力,为我国在国际市场竞争中提供了强大的技术支撑。

与国外先进水平相比,我国在船舶性能和结构研究方面仍明显落后于先进造船国家,一些关键技术至今仍处于空白落后状态。中国船舶工业规划确定了"到 2010年经济总量比 2005 年翻一番,到 2015 年成为世界第一造船大国,到 2020 年成为世界造船强国"的目标。要突破船舶工业自主创新的主要瓶颈难题:(1)船舶共性技术和基础技术;(2)关键配套产品严重制约船舶工业的发展;(3)现有机制体制不利于船舶工业自主创新能力的提升。

(三)海洋工程技术与海洋工程建筑业

2005 年全国海洋工程建筑业总产值 367 亿元,比上年增加 68 亿元;增加值 103亿元,比上年增长 17.2%。

海上系泊是解决海上设施安全定位的核心技术,是海洋资源开发、能源交通运输、海上旅游、海上军民用设施和海上养殖农牧化等设施安全定位的基础性支撑技术。该技术可以为能源运输网络的建设提供节省投资、不占用岸线资源、环境友好的离岸装卸终端技术;可为海上石油开发单点系泊技术国产化提供解决方案。

近些年来,我国岸线资源的使用多为短期利益所驱动,缺乏长远规划。以原油卸载终端建设的现状为例,基本上是传统的固定式码头占主导地位,先后建设或计划建设浙江宁波的镇海、大榭岛,舟山的岙山、册子岛,山东黄岛,福建湄洲湾,广西北海铁山港,广东湛江、大亚湾和辽宁大连等。据报载:某港口的航道开挖就耗资近 10 亿元,号称为亚洲最大的人工航道;某港 2004 年一年的航道维护费就高达 3 亿元。这些信息反映了这些航道的建设花费了大量的投资,其开挖和维护肯定会造成相当程度的、周期性的悬浮物污染,大规模的人工开挖对当地环境的自然平衡造成不可低估的破坏。

在长江三角洲流域、珠江三角洲流域等内河岸线资源和航道方面,同样已经面临不堪重负的局面,成为经济社会持续发展的瓶颈。这种发展形式主要存在的不足是:投资大、浪费资金;建造周期长,操作风险高;占用了宝贵的岸线资源;开挖航道具有"改造自然"的特征,影响工程水域的环境平衡和稳定;航道开挖和维护造成周期性悬浮物污染影响海域经济开发;航道以外存在搁浅、触礁等溢油污染事故诱因;多建于海洋经济活动活跃的近岸水域,占用水域大,浪费宝贵的水域资源;多处于近岸地形复杂水域,万一发生污染,难以治理、损失巨大;目标大,容易摧溃,遭受摧溃后不易修复。

　　从"建设资源节约型、环境友好型社会"基本国策出发,以前瞻性的思维方式,科学规划和使用深水岸线资源是十分必要的。

　　(四)海水淡化和海水综合利用技术与海水综合利用产业

　　海水综合利用产业具有良好的发展前景。2005年,全国海水综合利用业总产值204亿元,比上年增加约28亿元,增加值113亿元。

　　海水淡化与综合利用技术主要包括三大类:一是海水淡化,即利用海水脱盐生产淡水。二是海水直接利用,即以海水为原水,直接替代淡水作为工业用水和生活用水。三是海水化学资源的综合利用,即从海水中提取化学元素、化学品及其深加工等。

　　海水淡化和海水综合利用技术及其产业化问题已经得到各方面的高度重视。《国民经济和社会发展"十一五"规划纲要》确定:"积极开展海水淡化、海水直接利用和矿井水利用。"《国家中长期科学和技术发展规划纲要(2006—2020)》明确提出:"要重点研究开发海水预处理技术,核能耦合和电水联产热法、膜法等低成本淡化技术及关键材料,浓盐水综合利用技术等;开发可规模化应用的海水淡化热能设备、海水淡化装备和多联体耦合关键设备。要发展海水直接利用技术和海水化学资源综合利用技术。"2005年8月18日,《海水利用专项规划》正式由国家发展改革委、国家海洋局、财政部颁布实施,该规划的颁布是我国海水利用事业的里程碑,为进一步发展海水利用产业提供了良好的契机。

　　根据2004年国际脱盐协会的统计数据,截至到2003年12月31日,世界范围内共有10 350座淡化工厂,脱盐装置17 348套,总装机容量为3 775万吨/日。与2002年相比,海水淡化装置的数目和总装机容量分别增长了2 115套和481万吨/日。淡化技术已经在全世界120多国家中使用,解决了1亿多人口的供水问题。

　　目前,我国海水淡化能力已经达到80～100万立方米/日,海水直接利用能力达到550亿立方米/年,海水化学资源的综合利用获得一定发展。海水利用对解决沿海地区缺水问题的贡献率达到16%～24%。实施较大规模(10万立方米级)海水淡化和循环冷却等产业化示范工程,创建国家级海水淡化与综合利用示范城市和产业化基地,不断扩大海水利用规模,提高技术装备水平,努力降低成本,海水利用产业国产化率达60%以上,使海水淡化水价基本能与自来水水价相竞争,并成为可为缺水城市提供安全可靠优质淡水的重要水源。初步建立起海水利用标准法规体系、政策支持体系、技术服务体系和监督管理体系,逐步形成了海水利用朝阳产业,并积极参与国际竞争。

　　我国海水资源的开发利用与国外相比,尚有很大的差距。纵观我国海水淡化与综合利用自主创新成果产业化的过程,主要存在产业化规模小、国产化率低、海水利用标准体系尚未建立、市场竞争力不强、缺乏国家资金支持、自主创新与研发能力弱、引导海水利用的政策法规欠缺等问题。制约和影响我国海水淡化与综合利用自主创新成果产业化发展。

(五)海洋生物技术与现代海洋渔业

近年来,在积极发展远洋渔业、大力加强海洋水产品加工业的战略调整指导下,以海水养殖业和水产品加工业为主要标志的我国现代海洋渔业及相关产业稳步发展。2005 年,全国海洋渔业实现总产值 4 402 亿元,占全国主要海洋产业总产值的25.9%;增加值 2 011 亿元,比上年增长 20.0%。

海洋生物技术对现代海洋渔业的贡献巨大。以大菱鲆的工厂化育苗与养殖产业化为例。90 年代初,当牙鲆和大菱鲆(引进种)的陆基工厂化养殖成功以后,走出了一条"冷温型"良种工厂化养殖之路,形成了北方以工厂化为主,南方以网箱为主的养殖热潮,成功开辟了鱼类养殖主流产业,产生了巨大的经济和社会效益,而受到国内外的广泛关注。至 2004 年底,我国大菱鲆商品苗年总产量超过 3 500 万尾、养殖总面积近 300 万平方米,商品鱼养殖总产量近 2 万吨,年产值达 20 亿元,累计 5 年创产值逾 70 亿元。

以"温室大棚 + 深井海水"工厂化养殖为模式的我国大菱鲆养殖,具有符合国情、节能降耗、操作简易等特点,使大菱鲆工厂化养殖迅速发展成为我国主要的海水养殖大产业之一。

大菱鲆养殖对沿海农村经济结构调整、渔农民转产就业、致富奔小康和解决"三农"问题做出了突出贡献。大菱鲆的研究是"良种引进、新养殖模式的建立和新产业的开拓"三者一体化成功开发的结果,它既是良种养殖的典范又是新产业开发的样板。

二、我国海洋自主创新技术产业化中长期发展战略重点

随着"十一五"计划的实施,国民经济和社会发展对海洋的要求愈来愈大,我国海洋开发进程正在向海洋的更深、更远、更全面的方向发展,这就要求我们更全面、更深入地研究海洋。特别要给予海洋高新技术的自主创新及其产业化领域的特别重视。只有抓住海洋自主创新技术产业化这个关键环节,才能使我国的海洋经济获得持续发展力。

(一)《国家中长期科技发展规划纲要》中有关海洋的规划安排

《纲要》中有关海洋内容涉及五个重点领域、七个优先主题、一个重大科技专项、一个前沿技术领域和一批相关基础研究发展重点。具体内容主要包括:

（1）水和矿产资源领域的海水淡化，涉及海水预处理技术，核能耦合和电水联产热法、膜法低成本淡化技术及关键材料，浓盐水综合利用技术等；可规模化应用的海水淡化热能设备、海水淡化装备和多联体耦合关键设备；

（2）水和矿产资源领域的海洋资源高效开发利用，涉及浅海隐蔽油气藏勘探技术和稠油油田提高采收率综合技术，海洋生物资源保护和高效利用技术，海水直接利用技术和海水化学资源综合利用技术；

（3）环境领域的海洋生态与环境保护，涉及海洋生态与环境监测技术和设备，海洋生态与环境保护技术，近海海域生态与环境保护、修复及海上突发事件应急处理技术，高精度海洋动态环境数值预报技术；

（4）农业领域的畜禽水产健康养殖与疫病防控，涉及近海滩涂、浅海水域养殖技术，远洋渔业和海上贮藏加工技术与设备等；

（5）制造业领域的大型海洋工程技术与装备，涉及海上高难度油田开发新型平台技术、浮式生产系统和水下生产系统技术，大型钻井船、大型起重铺管船、油气高效储运装备等；

（6）交通运输业领域的交通运输基础设施建设与养护技术及装备，涉及跨海湾通道、离岸深水港、深海油气管线等高难度交通运输基础设施建设和养护关键技术及装备；

（7）交通运输业领域的高效运输技术与装备，涉及大型高技术船舶、大型远洋渔业船舶以及海洋科考船等。

（二）海洋技术创新领域的国家发展战略重点

从国家层面，对重点海洋技术创新领域将采取的基本战略是：重视发展多功能、多参数和作业长期化的海洋综合开发技术，以提高深海作业的综合技术能力。重点研究开发天然气水合物勘探开发技术、大洋金属矿产资源海底集输技术、现场高效提取技术和大型海洋工程技术。主要内容包括：

（1）海洋环境立体监测技术，包括海洋遥感技术、声学探测技术、浮标技术、岸基远程雷达技术，发展海洋信息处理与应用技术。

（2）大洋海底多参数快速探测技术，包括异常环境条件下的传感器技术，传感器自动标定技术，海底信息传输技术等。

（3）天然气水合物开发技术，包括天然气水合物的勘探理论与开发技术，天然气水合物地球物理与地球化学勘探和评价技术，天然气水合物钻井技术和安全开采技术。

（4）深海作业技术，包括大深度水下运载技术，生命维持系统技术，高比能量动力装置技术，高保真采样和信息远程传输技术，深海作业装备制造技术和深海空间站技术。

（三）国家"863 计划"中的海洋技术内容

国家"863 计划"在海洋技术领域将实施一批重大项目，包括：（1）南海深水油气资源勘探开发关键技术和装备；（2）天然气水合物勘探开发关键技术；（3）台湾海峡及周边海域海洋立体实时监测系统；（4）深海空间站工程关键技术；（5）海水养殖种子工程。

国家"863 计划"在海洋技术领域还将实施一批重点项目，主要包括：东海边际气田高效开发，旋转地质导向钻井，油气层钻井中途测试，渤海稠油油田高效勘探开发，近海油田开发安全保障，深海海底与大洋矿产资源探查，海洋药物，海洋天然产物与生物制品，海洋滩涂耐盐植物开发，动植物共生与极端微生物开发利用，海洋生物功能基因产物开发，海洋水下目标探测系统，船载海洋水声学三维成像技术系统，渤海海洋生态环境监测，重大海洋赤潮监测及预警，远洋渔场环境信息获取等。

国家"863 计划"在海洋技术领域还将实施一批专题探索性课题，包括：海洋环境立体监测技术，大洋海底多参数快速探测技术，深海作业技术，海洋工程技术，海洋生物资源开发利用技术等。

三、加快我国海洋自主创新技术成果产业化和国产化的对策建议

我国人均国民生产总值（GDP）已超过 1 000 美元，这标志我国已进入了一个新的重要发展阶段。世界经济发展历史表明，人均 GDP 在 1 000～3 000 美元是一个经济发展的关键时期，在这一时期，经济发展存在着两种可能的趋势，一种可能是乘势而上，经济继续保持快速发展；另一种可能是经济发展缓慢、波动甚至停滞。所以，在此关键时刻，认清形势、抓住机遇、关注海洋，积极开发利用海洋资源，发展海洋经济，对于国民经济可持续健康发展，创建资源节约型、环境友好型的创新型国家有重大意义。

贯彻落实中央提出的自主创新、建设创新型国家的战略，必须调整我国海洋资源开发利用的发展思路，转变经济增长方式，优化海洋产业结构，注重产业结构全面协调升级、重视科学技术发展和国民教育，积极发展民族的海洋高新技术产业和加速传统产业的现代化技术改造，特别是要坚持社会主义方向，加强政府对经济发展的领导责任，发展增值性国防建设。

（一）强化全民族的海洋开发自主创新意识，重视人才培养

要加强宣传教育工作，以海洋自主创新作为全国海洋工作的思想指导。要从基础教育抓起，普及全民。要结合海洋领域发展的实际情况，增强全民族的海洋国土观念、海洋资源观念、海权观念、国防观念、环保意识和民族自主意识。

要有意识地培养海洋高技术研发人才队伍,建立一支年龄结构合理、专业配置适当的高层次科技队伍。鼓励相关领域专家"下海",不断进行知识更新,把最先进的技术应用于海洋开发、管理与国防。

（二）转变观念,从战略上重视海洋自主创新技术产业化推进

多年来人们对发展和创新在认识上有片面性,在实践上有盲目性。在海洋领域,则主要表现在重视规模扩大,鼓励、补贴滩涂大面积围填开发,万亩虾池、千顷围填造地等,片面追求数量,这在海洋开发的初期是符合实际的。然而,经过近 20 年的高强度、大规模开发利用,近海海域的开发已经呈过度状态,各种用户矛盾冲突凸显,海洋生态损害加剧,海洋环境质量急剧下降,海洋对国民经济可持续的支撑力下降。

要实现海洋技术的自主创新,为建设创新型国家的各项艰巨任务添砖加瓦,就必须转变海洋发展观,研究探索海洋经济发展创新模式,提高海洋经济增长质量,加快海洋高新技术的产业化、国产化步伐。面对海洋事务的国际化和相对无国界化,更要强调弘扬以爱国主义为核心的民族精神,提高民族自信心和凝聚力,加强海洋技术自主创新能力建设、推进海洋自主创新技术及其产业化的发展进程,为建设海洋强国奠定坚实的基础。

要在广大沿海地区落实海洋开发的科学发展观,促进区域性海洋高技术产业化,推动沿海地区经济社会全面协调可持续发展。大力提高海洋技术自主创新能力,使之成为科技发展的战略基点和调整产业结构、转变增长方式的中心环节。

发展海洋自主创新技术产业化的指导思想,应该瞄准国际海洋高技术发展方向,开展创新研究,并力争在上述国家海洋技术创新领域重点领域有所突破,取得国际商业竞争的机会。为配合国家"实施海洋开发"战略的实施,促进海洋经济的发展,从总体上提高综合国力;要特别重视与科技兴海战略的对接及成果的开发和产业化,特别重视研究成果的系统集成、示范应用及牵动作用,为发展海洋经济和海防安全服务。

（三）军民通力,建设海防

当代世界强国无一不是海洋强国。海洋资源和海洋贸易通道对各国有着极其重要的战略意义。能够称得上海洋强国的国家,必然在文化技术、军事经济方面都是一流的高水平国家。一个发展中的大国要进行现代化国防建设,必须走军民结合的道路。美国是当代独霸世界的超级大国,其经济发展同样倚重军民结合。美国的很多民用技术和产品就是军转民发展的。美国在高技术上对我们是封锁的,特别是军用技术。所以,我们在军转民的同时,更要把引进的国外先进民用技术转军。像海洋高技术油气产业应发挥积极的作用。军民技术引进,都要执行引进消化吸收再创新的原则,引进的主旨是吸收创新,单靠购买国外相对先进装备实现现状提升,经济上成为技术发达国家军民产品的销售市场,造成既让别人赚钱又受制于人的局面,这是绝

对不符合我国自主创新发展战略要求的。

社会主义大国的国防建设应该是增殖型的。我们的人民军队历来是战斗队、生产队、工作队。除了军转民外,更重要的是把装备和补给需求作为市场提供给民族产业。军队院校在海洋测绘、勘察等多方面具有教育优势,可以为地方培养更多的海洋开发和海洋经济建设人才。军队应付天灾人祸等突发事件,减少损失的增殖作用也是地方力量所不可比拟的。总之,要重新认识我国的海防建设,不能停留在消耗型,要积极发挥国防建设的增殖作用。

(四)积极推进海洋装备制造业国产化

目前,我国对外技术依存度高达50%,而美国、日本仅为5%左右。关键技术自给率低,我们在固定资产投资40%左右的设备投资中,有60%以上要靠进口来满足,高科技含量的关键装备基本上依赖进口。对外技术依存度居高不下,产业发展受制于人。80年代末我国船用设备国产化能力已经达到80%,主要设备零部件自给率平均达到75%。但是最近10年,在世界船舶配套技术快速发展环境下,我国船舶配套产业由于缺少国家总体产业政策指导和高起点的战略规划,缺少较大规模的科技专项资金投入,缺乏新一轮跟踪技术引进和自主创新,以至船用配套产品总体技术水平相比造船技术水平的发展滞后,出口船舶的国产设备装船率只有30%~40%。

壮大海洋船舶工业实力,尽早形成强大的海上空间控制能力。加强船舶自主设计能力、船用装备配套能力和大型造船设施建设,优化散货船、油船、集装箱船三大主力船型,重点发展高技术、高附加值的新型船舶和海洋工程装备。在环渤海、长江口和珠江口等区域建设造船基地,引导其他地区造船企业合理布局和集聚发展。海洋装备制造业发展重点:大型船舶装备大型海洋石油工程设备、30万吨矿石和原油运输船、万标箱以上集装箱船、液化天然气运输船等大型、高技术、高附加值船舶及大功率柴油机等配套装备。

(五)制定鼓励海洋高新技术企业多方位拓展的产业发展战略

加快海洋产业发展,使海洋经济在国民经济中的比重加快增长,必须鼓励有资本、有技术、有经营管理实力的海洋产业向本产业的上游和下游产业拓展,同时还要向横向其他产业拓展,形成全部海洋产业以及陆地产业互相渗透的网状结构。这种网状结构不仅是供销联系,还有技术联系、资本联系,甚至经营一体化的联系,使海洋产业间实现优势互补、共同加快发展的格局。例如鼓励海洋石油、造船、交通、渔业、盐业等产业都可以积极发展新兴的海水利用产业。海洋产业纵向、横向拓展,除了企业积极开拓和发展合作外,更需要政府的政策支持、市场支持和协调、指导。

(六)建立促进海洋油气开发与海水利用等产业快速发展的平台与竞争机制

加快发展新兴海水利用产业,目前的关键不是技术问题,而是规模问题、经济问题。规模问题实质就是成本问题。就海水淡化来说,与不计远距离调水成本的自来水比,其成本相对较高。但是,随着社会公摊成本内在化的逐步实现,海、淡水产业的竞争平台将趋于合理,海水淡化将在部分沿海地区显示出技术经济多方面优势。海水提取钾肥与有国家补贴的进口钾肥竞争,平台也不合理。国家发展和改革委员会、国家海洋局、财政部联合印发的《海水利用专项规划》中,天津、大连、青岛已被确定为国家级海水淡化与综合利用示范城市和产业化基地。海水利用产业的进一步发展,还需要在优惠扶持政策等方面深入研究,要提供促进海水利用产业快速发展的合理竞争平台,推动海水利用产业在沿海城市率先发展。

加大我国近海大陆架海洋石油天然气资源的勘探开发力度。要继续加强海洋油气资源调查评价,扩大海上勘探范围,重点开拓东海、南海海域油气盆地,加大海洋天然气水合物等非常规油气资源调查勘探力度。要推进海洋油气勘探开发主体的多元化。实行油气并举,稳定增加原油产量,提高天然气产量。加强老油田稳产改造,延缓老油田产量递减。加快深海海域的油气资源开发。坚持平等合作、互利共赢,扩大境外油气资源合作开发。在沿海地区适度建设进口液化天然气项目,扩建和新建国家石油储备基地。

大力发展海洋可再生能源开发利用技术及装备,积极利用海洋可再生能源。通过深化研究海洋可再生能源的开发利用技术,以解决石化能源不足的危机,保护环境;解决沿海、岛屿能源需要,促进沿海经济发展,海岛脱贫致富;研究小型海洋能电站,与其他可再生能源互补,建立新能源综合示范基地;研究海水温差能的利用,服务国防,解决南海诸岛的电源和淡水问题。同时努力提高转换效率,降低生产成本,增大在能源结构中所占的比例。争取在海洋新技术、新工艺方面有大的突破,国内已成熟的技术要实现大规模生产和应用,为保护海洋环境、海岛和沿海社会经济的科学发展做出贡献。

(《动态》2006 年第 9 期)

第二篇

海洋政策与管理

关于在"十一五规划"中增加
"海陆统筹"内容的建议

高之国

　　党的十六届三中全会提出了坚持以人为本,树立全面、协调、可持续发展,促进经济社会和人的全面发展的科学发展观。科学发展观是一个崭新的命题,外延和内涵极为广阔丰富。它不仅是一个重大的理论问题,同时也是一个艰巨的实践问题,这就要求我们用历史的、辩证的和实践的观点,正确地理解、把握和贯彻落实科学发展观。我们尝试从科学发展观的涵义,内容和目的等方面,分析和论证科学发展观与海陆统筹的辩证关系,并提出在"十一五规划"中增加"海陆统筹"内容的建议。

一、科学发展观与"五个统筹"

　　改革开放以来,我国经济社会的发展取得了举世瞩目的成就。与此同时目前的发展也面临着诸如区域间发展不平衡,收入分配差距加大等问题。十六届三中全会提出的科学发展观,在全面回顾和总结改革、开放和发展历史经验的基础上,进一步指明了新世纪我国现代化建设的发展战略,发展道路和发展模式。这是我们党对新的历史时期社会主义现代化建设指导思想的新发展。

　　改革开放以来,党和国家坚持以经济建设为中心,强调发展是硬道理、主张用发展的办法解决前进中的问题。发展是党执政兴国的第一要务,这些理念经过实践的检验是完全正确的,已经深入人心。科学发展观的指向,是在全面建设小康社会和实现现代化的进程中,选择什么样的发展道路和模式,如何更快更好的发展问题。科学发展观的实质是在我国实现经济社会全面、协调和可持续的发展,目的是全面建设小康社会和实现现代化。科学发展观的根本要求是"五个统筹",即城乡发展统筹,区域发展统筹,经济社会发展统筹,人与自然和谐发展统筹,国内发展和对外开放统筹。这五个统筹实际上也是实现科学发展观,推进我国全面、协调、可持续发展的现实途径。

　　我国目前经济社会发展面临的问题包括,发展不平衡的矛盾突出,经济增长的代价较高昂,资源环境的压力加大。这些经济快速发展中显现出来的问题,使我们对实行"五个统筹"的要求更加迫切。能不能落实"五个统筹",既关系到建设全面小康社会和实现现代化,也是解决新阶段面临的矛盾和当前经济社会发展问题的关键。统筹城乡发展的实质,是促进城乡二元经济结构的转变。统筹区域发展的实质,是实现地区共同发展。统筹经济社会发展的实质,是在经济发展的基础上实现社会全面进步,增进全体人民的福利;统筹人与自然和谐发展的实质,是人口适度增长、资源的永续利用和保持良好的生态环境;统筹国内发展和对外开放要求的实质,是更好地利用国内外两种资源、两个市场,实现中国经济的持续发展;统筹的重点是在政策制定和资金投入上,相应也要做到五个倾斜:即向"农村,农业和农民"倾斜;向中西部地区和东北等老工业基地倾斜;向科技、教育、文化、卫生等社会事业倾斜;向生态环境保护倾斜;向充分利用两个市场、两种资源的外向型经济倾斜。

从"五个统筹"中可以看出,有三个方面的统筹(城乡发展,区域发展,国内发展和对外开放)涉及空间布局问题,讲的是地域,区域之间在发展方面的协调和平衡。可见区域和布局的协调发展在"五个统筹"中占了很大的比例和份量。但是,在目前的理论和实践中,基本上没有关于海洋国土在科学发展观中的地位和作用的论述,也谈不上海洋开发和陆地发展的统筹问题。这是在贯彻落实科学发展观过程中存在的一个问题。

二、海陆统筹与科学发展观

新中国成立之初,在选择和确定社会主义发展思路时,主要考虑了两个方面的因素,一是改变历史上遗留下来的区域经济发展不平衡的状况;二是反对"冷战"时期帝国主义对我国的封锁而实行"备战"的需要,加快内陆三线地区的工业发展。我国区域发展的政策是以实现区域发展均衡化为目标的,这对改善中国地区间生产力布局,加快内地经济基础的建设发挥了积极的作用。但由于对生产要素的差异性以及生产要素配置方式的差异性考虑不多,整体经济效率和社会效益比较低下。

改革开放之初,中国改革开放的总设计师邓小平同志深刻地总结了历史的经验教训,创造性地提出了让一部分地区先富起来的战略构想,先富起来的地区主要是东部沿海地区以及大中城市及其周围地区,实现了经济的高速增长,并且带动了整个国民经济的发展。中西部地区在这一期间也有了很大发展,但与东部地区相比还是出现了较大差距。对此,1988年邓小平又提出了"两个大局"的思想:"沿海地区要加快对外开放,使这个拥有两亿人口的广大地带较快地发展起来,从而带动内地更好地发展,这是一个事关大局的问题。内地要顾全这个大局。反过来,发展到一定的时候,又要求沿海拿出更多力量来帮助内地发展,这也是个大局。那时沿海也要服从这个大局。"

面对20世纪90年代地区之间不断拉大的差距,中央开始采取了向中西部地区倾斜的政策,从"九五"计划开始,更加重视支持中西部地区经济的发展,逐步加大了解决地区差距继续扩大趋势的力度,并在 1999 年提出了"西部大开发"的战略。实施西部大开发战略,在政治、经济和社会方面具有重要的现实和深远历史意义。第一,它将为 21 世纪我国经济的发展开拓新的广阔空间,是保持我国经济持续快速健康发展的重大战略措施。第二,它对保持西部地区政治和社会稳定、促进民族团结和保障边疆安全具有重大意义。第三,推进西部大开发是改善生态环境,实现可持续发展的必由之路。

党的十六大进一步作出了促进区域经济协调发展的战略部署。第一,积极推进西部大开发;第二,加快中部地区的发展;第三,东部地区要积极发挥在全国经济发展中的带头作用,进一步提高发展水平;第四,加强东、中、西部地区间的交流和合作,实现优势互补和共同发展,形成若干各具特色的经济区和经济带,在区域经济协调发展和相互促进中推进现代化进程。但这里的东部地区,指的并不是海洋。

我国地处太平洋西岸,海岸线长达 1.8 万千米,自北向南跨越寒带、温带、亚热带三个自然地理区域。按照《联合国海洋法公约》的有关规定,我国可以主张的管辖海域面积可达 300 万平方千米,接近陆地领土面积的 1/3。此一地理特征决定海域构成了中华民族的半壁江山。我国东南沿海,海域辽阔,港湾星罗棋布,具有发展海洋经济的优越条件。改革开放的以来,我国的海洋事业突飞猛进,海洋经济取得了令人触目的成就。1980 年海洋产值首次突破 100 亿元,1986 年达到 226.26 亿元,实现了跨跃式的发展。我国海洋经济年平均递增速率达到了 22% 以上,已实现连续 28 年保持这一强劲增长的势头。海洋经济的增长速度大体上达到同期国民经济增长率的 3 倍。主要海洋产业的总产值,从 1978 年的 80 亿元一跃上升为 2003 年的 10 077 亿元,首次突破万亿大关。

但是,长期以来我们海洋观念薄弱,缺乏海洋国土的意识,没有把海洋当国土来看待。由于历史、传统和体制等诸多原因,建国以后我国的发展战略思路长期以来基本上局限于陆地,没有将更多的目光和关注转向海洋比如,我国国土规划中没有海洋国土这一块,国民经济发展规划也没把海洋开发单列一章,海洋经济的地位和巨大潜在价值基本没有得到体现。

国际社会普遍认为,21 世纪是海洋世纪。海洋是世界各国经济社会发展的宝贵财富和最后空间,是人类可持续发展所需的能源、矿物、食物、淡水和重要稀有金属的战略资源基地。当前世界经济中心正向太平洋转移,而太平洋西岸更是世界经济中增长速度最快的区域。为了迎接海洋开发新世纪,全面贯彻落实科学发展观,实现我国经济社会的全面协调可持续发展,除了大力做好现有的"五个统筹"之外,还应该再加上"海陆统筹"。"海陆统筹"应该是科学发展观的题中之义。

我国沿海的 11 个省(自治区、直辖市),陆地面积 123 万平方千米,约占全国土地总面积的 13%,沿海地区人口 2 亿多,占全国人口的 15% 以上。我国主张管辖的海域面积近300万平方千米,接近陆地国土面积的1/3,油气资源沉积盆地约70万平方千米,海洋石油资源量约400亿吨,天然气资源量14万亿立方米,海洋渔场280万平方千米。2004年我国海洋经济总产值达到12 841亿元,约占当年国民经济总产值11万亿元的1/10强。海洋经济的飞速发展已成为是我国国民经济发展中的一个亮点。这是我们提出"海陆统筹"概念的前提和物质基础。

　　此外,"海陆统筹"对于我国在21世纪全面建设小康社会,实现现代化,具有十分重要的战略意义:(1)海洋是人类的共同继承遗产和各国的"蓝色国土";(2)海洋作为生产和生活空间,可以为缓解人口和资源做出重要贡献;(3)海洋可以发展成为蓝色产业带和经济区;(4)海洋开发是国民经济的重要组成部分和新的增长点;(5)海洋可以为缓解环境压力提供服务;(6)海洋开发可以作为西部大开发战略的接替战略;(7)海洋开发是我国社会经济可持续发展的必由之路;(8)海洋是解放和发展社会生产力的重要领域;(9)海洋是全面建设小康社会的物质财富和基础;(10)海洋对维护国家安全和促进祖国和平统一具有重要意义。

　　实施"海陆统筹",就是要破除长久以来重陆轻海的传统观念、树立海洋国土的意识,确立海陆整体发展的战略思维。实施"海陆统筹",就是要正确处理海洋开发与陆地开发的关系,加强海陆之间的联系和相互支援,海洋开发既要以陆地为后方,又要积极的为内地服务,相互促进,努力作到海陆并举。"海陆统筹"将起到两方面作用:一方面是通过临海产业带这个载体,把海洋资源的利用及海洋优势的发挥由海上向陆域转移和扩展;另一方面,促使陆域资源的开发利用及内陆的经济和技术力量向沿海集中。这两方面作用的结果是把海洋资源的开发与陆域资源的开发,海洋产业的发展与其它产业的发展有机地联系起来,促进了海陆一体化建设,实现海陆经济一体化。实施"海陆统筹",就是为了顺应全球经济一体化的要求,改善投资环境,多渠道引进外资和技术,把我国的对外开放推向新的高度。

三、结语

　　新中国成立以后和改革开放以来,我们经济发展的思路和目光没有充分地关注和重视海洋。城乡发展,区域发展,经济社会发展,人与自然和谐发展,国内发展和对外开放等五个方面的统筹,主要还是着眼于陆地上的生产活动和关系,没有顾及到海洋开发与陆域经济的关系。我国是一个海洋大国,海洋为21世纪中国的和平崛起,建设小康社会,实现现代化提供了不可或缺的物质基础和条件。鉴此,我们提出在"五个统筹"的基础上,还应该再增加一个"海陆统筹",这是全面贯彻落实科学发展观,实现全面、协调、可持续发展,促进我国经济社会在21世纪全面发展的需要。

(《动态》2005年第12期)

关于把"海域及其资源"
写入宪法的建议

高之国　丘　君

　　一个国家的领土包括陆地和领海,这是世界各国的一致实践。新中国成立后,我国 1954 年,1975 年,1978 年和 1982 年制定的四部宪法中均无关于海洋的规定。在现行宪法的前三次修订过程中,也没有涉及海洋及其资源的条款。新中国成立以后我国公布的国土面积为 960 万平方千米,这一数字也不包括我国的领海。长期以来,海域及其资源没有得到国民足够的认识和重视,很多人关于领土的概念还停留和局限在陆地领土上。我国是一个海洋大国,拥有广阔的海域和丰富的海洋资源,现行宪法中关于中华人民共和国的领土和国家所有自然资源的规定是不全面和不完整的。

　　宪法中关于国家自然资源的规定需要得到完善和修正,把"海域及其资源"写入宪法的重要理由如下:

　　(一)海洋是人类生存和可持续发展的最后空间和战略性资源基地。海洋矿产、生物、空间,海洋能等资源十分丰富,具有重要的经济价值和战略意义。据联合国测算全球海洋生态价值约 21 万亿美元(陆地生态价值 12 万亿美元)。2001 年世界海洋经济产值约 1.3 万亿美元。世界上沿海各国政府不断积极调整海洋政策,加强海洋开发与保护,把海洋开发列为新世纪的重要战略任务。我国也应重视海洋及其资源,采取立宪措施规定海洋国土的法律地位,加强对海域及其资源的开发、管理和使用。

　　(二)我国是一个海洋大国,海岸线自北向南有 18 000 千米,岛屿岸线 14 000 多千米。管辖海域内面积在 500 平方米以上的岛屿有 6 961 个(不含港、澳、台诸岛及海南岛本岛)。小于 500 平方米的岛屿和岩礁有上万个。我国的海岸线长度居世界第四位,大陆架面积居世界第五位,沿海滩涂面积 200 多万平方千米。最新调查结果表明,我国海洋石油资源总量约 400 亿吨。这些海域及其资源都是我国今后全面、协调和可持续发展的重要战略性资源。

　　(三)1994 年生效的《联合国海洋公约》,明确规定了各国 12 海里的领海宽度,建立了沿海国 200 海里专属经济区和大陆架制度。新的国际海洋法律制度扩大了国家管辖海域的范围,将国家对海域的权利,从过去单纯对领海的主权,扩大到对专属经济区和大陆架的主权权利。根据公约的规定,我国主张管辖的海域面积约300万平方千米的。其中领海和内水面积达38.2万平方千米,这是我国的"蓝色国土"。1998年我国公布了200海里专属经济区和大陆架制度,在此区域内享有勘探和开发自然资源的主权权利。为了把国际法转化为国内法,完善我国法律制度对海域的规定,有必要把海域纳入到宪法的规定中。

(四)2001年3月11日,江泽民同志在中央人口资源环境工作座谈会上指出:"加强海洋资源综合管理,强化海洋环境保护和海洋执法监察工作。"我国《人口经济和社会发展第十个五年计划纲要》规定"加强海域利用和管理,维护国家海洋权益。"党的十六大报告明确提出"实施海洋开发"。实施海洋开发是党中央确定的我国在新世纪经济和社会发展的又一项重要战略部署。把"海域及其资源"写入宪法符合十六大的精神和要求,将为建设海洋强国注入强大推动力,促进我国海洋事业的全面发展。

(五)发展海洋经济是建设小康社会的重要内容。过去20多年来,海洋经济在我国得到迅速发展,在国民经济中的地位日益加强。2003年我国主要海洋产业总产值首次突破1万亿元大关,达到10 077.71亿元。海洋产业增加值占当年国内生产总值的3.8%,而且正以每年9%以上的速度增长。可以断言,今后我国海洋经济仍将持续快速发展,成为经济发展新的增长点和国民经济的重要支柱。维持海洋经济的持续、快速、健康发展,需要在宪法中明确海域及其资源属于国家所有的法律地位。

(六)我国现行的下位法律中,已有一些涉及到海域及其资源的规定。《中华人民共和国海域使用管理法》规定:"海域属于国家所有,国务院代表国家行使海域所有权。任何单位或者个人不得侵占、买卖或者以其他形式非法转让海域。"该条款以法律的形式规定了海域的归属,但上位法中并没有明确的关于海域的条款。《中华人民共和国领海及毗连区法》,其制定也是建立在"海域及其资源属于国家所有"这一基本前提之上的。但同样缺乏明确的宪法依据。

(七)我国维护海洋权益的斗争形势和任务异常复杂。我国同所有周边海上邻国都存在海域划界的问题,争议海域面积约150万平方千米;同7个海上邻国中的5个国家存在着岛屿归属的争议。上个世纪70年代以来,由于历史等众多原因,东海的钓鱼岛和南海的30多个岛、礁已被周边国家所占有或实际控制,岛屿被占情况严重。为了有效维护国家的领土主权和完整,坚持我国在海上享有的历史性权利,需要在国家的根本大法中明确规定海域及其资源的法律地位。这样有利于我国在今后海上划界和维护国家海洋权益方面的外交斗争。

(八)世界上许多沿海国家的宪法中都有关于领海、海岛等资源的规定。巴西宪法第二章第20条和26条规定:"联邦和各州的财产包括海滩、海岸、水体、沿海和大洋岛屿及其陆地"。俄罗斯联邦宪法第76条规定:"俄罗斯联邦的领土包括领土、内水和领海及其上空"。1992年4月15日越南国会通过的第四部宪法规定:越南社会主义共和国是一个主权独立、统一和包括陆地、海岛、领海和领空在内的领土完整的国家。

(九)1982年12月4日中华人民共和国第五届全国人民代表大会第五次会议通过的宪法总纲第九条,明确规定:"矿藏、水流、森林、山岭、草原、荒地、滩涂等自然资源,都属于国家所有,即全民所有……"。这一条款的规定主要是针对陆地矿藏、水流、滩涂等自然资源而言。而对于海域及其资源,比如海岛资源和海洋渔业资源等,宪法没有明确说明其归属。因此,现行宪法对属于国家所有的自然资源的规定是不完善和不全面的。

(十)同森林、山岭、草原和荒地等自然资源一样,我国管辖海域内的海岛也是一种自然资源,应属于国家所有。但是由于宪法中没有出明确规定,致使海岛的权属不清,国家所有权虚化,造成管理工作缺位,开发秩序混乱等一系列问题。目前海岛开发和利用过程中存在的自主性和随意性,也导致和加重了海岛资源和生态环境的破坏程度。

我们建议应该把"海域、海岛及其资源"写入宪法,并明确规定其属于国家所有。这样才能保证宪法对国家领土和国家所有自然资源规定的全面性和完整性,有利于维护国家的海洋权益和外交斗争,促进海洋为国民经济建设和社会发展服务,为全面建设小康社会,实现我国经济和社会全面、协调和可持续发展做出贡献。

(《动态》2004年第2期)

关于发展深海系统工程的思考和建议

高之国 贾 宇 杨金森

一、开展深海系统工程的战略意义

20 世纪 80 年代,世界范围内掀起了一场新技术革命,海洋技术是其中的重要领域之一。当时国务院曾组织力量研究应对新技术革命挑战的措施,钱学森同志提出要像抓"核工程"、"航天工程"那样抓"海洋工程"。此后,国家在海洋科技领域投入了较多力量,使我国在 90 年代进入太平洋国际海底区域,成为少数几个多金属结核资源开发先驱投资者之一。2002 年我国又成功发射了海洋卫星,跻身于为数不多的几个能够自主发射海洋卫星的国家之列。我国海洋科技的其他领域也取得了重大进步,6 000 米深潜器的成功研制和实验,标志着我国深海运载技术的发展已经处于世界领先的水平。

党的十六大报告把"实施海洋开发"作为建设小康社会的重点战略部署,2003 年国务院发布的《全国海洋经济发展规划纲要》提出了"建设海洋强国"的长远战略目标。海洋科学技术是"实施海洋开发"和"建设海洋强国"的重要科技保障。

最近"神州五号"载人飞船的成功发射和返回,标志着中国向外层空间发展的航天技术取得了突破性进展,正在逐步赶上世界发展的前沿。国民经济和国防建设的发展不仅需要"上九天"占领外层空间的制高点,还需要"下五洋"开发"内层空间"的巨大资源。深邃的海洋是资源的宝库,储量巨大的锰结核、钴结壳、热液矿床、天然气水合物和海底生物等多种资源等待着我们去开发和利用。

最近,国内外著名的科学家和专家不约而同地指出,大气圈、水圈、岩石圈是一个互相关联的有机整体。如果说哥白尼在"地心说"的基础上提出的"日心说"是人类认识宇宙的第一次革命,那么今天由外向内研究深海底、地心、地核,即是人类研究和认识世界的"第二次革命"。深海资源的开发、利用以及新资源的发现,对国家的国民经济和社会发展,以及国家的军事安全都具有重要的战略意义。

深海工程和航天工程是我国战略高技术的一体两翼,是"可上九天揽月"和"可下五洋捉鳖"的科技保障,不仅在政治、经济、国防和外交等方面具有重大而深远的影响,而且会对我国科学技术本身的发展产生重大影响和带来连锁反映,包括知识体系的更新,新技术群体的问世和应用。海洋技术的转移及二次应用,还会带来重大的间接经济效益,推动传统产业的升级换代和技术进步,带动高技术产业群的发展,减少"灾变经济"所造成的损失等等。

同航天工程一样,深海工程是一个集科研、技术、生产等要素的庞大的系统工程,深海技术是当今海洋科技发展的前沿。系统工程是复杂系统研制的工程方法,是分析、综合、试验和评价反复进行的过程。系统工程从要求出发,把系统分解为多种工程专业的研制活动,最后集成为一个总体性能优化,满足全寿命周期使用要求的系统;系统工程管理保证系统研制活动有序进行,保持研制过程中成本、进度、性能指标的均衡进展。系统工程既是技术开发过程,也是组织管理过程。

因此,深海工程及其技术发展应纳入国家科技发展中长期计划。首先要制订深海技术整体发展战略和发展计划,保证相关技术的协调发展和相互促进,保证各种深海技术手段的相互支持、联合作业和安全救助,逐步建立和完善我国的深海技术体系。

随着我国国际地位的提高和综合国力的攀升,我国在核技术、航天技术等战略高科技领域已经跨入"第一梯队",发展深海工程及其技术体系的政治和物质条件已基本成熟。现在启动"深海工程"恰逢其时,应该把发展与储备深海技术作为国家的一项科技战略,把开发利用深海资源作为国家的一项基本资源政策,以领先的深海技术体系,与航天技术、核技术构成三足鼎立之势,作为 21 世纪复兴中华民族,建设海洋强国的稳固依托。

二、深海系统工程的主要任务

今后 20 年是我国发展深海工程的战略机遇期。目前和今后一二十年间,应该重点发展深海工程及其技术体系中最急需的部分,主要包括相关理论研究、深海资源勘探和开发技术研究、以及深海产业的培育和深海战略利用的探索。其中,深海运载技术是深海技术体系的前沿和制高点,对发现、勘探、开发海洋资源和国家的海上安全至关重要。

相关理论研究:边缘海形成演化与矿产资源的系统研究;大洋地质作用过程与矿产资源的关系研究;海洋矿产成矿机理研究;海洋矿产资源评估研究;海洋矿产资源可持续开发与相关环境研究。

矿产资源勘查:深海油气资源勘探开发技术;深海金属矿产资源技术;深海基因资源的勘查技术;高精度海底探测技术、海底浅地层剖面探测技术、海底直视综合观测与采样技术、化探技术、资源评价技术;深海环境基线调查、自然变化监测和深海采矿环境影响评价技术方法和技术设备。

深海资源勘探:深海油气资源勘探;多金属结核资源勘探;海底富钴结壳资源勘探;热液硫化物调查研究;深海极端条件下生命及基因的研究和开发。

深海运载技术:完成 7 000 米载人潜水器研制与海上试验,深潜器取样装置和机械手;建造深海运载装备工作母船;建立深海工程保障基地;选拔和培养深海工程所需要的高级专业人员;研制和开发深海逃逸和救生系统和设备。

深海产业培育:(1)天然气水合物:2020 年以前勘探开发技术取得重大突破,2035 年以前形成天然气水合物产业。(2)钴结壳:2010 年以前完成国际海底区域富钴结壳勘查,并向国际海底管理局提出矿区申请,争取获得 3 万平方千米左右矿区;2020 年—2030 年之间形成钴结壳采矿业。(3)深海生物基因:2010 年深海生物采样、基因测序、应用方向研究取得突破性进展,2020 年前后形成产业。

深海战略利用探索:水下仓储和物资配置技术、深海导航定位技术、深海监视和目标识别、深海作战兵器配置技术、海底作战技术等。

海洋开发几乎可以获得陆地上所能获得的一切资源,如化学元素的提取、深海矿物的开采、生物资源的利用、海洋能发电,以及各种水上和水下工厂、设施的建设等,而且价格和技术更具竞争力和可行性。深海技术的发展对于中华民族的崛起和长远发展具有广泛而深远的影响。尽管有些技术和开发项目不能立见经济成效,但是具有广阔的发展前景和战略意义,现在不抓就会失去战略时机。应当进一步统筹和协调海洋科技发展规划、计划,整合海洋科技资源和力量,推动和重点发展深海系统工程和技术。这是发展海洋经济、维护海防安全、建设海洋强国的重要条件,也是 21 世纪实现中华民族伟大复兴的又一战略保障措施。

鉴于以上分析,建议国家及早制定全面发展海洋科学技术的战略规划,把发展深海系统工程和技术作为其中的重要领域优先发展。今后 20 年,通过制定海洋科技发展专项计划(如"深海工程规划")的方式,加大投入,重点发展。

(《动态》2003 年第 10 期)

国外海岸线管理实践与
我国现状的思考

付　玉　刘容子

　　海岸线是陆地与海水交接边界,海岸带是海洋和陆地的过渡地带。海岸带地区是人类活动与海洋自然力相互作用最活跃的地理区域,经济发达、人口集中。目前,世界上60%的人口、2/3的大中城市集中在沿海地区,日益加剧的人类活动增加了对海岸地区的压力。人类生产和生活造成的污染,全球气候变化、全球变暖问题,如海平面上升引起的海岸侵蚀,导致严重的环境恶化、资源破坏和灾害频发,对人类生存环境安全和生存质量构成严峻的威胁。因此,海岸线管理问题研究成为当今世界沿海国家政府、科学家、甚至公众都十分关注的热点。

　　不同程度的海岸侵蚀问题在我国的海岸线上相当普遍,海岸线向陆地退缩;围填海造地等海洋工程活动,造成海湾、滩涂等海域面积不断缩小,海岸线形态改变、性质改变、并海向推移。不论是岸线侵蚀、还是岸线向海移动,都给社会经济和海岸生态系统带来功能损失与破坏。而且,海岸线上的许多区域的开发利用缺乏统一的规划和管理。如何既充分认识、利用海岸线的社会经济与生态服务、环境调节等功能价值,同时最大限度地保护其自然属性和生态平衡,防止环境恶化,减轻海岸灾害,是提出加强海岸线研究与管理命题的基本宗旨。本文结合澳大利亚新南威尔士成功的海岸线、海岸带管理模式,初步分析我国海岸线管理现状,提出建设性政策建议。

一、海岸线的概念

　　海岸线通常指多年平均大潮高潮线。根据我国1978年全国海岸带与海涂资源综合调查,海岸线为平均高潮线,海岸带为海岸线向陆10千米,向海至水深－20米。根据澳大利亚新南威尔士州《麦觉里湖城的海岸线管理计划》,海岸线管理所涵盖的区域没有固定的宽度,而是取决于受海岸活动影响的直接程度和通过水文、生态、地质、文化、休闲和景观等方面与海岸线存在本质联系的区域。与海岸带管理相比具有涉及范围更灵活、更加侧重于与海洋之间联系的特点。

二、澳大利亚新南威尔士州的海岸线管理

(一)认识理念

海岸线是国家地理、商业、生态和休闲结构中的重要因素,大部分人口生活和工作于此。由于海岸线处于风、海浪等自然力量的长期侵袭之下,它总是处于不断变化之中:海滩和沙丘侵蚀,然后又被重建;沙丘在风的侵蚀下朝着海岸迁移;很多地方的海岸线以醒目的速度后退,向陆地移动。

海岸线可能是危险区域。处于海岸线上的建筑和财产有可能处于沙滩侵蚀、海岸线后退、水灾、沙流和其他危险的威胁之下。2003 年发生的印度洋海啸给印度、泰国等沿岸国家带来的灾难就充分证明了这点。同时,海岸线面临着不断增长的以海岸旅游、居住、商业和休闲等为目的的发展的压力。

《新南威尔士州海岸政策》(1997)的原则之一是因自然和文化价值而受到保护的海岸环境也应为人类社会提供经济、社会和精神方面的福利。海岸线不论是在地方、还是在国家层面上都是无价的财富,因此,在管理上要谨慎,并且要施以保护。同时,海岸线又是颇具价值的资源,不应因为所面临的危险而限制发展。

(二)关注要素

受海岸活动直接影响的海岸线,以及那些在水文、生态、地质、文化、休闲或视觉特征方面与海岸线存在本质联系的临近地带,从管理层面上需要关注的要素主要包括 3 个方面:

(1)自然活动:包括海浪、暴风雨、水位、水流、沉积、沙丘、人口、气候变化等。

(2)自然灾害:包括侵蚀、后退、海水入侵、沙流、洪水、海岸滑坡、风暴潮、气候变化等。

(3)自然活动和灾害对海岸地区造成的社会、经济、景观、休闲和生态方面的影响等。

(三)管理目标

管理计划的目标为:在确保发展的前提下,提高应对海岸灾害的能力;减少、降低灾害给个人、团体、公众造成的损失;保护并加强海滩休闲娱乐功能;确保海岸线的使用和养护的长期平衡。

(四)管理内容

在做管理研究时,需要考虑如下海岸线特点:①地形;②土地使用和占有情况;③规划政策;④不断加剧的因沿海各类活动可能产生的危害的物理活动或演变过程,如排水系统;⑤海岸线的娱乐性休闲和商业用途以及相关的进入地点和停车场所;⑥生

态重点区域以及海岸线生态系统完整性保持;⑦海岸线视觉效果和使用舒适性;⑧海岸文化资源。

管理内容涉及与位于海岸线上的土地使用密切相关的社会、经济、景观、休闲和生态方面的活动。如何避免这些活动受到自然活动或灾害的破坏。例如:土地使用情况、通过规划进行控制、创造工作机会、保全具有景观和生态价值重要性的区域、保护或加强休闲娱乐功能、寻求并管理旅游机会等。

（五）管理办法与管理系统

普遍的做法是首先成立海岸线管理委员会,然后界定影响该地区各种海岸过程和灾害的种类、性质和重要性。接下来开展管理研究:土地使用情况、现有规划情况以及现有规划是否足够;环境特征和沙丘植被状况;使用和休闲用途的方式以及视觉、景观特点;该地对天气变化的敏感性等。

作为管理研究的一部分,还要找出与社会、经济、景观、休闲和生态方面有关的管理可选项,进而准备包括可选项中最佳组合的海岸线管理规划。最后再做出实施该计划的战略方案(如图所示)。

通常,制订和实施海岸线管理规划由地方政府来完成,国家相关部门给予财政及技术方面的协助。

1. 成立海岸线管理委员会

管理委员会所应发挥的最基本作用是协助地方政府制订及实施海岸线管理规划。委员会的组成应考虑到代表性和技术方面的平衡,包括地方政府成员、当地社区代表、计划部门代表、负责公共设施建设部门代表以及土地管理部门的代表等。如有需要也可吸收其他政府部门的代表。

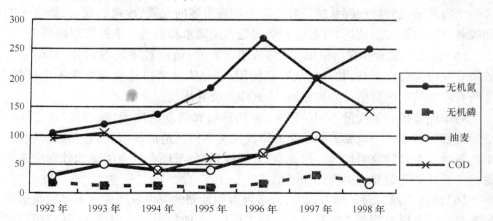

2. 开展海岸线管理研究

在完成自然活动及灾害研究后,海岸线管理研究便成为重中之重。

(1)如何管理。以海岸线上的自然活动和灾害的种类、性质和对该区域人类利益的影响程度研究为基础,综合全面评估与海岸线上土地使用有关的所有社会、经济、景观、休闲和生态问题,管理研究的目的是找出所有可行的管理选项。

(2)土地使用情况。海岸线规划、管理、发展以及地方政府面临的机会很大程度上受到土地使用情况的影响。为了给海岸线管理计划提供信息基础,并且描绘规划所涉及的区域,应编撰反映土地使用情况的地图。该图中的区域应既包括岸线周围的海域及其周边的陆地。通常,包括到海岸线管理规划中的海域为所有源自海洋的海岸沙丘、岬和人类现有或计划进行的活动可以影响到海岸线及其临近环境的水体。此处陆地则可延至直接灾害以外的地区,包括所有与海岸线有关的用途发生和休闲活动进行或规划的区域。

(3)景观和生态因素。海岸线可以包括种类繁多独特的景观和生态因素。海岸线管理的一个重要部分是对海岸线,如有必要,包括其腹地的生态进行权威分析。分析的目标为:①找到对该地完整性有重要作用的主要环境因素,如土地使用、植物和动物群体、河流生境、河口生境、沿海生境、水质等;②找到这些因素的主要威胁;③提出保护这些因素的措施;④评估可供选择的发展模式对于环境的影响以及减轻灾害的建议。

(4)休闲功能保全。海岸线的许多部分处于公众休闲的频繁使用之下。而与许多自然事物相同,沙滩是动态的,在本质上处于不断变化中;沙滩结构中的某些因素可能非常脆弱。许多位于沙滩后面、储存在处于植被保护下的沙丘中的沙子就是这样一个脆弱的成分。沙滩系统还非常有可能被游客的光顾、冷漠的发展、低水平的规划或者设计的设施所破坏。因此,有必要把休闲需求和机会考虑到管理规划中。

(5)公共土地所有权。根据《新南威尔士海岸:政府政策》,政府要确保:①沙滩的所有权应为公众所有,并且公众有权使用;②私人或者排他使用要求不应被接受;③所有沙滩的法律资格必须被注册,正式作为公共用地。

海岸地带集中了大量不同的用途,包括积极和被动的休闲、旅游、以及工作和生活的场所。其中一个重要的问题是海岸线灾害事件所造成的破坏,包括经济损失、带来的各种不便和建筑损坏等。因此,在管理规划中,与现有社会用途和计划中未来用途相关的社会问题要谨慎考虑和评估。

(6)经济问题。对于地方政府,许多现有和计划的海岸发展关注更多的是经济上的重要性。海岸可能创造临时和长期的工作机会、增加地方政府收入,并且吸引可观的游客消费。在考虑经济因素时,不仅要考虑成本和收益,而且要分析对人自身的影响,如居住在危险威胁之下的焦虑和对健康的损害。

经济分析还应考虑不发展某些区域,或者保持一段自然岸线所带来的价值,如:环境和野生动物价值、自然野生状态价值和社会健康价值等。

(7)气候变化,不确定下的规划。有可能伴随气候变化发生的海平面上升成为近来讨论颇多的话题,也成为可能影响管理战略的实施。尽管目前还没有技术基础决定采用何种措施,还是应评估采用的任何计划会产生的影响。海岸活动和危害的不确定性,以及将来不确定的状况,如:海平面上升给海岸线管理计划的制定带来了困难。

3. 制定海岸线管理规划

在找到了所有与所研究的海岸线区域相关联的问题,在管理目标对这些问题加以考虑,并且权衡了所有管理选择后,下一步的工作就是把所有研究成果和发现整合为一份海岸线管理规划。此规划应包括:

(1)目标。问题、规划区域的特殊特征和价值;旨在实现目标的具体管理方式的进度表;方式和实施时间安排的详细说明。

(2)方式。实际上有3种管理海岸线的方式:①环境规划手段:确保不一定选择危险地点来进行开发;②开发控制计划和各个项目、地点的开发条件:确保开发与危害的威胁相适应;③使用建筑工事以及沙丘管理针对危害进行控制和保护环境规划方法:寻求避免未来开发与潜在破坏之间的联系。开发条件被用来限制在规划区域内的新的开发和再度开发相关联的损害。建筑和工事控制一般来说与现有受到威胁的不动产有关系。

除了考虑到危害对于开发的影响,管理规划还必须考虑社会、美观、休闲和生态因素。环境规划控制和开发条件将在实现这些问题所要达到的目标上起关键作用。同时,建筑和沙丘管理工事将在保护沙滩和沙丘方面起关键作用。有时,建筑和工事还被用来保护某些脆弱生态特征。

4. 实施

在海岸线管理规划被采纳后,如何实施成为关键任务。对于规划中各种不同的方面可以采用不同的方式。主要包括:①开发控制规划可被用来概括海岸线规划和控制政策,并且规定新开发和重新开发项目的条件;②地方环境规划可被用来引进合适的土地使用功能区划,以此找出适合的用途,并且控制不适当的开发,减少新开发项目的损害可能性;③实施沙丘管理项目来保护并且在需要的地点恢复沙丘;④提供建筑工事保护受到威胁的不动产;⑤提高公众意识和相关教育。

需要强调的是,地方环境规划是限制海岸线区域开发、避免灾害所造成损失和问题的最为有效的方法。

三、我国海岸线开发和管理基本现状

中国沿海地区城市化程度高、人口密集、经济发达,占陆域国土13%的沿海经济带,承载着全国40%左右的人口,创造全国60%左右的国民经济产值。沿海地区的可持续发展对海岸线、海岸带资源与生态环境有极大的依赖性,也使海岸承受沉重的环境压力,并在人类开发、利用海洋所造成的诸多问题上首当其冲。

（一）有关法律、功能区划及地方管理实践

在国内,目前还没有明确的海岸线管理概念,在国家和地方层面上尚未把海岸线作为一项管理内容做通盘考虑,而是以部门和行业为基础,分割管理。海岸线根据不同的需要在不同的地方被当作海域或者陆地的一部分,在管理上未形成清晰界定。

1. 海域使用管理法

自2002年1月1日起施行,是对传统海洋管理的历史性突破,是我国政府依法治海的一项重大举措,在确保合理使用海域方面起到了重要的作用。但是,该法的第二条指出:"本法所称海域,是指中华人民共和国内水、领海的水面、水体、海床和底土。本法所称内水,是指中华人民共和国领海基线向陆地一侧至海岸线的海域。"海岸线是否为该法所规范的对象,在法律解释上可以说尚未明确。在管理实践中,除围海、填海活动由国家海洋行政主管部门负责规范外,海岸线管理还涉及港务、环保、水利、国土、发展计划和经贸等诸多部门。

2. 海洋功能区划

海洋功能区划作为编制综合性海洋资源开发和管理规划的科学依据,在减少沿海部门使用岸线空间矛盾方面起着重要作用。但在各级海洋功能区划中,海岸线未被作为独立的地理和经济单元加以考虑。

3. 海洋环境保护法

1999年修订的《海洋环境保护法》对海岸工程建设项目,从防止海洋环境污染、保护重要生态环境和海洋生物资源角度进行了规定。如:第43条规定,"海岸工程建设项目的单位,必须在建设项目可行性研究阶段,对海洋环境进行科学调查,根据自然条件和社会条件,合理选址,编报环境影响报告书。……"。该法在防止海洋环境污染、保护重要生态环境和海洋生物资源方面起到作用,但海岸线管理涉及到社会、经济、地质、水文等诸多方面,环境只是其中一项内容。

4. 地方管理实践

对海岸线多头管理、条块分割的情况在地方普遍存在。个别省市给予海岸线开发管理以高度的重视,制订了专门的政策和措施进行协调管理和开发。如:2003年,

江苏省南通市发布了《市政府关于进一步加强江海岸线管理的试行意见》,要求各有关部门"统一思想、统一管理、各司其职,加强岸线资源管理",并成立江海联动工作领导小组对此进行协调。但是,在多数具备岸线资源的地方,普遍情况是海岸线管理没有引起足够的重视,或者没有能力进行很好的管理。

（二）我国海岸线管理需求与问题

海岸线资源对于我国的社会经济可持续发展有着非常重要的意义。海岸线是特殊的地理和地质单元,具有重要的自然、社会和经济价值。目前我国的海岸线面临严重的环境、生态和开发等方面的问题。

1. 海岸线的特殊性

海岸线的特殊性体现在其介于陆地和海洋之间,受到来自海洋和岸上人类活动的直接影响,也是陆地和海洋互动的锋线。正因为如此,海岸线在管理方面容易造成根据其社会经济价值大小受到分割、多重管辖或者干脆没有管理的局面。

2. 海岸侵蚀相当普遍

研究表明,自 20 世纪 50 年代以来,我国海岸侵蚀加剧,新的侵蚀岸段不断出现。日趋明显和严重的侵蚀造成沿岸建筑物破坏、道路坍塌中断、河口低洼地淹没、海岸洪涝几率增大、土地盐渍化加剧,并且干扰海岸生态系统。造成海岸侵蚀加剧的原因自然和人为因素并存。自然因素包括河流输沙量的减少、海平面上升造成海洋水动力增强等,人为因素则主要有沿岸挖沙、不合理的海岸工程和破坏海滩植被、生态系统等。

3. 海岸环境、生态系统遭到破坏

由于陆地资源急剧减少,人们的目光越来越多的转向海岸和海洋资源。缺乏统一综合管理的开发造成海岸环境和生态系统的破坏。珊瑚礁、红树林、芦苇、岩礁、砂砾等被随意开采、破坏。如:海南岛,近 20 年来有 80% 的海岸珊瑚礁遭受不同程度的破坏,有的地区岸礁资源已面临枯竭。又如:在赣榆海岸上有一个名为响石村的地方,因为在一道天然沙坝上取沙挖沙,使该沙坝消失,该村就完全暴露在大海面前,前两年的一场台风造成村前大堤大面积坍塌。

4. 海岸开发利用秩序混乱

虽然海洋管理已经进入法制化阶段,但由于管理权利分散,不合理利用海洋的现象仍然存在。某些沿海地方违法违规破坏环境、乱采资源,给海岸资源的开发利用带来混乱。例如,盘锦到河北的海岸原本是良好的沙质海滩,但因为有人在自家门前的海边修建码头,几年之内,沙滩被分割成了多段。在方圆几里之内,海湾滩涂已经因挖沙变成了丘陵,海岸天然产卵场被破坏殆尽。

四、工作建议

建议由国家海洋行政主管部门组织开展沿海活动及危害研究,对海岸线进行全面的调查和研究,掌握全国岸线资源的总体情况。在此基础上,由国家海洋行政主管部门牵头成立海岸线管理委员会,通过现状的科学评价、发展战略、政策、规划、区划、立法、执法,以及行政监督等手段,对海岸线进行综合的协调管理。把海岸线管理的概念引入到各级海洋功能区划中,做到在法律和制度上的完善。

五、小结

近20年来,我国政府在大力推进海洋综合管理和海洋可持续发展方面取得了明显成效,但尚未建立对海岸线这一特殊的地理和地质单元的管理。而这一项管理在某些沿海国家,如澳大利亚已经具备相当成熟的理论和实践经验。

我国长达18 000多千米的大陆海岸线及14 000多千米的海岛岸线,都具有极其重要的社会经济价值。但是,因缺乏统一、有效的管理和某些自然变化因素,海岸线资源与生态环境面临严峻的考验。目前迫切需要在我国引入海岸线管理概念,建立海岸线综合管理制度与协调管理机制,以期对海域和海岸建立全方位的有效管理。

(《动态》2006年第11期)

21 世纪美国海洋政策及行动计划

焦永科

作为一个海洋大国,美国一向重视海洋和海洋事业。2004 年底,美国海洋政策委员会向美国国会提交了名为《21 世纪海洋蓝图》的海洋政策正式报告。2004 年 12 月 17 日,美国总统布什发布行政命令,公布了《美国海洋行动计划》,对落实美国《21 世纪海洋蓝图》提出了具体的措施。

《21 世纪海洋蓝图》与《美国海洋行动计划》的制订,是美国自 1969 年总统委员会发表的关于"海洋科学、工程和资源"报告 30 多年来,首次在海洋政策领域采取的一项重大措施;为 21 世纪的美国海洋事业的发展描绘了新的蓝图。它的制定和实施,不仅对美国海洋工作,而且也将对我国乃至世界的海洋工作产生重大影响。作为美国海洋政策系列专题研究成果之一,本文对其进行简要介绍和分析,供相关研究和决策参考。

一、21 世纪美国海洋政策产生的背景

自 20 个世纪中叶,美国曾在海洋领域采取过几次具有里程碑意义的举措,对美国的海洋工作乃至世界的海洋形势都产生过重大影响。这些重大举措包括 1945 年的《杜鲁门公告》、1969 年的"斯特拉特顿报告",以及 20 世纪 60 年代、70 年代提出的海岸带概念、海洋和海岸带综合管理概念等。

杜鲁门公告。1945 年 9 月,美国总统杜鲁门发表公告,即《杜鲁门公告》,又称《大陆架公告》,主张美国对邻接其海岸公海下大陆架地底和海床的天然资源拥有管辖权和控制权。公告发布后,曾引起了一场蓝色"圈地运动"。许多沿海国,特别是拉美国家纷纷提出对大陆架的主张,导致了第一次联合国海洋法会议和 1958 年《大陆架公约》的产生,而后一直影响到第三次联合国海洋法会议和 1982 年《联合国海洋法公约》关于专属经济区和大陆架的制度。

斯特拉特顿报告。1966 年 7 月,当时的美国总统约翰逊签署了经国会批准的《海洋资源和工程开发法令》,宣布了美国的海洋政策。根据该法令,由麻省理工学院名誉院长、福特科学基金会会长斯特拉特顿任主席,组织了一个 15 人的总统海洋科学、

工程和资源委员会,对联邦政府机构、海洋在国家安全中的作用、油气及其他海洋资源对经济的贡献、保护海洋环境和资源的重要性,以及促进美国海洋渔业的必要性等一系列海洋问题进行了调研和审议。1969 年委员会提出了包含 126 条建议的报告《我国与海洋》,即有名的"斯特拉特顿报告"。该报告的产生,促使美国提出和实施了保护和开发海洋的许多计划,使得它在世界海洋领域一直处于领先地位。

海洋和海岸带综合管理。20 世纪 60 年代,美国率先提出"海岸带"的概念,随后又提出了"海洋和海岸带综合管理"的概念,并于 1972 年颁布了《海岸带管理法》。海洋和海岸带综合管理的概念的提出,使得许多沿海国家纷纷效仿,在世界范围内掀起了海洋和沿海地区管理的变革。1992 年,在世界环境和发展大会上,海洋和沿岸综合管理的理念为国际社会所接受,并写入了 21 世纪议程。

美国现行的海洋政策制订于 1969 年。30 多年来,美国的海洋形势发生了巨大的变化。美国有 1.41 亿人口生活在沿海岸 50 英里宽的范围内,其中近 30 多年来新增加了 3 700 万人口、1 900 万个家庭以及无数的行业。海洋运输和滨海旅游娱乐业已经成为美国国民经济的两大驱动力。2000 年,美国海洋产业对美国经济的直接贡献为 1 170 亿美元,创造的就业机会有 200 多万个。美国沿海地区每年经济总产值超过 1 万亿美元,占国内生产总值的 1/10。如果再把沿海流域各县考虑进去的话,沿海地区每年对国家的贡献达到 4.5 万亿美元,占全国国内生产总值的 1/2,提供了大约 6 000 万份工作。随着海洋经济和沿海地区蓬勃发展,人类活动给美国海洋和沿岸生态环境等造成的负面影响越来越严重,海洋和沿岸污染加剧,水质下降,湿地减少、鱼类资源遭到过度捕捞。这使得美国政府不得不重新考虑美国的海洋政策。

1998 年联合国举办了"98 国际海洋年",以引起世界各国对保护海洋和海洋环境以及持续利用和开发海洋资源的重视。美国总统克林顿专门为海洋年发表总统宣言。在宣言中,他呼吁各国共同努力,维护海洋的健康,保护海洋环境,确保对海洋资源的可持续管理。在"海洋年"和国际海洋形势的推动下,美国于 1998 年和 2000 年两次召开全国海洋工作会议。在 2000 年的全国海洋工作会议上,根据国会当年通过的《2000 海洋法令》,成立了国家海洋政策委员会,重新审议和制定美国新的海洋战略。

美国海洋政策委员会成立于 2000 年,由美国总统布什亲自指定的 16 位专家组成。自 2001 年 9 月开始,在两年多的时间里,美国海洋政策委员会对美国海洋政策和法规进行了全面和深入细致的调研,先后召开了 9 次地区性的会议,召集了有 445 位国内一流的海洋科学家、研究人员、环境组织、产业、普通公民和政府官员等专家参加的 16 次听证会,征集了大量的书面证词,沿美国海岸线和五大湖周围地区进行了 18 次实地考察,以掌握关于美国利用和管理海洋方面最紧迫的问题的第一手材料,形成了美国海洋政策初步报告。2004 年 4 月 20 日,美国海洋政策委员会发布了关于美国海洋政策的长达 514 页的《美国海洋政策初步报告(草案)》。

在其后的 5 个月时间里,海洋政策委员会收到了 37 位州长、5 位部落首领、5 个海外领地、一个地区州长协会(五大湖区区域州长委员会)、社会各界 800 名利益相关者以及其他技术方面的专家对报告的修改意见,形成了 1 900 页的证词。在此基础上,对《美国海洋政策初步报告(草案)》进行了修改,并于 2004 年 9 月 20 日,正式向总统和国会提交了国家海洋政策报告,名为《21 世纪海洋蓝图》。

二、21 世纪海洋政策的主要内容

《21 世纪海洋蓝图》共分九部分、三十一章,十三个附件,共 610 页。

第一部分"我们的海洋:国家的资产"。主要内容是通过对海洋的经济和就业价值、海洋运输和港口价值、海洋渔业价值、海洋能源、矿藏及各种新兴产业的利用价值、对人类健康和生物多样性的价值、旅游娱乐价值以及非市场价值等的分析评价美国海洋和沿岸财富,从而认识到海洋是国家的资产及其面临的挑战;了解回顾过去的海洋工作,制订新的国家海洋政策,并从今天开始,就要为后代着想,确定国家的未来海洋的前景,说明制订新的海洋政策的重要性。

第二部分"变革的蓝图:新的国家海洋政策框架"。主要内容是针对目前联邦政府在海洋上实行的是分散和零碎的管理方式,缺乏有效的协调和凝聚作用,提出加强海洋工作的领导和协调,改革海洋管理体制,加强联邦部门机构尤其是国家海洋大气局的职能和机构建设。成立国家海洋委员会和总统海洋政策咨询委员会和区域海洋委员会。加强联邦对区域工作的支持,满足区域研究和信息的需要,发展区域生态系统评估,促进地区工作和协调联邦水域管理的手段。

第三部分"海洋管理:教育和提高公众意识的重要性"。主要内容为提出要强化民族的海洋意识,建立协作的海洋教育网,协调海洋教育;要把研究和教育结合起来,在中小学教育中增加海洋教育,加强对高等教育和未来海洋工作力量的投资,满足未来对海洋队伍的需要;要对所有美国人都要进行终身的海洋教育。

第四部分"生活在边缘区域:沿海经济增长和资源保护"。主要内容为要加强沿岸规划和管理,将沿岸管理和流域管理相结合,将沿岸管理和近海管理相结合,增进对沿岸生态系统的了解,加强沿岸及其流域管理;要对自然灾害的评价、改善联邦政府对沿岸灾害的管理,保护人民和财产避免遭受自然灾害;要对沿岸生境进行评价,对沿岸生境进行保护和恢复;要制订沉积物管理的区域战略,权衡海岸和疏浚的利弊,对沉积物和海岸线进行管理;要支持海洋贸易和海洋运输。

第五部分"清洁的水域:沿岸和海洋的水质"。主要内容是对沿岸水域污染状况进行分析,提出通过减少污染源、提高对点源污染的关注和解决大气来源的污染,来解决沿岸水域污染问题;要通过促进综合协调创建有效的国家水质量监测网络;要加强船舶

安全和环境适应性,控制船舶污染;提出要采取各种措施以防止入侵物种的扩散;减少海洋垃圾,包括评估海洋垃圾的来源及其造成的后果,减少渔具垃圾,确保为船舶上的垃圾的处理提供适当的便利。

第六部分"海洋的价值和重要性:加强对海洋资源的利用和保护"。主要内容是对美国30多年来的渔业管理、海洋物种面临的风险、珊瑚生态系统的状况进行评价,提出要建立科学的可持续性渔业,强化渔业管理,提高渔业增殖,减少对渔船的过度投资,加强国际渔业的管理;要评估对海洋种群的威胁,明确对海洋哺乳动物和濒危物种保护的责权,扩大对海洋哺乳动物和濒危物种保护的研究和教育,转向基于生态系统的对海洋哺乳动物、濒危物种进行保护;要对珊瑚生态系统进行评估,加强对本国珊瑚礁资源的管理,促进国际珊瑚礁倡议的实施,提高对珊瑚礁生态系统的认识,对珊瑚礁及其他珊瑚群落等进行保护;要解决环境对海洋水产养殖业的影响,促进国际合作,建立可持续的海洋水产养殖业;要把海洋与人类健康联系起来,最大限度地利用海洋生物产品,减少海洋微生物对地方健康地影响,实施人类健康保护计划;对在联邦水域的非生物资源行使管辖权,加强海上油气资源的管理,评估海上甲烷水化物的潜力,开发海上可再生能源,以及加强其他矿产资源的管理。

第七部分"在科学基础上的决策:促进我们对海洋的认识"。提议要增强海洋科学知识的国家战略,包括制订国家战略和国家海洋考察计划,协调和巩固海洋测量和制图业务;促进对海洋和沿岸气候、生物多样性、社会经济等的研究;要建立可持续的综合海洋观测系统;要加强海洋基础设施和科技发展,包括支持用现代手段进行海洋和沿岸活动,为急需资产的现代化提供经费,创建海洋技术中心;要使海洋数据和信息系统现代化,包括把海洋数据转换成为有用的产品,彻底改造目前的数据和信息管理,以满足新世纪的挑战。

第八部分"全球海洋:美国在国际政策中的参与"。回顾了国际海洋秩序的发展,对国际管理中逐渐出现的挑战进行分析,提出通过国际海洋科学项目、全球海洋观测系统及其他国外科学研究活动促进国际海洋科学发展,在保护海洋方面要扮演全球角色,制订和实施国际海洋政策,包括执行《联合国海洋法公约》以及其他与海洋有关的国际协定等,加强国际海洋科学,加强国际海洋科学和管理能力建设。

第九部分"前进:实施新的国家海洋政策"。对实施新的海洋政策的资金需求和可能的来源进行分析,提议要建立海洋政策信托基金,加大资金投入力度,主要投资项目包括国家海洋政策框架、海洋教育、海洋科学与调查、海洋监测、观测与制图,以及其他海洋与沿岸项目;要认识到非联邦部门的重要作用;要把从海洋利用收取的税收用于海洋和沿岸管理上。

《21世纪海洋蓝图》包含了212条建议,涉及海洋和沿岸政策的方方面面,其中把制订新的国家海洋政策框架、促进海洋科学和教育、把海洋资源管理和沿海开发转向基于生态管理的目标、改善对联邦部门活动和政策的协调、改善基于生态系统边界的区域管理以及发展平衡海上多种用途的协调管理作为中心议题。在200多项建议中，美国海洋政策委员会提出的急需做的主要工作有：

——设立国家海洋委员会，由总统助理担任主席；在白宫行政办公室中建立一个总统海洋政策咨询委员会；

——加强美国海洋大气局的职能，改进联邦部门的机构设置；

——在国家海洋委员会提供便利和支持下，为建立区域海洋委员会制订灵活和自愿的程序，鼓励地方部门组建区域性的海洋管理委员会；

——在今后5年中将美国海洋科学研究的投资增加一倍；

——实施国家联合海洋观测系统；

——通过协调一致和有效的正式的和非正式的项目，加强海洋教育；

——加强海岸管理和湿地管理的联系；

——建立联邦水域协调统一管理机制；

——建立可量化的水污染防治目标，特别是减少非点源污染。为达到这些目标，要强化激励机制、技术支持及其他管理手段；

——通过将评价和分配相分离，改进区域渔业管理委员会体制，改革渔业管理；

——加入《联合国海洋法公约》；

——以油气开发和其他新兴产业海洋利用的税收为基础建立海洋政策信托基金，为实施上述建议提供资金支持。

最后海洋政策委员会呼吁总统和国会立即采取决定性的行动落实这些建议，以便遏制美国的海洋和沿岸的不断退化。

三、《美国海洋行动计划》的主要内容

《美国海洋行动计划》是落实《21世纪海洋蓝图》的具体措施，共六个部分，其主要内容分别为：

加强海洋工作的领导和协调。所做的主要工作是要通过在商务部内部加强国家海洋大气局的机构建设、建立新的内阁级海洋政策委员会、支持五大湖区恢复和保护海洋环境的部际间工作队和区域协作、支持墨西哥湾区域合作伙伴关系、通过执行合作保护海洋环境和自然资源的行政命令促进海洋管理、促进区域渔业管理等手段，以及改善联邦海洋工作的协调和管理。

促进对海洋、沿岸和大湖的了解。所做的主要工作是通过制订海洋研究重点计划和实施战略、建立全球海洋观测网、研制先进的海洋调查研究船、创建全国水质检测网、协调海洋和沿岸制图工作、贯彻关于海洋和人类健康、有害藻华和缺氧等的新的立法、以及海洋教育的协调等工作，以及不断扩展人们对海洋、沿岸和五大湖科学

知识。

加强对美国海洋、沿岸和大湖资源的利用和保护。所做的主要工作有:实现可持续海洋渔业、促进珊瑚礁和深海珊瑚的保护和教育、加强对海洋哺乳动物、鲨鱼和海龟的保护、促进近海水产养殖、改善海洋保护区、管理外大陆架的能源开发,以及保护国家的海洋遗产。

在这些工作中的重点是:同区域渔业委员会一起,促进面向市场的渔业管理系统的最大利用、平衡区域渔业委员会的代表性、协调用于渔业管理目的的游钓数据收集、为科学在渔业管理中的利用制订指导方针和程序、实施珊瑚礁地区行动战略、为全国近海水产养殖立法提出建议、更好地协调和整合现有地海洋管理区网,以及制订海洋公园的战略。

管理沿岸及其流域。主要的工作有:对沿岸及其流域的管理、通过美国农业部土地法案促进流域的保护、保护和恢复沿岸生境、防止入侵物种的蔓延、减轻沿岸水域污染以及通过新的法规减少沿岸水域的大气污染。

支持海上运输。主要工作包括海洋运输系统部际委员会升格、实施联邦政府的国家货运行动议程、评估海上短程运输、减少对海洋运输系统用户的税收、改善航海设施,以及减轻船舶污染。

促进国际海洋政策与科学。促进海洋政策的贯彻和执行,主要工作包括支持美国政府加入《联合国海洋法公约》、建立伙伴关系、增加《伦敦公约》成员和加强《伦敦公约》的实施、支持海洋管理和减少陆源污染的综合途径、批准 MARPOL 公约修正案,以及贸易与国际海洋政策。促进国际海洋科学,主要工作包括促进大海洋生态系的利用、把全球海洋评价系统同全球对地观测系统结合起来,以及综合海洋钻探计划的领导。

在上述各个方面的工作中,近期的和长期的工作重点主要有:建立新的内阁级海洋政策委员会、同区域渔业委员会一起促进更好利用基于市场体制的渔业管理、建立全球观测网、制订海洋重点科研计划与实施战略、支持美国政府加入《联合国海洋法公约》、实施地方珊瑚礁行动战略、加强国家海洋大气局机构建设等。

在《海洋行动计划》发布之后,海洋政策委员会对《海洋行动计划》进行了初步评估,认为该计划是朝着落实一项全面的国家海洋政策迈出的可喜的一步。

2004 年 12 月 17 日,在公布《美国海洋行动计划》的同时,美国总统布什的行政命令还宣布,为了实施该行动计划,将成立一个内阁级的海洋政策委员会,设在总统行政办公室。新的海洋政策委员会将指导原海洋政策委员会的关于海洋和沿岸管理的建议的落实。

四、21 世纪美国海洋政策对我国海洋工作的启示

美国海洋政策和海洋管理一直处于世界领先地位。《21 世纪海洋蓝图》和《美国海洋行动计划》，是经过对美国多年来的海洋工作最全面、最彻底的回顾，对美国 30 多年来海洋政策的综合评价、总结经验教训之后提出的。美国《21 世纪海洋蓝图》及其海洋行动计划的制订，无疑是自 1969 年"斯特拉特顿报告"以来美国海洋领域又一次重大举措，它将改变美国自那时起执行了 30 多年的海洋政策和海洋战略。《21 世纪海洋蓝图》也将同 1945 年《杜鲁门公告》、"斯特拉特顿报告"以及海岸带和海洋综合管理概念一样，不仅对美国本身，也许将对整个世界海洋领域产生重大和深远的影响。

《21 世纪海洋蓝图》和《美国海洋行动计划》对我国的海洋工作具有重要的参考价值和借鉴意义。尤其是在加强海洋管理，调整海洋管理体制，增设高层次的国家海洋委员会，加强海洋行政主管部门的职能；建立海洋政策信托基金，大幅度增加对海洋的资金投入；以及加强政府人员和公众及学校里的海洋意识教育等方面特别值得我国参考借鉴。

美国联邦政府目前涉及海洋管理的部门众多，多达 15 个，由联邦、州和地方政府机构组成的海洋管理体系和分散的海洋管理方式已不适应海洋可持续发展的需要和面对海洋所面临的挑战，因此美国海洋政策委员会报告把实施海洋管理体制和机构的改革，包括设立内阁一级的国家海洋委员会以更有效地对政府机构进行协调，以改变分散和零碎的海洋管理方式以及实行基于生态系统的新型管理方法等放在近期急需要做的工作的首要位置。

我国是一个海洋大国，改革开放以来，海洋事业得到了快速的发展。但是，在海洋管理体制上，我们目前实行的还是一种分散的管理方式，涉海部门很多，既有中央和省属的"条条"单位，也有各地市属的"块块"部门。队伍的重复建设，使得海洋管理力量分散，海上执法力量严重不足，海洋管理成本增加，造成了人力物力财力的极大浪费。在海洋管理和海上执法方面，缺乏具有权威性和综合的海洋管理与海上执法部门，统一的组织协调能力薄弱，各部门各单位各自为政，职责不清。因此，需要改革我国海洋管理体制，逐步建立统一的、更具有权威性的海洋管理机构，提高综合协商能力，做到具有健全的海洋法规、高效统一的执法管理体系，逐步实现综合管理，统一执法。

在资金投入方面，我们还远远不能满足海洋管理和海上执法的需要。近几年来，我们的海洋管理和执法能力虽然已经大大提高，但从装备上来讲，我们还落后于美国、日本等发达国家。为了保障海洋开发活动的正常有序，促进海洋事业协调发展，必须加强对海洋的投入。

　　在海洋教育方面,我们近几年虽已注意到这个问题,但同美国等发达国家相比,我们做得还不够。美国等发达国家一向重视对政府人员和公众的海洋教育工作,强调加强海洋教育,提高国家海洋意识,公众海洋意识,培养各种海洋人才等。美国在这方面采取的许多措施,例如利用各种宣传媒介普及海洋知识、海洋教育从儿童抓起等,我们还没有考虑到。民众的海洋意识提高了,踊跃参与海洋管理,在此基础上,实行综合性海洋政策,实现海洋综合管理,政府的海洋管理工作也就能够做好,保障海洋可持续利用,国家在海洋方面的战略目标才容易实现。我们也有海洋教育,但是,并没有把它作为做好海洋管理的重要措施,形成制度。海洋教育工作,应该是从根本上做好海洋工作的基础性工作,应纳入国家海洋政策和管理的视野。

　　我国是一个海洋大国,新世纪中国面临的主要威胁和挑战来自海上,海洋是我国建设小康社会、实现中华民族伟大复兴的战略性平台,建议党中央和国务院及时启动"中国21世纪海洋政策及行动"计划的工作。

(《动态》2005年第3期)

我国海洋可再生能源开发利用战略研究

刘容子　刘富铀

能源是战略资源,是全面建设小康社会的重要物质基础。2004 年 6 月 30 号国务院第 56 次常务会议通过了《能源中长期发展规划纲要(2004—2020 年)》(草案),确定了"十一五"期间我国能源发展的总体战略。2005 年 2 月 28 日国家主席令公布《中华人民共和国可再生能源法》,并将于 2006 年 1 月 1 日起实施,其基本宗旨是为了促进可再生能源的开发利用,增加能源供应,改善能源结构,保障能源安全,保护环境,实现经济社会的可持续发展。

我国海洋能资源类型全面、蕴藏量大、开发利用前景广阔。目前,经调查确认的海洋能,除海底石油、天然气、煤炭等常规能源以外,还有潮汐能、波浪能、温差能、潮流能、盐差能以及风能,还有最新发现的海底天然气水合物等。常规海洋能的勘探开发已经形成很大规模的海洋油气产业,而可再生海洋能的调查评价与开发利用尚处于初级阶段。在世界性能源紧缺的大环境下,提高对海洋可再生能源的科学认识,加大勘探、开发力度,合理规划安排全国海洋能的勘探、开发和利用,提高能源对沿海地区经济社会发展的保障程度,同时促进海洋经济的全面发展具有十分重要的意义。

一、海洋可再生能源开发利用潜力分析

海洋可再生能源主要包括潮汐能、潮流能、波浪能、温差能、海洋风能和盐差能。海洋可再生能源具有清洁、无污染、储量大、可再生等特点。当今世界,对海洋可再生能源的开发利用正逐渐兴起,由于起步较晚,所以很多相关技术还不够成熟,新的利用方法和技术有待进一步研发。然而,海洋可再生能源的开发利用有着非常光明的前景。

(一)远景开发利用潜力预测

我国是一个海洋大国,有 1.8 万千米海岸线和众多岛屿,海洋可再生能源储

量和可开发利用量丰富。据调查,我国潮汐能理论蕴藏量约有 1.1 亿千瓦,可开发的总装机容量约为 2 179 万千瓦,年发电量约为 624 亿度;波浪能理论平均功率 1 285 万千瓦;潮流能理论平均功率 1 394 万千瓦;温差能理论评价功率 13.28 万千瓦;盐差能理论功率 1.25 亿千瓦。海洋能资源开发利用自然条件具备,潜力巨大。如果能对其加以开发利用,将大大减轻我国当前能源紧张的压力,为经济发展提供强有力的支持。

根据我国前两次潮汐能资源调查统计,我国各种海洋可再生能源资源的储藏量为:

1. 潮汐能:全国可开装机容量大于 200 千瓦的坝址共有 424 处港湾、河口,总装机容量为 2 179 万千瓦,年发电量约 624 亿度。这些资源在沿海是不均匀的。浙江、福建两省岸线曲折,潮差较大,潮汐能占全国沿海的 80%。浙江省的潮汐能储藏量尤为丰富,约为 1 000 万千瓦。

2. 潮流能:根据对我国沿岸潮流能资源储藏量统计,理论评价功率为 13 948.52 万千瓦。按省划分,以浙江沿岸最多,有 37 个水道,理论评价功率 7 090 万千瓦,占全国总量的一半以上。其次是台湾、福建、辽宁等省份的沿岸,约占全国总量的 42%。

3. 波浪能:按照波浪能资源区划分区标准,我国东海沿岸全部为一、二类资源区,南海的广东省东、西部沿岸、海南省海南岛西部、东北部沿岸为二类资源区,黄、渤海的渤海海峡和千里岩沿岸为二类资源区,其他均为三、四类资源区。

4. 海洋风能:我国海洋风能尤为丰富特别是东南沿海及其附近岛屿,不仅风能密度大,年平均风速也高,发展风能的潜力很大;我国沿海水深在 2 ~ 10 米的海域面积很大,不仅适合风能的开采,而且也靠近我国东南沿海主要用电负荷区域,适宜建设海上风电场,因此,我国的海洋风能具有十分广阔的开发利用前景。

5. 盐差能:据计算,我国沿岸盐差能资源储藏量为 3.9×10^{15} 千焦,理论功率约为 1.25×10^8 千瓦。我国的盐差能资源地理分布不均,长江口及其以南的大江河口沿岸的资源量占全国总量的 92.5%,理论功率为 0.86×10^8 千瓦。沿海大城市附近盐差能资源最丰富,特别是上海和广州的资源量分别占全国的 59.2% 和 20%。资源量具有明显的季节变化和年纪变化,一般汛期 4 ~ 5 个月的资源占全年的 60% 以上,长江占 70% 以上,珠江占 75% 以上。

6. 温差能:我国温差能资源储藏量大且稳定,全年可开发利用。我国温差能开发利用最具潜力的地区是南海诸岛,水深大于 800 米的海域约 140 万 ~ 150 万平方千米,位于北回归线以南,太阳辐射强烈,表层水温均在 25℃ 以上。500 ~ 800 米以下的深层水温在 5℃ 以下,表深层水温差在 20℃ ~ 24℃,据初步计算,南海温差能资源理论储藏量约为 1.19×10^{19} ~ 1.33×10^{19} 千焦,技术上可开发利用的能量(热效率取

7%)约为 8.33×10^{17} ~ 9.31×10^{17} 千焦,实际可供利用的资源潜力(工作时间取50%,利用资源10%)装机容量达13.21亿~14.76亿千瓦。我国台湾岛以东海域表层水温全年在24℃~28℃,500~800米以下的深层水温5℃以下,全年水温差20℃~24℃,温差能储藏量约为 2.16×10^{14} 千焦。

（二）中长期可开发利用规模预测

潮汐能利用可研建10万千瓦级潮汐电站。拟建3.0万千瓦浙江三门湾潮汐能电站;3.6万千瓦福建福鼎八尺门潮汐能电站;70万千瓦长江口北支潮汐能电站。

潮流能利用主要方向是在各水道、海峡论证建设百千瓦级潮流电站。

波浪能研发方向主要是提高百千瓦级振动水柱式、摆式电站的可靠性和实用性;研建模块式小型浮式电站。

海洋风能利用主要是结合相对成熟的风力发电技术,进一步发展海上风力发电。

温差能利用方向是研建1~2座100千瓦级海水温差试验电站。

二、海洋可再生能源开发利用的指导思想、目标与原则

（一）指导思想

在科学发展观的指导下,以规划为先导,以科技进步和体制创新为动力,以东南沿海和海岛为依托,以试点示范为突破口,建立完善的激励机制和法律法规体系,鼓励多元投资,自主开发与技术引进相结合,加快海洋可再生能源资源的开发利用,努力实现海洋能利用技术的产业化,为最终解决能源供给探索途经和积累经验。

（二）总体思路

研究海洋可再生能源的开发利用技术,以解决石化能源不足的危机,保护环境;解决沿海、岛屿能源需要,促进沿海经济发展,海岛脱贫致富;研究小型海洋能电站,与其他可再生能源互补,建立新能源综合示范基地;研究海水温差能的利用,服务国防,解决南海诸岛的电源和淡水问题。同时努力提高转换效率,降低生产成本,增大在能源结构中所占的比例。争取新技术、新工艺有大的突破,国内已成熟的技术要实现大规模生产和应用,为保护环境及海岛和沿海社会经济的科学发展做出贡献。

（三）基本原则

1.因地制宜、合理布局。根据海洋能特点和经济发展,处理好近期与远期、局部与整体的关系,做到因地制宜,合理布局,实现对海洋能最充分合理的综合开发利用。

2.统筹规划、协调发展。发挥市场配置资源的基础性作用,完善海洋能开发管理体制,坚持有所为、有所不为,实现海洋资源综合开发利用,以促进海洋经济的协调发展。

3.科技领先,开发与引进相结合。坚持科技领先,研究开发和技术引进相结合,加快海洋能利用技术的产业化,提高海洋能开发利用的整体水平。

4.海洋能开发与经济联动发展。从全局和战略的高度认识海洋能的开发与利用,坚持海洋能开发与海陆经济一体化,走与海洋经济和陆域经济联动发展的新路子,为沿海和海岛经济和人民的社会文化生活服务。

5.政府引导、市场化运作。处理好政府引导和市场化运作的关系,把海洋能开发利用建设项目推向市场,采取多渠道、多层次、多形式的方式进行项目融资,为海洋能开发营造良好的发展环境。

（四）发展目标

1.总体目标:加强海洋能利用技术研究,提高转换效率,降低生产成本,增大在能源结构中所占比例,争取将海洋能利用列入我国能源发展和建设规划。新技术、新工艺有大的突破,国内外已成熟的技术要求实现大规模、现代化生产、形成比较完善的生产体系和服务体系,为保护环境和国民经济持续发展做出贡献,努力将我国发展成为海洋可再生能源开发利用强国。

2.近期目标:到 2010 年,通过强化科技研制和试点示范工作,使海洋能利用技术接近或赶上目前世界先进水平,其中一些成熟的实用技术,要尽快形成产业,扩大应用,进入市场,为解决沿海和海岛用电问题做出贡献。

3.中长期目标:到 2020 年,提高转换效率,降低生产成本,增大在能源结构中所占的比例。新技术、新工艺有大的突破,进行广泛的国际合作,国内已成熟的技术要实现大规模生产和应用,为保护环境及海岛和沿海社会经济的科学发展做出贡献。建立 10 万千瓦级潮汐能电站;潮汐能、波浪能、潮流能发电技术产业化;在南海岛屿建立温差能示范电站。在试点示范的基础上全面推广应用成熟的海洋能利用技术,建立起世界先进水平的工业体系和技术创新体系,主要技术项目基本上都要求达到规模生产水平,争取将海洋能利用列入我国能源发展和建设规划。

三、海洋能开发利用的重点任务

（一）重点发展海洋风能

在可再生能源开发利用中,风力发电是最为成熟的一个。在我国经济发展最快、耗能最多的东南沿海及严重缺电的海岛,不仅风能密度大,而且年平均风速也高,发展风能利用的潜力很大。因此,大力发展海洋风能应当作为我国海洋能开发利用的重点。

（二）适度发展潮汐能

我国的潮汐能开发利用技术、特别是小型潮汐电站开发技术已趋于成熟，发展小型电站已经列为我国扩大资源利用的组成部分。随着机械、材料和技术的不断发展和改进，开发潮汐能的实际成本会略有降低。但是，目前的潮汐能开发利用大都需要建设水库，这需要占用一定量的土地或滩涂，并对生态环境造成一定的影响。潮汐水库的建立也为种植、海水养殖、交通、旅游、防灾减灾创造了条件，这无疑使得潮汐电站在经济上更具有生命力。

（三）实验开发潮流能和波浪能

与风能和潮汐能开发利用技术相比，虽然潮流能利用技术已趋成熟，波浪能利用技术也有多种形式，但潮流能和波浪能的开发利用成本较高。要大规模的进行波浪能和潮流能的开发利用，还有许多问题和技术需要解决。但是波浪能和潮流能的开发利用对环境的影响更小，而且储量丰富，因此研究与开发波浪能和潮流能利用技术具有更重要的实际意义。

四、海洋可再生能源开发利用布局

（一）布局思路

根据"抓住机遇，突破难点，以保障能源供给为中心，以发展为目的"的布局思路，在"面对东南沿海和海岛，发挥地域海洋能资源优势，利用先进的开发技术，抓住重点，试点示范，总结推广，形成产业"的总体布局下，形成"东南沿海潮汐能电站产业化，海岛多能互补电力系统试点示范与推广，南海温差能温差电站实验洋机研建与温差能综合利用试点示范"的海洋能开发利用的格局。

（二）布局原则

1.统筹兼顾，促进海洋能产业化发展。既要突出重点，促进海洋能开发利用的迅速发展，服务于社会经济，又要防止在开发过程中对环境造成不良影响；既要做好能源结构调整，实现能源的可持续发展，又要鼓励新技术、新方法的创新。要形成海洋能开发利用的科学有序的管理机制，推进海洋能开发的市场化和产业化，实现能源和社会经济的可持续发展。

2.科学规划，调整优化海洋能结构。要着眼长远，超前规划，科学引导，有序推进。要贯穿资源节约和环境保护的意识，因地制宜，合理安排，调整和优化国家能源结构的布局。积极引导海洋能在能源市场中的合理发展。

3.技术可靠，加大开发技术研发力度。技术可靠既包括技术方案的安全实用性，还包括该项技术的科学性、前瞻性,以及同其他技术相比的成熟性、兼容性等。海洋能的开发利用需要技术的有力支撑,科学、可靠的技术是海洋能能够开发利用的关键。通过制定规划、加大科技投入,加快海洋能开发利用的技术创新。

4. 经济可行,靠市场机制与政策发展。经济上的可行性是海洋能开发利用的首要前提和保障。在现有的技术水平条件下,依靠市场调节机制,并制定鼓励政策,以摊平成本,大力推进海洋能的开发利用。

5. 环境可爱,保证生态的可持续发展。海洋能的开发利用也会对环境造成一定的影响。因此,海洋能的开发也应考虑对环境所带来的影响,要做到海洋能的开发和周围的环境和谐相处。

(三)海洋可再生能源功能区划

1. 海洋能优先开发权的确定

海洋能功能区是海洋功能区划确立的海洋开发利用基本功能区。在各类海洋功能区划定中,应明确海洋能功能区的各种海洋能的优先开发权。影响各海洋能功能区各种海洋能优先开发权的因素主要有海洋能资源的种类、开发利用技术的水平、对环境的影响、区域社会经济状况等。这里资源和技术是起主导作用的因素,决定着能否开发;社会经济与环境也是主要因素,决定着需求和制约条件。不同的海洋能功能区或者地区,要根据具体的资源优势和技术发展状况以及社会经济需求和对环境的影响进行综合评价,以确定优先开发的海洋能及开发利用的顺序,或者进行多能互补综合开发。

海洋能优先开发权确定的方法是:根据我国第三次海洋能调查的结果,参考历史资料,在进行海洋能开发利用前景评价的基础上,利用模糊数学的方法,对同一功能区的不同海洋可再生能源进行比较,对各种能源的开发利用排序,获得各个功能区的主导开发和优先开发的海洋可再生能源,以优化海洋功能区划。

2. 海洋能功能区海洋能优先开发排序

根据我国第三次海洋能调查的结果,并参考历史资料,在海洋功能区各种海洋能优先开发权研究和海洋能海洋功能区优化的基础上,根据同一功能区各种能源开发利用的排序所获得的各功能区的主导开发和优先开发的海洋可再生能源,排列出各海洋功能区优先开发的海洋能,以优化海洋功能区划。这一排序结果可为全国海洋能开发利用规划提供方案,为区域海洋能的开发利用提供资源的可行性分析。

(四)区域布局及海洋功能区划优化

1. 海洋能开发利用区域布局

海洋能开发利用区域布局是根据我国沿海和海岛海洋能调查与评价的结果,结合海洋功能区划综合制定的。我国第三次海洋能调查与评价将为海洋能开发利用区域布局提供更加完备的决策信息。

目前,由于潮汐能开发利用技术相对来说较为成熟,所遇到的问题只是设备的锈蚀和对环境的影响问题,并且针对这些问题也都有解决的办法或措施,因此,我国近期海洋能的开发利用应以潮汐发电为主,适当发展波浪、潮流和温差发电。潮汐发电以浙江、福建沿岸为主,近期重点开发建设浙江三门湾、福鼎八尺门、长江口北支三个潮汐发电站;波浪发电以福建、广东、海南和山东沿岸为主;潮流发电以舟山群岛海域为主;温差发电以西沙群岛附近海域为主。应加快海洋能开发的科学试验,提高电站综合利用水平。

2. 海洋功能区划优化

海洋功能区划是我国政府在 20 世纪 80 年代末期提出并组织展开的一项海洋管理的基础性工作,其目的在于为海洋行政管理工作提供科学依据,为国民经济和社会发展提供用海保障。国家海洋局会同国务院有关部门和沿海地方政府于 1989—1993 年、1998—2001 年开展了两次大规模的海洋功能区划工作。

海洋功能区划是根据海域的区位条件、自然环境、自然资源、开发保护现状和经济社会发展的需要,按照海洋功能标准,将海域划分为不同使用类型和不同环境质量要求的功能区,用以控制和引导海域的使用方向,保护和改善海洋生态环境,促进海洋资源的可持续利用。

全国海洋功能区划共划分海洋能利用区 60 个,其中辽宁 7 个、河北 0 个、天津 0 个、山东 10 个、江苏 16 个、浙江 6 个、上海 2 个、福建 3 个、广东 15 个、海南 1 个。所划分的海洋能利用区也充分体现了我国长期海洋能开发利用的布局。

五、鼓励海洋可再生能源开发利用的政策措施

(一)把海洋能利用列入国家"十一五"规划

目前我国尚未将海洋能利用列入能源发展和建设规划。如前所述,国家科委虽然在"六五"、"八五"、"九五"计划的科技攻关中列入波浪能、潮流能利用的研究专项,但两个五年计划中只投入了 600 万元,只是杯水车薪。"十五"计划没有列入,如果再不将海洋能开发利用列入"十一五"计划,没有国家规划的支撑,海洋能开发利用就不可能有大的投入,就不可能有所发展、就没有力量形成产业,未来我国能源供给也就少了一条重要的途经。

为达到开发利用海洋能、实现经济科学发展的目的,必须制定国家中长期海洋能开发与利用发展规划,在中长期海洋能开发与利用发展战略和发展规划的指导下有计划、有步骤的进行投资与技术创新。

（二）加大研究与开发的资金投入

海洋能利用技术的研究与开发需要大量资金的投入。目前我国海洋能开发利用在资金上得不到保证,投入严重不足,没有专项资金支持海洋能的研究与开发,融资渠道和资金筹措非常困难。由于市场、技术等多方面的原因,单纯依靠企业自身的努力还无法在较短的时间内使海洋能利用技术的研究与开发取得较大的进展。因此,政府应该通过国债贴息、财政拨款等手段加强对海洋能利用技术的研究与开发的投入,以推动这一领域快速和健康的发展。

（三）建立科学有效的能源开发与管理体制

能源产业是关系到国民经济发展和国家经济安全的重要产业,又是一个综合性很强的产业部门。从能源管理的内容和范围界定来看,目前国家各部委的能源管理职能是以管理对象来界定的,综合性和长远性的能源战略管理很是薄弱。因此,应建立统一的政府能源管理部门,统筹能源各产业的发展和利益协调,综合规划国家能源战略和制定能源政策,按照"政监分离"的原则,做到依法监管、依规监管。

在未来的5～10年内海洋能极有可能形成一定的行业规模,随着国家对海洋可再生能源开发力度的加大,建立一个科学的能源开发管理体制,尤其是在海洋可再生能源正在快速发展的现在,是十分有必要的。

（四）加快利用技术研究与引进

海洋能利用技术的发展是解决我国能源问题的基础。应该充分重视海洋能利用技术发展在推动全国能源节能、能源供给、优化能源结构、实现环境目标方面的重要作用。应将海洋能利用技术作为国家科技攻关的重点领域。

海洋能利用技术的研究要与技术引进相结合,即要努力自主创新,又要引进、学习和消化吸收国外的先进技术,减少弯路,缩短技术进步和技术应用的时间。海洋能是国家未来能源的重要接替,要力争在2020年前后在技术水平上达到世界先进水平,在国家能源供应中举足轻重。

（五）完善鼓励新能源开发利用的法律法规

目前,我国鼓励新能源和可再生能源开发利用的政策和法律法规还不完善,同国外发达国家相比还不够成熟。《中华人民共和国可再生能源法》已于2005年2月28日公布,将自2006年1月1日起施行。《可再生能源法》只是一个框架式的法律,可操作性比较差,有待于进一步补充和完善。其配套措施,包括实施细则有待出台。

为了强化环境保护以及解决新时期能源、环境和经济之间的矛盾与问题,必须鼓励开发新能源和可再生能源。新能源和可再生能源的开发运营成本比常规能源要高,在市场竞争中处于不利地位,所以,为了促进新能源和可再生能源的发展,国家有关部门需要制定相关鼓励政策和法律法规。

尽管目前我国的可再生能源生产总量占能源比重较小,却有较快的发展速度,要依法引导和激励各类主体积极参与可再生能源的开发利用,真正形成政府推动、市场引导和企业、公众积极参与的良性发展机制。应当加强政府的扶植力度和调控能力,建立有效的价格管理和财税政策机制,加强研发和技术创新,建立和健全可再生能源产业化的技术支撑体系和服务体系,加强可再生能源信息传播和公众意识的培养。

(《动态》2005 年第 7 期)

实施海洋综合管理
建立健全海洋规划体系

郑淑英

我国是一个陆海兼备的国家,不仅拥有 960 万平方千米的陆域疆土,还有近 300 万平方千米的管辖海域、18 000 千米的大陆岸线及 6 500 多个大于 500 平方米的海洋岛屿,蕴藏着丰富的自然资源与巨大的空间资源。海洋,不仅是国家战略资源地基、国家安全的海上屏障、贸易往来的必经之路,也是沿海大都市区发展的重要依托、沿岸生态环境的支撑保障和未来生产和活动的空间,是集经济、技术、政治、军事、安全等多领域、多部门的综合体系,是国家社会经济发展的重大支撑领域。依据海洋资源特点和生态环境特征,结合我国海洋开发现状,依据国家中长期发展目标,对我国近海管辖海域实施综合管理,是海洋事业发展的需要,是实现 21 世纪国家战略目标的支撑条件。建立健全海洋规划体系,有效履行政府职能,强化对海洋事业发展的宏观调控,是实施海洋综合管理的重要途径。

一、建立健全海洋规划体系的重大意义

(一)海域资源呈立体空间分布形式,海域开发需要统筹规划

我国近海管辖海域,资源分布呈立体空间形式。18 000 千米的岸线从北至南,将陆地沿岸的 11 个省区与海洋连结起来,沿岸海陆交接的海岸带,集中了我国 40% 的人口、50% 的大中城市和占全国 GDP 总量 60% 的产值。海洋是沿岸地区重大生态支撑,我国近海管辖海域,包括 12 海里领海、200 海里专属经济区和大陆架,资源开发与空间利用价值巨大,为我国提供约 30% 的水产品和 10% 的石油和天然气,以及 90% 的进出口货物运输量。海岸、海湾、河口、岛屿、珊瑚礁、海峡等近岸海域,是重要的空间资源形式,具有多重利用功能,分布着丰富的生物与非生物资源种类。从陆向海的东西横向,从海面到海床直至底土,分布着丰富的生物资源和矿物资源。生物资源呈生态系统分布,各种鱼类有着较为固定的产卵场、育幼场和成鱼区,它们与海洋浮游动植和底栖动物植及海面上空的海鸟等,共生共存,构成完整的食物链。海水,是最

大的连续矿体,蕴藏着丰富的化学资源、海洋能资源等;海上有纵横交错的航道航线、星罗棋布的海洋岛屿,空间利用价值前景广阔,可供海底电缆,管线等工程用海及军事设施利用。各种海洋自然资源及空间资源,相互交错、共存于海域之中。依据海洋的自然属性与社会需求,某一海域可同时适用几种开发活动,客观上存在着用海主导功能与一般功能在空间和时序上的矛盾。协调资源开发与各种用海需求,是海洋资源分布特点的客观需求。

(二)涉海领域多,隶属关系复杂,需高层次规划进行协调

海洋开发,是一个与人口、资源、环境密切相关,集社会、经济、安全等重大问题于一体的特殊领域。各类海洋资源开发形成的产业,涉及矿产、交通、渔业、环保、科学技术、军事、安全等诸多部门,它们之间存在着复杂而密切的联系。

海洋产业门类多,管理多头。我国涉海产业 14 个,包括渔业、盐业、海上交通运输、海洋油气、海洋化工、海洋生物制药、沿海旅游、海洋信息服务等高新技术领域。海洋管理层次多,呈多部门、多层次框架结构。从国家层面上,涉及相关的多个部委,包括国家海洋行政主管部门、海事行政主管部门、海洋环境保护主管部门、海洋渔业主管部门等;在地方层面上有隶属于国家各主管部门的下属单位;在涉海产业方面,有属于国家产业部门直属的企业或陆域产业的分支机构,也有独立的海洋产业部门,再加上沿海省市各级地方政府。管理与产业,国家与地方的多头关系,在某种程度上存在职能交叉、职责不清或空白问题。国家层面上,目前尚没有一个权威协调机构对这些部门间的关系进行有效协调。这些问题,必然给各级各类规划的相互衔接造成一定的障碍。以产业规划为例,受经济利益驱动,目前很多地方的产业规划仍然主要考虑产量与产值因素,对资源的可持续利用和海洋生态环境的承载力考虑不够,因而出现资源开发过度与不足现象同时存在的问题,造成近岸生态环境恶化,海洋捕捞业过快发展造成的近海渔业资源严重退化;某些深水良港资源利用不当或不足;渤海整治多年,污染依然继续加重等。以下几组数据足以警告我们:过去 40 年,全国海岸滩涂面积减少 66 万公顷,滨海湿地丧失约 50%;红树林丧失 70% 以上;珊瑚礁 80% 以上遭到不同程度的破坏;21 世纪初的四年里,我国近岸海域重度污染和中度污染面积增幅为 47.8% 和 10.3%;渤海海域,轻度污染、中度污染及重度污染面积分别增加了 316%、326% 和 68%,污染海域面积占渤海整个海域面积的 35%;上海近岸海域全部为中度或重度污染;2004 年对 15 个近岸海域生态脆弱区和敏感区监控调查,不健康或亚健康的占 73.3%;近海赤潮 99 次,是 1996 年的 28 倍。此外,长期陆海分治所造成的陆域规划与海域规划的脱节也是一个突出的问题。造成这些问题的原因尽管是多方面的,但是缺乏高层次综合管理和宏观指导,涉海产业间、海陆规划不协调是主要原因之一。建立健全海洋规划体系,协调海域之间、产业关系、部门之间关系,刻

不容缓。

（三）维护海洋权益需要高层次规划的指导

海洋权益与海上安全问题，是影响海洋开发的突出问题。按照《联合国海洋法公约》的有关规定，我国陆续宣布了12海里领海制度、毗连区制度、200海里专属经济区和大陆架制度。这些制度的建立，以国家法律形式确定了我国管辖海域的范围，为海上开发活动及安全保障提供了法律依据。但是，由于与日本、南北韩、越南、菲律宾等周边国家在东、黄、南海海域划界尚未解决，海域争端时有发生，对我国大陆架油气开发构成严重干扰，日本对我东海大陆架内海洋油气资源开发的干扰，不但涉及资源，而且构成对国家安全、主权权利的侵犯。另外，地理与历史等原因所致，目前我国海上没有出海口，海上进出口及能源运输全部需经他国管辖海域才可进入大洋，基于目前我国对外贸易的依存度较高，而海上运输实现的进出口贸易占贸易货物总量的90%，海上通道安全问题构成对我国资源安全的潜在威胁。

海洋是关系国家资源、环境、安全重大领域，涉及部门多、范围大的特点，不是哪一个部门能够协调和解决的，需要站在国家的高度，从国家中长期发展目标出发，依据技术与资金情况，以海洋可持续发展为基本原则，结合我国海洋重大问题需求，科学合理地对涉海各产业、各领域进行宏观指导，统筹规划，使开发活动适应国家发展总体目标的实现，保证海上政治安全、资源安全与生态安全，需要国家高层次宏观指导，需要各种具体部门的相互支持，制定相互衔接、互为支撑和保证的规划体系，保证国家发展总体目标的实现，保护国家安全总体战略需求。

二、建立健全海洋规划体系的基础条件

（一）规划实践为健全规划体系奠定了框架基础

我国的海洋规划，有着几十年的实践基础。从"一五"到"十一五"，每一个五年计划或规划，海洋事业的各个方面都有着不同形式的发展规划，从最初的传统产业门类，到新兴的高新技术，包括了海洋交通运输、海洋盐业、海洋捕捞、海洋科学技术、海洋调查、海洋油气、海水利用、海洋环保等多方面的规划，同时也有地方政府和国家层次的海洋中长期发展规划，如"海上山东"、"海上辽宁"、《全国海洋开发规划》，也有海洋专项规划《全国海水利用专项规划》等，初步形成了一个国家到地方，从产业到专项不同层次的规划体系。

近年来，国务院对海洋事业的发展十分重视，相继批转和印发了《全国海洋功能区划》、《全国海洋经济发展规划纲要》等重要文件，在国家海洋局设立了全国海洋规划办公室，为我国海洋规划体系的建立与健全提供了科学依据，建立了相应的规划机构。

（二）国家海洋政策为健全规划体系提供了政策依据

建立健全海洋规划体系，有着国家政策的支持。"建立海洋综合管理制度，统筹规划海洋的开发和整治，不断完善海洋功能区划和规划"早已明确列为国家海洋政策写入《中国海洋政策》，并提出：合理开发保护近海资源和环境，加强生态保护；沿海陆地区域和海洋区域一体化开发，逐步形成临海经济带和海洋经济区，推动沿海地区的进一步繁荣和发展；合理分配海域空间和海洋资源；海洋资源开发和海洋环境保护同步规划、同步实施、同步发展。提出积极进行海岸带综合管理实验，逐步建立海岸带综合管理制度等具体要求，为我国近海综合管理提供了政策支持。

（三）相关的国际实践为健全海洋规划体系提供可借鉴经验

国际实践方面，美国经验值得研究和借鉴。美国现有 1.4 亿人居住在距离海岸50 千米的区域内，占美国总人口的 50%，预计 2050 年将有 75% 的人居住在沿海地区，美国海外贸易的 95%（按体积计算）依靠水路运输，渔业产品产出额 550 多亿美元/年，石油的 30% 和天然气的 23% 来自于外大陆架。美国政府意识到，需要建立一种海洋综合管理制度，既能使人们认识海洋的潜在价值，又能保护人类和生态系统的健康，尽量减少用海冲突，使用权政府能履行好海洋管理的职能，最大限度地为美国谋取长期利益。从 20 世纪 70 年代美国实施对海岸带进行综合管理到今天，海洋管理已从海岸带综合管理发展到对整个管辖海域的综合管理，并且将陆域入海河流、大气及沿岸人类活动与海洋联系起来，制定了《21 世纪美国海洋行动计划》，并于 2004年 12 月 17 日由美国总统办公室发布由总统批准，用以应对海洋存在的问题和未来发展需求。其他许多海洋国家，在海洋管理实践中都有着类似的规划或计划，他们的经验值得认真研究，加以吸取。

三、海洋规划体系的主要内容和基本框架

（一）海洋规划体系的主要内容

海洋规划涉及很多方面的内容，多层次、多领域的海洋规划形成了海洋规划体系。本文以海洋事业包括的各个领域为规划的基本内容，包括海洋经济、海洋环境、海洋科技、海洋法律法规范、海洋管理、海洋权益以及海上军事防卫等几个主要部分。

海洋经济是海洋规划体系的重点内容与核心部分。发展经济，是提高综合国力、实现中华民族伟大复兴的根本保证，是目前及今后相当长一段时期国家的战略目标，是一切工作的重点和重心。依据国家中长期发展需要，大力发展海洋经济是海洋事业的核心任务。海洋经济作为开发利用海洋的各类海洋产业及相关经济活动的总和，涉海产业、海岛开发和海洋工程建设项目等，海洋经济规划的具体内容，《全国海洋经济发展规划纲要》是一部国家层次的宏观指导文件。海洋经济发展，需要相应的

支撑条件,主要领域有:海洋生态环境保护、海洋科学技术、海洋法律法规、海洋权益、海域管理等。这些领域,是海洋经济发展的基础支撑,直接关系国家安全等重大问题。每个领域相对独立,同时彼此互为支持,互为条件,同协同发展,是整个海洋规划体系的重要组成单元。

海洋生态保护是海洋经济发展的重大支撑领域,是海洋规划体系的基础保障。首先,海洋是地球重大生态环境领域,与陆地、大气、人类共同组成地球生态系统。海洋被誉为风雨故乡和环境调节器。海洋吸收了到达地球80%的太阳能,每年海洋植物生产的氧气约占空气氧含量的70%;海洋也是大气二氧化碳巨大的储存器,每年吸收了大约25亿吨人类燃烧矿物排放到大气中的二氧化碳,对气候调节、减轻"温室效应"起着特殊的作用。其次,海洋生物资源呈生态系统分布,沿岸生态系统有红树林、珊瑚礁、河口、湿地、大陆架、沼泽等,海洋生态服务功能强大,1997年世界海洋独立委员会的一份报告显示,每年全球7大海洋生态系统的生态服务价值达10亿美元。我国海洋生态系统分布的特点,按四个海区划分,分为黄、渤、东、海及台湾海峡,各海区生态系统分布特征明显。再有,生态环境保护,已经超出了单纯的对环境污染的治理范畴,是从环境、资源的内在联系与依存关系进行标本兼治,是更高层次的环境保护理论和方法,是解决人口、资源、环境矛盾的重要管理方式,是海洋资源可持续利用的基础。

科学技术是第一生产力,在国民经济和社会发展中起着主导作用,也是海洋事业发展的重要指标及组成部分,更是海洋事业发展的重要支撑条件,在海洋规划体系中发挥着无可替代的地位。特别是在当今世界经济一体化的国际背景下,科技成为参与国际竞争能力的重要标志,各国也将科技,特别是高新技术作为国家战略予以优先发展和部署,世界主要发达国家凭借科技优势,为迅速抢占二十一世纪科技制高点开展研究与开发竞争,最终目标是在新世纪创立新产业,开拓新市场,进而在国际竞争中占据有利地位。目前,公认的高科技领域有生命科学、生物技术、信息技术、环境保护技术等领域,海洋包括了高新科技领域的多个,如信息技术、生物科学、环境保护技术等;同时改造传统海洋产业、优化产业结构需要依靠科技力量。21世纪科技发展朝着多元化应用发展,特别是结合国家战略资源开发、保卫海防安全的军事利用发展,以适应新世纪海洋资源开发与国防安全的需要。海洋事业的发展,需要科技先导,科技先行。特别是包括海洋勘测技术、海水淡化技术、生物技术、大陆架油气开采、深海热液矿、天然气水合物、深海生物基因利用技术等,直接关系国家未来海洋战略资源的获取程度。海洋学,也由纯粹的基础理论研究,发展到军事海洋学,直接服务于海洋战场的环境预报。因此,海洋科学技术应根据国家海洋总体发展战略的目标和产业发展需要制定中长期发展规划

海洋法律法规是国际海洋事务往来的基础,是划定国家海洋管辖海域的依据,是

进行海洋管理、履行政府职能的行动准则,是协调各海洋产业部门与管理部门关系的准绳,也是海洋科学技术、海洋环境保护和资源开发健康发展、有序进行的保证条件之一。依法制海,规范海洋开发活动的秩序,包括对陆域开发、陆源污染排海等进行限定等,都需要相应的法律法规予以约束。目前,我国的海洋法律体系已基本形成,从国家法律、到地方法规,从技术文件,到实施标准,初步形成相对独立的海洋法律法规体系。尽管如此,目前也还存在着一些尚待解决的问题,如法规不配套、缺少区域法等问题,也还存有多处空白,需要与海洋事业的其他领域相互配合,协调发展。

海洋权益是海洋权利与利益的总称,是我国的海洋事业面临的对国家安全、海洋开发利用具有重要影响的问题。《联合国海洋法公约》生效标志着新的海洋制度的建立,其中包括 12 海里领海制度、200 海里专属经济区制度、大陆架制度、"区域"制度、岛屿制度等,世界各国,包括沿海国和非沿海国从中得到了更为宽泛的权利,包括领海主权、自然资源勘探、开发、养护和管理等权利。为获得这些权力与利益,沿海国之间一方面展开了空前未有的划界热潮,另一方面为争夺海洋资源展开的资源争夺战,由此产生的争端此起彼伏,自然资源开发矛盾上升为武力之争的情况时有发生。我国与朝、韩、日、越、菲、马等国在东、黄、南海存在的海洋争端,不仅影响我国正常的自然资源勘探开发,也对国家安全构成严重威胁,中日东海大陆架油气之争就是一个典型的事例。因此,海洋权益,是一个介于军事、安全、外交之间的特殊领域。如何利用对外政策、军事力量与技术与开发能力等多种因素争取获得最大的海洋权益,需要从外交政策、国际关系及国际法实践多方面,结合国家的安全保障能力与科技实力,制定全海域、分海区不同层面的国家海洋权益发展规划。

海洋军事防卫是以军事力量抵御外部势力侵犯和颠覆活动,保证领海安全的基本保障,是海洋经济发展的基本保证。加之,现代安全问题突显,资源安全、环境安全、经济安全、信息安全等因素对各国的影响日益加大,由纯军事领域扩展到社会经济的各个层面,海洋安全的范畴得到拓宽,海洋军事防卫目的与功能也随之发生了改变。严格讲,我国虽是个海洋大国,但是属于海洋地理不利国家,毗邻海域无一能够直接通向大洋,相邻沿海国或岛屿国形成了一个链条,将我国闭锁在太平洋西岸,加之美国为达到遏制中国的目的,与除北朝鲜以外的几乎所有东亚沿海国家或地区结成军事同盟,包括与我国的台湾地区,形成实质上的封锁链,构成对我海上军事安全、资源安全、信息安全等方面的严重威胁。海洋军事防卫力量,不但是保卫领海、领空安全的基石,更是海上产生、资源开发的基本保障,对保卫海上交通安全、海上设施安全、应对海上恐怖袭击和贩毒走私等具有不可替代的作用。

海域管理是国家海洋事业的重要内容,是保障海洋经济可持续发展的保证条件之一。国家管辖海域与土地一样,是国家资源的组成部分,对其实施资源化管理是实现海洋资源可持续利用的根本措施之一。海域使用管理,依据海域的资源与环境条件,对海域的分配、使用、整治和保护等过程进行一系列的决策、组织、控制和监督,通过统筹安排海域空间利用布局,规范各类用海行为,达到建立良好海域使用秩序,提高海域使用的整体效益,促进海域可持续利用的目的。目前,我国的海域使用管理体制的框架基本形成,从行政管理体系来讲,有国家、沿海省、市、县级由海洋行政主管部门负责;法律法规方面,有以《中华人民共和国海域使用管理法》为根本依据,以《中华人民共和国海洋环境保护法》、《全国海洋功能区划》等重要法规与技术文件为指导,逐步形成从上到下,从国家、省、市、自治区到县级海洋功能区划的体系。截止2004年,我国各类用海确权面积达952 123公顷,占已查明使用面积的38.87%。2004年收取海域使用金4.3亿元,累计征收海域使用金10.6亿元。推进海洋管理进程,结合海洋经济发展需要,结合生态、环境等问题的实际,强化管理体制,是海洋事业顺利发展的重要任务,也是规划的主要内容之一。

（二）海洋规划体系的基本框架

海洋事业各个领域客观上存在的必然联系,决定了各级各类规划是一个有机的整体。本文以国家海洋事业发展规划为最高层次,以经济发展规划为核心内容,以环境、技术、科技、法律、权益、管理为支撑条件构建海洋规划体系的基本框架。

规划层次。按行政级别划分,海洋规划可分国家、省自治区直辖市和县级三级。按照海洋规划的对象和功能类别,分为国家总体规划、海洋专项规划和区域规划三类。国家海洋事业发展规划,是海洋事业战略性、纲领性、综合性规划,是指导其他海洋规划的宏观指导规划。省市级和县级规划,分别依据国家海洋发展的总体规划编制。综合性国家规划,起着对各类地方性规划、产业部门规划以及专项规划等的宏观指导,专项规划或地方规划等等,是规划体系总体目标的具体体现。此外,打破省、市、县行政界限的区域规划也是一种十分重要的规划类型。我国几十年海洋开发形成海洋经济带动了沿海经济区域的发展格局,已经形成了以长三角、珠三角和环渤海沿海经济区,这些区域规划是介于国家、省之间的一个规划层次,是省、市、区级海洋规划的依据。另外,我国的管辖海域,有着12海里领海、200海里专属经济区和大陆架区域,还有可利用的国际海底区域,无论从资源开发、环境保护还是从权益与安全角度出发,这四个区域都可作为海洋区域规划的组成部分。如何处理好这些规划以及各自与其上级和下级行政规划间的关系,是值得深入研究的。

专项规划是海洋事业的各领域规划,包括海洋科技、海洋环境保护、海洋法律法规、海洋管理规划等,属领域规划的细化,也是政府投资和财政支出预算和制定特定领域相关政策的依据,是不受行政区划限制的一种规划形式,比如:海洋生态环境管理专项规划,应以各种类型的生态系统为规划单元,打破行政区划的界线;还包括科学技术专项规划、海洋调查专项规划、海水利用专项规划等等。

结语

　　海洋是国家经济和社会发展的重大领域,海洋事业对国家发展至关重要。鉴于海洋具有领域多、部门多、综合性强的特点,从国家长远发展需求出发,对管辖海域实施综合管理是必要的,建立健全海洋规划体系是实现海洋综合管理的基础条件和必要手段。建议开展海洋规划体系建设研究,为国家决策提供参考依据。

(《动态》2005 年第 9 期)

我国海洋战略资源开发基础与前景

曹忠祥

资源是人类生存和发展的基本条件,是一个国家社会经济发展的物质基础。资源安全是国家安全的主要内容之一,同时又是国家安全的重大基础因素,对国家的国防、政治、经济、军事等方面具有深刻的影响。

海洋占地球表面积的71%,是生命的摇篮,资源的宝库。海洋资源开发利用晚于陆地,是具有战略意义的新兴开发领域,具有巨大的开发潜力。1992年联合国环境与发展大会通过的《21世纪议程》指出,海洋不仅是生命支持系统的重要组成部分,而且是可持续发展的宝贵财富。人类从远古时代就开发利用海洋,在未来的时代里,人类将更多地依赖海洋,更多地开发利用海洋。海洋是全人类的共同财富,也是全世界和平与发展的希望所在。随着陆地战略资源的日益短缺,世界沿海国家加大了向海洋索取资源的力度和强度,由此促进了海洋资源战略地位的日益提高和人类全面开发利用海洋时代的到来。21世纪,国际政治、经济、军事和科技活动都更离不开海洋,人类的可持续发展也将必然越来越多地依赖于海洋,海洋资源、尤其是关系到一个国家国计民生的海洋战略资源的合理开发利用,将对于国家资源安全、经济安全乃至国家安全具有十分突出的战略意义。

我国是典型的海洋国家,海岸线漫长、港湾众多、海域辽阔,广袤的海洋蕴藏着极其丰富的海洋资源。在新的海洋世纪,中国作为人口众多的海洋大国,社会经济的可持续发展必然越来越依赖于海洋,依靠海洋资源的开发来促进和保障国家的繁荣和富强,海洋资源也因此将成为保障国家安全的必不可少的物质条件。

一、我国国家战略资源界定

国家战略性资源是指关系国计民生,在资源系统中居于支配地位,具有常态下市场垄断性和非常态下供给瞬时中断性特点的资源。战略资源的开发利用对国家经济和社会发展具有重要影响,突出表现在:预防战争,保证国家安全;预防自然灾害;应付突发事件;平抑物价,保证人民正常生活等方面。因此,保证战略性国家资源安全具有突出的重要意义。

20 世纪 70 ~ 80 年代以来,随着世界范围内生存与发展竞争的日益激烈以及全球性资源与环境问题的日益突出,国家资源安全、尤其是战略资源的安全问题受到国际社会越来越多的关注。诸多国家特别是资源需求大国主要立足于保障国家安全和维护国家利益,在以石油为主的能源安全、食物安全及与之相关的耕地资源安全、水资源安全、重要矿产资源安全和基因资源安全(通常称为战略性资源安全)等方面倾注了极大的注意力。研究机构与决策机构在强化对资源安全问题认识方面密切配合,由政府资助进行有针对性的资源安全研究已成为国际惯例。如:美国在其《新世纪的国家安全战略》中明确提出要保障能源的持续稳定供给;俄罗斯在其新的国家安全构想中提出要从保护生态环境的角度认识资源安全问题;第二届世界水资源论坛及部长级会议通过了关于 21 世纪确保水安全的《海牙宣言》;美、欧、日、俄等大国,更是将资源安全纳入国家安全战略之中,特别将保障国家能源安全作为国家安全的重要内容之首。

毋庸置疑,资源安全问题对于我国极具重要意义,这是由国情和民情所决定的。其一,我国人口众多,自然资源是民族赖以生存与发展不可或缺的基础。其二,我国自然资源相对匮乏,人均资源占有量少,资源安全域限较小,而经济快速增长和人民生活水平的提高对资源需求的压力与日俱增,多数资源已临近安全警戒线。如目前我国国土的农用比率(耕地、草场和森林占国土总面积比率)仅为 56%,相当于世界平均水平的 89%,其中土地垦殖率(耕地占土地总面积比率)仅为 10%,低于世界平均水平;我国除煤炭和少数有色金属外,矿产资源的富集度也较低,如我国国土面积虽占世界 7.2%,而石油储量仅占世界的 2.3%。其三,保持和加强大国地位,也对保障我国资源安全提出了要求,作为多极世界中的重要一极,我们不仅不能受制于他人,更应担负起应有的责任。其四,资源安全是国家社会政治稳定的基础,资源危机势必在一定程度上引发社会和政治动荡,保障资源安全是国家的政治需要。

国内较早涉及的资源安全问题是粮食安全以及随之而来的耕地资源安全。随着经济全球化和国内人口、资源与环境问题的日益突出,人们进一步关注能源资源安全、水资源安全、矿产资源安全和生态资源安全等方面的研究,直至 20 世纪 90 年代末才明确提出了资源安全概念。迄今为止受到普遍关注、在国家安全中具有重大作用的战略性资源主要有石油、耕地和淡水,三者对国家安全和社会经济发展,具有全局性和长远性影响。其中石油是全国性短缺资源,石油及其油品是可交易资源;耕地和淡水是地区性短缺资源,是不可交易性资源。水、油、粮食三大问题相互交织、总体短缺的基本特征,将成为制约二十一世纪中国经济发展的最大瓶颈,影响着中国经济发展的进程。此外,重要原材料资源短缺对国家安全的威胁也是不容忽视的。

二、海洋战略资源及其在国家资源安全中的地位与作用

我国是一个沿海国家,在辽阔的海域中蕴藏着十分丰富的海洋资源。但是,在过去很长一个时期中,我国经济发展的重点一直集中在陆地区域,而对海域资源的开发利用没有给予应有的重视,加之我国经济科技发展水平的限制,海洋资源的勘探、开发及利用水平一直落后于世界海洋强国。然而,从现实的发展来看,我国周边海域丰富的海洋资源的开发将有利于缓解日益严峻的资源环境形势,并将为地区经济的发展培育出新的增长点,促进地区经济的发展;就长远的发展而言,丰富的海洋资源作为重要的战略储备,对于稳定国民经济的发展必将起到十分重要的作用。从这个意义上讲,海域丰富的海洋资源是我国国家安全的重要保障之一,将对我国未来经济稳定与发展以及国防等具有重要的战略意义。

在 21 世纪,随着世界范围内对海洋开发重视程度的不断提高,海洋在我国的战略地位也将迅速提升,海洋资源的开发和海洋经济的发展将成为保障我国国民经济持续、稳定发展的重要环节,在国民经济安全中居于十分重要的地位,应予以充分的重视,而保证海洋国土的主权、权益不受侵犯将是一个基本前提。

从我国国家层面上的战略资源需求态势来考虑,可以作为国家级战略资源的海洋资源应当主要包括海洋能源、海洋生物、海洋矿产和海水资源等资源类型。

(一)海洋能源资源与能源安全

在我国能源日益紧缺的形势下,海洋能源资源的开发应当也必然在国家能源安全中发挥重要作用。首当其冲的是石油资源的安全问题。石油是国家的战略性资源,是国民经济的命脉。在目前世界能源消费结构中石油所占的比重是 39.97%,在可预见的未来也仍将是世界上最主要的能源。

我国是世界上的石油生产大国,但同时也是石油消费大国,石油产出跟不上经济快速增长对石油资源的需求,这是我国目前经济发展面临的重大问题之一。1984 年以来,我国原油产量年均增长 1.7%,但同时期的石油消费年均增长 4.9%。从 1993 年开始,中国从石油净出口国成为石油净进口国。2000 年,石油及油品进口达到 7 000 万吨,达到历史之最,占当年全国石油消费量的 30%。2001 年,中国石油的净进口量高达 6 490 万吨,2002 年达 6 941 万吨。按照最近几年石油进口增长的速度,2010 年中国石油消费构成中进口石油将达到 40% 左右,到 2020 年,这个比例将更高达 50%。

专家指出,当一国的石油进口超过 5 000 万吨时,国际市场的行情变化就会影响该国的国民经济运行。我国能源供应对国际市场的高度依赖,导致我国经济增长的风险增大,受国际石油市场、乃至经济政治形势变化的影响比较明显。一方面,国际

油价出现波动,其变化会直接导致进口用汇的大量增减,进而导致外需对经济拉动作用的变化。以 2000 年为例,当年石油价格的上涨使中国 GDP 增长率下降约 0.5 个百分点。另一方面,由于中国目前的石油进口来源中,来自中东地区的石油占 50% 以上,进口的来源有限;与此同时,运输石油的线路也没有太多选择,目前进口中东和非洲石油主要走的还是海路:苏伊士运河—印度洋—马六甲海峡,比较单一,有一定的战略风险。因此,一旦中东局势恶化或中国与东南亚国家或者美国交恶,石油供应及运输渠道就会不通畅,正常的石油进口可能无法得到保证,国内的人民生活、经济运行乃至国防都会受到重大影响。如目前一触即发的美伊战争所造成的油价上涨已经引起了各行业人士和有关专家的注意。

有鉴于此,建立有效的石油危机应对机制是我国目前的当务之急,而增加国家的原油战略储备是其中最为核心的内容。今后,在"搁置争议、共同开发"的原则指引下,加强我国与南海周边国家的合作,加快我国在包括南沙群岛在内的南海区域油气资源勘探、开发和利用的步伐,不仅对于缓解我国经济建设中的能源供需矛盾,而且对于增加能源的战略储备具有十分重要的作用。

除油气资源而外,我国近海潮汐能、潮流能、海流能和波浪能各种形式的海洋能齐备,而且蕴藏的资源量也比较可观,它们的开发利用对缓解国家能源危机的作用也是不容忽视的。

(二)海洋生物资源与粮食安全

海洋是可以大量吸收太阳能并转化为生物资源的场所,蕴藏着巨大的生产潜力,是人类蛋白质的重要来源基地。在浅海中,生物年生长量相当于 200 kcal/ m^2/a,而陆地农田约 300 kcal/ m^2/a,,即两亩(亩 = 1/15 公顷)海面的年生产能力将超过一亩良田。中国 30 米等深线以内海域面积有 20 亿亩,如果充分利用其生物生产力,就相当于 10 亿亩农田。一亩高产水面的经济收入,可以顶 10 亩农田。另外,中国近海渔业资源的持续可捕量大约 330 万吨/年。目前浅海滩涂的开发利用尚有较大潜力,在耕地资源日益紧缺、国家粮食安全面临威胁的形势下,大规模发展海洋渔业、尤其是增养殖业和海洋牧场建设,可以提供更多的水产品,改善食物结构。从这个意义上讲,海洋将成为战略性食物资源的基地,海洋生物资源也将成为一种重要的战略资源。

(三)海洋矿产资源与矿产资源安全

从理论上分析,海洋分布着从陆地上能够找到的所有矿产资源。在 2 000 ~ 6 000 米深的海底区域,蕴藏着丰富的矿产资源,包括大洋锰结核、海底多金属结核、多金属软泥、钴结核等,将形成大规模的深海采矿业。我国陆架和浅海面积广阔,近年来海洋矿产资源勘探开发的成果已经表明,我国海底矿产资源开发有着巨大的开发潜力和广阔的发展前景。业已发现的锰结核、钴结核和热液矿床等海底矿产资源在弥补陆上锰、铜、钴、镍等金属矿产的不足与在国防、航空航天方面的重要应用前景及其开发活动在维护国家海洋权益方面的重要作用,都无疑说明其对国家发展及安全具有重要的战略意义。

(四)海洋水资源与水资源安全

"国际人口活动组织"在一份报告中说,目前面临水资源紧张的人口约 3.55 亿,2025 年将上升到 28 亿~35 亿,以雨雪形式落入陆地的水是"一种绝对有限的资源",水资源危机是必然趋势。海洋是巨大的液体矿,约有 13 亿立方米淡水,人类必然越来越多地直接利用海水或进行海水淡化,以解决水资源不足的矛盾。从长远发展来看,我国庞大的人口总量及社会经济快速发展对水资源的需求,都决定了大规模利用海水是未来国家、尤其是沿海地区发展的必然选择,是保障国家水资源安全的重要战略途径。

三、海洋战略资源开发的现状与前景分析

(一)海洋战略资源开发利用现状

我国大规模的海洋开发利用,较世界滞后大约 10~15 年,但发展速度很快。20世纪 90 年代以来,我国把海洋资源开发作为国家发展战略的重要内容,把发展海洋经济作为振兴经济的重大措施,对海洋资源与环境保护、海洋管理和海洋事业的投入逐步加大,海洋经济发展的社会条件日趋完善,促进了海洋资源开发的迅速发展。

以海洋科技为引擎的海洋开发范围和规模的不断扩大以及资源开发深度的不断加深,在一定程度上带动了海洋战略资源的开发利用。

第一,随着海洋油气业的快速发展,海洋石油日益成为我国原油增量的主要来源。2004 年海洋油气业总产值 595 亿元,占全国主要海洋产业总产值的 4.6%,增加值为 434 亿元;全国海洋原油产量达 2 843 万吨,比上年增长 16.6%;海洋天然气产量 58 亿立方米,比上年增长 32.5%。

第二,海洋能开发的技术日渐成熟,海洋新能源不断被发现。我国在潮汐能开发利用技术已基本成熟、日趋完备、并积累了丰富的建站经验,步入商业化阶段。自 50年代我国开始在浙江沿海建成 50 千瓦的潮汐电站,到 80 年代又在浙江、江苏等地兴建了一批不同装机容量的潮汐电站,技术上已日渐成熟。另外,利用波浪能发电装置建设沿海灯标、浮标已达 600 多台套。2000 年,我国对东海和南海天然气水合物的调查取得重大突破,初步调查显示,我国南海海底有巨大的可燃冰带,估计总蕴藏量占全国石油总量的 50% 左右。

第三,深海矿产资源勘探取得重要进展。1999 年,我国在太平洋夏威夷东南方 C

－C海区7.5万平方千米的"区域"进行了海底多金属结核的调查,为我国参与公海多金属结核开采奠定了良好的基础。

第四,海水综合利用的规模在扩大,海水淡化和海水直接利用已经在沿海一些严重缺水城市水资源问题的解决‰中发挥出明显作用。

第五,海洋生物基因资源成为继海洋油气、生物、矿产等之后的又一种具有重要战略意义的资源,其开发取得了重要进展。许多学术性研究或药物研制部门致力于发现海洋生物活性物质及其成份的分离和筛选,在过去10多年中,有超过6 500种新药物从海洋生物中产生。

但与发达国家相比,我国海洋战略资源开发利用的规模有限、深度和广度均不高。统计数据表明,我国近海油气探明储量仅占资源量的1%,累计开采量仅占探明储量的5%;近海渔业资源的过度开发和外海渔业资源利用不足并存;可养殖滩涂利用率不足60%,宜盐土地和滩涂利用率只有45%,15米水深以内浅海利用率不到2%;海水直接利用规模较小;滨海砂矿利用率不高,累计开采量仅占探明储量的5%;海水和海洋能的开发程度和利用水平较低。深海大洋矿产尚未开发;沿海地区一些深水港址亦尚待开发,等等。与此同时,日益恶化的海洋生态环境、相对薄弱的科技和管理力量以及国际军事政治形势的影响,是目前我国海洋战略资源开发面临的突出问题。

(二)海洋战略资源开发利用前景

21世纪海洋的大规模开发利用,将使得海洋开发实物产量不断增多,就海洋资源基础来看,将可能长期提供60%左右的水产品,10%左右的石油和天然气,70%左右的原盐,70%左右的外贸货运量,以及不断增多的海洋药物、海洋化工、海洋矿产、海洋电力、生产和生活用水等方面的产品。从这种意义上讲,我国海洋战略资源的开发潜力和开发价值都是十分巨大的。通过开发利用海洋来缓解21世纪社会经济发展所需的食物、能源和水资源紧张局面,不仅具备现实性,而且在经济技术上也是可能的,海洋战略资源的开发必将在国家海洋强国战略的实施中发挥重要作用。

但是,作为当前国际范围内海洋权益争端的核心内容,海洋资源资源、尤其是海洋战略资源的争夺必将与国际经济、政治、国防、军事等方面的争端与竞争相互交织,使得其开发利用对于国家安全的保障已经远远超出了其本身的经济内涵,也无形中提高了其战略地位和意义。

1.从保障我国资源和经济安全的需要出发,海洋战略资源开发利用将作为21世纪我国全面建设小康社会的重要推动力量而倍受关注。从现在开始到21世纪中叶,随着我国人口继续增长、人民消费水平的提高和工业化城市化进程的加快,社会经济发展对资源的需求将会进一步加大,上述各种战略资源的短缺数量和短缺程度将趋于加剧。随着国内短缺资源对国外依赖程度的增加,受资源供应中可能出现的供应中断和价格波动的影响会越来越大。这类问题在工业的命脉石油方面表现得尤为突出,我国已经由过去的石油出口国变为石油进口国,石油不能完全自给,大量的石油缺口要靠进口弥补。一旦进口油源被截断,能源就供应不足,对我国的经济安全极为不利。因此,充分利用海洋油气资源,建立我国的海上资源和能源供应基地,提高我国能源,尤其是石油的自给率,从而保障资源和能源的不间断供应,增强经济活力和实力,维护我国的经济安全,促进经济的健康发展。同时,必须重视资源储备问题,尽快完善国家资源进出口储备机制,以应付可能出现的危机,而海洋资源开发应该成为缓解我国短期内资源紧张、开辟长期的资源供应渠道和建立战略资源储备重要途径。

2. 海洋战略资源开发利用进展和国家海上维权的形势相适应,并将作为维护我国海上领土主权与权益的重要手段。国际间争夺和维护海洋权益、控制后备战略资源的斗争日益尖锐和复杂。21世纪海洋地位更加重要,国家之间的海域边界争端增多,地缘政治格局更加复杂,控制出海通道、抢占公海资源的斗争更加激烈。自20世纪70年代以来,我国与周边国家围绕岛屿主权的争端就一直没有间断过,而且由于西方国家的介入,斗争形势呈愈演愈烈之势,使我国海上领土主权和海洋权益受到严重挑战。从目前的形势来看,对我国具有重要战略意义的海洋油气、海洋生物(主要是渔业资源)以及海底矿产的开发都在很大程度上受制于海上维权斗争的形势。换一个角度来说,在国家"搁置争议,共同开发"的大的原则下,尽快推动我国对争议海域以油气为主的海洋资源的开发活动,在维护国家经济利益的同时,将对海上维权产生良好的"反渗透"效果,不失为通过经济活动维护国家主权的有效手段。

3. 海洋战略资源开发利用与国际军事、政治斗争的相互影响也将长期存在。海洋石油资源、海底矿产资源等的开发,具有重要的军事应用价值。更为值得一提的是,通过争议海域的资源开发,将逐步实现我国对此类海域的有效控制,把我国军事防卫的前沿大大向外推进,从而有效地预防和阻止外国军用船舶和航空器靠近我国经济发达的沿海地区进行军事操练或演习而实行军事威胁,进行侦察、测绘、窃听等搜集情报的活动,进行影响我国防务和安全的宣传,在船舶上搭载或起降飞机,发射、降落和搭载军事装置,挑起军事冲突,同时也将加大我国沿海地区军事防御纵深,延长战斗预警时间,有利于组织充分防御和反击军事入侵,防止和阻止战争,维护我国军事安全。另一方面,海上军事、政治斗争形势的日益严峻,也将在未来很长一个时期内制约着我国海洋战略资源开发利用的进程。

(《动态》2005年第11期)

关于我国海域勘界中岛屿问题的探讨

王　芳　吴继陆

由于海岛在沿海地区发展中的重要作用,在海域勘界中备受关注。随着我国海域勘界工作的全面展开和深入推进,出现了一些具体问题急需解决。此次海域勘界中涉及的岛屿争议问题主要有两方面:一是争议岛屿划归何方管理,即通常所说的岛屿归属问题;二是岛屿对划定海上行政区界线的影响,即拟划定的海域界线附近的岛屿对最终界线的具体走向和对海域面积划分的影响。本文拟对这两个问题加以探讨,以期对实际工作有所帮助。

一、我国近海岛屿基本情况

我国海岛星罗棋布,这些岛屿从北到南呈带状散布在广阔的海域,特别是东海和南海海域中,地理位置优越,政治军事地位重要,资源丰富,是发展海洋经济的物质基础和保障。海岛既是海洋开发的基地,对外开放的窗口,又是国防的前哨,构成一个特殊的海洋综合经济带。

我国的近海岛屿具有以下特征:一是大部分海岛分布在沿岸海域,离大陆的距离小于10千米的海岛约占海岛总数的70%。二是基岩岛的数量多,约占海岛总数的93%;沙泥岛(冲积岛)占6%,主要分布在渤海和一些河口;珊瑚岛数量很少,约占1%,主要分布在台湾海峡以南海区。三是海岛呈明显的链状或群状分布,大多数以列岛或者群岛的形式存在。

二、岛屿归属问题及其处理原则

(一)争议情况简介

据我国省际间海域勘界调研统计,存在权属争议的岛屿有30多个,按其地质地貌特征可分为三种类型:基岩岛、堆积岛和沙洲岛。另外,还有一个海岛县存在行政区划调整的争议。

溜牛礁在大多数划定两省海域界线时候被确定为广东所有,地图表示其位于广东一侧,而福建认为溜牛礁上的灯塔最初是福建宫口村管理,后由县交通部门管理,理应属于福建。该岛屿争议提出了海域勘界时必须考虑的一个非常重要的政策问题,即如何认定历史上或者现实的行政控制措施和行政管理行为以及开发利用行为对海域界线的确定的影响和作用,即对岛礁的实际控制管理是否对确定岛礁的归属产生法律效力? 这是需要慎重考虑的。

在长江北支河口段,近年来又淤积出一个新的沙洲,并有可能形成一个大的沙洲岛。上海和江苏对于沙洲岛的争议凸现了因自然因素引起的变化而对海域界线勘定和管理的影响问题。确定因自然因素导致勘定影响因素变化的法律后果既是海域勘界需要考虑的一个重要问题,也是海域界线勘定后日常管理需面对的重要问题。主要争议情况见表 1。

此次勘界中还涉及一个特殊问题,即嵊泗县的行政区划的变更。嵊泗县(嵊泗列岛)为一海岛县,位于浙江最北部,其行政区划在历史上发生过较大变动。历史上,嵊泗列岛曾先后归属过浙江、江苏和上海。直到 1962 年划归浙江,至今未动。从 20 世纪 80 年代初到上海实施"浦东开发"政策期间,嵊泗的行政区划问题被多次提出。上海市政府多次提出将嵊泗划归上海。嵊泗县政府也曾提出归属上海的要求。1987年,国务院曾派员协调两省市,因浙江省反对,该县的行政区划问题暂时搁置起来。

表 1　岛屿争议概况

争议双方	岛屿名称	岛屿自然状况	原因	备注
河北、山东	姬家堡子、高砣子、大口河堡	三岛位于渤海湾西侧大口河与汪子河之间,由贝壳砂堆积而成	贝壳砂开采	
山东、江苏	前三岛(平岛、达山岛、车牛山岛、牛角岛、牛背岛、牛尾岛)	位于全国八大渔场之一的海州湾渔场中心,海珍品和养殖的极佳海区	渔业资源权	
江苏、上海	争议的沙洲岛共有 3 个:永隆沙、黄瓜沙(江苏称为兴隆沙)、新开沙(江苏称为海永沙)	地势低平,土地广阔,利于围垦,平均面积约 1 万余亩。	土地围垦权	新生沙洲问题已酝酿着潜在的矛盾和争议
浙江、福建	共有 5 岛 7 礁;七星岛(也称星仔列岛)是焦点	位于两省外海,总面积约 9 平方千米。周围海域是良好的产卵和索饵场所	海域渔场权	
福建、广东	溜牛礁(老牛礁)、七星礁和芝松岩等,溜牛礁为焦点	溜牛礁上建有灯塔	渔业资源权	行政控制措施和行政管理行为以及开发利用行为对确定海域界线的影响和作用

（二）争议原因分析

岛屿争议产生的原因可以归纳为以下几种：

第一，新中国成立后由于行政区划的变革，原来在岛屿上作业、生活的渔民分配到两个省份，原有居民迁徙到其他岛屿或者大陆上生产生活，而岛屿的归属却未予以明确而引起的纠纷。

第二，历史上争议双方对某一岛屿都在一定时期行使管理权，都对岛屿进行过实际开发经营和控制，而且双方都有证据证明事实的存在而引起纠纷。

第三，由于泥沙堆积岛的自然变化引起的纠纷。此类争议一般并无历史归属上的争议，目前也无明确的归属争议，而一旦一方声称拥有管理权和管辖权，另一方立即也提出同样的权利要求。

第四，历史上双方都不能提出确凿的证据证明其对某一岛群的管辖和控制的事实，目前岛屿处于无人居住的状态，因发现了开发利用价值高的资源而引起争夺资源的纠纷。岛屿的管理权的归属处于类似国际法上"无主地"或者国内民法意义上的"无主财产"的法律状态，实际上岛屿和蕴藏的自然资源的所有权属于国家，由于管辖权或者管理权的归属决定自然资源的开发利用权以及由此获得的收益的享有权，因此，岛屿归属争议主要是经济利益的分配和调整问题。

上述争议虽然笼统地称为"岛屿归属"问题，但其争议的实质有所不同，大体可分为四类，即：第一类，争夺渔业资源。上述鲁苏、浙闽和闽粤间的争议具有共性，即因历史上从未明确划定海域行政区域界线，涉界海域中有些岛屿的行政归属不明，加之岛屿周围海域拥有丰富的渔业资源，遂成争议问题。名为争岛屿，实为双方争夺对岛屿周围的渔业资源。第二类，争夺岛屿贝壳砂。冀鲁争夺涉界争议岛屿上的贝壳砂，其实质是确定何方对贝壳砂矿拥有管理权和开发权。第三类，新生土地争议。苏沪争议涉及新生沙洲的归属问题。海域勘界中不但要解决现有沙洲的归属争议，还应考虑今后可能出现的同类问题；第四类，行政区划的变更。嵊泗县行政区划的变更问题，虽然本身不是海域勘界问题，但对勘界会有一定的影响。

基于以上认识，第一类争议在海域勘界中具有普遍性，应有统一的处理原则和方法；其他三种情况为个案，应针对具体情况采取不同的方法。下面我们主要针对第一类情况探讨其处理原则和方法。

（三）处理岛屿争议问题的原则

1. 国际法原则的适用问题

由于海域勘界在我国尚属首次，无成熟的解决岛屿归属的原则和方法，有人提出，可以依照国际上解决岛屿归属的原则和方法。必须指出的是，我国的海域勘界与国际间海域划界有本质的不同。国际上和平处理领土（包括岛屿）问题的程序通常先是当事方协商;协商不成提交第三方仲裁或提交国际法院判决,仲裁或判决结果必须接受。国际法院等机构确定岛屿归属的主要原则为国际法的相关规定,通行的是"先占原则",简言之,就是看哪一方最早发现该岛并以国家的名义行使管辖权。用国际法上的有关规定解决我国海域勘界中出现的岛屿归属问题,可能是不合理的,也与我国有关法律制度相违背。国际上的领土归属事关国家领土完整和民族尊严,可谓"寸土必争"。尤其重要的是,国际法和国际实践均证明:岛屿归属和岛屿与本土距离的远近无丝毫关系,例如,没人怀疑夏威夷属美国。而我国海域划界中的岛屿归属确定是一国内部事务,属于行政管理范围的问题。我国的海岛均属国家所有,没有集体所有,更无私人所有。也不存在对"无主地"的"先占"问题。

此外,因为海岛的特殊地位,中央政府可根据需要,将有关区域划为军事用地或用于其他项目。在此情况下,仍然体现了海岛的国有性质和中央在决定其归属中的绝对权威,也说明国际标准不可能完全适用于解决国内的岛屿归属问题。

2. 确定岛屿归属的原则

鉴于此,在我国的海域勘界中,确定岛屿、岩礁归属的原则,首先应以稳定大局为前提,着重考虑开发利用和管理的现状,适当考虑历史演变,不宜过多的纠缠历史。在研究分析我国近岸岛屿的基本情况后,确定岛屿归属主要可以考虑采用五个原则,即地理邻近原则、历史沿革原则、行政隶属原则、上级裁决原则和开发投入原则等。

(1)地理邻近原则。该原则主要适用于无人岛。适用该原则的原因是该岛邻近其陆地,便于行政管理,符合行政区划的目的和宗旨。适用地理邻近原则,主要考虑岛屿的自然地理位置,应尽可能与陆上行政区划一致,兼顾各方在岛上的生产投入和对经济发展的贡献。为避免因岛屿归属一方拥有大面积的水域而导致增加解决争议的难度或者制造更多纠纷等问题,可以限制或者不赋予其拥有海域的法律地位。

(2)历史沿革原则和上级裁决原则。对行政区划的调整是国家的重大事务,确定的结果不能随意变更。即使需要变更,也应由相应国家机关按照法定程序进行。基于上述原因,划定海域行政区域界线是我国的国内事务,必须依据我国的相关制度处理。省际边界(包括岛屿归属)的确定与变更,属中央政府权限范围的事务,因此历史沿革应受到尊重。若在历史上并无明确的归属记录及成文的边界划分,但存在习惯上的认可,且长期以来并无争议,也应遵守。这可视为该岛屿的归属或者界线得到政府部门的默认,经核定后应具有法律效力。适用上级裁决原则的原因也是如此。

(3)行政隶属原则。主要适用于有常住居民的海岛,以居民户籍的行政隶属为准确定岛屿的归属依据。以常住居民的户籍所属确定岛屿的归属,可以避免造成由于岛屿行政归属的变动对海域管理和经济发展的影响。如果岛上常住居民户籍属于两个或两个以上行政区的,以人口多的户籍所属地确定岛屿的归属。

（4）开发投入原则。考虑现实的开发投入和管理现状以决定其归属,便于国内的行政管理,也有利于促进地区海洋经济的可持续发展。若争议岛屿长期由某一方(或主要由某一方)开发和管理,则该岛对其经济和社会产生重大影响,若改变其归属,会在一定程度上引起管理上的混乱和社会上的不稳定,不利于维护安定团结的大局。但若仅仅据此确定岛屿归属,则会产生不公平的结果。因为,这极易造成"谁先抢谁得理(利)"的后果,对经济实力较弱的一方是显失公正的。

三、岛屿归属对确定海域行政区域界线的影响

我国海域勘界中,对海域行政区域界线的划定可能产生影响的岛屿主要有错位岛和跨界岛两种。

（一）"错位岛"的影响及处理方法

所谓"错位岛",是指目前归属于一方的岛屿在地理位置上却位于另一方的近海海域,或者完全位于另一方所属的海域内。

如果是无常住居民的岛屿,且各方在其上均未进行过多的投资或者进行较为重要的经营活动,在海域勘界中对此类岛屿的归属和领有海域进行处理时,则应该可以考虑变更其归属,应尽可能与相邻陆上行政区划一致,不致形成"飞地"。也可以考虑"以岛换海",在海域勘界时从海域面积方面给目前岛屿归属方一定的"补偿"。也就是说,在进行海域勘界时可以视此类"错位岛"为无归属岛屿,即无视其存在,不将其作为海域勘界的影响因素,依据海域勘界原则和方法进行海域行政区域界线的划定,界线确定后此岛屿位于哪一方海域则归属于哪一方。

如果是有常住居民的岛屿,则应慎重对待归属变更问题。如该岛地理位置过于靠近另一方的陆地或者位于一方拥有的海域的腹地,或者离其所属的行政区过远,在进行海域勘界时,可淡化其岛屿的地位、作用和效力对确定海域行政区域界线的影响,依据海域勘界原则和方法确定界线后,如此岛屿处于另一海域,可以考虑限制岛屿领有海域的法律效力,如可减少其领有水域的面积等。

（二）"跨界岛"的影响及处理方法

对于依据海域勘界技术规程、海域勘界有关原则和方法拟定的海域行政区域界线,在不考虑该岛效力的情况下,穿过该岛,便会出现跨界岛屿问题。根据具体情况可以分为本身不能维持人类生活的岛屿和本身能维持人类生活的岛屿两种情况加以考虑解决。

本身不能维持人类生活的岛屿基本上都是无居民岛。在国际海域划界中,本身不能维持人类经济生活的岛屿在划界中一般不具有效力,即不领有海域或大陆架。若该岛上有一方的领海基点,则其一定在该方的领海之内,不会出现"跨界"问题。在

我国海域勘界中,此类"跨界岛屿"也不应领有海域。遇到此类岛屿时,海域行政区域界线也可适当偏离,以便该岛完全处于相应一方的管理范围之内,同时可依据"错位岛"的处理办法,给另一方适当的"补偿"。若双方同意,界线仍穿过该岛,双方可共用此岛。

本身能维持人类生活的岛屿一般都是有居民岛屿,对于离岸较远的有常住居民的"跨界岛屿",海域勘界时可相应调整界线走向,使此岛屿尽量位于岛上常住居民户籍所属方海域内,但要限制给予其邻近他方的海域范围。对于离岸较近的并有一级政府组织的常住居民岛屿,除调整界线使其位于一方外,还可给予全效力,使其具有同陆地相同的地位,可视为陆地组成部分并依据相关技术规程进行界线的勘定工作。

四、结语

我国《无居民海岛保护与利用管理规定》明确了"单位和个人利用无居民海岛,应当向县级以上海洋行政主管部门提出申请……"。该《规定》的发布将使得沿海各地对岛屿更加关注,作为海域勘界中不可避免的难点,岛屿问题的处理和解决显得尤为重要。针对我国国情,在处理岛屿问题时我们要以维护安定团结局面,保障社会秩序稳定为基本前提条件,参照和分析国际上处理岛屿问题的原则方法,结合我国涉界海区有居民岛屿和无居民岛的具体情况来研究制定海域勘界中对岛屿归属及界线影响的处理原则和办法。由于岛屿的争议焦点大多是出于对其邻近海域归属的关注,因此对岛屿领有海域范围的限定是缓解矛盾的重要途径。一方面,应加强宣传,强调国内与国际关于海域及岛屿的不同性质,理解其处理原则和方法上的根本区别。海域勘界中岛屿问题的处理是我国的内部事务,不应"针锋相对,寸岛必争"。另一方面,岛屿问题的处理作为海域勘界工作的组成部分,适用于海域勘界相关原则和办法,如果双方在岛屿问题上互不相让,僵持不下,必要时可报请国务院或相关部门裁决。海域勘界的目的之一就是为了彻底解决海域及岛屿纠纷,以便推动海洋有序管理,维护沿海地区社会稳定,促进海洋经济可持续发展。

(《动态》2004 年第 3 期)

《美国海洋政策报告(草案)》评介

张海文　刘富强

　　为了制定美国在新世纪的海洋政策,美国国会第 106 届第二次会议于 2000 年 6 月 6 日专门通过了一个法令,《2000 海洋法令》(Ocean Act of 2000),为拟定新海洋政策提供了法律保障,并同时在法令中明文规定了为此项工作提供三个财政年度的共 850 万美元的预算。

　　依据《2000 海洋法令》第三条而设立的海洋政策委员会(U. S. Commission on O-cean Policy)已经开展了大量工作,并拟订出了《美国海洋政策报告(草稿)》(U. S. O-cean Policy, Preliminary Report),目前正提交公众和政府部门讨论和征求意见。我们组织了专家对有关问题进行跟踪研究,本文是系列专题研究成果之一,主要介绍《2000 海洋法令》和《美国海洋政策报告(草稿)》的主要内容,供有关决策和研究参考。

一、美国《2000 海洋法令》的主要内容

　　美国是一个海洋强国,其专属经济区内总面积达到 340 万平方海里,超过了美国 50 个州土地面积的总和,位居世界首位。据统计,2000 年美国与海洋直接相关的产业总产值为 1 170 亿美元,创造的就业机会在 200 万个以上。美国紧靠海洋的沿海地区每年经济产值总计超过 1 万亿美元,在国内生产总值中占据着约 1/10 的比重。过去 30 年来,美国沿海地区共新增 3 700 多万人口,其沿海地区人口密度目前比全国人口平均密度要高出 2 ~ 3 倍左右。

　　美国一直十分重视海洋及海洋工作,自 20 世纪 60 年代以来采取了一系列加强海洋工作的重要举措。尽管如此,在海洋经济和沿海地区蓬勃发展的同时,美国并未能有效控制人类活动给海洋生态环境等造成的负面影响,其带来的结果是污染加剧、水质下降、湿地干涸以及鱼类资源遭到过度捕捞。进入 21 世纪以来,美国拟对海洋管理政策进行了迄今为止最为彻底的评估,力图寻找一条可持续开发和利用海洋的新道路。为此,美国国会专门通过了《2000 海洋法令》,为制定美国在新世纪的海洋政策提供了重要的法律保障。

　　《2000 海洋法令》共包括以下 8 段内容:第一段法令名称;第二段目的和目标;第三段海洋政策委员会;第四段国家海洋政策;第五段两年度报告;第六段定义;第七段生效日期。根据第七段的规定,该法令已于 2001 年 1 月 20 日生效。

　　《2000 海洋法令》全称为"关于设立海洋政策委员会及其他目的的法令",该法令第一段规定,"本法令简称为 2000 海洋法令。"

　　第二段规定,"本法令旨在设立一个委员会,以便对协调的和综合的国家海洋政策提出建议。"该条同时列举了国家海洋政策将需要包含的八个方面问题。

　　第三段共包括十款。第一款规定设立海洋政策委员会。第二款规定该委员会是由总统指定的 16 名海洋和海岸带活动方面的知名专家组成;同时规定了选择这 16 名成员应该考虑以下方面因素的协调和平衡:中央与地方、不同学科、不同产业、不同地理区域等方面,"以保证组成一个最高水平的委员会。"还具体规定了候选人名额的具体分配情况。第三款规定应在 16 名成员中选举出委员会主席,以及主席的职责。本条第四至十款分别对委员会的办事机构、会议、报告、公众和海岸带州的意见的反映、报告和意见的反映的程序、工作进度及预算等问题进行非常详细的规定。

　　第四段包括两款,第一款为"国家海洋政策",规定总统在收到海洋政策委员会提交的报告和建议后 90 天内,应该向国会提出一项声明,说明实施或答复委员会提出的"关于协调的、综合的和长期的国家海洋政策的建议"。第二款"合作和协商"规定总统在依据前款规定向国会说明之前,应该广泛地征求联邦和地方州政府以及涉及海洋和海岸带活动的非联邦组织及个人的意见。

　　第五段"两年度报告",规定自 2001 年 12 起,总统必须每两年度向国会提交报告,包括:(1)涉及海洋和海岸带活动的联邦计划的详细清单,其中包括每个计划的概况、计划的资金状况、与联邦其他计划的关系等内容;(2)报告被采纳后的下一个 5 年财政年度内,用于计划的每年资金规划。

　　第六段"定义",对"海洋环境"、"海洋和海岸带资源"、"委员会"等用词进行了解释。

　　第七段"生效日期",规定本法令 2000 年 1 月 6 日通过;自 2001 年 1 月 20 日起开始生效。

二、《美国海洋政策报告(草稿)》的主要内容

　　自 2001 年 9 月开始,美国海洋政策委员会对美国海洋政策和法规进行了全面研究。经过 2 年多深入细致的调研,先后召开了 15 次听证会,进行了 17 次全国实地考察,委员会成员掌握了当前美国海洋和海岸带利用及管理方面所面临的最迫切问题的第一手资料,于 2004 年 4 月发布了一份长达 514 页的报告草案。随后委员会将报告散发给美国各州州长和其他社会各界征求意见。

委员会目前正在各方意见的基础上对报告草案进行修改,修改后的最终报告将提交给国会和总统。

根据《2000海洋法令》第二段规定,新制定的美国国家海洋政策应当是协调的和综合性的政策,应该包括以下八方面内容:(1)保护生命和财产免遭自然和人为的危害;(2)负责任的管理,包括对渔业资源以及其他海洋和海岸带资源的利用;(3)保护海洋环境,防止海洋污染;(4)增加海上贸易和运输,消除不同的海洋环境使用之间的矛盾,鼓励私有力量在海洋生物资源的可持续利用和海洋非生物资源的合理利用方面的创新;(5)拓展人类关于海洋环境包括海洋在气候和全球环境变化中的作用等相关知识,促进涉及海洋和海岸带活动有关领域的教育和培训;(6)继续投资和促进用于海洋和海岸带活动技术的能力、性能、使用和效能,包括为了促进国家能源和食品安全的投资和技术;(7)政府机构、部门、以及私有力量之间的紧密合作,以便为下列方面提供必要的保障:对海洋和海岸带活动的连贯的和有机的规范和管理;为上述管理活动有效的、合理的配给联邦资金、人力、设备和装备;涉及海洋和海岸带活动的联邦部门、机构和计划之间的行之有效的高效率的合作;加强中央和地方政府之间在海洋和海岸带活动中的合作,包括对海洋和海岸带资源的管理,寻求制订中央和地方政策与决策的最佳时机;(8)保持美国在海洋和海岸带活动中的领导地位,以及为了国家利益,保持美国与其他国家和国际组织之间的合作。

《美国海洋政策报告(草案)》由以下九个部分内容组成,共31章。

第一部分“我们的海洋:国家的财产”。主要内容包括对海洋的认识和存在的挑战、基于对过去的理解形成新的国家海洋政策、国家前景等三章,分别对美国海洋海岸带资源利用的情况和破坏状况、二次世界大战至《2000海洋法令》期间的美国有关的海洋政策及新的国家海洋政策的前景进行评价。

第二部分“变革的蓝图:新的国家海洋政策框架”。主要内容包括提高海洋管理能力和增强合作、推进区域管理的方法、联邦水域管理协作、加强联邦机构建设等四章,对当前美国海洋管理体制进行评价,并就海洋管理的改革方向提出建议。

第三部分“海洋管理:教育和公众意识的重要性”。提出要强化全国海洋意识,建立协作的海洋教育网络,对高等教育和未来海洋工作力量等领域进行投资,对美国人进行海洋和海岸教育。

第四部分“生活于边界区域:海岸的经济增长和保护”。主要内容包括海岸和海岸带区域的管理、保卫人民人身和财产免受自然灾害、保存和修复海岸住所、管理沉积物和海岸线、支持海洋贸易和海洋运输等五章,提出要吸引民众推动海岸和海岸带区域的发展,强化海岸规划和管理,促进联邦政府在海岸区域灾害的管理,保护国家湿地,发展区域沉积物管理战略,促进海洋贸易和海洋运输。

第五部分“清洁水质:海岸和海洋的水质”。主要内容包括沿岸海水污染、建立国家水质量监测网络、控制船舶污染、防止侵略物种的扩散及减少海洋冰堆等四章,对国家海洋水质的状况进行评价,提议加强重视非固定污染源,建立有效的监测网络,保证全面、协作的覆盖面,加强船舶的安全性和适航性,确定引进非本国物种的主要途径,加强对侵略性物种的控制等。

第六部分"海洋的价值和重要性:提高对海洋资源的利用和保护"。主要内容包括实现可持续性渔业、保护海洋哺乳动物和濒危物种、珊瑚礁及其他珊瑚结构的保护、确定可持续发展海洋水产养殖方针、连接海洋及人类健康、近岸能源及其他矿产资源的管理等六章。对美国30年来的渔业管理、海洋物种面临的风险、珊瑚生态系统的地位进行评价,提出要建立科学的可持续性渔业,强化渔业管理,基于生态系统对海洋哺乳动物、濒危物种、珊瑚礁及其他珊瑚结构进行保护,发展新的海洋水产养殖管理框架以及近岸资源管理的其他建议。

第七部分"科学的决策:增强我们对海洋的认识"。提议制定增强海洋科学知识的国家战略,建立持续完整的海洋观测体系,促进海洋基础设施和科技发展,将海洋数据和信息系统现代化。

第八部分"全球海洋:美国在国际政策中的参与"。回顾了国际海洋秩序的发展,对国际管理中逐渐出现的挑战进行分析,提出通过国际海洋科学项目、全球海洋观测系统及其他国外科学研究活动促进国际海洋科学发展,构建国际海洋科学和管理能力。

第九部分"前进:实施新的国家海洋政策"。对实施新的海洋政策的资金需求和可能的来源进行分析,提议建立海洋政策信托基金,加大资金投入力度。

美国海洋政策委员会在《美国海洋政策报告(草案)》中提出如下主要建议:

(1)增设国家海洋委员会,在白宫中建立一个特别办公室,主席由总统助理担任;

(2)强化美国海洋大气局(NOAA)的职能,改进联邦机构的结构;

(3)建立由海洋委员会支持的灵活自由的程序,建立区域海洋委员会;

(4)在科学研究方面增加一倍的投资;

(5)实施国家联合海洋观测系统;

(6)通过协作有效的正式、非正式活动增强对海洋教育的注意力;

(7)加强海岸和湿地管理的联系;

(8)建立联邦水域协调统一管理机制;

(9)建立可量化的水污染防治目标,特别是减少非固定污染源,强化激励机制、技术支持及其他管理手段从而达到既定目标;

(10)对渔业管理机制进行改革,将评价和分配相分离,促进区域渔业管理委员会体系;

(11)加入《联合国海洋法公约》;

（12）建立海洋政策信托基金，为实施上述建议提供资金支持。

《美国海洋政策报告（草案）》是自 1969 年总统委员会发表的关于"海洋科学、工程和资源"报告的 35 年以来，首次对国家海洋管理政策重新做出的彻底全面的评估。《美国海洋政策报告（草案）》为 21 世纪的美国海洋事业及大发展描绘出了新的蓝图。

（《动态》2004 年第 4 期）

海域行政区域界线的法律地位及相关问题探讨

王　芳　吴继陆

我国省际海域行政区域界线勘定工作已全面展开,预计于 2005 年前基本完成。由于我国用海历史悠久,存在不同的海上生产及管理"界线",本次勘界所产生的海域行政区域界线与既有的各种海上界线将会出现不尽一致的情况。这些界线彼此之间关系如何? 海域行政区域界线具有何种法律地位? 这是值得探讨和研究的问题。

一、我国海上管理的现状

目前我国实行的是以统一管理为主、中央与地方分级管理、综合管理与部门管理相结合的海洋管理体制。我国现阶段对海域的利用,主要包括港口建设、交通运输、油气开采、海水养殖及捕捞、科学研究、矿产资源开发、电缆管道铺设、旅游及军事利用等。涉及的主要部门和行业有海洋管理、资源开发、环境保护、交通运输及军事部门等。其中,中央政府管理的事项主要有:国家海洋权益的维护,海域使用管理,重要的海洋资源的开发利用,如石油天然气资源、重要海洋矿产资源和渔业资源的开发利用;大型国有盐场、核电站及大型港口建设;海洋环境保护;海上交通安全保障和救助;面向全国服务的统一网络系统及基础设施,如海洋监测、信息系统等;海洋军事设施及活动等。此外,还有测绘、文物保护、海关、公安、卫生等领域的相关工作。

根据国家相关涉海法律法规,沿海省级(包括自治区、直辖市,下同)行政区对近海一定范围内的毗邻海域在海洋环境保护、渔业资源管理、矿产资源开发管理、海域使用管理、水生野生动物管理、水下文物保护管理等方面也行使一定的职权。

由于以上管理职责的分工,必然会出现一些地方或部门为行使职权而制定的管理办法及确定的管辖范围。其后果是导致若干"海上界线"。

二、"海上界线"的主要类型

目前海上存在着各类界线,其中沿海地方各自划出的"管辖海域线"、海洋渔业管理线及生产作业线等,可能与即将勘定的海域行政区域界线产生重叠、交叉甚至冲突。因此,有必要分析和研究它们之间的关系,明确它们的法律性质和法律地位。

目前海上界线归纳起来主要有以下几类:

(一)渔业管理及生产作业线

这类界线主要包括:机轮底拖网禁渔区线、渔场网格线和各沿海省的渔业生产作业区线及地方各自划定的"管辖海域界线"。

机轮底拖网禁渔区线为促进渔业的可持续发展,国务院曾颁发了"机动渔船底拖网禁渔区线"。其中规定,禁渔区线的外侧,属于中华人民共和国管辖海域的渔业,由国务院渔业行政主管部门及其所属的海区渔政管理机构监督管理;内侧海域的渔业,除国家另有规定外,由毗邻海域的省、自治区、直辖市人民政府渔业行政主管部门监督管理。"机动渔船底拖网禁渔区线"是一条为保护渔业资源而划出的相对稳定的渔业管理线。这条线段有些在领海基线的内侧或外侧,但与领海基线走向基本一致,有些区域甚至重合,客观上表明了大部分沿海地方的渔政渔港监督管理基本上是在内海区域里进行的。

1.渔场网格线　原水产部在 20 世纪 70 年代颁布了渔区管理范围线,把各海区以经纬度划分成不同名称的渔场,通称"网格线"。这种"网格线"主要用来表示渔场范围,没有考虑各省海岸的走向及岛屿的行政归属,所划分的渔场面积也大小不一。网格线通过控制进入渔场的渔船数量、颁发渔业许可证、渔船凭证进入渔场生产作业的方式进行渔业管理。渔场网格线是海上的生产作业线,长期以来,沿岸渔民已习惯于网格线表示的作业渔场范围。

2.渔业生产作业区线　为便于渔业生产管理,一些沿海省各自划定了本地区沿岸的渔业生产作业区线,有些还以实施渔业法的地方性法规的形式加以规定,并报全国人大备案。个别省之间在此线上有交叉重叠现象,甚至因此发生冲突事件。沿海地方各自划定的本地区的渔业生产作业区线,表示的是本地方渔业企业、渔船进行生产的作业范围。

(二)"管辖海域线"

80 年代以来,随着海洋开发的日趋深入,一些沿海地区在进行海洋经济活动,统计本省的"管辖范围"时把陆上行政区界线向海延伸,在海上划出了界线,有些甚至正式出版了地图。这些省份出版的有些地图标绘了"管辖海域界线"。此类界线因图幅关系在各类图件中延伸长短差别较大,有些还标明"此线仅供参考,不作划界依据",或"本图集所绘界线,不作为行政区界线争议的依据"等字样。这些界线表示的是沿海地方政府在统筹规划本地发展时,将陆域行政区范围向海上延伸而划定的"管辖海域线"。

（三）自然保护区和海洋特别保护区线

海洋保护区分为国家级和省级两种,海洋自然保护区和海洋特别保护区界线限定了为对特殊的海洋生态进行保护而划定的某些海洋特别区域。依照相关法律法规和管理规定,按照保护区所处海域位置,由毗邻保护区的沿海地区来进行管理和保护。

（四）其他相关界线

开展海域勘界工作,还会涉及到其他一些相关的界线,如海岸线、领海基线和海区界线等。这些"界线"是依据海洋自然地理和为维护国家海洋权益等,依据特定的标准划定的。这类(界)线主要有:

1. 海岸线　海岸线是陆与海的分界线。《中华人民共和国国家标准》(GB5791 – 86)之《地形图图示》规定:"海岸线是平均大潮高潮的痕迹所形成的水陆分界线";《中华人民共和国国家标准》(GB12317 – 90)之《海图图示》规定:"海岸线是指平均大潮高潮时水陆分界的痕迹线"。从理论上讲,海岸线应是海域行政区域界线勘定工作的起始线。

2. 领海基线　根据《联合国海洋法公约》的规定,领海基线是确定沿海国领海范围的起算线,与维护国家的海洋权益直接相关。领海基线有正常基线(自然基线)、直线基线和混合基线等种类。根据我国《领海及毗连区法》规定,我国采用的是直线基线。

3. 海区界线　我国海区界线是指渤海、黄海、东海、南海四个海区自然地理上的范围限定。《中国大百科全书》和国际海道测量局对渤海、黄海、东海、南海四个海区及台湾海峡的范围界限分别做了规定。海区界线是海洋地理概念上的人为划分,来源不同,数据也会有些出入。

这类(界)线不受海域勘界的影响。

三、海域行政区域界线的法律性质及与其他海上界线的关系

（一）海域行政区域界线的性质和法律地位

行政区划是国家的重大事务,由宪法加以规定。《宪法》规定我国行政区的建制和区划由全国人民代表大会和国务院行使。也就是说省级行政区的建制由全国人大批准和决定。省级行政区域界线的批准是国务院的一项职权。国务院"三定方案"明确规定了国家海洋局主要职能之一是"……承担组织海域勘界。"

全面开展省际海域勘界虽然不是调整行政区划,但是,确定行政区域界线明确了各行政区划的界线和具体的管辖范围,是整个行政区划工作必不可少的组成部分。

我国省际海域勘界是依据国务院文件精神开展的。《国务院关于开展勘定省、县两级行政区域界线工作有关问题的通知》(国发[1996]32 号)中曾提出:"海域行政区

域界线的勘定工作,待陆地行政区域界线勘定后另行组织"。陆域勘界全面结束后,2002 年,海域勘界工作在试点的基础上全面启动。

2002 年 2 月 21 日《国务院办公厅关于开展勘定省、县两级海域行政区域界线工作有关问题的通知》(国办发[2002]12 号)就有关问题作出了安排,明确指定国家海洋局具体承担组织海域勘界工作。2002 年 4 月 29 日的国家海洋局文件《关于印发 <海域勘界管理办法 > 的通知》(国海发[2002]13 号)就具体的工作做出了规定。此次海域勘界由国务院批准实施,由部际联席会议具体执行,勘界结果具有与行政法规同等的效力和地位。

海域勘界可以认为是陆域行政区域勘界工作的后续工作,为形成完整的海陆一体化的管理范围,陆域界线的终端即为海域勘界的起点,实际界线和名称都应相衔接和统一。为与陆域勘界使用的界线名称保持一致,海域勘界所确定的界线名称为"海域行政区域界线"。

显然,对名称的确定即是对即将勘定的海上界线的性质和法律地位的考虑。此名称首先肯定了海域行政区域界线不同于一般的管理线和作业线,它有更高的法律地位和特殊的法律意义。海域行政区界线同陆域行政区域界线具有相同的性质,都是法定的国家的行政区划线。海域行政区界线同陆域行政区域界线一样,标示沿海各级行政区域管辖范围。在这些标定的区域内,地方国家机关,包括立法机关、行政机关和司法机关,分别行使一定的立法权、行政权和司法权。

我国是统一的多民族国家,采用单一制的国家结构形式。中央与地方的关系是整体与部分的关系。地方政府的权力由中央政府授予,地方政府受中央政府的统一领导。中央政府与地方政府的关系不是联邦关系;相邻、相向沿海省之间也不是邦联关系。我国行政区划的内涵和单一制的国家结构形式决定了只有国务院决定的海上勘界才是对相邻、相向沿海省之间海洋行政区域的有效划分。

此次我国的省际海域勘界几乎包括了我国所有的沿海省级行政区域(除台湾、香港、澳门以外),有省(辽宁、河北、山东、江苏、浙江、福建、广东和海南,海南同时还是经济特区)、自治区(广西)、直辖市(天津和上海)。海上行政区域界线是国家和地方实施有效行政管理和行使其他权力必不可少的依据。其性质和法律地位是其他"管辖线"等所无法比拟的。

综上所述,海域行政区域界线实质上是中央政府对沿海省的毗邻海域管理范围的最权威和具有最高法律效力的界定。上述由行业部门或地方政府划定的其他界线应该服从和服务与海域行政区域界线。

(二)海域行政区域界线和其他海上界线的关系

省际海域勘界的最主要目的是明确划定各沿海省之间的管辖海域范围,以维护沿海地区社会稳定,促进海洋资源的合理开发和保护,为海域使用管理及海洋开发规划的实施提供保障。

省际海域勘界在横向上明确了相邻省、县的具体管辖范围(包括确定一些争议岛屿的具体管辖权)。我国目前的司法管辖范围同行政管辖范围一致,因此,明确海域行政区界线对行政管理和司法管辖有一定影响。

从纵向上来看,勘定海域行政区域界线并不影响中央与地方以及各部门权力的划分。原有的职权划分保持不变,不因海域行政区界线的划定而增减,因为中央和地方职权的划分是国家的重大事务,须由法律明确作出规定。若因海域勘界和其他因素,现行的关于中央与地方海洋事务管理权限的划分有调整必要,也必须通过法定程序以规范性法律文件明确规定。中央与地方海洋管理权限的界定和海域勘界的关系,涉及到国家的海洋管理体制问题,有待进一步研究,但已超出本文范围,此处不赘。

同样,勘定海域行政区域界线不影响海岸线、领海基线、海区界线的地位和性质。自然保护区线及其他具有法律地位的管理线也将继续存在,并起着原有作用,但各省自行划定的"管辖海域线"应予废止,应以此次勘定的海域行政区域界线为准。

四、结语

省际海域勘界是维护沿海地区社会稳定、适应海洋资源开发与环境保护的要求所采取的行政措施。省际陆地界线是省级行政区陆上行政管理的范围界限,县级以上的地方各级人民政府行使相应的职权。同理,海域行政区域界线,将起到划分中央与地方,以及相邻、相向沿海省的海域管理范围,是各自管辖权的分界线。

进行省际海域勘界,必须对划归沿海省级行政区开发及管理海域的权限给予研究和确定。当然,海域行政区域界线勘定后,并不妨碍省际在开发海洋资源、保护海洋环境等海洋管理工作中进行积极的合作与交流。

勘界后,海域作为国家领土的组成部分的性质并未发生改变。海域及其资源仍归国家所有。有关国家海洋权益、海洋战略性资源整体开发与环境保护等涉及国家领土主权完整、国家安全和一些重大海洋事务等重大事项仍由国家统一负责。沿海各级人民政府依据法律法规对海域使用、海洋资源开发利用、海洋环境及有关工作行使管理权。海域勘界无论采用哪一种方案,都不得妨碍以中央为主的管理活动,不得妨碍国家海防工程、大型港口或工程项目使用海域,不得妨碍军事活动、维护海洋权益的涉外活动及国家重大海洋方针政策和法律的制定和实施。勘界后的海域,必须按照《海域使用管理法》进行海域使用管理,必须遵守相关的涉海法律法规。

美国重新调整国家海洋战略的重大举措

——未来 50 年从外层空间到海洋

刘容子

2000 年 7 月,美国国会通过了"2000 海洋法案",随后总统于 8 月签署了该法案。该法案的主要内容是成立美国国家海洋政策委员会。美国国会首先提交给总统 24 位联邦海洋政策委员会候选人,总统从中挑选 12 位,再由总统直接提名 4 位,最终成立了由总统正式任命的由 16 位成员组成的"联邦海洋政策委员会"。布什总统正式任命退休海军上将詹姆士·D·沃特金斯(JAMES D. WATKINS)为"国家海洋政策委员会"的主席。

根据美国有关法律的规定,海洋政策委员会的职责是全面考察并评价联邦政府有关海洋的法律和项目的效果。"2000 年海洋法案"对政府机构改革、提高工作效率、加强合作与协调、修改涉及世界海洋的联邦有关机构做出建议。同时还要求委员会考虑有关环境、技术、经济和科学教育等问题。该委员会的职责还包括审定联邦、州和地方政府以及进行海洋和海岸带活动的企业和私人的关系。沿海各州地方政府将有机会评议委员会的报告,并且提出修改意见,意见将纳入到最终提交给总统和议会的报告中。

在 2002 年底以前的一年多时间里,美国国家海洋政策委员会将在广泛的范围内评估许多具有挑战性问题,诸如:渔业就业,海洋生命;海上石油和天然气资源及其他非生物资源的开发利用;海岸风暴和其他自然灾害;海洋及海岸带污染;海洋交通运输;海洋在气候变化中的作用;海洋科学技术;以及在国际海洋事务及合作中的领导作用等一系列重大问题。

按照"2000 年海洋法令"的要求,委员会提交的报告,总统必须在 120 天内提交给议会审议并对委员会的建议做出反应。

美国国家海洋政策委员会主席沃特金斯将军指出:美国自从 1969 年以来还未进行过有关国家利益与海洋的关系的调查,在此之前只有向前总统和议会作的《我们的国家和海洋》的报告。但是,国家和海洋利用的形式在这段时期已急剧变化,需要对新世纪的国家海洋政策进行全面的重新评估。

沃特金斯还指出："来自各个方面的科学家和公共政策专家一致要求,今后50年国家应该对内层空间的海洋给予多角度的关注,正如在过去的50年里我们对外层空间的极大关注。今天的海洋政策委员会已经得到国会和总统的大力支持。这正是我们计划所要做的。"

2001年9月17～18日美国国家海洋政策委员会在华盛顿特区召开了第一次听政会。确立了该委员会的职责和工作安排。会议决定进行为期18个月的有关海洋问题的全面调研,并将于2002年向总统和国会提出有关国家海洋政策的对策建议。

会上,联邦政府各部门分别发言强调海洋对国家经济和安全的重要性,同时强调为了当代人和后代人的利益需要保护海洋资源。并且一致重申行政管理部门将全力支持该委员会的工作。会议还做出决定,建立了委员会的四个组织机构:综合管理委员会、工作委员会、研究委员会、教育和海洋运作委员会,并任命了各委员会的主席。

2001年11月13～14日委员会在华盛顿特区召开了第二次听政会,联邦有关部门及非政府组织成员参加。会议就广泛的问题进行了讨论,包括生物资源和非生物资源的管理,海洋科学技术,以及海洋法和海洋执法管理等。在这次会议上,委员会特别关注的议题是《联合国海洋法公约》,全体委员一致同意美国尽快批准该公约。同时还确定了一系列地区会议的时间表(见附表)。地区性听政会的内容将包括当地的和地方政府机构,以及非政府组织和公众的陈述。

美国在21世纪初重新调整国家海洋战略的重大举措,是美国政府自1966年国会通过"海洋资源与工程开发条例"以来,再次把海洋问题上升到国家利益高度,并由国会立法来制订新时期的国家海洋政策,是一次重大的战略调整行动。美国国会通过立法的形式建立一个国家海洋战略委员会,并制订迈向21世纪的美国国家海洋政策,是美国为确保实现其全球战略利益,巩固和发展其海上超级强国的重大战略措施,其意义和目的应该引起我们的重视和注意,同时我们也应该考虑采取相应的政策措施。

附表:美国国家海洋政策委员会安排的地区性咨询会议日程安排

序号	时间	地区	活动日程安排
1	2002年1月14～16日	东南地区会议:包括从特拉华州到乔治亚州	14日地区现场考察,15～16日听政会
2	2002年2月21～22日	佛罗里达和加勒比地区会议	2月21日现场考察,2月22日听政会
3	2002年3月6～8日	墨西哥湾地区会议:包括从阿拉巴马州到得克萨斯州	6日现场考察,7～8日听政会

续表

序号	时间	地区	活动日程安排
4	2002 年 4 月 17～19 日	西南地区会议:加利福尼亚州	17 日现场考察,18～19 日听政会
5	2002 年 5 月 13～14 日	夏威夷和太平洋岛屿地区会议	13 日现场考察,14 日听政会
6	2002 年 6 月 12～14 日	西北地区会议:包括从华盛顿州到俄勒冈州	12 日现场考察,13～14 日听政会
7	2002 年 7 月 22～24 日	东北地区会议:包括从新泽西州到缅因州	22 日现场考察,23～24 日听政会
8	2002 年 8 月 21～23 日	阿拉斯加地区会议	21 日现场考察,22～23 日听政会
9	2002 年 9 月 23～25 日	大湖地区会议	23 日现场考察,24～25 日听政会

(《动态》2001 年第 12 期)

对海洋开发规划若干问题的思考

王 芳 古 妩

我国是一个海洋大国,根据《联合国海洋法公约》和我国的主张,应拥有近 300 万平方千米的管辖海域。随着陆地资源的日趋枯竭,海洋将成为重要的资源后备基地。如何规划、利用和管理好这些蓝色资源,尤其是规划管理好近海区域,即《国家海域使用管理暂行规定》中所界定范围的使用,就成为我们迫切需要解决的问题。

一、开展海洋开发规划的目的和意义

我国所拥有的大陆及岛屿岸线漫长,内海、领海面积辽阔。在漫长的沿海地域,设有沿海省级行政区 14 个(包括香港特别行政区、澳门特别行政区和台湾省),集中了水产、港口、农垦、盐田、旅游、油气等众多行业的开发与利用。在这个广阔的区域内,由于缺乏统一的规划和完善的综合管理,各级、各地政府难以科学、有效地开展海洋开发利用活动,造成了在同一地(海)区聚集作业、交叉生产的现象不断发生,致使用海纠纷迭起,海域无度、无序开发日趋严重,极大地制约了海域整体功能的发挥,削弱了海洋的资源基础,影响海洋资源的可持续开发和利用。

经济的可持续发展需要对资源进行科学的规划和开发,以充分发挥资源优势,实现经济与社会的协调发展。为了加强对我国海域的综合管理,保证海域的合理开发和持续利用,提高海域使用的社会、经济和生态环境整体效益,必须制定科学的、完善合理的海洋开发规划。同时,海洋开发规划是海域使用管理工作的重要基础和依据。尽快制定并不断完善海洋开发规划,具有重要的现实意义和深远的历史意义。

二、海洋开发规划工作的阶段划分和主要内容

海洋开发规划是通过分析海洋资源状况和社会经济供需关系,统筹安排海域各类资源的开发利用,解决海洋资源合理配置、海洋开发区域合理布局、海洋产业结构调整与协调发展,以及海洋开发与生态环境保护的关系等问题。海洋开发规划是对国家海域资源开发利用活动进行宏观调控的重要手段。通过宏观调控实现对资源开发利用的指导,调整任务重点,引导发展方向。

海洋开发规划工作的开展大体可分为三个阶段,每一阶段都有不同侧重的内容:第一阶段,规划的基础条件研究;第二阶段,规划的制定与调整;第三阶段,规划的实施与监督。其中,规划的基础条件研究是规划制定的基础和前提,规划的实施与监督是规划目标实现的必要手段。

(一)海洋开发规划基础条件研究

海洋开发规划基础条件研究工作包括两部分内容,即海洋资源环境条件综合评价研究及海洋功能区划工作。

1.海洋资源环境条件综合评价

一个区域资源与环境的结构、数量、质量等直接影响区域开发的内容、形式和规模,因此,资源与环境条件分析研究是区域开发规划的基础。

海洋资源环境条件综合评价即是把海洋资源及环境因素分解为各个单项的因子,然后分别加以分析研究,从中得出资源环境条件的优劣势和限制因素,在此海洋资源环境单项影响因子评价研究基础上,采用定量与定性相结合的研究分析模式,进行海洋资源环境条件的综合评价。海洋资源环境条件综合评价研究主要涉及以下内容:

① 区位条件(海域地理位置和范围、区位优势);

② 海洋资源环境条件(有利因素、限制因素);

③ 海洋资源开发现状与社会需求(滩涂、海洋渔业、海洋交通运输、海洋油气、海水制盐、滨海旅游、海滨砂矿、海洋再生能源、大洋矿产等);

④ 沿海社会经济基础(有利条件、不利因素)。

2.海洋功能区划

海洋功能区是根据海域及相邻陆域的自然条件、环境状况和地理区位,并考虑到海洋开发利用现状和经济社会发展的需要而划定的具有特定主导功能,有利于资源的合理开发利用,能够发挥最佳效益的区域。海洋功能区划是在完成海洋资源环境条件综合评价后,根据综合评价结果,确定各功能区域的主导功能顺序,按海洋功能区的分类标准将某一海域划分为不同类型的海洋功能区单元。海洋功能区划是自然与社会客观存在和规律的揭示。人类对海洋的各种利用活动,不能违背海洋的基础功能,应遵从功能许可范围制定海洋开发规划,组织海洋开发利用活动。资源开发活动只有和具体区域的功能取得协调或一致,才能取得良好的综合效益,达到开发的预期目的。

(二)海洋开发规划的制定与调整

在完成海洋开发规划基础条件研究工作后,在其基础上编制和调整海洋开发规划。制定规划时应遵循以下基本原则:

1. 以海洋经济的可持续发展为前提

海洋资源的开发、利用和保护的目的是为了保证海洋经济的可持续发展,要以海洋经济的发展对海洋资源的需求为前提。因此,海洋资源开发规划的制定必须满足海洋经济可持续发展对海洋资源的总量需求。

2. 以海洋资源环境条件综合评价及功能区划为基础

以海洋资源环境条件综合评价和海洋功能区划为基础,通过制定政策、进行协调工作,减少或避免海域中开发行业之间的矛盾和冲突,提高海域的整体效益。在此基础上制定出的海洋资源开发规划才具有现实性和可行性,才能保证海洋开发的良性循环和最佳的功效。

3. 以海洋科学技术发展水平为依据

海洋领域是一个综合性强、技术密集的领域,海洋开发对科学技术具有高度依赖性。海洋新技术、新方法的应用,能够促进海洋可再生资源生产力的提高,不断扩大资源利用的基础。因此在制定海洋开发规划时,必须以当时的海洋科学技术发展水平为依据。

4. 以海洋资源环境的可持续利用为目标

我国海洋事业可持续发展战略的基本思路是,有效维护国家海洋权益,合理开发利用海洋资源,切实保护海洋生态环境,实现海洋资源、环境的可持续利用和海洋事业的协调发展。因此,制定规划时,要充分考虑资源的长期供给能力和生态环境的容量,使开发既满足当代人的现实需要,又考虑到后代人的潜在需求。

5. 保持动态平衡原则

开发规划是根据国民经济发展规划和当时的资源环境状况以及科学技术条件制定的,随着经济的发展、资源赋存状况的深入勘查和科学技术的不断进步,海洋开发规划也应不断进行相应的调整,以保持影响资源供需的各种平衡关系。

(三)建立海洋开发规划实施保障与监督体系

海洋开发规划是合理利用海洋资源,切实保护海洋资源和环境的重要途径和保障,要保障海洋开发规划目标的实现,使规划不局限于"墙上挂、纸上划",就要加强规划实施保障监督体系的构建工作,及时制定方针政策,逐步建立相应的实施保障与监督机制,确保海洋开发规划落到实处。

三、开展海洋开发规划工作应考虑和重视的几个问题

(一)协调和理顺各涉海管理部门之间的关系

从目前情况看,涉海资源开发管理政出多门,管理权重叠,给海洋开发规划的实

施带来一定难度。如交通部门、农业部门等在相互交叉的管理范围之内各有其不同的管理对象,此等状况若缺乏协调,规划就难以实施,最终导致海域不合理使用现象的发生。因此应进一步加强与农业部门、林业部门及交通等部门的沟通和协调,做到统一规划、统一管理。

(二)加强与地方及相关部门的联合,适当增加投入

沿海各地方和国务院有关部门在制定本地区、本部门的资源规划时也要把海洋领域的目标、任务纳入计划,并确保所制定的目标、任务落到实处。同时,保证必要的投入,增加有效供给。创造条件,进一步疏通融资渠道,改善投资环境,积极吸引外资和社会资金投入进来,以确保规划目标的实现。

(三)建立资源规划体系,促进海洋事业持续稳定发展

要全面完成规划所确定的各项战略目标和工作任务,把海洋事业不断推向前进,必须建立资源规划体系,制定必要的行业规划及专项规划。这些行业规划和专项规划应该是在海洋开发规划的指导和约束下、为贯彻落实和完成规划所确定的各项方针政策及目标任务而制定的,应具有专业性、规范性和工作性的特点。

(四)研究海洋资源和环境核算方法,完善海域开发许可证和有偿使用制度

积极研究制定海洋资源和环境核算方法,不断完善海域开发许可证和有偿使用制度。针对海洋资源的种类、赋存状态和区位特点,实行资源开发差别税费政策。充分运用市场机制和宏观调控手段,推动海洋开发规划的实施,促进海洋资源的合理利用和有效保护。

(五)重视海域行政管理工作,维护和完善我国的海域公有制

以海域为其管理对象的海域行政管理,任务就在于维护和完善我国的海域公有制,合理利用海域,切实保护海域。通过落实海洋开发规划,实现海域资源配置合理化,海域使用结构科学化,提高海域利用效益,节约用海。海域的管理,不仅要维护法律确定的海域所有制度,调整因海域而发生的经济关系,还必须根据海洋开发规划,对海域的利用、保护和开发进行有效管理。

(六)加强人才培养,提高干部队伍素质,深入开展蓝色国土资源国情宣传教育

加强人才培养,开展素质教育,优化管理队伍结构。大力开展蓝色国土资源保护与合理利用宣传教育,增强全民海洋忧患意识和保护意识,提高公众参与规划实施的自觉性。

(《动态》2000 年第 8 期)

对省际海域勘界中几个问题的探讨

王 芳 贾 宇

　　省际海域勘界涉及到划分沿海相邻省(自治区、直辖市)之间管理界线;中央政府与地方政府海洋综合管理界线与权限;相邻省间海域界线附近有争议岛屿的归属问题;海域界线与陆域行政区划线相衔接,形成陆海一体的完整的管理范围等方面问题。本文侧重于探讨开展省际间海域勘界时首先要面临的问题,如勘界范围的确定、岛屿归属问题的处理、与陆域行政区划线的衔接等,并提出一些个人见解,供学术交流和讨论。

一、海域勘界范围的确定

(一)陆海分界线

　　我国沿海自然地理状况多样,基岩海岸、平原海岸、河口湾等地理状况差异较大,沿海地带人口众多,经济繁荣,近年来海岸线变化较大,因此在海域勘界中如何选择和界定陆海分界线就显得尤为重要。确定陆海分界线可以有以下几种选择:

　　1. 以最新版的 1:5 万国家基本比例尺地形图上所绘的海岸线为标准

　　《国务院关于开展勘定省、县两级行政区域界线工作有关问题的通知》(国发[1996]32 号)规定,"海域行政区域界线的勘定工作,待陆地行政区域界线勘定后另行组织…陆海分界线以最新版的 1:5 万国家基本比例尺地形图上所绘的海岸线为标准"。这种选择符合国务院文件规定,具有合法性。但由于海岸线的测量及地形图的编绘及出版要持续一定时间,即使是最新版的地形图从测量至启用也有一个时期,这个时期内海岸线的变化未被考虑在内。

　　2. 以涉界双方认可的某图件所绘海岸线为标准

　　海域界线的勘定结果最终要使得涉界双方均可接受,因此,如果涉界双方对于陆海分界线的认识一致,共同认可某图件,则可选择此图件所绘的海岸线做为陆海分界线,但此图必须是经国家测绘部门认定为有效图件。这种选择的优点是充分发挥民主,尊重涉界方意见,在勘界中会减少矛盾。但缺点是各涉界省情况千差万别,对图件和海岸线的认定缺乏统一性和规范性。

3. 以正式开展海域勘界时外业实测的陆海分界线为准

根据国家技术监督局 1990 年 4 月 20 日发布、1990 年 12 月 1 日实施的"国家标准"(GB12317—90),"海岸线是指平均大潮高潮时水陆分界的痕迹线",现实的"痕迹线"为陆海分界线最符合实际,因此,以正式开展海域勘界工作时外业实测的海岸线为陆海分界线更能体现注重现实的原则,缺点是会增加一定的工作量。

(二)中央与地方管理分界线

进行省际间海域勘界实际是确定中央委托地方人民政府管理的海域范围和界限。因此,必须确定中央与地方的海域管理向海分界线,即沿海省级行政区可以行使海域开发利用管理权限,并履行相应义务的向海距离。我国管辖海域包括内海、领海、专属经济区等部分,要选择确定在这些海洋区域的哪些部分或范围内进行省际海域勘界,这个勘界范围的外缘即是中央委托给地方的管理分界线。在此范围以外海域,省级行政区无权进行管理,在此范围以内,除特定项目外,沿海省、自治区、直辖市可实施开发与管理活动。因此,首先要明确我国管辖海域的构成、各项法律、法规的适用情况及管理现状。

1. 我国管辖海洋区域的法律地位及与海域勘界的关系

我国管辖的海域是指海域向陆和向海的最大距离之间的范围。海域一般由以下部分组成:

根据《联合国海洋法公约》,以及我国的《领海及毗连区法》、《专属经济区和大陆架法》的有关规定,我国领海基线以内的海域属于内海(内水),是我国国家领土(领水)的组成部分。此外,我国的管辖海域包括 12 海里领海、24 海里毗连区、200 海里专属经济区和大陆架。我国对上述各种海洋区域的权利因其法律性质的不同而有所区别。除受"无害通过"的限制外,领海的法律地位等同于陆地领土,我国对领海享有主权;在毗连区内有为防止和惩处在我国陆地领土、内水或领海内违反有关安全、海关、财政、卫生或出入境管理的法律、法规的行为的管制权;在专属经济区和大陆架,有对自然资源的主权权利和对人工构筑物的建造、使用,以及科研、环保等事项的管辖权。可见,上述各海洋区域的法律地位各不相同,国家在其间的权力(权利)和义务也有所区别。

虽然我国尚未同任何周边国家完成海洋边界的划定,因而不能明确我国管辖海域的的外部界限,但是这些边界绝大部分是专属经济区和大陆架边界。因此,对专属经济区和大陆架的主权权利和管辖权,不宜由行政区的各组成部分来行使,也就是说省际海域划界不宜超过我国的领海范围,个别地区划界范围的调整和突破,也不具有普遍性,更不致延伸到我国与邻国海上边界的争议区。因此,我国管辖海域的的外部界线虽未确定,但对省际海域划界没有本质影响。

2.海域管理及适用的法律、法规

对海域的管理包括与海域有关的活动的管理,如使用海域的管理,对海域内资源包括渔业资源、矿产资源、油气资源等的管理,海上交通运输管理,海洋环境保护管理,海洋科学研究管理,以及盐业、测绘等的管理。我国有关海洋的法律、法规,在明确其适用范围时,都对我国的"管辖海域"有规定。《海洋环境保护法》适用于我国的内海、领海、专属经济区、大陆架以及我国管辖的一切其他海域;在我国领海及管辖海域勘查、开采矿产资源,必须遵守《矿产资源法》;《海上交通安全法》适用于在我国沿海的港口、内水和领海,以及国家管辖的一切其他水域航行、停泊和作业的所有船舶、设施和人员,以及船舶、设施的所有人、经营人等。

根据国家相关涉海法律法规,沿海省(自治区、直辖市)可以对毗邻海域行使如下权利:

① 海洋环境保护方面。地方人民政府根据《海洋环境保护法》赋予的权限,负责监督管理本海域的海洋环境保护工作,采取有效措施保护海洋生态系统,防治陆源污染物对海洋环境的的污染损害等多方面(《海洋环境保护法第一条》)。

② 渔业资源管理。省(自治区、直辖市)人民政府渔业行政主管部门监督管理除国务院划定由国务院渔业行政主管部门及其所属渔政监督管理机构监督管理的海域和特定渔业资源渔场外的海洋渔业的管理;县级以上地方人民政府负责将规划用于养殖的水面、滩涂,确定给全民所有制单位和集体所有制单位从事养殖生产的管理,对其管理的渔业水域进行渔业资源的增殖和保护管理等(《渔业法》第6、7、10 等条款)。

③ 矿产资源开发管理。省(自治区、直辖市)人民政府地质矿产主管部门主管本行政区域内矿产资源勘查、开采的监督管理工作(《矿产资源法》第11 条)。

海域使用管理。县级以上地方人民政府海洋行政主管部门负责毗邻海域的海域使用管理,包括养殖、挖沙、铺设海底电缆管道、旅游游乐设施、建港、工程建设、倾废等。

④ 水生野生动物管理。县级以上地方人民政府渔业行政主管部门主管本行政区域内的水生野生动物管理工作(《水下文物保护管理条例》第2、4、5、6 条)。

⑤ 水下文物保护管理。省(自治区、直辖市)人民政府可以根据相关法规,确定省级水下文物保护单位、水下文物保护区,并予公布。地方各级文物行政管理部门受国家文物局的指定代为负责海域内水下文物的保护管理工作,并对已经打捞出水的文物进行辨认和鉴定。

3.海域勘界范围的选择

明确海域的构成、各项法律、法规的适用情况及管理现状有助于选择确定勘界海域范围。毗连区、专属经济区和大陆架,因其法律性质的特殊性,沿海国在其中所享有的权利,事关国家安全和主权权利,对省级沿海行政区来说,开发生产和行政管理都有困难。因此对毗邻海域行使管理权,只能限定在有限的、特定的范围之内,最大不得超过领海外部界线范围。沿海省级行政区对海域的管理包括水体、海床和底土。具体而言,可以有以下几种选择:

（1）领海以内范围

即从海岸线至领海的外部界限,从领海基线量起,不超过12海里。

从海岸线至领海基线之间的海域是国家的内海,是我国国家领土的组成部分,其法律地位与陆地是一样的;领海基线至领海的外部界线之间是国家的领海,领海也是构成国家领土的组成部分,属于国家的完全主权。领海除受无害通过的限制外,完全属于国家主权的管辖范围,沿海省份在内海和领海区域内行使海洋开发管理权是适宜的。

内海和领海海域是沿海地区海洋资源开发利用的重要区域,其界线稳定统一,可直接应用,也是拟订的《海域使用管理法》的适用范围。其不足之处是,领海基线与领海外部界线主要是从有利于维护国家主权和海洋权益的角度出发确定的,领海基点的选择,是尽可能地把我国近海岛屿划在我国内海和领海之内,没有海岛的开阔海域,则是从低潮线算起。各省（自治区、直辖市）海域面积和海域自然地理状况差别很大。如果以领海基线为外部界线,勘界后各省的管理范围可能会差别较大。另外,中央政府委托地方政府行使的相应管理权限尚未覆盖此范围。

（2）禁渔区线以内范围

我国海上渔业监督管理实行"统一领导,分级管理",海上渔政监督检查范围的划分与分工是:国务院划定的"机动渔船底拖网禁渔区线"外侧海域,由国务院渔业行政主管部门所属的海区渔业行政执法机构负责监督检查;国务院划定的"机动渔船底拖网禁渔区线"内侧海域,除国家另有规定外,由毗邻海域的省、自治区、直辖市的渔业行政执法机构（省、市级的渔政渔港监督管理机构）负责监督检查;地（市）、县（区）渔业行政执法机构负责管辖海域及滩涂、定置网具渔场的监督检查。因此省际间海域勘界在各海区渔政和各省渔政管理的分界线,即禁渔区线以内进行是有现实意义的。

目前沿海省、县、市的海洋开发利用及各省的海域纠纷多集中在近岸的定置网具作业场。如果选择禁渔区线以内范围,可与地方管理相协调,但禁渔区线仅是一条相对稳定的为保护渔业资源而划出的临时管理线,可能会随着时间的推移有所改变,同时在管理性质上存在着局限性。

（3）离岸一定距离范围

考虑到我国沿海岸段不同的地理特征，从海岸线向海确定一个距离，根据实际情况，特殊地区特殊处理，如 3 海里、10 海里或 20 海里不等，以这个距离范围内的海域作为勘界海域。

对于离岸一定距离范围选择，虽然照顾到了不同地区的地理特征，能够使海域功能得到充分发挥，但操作起来难度大，而且会导致攀比，易产生纠纷。

（4）特定水深等深线以内范围

向海一侧可用水深等深线来限定，范围控制在地表径流或河川所挟带的沉积物直接影响到的近岸浅水域，如采用我国海岸带综合调查时所确定的范围，向海一侧扩展至 15 米等深线，在近岸水深大于 15 米而海域规定宽度不小于 5 海里。也就是说，从陆海分界线向海不足 5 海里就已达到特定水深等深线时，延伸至 5 海里处。河口区向海至淡水舌锋缘。当然，这个特定水深等深线的具体深度及超过此等深线的规定宽度可以商榷。

15 米水深等深线以内范围是我国海岸带综合调查时的重点区域，在这个范围内各地区分别做了大量海洋资源环境调查研究，且距岸近，水深较浅，资源丰富，另外，水产养殖、旅游等地方性活动大多集中在这一区域内。管理这一地区的开发活动有科学依据，选择此范围便于沿海地方政府实施管理。但与其他方案相比，此区域面积稍显小。

（三）相邻省间海域界线的确定

为了稳定省级边界线的大局，避免引起新的矛盾，陆上《省、自治区、行政区域界线勘定办法》第三条规定，"边界线原则上以行政区域管辖的现状为基础划定。除特殊情况外不作变更"。我国对海的利用自古有之，各沿海省（自治区、直辖市）多存在着传统作业区。同时沿海省、县都在进行毗邻海域的行政管理，客观上已有一些实际控制线。目前省际海域界线状况比较复杂，可归纳为以下几种状态，即存在着法定线、习惯线、争议线和无分界线。针对以上四种情况，应分别制定解决方案。参照陆上行政划界的原则，确定相邻省（自治区、直辖市）之间海域管理界线的基本任务是，"核定法定线，勘定习惯线，解决争议线，划定分界线"。勘界时对习惯线和法定线进行核定，并基本解决海域界线不清的问题。对已明确划定的海域分界线（如广东与香港），不再变更；对于由沿海涉界双方人民政府核定一致的界线，予以核定；以往粗略划分过但未落实的边界线，应协商确定；对于虽未划分但已形成传统习惯边界线的地段，以传统习惯边界线为基础勘定边界线。

1. 法定线：确定法定界线

国务院在确定行政区划时明文规定的行政区划界线，如广东省与香港特别行政区的海域界线,具有合法边界线的地位,是法定界线。法定界线必须严格遵守,不能擅自改变。

对于在确定行政区划时明确划定的海域界线,具有合法边界线的地位,是法定界线。可按照有关文件、协议、海图予以进一步核实,并报国务院批准,有关部门备案,公布后严格遵照执行。

因毗邻沿海县双方对管辖海域界线有争议而由上级政府裁决确定的争议区界线,视为合法边界线,应予以确认。

2. 习惯线、协商一致线:对习惯线和协商一致线应予确认

对于沿海地区涉界双方达成一致并与实际行政管辖区域相符的,没有争议又不违反法律政策的传统习惯线,或者在发生海域纠纷后由双方人民政府协议确定且执行中无争议的海域界线,可以以有关文件、协议及地图为基础,依法核定确认,经审核批准后遵照执行。

3. 争议线和无界线:海域勘界中要重点解决的问题

本着公平合理、实事求是的精神,依据相关的海域勘界基本原则和方法开展工作,并充分听取地方政府和当地群众的意见,就海域勘界协议达成一致后,由双方省级人民政府签字确认,并上报国务院批准生效。

二、处理省际海域界线附近的岛屿归属问题

在海洋划界的国家实践中,岛屿、岛礁的归属对划界有深刻的影响,因为岛屿有一定法律地位,有其所辖的海域,岛屿归属会导致界线偏转。我国沿海省(自治区、直辖市)涉界海域附近也有些岛屿和岛礁,它们的归属也会对省际海域勘界产生一定影响。确定这些岛屿、岛礁的归属要从稳定大局出发,应充分考虑各有关情况,包括开发、利用和管理的现状及历史演变情况,由于我国有着悠久的历史,地方行政区划历经多个朝代,曾有多次变化,因此,应尽量以1949年后的资料为主,不宜纠缠于过于古老的历史资料。

(一)确定岛屿归属的原则

行政隶属原则:岛上常住居民户籍;
地理邻近原则:自然地理区位邻近某一方陆域;
历史沿革原则:充分尊重历史上岛屿的归属;
上级裁决原则:历次争议中上级的裁决及批复;
开发投入原则:岛屿的开发投入和时间长短。

(二)岛屿的不同处理方法

(1)确定无居民岛归属,主要考虑便于管理的地理邻近原则和上级裁决原则,兼

顾其他原则。

对于位于两省相邻海域附近、归属有争议的无居民岛,为便于管理,并避免岛屿拥有合法水域以造成更多争议等问题,主要考虑岛屿的自然地理位置,应尽可能与陆上行政区划一致,兼顾各方在其上的生产投入和经济发展情况,但不赋予其拥有海域范围。

(2)对于有居民岛归属的确定,以稳定社会秩序为前提条件,考虑有利于社会稳定的行政隶属原则、开发投入原则,并兼顾历史沿革情况。

对于有居民的岛屿,用行政认可原则,以常住居民的户籍所属确定岛屿的归属,以免造成由于岛屿变动对海域管理和经济发展的影响。如果岛上常住居民户籍为两方以上,以人口多者确定岛屿的行政隶属,但要尽量减少对划海域界线的影响,若岛屿被划在他方海域之内,可限制其所拥有海域范围,如只划给其居民赖以生存的近浅海海域。

三、与陆域行政区划线的衔接

在开展陆域行政区划时,其终端界桩应立于陆海分界线处,海域勘界时,为便于沿海地区的生产生活和海洋管理,海上界线应与陆上行政区划线相衔接,即陆域勘界的终点应做为海域勘界的起点,以形成陆海一体的完整的管理范围。就现状看,这个交接点(即海域勘界起点)存在一些问题,在此我们对这些问题的处理提出个人看法。

（一）陆域终端界桩问题

为确保海域行政区域界线与已勘定的陆地行政区域界线相互衔接,依据技术规程,海域勘界以《国务院关于开展勘定省、县两线行政区域界线工作有关问题的通知》(国发〔1996〕32 号)界定的陆海分界线(陆海分界线以最新版的 1∶ 5 万国家基本比例尺地形图上所绘的海岸线为标准),即平均大潮高潮线为起点,延伸至领海外界。在该区域内,勘定省级海域行政区域界线。但是,在我国沿海,由于自然及人为因素的影响,近几年海岸线变迁较快,既有海岸侵蚀造成的岸线后退,也有河口冲淤或围海造地所致的岸线向海推进。另外,陆上行政区域界线勘定工作持续多年,因此,陆域终端界桩与陆海分界线完全一致的情况比较少,只有沿海两省交界处为基岩海岸的陆域终端界桩与陆海分界线基本一致。

1. 陆域终端界桩与陆海分界线一致情况

在海域勘界时,必须坚持海陆相衔接的原则,陆域终端应为海域的起点。在正式开始省际海域勘界时,对于陆域终端界桩与目前实际的海岸线,即陆海分界线一致的地方,陆域终点即可作为勘定海域管理分界线的起点。

2.陆域终端界桩与陆海分界线不一致情况

陆域终端界桩与陆海分界线不一致的情况比较多。应以海域勘界调查时实测的平均大潮高潮线,即目前实际的海岸线做为陆海分界线。在陆域终端界桩距离目前的陆海分界线较远时,可以陆域终点为起点,用等距离线方法或其它方法作出一条向海的陆域延长线,这条延长线与陆海分界线的交点做为勘定海域管理分界线的起点。

3.陆域终端界桩未定

目前,由民政部组织的陆上行政区域勘界已近尾声,但并未完全结束,还有些省份的陆域终点未定,陆域终端界桩尚未埋设。对于这样的地方,海域勘界工作只能向后稍作延迟,待陆域勘界结束后再进行。

(二)河口海岸界线问题

对于河口海岸,当涉界方陆域行政界线为河流时,应以实施海域勘界调查时实测的河口海岸线彼此最近点连线与主航道中心线或河流中心线的交点为海域勘界的起始点。

(三)人工堤岸问题

根据国发[1996]32号文界定的陆海分界线,即陆海分界线以最新版的1∶5万国家基本比例尺地形图上所绘的海岸线为标准,但近两年海岸线的变化很大,原有的海岸线由于围海造地等原因而向海推进,甚至使原有的滩涂及岛屿消失,并被改造修筑成为人工堤岸,此人工堤岸即应为此处的陆海分界线。

四、勘界后国家与地方海洋管理权限的界定

海域勘界是维护沿海地区社会稳定、适应海洋资源开发与环境保护的要求加强海域行政管理而采取的重要措施。进行省际间海域勘界,必须对属于国家和划归沿海省级行政区开发及管理海域的权限给予深入研究和明确界定。可以肯定的是,勘界后,海域作为国家领土的组成部分的性质并未发生改变,海域及其资源仍属国家所有,有关国家海洋权益、海洋资源整体开发与环境保护等工作仍由国家统一负责。其次,沿海各级人民政府依据法律法规对海域、海洋资源、海洋环境及有关工作行使管理权。地方管理活动不得妨碍以中央为主的管理活动,不得妨碍国家海防工程、大型港口或工程项目占用海域,不得妨碍军事活动、维护海洋权益的涉外活动及国家重大海洋方针政策和法律的制定和实施。国家与地方海洋管理权限的界定涉及到国家的海洋管理体制问题,有待进一步研究,在此不多论及。

(《动态》2000年第12期)

国际上强化海洋管理的发展趋势

刘容子　　高之国

现代海洋管理是第二次世界大战后,特别是 1982 年《联合国海洋法公约》生效以来形成的一个新概念,指的是国际社会和沿海国家普遍接受并广为实践的依法管海的行政活动。世纪之交,以欧元流通为标志的全球经济一体化进程加快,这无论对占地球表面积 71% 的海洋,还是对广大的沿海国家来说,都构成了一个新的挑战和任务。国际海洋法及知名社会活动家鲍基斯指出:新的海洋法是新的国际经济秩序的一部分。毋庸质疑,海洋的地位和作用越来越重要,正成为全球政治、经济、军事的重要媒介和舞台。

过去 20 年来,随着沿海国国土构成发生变化,国家管辖范围扩大,海洋管理的任务不断加重,沿海国纷纷调整本国开发和管理海洋的政策,加速国内海洋立法,重新规划安排国土资源的开发和管理。加强国家海洋管理能力,强化国家海洋管理行政活动,已成为当今世界发展的主要潮流之一。

1998 年,联合国顺应了现代海洋管理的历史潮流和国际上有识之士的一致呼声,为"98'国际海洋年"编纂出版了《海洋——我们共同的未来》一书。作为人类的最新共识,该书强调指出海洋是连接世界各国的纽带,是人类的未来,是全球可持续发展的出路和重要保障。1998 年,联合国可持续发展委员会通过决议,决定在 1999 年召开国际海洋可持续发展大会。由此可见,形势发展对海洋管理又提出了更高的要求。

一、当代海洋管理的发展趋势

(一)海洋管理一体化的趋势

《联合国海洋法公约》明文规定:"海洋区域的种种问题都是彼此密切相关的,有必要作为一个整体来加以考虑。"这一规定表明了海洋管理的多学科性、跨部门性,强调了海洋区域的整体性,对海洋实行一体化管理行政机制提出了明确的要求。

1992 年在巴西里约热内卢召开的国际环境和发展大会签署的《关于环境与发展的里约热内卢宣言》,包括 27 个原则声明,条条涉及海洋的开发和保护。《宣言》指出,海洋环境占了全球环境的75%,国际社会应通力保护人类赖以生存的全球环境和海洋环境。《宣言》得到广泛的签署,体现了国际社会对地球整体性和相互依存性的共同认识。需要特别强调指出的是,联合国《21世纪议程》第17章要求沿海国以《公约》为基础,对国家管辖海域的管理和开发采取新的一体化的方针,具体要求就是每个沿海国都应建立综合的国家海洋管理协调机制。

在《公约》和《议程》所确立的原则的引导下,国际社会和沿海各国开展了多种模式的海洋管理活动,包括立法、执法和行政管理等。近年来,联合国及其他国际性、区域性组织都十分重视海洋管理的问题,形成了不同层次上的海洋开发和管理方面的安排:

● 签署了多项国际性或区域性涉海公约,如:《气候变化框架公约》、《全球生物多样性公约》、《公海跨界种群和高度洄游种群协议》、"小岛国家可持续发展行动方案"等;

● 成立了环发大会后续机构,如:联合国可持续发展委员会、由联合国副秘书长领导的高级咨询委员会,并把海洋作为其重点工作领域之一;

● 增建了新的国际海洋管理机构,如:国际海底管理局、国际海洋法法庭、促进海洋科学技术区域中心、联合国政策协调与可持续发展委员会等。

（二）海洋管理机制化的趋势

《联合国海洋法公约》生效以来,沿海各国政府都进一步提高了对海洋的重新认识,不同程度地加强了海洋综合管理,也即海洋一体化管理。尽管政治社会制度和经济发展水平有差异,但在实践中逐渐形成了四种常见的海洋管理模式:

（1）荷兰模式——中央政府直管。中央政府负责海洋政策的制定和大陆架地区的管理。部长委员会作为国家海洋问题的最高决策机构,下设议会委员会和非政府咨询委员会。所有涉海部门高级官员组成的部门间委员会听命于部长委员会。这一模式把管理程序科学地纳入了决策过程,避免了部门利益冲突,增加了海洋管理的可协调性。

（2）美国俄勒冈州模式——政府特别工作组。政府中建立一个海洋资源管理特别工作组,负责制定所有海域,包括200海里专属经济区在内的海洋资源开发、利用和管理的政策和规划,下设由涉海部门、机构、用户及公众代表组成的海洋政策咨询委员会。

（3）美国夏威夷模式——高级内阁咨询机构。夏威夷模式的特点是设立为州长及州立法机构提供咨询的高级内阁机构——海洋和海洋资源委员会,负责制定海洋资源管理规划。

（4）巴西模式——部门间委员会。设立由海军部长挂帅的部门间委员会作为政府管理海洋的职能机构。委员会成员包括中央政府涉海各部门的部长和沿海各州政府官员。委员会秘书处为全国提供海洋方面的技术和财政支持。

（三）周边国家海洋管理强化的趋势

亚太地区特别是我周边海上邻国,在扩大海洋管辖范围、强化海洋管理、推进200海里专属经济区国有化进程中,态度积极,行动果敢,事态咄咄逼人。它们纷纷根据各自要求并抓住有利的国际形势,开发自身能力和引入外部势力,强化其国家对海洋的管辖和控制。

周边国家采取了多种强化海洋管理的手段,其中包括:

● 在法规建设方面,均先于我国完成新的国内海洋法规配套立法工作;

● 在机构方面,越南成立了国家海洋事务协调委员会,层次高于各部;韩国成立了海洋与水产部,统管全国的海洋工作;

● 在资源开发方面,越南、马来西亚、文莱等国,积极对外招标,加速南海油气资源的开发;

● 在军事利用方面,菲律宾、印度尼西亚在侵占我国的南沙岛礁上建永久性设施,除军事利用外,还进行海洋旅游开发。

● 在海洋权益方面,周边国家不惜投入巨大的财力、物力和人力,巩固侵占、抢占我的岛礁,企图造成实际管辖的事实,为与我海上划界创造有利条件。

目前,在海上已经形成了将我包围的态势,在一定程度上迫使我在划界谈判上处于守势和应付的局面。

二、我海洋管理符合国际趋势,但步伐慢于周边国家

多年来,我国的海洋管理体制基本上是在摸索调整中前进,但取得了长足的进步。20世纪80年代以来,我国海洋开发迅猛发展,海洋经济产值一直以两位数的速度快速增长,远高于同期国民经济的综合发展速度,创造了丰富、大量的海洋物质财富,提供了390多万人的直接就业机会。积极地维护了国家海洋权益,不仅出台了《海洋环境保护法》,《海洋倾废条例》等,近年还通过了《领海及毗连区法》和《专属经济区和大陆架法》。总之,我国的海洋管理和机制基本上是符合国际发展大趋势的。

1996年,我国在国际上率先制定了《中国海洋21世纪议程》及其行动计划。1998年,我国为配合国际海洋年活动,首次出台了《中国海洋事业的发展》中央政府海洋政策白皮书。

但也必须清醒地认识到,与周边国家的海洋管理相比,我国在立法、执法等相对滞后。其后果也是显而易见的。例如:部分岛屿被侵占,海洋资源被掠夺,海洋开发用户间利益冲突和矛盾突出,海洋开发和环境保护矛盾加剧,海洋环境污染损害范围

扩大,程度加深,有些典型海洋生态系统及生物资源破坏严重甚至消失,致使海洋开发总体效益不高,资源环境代价巨大。

缺乏完善的海洋法规体系和行之有效的海洋管理机制,在一定程度上制约着我国海洋资源和环境的可持续利用和开发,制约着我国海洋事业的发展。

三、强化我国海洋管理的建议

（一）理顺海洋管理机制

国家海洋权的扩大和现代海洋管理,并不是依据一系列国际公约和协议便能解决问题的。国际法律和原则只是奠定了法律基础,提供了实现现代海洋管理的可能。最为实际的行动就是加强海洋管理机构和能力的建设,以便将海洋管理的概念付诸实施,转化为国家的依法行政行为。加强依法管海的一个主要方面,就是要强化海洋管理部门,顺应国际上海洋管理一体化和机制化的潮流,具体地讲,就是要确实维护贯彻、细化和落实国务院新的三定方案,落实中央、国务院领导关于一个部门办一件事的基本思想,尽量避免政出多门、重复建设和交叉管理。

（二）强化海洋管理职能

强化海洋管理职能,可首先从以下三个方面做起:

第一,加速海洋管理立法,做到立法和执法的同步化。新一届政府和政府职能部门组成后,对不适应三定方案的现行法规,如《海洋环境保护法》,要加大修改的步伐和力度,使之尽量适应新时期现代会议管理的要求。启动有关涉海法规,如《领海及毗连区法》、《专属经济区和大陆架法》的配套工作,争取尽早出台一批实施规章,克服和避免目前有立法无执法的局面,以利更好维护国家的海洋权益和管辖权。

第二,加快海洋管理体制建设,发挥中央和地方两级管海的积极性。应高度重视国家、地方多级海洋管理能力建设。迄今,我国在海上没有行政区划,各沿海省市的地方海洋管理机构也正处在调整和组建中。这两种情况,在一定程度上影响了我国海洋管理的正规化和现代化。为进一步提高我国海洋管理的水平,应大力促进海上行政区划和省际间划界工作。完善和健全地方海洋管理机构,争取建立沿海省、市、自治区一级独立的或其他形式的地方海洋管理机构。并逐步做到管理步骤制度化,管理手段现代化,公众、媒体介入程序化。

第三,强化海洋环境及其资源可持续利用的管理观念和公众意识。将海洋问题提高到经济、社会可持续发展的高度来认识,充分认识目前海洋资源开发和环境保护方面存在的无序、无度、无偿等问题的严重性和紧迫性,力争避免重蹈陆地先开发后保护的失误。

四、结语

关于海洋管理模式,不论采取分散的,还是集中的,抑或分层管理的模式,从国际上发展的趋势看,都可以得出海洋管理综合化、一体化的结论。综合和强化是 21 世纪海洋管理的大方向。从可持续发展角度讲,一体化管理有利于地球生态的保护和资源环境的可持续利用,也有利于各种管理矛盾和冲突的化解;从国家利益角度看,综合的、一体化的海洋管理顺应国际形势及其发展趋势,有利于集中力量重点解决突出问题,提供各方、各层次之间的协商,使合作代替冲突,协调代替重复和效益相损。这也是当代国际社会推崇海洋综合管理制度的根本原因所在。

今后一二十年,是我国扩大海洋权、维护国家海洋权益、发展海洋经济的大好时期。为了迎接新的机遇和挑战,使海洋开发作为治国兴邦的一项战略措施,必须把加强海洋开发和保护工作的宏观指导和建立综合管理制度作为发展海洋事业的基本途径,把发展海洋事业与民族复兴的历史任务结合起来。这样,我国的海洋工作才能跟上国际海洋竞争形势的变化,海洋才能为国民经济和社会的可持续发展作出更大的贡献。

(《动态》1999 年第 1 期)

建立科学、有效、高度集中统一的海洋管理体制

——关于加强海洋综合管理的建议

曹丕富　陈德恭　焦永科

一、海洋面临的形势和机遇

（一）我国批准《联合国海洋法公约》给我国扩大海洋管辖海域提供了极好的机遇和严峻的挑战

1994 年 11 月 10 日《联合国海洋法公约》（以下简称《公约》）生效。我国全国人大常委会于 1996 年 5 月 15 日批准《公约》。这为我国将主权（内水和领海）和管辖海域（毗连区、专属经济区和大陆架）大大扩大提供了极好的机遇。按照《公约》规定和我国的主张，一般认为可扩大到沿海 300 万平方千米的海域，相当于我国陆地面积的1/3。然而，由于我国处于半闭海的环境，扩展管辖海域面临着与周边邻国解决岛屿领土主权和划界争端。在东海，我需要解决与日本在钓鱼岛等岛屿的主权争端。在南海，我需要与越南、菲律宾、马来西亚、文莱解决有关南沙群岛的主权争端。而海域划界方面，在黄海，要与朝鲜和韩国解决专属经济区与大陆架划界争端；在东海，与韩国和日本解决划界争端；在南海（包括北部湾）我需要与越南、菲律宾、马来西亚、文莱和印度尼西亚解决划界争端。据统计，这些争端涉及的海域面积，相当于我主张扩大海域面积的一半。目前，我与一些国家通过外交途径谈判解决争端，但由于这些争端涉及复杂因素，至今未能达成任何一项协议。因此，谈判解决岛屿主权争端和海域划界争端，又使我国面临更大的困难。

（二）21 世纪经济高速发展，为我国加强海洋资源的开发利用提供了新的机遇

我国管辖海域蕴藏着丰富的油气资源和可再生的生物资源。海洋经济已成为国民经济新的增长点。我国海域油气资源的开发在 1987 年年底产量仅 9 万吨。然而，1995 年产量达 927.5 万吨，1996 年年产石油 1 500 万吨，加上海洋天然气折算石油产

量,共达 1 800 万吨,占我国油气产量的 10% 以上。我国海洋产业,1979 年,包括盐业、海上交通运输和海洋捕捞等海洋产业,年总产值只有 64 亿元人民币。80 年代我国海洋经济以平均 17% 的速度增长。进入 90 年代更以平均 20% 以上的速度快速增长。1990 年主要海洋产业产值约 439 亿元,1995 年上升到约 2 464 亿元,1996 年达 2 877 亿元,预计到 2000 年将达到 5 000 亿元左右,大大超过了国民经济年平均增长水平。然而,由于资源不合理的开发,环境污染,海洋灾害影响了我国海洋开发的持续发展。近年来每年海洋灾害造成的损失平均超过 100 亿元人民币,1997 年曾经达到 170 亿元。因此,合理开发资源,保护和保全海洋环境,防治和减轻海洋灾害是我国海洋事业面临的重大挑战。

(三)国际上对海洋综合管理的重视和我国领导部门对加强海洋综合管理认识的加强,为我国解决海洋综合管理存在的矛盾和问题提供了机遇

1992 年联合国环境与发展会议把海洋列为实施可持续发展的重点领域。1990 年第 45 届联合国大会通过加强海洋综合管理的决议。1994 年召开的第 49 届联合国大会决定把 1998 年作为国际海洋年,以提高世界对海洋开发和保护的重视,并要求加强海洋综合管理以保证海洋持续发展。

长期以来,我国海洋管理存在着三方面的问题:

一是中央政府对海洋管理基本上是一种分散型的管理体制,包括海洋行政管理和海上执法管理,没有统一协调的机制和机构。在行政上,由于多头管理,各自为政,自成体系,行行通天,造成管理上的混乱。海洋资源开发行业之间矛盾时有发生,无法协调。海上多头执法,力量分散,对海上突发事件发现率低,反应迟缓,难于调查处理,并且对于一些重大事件仍然存在都管都不管的现象。这些分散型的管理体制不仅难于维护国家海洋权益,也不利于对海洋的综合管理和实施对海洋资源的可持续开发利用。

二是中央政府的海洋行政管理部门层次偏低,不能直接对国务院负责,缺乏权威性,难以协调在海洋开发过程中部门之间的矛盾和冲突,国务院规定"国家海洋局为主管全国海洋事务的职能机构",但许多职责确实难以到位。

三是中央海洋行政管理机构缺乏一种和地方海洋机构天然联系的纽带,地方海洋机构形式不一,模式多样。辽宁、山东、广东海洋同水产行业管理相结合;浙江、上海分别属省计划经济委员会和市建委;河北、天津、江苏、福建、广西属科委管理的局(办);海南成立海洋厅。更重要的是国家局和地方海洋机构尽管都具有海洋事务管理职能,但没有相应的法律、法规作为管理执法的依据。

上述问题已开始受到中央领导和地方领导的考虑,我们希望在下届政府换届时予以解决。

二、国外海洋管理体制

目前,由于各国政治制度不同,地理条件各异,海洋发展阶段有别,世界各国的海洋管理体制也就不尽相同。但从机构设置上看,一些主要国家的海洋管理体制大致可分为三种类型:分散型、相对集中型和集中型。

英国、澳大利亚、德国、日本、瑞典、印度尼西亚、马来西亚等国对海洋实行的是分散型的管理。此种管理模式大致有两个特点:

其一,这些国家的中央政府都没有集中负责管理海洋的职能部门,其海洋工作分散在政府各部。例如,英国,外交部负责政府各部门有关海洋政策和法律性质的对外交涉;交通部主管海上人命救生、交通安全、海上船舶污染和石油污染处理;农业、渔业和粮食部负责 200 海里专属经济区内海洋渔业资源的保护与管理;能源部负责管理对大陆架的油气开发;皇家地产管理委员会负责管理海滩海底沙石开采。其余海洋事务分别由科学教育部、贸易工业部、环境部、国防部、自然环境研究委员会、工程和物理科学研究委员会等部门负责。德国,海洋方面的的事务涉及教育、科学、研究与技术部,环境、自然保护和核安全部,运输部,经济部,环境、粮食、农业和森林部,以及国防部等部门。教育、科学、研究与技术部负责协调海洋科研和对外合作等。日本的海洋工作由建设省、运输省、农林水产省、通商产业省、科学技术厅、环境厅、国土厅等部门管理。瑞典负责海洋工作的有工业、外交、国防、交通、教育、住房和自然规划等部门。

其二,为协调政府部门之间、政府部门和企业之间以及管理部门和研究机构之间的工作,加强政府对全国海洋活动的宏观管理,这些国家大都设有专门的委员会或类似的协调机构。例如,英国于 1986 年成立了海洋科学技术协调委员会;瑞典设立有海洋资源委员会;印度尼西亚有国家海洋技术委员会;马来西亚负责海洋事务协调的部门是海洋科学委员会。

海洋管理的第二种模式是相对集中的管理。目前美国、加拿大、法国、印度、朝鲜等实行的就是这种模式的海洋管理。在这种管理模式中,这些国家的中央政府都有一个专门的海洋行政管理部门,但只负责管理海洋的某些方面,不能统管全国海洋的一切事务。这种模式的管理,美国较为典型。

美国商务部下属的国家海洋大气局是美国海洋管理的一个职能部门,负责美国海域的海洋管理、海洋科学研究、海洋环境保护和服务、海洋资源的管理、开发和利用,空间和海洋资源的管理和保护等工作。其职能涵盖了我国的国家海洋局、中国气象局、农业部水产局的业务。除国家海洋大气局外,商务部参与海洋管理的机构还有海事管理局,负责管理航运补贴计划以及有关的海洋研究。其余涉海部门有,总统科技办公厅负责制订有关海洋政策;国务院主管国际渔业规划,负责对外进行渔业谈判,以及向外国分配渔业扑捞份额;国防部的陆军工程兵负责管理通航水域,主管这类水域中的建造物、污染和海洋倾废,保护港湾设施、海岸线、航道等;海军从事海洋资料的收集、服务、海洋科学、海洋工程、潜水医学研究以及海底地形调查、海图测绘等;运输部负责领海外深水港的选址、建造及使用管理,海上油气管线的施工和安全标准的制订;内政部的土地管理局和地质调查局,主管外大陆架石油、天然气等的出租,调查和搜集有关海区的地质及地球物理资料,对出租区域的环境条件或制约因素进行分析,与海岸警备队一起实施近海作业安全规则和条例。内政部的鱼类及野生动物局和国家园林局负责内陆鱼类和湖畔海滨的资源管理;能源部负责公布外大陆架地区石油和天然气投标和生产速度的规章;此外,国家科学基金会、环境保护局、国家航空与航天局、卫生教育与福利部、能源研究与发展局等,都有不同的海洋管理职能。

其他国家,例如加拿大海洋和渔业事务的政府主管部门渔业与海洋部,负责全国的渔业生产管理、渔业资源和环境的保护、海洋科学技术研究与开发、海洋调查、海图绘制,以及海洋资料信息服务等。除大气业务外,其职能类似于美国国家海洋大气局。其余海洋管理职能分别归在能源矿产资源部、交通运输部、环境部、印地安北方发展部,以及海洋学机构间委员会、油气资源管理局等。有关海洋管理方面的法律由加拿大司法部负责。法国政府的海洋职能部门是海洋开发研究院,负责协调海洋科学技术的开发和研究,海洋产业活动由一个有 100 多家公司组成的法国海洋开发科学技术协会负责协调。1981 年,印度设立了海洋开发部,其职能类似于我国的国家海洋局,直属总理领导,负责制订海洋考察计划,保障海上航行安全,调查、绘制本国专属经济区和大陆架的生物和非生物资源图,调查、勘探和开发印度洋中部深海矿产资源,防止近海污染,保护海洋环境,管理调拨船只,通过其管理的国家海洋资料中心收集并提供海洋资料信息服务,管理和发放海洋研究基金,协调南极考察活动。海洋事务的其他方面则分散于地质调查局、气象局、石油及天然气委员会、原子能委员会、国家海洋研究所、海洋渔业研究所、动物学调查学会、农业研究院及海军海道测量局等。朝鲜的水文气象局则相当于把我国气象局、海洋局和水利部的部分职责合在一起。

海洋管理的第三种模式就是韩国和波兰的模式,其特点是对全国涉海事务高度集中统一的综合管理。

韩国历来重视海洋事业。早在 1955 年,韩国就成立了海洋管理部门"海洋管理局"。1961 年,该局撤消,其职能由商务部、农林部、建设部、运输部等部门分担。1966 年,成立"水产管理局"。1989 年,成立了由总理主持的海洋开发委员会,以协调和推动国家海洋政策和研究开发项目。为适应《联合国海洋法公约》生效后的新形势,更有效地加强海洋管理,维护其海洋权益,经对中国、印度、美国等国的海洋管理体制进行考察和分析,1996 年 8 月,韩国将水产厅、海运港湾厅、海洋警察厅以及科技、环境、建设、交通等十个政府部门中涉及海洋工作的厅局合并,成立了海洋水产部,对海洋实行了高度集中统一的管理。

波兰的海洋运输、海洋渔业、海洋环境保护、海上搜救、海洋水文和生物资源方面的调查研究都集中在海洋经济总局一个部门。领海和专属经济区由海洋经济总局配合海军、边防军进行管理。

以上三种海洋管理模式的共同点,就是这些国家大都有一个统一的海上执法管理队伍海岸警备队或类似的机构,尽管其缺点是隶属于不同的部门。美国海岸警备队是运输部下属的实施海上执法管理的主要机构,是目前世界上最大的海岸警备部队,号称世界第十二大海军、第七大海上空军。其主要职能是海上执法、海上救生、海洋环境保护和保卫国家安全,负责导航、助航设备、桥梁的管理,商船安全保障,执行海上法规、条约,负责海洋环境保护,保卫港口安全,保证娱乐游艇的安全,负责海上搜救,通讯保障,组织应急后备队,等等。英国的海上执法机构皇家海岸警备队在交通部领导之下;澳大利亚称海岸监视局,负责渔业、环保、移民、交通、海洋公园等各方面的海上执法监视活动,其职能类似于美国的海岸警备队;瑞典的海岸警备队负责实施海关、渔业、环保、海事等方面的执法,防止海上走私活动,以及配合军队等进行海上搜救活动等;日本的海上执法机构是海上保安厅;加拿大的海岸警备队配合海军实施海上执法,从去年开始,由运输部转渔业海洋部负责。

上述三种海洋管理模式,大多是在《联合国海洋法公约》生效以前设置的,随着《公约》实施和海洋开发与保护深入发展,海洋综合管理已形成一种世界趋势,海上执法队伍逐步统一,各国分散海洋管理机构也处在演变调整中。

三、我国综合海洋管理体制应当加强

目前,我国对海洋有管理职能的部门多达 10 余个,主要有交通、海洋、农业、公安、能源、环境、土地、海关,以及海军等。各部门都具有按行业、职责进行立法和执法的职能。这种体制的弊病在于:多头管理、力量分散,部门之间工作难于协调;管理混乱、执法不力,对海上灾害、事故和违法犯罪活动反应迟缓,应急能力差;职能重复、机构重叠,造成人力、物力、财力的浪费。再者,我国海上执法机构设置也不尽合理,比如与海上交通有关的执法机构设在交通部门,负责渔业执法的机构设在渔业部门,形成自己管自己的现象,等等。

我国是一个沿海大国,拥有 18 000 千米的大陆岸线和 14 000 千米的岛屿岸线,6 000 多个岛屿,根据《联合国海洋法公约》和我国的主张,我国拥有近 300 万平方千米的管辖海域。在这广阔的海域里,蕴藏着丰富的矿产资源、生物资源和动力资源。21 世纪是海洋的世纪。随着国民经济的迅速发展,开发、利用和保护海洋将形成高潮。要有效地开发利用好海洋资源,首先就要科学地管理好海洋,使海洋持续发展,

为子孙后代造福。我们这样一个大国,理应把我们的海洋管好、用好,为世界海洋的发展做出我们的贡献。要管好、用好海洋,尽快建立一个集中统一、科学有效的海洋综合管理体制,已成为我们的当务之急。

我国是社会主义发展中国家,建立海洋综合管理体制,也必须体现社会主义的初级阶段中生产力与生产关系的协调发展,体现以国有经济为主体,多种海洋经济成分相互补充的混合机制;体现海洋开发与环境保护并举的方针;体现科学技术作为第一生产力支撑海洋管理的基础地位,实现海洋综合管理与行业管理、中央海洋管理与地方管理并行发展,以达到海洋开发与保护的可持续发展。实现海洋综合管理,就是为了达到以下目标:

——海洋综合管理是相对于单一行业管理而存在的海洋管理,应当而且必须为行业管理提出一般指导原则,行业管理在一般指导原则下发展个性,发展特性,是综合管理的补充和进一步深化,两者并行不悖,协同发展;

——海洋综合管理是对海洋资源和海洋环境宏观管理,实施的主要手段是依法行政。搞海洋综合管理,突出要抓好海洋经济发展的宏观方针、政策和发展战略、规划,抓好科技兴海的组织协调,以及对行业和地方海洋经济发展提供服务,促使行业海洋经济和地方海洋经济的协调发展;

——海洋综合管理要引进市场机制,发展高技术,促进"两个根本转变"的实现。从社会主义的计划经济到市场经济,从粗放型到集约化的转换,在海洋方面还有一段很长的路要走,就目前而言,传统海洋产业包括渔业、交通运输、盐化工业等,已经开始这种转换过程,新兴海洋产业包括海洋石油、海洋制药、海洋旅游业等,处在培育阶段,海洋产业开始注重市场作用、人才作用、技术作用,注重能力建设,两个转变在逐步深化;

——要实现海洋综合管理,必须建立运行机制:一个是管理协调机制,一个是实施或操作机制。管理机制主要是机构问题,主要任务是出主意想办法,建立规划和政策,提出指导意见;实施机制主要是建立执法队伍,它的主要职责是依法管海,进行具体的执法。具体说前一个是建立国务院领导下的、具有较高权威的领导机构,后一个是建立在海洋主管部门领导下的执法力量,两者既相互依存,又相互独立,相互联系,是一个不可分割的有机体。

——海洋综合管理,是从单一行业管理发展来的,是海洋的流动性、资源的重叠性和管理的国际性决定的,目的是解决若干个单一行业管理中不能解决的问题,是海洋开发逐步深入的必然结果。

我国海洋综合管理体制是 1988 年国务院体制改革时经中央批准确定的。在此之前,1975 年国家为改变我国海洋分散管理的状态,曾由国家计委牵头,组织海洋局、燃化部、中国科学院、地质部等部门进行了认真研究,提出了《关于目前我国海洋工作的状况和加强我国海洋工作领导的建议》。《建议》提出,成立全国海洋工作领导小组,由各有关部门组成,其主要职责是:根据社会主义革命和建设的需要,制订我国海洋工作的方针政策和各个时期的中心任务,并督促贯彻执行;负责综合平衡全国海洋工作的长远规划;协调各部门海洋调查、勘探和各类开发利用活动;负责海洋环境保护工作;组织制定我国海洋法律、法规;研究提出我国海洋管理现有体制和机构设置的方案;组织海洋工作国内外交流与合作等。领导小组下设办公室,处理日常事务。办公室设在海洋局。但建议上报后,被搁置下来。之后,1984年,根据李先念主席和李鹏副总理的指示,国务院曾设想过执法队伍的统一并组织班子作过调查研究,但由于各种原因,最终没有实现海上执法的统一。目前海洋、交通、农林、边防、海关等部门都辖有海上执法队伍,据1985年国务院调查小组统计,总人数约32 918人。尽管国务院明确了海洋综合管理的主管部门,但由于没有形成国家法律保障,机构层次较低,授权有限,职责有限,经费有限,不能真正起到综合管理的作用。强化政府部门的海洋综合管理和统一海上执法队伍,是我国海洋开发与保护形势的需要,是执行联合国海洋法公约、维护我国海洋权益的需要,是实现我国海洋经济可持续发展的基本保证。我国海洋综合管理体制,既要吸取国外海洋管理的经验,又要根据我国海洋发展的历史、现状、目标、任务加以统盘考虑。

我国海洋综合管理体制改革,有多种组合模式,例如海洋产业管理型模式,海洋环境保护管理型模式,海洋渔业管理型模式等。但是从我国现状和国外实践看,借鉴韩国经验,采用海洋行政、立法、执法高度统一的综合管理型模式,是一种较为合理的组合。这是因为:

(1)海洋既是空间,又是资源,海洋经济的发展重点是海洋产业的发展,行业产业向海洋延伸,是海洋发展过程中的一种必然现象,说明我国的行业已具备相当规模,技术已达到相当水平,是海洋经济发展的兴旺景象,海洋产业因使用相同的海洋空间,产业之间矛盾、冲突不断,这种关系的协调,既需要海洋立法、规划、区划的帮助,又需要海上执法队伍的检查监督,两者缺一不可;

(2)海洋经济、海洋产业的发展,重点走商品市场的道路,利用市场机制和利益、利润来调节产业之间的关系,但宏观调控和产业政策引导是必须的;

(3)海洋环境,特别是海岸带环境,是目前海洋综合管理的重点,因为这一区域各种海洋开发频繁,人口居住稠密,据1993年世界海洋大会估计,世界有一半人口居住在海岸带区,而且从内陆地带区迁往沿海地区的人口还在不断增加。海洋环境面临着海洋开发与保护的双重压力。如何达到既利用海洋又防止过度开发和海洋污染,维持海洋环境和资源的可持续发展,也需要海洋立法和执法的调节;

(4)我国有五家执法队伍在海上并行执法,既是人力、物力、财力的浪费,又不能真正起到执法的高效益、高效率,下决心合并几家执法队伍,形成统一的海上执法力量,置于海洋综合管理部门之下,是维护海洋权益,发展海洋经济,保护海洋环境的需要,时机也已成熟。

鉴此,我们建议成立有权威的、属国务院直接领导的、有较强协调职能的中华人民共和国海洋部或海洋管理委员会。该部或委员会以现有的国家海洋主管部门为基础,适当合并农业、交通、公安、海关相应职责组成,并成立中国海岸警备队,置于该部或委员会领导之下。该部或委员会主要负责海洋立法规划、计划实施;制定海洋开发规划、区划和海洋产业政策,协调各涉海部门和行业活动并指导地方海洋工作;维护海洋权益和海上安全,统一管理海上执法队伍;负责海洋环境保护与保全,建全海洋环境鉴测管理体系;统一管理我国调查船进入外国管辖海域和外国调查船进入我国管辖海域作业的审批工作;以及国家海洋公益服务和海洋开发基础设施的建设等。

(《动态》1998 年第 1 期)

中国海岸带综合管理中的机构因素[*]

刘 炜 译 杨作升 校

一、概要

技术小组考察过的中国福建省、南通、威海及营口等省、市均已开始发展海岸带综合管理(ICZM)计划了。目前,这些计划的特点是:它们或尚未由官方正式制定,或尚处于实施的最初始阶段。

汇报给小组的 ICZM 计划大多都有以下共同要素:

——都由当地渔业部门开发,且多与提交世界银行筹资的一些渔业开发项目有关。然而有些城市也有涉及范围更广且通常在市规划委员会监督下执行的市"(名称)海上"计划。

——主要组织组成都是由相关各机构共同设立的筹划指导小组。该小组隶属于当地最高行政长官或其代理的特别指导之下。

——有些 ICZM 计划中还要设立新的处室,由其全体人员负责推进筹划指导小组的工作运转和/或指导其它与海岸带管理(CZM)相关的计划。这些处室大多设立或将设立在地方渔业部门内部,但也有一些已设于相应的规划委员会内部(后一种情况下,可能还会在渔业部门内部再设一个专门的处室,来指导支持 CZM 的各项具体活动,当然这些活动一般都与渔政管理有关)。

——除了新型的机构间协作功能外,围绕 CZM 计划而开展的主要且积极的 CZM 活动包括监控、监督、强化和教育等支持性活动。大多数的活动都基本属于渔业调整方面。

法规专家认为技术小组所考察过的各省市为发展 ICZM 计划或开发更广海域的

* 编者按:本文是美国 Dinniel Finn 法学博士于 1997 年 7 月 28 日至 8 月 21 日期间在中国四个省参加世行贷款项目(中国的海岸带管理)前期考察后为加拿大生态服务集团所写报告的一部分。D·Finn 博士中文名范典博,是海岸法、政策及机构问题的顾问专家,知名的海洋法专家。他对中国的海岸带综合管理问题有一些独到的看法,在征得作者同意后,现将其报告中的两部分总结性内容刊出,以供有关部门和学者参考。

计划付出的努力是值得赞赏的。显然,人们已相当重视制定一个目标明确、原则合理,且能适应包括政府结构和社会经济现况等在内的中国国情的方案。

中国的政体与西方模式大相径庭,牢记这点是很重要的。尽管存在着上述的结构体制问题,但近几年来中国体制在经济飞速增长方面取得了显著的成就。这些成就的取得无疑是因为存在着政府部门间的高度协作。但一般来说这并没有遵循其他国家所采用的更为正式化的程序。(在其他地区,有计划的 ICZM 计划往往都是同正规化的程序和其它专门法规部署联系在一起的)。因此,对于外国观察员来说,重要的是要根据中国政府和社会的特征来调整他们的视角。

下表给出了和发达国家(美国)CZM 模式相比较而得出的一些特征。

同中国比较对照

美国(发达海岸国家)	中国(发展中海岸国家)
联邦政府:对自然资源的高度地方自治	中央集权政府:国家权力至高无上,但包括规划权在内的行政权正在逐步分散
"法制"社会:众多公众辩论活动,包括案件诉讼;重法律及正式程序	"指令性"社会:更多依赖于行政行为;磋商及法规因素日趋增多
海岸人口众多,但不主要依赖于海岸资源	海岸人口众多,相当依赖于海岸资源,且此地区存在着可持续发展的潜力
总体经济不着重初级生产而主要向制造业服务业发展	总体经济向制造业、出口和服务业大力发展,但仍相对偏重于初级生产

表中有两点值得我们分别予以关注:首先,在中国,政府行为在本质上以"指令性"为主;在各级政府所先例的广泛的行政权力下,各机构才有相当的能力来采纳政策和落实计划。这些机构在必须获得同级政府批准的同时,还得遵行其同级及上级政府所推行的政策和程序,这些都构成了其权力上的主要制约。这种体制下要求与政府机构及官员保护广泛一致的处理权,从而可能已经妨碍了采用更为具体的政策计划,妨碍了遵循较正规程序——面这正是法制为主的政治体系的特征。

其次,与大多发达国家和飞速发展的发展中国家所不同的是,中国一直从包括海洋资源利用在内的初级生产中为其国民经济发展吸取相当的支持。这使得 ICZM 计划对中国显得格外重要。但是如果同时将之视为声速发展海洋资源的潜在阻碍的话(或许此假设不成立),则 ICZM 计划实施起来将更为困难。为过,通过有效的 ICZM,海洋生产日益增长的重要性也许会产生特殊的鼓励因素来保护海洋资源。

二、关键问题

考察了一些省市之后,ICZM 小组的专家就制定一些附加法规——尤其是策略、规划和程序方面,确认了一些关键问题。本章节将对此作一般性论述,而小组在不同地方发现的具体问题稍后将逐一讨论。

(一)高层认同和决策

中国缺乏一部国家 CZM 法,也没有关于 ICZM 的具体法规,这意味着海岸资源有效管理的重要性可能尚未得到各级政府的足够重视。ICZM 小组考察过的各省市,在其五年计划中都有关于海洋的章节,甚至有的省市还有专门的海洋开发计划。当然,这些计划的某些内容(如主要项目)要经国家计划委员会(SPC)较高层机构审查。尽管如此,其总体目标还是过于泛泛,且缺乏对管理者的指导。

本顾问认为,如果中国高级领导人已经认识到通过制定更为具体的国家政策来保护海洋,尤其是海岸资源的重要性的话,那将十分有益。这将能更好地指导国家计委及下级各政府发展其海洋开发计划、制定和实施相关的政府方针。如果认识不到海岸资源的价值和独特性,那么开发计划和各级政府所采取的支持各部门的方针政策就难以落实。

(二)改善法规部署

本顾问认为,除了高层行动以外,要在中国有效实施 ICZM 计划,还需要进一步作出专门的法规部署。前面已经提到(下文将详述)很多沿海省市已经制定或正计划制定 ICZM 专门法规。但是,到目前为止,已经制定的或计划制定的法规均须加大力度才能有效发挥作用。

迄今为止,中国计划中的或已制定好的 ICZM 法规,就其本质而言,多为组织上的。也就是说一些新型组织——典型的是筹划指导委员会,有时还有支持部门——是为了加强 CZM 协任和相关计划的实施而设立的。然而,人们禁要问,这些部署本身到底能将 ICZM 所必须的机构间协作增进到什么程度呢?

前面提到过,机构间协作在中国一向存在,只是通常基于一种非正式基础之上,且一般处于各级政府最高行政长官(或其代表,或其指定人)的监督之下。此外,为了某种特定目的也成立一些专门的工作小组;各项工作通过规划进程来协调;或者特殊情况遵循特定的程序。

那么专业筹划指导小组本身的成立将带来什么呢? 委员会也好,小组也罢,其领导一般就是当地政府的行政领导——他们负责监督政府行为和协调各机构的活动。缺乏更为具体的部署,故而新的组织机构的主要价值似乎就仅仅体现在集中关注与 CZM 相关的各类问题上了。

本顾问提议,为高效起见,ICZM 法规应与一般多部门的程序有显著区别,而且还得包括能够增进机构间协作、全面规划和始终如一贯彻政策的几个要素。这些要素可分为三类:CZM 方针、规划和程序。

1. CZM 方针

迄今为止,中国海岸及海洋领域所奉行的法律法规就本质而言十分笼统,且多依赖于各级政府的诠释和有效执行。这和我们前面提到过的该国管理的"指令性"风格是一致的,在这种模式下,政府决策人员的行为比一般法律条文更显得重要。

就保护开发海岸及海洋资源来制定一套更加具体现实的方针政策,以此作为国家和地方 ICZM 增补计划的一部分,本顾问认为这样的做法将是切实可行且富于建设性的。这些方针政策中除了要包含明确的保护性法规,尤其保护象生物资源、重要生物栖息地及风景名胜等重要海岸资源之外,还得包含具体的准则、规范来指导不同部门的活动。

同时,还需要制定适用于特别管理区域(SMA)的辅助政策。这样能针对特别有价值或特别敏感的地区来制定法规,用于解决那些特别是由于海岸资源的不同利用所引起的冲突事件。例如,沿海地区制定的保护风景点的政策可能就值得专门管理区域借鉴。该政策除了限制沿海建筑设计、规模及其它一些特点外,还对建筑物的缩进距离有所要求。

应该考虑制定的最有用政策,是提定那些专门政策和程序所适用的具体海岸带范围。大体来说,海岸带包括近岸水域以及在其上的重要活动可以影响到海洋环境的那部分陆域(见美国国会,1972;NOAA,1990)。除了划定海岸带的边界之外,确认那些无论发生在海上或陆上甚至在海岸带之外都可能对海岸环境产生影响的行为也是至关重要的。这些活动可以包括一些主要工业设备的生产、大范围的农业自然地区的改变、大规模开发区的划定或是近海石油开采或输运。

2. CZM 规划

正如前面所评论的那样,中国的发展规划——无论是基于国家规划委员会及其下属单位监督下的协作,还是基于某一部门——在很大程序上都是以与宏伟经济目标和一系列当前及今后的项目结合在一起的笼统的政策为依据的。这种规划的风格有时被称为"指示性"风格,它一般不能被视为一种"全面"规划,因为"全面"规划通常是通过包括自然或空间规划在内的详尽规划来协调多种目标的。

本顾问主为缺乏包括自然规划在内的沿海地区全面规划会阻碍多种机构行为的有效协作。没有这样的规划,机构间协议与协作的实施就缺乏详尽的依据。因此,制定全面的海岸规划将大大有助于减少因利用分属于不同机构优先管辖权之内的海岸资源而引起的冲突。

事实上,有些地方(如厦门)已经在海上划分了不同的功能区。还有些沿海省份也已在海岸沿线的特定区域大致圈定了"海用区"。但是一般来说,这种对沿海地区进行分类或功能区域划分的做法即使在最重要的地区(即敏感或高密度使用的地区)也尚未得到推广。

再者,针对海岸带的特别管理区域来进行特殊全面规划(包括自然规划)也很必要。在初始阶段进行开发要相对容易一些,这样还可以更为广泛的区域树立楷模,且能大大促进特别有价值的区域在最初始阶段的协作管理。

3. CZM

前面已经提到,中国沿海地区各项活动之间已经存在相当的机构间协作。但这种协作具有非正式性,仅仅能算得上综合交流或定期开会。此外,小组考察过的各地区均已经成立或正在成立专门机构——筹划指导小组或委员会——来增进政府在有关海岸及海洋资源问题决策方面的协作。

关于海岸决策现有的和已规划好的协作都很不错,且在一些地方已经取得了重大成就。但是已有人在问,是否仅仅依靠成立一些新的协作机构,而无需采纳什么附加的程序,就能导致决策上的重大改进呢?

在国际上,ICZM一直都与为增进政府海岸带政策的协调而制定的专门程序联系在一起的。这些程序有时被称为"强制行动"手段(Finn,1980),因为其意图就是迫使各机构积极参与决策过程并且能将其他机构的观点纲入决策考虑。有关其他一些国家(如美国)在国家CZM计划中所采用的强制行动手段可参见下表。

"强制行动手段"

(例)
1. 有关机构需在一定时限内拿出书面意见——如环境影响评估意见;
2. 在重大决定上实施公开行动,并要求有关机构陈述其观点;
3. "证书"要求。根据该要求,在获得包括另一机构在内的认同之前,该机构必须进行必要的调查研究;
4. 如果机构间存在意见分歧,则应正式诉诸更高一级的权力机构;
5. 就环境保护问题确立研究和政策制定的常规程序以支持参与机构间的决策过程。
(评论:进行有效的机构间协作很难,但它既便是对单一的决策者来说也有好些优越性。这些优越性包括在决策时开阔眼界,丰富专业知识及加强合法性等。)

(三)管辖权限因素

纵向管辖与协作(即上下级政府之间)问题我们已经在前面讨论过了。为了促进ICZM的完善,横向的管辖权限问题还有待解决。

1. 管辖区域之间的问题

各省市政府在其地理辖区内有着很大的权力,但在解决地区间争端时却显得束手无策,这是因为各区域的海岸管理方面的政策其内容有相互冲突之处。这种现象的产生是由上文所论及的平等机构体制,与以目标和项目为主焦点的规划体制相结合所造成的。

显然,各城市间海岸及海洋边界处存在着很大的冲突潜患。不但独立的地理单位(如海湾)常常处于不同的管辖区的分治之下。而且某些城市(如厦门)的海上区域有时就完全被处于其他城市管辖下的海域所包围。这些情况往往最容易出现问题,因为相邻政府单位批准的海岸资源的不同利用之间总存在冲突的可能。

无需多言,作业时的协作的确存在(例如,在营口外的辽东湾,两个邻近的城市都采用了与营口市相类似的法规,规定夏季禁止用网捕鱼以保护经济鱼类的产卵)。确有冲突发生时,可提交诸如邻省省长或邻市市长之类的高一级官员处理;或通过国家或省级为行为的指令规划调解(就辽河的入海口营口来说,作为国家和辽宁省联合清理辽河计划的成员,也曾经发生过后一种情况)。

2. 扩展的海事管辖权限

原则上来说,中国沿海省市的地理范围应该一直延伸到国家疆域的边界。由于中国已经认可了《联合国际海洋公约》(联合国,1980),因此中国沿海区域可理解为包括向处延伸 200 海里的整个范围(12 海里处的领土边界和国家领海的外边界及 200 海里界限之间的区域在公约中被当作"专属经济区"或 EEZ)。

尽管这一地理区域属于中国的海岸管辖区,但它没有得到积极的管理。尽管地方控制区以外并没有合法建立国家控制带,但事实上,国家机构(如海军)也在此区域内进行监测、监督和行使权力等活动。好几个地方官员都告诉本顾问,过去在离岸不远处有一条分隔各省市海域的界限,现在一般根据离海岸的规定距离,约 30 ~ 40 千米左右,和固定坐标物(但其确切的地点并未公布)来划分界限。

全国人民代表大会有望在不久的将来制定法规,依据国际法行使中华人民共和国的权力,宣布其"专属经济区",或许能通过立法明确中央和地方此地区的职权,同时,这一法规也许还适合于各省市制定海岸外更广阔海域的资源进行管理的计划。

注:ICZM:海岸带综合管理;CZM:海岸带管理;SPC:国家规划委员会;SMZ:特别管理区域。

海洋管理的基本概念和主要任务

杨金森

目前,海洋管理尚无统一的和被普遍接受的定义。英文文献中有不少讨论海洋管理(Ocean management)的文章,我国也有一些论述海洋管理的著作和文章,综合起来看,一般认为,海洋管理是国家对海洋区域(海洋权益)、海洋资源、海洋环境的行政管理活动。人类对海洋进行某种方式的管理已有几个世纪的历史,但是,现代海洋管理是第三次联合国海洋法会议之后在国际组织和沿海国家普遍开展起来的。作为国家行政管理的一个领域,海洋管理任务可以分为维护国家海洋权益、保护海洋环境、海洋资源管理三类;也可以根据国家行政管理体制的需要,把海洋管理分为海上交通安全管理、海洋资源管理、海洋环境管理、海上治安、维护海洋权益五个方面;根据国务院新的机构设置情况,也可以把海上交通安全列入交通安全管理、把海洋渔业资源管理列入渔业(水产)管理、把海上治安列入社会治安管理等行业(部门)管理范畴,而只把维护海洋权益、保护海洋环境、海洋矿产资源管理,作为海洋管理,作为国土资源部和国家海洋局在海洋方面的工作任务。另外,为了保证海岸带区域的可持续发展,国际上和我国都把海岸带作为特殊区域进行综合管理,这也是海洋管理的一个重要方面。

一、维护海洋权益

这项工作也可以表述为维护国家海洋权益和参与国际海洋事务,工作任务分为二类:

参与全球海洋管理。包括联合国海洋事务和海洋法理事会、国际海事组织、政府间海洋学委员会、国际海底管理局的各种事务,以及粮农组织的渔业机构、开发计划署、环境规划署等机构的涉海事务,这都是全球海洋管理的重要事务,负责海洋管理的部门应根据国家的外交政策并在外事部门的指导下积极参与。

维护国家海洋权益。海洋权益这个概念在海洋界已经使用多年,20 世纪 80 年代初期以后,学术界的文章和政府文件中就频繁使用。1992 年通过的《中华人民共和国领海及毗连区法》第一次在正式法规中使用了这个概念:"为行使中华人民共和国对领海的主权和对毗连区的管辖权,维护国家安全和海洋权益,制定本法。"中华人民共和国专属经济区和大陆架法也使用了这个概念:"为保障中华共和国对专属经济区和大陆架行使主权权利和管辖权,维护国家海洋权益,制定本法。"海洋权益这个概念进入了海洋领域的基本法规,是一个很重要的概念,应该有明确的定义、内涵,这对于统一认识、正确理解有关法规和规范执法行动都是必要的。

国家的海洋权利属于国家主权的范畴,是国家的领土向海洋延伸形成的一些权利,或者说,国家在海洋上获得的一些属于领土主权性质的权利,以及由此延伸或衍生的一些权利。国家在领海区域享有完全的主权,这与陆地领土主权是一样的。在毗连区享有安全、海关、财政、卫生几项管制权,这是由领海主权延伸或衍生的权利。在专属经济区和大陆架享有勘探开发自然资源的主权权利,这是一种专属权利,也可以说是仅次于主权的"准主权";另外还有对海洋污染、海洋科学研究、海上人工设施建设的管辖权,这可以说是上述"准主权"的延伸,因为沿海国家在专属经济区和大陆架享有专属权利,才有这些管辖权。

为维护海洋权益形成的海洋行政管理任务,主要有以下几方面:

● 参与制定国际海洋法规;
● 参与国际海底管理(约 2.5 亿平方千米);
● 参与公海生物资源管理;
● 参与全球海洋科研管理;
● 参与全球污染调查和环境管理;
● 参与全球海洋观测计划;
● 维护领海主权;
● 管理大陆架和专属经济区的生物资源、非生物资源勘探开发,管理科学研究、海洋污染、人工设施建设等。

维护海洋权益方面的行政管理工作,目前尚缺完备的法律制度:(1)应该尽快公布专属经济区和大陆架法;(2)制度领海和毗邻区法的实施细则;(3)制度专属经济区和大陆架法的配套规章制度。

二、海洋环境管理

海洋环境管理包括污染防治和生态保护两个方面,根据目前国务院的机构设置情况,仍应由国务院环境保护部门牵头(主管、统一监督管理),有关部门分工负责。国土资源部和海洋部门的任务可以有两种安排:一是在国务院环境保护部门的指导下作海洋环境管理的二综合,具体组织五种海洋污染源的管理工作和海洋生态保护;二是维持现行海洋环境保护法的分工。假定按第二种考虑,海洋部门的主要行政管理工作包括:

● 负责海洋环境调查、监测、科研,增加草拟海洋环境保护规划的职责;

● 海上倾废管理;

● 石油勘探开发的环境管理;

● 自然保护区管理;

● 海洋生物多样性管理。

海洋环境管理的法规基本健全,主要问题是需要作一些修改;另外,急需建立有关部门之间的协调机制。

三、海岸带综合管理

把海岸带作为一个特殊区域,实行综合管理,是保证沿海地区可持续发展的重要措施。这是一个新问题,认识尚不一致。但是,这是一个必须提上日程的行政管理工作,应该引起重视。第一,我国沿海地区的可持续发展和海岸带开发,确实需要综合管理;第二,联合国正在世界各国推动这项工作,我国也签署了有关公约;第三,我国沿海地区正在国际组织的指导下进行海岸带综合管理实验。

世界海岸大会宣言认为,海岸带管理的主要任务是"解决生境丧失、水质下降、水文循环中的变化、海岸资源的枯竭、海平面上升、全球气候变化等问题"。解决这些问题需要许多部门的合作和沿海地区民众的共同努力,因此,海岸带管理不是一个部门的集权管理,而是多部门合作的综合管理。海岸带综合管理的英文是 Integrated management on coastal zone。Integrated 可以译成综合,联合,统一,一体化等,比较起来,还是译成综合好一些。作为国土和海洋部门,在海岸带综合管理中的主要任务是:

● 进行海岸带调查、评价,编制海岸带管理规划;

● 会同有关部门拟订有关政策和法规;

● 负责防止海岸侵蚀,制定海平面上升对策,保护海岸带生态环境等;

● 组织、动员民众和科技界、教育界、新闻界参与;

● 建立海岸带地理信息系统,监督各部门分工的管理工作。

目前开展海岸带综合管理工作,主要是法规不健全,缺少保证综合管理的程序性法律,如海岸带综合管理法。制定海域使用管理法规,作为综合管理的法规之一或突破,也是可以的。

(《动态》1998 年第 6 期)

海岸带综合管理基本模式和政策建议

杨金森　　刘容子　　于江涛

一、海岸带综合管理的客观依据

(一)海岸带的特殊特征

海岸带是陆地和海洋汇合的地带,包括海岸和毗连水域,其组成部分有河流三角洲、海岸平原、湿地、海滩与沙丘、红树林、泻湖及其它地理单元。海岸带是一个特殊的地区,其主要特征包括:(1)它是一个水文循环、生物循环、沉积循环最活跃的动态区域;(2)海岸带地区具有特殊的生态系统,它为多种海洋生物提供繁衍生境,生物生产力高,生物物种多;(3)海岸带是抵御风暴潮灾害、海岸侵蚀等灾害的天然屏障;(4)海岸生态系可以吸收、净化和减轻陆源污染的影响,包括吸收过量营养物、沉积物、人类废弃物等;(5)海岸带地区可以吸引大量人口居住;(6)海岸带地区适合于发展临海产业,包括修造船、重化工业、海产食品工业等;(7)海岸带地区被称为第一海洋经济带,适合发展海港和航运业、海盐业、海滨娱乐和旅游业、海水养殖业等。

(二)海岸带资源的重要价值

海岸带地区赋存着多种资源,岸线、滩涂和海湾等可利用空间,贝类、虾类、蟹类、鱼类等海洋生物资源,芦苇、红树林等植物资源,海水和砂矿资源等。这是当代人和子孙后代所需要的宝贵的自然财富。海岸带资源是大自然给予人类的"资源投资",目前的问题是许多地区在过度开发,破坏生态系统,从而使人类从海岸资源投入获得的利益和服务减少,并且面临着使自然界慷慨提供的恩惠丧失殆尽的危险。因此,加强综合管理,调整开发方式是十分必要的。

(三)部门方案和用户矛盾

在大多数国家,涉海部门一般在 15~25 个,中国的涉海部门也有 20 个。各个部门分别制定用海计划和工作方案,相互之间形成多种关系,必须加强协调。实践证明,由于海岸带开发利用程度越来越高,不同行业之间的矛盾越来越多,单一的部门分工管理已经不能完全适应海岸带管理的要求。行业之间的矛盾主要表现在以下几个方面：

首先是陆地设施建设争岸线。许多沿海地区的陆地设施都喜欢临海而建，有的是为了向海域排放废弃物方便，有的是为了从海上进出方便，有的则只是为了便于观赏海上风光，并无经济原因。因此，许多岸段存在着军事设施、港口、工厂、市政设施争占岸线的问题。

其次是渔业、盐业、农垦、苇田争滩涂。这个问题自20世纪60年代以来一直很突出，曾经发生过农业围垦大量挤占水产养殖滩涂的问题。目前，在辽宁、浙江、福建、上海等地，都存在农、渔、盐、苇争滩涂的矛盾，而且既有现实矛盾，也有规划上的潜在矛盾。

三是不同行业的相互制约和影响。盐田抽水每年要损害几十亿尾对虾幼苗。浅海石油勘探的地震作业，对于渔业也有影响。许多地方盐场的向海一侧滩涂是对虾养殖场，这些养殖场有时堵塞盐场排淡渠道，雨季使盐场受淹。出现这种问题的原因是，渔业、盐业、海运、石油等各行业的政策和计划是各行业分别制定的，相互之间缺乏协调。而各行业的决策者和经营者一般只顾本身的利益，忽视其他行业的利益。

（四）人口增长的压力

人口增长是海岸带地区的一个大问题。1990年世界人口41亿，2000年可能达到62亿，21世纪末可能达到110亿。目前世界人口的50%以上集中在离岸60千米之内的地区，还有大量人口向沿海地区迁移。1993年世界海岸大会的文献估计，本世纪末发展中国家将有2/3的人口居住在沿海地区，总数可达37亿。中国的情况也是这样。沿海省（市、区）的国土面积只占国土总面积的13.4%，而人口却占40%以上。目前和今后一个相当长时期，即在经济起飞的整个过程中，都存在人口趋海移动的问题。21世纪中叶，中国达到中等发达国家的水平时，人口可达到16亿左右，其中也可能有60%左右居住在沿海地区。人口的急剧增长需要日益增多的生产和生活空间，需要大量的资源，这就必然加重各种矛盾和冲突，加大人为活动对海岸带生态环境的压力，甚至造成各种机构争空间的矛盾加剧。因此，控制海岸带地区人口的过量增长是海岸带综合管理的一个重要组成部分。

（五）自然过程引发一系列挑战

台风、风暴潮、海平面上升、海岸侵蚀、海水倒灌、海面温度升高等，都可能对海岸带的生态环境和居民造成影响。概括起来，海岸带地区的水循环、生态循环、沉积循环等自然界的演变，引发了一系列的管理问题。海岸带综合管理的任务之一就是为各种大自然变化引起的不测事件做好准备，以便减少损失。

（六）导致政府采取海岸带综合管理措施的因素

海岸带开发和管理中的问题越来越多，终于导致各国政府的重视，并开始制定法

律,建立机构,形成特定的管理活动。导致各国政府对海岸带采取综合措施的因素主
要有:

(1)希望从海岸带开发利用中获得更多的经济利益,或希望海岸带成为贡献更大
的特殊国土区域,成为黄金地带。

(2)海岸带资源损耗日趋严重,可持续利用受到威胁。

(3)环境污染日趋严重,生态系的损失和破坏加剧。

(4)自然灾害造成的生命和财产损失增加。

(5)行业或用户之间的冲突日益增多,新用户(新项目)不断增多。

二、世界海岸带综合管理的发展过程

1. 从美国走向世界。发达国家首先发现海岸带环境和资源压力过大,承载能力
有限,可持续利用受到威胁,因此提出了实施综合管理的问题。1972 年美国制定了海
岸带管理法,接着,法国等欧洲国家开始采取措施,对海岸带地区实施综合管理。他
们的经验有普遍意义,其他国家也遇到同样的问题,并且借鉴他们的经验,开始加强
管理工作。目前,世界许多国家都在研究海岸带管理问题。

2. 发达国家中传播。20 世纪 70 年代以后,许多发达国家的海岸带地区都出现了
人口压力大、开发利用程度高,以及生态环境破坏,用户之间冲突加剧一类的问题。
美国把海岸带作为一个特殊区域加以管理,并且采用综合管理方式的经验,被普遍认
为是一种积极的办法。其他国家也开始抓海岸带综合管理。例如:70 年代英国颁布
了《北海石油与天然气:海岸规划指导方针》,确定了优先开发和保护地带的各种准
则,对优先开发地带、优先保护地带的名称做出法律规定,使其免遭破坏。英国海岸
地区管理的目的是保护水域环境、生物资源和沿岸土地资源。法国 1973 年发表了
《法国海岸带整治的展望》,首次明确海岸带的地域空间是包括陆域和水域的一个带,
而不是一条线,提议设立海岸带保护机构,制定利用计划等。1979 年法国政府制定了
《关于海岸带保护和整治的方针》,提出要有组织、有秩序地实施海岸带城市规划,避
免线型开发,距离海岸线 2 000 米以内不准新建过往道路,填埋湿地和开垦荒地要进
行环境影响评价等。1983 年正式制定了《海岸带法》,明确提出海岸带是稀有空间,
要进行海岸带研究,保护生物和生态平衡,制定海岸侵蚀对策,发展海岸带的各种经
济,同时确定了负责各种管理责任的机构和分工。

3. 联合国经社理事会认为海岸带(沿海区)综合管理是一项具有战略意义的
措施,有助于保护海岸带区域的生态环境,促进沿海地区的经济和社会发展。因
此,他们组织专家对世界 40 多个国家海岸带和沿海地区综合管理问题进行了一
次调查研究,形成了一项专题报告——《海岸带管理与开发》。从这本书中可以
看出,联合国在 1973 年就认识到海岸带是一项"宝贵的国家财富"。对这一地带

的"正确管理与开发"是国家发展计划的重要组成部分。这个认识成为联合国推动海岸带管理与开发计划的动力和依据。1975 年,联合国经社理事会海洋经济技术处编写了一份报告,题为《海岸带管理与开发》,提出了海岸带管理和开发方面的基本概念框架。1982 年,海洋经济技术处又组织专家研究了 40 多个国家的经验,编写了《海岸带管理与开发》专题研究报告,目的是"指导各国、尤其是发展中国家的计划工作者和政策制定者如何在总的发展计划体制内使一项有效的海岸带管理的长远规划得以实施。"

4. 1992 年召开的世界环境与发展大会上通过的联合国《21 世纪议程》,要求沿海国家普遍开展海岸带和海洋综合管理:"沿海国承诺对在其国家管辖内的沿海区和海洋环境进行综合管理和可持续发展。"理由是:"沿海区包括形形色色的生产性生境,它们对人类社区、发展和当地的生存都非常重要。全世界有一半以上的人口居住在海岸线以内 60 千米的地方,到 2020 年,这一比例可能提高到 3/4。全世界许多穷人聚居在沿海区,沿海资源对许多当地社区和土著人民至关重要。专属经济区也是各国管理自然资源的开发和养护以造福其人民的一个重要方面。对小岛国来说,这是最适合进行开发活动的地区。"

三、中国的海洋和海岸带综合管理

(一)海岸带综合管理法概念的引进和立法试验

在 1979 年 8 月 9 日,国务院批准的开展海岸带和海涂资源综合调查的报告中,提出制定"海岸带管理法",这是在正式文件中第一次使用海岸带管理的概念,是专家从国外引进、被政府有关部门正式接受。之后,有关部门开始起草海岸带管理法规,沿海地方政府的海洋部门,也开始起草地方性海岸带综合管理法规,但除江苏省之外,均未获得通过,江苏省的海岸带管理暂行规定也未真正执行。

(二)海洋管理正式列入国家海洋局职责

1979 年 9 月 8 日,国家海洋局向国务院报送一份关于职能、基本任务和管理体制的请示,包括对海洋实施有效管理,制定海洋工作方针、政策、计划、规划,组织协调海岸带和海洋调查研究、开发利用,环境监测和保护等内容,国务院有关领导批示同意,但未正式做出决定。1983 年初,国务院批准了国家海洋局的主要任务和职责,其中,"海洋管理"成为正式职责之一。

1988 年国务院规定国家海洋局的主要职责是综合管理我国管辖海域,实施海洋监测、监视,维护我国海洋权益,协调海洋资源合理开发利用,保护海洋环境,会同有关部门建设和管理海洋公共事业及基础设施,"海洋综合管理"正式列入国家海洋局的职责。

1992 年调整国家海洋局的职责时,"海洋综合管理"的表述基本未变。

1998 年,国务院再次调整机构,国家海洋局的职责又有所调整,但"海洋综合管理"的基本思路未变。

（三）机构演变

协调机构问题。为了适应海洋管理工作的需要;体制必须调整,其中建立协调调整是重要一环。1975 年,国家计委、国家海洋局等部门联合提出一份建议,建议成立国务院海洋工作领导小组,办公室设在国家海洋局,以便加强海洋管理和协调工作,未被采纳。1979 年,又建议成立国家海洋管理总局,也未被采纳。1986 年,国务院领导接受了各方面意见,成立了全国海洋资源研究开发领导小组,1988 年国务院机构改革时又撤消了这个机构。

职能机构问题。国家海洋局在 1983、1988 年作为国务院直属机构被保留,1992、1998 年国务院机构调整时,作为部委管理的国家局被保留。

内设机构问题。国家海洋局内设机构的演化,也与对海岸带综合管理的认识有关。1983 年调整机构时设立了海洋环境保护司;1988 年机构调整时增设了海岸带海岛管理司;1992 年机构调整时把海洋管理机构归并为一个综合管理司。

（四）实际开展的海洋综合管理工作

（1）制定海洋基本法。1992 年 2 月 25 日公布了《中华人民共和国领海及毗连区法》,1998 年 6 月公布了《中华人民共和国专属经济区和大陆架法》。

编制海洋功能区划和海洋开发规划。1991 年开始制定海洋开发规划,1995 年国务院原则批准了《全国海洋开发规划》;1994 年完成了《中国海洋功能区划》。

（2）海洋环境保护。从 70 年代初期开展海洋环境保护工作,1972 年开始开展海洋污染调查,1973 年国务院第一次全国环境保护工作会议作出了加强海洋环境管理、防止沿海水域污染的决定。1974 年国务院发布了《中华人民共和国防止沿海水域污染暂行规定》,1983 年 8 月 23 日,全国人民代表大会常务委员会通过并发布了《中华人民共和国海洋环境保护法》。

（3）海洋自然保护。1988 年 6 月 28 日,国务委员宋健建议国家海洋局建立一些海洋自然保护区,加强原始资源和自然保护。同年 7 月 16 日,国家编委批准了《关于野生动物和自然保护区管理体制问题的协调意见》,确定国家海洋局负责海洋自然保护区的管理工作。

（4）海域使用管理。1991 年 10 月,国家海洋局和财政部向国务院写报告,建议加强海域使用管理,建立海域有偿使用制度,1992 年 5 月国务院批复了上述报告。1993 年 5 月,财政部和国家海洋局联合发布了《国家海域使用暂行规定》。之后,沿海地区陆续制定了地区性海域使用管理规章。

（5）海底电缆管道管理。1989 年 1 月，国务院发布《铺设海底电缆管道管理规定》，对铺设海底电缆管道和为铺设所进行的调查、勘测进行管理。

四、海岸带综合管理的基本模式

（一）目标

海岸带综合管理的根本目标是达到海岸带和海区的可持续发展，具体目标是：

（1）形成一种与传统管理不同的综合管理方法，实现部门之间协商、协调的管理体制；

（2）通过防止生境破坏、污染和过度开发，保护生态过程、生命支持系统和生物多样性；

（3）促进资源的合理开发和持续利用。

（二）诱因

在某一特定国家或地区进行海岸带综合管理，有多种原因：

（1）海岸带和海洋资源的耗竭（如过度捕鱼、过度开采珊瑚礁作为建筑材料等）是一个典型的重要原因；

（2）另外一个重要的促进因素是人口的增多危及到了公众健康，对依赖水体的产业如渔业、养殖业和旅游业等造成了威胁；

（3）人类利用海岸带和海洋（如通过养殖业、水上旅游业等）实现经济增长的需求使对海岸带综合管理的计划和管理的要求更加突出；

（4）另一个有关促进因素可能是某些国家对未开发的海岸带和海区的开发需求，如开采海底石油和其它矿藏、海水养殖、不同海区和未开发种群的新式捕鱼方法等。

（三）"综合"的含义

（1）各部门综合。生物保护、运输业发展等的水平综合，海岸带、海上部门、对海洋有环境影响的陆上不同部门的综合包括了不同海岸带和海上部门（如油气生产、渔业、海滨旅游、海洋部门如农业、林业、采矿业等的综合）。不同部门的综合还涉及到了不同部门的政府机构之间的矛盾冲突的解决。

（2）政府间综合。即不同级别政府（国家级和地方级）的综合。国家、省和地方政府各有不同的作用，各自重视的角度不同，公众需求不同。这种不同通常给国家及其所属部门对政策的协调、发展和实施造成一定困难。

（3）空间综合。即海岸带陆地和海区的综合。陆上活动和海上活动，如水质、鱼类生产等之间存在着很强的联系。同样，所有海洋活动以海岸带陆地为依托。海岸带地区的陆向和海向均有不同的所有权系统和政府管理机制，这通常使得目标和政策达到一致更加复杂。

（4）管理科学综合。即对海岸带和海洋管理有重要作用的不同学科（如自然科学、社会科学、工程学等）和整个管理实体的综合。科学可以为海岸带和海洋管理提供重要信息，但目前科学家和决策者的交流少得可怜。在此，我们可把科学广泛理解为：与海岸带和海洋有关的自然科学，如海洋学、海岸带过程、鱼类科学；社会科学，研究海岸带人类居住地、用户团体、海洋和海岸带活动的管理过程；海岸带和海洋工程学，主要研究海岸带和海洋的形态和结构。

（四）综合管理和专门管理的关系

海岸带综合管理不会干涉专门机构的管理，而是对之进行补充、协调和统筹安排。如渔业管理部门可以继续进行它们的渔业资源分配等活动，而海岸带综合管理主要负责陆源污染对渔区的影响以及渔业与其它利益的联系（通过强制或协商的方式）。

功能和任务

功能分类	任　　务
规划和法规	海岸带环境及其利用研究,利用方式分区,新的利用方式预测和策划;海岸带综合管理法规,包括开发项目利用海岸带的法规,公众进入海岸带和海洋的法规等
资源的服务性管理	进行环境评价;进行风险评价;环境指标的建立和执行;海岸带水体质量(点源,非点源)的保护和改善;建立和管理海岸带和海洋保护区;海洋生物多样性的保护;海岸带和海区环境的保护和恢复(红树林,珊瑚礁,湿地等)
促进经济发展	海水养殖业;观赏性渔业;生态旅游业;海水制盐,海洋运输和港口发展;海上娱乐;海底采矿;海洋研究
解决冲突	多种利用方式及其相互影响的研究;协调解决海域利用冲突;减轻某利用方式的副作用
保护公共安全	增强对自然灾害和全球变化(如海平面上升)的抵御能力;用建立"后退线"等方法管理高风险地区的发展;建立海岸带防护措施(如海墙等);海岸带突发事件时的撤退等安全措施

（六）海岸带综合管理的区域

确定综合管理的内陆和海区的延伸范围是一个困难问题。作为内陆边界，分水岭（容纳区）方法用的比较多，它适合于特定区域环境的污染物控制；分水岭经常跨越很长的距离，使海岸带综合管理区域过于广大。确定海岸带综合管理的水下边界也是一个困难的问题。在国际上，不同国家、不同地区，标准都不一样，但都可以作为参考：

不同国家海岸带综合管理陆向和海向边界

		总计（%） （N=48）	发达国家 （%）（N=14）	中等发达国家 （%）（N=14）	发展中国家 （%）（N=20）
陆向边界	100 米以上（0.062 英里）	4	0	14	0
	100～500 米（0.062～0.311 英里）	8	7	0	10
	500 米～1 千米（0.311～0.62 英里）	4	0	0	10
	1～10 千米（0.62～6.21 英里）	10	0	7	15
	地方政府法律权限（海岸带城市或国家）	4	7	0	5
	分水岭	6	0	14	10
	因利用方式不同而异	38	50	36	30
	未决策因素	19	21	29	15
	不可知因素	6	14	0	5
海向边界	平均低潮和平均高潮	2	7	0	0
	涨潮点到海面的绝对距离	17	0	14	30
	3 海里领海边界	6	7	7	5
	12 海里领海边界	21	36	14	15
	大陆架边缘	2	0	0	5
	国家权限（200 海里 EEZ 或捕鱼区）	8	7	21	0
	因利用方式不同而异	23	21	21	25
	未决策因素	15	14	14	15
	不可知因素	6	7	7	5

（七）海岸带综合管理战略和指导原则

超前战略：海岸带综合管理的超前战略，也可以表述为超前的海岸带综合管理战略，或采用超前办法进行海岸带综合管理。这种战略又可以称为"有偿战略"，即通过对海岸带管理的超前投资，减少资源和环境损耗，实现可持续发展。目前国际组织在世界各地推动的海岸带综合管理，基本上都是这种超前的海岸带综合管理。

反应战略：反应战略是针对问题做出反应，出现什么问题解决什么问题：海平面升高，后撤居民区或修建防护堤；红树林砍伐，设立保护区。这是许多国家和地区目前的实际做法，是容易被政府接受的战略。这种战略的好处是可以减少超前投资的负担和风险，问题是可能造成过大的经济损失，不可逆转的生态环境变化，长期影响经济和社会发展。反应式战略在解决自然因素引发的海岸带综合管理任务方面，采用的比较多，也是可取的。地质结构演变引发的地质灾害，气候变化和海平面上升、水动力变化引发的海岸侵蚀等,变化周期长,不确定因素多,提前投资建设工程项目负担过大,效益难以预测,采用反应战略是比较稳妥的。例如:长江三角洲、珠江三角洲、黄河三角洲都可能受到海平面上升的威胁,100年以后可能有大面积目前开发利用区域被淹没,造成极大的损失。但是,目前还难于做出提前投资的决策,把100年以后可能的淹没区预留起来不利用? 或者现在就花费巨资修建防护堤,或者等淹没时再后撤? 哪一种效益更好? 现在很难选择。这样的问题就可以采用反应战略,就目前说,则是"无所作为"战略,或"稳妥战略"。

预防战略:预防战略,或预防方针,也是一种超前行为,也可以说是超前战略的一种类型。但是,如果把超前战略理解为"有偿战略",强调得到较大的长期经济效益时,它与预防战略就有重大区别了。预防战略的主导功能在于防止某种后果发生,不计代价大小,也不论这种后果的可能性大小。例如,防止总统被暗杀就要采取这种战略。在海岸带综合管理方面,有些领域要采取预防战略,如防止某些珍贵物种灭绝,防止特殊生态系破坏,都可以采取预防战略。

海岸带综合管理战略原则:目前推行的海岸带综合管理,一般都属于超前性综合管理。因此,这里讨论的原则,主要是执行超前战略的原则,其中主要有(1)零增长原则(Z/Z):不发展经济,也不采取管理和保护措施,结果可能是开发利用和经济发展长期维持已有水平(简单可持续发展),生态环境也不发生重大变化,因而也不必采取管理和保护措施。(2)经济优先原则(HED/EP):在急需解决温饱问题的地方,尚无能力强化生态环境和资源保护,海岸带的资源和环境也有开发潜力,有较大承受能力,政府首脑一般要采取这种优先发展经济的原则,用于综合管理的"超前投入"比较少。这是许多发达国家已经走过的路,也是目前许多发展中国家正在走的路。我国沿海许多地区都在自觉不自觉地实行这种战略原则。(3)协调发展原则(ED/EP):在扩大资源开发规模,发展沿海经济的同时,加强海岸带综合管理,形成同步或协调发展。这是比较理想的模式。但是,实践中这种情况比较少,而且往往先是实行经济优先原则,经济发展达到一定程度再实行这种协调发展。(4)环境优先原则(HEP/ED):优先保护生态环境和资源,低速发展经济,不开发、少开发海岸带资源。在建立自然保护区的岸段就要实行这种原则,一些发达国家在非城市岸段也设立了一些这种以保护自然状态为主的非自然保护区岸段。

(八)制定海岸带综合管理规划

(1)海岸带综合管理规划的内容。海岸带综合管理问题分析,其中包括:确定海岸带综合管理地理范围;分析管理区之外自然过程如河流、大气等对管理区的影响,经济和社会发展对管理区资源、环境和经济社会发展的影响;分析管理区内自然过程、经济和社会发展过程、海洋开发自身引发的综合性管理问题。这种综合管理问题分析涉及到对环境和资源的分析评价,但是,它的重点是从可持续发展的角度找问题,找行业和部门管理所不能解决,或尚未引起重视的问题。

(2)现有规划和计划评价,其中包括:经济和社会发展计划有关海岸带资源环境可持续利用的内容,土地利用、市政建设、水产、交通、环保、旅游等项行业和部门规划和计划有关海岸带环境和资源可持续利用的内容,这些规划和计划在解决海岸带资源和环境可持续利用方面的作用和贡献,以及这些行业和部门规划尚未重视的问题。依据这种分析,正确认识现有规划现状和制定综合管理规划需要解决的问题。这也是制定综合管理规划的前提之一。每一种规划和计划评价的内容包括:

规划和计划的目标;

规划和计划实施状况;

与其他规划和计划的联系(横向联系,纵向联系);

主要执行机构;

需要通过海岸带综合管理规划解决的问题(或海岸带综合管理规划目标)。

(3)海岸带综合管理行动方案:

海岸带保护方案;

海岸带水资源管理方案;

海岸带土地利用方案;

海岸带海域使用管理方案;

海岸带自然保护区建设和管理方案;

海岸带灾害管理方案。

(4)海岸带综合管理规划的制定程序:

可行性研究;

组织准备;

规划编制;

规划审议;

规划审批;

规划执行;

规划评价。

(九)协调性管理体制

海岸带综合管理工作必须有综合协调体制,吸收多方面的力量参与管理工作,其中包括中央政府和地方政府,政府内的各有关部门,研究机构和民众团体等。在世界各国的传统行政管理体制中,都没有这种协调体制,中国也是这样。因此,在正式决定建立海岸带综合管理制度之后,必须下决心建立协调性管理体制。建立协调体制,有三种模式：

（1）有行政能力的海洋管理委员会：国务院、省、市、县级政府，都可以建立非常设的委员会，负责拟订法规、政策、规划，协调重大开发利用活动，执法检查活动等。

（2）规划协调机构：依据早期协调思想，由政府的综合部门牵头，建立海岸带开发保护规模协调委员会，负责协调水产、交通、盐业、土地、城市建设等部门的规划，统筹规划海岸带的开发和保护工作。

（3）联席会：这是最松散的协调工具，定期召开会议，政府首脑出面协调各种矛盾。这种联席会是非法制化的机构，或称为一种制度，分管海洋工作的国务委员、副省长、副市长、副县长就可以决定。联席会议可以交流信息，协调解决一些具体工作中的矛盾，还可以研究发现重大问题，呈报政府或立法机关通过行政和法律程序解决。

（4）海岸带综合管理工作的政府部门：一是建立和健全县以上各级政府的专门机构，二是指定某一个行政部门负责海岸带综合管理工作。

五、政策建议

（一）管理理念要调整

一般意义上的管理是某种控制活动。海岸带综合管理则包括控制和服务（服务性管理）。发放许可证、收取管理费、制止某种非法活动等是控制，资源和环境评价、水质保护、建立保护区等是服务性管理，在西方海岸带管理文献中用 resources stewardship 来表述这种资源的服务性管理。因此，作为不同于其它部门管理的海岸带综合管理，应该有多种方式，环境和资源评价、保护区的服务性管理，协调部门政策和规划的管理规划，立法和执法，教育和培训，这四种政府性行为都是管理工作。

（二）管理任务要拓展

目前进行的海洋管理（处理海岸带区域的问题即属于海岸带管理）主要有污染防治、自然保护、海域使用管理等几个方面，还可以拓展以下几个方面：部门政策和部门用海规划协调；海洋和海岸带灾害管理；海岸防护（工程措施，生物措施、行政措施）；小岛（可持续利用）保护；河口管理；海草床和上升流区管理等。

（三）法制有多种模式

（1）制定一项美国式的综合性海岸带管理法，是一个理想模式，80年代国家和地方都试验过，没有成功，在立法理论、方法、社会接受方面都有问题，目前不宜再启动；（2）以海域使用管理法规为主、充实专门保护性法规，也是一种办法；（3）围绕海岸带可持续发展，多元化立法，分部门执法，也是可以的，国际上有这方面的事例。

（四）建立网型结构的管理体制

改变单一管理部门的垂型结构,形成横向、纵向协调管理网络:建立协调体制,形成横向网络。这是做好海洋和海岸带综合管理的关键性措施,是国际国内共同的经验。世界上任何一个国家都不能把海岸带综合管理职能集中于一个部门,部门之间的合理分工和协调是极其重要的。协调体制有三种方式:领导小组或委员会,高级别协调机构;建立多部门专家参加的规划编制组织,作部门政策和规划协调;联系会议制度,有政府主管领导主持,定期召开协调会议,也是一种办法。

完善基层机构,形成纵向网络。海岸带管理机构与其它行业性管理机构不同,不是省、地、县、乡各级都有专门海洋机构,世界各国都是这样。但是,海岸带管理工作却要有沿海基层政府的参与,因此必须有基层机构。县、乡级政府可以没有专门的海洋工作机构,却必须有海岸带综合管理,这是海岸带可持续发展极其重要的环节。办法是改变垂型体制逐级下达命令的管理方式,用社会参与的办法,动员沿海地方政府和民众参与:有关政策、法律,由国家公开发布,非强制性执行;有利于可持续发展的文化观念、管理办法,科学知识,通过培训、经验交流和媒体进行传播。

协调程序制度化。一般的协调工作包括:部门政策和规划协调;法律制度协调;建立跨部门的协调执行机制。

（五）科技支持要加强

海洋和海岸带综合管理与其它行政管理工作不同的特点之一,是它科学技术性强,它需要多种学科和技术的支持。(1)多学科合作研究海岸带地区水文循环、沉积循环、生态演变,以及海岸淤积和侵蚀、海平面上升、海岸灾害、生物多样性变化等自然过程引发的问题;(2)社会经济研究问题研究,包括社会经济发展对生态环境的压力,由此引发的海岸带环境污染、生态破坏、居住空间不足等,以及生态环境退化对社会经济的影响;(3)生态环境评价(基线调查和评价,profile,base line),为制定管理规划、处理污染损坏事故提供科学依据;(4)管理理论和方法研究,选择适当的管理模式、政策和法律制度,研究资源和环境价值核算方法,环境影响评价方法,地理信息系统技术应用等。

除环境影响评价、基线调查等少数领域之外,其它领域均未进行过深入研究,已有的一些研究成果也未与综合管理工作结合起来。

（六）媒体多介入

海岸带综合管理必须动员广大民众参加。广播、电视、报刊等新闻媒体,是动员文化层次低的民众的最好的手段,应该作为法律、规划等行政手段的重要补充。利用多种媒体宣传海洋的重要价值,海洋可持续利用的重要意义,合理开发保护海洋的知识,开发保护海洋政策和法律,在沿海地区民众中形成可持续发展的文化观念、合理利用和保护海洋的自觉行动、遵守法律制度和乡规民约的意识。

（七）管理步骤制度化

（1）编制海岸带综合管理规划和方案,这是不同于开发保护规划的另一类规划,国际上有成功的经验,我们还没有作过;（2）政府批准海岸带综合管理规划和实施方案;（3）能力建设,包括制定规章制度、资金筹措、建立信息系统、培训人员等;（4）实施管理计划;（5）监督和检查。

（八）管理手段要现代化

目前最重要的是解决 GIS 技术在海岸带管理中的应用问题,每一个县都应该用 GIS 技术建立海岸带综合管理信息系统。实施综合管理的条件,包括技术手段、筹集资金、人力资源开发、管理能力建设等。

（《动态》1998 年第 10 期）

重大海洋政治、经济和环境问题综述

杨金森

一、海洋问题的国际背景

海洋问题已经成为联合国关注的热点问题之一,1994 年《联合国海洋法公约》生效,1995 年建立了国际海底管理局,1996 年建立了海洋法法庭;1994 召开了海洋和海岸带可持续利用大会,1995 年召开了保护海洋环境国际会议,1998 年定为国际海洋年,并召开海洋大会。中国作为沿海大国,应该履行海洋领域中的权利和义务,在国际上做出应有的贡献。

（一）海洋战略地位的新认识

冷战时代以前,海洋的战略地位集中在海上贸易和军事防卫领域,1992 年环发大会以后,人类对海洋战略地位的认识发生了重大变化,形成了以下认识。

1.海洋是地球环境的重要组成部分和调节器,对地球环境的一切变化都有重大影响。科学家发出警告:"没有健康的海洋,人类就会灭亡。"

2.海洋是生命的诞生地,又是生命存在和发展的本源。4.25 亿年之前所有的生物都是海洋生物,300 万年前出现了人类。目前,海洋仍是物种宝库,人类食物宝库。

3.海洋是富饶而未充分开发的资源宝库,可持续发展的财富来源。海洋中可供捕捞的生物资源约 2 亿吨,油气资源 1 350 亿吨以上,80 余种化学元素和巨量水资源,可供开发的海洋能源 30 亿千瓦以上,多金属结核、多金属软泥和钴结壳资源量上万亿吨。

4.海洋经济是世界经济的重要组成部分。70 年代以来世界海洋产业产值 10 年翻一番:70 年代末 1 100 亿美元,1980 年 3 400 亿美元,1990 年 6 700 亿美元,预计2000 年可达到 15 000 亿美元。

5.海洋是国际政治、经济和军事斗争的重要舞台,包括海上边界划分,海洋资源争端,以争夺海洋空间和资源为中心的军事斗争。

（二）开发保护海洋的新原则

人类共同继承财产，公平分享海洋利益，合作开发和保护海洋，和平利用海洋。

1.《联合国海洋法公约》形成了向"人类共同继承财产"方向发展的多元化主权理论，成为处理海洋权属关系的法理依据之一。

2.公平分享海洋利益也是一条重要原则，包括"公平解决"海上边界，"海洋资源的公平而有效利用"，"公平分享"国际海底开发之利，"公平地区分配的原则"选举国际海底管理局理事国等。

3.合作也是海洋国际事务中使用最多的词汇，包括封闭和半封闭海沿岸国之间的合作，国际海底勘探开发的国际合作，公海生物资源保护的国际合作，海洋科学研究的国际合作，防止海盗和非法广播的国际合作。世界的海洋是连在一起的，开发和保护海洋必须有各种国际合作。

4.《联合国海洋法公约》也是一部和平利用海洋的国际法典，其中规定了和平利用海洋的各种原则，如公海只用于和平目的，国际海底区域"专为和平目的利用"，"以和平方法解决"海洋争端，建立海上和平区，区域海洋无核化等。

（三）世界海洋管理的新机制

以《联合国海洋法公约》为国际法基础，以沿海国家建立多部门合作、社会各界参与的综合管理制度为前提，形成地方社区、国家、区域组织、全球组织相结合的世界海洋管理机制。

1.联合国号召沿海国家改变部门分散管理方式，建立多部门合作、社会各界参与的海洋和海岸带综合管理制度：

（1）为了实现海岸带资源和环境的可持续利用，必须改变传统的管理方式，形成综合管理制度。正如1993年世界海岸大会宣言指出的："海岸带综合管理是实现沿海国家可持续发展的一项重要手段。"它的目的是解决目前和长期海岸带管理问题，包括环境的丧失、水质的下降、水文循环中的变化、海岸资源的枯竭、海平面上升的对策及全球气候变化影响等问题。

（2）联合国有关文件号召沿海国家建立海洋和海岸带综合管理制度。①联合国环发大会通过的《21世纪议程》，要求沿海国家实施海岸带综合管理；②联合国气候变化框架公约号召沿海国家制定海岸带综合管理计划，以解决全球气候变化的影响；③政府间气候变化专家组建议沿海国家实施海岸带综合管理以减少全球气候变化引起的经济、环境和社会影响；④经济合作与发展组织政府呼吁实施海岸带综合管理。

（3）《联合国海洋法公约》和《21世纪议程》等文件中，列出了许多海洋和海岸带综合管理需要解决的问题，其中涉及的领域包括渔业和水产养殖，矿物资源开发，港口和海湾，沿海开发和工程，旅游，污染防治和生态保护，海岸侵蚀等。

(4)海洋和海岸综合管理体制已形成多种模式,其中,世界海洋和平大会推荐的有四种:荷兰模式,由中央政府统一管理,建立部长间委员会,总理任主席,负责协调工作和制定统一政策;美国俄勒冈州模式,由分管副州长牵头建立一个海洋管理工作组,负责制定综合管理规划,由各界代表组成一个海洋政策咨询委员会,负责咨询工作;美国夏威夷模式,建立一个海洋委员会,内阁级机构,为州长和立法机构提供咨询,负责制定海洋管理规划;巴西模式,建立一个海洋资源部间委员会,由海军部长领导,吸收 11 个沿海州参加,负责制定海岸带国家管理规划。

2.建立区域性海洋管理机构,加强地区内国家间的协调与合作。《联合国海洋法公约》、《生物多样性公约》、《气候变化框架公约》等,都要求在海洋领域建立区域性组织,其任务是进行人员培训,制定区域协议等。同时,召开区域性海洋政策会议,讨论加强区域合作的各种政策和方式。另外,要发展区域性海洋环境监测和信息传播网络。这种区域性活动是落实上述各种公约和《21 世纪议程》、《跨界种群与高度洄游种群协议》、海岸带综合管理大会通过的行动计划的关键措施。地中海沿岸国家已经建立了相应机构——地中海可持续发展委员会,成为世界性样板。

3.酝酿建立国际海洋组织,加强全球性海洋管理工作。国际海洋事务已经成为联合国的热点问题,联合国系统的海洋机构也在加强。过去设立了国际海事组织、教科文组织内的政府间海洋学委员会,以及经社理事会内的海洋法机构、粮农组织的渔业机构等,1995 年至 1996 年,成立了国际海底管理局、国际海洋法法庭。开发计划署、环境规划署等机构也越来越多地介入海洋事务。由于全球性海洋管理任务日趋增多,地区性海洋组织逐步建立,处理全球性海洋事务的国际主管机构也需要加强,建立国际海洋组织的问题已在酝酿。1995 年成立了非联合国组织的世界海洋委员会,葡萄牙前总统马里奥·苏亚雷斯任主席。这个委员会正在与各国政府、区域组织合作,在全球范围举行海洋方面的听证会,内容涉及法律、经济、体制、科学、环境等,1998 年形成报告,可能要提交联合国海洋大会。

世界海洋委员会如何发展还不清楚,但是,民间的、政府间的国际海洋组织肯定会加强,联合国内的海洋机构会强化、机构间的联系也会加强。

(四)海洋国际事务对沿海国家的新挑战

依据共同继承财产、公平分享海洋恩惠、和平利用海洋、合作开发和保护海洋的原则,调整国家的海洋政策,建立海洋综合管理制度,参与开发与保护海洋的区域性、全球性合作。

1.确立新的处理海洋国际事务的政策原则。中国愿意在《联合国海洋法公约》及其他国际法原则的基础上,积极参与海洋事务的国际合作,为开发利用和保护人类共有的海洋做出贡献:

（1）尊重人类共同继承财产的原则,参与国际海底区域资源勘探开发,参与国际海底管理局的工作。

（2）尊重和平利用海洋的原则,维护本国管辖海域的和平,和平利用公海和国际海底区域,为和平的目的开展海洋科学研究等。

（3）尊重各国海洋权的原则,其中包括尊重一切沿海国家有建立领海、大陆架和专属经济区制度的权利,尊重包括内陆国在内的世界各国有利用公海、参加国际海底勘探开发,以及其他合法利用海洋的权利。

（4）坚持公平分担保护海洋的责任和义务的原则,其中包括"共同的但有区别的责任"的原则。发达国家在实现工业化的过程中大规模开发利用海洋,利用海洋处理废弃物,这是引起海洋环境退化的主要原因,广大发展中国家在很大程度上是受害者。因此,发达国家应该多承担责任和义务。中国也要在保护全球和区域海洋环境方面做出自己的贡献。

2. 采取积极措施建立海洋和海岸带综合管理制度,这是保证海洋可持续利用、海洋事业可持续发展的关键措施。在这方面,面临的挑战是:中国签署了联合国要求沿海国家建立海洋综合管理制度的各种公约和文件,应当履行国际义务,世界银行、亚洲开发银行及有关国际组织,正在积极推动中国沿海地区建立海洋综合管理制度的试点,厦门是东亚海域综合管理试点地区之一,海南、广东、广西是亚洲开发银行等机构支持的海岸带综合管理试点区,世界银行及加拿大的有关机构,拟支持中国在渤海、福建沿海等,进行海岸带综合管理试点,国内工作比较被动。因此,建议国务院要把海岸带综合管理作为一项制度正式肯定下来,制定《海岸带综合管理条例》,同时,加强对地方海岸带管理工作的领导。

3. 依据中国海洋管理的实际需要,参照国际上推荐的几种海洋工作体制模式,适当调整海洋管理体制:

（1）国际上推荐的建立海洋委员会的模式,既是美国、荷兰等国的经验,又符合中国的情况,可以参照设计一个国务院海洋事务委员会,负责海洋管理的协调工作;

（2）中国是一个沿海大国,国务院应该有一个负责海洋工作的直属机构;

（3）加强地方政府对海洋工作的管理是世界性趋势,也符合中国的情况,因此,要适当加强地方政府的海洋机构建设,同时要划定各地区的海域管辖范围,明确中央与地方在海洋管理方面的事权划分,发挥地方管海、用海的积极性。

4. 积极参与和引导区域性海洋合作。

（1）积极参与和推动东亚海域科学研究、环境和资源保护的国际合作,包括建立东亚海洋科研中心,开展黄海大海洋生态系保护,加强东海、黄海渔业资源保护的合作,以及探索油气资源开发、建立共同管理区等。

（2）积极参加和引导南海周边国家的区域合作,目前的一些非官方区域活动集中于岛屿主权和安全方面,中国应该依据求同存异的方针积极引导这种区域活动向以下三个方向发展:合作进行海洋科学研究,包括海洋学信息交流;海洋环境保护;海洋生物资源合作开发与保护。

二、海洋权益问题

我国濒临的四个海区总面积 473 万平方千米,除渤海(7.7 万平方千米)为我国内海外,黄海、东海、南海都有与邻国划界的问题,以及油气资源和渔业资源争端,钓鱼岛和南沙群岛还有与邻国的主权争端。因此,我国在维护海洋权益方面面临十分复杂的形势,矛盾和斗争很尖锐。这是一场涉及中华民族生存和发展空间的斗争,也是周边关系中的一个热点领域。

(一)基本形势

我国管辖海域范围扩大,海域划界的潜在矛盾表面化,岛屿主权和资源争端尖锐复杂。

1. 1996 年我国宣布建立 200 海里专属经济区制度,管辖海域由约 38 万平方千米(领海和内水)扩大到近 300 万平方千米,其中渔场面积 281 万平方千米,大陆架面积约 130 万平方千米。

2. 海域划界的潜在矛盾表面化,划界谈判逐渐提到日程上来。目前一些部门采用的 300 平方千米管辖海域的数字,是根据在黄海以中间线(稍加调整)与朝、韩划界,在东海以冲绳海槽中心线与日本划界,在南海以断续线为界,台湾以东划 200 海里线而量算的。划界谈判工作已逐步展开,正在与越南谈判北部湾划界问题,韩国、日本也多次提出划界谈判问题。预计今后 10—20 年时间内,全世界 380 多处海域划界问题都将逐步提到日程上来(已解决 1/3),我国也面临这种形势,并且成为海上邻国关系中的一个突出问题。

3. 岛礁主权争端尖锐复杂,长期难以解决。越南、菲律宾、马来西亚、文莱等国分别对我南沙群岛中的全部或部分岛礁提出主权要求,其中越南占据 27 个,菲律宾占据 8 个,马来西亚占据 3 个,还有一些被这些国家树立了“主权碑”。菲律宾 1996 年还在岛上修建了飞机场,建立了灯标。日本采取各种措施侵占控制钓鱼岛。

4. 海洋资源争端主要表现在两个方面:一是油气资源争端,黄海、东海、北部湾、万安滩、礼乐滩等区域,都有这个问题。渔业资源争端最突出的区域是南沙海域、北部湾海域,东海和黄海中日、中韩之间也有渔业矛盾。

(二)各海区基本概况

黄海的主要问题是中朝、中韩专属经济区划界问题,东海的问题有钓鱼岛问题、中日大陆架划界问题,中日、中韩专属经济区划界问题,南海的问题包括岛礁主权争端和海域划界,以及历史性捕鱼权等问题。

1. 黄海:东西宽约 300 海里,平均水深 44 米,最大水深 103 米,面积 38 万多平方千米。朝鲜 1977 年宣布建立 200 海里专属经济区制度,主张以海洋半分线(或称纬度等分线)划界。

韩国主张以海域中间线划界。我国尚未正式提出划界主张,研究单位提出了以调整中间线的方法划界,我方获得 20 万~22 万平方千米海域。重叠区面积估计约 7 万平方千米。在黄海渔场作业的有中、朝、韩、日四国的渔民,相互之间均有矛盾。

2. 东海:东海东西宽约 150~420 海里,面积 77 万平方千米。西部大陆架 54 万平方千米,外缘水深 170 米;东部冲绳海槽区面积 21 万平方千米,最大水深超过 2 200 米。海域划界问题比较复杂:中国主张以大陆架自然延伸原则划分大陆架边界,冲绳海槽中心线以西均归我国。日本主张以中间线方法划界,60% 的海域要划归日本和韩国。韩国在对日本一侧主张按自然延伸原则划界,对中国一侧主张按中间线方法划界。东海划界可能要分三个区:济州岛以南中韩划界区(北区);日韩共同开发区为中区,中日韩三方有重叠;日韩共同共开发区以南为中日划界区(南区)。重叠区域近 30 万平方千米。

在东海渔场作业的有中国大陆和台湾、香港的渔民,日本渔民,韩国渔民,渔业矛盾也时有发生。

3. 南海:总面积 350 万平方千米,长宽均超过 400 海里,周边国家都可划 200 海里专属经济区。越南 1977 年宣布建立 200 海里专属经济区制度,1982 年发布领海基线声明时把西沙、南沙群岛作为越南领土。菲律宾 1961 年宣布美国与西班牙 1900 年、美英 1930 年的条线为界,界内水域为内水水域;1978 年宣布"卡拉延群岛"归菲所有。马来西亚 1966 年颁布大陆架法时,将南沙群岛的南安礁、曾母暗沙划为其管辖范围。南海划界也要分区解决:

(1)北部湾中越之间划界。

(2)南沙海域中、越、菲、马、文、印尼六国划界,重叠要求突出的是中越之间、中菲之间、越菲之间、菲马之间。

(3)南海东北部中菲之间划界。

(4)南海西部中越之间划界。重叠区总面积约 80 万平方千米。

南海的其他问题有:我国如何利用断续线维护权利问题,其中包括水下滩、沙的权利,历史性捕鱼权,其他资源开发权。这是古人留给我们的财富。南沙海域和北部湾海域的渔业冲突,万安滩的油气资源争端也很尖锐。

(三)对策建议

完善法律制度,制定划界方案,研究维护海洋权益的措施,加强执法护法能力建设。

1. 在专属经济区和大陆架法颁布之后,立即制定配套法规,形成法律体系。其中主要的有:海洋生物资源养护和管理法规;海洋污染管辖权法规;海洋科研管辖权法规;建造人工岛等设施管理法规;电缆管道保护法规等。

2. 研究划界方案,并经中央和国务院原则批准。

(2)分区研究我方应坚持的原则、目标和方案:北黄海(中朝)、南黄海(中韩)、东海北区(中韩)、东海中区(中日韩)、东海南区(中日)、南海东北(中菲)、北部湾(中越)、西沙群岛以西(中越)、南沙(中越菲马等)。

(2)分国研究划界谈判的部署,如中越(北部湾),中韩黄海和东海北部,中菲南海东北部,中越西沙群岛西部,最后是南沙问题。

(3)制定工作计划,以外交部为主,有关部门配合,分工协作做好准备。

3. 分区研究维护海洋权益的措施。借鉴日美等国的经验,划分几个海区,分别研究每个海区在维护海洋权益方面的主要问题、处置措施、负责单位等。如北黄海区、南黄海区、东海区、南海东部海区、南海北部海区、北部湾海区、南沙海区、西沙海区。

三、海洋经济问题

海洋是生命支持系统的重要组成部分,可持续发展的宝贵财富,实现国家政治、经济和军事战略的重要舞台。中国是世界上人口最多的沿海国家,可持续发展必然越来越多地依赖海洋。开发海洋资源,发展海洋经济,建设海洋经济强国是一项具有战略意义的历史任务。

(一)中国具有开发利用海洋的优越条件和战略性需要,应该把海洋开发作为跨世纪的国家发展战略

1. 中国具有方便地进入海洋的区位优势和优良的环境条件,应该成为亲海民族。中国大陆地处亚洲东部,濒临太平洋,毗连海域有渤海、黄海、东海和南海,大陆海岸线 18 000 多千米,可以方便地进入近海和世界各大洋。毗连中国的海域处在中低纬度地区,气候条件和海洋环境条件优越,海洋生物 20 278 种,海底含油气沉积盆地面积 60 多万平方千米,沿岸 10 平方千米以上海湾 160 多处,适合发展多种海洋经济。

2. 中国陆地人均自然资源占有量少,客观上需要把海洋作为后备资源基地。中国海域资源丰富,是食品、能源、水资源、原材料和生产、生活空间的战略性开发基地。中国海域渔场面积 281 万平方千米,20 米水深以内浅海面积 15.37 万平方千米,适合于发展海洋捕捞业,海洋农牧化,提供 60% 左右的水产食品;中国大陆架海区石油资源量 150 亿~200 亿吨,天然气资源量 14 万亿立方米,分别占全国石油天然气资源总量的 20% 和 30%;中国沿海地区有宜盐滩涂 0.84 万平方千米,70% 的原盐来自海

盐;中国沿海年吞吐量 1 万吨以上的港口 218 个,对外开放港口日益增多,外贸运输70% 依赖海洋;中国沿海有 1 500 多处旅游景点,海洋旅游娱乐业有十分广阔的前景;中国在太平洋获得了 15 万平方千米的多金属结核资源矿区,可以发展深海采矿业。海水利用、海洋化学元素提取、海洋能利用有巨大的潜力。

3. 中国已经具备了大规模开发海洋、建设海洋经济强国的经济技术能力。中国的涉海部门约 20 个,主要海洋产业有海洋渔业、盐业、油气工业、运输业、旅游业等,在国民经济分类中海洋产业分布在 33 个中类、45 个小类中,已经成为国民经济的重要组成部分;海洋开发从业人数 400 多万人,海上船舶 26 万多艘,形成了强大的海洋开发队伍;海洋科研单位一百余个,海洋科技人员 13 000 多人,每年可以完成几百项科技成果,推动海洋产业的科技进步和开发保护工作。全国整体经济技术能力不断提高,有能力为建设海洋经济强国在资金、技术、市场等方面,提供强有力的支持。

4. 世界历史经验证明,疏远海洋的民族必定落后。在当代世界上,只有大陆观念而没有海洋意识的国家也不可能成为强国。中国已经进入建设现代化强国的起飞阶段,应该把海洋开发列入国家发展战略,建设海洋经济强国。首先,积极发展海洋产业,使海洋经济产值达到国内生产总值的 5% ~ 10% 左右;其次,使海洋经济总量进入世界前列,并使海洋渔业、盐业保持世界领先的地位,海洋旅游业、运输业、油气资源开发等进入世界前列;第三,建设良性循环的海洋生态系统,保证海洋经济可持续发展;第四,有能力参加国际海洋事务,包括国际海洋科学研究、海洋资源开发和保护、全球和区域性海洋管理,为国际海洋事业的发展做出应有的贡献。

(二)建设海洋经济带,发展海洋产业群,不断增强海洋经济实力,建成海洋经济强国

1. 我国的经济发展存在很大区域差异,客观上形成了西部、中部和东部经济带。过去,海洋开发包括在东部经济带之中。今后有必要把海洋作为一个特殊的经济带,制定专项规划和政策,并且把开发建设海洋经济带作为跨世纪的蓝色工程。因为自1996 年 5 月我国批准《联合国海洋法公约》,并宣布建立专属经济区制度之后,管辖海域近 300 万平方千米,相当于陆地三大经济带平均的面积,又有丰富的资源,完全可以成为一个特殊的经济带。这个经济带以海洋为地域空间,以海洋资源为开发对象,以海洋产业为经济主体,形成几类海洋经济区(带):海岸带海洋经济区,大陆架和200 海里管辖海域海洋经济区,国际海底采矿区,公海渔业区。

2. 实行中心地带带动战略,建设一批优势型和综合型海洋经济基地。首先,在资源、区位、产业基础好的地区,有步骤地建设海水增养殖(农牧化)基地、盐化工基地、石油化工基地、海洋医药基地。其次,在多种资源并存的地区,建设综合性海洋经济基地,例如青岛海洋产业城、天津海洋高新技术开发区,以及环渤海区、长江口－杭州

湾区、闽东南沿海区、珠江口区、北部湾区等综合性海洋经济区。第三,建设现代化的海洋产业集团,包括以食品为中心的海洋生物资源产业集团,以油气为中心的石油化工产业集团,以化工原料为中心的海水化学元素开发产业集团等。

3. 经过长期发展,使海洋经济实力不断增强,海洋经济成为国民经济发展的积极推动力量,特别是要成为沿海地区经济发展的新增长点。

（1）本世纪内海洋经济保持13%左右的增长速度,2000年海洋产业的总产值达到5 000亿元,海洋产业产值在国内生产总值中的比重达到3%左右。2020年,海洋产业增长率保持在6%~8%,总产值达到14 000亿元。

（2）海洋产业的实物产量不断增多,海洋长期提供60%左右的水产品,10%左右的石油和天然气,70%左右的原盐,70%左右的外贸货运量,以及不断增多的海洋药物、海洋化工产品、海洋矿物产品、生产和生活用水、海洋电力能源等。

（3）海洋在东部沿海地区发展中的贡献日益增大,逐步建成"海上辽宁"、"海上山东"、"海上秦唐沧(河北)"、"海上苏东(江苏)"等,海洋产业的新增产值达到沿海地区国内生产总值10%以上,成为新的经济增长点。

4. 建设海洋经济强国的主要任务是发展海洋产业,形成不断扩大的海洋产业群。①大力发展海洋水产业和海水农业,包括海藻种植业、海洋动物采捕业和养殖业,以及利用海水灌溉耐盐陆生植物形成的种植业,使其成为21世纪国家的基础产业之一。②海洋交通运输业:形成大中小配套的海港体系,2000年中级以上生产泊位达到1 600个,货物吞吐量达到11.8亿吨;2020年中级以上生产泊位达到2 500个,货物吞吐量达到19.5亿吨;海上货运量有较大幅度增加,2000年达到5.5亿吨,2020年达到10亿吨;海洋运输船队不断发展壮大,2000年海洋石油产量1 500万吨左右,天然气60亿~80亿立方米;2020年海洋石油天然气产量有较大增加;滨海砂矿年产量达到150万吨,2020年有较大幅度增加;2020年开始建立深海采矿业,形成年产干结核300万吨的能力。④海水资源开发:盐田面积不断扩大,2000年达到0.48万平方千米,原盐产量2 300万吨;2020年盐田面积达到0.57万平方千米,原盐产量达到3 000万吨;2000年沿海地区直接利用海水460亿立方米,2020年1 000亿立方米。⑤海洋装备制造业面向国内外两个市场,与其他产业对装备的需求同步发展。同时,海洋能发电、海洋服务、海洋医药、海洋空间利用等,也有较大的发展,不断形成规模产业。

（三）加强海洋意识教育,实施科教兴海战略,制定蓝色工程计划,推动海洋经济发展

1. 提高国民的现代海洋意识,增强海洋国土观念,海洋是资源宝库、世界通道、人类新的生存和发展空间的观念,海洋健康观念,在当今国际海洋法律制度发生重大变

化,海洋权益斗争日益激烈的情况下尤为重要,也是建设海洋经济强国的思想基础。①进行全方位的社会宣传。要利用各种渠道、媒体、机构和方式,进行经常性宣传。电视、报纸设专门板块;设立"中国海洋日",配合1998年"国际海洋年",组织大规模的、生动有效的海洋观宣传;加强海洋读物的编撰和出版工作,编写系列丛书;要从儿童教育抓起,在中小学教材中增设海洋课程。②各级领导干部率先树立海洋观念。各级领导、尤其是中央和沿海省市的主要领导要重视海洋、懂海洋,有强烈的建设海洋经济强国和强省的意识;将"蓝色国土"的建设列入各级党委的议事日程,把海洋经济发展规划纳入各级政府经济和社会发展总体规划;国务院和沿海市地以上政府都要有分管海洋的行政首长。

2. 实施科教兴海,促进海洋开发由粗放型向集约型转变。海洋开发对科学技术的依赖性大,建设海洋经济强国的过程,也就是"科教兴海"的过程。①健全海洋教育培训体系。海洋教育要改革、配套。除青岛海洋大学外,沿海大省也可以酌情改建或新建海洋高校,重点发展海洋专业高校和中等学校。②大力进行海洋技术开发,实现高新技术产业化。坚持"稳住一头,放开一片"的方针,推动科技工作面向海洋经济建设主战场。要优化科技资源配置,把海洋各学科、自然科学和社会科学、基础研究和应用研究、技术开发与中试推广结合起来。重点开发海洋测绘和综合调查技术,包括高精度导航定位、水下数据传输、遥感遥控、信息处理等技术;海洋工程技术,包括船舶和平台制造、人工岛建筑、深潜、防腐、海岸防护等技术;海洋生物、化学、矿产等资源开发利用技术。建设工程技术中心、示范基地,增强潜在生产力孵化的能力;健全科技推广体系,加强科技向海洋产业的渗透。

3. 制定"蓝色工程计划",协调海洋开发和保护工作。开发和保护海洋引起了国务院约20个部门和沿海各级政府的重视,开成了各种规划和计划,"九五"期间还确定了一批开发建设项目,研究、开发、利用和保护海洋出现了前所未有的好形势。例如:由国家计委牵头经国务院批准的《全国海洋开发规划》,交通、水产、盐业、石油等开发规划,沿海地区制定的建设"海上辽宁"、"海上山东"等地区海洋开发规划,200海里专属经济区和大陆架勘测专项计划和海洋科技计划,维护海洋权益、保护海洋环境、防止海洋灾害计划等。这些规划都是为开发和保护海洋而制定的,投资数量很大,动员的人力物力很多,汇合起来形成了开发和保护海洋的跨世纪伟大工程——中国的蓝色工程。蓝色工程计划可以分阶段制定和实施。

"九五"期间,由国务院批准,国家计委、国家科委和国家海洋局,把已经确定和正在实施的海洋科技项目、海洋开发项目、海洋基础设施建设项目、海洋环境保护和服务领域的项目,以及各地区的涉海开发建设项目,汇总起来,提出一些共同的战略目标和政策,制定一些协调管理措施,作为中国的第一个蓝色工程计划。"九五"末期,组织各部门和沿海地区合作制定2001~2005年的蓝色工程计划。

四、海洋生态环境保护问题

世界上公认的十大环境问题有三个涉及海洋:海洋污染、渔业资源衰竭和物种灭绝、海平面上升。这些问题在中国都是很严重的。

(一)我国建立了保护海洋环境的机构和队伍,制定了法律和法规,海洋环境保护工作取得了很大成绩

1.20世纪70年代初开始抓海洋环境保护工作,国家海洋局、国家环保局、交通部、农业部、海军分别建立了管理机构和队伍,分工负责陆源污染、海上倾废、海洋石油勘探开发、海上船舶、港区和渔业水域、军港和军用船舶环境保护工作,各部门都做了大量工作。

2.1982年颁布了《中华人民共和国海洋环境保护法》,之后,相断颁布了《防止船舶污染海域管理条例》等十几项条例和具体规章,初步形成了保护海洋环境的法规体系,执法工作逐步加强,以法治海取得了许多经验和成绩。

3.我国海洋环境的质量状况是:外海环境尚处于良好状态,但是,沿岸区环境质量逐年退化,近海污染范围不断扩大;重金属污染得到控制,石油污染由北部海区向南部转移,营养盐和有机污染呈上升趋势;突发性污染事件增多,慢性危害日益暴露,生态破坏仍在加剧。

(二)当前海洋环境质量退化的主要问题是污染趋势日渐严重,生态破坏控制不住,生物资源衰退趋势加重

1.河口、海湾和近岸海域污染严重,环境质量逐年退化。例如:大连湾沿岸有70多处排污口,每年排放污水3亿多吨,污染物质10万多吨,海水含油量超过规定标准25倍,其他污染超标7～76倍,海珍品濒于绝迹。上海每年约有20亿吨污水排入杭州湾、长江口,其中西区市政综合排污口附近形成宽300～500米、长7千米的黑水带,渔场已彻底破坏,南区海水中的大肠杆菌超过国家标准1万倍。80年代我国近海石油污染超标率在10%左右,1993年达到37%,舟山渔场等许多优良渔场油类净含率达100%。氮、磷等营养盐对近海的污染逐年加重,1990年南海近海超标,目前渤海、黄海、东海、南海无机氮超标率达到70%,大面积海域遭到污染。

2.污染事件逐年增多,已经形成环境灾难。据不完全统计,1980—1992年共发生赤潮300起,对海洋生物资源和渔业生产造成严重损害。1989年渤海发生大面积赤潮,持续72天,经济损失近4亿元。1996年福建东山岛发生赤潮,居民食用赤潮毒素污染的生物,136人中毒。1980至1995年发生溢油事件115起,造成许多海域污染。1988年上海、江苏因食用被甲肝病毒的毛蚶,41万人患病。1995年,仅因污染造成的渔业经济损失达3.2亿元。

3. 海洋生态环境破坏十分严重。由于滥采砂石、盲目筑坝、乱挖珊瑚礁等,使许多地区的生态系统受到破坏。长江口、黄海口、珠江口、海河口、辽河口、闽江口、钱塘江口都存在不同程度的淤积现象,直接威胁港口建设和使用。江苏、河北、山东等沿海,海岸侵蚀严重,例如江苏双洋港一带海岸每年后退 20 米,已丧失 1 430 平方千米土地。河北、辽宁、山东、天津等地,海水倒灌面积 800 平方千米。我国原有 50 多万亩红树林,目前仅存 33 万亩。沿海湿地破坏也很严重。

4. 造成海洋污染和生态破坏的原因是多方面的,不合理开发利用和管理工作跟不上是主要原因:(1)经济发展使入海污染物大量增加,目前入海污水约 90 亿吨/年,预计 2000 年可能达到 110 亿吨以上;1990 年入海石油约 12.5 万吨,有机物(COD)748.2 万吨,营养盐类 11.5 万吨,重金属 4.2 万吨。(2)海洋环境保护机构和执法队伍缺乏有效协调机制,管理效率低,"五龙闹海,群龙无首",管理秩序不好。(3)缺乏重大污染事故的应急处理措施。(4)沿海民众保护海洋的意识不强,参与不够,只顾眼前利益,重开发利用而不重视保护。

(三)制定河口海岸保护计划,建立污染物总量控制和浓度控制相结合的双轨制,适当增加海洋环保资金,加强海洋环境保护工作

1. 制定国家河口海岸保护计划,加强沿岸生态环境保护,其中包括:重点河口保护计划,沿海湿地保护计划,防止海岸侵蚀计划,红树林、珊瑚礁、海草床等特殊生态保护计划,以及防止海平面上升的对策方案。

2. 建立污染物总量控制和浓度控制相结合的制度,加强重点海域的保护和管理:(1)借鉴地中海的经验,建立渤海开发保护委员会(或渤海可持续发展委员会),并制定渤海开发保护行动计划,防止渤海变成濑户内海性的死海。(2)在胶州湾、锦州湾等污染物入海量大的海湾实行总量控制制度,防止海洋环境质量进一步下降。(3)尽快建立以中国海监、中国港监、中国渔政为骨干的海洋污染监控和信息传递网络,加强协作执法和重大污染事故的调查处理。

3. 防止海洋污染和生态环境破坏是国家公益事业,必须有一定的国家投入,同时要开辟其他资金渠道。(1)从国家征收的陆源污染物排海的费用中划出一部分,专门用于海洋环境保护工作。(2)改变海洋事业费中没有海洋环保资金的状况,每年由中央财政和沿海地方财政中拿出一部分资金,专门用于海洋环境保护。(3)积极争取一些国际援助,包括全球环境积金、海洋油污染防备基金等,以及世界银行、亚洲开发银行的援助,国内有关部门在上述领域立项时适当考虑海洋问题。

五、海洋管理体制问题

调整海洋管理体制,加强海洋管理能力建设,形成一个包括非常设海洋事务协调

委员会、直属的海洋管理部门、多职能的海上执法队伍在内的体制,是海洋工作形势发展的需要,是一项十分紧迫的任务。

（一）海洋管理任务大量增加

管辖海域范围扩大,维护海洋权益任务增多,保护海洋资源和环境任务加重。

1.1996 年我国批准《联合国海洋法公约》并宣布建立专属经济区制度之后,享有管辖权的海域面积扩大到近 300 万平方千米（以前只有领海和内水,面积约 37 万平方千米）。过去海上管理的范围相当于 1 个中等省份,现在相当于 10 个以上中等省份,陆地国土面积的 1/3,现有的管理机构和海上巡航监视能力难于进行有效管理。

2.维护海洋权益的任务十分繁重,其中包括:生物资源、矿产资源、海水和海流等勘探开发的主权权利,以及各种管辖权（人工岛屿、设施和结构的建造和使用,海洋科学研究,海洋环境的保护和保全）。为了维护这些海洋权益,沿海国家要有专门机构进行管理,要有一支海上行政执法队伍,象军事设防一样,分海区布署力量,对外国船舶进入专属经济区和大陆架进行科研调查、捕鱼、船舶污染物排放,建造人工构造物等进行巡航监视。目前,我国因执法队伍分散和力量薄弱,尚未对近 300 万平方千米广阔海域分区设防,没有进行常规的巡航监视,象 1984 年国务院和中央军委 134 号文所说的处于"都管都不管"状态,中国港监基本上在港口活动,中国渔政只处理渔业问题,中国海监只进行不定期巡航,或遇到事件"反应式"的调查。

3.海洋环境和资源保护任务加重。（1）海洋环境退化问题日趋严重,在一些海湾已经出现"死海",赤潮和重大污染事件逐年递增,海洋的可持续利用正在受到严重威胁。（2）海岸侵蚀、重要生态系统破坏、海洋灾害问题也有加重的趋势。（3）过度开发利用,不同用海行业间的矛盾也很突出。

（二）海洋管理体制不适应

涉海部门间缺乏协调机制,海洋管理部门层次低,海上执法队伍分散薄弱。

1.海洋管理需要综合协调机制,因为"海洋管理与土地管理不同,海洋管理是复杂的,这是因为海洋本身的流动性、三维特性、自然环境与行政边界缺乏有机联系等多方面的原因造成的。"（引自鲍基斯《海洋管理与联合国》）目前,中国和其他大国涉海部门在 15～25 个,决策程序分散,机构间重复努力和竞争问题很突出。因此,《21世纪议程》要求:"各沿海国家应建立和加强协调机制和高级别规划管理机构,对其沿海和邻近区域的资源进行综合管理"。这是符合中国的情况的。

2.海洋部门层次低,能力弱,海洋工作只能在较低层次安排,海洋部门无力协调其他部门管海用海的矛盾,地方海洋工作机构刚刚建立,事权划分问题未完全解决。

3.执法队伍分散薄弱。目前是"五龙闹海",海监、港监、渔政、公安、缉私等海上行政执法队伍分散于不同的行政部门,力量都很弱,技术装备落后,相互之间又缺乏执法协助制度。军事部门力量较强,但是,在海上(特别是在领海之外)执行海洋科研、海洋环保、海上设施建设管辖权,以及捕鱼、矿产资源开发等项管理工作,既有国际法障碍,又有国内法障碍。国外的普遍经验是建立一支海上行政执法队伍,平时担任执法护法任务,战时作为武装力量的一个部分,如海岸警备队,海上保安厅,海上边防军等。

(三)体制调整思路

建立协调机构,强化海洋管理部门,加强海上执法能力建设。

1. 国务院设立非常设的海洋事务协调委员会。

2. 国务院设立直属的海洋工作部门,并明确其负责管辖海域海洋权益、海洋生态环境保护工作等方面的职责,真正成为负责海洋综合管理的职能部门。

3. 建立准军事化的多职能的海上执法队伍,可以分两步走:近期内建立执法协助制度,"海上一把抓,回来再分家;适当时机合并海上执法队伍,组建统一的中国海洋监察队伍。

(《动态》1997 年第 1 期)

完善地方海洋管理体制的思路

杨金森

一、多种模式的普遍性

海洋综合管理是 20 世纪 70 年代以后在世界各国陆续开展起来的,这个时期各国其他领域的行政管理体制已经成熟和定型,海洋工作机构只能在调整已有体制的基础上形成,不能按照理想的模式去设计。海洋管理工作的任务也没有统一的模式。因此,不同的国家,一个国家的不同地区,海洋管理体制不尽相同,形成了多种模式。我们不能抽象地评论哪一种模式好,哪一种模式不好;应该用实际的行政管理效能作为客观标准来评价。凡是本国、本地区的行政机制能够容纳,能够把海洋管理工作管起来的,都是好的。

国外的多种体制:(1)海洋部式,韩国是典型,韩国的海洋部包括水产、运输、海洋管理三大类任务,统一了韩国的主要海洋工作;(2)部门间委员会式,巴西为了进行海洋管理,建立了一个部门间委员会,吸收 11 个沿海州参加,由海军部长领导,负责制定国家海岸带管理规划;荷兰也是委员会模式,涉海部门的部长参加,总理任主席,委员会负责指定海洋政策和协调部门间的海洋工作;(3)美国的夏威夷州负责海洋管理工作的机构是一个内阁级委员会,为州长和立法机构负责,主要任务是制定海洋管理规划;(4)海洋水产结合式,加拿大是典型代表,加拿大的海洋水产部是一个政府的职能部门,负责海洋、水产行政管理工作。这些模式适合其国家和地区的实际,都是合理的。

我国省级海洋管理体制的四种模式:(1)海洋厅式——海南省、大连市;(2)领导小组或部门间海洋委员会式,在委员会下设办事机构和职能部门——广西壮族自治区;(3)综合部门代管式——浙江、福建、河北、江苏;(4)海洋与水产式——辽宁、山东、广东。这四种模式不是国家统一设计的,但是已经成为客观存在。哲学家黑格尔有一句名言:存在的就是合理的。这四种模式都将存在一个比较长的时间,我们应该承认这种存在并发挥他们的作用。

二、发挥各自优势

1. 海洋厅式：机构层次高，独立性强，不存在政企不分的问题（以及与行业的业务管理关系过于密切的问题），便于进行综合管理，包括进行海域使用管理、生态环境保护等）。

2. 海洋与水产结合式：主要优势是机构比较健全、管理队伍比较强，消除了海洋与水产两个部门难于协调的矛盾，经过适当调整，包括调整工作思路，调整机构内部结构，可以进行海岸带和海洋综合管理，特别是有利于抓海域使用管理、生态环境保护、海上执法工作。

3. 领导小组或部门间委员会式：主要优势是部门间联系机制和协调机制好，从理论上说进行海洋综合管理不存在体制上的制约，特别是有利于编制地区海洋开发保护规划、制定海洋经济发展战略、进行海洋综合管理。

4. 综合部门代管式：这种体制不存在与行业管理关系过密的问题，比较超脱，协调工作容易做，有利于编制综合开发规划，加强海洋开发保护的宏观管理。

三、分类调整完善

1. 海洋厅式的机构目前还看不出体制上的问题，今后的主要任务是加强能力建设：培养更多的综合管理人才，培训沿海地区的民众，完善管理法规，建立和加强执法检查队伍。如果再建立一个部门间协调委员会或许更有利于开展协调工作。

2. 海洋与水产结合式的机构主要存在两个问题：一是与水产系统的业务工作关系过于密切，超脱性差，承担综合管理任务不易于被其他涉海部门接受，协调工作困难；二是工作转轨难度比较大，原来从事水产行政管理的同志不了解海洋综合管理的特点，缺乏海洋综合管理需要的海洋地质、化学、物理、交通、环保等方面的知识和人才，组织编制海洋功能区划、海洋开发与保护规划，以及实际管理工作都有困难。完善这种管理体制有以下办法：

（1）建立一个海洋开发保护委员会，非常设机构，政府主要领导牵头，协助海洋与水产部门作协调工作，包括组织编制海洋开发保护规划，制定海洋产业政策，统计分析海洋经济发展形势。海洋与水产部门既作为委员会的办事机构，又做为政府的职能部门。湛江市、青岛市在这方面提供了经验，有推广价值。

（2）海洋与水产部门调整工作思路，形成海洋综合管理与水产行政管理双轨制，包括形成名符其实的海洋综合管理系统，培养一批懂得海洋综合管理的干部队伍，完善海洋综合管理法规。海洋与水产部门自己调整好思路和体制，做好工作，可以逐步被其他涉海部门所接受，逐步把综合管理工作开展起来。烟台市海洋与水产局成功地进行海域使用管理就是一个证明。

3.领导小组或部门间委员会式:从国外的经验来看,这种体制是比较理想的;国内实行这种体制的地区,目前也看不出体制上的大问题。这种体制今后的主要任务是加强能力建设,包括管理队伍的培养建设,管理法规的进一步完善,以及执法队伍建设。

4.综合部门代管式:目前实行这种体制的地区,代管的综合部门不同,被代管的海洋部门管理体系建设情况也不同,存在的问题也不一样。有的地区没有市、县海洋管理机构,管理体系不健全;有的地区海洋部门处在科技部门之下的地方,协调开发和经济问题存在体制障碍;海洋部门处在计划部门之下的地方协调海洋科技工作也存在体制上的限制。完善这种体制也有两个方向:

(1)建立海洋开发和保护委员会(或领导小组),提高协调层次。

(2)完善自身的行政体系,包括建立市、县级海洋机构,建立执法队伍,以及加强自身其他方面的能力建设。

(《动态》1997 年第 8 期)

第三篇
海洋法律与权益

2005 年我国周边海上形势综述

贾 宇 吴继陆 焦永科

2005 年我国周边海上形势出现"南北缓和,东部紧张"的局面,但总体形势要好于往年。南海地区出现多年来少有的较为平静的局面,我国过去二三十年来一直倡导的共同开发首先在本地区取得历史性的突破。日本在东海岛屿和油气资源问题上继续保持强硬态度,与整体趋缓的海上形势形成极大反差。国际海洋事务平稳发展,外大陆架划界成为新的热点。海上安全,尤其是非传统安全问题继续引起各国关注,马六甲海峡地区尤为瞩目。

一、《联合国海洋法公约》执行情况和海洋法的发展

2005 年,国际海洋事务和海洋法仍在稳步发展。《联合国海洋法公约》(以下简称《公约》)的缔约国已增至 148 个,包括 153 个沿海国中的 129 个、42 个内陆国中的 18 个以及欧洲共同体。博茨瓦纳于 2005 年 1 月 31 日加入了《关于执行 <公约> 第十一部分的协定》,使该《协定》缔约国数目达到 121 个。阿尔及利亚、丹麦、利比亚和突尼斯制定并颁布了新的海洋法律。

6 月 16 ~ 24 日《公约》缔约国第十五次会议在纽约举行,会议审议了国际海洋法法庭的财务和行政问题,选举了 7 名法官。

8 月 15 ~ 26 日,国际海底管理局在金斯敦举行第十一届会议,对《"区域"内多金属硫化物和富钴结壳探矿和勘探规章》草案进行了一读,核准了德国的多金属结核矿区勘探工作计划。

11 月 29 日,联合国大会第 60 届会议以未经表决的方式,审议通过了《关于通过 1995 年 <渔业协定> 和相关文书等途径实现可持续渔业》的决议草案。[①]

---

① 全称为"关于通过 1995 年《执行 1982 年 12 月 10 日〈联合国海洋法公约〉有关养护和管理跨界鱼类种群和高度洄游鱼类种群的规定的协定》和相关文书等途径实现可持续渔业。"

二、外大陆架划界成为热点

200 海里外大陆架的申请成为国际海洋法实践的一个热点。目前已有俄罗斯、巴西、澳大利亚和爱尔兰等国家向大陆架界限委员会提出了申请。

俄罗斯、巴西和澳大利亚的划界案均覆盖其主张的所有外大陆架。澳大利亚的申请涉及到南极领土问题,但请求委员会暂不对该部分采取行动;爱尔兰对其"不涉及任何争端"的部分外大陆架提出申请。

随着申请国家的增多,将会出现同时审议两个或多个申请案的情况。目前最少还有 10 多个沿海国正式表示将于 2009 年外大陆架申请的最后期限前提出划界案,其中包括汤加、新西兰、挪威、英国、纳米比亚、斯里兰卡、乌拉圭、巴基斯坦、日本、缅甸和圭亚那等等。

国际上关于外大陆架划界的相关业务培训工作业已展开。国际社会自 2000 年起即成立了一些信托基金,以支持外大陆架划界的相关活动。为帮助沿海国,尤其是发展中国家做好外大陆架划界案的编制和申请工作,海洋事务和海洋法司编制了培训材料,并举办了培训班。目前已在斐济苏瓦和斯里兰卡举开展了培训项目。在非洲、拉丁美洲和加勒比区域的训练课程也将陆续进行。

三、海上安全得到持续关注

近年来,非传统安全的威胁呈上升趋势。随着我国海上贸易的不断扩展,海上通道安全日显重要,海盗和恐怖主义活动和敌对军事行动已构成对我海上运输安全的重要威胁,其范围包括了中国南海、马六甲海峡、印度洋、阿拉伯海和非洲沿岸海域。印度洋海啸等自然灾害也已对人类构成重大威胁。日本大大增强了海空军作战和导弹防御能力;印度加紧打造一支能称雄印度洋、觊觎太平洋的强大海上力量;澳大利亚拟花巨资购买先进战机,提高战略投送能力。亚太地区海上力量对比此消彼长。

由于没有采取统一协调的国际行动来解决这一问题,传统的"海盗"、武装劫匪和恐怖分子越来越多地将商船作为攻击对象。依照国际海运局最近的统计,过去 10 年,全球范围内的海盗劫船事件以 3 倍速度增长。国际海事组织的统计显示,南海地区以及马六甲海峡是受海盗及持械抢劫船舶影响最大的地区。世界各地的既遂或未遂袭击行为大多数发生在船舶下锚或停泊的领海内。

为应对海上安全问题,澳大利亚宣告在离岸 1 000 海里的海域实施海事识别制度,要求打算停靠其港口的船舶在进入距离其海岸 1 000 海里的范围后提供到达信息。有意进入离岸 200 海里以内范围的船舶应在进入距离海岸 500 海里的范围后自愿提供信息。澳大利亚的做法被一些国家视为设立了一个新的海洋区域,有关国家对此表示关切。

四、马六甲海峡安全成为关注焦点

马六甲海峡已成为全球海上安全的焦点。因其重要的战略地位,除马、新、印尼三个海峡沿岸国外,海峡使用国和其他有关国家,也对马六甲海峡及其周边海域给予特别关注,并采取了一系列行动。2005 年 5 月 31 日,新加坡海军与美国海军在新加坡举行了代号为"卡拉特 2005"的联合军事演习。日本和印度也通过不同途径,介入和影响马六甲海峡的管理事务。日本正在力图通过资金和技术的援助扩大其在马六甲海峡事务上的发言权。

美国等国家的相关活动引起海峡沿岸国,尤其是马、印尼的强烈不安和忧虑。海峡沿岸国希望使用国,特别是中、日、美以适当方式承担维护海峡安全的责任。9 月 7 ~ 8 日举行的"马六甲海峡和新加坡海峡安全会议——加强安全、保安和环保"会议,通过了《关于增强马六甲海峡和新加坡海峡的安全、安保和环境保护的雅加达宣言》。会上,中国代表呼吁国际社会共同努力维护马六甲海峡的航行安全,并首次公开表示,在沿岸国家的要求下,中国考虑帮助海峡沿岸国进行能力建设、加强技术业务交流和人员培训。

五、海洋油气资源共同开发取得重大进展

2005 年,中国倡导已久的海上争议区油气资源共同开发取得重大进展。年初,中国、菲律宾和越南的 3 家国家石油公司签署了《在南中国海协议区三方联合海洋地震工作协议》(以下简称《协议》)。根据协议,3 家石油公司将联合在 3 年协议期内,收集南海协议区内定量二维和三维地震数据,并对区内现有的二维地震测线进行处理。协议合作区总面积超过 14 万平方千米。该《协议》是南中国海沿岸的三个主要邻邦经过平等友好协商取得的一个新突破,是"搁置争议、共同开发"主张的初次实践。这项《协议》的签署对维护南海地区的和平、稳定和发展具有积极的意义。

此外,中越两国油气公司又签署了北部湾油气合作框架协议,中国海洋石油总公司和越南石油总公司将携手在北部湾进行油气资源考察。年末,中朝两国在北京签署了《中朝政府间关于海上共同开发石油的协定》,使黄海的共同开发也迈出了历史性的一步。

值得一提的是,在中日第三轮东海问题磋商中,日方接受了中方多年倡导的共同开发主张。

六、日本在海上四面出击

2005 年,日本在海上四面出击,频频与邻国交恶。在东海油气问题上频挑事端,向中国发难,还在钓鱼岛、独岛和北方四岛问题上均采取强硬态度,并进一步主张对"冲之

鸟"的权利。

继续挑动东海问题升级。日本继续依据单方面宣布的所谓"中间线",声称中国侵犯其海洋权益。日方采用了多种手段频频向我施加压力,自民党成立了新的决策机构"海洋权益特别委员会",抛出无理的"共同开发"方案、向帝国石油公司颁发了在东海的钻探权、自民党对外公开由其自行制订的《海洋建筑物安全水域法》草案等,使东海局势日趋紧张。

强化对钓鱼岛问题的实际控制,政治和外交争议有向军事领域蔓延的危险。2005 年年初,日本防卫厅首次曝光的防卫计划显示,日本已对包括我钓鱼岛在内的冲绳本岛以西的其他岛屿制定了一套"西南岛屿有事"对策方针,当西南诸岛"有事"时,日本防卫厅将派遣战斗机、驱逐舰和陆上自卫队及特种部队前往防守。日本政府宣布"接管"右翼团体在钓鱼岛兴建的灯塔作为"国家财产"后,强行驱赶在中国渔民传统渔场作业的我台湾渔民,还拟建造一艘能够进行三维海床地震测绘的船只,对钓鱼岛海域进行勘测。

韩日独岛之争再次升级。3 月 16 日,日本岛根县议会通过了《"竹岛日"条例案》,韩国上下立即做出强烈反应。韩国总统的《告国民书》认为岛根县通过独岛日条例等问题,已不是单纯的一个地方政府或部分无知国粹主义者的行为,而是在日本掌权势力和中央政府的怂恿下进行的。韩国媒体一致认为,日本岛根县的行为等于对韩国进行公开的宣战。

北方四岛成俄日和平条约障碍。俄方曾表示愿作最大让步,将齿舞、色丹两岛交还日本,但日方要求俄应全部归还北方四岛,否则就不会与俄签订和平条约。由于俄日之间在北方四岛等领土问题上龃龉不断,俄罗斯已经将日本从其亚洲外交重点国家的名单上划去。

继续主张"冲之鸟"的所谓专属经济区,侵犯国际社会的共同利益。日本政府和极右势力全然不顾"冲之鸟"只是一块礁石的事实,通过设置灯塔、建造海水温差发电设施、设立住址牌等方式,强化其专属经济区的主张,把属于公海和国际海底区域的海域划为日本的管辖海域,侵犯了国际社会的共同利益。

七、海洋灾害重创南亚和东南亚沿海地区

2004 年岁末发生的印度洋海啸给有关国家带来灾难性打击。2005 年又有飓风"卡特里娜"袭击新奥尔良,台风"达维"登陆越南,造成重大的人员伤亡和经济损失。我国东南沿海也多次遭受台风袭击。

频繁发生的海洋自然灾害需要国际社会共同面对。在印度洋海啸之后,国际社会做出了巨大努力,协助受灾国进行重建和恢复活动,并为印度洋初步建立了海上预警系统。联合国环境规划署在一份报告中指出,在珊瑚礁、红树林和自然植被被清除的沿海区,海

啸造成的破坏最大。我国应不断提高对海洋自然灾害的预报和救援能力,同时加强对海洋生态环境的保护。

八、东海维权取得阶段性成果

2005 年,在东海地区,中日油气资源之争愈演愈烈,我国的海洋权益面临着很大的威胁。以中国海监为主的海上执法队伍一如既往,加强海上执法力度,有力地维护了我国海洋权益。中国海监自 2004 年 7 月 7 日至 2005 年底,派出中国海监飞机 146 架次、海监船舶 18 艘次,对东海我国管辖海域实施了历时一年多的跟踪监视和监督管理,共拍摄录像 807 分钟、照片 7232 张,对日作业船队喊话 500 余分钟。在国家有关部门的支持下,我海监队伍出色地完成了维权任务,保证了相关油气田的顺利建设。

目前,东海形势尚未得到根本缓解,我国存在巡航执法能力不足的问题。我们亟需完善的维权法律法规体系,强化常规权益巡航,加大经费保障,切实提高海上维权力度。

九、结语

近年来,我国推行"睦邻、安邻、富邻"的周边政策,积极推进与周边沿海国家之间多种方式的合作,包括联合执法与反跨国犯罪、海上航行安全与搜救、海上联合军事演习、海上军事安全磋商等,周边海上形势总体向好的方向发展。

在今后相当长的时期内,影响国家安全的不稳定因素仍会集中在海上。在黄海、东海、南海三个海区中,黄海形势相对平稳,中朝共同开发海洋油气资源有助于维护本海区的安定。中国与南海周边国家关系的持续改善,有利于保持南海的平静趋势,但南海地区的主权问题并没有解决,还存在美、英、日、澳、印(度)等域外力量介入的可能性。

从近期看,我国周边海上争端和冲突将更多地集中在东海地区。"台独"威胁并没有消除,仍然是我东南沿海方向的重大安全隐患。美国继续支持台湾提升海军和防空作战能力,增加了台海安全的变数。日本集其地缘、安全、资源战略之所需,仍将采取攻势,并加大与我的对抗力度。钓鱼岛主权之争和东海油气资源的开发问题,仍将是中日长期地缘战略利益之争以及美日联手在海上围堵中国的表现形式。

纵观 2005 年,我们面临的海洋形势并不平静,安全形势喜忧并存。准确判断形势,制定正确战略,及时把握机遇,勇于迎接挑战,维护国家海洋权益,仍将是新的一年里需要我们继续面对和深入研究的重要课题。

(《动态》2006 年第 1 期)

澳大利亚海事识别区初探

薛桂芳

为了应对日益凸显的海上安全问题,澳大利亚采取了一系列新的措施,进一步强化对其海域的管理和控制,使危险分子无法通过其管辖海域。在这些措施中,影响较大的是建立了新的海事识别区。

一、海事识别区的范围及作用

2004 年 12 月 15 日,澳大利亚总理霍华德在西澳首都佩斯宣布建立新的海事识别区(Maritime Identification Zone)。该识别区覆盖从澳大利亚海岸向外延伸 1 000 海里的海域,实行三级递进式的管理制度。凡打算进入或停靠澳大利亚港口的船舶,要在进入其周围1 000海里水域或 48 小时前,提供有关船籍、船员、装载物资、位置、航程、航速及目的港等全部信息;需要通过澳专属经济区或领海的船舶,在进入其周围500 海里水域或 24 小时前,要主动提供有关船籍、航线和航速等信息以备查验;进入澳大利亚 200 海里专属经济区水域内,除休闲船只以外的其他船舶需要接受识别并确认相关信息。

以往,出于渔业资源保护或海事安全的需要,澳大利亚通常要求船舶在进入其管辖水域后主动提供这些信息。但在这样大的海域范围内建立海事识别区,对过往船舶进行反复的识别和查验有着不同寻常的作用,可以概括为如下三方面:

第一,维护国家海洋权益。由于独特的地理位置和绵长的海岸线,澳大利亚一向重视海上安全,投入大量的人力物力保卫其周边海域的海洋资源,维护其海洋权益,抵御一切可能来自海上的威胁。澳大利亚装备精良的皇家海军舰队、皇家空军海上飞行部队、国防卫队和海岸警备队等常年在其管辖海域及其邻近的公海巡逻,成为执行海上安保任务的主要力量。对海上贸易的高度依赖,使澳大利亚在维持船舶自由航行制度的同时,强调对船舶进入其海域的管理和监控,以保证对海上通道的有效控制。

第二,加强对海上油气设备的保护。通过签订多边和双边协定,澳大利亚政府强化海上安全和反恐措施,因地制宜地制订安全措施保护每一个平台,并将其作为一项产业责任,纳入政府海上安全行动方案中。这种安排充分考虑澳大利亚安全情报组织提供的潜在威胁预测和油气田设施的经济价值。例如,帝汶海的油气设备处于澳大利亚和印度尼西亚或东帝汶共同管辖的区域,澳大利亚政府特别注重对这些油气田设备的保护,利用国防卫队、海关巡逻船艇和飞机,率先实施对帝汶海和西北大陆架油气田增强安全巡逻的计划。政府的海上安全特遣队(Taskforce on Offshore Maritime Security)在加强对海上油气设备保护的同时,保证发现和迅速击破任何威胁澳大利亚海上财产和国家安全的恐怖活动。

第三,提高海上反恐保障能力。近年来,海上安全问题日益突出。海上恐怖活动、海盗、走私、非法移民、贩运违禁品、海洋污染和以海洋调查等形式出现的情报收集活动为各国所关注。这些问题对国家的能源开发、交通运输、环境保护、社会秩序乃至国家主权和安全都产生不利的影响。为迅速侦破并打击任何威胁国家海上财产和安全的恐怖活动,澳大利亚联邦政府全面负责海上反恐措施的制定和应急反应的能力建设;州政府则集中精力负责具体反恐事件的处理和港口安全。在海关承担海上安全和管理的责任和职能之外,澳大利亚国防卫队与民事部门联手参与海上反恐活动,拦截可疑船舶,充分提高海上反恐的应急保障能力。

二、强化对海事识别区的管理和控制

为了加强对海事识别区的有效管理和控制,澳大利亚利用现有资源,充分发挥国防卫队和海关的实力,通过一系列具有内在联系的计划,建立一套完整的管理和监控体系。2005年3月,澳大利亚整合其各有关方面力量,新组建了一个海上保护联合指挥部(Joint Offshore Protection Command)(JOPC)。JOPC总部设在堪培拉,负责协调和执行海上安全管理事务。该指挥部由现任海岸警备队大队长、国防卫队队长,海关首席执行官、海军少将Russ Crane兼任总指挥。工作人员包括海关和国防卫队的官兵。

该指挥部作为国家海上安全计划的重要组成部分,其主要使命包括:大量搜集、整理和处理来自各方面的信息、情报和详细资料,做出最适当的反应和安排;利用飞机和巡逻艇对澳大利亚37 000多千米的海岸线进行监控巡逻,以禁止毒品走私、非法移民和非法捕鱼,提高海上油气设备的安全保障;直接负责海上恐怖活动的预防、制止和反击,对国家管辖海域内发生的反恐警报做出迅速反应;在需要做出军事反应的情况下,发布必要的指令并控制应急行动。JOPC的组建充分利用澳大利亚现有的人力和物力资源,同时简化了海上反恐应急的计划、指挥和控制程序,从而增强了对海事识别区的管理和控制。

为了加强对海事识别区的管理,澳大利亚不仅建立了管理机构,还在资金和设备方面加大投入。2004 年以来,澳大利亚政府投入近 2 亿澳元购置新的巡逻艇和飞机,更新海上安全系统,还将在四年内追加 400 万澳元作为 JOPC 的经费开支和能力建设。配合海事识别区的建立,澳大利亚政府宣布增强国防卫队的实力,为其提供更好的武器装备,以有力应对国内外恐怖主义威胁和大规模杀伤性武器的扩散。国防部公布了最新国家安全评估报告,列举了澳大利亚目前面临的挑战和威胁以及政府采取的确保国家安全的措施。这份报告突出了全球化对澳大利亚所在地区的大国之间关系变化的影响及趋势,并提出了建议。澳大利亚还准备修改《国防法》,增加军队在紧急情况下协助政府的权利。

澳大利亚绵长的海岸线,加之新的海事识别区的建立,使其不得不借助民间机构的力量加强对海岸线和部分海域的监控。司法部和海关邀请私人公司对一系列重大海上安保监控合约进行投标。投标者需具备先进的技术和设备,能够对专属经济区及更远的海域进行全程监控,并对托雷斯海峡实施直升机监控及反馈。合约人进驻海关部门,一旦发现入侵者,可以向预先安排的民事机构、皇家海军和皇家空军请求援助。2006 年 3 月 1 日,澳大利亚皇家监控有限公司(Cobham Services Division)被核准为海监合约的首选投标人,期限为 12 年,为此,Cobham 签订 10 亿澳元海监合约订购新型飞机。

三、对海事识别区的法理分析

海事识别区明确要求船舶接近和通过该区时提供相关信息,以确定是否对澳大利亚的海上安全构成威胁,使澳大利亚的防御能力大大提高。但是,由于这一区域远远超出了澳大利亚专属经济区水域的范围,引起周边国家的不安。一些国家甚至认为澳大利亚建立了一个新的海洋区域,纷纷对此表示关切。由于该区还覆盖了印度尼西亚的部分水域,印尼对此表示强烈不满。

国际舆论也认为澳大利亚建立的海事识别区是对国际法的挑战。《联合国海洋法公约》(以下简称为《公约》)明确规定沿海国可以主张 200 海里的专属经济区和最远不超过 350 海里的大陆架。澳大利亚 1000 海里的海事识别区远远超出了《公约》所规定的国家管辖海域范围。即使作为宽大陆架国家可以主张 350 海里的大陆架,其中超过 200 海里的部分其上覆水域也属公海,所有国家的船舶都享有公海航行自由。

澳大利亚的这一举措与一些国家建立的防空识别区(Air Defence Identification Zones)有异曲同工之处。防空识别区是指沿海国在本国领空之外一定范围的国际空域所建立的对进入该区的航空器进行鉴别的区域。由于现代航空器的飞行速度很快,一些沿海国认为有必要在任何航空器进入本国领空之前查清其种类、国籍、飞行目的等情况,以利于维护本国的安全。防空识别区属于国家预警机制的一部分,目的是使国家尽早了解来自外国的航空器,特别是外国军用航空器可能给本国安全造成的威胁,并采取措施消除这种威胁,例如,禁止可能威胁国家安全的外国航空器进入本国领空。

根据国际法,无论是在沿海国专属经济区的上空,还是公海的上空,任何国家的航空器在其中都享有国际法规定的飞越自由。防空识别区是沿海国领空以外的一带空域,不是沿海国领空的组成部分,其建立不能改变有关区域作为国际空域的法律地位,沿海国无权禁止该航空器在防空识别区内的飞行活动,只可以禁止它进入本国领空。

目前,国际社会尚没有规制防空识别区的相关法律或国际公约,也没有任何禁止国家建立此种区域的国际法规则,因此,是否建立防空识别区属于国家自由裁量权范围内的事项。鉴此,澳大利亚建立海事识别区的合理性和合法性只能是仁者见仁而智者见智。同时,澳大利亚独特的地理位置使其比较容易实现对通过其水域外国船舶的识别和控制。据悉,澳大利亚海事识别区建立以来,其管理制度基本得到外国船舶的配合,执行情况良好。考虑到一些国家对"区"的敏感反应,2005 年 2 月,澳将海事识别区改为"海事识别制度"(Maritime Identification System),但其实质内容未作变更。

需要指出的是,当前世界上除美国、加拿大等十几个国家建立了防空识别区外,许多国家也在考虑建立这类识别区。澳大利亚的国家实践会使一些持观望态度的国家相信,空中或海上识别区的建立是明智之举,这种国家实践极有可能由一种被默许的习惯而逐渐取得法理基础。

中国有 18 000 千米的大陆岸线和 6 500 多个海岛,海洋安全对我国而言至关重要。有必要考虑建立类似的识别区和识别制度,以更好地维护国家海洋权益,捍卫国家安全。

(《动态》2006 年第 6 期)

中日东海共同开发：
法律分析与前景展望

贾 宇

一、东海共同开发的由来

自 1969 年"亚洲近海矿物资源联合勘测协调委员会"（CCOP）发表报告,称东海大陆架可能是世界上最有远景的油气储藏地区之后,平静的东海顷刻间热闹非凡。很快,日韩两国于 1974 年 1 月签订了《日本和韩国关于共同开发邻近两国南部大陆架协定》,设立了 8 万多平方千米的共同开发区。该协定侵犯了中国的海洋权益,中国政府提出了强烈抗议。指出东海大陆架是中国大陆领土的自然延伸,中华人民共和国对东海大陆架拥有不容侵犯的主权,日韩背着中国片面签订的协定是非法和无效的。

1979 年 6 月,中方正式向日本提出共同开发钓鱼岛附近资源的设想。这是中国首次公开表明愿以"搁置争议、共同开发"的方式解决同周边邻国间领土和海洋权益争端。此后,双方就东海共同开发问题数次交换意见。中方多次重申大陆架自然延伸原则,并提出了搁置领土主权争议、共同开发钓鱼岛附近海域的初步设想。但日本自恃对钓鱼岛的实际控制,既不承认中日之间就钓鱼岛主权归属存在争议,更不同意在其附近海域进行共同开发,反而极力主张在东海跨越其单方主张的所谓"中间线"进行开发。

1985 年中日双方石油界开始以民间形式探讨共同开发问题。中日两国的石油公司先后进行了多轮会议,在共同开发的内容,如合作模式、资金、作业者等方面取得了广泛共识。双方同意以民间形式为先导达成协议并经两国政府认可后实施,或两国政府在此基础上直接签订政府间共同开发协定。

从中日两国石油界的民间交流来看,确定共同开发区是双方面临的最大障碍。日本以其单方面主张的"中间线"为指导思想,提出共同开发区须横跨"中间线"两侧;同时竭力回避钓鱼岛周围海域的共同开发。而中方的原则是共同开发区应只限于中日争议区,即日本主张的"中间线"和中方主张的冲绳海槽最大水深线之间的区域,"中间线"以西不存在争议;搁置对钓鱼岛的争议而在其周围海域进行共同开发。

二、中日关于东海共同开发问题的立场

2004年10月以来,中日就东海问题进行了六轮磋商。首轮磋商在北京举行,双方阐述了各自在东海划界问题上的立场。对于围绕油气勘探开发出现的纠纷,双方同意继续通过磋商和对话寻求解决。在2005年5月的第二次磋商中,中方提出了"搁置争议、共同开发"的主张,作为划界前的临时安排,并提出了在两国实际划界主张所形成的争议海域内进行共同开发的建议。日方则继续坚持中国停止开采和向其提供油气田的地质资料及相关数据的无理要求。在2005年9月的第三次磋商中,日方提出了"共同开发方案",主要内容包括:以"春晓"、"天外天"、"断桥"和"龙井"区块为对象进行共同开发。除上述地区外,"中间线"以西由中方开发,以东由日方试开采。日方的这种无理主张,中方当然是不会接受的。2006年3月和5月,双方举行了第四和第五轮磋商。中方提出了在双方争议区内南北两个共同开发区的方案。第五轮磋商后,日本有关方面人士表示,中方在第四轮磋商中提出的共同开发区位于钓鱼岛附近海域,完全在"中间线"的东侧,属于日本的专属经济区,不能进行共同开发。五轮磋商虽使双方在共同开发问题上认识趋同,但在共同开发区的具体范围上仍不能达成一致。在第六轮磋商中,中日双方达成了在东海共同开发问题上设立法律专家组和技术专家组的共识。

三、共同开发的法律问题

共同开发是一个法律概念,在国家实践上有不同的表现形式。与海上划界相联系的共同开发主要指主权国家在海上边界未定的情况下,在不影响各自划界立场的前提下,搁置争议,对争议区的自然资源合作进行勘探和开发的临时性安排。共同开发不影响最终界线的划定。

《联合国海洋法公约》第74条和83条都要求在达成划界协议前"有关国家应基于谅解和合作的精神,尽一切努力做出实际性的临时安排,并在此过渡期间内,不危害或阻碍最后协议的达成。这种安排应不妨害最后界限的划定。"这是《联合国海洋法公约》中与共同开发最直接相关的规定,被认为是共同开发的国际法基础。

设立共同开发区是进行共同开发的关键问题之一。国际法的理论和国家实践一般把划界主张的重叠区设定为共同开发区,或在重叠区内选划共同开发区。在边界线划定而有跨界资源的情况下,则跨越边界线设定共同开发区。

东海的共同开发与中日东海海洋划界问题密切相关。日本主张以"中间线"进行海域划界,并单方面提出了一条所谓的"中间线"。中国则认为,双方应当根据《联合国海洋法公约》的有关规定,以公平原则进行海域划界。其中,大陆架划界应适用自

然延伸原则。依据《联合国海洋法公约》关于大陆架自然延伸的规定,中国对东海大陆架的主张可及冲绳海槽中心线。双方的划界主张有重叠,共同开发应在争议的重叠区内进行。

长期以来,日方一直回避大陆架问题,提出以一条所谓的"中间线"来划分东海,否定《联合国海洋法公约》关于大陆架自然延伸和公平解决划界争端的原则。事实上,自然延伸原则在《联合国海洋法公约》中得到了充分体现,而"中间线"并不是《联合国海洋法公约》所确立的划界原则,只是一种可供选择的划界方法,国家并没有必须使用中间线方法进行划界的义务。

日本坚持跨越所谓"中间线"设立共同开发区的主张是不符合国际法和国家实践的。日方所谓的"中间线"只是其单方面主张,中方没有、也不会接受,更不能作为讨论问题的基础或依据。在"中间线"两侧设立共同开发区,实际上是预设了中日在东海的海域界线,把日本的单方面主张强加于中国,这是中国所不能接受的。

国家间的海洋划界需要考虑地理、历史等诸多因素,不可能绝对地适用一条单方面提出的"中间线"。包括《联合国海洋法公约》在内的现代海洋法,要求各国应该通过和平方式,公平解决海洋划界问题。为了达到公平划界的目的,当事国可以自由选择适合争议海域的各种划界方法。共同开发作为划界前的临时安排,既不影响将来的划界,更是缓解现实矛盾的方法之一。

四、中日东海共同开发的前景

近年来,中国的石油公司在东海中国的大陆架上勘探开发了包括"春晓"在内的油气田。日方指责"春晓"油气田的开发"损害日本国家利益",多次要求中国停止勘探开采和提供数据资料。日方还频繁派出飞机、舰船到中国的作业现场进行干扰。2004年7月到2005年7月,日方不顾中方强烈反对,租用挪威调查船在日方主张的"中间线"以东进行海底资源调查。2005年7月日本政府授予日本"帝国石油"公司在东海中日争议海域的试开采权。这些单方行动无益于缓解和解决争议,也是违反国际法和《联合国海洋法公约》的有关规定的。

自中日就东海油气田问题进行磋商以来,日方对共同开发的立场也在发生着变化。从拒不接受到提出其"共同开发方案",表明日方接受了中方关于共同开发的主张,双方在共同开发问题上达成了原则共识。问题的焦点转为共同开发区的设立。

根据国际法和国家实践,中日在东海的共同开发区应在日单方面主张的所谓"中间线"与中国主张的冲绳海槽中心线之间的大陆架重叠区域内选择确定,在此区域内进行油气资源的共同开发。

日方在第三次磋商中提出的"共同开发方案",将其单方面主张的"中间线"以西、中方正在开采的"春晓"等油气田纳入共同开发的范围,是既不符合国际法理、也不符合国家实践的无理方案。国际上关于共同开发的协议和国家实践都表明，共同开发是在当事国主张重叠的争议海域内进行的。中方目前正在进行勘探开发的"春晓"等区块完全位于毫无争议的中国近海的大陆架上。中国开发"春晓"油气田是属于中国主权范围内的事，是中方正常的作业活动，日方既无权干涉，也无权要求中方停止开发，更无权要求中方拿出毫无争议的大陆架区域与日方"共同开发"。相反，日本授权其油气公司进行勘探和试开采的区块，位于中国自然延伸的大陆架上，属于双方划界主张的重叠区，日本单方面采取行动，是违反国际法的，是对中国主权权益的挑衅和侵犯。

中日东海问题由来已久，问题的解决需要双方的努力和智慧。中日双方在第三轮磋商中就共同开发问题取得的一致认识，是积极和正面的。双方正在此基础上进一步寻求技术层面的一致——讨论确定具体的共同开发区。如果日本顽固坚持其一切从所谓的"中间线"出发的立场，共同开发区是难以确立的。

从国际法和国家实践来看，共同开发区应在双方争议的大陆架重叠区内选定。共同开发是解决中日东海问题，使东海真正成为两国"合作之海"的务实和明智之举。

（《动态》2006 年第 7 期）

《联合国海洋法公约》及国际海洋事务最新进展[*]

焦永科

一、《联合国海洋法公约》及其相关协定进展情况

（一）批准和加入情况

从 1973 年开始,150 多个国家和地区的代表、50 多个国际组织的观察员,先后召开了 11 期共 15 次会议,终于在 1982 年完成了《联合国海洋法公约》(以下简称《公约》)这部海洋法典。在这部由正文 17 部分 320 条、附件 460 条的海洋法典里,其内容几乎涵盖了海洋的一切用途、活动和资源,涉及领海和毗连区,用于国际航行的海峡、群岛国,专属经济区,大陆架,公海、岛屿、闭海或半闭海,内陆国出入海洋的权利和过境自由,国际海底区域,海洋环境的保护和保全,海洋科学研究,海洋技术的发展和转让,争端的解决等各个方面的法律制度。

1.《公约》生效及批准、加入的情况

1982 年 12 月 10 日,《公约》在牙买加蒙特哥湾市开放签字。当日包括中国在内的 119 个国家和实体签署了《公约》,149 个国家和组织在《联合国第三次海洋法会议最后文件》上签字,1 个国家(斐济)批准了《公约》。《公约》于 1994 年 11 月 16 日正式生效。

自《公约》开放签字以后,缔约方数目不断增加。根据联合国秘书长提交给联合国大会第 61 届会议关于海洋和海洋法的报告,截至 2006 年 2 月 28 日,包括欧洲共同体在内,缔约方数目已达到 149 个。最近一个加入《公约》(2005 年 8 月 26 日)的国家是爱沙尼亚。

2.《关于执行公约第十一部分的协定》情况

2005 年 8 月 26 日,爱沙尼亚还同时表示同意接受《关于执行公约第十一部分的

---

* 相关资料源于联合国秘书长在第 61 届大会上所作的关于《海洋和海洋法》的报告和我国外交部网站等。

协定》以下简称《协定》的约束。因此截至 2006 年 2 月 28 日,包括欧洲共同体在内,该《协定》已有 122 个缔约方。

3.《联合国鱼类种群协定》情况

1995 年《联合国鱼类种群协定》的情况也在继续发生变化。基里巴斯于 2005 年 9 月 15 日加入该《协定》,几内亚和利比里亚也于 2005 年 9 月 16 日加入。截至 2006 年 2 月 28 日,包括欧洲共同体在内,该《协定》已经有 56 个缔约方。

(二)《公约》的执行情况

1. 国家实践、海洋权利主张和海洋区划界的最新动态

过去的一年来,各国在确定基线、划定海洋区外部界限以及海岸相向或相邻国家间海洋划界方面又有若干进展。

英国向秘书处通报了 2005 年 7 月 11 日通过 2005 年第 49 号法令同时发布的两个相关公告,即:安圭拉总督关于改变与安圭拉有关的渔业区海上边界并在维尔京群岛和安哥拉之间确定用于一切目的的边界的公告,安圭拉总督 2005 年 7 月 11 日关于在安圭拉和维尔京群岛之间确定海洋边界的公告。

利比亚在 2005 年 8 月 18 日的普通照会中向秘书长转递了总人民委员会关于用于测算阿拉伯利比亚民众国的领海和海洋区宽度的直线基线的第 104 号决定,以及会关于地中海利比亚渔业保护区的划界问题的第 105 号决定。

斯洛文尼亚在 2005 年 10 月 3 日给秘书长的普通照会中交存了界定生态和渔业保护区外部界限的地理坐标表。斯洛文尼亚在 2006 年 2 月 21 日的照会中向秘书长通报,斯洛文尼亚国民院 2005 年 10 月 4 日通过了《斯洛文尼亚共和国生态保护区和大陆架法》。该法于 2005 年 10 月 22 日生效。

2003 年 2 月 17 日,塞浦路斯和埃及订立《专属经济区划界协定》。土耳其发表情况说明,表示反对。塞浦路斯又发表了立场说明。对此土耳其在 2005 年 10 月 4 日给秘书长的普通照会中表达了其立场。

马来西亚和新加坡于 2005 年 7 月 15 日在秘书处登记了 2005 年 4 月 26 日的《解决协定》:新加坡在柔佛海峡中及其周围地区填海拓地案(马来西亚诉新加坡)。该协定已于同日生效。该协定涉及两国之间的海洋边界问题,这一问题将根据 2005 年 1 月 7 日至 9 日海牙两国高级官员联合会议记录予以处理。

2. 交存和妥为公布情况

2005 年 8 月至 2006 年 2 月之间,三个缔约国向秘书长交存了与基线或海洋区有关的海图或地理坐标表。

2005 年 8 月 31 日,拉脱维亚依照《联合国海洋法公约》第十六条第 2 款和第七十

五条第 2 款的规定,交存了拉脱维亚和爱沙尼亚之间的海洋边界各点的地理坐标表;依照《公约》第七十五条第 2 款的规定,交存了拉脱维亚和瑞典之间专属经济区划界点的地理坐标表;交存了显示拉脱维亚海洋界限和边界的三份波罗的海海图。

2005 年 9 月 2 日,克罗地亚依照《联合国海洋法公约》第七十五条第 2 款的规定,交存了界定克罗地亚共和国生态和渔业保护区外部界限的各点地理坐标表。

2006 年 2 月 15 日,新西兰依照《联合国海洋法公约》第十六条第 2 款、第七十五条第 2 款和第八十四条第 2 款的规定,交存了显示测算领海宽度的基线以及根据《公约》有关规定计算的领海和专属经济区外部界限的 10 份海图。这些海图还绘出了 2004 年 7 月 25 日于阿德莱德签署的新西兰和澳大利亚确定部分专属经济区和大陆架边界的条约所划定的新西兰和澳大利亚之间的海洋边界线。

二、有关《公约》的国际会议

(一)第十六次缔约国会议

2006 年 6 月 19～23 日,《公约》第十六次缔约国会议在纽约召开。会议听取了国际海洋法法庭 2005 年工作报告以及国际海底管理局秘书长和大陆架界限委员会主席的工作汇报,审议并通过了法庭 2007—2008 年预算等财务事项并就秘书长《海洋和海洋法》报告进行了一般性讨论。

会议就大陆架界限委员会面临的经费困难问题进行了磋商,会议决定由联合国海洋事务和海洋法办公室对各国提出的解决办法进行归纳研究,并将该问题保留到第十七次缔约国会议继续讨论。

(二)海洋事务和海洋法非正式磋商进程

1999 年起,联合国发起了"海洋事务和海洋法非正式磋商进程",每年举行一次,就国际社会普遍关心的海洋法问题进行讨论,以便利联合国大会对海洋法议题的审议。

2006 年 6 月 12～16 日,联合国海洋事务和海洋法非正式磋商进程第七次会议在纽约举行。会议主题是"生态系统方法和海洋"。

会议认为,生态系统方法的核心是强调生态系统与人类活动的相互关系,考虑到经济、社会、文化和法律等各方面,以综合方式养护和利用资源、有效管理各种人类活动,生态系统方法对海洋可持续发展意义重大。会议协商一致通过了向联大提交的"要素",包括生态系统方法主要特点、实施手段以及建议采取的具体措施等。

(三)《联合国鱼类种群协定》审查会议

2006 年 5 月 22～26 日,《联合国鱼类种群协定》审查会议在纽约联合国总部举行,会议重点从鱼类种群养护措施、区域渔业管理制度、监督和执法、促进《协定》普遍性等四个方面审查了《协定》的执行情况,并协商一致提出了一系列加强养护和管理措施、改进监督执法的建议。

(四)国际海底管理局第 12 届会议

2006 年 8 月 7～18 日,国际海底管理局第 12 届会议在牙买加金斯敦举行。66 个成员派团出席会议,美国等 6 个观察员与会。

本届会议继续审议《"区域"内多金属硫化物和富钴结壳探矿和勘探规章》。鉴于多金属硫化物和富钴结壳的不同性,会议决定由秘书处针对两者分别编写规章草案,并在明年会上分别提交理事会、法律和技术委员会审议。

会议选举了 25 名法律和技术委员会委员及 15 名财务委员会委员,任期五年,中国候选人张洪涛和刘键分别顺利当选。

会议还改选了理事会半数成员、审议了秘书长报告、通过了管理局 2007—2008 年度财政预算等。

管理局第 13 届会议将于 2007 年 7 月 9～20 日在牙买加金斯敦举行。

(五)第六十届联大关于海洋法议题的审议

2005 年 11 月 28～29 日,第六十届联大在非正式磋商的基础上召开全体会议,审议"海洋和海洋法"议题,通过了"海洋和海洋法"以及"通过《执行 1982 年 12 月 10 日〈联合国海洋法公约〉有关养护和管理跨界鱼类种群和高度洄游鱼类种群的规定的协定》和相关文书等途径实现可持续渔业"两个决议。两决议就明年将举行的国家管辖范围外生物多样性保护问题工作组会议、联合国海洋事务和海洋法非正式磋商进程会议及"全球海洋环境报告与评估进程"先期进行的"对评估的评估"工作、联合国鱼类种群协定审查会议及其筹备会等事项做出决定。

联合国大会 2005 年 11 月 29 日第 60/30 号决议,要求秘书长向大会第六十一届会议提出其关于海洋和海洋法进展情况的年度综合报告。

三、主要领域的新进展

(一)海事安全

当今的海事安全挑战日益含括更多非传统的威胁,例如针对航运的恐怖主义行为、贩运大规模毁灭性武器、海盗行为和海上持械抢劫、非法贩运麻醉药品、精神药物和核物质以及偷运人员和武器等。但是,自然资源的耗竭、海洋环境的恶化以及自然灾害也与安全议程直接相关,因为这些问题能够破坏数百万人赖以为生的自然基础,并对海上贸易以及渔业和旅游业等主要产业造成负面影响。

联大在 2005 年世界首脑会议上确认了各国根据国际法进行有效合作以打击跨国威胁对于集体安全的重要性。此外,联大第 60/30 号决议鼓励各国开展合作,借助旨在监测、防止和应付对海事安全和安保的威胁的双边和多边文书和机制来处理此类威胁。

各国之间的合作可采取许多形式,包括交流资料或者开展联合执法行动。例如,海洋保护咨询委员会在2005年7月召开了海洋安全倡议第一次会议,以求通过汇集各利益有关者,找出推进综合安全办法的机会。同样,中国南海研究院和海南海事安全管理局于2005年12月举行了关于南海海事安全的研讨会。

1. 针对航运的恐怖主义行为和贩运大规模毁灭性武器的行为

大会第60/30号决议敦促各国成为《制止危及海上航行安全非法行为公约》及其《制止危及大陆架固定平台安全非法行为议定书》的缔约国,注意到2005年10月14日通过了修正这些文书的2005年议定书,还敦促各缔约国采取适当措施,酌情制定立法,确保这些文书得到有效执行。

2. 海盗行为和持械抢劫船只行为

在2005年期间,向海事组织报告的已实施或试图实施的海盗行为和持械抢劫船只的行为有264起,比2004年期间报告的数量少66起,受影响最严重的地区保持不变。据报已实施或试图实施的行为数量在南海从113起减至97起,在马六甲海峡从60起减至16起,在西非从57起减至23起,在南美洲和加勒比从46起减至25起,但在印度洋从41起增至51起,在东非从13起增至48起。大西洋和太平洋各发生两起事件。

(二)生态系统方法和海洋

近年来,国际社会越来越认识到必须有效管理影响海洋环境及其生态系统的人类活动,才能促进海洋及其资源的可持续发展。保护海洋生态系统是可持续发展的基本条件。为实现这个目标已拟订了若干生态系统方法。

占全球面积70%以上、支撑丰富多样的生命网络的海洋生态系统对于地球的健康和发展具有极其宝贵的价值。有证据表明,海洋生态系统正处于各种人类活动越来越大的压力或压迫之下。控制和减少这些活动的影响的管理制度一般都按部门分别订立,因而在地方、国家和国际上形成一批零散的立法、政策、方案和管理计划。这些管理制度不能防止生态系统健康的恶化。生态系统方法就是要以科学信息为基础,采用更加统一、综合和适应的管理方式,为获得所期待的经济和社会收益的需要,维持生态系统可持续的条件。

在海洋环境中发展生态系统方法实际上吸收了海洋和沿海地区管理中已广泛采用的综合管理概念。近些年,许多国家和区域已开始拟订包括采用生态系统方法的综合海洋政策和计划。有些国家设立了新机构,另一些国家则通过部际委员会或其他合作架构促进政府部门之间的合作。如果生态系统跨越国际疆界,相关国家之间需要合作。

以下 21 个国家已经或正在拟订国家海洋政策:澳大利亚、巴西、加拿大、智利、中国、哥斯达黎加、印度、法国、牙买加、日本、墨西哥、荷兰、新西兰、挪威、菲律宾、葡萄牙、俄罗斯联邦、大不列颠及北爱尔兰联合王国、坦桑尼亚联合共和国、美利坚合众国和越南。在各自区域实施生态系统方法方面似乎走在前面的国家有澳大利亚、加拿大、墨西哥、挪威、菲律宾、塞内加尔、英国、美国等。

(三)海洋环境、海洋资源和可持续发展

1. 海洋环境的保护与保全

为解决操作性排放引起的海洋环境污染问题,今后的措施包括由海事组织做出决定,制定《73/78 防止船舶污染公约》的修正案,以防止在船舶之间的海上输油操作中发生海洋污染,并解决长期以来的据称港口废物接收设施能力不足的问题。

为了解决船舶的非法石油排放问题,最近采取的措施包括国际刑警组织及其成员国开展努力,对非法排放石油的行为进行更严厉的处罚,以阻止今后的污染行为。此外,为了促使各船旗国切实有效地执法,国际刑警组织当前正在编制对船舶非法排放石油事件进行调查的最佳做法手册。

海事组织大会敦促各缔约国执行 2005 年《海事组织关于协助对污染事件做出反应的准则》,其中向各国提供了重要的指导,说明应该如何协助迅速提供援助,以尽量减少污染事件的后果和影响。

海事组织正在积极寻求办法来减少船舶引起的空气污染。

2005 年 10 月举行了 1972 年《防止倾倒废物及其他物质污染海洋的公约》的缔约国大会第 27 次协商会议。

在区域一级,环境规划署正在同《伦敦公约》合作,制订一项关于应该如何克服在区域性海域执行和遵守本公约的障碍的提议。

环境规划署/区域海洋方案和环境规划署/全球行动纲领一直在举办和开展若干活动,以管理海洋垃圾。

环境规划署与粮农组织制定了一项谅解备忘录,内容是"审查关于海洋垃圾和被遗弃/丢失渔具的现有资料并制定一份有关文件"。

海事组织大会第 24 次会议核准了挪威的提议,作为高度优先事项制定一项关于船舶回收的新文书,以便做出具有法律约束力和在全球范围内适用的船舶回收规定。

2. 海洋生物资源的养护和管理

(1)渔业资源

联合国粮农组织《遵守措施协定》的执行情况。截至 2005 年 12 月 31 日,31 个国家和欧洲共同体是《遵守措施协定》的缔约方。按照该协定第六条,有几个缔约方已就有权悬挂其国旗、登入其国家记录并被它们授权在公海捕鱼的渔船的情况向粮农组织提供了数据,以供列入粮农组织数据库。该数据库目前有5792条渔船的档案。

为支持《预防、阻止和消除非法、未报告和无管制的捕捞活动国际行动计划》,渔业委员会请各国采取措施,打击非法、未报告和无管制的捕捞活动。

(2)海洋生物多样性

在过去的一年里,若干国际会议讨论了与海洋生物多样性有关的各种问题,强调了养护和可持续利用海洋生物的重要作用。

2006年2月13~17日,"研究与国家管辖范围以外区域的海洋生物多样性的养护和可持续利用有关问题的不限成员名额非正式特设工作组"在联合国总部开会。

《生物多样性公约》、《养护野生动物移栖物种公约》(《养护移栖物种公约》)、《濒危野生动植物种国际贸易公约》(《濒危物种公约》)、《关于湿地的拉姆萨尔公约》、《南极条约》、国际珊瑚礁倡议等国际公约都是与海洋生物多样性有关的文件和机构。自上次报告以来,这些国际组织都在海洋生物多样性保护方面做了许多工作。

(3)海洋保护区

海洋保护区是实施生态系统方法的各项原则和促进养护和可持续利用海洋和沿海环境的重要工具。海洋保护区使生态系统、自然生境和物种得到保护,使退化的资源得以自然恢复,对于在真正自然的状态下维持海洋生态系统具有独特作用。

为了促进海洋保护区经验和最佳做法的交流,2005年10月,在澳大利亚吉朗召开了国际海洋保护区会议第一届会议。若干小组会议讨论了与建立和管理海洋保护区有关的各种专题,包括发展海洋保护区网络、可持续性和复原力、生态系统过程、管理效力和分享领导权。

3. 气候变化

加拿大结合联合国《气候变化框架公约》缔约国大会第十一次会议(第十一次缔约国会议)于2005年11月28日至12月9日在蒙特利尔主办了《京都议定书》缔约国第一次会议。

2006年2月2~3日,《京都议定书》联合执行监督理事会第一次会议在德国波恩举行。该理事会是《京都议定书》为实现减少排放和帮助应付气候变化而设立的三个机制之一。

联合国环境规划署努力应付全球变暖,对从北极到喜马拉雅山以及到低洼岛屿等脆弱地区的影响,为此于2005年12月6日首次宣布一个小岛屿社区因气候变化所带来危险而需正式搬迁。气候变化导致狂风巨浪,沿海房屋反复被淹没,上百名村民搬迁到南太平洋列岛瓦努阿图的Tegua内陆。这次搬迁是在"太平洋岛国发展适应性的能力建设"项目的范围内进行的。

（四）印度洋海啸

2004年12月26日，印度洋海啸肆虐，淹没了从印度尼西亚到索马里的印度洋周边各国的大片沿岸地区，殃及印度、肯尼亚、马达加斯加、马来西亚、马尔代夫、缅甸、塞舌尔、斯里兰卡、泰国和坦桑尼亚联合共和国。海啸导致20多万人遇难，大约150万人流离失所，海啸摧毁了沿岸社区的渔业，损坏了海洋基础设施，巨浪掀起的沉淀和残块也使珊瑚礁、海草底层、红树林和相关生态系统遭破坏。

海啸发生后，海委会与美国太平洋海啸警报中心和日本气象局合作设立了一个临时海啸咨询信息系统。此外，2005年11月15日，在印度尼西亚苏门答腊近海开始预警系统初步阶段，最终将沿印度尼西亚海岸设15个浮标和大约100个传感器，用以探测洋底颤动和地震，将信息传送到浮标，接着由卫星传到监测站。除索马里外，所有参与国都会收到美国太平洋海啸警报中心和日本气象局传来的国际海啸警报。接收警报的设施每周7日、每日24小时运作，并且配备有后备系统。

（五）解决争端

《公约》提出由四个备选法庭解决争端：国际海洋法法庭、国际法院、根据《海洋法公约》附件七设立的仲裁法庭或根据《公约》附件八设立的特别仲裁法庭。各当事方可根据《公约》第二八七条以书面声明方式选择一个或多个法庭，并将其声明交存于联合国秘书长。

有待国际法院审理的与海洋问题有关的案件有：领土和海事争端（尼加拉瓜诉哥伦比亚）；尼加拉瓜和洪都拉斯之间在加勒比海的海洋划界（尼加拉瓜诉洪都拉斯）以及黑海海洋划界（罗马尼亚诉乌克兰）。

（六）国际合作与协调

1. 联合国海洋和海洋法问题不限成员名额非正式协商进程

联合国大会第六十届会议根据其第57/141号决议第二次审议了非正式协商进程的效力和作用。大会第60/30号决议决定在今后三年维持协商进程，并在第六十三届会议上再次审查其效力和作用。最后，大会主席在与各会员国适当协商后，再次任命克里斯蒂安·马凯拉（智利）并任命洛里·里奇韦（加拿大）为第七次会议共同主席。

2. 联合国海洋机制

联合国海洋机制是联合国海洋和沿海岸问题机构间协调机制。该机制第三次会议于2006年1月23日在巴黎教科文组织/海委会总部举行，来自《生物多样性公约》、原子能机构、海事组织、海委会、联合国秘书处经济和社会事务部、联合国秘书处海洋事务和海洋法司、开发计划署、环境规划署、环境规划署/全球行动纲领和世界银行的代表出席了会议(粮农组织代表只能出席部分会议)。

　　会议审查了环境规划署/全球行动纲领通过联合国海洋机制海啸后回应工作队拟订的"无害环境海岸重建计划的指导原则"。联合国海洋机制表示支持执行这项指导原则。

(《动态》2006 年第 8 期)

关于尽快公布我国第二批
领海基线的建议[*]

张海文

一、《联合国海洋法公约》关于领海基点和基线的规定

众所周知,领海基点和由各领海基点连接而成的领海基线对于沿海国来说具有重大意义。根据《联合国海洋法公约》(以下简称《公约》)的规定,沿海国所主张和管辖的各类海域的宽度均需从领海基线量起。因此,领海基线选择在何处,以及选择怎样的基线,对沿海国家的主权管辖范围是有直接影响的。

《公约》共有 11 个条款直接或间接地规定了领海基点和领海基线的问题。

《公约》明文规定了四种划定领海基线的方法,其中三种适用于一般沿海国,即第五条正常基线、第七条直线基线、第十四条确定基线的混合办法;一种适用于群岛国家,即第四十七条规定的群岛基线。

第五条正常基线规定"除本公约另有规定外,测算领海宽度的正常基线是沿海国官方承认的大比例尺海图所标明的沿岸低潮线。"

第七条直线基线,共 6 款。第 1 款规定了可采用直线基线的条件是"在海岸线极为曲折的地方,或者如果紧接海岸有一系列岛屿,测算领海宽度的基线的划定可采用连接各适当点的直线基线法。"本条其余各款则分别规定了在三角洲和其他自然条件以致海岸线非常不稳定之处、低潮高地的特殊条件下的领海基线的划定问题,并规定了采用直线基线时应适当顾及到的三种情况。

第十四条确定基线的混合办法,规定沿海国可交替使用以上各条规定的任何方法以确定领海基线。

第四十七条群岛基线,规定了群岛国家可以划定群岛基线的多项具体要求。

除了上述一般性的规定之外,《公约》还分别对一些具体情况下选定领海基点和

＊ 本文所有台湾方面资料的收集由李军负责完成。图片制作由李明杰完成。

划定领海基线作了具体规定。具体包括：

第六条礁石"在位于环礁上的岛屿或有岸礁环列的岛屿的情形下，测算领海宽度的基线是沿海国官方承认的海图上以适当标记显示的礁石的向海低潮线。"

第九条至第十三条分别对河口、海湾、港口、泊船处、低潮高地等各种情况下领海基线的划定进行了规定。

此外，第八条内水，虽然不是直接规定领海基线问题的条款，但是，本条第2款在继承传统国际海洋法重要制度之一的内水制度的同时，妥善处理了新确立的直线基线制度对内水制度可能带来的影响问题，明确规定："如果按照第七条所规定的方法确定直线基线的效果使原来并未认为是内水的区域被包围在内成为内水，则在此种水域内应有本公约所规定的无害通过权。"当然，内水中这种特殊的无害通过与领海无害通过制度是不同的。

二、我国已公布和未公布的领海基点的基本情况

（一）我国关于陆地领土范围的法律规定

根据国际海洋法"陆地统治海洋"的原则，沿海国可以其陆地领土（包括大陆的陆地领土和海洋中的陆地领土——岛屿）为依据，对其周围一定宽度的海域提出主权和管辖权的主张；没有陆地领土则没有可管辖的海域。

我国教科书中对我国的领土范围有大致的描述，包括我国领土的四至，其中我国领土的最南端是位于海洋中的北纬4°左右的曾母暗沙。根据我国政府历来的主张和管辖，我国除了960万平方千米的大陆领土之外，还拥有我国周边海洋中的许多陆地领土——岛屿。我国《宪法》既没有规定我国陆地领土的具体范围，自然也没有规定我国所主张管辖海域及其中的陆地领土——岛屿。查遍《宪法》所有条款，与海洋勉强有关的仅是第九条中的"滩涂"一词。之所以说是"勉强有关"，是因为我们都知道，滩涂并不等同于海洋。

关于我国陆地领土范围的法律规定主要体现在有关海洋的立法中。最早是规定在1958年9月4日我国政府发布的"中华人民共和国政府关于领海的声明"（以下简称为"领海声明"）中。

"领海声明"第（一）项规定："中国的领海宽度为12海里。这项规定适用于关于中国的一切领土，包括大陆及其各沿海岛屿，和同大陆及其沿海岛屿隔有公海的台湾及其周围各岛、澎湖列岛、东沙群岛、西沙群岛、中沙群岛和南沙群岛以及其他属于中国的岛屿。"

"领海声明"第（二）项规定："中国大陆及其沿海岛屿的领海以连接大陆岸上和沿海岸外缘岛屿上各基点之间的各直线为基线，从基线向外延伸12海里（浬）的水域

是中国的领海。在基线以内的水域,包括渤海湾、琼州海峡在内都是中国的内海。在基线以内的岛屿,包括东引岛、高登岛、马祖列岛、白犬列岛、乌岵岛、大小金门岛、大担岛、二担岛、东椗岛在内,都是中国的内海岛屿。"

我国政府虽然早在 1958 年就宣布我国采用直线基线划定我国的领海基线,但是,此后 38 年中(直到 1996 年),一直没有公布构成直线基线所必需的各领海基点。

1992 年 2 月 25 日,我国颁布了《中华人民共和国领海及毗连区法》(以下简称《领海及毗连区法》)。

《领海及毗连区法》第二条第 2 款规定了我国的陆地领土范围,"包括中华人民共和国及其沿海岛屿、台湾及其包括钓鱼岛在内的附属各岛、澎湖列岛、东沙群岛、西沙群岛、南沙群岛以及其他一切属于中华人民共和国的岛屿。"

《领海及毗连区法》第三条规定"中国的领海基线采用直线基线法划定,由各相邻点之间的直线连接组成。"

1992 年《领海及毗连区法》基本上融合了 1958 年"领海声明"及各有关条例、法规的主要原则,将它们上升到法律的地位。这是中国领海及毗连区制度的立法趋向完善的一个里程碑。

1992 年《领海及毗连区法》中的有关规定与 1958 年"领海声明"相比有较大变动,主要包括以下方面:

第一,《领海及毗连区法》第二条第 2 款中国陆地领土组成部分的规定,在"我国大陆及其沿海岛屿"与"台湾及其周围各岛、澎湖列岛、东沙群岛、西沙群岛、中沙群岛和南沙群岛以及其他属于中国的岛屿"之间删去了 1958 年"领海声明"第(一)项中"隔有公海"的内容。这为其后我国根据《公约》规定建立专属经济区和大陆架制度留下了必要的法律空间。在 1996 年颁布了《专属经济区和大陆架法》后,我国大陆及其沿岸岛屿与台湾及其附属岛屿之间的海域就不是公海,而是专属经济区和大陆架。

第二,《领海及毗连区法》第二条第 2 款中将 1958 年"领海声明"所规定的"台湾及其周围各岛"具体化为"台湾及其包括钓鱼岛在内的附属各岛",进一步明确规定了我国的陆地领土范围,更有利于维护我国的领土完整。

综上所述,根据包括《联合国海洋法公约》在内的国际法的规定,以及我国的法律规定和政府历来的主张,我国完整的领土主权范围的准确含义应该包括两方面:第一方面是陆地领土,中华人民共和国的领土包括中华人民共和国及其沿海岛屿、台湾及其包括钓鱼岛在内的附属各岛、澎湖列岛、东沙群岛、西沙群岛、南沙群岛以及其他一切属于中华人民共和国的岛屿。第二方面是海洋领土,中华人民共和国的领土还包括上述陆地领土周围的宽度为 12 海里的领海。具体面积是 960 万平方千米陆地领土和约 37 万平方千米的海洋领土。当然,除此之外,根据《公约》和我国法律的规定,我国还拥有毗连区、专属经济区和大陆架等其他管辖海域,我国对这些海域拥有主权权利和各类管辖权。

（二）我国已公布的领海基点和基线的情况

我国部分大陆自然岸线非常曲折，部分大陆沿岸分布着众多的岛屿，符合《公约》规定的适用直线基线的条件，因此，我国采用的是直线基线。《中华人民共和国领海及毗连区法》第三条第2款对我国领海基点和基线问题作了原则性规定，"中华人民共和国领海基线采用直线基线法划定，由各相邻基点之间的直线连线组成。"我国政府以此为依据，于1996年5月15日发布了《关于中华人民共和国领海基线的声明》（以下简称《领海基线声明》），宣布了我国第一批领海基线，即大陆领海的部分基线和西沙群岛的领海基线。

1996年公布的我国大陆领海的部分基线南北两端均未到达我国与邻国（南端与越南、北端与朝鲜）的边界。我国已公布的大陆领海部分基线是49个领海基点之间的直线连线，北起点是位于北纬37°24.0′，东经122°42.3′的山东高角，南端点是位于北纬19°21.1′，东经108°38.6′的峻壁角。这部分领海基线与我国大陆自然岸线的大致走向相一致。我国西沙群岛领海基线则是一个环绕整个西沙群岛最外各点的封闭圈，是以位于北纬16°40.5′，东经112°44.2′的东岛为起点和终点的28个领海基点之间的直线连线，与西沙群岛自然形状相符合（详见图1）。图中靠近陆地方向的线折线就是我国的领海基线，该线向陆一侧的水域即我国的内水；向海一侧的水域即我国的领海。图中外侧向海方向的折线即我国领海的外部界限，该线上的每一点距离领海基线的最近距离为12海里。

（三）我国尚需公布的领海基点和基线

对照上述我国法律所规定的陆地领土范围，可以看到，目前我国尚未公布的领海基线主要包括以下几个部分：

第一，我国大陆领土中，位于北黄海和北部湾沿岸的大陆部分领海基线；

第二，我国台湾岛及其包括钓鱼岛在内的附属各岛的领海基线；

第三，我国南海诸岛中除了西沙群岛之外的东沙群岛、中沙群岛和南沙群岛及其他一切属于中华人民共和国的岛屿的领海基线。

从上可以看出，我国尚未公布的主要是大量岛屿的领海基线，而从目前的实际情况看，这些岛屿的领土主权完整正面临着严峻的威胁和挑战。迟迟不公布这些领土的领海基线，将对捍卫这些领土的主权造成不利和被动的影响；客观上看，也在一定程度上影响了我国有关法律和领土主张的严肃性和权威性。

三、台湾当局公布的领海基点和基线

台湾当局于1998年1月21日颁布了《中华民国领海及邻接区法》（共18条），其

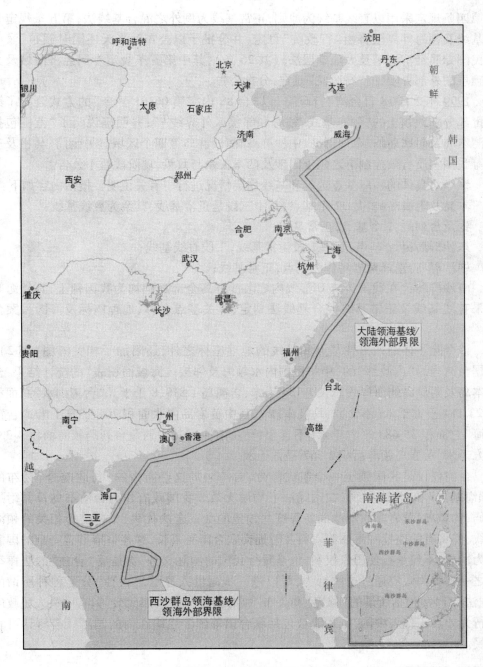

图1 我国已经公布的领海基线示意图

中第四条规定采用以直线基线为原则,正常基线为例外之混合基线法;第五条规定领海基线及领海外界限将由"行政院"订定,并分批予以公布。当天还同时颁布了《中华民国专属经济海域及大陆礁层法》(共26条),其中第三条规定专属经济海域及大陆礁层的外部界限,由"行政院"订定,分批公告。

1999年2月18日台湾"行政院"以"台88内字第06161号令"的方式公布了第一批部分陆地领土的"领海基线、领海和邻接区外界线①";并明确说明了"范围包括台湾本岛及附属岛屿、东沙群岛、中沙群岛、南沙群岛等四个区域。另金门、马祖及乌坵等我国实质有效控制下之领土因涉及两岸关系与政策,现阶段暂不公告。"

该令对具体的领海基点选定和基线划定情况进行了有关说明。概括内容如下:

本岛及附属岛屿:共22个基点,其中三段是正常基线,其余为直线基线;

钓鱼台列屿:1个基点,正常基线;

东沙群岛:4个基点,其中二段正常基线,二段直线基线;

中沙群岛:选择黄岩岛作为基点,正常基线;

南沙群岛:"在我国传统U形线内之南沙群岛全部岛礁均为我国领土,其领海基线采直线基线及正常基线混合基线法划定,有关基点名称、地理座标及海图另案公告。"

该令除了详细列出各基点和基线的地理座标之外,还附加了相关海图(图2)。根据台湾当局"内政部"的"中华民国内水领海及邻接区海域面积表"的统计结果,台湾本岛及附属岛屿海岸线总长1 134千米,含离岛1 819.8千米。"台湾内水"总面积为23 114平方千米(不含金、马及南沙),其中黄岩岛内水面积201平方千米;"台湾领海"总面积35 683平方千米(不含金、马及南沙),其中钓鱼台列屿领海面积4 335平方千米,黄岩岛领海面积2 557平方千米。

台湾仅仅是我国领土一个组成部分,台湾当局这些所谓的"行政院令"公布的"领海基点"和"领海基线"在国际法上均属无效。我国政府作为台湾本岛及其附属岛屿、钓鱼岛、黄岩岛和南沙群岛等这些领土的唯一合法代表,尽快公布相关的领海基线,并将有关座标和海图等资料及时提交联合国秘书长,这些举措具有完全的国家行为性质,不仅是行使国家权利,也是履行我国的国际义务,更是反"台独"的法律举措之一。我国政府通过这些行为,可以进一步向世人显示,"台独"分子种种所谓的"立法"行为(包括所谓的"修宪"和公布"领海基线"等)均属无效,只有中央人民政府的行为才真正代表中国,也才能被包括联合国等国际组织在内的国际社会所认可和接受。

---

① 本文中所有关于台湾方面的资料及其附图,均引自 http://www.cga.gov.tw/book/。

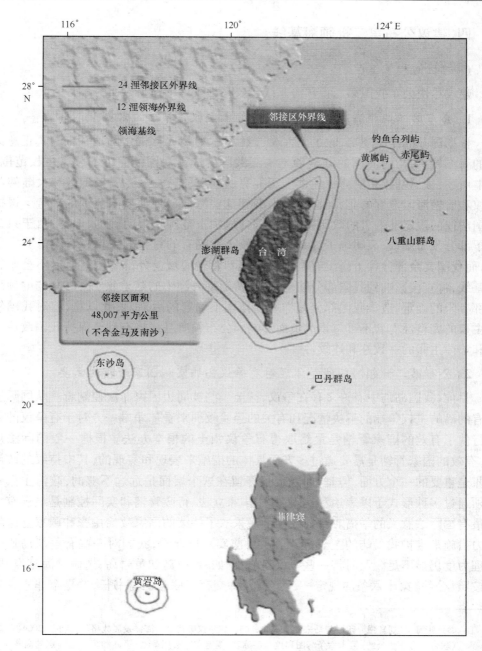

图 2　台湾当局所谓的"领海基线及领海和邻接区外界线"示意图

四、建议公布第二批领海基线

(一)目的和紧迫性

建议尽快公布我国第二批领海基线主要是出于以下几个方面的考虑:

1. 公布第二批领海基线是维护我国领土主权完整性的需要

根据国际海洋法规定,除了无害通过制度外,领海是等同于陆地领土的真正意义上的海洋领土,与沿海国的陆地领土一起共同构成沿海国的完整的领土主权范围。如上所述,领海基线是测算陆地领土所拥有的领海、毗连区、专属经济区和大陆架等主权和管辖海域宽度的起算线,直接影响到这些海域最外部界限范围的确定。根据我国法律的规定和一贯的政治主张,我国陆地领土范围是很明确的,但是,由于只公布了部分领海基线,只明确了这部分陆地领土所拥有的完整的主权和管辖海域的范围,而我国其余部分领土尚没有明确其主权和管辖海域的外部界限。迟迟不公布领海基线,将直接影响到我国部分陆地领土,特别是海洋中的陆地领土——岛屿的领海外部界限的确定,造成我国部分海洋领土范围不确定的后果,长此以往,将对我国领土主权的完整性有着不可忽视的负面影响。公布领海基线将有利于保持我国政治主张和法律主张的一致性和连续性。

2. 公布第二批领海基线是体现对有争议岛屿实施国家管辖的需要

目前,我国岛屿中有许多存在争议,甚至一些被周边国家非法控制着。从国际上现有的岛屿主权争端的解决情况和有关的经验教训来看①,争端一方对于有争议的岛屿行使了有效的国家管辖是最终取得有争议领土的根本办法。根据一般国际法规定,有效的国家管辖是需要通过多方面具体的措施来表现和实现的,其中持续的政治主张是重要的一个方面,但是,如果仅仅停留在这个层面是远远不够的,政治主张还必须通过多种形式予以表达和实现,其中国家立法、行政管辖和实际控制是最强有力和最有国际法意义的举措。目前我国已经采取了持续的国家政治主张和国家立法等有力措施来维护我岛屿的主权;但是,从目前实际情况看,我国对一些有争议岛屿的管理力度仍显不足。及时将一些争议岛屿,例如,钓鱼岛和黄岩岛,选做领海基点,同时按照《公约》第十六条的规定②妥为公布,并交存于联合国秘书长,这是个非常有效

---

① 参见张海文、刘富强. 印尼与马来西亚有关岛屿主权争议案简介. 海洋发展战略研究动态,2004(7)。
② 《联合国海洋法公约》第十六条海图和地理座标表,规定"1. 按照第七、第九和第十条确定的测算领海宽度的基线,或根据基线划定的界限,和按照第十二和第十五条划定的分界线,应在足以确定这些线的位置的一种或几种比例尺的海图上标出。或者,可以用列出各点的地理座标并注明大地基准点的表来代替。2. 沿海国应将这种海图或地理座标表妥为公布,并应将各该海图和座标表的一份副本交存于联合国秘书长。"

的国家行为,不仅履行了国际公约的义务,更重要的是体现了我国对这些岛屿的国家管辖,具有重要的国际法律意义和效果;还将有利于明确我国对这些岛屿的主权范围和管辖海域范围,为维权行动以及与有关国家的外交斗争提供更充分和明确的法律依据。反之,如果与我国有争议的国家采取了此类的法律举措,则将给我造成极大的被动局面。

此外,如果经过调查研究,发现我国可以在南海或东海提出更大的海洋主张管辖范围,即 200 海里之外大陆架,那么就必须在 2009 年最后期限到来之前,向联合国大陆架界限委员会提出划定局部海域的 200 海里之外大陆架最外部界限的申请。而这些海域的领海基线将是个必不可少的法律要件,是测算 200 海里之外大陆架范围的法定起算线。

3. 公布第二批领海基线也是完善我国海洋法律制度的需要

我国《领海基线声明》最后一款规定,"中华人民共和国将再行宣布中华人民共和国其余领海基线"。这是我们宣布新的领海基线的法律依据。及时研究并公布我国第二批领海基线,是贯彻实施《领海及毗连区法》的重要任务之一。只有尽快完善我国的领海基线,才能真正明确我国《领海及毗连区法》和《专属经济区和大陆架法》所规定的主权和各项管辖海域的范围,使各项法律制度得以有效实施。

4. 公布第二批领海基线的紧迫性

除了上述各方面考虑之外,从目前联合国网站上我国已公布并交存的部分领海基线图上看,相对于我国关于领土的的法律规定和主张的领土来说,我国已公布的领海基线显得比较少,特别是那些有争议岛屿均无领海基线。目前距离第一批公布的时间业已经过 10 年了,无论是从维护我国领土主权完整和海洋权益的实际需要出发,还是从维护我国负责任的国际形象角度出发,都有必要尽快公布我国的第二批领海基线。

(二)第二批领海基线具体建议

1. 关于具体领海基点的选定问题

可以直接采用台湾当局已经选定的并公布的在各岛屿上的基点作为我们拟公布的第二批领海基点。理由是,根据我国法律的规定,这些岛屿均属于我国领土,对我国的国家安全和海洋权益均具有重要意义,同时,还具备了技术上操作的便利。这样做,在国际法和国内法上均没有障碍;在政治上,对我国也没有任何不利影响。相反,如前所述,这将是从法律和政治上,对台湾当局,尤其是"台独"分子的一个有力打击。因此,宜选择适当时机予以公布。

　2. 关于具体领海基线的划定问题

　　尽管可以直接采用台湾当局已经公布的"领海基点"作为我们拟公布的领海基点,但是,对于由这些基点连接而组成的领海基线中的一部分基线应该作必要的修改。原因是,这些"领海基线"是根据台湾所谓的"领海及邻接区法"规定,采用直线基线与正常基线混合基线法来划定的,而根据我国《领海及毗连区法》第三条第 2 款的规定,我国领海基线"采用直线基线法划定,由各相邻基点之间的直线连接组成。"因此,需要先将台湾当局已经公布的所谓"领海基线"中采用正常基线的那部分基线修改为直线基线,然后才能予以公布。

(《动态》2006 年第 13 期)

关于韩国、日本经营苏岩礁和"冲之鸟"礁对我形成战略威胁的思虑和建议

高之国

2006 年我国维护海洋权益的形势喜中有忧。喜是是海上形势总体平稳,忧的是旧的海洋权益之争没有解决,新的矛盾和挑战又浮出水面。本文对近期在海内外引起广泛关注的苏岩礁和"冲之鸟"礁的有关权益和法律问题,尤其是对我国可能产生的长远战略影响提出若干分析和思考,供商榷。

一、东海的苏岩礁

东海面积约 77 万平方千米。我国坚持在该海域中按照大陆架自然延伸原则与日、韩两国划界,主张在东海的大陆架一直延伸到冲绳海槽中心线。韩国从其所处海区的自然地理特征和自身利益出发,在东海对日本主张自然延伸原则,在黄海对中国又主张"中间线"划界。日本则主张所谓的"中间线"原则,并且以钓鱼岛作为基点,单方面在东海划了一条所谓的"中间线",正逐渐对这条线采取和加强实际的控制。这是中、韩之间"苏岩礁"问题产生的海域划界政治形势的背景。

苏岩礁在地质学上属长江三角洲的海底丘陵,位于东海北部中、韩两国专属经济区的重叠区域内(北纬 32°07′22.63″,东经 125°10′56.81″),是一处水下暗礁,南北长 1 800 米,东西宽 1 400 米,离海面最浅处 4.6 米。苏岩礁距离中国最近的领海基点 132 海里,距韩国济洲岛 82 海里,距日本鸟岛 151 海里。

周边邻国觊觎苏岩礁由来已久。1938 年,日本曾企图在苏岩礁建立直径 15 米、高 35 米的钢筋水泥构造物。后由于太平洋战争爆发,日本的"先占"计划未能得逞。1951 年,韩国对苏岩礁进行了首次探查,为苏岩礁取名"离于岛"(I-EO-DO),并在暗礁上面铆钉了"大韩民国领土离于岛"的铜牌。自 1987 年起,韩国在苏岩礁上设立航路浮标,为日后的行动预留了伏笔。从 1995 年起,韩国在苏岩礁大兴土木,投资 212 亿韩元(约 2 亿元人民币),建造"韩国离于岛综合海洋基地"。2003 年 6 月该基地完工并投入使用,耗时 8 年,累计投资约 1 800 万美元。自此,韩国完成了长达半个

多世纪的处心积虑的先占计划,在苏岩礁的活动正式公开化。

　　"韩国离于岛综合海洋基地"位于苏岩礁水下高峰南侧 65 米处,为全钢结构的海上平台,高 76 米(其中水下 40 米,水上 36 米)、相当于 15 层楼的高度,重量 3 600 吨。基地平台水上部分为三层构造。顶层建有面积为 524 平方米的直升机停机坪,装有卫星雷达、灯塔、气象设备、太阳能电池等设施,下面两层为生活设施和码头。该平台基地设计和建设标准为能抗 24.6 米的大浪和每秒 50 米的大风,使用寿命为 50 年。韩国政府每年投入的维护费用约 7 亿韩元(73 万美元)。

　　平台上面有 8 名常住的"科研人员",15 天轮换一次。韩国海洋研究院的职员每年登岛 7~8 次,进行平台装备、仪器设备的维修保养与检查。平台上还有无人值守的监视、警报仪器,可以全天候监视附近海域,并对靠近基地的人员和船只发出警报。该基地建成后,韩国严禁外国人员登临,将其视为海上的领土。

二、台湾外海的"冲之鸟"礁

　　"冲之鸟"(日文为"沖ノ鳥島")位于我国台湾岛以东、琉球群岛以南海域,北纬 20°25′31″,东经 136°04′52″。"冲之鸟"实际上是一块珊瑚岩礁,在退潮时东西长 4.5 千米,南北宽 7 千米,周长 11 千米,高潮时整个礁石基本上都被淹没在海水中,只有"北小岛"和"东小岛"两块小礁石露出水面,高 1 米多,宽约 4.6 米,总面积不超过 10 平方米。"冲之鸟"礁周围拥有丰富的渔业资源,包括大量的鲣鱼、金枪鱼和墨鱼等,海底还有丰富的锰结核资源。

　　为了拯救和抢占这几块岩礁,防止其消失于水下,日本政府从 1987 年开始,斥资 300 亿日元,以钢筋、水泥等对该礁进行加固,在两块礁石的四周建起了一个直径 50 米的圆形钢筋水泥防护设施,并投资 8 亿日元定做了钛合金防护网。日本在水泥加固的礁盘上建有离海面约 7 米的三层海上观测平台,其中装备有测量标志、气象观测装置、直升机起降平台等设施。此外,日本政府还计划在附近的珊瑚礁上安装"GPS(全球定位系统)海浪观测计",以便监测海啸的发生。目前日本正在礁盘上实施人工造"岛"计划,开展珊瑚养殖的试验,借此自然繁殖珊瑚虫,防止"冲之鸟"礁被水淹没。

　　为了"维护日本领海和领土主权",日本政府将"保护主权经费"列入正常年度预算中。2006 年日本政府决定以官房长官牵头,国土交通省、农林水产省等部门密切配合,正式开展在"冲之鸟"的各项事业,主要措施包括在冲之鸟礁周围修缮观测设施,增设新的灯塔,强化周边海域的监视系统,增加海洋和气象调查设施,企图通过这些措施将"冲之鸟"的地位提升至战略高度。

　　为了以"冲之鸟"为领海基点扩大自己的"海洋国土"范围,日本政府已公布距本土约 1 700 千米的"冲之鸟"为其领土"四至"的最南端,并违反国际法和《联合国海洋法公约》(以下简称《公约》)的有关规定,单方面宣布"冲之鸟"享有200海里专属经济区的权利,非法划定了"冲之鸟"43万平方千米的专属经济区。此外,日本决定在2009年前重新勘测大陆架,将其外大陆架扩展至350海里的范围,而且划定了"冲之鸟"200海里专属经济区以外的两块外大陆架申请区域。

三、苏岩礁和"冲之鸟"礁对我战略影响的分析

苏岩礁及其附近海域自古以来一直是中国鲁、苏、浙、闽、台五省渔民活动的渔场。1880~1890年,苏岩礁的位置被明确标注在清朝北洋水师的海路图中。1963年,中国海军东海舰队和交通部测量大队对苏岩礁进行了新中国成立以来的首次精密测量。1992年5月,中国海军北海舰队海测大队以"北标982号"、"北标983号"两艘大型测量船和"青渔427号"、"青渔425号"两艘侦察船组成海上测绘编队驶赴黄海,完成了对苏岩礁海区的全面测绘。遗憾的是,我们并没有很好地利用历史和现实的基础,以适当的方式控制苏岩礁,形成对我有利的局面,或至少形成使外方无法掌控的情况。

"冲之鸟"礁与日本本土、我国台湾省和菲律宾的距离大体相当,尤其是它处于三国凹型海区的中心地位。"冲之鸟"周边的广袤海域原本是国际社会和沿岸各国可以自由利用的公海和国际海底区域(《公约》称之为"区域"),现在由于日本的无理"先占",使其成为日本主张的专属经济区和大陆架区域。

"冲之鸟"是涨潮时露出海面的两块岩礁,苏岩礁则是公认的暗礁,常年没于水下。根据《公约》第121条的规定,岛屿应是在涨潮时高于水面的自然形成的陆地区域,不能维持人类居住或其本身的经济生活的礁石,不应有专属经济区或大陆架。尽管日本在"冲之鸟"上搞了人工加固的水泥基础设施,韩国在苏岩礁上建造了人工平台,但这些均改变不了它们作为岩礁和暗礁的事实。可以断言,无论是"冲之鸟"还是苏岩礁,都不具备作为岛屿的基本条件,不是国际法意义上的"岛屿",更不具备主张专属经济区的条件。因此,在"冲之鸟"问题上,日本的立场是站不住脚的,也是不具有国际法效力的。

我国曾于2000年和2002年两次就韩方在苏岩礁修建海洋观测站问题向韩方提出交涉,反对韩方在两国专属经济区主张重迭海域的单方面活动。我国外交部也于2004年12月表明了中方在"冲之鸟"问题上的立场和态度:根据《公约》第121条的规定,岩礁不具备主张专属经济区的条件。但是中国的交涉和表态并没有达到有效遏止韩、日两国在苏岩礁和"冲之鸟"上变本加厉,进一步占领的态势和举措。韩、日占据和经营苏岩礁和"冲之鸟",对我国构成的影响和威胁可以归纳为以下几个方面:

第一,日本对"冲之鸟"的主张和作为,侵害了周边沿海国家和国际社会的海洋利

益。日本违反国际法和《公约》的有关规定,宣布"冲之鸟"作为其领土的基点,划定该礁周围200海里的专属经济区甚至外大陆架区域,并将这些区域与其所属的其他岛屿连接在一起,直接影响了太平洋西岸中国和菲律宾等国的海洋权益及其行使,也侵犯了国际社会在该海域的公海自由和对"区域"及其资源的权利。

第二,韩国在苏岩礁上建造海洋基地的举措,直接影响了中国的海洋权益和海上利益。苏岩礁位于黄、东海分界线上的中点位置,是我国东南沿海的心腹地带,横向扼我长江出海口,纵向卡我南北海上咽喉要道,在海洋政治地缘上具有"一夫当关,万夫莫开"的关键战略地位。苏岩礁不仅会影响到我国江苏、山东、浙江等省的渔业问题,黄、东海油气资源的开发、专属经济区和大陆架划界等一系列问题,还会涉及我国的海上安全,包括海防安全,海上通道安全,非传统安全等问题。总之,苏岩礁上韩国"综合海洋基地"对我构成的现实和潜在的安全威胁,是全面的和长期的,将会不断地显现出来。韩国是否会对苏岩礁提出主权和权益方面的主张,是我们应该高度警惕的另一个发展方向。

第三,韩国苏岩礁海上平台设施的存在,对我北海、东海两舰队的水面舰艇和潜艇的活动所构成的威胁或潜在威胁是不可低估的。韩国苏岩礁海上平台的存在,等于在我国黄、东海海上通道的十字路口上设了一个"岗楼"。我国南北、东西海上通道将在一定程度上受制于人。我国的过往船舶,尤其是军舰和潜艇的活动,有可能全天候地处于苏岩礁海上平台的监视之下。鉴于韩国是美国在东北亚除日本之外的另一个重要盟国,苏岩礁海上平台存在对我构成的威胁可能还会超出中韩两国关系之外。美国在特定或敏感时期,利用该平台及其设施对付我的可能性,也应引起我们的警觉和注意。

第四,韩、日占据苏岩礁和"冲之鸟",将会对我形成"准岛链"的负面效应。笔者曾在多个场合指出,从海域划界到地缘战略位置,中国是一个典型的"地理条件不利国"。西太平洋上有一系列大小不等、呈弧线型分布的岛屿紧紧地封锁着我国进出太平洋的门户,使我国及周边诸海实际上处于一种半封闭状态。这些弧型系列岛屿是:以日本和台湾为主的第一岛链;以关岛为核心的第二岛链和以夏威夷为中心的第三岛链。中国必须突破这三重岛链的封锁,才能真正冲出亚洲,走向大洋。韩国在黄、东海经营的苏岩礁和日本在台湾以东经营的"冲之鸟",恰似在第一、第二和第三岛链上的中心位置和三条岛链的中部之间打了两个加强桩,进一步巩固了三个岛链的结构和互应关系。更严重的是,苏岩礁位于我国大陆岸线和第一岛链之间,"冲之鸟"位于封锁我国的第一和第二岛链之间,因此,苏岩礁和"冲之鸟"实质上构成了针对我国的"0.5岛链"和"1.5岛链",使得我国冲破岛链封锁,走向大洋的努力雪上加霜。这样的一种情势和负面效应,可能是我们所始料不及的。

第五,日本控制"冲之鸟"打破了中国人走向太平洋的愿望。中国是一个沿海国家,但不是一个大洋国家,因为濒临我国的几大海域全部被岛链封锁。台湾是中国领土范围内唯一与外洋直接沟通的岛屿,是我国迈向大洋的唯一和最后门户。我们一直期待台湾回归以后,中国可以成为一个真正直面太平洋的海洋国家。但日本抢占"冲之鸟",并在其周围宣布200海里专属经济区后,我们这一愿望遇到了空前的挫折。即便台湾回归、祖国统一以后,台湾岛的正东面仍横亘着日本占据的"冲之鸟"及其专属经济区和大陆架,中国必须冲破这一本不存在的屏障,才能最终走向太平洋。因此,无论从长远还是战略的角度看,"冲之鸟"对中华民族在海洋上形成的挑战都是巨大的和一时难以估量的。这一挑战不仅是物质上的,而且也是精神上的。它可能会在中国人的心理留下在海洋上永远冲不出去的阴影和暗示。

第六,"冲之鸟"在战略和军事上的意义也是不言而喻的。除了对我形成"1.5岛链"的效应外,"冲之鸟"不仅扼守西北太平洋战略通道,而且平时可以用作监视侦听我军事活动的基地,战时可以作为前出阵地使用。它的存在对加强美日共同防御协定也有一定的积极意义。另外,"冲之鸟"还可能成为我使用非和平手段解决台湾问题时,需要考虑和顾及的不利因素。更重要的是,将来祖国统一以后,西方敌对势力仍然可以利用"冲之鸟"这个环节,把被拆断了的第一岛链再连接起来,对我重新形成一条冲不破的岛链封锁线。

四、结论和建议

一个时期以来,我国的海洋权益不断遭受海上邻国的蚕食和侵犯。出于稳定周边、和平外交大局的考虑,我们对海洋权益,甚至历史上的一些海洋权利,很少有主动宣示的行动,而周边国家却在利用此一机遇积极扩大管辖范围,不断强化实际控制,造成了我们在维护海洋权益方面的损失和被动。我们在一些海洋权益问题上采取的"绕着走"的做法,其负面影响正开始显现。

本文述及的苏岩礁和"冲之鸟"及其对我战略影响,不仅说明我们在维护海洋权益方面缺乏长远的战略眼光和谋划,也说明我们在新一轮的"海洋圈地"运动中,又处于进退两难的被动境地。对于苏岩礁和"冲之鸟"问题对我形成的挑战和影响,提出以下建议:

第一,军队和地方有关部门应进一步深入研究韩、日经营苏岩礁和"冲之鸟"对我国家安全形成的威胁和长远战略影响;

第二,有关业务部门应采取切实有效的政策和措施,同韩、日两国据理交涉,维护我国的海洋权益和本地区共同的海洋利益。

第三,采取统一协调步骤,切实防范苏岩礁和"冲之鸟"情势向不利于我的方向进一步恶化。

我国在维护海洋权益问题方面面临着新的挑战。如何既要维护我国的海洋权益,又要稳定周边海洋形势,已是我们无法回避和必须回答的一个重要的现实和战略问题。我们必须在构建和谐海洋和捍卫正当权益的过程中探索一条新路!

(《动态》2006 年第 15 期)

2004年我国周边海上形势综述

贾　宇　焦永科　吴继陆

2004年,我国周边海上形势呈现出"总体平静,北热南缓"的总体态势。一方面,我国同周边国家海洋合作与交流进一步拓展,与东盟及东盟各国的政治关系更加密切,海上形势总体趋稳。另一方面,主权和资源争夺依旧。朝韩在黄海大陆架上悄然开钻;日本与我国的油气开发和钓鱼岛主权之争聚焦东海;南海周边国家继续搞主权造势,巩固既得利益;西方势力也进一步涉足南海,海上通道安全问题凸显。

一、国际社会积极实践《联合国海洋法公约》

奠定现代海洋法律制度基础的《联合国海洋法公约》(以下简称《公约》),自1994年生效以来,随着批准、加入的国家不断增加,其普遍性不断得到增强,至今《公约》已有147个缔约国,有119个国家加入了《执行＜公约＞第十一部分的协定》。

外大陆架问题越来越被国际社会所重视,成为国际海洋法领域又一个新的热点问题。大陆架界限委员会已经受理了俄罗斯、巴西、澳大利亚提出的外大陆架划界申请,阿根廷、新西兰、冰岛、南非等国正在积极准备,有望在2005年提出申请。美国国会虽然还没有批准加入《公约》,但也已开始勘测大陆架。印度专门成立了海洋开发部,负责大陆架勘测。我国周边海上邻国如韩国、日本、越南、菲律宾、马来西亚等,都在积极进行准备,加紧进行外大陆架的勘探工作。

国际海底管理局已经走过了10个年头。目前正在进一步制订有关深海海脊多金属硫化物和海山富钴结壳的探矿和勘探规章,并加强了国际海底海洋科学、深海环境研究、深海生物基因的国际合作研究工作。

二、中越北部湾划界和渔业协定正式生效

北部湾是中越两国之间的一个半封闭海湾,面积约12.8万平方千米,是我国大西南的海上通道,油气资源丰富,也是中越两国的传统渔场。2004年6月30日《中越北部湾领海、专属经济区和大陆架的划界协定》正式生效。双方根据公认的包括《公约》在内的国际法原则,在充分考虑北部湾所有情况的基础上,按照公平原则,划分了

中越在北部湾的领海、专属经济区和大陆架的界线,取得了划归双方海域面积大体相当的公平结果。《协定》还明确了对跨界油气资源和其他矿藏资源开发,以及生物资源养护利用等事项的合作原则。

同时生效的《中越北部湾渔业合作协定》,设立了"共同渔区"、"过渡性安排水域"和"小型渔船缓冲区"三种性质不同的水域,分别作出生产和管理的规定,一定程度上减缓了北部湾划界对现有渔业活动的影响,实现了渔业资源的合理分配。

北部湾划界是中国与邻国谈判划定的第一条海上边界,是中越两国适应新的海洋法律制度,公平进行海洋划界和渔业资源分配与管理的成功实践。两个协定的签署生效符合两国和两国人民的共同利益,有利于中越两国海上边界的稳定和北部湾地区的长治久安,为本地区的海洋划界树立了典范,有助于增进中国与周边国家的相互信任,推动中国与周边国家关系的健康发展。

三、南海形势相对平稳,资源争夺暗中较力

2004 年,南海形势相对平稳,我国与周边国家在海洋领域的交流与合作有所发展。中国与印度尼西亚、马来西亚和菲律宾等国达成了在海洋政策、海岸带管理、海洋资源开发、海洋环境保护与保全、海洋科研调查、海洋观测与防灾减灾、海洋与海岸研究及其相关领域的培训教育与信息交换等方面开展合作的意向,为落实《南海各方行为宣言》率先垂范,展示了中国作为负责任的地区大国的国际形象。

与此同时,一年来周边国家不断强化海上实际管控,持续加大海洋资源的开发力度,袭击、抓扣、枪击我国渔民和渔船的事件时有发生。越南、马来西亚、菲律宾、印度尼西亚和文莱等国在我"断续国界线"内的钻井多达 1 000 多口,每年开采油气 5 000万吨以上。越南继续对其非法侵占的我国岛礁进行移民、加强基础设施建设、进行旅游观光等开发活动,企图利用南海相对稳定的局势,巩固和扩大既得利益,为将来的争端的解决增加筹码。

周边国家在持续加强开采南海油气资源的同时,不同程度地加强与美英等西方大国的合作。利益多方化和争端的国际化,使南海问题的解决面临日益复杂的局面。

四、东海形势一波三折,日本态度趋于强硬

近年来,日本政府采取了一系列行动以强化对钓鱼岛的实际控制。3 月 30 日,日本众议院安全保障委员会通过"有关保全日本领土"决议案,要求日本政府加强对钓鱼岛的警备。我海洋调查船在钓鱼岛附近海域正常作业,遭到日本海上保安厅的阻挠和强行驱赶。3 月下旬,7 名中国民间保钓组织人员登上钓鱼岛,随即遭日本海上保安厅扣留。

日本防卫厅内部制订了防御西南诸岛的行动计划。该计划不仅将中国的钓鱼岛

包括在内,而且决定当西南诸岛有事时,防卫厅除派遣战斗机和驱逐舰外,还将派遣陆上自卫队和特种部队前往防守。

2004 年 5 月以来,日本借"春晓"油气田开采设施建设挑起事端,其主要媒体大肆渲染。日本政府设立了"海洋权益相关阁僚会议",内阁高官更乘坐海上保安厅飞机在"春晓"油气田上空"视察",继而租用挪威海洋调查船前往日单方主张的中间线日方一侧进行调查。同时,日本加快了对其外大陆架的全面调查,勘测的范围竟把中国领土钓鱼岛、中国的部分大陆架和专属经济区包括在内。

中国和日本在东海划界问题上存在争议,双方尚未进行海域划界。中国的油气公司在中国近海进行作业活动,完全是属于中国主权范围内的事情。日本上下如此大动干戈,说明资源之争将成为继历史问题、钓鱼岛问题之外,影响中日关系的第三个不稳定因素。日本加强对钓鱼岛的实际控制也表明,中日摩擦正逐渐向军事领域蔓延。

五、朝韩争抢黄海资源,划界压力陡然增大

一直比较平静的黄海在 2004 年也成了有关国家角力的舞台,朝鲜、韩国不断强化对争议海域油气资源的勘探开发。朝鲜在北黄海钻井十余口,钻井平台已经越过中朝实际控制线,进入中方一侧。朝方平台上武装人员甚至对在该海域正常巡航、监视的中国海监执法船舶开火,表现出不同既往的强硬态势。

中韩之间签署了渔业协定,但还没有进行海洋划界。7 月,韩国石油公社与韩国地质资源研究院合作,租用挪威籍大陆架石油勘探船,在黄海大陆架进行地质地形调查和钻探作业。勘探海域距离韩国全罗北道群山的直线距离 250 多千米,面积达 1.1 万多平方千米。韩国海洋警察部门还派出警用船只在有关海域进行巡逻。

韩国石油公司是韩国政府投资企业,负责韩国在国外和国内的石油资源开发和调配。韩国石油公司宣布在黄海大陆架勘探石油,应视为韩国政府的决断。在中韩两国尚未就海域划界达成一致的情况下,即使按照韩国单方面的划界主张,勘探海域也涉及了中国的大陆架,侵犯了中国的海洋权益。

韩国在争夺黄海油气资源的同时,暗中为中韩之间的海洋划界做准备。韩国海洋调查和发展研究所在苏岩礁上建起了现代化的智能海上观测平台,有直升飞机起降平台和现代化的观测和通信设备、动力装置以及各种生活设施。苏岩礁位于黄海与东海交界处,距济州岛 81 海里,距长江口 133 海里,地理位置特殊,战略地位重要。韩国在此修建观测平台,悬挂国旗,显然不仅仅是出于科研的目的,而且含有为中韩海洋划界预布棋子的政治意蕴。

另外,朝韩在军事分界线附近海域时有交火,为半岛紧张局势频添变数。

六、美日联手加紧对中国的海上围堵

近年来,美日联手加紧对中国进行海上围堵的趋势日益明显。美军现有各种侦察船约50多艘。在台湾"大选"期间,美军把近一半的侦察船调查集到了东亚海域,对海峡两岸、特别是大陆军队的一举一动加强侦察和监视。美国太平洋舰队两艘航母也在"5·20"前后游弋于台湾附近海域。在台湾"大选"期间,日防卫厅制定了一项向冲绳派遣7 200名自卫队队员的计划,以应对台海两岸可能出现的军事冲突,并对美军干预台海冲突起到支援作用。此外,台湾当局与新加坡、菲律宾建立准军事同盟关系的"敦邦计划",一旦台海生变,菲律宾和新加坡可能成为台军后撤和反击的据点。

美国改变其对中日钓鱼岛主权争议不持立场的态度,开始染指钓鱼岛。2004年美日政治军事磋商会宣称,两国已就在钓鱼岛驻扎美军问题达成基本共识。由于钓鱼岛主权一直是中日两国政治关系中的敏感问题,因此未来中日战略关系走势在一定程度上会受到钓鱼岛因素影响,也会因为美国的强行介入产生较为复杂的前景。作为驻日美军战略大调整计划的组成部分,美国已提出与日本自卫队共同使用冲绳美军嘉手纳空军基地的建议,同时还要求日本向美军开放台湾附近的下地岛作为军事基地。事实上,驻冲绳美国海军的军用直升机和加油机已经在下地岛机场着陆。

美国在距离中国台湾与大陆最近的岛屿部署兵力,意在显示美军在亚洲的前沿存在,对中国实施战略包围。美台军事关系的跃升和日台在台湾问题上暗通款曲助长了台独势力的恶性发展,增加了祖国统一的变数,使台湾问题成为美日围堵中国的筹码。

七、海洋通道安全问题浮出海面

近年来,海盗活动和恐怖主义交织在一起,恐怖主义活动日益向海上扩散。全世界90%的贸易靠海运,33%的海运经过东南亚水域。南海和马六甲海峡既是重要的国际航道,也是中国海洋运输和石油安全的生命线。长达800千米的马六甲海峡,每天有900艘船只通过,已经成为世界上最繁忙的水道。由于马六甲海峡底部多暗滩和沉船,因此船舶在此需放慢航速,使这一地区成为世界上海盗活动猖獗的海域之一。现代化的高科技设备使海盗和海上恐怖主义活动更加严重地威胁海上通道的安全,马六甲海峡每年因海盗活动造成的直接损失已达160亿美元以上。

美国一直以维护马六甲海峡海上航运安全为名要求在海峡沿岸国驻军,表示愿意派遣海军陆战队和特种部队进驻马六甲海峡,搭乘高速舰艇进行巡逻,以协助那里的反恐斗争。此举将控制南海的咽喉要道,立即遭到海峡沿岸国印度尼西亚和马来西亚的反对。

马来西亚、印度尼西亚和新加坡三国于 2004 年 6 月达成一致,将在马六甲海峡进行联合巡逻,以打击海盗和防范恐怖袭击。7 月 20 日,三国海军舰船组成的巡逻队举行海上阅兵,宣布三国在马六甲海峡联合巡逻行动开始。此举既是三国打击海盗和反恐的需要,也是马六甲地区国家反对美国干涉马六甲海峡事务的具体体现。

八、周边各国加强海上力量,海上军演此起彼伏

进入 21 世纪以来,周边国家纷纷开始重新审视自身的安全环境,并对传统军事战略做出相应转变。韩国海军开始建造作为未来主力战舰的 KDX - 3 型驱逐舰,并在 2007 年建成两艘能搭载垂直起落战斗机的万吨级轻型航空母舰。此举标志着韩国的"蓝水海军"已经全面驶向大洋,将对东北亚地区军事态势布局产生深远变化。印度尼西亚海军的发展已取得了在南海局部海上优势和对马六甲海峡一定的制海权,最近又购买了一批 F - 16 战斗机,改装了购自美国的驱逐舰,又从韩国买进数艘快速巡逻艇,从英国、荷兰、德国购入一些其它船只。近年来,越南大量压缩陆军数量,加速发展海空军力量,采取了以海空军为重点的"品质建军"。印度政府已经正式确立了"大国海洋发展战略",加紧实施"印度洋控制战略"。印度曾是亚洲唯一的装备过两艘航母的国家,2004 年印度又与俄罗斯签署了购买"戈尔什科夫元帅"号航空母舰和 28 架米格—29K 战斗机等武器装备的军事协定,总价值达 15 亿美元。此外,印度还希望从俄罗斯租赁两艘核潜艇和 4 架能投放核弹的轰炸机,以便在 2005 年保有 3 个航母编队的庞大阵容。印度正在加强海军远洋进攻能力建设,致力于建立一支既能控制印度洋又能出征太平洋的海军。

军事演习已经成有国家显示武力,进行国际较量和加强国家间联系的的重要手段。2004 年,周边国家纷纷亮相军演舞台。6 月,由美国海军主持,日本海上自卫队及其他 6 国参加的 8 国环太平洋年度联合军事演习在夏威夷海域举行;7 月,美国海军在西太平洋海域举行了一场代号为"夏季脉动 - 2004"的海上大规模军事演习;8 月,韩美在韩国境内举行了代号为"乙支焦点透镜 2004"的年度联合军事演习;9 月,来自澳大利亚、英国、马来西亚、新西兰、新加坡等国的武装部队在南海举行了一次海上反恐演习,以应对这一地区海上交通线所面临的潜在威胁;11 月,日美两国海军在日本海域悄然举行了一场绝密联合军演;12 月,斯里兰卡和印度两国海军在科伦坡附近海域举行了两国历史上首次联合海军演习。

从 2002 年开始,我国军队开始有选择地参加双边和多边联合军事演习,以拓宽中国与有关国家安全合作的领域。先后与上海合作组织成员国、印度、巴基斯坦、英国、法国等进行了多次联合军事演习,包括反恐、反走私、缉毒、海上搜救等多个非传统安全领域。

九、印度洋海啸教训惨痛

12月26日,一场大海啸横扫东南亚、南亚,包括印度尼西亚、泰国、印度在内的7个亚洲国家和1个非洲国家受到重创。沿海国家开始高度重视海洋灾害预警系统和相关救助设施的建设。

联合国教科文组织早在1965年就成立了国际海啸情报中心。世界上一些发达国家拥有先进的光纤视觉监测体系,先进的预警系统可以大大降低海啸引发的损失。但印度洋周围国家尚未建立官方海啸早期预警系统,没能在苏门答腊岛附近海域发生地震后及时向国民发出海啸预警。这次特大天灾暴露了全球海洋灾害预警系统及国际合作的缺乏,引起了有关国家的重视。

各国对受灾国的救援和赈灾既是人道主义的体现,也是综合国力和国际影响力的角逐,折射了当今世界国际秩序的复合结构,是对东南亚区域合作的检验和考验。东亚赈灾峰会的举行表明,东南亚的区域合作将在应对非传统安全等危机管理方面深化和拓展。

我国是世界上海洋灾害最严重的国家之一。2004年中国共发生风暴潮、赤潮、海浪、溢油等海洋灾害155次,造成直接经济损失约54亿元,死亡、失踪140人。中国是一个多地震国,海啸并不多见。但我国的海洋监测部门仍然与太平洋海啸警报中心保持着密切的联系,定期报告有关的海洋环境数据,能够有效地预警海洋灾害,组织防灾、减灾。

十、国际海洋事务和海洋法的发展

2004年国际海洋管理、海洋法的发展进程加快。《公约》生效已进入第10个年头,《公约》的普遍性有所加强,已有147个国家加入了《公约》、119个国家加入了《执行协定》。联合国关于海洋和海洋法的非正式磋商涉及了一些新的领域,重点讨论了"可持续的海洋新用途",包括国家管辖范围以外地区的海底生物多样性的养护和管理等问题。外大陆架划界、海洋科学研究等方面国家实践的增多,提出了《公约》的回顾与修改问题,期待着现代国际海洋法律制度的发展和完善。

与此同时,美国正在尝试变革海洋管理政策。作为一个海洋大国和海洋强国,美国一向非常重视海洋管理。在20世纪70年代就率先提出了海洋和海岸带综合管理的概念,在海洋管理、开发和利用方面取得了显著成效的同时,美国一直在尝试更加有效的海洋和沿岸管理方式。2000年成立的海洋政策委员会提出,要用基于生态系统的新型管理方式,充分考虑海洋与陆地、大气以及包括人在内的所有生物间的复杂关系,满足海洋可持续开发和利用的要求。2004年美国海洋政策委员会拟订了《美国海洋政策报告》,对美国海洋管理政策重新进行了彻底全面的评估,提出了新的国家海洋政策框架。主要包括强调提高海洋管理能力、增强海洋意识、提高对海洋资源的利用和保护等。报告并建议增设国家海洋委员会及加入《公约》。

展望 2005 年,和平与发展依然是国际社会的两大主题。亚太地区海上形势大体上还会沿着对话与缓和的方向发展,但影响海上安全的不稳定因素依然存在。围绕黄海的海洋资源争夺和中日关于钓鱼岛和东海划界之争将会继续发展。因此,"南部趋缓、北部升温"的态势难有大的改观。美日联手对中国的遏制将继续给中日东海岛屿权属之争、台海局势增加变数,需要高度关注和加强研究。此外,南海问题和域外势力对本地区事务的渗透和插手,以及日益严峻的海上通道安全问题,依然是影响我国周边海上形势的主要因素。

（《动态》2005 年第 1 期）

周边国家在南海的石油开发概述

李明杰　丘　君

南海周边除我国外,还有越南、菲律宾、马来西亚、文莱和印度尼西亚 5 个国家。这些国家从 20 世纪 50 ~ 60 年代就开始在南沙周边的大陆架进行油气勘探和开采活动,严重侵犯了我国的海洋权益。本文对南海周边国家在南沙海域附近的油气勘探、开采情况作一简要介绍,提出我国南海油气资源开发的对策建议,供有关部门参考。

一、南沙海域油气资源概况

南海面积约 350 万平方千米,其中我国传统断续国界线以内的海域面积约 187 万平方千米。整个南海的石油地质储量没有准确的统计数据,但据有关资源显示,仅南沙海域油气储量就大致在 230 亿至 ~ 300 亿吨(油当量)。根据国际上公开的资料与我国近年来海上油气勘探情况来分析:在石油储量方面,南沙海域为我国近海总和的 3 倍,天然气为 15 倍;从实际产量看,南沙累计产油 6.1 亿吨,是中国近海石油总产量的 3.5 倍,天然气 4875 亿立方米,是中国近海天然气总产量的 15 倍(表 1)。

表 1　南沙海域油气探明储量与我国近海油气资源量对比

类别	南沙海域		中国近海	
	石油(亿吨)	天然气(亿立方米)	石油(亿吨)	天然气(亿立方米)
储量	14.8	40847	4.75	2609
产量	6.1	4875	1.75	325

资料来源:中国海洋政策图集,国家海洋局,2003 年 12 月。

南沙海域油气田主要集中在曾母盆地、文莱—沙巴盆地、万安盆地等盆地内。南海周边国家在南海南部进行了大量油气勘探工作,到 20 世纪 90 年代末,已钻井千余口,多道地震 120 万千米,发现含油气构造 200 多个,油气田 180 个(油田 101 个,气田 79 个),其中在我国断续国界线内有油气田 53 个(油田 28 个,气田 25 个)。

曾母盆地面积 18.324 万平方千米(15.9 万平方千米在我国断续国界线内)。

1954 年以来,外国石油公司与马来西亚、印度尼西亚公司在曾母盆地内已完成地震测线 21 万千米,钻井 270 多口,到目前为止已发现 15 个气田和 50 多个含气构造,以产气为主,其中 F6、L-2X、Jintan 三个气田储量均在 8 500 亿立方米以上,D-阿尔法气田 13 000 亿立方米。从 1984 年以来我国在曾母盆地完成二维地震 1.070 4 万千米。估算油气资源当量 177 亿吨。

文莱—沙巴盆地面积 9.43 万平方千米,属于我国断续国界线范围为 3.256 万平方千米。近 30 多年来,文莱、马来西亚通过招标与国外公司合作,完成了大量地震及钻井工作,到目前已发现 60 多个油气田和含油气构造,23 个油气田投入开发,其中有 20 个油气田在我国传统断续国界线范围内,估算油气资源当量约 80 亿吨。我国在该盆地尚未进行任何油气调查工作,对该盆地油气地质条件知之甚少,尚不能对该盆地作出正确评价。

万安盆地面积 8.501 万平方千米,在我国断续国界线内 6.3 万平方千米。"七五"期间以来我国在万安盆地系统地开展了综合地球物理调查和油气地质研究。从 1989—1993 年四个航次对该盆地在我国断续国界线内海域完成多道地震 1.5 万千米,重力 1.2 万千米,磁力 1.5 万千米,发现 55 个局部构造。目前外国公司在万安盆地完成超过 10 万千米地震工作,发现 108 个局部构造,钻井 89 口,在 36 个构造上有油气显示,其中获油气产出的有 6 个含油构造,10 个含气构造(大熊油田、兰龙油气田、红兰花气田、西兰花气田、飞马含油气构造、向日葵含油气构造、Ca Cho)和在 11-2 区域上的 3 个含油气构造(西钻石含油气构造、海兰宝石含油气构造、Moc Tinh 含油气构造等),估算油气资源当量 30 亿~50 亿吨(表 2)。

表 2　南海中南部主要新生代沉积盆地及其油气资源储量

盆地	南海断续国界线内资源量(亿吨)	南海断续国界线外		总油气量(亿吨)
		资源量(亿吨)	国家名称	
曾母盆地	224.16	76.78	越、印尼、马	300.94
文莱-沙巴盆地	36.6	77.13	文、马	113.73
万安盆地	67.8	29.37	越、印尼	97.17
巴拉望盆地	3.08	17.11	菲	20.19
万安北盆地	2.92	8.54	越	11.46
礼乐滩北盆地	12.34			12.34
日积盆地	10.14			10.14
郑和盆地	5.17			5.17
安渡滩盆地	5.1			5.1

续表

盆地	南海断续国界线内资源量(亿吨)	南海断续国界线外		总油气量(亿吨)
		资源量(亿吨)	国家名称	
华阳南盆地	3.44			3.44
礼乐滩北盆地	1.33			1.33
合　计	372.08	208.92		581

二、周边国家在南沙海域的石油开采情况

南海周边国家凭借其靠近南沙海域的地理优势,从 20 世纪 50 年代后期开始在该海域的油气调查工作。20 世纪 60 ~ 70 年代掀起了第一个勘探高潮,从 80 年代起形成开发高潮。文莱、马来西亚依靠开采南沙海域的油气资源,使其油气产业成为本国的支柱产业,印尼更是成为石油输出国组织(OPEC)的第 9 大产油国。

(一)越南

越南的石油勘探活动开始于 20 世纪 60 年代,在前苏联的援助下越南在北部大陆架进行勘探。到了 20 世纪 70 年代末,越南开始在南沙海域分块招标,先后发现了白虎、大熊和龙 3 个油田,1986 年白虎油田投产。20 世纪 80 年代后,越南公布了所谓的"领海声明",妄图把我国西沙群岛和南沙群岛作为越南的领土,并颁布了"外国投资法",抓紧大陆架上的石油勘探和生产。经过 40 多年的勘探,获得了大量的地震、地球物理学、地质数据,并在有油气远景的 50 个区域发现了 18 个油气田。

目前,越南石油公司已经同 50 多个石油天然气公司签定了 37 个生产分成合同,1 个业务合作合同,7 个联合开采合同,投资总额超过 40 亿美元。现在还有 25 个石油合同有效,6 个油田和 1 个气田生产石油和天然气,并计划再投产 8 个油气田。2001 年越南已经达到年产 12 500 万桶原油和 610 亿立方英尺的天然气。到 2005 年预计产量可以达到 17 000 ~ 18 000万桶油当量的水平。

虽然中越已经就北部湾签署了划界协定,但中越之间在南海中南部海域仍存在较大的争议区。越南的海上油气区有一部分侵入到了我国南海断续国界线内。1988 年发现的大熊油田位于万安盆地我断续国界线内。1992 年我与美国克里斯通能源公司签定的万安北－21 区块勘探合同,后因越南阻挠致使合同不能执行。越南却不顾中方反对,1993 年与美孚石油公司在万安滩附近进行油气勘探。1994 年 4 月,越南在万安滩以西的蓝龙滩(Blue Dragon Block),授权美孚石油开采;9 月越南宣布将万安滩以西的向日葵及兰花(Sunflower and Orchid)区授权与英国石油公司开采。2003 年 5 月底,越南与挪威合作,开始在北部湾进行油气勘探活动。越南海军派出 4 艘船

只加强勘探区域的值班巡逻,为油气勘探活动提供保障服务。2004年10月越南石油公司公开对共计6万平方千米的海上9个油气区进行招标,其招标区侵入我断续国界线内22 000平方千米。目前这一非法招标活动正在进行中,我应密切关注,及时研究应对措施。

(二)菲律宾

菲律宾的石油开发活动始于20世纪70年代。1972年,菲颁布了《石油勘探和开发法》,以立法的形式保护和规划油气开采业。自1976年在巴拉望岛西北部海域发现石油以来,菲律宾相继在近海发现了多个油气田,特别是南沙东侧的巴拉望岛附近海域,现已成为菲律宾油气的主要生产地。

1978年菲律宾将我国南沙附近共计24万平方千米的海域划为卡拉延区域。2004年3月,菲律宾石油公司公开对外进行石油招标,其中93 034平方千米面积位于中国传统海疆线以内。

(三)马来西亚

马来西亚的石油开采活动开始于20世纪初。1950年,随着海上石油开采技术的日趋成熟,石油开发商的注意力开始转移到海上。1954年马来西亚在沙捞越州进行了首次海上勘探,1962年发现两处含油海域。马来西亚1974年颁布了石油开发法,成立国家石油公司统管国家石油资源,并在该法第二条明确规定,马来西亚国家石油公司独家拥有对马来西亚石油和天然气资源的勘测、开采及经营的权利。

马来西亚的海上油气开采全部位于南海海域,1966年7月28日马来西亚公布《大陆架法》,并将曾母盆地、文莱、沙巴盆地作为对外合作勘探开发的重点,其划出的招标区,侵入我断续国界线20.5万平方千米。截止到2002年,共有37个油田和19个气田投产,其中位于南沙海域附近的有21个油田和13个气田,有部分油气田位于我断续国界线内。

(四)印度尼西亚

印度尼西亚是一个传统的产油国,从19世纪末期就已经开始开采石油资源。二战后,随着大油田的不断发现和脱离荷兰的统治获得独立,印度尼西亚石油和天然气业逐渐成为国家的支柱产业,2003年其原油日产量突破100万桶,在OPEC中排在第9位;天然气产量在OPEC排第2位,2003年出口油气价值96.85亿美元。

纳土纳群岛附近的大陆架蕴藏着丰富的石油和天然气。据印尼国家石油公司公布的数据显示,2002年,纳土纳群岛附近海域石油储量为4.075亿桶,占印尼全国储量(97亿桶)的5%,天然气54.8万亿立方英尺(1立方英尺=0.0283立方米),占印尼全国储量(176.6万亿立方英尺)的31%。印尼在南海(含纳土纳群岛海域)正在执行中和延长的石油合同就达到8个,2003年已经结束的合同达到14个,2002年新增加在纳土纳群岛的招标区 1 个。

印尼一直称与我国在南海没有海域的争端,但在 2003 年印尼与越南签定的纳土纳群岛大陆架划界协定时,其最终划定的大陆架界限侵入我南海断续国界线约 3.5 万平方千米。

（五）文莱

文莱既是东南亚第四大产油国,又是世界第四大天然气生产国。1929 年打出第一口油井并开始商业化生产。20 世纪 50 年代开始在海上勘探石油,1963 年第一个海上油田建成投产。目前文莱石油产量的 90% 和几乎全部的天然气产自海上油田。2000 年以来,文莱日产原油稳定在 20 万桶左右,日产天然气在 3 000 万立方米左右。从 20 世纪 80 年代我国就从文莱进口石油,2000 年进口额为 6 135 万美元,2002 年增加到 2.42 亿美元。

文莱政府近年来积极寻找陆上和海上的油气资源。2001 年年初,文莱政府将位于我断续国界线内约 1 万平方千米海域公开招标。法国 TotalFinaElf、英国 BHP Billition 以及 Amerada Hess 三家外国组成的集团中标 Block J 区（面积 5 020 平方千米）,Shell CONOCO 和日本的 Misubishi 公司中标 Block K 区（面积 4 944 平方千米）,严重侵犯了我国的海洋权益。

（六）小结

南海周边国家在南沙附近海域的油气勘探与开发活动侵入到我国传统断续国界线内,严重侵犯了我海洋权益。马来西亚是侵入我南海断续国界线范围最大的国家,1969 年与印尼签订的大陆架协定侵入我断续国界线 320 千米,其公布的大陆架界限部分已超出 200 海里范围,海上油气招标区大部位于我断续国界线内,侵入我断续国界线 20.5 万平方千米。文莱不仅对我南通礁提出主权要求,而且其海洋石油开采区大部分在我断续线,面积约 3.5 万平方千米。菲律宾和越南分别于 2003 年和 2004 年公布的石油招标区,也侵入我断续线 3.5 万千米和 2.2 万平方千米。

根据相关国家公布的海上油气区资料计算,周边国家累计已侵入我国断续线约 39 万平方千米（表 3,附图 1）。

表3 南海周边国家石油开采侵入我断续国界线表情况

国家	侵入我断续国界线面积 （万平方千米）	备 注
越 南	2.2	对我西沙南沙提出主权要求,多次对我南沙油气勘探进行阻挠和干扰,2003年与印尼大陆架协定侵入我断续国界线,2004年石油招标区侵入我断续国界线
菲律宾	9.3	非法将我南沙部分海域划为"卡拉延区域",2003年公布油气招标区侵入我断续国界线内
马来西亚	20.5	1969年与印尼的大陆架协定侵入我断续国界线,其公布的大陆架界限部分已超出200海里范围,海上油气招标区大部位于我断续国界线内
文莱	3.5	文莱主张200海里专属经济区并对我南通礁提出主权要求,在我断续线内有2块石油招标区
印尼	3.5	1969年与马来西亚大陆架协定、2003年与越南大陆架协定侵入我断续国界线
合 计	39.0	

资料来源:根据相关国家公布的油气区计算所得。

三、对策建议

（一）应尽快制定统一的南海战略规划

长期以来,我国一直缺乏一个明确的、统一的南海政策。我国提出"搁置争议,共同开发"的建议已有20余年,这一积极的政策得到了周边国家欢迎和国际舆论的好评。令人遗憾的是在实际工作中,我们始终没有研究和制定出具体的实施方案,结果是搁置争议没有实现,共同开发停留在口头上。周边国家一方面表示同意与我国探讨共同开发南海资源,另一方面又不断在我南海断续国界线以内海域开发海上油气,造成单方面开发的既成事实。因此,目前亟需制定一个统一的南海政策,包括政治、军事、外交、资源开发等各方面,形成国家处理南海问题明确的、可操作的政策,以点带面,全面推进南海油气资源的共同开发。

（二）对海洋油气业进行政策扶植

由于国家政策的限制,我国在南沙争议海域的油气开发几近空白。虽然中海油前几年在海上做了大量的勘探工作,但多数限于我国近海大陆架,较陆上石油工业相比,特别是在目前与周边国家存在较大争议的情况下,南沙海域石油勘探和开发具有更大的风险和不确定性。没有国家明确的政策支持,企业势必缺乏开发南沙油气资

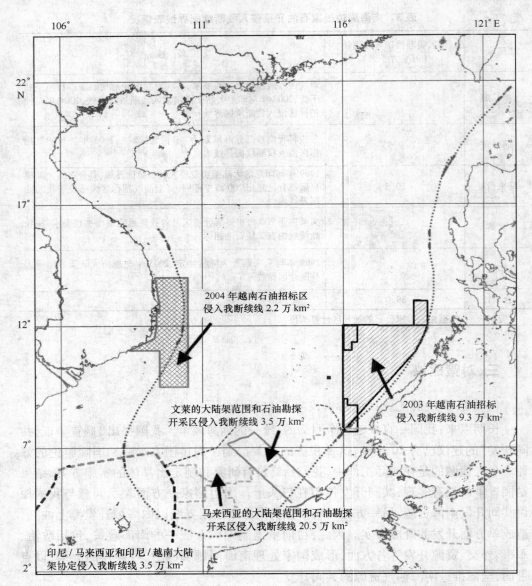

制图 国家海洋局海洋发展战略研究所 2004 年 12 月

附图 1. 周边国家海上油气区及侵入我断续国界线范围示意图

源的动力。因此国家需尽快制定南海海洋油气开发相关政策,鼓励和推动我国石油企业与周边国家联合开发油气资源。周边国家在南沙的油气开采业,大多数是与外国石油公司联合进行或公开进行区块招标,我国一方面可以鼓励国内石油企业参股国外石油公司已经在南沙的石油项目,争取更多的"发言权"和"决策权";另一方面也可以突破现有政策限制,让国内企业参与到周边国家在南海的油气招标。

（三）以海南为基地开发、利用南海油气资源

南海周边国家石油炼化和深加工能力不够,在南沙附近海域开采的原油大部分用于出口。日前经海南省政府通过的《海南省海洋经济发展规划》提出在海南建设油气勘探开发支持产业和加工利用业,争取2010年建成一批具有世界一流水平的炼油和石油化工企业。因此,将海南建成为中国南海油气综合开发基地,充分利用南海特别是南沙附近的油气资源,既可为海南未来的油气工业提供丰富的原料,又可避免经马六甲海峡进口中东石油的海运风险、降低运输成本。

总之,全球和我国石油资源供应日趋紧张,油价上涨和运输费用的增加已经给我国经济发展带来了一系列的影响。南沙附近海域油气资源丰富,可满足我国经济发展对油气资源的需求,又可以省去大部分运输费用,同时也可以避免长距离海上运输带来的风险。我国在南沙海域与周边国家的争议,对我国开发南沙的油气资源既是一个不利因素,同时又是我国争取在该区域开发油气资源的一个有力的武器。南海油气资源勘探与开发始维护南海权益的重要举措,因此,南沙海域的油气资源应是我国开发陆地和近海以外油气资源的首选。

（《动态》2005年第5期）

2003 年我国周边海上形势综述

贾 宇 吴继陆 焦永科

2003 年亚太地区和世界形势都处于复杂而深刻的变化之中,和平与发展仍然是时代的主题。较之国际舞台的风云变换,亚太地区海上形势有所改善,基本走势趋向缓和,但不稳定因素依然存在。

首先,亚太地区国家通过制定国家海洋发展战略和规划、发展海洋科技、进行双边或多边合作等多种方式,加强海洋综合管理。其次,我国周边海上形势依然存在不稳定因素。朝韩海空军事对峙,并时有交火。朝鲜半岛核危机成为亚太地区乃至国际上最大的不稳定因素之一。日本以所谓"租借"的方式,加强对我国固有领土钓鱼岛的实际控制。《南海各方行为宣言》签署一年来,虽然一定程度上缓解了南海地区的紧张局势,但有关国家对南海岛礁和资源的侵占和争夺一刻未停。与此同时,大国势力继续渗透和插手本地区事务,海上军演、军备、军售有增无减。美国军事调查船继续到中国近海进行军事海洋学调查。

2003 年我国周边海上形势的发展和变化有如下几个方面。

一、《联合国海洋法公约》的普遍性得到加强

1994 年生效的《联合国海洋法公约》(以下简称《公约》)为人类开发利用海洋的活动提供了基本的法律框架,奠定了现代海洋法律秩序。自生效以来,《公约》的普遍性不断增强,至今已有 145 个国家批准或加入了《公约》。《公约》设立的三个国际机构的工作也都取得了积极进展。国际海洋法法庭自 1996 年设立以来已受理 11 起案件,为和平解决海洋争端以及解释和适用《公约》的规定发挥了积极作用。大陆架界限委员会已就审议沿海国 200 海里以外大陆架界限的申请以及提供科学和技术咨询意见准备就绪,并已审议了俄罗斯提出的首例沿海国外大陆架的申请。国际海底管理局在与七个先驱投资者签订了多金属结核勘探合同后,正积极制订多金属硫化物和富钴结壳新资源勘探规章,并加强了国际海底海洋科学研究工作。

2003 年底,美国参议院外交委员会就美国加入《公约》举行了两次听证会。资深议员、国务院、军方及海洋、矿业、环境、航运、渔业等各界代表都强烈支持并敦促参议

院尽快加入和批准《公约》。听政会指出,《公约》提供了稳定与可预测的国际海洋法律制度,强化了美国作为海洋大国的目标,加入《公约》将巩固与加强美国在国际海洋事务和未来海洋法发展方面的领导作用。听政会认为,《公约》与美国国内有关法律基本一致,加入《公约》有助于美国更好地保护海洋环境与管理海洋资源,巩固并扩大美国的边界与安全,保证美国军事力量使用世界海洋,以满足国家安全和商业船队进行航运的需要。

二、各国重视海洋发展战略和规划

5 月 9 日,我国务院发出通知,批准实施《全国海洋经济发展规划纲要》(以下简称《规划纲要》)。《规划纲要》的发布和实施是中国在海洋综合管理方面的一大突破和重要举措。作为第一个宏观政策性指导文件,《规划纲要》首次明确地提出了"建设海洋强国"的战略目标,提出了我国海洋经济发展的指导原则与发展目标、海洋产业发展方向与布局,以及加强海洋资源和环境保护及应该采取的措施等。

韩国继 1996 年整合成立海洋部后,2003 年又发表了国家海洋战略——《韩国海洋 21》。韩国的"海洋战略"提出在 21 世纪"通过蓝色革命增强国家海洋权利"。《韩国海洋 21》设定了 3 个基础目标,一是提高韩国领海水域的活力;二是开发以知识为基础的海洋产业;三是坚持海洋资源的可持续开发。为了有效地实现这个目标,《韩国海洋 21》还设立了由 100 个具体计划组成的 7 个特定目标。该战略内容丰富、规划全面,将对韩国未来海洋开发产生积极影响。

三、中外海洋双边合作不断加强

2003 年,中俄、中印、中菲等国积极开展双边海洋合作。5 月 27 日,中俄两国政府签署了《关于海洋领域合作协议》。该协议涵盖了海洋政策与立法、海岸带综合管理、海洋生态环境保护、海洋学研究与海洋技术、防灾减灾与海洋服务、大洋合作、极地合作等所有海洋工作的主要领域,是一个综合性的海洋合作协议。

6 月 23 日,中国国家海洋局和印度政府海洋开发部在北京签订了中印两国在海洋科技领域的谅解备忘录。这是中印两国签署的第一个海洋领域的双边合作协定。根据谅解备忘录,两国在海岸带综合管理、海底资源勘探与开发技术、极地科学、海洋能源、天然气水合物勘探与开发技术、海洋资源评估、海藻养殖及加工以及卫星海洋学等领域开展合作。

8 月 31 日,正在马尼拉访问的中国全国人大常委会委员长吴邦国与菲律宾国会领袖会面时提出,中国、菲律宾及其他有主权争议的东南亚国家,可以联合开发南沙群岛蕴藏的石油,菲律宾方面对此表示同意。11 月 11 日,中国海洋石油总公司宣布,已与菲律宾国家石油勘探公司签署意向,共同勘探开发南海的油气资源。根据已签署的意向,双方同意组成联合工作委员会,对位于南中国海适于油气勘探开发的可能区域进行甄选。与此同时,双方同意共同拟定方案,对选定区域的相关地质、物探和其他技术数据资料和信息进行审查、评估和评价,以便最终确定该区域的含油气前景。

该协定的签署,标志着南海石油资源的共同开发实现了"零"的突破,充分体现了中国与周边国家外交关系"与邻为善、以邻为伴"的外交政策。中菲双边共同开发的实质性进展,其意义远远超出了双边协议本身,对南海周边国家合作开发具有重要的示范和借鉴意义。

四、海峡两岸合作勘探开采海上石油

中国海洋石油总公司(CNOOC)与台湾中油公司(CPC)曾于1996年签订了《台南盆地和潮汕凹陷部分海域协议区物探协议》。该协议于2000年执行完毕,在协议区域发现了7个具有油气前景的构造盆地。双方专家经过研究,一致认为有进一步勘探开发的前景。2003年5月16日,中国海洋石油总公司和台湾中油公司在台北签订了《台南盆地和潮汕凹陷部分海域合同区石油合同》。这是海峡两岸石油界合作的又一里程碑,标志着两家石油公司的合作开始进入实质性勘探阶段。

五、政府间和学术研讨会推动了解与合作

2003年,关于海洋事务的政府间和学术研讨会不断开展,既推动了国家间的相互理解与信任,同时也表现为各国海洋权益之争的又一个战场。东南亚国家联盟区域论坛(ARF)在2003年6月18日第十届会议通过了"合作打击海盗行为和其他对海洋安全的威胁的合作声明",表示各国将采取具体合作措施来打击海盗和其他海洋罪行。与会者同意建立区域性合作法律框架,来打击海盗和持械抢劫船舶的行为。日本已采取行动与亚洲区域其他十五个国家密切合作拟订一项亚洲防海盗的区域合作协定。

学术研讨会就政府间尖锐对立的问题进行了非官方方式的研讨。2003年12月在美国檀香山召开了"专属经济区军事及情报搜集活动法律问题"国际研讨会。这是就该议题召开的第三次会议,由美国东西方中心主办,我国有代表与会。此次会议除讨论专属经济区基本制度、专属经济区军事及情报搜集活动的指导原则外,新增加了美国提出的"防扩散安全倡议"(PSI)在专属经济区的适用问题。从会议的研讨情况看,亚太地区有关国家在专属经济区军事利用的法律问题上存在较大分歧。"南海潜在冲突研讨会"召开了第13次年会,这是加拿大国际开发署(CIDA)停止资金资助之后,南海周边国家召开的第三次研讨会。会议主要讨论了研讨会今后的发展方向,已通过项目的实施和资金来源问题。会议原则通过了菲律宾提出的巴拉望生物多样性

考察和中国提出的南海数据库项目实施的建议。

六、海洋权益和资源之争依然尖锐

海洋领土主权之争一直是海洋权益斗争的核心。2003年,我国周边海上国家关于海洋领土和海洋资源的争夺继续以不同的形式进行。

（一）黄海

朝鲜半岛核危机成为2003年影响亚太地区乃至世界的不稳定因素之一。较之于1999和2002年两个军事交火高峰年份,2003年朝韩两国在黄海海域的海上武装冲突次数不多。但是,尽管双方只在海上实际控制线——"北方限界线"附近偶发短暂交火事件,也使本已紧张的朝鲜半岛局势平添变数。

（二）东海

2003年12月25日,中日两国在日本东京举行了第十四次海洋法问题磋商。中方重申了钓鱼岛及其附属岛屿自古以来就是中国固有领土的原则立场。双方主要就东海专属经济区和大陆架划界问题及其他共同关心的海洋法问题交换了意见。

钓鱼岛主权归属是中日之间多年悬而未决的争议。2003年,日本继续强化对钓鱼岛的实际控制。继"租借"北小岛、南小岛与钓鱼岛3个无人居住的小岛之后,经日本海上保安厅同意,8月25日,东京右翼团体"日本青年社"成员再次登上钓鱼岛,并在岛上展示日旗、修建灯塔。

针对日本日益加剧的对我国领土钓鱼岛的侵占行为,中国民间"保钓"团体成立。12月26日至28日,"全球华人保钓论坛"在厦门召开,会议通过了《保钓宣言》,正式成立了"中国民间保钓联合会（筹）",负责协调全球华人保钓行动。中国民间"保钓"团体的成立,标志着全球华人保钓行动翻开了新的篇章。

（三）南海

《南海各方行为准则》签署以来,通过中国增信释疑的努力和各方之间的交流与对话,南海紧张局势在一定程度上有所缓解。2003年6月,全国人大常委会决定加入《东南亚友好合作条约》,使中国成为东南亚地区以外第一个加入该条约的大国,表明中国与东盟之间的政治互信加深,合作水平进一步提高,有利于中国与东盟关系长期稳定发展,有利于巩固中国良好的周边环境,有利于共同维护本地区的和平与稳定。

但是,南海的局势并不平静,有关国家继续进行"主权"造势活动。越南多次派遣军政高级代表前往南沙视察,并于4月9日举行了"解放南沙"28周年纪念大会。菲律宾继续实施"卡拉延移民工程",并于4月举行"设立卡拉延市25周年"纪念活动。菲还借口"保持原状",擅自移走中国在南沙群岛上放置的写有中文的标志物。马来西亚则加强了在弹丸礁的旅游活动。

与此同时,各国加紧油气资源开发活动。越南与挪威开始和组派勘探北部湾的油气资源。马来西亚加大勘测力度,掠夺我石油资源,建立油气平台和钻井平台,加强石油开采设备的购置。

8月14日台湾当局"内政部长"余政宪前往南沙太平岛视察,并举行一等卫星控制点设置动土典礼。这是台湾当局第一位"内政部长"踏上南沙。当天中午,余政宪又前往距离太平岛2海里的中洲岛,插旗宣示"主权"。越南对台湾当局的活动提出抗议交涉,并威胁使用武力。

2003年,在南海发生的侵犯我海洋权益的事件主要是:越南和印尼秘密签定大陆架划界协定,协定界限侵入我"九段线"约35 000平方千米。我国对越南和印尼大陆架划界协定侵犯我海洋权益问题提出了交涉。

七、国际司法解决海洋争议在南海走上前台

传统上东方国家更倾向以双边谈判解决争议,通过国际法院解决主权归属争端对东方国家而言意义非常。2003年的两个案例则说明相关国家的态度已经开始转变。

印度尼西亚和马来西亚。两国于1997年5月31日在吉隆坡签署"特别协议"(Special Agreement),同意将里格滩岛(Pulau Ligitan)和斯帕丹岛(Pulau Sipadan)主权归属问题提交国际法院解决,双方于1998年9月30日共同申请国际法院开始审理里格滩岛和斯帕丹岛主权归属案。2001年3月13日,菲律宾向法院申请参加该案的审理,由于菲律宾的申请与里格滩岛和斯帕丹岛的主权归属无关,国际法院于2001年10月23日驳回菲律宾的申请。在充分考虑争端岛屿历史背景、双方提交的关于对1891年条约第4款不同解释、缔约双方延续行为、有效占领等因素之后,国际法院于2002年11月17日,以16票赞成、1票反对,做出判决——里格滩岛和斯帕丹岛主权归属马来西亚政府。

马来西亚和新加坡。2003年7月,马来西亚与新加坡共同通过国际法院处理关于对Pedra Branca/Pulau Batu Puteh, Middle Rocks和South Ledge的主权的争端。法院裁决新加坡在进行海洋工程时应适当注意对海洋环境的影响。法院的裁决将对该地区的海洋权益主张产生影响。

八、频繁军演引人关注

过去的一年,各种形式的海上军事演习和军事协作活动频繁,引人注目。亚太地区的主要海上军事演习有8次12个国家之多,如:韩美"秃鹫"野外机动军事演习;美菲"肩并肩2003联合军事演习";美、日、韩、泰、新加坡、印度"合作对抗雷－03";日美"年度演习12G";美俄"海上协同－03";俄日北海道军事演习;北俄印(度)海军联

合演习等。

此外,10 月 22 日,中国和巴基斯坦海军在东海海岸的长江口水域举行代号为"海豚 0310"的联合搜救军演。演习内容涉及了消防、海上搜救、通信、反恐、联合编队等项目。此次军演是中国海军首次与外国海军举行的联合军事演习,引起各方关注。2003 年 11 月 10 日至 14 日,印度海军三艘军舰在上海访问,并于 14 日在上海外海的东海海域与中国海军进行"搜救"演习,主要是进行海上搜救的联合演习,处理海上突发事件成为本次演练的主要目的。这是中印历史上第一次联合海军演习,也是继中巴演习后的中国海军第二次与外军演习,同样引起外界高度关注。

越南、菲律宾和马来西亚等国继续强化战备活动,加强对南沙岛礁的实际控制,加强巡逻和对无人岛礁的管控、加紧海洋勘测和完善战场建设。

美、日、澳等国继续推进其在南海的军事存在。美国加大对东盟的军事援助;日本先后派遣军事官员和军舰访问新加坡、越南和菲律宾;澳大利亚派遣军事官员访问印尼和越南,并向菲律宾出售新型搜救艇。印尼、马来西亚、越南从俄罗斯采购先进的战机和导弹;菲律宾接受了美国和泰国捐赠的战机。

九、周边国家外大陆架调查掀起高潮

2003 年 11 月,日本政府成立大陆架调查对策室,协调 10 个与海洋开发事业相关的团体,组建了"日本大陆架调查公司",投入 1000 亿日圆(约 9.17 亿美元),对日本大陆架的地形、地质情况进行全面勘测,计划在 2009 年 5 月之前,向联合国提交有关日本大陆架的详细勘测资料。如果日本能够将目前的大陆架向外延伸至 350 海里处,日本就有望解决困扰其发展的资源问题,大幅提高综合国力。据悉,日本这次大陆架勘测的范围主要包括日本东部、东南部太平洋上的小笠原诸岛、南鸟岛、冲之鸟岛以及中国领土钓鱼岛、日本与韩国有争议的竹岛(韩国名为独岛)周围的 9 个海域。这几个海域面积共约 65 万平方千米,相当于日本国土面积的 1.7 倍。

韩国在 1996 年组建海洋部以后,就着手进行大陆架的调查工作。整个专项历时 7 年,总投资 223 亿韩元,约合 2.2 亿元人民币。主要调查内容包括水深、地磁、重力、海底测量等项目,目的在于为海洋划界和开发提供必要的基础性数据。

此外,菲律宾、越南也在积极进行外大陆架勘测和申请的准备工作。日、菲、越的勘测和可能申请的区域,有可能侵入我国管辖海域范围。

十、海上非传统安全问题浮现

近年来,"安全"的概念发生了质的变化,其内涵和外延在不断地发展和扩大,非传统安全问题日益成为影响国际安全形势的主要因素之一。亚太地区的海上安全形势也面临海上恐怖活动、海盗、小规模武器走私、非法毒品贩运、偷渡等非传统安全问题的严峻挑战。南海海盗活动的日益猖獗严重威胁着本地区的海上安全。1998年以来,南海每年发生的海盗案至少在10宗以上,而油轮最易成为海盗攻击的目标。近年来,我国已经成为继美国、日本之后的第三大石油进口国,其中90%以上依靠海上油轮运输,大约需要35艘大型油轮,南海航道是必经之地。2003年,我国石油进口超过了9 000万吨。到2010年,估计超过50%的石油来源将依赖进口。海上通道安全问题日益成为影响国家安全的因素之一。南海日趋频繁和严重的海盗活动加重了海上安全的不稳定因素,同时也对我国的海上通道安全构成威胁,应该引起更多的关注和重视。

回顾2003年,我国周边海上形势总体走势趋向缓和,但有关国家外松内紧,海权角逐暗流涌动,彰显海洋权利的方式多变。各国均以各种方式巩固"既得利益",同时采取措施以期争夺更多海洋资源。

展望2004年,随着《联合国海洋法公约》普遍性的不断加强,美国有望于年内加入《公约》,此举将会对《公约》的实施产生新的影响。周边国家开始更重视以外交和法律途径解决海洋争端。我国周边海上形势的发展大体上还会继续走向对话和缓和,但影响海上安全的不稳定因素依然存在。朝核危机、中日东海岛屿权属之争、以岛礁主权和海洋资源争夺为焦点的南海问题,以及西方大国势力对本地区事务的渗透和插手,依然是影响我国周边海上形势的主要因素。另外,不断增加的海上非传统安全和我国海上通道安全问题,也应该引起我们的注意和重视。

（《动态》2004年第1期）

台湾地区"领海基点基线"简介

李明杰

20 世纪 90 年代以后,台独势力极力推行所谓"主权外交"。1998 年,台湾当局借"98 国际海洋年"之际,制订所谓"领海及邻接区法"、"专属经济海域及大陆礁层法",并于次年公布了第一批领海基线。按照国际法原则,确定和公布领海基点属于国家主权范围内的事务。台湾作为中国的一个省,不具有这项权利。但对这些所谓的"基点基线"本身的研究对有关部门在适宜的时机公布台湾岛附近的领海基线具有一定的参考作用。

本文着重介绍台湾当局公布的领海基线的情况,并就其影响做简要分析,以供参考。

台湾地区由台湾本岛及澎湖群岛、中沙群岛、东沙群岛、南沙太平岛等 80 多个附属岛屿组成,面积 36 000 平方千米,海岸线总长 1 823.5 千米。台湾当局于 1998 年公布"领海及邻接区法"及"专属经济海域及大陆礁层法",规定领海宽度为 12 海里,并于 1999 年 2 月 10 日公布了第一批领海基线,包括台湾本岛及附属岛屿、东沙群岛、中沙群岛、南沙群岛,其中南沙群岛待以后公布。

台湾公布的领海基线采用正常基线与直线基线相结合的混合基线法,包括台湾本岛及附属各岛 22 个基点,其中钓鱼列岛采用正常基线法;东沙群岛 4 个基点,采用混合基线法;中沙群岛为正常基线法(详见图 1 和表 1)。

表1　台湾公布的第一批领海基点情况

区域	基点编号	基点名称	地理坐标		终点编号	基线种类	长度（海里）	
			经度（E）	纬度（N）				
台湾本岛及附属岛屿	T1	三貂角	122°00.00′	25°00.60′	T2	直线基线	T1 – T2	28.60044
	T2	棉花屿1	122°05.80′	25°28.80′	T3	正常基线		
	T3	棉花屿2	122°05.80′	25°29.00′	T4	直线基线	T3 – T4	8.55525
	T4	彭佳屿1	122°04.50′	25°37.50′	T5	正常基线		
	T5	彭佳屿2	122°03.90′	25°37.80′	T6	直线基线	T5 – T6	36.34257
	T6	麟山鼻	121°30.40′	25°17.70′	T7	直线基线	T6 – T7	26.37092
	T7	大堀溪	121°05.40′	25°04.20′	T8	直线基线	T7 – T8	5.64351
	T8	大牛栏西岸	121°00.65′	25°00.55′	T9	直线基线	T8 – T9	109.06024
	T9	翁公石	119°32.00′	23°47.20′	T10	直线基线	T9 – T10	25.44951
	T10	花屿1	119°18.20′	23°24.80′	T11	正常基线		
	T11	花屿2	119°18.20′	23°24.00′	T12	直线基线	T11 – T12	4.51883
	T12	猫屿	119°18.80′	23°19.50′	T13	直线基线	T12 – T13	9.08103
	T13	七美屿	119°24.40′	23°12.00′	T14	直线基线	T13 – T14	74.20399
	T14	琉球屿	120°20.90′	22°19.10′	T15	直线基线	T14 – T15	42.43907
	T15	七星岩	120°48.90′	21°45.45′	T16	直线基线	T15 – T16	45.31627
	T16	小兰屿1	121°36.10′	21°56.70′	T17	正常基线		
	T17	小兰屿2	121°37.10′	21°57.00′	T18	直线基线	T17 – T18	44.21066
	T18	飞岩	121°31.00′	22°41.00′	T19	直线基线	T18 – T19	48.03938
	T19	石梯鼻	121°30.53′	23°29.20′	T20	直线基线	T19 – T20	62.22611
	T20	乌石鼻	121°51.10′	24°28.70′	T21	直线基线	T20 – T21	7.55850
	T21	米岛	121°53.70′	24°35.90′	T22	直线基线	T21 – T22	14.33555
	T22	龟头岸	121°57.30′	24°49.90′	T1	直线基线	T22 – T1	28.60044
	–	钓鱼台列屿	–	–	–	正常基线		
东沙群岛	D1	西北角	116°45.45′	20°46.16′	D2	直线基线	D1 – D2	3.71493
	D2	东沙北角	116°42.13′	20°44.16′	D3	正常基线		
	D3	东沙南角	116°41.30′	20°41.92′	D4	直线基线	D3 – D4	6.85578
	D4	西南角	116°44.80′	20°35.78′	D1	正常基线		
中沙群岛	–	黄岩岛	–	–	–	正常基线		
南沙群岛	在我国传统U形线内之南沙群岛全部岛礁均为我国领土，其领海基线采直线基线及正常基线混合基线法划定，有关基点名称、地理坐标及海图案公告。							

注：①1999年2月10日台湾当局以"台八十八内字第0六一六一号令"公告

　　②资料来源：http://www. land. moi. gov. tw/landfaq/page_03_04_2. htm

　　③两点间直线基线长度为本文作者在ArcView地理信息系统软件量算的数据，因缺乏大比例尺资料，正常

　　　基线长度无法精确计算。

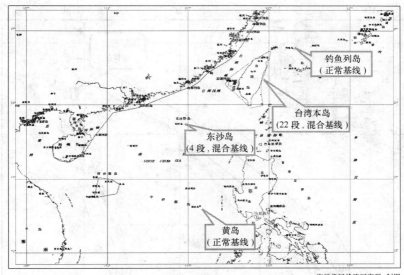

海洋发展战略研究所　制图

图1　台湾当局公布的"领海基点"情况示意图

台湾本岛的领海基线共计22段,其中19段为直线基线,3段正常基线,分别位于棉花屿(T2－T3)、花屿(T10－T11)、小兰屿(T16－T17)(详见图2)。

在直线基线中,小于24海里的6段,24～48海里的8段,48～100海里的3段,100海里以上1段。最长的直线基线位于台湾岛西北面的大牛栏西岸(T8)至翁公石(T9)段,长达109海里;最短的直线基线为花屿2(T11)至猫屿(T12)段,长4.5海里。全部直线基线平均长度为34.475海里(详见表2)。

表2　台湾本岛"领海基线"分析

类　别	项　目	数　量	比　例%
直线基线	小于24海里	6	33
	24海里－48海里	8	44
	48海里－100海里	3	17
	100海里以上	1	6
	小　计	18	100
	最　长	109.06024(T8－T9)	
	最　短	4.51883(T11－T12)	
	平　均	34.47513	
正常基线	5(台湾岛4条,钓鱼列岛1条)		

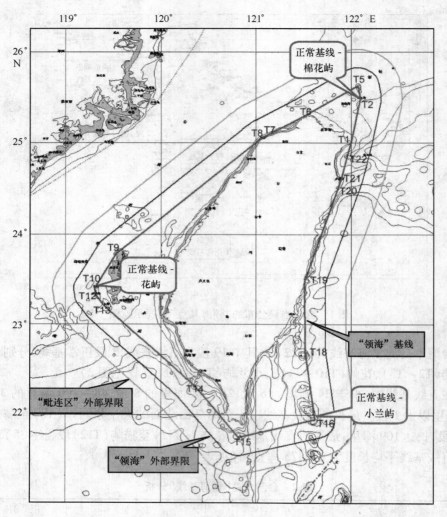

海洋发展战略研究所　制图

图 2　台湾本岛"领海基点"示意图

东沙群岛是南海四大群岛之一,位于北纬 20°33′~21°10′N,东经 115°54′~116°57′E
之间,由北卫滩、南卫滩、东沙环礁和东沙岛组成,分布百余平方千米。最大岛为东沙
岛,外形如马蹄,东西长约 2 800 米,南北宽约 860 米,陆地部分约 1.74 平方千米,岛
西侧有一个泻湖。

　　由于南卫滩、北卫滩均是水下珊瑚礁,因此东沙群岛只有东沙环礁和东沙岛能够

作领海基点。东沙群岛共 4 个基点,采用混合基线法,2 条直线基线和 2 条正常基线(详见图 3)。

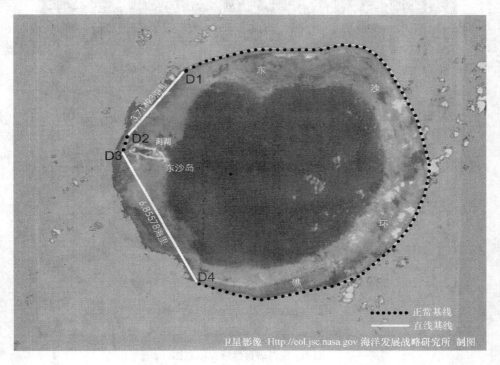

图 3　东沙环礁及东沙岛的领海基点示意图

中沙群岛位于我国南海中部 15°24′ ~ 16°15′,东经 113°40′ ~ 114°57′分范围之间,由 30 多个岛、礁、滩、沙组成,仅黄岩岛露出水面。

黄岩岛位于中沙群岛东部,距东沙环礁 170 海里,西沙永兴岛 300 海里,菲律宾海岸 120 海里,是一个呈三角型的热带环礁,面积大约 130 平方千米。黄岩岛仅有北岩、南岩等几块礁石露出水面(如图 4 所示),根据《联合国海洋法公约》,黄岩岛不具备岛屿的条件,不能享有 200 海里专属经济区,仅可拥有 12 海里的领海和 24 海里的毗连区。以黄岩岛为中心,24 海里为半径计算的面积大约为 6 200 平方千米。

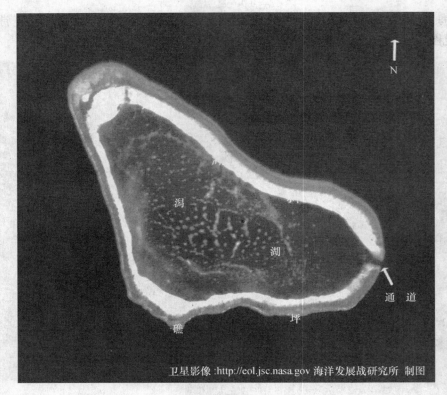

图4 黄岩岛自然情况示意图

因为缺乏准确的测绘资料,黄岩岛和钓鱼列岛准确的基点坐标并未公布。

(《动态》2004 年第 5 期)

清代统一台湾的历史经验

杨金森

300多年前的清代初期,中国遇到台湾统一问题;三百年后的今天,现代中国又重新遇到这个问题。清代的台湾问题是郑成功反清复明、收复台湾,郑氏集团的后代占据台湾、要把台湾变为"外国"造成的。现在的台湾问题是国民党退守台湾、准备反攻大陆,演变到今天的台独势力要把大陆和台湾变成"一边一国"造成的。这里有很多相似之处。台湾对于中国的长治久安具有战略意义,过去是这样,今后也是这样。台湾问题是国家统一的根本性问题,台湾的地位问题不能谈判。台湾是中国领土,台湾的"郑经乃中国之人",这也是不能改变的。台湾的大多数人,不会永久叛离自己的国家。台湾问题跨世代拖延不利,拖的世代越多,台湾的后代人对中国的认同感越差。解决台湾问题要立足于"抚",但是,必须实行"因剿寓抚"的战略方针,没有"剿",和平统一是不可能的。军事实力是基础,在郑氏的水师比清朝的水师强大的时候,统一是不可能;以战逼和,消灭郑氏集团的主力,是郑氏集团投降的前提。清代统一台湾经历很长时间,有许多经验教训,今天可能还有借鉴意义。这些经验在今天不一定都有用,写在这里,仅供参考。

一、朝廷对郑成功的招降活动

清代建国初期,郑成功的父亲郑芝龙被朝廷诱降,郑成功坚决不从,长期在东南沿海地区进行反清复明的斗争。

最初,朝廷的方针是设法招降郑成功。"郑成功骚扰沿海,本应剪除,……朕念郑芝龙久经归顺,其子弟即朕之子,何忍复加征剿。若成功等来归,即可用之海上,何必赴京。今已令郑芝龙作书宣布朕意,遣人往谕郑成功与其弟郑鸿逵。如执迷不悟,尔等即进剿。若芝龙家人回信至闽,成功、鸿逵等果发良心,悔罪过,尔即一面奏报,一面遣才干官一二员,到彼审察,归顺得实,许以赦罪授官,听驻原地,不必赴京。"

为了招降郑成功,顺治十年五月十日(1653年6月10日),朝廷封郑芝龙为同安侯,封郑成功为海澄公,郑鸿逵为奉化伯,郑芝豹为左都督。朝廷命郑芝龙遣家人招抚郑成功,郑成功则将计就计,趁机派人至福建各地征饷,而清朝官员听之任之。十一月五日(12 月 4 日)朝廷再发敕书给郑成功,封为海澄公及靖海将军,准其率军驻漳州、潮州、惠州三府,及海上查课洋船税钱。顺治十一年二月(1654 年 1 月),浙闽总督刘清泰,遵照皇帝旨意,再遣人招降郑成功。郑成功以没有地方安插部下为词,不同意。至此,朝廷已经五次招降,五次都没有被郑成功接受。

顺治十一年六月二十五日(1654 年 8 月 7 日),郑芝龙请示朝廷,要其次子郑世忠与朝廷使者同往郑成功处劝降。朝廷同意了,并派学士叶成格等与郑世忠赴闽劝降。这是第六次劝降活动。郑成功降清的条件是,"不剃法","不上岸"。这在当时是一个十分重要的原则问题。这就意味着在政治上不接受清朝的制度,而且要屯扎东南沿海地区,继续反清复明活动。朝廷在这种原则问题上是不会让步的,驳回郑成功的要求,命其速剃发归降。顺治十一年八月二十四日(1684 年 10 月 4 日),清廷招抚郑成功使臣到泉州,郑世忠往返泉州、厦门之间,促使郑成功与清使于十月十七日(11 月 25 日)在平安镇议和。郑成功并无剃发投诚之意,不降之心已决,谈判未能成功。谈判代表上奏朝廷,建议"整顿军营,固守汛界,勿令逆众登岸,骚扰生民,遇有乘间上岸者,即时发兵扑剿。"

二、武力削弱郑成功的实力

朝廷多次招抚郑成功,均未成功。朝廷已经失去招抚的信心,决定采取强硬的征剿办法统一福建沿海地区。顺治十一年十二月十六日(1655 年 1 月 23 日),朝廷调派八旗兵进军福建。这时,郑成功的势力很大,部队也有所增加。郑成功把部队改为72 镇。朝廷与郑成功之间,在福建、浙江沿海地区展开了比较激烈的争夺。例如:郑成功一方面占据沿海岛屿,一方面向浙江、福建沿海地区进攻。顺治十二年(1655年),郑成功在浙江、福建沿海地区的活动很频繁,陆续攻占了舟山等重要海岛和沿海地区。十一月三日(11 月 30 日),郑成功围困舟山。舟山清朝守军投降郑成功。舟山失守后,朝廷命宜尔德为定海大将军,率军前往宁波,会同总督屯泰、巡抚秦世祯、提督田雄、总兵张杰等,准备收复舟山。顺治十三年八月二十三日(1656 年 9 月 30日),清军渡横水洋,开始收复舟山。经过几天的战斗,郑成功的部队失败,清兵攻下舟山。

经过一段时间的准备,顺治十三年六月十六日(1656 年 8 月 6 日),朝廷做出决策,决定用海禁的办法困死郑成功。朝廷要求浙江、福建、广东、江南、山东、天津的地方官员,立即实行海禁政策,禁运物资,禁止人员来往,禁止海上贸易活动。"海逆郑成功等至今尚未剿灭,必有奸人暗通线索,贪图厚利,贸易往来,资以粮物,若不立法严禁,海氛何由廓清? 自今以后,各该督抚镇着申饬沿海一带文武各官,严禁商民船只,私自出海,有将粮物与逆贼贸易者,不论官民,奏闻正法,货物入官。其该管地方文武各官,不行盘诘擒缉者,皆革职,从重治罪。地方保甲或通同容隐,不行举首,皆论死。凡沿海地方可以容湾泊登岸口子,各该督抚镇俱严饬防守各官设法拦阻,处处严防,不许片帆入口。其防守怠玩,致有疏虞者,即以军法从事,该督抚镇一并议罪。"

顺治十四年正月十二日(1657年2月25日),清军在福州府高齐、陆路、大漳河口、侯官县及泉州大营、乌龙江、惠安县卫套、闽安镇诸处,击败郑成功军。三月二十二日(4月25日),朝廷下令浙江福建的总督、巡抚、总兵官等一意捕剿郑成功,不必迟回瞻顾,必灭此贼以彰国法。朝廷调拨山东、河南、江西、山西四省官兵5 000名,前往东南沿海。后来又调直隶、山东、河南、山西、江西五省兵5 000名,共足1万之数,携家口赴浙江,增强海防力量。不久又从江西抽调3 000兵丁前往福建。

在进攻浙江、福建的同时,郑成功率兵10万人大举北伐,开始进攻江南地区。顺治十六年七月四日(1659年8月21日),郑成功率军攻江宁(今南京)。这时,大江南北有24县投降郑成功。郑成功派张煌言驻守芜湖。七月八日(8月25日),朝廷命内大臣达素为安南将军,同索洪、赖塔等率清军往江宁援助清军,合攻郑成功。郑成功全军有战船数千,兵力10余万,自江宁仪凤门登陆,屯驻岳庙山,城外连下八十三营。安设地雷大炮,密布云梯、木栅,欲久困江宁。又在上江下江以及江北等处,分布战船,阻截要路。朝廷方面,苏松水师总兵梁化凤率马步兵3 000余人至江宁,巡抚蒋国柱也调发苏松督等部兵力近2 000人抵达江宁。七月二十三日(9月9日),清军自仪凤、钟阜二门出城,与围城郑军激战。这一天是郑成功生日,其部下诸将卸甲饮宴,清兵侦知,总兵梁化凤率领1 000多骑兵冲营,被郑成功击退。次日,夜五鼓,清军又由水陆两路出击,陆路梁化凤由仪凤门出城,军皆衔枚疾趋,突袭郑营,郑军猝不及防,为清兵击溃。清军又以步卒数千直捣郑成功中坚,而骑兵数万已绕至山后,自背后攻击,前后夹击。郑军大败,各营溃走,互不相顾。郑成功在山上得知败退信息,让其参军潘庚钟立在他的指挥伞下督战,自己下山催水师增援。及至江心,全军皆溃,郑成功驾舟出海,潘庚钟督战至死,部下陈魁、林胜、蓝衍、万礼等皆战死。清军追至镇江、瓜洲,郑成功各部皆闻风而逃。这一次战役,郑成功的实力大为削弱。在此之后,清、郑之间又在镇江、福建沿海一带进行了几次战斗,郑成功的部队都有比较大的损失。

三、郑成功收复台湾

在这种形势下,郑成功决定攻取台湾。他的主要考虑是,台湾是其父多年经营之地,被荷兰侵占后,台湾民众备遭蹂躏,从民族利益出发,需要把台湾从殖民者的奴役下解放出来;为了防止清军与荷兰殖民者勾结,使自己腹背受敌,需收复台湾,解除后顾之忧。此外,为了开创新局面,更需收复台湾,作为抗清根据地。

顺治十八年三月二十三日(4月21日),郑成功留其子郑经守卫厦门、金门,自领水陆兵丁25 000人,分乘大小战船数百艘,从金门料罗湾出发,选择敌人防守薄弱的北航道,利用涨潮之机,小心绕过沉船与浅滩,出敌不意,于 4 月 30 日经鹿耳门,顺利地登上了紧邻台湾城(今安平)的北线尾。郑成功大军突然到来,荷兰殖民者惊慌失措。经过战斗和围困,荷兰殖民者在顺治十八年十二月十三日(1862 年 2 月 1 日),在投降书上签字,向郑成功交出台湾城,以及大炮和其它军用物资、金块、现金(银元)、琥珀、珊瑚珠等,共计 471 000 荷盾。几天以后,荷兰殖民者首领揆一率领残余兵丁和官吏、商人离开了台湾。在郑成功围困台湾城的九个月中,在台湾其他地方的侵略者,也被郑军和当地居民驱逐。这是中国人民反殖斗争史上一次重大胜利。

郑成功收复台湾之后,开始在台湾设立行政管理机构,发展台湾经济,部署台湾的军事防御,安置郑氏集团人员及家属等,在台湾建设新的反清基地。这时,郑氏集团势力控制的地区包括台湾、澎湖、金门、厦门,以及铜山(今东山岛)、南澳等岛屿,其中金门与厦门是郑氏集团在沿海地区经营多年的抗清根据地。康熙元年五月八日(1862 年 6 月 23 日),郑成功身着大明延平郡王朝服,强登将台观望,然后回至书室手捧明太祖祖训诵读,忽然悲痛长叹:"吾生逢乱世,身受国破家亡之痛。抚今思昔,北望中原十有七年矣。国土未复,家仇未报,吾忠孝两亏,死不瞑目! 皇天后土,何以对吾如此残酷? 吾有何面目见先帝于地下哉"话毕,以手抓脸而逝,时年 39 岁。

四、郑经退守台湾

郑成功死后,其子郑经成为郑氏集团的首领,继续与清朝对抗。郑经为了巩固被其战领的厦门、金门和广东沿海的一些地区,继续调兵遣将,部署防御力量。康熙元年(1662 年)底,郑经率其亲军五总镇 4 000 余人,战舰 90 余艘,偕同周全斌等离开台湾,康熙二年(1663 年)初驶抵厦门,颁发文告,令各提督、总兵等武职官员,加紧整修大小船只。又将厦门提督所辖文武官员职衔,均改为:"世藩属下"字样。这里的"世藩属下"政治含义未见解释,但独立意味已经显示出来了。

收复厦门是清军的紧迫任务。怎样收复呢? 福建水师提督施琅主张增建战船,与郑经决战。他不断派水师袭击郑经的驻军。康熙元年四月九日(1662 年 5 月 26 日)夜,派遣快船潜出海门偷袭郑经汛地,杀死其将领林维。施琅还自筹工料建造快船 160 艘,新募兵丁 3 000 名。驻防福建前沿的靖南王耿继茂、总督李率泰、海澄公黄梧等也筹资建造兵船,加强水师建设。康熙二年十月十九日(1663 年 11 月 18 日),清军兵分三路进剿:一路由耿继茂、李率泰,会同原郑经部投诚诸军及荷兰战舰,从泉州出发;一路由提督马得功,率大军从同安出发;一路由水师提督施琅,会同黄梧,从漳州出发;三路清军对厦门构成包围形势。郑经派周全斌统领舰队抵抗从泉州驶来之清荷联军,派黄廷迎击从同安南下之官军,郑经与洪旭、王秀奇等率领舟师坐镇大担和列屿指挥。战斗当日,荷兰舰船 14 艘、清军战船 300 艘,与郑经部会战于金门乌沙港。周全斌率战船 20 艘为前锋,往来奋击,将清、荷联合舰队冲得四散奔逃;而装有大炮的荷兰兵舰却对郑氏战船无一击中。马得功因坐舰被毁,投水而死,其亲随精兵300人皆亡。次日海战再起,郑经、周全斌亲督战船与清、荷联合舰队交锋死战,终因实力悬殊,郑军退回厦门港。清军在郑军疲惫松懈,以蒙古马步兵4 000名,及李率泰、黄梧的兵丁,分两路乘夜渡海。荷兰战舰在大担岛控制海面,李率泰、施琅率水师出鼓浪屿。官军水陆并进,郑军无力抵挡,只得退泊浯屿。二十四日(11月23日),官军向浯屿进攻,炮火夹攻,郑军夜间撤出,退往铜山、南澳岛。官军占领厦门、金门,将城垣房屋尽行拆卸焚毁,夷为荒岛,数十万百姓多遭兵刃。浯屿暂时交荷兰舰队修船,之后亦遭摧毁。

郑经见部下众叛亲离,已成土崩瓦解之势,命周全斌、黄廷率部断后,自己率残余官兵六七千人乘船撤离铜山,东渡台湾。郑经逃离后,断后大将周全斌向福建总督李率泰投诚。黄廷也接到了黄梧的招降密信,与周全斌同时归顺了清廷。

五、清朝三次攻台失败

康熙三年十一月(1664年12月),施琅率部发起第一次进攻澎湖的行动,但清军船队出海不久,即遇到强大海风,船队难以逆风而行,只好返回出发地。次年三月二十六日(1665年5月10日),施琅率清军水师从金门蓼罗湾启航,第二次向澎湖进发。由于海上风轻浪平,靠风力推进的清军船队航速甚为缓慢,航行三昼夜,仍不见风起,只得靠岸停泊。二十九日(13日)再次启航又遇顶头的东北风,风力强劲,海浪翻涌,只得将船队撤回金门。康熙四年四月十六日(1665年5月30日),施琅第三次下达命令,清军水师分别从金门附近的乌沙头和浯洲屿起锚,航行一昼夜,澎湖岛屿上的小山尖已依稀可见了。就在这时,清军遇上了一场罕见的海上风暴。转眼间,船队被风浪冲得四分五裂,阵形大乱,无法聚拢。施琅只得下令鸣炮返航,三次进攻台湾都失败了。

自郑氏集团退守台湾,东南沿海地区大规模战事结束,饱受多年战乱之苦的百姓渴望恢复生产和生活秩序,清廷和地方的财政也难以负担福建、广东等地大量驻军的粮饷供应。这些因素导致清政府的对台策略发生变化,从以武力统一为主转变为以和谈方式统一台湾。

六、谈、打的反复较量

在一个很长时期内,清廷把统一台湾的希望完全寄托在和平谈判上。康熙六年五月(1667年7月),朝廷派特使孔元章渡海面见郑经,提出朝廷拟定的议和条件:一是沿海地方与台湾通商;二是郑氏集团向清政府称臣纳贡;三是郑经送子入京作为人质。同时又转交给郑经一封其舅董班的劝降信。郑经虽然厚待孔元章,但拒绝接受招抚。他答复孔元章说:"台湾远在海外,非中国版图,先王在日,亦只差'剃发'二字,若照朝鲜事例,则可。"

郑经所谓"先王"即指郑成功,郑成功在清顺治九年(1652 年)至顺治十一年(1654 年)与清朝的谈判中,也的确提出过"依朝鲜例"的要求。郑成功的前提是承认自己"为清人",并"奉清朝之正朔",为清朝之臣属,只是要求控制一定的地据,保持原有的体制和军队。

郑经一再坚持的"依朝鲜例",在内容上发生了本质变化,即企图把台湾变为"外国"。郑经给其舅董班的复信中表述得十分清楚,他说:"今日东宁(即台湾),版图之外另辟乾坤,幅员数千里,粮食数十年,四夷效顺,百货流通,生聚教训,足以自强。又何幕于藩封?何羡于中土哉?倘清朝以海滨为虞,苍生为念,能以外国之礼见待,互市通好,息兵安民,则甥亦不惮听从;不然未有定说,恐徒费往返耳。"孔元章感到,当时难以与郑经达成一致意见,只得返回大陆。当年八月,朝廷再次派孔元章赴台议和,谈判又未取得任何进展,十月孔元章回京复命。孔元章两次去台湾招抚,均无果而终。

康熙八年六月(1669 年 7 月),康熙帝亲自主持对台湾郑氏集团新的一轮和谈,派刑部尚书明珠、兵部侍郎蔡毓荣赶往福建,与靖南王耿继茂和时任福建总督的祖泽沛,共商招抚台湾郑氏集团的办法。七月初,福建兴化知府慕天颜等,受命持朝廷诏书及明珠致郑经的亲笔信,赴台议和。郑经仍然不接受朝廷的条件,双方交涉 10 余日没有结果。之后,郑经派礼官叶亨、刑官柯平随慕天颜等同住泉州,继续谈判。康熙帝在得到明珠等人有关和谈结果的报告后,于八月谕示明珠等人,明确指出:"朝鲜系从来所有之外国,郑经乃中国之人"。因此台湾不能与朝鲜相比,台湾地位问题不能谈判。同时,为实现和平统一,康熙帝也作了巨大让步,同意郑经"不登岸"的条件,允许其世代留守台湾,不触动台湾的现行体制和统治地位。当时郑经仍然坚持顽固立场,和谈又以失败而告结束。从此,朝廷与台湾郑氏集团进入一段相持阶段。

康熙十五年十月十五日(1676 年 11 月 20 日),郑经又派遣许耀,率兵 3 万多,进攻福州,至乌龙江之南的小门山、真凤山等处结寨连营。清都统喇哈达率部前后夹击郑军,追杀 40 余里。在福建其他战场上,清军也节节推进。清副都统穆赫林的部队,在闽西邵武府和汀州府连挫郑军,相继恢复泰宁、建宁、宁化、长汀、清流、归化、连城七县及汀州府城。将军喇哈达和赖塔,率军进入闽东兴化府,施反间计,郑经将领赵得胜战死,何佑败归厦门。清军连破二十六营,十月二十六日(12 月 1 日)收复兴化。防守仙游的郑军总兵郭维藩开城投降。康熙十五年十月十五日(1676 年 11 月 20 日),将军喇哈达所部攻克泉州府,郑军溃败,其将军许耀阵亡。这时,郑经放弃漳州、海澄,退入思明。

清廷对郑经仍然采取招抚之策。康亲王杰书再派遣朱麟臧到思明,劝郑经投降:"尝闻顺天者存,逆天者亡。又曰,识时务者在乎俊杰。我国家定鼎,风声所被,四海宾服,此固气数之所在,而亿兆所归心也。顷因吴、耿煽乱,贵将军乘间窃据,独不思海堤尺土,岂能与天下抗衡。而执迷绝岛,自非识时之君子。倘转祸为福,归顺本朝,共享茅土之封,永奠河山之固,传之子孙,岂不食报无疆哉。”郑经的立场很顽固,还是坚持照朝鲜之例,作为属国,不入大清版图。但是,从他的复书中看,郑经还不是要另立国家,而是要恢复祖业。他说:“夫万古正纲常之伦,而春秋严华夷之辨,此固忠臣义士所朝夕凛遵而不敢顷刻忘也。我家世受国恩,每思克复旧业,以报高深,故枕戈待旦,以至今日。幸遇诸藩举义,诚欲向中原而共逐鹿。倘天意厌乱,人心思汉,则此一旅,亦可挽回,何必裂冠毁冕,然后为识时之俊杰也哉。”。

　　郑经驻守厦门时,康亲王杰书又派人前往厦门会见郑经,要求郑经撤回各岛,投降大清朝廷。杰书函曰:“贵君臣独自窜穷荒,守明正朔,三十余年不忘旧君。此与吴三桂自称大周皇帝,为两朝之乱臣贼子异矣!”郑氏“以势不均,以力不敌,而欲区区蕞尔之土与天下结怨连兵,不亦惑乎?”“我朝廷亦何惜以穷海远适之区,为尔君臣全名节之地。执事如有意于此,倾向相告”,“执事如感朝廷之恩,则以岁时通奉贡献,如高丽、朝鲜故事,通商贸易,永无嫌猜,岂不美哉!”杰书这封信中的“如高丽、朝鲜故事,通商贸易,永无嫌猜”等词语,词意含糊,郑经也表现出可以接受的姿态,但提出索要漳、泉、惠、潮四府,进行“互市”。郑经说:“安民必先息兵,息兵必先裕饷,果能照先藩之四府裕饷,则各守岛屿,而民自安矣。”

　　郑经坚持的原则有两条:一是“依朝鲜例”,作大清的属国,不入中国版图;二是坚持自己是汉臣,“为全君臣之名节”,不投降大清。后来,清宁海将军喇哈达在给郑经的信中,作了详细说明劝导:“年来使车往还,议抚议员,几于舌敝唇焦矣。而至今迄无定论者,良由贵君臣挟一尽节为明之见,以为汲汲议抚,我朝廷自图便利尔。夫议抚者,为全尔君臣之名节也,为培我国家万年之根本也。”。郑经又招集文武群臣讨论。郑经的大臣冯锡范认为,郑氏集团占据台湾之后,有了根据地,更有条件坚持反清复明方针,不能投降:“先王在日,仅有两岛,尚欲大举征伐,以复中原,况今又有台湾,进战退守,权操自我,岂以一败而易夙志哉。”

　　康熙十六年四月、七月(1677 年),杰书又两次派人到赴厦门,与郑经集团议和,提出郑军退出沿海岛屿,郑方所提“依朝鲜例”等条件可代为向朝廷题请,以息兵安民。郑经与诸将商议后. 又进一步提出“欲安民必先息兵,息兵必先裕饷”,要求清政府割让漳州、泉州、惠州、潮州四府,作为郑军的筹饷之地,然后保证据守海岛,不再内侵。这是朝廷不能答应的,和谈又失败了。

　　郑经军队和清军,在泉州和漳州一带,不断发生战斗。康熙十七年三月十九日(1678 年 4 月 10 日),清军水陆并进,进攻泉州。经过几次战斗,泉州被清军攻占。郑经的军队有十一镇约 2 万人,驻守浦南;刘国轩自己率林升、林应等十七镇约 3 万人,驻溪西,直逼漳州城之北。清军与郑经军队会战于漳州附近龙虎、蜈蚣二山。清军以耿精忠为左翼,赖塔为右翼,姚启圣为前军,胡图为先锋。战斗中郑军刘国轩先败,清军姚启圣亦退。郑经亲自督战。两军酣战,不久海澄镇郑英、吴正玺皆战死。这一战郑军战死 4 000 余人,刘国轩退守海澄。清军由此打通漳、泉的通路。

七、再次收复沿海地区

康熙十七年(1678 年)春,郑经命刘国轩对福建沿海地区的清军发动反攻,进一步向朝廷施加压力。郑军攻占海澄,段应举等守城将领自缢而死,满汉将士 2 万余人,战死及泅水逃出者过半。海澄陷落,使福建清军大为震恐,纷纷退守漳州,不敢出战。郑经的将领刘国轩乘胜挥军北上,水陆并进,占同安,围泉州,攻南安、永春、德化、安溪、惠安等地,郑军的另一支部队也攻占长泰和漳平。清军节节败退,郑军有卷土重来之势。

为了再次收复被郑经集团占据的沿海地区,清军逐渐完成了战略部署。万正色率领由 240 艘战船、28 580 名官兵组成的福建水师,开至定海,进行海上攻击作战演练,威慑郑军。郑经也调集所有水师部队,部署于海坛、南日、循州等沿海岛屿及泉州湾东北、惠安东南等,构成对清军水师的梯次防御。

康熙十七年二月(1678 年春),万正色从定海率先向海坛郑军发动进攻,姚启圣、吴兴祚等从陆上夹击郑军,配合海上作战。万正色的水师在海坛港口与郑军展开激战,将朱天贵所率郑军及林升的援军驱赶到外海,占领了海坛岛。与此同时,清军陆上部队封锁了海岸及各港口,安放大炮,阻止郑军船只靠岸。郑军水师无法停泊和取水,林升只好率领全部水师撤退至金门蓼罗湾。这时,守卫谢村、鼓浪屿的郑军将领陈昌降清,刘国轩闻讯,无心恋战,放弃海澄,退至厦门。厦门陷入一片混乱,郑军官兵或降或逃,留在军中的也只顾抢掠,无心作战。郑经与刘国轩、冯锡范等人见势不妙,乘清军包围尚未合拢,率领残兵败将仓皇逃回台湾。金门的郑军水师统领林贤也随后向台湾方向逃逸。朱天贵带领部分郑军水师窜至铜山,在姚启圣招降政策的感召下,举部向清军投诚。至此,清军全部收复了福建沿海地区及岛屿。

康熙十八年三月十五日(1679 年 4 月 25 日),发布上谕,要求加紧征剿工作:"兹以剿荡海寇,增调师旅,修理战舰,糜费军饷甚多,大将军王等宜规取厦门、金门,速靖海氛,不必专候荷兰舟师。"为此,朝廷决定恢复福建水师,调江浙战舰二百艘至福建,又增兵两万,后来又相继从岳州调来战舰百艘及水手,湖广所用西洋炮二十具。四月初四日(5 月 13 日),提拔湖广岳州水师总兵官万正色为福建水师提督,统辖全闽水师。实际上开始了统一台湾的军事准备工作。

此时,康亲王杰书,又派人拜会郑经,劝其投降:"若贵藩以庐暮桑梓、黎民涂炭为念,果能释甲东归,照依朝鲜事例,代为题请,永为世好,作屏藩重臣。"郑经的价码很高,要允许他"依朝鲜事例",成立王国,还要在沿海地区保留根据地,以及每年给他 6 万两的"东西洋饷"。对此,福建总督姚启圣说:"寸土属王,谁敢将版图封疆轻议作公所?"拒绝了郑经的要求。

这期间,清军与郑经军在福建的海坛,又进行了一次较大的战斗。康熙十九年二月六日(1680 年 3 月 6 日),清水师抵达海坛,与郑军展开激烈海战。郑经以林升为督师,率陈谅、江胜、朱天贵抵抗,刘国轩亦弃海澄来援。万正色以六列战船为先锋,巨舰殿后,左右以轻舟夹攻,又以西洋火炮攻击。顿时硝烟滚滚,浪涛排空,郑军无力阻遏清军攻势,16 艘战船被击沉,3000 余人战死。随后万正色、吴兴祚水陆并进,又击败林升、朱天贵,收复兴化府的南日、湄州、平海及泉州府的崇武;副都统倭申,攻克金门、厦门附近大定、小定;杰书以大军攻取玉洲、石马、海澄,刘国轩退回厦门;姚启圣、赖塔以水陆七路进发,破陈州、马州湾、腰山、观音山、展旗等寨 19 处。吴兴祚同将军喇哈达由同安南下,二十八日(4 月 26 日),率军进入厦门、金门,郑经率领诸将退归东宁,刘国轩南下铜山。不久,赖塔率清军追至铜山,刘国轩亦东归台湾。清军又相继攻取潮州府的大壕堡、磊石。至此,郑经在福建沿海的力量又一次被打败,再次退守台湾。因为郑经东归台湾,沿海反清势力处境窘迫,生计断绝,纷纷向清军归诚,其中包括郑军楼船左镇朱天贵,久踞闽赣浙三省接壤之地的江机、杨一豹等。其中江机的部属 44 000 余人,杨一豹部属 31 000 余人,另有数万难民。

八、招抚"附逆人民"

康熙十六年(1677 年),康亲王杰书在与郑氏集团的议和失败后,曾向康熙帝报告说,"海贼无降意"。康熙帝答复:"郑锦(经)虽无降意,其附逆人民有革心向化者,大将军康亲王仍随宜招抚",这是一个真理。大多数台湾人民永远不会忘记自己是中国人,"革心向化者"不可能甘心情愿叛离国家。康熙这一招降郑经下属官兵、瓦解郑氏集团基础的旨意,得到姚启圣的充分领会和贯彻。姚启圣升任福建总督后,抓住时机,采取一系列政治措施,展开大规模的招降活动。康熙十七年十一月二十七日(1679 年 1 月 9 日日),姚启圣、杨捷在江东桥、潮沟、石卫寨一带打败郑经的军队。姚启圣又派遣泉州绅士黄士美,劝郑经集团投降,还制定了优待招抚郑军官兵的各项政策。凡投诚之人,文官保留原职位;武官保留现任;兵民每人赏银五十两或二十两,入伍归农,听其自愿,并予安置。当年下半年,投诚的郑军官员 1237 员,士兵 11 639 名。次年年初,郑军五镇大将廖典、黄靖、赖祖、金福、廖兴及副总兵何逊等,各带所部官兵归降,共文武官员 374 员,士兵 12 124 名。此后,木武镇陈士恺、牛宿镇郑奇烈、总兵纪朝佐、杨廷彩、黄柏、吴定芳等亦相继率部投诚。郑经在福建沿海的力量开始削弱。

后来,姚启圣从处理好对郑军家属及亲族的政策入手,广张布告,申明:郑氏在沿海地区盘踞多年,当地百姓不可能与其无任何瓜葛,但绝不株连无辜。他还对曾追随郑氏集团,后来改邪归正,又确有才能的人委以重任。姚启圣在漳州设立"修来馆",以官爵、资财等招纳郑军官兵。姚启圣还制订了《招抚条例十款》,张榜公布,以使郑军官兵人人皆知。姚启圣的招降活动对郑军官兵产生了巨大的瓦解作用,数年间有10万以上的郑军先后降清,有力地配合了清军的军事行动。

九、攻取台湾的选将和决策

康熙帝认识到,纯粹和平方式不可能解决台湾问题。要实现统一,必须诉诸武力。康熙十八年(1679)年,平定三藩叛乱的战争尚在进行中,康熙即已定下了武力统一台湾的决心。《清圣祖实录》载:"上欲乘胜荡平海逆,乃厚集舟师,规取厦门、金门二岛,以图澎湖、台湾"。

在清军收复金门、厦门等沿海岛屿,郑经率残部逃台后,福建总督姚启圣上疏条陈"平海善后事宜"八款,其中之一即为"台湾断须次第攻取,永使海波不扬"。但清廷却下达了部分裁减福建军队的命令,康熙帝在给兵部的谕令中明确指示:"台湾、澎湖,暂停进兵。令总督、巡抚等招抚贼寇。如有进取机宜,仍令明晰具奏"。"暂停进兵"不是放弃武力攻台的方针,而是尽快恢复沿海地区的社会秩序,减轻人民的负担,做好攻台的各项准备。等待攻台的最佳时机,体现了康熙对战争阶段、时机的精心把握和对渡海作战的慎重态度。

康熙二十年正月(1680年),郑经病死于台湾,实力人物冯锡范和刘国轩联手拥立冯锡范之婿、郑经的次子郑克塽为首领。郑克塽年仅12岁,郑氏集团的实际权力落入冯、刘二人手中。姚启圣将郑经去世、郑氏集团内讧情况上报朝廷,并请求"会合水陆官兵,审机乘便宜捣巢穴"。康熙认为武力统一台湾的时机已到,做出了武力统一台湾的战略决策。六月七日(1681年7月21日),他在与大学士等会商后发布谕旨:"郑锦(经)既伏具诛,贼中必乖离扰乱,宜乘机规定澎湖、台湾。总督姚启圣、巡抚吴兴祚、提督诺迈、万正色等,其与将军喇哈达、侍郎吴努春,同心合志,将绿旗舟师分领前进,务期剿抚并用,底定海疆,毋误事机"。

夺取澎湖、台湾,全靠水师。然而,水师提督万正色却上《三难六不可疏》,称郑军澎湖守将刘国轩智勇不可当,台湾雄于攻取。康熙帝怒斥之曰:"我仗他有本事,委之重任,而他却畏服贼将,不成说话。"康熙帝知道万正色难于胜任平台之责,任命施琅为福建水师提督,加太子少保,万正色改任陆路提督。朝廷下旨给施琅:"凡事会议酌行,毋谓自知,罔听众言。毋谓兵强,轻视寇盗。严设侦探,毋致疏虞。抗拒不者戮之,大兵一至即时迎降者免死。……务期殄灭逆孽,副朕倚任之意"。

施琅于康熙二十年十月六日(1681年11月15日)抵厦门。为防止督、抚、提之间彼此掣肘,施琅遂上疏朝廷:"督抚均有封疆重寄,今姚启圣、吴兴祚俱决意进兵,臣职领水师,征剿事宜理当独任。但二臣词意恳切,非臣所能禁止,且末奉有督抚同进之旨,相应奏闻。"康熙帝遂命姚启圣统辖福建全省兵马,同施琅进取澎湖、台湾;吴兴祚专管刑名钱粮诸务,不必进剿。在施琅整治战舰、督练士卒、制造军械的同时,台湾郑克塽命刘国轩驻澎湖,拜正总督,以征北将军曾瑞、定北将军王顺为副,调水、陆师前往,修战舰,筑炮垒,讨军实,以待清师。

十、"因剿寓抚"统一台湾

施琅深思熟虑,潜心谋划,制订了"因剿寓抚"的战略指导方针,其核心是以战逼和,以军事手段促成台湾问题的政治解决,避免在台湾本岛引发战争。"因剿寓抚"的重点在"剿",军事进攻占主导地位,同时寻求政治解决的可能性。实施方案是:第一阶段,以水陆两栖部队攻占澎湖,消灭郑军有生力军,使台湾门户洞开、贸易受阻,威胁其生存,逼近威慑。第二阶段,占领澎湖后,引而不发,做好攻台准备。同时,派使者赴台与郑氏集团和谈,迫其向清政府投诚,实现对台湾本岛的和平统一。若和谈失败,郑氏集团负隅顽抗.就采取第三步行动,进军台湾本岛。在控制了台湾进出的主要港口之后,对台湾实施围困,并派人进岛招降,或促使其内部发生激变,不战自溃。如仍不能达到目的,则对台湾实施登陆作战,先扫清城市以外、村落之间的郑军,再攻取郑军困守的孤城,最后武力夺取整个台湾岛,彻底消灭郑氏集团。

海况和气候条件等自然力也是战斗力,善于运用自然力,对于取得作战胜利具有重要意义。施琅制订攻台作战方案时,最重要的是根据台湾海峡的气候特点,选择正确的渡海时机和进攻路线。季风是台湾海峡最明显的气候特点。每年的冬季,风向偏北,风力强劲,海上风急浪高;夏季风向偏南,风力较小,海面也较平缓,但夏季又是台风的多发期。对于当时以海风为主要动力的清军舰队来说,气候风向利用得当,是取胜的重要条件。施琅凭借多年海疆活动积累的丰富经验,对海峡季风规律的掌握,决定把渡海作战的时机选在夏季的六月。冬季北风刚硬强劲,不利于舰队的航行和停泊。澎湖之战,未必能一战而胜,一旦舰船被海风吹散,就很难迅速集结,发起二次进攻。夏季的西南季风则比较柔和,清军船队可编队航行,官兵可免除晕眩之苦,也有利于舰队集中停泊,实施下一步作战行动。同时,由于夏季多台风,按常规此季节不宜渡海,所以敌方防备定然松懈,此时发起攻击,可取得"出不意,攻无备"的奇效。

清军攻台的部队共有官兵2万余人,战船230余艘。康熙二十二年六月十四日(1883年7月8日)清晨,清军由铜山港向澎湖进发。六月十五日(7月9日)抵达澎湖西南的猫屿、花屿一带海面,与小股郑军巡海哨船相遇,郑军未作抵抗即向澎湖主岛方向逃逸。清军顺利夺取了八罩屿作为锚泊地,并派官员乘小船到郑军未设防的将军澳、南大屿安抚岛民。

刘国轩接到哨船的报告,说清军庞大舰队已经占据八罩海域,时刻都有可能向澎湖发起攻击时,大感意外,匆忙组织迎战。这时,部下丘辉等向刘国轩建议乘清军刚到,立足未稳之际,先发制人,主动出击。刘国轩则认为:澎湖处处设防,清军舰队无避风港湾可停泊,值此台风多发季节,一旦风起,清军无处容身,必然溃败,"此乃以退待劳,不战而可收功也"。他吩咐属下,坚守不出。十六日(7 月 10 日)晨,施琅率清军向郑军防御阵地发起进攻。刘国轩指挥郑军水师,在澎湖港湾内排列横队,依托岸炮火力抵抗清军。清军船队由于行动不一致,将士争功,前后拥挤冲撞,队形发生混乱,部分战船被潮水冲入炮台附近,陷入郑水军和岸上火力的包围之中。先锋蓝理被流炮击中,肚破露肠,仍拖肠血战。施琅见前军危急,驱船冲入敌阵,奋力救出被围战船,激战下眼部负伤,只得率军退出战斗。刘国轩看到清军退却,也不追赶,下令鸣金收兵。这时,丘辉建议,乘清军新败,于当晚派水师袭击清军的锚泊地。刘国轩坚持"谨守门户,以逸待劳",只等风起,清军将不战自溃。六月十七日(7 月 11 日),施琅将船队撤回八罩屿进行休整。他一方面严申军令,赏功罚罪,以激励官兵的斗志;一方面对下一步作战行动进行了周密的筹划和部署。总兵吴英根据清军战船数量占优势的情况,提出以五船围攻郑军一船,以"五梅花"阵破敌的计策,这样既可免除战船互相冲撞之患,又可发挥数量上的优势,各个击破,这个建议为施琅所采纳。六月十八日(7 月 12 日),施琅派船先攻取澎湖港湾外的虎井等,扫清外围。次日,施琅亲自乘小船侦察敌情及地理形势。施琅派老弱残兵分两路佯攻内、外堑,作为示弱骄敌之计,二十二日(16 日)晨,经过充分休整和准备的清军,向澎湖郑军发起总攻。施琅将清军船队分为四部分:施琅率 56 只大乌船居中,编成主攻船队,正面进攻郑军主阵地娘妈宫;另外用 50 只赶缯船、双帆舟居船为右队,从澎湖湾口东侧突八鸡笼屿、四角山,为奇兵,配合主攻船队夹击娘妈宫;50 只赶缯船、双帆舟居船为左队,从湾口西侧的内堑进入牛心湾,为疑兵。牵制西面的郑军;其余 80 只战船为预备队,随主攻船队跟进。主攻船队 56 只战船,分为 8 股,每股 7 只,各作三叠,成梯次队形前进,施琅居中指挥。清军按照施琅的命令,变换"五梅花"阵,集中兵力击敌。战斗进行中,南风大发,波涛汹涌,清军处于上风头,船借风势扬帆疾进,奋勇杀敌。正酣战间,东、西线船队进来,与主攻船队合击郑军。刘国轩见其军十丧七八,败局已定,匆忙率残部 31 只战船从澎湖北面的吼门逃往台湾。

施琅见海上作战取胜,遂令清军招降守岛郑军。防守娘妈宫、内外堑、风柜尾、四角山、将军澳、两屿头等处的郑军孤立无援,纷纷向清军投降,澎湖列岛全部被清军占领。二十二日一战,郑军主力几乎全部被歼,大小将领 340 余人、兵士 1.2 万人被杀,大小将领 165 人、兵士 4 853 人被俘,清军击毁、缴获战船 194 只。清军共有 329 人阵亡,1 800 余人负伤。郑军倒戈 5 000 余人,澎湖外围 36 岛俱降。

澎湖海战结束后,清军对台湾形成大兵压境的有利态势。这时,施琅为贯彻"因剿寓抚"的战略方针,下令暂停军事进攻,一面休整部队,补充弹药给养,做好进军台湾的准备;一面发动政治攻势,推动台湾问题向政治解决的方向发展。为在澎湖尽快恢复正常的生产和生活秩序,他严禁杀戮,张榜安民,宣布免除二年的租税,使澎湖百姓得以休养生息,这对台湾的居民也有所触动。他实行优待战俘的政策,为战俘疗伤治病,并允许投诚及被俘郑军官兵返回台湾与亲人团聚。这些人回到台湾,将其所见所闻辗转相告,产生了巨大影响。

此时,台湾郑氏集团内部围绕今后的出路问题有二种意见。一是黄良骥提出的,率台湾现有军队、战船渡海征服吕宋,以吕宋为基业,图谋东山再起。此议得到一部分人的赞同。二是刘国轩主张向清政府投诚。他认为澎湖失守,军心民心已经瓦解,台湾随时可能出现大乱,归顺清廷是唯一出路。三是冯锡范反对降清,他先是支持黄良骥等人攻取吕宋的主张,后又企图分兵死守台湾,顽抗到底。最后刘国轩的主张占了上风。郑克塽差人往澎湖,表示愿纳款请降待命,削发称臣,但求留居台湾,承祀祖先,照管物业。施琅为台湾的防缓兵之计,一面要求刘国轩、冯锡范亲自来降,将人民土地悉入版图、遵制削发,移入内地,听朝廷安辑;一面将来使及书信送往福建,并请朝廷定夺。

康熙二十二年七月十五日(1883年9月5日),郑克塽遣冯锡范、刘国轩之胞弟等,赴澎瑚呈送降表,不再要求留居故土。施琅遂派人同来使赴台,晓谕官兵民等,削发并缴呈印敕。七月二十二日(9月12日),郑克塽令兵民削发。同日,郑克塽差员携降表至施琅军前,缴出明朝印信。郑氏执行南明水历年号共三十七年,至此为止。八月十一日(10月1日),施琅率兵赴台受降。施琅出示安民,禁止官兵占住民居,扰害乡社。同年八月十三日(10月3日),在郑氏官员的引导下,施琅率军从台湾的鹿耳门入港登陆。十八日(18日),施琅举行了隆重的受降仪式,宣读了皇帝的敕诏,郑克塽遥向北京方向叩头谢恩。然后,施琅带领清军顺利接管了台湾全境。

康熙二十三年四月(1684年5月),康熙发布上谕,决定在台湾设置行政建置:"台湾僻处海外,新入版图,应设立郡县营伍,俾善良宁宇,奸宄消萌教化既行,风俗自美,着于赤墩设台湾府,附郭为台湾县,凤山为凤山县,诸罗山为诸罗县,设一道员分辖。"

十一、结束语

(一)台湾问题是关系国家长治久安的战略问题

施琅在1683年上《恭陈台湾弃留疏》时说:"台湾地方,北连吴会,南接粤峤,延袤数千里,山川峻削,港道迂回,乃江浙闽粤四省之左护";台湾"野沃土膏,物产利溥,耕桑并耦,渔盐滋生,满山皆属茂林,遍地俱植修竹,硫磺、水藤、糖蔗、鹿皮以及一切日用之需,无所不有",是一个大有发展前途的宝岛;放弃台湾,必然造成后患。"盖筹天下之形势,必求万全。台湾一地,虽属外岛,实关四省之要害。""臣思弃之必酿成大祸,留之诚永固边圉。"施琅对台湾的分析判断极具战略眼光,受到了康熙帝及众多王公大臣们的重视。康熙二十三年正月(1684 年),康熙同意保留台湾,决定派兵驻守。当年四月,清政府在台湾建台湾府,隶属福建省。

(二)台湾问题的实质是国家统一问题

从招抚郑成功,到"因剿寓抚"统一台湾,朝廷的方针是非常明确的,即台湾是中国领土,郑氏集团是中国人,解决台湾问题的核心是实现国家统一。郑氏集团的立场很顽固,坚持照朝鲜之例,作为属国,不入大清版图。康熙帝明确指出,"朝鲜系从来所有之外国,郑经乃中国之人"。因此台湾不能与朝鲜相比,台湾地位问题不能谈判。

(三)跨世代的拖延是不利的

郑成功在世时,郑氏集团的主要成员是明代的各种人物,中国人的意识还很强。朝廷的招降谈判进行六次,原则性分歧是"不剃法","不上岸"。"不剃法"是在政治上不接受清朝的制度;"不上岸"是继续保持反清复明的海上势力,不涉及台湾独立的问题。但是,到了郑经的时代,情况就有所变化。朝廷与郑经的谈判次数更多,原则分歧是"依朝鲜例"的问题。所谓"依朝鲜例",即企图把台湾变为"外国",谈判更加困难了。当然,从郑氏集团的全部文书看,郑经还不是要另立国家,而是要恢复祖业。

(四)大多数台湾人不会永久背叛国家

在郑氏集团十分顽固的时候,康熙帝有一个正确判断:"郑锦(经)虽无降意,其附逆人民有革心向化者"。这是一个真理。大多数台湾人民永远不会忘记自己是中国人,"革心向化者"不可能甘心情愿叛离国家。招降活动对郑军官兵产生了巨大的瓦解作用,数年间有 10 万以上的郑军先后降清,有力地配合了清军的军事行动。

(五)"因剿寓抚"的方针是正确的,统一的前提是军事实力和致命的军事打击

"因剿寓抚"的方针是正确的,但重点在"剿",军事进攻占主导地位,同时寻求政治解决的可能性。前提条件是军事实力和致命的军事打击。郑经每次接受谈判,都是内部外部有困难,被迫进行和谈。这种情况下的和谈,在郑经来说,只是策略和手段,根本没有投降的诚意,也不可能真正实现统一。当时,清朝全国的八旗兵约 20 万人,绿营兵约 60 万人,总数远远超过台湾的兵力。但是,东南沿海地区的水师力量并不占优势,所以,郑氏集团不是真正害怕。但是,清军集中 2 万多官兵,战船 230 余艘,一举攻占澎湖之后,台湾水师主力被消灭,郑氏集团"依朝鲜例"的条件不讲了,"不上岸"的话也不说了,郑氏集团的后代郑克塽令兵民削发,"携降表至施琅军前,缴出明朝印信",彻底投降了。

　　清代"因剿寓抚"的方针,以武促统的手段对今天解决台湾问题仍具有重要的借鉴意义。

(《动态》2004 年第 6 期)

印尼与马来西亚有关岛屿
主权争议案简介

张海文　刘富强

1969 年,印度尼西亚和马来西亚在划定各自的大陆架时,引发了对里格滩岛(Pulau Ligitan)和西巴丹岛(Pulau Sipadan)主权的争端。在经过一系列谈判之后,两国于 1969 年 10 月 27 日达成了大陆架划界协议,并于同日生效。但这一协议未涉及婆罗洲以东的区域。1991 年 10 月开始,两国间就解决岛屿主权争端问题开始谈判,于 1996 年 7 月达成协议,同意将争端移交给国际法院;于 1997 年 5 月 31 日在吉隆坡签署"特别协议",将两国间关于里格滩岛和斯巴丹岛主权归属争端提交国际法院。法院组成了以纪尧姆法官(Guillaume)为主席,史久庸法官为副主席,小田滋法官、福兰克法官等组成的法庭。国际法院于 2002 年 11 月 17 日,以 16 票赞成和 1 票反对做出判决——里格滩岛和西巴丹岛主权归属马来西亚。

国际法院对当事国双方主权主张的依据,特别是对有关历史条约的理解、当事国实际管辖行为和有效占领等事实的分析和认定,对于目前我国所面临的岛屿主权争端有关事项的处理有着重要的启示。

一、自然概况

里格滩岛和西巴丹岛相互之间距离约 15.5 海里,位于苏拉威西海,远离婆罗洲岛东北海岸(图 1)。里格滩岛位于东经 118°53′,北纬 4°09′,位于由达拉湾岛和斯阿密岛向南延伸的星状暗礁的极南端,距离瑟姆波纳半岛的塔恩戈角大约 21 海里。该岛主要由砂质构成,岛上有低矮植被和树木,无永久居住人口。西巴丹岛比里格滩岛稍大一点,面积大约为 0.13 平方千米,位于东经 118°37′,北纬 4°06′′′,距离塔恩戈角大约 15 海里,锡巴提岛东岸约 42 海里。该岛是一个被树木覆盖的火山岛,直到 20 世纪 80 年代被开发为潜水旅游胜地之后,才成为有永久居住人口的岛。

二、争议的主要焦点及国际法院的认定

该争议的历史背景非常复杂,争议岛屿所在的地区历史上曾经先后被荷兰、英

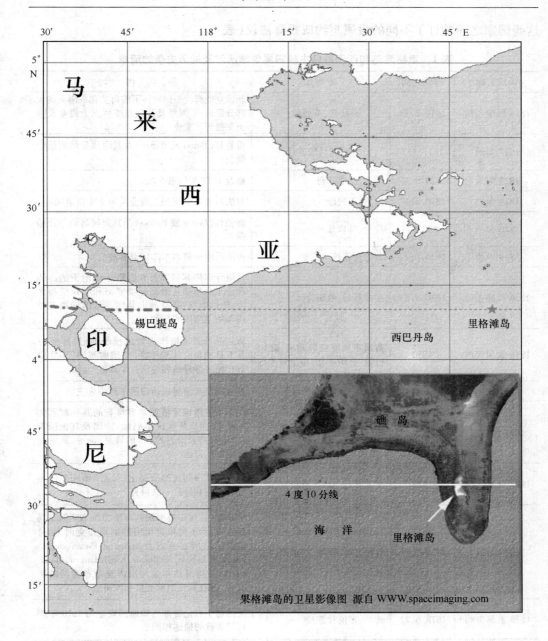

图 1   里格滩岛和西巴丹岛所在海域位置示意图

国、美国、西班牙等殖民国家占领,不同国家之间签订了一系列的条约,当地苏丹也同这些国家之间签订了不同的隶属契约或投降协议（表1）。

表 1　里格滩岛和西巴丹岛主权归属争端所涉及的历史条约清单

条约名称	缔约时间	缔约方	条约内容
1814 巴黎条约	1814.8.13	荷兰、不列颠	新成立的荷兰王国取得了前荷兰在东南亚的大部分领地；不列颠及荷兰在婆罗洲上商业及领土主张开始重叠
1817 契约	1817.1.3	荷兰、马辰苏丹	将勃鲁（Berou 或 Barrau）及其附属岛屿割让给荷兰
1823 附录	1823.9.13	荷兰、马辰苏丹	修改 1817 契约第 5 款
1824 条约	1824.3.17	荷兰、不列颠	解决双方在婆罗洲上商业及领土主张争端
1826 契约	1826.5.4	荷兰、马辰苏丹	将勃鲁（Berou 或 Barrau）及其附属岛屿割让给荷兰
1834 声明	1834.9.27	布伦甘苏丹	声明归附于荷属东印度群岛政府
1836 投降条约	1836.9.23	苏禄苏丹、西班牙	西班牙保护苏禄苏丹在西班牙统治下的岛屿及位于西起棉兰老岛至婆罗洲和巴拉望岛之间，除仙那港、婆罗洲上其他苏丹的领地之外的岛屿范围内的权利
1850 隶属契约	1850	荷属东印度群岛政府、萨姆巴陵、古纳塔勃、布伦甘苏丹	将三苏丹的领地作为封地授予他们；其中 11 月 1 日同布伦甘苏丹签订"隶属契约"第 2 款对布伦甘苏丹的领地进行了描述
1851 法案	1851.4.19	苏禄苏丹、西班牙	苏禄岛及其附属岛屿归属于西班牙王国
1877 议定书	1877.3.11	荷兰、不列颠、德国	在不损害西班牙依照草案享有的其他权利的前提下，西班牙保证不列颠、德国及其他国家在"苏禄海及附近地区"的贸易、渔业、航海及其他活动自由
1877 分封文件	1877	文莱苏丹、登特、欧贝克	将北婆罗洲的大部分领土"分封"给阿尔佛雷德·登特和拜仁·欧贝克
1878 协议	1878.1.22	苏禄苏丹、登特、欧贝克	将其在"从位于婆罗洲西海岸的潘达萨河至马鲁渡湾，沿东海岸直至南部的斯布克河，马鲁渡湾沿岸所有省以及 States of Pietan、Sugut、Bangaya、Labuk、Sandakan、Kinabatangan、Mamiang，以及南部达尔文湾沿岸至斯布克河的所有省"的权利让渡给登特和欧贝克
1878 隶属契约	1878.6.22	荷兰、布伦甘苏丹	契约对于布伦甘苏丹领地的规定与 1850 年契约第 2 款的描述相同

续表

条约名称	缔约时间	缔约方	条 约 内 容
1885 年草案	1885.3.7	荷兰、不列颠、德国	"德国及不列颠政府承认西班牙对其在苏禄群岛上,因其已经占有或尚未占有的地域的主权";"苏禄群岛,同西班牙、苏禄苏丹 1836 年 9 月 23 日签订条约第 1 款规定的相同,由位于西起民兰老岛至婆罗洲大陆及巴拉望岛之间所有的岛屿组成";但对于英国政府主张的、属于或曾经属于苏禄苏丹的位于婆罗洲大陆上的领土及位于海岸 3 海里范围内的所有岛屿,英国北婆罗洲公司管辖的领土除外。"巴拉巴克岛(the island of Balabak)及卡格杨 - 苏禄岛(the island of Cagayan – jolo)属于苏禄群岛的一部分"
1888 协议	1888.5.12	英国政府、BNBC	建立北婆罗洲。从此,英国成为北婆罗洲的保护国
1891 条约	1891.6.20	荷兰、英国	确定"婆罗洲上荷兰属地与英国保护领地之间的边界"
1893 修改	1893	荷兰、布伦甘苏丹	对"1878 隶属契约"第 2 款做出了修改,"塔拉堪岛(Tarakan)、南澳堪岛(Nanoekan)、瑟巴提岛位于上述边界线以南的部分以及上述岛屿的位于边界线以南的附属岛屿属于布伦甘苏丹的领地"
1898 和约	1898.10.10	西班牙、美国	西班牙将位于该和约第 3 款规定范围内的菲律宾群岛岛屿割让给美国
1900 条约	1900.10.7	西班牙、美国	西班牙将 1898 和约第 3 款范围以外属于菲律宾群岛的其他岛屿割让给美国
1903 割让确认书(Confirmation of Cession)	1903.4.22	苏禄苏丹、英属北婆罗洲政府	对属于 1878 年"分封"给登特和欧贝克的岛屿的一部分再次确认。这些岛屿是:Muliangin, Muliangin Kechil, Malawali, Tegabu, Bilian, Tegaypil, Lang Kayen, Boan, Lehiman, Bakungan, Bakungan Kechil, Libaran, Taganack, Beguan, Mantanbuan, Gaya, Omadal, Si Amil, Mabol, Kepalai and Dinawan。但这些岛屿都超过了 3 海里范围
1915 协议	1915.9.28	荷兰、不列颠	确定"北婆罗洲和荷属婆罗洲领地"的分界线
1928 年协议	1928.3.26	荷兰、不列颠	进一步确定 1891 条约确定的分界线
1930 条约	1930.1.2	美国、不列颠	"确定菲律宾群岛和北婆罗洲州分界线"。第 1 款确定了菲律宾群岛附属岛屿和北婆罗州所属岛屿的分界线。第 3 款规定:"所有位于第 1 款规定的分界线北部和东部的岛屿及横跨第 1 款规定的分界线的岛屿(如果存在这种岛屿)属于菲律宾群岛;所有位于第 1 款规定的分界线以西和以南的岛屿属于北婆罗州"

条约名称	缔约时间	缔约方	条 约 内 容
1946 协议	1946.6.26	英国政府、BNBC	将 BNBC 在北婆罗州的所有利益、权力和权利让渡给英国王室,北婆罗州成为英国的殖民地。
1963 协议	1963.7.9	马来亚联邦、英国、北婆罗洲、沙捞越、新加坡	该协议第 1 款规定北婆罗洲殖民地同马来亚联邦的其他州组成马来西亚的"沙巴州"(the State of Sabah)
1997 特别协议	1997.5.31	马来西亚、印度尼西亚	将双方争端移交给国际法院

注:刘富强根据历史资料整理,2003 年 12 月

(一)争端双方的主要依据

印度尼西亚主要依据包括:第一,通过英荷"1891 条约"(该条约为确定婆罗洲上荷兰与英国属地的边界)的有关规定取得对争议岛屿的主权。第二,荷兰和印度尼西亚的一系列有效管辖行为使得其对争议二岛拥有"承袭权利"。在口头答辩程序中,印度尼西亚提出,如果法院否定了其依据 1891 条约取得的权利,印度尼西亚将主张作为布隆甘苏丹(the Sultan of Bulungan)的继承国取得对争议岛屿的主权,布隆甘苏丹曾取得争议岛屿的控制权。

马来西亚主要依据包括:第一,通过原始所有国——苏禄苏丹的一系列让与协议取得对争议岛屿的控制权,即通过西班牙、美国、不列颠(代表北婆罗州)、大不列颠及北爱尔兰联合王国,最终让渡给马来西亚。第二,历史上英国及马来西亚的一系列有效管辖行为增强了马来西亚对争议二岛的主权。马来西亚提出如果法院认为争议二岛的原始所有国是荷兰,马来西亚的一系列有效行为也排除了荷兰对争议二岛的主权。

(二)法院对争端双方依据的审查和认定

1. 关于对英荷 1891 条约的理解问题

(1)对条约第 4 条不同文本的解释。印度尼西亚主要依据英文版的 1891 条约第 4 条主张对争议二岛的主权。印度尼西亚对英荷"1891 条约"的理解是,"依照条约条款本身、条约的内容、条约的目的来考虑,1891 条约将北纬 4°10′平行线确定为争议地区双方各自主权范围的分界线",印度尼西亚认为该款规定没有做出任何暗示"分界线终止于锡巴提岛东岸";因此,不能认为 1891 条约规定的线"是一条锡巴提岛以东海域的海上分界线",而应当看作是"一条分配线:所有位于北纬 4°10′平行线以北的陆地及岛屿属于英国;位于北纬 4°10′平行线以南的陆地及岛屿属于荷兰。"由于里格滩岛和西巴丹岛位于北纬 4°10′平行线以南,依照 1891 条约,荷兰拥有二岛的主权,

现在则由印度尼西亚拥有。

马来西亚则主要依据 1891 条约第 4 条的荷兰语文本主张对争议二岛的主权。马来西亚认为第 4 条规定的线是"横贯锡巴提岛的分界线,即以锡巴提岛的西岸为起点,以锡巴提岛的东岸为终点"。

对于此问题的分歧,法院认为,由于条约内容本身用词存在歧义,双方的解释都有一定的道理。从字面上看,条约规定的线可以解释为"横穿过"岛屿,并终止于岛屿的另一端;也可以解释为"继续延伸";但是,法院最终认为,条约的第 1 条规定了分界线的起点,第 2 条、第 3 条规定了分界线如何延伸,即使第 4 条规定分界线从婆罗洲东岸起,"继续延伸"并"横穿过"锡巴提岛,也并不必然意味着该线成为锡巴提岛以东海域的分配线。法院最终支持了马来西亚对 1891 条约第 4 条做出的解释。

(2)对当时缔约方行为的理解。印尼提出,荷兰政府在签订 1891 条约之后,制作了解释性备忘录,随同法律草案一同提交荷兰国会请求批准通过。该备忘录也是 1891 条约缔结后唯一公开出版的同条约有关的政府文件,因此对于条约的解释具有很重要的作用。首先,解释性备忘录提到在条约的谈判前,英国代表团提议边界线应从北婆罗州东岸向东延伸,荷兰政府提议分割锡巴提岛,保证双方可以到达各自的海岸地区。但备忘录没有提及其他岛屿,特别是里格滩岛和西巴丹岛的处置情况。其次,解释性备忘录附具的地图中呈现了四条不同颜色的线:蓝色线代表荷兰政府原先领土的边界线,黄色线代表英属北婆罗洲公司(BNBC,the British North Borneo Company)原先领土的边界线,绿色线代表英国政府提议的边界线,红色线代表双方最终达成的边界线。其中,蓝色线和黄色线在东海岸终止,绿色线向东延伸了很短的一段距离,而红色线沿北纬 4°10′ 向东延伸,直至马布尔岛(Mabul Island)。

法院注意到该案件的所有资料中都没有提及里格滩岛、西巴丹岛或其他岛屿在条约签订时曾经是荷兰和英国的争议领土;备忘录中没有对红色线的延伸情况进行解释,荷兰国会也没有对此进行讨论。此外,地图中仅显示了位于北纬 4°10′ 平行线以北的几个岛屿,而且除了几块暗礁之外,地图没有显示任何位于北纬 4°10′ 平行线以南的岛屿。因此,法院认为,不能以红色线向东延伸来解决锡巴提岛以东海域的纠纷,也不能认为里格滩岛和西巴丹岛属于荷兰。

法院也不支持印度尼西亚对备忘录所附地图效力的主张。理由是荷兰政府从未把谅解备忘录和地图正式提交给英国政府,只是英国驻海牙外交官员将荷兰谅解备忘录和地图交给国内政府,英国政府对此内部交换文件没有做出任何反应。法院不认为英国政府默认了这条"红线",因此,不能根据《维也纳条约法公约》第 31 款第 2 段 a 项认为该地图"构成了缔约双方为缔结条约而达成的协议",也不能根据《维也纳条约法公约》第 31 款第 2 段 b 项认为该地图是"条约一方承认另一方为缔结条约制定的文件作为条约的相关文件。"

（3）对1891条约目的的理解。法院认为正如在1891条约前言中指明的"缔约双方急切'确定婆罗洲上荷兰领土与英国属地的边界'"，当事双方缔约的目的是划定双方婆罗洲上的领地的分界线。法院认为1891条约本身支持了法院的解释，条约中没有暗示缔约双方希望对婆罗洲或锡巴提岛以东的领地或岛屿主权进行分配。所以不能认为1891条约确定了一条锡巴提岛以东海域岛屿主权的分配线。

（4）对准备性文件及缔约环境的理解。考虑到1891条约本身存在缺陷，仅从条约文本本身理解，不能说明条约规定的范围是否涉及锡巴提岛以东海域有关岛屿的主权划分。所以有必要通过分析条约的准备性文件及缔约环境对条约进行解释。

英属北婆罗洲公司于1882年5月成立之后，主张其继承了登特和欧贝克对婆罗洲东北岸领土的权利（苏禄苏丹曾将该区域的领土封给登特和欧贝克），当荷兰主张其对布隆甘苏丹领地的权利时，双方的权利主张范围产生了重叠。正是在这种情况下，荷兰和不列颠于1889年决定成立联合委员会，讨论签订协议解决争端。

联合委员会共举行了三次会议，主要涉及婆罗洲东北海岸的争议地区。1889年7月27日召开的最后一次会议上，英国代表团第一次提议边界线应该延伸至海上。然而，荷兰政府拒绝了英国政府的提议。后来，英国提议"锡巴提岛由北纬4°10′的平行线分割"，荷兰政府于1891年2月2日答复同意上述提议。

在谈判过程中，双方使用了各种示意图来说明他们的提议和观点。由于附有示意图的报告中没有对这些线做出进一步的解释，因此，法院认为仅从示意图中画线长度本身不能推论出任何结论。

国际法院在考虑上述问题之后认为，不论是从1891条约的准备性文件还是缔约环境，都不能推断出缔约双方认为1891条约规定的线不仅是一条陆地分界线，而且还对于锡巴提岛以东海域进行了划分。

（5）对后续性行为的理解。国际法院认为荷兰和布隆甘苏丹之间的关系是依据一系列条约而建立的。1850和1878"隶属契约"对布隆甘苏丹的领地范围进行了规定，这些规定的一部分越过了1891条约规定的分界线。因此，荷兰在缔结1891条约之前曾咨询过布隆甘苏丹，并于1893年对1878"隶属契约"进行了修正，从而与条约的规定保持一致。新的"隶属契约"规定："塔拉干岛（Tarakan）、南澳干岛（Nanoekan）、锡巴提岛位于分界线以南的部分及附属三岛的位于边界线以南的岛屿属于布隆甘苏丹的领地"。法院发现上述三岛周围有很多小岛，这些小岛从地理位置上可以说是他们的"附属"岛屿。然而上述规定并不适用于里格滩岛和西巴丹岛，因为二岛距离塔拉干岛、南澳堪干岛、锡巴提岛等有40多海里。

同时，法院注意到1891条约第5条规定："前四条所述分界线的确切位置，将由荷兰、英国政府在认为必要的时候通过双边协议进行确定。"

1915年9月28日，荷兰与英国政府于伦敦就"确定北婆罗州荷属婆罗洲领地的边界线"签订了第一个协议。双方通过了一份联合报告和由联合委员会制作的地图作为协议的组成部分。委员会从锡巴提岛的东岸开始到锡巴提岛西岸,确定 1891 条约规定的分界线的各点。

通过对 1915 协议及委员会的联合报告进行分析,法院认为,如果分界线延续至锡巴提岛以东的海域,1915 协议至少应对此有所提及,且委员会在 1915 协议附件地图上以一条红线标明了边界在东端的终点(法院认为,除了 1915 协议附图,双方提交的其他地图都不能对 1891 条约第 4 条做出任何结论性的解释)。因此,法院认为,1915 协议规定的分界线终止于锡巴提岛的东端。对于印度尼西亚指出在 1922 年和 1926 年,荷兰政府官员曾就是否应对锡巴提岛以东海域同英国划界进行过讨论,法院认为这更加说明荷兰政府并未认为 1891 条约规定的分界线是一条延伸至锡巴提岛以东海域的分界线。

综合分析 1891 条约的内容、条约的目的、条约准备性文件及缔约方的后续性行为,国际法院认为 1891 条约第 4 条只是规定了一条东至锡巴提岛东岸的分界线,并未明确规定以东海域及其中的岛屿归属。

2. 关于承袭权利问题

印度尼西亚主张作为荷兰的继承国取得对里格滩岛和西巴丹岛的主权,而荷兰从该两争议岛屿的原始所属国—布隆甘苏丹取得主权。马来西亚则认为布隆甘苏丹从未取得对争议二岛的主权。马来西亚主张通过该两争议岛屿的原始所属国——苏禄苏丹的一系列让与协议取得争议岛屿的控制权,即通过西班牙、美国、不列颠(代表北婆罗洲)、大不列颠及北爱尔兰联合王国,最终让渡给马来西亚。

为此,法院审查了一系列与此争端有关的历史条约。国际法院认为,马来西亚提出的所有文件中都没有提到争议二岛,1878 年苏禄苏丹分封给登特和欧贝克的领地中也不包括二岛。在所有相关的文件中,苏禄苏丹的领地都被描述为"苏禄群岛及其附属岛屿",这些文件都没有规定里格滩岛和西巴丹岛是否属于苏禄苏丹的领土,并且也没有其他文件证明苏禄苏丹对里格滩岛和西巴丹岛行使过主权。

1878 年苏禄苏丹和西班牙之间达成协议草案,将"苏禄群岛及附属岛屿"割让给西班牙,不过没有文件证明西班牙认为里格滩岛和西巴丹岛属于草案规定的范围。但无可争议的是苏禄苏丹将其领土的主权让渡给西班牙,使得其失去了对位于婆罗洲东岸 3 海里以外岛屿的权利主张。因此,西班牙是唯一可能依据条约对里格滩岛和西巴丹岛提出权利主张的国家,尽管无法证明其曾经对二岛提出过权利主张;但在 1878 年,英国(代表婆罗州)、荷兰也都未对二岛提出权利主张。

1900 年西班牙与美国签订条约,西班牙将 1891 条约未涉及的"所有属于菲律宾群岛的岛屿"割让给美国。但是除了卡格杨 - 苏禄岛和斯布图岛及附属岛屿,1900

条约并没有提到其他更接近北婆罗州海岸的岛屿。尽管西班牙放弃了其对于里格滩岛和斯帕丹及其他北婆罗州海岸 3 海里以外的岛屿主权,以后的事件表明美国并不了解其依照 1900 条约所获得主权的范围。1907 年,英美两国通过外交照会达成临时协议,协议仅规定了英属北婆罗洲公司继续对北婆罗州 3 海里以外的岛屿行使管辖权,并未规定主权的让渡事宜,对这些岛屿的归属问题未作规定。

直到 1930 年,美国、英国就菲律宾群岛和北婆罗州岛屿的划分签订协定,协定第 3 条规定,"所有位于线南部和西部的岛屿属于北婆罗州",但除了海龟岛和曼西岛(美国对于该二岛拥有主权)之外,该协定没有提到其他任何岛屿的名称。1930 协定的缔结使得美国政府放弃了其对于里格滩岛和西巴丹岛及其他附近岛屿可能的主权主张。但法院认为,不论是从 1907 年照会还是从 1930 年协定或其他美国发布的文件中,都不能推断出美国曾对这些岛屿提出过主权主张,因此不能认为美国通过 1930 协定,将里格滩岛和西巴丹岛的主权让渡给英国。法院注意到英国认为依照 1930 协定的规定,其代表英属北婆罗洲公司取得了对该公司统治的 3 海里以外的除了海龟岛和曼西岛以外其他岛屿的主权(在此之前英国没有对这些岛屿正式提出过主张),其他国家对于英国此主张没有提出抗议。

1946 年北婆罗洲变为英国殖民地。但是,根据 1963 年协议第 4 条的规定,英国放弃对北婆罗洲、沙捞越及新加坡的主权及管辖权。1969 年印度尼西亚对马来西亚对里格滩岛和西巴丹岛主权主张提出异议,声称印度尼西亚根据 1891 条约对该二岛拥有主权。

综上所述,法院不赞同马来西亚关于原始权利拥有国未间断的权利让渡,无法确定里格滩岛和西巴丹岛是否属于苏禄苏丹的领地或其他主张国家的领地,因此也无法确定马来西亚作为英国的继承国而取得对该二岛的主权。

3. 关于实施有效管理和有效占领的理解问题

由于法院已经否认了双方"以条约为基础"的主权主张依据,因此,法院将双方的有效占领活动作为一个重要的因素进行审查。国际法院援引了"关于东格陵兰岛的法律地位"一案中的判决:"并非基于某些特别法案、也非基于条约割让,而是基于一系列展示主权的主张必须具备以下两个要素:有意进行主权统治并为此而实施了实际行动;争端另一方对争端领土的主张程度。"特别是对于未被永久居住的小岛,例如,里格滩岛和西巴丹岛,有效占领行为实际上非常少。由于"对于争端肇始日之后争端双方采取的行动,除是争端肇始日之前活动的延续,不能作为双方主权展示的依据",因此,法院着重审查了 1969 年之前印尼和马来西亚双方当事国所采取过的行动。

印度尼西亚提出其对争议岛屿实施了有效管辖的主要依据是:荷兰皇家海

军的军舰曾在该地区进行过一系列的航行;渔民将里格滩岛和西巴丹岛作为渔业活动的传统水域;此外,印度尼西亚认为 1960 年第 4 号法案的附图中虽然没有显示印度尼西亚有意将里格滩岛和西巴丹岛作为领海基点或转折点,但这并不能被认为印度尼西亚放弃了对二岛的主权。

国际法院认为,印度尼西亚所提出的有效活动都不具备立法或管理的特征。印度尼西亚提出的荷兰军舰 Lynx 号于该海区的活动实际上是参加荷兰和英国联合打击婆罗州东部海域海盗行为;对于印度尼西亚提出的渔民将里格滩岛和西巴丹岛作为渔业活动的传统水域,法院认为如果这些行为未以官方条例或管理为基础则也不能被视为有效占领;此外,印度尼西亚 1960 年第 4 号法案的附图中也没有将里格滩岛和西巴丹岛作为领海基点或转折点。因此,国际法院认为,印度尼西亚所提出的行为不能构成其主权主张的依据。

马来西亚提出其对争议岛屿实施了有效管辖的主要依据是:通过对海龟及海龟蛋的收集活动进行了管辖,而收集海龟蛋多年以来一直是里格滩岛和西巴丹岛的主要经济活动。马来西亚引用了一系列文件,如 1917 年海龟保护法(该法涉及的区域包括了里格滩岛和西巴丹岛)和 1930 年前后当地官员解决收集海龟蛋引发的争端等文件;马来西亚提出的依据还包括 1933 年在西巴丹岛上建立了鸟类保护区;英国北婆罗洲殖民地政府于 19 世纪 60 年代早期在里格滩岛和西巴丹岛上建立了灯塔并保存至今,由马来西亚政府进行管理等。

法院认为,马来西亚的上述行动,包括建立鸟类保护区等,应该被视为官方对于特定区域的管理活动。同时,法院认为马来西亚建立灯塔的行为也可以视为其行使主权的展示。马来西亚主张的不论其本身或英国实施的活动数量虽然并不多,但这些活动分别涵盖了立法、管辖及准司法性质的活动,在大多数时间内显示了以国家的形式对于里格滩岛和西巴丹岛进行主权管理的意图;同时,不论印度尼西亚或荷兰都没有对上述活动提出异议或抗议。1962 年、1963 年印度尼西亚并没有向北婆罗洲殖民政府或马来西亚提出抗议,尽管他们可能认为这些灯塔仅为航行安全而设,但对于另一国家在自己领土上建筑此种设施而不提出抗议,这种情形是非常少见的。

三、启示

本案是有关岛屿主权争端的最新判例,其中既涉及对殖民时期留下的复杂的历史条约有关条款的解释,也涉及当事国长期以来对争议岛屿所进行的管辖和利用等行为的认定。国际法院对印尼和马来西亚两国所提出的主权依据的分析和认定,对我国处理目前所面临的有关岛屿主权争端有重要的指导意义,其中关键点是,国际法院认为尽管印尼也提出其对争端岛屿实施了有效管辖的依据,但相比之下,印尼曾有的活动都不具有立法和管理的特征,而马来西亚曾实施的行为虽然不多,但包括了立法、管理和准司法性质等各方面的活动,显示了国家对争端岛屿进行主权管理的意图,因此具有国际法效力。

　　综上所述,在维护有争议岛屿的主权方面,岛屿主权争端当事国仅有权利主张是远远不够的,还必须针对有争议岛屿实施一系列显示国家意志的立法、行政管理和司法等多方面的管辖行为,特别是有效的实际占领和控制行为,在将来最终解决争端时才能占据主动地位;而渔民的传统捕鱼活动、民间的登岛活动或一般意义上非专门针对争端岛屿主权而进行的航行,甚至在有争端岛的周围海域进行打击海盗等行为,则只具有辅助意义,不具有国际公法性质。

(《动态》2004 年第 7 期)

国际法上"共同开发"的要旨和义务

高之国

第二次世界大战以后,国际法的一个重要发展是确立了大陆架和专属经济区的制度。世界海洋 1/3 以上的面积,大约 3 775 万平方海里被纳入到沿海国的 200 海里管辖范围之内。海洋管辖权的扩展为沿海国勘探和开发海洋油气资源提供了新的区域,同时,在世界上许多地方也不可避免地形成了大量的权利主张重叠区。

直到 20 个世纪 50 年代末仍未形成关于大陆架重叠争议区共同开发问题的国际法规则。其后,出现了跨界或位于重叠争议区的石油和天然气的开发活动,由此引发了关于对此情况下可适用的国际法规则的全新的法律问题。对此专家们提出了各种不同的方法,包括先占规则、矿床统一性、领土主权、联合作业和共同开发等原则。

二十世纪 60 年代初,人们开始认识到,共同开发可以作为解决重叠争议区自然资源问题的有效途径。70 年代至 80 年代,共同开发的必要性逐渐为各国所认可。

一、共同开发的定义

分析近年来关于共同开发的定义,可以得出以下几点结论:第一,目前对于共同开发的定义尚无一致的观点。第二,不同论者依其研究的理论旨趣来下定义。第三,尽管在用词和侧重点上各有不同,现有的共同开发的定义按照其内涵,大体上可以分为两类:一类倾向于把共同开发定义为政府间联合作业和共同开发;而另一类则专注于重叠争议区域内的政府间共同开发。关于这些定义的讨论也有令人堪忧的一面,即导致了对于共同开发与联合作业是否是实同名异的误解和混淆。

国际联合作业在本质上几乎是一个商业性的概念,而共同开发是一个政治概念。因此,从法律上来看,有必要也很容易将二者区分开来。共同开发是两个或两个以上的国家,为开发和分配尚未最后划界的领土重叠争议区内的潜在自然资源的目的,达成政府间的协议,共同行使在此区域内的开发和管辖权利。

从这个定义中可以清楚地看出,共同开发必须同时具备五个基本条件:(1)领土争议;(2)潜在的或被证实的资源储藏;(3)政府间协议;(4)共同的石油作业;(5)临时过渡的性质。在这五个条件中,领土争议是共同开发的最显著的特征。

二、共同开发的法律基础

共同开发是一个比较新的概念,但这个原则有深厚的习惯法和当代国际法的基础。

(1)条约国际法。这方面的条约国际法可以分为两类:第一,双边海域划界协定,如 1965 年英国—挪威的海域划界条约。第二,关于共有资源开发的多边条约,如 1988 年的《关于南极矿产资源活动的公约》。1994 年生效的《联合国海洋法公约》(以下简称《公约》)把共同开发的定义推进了一步,该公约规定:"在达成第 1 款规定的协议以前,有关各国应基于谅解和合作的精神,尽一切努力作出实际性的临时安排,并在此过渡期间内,不危害或阻碍最后协议的达成。这种安排应不妨碍最后界限的划定"。公约的规定实际上是对现行规则和国家实践进行总结和法律编纂。

(2)一般法律原则。习惯国际法和一般法律原则构成共同开发原则的另外一个渊源。

(3)国际司法。国际判例也是形成共同开发原则的一个重要参考。1969 著名的"北海大陆架案"即是一个良好的开端。

(4)国家实践。国家实践为共同开发概念提供了肥沃的土壤。在 20 多个判例中,有关国家已同意以共同开发的形式作为开发他们之间重叠争议区内共有资源的途径。

(5)软法原则。围绕开发共有自然资源展开的争论引起了国际组织和国际会议的注意。联合国有关组织自 20 世纪 70 年代以来通过了一系列的决议,阐明了在拥有共同自然资源的国家之间进行合作的一般原则。尽管对这些软法原则的约束力仍有不同的看法,但都承认这些决议和行为准则属于带有强烈道德和政治效力的软法范畴,而且在国际关系中为各国所普遍遵从。

三、共同开发的法律特征

共同开发的概念有几个明显的法律特征。

第一,尽管权利主张国在划界问题上未能达成协议,但共同开发的目的仍然是通过达成协议进行合作。

第二,共同开发具有"实际性"。它不考虑任何一方的领土要求,而是要求搁置争议,以便寻求相互间可接受的合作方式。

第三,共同开发制度具有过渡性。因为它主要处理在争议区的资源开发问题,其本身不是解决争议,也不是对边界问题的永久性解决。

第四,共同开发不得妨碍任何一方的协议前的地位和最终的边界划定。英国国际法和比较法协会将这一特征概括成为《各国共同开发标准协定》中的"无损害性条款"。该条款规定：(1)本协定中的任何规定均不得被解释为一国对该区域的权利放弃或权利主张；也不得被解释为对另一方关于该区域的权利或主张的地位的承认或支持。(2)因本协定和本协定的执行所产生的任何行为或活动并不构成对任何一方关于该区域的权利或权利要求的主张、支持或否定。

第五，共同开发的原则在本质上兼具鼓励性和禁止性。一方面，它鼓励相关国家在主权权利的主张陷入对立冲突的窘境时相互克制，并竭尽所能就该区域的开发利用寻求暂定措施。另一方面，它不鼓励对争议区内的资源进行任何单方面的勘探和开发，因为在最终划界悬而未决之前，任何一国的此类活动都将影响国际法赋予另一国的合法权利和利益。

四、共同开发的法律效力和意义

有关共同开发原则最具争议性的问题可能是评价其法律效力。争论的焦点是：共同开发是否已被确立为国际法上的一个习惯性规则。换言之，它是否对国家具有法律约束力。到目前为止，在共同开发原则是否使国家承担义务的问题上，仍没有达到任何一致的意见。

从环境法的角度看，两个或两个以上国家在保护与利用共有自然资源中有必要进行合作已被认为是国家关系中的一个行为准则。过去30多年来，考虑到政治、法律和经济方面的发展和变化，主张共同开发原则对国家没有法律效力，认为在重叠争议区内对共有资源进行单边开发在政治上和法律上是可以接受的，这样一种推断即使从法律常识来看也是不正确的。

关于共同开发原则是否具有法律约束力，两派观点之间的中间立场，似乎反映了目前该原则在国际法中的地位和现状。共同开发是新出现的习惯性国际法规则，或者至少是软法的一个原则。依据该项原则，未经同意在两国争议区内对共有资源进行单边的、任意的开发是被禁止的和不可接受的。

依据《公约》，共同开发可被认为是一个可供选择的条约性义务，因为缔约国还可以自由地达成协议，选择其它形式的利用争议区的实际性措施。但国家之间不大可能达成远比共同开发形式更好的安排。今后临时性安排的新发展，很可能是对现有的共同开发制度的形式和内容的改进和完善。在可以预见的将来，共同开发很有可能依然是具有实际性质的临时性安排的主导形式。

五、结论

国际法上共同开发原则的历史不长，但它作为搁置经济发展中涉及共同利益争端的工具的地位已经确立。这个原规要求在对共有自然资源进行开发的国家之间达成协议、开展协调和合作。共同开发的价值在于它可以搁置争议，以利于经济发展。这个目的与国际法要求主权国家在处理诸如环境安全和可持续发展等问题时进行合作的要求和趋势是一致的。

　　共同开发,作为一个临时性措施,当然不是解决领土争端的最佳途径。但在某些情况下,它可能是除了无所作为、对立甚至冲突之外的唯一可供选择的途径。共同开发原则是正在出现的习惯国际法规则和条约国际法规则。该原则在政治上是可行的,在实践上是有益的,在法律上是合理的。在这个原则下,国家至少有责任与相邻国家就开发争议区的共有自然资源进行协商和谈判。尽管要求有关国家达成一项共同开发安排的国际法义务有待确立,但在争议区内的单方行为是不被现行国际法所认可的。因此,我们见证了一项处于初创时期但名副其实的新的国际法原则的诞生。

(《动态》2004 年第 8 期)

台湾与美国海洋安全战略
的关系及其影响

郑淑英

本文从美国的国家安全观及海洋安全战略制定的目标、原则以及 21 世纪初美国海洋安全战略的特点,分析台湾与美国海洋安全战略的关系和影响,并介绍近期美国及台湾围绕台海局势采取的策略和行动。

一、美国海洋安全战略的目标、原则和基本内容

海洋安全是国家安全的重要组成,美国的海洋安全战略是美国国家安全战略的重要内容之一,其制定的目标、原则和内容取决于美国政府的国家安全理念。

对于国家安全,从 1947 年美国公布的《国家安全法》到以后的多份国家安全战略报告找不到确切的定义,但是对这一名词的解释却是基本相同的,即:国家安全意味着国家利益;获得利益是国家安全的最高目标;美国的利益遍布全世界。从这一逻辑出发,美国的国家安全战略是一个彻头彻尾的全球战略。台湾被纳入其国家海洋安全战略也是不足为奇的。

美国海洋安全战略包括在美国国家安全战略中。安全的内容可分为三类:政治安全、军事安全和经济安全。在海上,政治安全主要是指保护美国一贯推行的所谓民主、自由和人权事业;保护美国人在本土以外的安全和权益;维护美国沿海盟国和盟友的安全和利益;加强美国在世界各海区的影响。海上军事安全主要是指保障美国通往世界各海区海上通道的绝对安全和自由;消除影响美国利益的各海区的地区性冲突或战争,包括认为容易发生在发展中国家地区的被称为"低裂度冲突"。海上经济安全包括保障美国在世界各海区获得资源和能源的需要,获取海上情报的安全需要等等,这些都被视为美国海洋安全战略的目标。

二、21 世纪美国海洋安全战略的特点

冷战结束与新世纪的到来,特别是 2001 年的"9.11"事件使美国的海洋安全战略随其国家安全战略进行了重大调整。2002 年,布什政府发布的《美国国家安全战略

报告》,放弃冷战时期的防御战略概念,提出一个新的国家安全战略框架——实施"先发制人"(pre – emptive strategy)的战略,用以对付那些敌对国家及恐怖主义组织。美国认为新世纪对美国安全的威胁主要来自于"不稳定的弧形区"——加勒比海沿岸、亚洲、中亚、中东、南亚和朝鲜。美国海洋安全战略增加了制止海上突发事件为主的反恐目标和内容,并向包括在这一弧形区的南亚海区聚集兵力;同时加大海上信息安全、资源安全与能源安全、海上通道与海峡安全的力度。21 世纪的美国海洋安全战略的特点可归为以下几点:

1. 加大对海上通道安全的关注,特别是包括台湾海峡、马六甲海峡在内的与其政治、军事和经济关系重大的海上通道安全;

2. 调整海外驻军规模,加强与台湾、日本、菲律宾、韩国在内的美国盟友合作,建立更多的海外军事基地,强化预先配置,即利用尽可能少的兵力维护和驻守,当危机发生之时,迅速调集军队和装备,增强快速反应能力;

3. 借助高新技术手段,建立覆盖全球的信息监测网络,向其战略重点区渗透,特别是加强对我国近海及东亚海区的监控。

为实现上述目标,美国在海上采取了多项措施。针对中国大陆和东南沿海,加强了对这一地区的海上监控。美国海军 2003 年在东亚沿海,包括朝鲜、日本海、中国东南沿海及菲律宾海域部署一种新型远程低频声纳,用以对该海域进行更严密的监控。美国在太平洋已经建成海上预置装备物资网络,共有预置船 13 艘,满载吨位近 62 万吨,编为三个中队,分别部署在关岛、迪戈加西亚和大西洋海域。这些预置船可在接到命令后的 7 天内达到指定地点。最近,美国已经与澳大利亚达成协议,启用与日本冲绳的"北锚"相对应的"南锚",即在澳大利亚北部投资数千万美元建设一个永久的军事训练基地,同时增加美国在澳大利亚驻军的数量,用以控制马六甲海峡这一太平洋与印度洋的海上枢纽之目的。2000 年美国国防部决定调整驻韩美军,以通过对空军和海军加大尖端武器装备,加大机动作战和迅速打击能力,确保驻韩美军的机动性,并建立"空中中心"和"海上中心";改变驻韩美军的性质,将其驻韩军队转型为在该地区的驻军性质,以加强驻韩美军在整个东北亚地区驻军的作用。为此,美国已决定增加 110 亿美元的军费增加驻韩美军的作战能力和先发制人的打击能力;通过与韩方合作建立新的武器系统用以提高韩美联合防御能力。

总体上讲,美国的战略东移是新世纪初美国海洋安全战略的特点。同时美国借反恐之名,向世界更多的地区插手,扩大其在外海的影响及存在,采取先发制人的作法,是这一时期美国海洋安全战略乃至其国家安全战略的特点。

三、台湾与美国太平洋地区海洋安全战略的关系

美国海洋安全战略明确将太平洋、印度洋、大西洋作为其安全战略区。太平

洋是美国海洋安全的首要地区,东亚海是重中之重。用美国人自己的话讲:"东亚是太平洋地区对美国安全和繁荣越来越重要的地区,在这里聚集着世界经济和政治最富有活力的国家";并认为"南太平洋的南亚地区是存在低裂度冲突问题的地区";"安全是美国在这一地区考虑的重点"。

台湾对美国的海洋安全战略具有重要意义。

首先是地理区位的优势。台湾岛与祖国大陆以台湾海峡相隔,与菲律宾以巴士海峡相望,与日本由琉球群岛在海上相联,就像是一块跳板,通过它对中国大陆、日本及东亚的形成实际的影响和牵制,因而成为美国在太平洋地区的重点战略岛屿。

其次是南海的石油资源丰富,开发潜力较大,是美国控制台湾的又一重要动因。美国是一个资源和能源的消费大国,资源与能源安全是维系其国家发展的根本动力,历届美国政府都对资源安全制定过相应的国家政策,将能源安全明确作为国家安全目标予以保障。近年来,美国以能源安全定位其国家利益的倾向越发明显。现任总统布什在他刚上台的第二周就建立了一个由多个部长组成的国家能源政策小组,三个月后的 2001 年 5 月 17 日公布了《美国国家能源政策》,其中分析了包括中国在内的发展中国家对能源资源的需求形势,强调美国各种能源均能自给,惟独石油不能自给,为此制定了多元化海外能源拓展措施。南海无疑是美国关注的一个重点。

政治、经济、军事利益的驱使,使台湾成为美国海洋安全战略的关注点。2001 年,由美国国防部资助的美国著名智库兰德(Rand)公司发表的研究报告,建议美国应把其在亚洲驻军的重点转移到菲律宾及其他靠近台湾的国家。此项研究报告还建议,与菲律宾扩大安全合作,虽然不一定取得永久驻军的地位,但要满足美军部队轮流驻防的需要并维持一定水准的军事设施,一旦台湾海峡发生危机,可立即调兵。同时报告建议美国应重新安排在东南亚的驻军,以使美军能够进入可能用于对台湾进行协同防卫的港口和空军基地;把太平洋地区的关岛发展成为主要的港口,使美国的空军和海军能在南海和东南亚地区部署兵力。近几年美国在亚洲的驻军基本按照这一思路进行了调整。在菲律宾,美国企图重建在菲军事基地,并通过与菲联手军演,在东南亚迅速开辟"反恐战争第二前线",衍生了所谓"菲律宾反恐模式",变相实现了在菲长期驻扎的目的。最近,美国在关岛部署了 3 艘攻击潜艇,到 2006 年,还可能会增加到 6 艘。据美国国防部部长拉姆斯菲尔德、参谋长联席会议与美军太平洋司令部主导的军力重组计划,关岛将变成美国海军的一个主要战略行动中枢,其目标就是对付中国。为了弥补关岛目前基础设施不足,无法支持一支航母战斗群,美国计划在珍珠港部署一支航母战斗群,以便在台海局势发生危机时尽可能快地赶赴现场。

四、近期美国针对台海局势采取的活动及台湾的响应

在军事方面,美国在 2004 年的 6~7 月份围绕台海局势进行了数次大规模的军

事演习。其中包括:6 月 1 日举行的名为"卡拉特"军演,旨在围绕中国南部,强化美军海上作战能力以及协调指挥能力。6 月 7～19 日在冲绳嘉手纳空军基地举行的"对抗北方 04－2"联合军演,旨在提高美日空军共同作战能力。6 月 29 日开始的"环太平洋 2004"联合军演,旨在以东亚局势为背景,开展潜艇战等战斗训练,参加此次军演的有澳大利亚、英国、加拿大、智利、日本、秘鲁、韩国、厄瓜多尔、马来西亚、墨西哥、菲律宾、俄罗斯、新加坡、泰国均派出了观察员。6 月 19 日在台湾进行"汉光 20"军演之际,美国和日本军队于台湾北部外海,同步开展以假想中国人民解放军攻台为内容的演习,进行了"司令部指挥所"演习,旨在验证美军在台海战争时,驻军兵力是否能够应付战争需要。

在外交方面,美国也基本采用了兰德公司的建议,对中国采取"交往和围堵策略平衡交用"的战略。对台湾问题,美国对中美上海联合公报历来采取口头承诺,实际违反的两面手法。围绕台海局势的军演也都是在 2004 年我国政府"5.20 声明"以后,即在中国警告台湾少数台独分子必要时我们将"不惜一切代价"阻止"台独"以后。

台湾当局对美国的一系列军事及外交政策予以积极响应,以达到其分裂祖国的目的。除在近期举行一系列针对大陆的军演外,在政治方面也加大了台独的进程,特别是在其"海洋立国"的口号下,加紧实施进程。据悉,台湾当局推出《"行政院"功能业务与组织调整暂行条例草案》,其中设立"海洋委员会"的问题值得关注。"海洋立国"是台独分子要将台湾与祖国大陆割裂开来的一个政治口号,强调"台湾是一个岛屿国家",与中国没有什么关系。1996 年台湾民进党参加第 9 届"总统"选举时曾打出过"海洋立国,鲸精文明"的竞选主轴,并将其竞选徽标设计为一条横卧在海洋上的鲸鱼,这条鲸鱼的图形是按台湾岛的形状为原形。2003 年 1 月 1 日,吕秀莲到东沙岛发表所谓"海洋立国"的"海洋战略宣言"。2004 年 3 月 31 日,台湾"行政院"首次召开"海洋事务政策规划发展方案",设想在"修宪"过程中,推动成立"国家级"海洋事务专责机构——"海洋事务部"。另据台湾《中国时报》报导,台湾"内政部"已决定将东沙 356 500 公倾的陆地和海域公布为台湾的第一座"国家海洋公园"。台湾"行政院"建立"国家海洋公园"的目的,与台独分子提出的"海洋立国"不无关系,也是值得关注的。

美国利用台湾对中国进行牵制,并将台湾视为实现其在东亚及太平洋海洋安全战略的一个环节,以保证其在本地区的实际存在。

五、结语

台湾是中国不可分割的领土,这是无可争辩的事实。台湾问题是我们面临的最大的海上安全问题。台独势力与美国霸权主义相互结合,增大了台湾问题解决的难度。美国与我国同处太平洋沿岸,从地缘政治角度分析,美国是中国海上的邻国,而且是最大的邻国。美国对中国海上安全的影响是重大的,特别是在台湾问题上超出了其他任何一种力量。对这一点我们必须保持清醒的认识。

(《动态》2004 年第 10 期)

美国的海洋利益和
《联合国海洋法公约》[*]

贾 宇 付 玉 整理

一、美国的海洋利益和立场

美国海洋政策的形成基于其海洋利益。一方面,美国的海洋利益有可能与其他国家的利益产生冲突,如在海洋利用和环境保护等方面和有些国家存在矛盾;另一方面,美国的许多利益并非美国所独有,同时也是许多国家共同的利益。

(一)海洋交通利益

长期以来,美国的海洋经济利益主导着美国的海洋政策。全球交通运输是非常重要的海洋经济利益。美国90%的进出口货物需要通过海上运输,货物的顺利和廉价运输是美国关注的重点。促使美国参加第一次世界大战的主要原因之一是德国对美国货物海上运输的干预。美国的另一项全球交通利益是远程通讯。可靠而不受干扰的远程通讯越来越重要。许多时候,海底电缆比卫星更加可靠。

(二)海上油气资源利益

美国作为一个工业国家,充足而有保障的原材料供应是非常重要的,尤以石油和天然气为甚。这些资源主要分布在世界各地的大陆架和大陆边上。美国认为,确保本国大陆架的石油和天然气资源安全以及优化能源方面的利益对美国至关重要。同时,美国鼓励到其他国家的海岸开发石油资源。

深海矿产资源的开采对美国也很重要。目前各国对于开采海底矿产资源的利益

---

* 应国家海洋局海洋发展战略研究所的邀请,美国海洋法专家 Bernard H. Oxman 于 2004 年 10 月来京访问,就美国与《联合国海洋法公约》问题做专题报告。Oxman 任美国迈阿密大学法学院教授,美国《国际法杂志》主编。1973 – 1982 年联合国第三次海洋法会议期间,Oxman 担任美国代表团副团长。2003 年在马来西亚诉新加坡柔佛海峡案中担任仲裁员。Oxman 访京期间,与来自外交部、国家海洋局、海军军事学术研究所等部门和单位的专家、学者进行了座谈,并为中国海洋法学会会员做学术报告及进行交流。

此文根据会议记录和录音整理。

存在危机。理论上,开采海底矿产资源的经济收益在各国中分配,所开采的资源也将满足全球的需求。但是,人们对于自己国家的公司进行开采感到更放心。由于在20世纪60年代阿拉伯国家对美国的石油禁运,美国也很关注这种安全感。

美国作为金属的消费大国,意识到存在双重标准是非常重要的。第一层是非常明显的作为消费者的利益;第二层是国际海洋法关于采矿的规定会影响到许多发展中国家的国内采矿政策。在《联合国海洋法公约》(以下简称《公约》)谈判时,许多发展中国家矿产私有化进程缓慢,严重缺乏资本,没有来自陆地矿产资源的竞争,缺乏以市场为主的政策。拉丁美洲国家就处于这种情况,它们大多数是77国集团成员,在谈判中它们是准备最充分、表现最积极的国家。美国的关心的是矿产资源开采的管理模式和经济发展的模式,因此美国对于拉丁美洲国家提出的模式非常关注。主要的矛盾不在社会主义国家和资本主义国家之间,而是拉丁美洲国家的发展模式和美国与西欧之间的市场经济模式矛盾。

(三)海洋渔业利益

美国的渔业利益仍然是一个重要的政治因素。作为当今世界上两个发达的工业国家,美国和日本在渔业问题上争论不休。日本的渔业文化历史很长,而美国的大部分人口居住在沿海地带,美国大多数的议员来自沿海地区,与渔业有着或多或少的联系。当今美国的沿海渔业大部分是在本国的海域,有一些是远洋捕鱼。美国对于渔业利益的维护基本上是限制外国的竞争,在美国的经济区内不允许其他国家的捕鱼活动。

美国也有风能、潮汐能等方面的潜在利益,但目前还不是主要的经济动力,还不能对美国的海洋政策产生重要影响。

(四)海洋安全利益

安全利益主要是保障美国空军和海军的全球行动能力。为了保护航道安全,美国对于在全球范围内部署空军和海军的灵活性方面具有越来越多的利益需求。此外,反恐是一项新的任务。这不仅指海上恐怖活动,也包括源自海上、对美国陆地领土造成威胁的活动。布什总统非常明确地指出,在反恐方面美国的政策是先发制人。

(五)海洋环境利益

环境不是免费的资源。实际上,我们会从保护环境和限制活动从而减少对于环境的损害方面获得更多的利益,这是美国的政策系统中一项非常牢固的、优先考虑的事情,美国把在美国海域和世界范围内防止污染和保护生物资源当作其环境方面的利益所在。但是美国国内的许多机构只致力于保护美国的海域。与大多数国家一样,美国海洋环境的威胁主要来自陆源污染,几乎涉及陆上的所有活动,是非常棘手的现实问题。

环境的敏感性提升了海洋科研的重要性。美国政府对沿海国科学信息的最大限度流动非常重视。美国的科学家相信其科研活动也许会给全人类带来深刻影响,因而强烈反对一切对于科研的限制,认为任何限制都将影响到对全人类的贡献。

二、美国与《联合国海洋法公约》

(一)美国未批准《联合国海洋法公约》的背景和原因

美国是 1958 年海洋法公约的缔约国。1958 年海洋法公约存在着几个问题:一是在领海宽度上无法达成协议;二是关于岛屿和大陆架的定义;三是大陆架之外区域的管辖不明确;四是几乎没有关于环境问题的条款。虽然 1958 年海洋法公约得到了一定数量国家的承认,但它却不是全球性的。因此,存在着对于 1958 年海洋法公约普遍性的争论。

20 世纪 50 年代前苏联支持 12 海里的领海宽度。1957 年前,前苏联通过外交照会,称其对有关利益和形势的理解已经改变,不再支持 12 海里领海宽度。前苏联政府的海军和渔业部门已经意识到,前苏联不再是一个孤立的陆地大国,已经成为一个全球性海洋国家。

美国在 1958 年海洋法会议上的立场众所周知:美国支持最大宽度不超过 12 海里领海,增加沿海国对于 12 海里以外海洋区域捕鱼的管理。美国支持沿海国有权对于那些不固定生活在海岸附近的鲨鱼在 200 海里以外进行管理,对于洄游鱼类应该进行国际管理。

关于大陆架界限问题,美国建议在 200 海里与大陆架外部界限之间建立一个我们称为"中间地带"的区域,沿海国可以在这个区域实施某种控制,同时海底管理局也进行管理。更为重要的是,从 200 海里开始的区域内的利益将被所有沿海国分享,所得将主要用于发展中国家。这是极其慷慨的建议。美国关于分享 200 海里之外区域内利益的建议在其他发达国家中非常不受欢迎,如英国、澳大利亚、加拿大,甚至也不被美国国会看好。关于国际海底,美国建议,建立一种国际法律系统,要求私有企业获得采矿权。采矿的收入除用于管理局的运作之外将主要被用于发展中国家。美国还建议第三方强制性解决争端。

里根总统上台后发布了一份海洋政策声明,指出美国将尊重 1982 年《联合国海洋法公约》(以下简称《公约》)关于传统海洋用途的规定,也会尊重其他国家进行《公约》规定的传统用海活动,如航行自由。里根的声明表明,在传统用海方面,美国把《公约》当作习惯国际法(非传统用海如海底采矿除外)。从里根政府开始,美国要求其他国家将其海洋政策建立在《公约》基础之上,鼓励其他国家加入《公约》。里根总统对于《公约》的立场使美国处于一个奇怪的境地——里根拒绝批准《公约》,同时美国又要求他国遵守《公约》。

美国不是《公约》缔约国带来了内部风险。在美国国会，不应违反国际条约的感觉比不应违反习惯法要强烈得多。因为美国仅通过其行动就可影响习惯法的走向。老布什政府支持在联合国秘书长的主持下对海底采矿进行协商，克林顿总统在1994年承认《公约》及其第11部分的实施协议。但《公约》第11部分的框架及1994年《执行协议》并未在美国取得进展。由于时任参议院外交关系委员会主席的哈姆斯参议员的反对，参议院外交关系委员会没有召集会议来讨论批准《公约》的问题。

美国是1995年"高度洄游渔类种群协议"的初始成员国之一。来自美国渔民的压力是推动美国批准1995年渔类协议的重要原因。作为一项对重要外交事务处理的传统，小布什总统对批准《公约》一事进行了回顾。现任参议院外交关系委员会的主席卢格是支持批准《公约》的。2003年，参议院外交关系委员会举行了听证会。来自政府部门、非政府组织、企业等社会各界的人士以及来自联邦政府、国防部门的证人参加了听政会。听证会的结果是赞成批准《公约》。因此，外交关系委员会中的共和党和民主党参议员都一致同意，建议参议院批准《公约》。

与此同时，一个规模很小的极右团体站出来反对批准《公约》。在外交关系委员会作出建议后不久，该团体在互联网站上打出题目为"克里的协议"文章，把矛头指向克里参议员。这些极右组织的主要手段是通过鼓励其他委员会举行听证会，使人们产生疑虑，从而减慢事情进展的速度。在一次听证会上，一位曾经在里根政府中工作过的人宣誓说《公约》要求美国向中国传授军事技术。事实上，《公约》中没有任何条款要求任何国家公开对其安全至关重要的技术。但这些极右组织的诸多杜撰引起了人们的恐慌。有时，这些无中生有的杜撰又很难回答。一个主要的问题是情报活动的空间和国际法中关于领土主权的一般规定之间的关系极端复杂。尽管参议院中有很多人支持《公约》，但也有人建议参议院多数党领导人不要建议通过《公约》。

2004年的11月下旬或12月初，参议院有可能对是否批准《公约》进行投票。如果进行投票，很有可能取得宪法要求的2/3多数支持票。但举行投票的可能性并不是很大。如果没有进行投票，1/3的参议员又将进行换届，所有的事情又要从头开始。另外，在政府支持参议院批准《公约》的同时，总统也没有施以足够的政治压力予以推动。

目前美国没有批准《公约》完全是一个国内政治方面的问题。当初里根政府在美国批准《公约》的问题上给人们留下了非常负面的印象。对一个对《公约》知之不多的参议员来说，没有必要为了推动批准《公约》而冒风险去开罪可能在选举中支持自己的人。虽然反对批准《公约》的人也没有非常有力的理由，但他们却把批准《公约》与"9.11"恐怖袭击之后日益受到重视的情报收集联系起来。这样，有些对《公约》知之不多的人被他们的言论吓住了。同时，一些关于海洋习惯法的言论也误导了人们——作为一个强大的海洋国家,美国的行为就意味着海洋习惯法。这种想法既是不正确的,也损害了国际社会和美国的利益。

美国在批准《公约》问题上现状是令人尴尬的。美国在《公约》谈判和1994年《执行协议》的谈判中都非常积极。《公约》正因为对任何国家都不是完美的才使其成为一项好公约。美国甚至被称为"国际公约的坟墓",但《公约》也不是唯一受到影响的协定,还有许多其他的公约也遭到了同样的对待。

(二)美国海军在批准《公约》问题上的立场

职业军官的立场一贯是支持批准《公约》的。在谈判过程中他们就很活跃,一个重要人物是 John Lamen(约翰·雷蒙),他是里根政府的海军官员,目前是针对"9.11"之前情报价值审查而建立的委员会成员之一。军队对《公约》一贯支持立场的原因之一是国会设立的海洋委员会,那是美国为加入《公约》所采取的第一次行动。另外一个原因是与世界上其他国家的军队一样,美国海军认为《公约》虽然不完美,但它使事情变得简单、明了,知道什么事情可以做,什么不可以做。当然,对某些条款和在某些领域存在着不同的解释和理解,也有一些观点与其他国家不同,美国国内的环保主义者就不理解内水和专属经济区之间的区别。

三、专属经济区权利与美国的国家安全利益

利益问题必须与权利问题分开来看。毫无疑问,沿海国在其专属经济区内有其国家安全利益。但什么样的权利与安全利益相关的问题涉及到航行和航空。事实上,在大陆架和专属经济区内所有用于沿海国各种目的装置都处于沿海国的管辖之下。从《公约》谈判的历史来看,大多数国家的海军和空军都非常关注这个问题。

船只(包括军用船只)和飞机享有在其他国家专属经济区内的航行自由权和飞行权。《公约》第87条规定的公海航行自由和飞越自由是非常重要的。国际法中也有关于航行自由和飞越自由的规定。在公海和专属经济区内为着和平目的的使用,包括沿海国在其专属经济区内的军事行动,都必须特别谨慎,这是一个非常难把握的问题。当一艘中国的船只(不论是商船还是战舰)在中国的专属经济区内航行时,它是在行使航行自由权,而不是在行使中国作为一个沿海国的专属权利。其他沿海国也有可能考虑如此使用。

一个国家可以在专属经济区内派遣军舰或飞机,包括进行"被动"的——不具备积极干预其他行动的联络性质的情报搜集行动。实际上,《公约》的一些方面要求沿海国这样做,尽管有些人不愿意承认这一点。

冷战期间,前苏联的军舰在美国的海岸周围搜集各种情报。美国当然不希望前苏联在美国的海岸附近进行军事活动。但是,前苏联的行为是《公约》第58条所允许

的。因此,美国只能容忍这种行为。

美国希望尽量避免南海撞机及类似事件的发生。美国不希望与中国的误解加深,因为这不符合美国的利益。中国正在成为经济和海洋方面的全球性角色,将会成为一个主要的海洋强国,中国的利益正在发生转变。在地理上,中国被其他国家的专属经济区所包围,中国具有通过其专属经济区前往世界各地的权利和法律依据。中国需要加强与相关国家之间谨慎的理解和平衡。

关于美国的海上安全,美国的方式是通过某种实用的协议来形成精确的措施。有时美国在协议中把一些变化做笼统处理,如提交国际海事组织等,但是对于某些国家的某些问题则需要更密切的关注。与《公约》第110条相一致,美国已非常明确地指出,美国愿在达成一致的基础上实现海上安全。

四、《公约》关于"海洋用于和平目的"的规定

《公约》第88条关于"公海只用于和平目的"的规定没有超出《联合国宪章》(以下简称《宪章》)第2条第4款的内容。关于公海只能用于和平目的的规定确实适用于专属经济区,但这项规定在约束其他国家的同时,也同样约束沿海国在其专属经济区的活动。在专属经济区内的活动在本质上并不涉及使用武力或武力威胁,这种行为是违反《宪章》的。

可以把《宪章》第2条第4款作为《公约》第88条的补充。当在海上的利益发生冲突时应以《公约》为主。法律就是要考虑到所有各方的利益并且平衡这些利益。外国船只或军事飞机接近专属经济区或在其内进行军事活动并没有违反《宪章》。

一个国家必须同时考虑那些在自己的海域所不喜欢的行为和在其他国家的海域所想做的事情。中国的专属经济区处于其他国家的专属经济区的包围之下,中国需要考虑将来的利益所在。如果把法律当成安全的替代品就会犯下严重的错误。一个经典的例子是,在海峡之外,潜艇不经允许是不能进入领海的,法律在这点上的规定是绝对清楚的,但是却不能保证这样的事情不会发生。真正能保证的是实际行动和安排而不是法律规定。

五、关于军事侦察和海洋科学研究

专属经济区内科学调查问题是值得研究和探讨的。军事情报搜集也可以用做科学研究。科学调查没有确切的概念,但是法律条款要求科学调查要将结果公开发表。当然,不只是美国海军,世界上没有一个国家的海军会公开所搜集到的情报。

军事活动处于适当的监督之下是非常重要的。例如,在专属经济区内进行的实弹军事演习,从安全的角度讲很难说是合法的,因为会破坏渔业资源。但旨在获得有关人类活动,而不是国家军事方面的情报,可以被恰当地当作科学调查。海军有可能

做科学调查吗？当然可能。如果美国海图办公室决定绘制海图，那么则符合有关科学调查的规定，并且有时是通过军事船只完成的。

世界上没有一个国家的价值是孤立的，中国的经济将从依赖本国的船只和飞机，转为越来越多地受到世界其他地区经济的影响。中国经济利益的这种转变改变了中国的战略利益，而且将受到发生在遥远海岸事件的影响。对本国政府提出专属经济区的航行和飞越自由与公海不同的建议应该非常谨慎，这意味着沿海国需要以接受某些不喜欢的行为作为代价。法律虽然没有规定所采取的行动应充分考虑到别国的利益和敏感，但是明智的政治选择应是有所顾及的。

中国政府的立场还涉及另外一个方面，即美国的行动是否与台湾问题有关。尽管台湾问题不是海洋法的内容，但人们应该理解中国政府声明是涉及到台湾这个高度敏感的问题的。

另外，事情并不像法律是怎么规定的、我们如何解释某个条款那么简单。一个国家在不同形势下的利益决定它的法律立场。当年美国认为英国的军舰在美国海岸游弋是非法的，这是基于当时美国相对于英国强大的海军而言处于劣势这一判断。在1958年联合国海洋法会议上，苏联认为自己是一个受到外国军事威胁的、孤立的陆地大国。而到了第三次联合国海洋法会议，美国和前苏联都认为自己是全球海洋大国。

在美国和前苏联投入巨大的外交力量试图劝说其他国家，包括中国支持海峡过境通过时，前苏联国家安全委员会（克格勃）阻挠美国海岸警卫队的船只通过阿尔及利亚北部海域的海峡，这件事引起了大量前苏联阻挠海峡过境通过的报道。当时前苏联整个国家正在经历一种转变，试图改变与世界其他部门联系的方式。克格勃负责一部分海岸防务，有时看到的只是局部，可能会做出与整个国家的利益和策略相悖的举措。

《公约》对像美国和中国这些拥有漫长海岸线的国家来说是种痛苦——总是在控制自己的海岸和在其他国家的海岸拥有自由之间尽力保持平衡。

六、台湾海峡的法律地位与马六甲海峡的航行安全

原则上，《公约》适用于属于同一个国家的陆地领土与岛屿之间的水域，全世界都是如此。台湾海峡地位微妙，不可能不考虑到一个政治问题。如果海峡两岸属于一个国家，那么海峡中将有通道供国际通行。但从实际情况看，台湾海峡问题不是一个海洋法方面的问题。中国政府对于在台湾海峡出现的美国军舰非常敏感，不是出于海洋法的角度。

毫无疑问，美国在马六甲海峡有利益。但是中国、韩国和日本在马六甲海峡的利益比美国还多。除了海盗问题之外，潜在的危机是在浅水区域的恐怖袭击。海峡周边的3个国家保护船只安全航行的实施能力非常有限，尤其是马来西亚。那么，在该

海峡拥有利益的国家如何应对？一方面,发展中国家的能力和资源有限,另一方面,世界上最繁忙的海峡的安全形势不容乐观。这个问题涉及中国、韩国、日本,也将涉及美国。美国建议的解决方式不一定是最好的,但是必须要有解决的办法是肯定的。

七、《公约》关于岛屿的规定与南海诸岛

中国和美国一样拥有一些因为远离海岸而被当作群岛的岛屿。但是《公约》的规定非常明确——"群岛制度"只适用于单纯由岛屿组成的独立的群岛国,这条规定是直接而明确的。此外,一些亚洲国家没准备好让其他国家通过位于马六甲海峡入口的岛屿之间水域,主要的原因在当时是出于和平和战争的考虑。

前苏联直言不讳地对美国和其他北约国家表示,前苏联不可能允许希腊适用"群岛制度"而把爱琴海置于北约的控制之下。出于客观的原因,美国没有权利把基线划到夏威夷。因此,南海上的岛屿由《公约》第121条所界定,根据《公约》的规定,它们有权拥有领海和专属经济区,但岩礁除外。

至于海岸附近的岩礁是否适用于直线基线,我们的观点是不适用。许多关于有人类居住的小岛的文章忽略了国际法院和仲裁法庭关于此类小岛效力的局限性的判决。以法国和加拿大之间的仲裁案为例,法国有两个非常小的岛屿位于加拿大的近海岸,加拿大在大西洋东岸拥有漫长的海岸线,而法国只有这么两个小岛。法国宣称这两个小岛根据等距离线原则拥有全部效力,加拿大则认为法国的说法很荒谬。加拿大最终赢得了仲裁。菲律宾没有把在南海的主权要求扩展到今天谈论的这些岛屿。对于中国,一个由专属经济区的创立而引起的问题是,本来除主权之外无足轻重的岛屿突然变得无比重要,先是大陆架问题,现在又是专属经济区问题。本来可能容易处理的问题因此变得棘手。中国需要接受好坏两个方面:好的是这些岛屿可以拥有专属经济区,坏的则是专属经济区使得本来就有争议的问题更加激化。

八、关于群岛基线

众所周知,世界上的主要群岛国即使不被赋予群岛国的地位也将拥有专属经济区。因此,关于群岛制度对现代海洋法的作用是令人怀疑的。群岛国是一种可以在政治上和国家统一的角度把所有的岛屿连接起来的概念。群岛国地位确实某种程度上缩小了用于航行和飞越的区域,但是直到印尼向国际海事组织正式提交了这方面的文件,别国还是在它们一贯使用的区域航行或飞越。从经济的角度看,即使没有群岛国地位,印尼想控制的大部分区域也已处于其控制之下。实际上,印尼为群岛国地位所付出的代价是比日本和马来西亚在渔业等方面做出了更多的让步。日本是否会要求群岛国地位目前还不得而知。日本的岛屿之间连接非常紧密,陆地和水域的比例会大于规定的比例。

九、关于海上安全倡议对海洋法的影响

最近,美国《国际法杂志》刊登了一篇加拿大作者的文章,他指出"防扩散安全倡议"(PSI)、"地区海上安全倡议"(RMSI)并不会改变海洋法的结构。《公约》第110条明确规定,允许在船旗国同意情况下的登临。如果一艘船被怀疑贩运毒品,美国有一套高效的程序来迅速取得船旗国的同意登临该船。

防止武器扩散行动应该与《公约》的规定相一致,通过达成协议来实现。然而,我们还应时刻记住另外一个问题的严重性,防止武器扩散行动并不是针对陆地安全,而是出于核武器落入别有用心的人的手上这种担心,因为这将是全世界平民的噩梦,因此防止武器扩散条约规定了各国根据国际法,包括海洋法进行合作的义务。事实上,美国通过协议建立了包括大多数海洋国家在内的一个网络,包括中国,但是仍有一些国家没有同意。当然,每个国家都有权在自己的国旗下航行。联合国安理会应该出面解决这个问题——因为不合作引起核武器扩散将造成巨大威胁。安理会应起到警察的作用,这对大家都有益。

十、国际法的发展趋势和国际秩序

世界正在朝着全球化的方向发展,但全球化并不是因为法律,而是因为技术等经济方面的因素。国际法并不建立一种国际秩序。

欧盟的发展是令人忧虑的。欧盟所谓的自治政体是否会损害国际秩序的完整性?欧盟在欧洲内部是和平的力量,但是这不意味着它能成为一支和平力量。欧盟作为一个实体,或者对世界其他部分都是温和的,或者只对像美国或中国这样能够与之抗衡的国家温和。在可预见的未来欧盟对其他地区或者全球是一种有益的模式吗? 这个问题还有待时间的考验。欧盟也是有局限性的,它与世界其他部门接触时的外在印象是非常好的,但其内部却有许多问题。

可以预见,更加积极的、不同程度的整合对于地区之间的合作可能是有益的,但就全球而言则容易引起地区间的对抗。

(《动态》2004 年第 12 期)

2002 年我国海上形势综述

贾 宇 焦永科

过去的一年,我国海海上形势总体上维持了平稳发展的态势。海洋法制建设有所加强,海洋管理成效显著;周边海区海上形势稳中有变。现将一年来我国海上形势综述如下。

1.《海域使用管理法》正式实施

《中华人民共和国海域使用管理法》于 2002 年 1 月 1 日起正式实施。这部法律是我国规范海域使用及海洋资源开发、强化海洋综合管理、依法治海,依法管海的重要措施,对我国海洋经济的健康发展和海洋的可持续利用有深远影响。

2. 全国海洋功能区划颁布

2002 年 9 月 4 日,我国颁布了第一部《全国海洋功能区划》。"区划"在我国管辖海域划定了十种主要功能区,确定了 30 个重点海域的主要功能和实施措施。"区划"是规范我国海洋综合管理、管辖海域开发利用和保护活动的重要科学依据和行为准则,标志着我国适应社会主义市场经济体制的海洋开发利用区划体系已初步建立。

3.《联合国海洋法公约》签署 20 周年

2002 年是《联合国海洋法公约》签署 20 周年。联合国和世界各国都举办了纪念活动。

安南秘书长在联大举办的纪念大会上评价《公约》对维护世界安全与稳定起了重要作用。安南说,被称为"海洋宪章"的《公约》,规定了缔约方的权利与义务。过去的 20 年,公约的目标得到了很好的落实——沿海国根据公约确定了领海范围,保障了航行自由,避免了许多冲突。安南同时指出,在保护渔业资源及海洋环境方面,各国仍需继续努力。

迄今为止,已有 138 个国家和国际组织批准了《公约》。我国于 1996 年 5 月 5 日批准了该《公约》。

4. 钓鱼岛问题风波再起

日本政府从 1996 年开始研究强化政府对钓鱼岛的管理措施。2002 年 4 月 1 日,日本政府以年租金 2 256 万日元,租下了钓鱼岛及附近的南小岛、北小岛三个岛屿,获得了对钓鱼岛的管理权。日本政府此举目的是限制转售该岛,阻止第三者登岛,并在外交交涉中显示日本政府的强硬立场。这是在有争议的领土问题上,日本政府第一次采用租借方式进行实际控制。

钓鱼岛是中国的固有领土。二战结束后,美国长期占领该岛。1972 年美国向日本归还冲绳时,将钓鱼岛一并交给日本,使钓鱼岛处于日本的实际控制之下,日本海上保安厅负责对钓鱼岛一带海域进行警戒。

就日本政府所谓"租借"钓鱼岛等岛屿问题,我外交部已向日方提出了严正交涉,重申钓鱼岛是我国固有领土,日本政府的任何单方面行动都是非法的、无效的。

5. 日本打捞东海沉船,赔偿中方渔业损失

2001 年 12 月 22 日,遭日本海上保安厅追捕的"可疑渔船",在我专属经济区海域被日击沉。日方向我提出对该船进行打捞的请求,我方予以批准。在日方对该船进行打捞的整个过程中,中国海监船只进行了巡视和现场监管,日方也根据《海洋法公约》和我国有关法律规定,随时向我方报告调查和打捞作业的进展情况。

日方在我专属经济区内进行的调查、打捞等活动持续了约九个月,影响了该海域的正常渔业秩序,给我渔业利益造成了损失。为此日方向我支付 1.5 亿日元,以补偿我渔业损失。

6. 美船继续进入我管辖海域进行测量

2002 年 9 月,美国"鲍迪奇号"海洋测量船未经许可,再次擅自闯入我东海专属经济区海域进行"测量"活动。期间,我负责沿海巡逻监视的军用飞机和海军舰艇多次警告美船停止其非法活动并进行拦截,我外交部也向美国国务院提出外交照会,抗议该船侵入我专属经济区海域从事监听、侦察等活动。

7. 菲律宾多次抓扣我渔民,侵占我岛礁

2002 年间,菲律宾多次抓扣中国渔民、渔船,指控其非法入境、捕鱼。菲律宾的抓扣行为多发生在巴拉望海域和黄岩岛附近海域,而黄岩岛本属中国。

2002 年 9 月,更有约 90 名菲律宾人(包括 6 户渔民家庭),赴南沙群岛的中业岛"拓荒",目的在于为菲律宾占有该岛提供依据。

此外,菲律宾正积极准备,拟向联合国大陆架委员会提出申请,把其大陆架的范围由目前的 200 海里扩大为 350 海里。

8. 中国与东盟签署《南海各方行为宣言》

2002 年 11 月 4 日,中国与东盟各国签署《南海各方行为宣言》。宣言确认中国与东盟致力于加强睦邻互信伙伴关系,共同维护南海地区的和平与稳定。强调通过

友好协商和谈判,以和平方式解决南海有关争议。在争议解决之前,各方承诺保持克制,不采取使争议复杂化和扩大化的行动,并本着合作与谅解的精神,寻求建立相互信任的途径,包括开展海洋环保、搜寻与救助、打击跨国犯罪等合作。

9. "地球峰会"签订保护海洋协定

2002 年 8 月 26 日,"联合国可持续发展世界首脑会议"在南非约翰内斯堡开幕。与会各方就保护海洋生物、恢复受损渔业资源等问题达成协议。根据该协议,到 2015 年将全球绝大多数渔业资源恢复到正常水平。协议呼吁各国批准此前通过的一系列有关保护海洋安全和海洋环境的国际公约,并要求区域性的渔业管理组织在分配渔业配额时更多考虑发展中国家的需要。此协定的签订对保护世界海洋环境与资源将产生重要影响。

10. 俄罗斯提交 200 海里外大陆架划界案

2002 年 1 月,俄罗斯政府向联合国秘书长提交了俄罗斯 200 海里以外大陆架划界案,联合国大陆架界限委员会对俄划界案进行了审议。俄划界案是《海洋法公约》生效和大陆架界限委员会成立 5 年来收到的第一个 200 海里外大陆架划界案。对俄划界案的审议将推动沿海国外大陆架划界的准备和申请步伐,并宣示《海洋法公约》的实施已进入一个新的时期。对俄划界案审议的进程和结果受到国际社会的极大关注,并为沿海国提供了借鉴机会。

11. 其他周边事件

● 美印军事合作。印度允许美军舰船在其港口停靠,两国海军轮流为过往船只护航。印度希望在美国的支持下,不仅成为印度洋上的海上强国,也涉足包括南海的其他海域。

● 日本大型巡视船在东南亚海域活动,寻求同东南亚国家在打击海盗方面进行合作。2002 年 3 月,日本和亚洲 15 个国家在东京召开会议,讨论在该地区打击海盗的问题;8 月,日本海上保安厅和文莱皇家海上警察在文莱附近海域进行联合打击海盗演习;10 月,日本海上保安厅巡逻船在南海训练,参加日本和印度海岸警备队的联合训练。

● 2002 年 4 月,澳大利亚、日本、新加坡、韩国、美国 5 国在日本海域进行水下救生演习;5 月,美国、泰国、菲律宾等国举行代号为"金眼镜蛇"的联合军事演习;8 月,俄海岸警备队同日海上保安厅进行联合演习。

● 美国主办的一年一度的环太平洋演习,日本、韩国、澳大利亚参加。

● 日本和韩国石油公司恢复在"日韩共同开发区"联合进行油气勘探。

结语

2002 年,尽管有海上事件发生,但我国周边海上形势总体上是趋于稳定的。《南海各方行为宣言》的签定,对保持南海地区的和平稳定,增进中国与"东盟"国家之间的相互信任,具有重要和积极的意义。东海的问题有所变化,主要表现在日本政府关于钓鱼岛问题的立场发生实质性变化。长期以来,中日两国在钓鱼岛问题上基本处于"胶着"状态,日本政府或明或暗,或纵容或支持右翼势力在钓鱼岛的活动。而"租借"行为则是日本政府首次对钓鱼岛采取的官方行动,这对今后维护我国对钓鱼岛的主权是不利的,值得警惕。

展望 2003 年,我国周边海上形势的主流可能会向着稳定的方向发展,但也隐存着一些不利因素和变数。朝鲜半岛的核问题是今后发展的变数之一。另外,海上恐怖主义活动,不仅是对传统安全观念和机制的挑战,而且也关系到我国的海上安全和形势,有可能发展成为潜在的影响因素之一。建议对海上非传统安全问题进行深入研究并制定相应的对策。

(《动态》2003 年第 1 期)

日本领海、专属经济区、大陆架海域情况调查评介

高之国　贾　宇　李明杰

　　日本是东北亚太平洋上典型的海洋国家,人口 1.2678 亿,由本州、北海道、四国、九州四个大岛和 3 900 多个小岛组成,四面环海,海岸线曲折漫长。

　　早在 1870 年日本就实行了 3 海里的领海宽度,1977 年将领海宽度扩大为 12 海里,但几个重要海峡等特定海域的领海宽度依然为 3 海里,同年颁布了 200 海里渔业水域法,建立了 200 海里渔区。日本于 1983 年 2 月签署了《联合国海洋法公约》,1996 年 6 月批准公约,并对部分领海基点作了修改。1996 年日本颁布了专属经济区和大陆架法,宣布建立专属经济区制度。

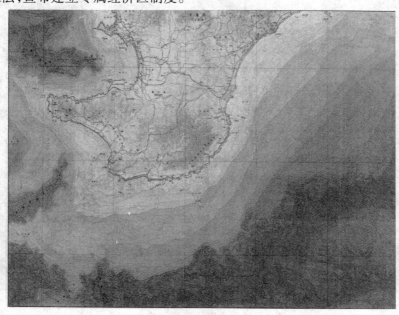

图 1　日本沿岸部分海底地形图

　　日本对其周边海域作过比较详细的调查。调查由海上保安厅海洋情报部负责进行,调查内容包括沿岸海域、海底地形、地质构造、地磁、重力等情况的调查,水深测量、高波探查,以及海洋基本图件的绘制等。

一、沿岸海域、海底地形调查

　　为确定日本的领海基线、大陆架范围及提供海洋利用、保护环境、防止自然灾害等的基本资料,日本海上保安厅海洋情报部对海底地形、地质构造、海上地磁、重力等进行了科学调查和勘测,据此绘制和发行日本周边的沿岸海域、大陆架海域等图件。

二、沿岸海域海底地形图的绘制

　　通过进行日本沿岸海域的水深测量、高波探查等勘测,发行海底地形图、地质构造图等"沿岸海域海底地形图"。

　　这些基本图对确定领海基线,沿岸海域的开发利用、保护环境、防治自然灾害有重要意义。

图2　日本沿岸大陆架海底地形图

三、大陆架基本情况调查

早在 1983 年,日本就开始了对周边海域的海底地形、地质构造、地磁、重力等情况的精密综合调查,发行了 1:20 万、1:50 万、1:100 万比例尺的"大陆架海底地形图"。根据调查结果,日本认为其国土面积 1.7 倍的海域,按照《联合国海洋法公约》的有关规定,有可能延伸大陆架范围。日本已标绘出有可能延伸大陆架外部界限的海域图(见图 3),今后还将继续进行更精确的调查。

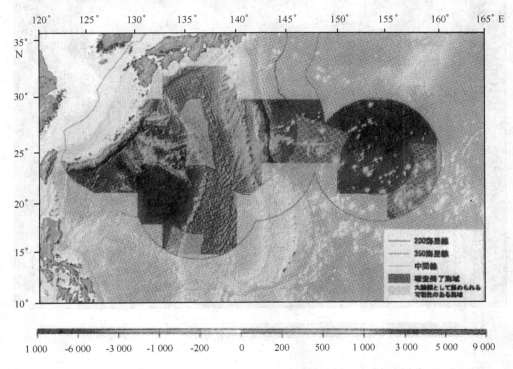

图 3   日本单方面主张的大陆架外部界限图

多比例尺的"大陆架海底地形图",对日本进行海洋开发利用、海洋环境保护、地震和火山喷发预测、防灾减灾等有重要作用。

四、日本的四至

根据有关资料,日本公布的四至经纬度如下:
最东点东经 153°59′南鸟岛最东端;

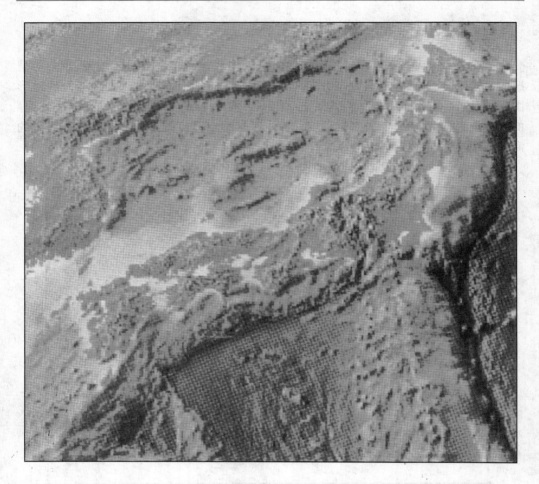

图 4　日本周边海域海底地势图

最西点东经 122°56′ 与那国岛最西端；

最南点南纬 20°23′ 冲之鸟岛最东端；

最北点北纬 45°33′ 择捉岛(与俄争议,现为俄占)最北端。

此外,日本认为,其海洋最深处位于伊豆小栗原海槽北部中段,深达 9 780 米 (详见图 5)。

五、结语

日本是一个传统的海洋大国,尽管其陆地国土面积只有 38 万平方千米,但海域辽阔。据日本海洋情报部发表的数字,日本内水和领海面积约 43 万平方千米;内水、

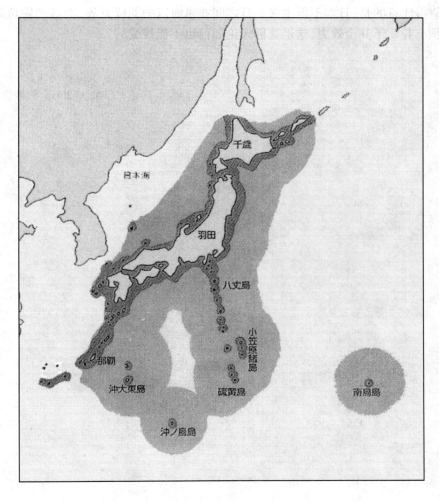

图5　日本单方面主张的四至及海洋最深处

领海和毗邻区约 74 万平方千米；毗邻区和专属经济区约 405 万平方千米（另据 2002 年 7 月的 Tropical Coasts，日本的专属经济区为 447 万平方千米），是其陆地国土的十数倍。日本陆上自然资源匮乏，经济和社会生活高度依赖海洋，对海洋的重视程度不言而喻。

　　日本是亚太地区较早进行专属经济区调查勘测的国家之一，因此对周边海域的海底地形、地质构造、地磁、重力等情况已有比较清楚的掌握，对 200 海里外大陆架的勘测和划界案的提出也在积极进行中。

　　值得注意的是,日本不但主张中日之间在东海以中间线划界,而且把钓鱼岛作为日本领土并赋予其全效力,这是我们无论如何也不能接受的。

(《动态》2003 年第 2 期)

关于东海不明国籍沉船的所有权和处置权等问题的思考和建议[*]

张有份　郁志荣　徐益龙

2001 年 12 月 22 日,一艘疑似在日本近海实施过多次"绑架"的不明国籍船舶,在日本海上保安厅巡视船的追逐下,自东向西逃逸,期间双方数次交火。22 时许,该船被击沉。沉没地点距中国领海 260 千米,距日本鹿儿岛县奄美大岛西北 400 千米。2002 年 6 月,日本通过外交途径向中国政府申请打捞沉船并获准。9 月 11 日,沉船船体被找捞出水并运至日本,至今未见任何国家、组织或个人提出归还要求。

中日之间尚未在东海进行专属经济区划界,沉船位于双方主张重叠区以外的中方专属经济区海域之内。此一事件在近代海洋法实践上实属罕见,其中涉及诸多法律和政治问题,引人深思。

一、关于沉船的所有权和处置权

此类沉船的所有权和处置权问题,在包括《联合国海洋法公约》(以下简称《公约》)在内的现代海洋法上沿属空白。《公约》第 58 条第 3 款尽管语焉不详,或可提示参考:"各国在专属经济区内根据本公约行使权利和履行义务时,应适当顾及沿海国的权利和义务,并应遵守沿海国按照本公约的规定和其他国际法规则所规定的与本部分不相抵触的法律和规章"。

我国现行关于沉船打捞的法律、法规主要包括《中华人民共和国海上交通安全法》(以下简称《海上交通安全法》)和《中华人民共和国找捞沉船管理办法》(以下简称《找捞沉船管理办法》)。《海上交通安全法》的适用范围为"沿海水域",即中华人民共和国沿海的港口、内水和领海以及国家管辖的一切其他海域。沉船位于东海我方一侧的专属经济区内,属于我国的管辖海域。

《海上交通安全法》第 40 条明确规定:"对影响安全航行、航道整治以及有潜在爆

---

* 专属经济区的剩余权利问题,在《联合国海洋法分约》中没有明确的规定。作者在维权执法工作中,对东海沉船打捞的有关法律问题进行了有益的思考和探索。文中提出的观点和意见仅供参考。

炸危险的沉没物、漂浮物,其所有人、经营人应当在主管机关限定的时间内找捞清除"。根据《打捞沉船管理办法》的规定,沉船所有人如未在法定期限内申请打捞、完成打捞或申请发还原物或处理原物所得价款,即丧失所有权。

东海不明国籍沉船是被击沉在我国管辖海域——专属经济区内的,因此对该船的处置应当遵守我国的法律。根据我国法律规定,船旗国在一定的期限内,对沉船拥有所有权以及申请打捞的权利。即使该船被其他国家捞起,在法定期限内,也有权要求发还捞起的原物或处理原物所得的价款。

按照我国现行法律规定,东海不明国籍沉船的所有权及其处置权,在沉沿之日起一年内,仍然属于船旗国。此次不明国籍船舶被击沉至打捞出水,沉船所有人一直保持沉默,不公开发表声明或提出归属要求,但这并不意味船旗国已经放弃法定权利,在法律规定的其限内船旗国仍然拥有沉船的所有权和处置权。

（一）打捞清除权

《海上交通安全法》第40条明确规定,对影响安全航行、航道整治以及有潜在爆炸危险的沉没物、漂浮物,其所有人、经营人应当在主管机关限定的时间内打捞清除。否则,主管机关有权采取措施强制打捞清除,其全部费用由沉没物、漂浮物的所有人、经营人承担。不明国籍船舶沉没地点正处于航道和渔场范围,事后查明,船上不仅有武器,还有炸药等危险物品。无论从哪方面看,都属上述法律规定的主管机关有权采取措施强制打捞清除之例。由此可见我国具有对沉船限期找捞清除的法定权利。

（二）打捞或拆除的许可权

《海上交通安全法》第41条规定:"未经主管机关批准,不得擅自打捞或拆除沿海水域内的沉船沉物。"根据该法第50条对用语的解释,"沿海水域"包括我国的专属经济区,因此被击沉在我国专属经济区的不明国籍沉船的打捞或拆除必须得到我国主管机关的批准,未经批准擅自打捞属违法行为。

（三）沉船所有权

《打捞沉船管理办法》第7条规定:沉船自沉没之日起一年以内没有申请打捞或者完工期限已经届满而没有打捞,沿船所有人即丧失该船的所有权。该管理办法还规定:"沉船所有人自船舶沉没之日起一年内,可以申请发还捞起的原物或者处理原物所得的价款,过期如不申请即丧失所有权。"

无庸置疑,不明国籍沉船自沉没之日即2001年12月22日起,一年以内没有打捞,沉船所有即丧失该船的所有权。所有人丧失所有权之时,不明国籍沉船成为无主沉船,根据我国《打捞沿船补充规定》,全国水域内的无主沉船属于国家所有。据此,不明国籍沉船在2002年12月22日以前不被打捞,即变成无主沉船,其所有权转移归中华人民共和国享有。

二、日本打捞沉船的法律依据问题

日本海上保安厅巡视船将不明国籍船只击沉在我国专属经济区,严重影响了我国正常的渔业生产和航行安全,并造成了海洋环境污染。在日方作出"对中方执法船只在该海域的监管予以配合、在作业期间采取必要措施,确保打捞作业不对海洋环境造成污染、向中方通报打捞作业的进展情况和调查结果、打捞作业结束后,日方所有船只立即全部撤离该海域,恢复该海域的正常状态"等四项承诺后,中国政府批准了日方打捞沉船的申请。2002 年 9 月 11 日,沉船被打捞出水,运至日本。

尽管在打捞期间和打捞以后,沉船所有人未公开提出归属要求,但是依据现行的国际法和中华人民共和国法律,日本不是沉船所有人,更不是经营人,不具备打捞沉船的主体资格。换言之,日本打捞不明国籍沉船无法律依据。不明国籍船舶表面看似一艘渔船,当日本海保厅巡视船向其射击时,也予还击,但因始终未展示国旗,所以无法判断其国籍。理论上也有被看作无主船舶的可能,对其打捞的权利应该属于沉船所有人或经营人和有管辖权的沿海国。

检查发现,船内有武器、炸药等军事装备,船内尸体也可能是着便衣的军人,由此产生能否把沉船当作军船处理的问题。《联合国海洋法公约》对此类问题没有明确规定。关于军船的处理问题,美国主张如果没有正式宣布停止或放弃拥有权,沉没的舰船仍属船旗国财产,不管其沉没是由于事故还是由于敌方行动所致。如果沉没的舰船上还有死亡现役军人的尸体或有爆炸物质,则不允许外国打捞。

三、问题与思考

(一)日本为何决意打捞沉船

据报道,20 世纪 70 年代以来"可疑船舶"先后劫持日本国民 13 人之多,其中 8 人死亡或失踪。为了解开多年的海上劫持之迷,利用"9.11"后世界反恐的大气候和国际法、海洋法对此类问题规定的空白,日本政府斥资打捞沉船,既给国内一个交代,也在与个别国家的关系上掌握了主动。

对一艘只有 200 多吨的小船,出动诸多飞机、舰船倾力打捞,让人感到别有用心,不能排除日本供机炫耀、殿示其政治、经济、军事、防卫实力的考虑。

日本的经济实力在此次打捞事件中起了至关重要的作用。据不完全统计,从击沉不明国籍船舶到沉船打捞结束,在共计 300 多天的时间里,为警戒、搜救、水下探摸、清障打捞等活动,海上保安厅共出动 11 个管区的大小巡视船 59 艘次,各类作业船 10 多艘次,飞机数百架次,甚至派遣了警戒机和排水量 7 200 吨的宙斯盾驱逐舰坐镇,构筑立体威慑态势,共耗资 59 亿日元。加上赔偿中方的损失 1.5 亿日元,可谓所费不赀。

（二）沿海国管辖权问题

尽管国际法和包括《公约》在内的现代海洋法对这种沉船打捞问题没有作出明确清楚的规定,但并不表明此类事件无法可依。

日方打捞作业要在归属中国的专属经济区海域内进行,作业本身势必对我渔业生产、海洋资源和环境保护造成不利影响。基于对中国对专属经济区的主权权利和管辖权的承认,日本打捞沉船必须得到中国政府的批准,对由此造成的"影响渔业生产"和"污染环境"的损害,提供1.5亿日元的补偿。

（三）船旗国为何始终保持沉默

不明国籍沉船所有者为何在无打捞权的日本实施打捞作业期间以及之后一直保持沉默？签案并不复杂。首先,在国际社会反恐浪潮空前高涨的形势下,如果贸然为沉船所有权而暴露身份,必然会遭到世界舆论的谴责。另外,尽管船旗国可依法索要沉船全部财产,遭海上劫持的受害者同样可依法索赔损失,两者相比显然得不偿失。其次,海上劫持与海盗行为相提并论并不为过,在劫持人质和海上恐怖行为与无权打捞沉船两者之间,国际社会必然会同情后者而反对前者。沉船所有者尽管知道日本打捞沉船无法可依,保持沉默可能是最好的办法。

东海沉船打捞事件已经结束,但留下的涉及海洋法律和管理领域的问题应该引起人们的高度重视,包括我国海洋法律制度的健全与完备,海洋突发事件的应急机制,维权执法的程序和措施等。此次东海沉船打捞维权执法过程,也暴露出我们内部的一些问题,包括海上执法机制有待强化和改进,对现行法律有法可依、执法必严的问题等。今后,如果在我国管辖海域再次发生类似事件,作为海洋主管部门应采取哪些措施？我国在制定和修订有关打捞沉船、沉物的法律法规时,是否应考虑非经营性船舶的打捞问题？作为有管辖权的沿海国要不要主张和行使所打捞沉船的所有权？总之,时代在进步,形势在发展,国际法的实践也在不断丰富,我国的海洋管理必须跟上时代的步伐。

（《动态》2003 年第 6 期）

台湾"海岸巡防署"评介

李明杰

台湾的"海岸巡防署"（Coast Guard Administration,以下简称"海巡署"),成立于 2000 年 1 月 28 日,由原来的"海岸巡防司令部"、"水上警察局"、"关税总局"缉私舰艇部门等重新组合建立,是具有警察性质、执行警察任务同时又兼有一定军事任务的特殊兵力。

一、"海巡署"的成立

台湾的海上执法工作长期以来是由"内政部"、"国防部"、"财政部"等部门分头进行的。由于没有统一的部门来领导,各涉海部门互相之间缺乏有效的协调机制,造成很多矛盾。1999 年 3 月 18 日,根据"海岸巡防专责机构编成案",决定成立"海岸巡防署",由军方的海岸巡防司令部进行筹备。

2000 年 1 月 14 日,台湾当局通过了有关设立海岸巡防专门机构的"海巡五法",即"海岸巡防法"、"海岸巡防署组织法"、"海岸巡防署海洋巡防总局组织条例"、"海岸巡防署"海岸巡防总局"组织条例"及"海岸巡防署"海岸巡防总局"各地区巡防局组织通则"。1 月 28 日成立了"海岸巡防署"。时任台湾"行政院长"的萧万长在致词中说:"海岸巡防为国家安全的根本,但因为事权不一,且事务繁复,导致诸多民众对海防事务产生困扰及误解,甚至影响民生、治安及国家安全,故成立海岸巡防署统一职权,专责管理。"

二、"海巡署"的任务

"海巡署"主要负责维护台湾周边海域及海岸秩序、保护利用海洋资源以及台湾地区的海上安全等事项。具体职责如下:

1. 维护海岸管制区的安全;
2. 对船舶或其它水上运输工具的安全检查;
3. 海域、海岸、河口、非通商口岸的缉私、防止非法入境、通商口岸人员的安全检查;

4. 协调、调查及处理海域及海岸巡防涉外事务；

5. 搜集走私情报、安全情报；

6. 制定海洋发展战略、中长期规划；

7. 维护海上交通秩序、海上事故处理、防灾减灾、渔政执法、生物资源保护、海洋环境保护。

另外，有关海域及海岸巡防安全情报部分，受"国家安全局"的指导、协调及支持。

三、"海巡署"的人员和机构设置

"海巡署"设署长1人，由当局特别任命。副署长2~3人，职务相当于司级或中将军衔。中层干部为处级或少将军衔。现任署长王郡，原是"警政署"副署长；副署长为游干赐，陆军中将。

2002年初，"海巡署"总编制为21 453人，实际在编人员18 719人。

根据"海巡法"规定，"海巡署"所有工作人员均为政府公务员或军队现役军官及士兵，军人不得超过编制的2/3，并应在2008年全部转为政府公务员。

"海巡法"还特别规定，在发生战争或其它事变时，"海巡署"全部部门及人员纳入国防军事作战系统。

台湾的海巡总署机构设置分为署机关内设部门和下属执法部门二大类（详见图1）。

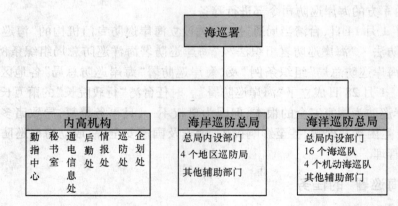

图1　台湾"海巡署"机构设置图

（一）内设机构

企划处：是"海巡署"的计划部门，负责海域、海岸巡防政策、方案的制订，中、长期规划的研究、制订。

巡防处:负责海巡计划的执行、考核、协调。

情报处:负责收集、整理海洋水文资料及其他有关情报,协调、处理涉外事务。

后勤处:负责采购、维修、补充后勤装备等。

通电信息处:负责全署的通信、联络、计算机软硬件维护等。

秘书室:新闻发布、内部文件收发、档案管理等。

勤务指挥中心:指挥"海巡署"所属的海洋、海岸执法队伍,协调与国防、警察、海关等其它单位的关系。

(二)"海岸巡防总局"(General Coast Patrol Agency)

1. 职责

"海岸巡防总局"(以下简称岸巡总局)是"海巡署"的主要执法部门之一。其主要负责在海岸和非通商口岸对走私、偷渡、犯罪等的侦察,海岸管制区的检查管理,并协助对通商口岸进行安全检查,维护台湾地区海岸安全等工作。

2. 组织机构

"海岸巡防总局"的组织机构包括内设的巡防组、检查管制组、情报组、后勤组、通电信息组、督察室、勤务指挥中心、人员研习中心等(详见图2)。

另外还设有北部、中部、南部、东部地区巡防局,作为总局驻各地区的派出机构,代表总局行使执法权。各地区巡防局巡防区域见表1。

表1 各地区巡防局巡防范围

地区局	管辖范围	备注
北部	宜兰县、基隆市、台北县、桃园县、新竹县(市)	包括彭佳屿、基隆屿、龟山岛及马祖地区
中部	苗栗县、台中县、彰化县、云林县、嘉义县	包括金门
东部	花莲县、台东县	
南部	台南县(市)、高雄县(市)、屏东县、澎湖县	东沙、南沙属高雄市

3. 人员

"海岸巡防总局"是由军队的各地区警备司令部转制而成为海巡部队。例如北部地区巡防局,最早为驻防桃园市的国民党陆军第56师。1958年7月1日改编为北部地区警备司令部。1993年3月10日与部分陆军组成海巡部队,执行北部地区海岸巡防任务。2000年2月17日改称为北部地区海岸巡防局。

"海岸巡防总局"设总局长1人,副总局长2人。因系军队转制而成,所以岸巡总局大部是部队编制,局长为中将军衔,副局长为少将军衔,中层干部为少将或上校军

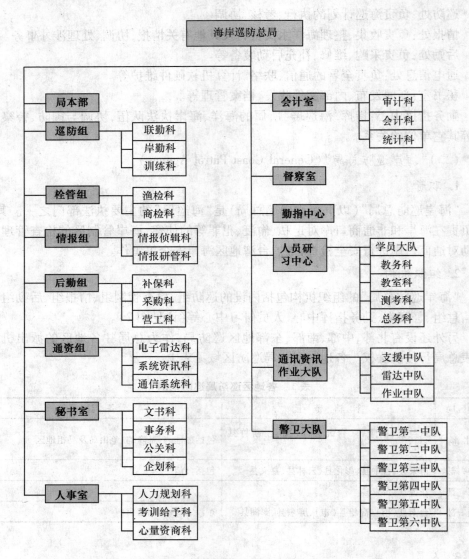

图2　"海岸巡防总局"组织机构图

衔。另有部分文职人员,由公务员担任。

《岸巡总局组织法》规定,军职人员不能超过岸巡总局编制的80%,并且要逐年消减,至2008年将全部转为公务员。

（三）"海洋巡防总局"（General Maritime Patrol Agency）

"海洋巡防总局"（以下简称海巡总局）主要职责是领海警卫警戒、海上犯罪侦察、查缉偷渡、走私等，并协助保护海洋环境、维护海洋资源及进行渔业执法、海难救助等工作，统一了原来分散在各执法部门的涉海事务。

1. 职责

"海洋巡防总局"的具体职责如下：

（1）处理海域犯罪；

（2）在海上、非通商口岸缉私；

（3）维护海上交通秩序、处理海上船舶碰撞、救助海难和海洋灾害、保护渔业资源和海洋环境；

（4）协调、调查及处理海上涉外事务；

（5）规划、监督及考核海上巡防业务；

（6）规划、设计、建造、维修"海巡署"的船舶、飞机。

2. 组织机构

类似于岸巡总局，海巡总局也设有巡防组、海务组、船务组、后勤组、督察室、勤务指挥中心、人员研习中心等部门（详见图3）。

海巡总局的具体执法部门为派驻各地的海巡队伍，目前共有16支海巡队和4支机动海巡队（具体负责地区详见图4）。

3. 人员

海巡总局系由水上警察局转制成立的。其前身是1969年成立的台湾省淡水水上警察巡逻队。1990年改编为"内政部警政署保安第七总队"，在编175人，有83艘巡逻艇。1998年6月15日成立"水上警察局"，编制人员2 466人。2000年1月28日改编为"海巡署""海洋巡防总局"，接收了"国防部"所属海巡部、"内政部"警政署水上警察局及"财政部"关税总局8艘大型舰艇，成立了20支海巡队，编制人员3 000人，全部为公务员。海巡总局设总局长1人，副总局长2人，均为警监级。

4. 舰艇装备

海巡总局目前有各类大小船舶约150余艘，其中1 800吨巡防舰2艘；500～1 000吨11艘；100～500吨级18艘；100吨以下有120多只。

5. 教育训练

海巡总局的教育训练主要由台湾中央警察大学水上警察系及台湾警察专科学校水警科来进行。在台湾海洋大学开设有继续教育项目，定期办理各类航海、轮（电）机、海上搜救及海上执法培训班，对"海巡署"的在职人员进行培训，同时也积极派人

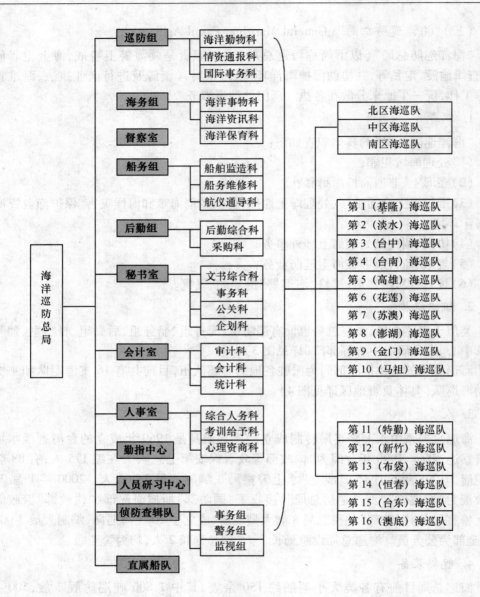

图3 "海洋巡防总局"组织机构

到国外学习。

6. 经费预算

2002年,海巡总局预算共计48亿元新台币(约合人民币12亿元)。2003年的预

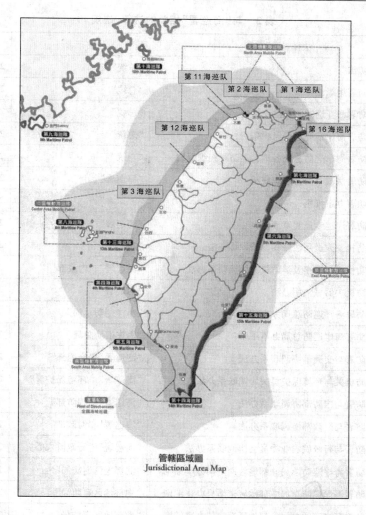

图 4 台湾"海洋巡防总局"各海巡队巡防区域图

算预计为 51.2 亿新台币,比 2002 年增加 2 亿元。

四、台湾有关"海巡署"的法律、法规

台湾目前有 20 多部与"海巡署"相关的法律、法规,涉及到"海巡署"及其下属各执法、内设单位的职责、执法依据、行政组织、人员配置、经费预算、教育训练等诸多方面,非常具体和详细,可操作性较强。另外,对"海巡署"与其它涉海部门的协调组织也有相关法规予以明确(详见表 2)。

表 2　与"海巡署"相关的法律、法规

序号	法律、法规名称	发布者	发布日期
1	海岸巡防法	"总统"	2000.1.26
2	海岸巡防署组织法	"总统"	2000.1.26
3	海岸巡防署海洋巡防总局组织条例	"总统"	2000.1.26
4	海岸巡防署海岸巡防总局组织条例	"总统"	2000.1.26
5	海岸巡防署海岸巡防总局各地区巡防局组织通则	"总统"	2000.1.26
6	海岸巡防署法规委员会组织规程	"海巡署"	2000.5.31
7	海岸巡防署办事细则	"海巡署"	2000.6.7
8	海岸巡防署海巡专业奖章颁给办法	"海巡署"	2002.7.24
9	海岸巡防机关人员司法警察专长训练办法	"行政院"	2000.8.5
10	海岸巡防机关与警察及消防机关协调联系办法	"海巡署""内政部"	2000.9.20
11	海岸巡防机关器械使用办法	"海巡署"	2000.6.7
12	海岸巡防署海洋巡防总局办事细则	"海洋巡防总局"	2001.4.25
13	海岸巡防署海岸巡防总局办事细则	"海岸巡防总局"	2001.5.2
14	海岸巡防署与交通部协调联系办法	"海巡署""交通部"	2001.5.30
15	海岸巡防机关与环境保护机关协调联系办法	"海巡署""环境保护署"	2001.6.13
16	海岸巡防署与国防部协调联系办法	"海巡署""国防部"	2001.7.25
17	海岸巡防署与财政部协调联系办法	"海巡署""财政部"	2001.10.17
18	海岸巡防署与行政院农业委员会协调联系办法	"海巡署""行政院农委会"	2002.1.16
19	海岸巡防署海岸巡防总局北部地区巡防局办事细则	"北部地区巡防局"	2002.1.23
20	海岸巡防署海岸巡防总局中部地区巡防局办事细则	"中部地区巡防局"	2002.1.23
21	海岸巡防署海岸巡防总局南部地区巡防局办事细则	"南部地区巡防局"	2002.1.23
22	海岸巡防署海岸巡防总局东部地区巡防局办事细则	"东部地区巡防局"	2002.1.23

五、"海巡署"2002—2005 的主要工作

"海巡署"成立初期工作重点放在机构调整、人员培训、部门间组织协调等方面。随着机构改革逐步到位,工作重心开始转移到相关业务建设方面。为此,"海巡署"制定了 2002—2005 年的中期计划——"拦截于海上、阻绝于岸际、查缉于内陆"。目前正在以下两方面的工作:

1. 加强海洋巡防力量建设,维护海域及海岸秩序

主要是筹建海巡船只、建设海岸监控系统,改善生活设施等。计划购建 35 吨级 13 艘、50 吨级 9 艘、100 吨级 6 艘、1 500 吨救援舰 1 艘,合计 29 艘;购建近岸巡防艇 20 艘。

计划建设 77 座雷达站,包括 117 套新型雷达及 70 套远程遥控站。据台湾《联合报》2002 年 12 月 12 日报道,"海巡署"东部地区巡防局决定在台东县兰屿岛上建立一座岸际雷达,用以监控台湾东部海域进出的船只。据报道,可能是与我"向阳红 14 号"考察船 2002 年三次在台湾东部海域作业有关。

2. 提高海洋事务处理能力,加强海洋资源保护利用

主要计划购买海上救助、海洋污染防治装备,加强海上灾害救治能力,加强海洋科研调查能力、加大海洋生物资源保护力度等。

为了保证上述计划的实现,"海巡署"2002—2005 年的预算为新台币 544 亿元(约合人民币 136 亿元),约占台湾地区"行政预算"的 1%。

六、结语

1. 立法先行。为了建立"海巡署",台湾当局首先通过了"海巡五法",并根据"海巡五法"制订了一系列的有关"海巡署"的法律法规。这些法律法规一方面明确了"海巡署"及下属执法部门的任务和工作目标,使得"海巡署"可以按照这些法律法规的规定开展执法工作;另一方面也以法律的形式保障"海巡署"的地位,特别是解除了部队编制的岸巡总局的后顾之忧。立法先行是台湾组建统一海执法队伍过程中的一条值得借鉴经验。

2. 统一队伍。台湾"海巡署"是继日本、韩国之后,东亚地区的第三支相对统一的海上执法力量,改变了过去由军队、海上警察、农业、渔业、海关、交通等部门分散执法的海洋管理体制,统一到了一个部门,并拟在 2008 年前后,在"海巡署"的基础上筹建"海洋事务部"。

3. 经费保障。台湾当局对"海巡署"的工作非常重视,投入大笔经费。2002 ~ 2005 年"海巡署"预算约为 544 亿新台币(约合人民币 136 亿元),用以加强海巡队伍的软硬件建设。

4. 军警联防。岸巡总局前身系海上警备司令部,是部队编制,与军方关系密切,并且"海巡法"还特别规定,在发生战争或其它事变时,"海巡署"各部门及人员纳入国防军事作战系统,形成一支不可忽视的海上准军事力量。

5. 值得警惕。台湾海巡队伍建立以来,先是替换军队驻防太平岛,继而在台海周围濒濒活动,进行海上执法,监视过往船只,多次对在台湾东部海域作业的大陆调查

船只进行跟踪、监视,已经逐渐显示出其统一海上执法后的力量和作用。

　　总之,台湾"海岸巡防署"的实际运作、发展方向,及其对两岸和平统一政策的现实和潜在影响等问题,值得国内有关部门关注和研究。

(《动态》2003 年第 7 期)

南海断续线及其连接方法研究

沈文周

一、南海断续线形成与变革

据记载,南海断续线(见图1)形成于20世纪上半叶。新中国成立以来,对南海断续线曾作过几次调整,几经变化,已由原来的11段变为现今的9段。

(1)最初(1927—1933年)西起北部湾中越边界,斜向越南东南部;东部自台湾海峡起,向南沿东沙岛东侧、菲律宾吕宋岛的西部海面斜向西南,最南端的概略地理坐标为15°~16°N。如1927年5月出版的《中华最新形势图》第7图《中华疆界变迁图》(屠思聪编)、1933年7月出版的《中华模范地图》第10图《中国疆域变迁图》上(陈铎编),均如此标绘。

(2)1934年南移与扩展后,其西至北部湾中越边境,靠近越南海岸;东南斜向南海;东从台湾海峡往南,沿东沙岛东侧、菲律宾吕宋岛西侧,斜向西南;最南端南移至9°N左右。

(3)1935—1939年继续南移,其最南端从7°~8°N南移一直至4°N。如1936年7月出版的《中国疆域变迁图》(陈铎编),最南端为7°N左右;同年7月出版的《新制中国地图》第10图《中国疆域变迁图》、8月出版的《中国新地图上》,均为8°N。从1935年9月起,有关的地图上如1936年出版的《中华建设新图》第2图《海疆南展后之中国全图》(白眉初编)等,最南端基本上都是4°N,而且还完整地标明东沙群岛、西沙群岛、中沙群岛和南沙群岛,以及曾母暗沙的归属。到1947年及其后,中国正式出版的地图上,最南端均为4°N左右。同时既完整地标绘了线内的东沙群岛、西沙群岛、中沙群岛和南沙群岛,也标注了南海诸岛大部分岛礁(包括曾母暗沙)的名称。

(4)1947—1948年南海断续线为11段,其西起北部湾中越边界108°~109°E之间,斜向越南沿岸东南海域;东起巴士海域(117°~119°之间),斜向菲律宾吕宋岛、巴拉望群岛西南部海域;最南端为曾母暗沙(4°N)。详见如1947年由中国政府内政部方域司编绘、国防部测量局印刷出版的《南海诸岛位置略图》(内部发行)。《南海诸岛位置图》为《中华民国行政区域图》(商务印书馆印刷)的附图,它被作为后来有关

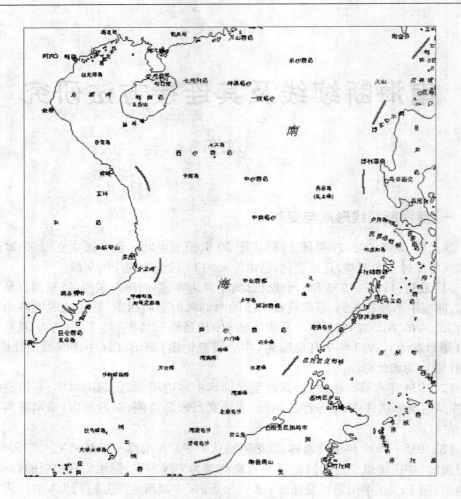

图1　南海断续线(9段)示意图

地图绘制南海断续线的惟一依据,并沿用至今。

　　(5)新中国成立后,尽管曾作过两次重大调整,但没有原则性的改变。如1950—1953年亚光兴地学社(私营)出版的《中华人民共和国分省地图》等,还是参照《中华民国行政区域图》(1948年出版)的划法,标绘南海断续线。第一次作了部分调整,即删去海南岛与越南之间的2段,台湾岛与琉球群岛之间加绘1段(如《中华民国行政区域图》)。经调整后,由原来的11段变成10段。如公营地图出版社:1954年1月出版的《中华人民共和国行政区划图》,只在外缘岛屿与邻国大陆岸线或岛屿之间的居中位置上,标绘了10段,以表明南海诸岛自古以来是中国领土;1954年10月出版的

《伟大的祖国》(小学用挂图),也采用与上述相同的划法。所不同的是,将南海诸岛与大陆已完整地显示出来,但缺少黄岩岛和亚西暗沙的注记;1957 年 6 月出版的《中华人民共和国地图集》(1:400 万),其南海诸岛插图除曾母暗沙以南一段,向南移至亚西暗沙附近,以表明亚西暗沙归属外,其余各段的划法,与上述划法基本相同。第二次由原来 10 段变为 9 段,直至现在。如 1962 年 8 月出版的《中华人民共和国地图集》(1:400 万)第二版时,对南海诸岛插图的断续线作了调整:①将图幅范围扩大到 2°23′30″N、106° ~ 121°E;②增加了黄岩岛注记,但仍缺亚西暗沙注记。经这次调整后,在南海诸岛插图上的断续线为 9 段(插图的图幅范围内,不含台湾以东一段)。这一标绘方法,一直沿用至今,并被作为标准方法。

二、南海断续线连接技术与方法

南海断续线具有下列特点:一是在各种不同比例尺、不同投影的地图(海图)上,每一段线(实部)均以连续、光滑的线划表示,且每段线的长度都基本一致;二是两相邻线段的间距很大(大地线长度均于 200 千米),难以准确地插入中间连续点,若不采取适当的方法,要实现合理地连接起来相当困难;三是每段线上无明显的拐点,难以准确控制其走向。如在西南处,由于无明显的拐点,尽管可近似地勾画出线段的走向,但由于主观成份较大,不同的人勾画的走向不尽相同,很有可能得出不同的曲线,而极易造成歧义。

显然,由九段不连接的线组成的这种特殊国界线,不可能为准确标定线上点位,提供所需的精确定位信息及有关的长度和面积数据。因此,必须根据其地理分布特点,选取一种先进的科学方法、成熟的数学模型,即从众多不同的曲线光滑插值方法中,筛选出一种相对合理的方法,才能实现将其合理地连接起来。也就是说,应从分析几种最常用的曲线光滑方法及其特点入手,确定所采用的数学模型,并给出实现连接的具体处理方法。

(一)常用的曲线光滑方法

曲线光滑的数学方法很多,通常根据所生成曲线的图形特点的不同,将其分为曲线拟合和曲线插值两大类。①曲线拟合,指根据已知的离散节点,建立一个适当的解析式,使它表示的连续曲线反映和逼近这些节点的分布趋势的方法。这种方法最明显的特点是,经处理后得到的光滑曲线不通过原始节点,如线性迭代光滑法(抹角法)。②曲线插值,指根据已知点建立代数多项式,使其函数通过已知节点,并保持节点上的一阶或二阶导数连续,由连接内插加密点来获得光滑曲线的方法。其最大特点是,光滑后的曲线严格通过原始节点,如分段三次多项式插值法(五点光滑法)、二次多项式平均加权法(正轴抛物线平均加权法)和张力样条函数插值法等。

1. 分段三次多项式插值法(五点光滑法)

本插值法,首先要求给出的数据点为一连续、光滑的模型。已知平面上有 n 个离散点 $(X_1,Y_1),(X_2,Y_2),\cdots,(X_n,Y_n)$,要将这 n 个点连成一条光滑曲线,必须使整条曲线具有连续的一阶导数,在两个离散点之间拟合一条三次多项式曲线。为得到每一个点上的导数,用到了当前点及其前后各两点,一共五点,故此法又称"五点光滑法"。选用这一方法,得到的光滑曲线的效果较好,只是在原始节点稀疏处摆动量较大。

2. 二次多项式平均加权法

这一方法,在已知平面上也有 n 个离散点 $(X_1,Y_1),(X_2,Y_2),\cdots,(X_n,Y_n)$,要将这 n 个点连成一条光滑曲线,可以通过每次处理相邻 4 个点的方法来解决。即取其中的前 3 个点拟合一条二次曲线,后 3 个点拟合另一条曲线,使得 2、3 点之间存在两条二次曲线,在此重叠范围内用加权的办法得到一条平均曲线作为最终的插值曲线。如原始节点分布均匀,得到的光滑曲线的效果较好;否则,得到的曲线失真量较大,会出现明显的极值点偏离原始节点的情形。因此,有人提出采用一种斜抛物线平均加权法,但算法相对复杂。

3. 张力样条函数插值法

假定平面上有 n 个离散点 $(X_1,Y_1),(X_2,Y_2),\cdots,(X_n,Y_n)$,且 $X_1<X_2<\cdots<X_n$,另外给定一个张力系数 $\sigma(\sigma\neq0)$,现在要求一个具有二阶导数连续的单值函数 $Y=f(X)$,使它满足

$Y_i=f(X_i)\ i=1,2,\cdots,n$ 同时还要求 $f''(X)-\sigma^2f(X)$ 必须是连续的,在每个区间 $(X_i,X_{i+1})(i=1,2,\cdots,n-1)$ 呈线性变化,即

$f''(X)-\sigma^2f(X)=(f''(X_i)-\sigma^2Y_i)(X_{i+1}-X)/h_i+(f''X_{i+1}-\sigma^2Y_{i+1})(X-X_i)/h_i$

其中 $h_i=(X_{i+1}-X_i)(X_i\leqq X\leqq X_{i+1})$

上式是一个二阶非齐次的常系数线性微分方程,它的通解为

$f(X)=Y+\overline{Y}$

其中 Y 为对应的齐次方程 $f''(X)-\sigma^2f(X)=0$ 的通解,即 $=c1e^{2x}+c2e^{-2x}$,$\overline{Y}$ 为它的一个特解,$\overline{Y}=A_x+b$。经过适当的整理,就可得到 $f(X)=1/\sigma^2\sinh(\sigma h_i)(f''(X_i)\sinh(\sigma(X_{i+1}-X))+f''(X_{i+1})\sinh(\sigma(X-X_i)))+(Y_i-f''(X_i)/\sigma^2)(X_{i+1}-X)/hi+(Y_{i+1}-f''(X_{i+1})/\sigma^2)(X-X_i)/h_i(X_i\leqq X\leqq X_{i+1})i=1,2,\cdots,n-1$

上式就是通过 n 个数据点 $(X_i,Y_i)i=1,2,\cdots,n$ 的张力洋条函数。经过一系列整理,并以累加弦长 S(单值递增函数)代替 X,即可得到 X(S)和 Y(S)的张力洋条函

数表达式。

张力样条函数插值法,其主要特征是具有一个张力系数 σ,通过选择不同的 σ,可以得到"软"、"硬"程度不同的光滑曲线,从而满足不同特点曲线的再现,使得到的光滑曲线的精度很高(据有关研究表明,张力样条函数插值法要比分段三次多项式插值法精度高 1 倍)。事实上,当 σ→0 时,张力样条函数就相当于三次样条函数,此时得到的曲线最"软";当 σ→∞ 时,它将退化为分段线性函数,即节点之间用折线连接,此时得到的曲线最"硬"。

(二)适用于连接断续线的数学模型

由于实现断续线的连接对曲线的定位精度要求很高,且必须通过所有的已知采样点,因此,应从分段三次多项式插值法(五点光滑法)、二次多项式平均加权法、张力样条函数插值法等,属于"曲线插值"的几种光滑法中,选用一种最佳的适用于断续线连接的曲线光滑方法。上述这三种方法中,通过反复调试不同的张力系数 σ 所对应的连接线,最终可以选定一个合适的的张力系数 σ 来得到一条合理的连续线。可见,张力样条函数插值法,更适用于实现南海断续线的连接。

为使获得的连续线具有较高精度的结果,本研究采用了国内最新出版、比例尺最大(1:50万)并完全包含九段线的南海地形图,作为数字化底图资料;依次对各段线进行精心的数字化采集。每段线上采点密度很高,一共采集了 438 个离散节点,平均每段线几乎达到 50 个点。而且在数字化作业时,将有关的海图一次全部扫描,然后将其图象放大 1 倍以上,再利用鼠标仔细而准确地采集各段线上的特征点,以保证有较高的点位采集精度。

三、结语

本研究采用张力样条函数插值法,对南海断续线进行连接。从研究的结果(如图 2 所示)看,得到的连续线其整体光滑性十分理想,连线紧凑、走向合理自然,达到了预期的目的。同时,得到 500 多个(按经纬度表示)的该连续线的数据(略),并且可以方便地将其加绘到各种投影图件上。

首次采用数学方法,把南海断续线连接起来,这既具有科学意义又有较高的实用价值。这一研究成果,可为我国有关部门在南海开展诸如海洋开发利用、海洋执法管理、海洋科学研究等各种活动,尤其是海洋划界研究提供技术支撑。

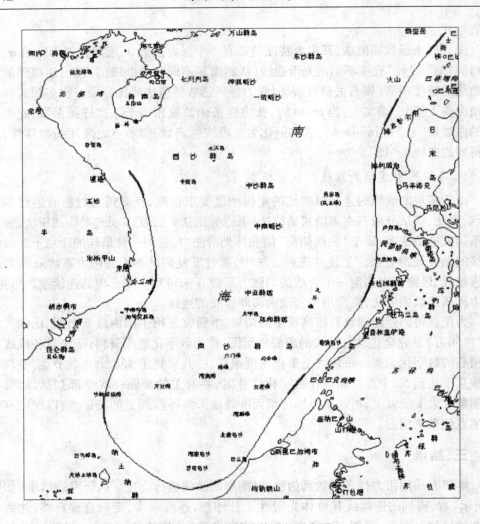

图2　南海断续线连接后的示意图

(《动态》2003 年第 9 期)

2001 年海上形势综述

贾 宇 焦永科

2001 年,我国在政治、经济、军事、外交等方面都取得了一系列成就。加入 WTO 和申奥成功等,提升了中国的国际地位和鼓舞了国人士气。但是,我国周边的海上形势并不太平静。现将 2001 年海上形势和问题综述如下。

越南

2 月 5 日,越南海军在河内宣布,越南在南沙中央的天奴暗礁启用了一座灯塔,主要功能是导航。目的主要是为了开发当地的经济资源,但同时也显示对该岛礁的实际占领。2 月 10 日,越官方《西贡解放报》头版文章说,越南虽然致力于和平手段解决主权纷争,但绝不容许流失任何一寸领土,也不惜为此动武! 文章还说,虽然中越近年未为南沙再起战事,但两国主权之争仍然十分紧张。

越南近年来推行的"海洋战略",将其控制范围扩展到整个南沙海域,侵占了中国南沙群岛中的 20 多个岛礁,控制了东西宽约 570 海里,南北长约 380 海里的宽阔海域,使其海上防御纵深达到本土宽度的 1.7 倍,为其最窄处的 20 多倍,改变了战时易被拦腰切断的不利态势。越南"海洋战略"所要控制的广大海域,恰好覆盖了南海的海上交通要道。这一海上交通线系日本的"生命线",也是美、俄、中等国家的重要贸易通道。

美国

3 月,美国海军第七舰队所属的"小鹰"号航母战斗群进驻新加坡。这是 1992 年美军撤出菲律宾苏比克海军基地以来重返东南亚的一个举动。此举意在控制南海通往印度洋的交通要道马六甲海峡,同时监视中国在南海的行动,对中国海军在南海的活动构成威胁。

4 月 1 日,美国一架 EP-3 型装有可以截获各种雷达、无线电波、电子邮件和传真的电子系统的电子侦察机,对我沿海进行抵近侦察,搜集我电子情报时,在海南岛东南沿海与我执行跟踪监视任务的飞机相撞,造成我机坠毁、飞行员失踪的恶性事件,严重侵犯了中国领空和国家主权。中国政府坚持严正立场,向美国政府提出严正抗议。鲍威尔承认美军侦察机在撞击事件上"侵犯"了中国领空,并对此表示"抱歉"。普理赫向唐家璇外长递交了关于美机撞毁我机事件的致歉信。出于人道主义,我允许24名机上人员回国,而后美方将该机拆卸运回。

4月23日,布什总统批准向台湾出售包括4艘"基德"级驱逐舰和8艘柴油动力潜艇在内的一批武器,引起中国强烈反对。中方强烈要求美方切实履行中美三个联合公报和美方有关承诺,在售台武器问题上慎重行事。

此外,美台准备在台湾岛东部附近海域铺设海底监听电缆,以监视解放军东海舰队和南海舰队的活动以及在东南沿海地区导弹部署的情况。美国还帮助台湾在北部地区建立一座大型卫星图像地面接收站,评估台陆、海、空军战斗力。而美台筹划共同铺设旨在监视大陆舰队活动的海底光缆,实际上就是要建筑"联合监视体制",进而使双方的军事同盟关系更加紧密。而台湾当局则乐于借此自保。

4、5月间,美国"鲍迪奇号"海洋测量船未经许可,潜入东海和黄海海域,搜集我海洋情报资料。"鲍迪奇号"是美海军司令部的一艘海上侦察船,其主要职责是完成美国海军下达的对世界范围内海洋进行声纳、生物、物理和地理情报搜集与侦察的特别任务,向美军提供大量有关世界海洋环境的重要情报,以便完善美国海军水面和水下战争的技能,提高侦察敌方水下舰船的能力。"鲍迪奇号"和其他远洋勘测船上装备的多波束、宽视角精确声纳系统,可以一次就把极大面积的海底地形情况摸得一清二楚,同时绘成海图。一旦需要的话,美国海军的作战船只就能沿着它们绘出的航线畅通无阻,到达任意海区。我有关部门同美方多次严正交涉,中国海监执法船舶和飞机即时出动,迫使其离开我海域。

菲律宾

黄岩岛是中国的固有领土,黄岩岛海域是中国渔民的传统渔场,中国渔民在黄岩岛海域作业是正当的,也是正常的。但菲律宾多次制造事端,以"非法入境捕鱼"为借口,逮捕我在黄岩岛周围海域正常作业的渔民,扣押我渔船和渔具。

5月29日,菲律宾海岸警备队在巴拉望海域,拦截两艘中国渔船,并逮捕34名渔民;6月14日,菲律宾海军逮捕12名中国渔民,指控他们非法在菲律宾领海捕鱼,将渔船拖到巴拉望省科伦镇的港口;9月中旬扣押我渔船4艘,逮捕了48名中国渔民。

朝鲜和韩国

6月24日凌晨,一艘朝鲜渔船在黄海海域遭到韩国海军的鸣枪警告。韩国军方说,两艘韩国巡逻船于24日凌晨2时57分,发现一艘9吨级的朝鲜船只进入韩国水域。渔船上的5名朝鲜渔民手持棍棒,拒绝韩国海军发出的停船接受检查的命令,巡逻船追了两个半小时,当韩国海军试图将该渔船截停并上船搜查时,朝鲜渔民向他们掷去利刀。巡逻船上官兵连续向天鸣枪九响示警,这艘小渔船才匆匆退回朝鲜海域。

印度

10月和11月,印度海军分别与韩国和越南举行双边军事演习。演习之后,印度的四、五艘舰艇继续留在南中国海,然后一艘"基洛级"潜水艇和侦察机前来会合,参加单方面海上军事演习。2001年印度的军费预算高达135亿美元,印度还打算把他的航空母舰数目增加到三艘,一方面对现役的"维拉特号"航空母舰进行整修,一方面寻求购买俄罗斯"戈尔什科夫海军上将号"航空母舰,以代替已经退役的"维克兰特号"。印度还打算花费3亿美元自行建造一艘新的航空母舰。

日本

11月25日,日本政府为支援美军打击阿富汗塔利班军事行动,派遣海上自卫队3艘军舰,分别从3个基地出发驶往印度洋。根据日本1976年制定的防卫大纲的规定,日本只有在本土受到大规模侵犯时自卫队才可以行使自卫权。这次行动是日本战后在本土以外发生战争的情况下首次向外派兵。

日本防卫厅公开宣布,考虑到"中国在日本西南靠近冲绳岛附近海域的活动不断出现,今后将对自卫队配置进行重组,加强对该地区的兵力布防"。据外电报道,日本海上自卫队在2001年3月下旬接收了两艘高速导弹巡逻艇,并把它们派驻西南岸。这两艘巡逻艇的排水量为200吨,时速44海里或80千米,装置舰对舰导弹和重型大炮。

2001年12月22日,日本海上保安厅20多艘军舰和十几架海军战机,在东海将一艘不明国籍的船只击沉。中日两国在东海还没有进行专属经济区的划界,神秘船只被击沉的海域不但不是在中日双方各自主张海域范围的重叠区,而且是日本单方面主张的所谓"中间线"的中方一侧海域,无论从哪个角度来讲,都属于中国的专属经济区。日方在中国的专属经济区内使用武力,致使船毁人亡,侵犯了中国的海洋权利。

联合国

11月10日,第56届联合国大会在纽约联合国总部举行。联合国秘书长科菲·安南就《公约》的批准及执行情况,国家间海域划界的新发展,海上运输和航行,资源、环境的可持续发展,海上犯罪等问题,作了年度报告。根据秘书长报告,截止至2001年10月5日,《公约》缔约国的总数已达137个(包括一个国际组织)。

其他

通过中越两国民航代表团在蒙特利尔国际民航组织总部就南中国海地区航路结构和空域管理达成的协议,自 2001 年 11 月 2 日起,南中国海空域管制权开始移交中国民航。

过去的一年来,我国周边海上形势总体上是稳定的。特别是南海地区,通过我增信释疑的工作和努力,总体形势比较缓和。但菲律宾抓扣我渔船、渔民,日本在东海使用武力等突发事件,也影响了海上形势的整体稳定,在一定程度上对地区关系产生影响。

（《动态》2002 年第 1 期）

第56届联合国大会海洋和海洋法问题概述

吴继陆　编译整理

2001年9月12日,在纽约联合国总部召开了第56届联合国大会,秘书长科菲·安南提交了题为《海洋和海洋法》的年度报告。"报告"述及《联合国海洋法公约》(以下简称《公约》)的批准和执行、各国海洋立法和国家间海域划界、海洋环境保护、海洋资源可持续利用、海上运输、海上犯罪等方面,现将有关内容摘要如下。

一、《公约》的批准及执行情况

在2000年10月30日通过的55/7号议案中,联合国大会强调,加入《公约》国家数目的增加和适用公约第六部分、以达致普遍参与是极为重要的。至2001年10月5日,缔约国的总数为137个(包括一个国际组织)。联合国大会再次呼吁未提交批准书的国家成为《公约》的成员国。

在沿海国中,尚有30个国家不是《公约》的成员国,其中非洲6个:刚果、厄立特里亚、利比里亚、利比亚和摩洛哥;亚太地区12个:柬埔寨、朝鲜、伊朗、以色列、基里巴斯、纽埃(Niue)、卡塔尔、叙利亚、泰国、土耳其、图瓦卢和阿拉伯联合酋长国;欧洲和北美7个:阿尔巴尼亚、加拿大、丹麦、爱沙尼亚、拉脱维亚、立陶宛和美国;拉丁美洲和加勒比海地区6个:哥伦比亚、多米尼加、厄瓜多尔、萨尔瓦多、秘鲁和委内瑞拉。

有27个内陆国回应了联合国大会关于尽快批准《公约》的呼吁,其中包括阿富汗、亚美尼亚、不丹、布基纳法索、中非共和国、乍得、匈牙利、瑞士、哈萨克斯坦、塔吉克斯坦和吉尔吉斯坦。

"关于执行《公约》第十一部分的协议"于1994年7月28日通过、并于1996年7月28日生效。在《公约》缔约国中,有100个是该协议的成员。

在2000年批准《公约》的国家中,尼加拉瓜根据第310条作了声明,有51个国家和欧洲共同体在批准、加入或正式确认《公约》时作了声明。

2001年5月14日至18日在纽约举行的第十一次成员国会议上,中国的许光建当选为国际海洋法法庭法官,继任刚刚逝世的赵理海法官,以完成其任期。

二、国家海洋立法和海域划界的最新发展

为使《公约》在更大程度上被接受,有些国家通过新的立法或修改既有法律以便与《公约》相适应。但还有相当数量的国家,包括缔约国,应积极努力使其国内立法与《公约》相协调。

自2000年度报告以来,在海洋事务和海洋法方面有以下值得注意的发展。2001年2月19日,法国和塞舌尔就专属经济区和大陆架划界问题达成协议。2001年3月斯洛文尼亚通过综合性的《海洋法典》,并于2001年5月12日生效;同样在2001年3月,挪威通过《关于外国在挪威内水、领海、经济区和大陆架进行科学研究的条例》,并于2001年7月1日生效;美国通过了2000年海洋法案;洪都拉斯通过了海域法案。比利时与荷兰确立了专属经济区的界线。巴基斯坦1999年6月提交了确定直线基线各点的地理坐标,但印度认为其中某些点与国际法和《公约》不符。2001年1月9日,秘鲁就南纬18°21′00″平行线发表声明,称秘鲁与智利未就海域划界签定条约,该线不能(如智利所指的那样)视为两国的海上分界线。

此外,2000年一些国家签定了划界条约/协定,如尼日利亚—圣多美和普林西比的统一海域界线;尼日利亚—赤道几内亚海域划界。还有亚洲的科威特和沙特阿拉伯、沙特阿拉伯和也门以及中国和越南。美国和墨西哥在墨西哥湾进行大陆架划界。

据估计,全球大约有100个海域边界有待以和平方式加以解决;最近的发展显示,海域划界在相邻国家关系中仍然是一个敏感的问题,对和平和安全都有潜在而深远的影响。

三、关于《公约》的国际立法

《公约》建立了基本的法律框架。此外,大约450个全球性或地区性的条约,规范着渔业、航行及来自各种途径(船舶、陆源、倾倒)的污染。然而,这些条约执行的情况不太理想,制度化的进程一直很缓慢。此外,海洋科学研究活动有必要适用国际规则、规章和程序进行规范和引导。发现于深海的、《公约》所指的区域以外的文化遗产也急需相关法律制度和措施予以保护。

为加强国际海洋事务的协调与合作,1999年建立了开放的、非正式的关于海洋和海洋事务的协商机制。2000年的第一次协商机制会议为寻求一致的解决方式提供了新的机遇,是国际海洋事务的重要里程碑。

四、海上运输和航行

海运业已经发生了具有重大意义的变化。到1999年,国际船舶总数已连续14年增长,海运贸易创下52.3亿吨的新高。全球船队增长了1.3%,到1999年底,世界

商船总载重量为 7.99 亿吨,注册总吨位的创历史新高,达 3 487 亿吨。客轮的平均总吨位达 71 140 吨,一次载客可达 3 100 人。总吨位达 10 万吨,载员 5 000 人的客轮已成为现实。集装箱轮船的运载能力也取得巨大增长,现已可运载 8 000 只集装箱。世界海运经济已持续变化,电子海图、互联网服务和电子商务等也越来越大地影响世界航运业。

在世界航运业不断发展的同时,各国应加强航行安全、防治船舶污染并作好气象警报和预报。

五、海上犯罪

海上犯罪包括海盗和武装劫船、恐怖主义、偷渡、非法运送人员(或麻醉品、小型武器)、非法倾倒、非法排放污染物或危害海洋生物的开发,如非法捕鱼。大多数海上犯罪是陆域或边境有组织犯罪的一部分。由于海上犯罪呈上升趋势,有效制止此类犯罪的唯一途径是所有国家进行全球性合作。

自 1984 年至 2000 年 10 月的十几年间,已报道的海盗及武装劫船事件达 2017 起。2000 年的前 10 个月中就发生了 314 起,比 1999 年同期增长 27%。印度洋及马六甲海峡成为世界上海盗及武装劫船事件增长最快的地区,分别从 28 起增至 75 起,从 29 起增至 58 起。

据 2000 年国际海事局(the International Maritime Bureau)的报告,本年度的海盗及武装劫船事件比 1999 年增长了 57%,是 1991 年的近 4.5 倍,仅印度尼西亚就发生了 100 多起。

近十年来出现的许多非法活动,根据国际法却不能将其定为犯罪。国际社会拟制定有关调查、起诉海盗及武装劫船事件活动的法典,以便加强双边和多边合作,共同打击此类犯罪。

六、资源、环境和可持续发展

(一)生物资源

为加强海洋生物资源的养护和管理,国际社会建立了许多区域性组织,其中国际行动计划(IPOA)独具特色。它是一个自愿参加的合作组织,以打击"非法的、未经报告的、无序的渔业活动(illegal, unreported and unregulated fishing)"为宗旨。

2001 年召开了题为"海洋生态系统内负责任的渔业活动"的会议和国际捕鲸委员会年会,商讨有关鱼类和海洋哺乳动物,尤其是鲸鱼的养护和管理问题。

(二)非生物资源

自 2001 年 3 月 29 日,国际海底管理局已与登记的 7 个先驱投资国中的 6 个签定了为期 15 年的勘探合同。2001 年 7 月 2 日至 13 日,国际海底管理局在牙买加的金斯敦召开了第七次会议,主要商讨勘探和开发多金属硫化物和富钴结壳等问题。

大陆架界限委员会第 17 次会议认为,2000 年近海石油产量估计为 12.3 亿吨,天然气为 6 500 亿立方米,几乎全部为沿海国所控制。现在,可供开采的海洋石油深度已达 1 853 米,可钻探的深度达 2 443 米。

（三）海洋污染

陆地活动仍是海洋和近海环境污染和恶化的主要原因。据估计,倾倒造成海洋 10% 的潜在污染。至 2001 年 1 月,78 个《伦敦公约》的缔约国和另外 13 个国家批准了《伦敦公约 1996 年议定书》。议定书可能于 2002 年生效。

此外,各国应加强废物评估指导和放射性废料的管理。

七、争端的解决

（一）提交国际法院的案件有:

1. 伊朗伊斯兰共和国诉美利坚合众国案（石油平台案）;
2. 卡塔尔诉巴林案（关于卡塔尔和巴林之间海域划界和领海问题）;
3. 印度尼西亚诉马来西亚案（关于 Pulau Ligitan 和 Pulau Sipadan 主权案）;
4. 尼加拉瓜诉洪都拉斯案（关于两国间海域划界）;
5. 喀麦隆诉尼日利亚案（关于两国间陆地和海洋边界）。

（二）国际海洋法庭审理的案件

1. 已判决的案件

塞舌尔诉法兰西案（"Monte Confurco" Case）

2. 协议解决的争端

智利诉欧洲共同体案（关于太平洋东南部剑鱼资源的养护和可持续开发）

3. 裁决解决的争端

澳大利亚和新西兰诉日本案（金枪鱼案）

八、海洋区域制度

世界海洋区域制度表

海洋区域	外部界限及相应主张国数目				合计
领　海	12 海里以下	12 海里	12－200 海里	200 海里	148
	7	130	3	8	
毗连区	24 海里以下	24 海里	24 海里以上		74
	7	66	1		
专属经济区	200 海里	以划界确定	以坐标确定	不明确	112
	100	7	4	1	
渔　区	200 海里区	200 海里以下	连接毗连区	坐标确定	11
	7	2	1	1	
大陆架	200 海里和(或)大陆边外缘		200 米水深和(或)可开发性	其他(划界、坐标、未定义)	155
	45	68	24	18	

（《动态》2002 年第 3 期）

北方限界线与朝、韩海上冲突述评

李明杰

2002 年 6 月 29 日上午,朝鲜和韩国军舰在黄海延坪岛水域发生激烈交火,一艘韩国高速艇被击沉,包括艇长在内的 4 人死亡,19 人受伤,1 人失踪。朝鲜方面一艘警备艇被击中起火。朝韩这是 1999 年以来两国间又一次规模较大的军事冲突。

事后朝鲜中央通讯社(朝中社)援引朝鲜军方的消息称,韩国海军舰艇在朝鲜西海水域对正在进行正常警戒值勤任务的朝鲜人民军海军警备艇开枪射击,韩国应该对该事件负责。而韩国方面则指责朝鲜海军警备艇在延坪岛西 14 海里和 7 海里处分别侵入"北方限界线"(Northern Limit Line)3 海里和 1.8 海里。本文拟对朝、韩海上分界线的状况和事件作一简要介绍。

一、"三八"线的由来

1945 年 8 月 8 日,苏军对日宣战,并于 9 日对日本关东军发起了进攻。苏联第 25 集团军由契斯季亚科夫上将指挥,进入朝鲜,对驻朝鲜的日军部队展开进攻,于 8 月 10 日占领雄基,12 日和 13 日又连续实施登陆作战,解放了朝鲜东海岸的罗津和清津。

当时距朝鲜最近的美军部队尚位于几百千米以外的冲绳岛,只要苏联红军全力以赴,美军根本无法在朝鲜获取立足之地。惟一的办法是限制苏军的进攻行动,争取实现美苏军队共同占领朝鲜,同苏联在朝鲜划出一条接受日军投降的分界线。

该年 8 月 10 日,美国国务院、陆军部、海军部协调委员会举行会议,研究对策。在地图上,北纬 38 度线(下称"三八线")恰好位于朝鲜半岛南北中央,西起黄海岸边瓮津半岛上的闲洞里,东至襄阳以南的日本海边北盆里,在朝鲜半岛上的直线距离约为 305 千米。于是美国陆军部建议以三八线为界,该线以北为苏军对日受降区,该线以南为美军对日受降区。8 月 14 日,杜鲁门正式批准了这一方案,并将其写入了 8 月 15 日就战后接受日军投降安排问题给斯大林的信中。8 月 16 日,斯大林回信,对以三八线作为在朝鲜的美苏军队受降分界线,没有提出任何异议。

1945 年 9 月 2 日,远东盟军总司令、美国陆军五星上将道格拉斯·麦克阿瑟发布第一号总命令,其中规定:"……在满洲、北纬38度线以北的朝鲜和桦太岛的日本高级指挥员以及一切海陆空部队和辅助部队,应向苏联远东军总司令部投降……帝国总部,它在日本本岛、与本岛毗邻的小岛,北纬38度线以南的朝鲜和菲律宾的高级指挥员以及一切海陆空部队和辅助部队,应当向太平洋美国陆军司令部投降。"

麦克阿瑟的第一号总命令首次公开宣布以三八线作为美苏军队在朝鲜接受日军投降的分界线。同时表明三八线不仅是受降区的分界线,也是美苏军队在朝鲜占领区的分界线。

9月8日,美第24军军长约翰·霍奇少将才率第6、第7、第40步兵师开始在朝鲜南部的仁川、釜山登陆,进驻朝鲜南半部。朝鲜半岛从此被一分为二,形成了美军和苏军两个占领区。

此时,朝鲜的总人口约为3 000万人。三八线以南的美军占领区,人口约2 100万人,占朝鲜总人口的70%,面积9万多平方千米,占朝鲜总面积的44%。三八线以北的苏军占领区人口约900万人,占朝鲜总人口的30%,面积12万多平方千米,占朝鲜总面积的56%。朝鲜行政区划中的16个道,有6个在美军占领区,7个在苏军占领区,还有3个道被两个占领区所分割。

1948年5月,在美国支持下,朝鲜南部成立大韩民国,李承晚任总统。朝鲜北部于1948年9月成立朝鲜民主主义人民共和国,金日成任内阁首相。至此,朝鲜南北正式分裂。但双方都不放弃统一目标,三八线附近时有摩擦,终于导致1950年6月25日朝鲜战争爆发。

二、《朝鲜停战协定》的签定与北方限界线的划定

1950年6月25日朝鲜内务省报道,南朝鲜国防军于6月25日拂晓,在全三八线地区向北开始了出其不意的进攻。朝鲜共和国警备队已击退了从襄阳方面侵入三八线以北地区的敌人。

美国总统杜鲁门于6月27日声称,已命令美国空军及海军参加朝鲜境内的战争,并派遣美国地面部队前往南朝鲜。美国的飞机轰炸了北朝鲜各地。

自此,开始了为期3年的朝鲜战争。

战争开始时,美国海军投入的军事力量有远东舰队和第7舰队共计航空母舰1艘,巡洋舰5艘,驱逐舰10艘。朝鲜人民军海军只有16架巡逻机和鱼雷艇等小型舰艇,无法抵抗强大的美国海军。在朝鲜战争期间美国凭借强大的海军力量,控制了南北黄海和朝鲜东海的绝大部分海域。美国海军主要任务是对朝鲜东西海岸展开封锁作战,以不间断的巡逻警戒、侦察活动、轰炸重要政治军事目标、袭击海上运输线等方式,掌握了制海权。1952年1月,美、韩方面在白翎岛上部署了军队。1953年4月,以椒岛、席岛为中心,展开封锁朝鲜海岸的作战。

战争中、后期,由于中朝军队英勇作战,陆上战线形成了主要以三八线为界的军事对峙局面。

1953 年 7 月 27 日,中、朝、美、韩四方在板门店签署《停战协定》,该协定确定的陆上分界线主要是:

自东海岸高城东南 6 千米之江亭起,向西南至高城以南之德山里,沿南江东岸经白日浦、新岱里、九万里,然后沿南江向西南至新炭里,再继续向西南经杆城以西 21.5 千米半之獐项、长承里南 1 千米、西希里南 1.5 千米半、加七峰北 0.5 千米、沙汰里向西至文登里,然后经鱼隐山南 3 千米向西在磨石岩北 1 千米处入北汉江,向西北经科湖里以南近 5 千米处又向西,在登大里与金城川会合,沿金城川向西至细岘里东南 1 千米继续向西经金城以南 9 千米半,再稍向西南经桥田里以南 3 千米、上甘岭以南 1.5 千米半又向西经金谷里以南、平康以南 11.5 千米半之沙器幕、铁原以北 8 千米之桧井里,再向西南经铁原以西 15 千米之薪岘里、朔宁以东 7 千米之陶渊里,又以更大的角度向西南经桂湖洞入临津江,沿江至高阳岱以东 0.5 千米再向西转西南经九化里东 6 千米之基谷里,向南经青廷里东 0.5 千米,在高浪浦里西北两千米之桂堂村越过三八线以南向西南经板门店东南之板门桥,然后向南沿砂川河以东入临津江,然后入汉江直到西海岸。

关于海上分界线,协定中规定如下:

在本停战协定生效后十天内自对方在朝鲜的后方与沿海岛屿及海面撤出其一切军事力量、供应与装备。如此等军事力量逾期不撤,又无双方同意的和有效的延期撤出的理由,则对方为维持治安,有权采取任何其所认为必要的行动。上述"沿海岛屿"一词系指在本停战协定生效时虽为一方所占领,而在 1950 年 6 月 24 日则为对方所控制的岛屿;但在黄海道与京畿道道界以北及以西的一切岛屿,则除白翎岛(N37°58′,E124°40′)、大青岛(N37°50′,E124°42′)、小青岛(N37°46′,E124°46′)、延坪岛(N37°38′,E125°40′)及隅岛(N37°36′,E125°58′)诸岛群留置联合国军总司令的军事控制下以外,均置于朝鲜人民军最高司令官与中国人民志愿军司令员的军事控制之下。朝鲜西岸位于上述界线以南的一切岛屿均留置联合国军总司令的军事控制之下。

从《停战协定》中可以看出,虽然美韩方面在陆上作战以失败告终,由于美国有强大的海上力量作后盾,最终还是从海上获得了利益。因为上述 5 岛正好是朝鲜北方陆地最外侧的岛屿,占据这 5 岛屿,等于对北方形成了一道海上封锁线。1953 年 8 月,美军依照以上条款,以这些岛屿为界,在未经朝鲜停战委员会确认的情况下,单方面划定了针对朝鲜人民军的 150 千米长的"北方限界线",并在撤出这一海域前,将这 5 岛交给南朝鲜军队管辖。

美方的这一做法,明显违背了《朝鲜停战协定》第十五条的如下规定:

本停战协定适用于一切敌对的海上军事力量。此等海上军事力量须尊重邻近非军事区及对方军事控制下的朝鲜陆地的海面,并不得对朝鲜进行任何种类的封锁。

北方限界线的用意是很明确的,即阻止朝鲜海军的进攻路线,从而达到对中、朝方面控制"三八线"以北的陆地形成包围之势。这条"北方限界线"明显违反了《朝鲜停战协定》的规定。事实上,朝鲜从未承认这条限制线,20世纪70年代朝鲜宣布领海从3海里扩大为12海里时,把白翎岛、延平岛等5个岛附近的海域划归朝鲜的领海。朝鲜每年都出动渔船、舰艇在北方限界线、缓冲区一带进行捕捞活动,韩国也派遣舰艇向对方发出警告,平均每年都不下30次。

三、停战后南北双方在海上的权益斗争

1953年10月,美国和南朝鲜政府签订了《美国和南朝鲜共同防御条约》其中第4条规定:"大韩民国给予美利坚合众国在双方共同商定的大韩民国领土以内及其周围部署美国陆、空、海军部队的权利,同时美利坚合众国接受这项权利。"这项条约的签订,使美国在韩国驻军合法化。

1970年1月,韩国宣布矿区线,最北点N37°35′(北方限界线中隅岛位于N37°36′),显然韩国在不断通过国内立法,不断巩固北方限界线的地位。

1977年6月21日,朝鲜宣布建立自领海基线的200海里经济区(在不能划200海里的海域划至海洋半分线),但未确定具体的经济区范围线。

1977年8月1日,朝鲜人民军司令部发布公告,宣布建立日本海的自领海基线起50海里、在黄海的与经济水域重叠的军事警戒区。

1978年4月30日生效的《大韩民国领海法》公布了韩国领海基线,最北点位于N36°58′38″的少阳岛,虽然朝鲜黄海海域主张以海域半分线划界,但该岛距朝鲜最近的海岸大约48海里。据分析,可能是韩国为避免引起与朝鲜的争端而做了"技术上的处理"。1996年8月8日韩国公布了《专属经济区法》,第二条第二款规定:"二、大韩民国与相向国或邻国(以下称"有关国")间专属经济区界线的划分将以国际法为基础同有关国协商解决……。"

1999年9月2日朝鲜人民军总参谋部宣布朝方设定的朝鲜半岛西部海上军事控制水域范围,并宣布美国单方面设定的"北方限界线"无效。强调朝方将"以多种手段和方法"捍卫西部海上军事分界线。

朝鲜划定的西部海上军事分界线为:根据停战协定所规定的朝鲜黄海道和韩国京畿道之间的道警戒线的A点,朝方康翎半岛末端登山串与驻韩美军管辖下的掘业岛之间的等距离点B点(N37°18′30″,E125°31′0″),朝方熊岛与美军管辖的西格列飞岛、小狭岛之间的等距离点C点(N37°1′12″,E124°55′00″),并经过西南方向的一点D点(N36°50′45″,E124°32′30″),同朝鲜和中国的海上警戒线相连。此线以北海域为朝

鲜人民军海上军事控制水域。这是朝鲜方面首次明确宣布朝鲜半岛西部海上军事分界线的走向与位置(详见附件1)。

朝鲜设置此军事分界线,其 D 点的设置没有任何依据,此处既无岛屿,朝鲜又没有任何历史性权利。据笔者分析,原因有两点:

1. 因为韩国领海基线最北点位于 N36°58′38″的少阳岛,而朝方设定的 D 点位于 N36°50′45″,说明朝鲜不承认韩国公布的领海基线;

2. 因为中韩两国在 1993 年 12 月开始进行渔业协定的谈判,1998 年 11 月达成协议,并草签了渔业协定,但最终的正式签字是在 2000 年 8 月 3 日,朝鲜于此时公布海上军事分界线的 D 点与中国海上警戒线的连线正好与中韩渔业协定有部分海域重叠,表明朝鲜不承认中韩之间签定的渔业协定。

2000 年 3 月 23 日,朝鲜人民军海军司令部宣布了朝鲜西部海上由美军管辖的 5 个岛屿的通航秩序,规定了美军在这 5 个岛屿周围的具体界线和航路,要求美舰船和民用船只必须严格遵守公认的国际航行规则,在通行时不能阻碍朝方舰艇和民用船只的通航,也不能对朝方的行动进行任何威胁;而美方的飞机出入这五岛,必须在朝方规定的航路上空飞行,船只和飞机如果超出了规定的航行范围,将被视为对朝鲜领海及领空的侵犯,朝鲜人民军将采取"没有警告的行动"来予以回应。这项通航秩序是继 1999 年 9 月 3 日朝鲜人民军总参谋部宣布朝方设定的朝鲜西部海上军事控制水域之后,朝方采取的又一措施。

按照现在朝方确定的通航秩序,白瓴岛、大青岛和小青岛为第一区域,延坪岛及周边水域为第二区域,隅岛为第三区域,各个区域内美军和民间船舶的航行范围是一条只有 2 海里宽的海路。朝方强调,通航区域和航路的规定,是考虑到这 5 个岛屿位于朝鲜的领海之内,并不是美军的水域。美军舰艇和民间船舶只是"借路而行"罢了。

同日晚 8 时,韩国海军部发表了一项声明,称决不接受朝鲜对西部海上五岛通航秩序的规定。声明重申了"北方界限线"实际上是南北海上分界线的立场,宣称韩国军队将坚决守卫现在的"北方界限线",决不允许朝方非法侵犯。

2002 年 6 月 29 日,在这一海域又爆发了新一轮的海上冲突事件。

四、引发海上冲突的原因

综合各方报道和历史文献资料分析,产生朝韩海上冲突事件的原因有以下几个方面:

1. 历史、地域原因。在签署《朝鲜停战协定》时,由于没有充分认识到海洋的重要性,加上双方海上力量相比差距比较大,所以美、韩方面封锁朝鲜的阴谋得逞。在海洋权益明显重要的今天,朝鲜方面要致力于突破北方限界线的限制,打破 50 年多来形成了既成事实。朝鲜东西两岸由于被北方限界线和韩国隔断,海军被分割成两部分,战时不能相互支援,平时部队换防、交流十分不便,所以1950年以后,朝鲜曾多次试图突破此线的限制。这次也是朝鲜海军试图突破此线的又一次尝试。

2. 渔业因素。黄海延坪岛附近海域,盛产花蟹,是朝鲜半岛渔民的重要渔场。每年4月至6月,这三个月是黄海捕捞花蟹的重要季节。据韩国方面统计,自2000年至2002年5月,朝鲜警备艇及渔船共越界38次,其中25次集中在捕捞梭子蟹的季节3~6月份。朝鲜每年可从出口花蟹赚取2亿美元,这对经济不发达的朝鲜来说是个重要的外汇来源,因此朝方才会不顾汉城的警告,派遣舰艇保护渔船南下捕捞。

3. 海洋权益争议因素。朝鲜中央通讯社(朝中社)的消息明确指出:"今天上午10时10分左右,韩国舰艇和10余艘渔船一起进入朝鲜西海延坪岛西南方朝鲜领海境内……。"

北方限界线划在延坪岛北部,朝鲜船只进入"延坪岛西南方朝鲜领海",表明朝鲜根本不承认北方限界线。朝鲜一直认为其1999年划定的军事分界线才是朝韩在黄海的分界线。

4. 韩国内政治因素。韩国国内在野党一直反对金大中总统的阳光政策,韩国军中的部分势力也主张对朝鲜采取强硬态度,此次冲突也不排除这些因素的作用。

5. 意外事件。尽管朝、韩双方对正面冲突各执一辞,但双方都没有主动挑起军事争端的理由,更没有节外生枝的必要。大多数媒体和分析家认为引发这次朝、海上冲突的原因属于一次事件。

近年来,韩国已走出东南亚经济危机的阴影,正处在经济恢复时期。事发时韩国正值世界杯赛期间,而且韩国球队连连漂亮爆冷,取得出乎意料的佳绩,因此对于没有连任压力,矢志推动"阳光政策"以促进朝、韩早日和解的金大中总统而言,没有必要与朝鲜在黄海发生冲突。

五、事件对朝、韩双方的影响

1. 经济影响。这一地区渔业资源十分丰富,受事件影响,不仅朝鲜渔船不能在此海域捕鱼,韩国渔民也不能进行渔业生产。

2. 政治影响。2002年7月11日,金大中总统解除了总理李汉东、国防部长金东信的职务,有消息称金东信因为在此次朝韩海军冲突中没有毅然采取坚决立场,受到广泛批评而被解职的。

六、事件对我国的影响

朝、韩在北方限界线附件的冲突表明两国在维护国家海洋权益方面的意识非常强烈,双方为各自的海上利益不惜动用武力。同时朝韩争议区与我国的划界主张也有重叠,对我国今后与朝、韩划界谈判有一定的负面影响。因此,在今后与朝、韩划界谈判时,不可避免的要涉及北方限界线附近的朝韩争议区,如何在划界谈判时妥善处理好这一海域的争议,也是目前急待研究的一个课题。

据韩国《朝鲜日报》2002年5月7日报道,2001年朝鲜的警备艇及渔船总计越过北方限界线16次,其中为追捕在白翎岛附近出没的中国渔船或无标识物体的为7次和2次;2002年前5个月,朝鲜船只越界7次,其中4次是为追捕非法作业的中国渔船。

这次事件对我山东沿海部分渔民也将受到影响,根据我国同韩国签署了渔业协定,若对方认定我方渔民属越界非法捕鱼,轻则发生扣船、扣人事件,重则将会引起更加严重的后果。因此建议渔业主管部门加强对我方渔民的宣传、教育,不要到朝韩争议海域作业。

七、结语

通过前面的情况介绍与分析,我们对引发朝、韩海上冲突原因、冲突的现状等有了进一步的了解和认识。

引发朝、韩海上冲突的历史原因是《朝鲜停战协定》对朝鲜西海海上分界线的规定。由于当时美国有强大的海上军事力量,同时借助于《朝鲜停战协定》的这一规定,单方面划定了针对朝鲜的"北方限界线",造成了朝鲜方面现在的被动局面。这同时也说明了拥有强大海上军事力量对一个沿海国家具有非常重要的意义。

朝、韩两国对海洋权益都非常重视。几十年来,两国都不断通过国内立法来强化海洋权益,从而导致"北方限界线"附近海域争议不断升级。近年来该海域不断发生的海上武装冲突更是有力的说明了这一点。

朝、韩两国都是我国隔海相望的邻国,两国间的海上冲突对我国也有一定的影响,例如我国在黄海的油气勘探、海上科学调查研究、中韩两国间渔业协定的执行、目前正在进行的划界研究和划界方案的制定等,但具体的影响有多大,还要看以后两国间冲突的形势发展。建议国家海洋战略研究部门对此进行跟踪研究。

附:朝鲜战争期间朝鲜南北方同外国签定的条约、协定

苏联与朝鲜签定的条约、协定

苏联和朝鲜经济文化合作协定(1949年3月17日)

美国与南朝鲜政府签订的条约、协定

1. 美国和南朝鲜援助协定(1948 年 12 月 10 日)
2. 美韩共同防御援助协定(1950 年 1 月 26 日)
3. 关于在南朝鲜设置军事顾问团的协定(1950 年 1 月 26 日)
4. 美国和南朝鲜共同防御条约(1953 年 10 月 1 日)
5. 美国和南朝鲜关于军事和经济援助的协议记录(1954 年 11 月 17 日)
6. 美国和南朝鲜关于建立兵工厂及重行生产军火最低限度设备的换文(1955 年 5 月 29 日)

(《动态》2002 年第 7 期)

海洋科学研究的国内外立法及有关问题

——兼议 ARGO 计划的有关法律问题

张海文

对于海洋科学研究的有关事项尽管国际法、国际实践以及国内法均已建立了相应的法律制度。但是,应当看到,海洋科学研究尚处在不断发展和变化中,其研究手段和方式呈现多样性,甚至隐蔽性,沿海国对其的控制和管理正面临着新的挑战。例如,海洋自动观测系统属于海洋科学研究的范畴,是人类探索和研究海洋的重要手段和方式之一,主要用于海洋环境和要素的观测、监测和遥测,在海洋调查和研究、海洋和气候变化的预报和预测等方面都发挥了重要作用,但是,由于有些海洋自动观测系统具有很强的隐蔽性,因此,它们也有可能成为有预谋的或无意的获取他国重要海洋信息和资料的重要工具。另外,国际和国内立法虽然对海洋科学研究已有所规定,但却存在着诸多不完善之处,不能适应管理实践不断发展变化的需要。例如,对于海洋自动观测系统的最新建设成就——ARGO 计划的国际国内立法和管理均存在着滞后状况。因此,认真研究如何积极参与相关的国际立法进程,对我国管辖海域内海洋科学研究加强管理,建立和健全我国海洋科学研究的法律制度,是维护我国海洋权益的需要。

一、ARGO 计划概况

1999 年,以美国为首的几个西方发达国家发起一项全球海洋观测计划,旨在对全球各大洋的温度和盐度进行实时观测,对海洋上层的状况和海洋气候变异特性等提供定量描述。这项计划称为"全球地转海洋学阵列计划"(Global Array for Geostrophic Oceanogrophy),又称为"ARGO 全球海洋观测网"(简称"ARGO 计划")。该计划为期5 年,从 1999 年 4 月开始到 2005 年结束。

根据该计划,将使用飞机、随机船(商船)和海洋调查船,在太平洋、印度洋、大西洋和南大洋布放 ALACE 自由漂流剖面浮标,按照经纬度每 3 度布放一个,全球共布放 3 000 个,形成全球"自律式"漂流浮标阵。这些浮标每 10 天自动浮出水面一次,在自动上升和下潜的过程中,测量海洋 2 000 米以上水层的温度和盐度等参数。在浮标自动浮出水面后,将所获得的数据通过海洋卫星和 GTS 系统发送或转发到 ARGO 资料中心,用于海洋耦合预报模式的建立、数据同化及动力模型试验。数据收集后几小时内即可转发和公布,因而可以连续监测海洋的气候情况。

各国参加 ARGO 计划,多是同本国的或正在参加的国际项目结合起来的。ARGO 计划的参加国,可以共享该计划投放在全球大洋中的 3 000 个浮标所获取的资料。

我国已正式加入 ARGO 计划,并于 2002 年 10 月分别在西北太平洋成功投放了两个 ARGO 剖面漂流浮标(分别位于 N22°01′14″,E129°27′10″和 N18°30′00″,E129° 30′42″)。

各国计划布放浮标时间表

国家 ＼ 日期	2000 年 4 月 ~ 2001 年 1 月	2001 年 1 月 ~ 2002 年 1 月	2002 年 1 月 ~ 2003 年 1 月	2003 年 1 月 ~ 2004 年 1 月	2004 年 1 月 ~ 2005 年 1 月
澳大利亚	10 *	30 ~ 50	30 ~ 50	30 ~ 50	
加拿大	10 *	75	75		
欧 盟		80			
法 国	20 *	50	50	50	
德 国		75	75		
日 本	20 *	50	100 个以上	100 个以上	
韩 国		25 ~ 50	25 ~ 50	25 ~ 50	
英 国	15 *	50	50	50	
美 国	55 *	130 *	300	375	375
中 国			16		

注:表中标 * 者是各国已经落实的布放浮标数量,其余只是打算布放的浮标数量。

二、海洋科学研究的国际法律制度

(一)国家管辖海域内的海洋科学研究法律制度

在 1982 年《联合国海洋法公约》(简称《公约》)制定之前,国际法一般仅承认在沿海国领海内进行的海洋科学研究必须取得沿海国的同意;在领海以外的海域,原则上各国享有科学研究自由,唯一例外是涉及大陆架时,若进行实地研究则必须取得沿海国同意。但是,若有适当机构提出请求,而目的是对大陆架物理或生物特征进行纯科学研究时,沿海国通常给予同意。

1982 年《公约》关于海洋科学研究问题的规定既分散又集中。一方面,《公约》除了保留内水、领海、大陆架和公海等传统的海洋法律秩序之外,还建立起了专属经济区、群岛国水域和国际海底区域等崭新的海洋法律制度。在有关这些制度的相关条款中规定了有关海洋科学研究的管辖权;另一方面,《公约》还设专章——第十三部分规定了海洋科学研究问题。结合《公约》上述各部分的规定,在沿海国管辖海域内进行海洋科学研究的法律制度主要包括以下方面:

1. 沿海国内水和领海内的海洋科学研究

对内水的科研问题,1958 年两个公约(《领海公约》和《大陆架公约》)及 1982 年《公约》均未明确规定,但是,根据内水的法律地位可知,应依国际习惯法取得沿海国的明确同意方可进行。而在领海内的海洋科学研究活动,除应取得沿海国的同意外,还必须遵守沿海国制定的任何条件。

2. 沿海国毗连区内的海洋科学研究

对毗连区内的海洋科学研究,《公约》虽无明文规定,但是,一般来说,目前几乎所有的沿海国均已在领海之外主张专属经济区,因此,在理论上,若沿海国已经主张了"专属经济区",则在该国的毗连区进行科学研究事实上应适用专属经济区内海洋科研活动的规范,即原则上,第三国必须申请沿海国的同意方可进行科研计划;若沿海国未主张专属经济区,则根据《公约》关于毗连区和公海的有关规定,沿海国在毗连区除了拥有对卫生、海关、财政和移民等事项的管制权以外,对在毗连区进行海洋科学研究活动的并无管辖权,因此,仍适用公海有关海洋科学研究的规范,第三国(或国际组织)并无义务取得沿海国的同意才开始进行科研计划。

3. 专属经济区和大陆架的海洋科学研究

是否同意外国组织或个人等在专属经济区与大陆架上从事科研活动,原则上沿海国享有"斟酌决定权"。然而此种"斟酌决定权"的行使,并非毫无限制,除受到法律一般相关原则的限制外(比如"禁止权利滥用原则"、"善意履行原则"),为缓和沿海国同意制度所可能对海洋科学研究造成的阻碍,以及顾及科学研究的社会需要,《公约》又明文规定,倘若申请案是按照公约"专为和平目的"、且为"增进关于海洋环境的科学知识",并用以"谋全人类利益"时,则沿海国于"正常情形下",应给予同意。

有关 200 海里以外大陆架的科研问题。根据《公约》第 76 条规定,沿海国大陆架最远可以延伸至 350 海里。根据《公约》,在此部分大陆架所进行的科学研究活动,即使是与资源开发有关的科学研究,若是沿海国无法举证证明已在任何时候公开指定某些特定区域已在进行,或将在"合理期间"内进行开发或勘探作业的重点区域,则对 200 海里以外海底的海洋科学研究不享有在 200 海里内的"斟酌决定权"。

专属经济区或大陆架科研计划的同意制度有两种。一种是"强制同意制度":倘若申请国(或国际组织)提出申请,而沿海国在六个月内仍未有任何回应,则沿海国的消极不作为,将被视为是同意申请国(或国际组织)的科研申请计划;另一种是"默示同意制度":申请国(或国际组织)组织将计划通知沿海国后,经四个月沿海国并未表示任何反对意见时,则应视为已核准依照同意的说明书进行该计划。

《公约》对申请程序进行了规定:此类申请通知必须在计划预定开始日期至少六个月前,向沿海国提出,且计划申请通知必须详细说明以下内容:(1)计划的性质和目标;(2)使用方法和工具,包括船只的船名、吨位、类型和级别,以及科学装备的说明;(3)进行计划的精确地理位置;(4)研究船最初到达和最后离开的预定日期、或装置的部署和拆除的预定日期,视情况而定的主持机构的名称、其主持人和计划负责人的姓名;(5)认为沿海国能参加或有代表参与计划的程度。

《公约》同时规定了申请国(或国际组织)应遵守的义务:(1)应确保沿海国有权参加或有代表参与海洋科学研究计划,特别是于"实际可行时"在研究船和其他船只上或科学研究设施上进行,但对沿海国科学工作者无须支付任何报酬,相对地,沿海国亦无分摊计划费用的义务;(2)经沿海国要求,在实际可行的范围内,尽快向沿海国提供初步报告,并于研究完成后,提供所得的最后成果和结论;(3)经沿海国要求,负责供其利用从海洋科学研究计划所得的一切资料和样品,并同样向其提供可以复制的资料和"可以分开而不致有损其科学价值的样品";(4)如经要求,向沿海国"提供"此种资料、样品及研究成果的评价,或协助沿海国加以评价或解释;(5)在实际可行的情况下,尽快通过适当的国内或国际途径,使研究成果"在国际上可以取得";(6)将"研究方案的任何重大改变"立即通知沿海国;(7)除非另议有协议,研究完成后,立即拆除科学研究的设施或装置。

但是,在一定情形下,沿海国可拒绝给予同意,包括:(1)与生物或非生物自然资源的勘探和开发"有直接关系"者;(2)涉及大陆架钻探、炸药的使用或"将有害物质引入海洋环境";(3)涉及第六十条和第八十条所指的人工岛屿、设施和结构的建造、操作和使用;(4)与所提计划性质和目标有不正确情报者、或进行研究的国家或主管国际组织,由于以前的项目或计划而对沿海国负有尚未履行义务者。

海洋科学研究计划的"暂停"与"停止"。除必须遵循前述有关科研研究的一般原则外,为了确保沿海国能有效要求研究者履行其相关研究义务,沿海国在特定情形下仍有权利暂停或停止此等科研活动。

"暂停科研计划"。根据公约第二百五十三条第一款规定,沿海国在下列两种情形下,有权利要求第三国或国际组织"暂停"所进行的任何科研活动:(1)当科研活动不遵守申请同意时所提供资料时,而该资料为沿海国同意进行科研活动的基础时,或者是:(2)申请国或国际组织不遵守沿海国根据《公约》第二百四十九条所设条件时。

"停止科研计划"。如果沿海国根据《公约》第二百五十三条第一款要求暂停科研活动并要求纠正,而进行科研活动的国家或国际组织在"合理期间内"仍未纠正;或者是进行科研活动的国家或国际组织,所从事的活动违反当初所提资料,并实际上将"研究计划"或研究活动作重大改变,则沿海国有权利要求停止任何海洋科学研究活动。

《公约》第二百四十六条规定,沿海国针对违反专属经济区与大陆架有关科学研究规定的情形,可以行使"紧追权"。

综上所述,1982年《联合国海洋法公约》(以下简称《公约》)赋予了沿海国在其管辖的各类海域中,对海洋科学研究或海洋测量拥有不同程度的权利;但是,《公约》的规定也存在比较多的问题。最重要的是既未明确"海洋科学研究"或"测量活动"的定义或概念,也未规定"海洋科学研究"或"测量活动"的种类,更无法对科技发展所带来的法律问题进行规定,例如海洋自动观测系统或ARGO浮标等运用的法律问题。利用高新技术,特别是运用自动观测系统在沿海国的管辖海域内进行海洋科研活动,不仅涉及是否需要事先取得沿海国同意等公法问题,而且还可能引发损害赔偿等私法问题,因此涉及到实体法和程序法两方面问题。在沿海国管辖海域内,有意或无意对此类研究的设施或装备造成损害,均涉及到是否需要赔偿的问题。如果答案是肯定的,那么赔偿标准是什么?由谁来负赔偿责任?应适用哪国的法律,沿海国或研究国的?这些问题目前均无定论。

(二)国家管辖海域以外的海洋科学研究法律制度

在《公约》体制下,国家管辖海域以外的海洋空间包括公海和新设立的国际海底区域。对于公海的海洋科学研究问题,《公约》仍然将"海洋科学研究"保留为公海自由之一,并要求国际社会成员与主管国际机构促进海洋科学研究。关于国家管辖海域外"区域"的海洋科学研究问题,《公约》规定仍应遵循公海自由原则。

三、国内外关于海洋科学研究的立法

(一)有关国家关于海洋科学研究的立法

我周边海上邻国均以专门立法或通过其他有关立法的方式,明确规定在其管辖海域从事海洋科学研究需要得到事先的许可。

总的来说,目前世界上有关海洋科学研究的立法主要包括以下几方面内容:

1. 批准、同意或许可

澳大利亚、加拿大、日本、挪威等国都要求在本国领海、大陆架或渔区内进行海洋科学研究活动,要事先提出申请。

2. 批准的条件

日本、苏联明确规定了海洋科学研究计划应具备一定的条件才能予以批准。

3. 申领许可证

澳大利亚、加拿大等国都规定,在任何情况下进行捕鱼、采样和其他鱼类研究活动,都需要申领捕鱼许可证,而且捕鱼许可证应随船携带。

4. 遵守所在国的法律规章

澳大利亚、加拿大、挪威等国家要求进入其管辖水域的船舶必须遵守有关规章。

5. 提前申报

各国都规定船舶进出其管辖水域前的一定时间,应事先报告其主管当局。

6. 变更科研计划的事先通知

对科研计划的改变,各国都要求应事先通知其政府主管部门。

7. 提交和交换科研资料和样品

对于在管辖海域进行海洋科学研究所获取的资料、成果,各国都规定要提交其政府主管部门一份。

(二)美国关于海洋科学研究的规定

尽管美国已于 1983 年 3 月 10 日宣布设立专属经济区,但至今仍未批准《公约》。关于海洋科学研究的规定与其他海洋国家有较大不同,主要表现在以下方面:

1. 领海、大陆架海洋科学研究的同意制度

美国是 1958 年《领海公约》、《大陆架公约》的缔约国。对于在美国的领海内的科学研究要事先得到同意;对于有关大陆架和在大陆架上的科学研究,也需经同意后方可进行。

2. 美对其专属经济区内的海洋科学研究不行使管辖权

为鼓励海洋科学研究,避免不必要的义务,美对其专属经济区内的海洋科学研究不行使管辖权。因而外国公民和船舶在美专属经济区内进行海洋科学研究无需获得批准。

同时,美国承认其他沿海国以符合国际法的方式合理地行使对距其海岸 200 海里海域范围内进行海洋科学研究的管辖权。

3. 许可证

1977 年实施的《渔业保护和管理法》设立了 200 海里渔区,但该法特别排除了对海洋科学研究包括对渔业研究的管辖。然而,如系捕鱼活动,则要求获得捕鱼许可证。根据该法,如果所谓的渔业研究活动涉及捕捞、捕捉或收获商业数量的鱼类,则构成捕鱼活动。

根据《海洋哺乳动物保护法》,涉及捕捉(狩猎、杀死、捕获或骚扰)海洋哺乳动物

的研究活动,需要事先取得许可证,方可在领海或专属经济区内进行。除此之外,非美国国民可以在美专属经济区内进行海洋科学研究而不必请求美政府的允许。

(三)我国关于海洋科学研究的规定

我国有关海洋科学研究的法律规定体现为一般法律与专门法规相结合的方式。我国有关海洋科学研究的规定主要包括在以下三方面法律:第一,有关海洋基本制度的法律,包括《中华人民共和国领海及毗连区法》和《中华人民共和国专属经济区和大陆架法》;第二,有关专门法律,包括《中华人民共和国海洋环境保护法》、《矿产资源法》、《渔业法》、《测绘法》、《对外合作开采海洋石油条例》、《野生动物保护法》、《外籍船舶管理规则》及《海上航行警告和航行通告管理规定》等;第三,专门法规,即《中华人民共和国涉外海洋科学研究管理规定》。

实践过程中,国家海洋行政主管部门即国家海洋局按照《中华人民共和国涉外海洋科学研究管理规定》(以下简称《规定》)及其相关规定依法进行管理。管理的具体内容包括项目受理审批、对项目实施过程的监察执法和项目完成后的后续管理工作等三个方面的内容。

据统计,自1996年10月1日《规定》实施以来至2001年,国家海洋局共受理涉外海洋科学研究项目48项,中外合作项目39项,外方单独申请的9项,其中利用随机船在我国管辖海域进行调查的项目5项。

四、结论和评析

(一)国际立法实践有相类似之处

包括我国在内的各海洋国家对海洋科学研究的立法有相似之处。管理方式主要是建立批准、同意或许可制度;允许进行海洋科学研究的海域范围大体是领海、渔区和大陆架;在允许进行海洋科学研究的海域范围采集渔类等标本需要另外持有捕鱼许可证;研究计划有重大变更需要事先通知有关部门并得到批准;所获取的资料应及时提交所在国;多数国家更要求有本国科学家参加研究计划;科研人员和科研船舶要遵守所在国的法律规章等。

美国的情况有些不同,明确规定对在美专属经济区内的海洋科学研究不行使管辖权,但在美领海内和大陆架上进行海洋科学研究,则要事先获得同意。

苏联国内立法对海洋科学研究的设施工具进行了规定,包括船舶及其他浮动装置,遗迹潜水器或航空器。前苏联关于在苏联经济区内进行海洋科学研究的程序规则是比较完善清楚的。对在苏联经济区内进行海洋科学研究的主体所应承担的责任,该规则也作了明确的规定。

(二)关于我国海洋科学研究的法律规定的评析

1. 建立了有关海洋科学研究的基本法律制度

结合目前我国有关各类管辖海域的立法情况看,基本上均相应地对在不同的管辖海域内所进行的海洋科学研究活动的做了原则规定。

现有的立法中,在实践中具有可操作性的专门性立法是《涉外海洋科学研究管理规定》。该《规定》基本上明确了国家对管辖海域内的海洋科学研究活动所享有的主权和管辖权;明确了该项活动的管理机构和管理体制及法律法规适用;明确了从事海洋科研活动者的义务;明确了该项活动的申请、审批程序和管理制度;明确了对涉外海上调查作业活动的监督管理;明确了对违反有关法律法规行为的处罚。

但是,上述所有立法的对象主要是针对利用船舶在我国海域进行海洋科学研究的活动,具体到 ARGO 浮标管理,包括对申请的具体程序和内容、违反有关条款的管理和处罚,在我国管辖海域内的布设、监督、保护以及在我国管辖海域之外布设的浮标随海流漂流进我管辖海域的处理、损害赔偿等问题,都还缺乏相应配套的实施细则,需要进一步细化和完善相关立法。

2. 缺乏相关配套立法

我国目前仅有关于紧追权的原则规定,但是,缺乏具体的可操作性规定,对维护我国管辖海域海洋权益极为不利。由此,应当明确规定行使紧追权的主体、程序以及后续结果的处理等问题,不仅对从事海洋科学研究的组织、个人进行管理,对追究其他在我管辖海域从事损害我国利益行为的责任也是十分必要的。

3. 应加强对海洋自动观测系统的管理

应尽快健全涉外海洋科学研究的管理制度,尤其是加强对 ARGO 计划的管理工作,具体包括以下方面:

(1)应经批准。任何外国或国际组织在中国管辖海域单独或与中国的组织合作进行海洋观测活动,必须经批准,并提供所获得的观测资料。与我国参加的国际条约、国际惯例不一致的,适用有关国际条约、国际惯例,但我国声明保留的条款除外。

(2)应委托我方布设或我方参与布设观测设施。外国或国际组织在我国管辖海域布设浮标等高科技海洋观测设施,应当采用与中方合作的形式,委托我国内有关科研单位布设或我方参与布设。这将有利于掌握浮标的布设和工作情况,也便于对该设施的保护和跟踪。

(3)外国或相关国际组织应提供接收观测数据的有关技术参数。如频率、数据格式、密码等,使我国可通过卫星实时接收观测数据,实现资料共享。

（4）在中国内水和领海获取的海洋观测资料属中国所有。外国或相关国际组织应及时向我国提供有关测得的数据、资料和应用成果。

（《动态》2002 年第 10 期）

日本海上保安厅评介

高之国　贾　宇　李明杰

日本海上保安厅(Japan Coast Guard)成立于1948年(昭和23年5月1日),隶属于日本运输省,编制12 255人,2002年预算达168 216百万日元(约为247亿元人民币)。日本海上保安厅的主要职责包括处理海上涉外案件,领海、专属经济区巡逻;对外国渔船的不法作业监视查处;维护港口秩序;保证海上交通安全;搜救;防止海洋污染,保护海洋环境;进行国际合作等。日本海上保安厅有拘留权,但没有裁决权。海上保安厅厅长由运输大臣任命。

日本全部海区分成11个管区,每个管区均设有管区总部(图1)。海上保安厅装备先进,共有飞机75架、船舶521艘,并配有其他先进的监视、监测仪器设备。

一、海上保安厅的主要职责

日本海上保安厅的主要职责包括:

1. 维持治安——负责处理海上涉外案件,包括:

● 国际犯罪处理;

● 领海警备、可疑船只处理对策;

● 海上执法;

● 海上纠纷警备;

● 恐怖活动对策。

2. 确保海上交通安全——海难预防、保证海上活动的安全,包括:

● 安全对策;

● 提供海洋情报和进行海洋调查;

● 航行救援系统。

3. 海难救助——建立搜索救助的快速反应体制。具体内容包括:

● 海难的及时处理系统;

● 通信系统;

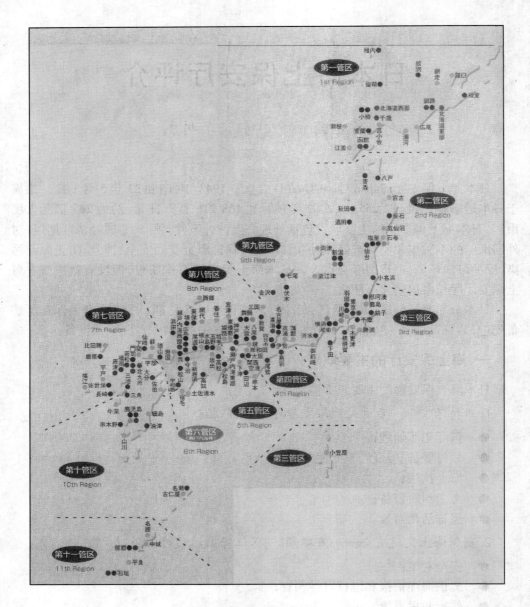

图 1　日本海上保安厅管区划分

- 死亡、失踪情况的根除；
- 海上快艇的安全推广。

4.海上防灾,保护海洋环境——灾害的及时处理,保护海洋环境。具体内容包括:

● 自然灾害处理;
● 重大漏油事故处理;
● 机动防除队与横滨机动防除基地;
● 保全海洋环境的监视、指导;
● 沿岸海域环境保全情报整理。

5.与国内外机构的合作——针对多样化、国际化的海上不安动向,建立广泛的合作关系

包括:

● 与国内机构的合作;
● 与国外机构的合作。

二、海上保安厅组织机构和警力分布

1.组织机构

海上保安厅是日本维护其海上安全和治安、海洋环境保护和防灾救灾等方面的一只准军事力量。总部设在东京,在海上划分了11个管区。每一管区设有一个管区总部,下设海上保安监、海上保安署、航空基地、水路观测站、航路标志事务所。

2.管区分布

管区海上保安总部:11个
海上保安部:66个
海上警备救助部:1个
海上保安署:53个
情报通信管理中心:5个
航空基地:14个
国际犯罪对策基地:1个
特殊警备基地:1个
特殊救助基地:1个
机动防除基地:1个
通信管制事务处:6个

除上述海岸警卫部队的设置外,日本海上保安厅还下辖以下海洋观测中心和交通安全事务部门。

海上交通中心:6 个
水路观测站:4 个
海浪监测预报中心:1 个
航路标志事务处:53 个

3.警力分布

日本海上保安厅配备了很强的警力和先进的武器装备。有关人员和预算编制,以及船舶、飞机等的警力配置情况,详见表 1。

表 1　日本海上保安厅警力配置和人员预算编制

船艇	巡视船	124 艘
	巡视艇	237 艘
	特殊警备救助艇	86 艘
	测量船	13 艘
	航路标志测量船	1 艘
	设标船	4 艘
	灯塔巡视船	53 艘
	教育业务用船	3 艘
	合计	521 艘
飞机	飞机	29 架
	直升机	46 架
	合计	75 架
航路标志	光波标志	5 423 台
	电波标志	123 台
	音波标志	20 台
	其他标志	31 台
	合计	共 5597 台
预算编制	预算	168 216 百万日元 (人民币 247 亿元)
	编制	12 255 人

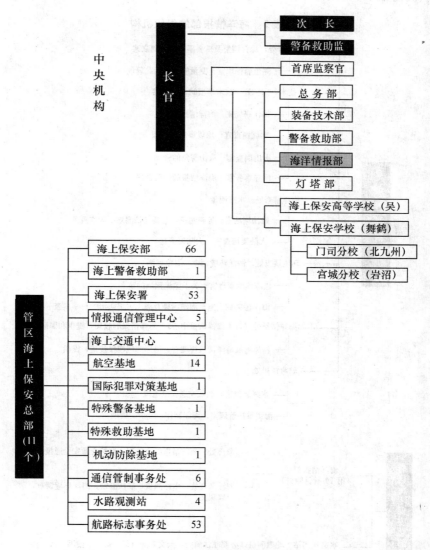

图 2　海上保安厅组织机构图

三、海上保安厅海洋情报部

海洋情报部是日本海上保安厅下属的众多部门之一,负责提供各种海洋情报,包括沿岸海域基础底图、海底地形图、大陆架基本情况调查和图件绘制等。海洋情报部的组织机构如表 2 所示。

表 2　海洋情报部的组织机构

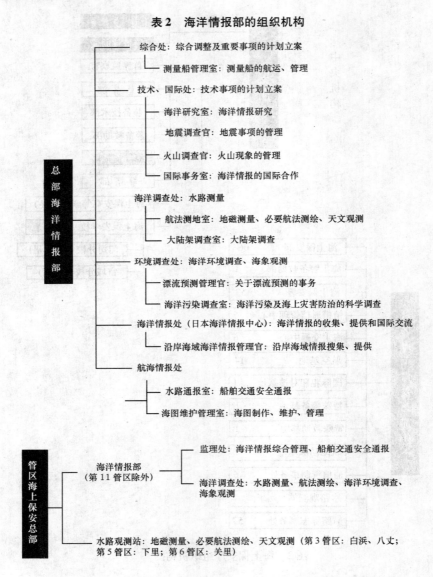

海洋情报部包括日本海洋数据中心和海洋咨询室,负责提供的海洋资料和情报包括:

- 航海安全情报:海图、水路志、电子海图、船舶交通安全通报
- 管辖海域基本情报:海洋基本图、大陆架调查

● 海洋环境保护

● 灾害处理：开展地震调查研究、参加火山喷火预知计划、开展沿岸海域情报搜集、整理灾害损失最小化情报。

● 应用最新技术的调查：港湾测量、水深、海水循环动向、日本列岛的精确位置、海洋研究

● 连接世界：国际合作、警备力量、测量船

四、日本负责搜救的水域

根据日美救助协定，日本的搜索救助范围为北纬 17 度以北，东经 165 度以西的海域。以羽田为中心的 1200 海里的半圆基本在此范围内，见图 3。

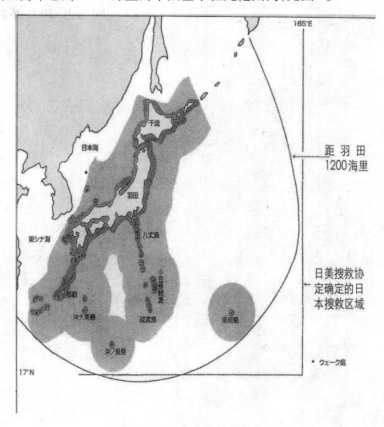

图 3　日本 1200 海里搜索救助区

需要指出的是，日美搜救协定规定的日本负责搜索救助的水域范围，将黄、东海

属于我国的海区包括在内,这是我们不能接受的。

五、结束语

日本是中国重要的海上邻国。日本海洋管理的历史比较悠久,在管理体制方面也比较健全。在海上执法力量、人员编制、经费预算、装备配置等方面在亚洲也是首屈一指。日本海上保安厅这样一只准军事力量,对我维护海洋权益和海上安全所带来的影响,应该引起我们的高度重视。同时,日本通过"有事法制"使出兵海外合法化,以及向非传统安全领域扩张的趋势,也值得警惕。

(《动态》2002 年第 11 期)

2002 年联合国秘书长

"海洋和海洋法报告"(摘要)

高之国

一、概况

"世界海洋作为物品(食物、遗传资源、金属、矿物)、服务(贸易路线、旅游)和能源的潜在供应者及作为国家、区域和全球安全的渊源,具有无与伦比的重要性。但是,世界海洋首先是生物圈的一个重要部分,是碳循环的要素,并且是地球气候的一个决定性因素。……海洋对'生态系统服务'的贡献远远大于陆地的贡献。"

今年对于世界海洋是重要的一年:今年是"海洋宪章",即《联合国海洋法公约》(《海洋法公约》)开放供签署 20 周年,也是构成可持续发展行动纲领的《21 世纪议程》10 周年。《21 世纪议程》第 17 章提出了一个关于世界海洋及其资源的可持续发展行动纲领。

在《公约》通过 20 年之后,《公约》正迅速接近普遍参与。121 个沿海国、16 个内陆国和一个国际组织参加了《公约》,使缔约国总数达到 138 个。缔约国来自所有区域:在总共 53 个非洲国家中,38 个国家成为缔约国;在 59 个亚洲国家中,40 个国家成为缔约国;在欧洲和北美总共 48 个国家中,有 32 个国家成为缔约国,欧洲共同体也成为缔约方;在拉丁美洲和加勒比 33 个国家中,有 27 个国家成为缔约国。《公约》条款、尤其是有关国家管辖海区界限的条款,遵守情况也非常良好。

《公约》设立的三个机构已开展业务活动,运作卓有成效。负责管理国家管辖范围之外国际海底区域(海底区域)及其资源的国际海底管理局已批准了 7 个注册先驱投资者在海底区域勘探多金属结核的工作计划,并为除一个投资者以外的所有投资者发放了勘探合同。负责解释或适用《公约》的国际海洋法法庭已经审理了 10 个案件。处理 200 海里基线外、国家管辖最远海区、即大陆架外部界限问题的大陆架界限委员会已收到第一件划界案。

公约缔约国会议已经举行了 11 届会议,对与执行《公约》有关的问题表现出越来越大的兴趣。《公约》生效之后,大会承担了监督与《公约》、海洋法和一般海洋问题有关的发展情况的任务,并每年在"海洋和海洋法"这个综合议程项目下审查这方面的发展。此外,1999 年,大会根据《海洋法公约》规定的法律框架和《21 世纪议程》第17 章的目标,设立了一个不限参加者名额的非正式协商进程,以协助大会以有效和建设性的方式对海洋事务的发展情况进行年度审查。联合国正在卓有成效地履行《公约》和大会有关决议赋予的职责,并成为《公约》事实上的秘书处。

与《公约》的执行直接有关的两项文书已经生效:关于执行 1982 年 12 月 10 日《联合国海洋法公约》第十一部分的协定("关于《海洋法公约》第十一部分的协定")和执行 1982 年 12 月 10 日《联合国海洋法公约》有关养护和管理跨界鱼类种群和高度洄游鱼类种群的规定的协定("联合国鱼类种群协定")。

在《公约》通过 20 周年和《21 世纪议程》包括其第 17 章通过 10 周年之后,取得的成绩令人瞩目。但是在全球、区域和国家级别上执行法律和方案框架并采取行动以便实现这些框架的好处也面临巨大挑战。许多国家发现它们的认识和知识不足并且没有重点,资源贫乏,能力有限,执行手段缺乏。

二、《联合国海洋法公约》及其执行协定

大会第 56/12 号决议再次呼吁各国确保它们已作出的或在签署、批准或加入《公约》时作出的任何声明或说明都符合《公约》,或撤消与《公约》不符的任何声明或说明。迄今没有关于缔约国在这方面采取任何行动的报告。

第 309 条禁止对《海洋法公约》作出保留或例外,除非《海洋法公约》其他条款明示许可。可以回顾,一些国家曾指出,某些声明和说明看来不符合第 309 条。1999 年《联合国秘书长报告》列出了这些声明和说明的类型,包括:(1)涉及到不是依照《海洋法公约》划定的基线的声明和说明;(2)声称军舰或其他船只一定要先行通知或者获得批准才能行使无害通过权的声明和说明;(3)与《海洋法公约》在下列方面的规定不符的声明或说明:(一)用于国际航行的海峡,包括过境通行权;(二)群岛国的水域,包括群岛基线和群岛海道通过权;(三)专属经济区或大陆架;和㈣界限的划定;以及(4)声称《海洋法公约》的解释或适用要置于国家法律和规章(包括宪法规定)之下的声明和说明。

三、渔业问题

渔船的安全。海洋和海洋法 2001 年报告,提请注意海上渔民死亡人数之多:每天 70 多人。粮农组织也提请注意以下事实:世界范围内海洋捕获渔场雇用的 1 500 万渔民中超过 97%的人是在短于 24 米的船上作业的,此类船只大部分不在国际公约和准则规定的范围内。

小渔船和小型船只。小渔船的安全,即那些短于 24 米的船只以及那些因为太小

而未被纳入《海洋法公约》和《负载线公约》的小型船只的安全,在区域一级越来越受重视。

四、海上犯罪

联合国大会在其第五十六届会议关于"海洋和海洋法"的决议中对"海盗行为和海上持械抢劫事件数目继续增加,对海员造成伤害,对航运安全及对海洋的其他使用(包括海洋科学研究)构成威胁,因而也对海洋和沿海环境构成威胁,这些威胁由于跨国有组织犯罪的介入而更加严重"深表关切。

据报告,2000 年发生了 471 起这类事件,比 1999 年增加了 162 起(增加 52%);据报告,1984 年至 2001 年 5 月底共发生海盗行为和持械抢劫船只事件 2 309 起。全世界报告的这类袭击事件中大多数都是在船只下锚停行或靠岸停泊时在领水区域内发生的。

2001 年期间,全世界呈报的海盗和持械抢劫事件的总数减少到 335 起,2000 年则为 469 起,但是依然高于 1999 年呈报已发生的袭击事件 300 起。大多数袭击事件都是在船只处于下锚停泊状态时发生的。但是,劫持事件大幅度增加,这种事件通常都涉及有组织犯罪辛迪加的卷入。2001 年期间,发生 16 起劫持事件,而前一年为 8 起。

五、海洋非生物资源

岸外石油和天然气。全世界岸外石油生产由 1980 年初期每天约 135 亿桶增至 1990 年代中期每天约 186 亿桶,即增加了 37%。岸外石油生产在 1990 年代中期约占世界石油生产的 30%,而在 1980 年代初期仅为 25%。同一时期,全世界岸外天然气生产从每天约 283 亿立方英尺(1 立方英尺 =0.0283 立方米)增至每天约 359 亿立方英尺,即增加了 27%。由于增长率和陆地天然气工业者相同,岸外天然气工业的同期份额基本上没有变化,约为一半。岸外石油和天然气工业转移至更深水域的标志,除其他外,包括在 2001 年创下勘探水深 9 743 英尺(1 英尺 =0.308 千米)的新记录。这项墨西哥湾记录超过了 2001 年初在加蓬岸外上次达到的 9 157 英尺深度。

甲烷水合物。一个研究热点是甲烷水合物的回收,即冰冻的甲烷气化合物。世界各地大陆边的洋底之下 600~1500 英尺的高压环境中藏有大量这种矿床。科学家估计,在洋底甲烷水合物中所含的有机碳数量是地球上所有可开采和不可开采的石油、天然气及煤矿床中所含有的有机碳的两倍。

在美国国会 2001 年 7 月的听证会上,《2000 年甲烷水合物研究与开发法》(第 106 至 193 号公法)被视为"目前和今后应证明十分有助于评价对美国海洋和能源未来的投资的良好第一步"。

砂土和砾石。砂土和砾石的开采依然是一种主要的海洋矿物业。气候变化和海平面上升问题"加剧许多岛屿国家对其海岸线可能遭受危险的关切,它们正在寻找新的岸外砂土来源地点。"

淡水。预计世界约有2/3的人口在今后几十年中面临干净淡水短缺问题。鉴于这个问题十分紧迫,利用世界海洋生产淡水正逐渐获得势头。原子能机构宣称,盐水核淡化是一项有前途的技术。101 盐水淡化或海水除盐技术不是一个新生事物。过去50年以来,这项技术的使用增加了,特别是在淡水稀少的中东和北非。这种设施耗能,需要的能源通常来自燃烧常规矿物燃料的工厂。不过,随着对温室气体排放的环境关切日益增加,人们正在寻找其他更干净的能源来源。核能源与盐水淡化工厂结合的技术已经在日本和哈萨克斯坦扎根,商业设施自1970年以来一直在这些国家运作。随着更多经验的获得和分享,使用这种技术会帮助更多国家满足日益增加的电力和淡水需求。

水下文化遗产。2001年11月2日,教科文组织大会第三十一届会议以87票赞成、4票反对、15票弃权通过了《教科文组织保护水下文化遗产公约》(《水下文化遗产公约》)。这项争取发掘"100年来,周期性地或连续地,部分或全部位于水下的具有文化、历史或考古价值的所有人类生存的遗迹"121 的新公约,将在第20份批准、接受、赞同或加入文书交存三个月后生效。

六、海洋环境的保护和保全

《海洋法公约》建立了一套全面、有约束力和可直接执行的关于保护和保全海洋环境的制度,其中规定了普遍的法律义务,并且还呼吁有关方面编写和执行处理具体问题的详细规则。同时它在经济发展、社会发展和环境保护之间建立了一种平衡并从这个意义上预见可持续发展的概念。

环发会议根据《海洋法公约》进一步发展了保护和保全海洋环境的制度。《21世纪议程》第17章涉及"保护大洋和各种海洋,包括封闭和半封闭海以及沿海区,并保护、合理利用和开发其生物资源"。《海洋法公约》和《21世纪议程》相互补充:《海洋法公约》提供了《21世纪议程》第17章制订行动方案所根据的法律框架。《21世纪议程》第17章第17.1段重申"1982年《联合国海洋法公约》规定了各国的权利和义务,并提供了一个国际基础,可借以对海洋环境及其资源进行保护和可持续的发展"。

海洋资源持续在减少,环境状况不断在恶化。海洋环保专家组134 和里约会议十周年海洋和沿海问题全球会议135 已查明世界海洋环境受到的最严重的威胁。它们包括:(1)生境的破坏和改变——在过去一个世纪中世界红树林至少减少了一半、70%的珊瑚礁受到威胁,重要的海草生境被迅速摧毁;(2)过度捕鱼和捕鱼对环境的影响 – 全球47%的渔类已被充分捕捞,28%过度捕捞,而75%需要进行紧急管理,冻结或减少捕鱼量;(3)污水和化学制品对人类健康和环境的影响 - 虽然海洋环境中有些污染物减少,但是研究结果表明,污水污染对世界人类健康产生了大规模的影响,有些化学制品怀疑会致癌、中断生殖和改变行为;(4)日益增多的海藻污染 - 海洋植物生物过度生长严重破坏全世界的生态系统并威胁生命;(5)建造堤坝和堤道、修建水库、建立大规模灌溉系统和改变土地使用方式等开发活动造成水文和沉积物流向的变化;(6)引进外国物种 - 据估计,每天有 3000 种动物和植物在船只的压舱水或船体中运往世界各地,而其他物种则从水族馆和养渔场放出后进入海洋;(7)气候变化——政府间气候变化问题小组(气候小组)的预报表明,继续使用矿物燃料将会加速全球气候变化,对海洋和海洋生态系统产生严重的后果。

陆地污染源是 80% 海洋污染的来源,影响到海洋环境中最有生产力的地区。在海洋潜在污染物总量中,倾弃废物所占的相对比率估计为 10%。

七、争端解决

《海洋法公约》第十五部分第一节规定各缔约国应按照《联合国宪章》第二条第三款以和平方式解决它们之间有关本公约的解释或适用的任何争端。但是,如果涉及一项争端的《海洋法公约》缔约国未能以自行选择的和平方法达成解决,这些缔约国就必须付诸公约规定的强制性解决争端程序。

《公约》建立的机制规定解决争端有 4 种程序选择,即国际海洋法法庭、国际法院、按照《海洋法公约》附件七组成的仲裁法庭或按照《海洋法公约》附件八组成的特别仲裁法庭。缔约国可以根据《海洋法公约》第二百八十七条以书面声明的方式选择一个或一个以上的程序,并将声明交存于联合国秘书长。

《海洋法公约》于 1994 年 11 月 16 日生效,国际海洋法法庭于 1996 年 10 月成立。在该法庭短暂的历史中,迄今已审理了 10 个向其提交的直接涉及缔约国对《海洋法公约》的解释或应用的案例。

秘书长根据联合国大会第 55/7 号决议设立了一个信托基金,以协助各国通过国际海洋法法庭解决争端。迄今秘书处尚未收到任何要求基金提供协助的正式请求。迄今,信托基金得到的捐助为 24 865 美元(联合王国)。

八、海洋综合管理

《联合国海洋法公约》是第一个唯一如此全面和多样性的公约,它一举带来如此复杂和重要的变化,使各国政府不得不制定新的政策、审查与海洋有关的立法和作出新的行政安排……。该《公约》的复杂性及受其制约的制度涉及权利和义务的相互作用,因此需要一项全面办法。

对海洋事务需要采取管理办法,而海洋管理应该是综合性的,这在《21 世纪议程》第 17 章中也得到强调,该章第一个方案领域全部用于阐述"沿海和海洋区包括专属经济区的综合管理和可持续发展"。大会在其有关"海洋和海洋法"的年度决议中也呼吁采用这种办法。

　　有大量文献论述综合海洋管理,对综合海洋管理定义和实施的方法也各不相同。中心要点是脱离个别、部门和单层面的办法,转向制订和执行全面性政策和管理战略。这样做不仅将国家优先事项综合起来,而且使海洋层面与全面国家政策融合在一起,并考虑到环境与发展之间相互依存及国家利益和所关切事项与国际领域的权利和义务之间有复杂的相互作用。决策和执行进程应该使所有利益攸关者参与,通常从基层开始以垂直一体的模式进行。最后,一国管辖的所有海洋领域要有空间一体化,并在许多情况下还结合分水岭、河流流域和海域。

　　在全面一体化方面,三个国家——澳大利亚、加拿大和南朝鲜——最近的发展可以提供宝贵见解和指导。

(《动态》2002 年第 13 期)

2000 年我国海洋形势综述

许森安

2000 年我国海洋上的总体形势相对较为平静,但国际上和本地区发生的一些事件将对今后产生重要影响。

一、我国海洋形势的发展

1. 中越之间解决了北部湾海域的划界问题

中越北部湾海域划界的结束,表明了我国政府有诚意通过双边谈判解决国家间的争端,我国政府的承诺是可信的,也给南海周边国家提供了一个解决争端的范例。中越北部湾划界在政治和外交上是成功的,虽然中方所得的海域面积稍小于越南,但总体上实现了"大体对半分"的目标。划界并签渔业协定后,难免会带来一些影响,一些渔民面临失业和转产的问题。2001 年 2 月 9 日越南高级军政官员讨论南沙群岛防务问题,声称越南控制的南沙群岛地区 2000 年受到 300 次侵犯,因此要提高南沙驻军的战备能力,并在南沙设地方政府。可见解决南沙争端的难度极大,要早做深入细致的准备,不能单纯搞理论性研究,要拿出可操作性的具体方案。

2. 台湾的动向

李登辉在美国的支持下叫嚣"两个中国",下台后换上台独分子陈水扁,更疯狂叫嚣"台湾独立"。同时向美国大量购买先进军事装备。若得到这些装备,表明有美国支持,台独势力会更加疯狂,其结果是台湾海峡地区有可能出现军事对抗。我们应该重视海洋工作为国防建设服务问题,以保证一旦形势变化,有足够的应对能力。

3. 美国的态度

美国新总统小布什上任后,立即恢复搞 NMD 国家导弹防御系统和 TMD 战区导弹防御系统,并企图拉台湾参加 TMD。在对华政策上,小布什执行了打击、压制中国的政策,明确表示要向台湾大量出售军火。中美之间在一些重要问题上有共同利益,所以美国也不可能走得太远,美国众议院 2 月 1 日通过加强台湾安全法案,但白宫、美国务院都不赞成。美国还在不断拉拢越南。7 月 13 日美越签署贸易协定,又商谈了美军使用越南金兰湾军港问题。

4. 钓鱼岛问题

日本右派势力猖狂,一再否认过去日本的战争罪行。日本教科书仍在篡改历史,否认南京大屠杀,否认强迫妇女充当慰安妇等历史事实,政府官僚、议员一再参拜靖国神社,东史郎上诉再次被驳回。4 月 20 日日本右翼分子公然在钓鱼岛上建立神社,日本产经新闻 2 月 7 日报道,自民党为保证美军顺利展开行动,已正在开展战时法制研究。实际表明如果台湾海峡发生军事冲突,日本可能会介入。日本军费年增长率达 0.7%,计划购买空中加油机 4 架、建造 2 艘 1.35 万吨级搭载直升飞机的护卫舰,实际上是直升飞机航空母舰。8 月 20 日每日新闻报道,为戒备中国舰艇,防卫厅将组建护岛部队,借口是我国海洋调查船在东海东部进行调查。9 月 26 日日本借口我违反渔业主权法,扣押我 2 艘渔船。韩国学者认为,新的《中日渔业协定》中,中国变相接受中间线,对东海大陆架、专属经济区的划界将产生影响。

5. 中菲黄岩岛及南沙群岛问题

2 月 21 日至 3 月 3 日菲律宾和美国在南海东部黄岩岛附近进行军事演习,参加人数达 5 000 人,其目标是针对我国的南沙群岛。2 月 9 日菲律宾海军扣留中国渔民 8 人(其中台湾渔民 5 人),5 月 26 日菲律宾海警袭击我 01068 号渔船,打死船长,扣押渔民 7 人。3 月 17 日菲律宾总统埃斯特拉达建议把有争议的南沙群岛变成海上公园,以否定中国的主权。这些情况表明,菲律宾企图借助美国的力量争夺我南沙群岛。

6. 南海行为准则问题

4 月份有报道中国和东盟在协商签订南海地区行为准则,以防止发生冲突,双方同意禁止在有争议的岛屿上新建建筑物,建立信任措施,事先通报军事演习,防止海洋环境污染等,越南想把西沙纳入协议范围,中国则主张只适用于南沙;另外,东盟内部意见也尚不一致。目前,行为准则尚未签字。另一方面,邻国为争夺我们的南沙群岛,保护他们的既得利益,马、越、菲等国都在加紧扩充海军实力。

7. 印度势力进入南海

印度正在大力扩充军备,海军已进入世界十强,大量向俄罗斯、以色列购买武器装备,发展核武器、导弹、信息技术,追求军事大国目标,印度不仅想称雄印度洋、阿拉伯海,还把势力东扩进入太平洋。4 月 14 日印度国防部长费尔南德斯声称南中国海是印度利益所系地区,4 月份进入南海和越南联合搞军事演习。《印度时报》攻击我国是国际安全威胁之一,主张以印度、日本为战略支点,建立针对中国的安全体系。

二、海洋经济和资源问题

1.海洋石油开发情况

我国内石油生产增长缓慢,进口激增(2000年进口达7 026万吨)。除南海北部我国大陆沿岸海域外,在其他海域开采海洋石油面临的主要问题是与邻国的主权争议;大量进口又存在石油涨价、运输安全等问题。2000年2月蓬莱19-3油田获得石油地质贮量6亿吨,是继大庆油田后我国第2大整装油田。我国海洋石油资源潜力很大,应引起足够重视。1998年底和日本合作开发的渤海埕北油田、渤中34-2/4油田已转为我国自行开发。

2.天然气水合物

中国科学院在南海发现天然气水合物,据估计其能源总量相当于我国石油总量的一半;东海也有天然气水合物的踪迹。据估计,全世界的天然气水合物储量是全球煤、石油、天然气总和的2~3倍,但目前开采技术尚未解决。

3.图们江口地区开通海运问题

1991年联合国开发计划署主导制定图们江开发计划,计划在中国、朝鲜、俄罗斯三国交界的图们江口地区建立一个堪称东北亚的香港的经济开发区,韩国、蒙古、日本等国也有兴趣。由于资金短缺,该地区基础设施不配套,边境交往存在障碍等原因,进展缓慢,根本原因是中、朝、俄等国利益不同,步调不一致,目前由于朝鲜政治形势的变化而出现转机。5月8日吉林省延边朝鲜族自治州珲春市—俄罗斯扎鲁比诺港(陆路)—韩国束草港(海路)正式开通,吉林省开通了进入日本海的出海口。

4.日本提出建立环黄海经济区设想

日本九洲通产局于4月间提出建立环黄海经济圈的构想,并为推进经济圈的形成进行各种筹划。

5.湄公河地区

4月20日中国、泰国、缅甸、老挝四国签订了湄公河自由航行协定,湄公河地区有可能发展成经济区。我国云南、西藏等省有了通泰国湾的出海口。

6.海洋药物

法国世界报1月19日文章认为海洋产品可以生产药物帮助人类制服癌症。

7.海水淡化

我国科学家提出利用核能进行海水淡化,成本可降到每立方米1元左右。

三、海洋文物保护方面

1. 外国打捞我古代沉船

1822 年我国商船"泰兴"号在印度尼西亚海域沉没,1 600 多人罹难,死亡人数超过泰坦尼克号。1999 年澳大利亚潜水员发现该沉船,印度尼西亚和澳大利亚联合进行打捞,捞得中国清代古瓷 35.6 万件,估计价值 2 260 万美元。由于船是我国的,文物的产出国是我国,根据国际法有关原则对此我国可以主张一定权利。

2. 西沙海域文物盗掘严重

西沙地区也有大量沉船,1996 年、1998 年我国水下考古工作者已有重大发现,近年来,部分渔民受利益引诱,私自盗掘,2000 年 2 月海南省边防部队收缴各类文物 1 459 件。由于年代久,文物已被珊瑚包裹,盗掘者使用了炸药,使文物遗址被严重破坏。海口、琼海等地的文物交易市场变相销赃,助长了盗掘行为,执法时仅罚款了事,不依法追究刑事责任,未起到震慑作用。

3. 韩国在东海发现一沉船可能有大量黄金

12 月 6 日韩国东亚公司宣布在东海海域发现一艘沉船,可能就是俄罗斯的黄金走私船顿斯科伊号,传说该船在运价值 1 200 多亿美元的黄金时沉没的,是否确有大量黄金目前尚无法证实。

四、海洋环境保护方面

目前我国已有 20 万平方千米海域被污染,近海赤潮频繁发生,1997—1999 年 3 月发生较大的赤潮 45 起,造成直接经济损失 20 亿元,2000 年 5 月舟山海域发生赤潮,面积达 7 000 平方千米,是 20 世纪 90 年代最大的一次。7 月河北黄骅地区发生赤潮,造成海蛰大面积死亡。目前,国家海洋局正组织力量,研究加强赤潮的监测和预报工作。

五、其他方面

亚洲反海盗行为大会闭幕,决定建立海盗信息交流中心,加强信息交流。1999 年南亚及非洲的海盗袭击事件增长 40%,达 258 起,印度尼西亚地区就发生 113 起,孟加拉地区 23 起,马来西亚地区 18 起,印度地区 14 起,新加坡海峡 13 起。有些国际组织已在商讨成立专门对付海盗的蓝盔部队。

朝鲜领导人金正日推动南北朝鲜和解的政策得到韩国领导人金大中的响应,南北朝鲜开始了一些正常交往,东北亚的局势有所缓和。朝、韩在黄海的关系可望缓和发展。

从总的形势看来,2001年海洋上的矛盾将会加剧,建议加强海洋立法和巡航执法,加强维护海洋权益研究,重视海洋工作为国防建设服务,以适应形势变化。

(《动态》2001年第3期)

关于海洋强国基本特征的几点思考

杨金森

一、建设海洋强国的定位

海洋强国广义上讲是指开发海洋、利用海洋、控制海洋的强国。它本身不是目的,目的是使本国成为世界强国。因此,海洋强国战略是一项国家战略,是影响国家兴衰的战略性措施。

西方列强的历史,在一定意义上是争夺海洋的历史。"海权"(海上力量,海洋强国)的状况,直接影响国家的兴衰。古希腊打败波斯人的入侵,控制东地中海,成为当时的强国。罗马由海上战胜迦太基,建立了强大的帝国。十五世纪以后,西班牙、葡萄牙、荷兰向海外扩张,成为海上强国,也成为当时的世界强国。后来,英国和法国强大起来,海上霸权被英国取代。当时英国雷莱爵士说:"谁控制了海洋,谁就控制了世界贸易;谁控制了世界贸易,谁就可以控制世界的财富,最后也就控制了世界本身。"这是当时英国的立国思想。在这个思想指导下,扩大海军,开拓海外殖民地,发展海外航运和贸易。英国掌握海上霸权100多年,殖民地遍布全球,成为当时最强大的国家。

美国在开国初期,是不求向外发展的国家。19世纪末,马汉提出了海权论,他认为,美国只有向外发展,才能富强,成为世界强国。美国总统罗斯福接受了马汉的思想,改变国策,扩大海军,加强海外事业,到第二次世界大战期间,成为世界海洋强国。

日本也是在改变"锁国政策"之后,向海权国家转变,建设海军,向海外发展。日中、日俄两次海战之后,日本成为东亚地区的海洋强国,世界三大强国之一。

中国在明代以后,在世界上已经出现"全球化"问题的大势之时,把发展海洋事业看作弊政,实施"禁海"和"锁国"政策,致使中国脱离世界市场,远离近代科学技术,国防落后,国势衰落,最后被西方列强打败,成为殖民地和半殖民地国家。因此,近代有识之士早就认识到"兴邦张海权"的道理,孙中山说:"中国海权一日不兴,则国基一日不宁。""争太平洋之海权,即争太平洋之门户权,人方以我为争,岂置之不知不问。"(转引自1992年宋长治文章)

　　进入21世纪,我国应该开始启动建设海洋强国的战略,逐步成为海洋强国,为我国最终成为发达国家和世界强国创造条件。国家领导人历来重视海洋,建设海洋强国成为历史性任务。从孙中山到新中国的领导人,都很关心海洋问题。孙中山面对旧中国的形势,从民族存亡和民生的角度关注海洋,在《实业计划自序》中说:海权"操之在我则存,操之在人则亡。"新中国成立后,我国面临着维护国家主权的严峻形势,所以第一代领导核心下决心建设强大的海军。20世纪80年代以后,发展经济和解决台湾问题、反对外国海上干涉的任务繁重,国家在大力发展经济的同时积极实施近海防御战略。世纪之交,江泽民总书记要求我们从新时代的战略高度关注海洋,从"蓝色国土"、振兴经济、战略资源基地、国家安全、世界安全的角度,考虑海洋的战略问题,把建设海洋强国作为一项重要的历史任务。

二、社会主义海洋强国的性质

　　世界上的海洋强国有两种性质,两种类别。一类是殖民主义、帝国主义、现代霸权主义国家,对外实施侵略扩张政策的国家。另一类是自强自立、不侵略别国的国家。或谓一类是资本主义海洋强国,一类是社会主义海洋强国。二者在建设海洋强国方面有共同之处,也有一些本质区别。前者的本质是对外侵略扩张,后者的本质是反对海上霸权,自强自立。这种区别反映在建设海洋强国的各个主要环节(建设条件,建设目的,建设内容)中:

　　(一)建设条件

　　依据马汉海权理论建立起来的西方海洋强国,建设条件包括临海的地理位置、自然条件、领土大小、人口数量、国民习性、政府特点六个方面。世界其他国家建设海洋强国大体上也包括这些条件。但是,其中的"国民习性"在不同的国家是不同的,有向陆的民族,也有向海的民族。"政府特点"也是各不相同的,有倡导发展海洋事业的国家,也有不重视发展海洋事业的国家。

　　(二)建设目的

　　早期西方海洋强国的目的有三个:发展商业,航海事业,建立海外殖民地。现代西方海洋强国则还包括利用海洋资源,自由进行全球海洋科学考察,特别是利用公海和国际海底的战略性资源。在这方面,非西方国家是不同的。社会主义国家的海洋强国不会霸占殖民地,垄断世界市场。但是在发展对外经济贸易往来、发展海洋航运事业、开发利用海洋资源等方面的目的是一样的。

　　中国建设海洋强国的目的,是促进现代化建设,增强综合国力,使中华民族走上复兴之路。如果再深入论述建设海洋强国目的,可以考虑:保证中国最终成为世界政治强国、经济强国、军事强国。不成为海洋强国,中国就不可能在全球化的形势下有自由航行的海上通道,融入全球化体系就要受制于其他海洋强国;不成为海洋强国,在多级化世界中,就不可能成为在世界上有发言权的政治大国。目前和今后很长时间,发展海洋经济,保障中国成为经济强国是核心目的。江泽民在十四届五中全会上说:"发展是硬道理。中国解决所有问题的关键要靠自己的发展。增强综合国力,改善人民生活;巩固和完善社会主义制度,保持稳定局面;顶住霸权主义和强权政治的压力,维护国家主权和独立;从根本上摆脱经济落后状态,跻身于世界现代化国家之林,都离不开发展。"这也是中国建设海洋强国的根本目的。

（三）活动行为

西方海洋强国的活动行为有四个特点:一是海军至上,以海军为主要的甚至是唯一的手段;二是争夺制海权,海上称霸;三是海外扩张,早期是抢占殖民地,现在是控制别的国家,干涉别国内政;四是强烈的进攻性,总是主动制造事端,干涉别国事务。社会主义国家建设海洋强国的活动行为应该有别于西方海洋强国。海军不是唯一的活动手段,不搞炮舰政策,有了强大的海洋力量,也要依靠政治、外交、经济、科技等多种手段,与世界各国平等友好交往;不搞海上霸权,不允许别人侵略自己,也不侵略别人,不干涉别国内政;不是进攻型的强国,而是防御型强国。

三、实现民族复兴是建设海洋强国的时代背景

中国在 21 世纪建设海洋强国,面临的时代背景与老牌海洋强当时所处的背景是不同的。21 世纪是世界格局大调整的时代,主要的时代问题可能有世界多极化、经济全球化、海洋世纪、中国文明的新时代问题等。

（一）海洋世纪的问题

江泽民总书记要求我们:"必须紧跟世界时代发展进步的潮流"。21 世纪世界发展进步的潮流有多种,其中之一就是世界进入海洋世纪。2001 年 5 月,联合国缔约国大会的文件,认为 21 世纪是海洋世纪(Ocean Century)。什么是海洋世纪,海洋世纪的主要特征是什么? 目前还没有见到论述。但是,我们是在海洋世纪建设海洋强国,必须对海洋世纪有一个理解。在海洋世纪,海洋在多方面对世界历史进程发生越来越大的影响。

（1）海洋成为人类可持续发展的宝贵财富。一是依赖海洋提供支持人类发展的自然资源,二是全球环境变化依赖海洋调节。

（2）人类进入全面开发海洋的时代。海洋经济成为世界经济的新增长点,目前海洋经济产值已经占世界经济总量的 4% ,这个比重还会提高;海洋水体(生物资源、化学资源、动力资源)、海底(金属资源、生物基因)、底土(海底石油、天然气、天然气水合物)将得到全面开发,海洋将成为人类经济活动的立体空间。

（3）海洋仍然是全球战略竞争的领域。划分海洋边界的"蓝色圈地运动"将陆续开展并完成。一百多个沿海国家将解决海洋管辖边界问题。

（4）沿海地区仍然是黄金地带，经济（包括新经济）中心仍然在沿海地区，人口将进一步向沿海地区移动。目前世界上60%以上的人口居住在距离海岸线100千米以内的沿海地区，进入21世纪，沿海地区的人口有可能达到人口总数的3/4。

（5）海洋防卫和军事斗争更加尖锐复杂。大多数沿海国家还要以海洋作为国防前哨；一些大国要利用海洋投送和屯住兵力，干涉别国内政；美国控制着世界的主要海上通道；大洋是战略核威慑和核反击的重要基地。深海区作为内太空，是大国战略性争夺的领域。

（6）保护海洋生态环境、维护海洋健康成为人类的共同使命。

20世纪我们落后了，21世纪我们要抓住机遇，扩大海洋权益，加快沿海地区发展，发展海洋经济，保护海洋健康，维护海上安全，成为海洋强国。

（二）世界的多极化问题

当代世界战略格局的最突出特点是美国作为唯一超级大国妄图搞单极世界，同时出现了多极化趋势。在多极化时代，建设海洋强国仍然是国家兴衰的立国大计问题。正如俄罗斯新战略说的："没有一支强大的海军，俄罗斯就不可能成为一个强国。"也正如美国总统约翰·肯尼迪强调的："控制海洋意味着安全。控制海洋意味着和平。控制海洋就能意味着胜利。"在海洋领域，有一批老牌海洋强国，美国、俄国、英国、法国、德国等。日本正在重新崛起，其高级官员的办公室里用日文汉字写着"建设海洋强国"的条幅，企图成为新的海洋强国。印度制定新的海洋战略，要成为印度洋地区的海洋强国，控制印度洋周边小国，抗衡进入印度洋的大国。韩国制定了发展蓝色海军的计划，其高级官员对外宣传要"建设海洋强国"。

21世纪中华民族要复兴，中国要实现社会主义现代化，要成为世界强国，实现这些战略目标，必须首先或同时成为海洋强国。

（三）经济全球化的问题

资本主义出现之后，世界就开始出现全球化的趋势，特别是18世纪末至19世纪，世界上出现了第一次工业革命，随之带来了第一次经济全球化。《共产党宣言》对此有一段精辟论述："资产阶级，由于开拓了世界市场，使一切国家的生产和消费都成为世界性的了。……资产阶级挖掉了工业脚下的民族基础。……过去那种地方的和民族的自给自足和闭关自守状态，被各民族的各方面的相互往来和各方面的互相依赖所代替了。……资产阶级，由于一切生产工具的迅速改进，由于交通的极其便利，把一切民族甚至最野蛮的民族都卷到文明中来了。"

资本主义的发展和经济全球化更离不开海洋。《共产党宣言》中所说的"世界市场",世界性的生产和消费,各民族的相互往来和依赖,都与"交通的极其便利"密不可分,其中主要是全球海上交通。所以,资本主义国家都很重视争夺海洋,15世纪以后,葡萄牙、西班牙、荷兰、英国、法国,相继成为海洋强国;20世纪以来,美国、日本、俄国(苏联)又先后成为海洋强国。因此,大国的政治家、战略家都从战略全局上关注海洋,建设海洋强国成为立国的根本大计。19世纪美国海军理论奠基人A. T. 马汉通过他对历史的考察,用两句话概括海权论的主旨,即海权"对于世界历史具有决定性的影响","控制海洋,特别是在与国家利益和贸易有关的主要交通线上控制海洋,是国家强盛和繁荣的纯物质性因素中的首要因素"。在新的经济全球化形势下,国家之间的经济贸易往来更加频繁,更需要利用海洋这个大通道。中国每年的进出口总额已经超过4 000亿美元,海上通道出问题,就会严重影响经济发展。因此,必须成为海洋强国,才有能力保卫海上通道的安全。

（四）中国的文明时代问题

20世纪初,梁启超在《中国史叙论》中写道:"第一上世史,自黄帝以迄秦之统一,是为中国之中国,即中国民族自发达自竞争自团结之时代也。""第二中世史,自秦统一后至清代乾隆朝末年,是为亚洲之中国,即中国民族与亚洲各民族交涉繁频竞争最烈之时代也。""第三近世史,自乾隆朝末年以至于今日,是为世界之中国,即中国民族合同全亚洲之民族,与西人交涉竞争之时代。"在"世界之中国"时代,中国要建设一个"世界的国家"或"世界主义的国家"。后来,梁启超在《二十世纪太平洋歌》中还勾勒了一种历史大时代的模式:"河流文明时代第一纪";"内海文明时代第二纪";第三纪"大洋文明时代始萌荣"。上述两种时代划分在实质上是一致的,不过一是基于中国的角度,一是基于全球的眼光。第一上世史,中国之中国,相对于河流文明时代,第一纪;第二中世史,亚洲之中国,相对于内海文明时代,第二纪;第三近世史,世界之中国,相对于大洋文明时代,第三纪。

在所谓河流文明时代,中国人的主要心理是安土乐业;中国政府的主要治国思想是大陆思想。15世纪以前,中国占统治地位的民族不是向海的民族,也没有倡导海洋的政府。民众的心理是安土乐业,治国思想就是大陆思想。客观原因是依靠陆地可以"安土乐业",国家安全的威胁也主要来自西北。安土乐业心理与大陆思想,培育了黄土文化。黄土文化维系中华民族五千年,使中国成为多民族的大国。黄土文化的历史力量是举世无双的。

在内海文明时代,中国走出中国版图,进入亚洲。中国文化影响亚洲各国的发展,也是中国最繁荣的时期。13世纪,元代鼎盛时期,建立了强大的舰队,日本、朝鲜、爪哇、安南、占城、缅甸等国都为中国的海上力量所征服。

大洋文明时代中国落后了,原因之一就是大陆思想立国,没有发展海上力量。

"闭关自守",门户洞开,有海无防,成为殖民地和半殖民地国家。大洋文明时代还没有结束,中国也正在变化,正在走向复兴,走向建立海洋强国之路。

四、建设海洋强国的文化和法律基础

中国建设海洋强国的思想和原则受民族精神和宪法的制约,应该是维护和平和国家利益的强国,而不是扩张和侵略的海洋强国。

（一）宽容大度精神

这是中华民族的优秀文化传统和独特的民族精神。《论语·颜渊》中讲:"四海之内皆兄弟"。在这种精神的指导下,中华民族在国际交往中主张"协和万邦",热爱和平,被称为"礼仪之邦"。

（二）自强不息,独立自主的精神

（三）和平共处五项原则

宽容大度精神、自强不息、独立自主精神与协和万邦的思想,在20世纪转变成和平共处五项原则,写进宪法:"中国坚持独立自主的对外政策,坚持互相尊重主权和领土完整、互不侵犯、互不干涉内政、平等互利、和平共处的五项原则,发展同各国的外交关系和经济、文化的交流;坚持反对帝国主义、霸权主义、殖民主义,加强同世界各国人民的团结,支持被压迫民族和发展中国家争取和维护民族独立、发展民族经济的正义斗争,为维护世界和平和促进人类进步事业而努力。"这些原则也应该成为建设海洋强国的原则,中国成为海洋强国之后,也应该坚持独立自主的和平外交政策,不搞海上霸权。

（《动态》2001 年第 4 期）

《海域使用管理法》与海洋的合理开发和可持续利用

杜碧兰

一、制定《海域使用管理法》的必要性

海域是国家的重要自然资源和海洋经济发展的载体。我国海域辽阔,大陆岸线和岛屿岸线长 3.2 万多千米。内水和领海面积达 38 万平方千米,是近海海洋开发利用活动最为频繁的区域。改革开放以来,我国海洋经济发展迅速,全国海洋产业(包括海洋水产、海洋油气、海洋盐业、沿海造船、海洋交通运输和滨海旅游等)总产值从 1978 年的 64 亿元增加到 1999 年的 3 651 亿元,翻了六番,成为我国经济发展的新增长点。但随着海洋开发力度的加大,我国海域使用的无序、无度、无偿等问题日渐突出。主要表现在:

一是海域利用无序,导致开发秩序混乱,用海纠纷不断。同一海域,不同行业争相利用,使用海矛盾日益尖锐,影响了沿海地区的社会稳定和经济发展。如以"黄金水道"著称的琼州海峡,由于沿岸居民盲目扩大养殖和在主航道设置定置渔具,近年来由此引发的事故达 60 多起,沉船 20 多艘,直接经济损失达 1 800 多万元。

二是海域开发无度,用海者盲目扩大用海面积,无节制地滥用海洋资源,造成资源的严重浪费和破坏,加剧了自然环境的恶化。如我国南海地区,滥采珊瑚礁、滥砍红树林的现象十分严重。海南岛附近海域 95% 的珊瑚礁遭到破坏,红树林现存不到 30%。

三是海域权属不清,使用无偿,造成国有海域资源性资产严重流失,违背了对国有资源有偿使用的基本制度,也不符合社会主义市场经济的客观要求。近十年来,由于日本和香港相继修建多个大型机场,填海用砂需求量很大,许多企业和个人下海采砂抢占市场,无偿占用海域资源,造成国家海域使用金的流失。

鉴于"三无"现象的存在,1993 年,财政部和国家海洋局根据国务院关于尽快建立海域使用管理制度的批复,联合颁布实施了《国家海域使用管理暂行规定》。8 年来,在沿海各级人民政府的共同努力下,初步建立了海域使用许可制度和有偿使用制

度,对协调解决用海矛盾发挥了一定的作用。但由于海域使用管理缺乏国家立法,工作推进难度很大。

建立海域使用权属管理和有偿使用制度是世界沿海国家通行的做法。如《韩国公有水面管理法》《日本海岸法》《法国海洋国有地产法》《美国水下土地法》《澳大利亚海洋和水下土地法》和《加拿大海洋法》等,它们均实行使用海域必须得到国家批准,并缴纳占用费,使用费或者租金的制度。

近年来,党和国家领导人对海洋经济发展和海域资源管理十分重视。江泽民总书记在2001年3月11日中央人口资源环境工作座谈会上提出:"继续深化资源有偿使用制度改革,逐步完善资源有偿使用体系。……加强海洋资源综合管理,完善海洋法律、规划和海洋管理体系,加快海域使用管理的法制化进程,强化海洋环境保护和海洋执法监察工作"。朱镕基总理在九届人大四次会议上(2001年3月5日)所作的《关于国民经济和社会发展第十个五年计划纲要的报告》中指出:"加强对海洋资源的综合开发利用和保护","健全资源的有偿使用制度。维护矿产等资源的国家所有者权益。完善资源保护和利用的法律法规,强化执行监督"。因此,为了加强海域使用管理,维护国家海域所有权和海域使用权人的合法权益,促进海域的合理开发和可持续利用,出台《海域使用管理法》是应海洋资源开发之急需,是非常及时的。

二、《海域使用管理法》的适用范围和主要内容

(一)适用范围

《海域使用管理法》第二条规定了它的适用范围:在中华人民共和国内水、领海持续使用特定海域三个月以上的排他性用海域,适用本法。

本法所称海域,是指中华人民共和国内水、领海的水面、水体、海床和底土。

本法所称内水,是指中华人民共和国领海基线向陆地一侧至海岸线的海域。在本法适用范围的表述中有以下两点需加说明:

● 考虑到海水养殖在海域使用活动中比较普遍,有一定的代表性,而养殖周期一般又不少于三个月,因此选择"使用三个月"作为界定固定使用海域活动的起算点。

● 海岸线的定义:根据中华人民共和国国家标准(GB/T18190~2000)《海洋学术语·海洋地质学》规定,"海陆分界线,在我国系指多年大潮平均高潮位的海陆分界线)"。

(二)主要内容

《海域使用管理法》的内容包括:总则、海洋功能区划、海域使用的申请与审批、海域使用权、海域使用金、监督检查、法律责任和附则共8章54条。

1. 总则

规定了本法的适用范围;海域的权属关系;国家实行海洋功能区划制度;建立海域使用权登记制度。还明确了国务院海洋行政主管部门负责全国海域使用的监督管理。沿海县级以上地方人民政府海洋行政主管部门根据授权,负责本行政区毗邻海域使用的监督管理。

2. 海洋功能区划

明确了海洋功能区划的编制原则和实行分级审批的规定;海洋行业规划应符合海洋功能区划。经批准后的海洋功能区划应当向社会公布。

3. 海域使用的申请与审批

明确规定了单位和个人可以向县级以上人民政府海洋行政主管部门按规定程序申请使用海域。经海洋行政主管部门审核,并依照本法和省、自治区、直辖市人民政府的规定,报有批准权的人民政府批准。规模较大的用海、填海和围海项目需报国务院审批。

4. 海域使用权

明确规定,海域使用申请经依法批准后,由国务院海洋行政主管部门或地方人民政府登记造册,向海域使用申请人颁发海域使用权证书,取得海域使用权。海域使用权还可通过招标或者拍卖的方式取得。本章还规定海域使用权人依法使用海域并获得收益的权利受法律保护,任何单位和个人不得侵犯。同时根据用海的实际需要还规定了不同行业海域使用权的最高期限。

5. 海域使用金

明确指出,国家实行海域有偿使用制度。单位和个人使用海域,应当按照国务院的规定缴纳海域使用金。海域使用金应当按照国务院的规定上缴财政。海域使用金可按规定一次缴纳或者按年度缴纳。本章还规定了可以减缴或者免缴海域使用金的用海类型。

6. 监督检查

规定了县以上人民政府海洋行政主管部门应当加强对海域使用的监督检查。县以上人民政府财政部门应当加强对海域使用金缴纳情况的监督检查。海洋行政主管部门及其工作人员不得参与和从事与海域使用有关的生产经营活动。

7. 法律责任

明确规定未经批准或者采取欺骗手段骗取批准,非法占用海域的,责令退还非法占用的海域,恢复海域原状,没收违法所得,并处非法占用海域期间内该海域面积应缴纳的海域使用金5倍以上15倍以下的罚款;对未批准或者采用欺骗手段骗取批准,进行围海、填海活动的,将处以相应海域使用金10倍以上20倍以下的罚款。本章还规定,阻挠、妨害海域使用权人依法使用海域的,海域使用权人可以请求海洋行政主管部门排除妨害,也可以依法向人民法院提起诉讼;造成损失的,可以依法请求损害赔偿。

三、《海域使用管理法》确立的四项基本制度是法律实施的重要保障

《海域使用管理法》在"海域属于国家所有,国务院代表国家行使海域所有权"的原则基础上,确立了四项基本制度,即:海洋功能区划制度;海域使用权审批和登记制度;海域使用权属管理制度;海域有偿使用制度。

现分述于下:

（一）海洋功能区划制度

海洋功能区划是根据海域的地理位置,自然资源状况、自然环境条件和社会需求等因素而划分的不同的海洋功能区类型,用来指导、约束海洋开发利用实践活动,保证海洋开发的经济、环境和社会效益的统一。海洋功能区划是海域使用权属管理的科学依据。

海洋功能区划制度首次在本法中确立,本法规定"国务院海洋行政主管部门会同国务院有关部门和沿海省、自治区、直辖市人民政府,编制全国海洋功能区划。沿海县级以上地方人民政府海洋行政主管部门会同本级人民政府有关部门,依据上一级海洋功能区划,编制地方海洋功能区划。"而且本法还规定海洋功能区划的五项编制原则:

● 按照海域的区位、自然资源和自然环境等自然属性,科学确定海域功能;
● 根据经济和社会发展的需要,统筹安排各有关行业用海;
● 保护和改善生态环境,保障海域可持续利用,促进海洋经济的发展;
● 保障海上交通安全;
● 保障国防安全,保证军事用海需要。

由于海域具有多宜性属复合功能系统,不同类型的用海交叉重叠。因此对于各类用海权属的确认,必须依据海洋功能区划,综合考虑社会经济发展的需求,既要主导功能优先,又不排斥第二、第三功能在不同时段的有效发挥。

本法还明确了海洋功能区划与行业规划、土地利用规划、城市规划的关系。"养殖、盐业、海上交通、海上旅游等行业规划涉及海域使用的,应当符合海洋功能区划。"

（二）海域使用权审批和登记制度

鉴于我国沿海一些地方错误地认为与之毗邻的海域属于本地方、本企业甚至个

人所有,擅自占用或者出让、转让、出租海域。而且目前的法规尚未对海域使用确权发证的权限和程序作出规定,海域使用者的合法权益得不到保护等问题的存在。本法在总则中明确规定"国家建立海域使用权登记制度,依法登记的海域使用权受法律保护。"

关于用海的审批权限,本法中作了明确规定:"下列项目用海,应当报国务院审批:

● 填海 50 公顷以上的项目用海;
● 围海 100 公顷以上的项目用海;
● 不改变海域自然属性的用海 700 公顷以上的项目;
● 国家重大建设项目用海;
● 国务院规定的其他项目用海。

上述规定以外的项目用海的审批权限,由国务院授权省、自治区、直辖市人民政府规定。

海域使用申请经依法批准后,国务院批准用海的,由国务院海洋行政主管部门登记造册,向海域使用申请人颁发海域使用权证书;地方人民政府批准用海的,由地方人民政府登记造册,向海域使用申请人颁发海域使用权证书。

(三)海域使用权属管理制度

根据宪法确定的自然资源属于国家所有的原则,本法明确规定:"海域属于国家所有,国务院代表国家行使海域所有权。任何单位或者个人不得侵占、买卖或者以其他形式非法转让海域"。这样规定,不仅有利于澄清目前海域所有权方面存在的错误观念,而且为建立海域有偿使用制度奠定了基础。同时,根据海域所有权与使用权分离的原则,本法规定:"单位和个人使用海域,必须依法取得海域使用权。"

海域使用权除依法规定的申请和批准方式取得外,"也可通过招标或者拍卖的方式取得。招标或者拍卖方案由海洋行政主管部门制订,报有审批权的人民政府批准后组织实施。海洋行政主管部门制订招标或者拍卖方案,应当征求同级有关部门的意见。""招标或者拍卖工作完成后,依法向中标人或者买受人颁发海域使用权证书。中标人或者买受人自领取海域使用权证书之日起,取得海域使用权。"这样规定,明确了海域使用权证书作为海域使用权人取得海域使用权的法律凭证,有利于体现和规范国家作为海域所有者与海域使用者之间的关系。

(四)海域有偿使用制度

我国实行海域有偿使用制度,不仅体现了中央"继续深化资源有偿使用制度改革,逐步完善资源有偿使用体系"的批示精神,而且有利于杜绝海域使用中的资源浪费和国有资源性资产流失。因此,本法明确规定:"国家实行海域有偿使用制度",

"单位和个人使用海域,应当按照国务院的规定缴纳海域使用金。海域使用金应当按照国务院的规定上缴财政。"这样的规定体现了:海域属于国家所有,国家作为海域所有人应当享有海域的收益权,海域使用者必须按规定向国家支付一定的海域使用金作为使用海域资源的代价。同时,在海域有偿使用的原则下,考虑了公用设施用海、国家重大建设项目用海以及高投入和高风险性的养殖用海,经有批准权的人民政府财政部门和海洋行政主管部门审查批准,可以减缴或者免缴海域使用金。

关于实行海域有偿使用制度是否会增加渔民负担的问题,国务院法制办和全国人大法律委、环资委及有关部门作了大量调研。目前的情况是,从事海水养殖活动的养殖业主多数已不是传统渔民,可分三类:一是沿海和内地的单位或者个人投资养殖业,一般养殖面积在 1000 亩以上,形成了养殖企业或者养殖大户,其养殖规模和产量已占海水养殖业的主导地位;二是沿海农村从事养殖业的村民(非渔民),养殖面积一般在十几亩或者几十亩;三是传统渔民由从事捕捞业转为养殖业,这一类群体只占养殖业主的 10% 以下。据对山东、辽宁、河北、广东四省实行海域有偿使用制度的调查情况看,从事养殖活动的渔民的年均收入,比以捕捞为业的传统渔民高 2~3 倍,比普通农民高 6~8 倍。现以山东渔业年报统计结果为例,1999 年全省海水养殖业的年人均纯收为 1.8 万元,渔民收入为 6 050 元,农民收入为2 550 元。据目前缴纳海域使用金的情况看,每亩海面(水域)每年缴纳 10~100 元不等,只占其养殖收入的 0.2%~2%。因此,实行海域有偿使用制度,不会对从事养殖活动的渔民收入和生活水平造成大的影响,而且其合法权益还会受到法律的保护,收益也能得到保障,所以沿海养殖户和渔民是欢迎本法出台的。

(《动态》2001 年第 5 期)

韩国海上的统一执法和司法

高之国

一、海上执法力量

1. 概述

在原来的海洋管理体制下,韩国虽然实行的是一种较为分散的行业管理,但其海上执法力量是相对统一集中的。海上维护权益和执法的工作主要由警察厅(公安部)具体负责。

1996年海洋管理体制改革之后,海洋执法的这一块职能从警察厅里划分出来,交由新成立的海洋水产部具体负责,实现了海洋行政和执法两个实体合二为一的转变,理顺了行政与执法的关系。

在海洋水产部的组织机构中,"海洋警察厅"排在主要业务部门的首位。从性质上来讲,该厅是海洋水产部的一个"外厅",意指该厅具有相对的独立性,亦即海洋警察厅是挂靠在海洋水产部的。海洋警察厅只是维持着与海洋水产部行政上的一种隶属关系,其预算、编制和业务工作,基本上都是独立进行的。

从地位上来讲,海洋警察厅作为一个"独立外厅",其在组织机构中的地位相当于副部级。在一定意义上,海洋警察厅仅对海洋水产部部长负责,如图1所示。

2. 编制和机构

韩国海洋警察厅的编制和组织机构情况如下:

厅长:	1人
副厅长:	1人
厅级领导:	2人
局:	4个
科(处):	15个
海洋警察署:	12个(每署600 – 900人)
警察分署:	63个(每分署10 – 15人)

派出所：　　　　　　　383 个(每所 2－3 人)

人员编制：　　　　　　8 514 人

警官：　　　　　　　　4 458 人

行政：　　　　　　　　551 人

站警(义务兵)：　　　　3 505 人

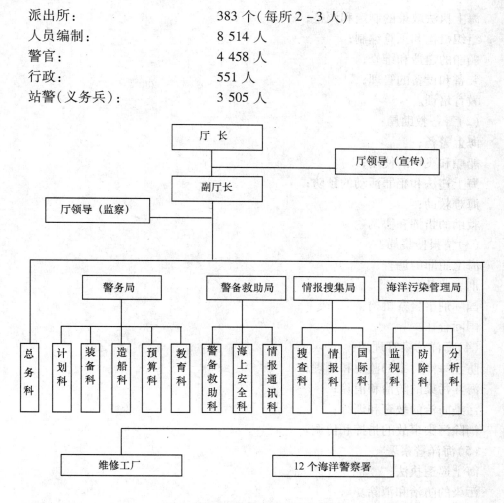

图 1　韩国海洋警察厅组织机构图

需要说明的是,韩国的海洋警察署,未按行政区划设立,而是将沿海管辖范围划分为 12 个海区,每个海区设一个海洋警察署。

另外一点,韩国海洋警察厅自下而上实行中央垂直管理,与海洋水产部的派出机构——地方海洋水产厅和地方政府没有管理关系和业务联系。

3. 主要业务职能

韩国海洋警察厅各业务司局的主要职责如下:

(1)警务局:

　　海上执法政策的制定和调整；

　　组织机构和预算编制；

　　船舶的建造和维修；

　　装备和设备的管理；

　　教育培训。

　　(2)警备救助局：

　　海上警备；

　　船舶和飞机的使用；

　　海上违法和犯罪活动的预防；

　　海难救助；

　　救助的指挥和协调。

　　(3)情报搜集局：

　　海上犯罪的调查；

　　刑事业务；

　　国际刑事警察机构；

　　国际合作。

　　(4)海洋污染管理局：

　　防止海洋污染的监视和管理；

　　海洋污染的防治和消除；

　　污染防治的教育和训练；

　　消除污染事故的指挥和协调。

　　(5)海洋警察署：

　　海上巡逻执法；

　　污染的防治和消除。

　　(6)维修工厂：

　　舰艇和船舶的维护和修理。

　4. 装备

　　韩国海洋警察厅作为国内海上主要执法力量,配备有现代化的装备。其主要装备可分为4大类:警备(巡逻)舰艇、直升飞机、污染防治艇和消防艇。其中巡逻舰艇和直升飞机是主要执法装备。在船舶中,大型舰艇1 000 吨3 艘,中型舰艇200 ~ 500 吨的有40 多艘。9 架直升机,装备有通讯、监测/监视设备和轻型武器。沿海的主要警察署均配有直升机,保证了海上执法的高效和及时性,以及对突发事件的应变能力。随着海洋管理任务的增加和管辖范围的扩大,韩国正在准备建造5 000 吨的大型警备船,船舶设备和武器装备也将进行适当的增加和改进。

5. 预算和经费

韩国海洋警察厅是中央财政下的独立预算单位。预算的编制和审批实行垂直管理和划拨,和海洋水产厅不发生关系。海洋警察厅的年预算为 3 500 亿韩元,约折合人民币 35 亿元。

6. 执法任务

按照韩国单方面的主张,其管辖海洋区域的面积约是其陆地国土面积的 4.5 倍。海洋警察厅作为建立海洋新秩序的一支海上执法力量,主要任务是对管辖海域实施监视和管理。其具体的执法任务包括:维护海洋主权和权益,保障国家的海上安全,保护海洋经济活动,保护海洋环境,维护海上秩序,制止海上犯罪和反恐怖活动。同时,还肩负导航、航路安全和海难救助的责任。

7. 执法权限和管理

在韩国海洋警察厅的主要业务机构及其职能的框架里,12 个海洋区划而设置的海洋警察署是这支海上执法力量的主体,各海洋警察署的署长被赋予很大的执法和应急处理权力。

在其管辖范围内,对巡逻舰艇和直升机的有独立的和完全的派遣和指挥权。无需向上级机关海洋警察厅或其他有关单位备案或报批。因此,各海区的海洋警察署可以独立、高效、迅速、机动的开展执法活动。

在韩国海洋警察厅的三大类人员(行政、警官、武警)编制中,前两类的 551 名行政管理人员和 8 514 名警官全部为国家公务员编制。其中的警官有现场的行政处罚权和执法权。武警是执法舰艇上的战斗员,属于义务兵编制,实行定期轮换制。

8. 结语

韩国海上执法力量,经过改革已基本到位,顺应了国际上强化海洋管理的潮流,也符合当前一些发达海洋国家建立统一海上执法力量的实践。

海洋警察厅作为海洋水产部的一个独立外厅其独立性和地位主要表现在两个方面:一是管理和业务上的高度独立;二是预算和编制的高度独立。从而保证了这个特殊的海洋管理部门可以独立、高效、有机地运转。

韩国海洋警察厅作为海上主要执法力量,今后的主要任务和发展方向是采用先进的监测、监视和信息体系技术,建立完善的 200 海里广阔海域的海上警备体系。

二、海洋司法审判

在韩国海洋水产部下属的三类机构中,有一个中央海洋安全审判院。海洋安全审判院作为韩国海洋管理体制中的一个组成部分,主要负责海洋司法业务,对海洋事故和事件开展调查取证和审判工作。

1. 组织机构

韩国海洋安全审判院实行两级审判机构。1 个中央海洋审判院,4 个地方海洋安全审判院,其组织机构见图 2。

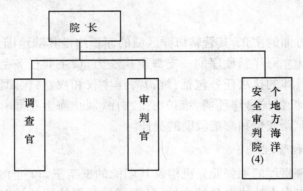

图 2　海洋安全审判院组织机构图

海洋安全审判院的院长和海洋水产部部长助理平行(平级)。

2. 职责和任务

中央海洋安全审判院有两项主要任务:(1)海洋事故和事件的调查;(2)海洋安全审判(二审)。

地方海洋安全审判院的任务为:(1)海洋事故和事件的调查;(2)海洋安全审判(一审)。

在海洋水产部系统内,地方审判院负责海上安全事件的一审,中央安全审判院负责海上安全事件的二审。终审由法务部的高等法院负责。在各国的海洋管理体制中,将司法审判和行政管理放在一个组织系统中,是不多见的。韩国在这方面的实践,应该说是一种创举。

海峡两岸关于南海问题
学术交流的回顾与展望

贾 宇

一、关于海峡两岸南海问题的学术研讨会

20 世纪 70 年代以来,南沙群岛及其附近海域面临着十分严峻的斗争形势。1990年加拿大国际发展署开始资助印度尼西亚主持召开"南中国海潜在冲突研讨会",召集南海周边国家研讨所谓南中国海的"潜在冲突"问题,美国等西方大国也企图插手南海问题,南海争议一度成为地区性热点问题之一。

海峡两岸的中国人尽管在意识形态上存在分歧,但在事关中华民族长远生存发展的海洋权益问题上,有着共同的利益和关切。20 世纪 90 年代以来两岸学术界就南海问题先后进行了 6 次学术交流和研讨,为维护中国在南海的海洋权益,进行了有益的探讨和努力。

二、海峡两岸历次南海研讨会的主要内容

(一)1991 年 5 月香港会议

1991 年 5 月 26～30 日,由香港岭南学院亚洲太平洋研究中心主办了"亚太区海洋经济合作、南中国海的现状与展望"学术会议。这是两岸学者在南海问题上首次以研讨会的方式进行接触,因此双方都予以一定的重视。

会上,双方代表就南海诸岛的主权归属、适用于南海的法律制度、共同开发等问题进行了探讨。两岸学者一致认为,南海诸岛属于中国是有充分的法理和历史依据的。关于南海法律制度的适用问题,有台湾学者提出在南海没有必要再划基线,现在的"U 型线"与菲律宾所划的"条约线"从性质上讲没多大区别。也有台湾学者认为,称南海为领海在国际法上是难以成立的;"历史性水域"的说法在法律上也是难以实现的。有台湾学者提出,南海的环境保护不容忽视。研究表明,南海水体交换周期大约是 3 000～5 000 年。航行于南海的各类船只甚多,载有油类或废弃物、特别是放射

性废弃物的船舶,一旦在南海海域造成污染,后果是十分严重的,因此区域性的环境保护十分必要。

会上大陆学者提出两项合作的倡议:一是台湾海峡的海洋调查研究问题,二是在南沙海域的渔业生产合作问题。对此,台湾学者认为,在我方未最终放弃武力解决台湾问题的情况下,开展海峡合作调查研究尚缺乏基础。对在南沙的渔业合作,特别是以台湾当局控制的太平岛作为渔船补给和渔业加工基地问题,认为时机尚不成熟。台湾学者还介绍了台湾当局《领海法》、《专属经济区法》的立法进展情况。

此次香港会议的意义在于,在现实的条件下,选择两岸有认识比较一致的南沙问题作为切入点,就维护中华民族的海洋权益等问题两岸学者进行了接触和交换意见。尽管并未达成具体合作方案,但这是两岸学者40多年来在南海问题上的首次接触和对话,并在关于南海的一些主要问题上取得共识。

(二)1991年9月海口会议

经国务院批准,由外交部牵头,1991年9月18~21日国家海洋局海洋发展战略研究所以海洋法学会的名义,和海南省南海研究会在海口市共同主办了"南海诸岛学术讨论会"。参加会议的代表共有70多人,其中台、港、澳学者7人。

与会的地质、水产、航运、气象、历史、法律等方面的专家、学者,以最新的研究成果,围绕"南海环境、资源、航运和科研"、"领土主权与南海安全"、"共同开发与区域合作"三个主题,以充分的历史和法律依据再次论证了中国对南沙群岛无可争辩的主权;分析了南海周边国家进行经济合作的可行性、海峡两岸在南沙的合作前景;提出建立南中国海经济圈的初步设想;提出了对南海渔业资源进行利用和中国大陆、台湾、香港进行搜救合作的对策建议。

本次会议除进行一般性研讨外,还提出了需要进一步研究主要问题:大陆有代表认为,很有必要从历史和法律两个方面研究清楚我国对南海的主权范围到底主张到哪里,是主张到"断续国界线",还是对各个群岛及其周围海域分别主张权利?与会代表对"断续国界线"的性质也有不同的看法。大陆和台湾均有代表认为这条线是岛屿归属线。还有专家提出这条线是传统海疆线,因此我对线内的水域享有主权,或至少享有历史性权利,如开发自然资源的权利等。与会专家对这条线的共识在于:这条线是历史留给我们的宝贵遗产,它直接涉及我对南海主张权利的范围,涉及我在南海的整个海洋权益,值得认真研究,至少对外应有一个统一的说法。有专家提出,曾母暗沙未露出水面,不符合《联合国海洋法公约》有关岛屿的定义,说它是我最南端的领土缺乏法律依据。对这一问题,绝大多数学者认为,曾母暗沙直接涉及我大片海域的得失,我们不应从以往的一贯立场后退。曾母盆地又是目前南海海域中最重要的油气盆地,是我将来与有关国家谈判共同开发的重要海区。法律工作者必须从法律上寻找充分的根据予以论证。

我对南沙群岛的有效管辖始自何时,专家们对此有不同的看法。大陆有学者认为,我对南沙群岛的有效管辖是从清朝开始的,另一大陆学者则认为中国对南沙实行管辖的确切时间是清康熙年间。而有台湾学者又认为,中国对南沙的有效管辖从何时开始是无从回答的。对于这些不同看法,历史工作者有责任对有关史实进行深入的考证,拿出确凿的历史证据来。

这次会议的一个显著特点是,大陆、台湾、香港和澳门的中国专家、学者第一次面对面地坐在一起,共同探讨中国在南海所面临的问题,也是台湾学者首赴大陆研讨南海问题,因而具有特别重要的意义。通过这次学术讨论会,大陆、台湾、香港和澳门的中国学者之间加强了了解,交流了研究成果和有关资料,在捍卫南海诸岛领土主权和共同开发南海资源等许多问题上取得了共识。

(三)1994 年 6 月台北会议

1994 年 6 月 28~29 日在台北召开了有 150 余人参加的"两岸南海学术研讨会",其中大陆代表有 10 人。此外,还有香港和旅日华侨各 1 人与会。

会议分法律组、历史组、资源组、安全维护组、交通组、海洋科学组和环境保护组共 7 个组进行研讨。与会两岸学者一致认为,不论是从历史上还是法律上,南海诸岛自古以来就是中国领土,中国拥有无可争辩的主权。对南海的"断续线"或称"传统海疆线",或称"南海 U 型线",两岸学者一致认为在此线范围内我享有历史性权利。

两岸学者一致认为,要共同合作开展考古学与历史学研究,共同编纂有关南海的考古成果和历史资料。同时还要研究其他南海周边国家——越南、菲律宾、印尼、马来西亚等国的档案和历史资料。此外,从 16 世纪起西方势力进入南海水域活动,18 世纪以后尤为频繁,收集、整理相关航行记录、海图和游记等,对了解南海的历史将会有帮助。会议建议两岸从事油气资源勘探开发的机构进行交流接触,交换资料,研究项目分工,规划合作海域,开展学术交流。会议还建议尽快促成两岸相关单位相互登临对方渔业研究船,共同进行渔业科学研究。台方学者并建议为了惩治海盗,两岸应尽早制定合作协议,并在香港设立反海盗中心。两岸学者还建议双方增强科研人员互访,定期召开研讨会,促进彼此了解。

据台方有关学者称,台"行政院政务委员"张京育在开幕式上的致辞反映了台当局对南海问题的基调。张在致辞中说,"本次会议的主要目标乃是建立对南海问题的共识,维护在南海的权利。藉以坚定维护南海主权,加强南海开发管理,积极促进南海合作,维护南海生态环境。"他指出:南海诸岛自古即为中国领土的一部分,中国也是最早宣称拥有南沙群岛主权的国家。南海 U 形线内水域为中国历史性水域,界线内之海域为中国管辖之海域,中国拥有一切权益。从国际法、历史、地理及事实的角度去维护中国的固有领域及主权,以杜绝他国对南海资源的觊觎,是和平理性的做法。两岸应早日划定一致的西沙及南沙群岛水域并加以管制,以显示对该地区主权的行为。

在南海争端解决以前,如何维护中国在南海的主权,张京育提出的建议包括:进行近代及现代历史证据研究整理及考古工作,并从国际法观点加强研究南海问题,将重要研究成果公诸于世;遇国际间有不当言论时,即提出驳正,或妥善说明,以导正国际视听;编印两岸一致的各群岛之岛屿、礁、滩及沙洲等之中英名称对照表,在课内外教材中适量介绍南海诸岛;加强海军和海上警察的巡弋,防止海盗干扰,机动护渔,打击毒品走私,以主导南海警察权之行使,同时应逐步加强海、空航运之管制,确立主权之行使。关于加强南海的开发管理,应在南海重要岛屿设立沿岸导航设施、加强气象、海浪、地震观测等设施、研究开发观光之可能性、研究协助渔业公司在南沙设置渔业加工场之可能性。

关于在南海区域合作方面,张京育建议:积极开展南海海洋生物资源、水底矿物、海底考古、潮汐、季风及渔业资源等调查。这种调查不涉及主权争执,又能增加中国在该地区之存在及拥有主权等事实认定之基础;与有关海洋国家,如美、苏、日合作,使用其研究船在本区进行海洋研究;和南海周边国家共同进行石油、天然气及其他海床资源的开发。在渔业资源开发上,台方可以优良设备、技术、丰富经验,协助并推动本区之国际渔业合作。在环境保护方面,加强南海地区生态调查与研究,对于特殊生态系,如珊瑚礁、鲸、海豚、绿龟、玳瑁等濒临绝种保育类野生动物应研究其分布,生物种间关系,据以找出合适的保育和管理方案。

台北会议是大陆代表首次赴台与台湾学者就南海问题进行研讨。会议受到台湾当局的重视,而张京育的致辞则向大陆方面表达了台湾当局对南海诸岛主权与海洋权益的立场,以及解决南海问题的具体方案。20 世纪 90 年代初期台湾在南海问题上的政策和主张与我立场是非常相近的,这就提供了大陆和台湾在南海地区共同维护中国海洋权益的基础。

(四)1999 年 11 月海口会议

1999 年 11 月 21～22 日,国家海洋局海洋发展战略研究所和海南南海研究中心在海口共同主办了"21 世纪的南海:问题与前瞻"学术研讨会。大陆、台湾、香港、澳门两岸四地的 40 多名代表出席了会议。研讨会围绕"环境与资源"、"历史与法律"、"前景与对策"三个议题,采用大会发言和分组讨论的方式进行研讨。有代表指出,尽管中国对南海诸岛及其附近海域拥有无可争辩的主权有充分历史和法律依据,但多年来我国南海的海洋权益受到严重挑战。在《联合国海洋法公约》生效后,南海问题更加突出,形势更加严峻。南海问题的特点,一是被占岛礁不断增多,目前已达 40 多个;二是海域主张的重叠区面积大,除了南沙海域80万平方千米重叠外,南海北部与菲、越有50多万平方千米的重叠主张;三是多种矛盾重复,局部海域有3个、4个甚至5个国家主张权力;四是少数大国借口确保在南海航行自由和所谓地区安全插手南海问题,借机宣扬中国威胁论。还有代表认为,南海问题的发展趋势和解决的前景非常值得关注和研究。总的来看,一是各国加强对所占岛礁的控制,强化占领;二是多边化、国际化倾向增加;三是一些国家企图借建立南海问题相互信任措施之机,用"拖"的办法维持南海岛礁被占现状,并加速对所占岛礁周围资源的勘探开发,保护其既得利益;四是局部冲突的危险不能完全排除。这反映了有关国家对地处战略通商要道、油气资源丰富的南海海域的觊觎和争夺。南海问题的斗争将是长期的,我们要有长期斗争的思想准备。

代表们认为,我们这一代人在维护国家海洋权益方面担负着承前启后的历史责任。维护海域疆界是对前人事业的继承,关系到中华民族子孙后代的生存和发展。因此,我们要尽最大努力解决好南海问题,至少要给后人解决南海问题创造好的环境和条件,而不能由于我们的失误使后人更难解决。

海口会议具有鲜明的特征:这是祖国大陆、宝岛台湾、香港特别行政区和即将回归的澳门,四方的专家学者,再次坐在一起,共同讨论南海问题。同时,这次研讨会还具有广泛性和普遍性,四个地区关心南海问题,对南海问题研究有深厚造诣的专家、学者基本上都参加了这次会议。研讨会给两岸四地关心南海问题的有识之士提供了一个讲坛,会议分组讨论和交流了南海的环境与资源、历史与法理等问题,在维护中国在南海的海洋权益等问题上两岸四地学者形成了广泛的共识。

(五)2000年12月三亚会议

20世纪末叶南海地区的形势发生了深刻变化。中越之间初步完成了北部湾海域划界,经与东盟国家的多次协商,"南海地区行为准则"也已达成许多共识。在新的世纪到来之际,海峡两岸的中国人在南海问题上进一步发展交流与合作,是所共同面临的新课题;中国的历史性权利如何与《联合国海洋法公约》相协调,以及《联合国海洋法公约》在本地区的适用等,都是急需研究的问题。在这样的形势下,2000年12月19~23日,国家海洋局海洋发展战略研究所和海南南海研究中心在三亚共同主办了"海峡两岸南海问题交流与合作学术研讨会",两岸的30多位学者参加了会议。

研讨会围绕6个议题进行:"2000年南海地区的形势"、"《联合国海洋法公约》在南海地区的适用"、"历史性权利在南海的解释和应用"、"维护南海洋权益问题"、"台湾与南海问题","两岸在南海问题上的交流与合作"。

代表们一起全面回顾和总结了2000年南海地区形势的发展和本地区发生的重大事件,特别是周边各国在南海问题上的最新动向、南海地区行为准则磋商、中越北部湾划界以及南海渔业生产等情况,对世纪之交南海地区形势的发展有了更真切的了解和把握。

会议对国际法中的岛屿制度进行了探讨,从历史和法理的角度,进一步论述了中国对黄岩岛拥有的主权。有代表指出,岛礁归属是领土主权问题,专属经济区争端是海域划界问题。《联合国海洋法公约》是指导国家间进行海域划界的"宪章",但它不适用于解决国家间关于岛礁归属的主权争端;要防止否定历史、片面地依赖《联合国海洋法公约》的错误观点。同时要加强对时际法、禁止反言原则、关键日期、权利的相对性等国际法问题及有关国家实践和司法判例的研究,在坚持我历史性权利的同时,利用现代海洋法的发展,确定适合解决南海问题的法理原则。

关于历史性权利问题,较普遍的观点是,目前还没有共同认可的"历史性权利"的准确概念,其内涵还具有不确定性,但历史性权利是中国在南海地区权利主张的基础,不能后退或放弃,而应通过各种方式进一步完善中国的权利主张,以维护中国在南海地区的海洋权益。

代表们一致提出,要大力普及和提高全民的海洋意识。要从中华民族长远发展的高度,正确处理稳定周边与维护海洋权益的关系。要鼓励和组织相关的法理研究,扩大南海问题的国际交流,对西方学者的观点善加利用,以各种方式扩大中国主张的影响力,扭转国际舆论中和国际斗争场合不利于我的被动局面,在捍卫中国的海洋权益上有所作为。

会议回顾了几十年来台湾与南海诸岛的关系,对台湾当局在维护南海海洋权益方面所做的历史性贡献给予了充分的肯定,同时对台湾从东沙和南沙太平岛撤军换防行为的政治背景进行了评析,对民进党执政后台湾当局南海政策可能出现的变化作了分析、预测。会议还就民进党上台后台独势力的发展、意识形态的斗争、台湾当局拓展"国际生存空间"的努力以及美国的介入等方面,分析了台湾当局南海政策的取向。

在新旧世纪交替之际召开的这次会议,全面回顾了 20 世纪 90 年代南海地区形势的发展和变化。两岸学者在会议上表达了新的世纪加强交流与合作的强烈愿望,对维护中华民族的海洋权益具有积极的意义。

(六)2001 年 11 月台北石门会议

经外交部和国务院台湾事务办公室批准,2001 年 11 月 13～18 日大陆 6 位代表赴台北,出席了台湾"国立政治大学国际关系研究中心"主办的"两岸南海问题交流与合作学术对话"会议。此次会议是 20 世纪 90 年代以来两岸在南海问题上的第 6 次接触。会议就"2001 年南海区域情势及周边各国南海问题新动向"、"两岸在南海问题上的立场、方针、政策及相关举措"、"两岸在南海问题上可能合作的方向、领域和具体项目"、"建构两岸在南海问题上合作与交流的机制与固定渠道"等专题进行了讨论与交流。

关于南海的形势和动向,双方学者认为,2001年以来,南海及周边地区的形势总体上趋于缓和。大陆学者就南海"U型线"的法律地位以及线内水域和岛屿的性质等法律问题,介绍了大陆学界的观点。台"中央研究院"有学者认为,"9·11"事件的发生并未影响美国的战略重点东移和利用南海围堵中国。东盟作为一个整体,其在南海的影响力有所下降。而在其内部,印尼的影响力已降到最低点。越南的南海政策趋于强硬,并将在东盟内扮演上升角色。

大陆与会学者就中国的南海政策问题阐述了我一贯立场,指出:中国对南海问题的立场、方针一直是清楚的,那就是主权属我,搁置争议,共同开发;中国愿在国际法和包括《联合国海洋法公约》在内的海洋法的基础上,通过谈判解决与有关国家之间的争议。在争议解决之前,可以采用共同开发的方式利用南海的资源,发展国家间的合作。在"一个中国"的原则下,海峡两岸可以就共同维护中华民族的海洋权益等问题进行合作。个别台湾学者指出,民进党"政府"的南海政策是在不断变化的,在南海问题上的出发点主要是出于安全利益上的考虑,虽然目前尚未出台,但民进党"政府"不会坚持原"政府"在南海问题上的立场。

关于两岸在南海问题上合作的方向和领域,多数台湾学者认为两岸在南海问题上的合作具有潜力和积极意义,主张两岸学者携手共同维护中华民族在南海的历史性权利。与会大部分学者都认为,两岸在南海问题上有一致的主张和利益,负有维护中华民族在南海的海洋权益的共同使命。台湾学者指出,目前官方接触有困难,但可以民间学会的方式或以学者专家身份进行交流。两岸学者认为,合作的领域可以包括学术会议和非正式研讨会;海洋资源和环境调查;交换资料和学术研究报告等方面。台湾学者还提出可以考虑在共同打击海上犯罪、走私、毒品交易、海上救难等方面开展合作。

关于两岸南海问题交流与合作的机制和渠道,会议认为,过去两岸在南海问题上的交流多半是自发的、无计划的。鉴于南海问题的重要性,两岸应该构筑相对稳定的交流机制和渠道,双方学者在这方面进行了热烈和积极的探讨,达成了以下共识:第一,建立两岸研究南海问题学者的电子邮件网络联系;第二,倡议设立"海峡两岸南海论坛"(CSSCSF),原则上定期举办会议,由两岸学术机构轮流主办;第三,互邀对方学者参观南海的有关岛屿;第四,两岸石油公司展开合作,依照"东沙模式"开发南海油气资源。

三、回顾与展望

20世纪90年代以来,两岸南海问题的交流一直保持着连续进行的势头,近年来的交流愈加密切。两岸的中国人同属炎黄子孙,有着共同的历史传统和文化渊源,有着维护中华民族海洋权益的共同目标和利益,在维护中国在南海的海洋权益的问题上具有共同的历史和立场、基本一致的主张和利益,两岸就南海问题进行交流与合作有一定的基础,南海问题是两岸可以进行交流与合作的领域之一。

两岸就南海问题的交流,基本上是自发的、尝试性的。10多年来海峡两岸已举办了6次关于南海问题的学术研讨会,双方互有人员参加在对方举办的会议。这种交流促进了南海问题的研究进展,取得了广泛的共识和成果。近年来的几次研讨会上,双方学者都表达了进一步开展交流合作的意愿,并就可以合作的领域和项目提出了比较具体的建议,反映了学术界将交流深化拓展的希望。

纵观10多年来两岸学界在南海问题上交流的发展情况,应该说这种研讨和交流是良性的、互动的和有益的。在两岸和平对峙的现状下,学术界以南海问题为基点,初步找到了合作的领域和比较稳妥的交流方式。透过台方学者的发言和观点,更有利于及时了解台湾当局在南海问题上的主张和动向。

不能否认,目前两岸关于南海问题的交流与合作,还属于自发的、无计划的,而且没有经费的保障,使交流的推进不尽人意。因此,建议有关部门对进一步加强两岸南海问题的学术交流,建立适当的交流合作机制等问题予以考虑。

中国在南海的海洋权益问题,不仅是法律问题,更是维护国家主权和领土完整的政治问题。两岸学界就南海问题进行交流合作,可以促进两岸的了解和沟通,有利于祖国的统一大业。

（《动态》2001年第9期）

朝鲜—俄罗斯领海、专属经济区和大陆架划界条约

吴继陆 译　高之国 校

朝鲜是我国的友好邻邦,也是我国的海上邻国。作为东北亚地区的另一社会主义国家,朝鲜在20世纪80年代中期解决了与俄罗斯(前苏联)的领海、专属经济区和大陆架划界问题。

朝鲜—苏联的边界条约有以下特点: 该条约将陆上边界和海上边界统一考虑;陆上边界原则上沿图们江河流主航道中间线;领海边界自图们江封口线中点开始,符合国际法理论和实践;海域划界考虑了中间线的标准和方法。海域划界整体上有利于前苏联。朝鲜—苏联海域界线是东北亚地区第一条专属经济区和大陆架的单一边界。

目前,我国面临同朝鲜在北黄海的海域划界问题。朝鲜—苏联海域划界条约对了解朝方的划界立场和方法具有参考意义。

一、《苏维埃社会主义共和国联盟和朝鲜人民民主共和国关于划定苏联—朝鲜国家边界的条约》的内容

苏维埃社会主义共和国联盟和朝鲜人民民主共和国,从两国间现有的友谊和合作关系出发,以互相尊重主权、独立、平等权利和领土完整为基础,愿意更精确地划定苏联和朝鲜两国间的边界,协议如下:

第一条　苏维埃社会主义共和国联盟和朝鲜人民民主共和国间的国家边界线经由苏联、中国和朝鲜的国界交叉点,沿图们江主航道中线至其河口湾,然后至日本海(东朝鲜海)中苏联和朝鲜领水外部边界的交叉点,如本条约所附的《国家边界划界线的说明》和比例尺为1:50 000的地图所示。

显示边界线的《国家边界划界线的说明》和比例尺为1:50 000的地图构成了本条约的组成部分。

第二条　本条约确定的国家边界线同时以按垂直方向划定地球上空和地球内部。

缔约双方同意,除非双方另有协议,本条约所确定的国家边界线的位置不因图们江河道的自然变化而更改。

第三条 为了用界标将国家边界线标示在这一区域,以准备一份详细的边界走向说明,将其记录在划界地图上,以及起草其他划界文件,缔约双方将本着平等原则,在本条约生效后尽早建立苏联—朝鲜划界联合委员会。

第四条 本条约须经批准,并于批准书互换之日起生效,批准书在平壤互换。

1985 年 4 月 17 日订于莫斯科,一式两份,每份都用俄文和朝鲜文写成,两种文本具有同等效力。

苏维埃社会主义共和国联盟　　　　　朝鲜人民民主共和国
　（签名）葛罗米柯　　　　　　　　　　（签名无法辨认）

二、《苏维埃社会主义共和国联盟和朝鲜人民民主共和国之间国家边界划界线的说明》的内容

苏联和朝鲜两国间的国家边界线始自苏联、朝鲜和中国边界线的交叉点(A 点)。

边界线自位于图们江中部的 A 点始,沿图们江中间向东南方向延伸至距上述起始点 A 点约 1.1 千米处,然后折向南方,沿图们江主航道到达 B 点。

B 点位于图们江主航道中部,铁路桥西端东南方约 1.4 千米,和该桥东端南方约1.5 千米处。

边界线在 B 点折向东南,沿图们江主航道延伸,在距 B 点约 3.5 千米处折向南方接近 C 点。

C 点位于图们江主航道中部,在朝方 89.9 高地东南约 2.5 千米和朝方 120.1 高地东北约 3.3 千米处。

国家边界线自 C 点沿图们江航道中间向西南方延伸,接近 D 点。

D 点位于图们江主航道中部,在朝方 120.1 高地东南约 1.2 千米和朝方 148 高地以东约 1.5 千米处。

边界线自 D 点沿图们江向南穿过河流中间,将一岛划于苏方一侧,一岛划于朝方一侧,然后到达 E 点。

E 点位于图们江主航道中部,在朝方 154 高地东南约 1.5 千米和朝方 185 高地东北约 1.0 千米处。

边界线自 E 点沿河流中间以大致东南方走向延伸,将特克号利岛、大普红尼恩岛和小普红尼恩岛(这些岛屿的朝鲜名称均按俄文译出—原译者注)划于朝方一侧,然后到达图们江河口中部。

边界线在河流上的最后一点 F 点位于划在图们江口从苏联海岸最南端一点至日

本海(东朝鲜海)朝鲜海岸最北端一点连线的中点。

苏联和朝鲜领水间的国家边界线自 F 点沿一直线延伸,到达地理坐标为北纬42°09′、东经130°53′的一点。

本《说明》依照 1985 年 4 月 17 日在莫斯科签署的《苏维埃社会主义共和国联盟和朝鲜人民民主共和国关于划定苏联—朝鲜国家边界的条约》所附的比例尺为1∶50 000的地图所编制。苏联和朝鲜两国间的国家边界总长为 39.13 千米,包括图们江上的 16.93 千米和海上的 22.2 千米。苏联和朝鲜两国间边界的长度是在上述地图上测算的。

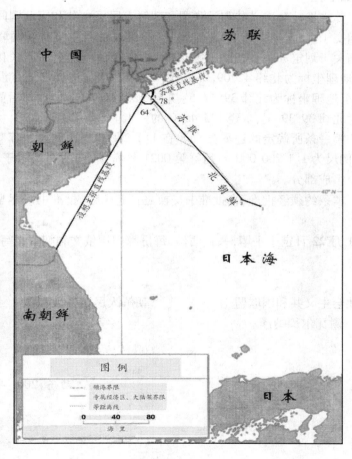

朝鲜—苏联海域划界示意图

三、《苏维埃社会主义共和国联盟和朝鲜人民民主共和国关于专属经济区和大陆架划界的协定》的内容

苏维埃社会主义共和国联盟和朝鲜人民民主共和国从两国间现存的友谊与合作关系出发,考虑到两国有保证根据国际法,在邻接两国海岸的海域保全和最适当利用自然资源和其他资源的愿望,考虑到缔约双方签署的 1982 年的《联合国海洋法公约》,希望解决邻接苏维埃社会主义共和国联盟和朝鲜人民民主共和国海岸的海域划界问题,协议如下:

第一条　苏维埃社会主义共和国联盟和朝鲜人民民主共和国两国间的经济区及大陆架边界相交于 1985 年 4 月 17 日签署的《苏维埃社会主义共和国联盟和朝鲜人民民主共和国关于划定苏联—朝鲜国家边界线的条约》所确定的苏联和朝鲜领水的外部界线,其地理坐标为北纬 42°09.0′、东经 130°53.0′。边界自该点沿一直线首先向东南延伸,至地理坐标为北纬 39°47.5′、东经 133°13.7′的一点,然后面向东并延伸至地理坐标为北纬 39°39.3′、东经 133°45.0′的一点。

第二条　第一条所确定的边界已标明在 1:1 200 000 比例尺的苏联第 96201 号海图上,和比例尺为 1:1 200 000 的朝鲜第 0021 号海图上,两图均附于本条约,构成本条约的一个组成部分。

第三条　本条约须经批准,自批准书交换之日起生效,批准书应尽早在莫斯科交换。

1986 年 1 月 22 日定于平壤,一式两份,每份都用用俄文和朝鲜文写成,两种文本具有同等效力。

苏维埃社会主义共和国联盟　　　　　朝鲜人民民主共和国
　（签字）谢瓦尔德纳泽　　　　　　　　（签字）

（《动态》2001 年第 10 期）

关于海洋强国和海上防卫力量的几点思考

焦永科

中国是一个拥有 13 亿人口、960 万平方千米陆地领土和近 300 万平方千米管辖海域的大国。改革开放以来,中国的经济正以突飞猛进的速度发展,中华民族伟大复兴的时代已经到来。中国应成为一个海洋强国,这是历史使命的召唤,是国际形势的需要,是维护我国海洋权益的需要。一个海洋强国,除了应该具有强大的海洋经济力量和海洋科学技术力量以外,还要拥有强大的海上防卫力量。没有强大的海洋防卫力量,国家就不能达到真正的强盛。

我们建设强大的海洋防卫力量不是为了向外侵略扩张,而是为了积极防御,维护我国的主权和领土完整,保卫国家的长治久安,把我们的国家建设的更加繁荣富强。

一、只有建设拥有强大海上防卫力量的海洋强国,才能抵御外来敌人的侵略

回顾中国百余年的近代史,中华民族之所以遭受欺侮凌辱,周边国家之所以敢于侵占我岛屿,蚕食我海域,掠夺我海洋资源,一个重要因素就是我们没有强大的海洋防卫力量。历史上,帝国主义侵略中国,多从海上进入。据统计,1840—1940 年的 100 年中,外国从海上入侵我国 479 次,规模较大的 84 次,入侵舰船 1860 多艘,兵力 47 万多人,迫使清朝政府签定不平等条约 50 多个。

早在民国时代,伟大的革命先行者孙中山先生就强调了海权的重要性,孙中山先生指出:"昔日之地中海问题,大西洋问题,我可付诸不知不问也,惟今后之太平洋问题,则实关于我中华民族之生存,中华国家之命运者也。人云以我为主,我岂能付之不知不问乎?"海权"操之在我则存,操之在人则亡。"新中国成立后,历代领导人都更加重视发展我国海上防卫力量。1953 年,毛泽东视察海军舰艇部队并为海军题词:"为了反对帝国主义的侵略,我们一定要建立强大的海军"。在同年 12 月的政治局扩大会议上,他再次强调了建立一支强大的海军的重要性。1959 年 10 月,毛泽东就号召"核潜艇,一万年也要搞出来"。1979 年,邓小平在听取海军工作汇报时说:我们的

战略是近海作战。近海就是太平洋北部。江泽民也号召："为建设具有强大综合作战能力的现代化海军而奋斗"。

历史证明,没有强大的海洋防卫力量就不能有效防御来自海上的侵略,保卫我主权和领土完整;没有强大的海上防卫力量就谈不上维护我国的各项海洋权益。建设强大的海洋防卫力量是维护我国海洋权益的一项重要战略措施。

二、当前的国际形势要求我们必须建立一个拥有强大海洋防卫力量的海洋强国

最近美国明确提出中国是其潜在的第二大威胁。特别是冷战后,美国改变其战略方针,其目标直指中国,并与日本、韩国、台湾、东盟结成伙伴联盟关系,直接威胁到中国的安全。

近年来,为了执行干涉政策,美国采取各种方法收集其他国家近海的海洋学资料,为其国际军事目的服务,其中重点海区之一就是中国近海。1995 年 5 月,美国海军利用飞机在我国南海海域投放了 360 多个温深计。同年 8 月在我国射阳河口外海发现标有美国海军字样的第二号测流潜标。1997 年,在我国沿海多次发现不明国籍国家投放的美国生产的海床基海洋环境综合测量系统。2001 年 3 月,美国海军第七舰队所属的"小鹰"号航母战斗群进驻新加坡,意在控制南海通往印度洋的交通要道,监视中国在南海的行动;2001 年 4、5 月份,美国海军电子侦察舰"鲍迪奇"号公然在我近海海域进行测量和侦察。

有些国家的军事海洋预报已经开始专门预报中国近海的次表层水温、盐度、密度、海流及水下声场等与军事活动密切相关的海洋要素,已经对我国的海上安全构成了严重的威胁。甚至远在印度洋的印度海军,也在其"全球扩展战略"的指导下,扩大其海军,"西延东扩",野心勃勃,今年竟将其触角伸近南海,派特混舰队同新加坡、越南、日本和韩国海军在南海海域进行军事演习。

三、周边海上形势要求我们建设海上防卫力量

近年来周边各国纷纷加强其海上防卫力量。越南、马来西亚、菲律宾、印度尼西亚等东盟国家趁前几年经济繁荣而购买了大量的武器。

据联合国的报告说,越南拥有 SM 护航舰和 ZM 巡洋舰。1999 年越南从朝鲜购买了两艘"桑戈"级二手潜艇,准备部署在南沙群岛海域。这种编制 30 人的潜艇装备有 4 枚鱼雷,能够在海上布雷。越南的这一行动,无疑对中国海军在南海的活动增加了威胁,使南海的局势更加紧张和复杂,给中国维护中国南沙权益带来更大困难。

马来西亚除原有若干巡逻艇外,还有 2 艘巡洋舰和 2 艘护卫舰,并于近年向韩国

购买了 47 辆军车、18 架米格—29 战斗机、一艘美国制造的军舰和其它一些常规武器。2001 年又购买多功能 TRS – 3D 雷达装备其巡逻艇,以抵御掠海低空飞行的巡航导弹和攻击直升机。今后还准备在 6 艘巡逻艇装备 TRS – 3D/16 ES 海上雷达。马国防部长声称,马必须维持强大的海军,保卫其海岸线及丰富的天然资源如石油、鱼类、矿产等,捍卫经济区的安全。

印度尼西亚在它原有潜水艇 2 艘、护航舰 17 艘和巡洋舰 16 艘的基础上,又向德国购买了 13 艘巡逻艇,从而使这种舰艇的数目增加到 60 艘。

菲律宾向美国购买美制导弹及发射器,同时还向美国、英国和意大利购买了 33 辆军车、ZS 架战斗机和 33 架直升机。菲律宾已有一艘护航舰和 10 艘巡洋舰,此外,还有一批巡逻艇和军舰。

而最值得警惕的是我们的邻国日本。日本已经发展成为西北太平洋上的第一号军事强国。它不仅觊觎我钓鱼岛及其海域,对我国东海海洋权益构成威胁,也对我南海海洋权益甚至我国的安全构成威胁。

日本的军费开支从 1983 年起就超过英、法、德,成为仅次于美国的世界第二大军费开支国;2000 年日本的军费开支更是高达 484 亿美元,相当于美国在亚太地区的所有军事预算费用,2000—2001 财年军费总值至少是 439 亿美元。日本目前拥有 1160 辆主战坦克、15 艘潜艇、62 艘大型水面战舰、100 架 P – 3 反潜机、170 架 F – 15 战斗机和 110 架 F – 4 战斗机。

最近,为了对付中国在争议海区活动从事正常巡逻和作业的舰船,日本成立了一支由 660 名陆上自卫队精英组成的"离岛部队",并借打击海盗的名义,采购远程喷气机,加强其海上防卫力量,扩大其海上势力范围。

2001—2005 年,日本海上自卫队计划建造潜在战斗力不亚于轻型航母的万吨级超大型驱逐舰;1.3 万吨"大隅级"两栖指挥舰,以最终实现拥有至少 4 艘 1.3 万吨级的两栖指挥舰的计划;在 2005 年前建成 4 艘 2.5 万吨级巨型舰队补给舰。另外还有 5 300 吨级的新型护卫驱逐舰;5 100 吨的"春雨级"战舰;制导导弹巡逻艇;新型扫雷艇;目标训练艇等等。海上自卫队的潜艇部队则计划建造 6 艘 3 600 吨的"亲潮"级先进常规动力潜艇该级潜艇。

日本海上自卫队以"面临朝鲜弹道导弹威胁和朝鲜海军侦察船不断渗透日本领海"以及"中国威胁论"为由,一直在悄悄建造巨舰,部分水面舰只的潜在战力已经达到甚至超过轻型航母的战斗力。

日本政府从来没有停止海军现代化的努力,不断有新型军舰、新型海军战机和海战武器系统悄悄地投入服役,日本海上自卫队现在已成为西太平洋地区最强大的海军力量。

四、建立一个拥有强大海上防卫力量的海洋强国是维护我国海洋权益的需要

从维护我国海洋权益方面讲,我国需要建成一个拥有强大海上防卫力量的海洋强国。当前,我国在海洋权益方面面临着严峻的形势。黄海北部我国与朝鲜的渔业矛盾突出,朝鲜不惜代价保卫其"黄金渔场",对我国提出划界和渔业"经济补偿"的要求。我国与韩国、日本都有渔业矛盾。东海中、日、韩三国交界水域的渔业安排和划界问题也十分紧迫。在东海,除渔业纠纷和油气资源争端外,日本还霸占着我钓鱼岛。在南海地区,我国与周边国家还有岛礁主权争端,越南、菲律宾、马来西亚等国不仅占据着属于我的部分岛礁,还疯狂掠夺我油气资源和渔业资源。在南沙群岛,除文莱以外,侵占中国海域和岛屿的国家都有驻军,而且各国还在不断加强其在这个地区的军事力量。除岛屿归属和海域划界问题外,还有某些大国和势力介入等更加复杂的问题。台湾海峡的军事和政治斗争形势,今后也会更加紧张和突出。

我们认为,在继续高速发展经济的同时,应该采取针锋相对的措施,加强我国的海上防御力量,实现海峡两岸统一或统一战线的建立,加强国防科技的研究,建设一支以海军为骨干的强大的海上防卫力量,以便维护我国的领土完整和海洋权益。

五、我国所处的地理环境要求我们必须建立强大的海洋防卫力量

自 20 世纪 70 年代以来,特别是《联合国海洋法公约》产生后,随着我国周边各国纷纷宣布 200 海里专属经济区和大陆架,我国虽然拥有漫长的海岸线,但已被周边各国的管辖水域所包围,加之第一岛链的封锁,我国已经成为所谓"地理条件不利的国家",几乎没有出海口!一旦发生战事,我国在海上的通道就会被封锁,后果将是难于设想的。如不拥有强大的海洋防卫力量,保卫我海上通道,中华民族的伟大复兴事业就会落空。

(《动态》2001 年第 11 期)

关于把我国建设成太平洋地区海洋强国的战略思考和建议

杨金森

一、屹立于世界民族之林的大国须是海洋强国

1992 年联合国环境和发展大会通过的《21 世纪议程》指出,海洋不仅是生命支持系统的重要组成部分,而且是可持续发展的宝贵财富。21 世纪,国际政治、经济、军事和科技活动都离不开海洋,人类的可持续发展也将必然越来越多的依赖于海洋。

首先,海洋是地球上最大的水体地理单元。地球表面积约为 5.1 亿平方千米,其中海洋的面积 3.6 亿平方千米,占总面积 71%。其次,海洋也是最大的政治地理单元。3.6 亿平方千米的海洋,被划分为沿海国家的领海、专属经济区、大陆架、公海和国际海底区域等五个法律地位不同的政治地理区域。其中,国际社会共有的公海和国际海底区域,面积约 2.517 亿平方千米。第三,海洋是尚未充分开发利用的自然资源宝库。海洋学家由于发现了海洋蕴藏着巨量的资源和能源,而把海洋视为人类可以利用的"第六大洲"。第四,海洋是军事活动的重要场所。最近几年,国际上的一些突发事件,往往都是在海上发生或从海上而来。可以说,国际安全,地区安全和沿海国家的安全,大都与海洋息息相关。可以预见,今后一段时间影响和威胁我国国家统一大业和国防安全的情况,很可能来自海上。

虽然我国疆域陆海兼备,但国人的海洋意识历来比较薄弱。中国急需提高和增强全民族至上而下的海洋意识。符合当代世界发展潮流和中华民族利益的海洋意识,应该包括以下几个观念:(1)国家管辖海域以外资源开发的观念。领海是领土的一部分,是海洋国土。沿海国家在大陆架和专属经济区具有勘探和开发自然资源的主权权利,从资源专属权利的角度说,这些区域是准海洋国土。公海是不属于任何国家的"公土";国际海底是人类共同继承财产,因此世界各国都可以开发利用。(2)资源宝库的观念。海洋中有多种资源,必须把眼光转向海洋,越来越多地从海洋中获取物质财富。(3)全球通道的观念。虽然世界各大洲和岛屿被海洋隔开,但全球政治,尤其是经济联系都必须通过海洋进行,以世界大洋航线作为通道。(4)海洋健康的观

念。海洋污染和海洋生态破坏、资源枯竭已经成为人类生存的一个巨大威胁。树立海洋健康观念,在开发利用海洋的同时保护好海洋自然环境和生态环境,也是一个重大的战略问题。(5)海上安全的观念。财富来自海洋,危险也来自海洋,太平洋在可以预见的将来是不会太平的。

21世纪是海洋世纪,也是中华民族走向伟大复兴的新时代。在新的历史时期,中国正在成为一个屹立于世界民族之林的大国,而一个世界大国同时必须是海洋强国。具体地说,中国应该成为世界上的海洋大国,尤其是太平洋地区的海洋强国。

中国的经济发展前途光明。21世纪20年代,我国有可能成为经济总量排名前三位的经济大国。中国的航天事业发展迅速,已成为继美国、俄国之后能够发射载人航天器的强国。但是我们的海洋事业还不很强大,海洋力量还比较弱小,与我们整体国力发展水平相当不适应。历史证明,没有强大的海洋力量就不能保证出海权,没有强大的海洋力量就不能利用公海和国际海底属于人类共同继承财产的海洋资源,没有强大的海洋力量就不能有效防御来自海上的威胁。

可以得出结论,如果不能成为海洋强国,在世界民族之林中就不能成为真正意义上的大国,也不能算真正伟大的复兴了。因此,21世纪中华民族的伟大复兴,有赖于我们建设成为海洋强国,而建设海洋强国必须首先成为太平洋地区的海洋强国。这是摆在我们这一、二代人面前一项十分紧迫和重要的战略任务。建设太平洋地区的海洋强国具有重要的现实和历史意义:

(1)香港和澳门顺利回归之后,台湾问题的解决,必须有强大的海上力量;

(2)台湾问题解决之后,美国对我的威胁也将是长期的存在的;

(3)由于处于太平洋西岸三个岛链包围之中,没有强大的海洋力量,我们就没有安全的出海通道;

(4)从长期战略角度考虑,我们的海上近邻日本可能是最重要的潜在威胁;

(5)韩国正在建设与其经济实力相当的"蓝色海军",保卫包括其船舶出入台湾海峡在内的出海安全;

(6)中国成为世界上的大国,必须拥有安全可靠的海上能源和贸易通道,没有强大海洋力量是不行的;

(7)中国是世界上人口最多的国家,人均应该分享作为人类共同继承财产的2.5亿平方千米国际海底区域的资源开发权利、科学研究权利、其他利用权利等;

(8)我国在维护海洋权益方面面临十分严峻的形势:在有可能划归我国的近300万平方千米海域中,争议区150万平方千米。我国与所有海上邻国朝鲜、韩国、日本、菲律宾、马来西亚、文莱、越南等国存在油气和渔业资源争端;同日本、菲律宾、马来西亚、文莱、越南存在着岛屿归属争议。

新中国成立以来,尤其是改革开放以来,我国在经济建设和社会发展等方面取得

了长足的进步,已经具备了建设海洋强国的能力:

(1)经济实力越来越强;

(2)科学技术和工业水平越来越高;

(3)海洋科学研究和勘探开发已经进入太平洋;

(4)海洋开发规模已经比较大;

(5)已经有一支比较强大的海军。

二、大国政治家和战略家关注海洋

美国战略家马汉提出"海权论",并指出:"控制海洋,特别是在与国家利益和贸易有关的主要交通线上控制海洋,是国家强盛和繁荣的纯物质性因素中的首要因素"。美国应该首先制定太平洋战略。

美国总统约翰·肯尼迪强调:"控制海洋意味着安全。控制海洋意味着和平。控制海洋就意味着胜利。如果说这在 20 世纪,特别是在最近几年有什么教训值得记取,那就是这个国家尽管在空间和天空有所进展,仍然必须能轻易而安全地驶往世界各海洋。有关海洋的知识,不仅仅是一件好奇的事,我们的生存就可能决定于它"。

前苏联海军总司令戈尔什科夫说:"国家海上威力的实质就是为了整个国家的利益最有效地利用世界大洋(或如常说的地球水域)的能力;"并强调指出:海洋不仅是伟大的通道,而且是未来人类赖以生存的资源宝库,海洋中的资源数量综合起来超过陆地上的数倍,海洋中的矿物资源和化学资源是取之不竭的。

俄罗斯正在制定其 21 世纪的新海洋战略。1999 年 11 月 23 日,俄罗斯国际安全会议已经审议了俄罗斯联邦海洋战略草案,其中主要内容是加强海军、商船队、科学考察船队等"国家海上综合力量"的建设。

三、我国领导人和战略家关注太平洋

我国伟大的革命家和先行者孙中山先生很早就提出过"太平洋战略"。孙中山先生指出:"昔日之地中海问题,大西洋问题,我可付诸不知不问也,惟今后之太平洋问题,则实关乎我中华民族之生存,中华国家之命运者也。人云以我为主,我岂能付之不知不问乎?"海权"操之在我则存,操之在人则亡。"中华民族要"经略北洋、南洋"。

1953 年 2 月,毛泽东首次视察海军舰艇部队,并为海军题词;"为了反对帝国义的侵略,我们一定要建立强大的海军"。他在视察海军部队的过程中,与海军广大官兵进行多次谈话,反复强调在中国百余年近代历史中,帝国主义入侵我国的历史教训。他说:过去帝国主义侵略中国大都是从海上来的。现在太平洋还不太平。我们应该有一支强大的海军。在谈到国际斗争形势时,他又说:帝国主义如此欺负我们,我们要争气,要认真对付。我们的海岸线这么长,一定要建设强大的海军。

1953 年 12 月 4 日,在中共中央政治局扩大会议上,毛泽东对海军建设总方针、总任务,作了非常完整和系统的阐述。他说:"为了肃清海匪的骚扰,保障海道运输的安全;为了准备力量于适当时机收复台湾,最后统一全部国土;为了准备力量,反对帝国主义从海上来的侵略,我们必须在一个较长时期内,根据工业发展的情况和财政的情况,有计划逐步地建设一支强大的海军"。1959 年 10 月,毛泽东就号召"核潜艇,一万年也要搞出来"。

1979 年 4 月 3 日,邓小平在听取海军工作汇报时说:我们海军应当是近海作战,是防御性的,不到远洋活动,我们不称霸,从政治上考虑也不能搞。我们的战略是近海作战。大家以为近海就是边缘,近海就是太平洋北部,再南也不去,不到印度洋,不到地中海,不到大西洋。

江泽民指出:"为建设具有强大综合作战能力的现代化海军而奋斗。"

四、建设太平洋地区海洋强国的目标

中华民族是世界上最早开发利用海洋的民族之一。2000 多年前,在我国就形成过"历心于山海而国家富"的思想。但是,旧中国疏远过海洋,实行过"海禁"和闭关锁国的政策,走过了 500 多年的曲折之路。在人类开发利用海洋的新世纪,克服重陆轻海的思想,增强全民族的海洋意识,建设地区性海洋强国。这是中华民族繁荣复兴的伟大战略任务。海洋强国的内容包括以下几个方面。

(一)海洋经济强国

建设海洋经济强国,是中国海洋战略的最重要目标之一。把海洋开发纳入跨世纪的国家发展战略,建设海洋经济强国,是十分必要的。(1)人类全面开发利用海洋的时代已经到来。社会生产和生活空间逐渐向海洋推进,海洋空间利用日益多样化;海水作为巨大的液体矿,逐步进入综合开发和大规模利用阶段;许多近海区域将成为蓝色田野和牧场,海洋农牧业将成为高技术产业;海洋矿产和能源开发规模越来越大。另外,科学技术包括许多高新技术的发展,已经为人类更有效地开发利用海洋提供了科技支撑条件。(2)中国多种陆地资源日渐短缺,有必要把眼光转向海洋。中国人均耕地 1 亩多,低于世界人均水平,后备土地资源也只有 2 亿亩(约 1 300 万公顷);45 种主要矿产资源的保证形势日益严重;中国的淡水水资源人均占有量只有世界人均占有量的 1/4;中国的管辖海域、公海和国际海底有丰富的资源,有可能成为物质财富的重要来源。(3)中国有开发利用海洋的传统和经验,有 100 多家海洋科研机构,1万多名海洋科技人才;有渔业、盐业、运输业和海洋石油工业的产业基础和几百万海洋产业大军。(4)海洋开发已经进入新的发展时期,沿海地区普遍出现了开发海洋的热潮,海洋开发已经成为沿海地区新的经济增长点和跨世纪的战略工程。

建设海洋经济强国的基本任务包括:(1)建设临海产业带。现代临海产业包括港口和船舶制造业、临海重化工业、临海能源工业,以及电子和信息产业等。临海产业的发展既要背靠陆地,又要依赖海洋,是广义海洋经济的重要方面。中国的临海产业正在高速发展,今后20年左右的时间,有可能实现沿海地区城镇化,形成一个临海产业带。(2)海洋农牧化。中国有3 000多万亩滩涂,2.4亿亩水深20米以浅的海域,适合于发展水产养殖业和增殖业,利用其中的1/5,就可以形成约5 000万亩以上的海上田园和牧场,成为巨大的海洋食品基地。(3)海运网络和海上通道开发建设。要扩大港口建设,形成东北、华北、山东、苏浙沪、福建、粤东、粤桂、海南七大港口群;开发建设南北海运主通道,完善沿海运输网。充分利用世界大洋航线,形成全球海运网络。(4)海洋矿产资源开发。加快近海油气资源勘探开发,使海上油气田成为国家油气资源开发的战略接替区;做好国际海底区域中国开辟区的勘探工作,适时建立深海采矿业。(5)重视海水资源的开发利用,逐步形成一批海水直接利用、海洋化工、海水淡化基地。(6)建设一批海洋旅游娱乐区,发展海洋旅游业。

海洋经济强国应该是全面开发利用海洋资源的大国,海洋产业群不断扩大,海洋产业的产值在国民经济中的比重不断提高,超过世界平均水平。有优势的海洋产业进入世界先进行列:

● 成为海洋运输和国际贸易的大国,商船队总吨位进入世界前五名。

● 拥有大规模的远洋渔船队,海洋捕捞产量处在世界前五名;海水养殖业处于世界前列,水产品总量居世界第一。

● 海洋油气资源勘探开发能力不断提高,能够高效勘探开发本国海域的油气资源,并有能力参与国际海洋油气资源勘探和开发的竞争。

● 发展大规模的海洋旅游业,国内海洋(沿海)旅游人数进入世界前三名,国外来华旅游人数进入世界前十位。

● 海盐业保持世界第一,盐化工业快速发展。

● 进入勘探和开发深海矿物资源的第一国家梯队。

(二)海洋科技强国

围绕维护海洋权益、增加海洋财富、保护海洋健康、提高海洋服务能力、推动科学发展(权益、财富、健康、服务、科学)的目的,实行高技术先导战略,形成高技术、关键技术、基础性工作相结合的战略部署,狠抓技术改造和产业化(业务化),逐步成为太平洋地区的海洋科技强国。

● 设置的学科和技术门类多,超过美国、俄国、日本之外的其他国家。

● 海洋科技人员总数多,超过美国、俄国、日本之外的其他国家;培养一批具有国际一流水平的海洋科技专家。

● 海洋调查船队规模大,调查科技队伍能力强,可以利用先进水平的技术装备进行本国的海洋调查和资源勘探;有能力进入太平洋进行调查勘探,有能力参与国际大型海洋调查研究项目。

● 海洋科学论文多,超过美国、俄国、日本之外的其他国家;某些学科达到国际先进水平。

● 海洋科技成果多,总数超过美国、俄国、日本之外的其他国家;某些海洋科技成果达到国际先进水平,具有国际竞争力。

● 海洋科技对海洋经济发展的贡献率逐步提高,接近美国和日本的水平。

（三）海洋综合力量强国

加强以海军为主体的海洋综合力量建设,形成一只包括海军、商船队、海洋科研船队的强大海洋力量。

● 贯彻大海防战略,形成岸上和海上作战能力强,支持保障机制健全的海防体系。

● 海军数量多,在北太平洋综合作战能力超过美国、俄国之外的其他国家。

● 海洋运输船队、渔船队、科学研究船队规模大,与海军结合形成强大的综合海上力量,成为海洋防卫能力强大的国家。

五、建设太平洋海洋强国重点经略的海区

（一）我国管辖海域的开发和保护

我国管辖海域面积近 300 万平方千米,重要任务是利用这些海域发展海洋经济,争取海洋海洋产值达到国内生产总值的 5%~8%,使海洋经济成为国民经济的新增长点。

海洋经济带可以划分为五类海洋经济特区:（1）海岸带经济特区,主要产业包括临海工业、港口及港口工业、滨海旅游和海洋娱乐业、海水增养殖业、海盐业等;（2）海岛经济特区,主要产业包括海岛渔业、海岛港口及港口工业、海岛旅游业等;（3）专属经济区和大陆架区,主要产业为海洋捕捞业、海洋农牧化、海洋石油工业等;（4）公海区域,包括公海渔业及航运利用;（5）国际海底区域,主要为深海多金属矿物开采业、热液矿床和水合物的开发和利用等。

海洋经济带的主要资源为海洋生物资源、海洋矿产资源、海水及化学资源、海洋能、海洋空间资源。其中,许多资源数量很大,具有战略价值:（1）我国海岸线长度,大陆架面积、200 海里水域面积,在世界上排在前 10 位以内,在全球范围内处于优势。（2）港湾资源和出海通道、生物资源,是国家级战略资源。利用优良港湾建设港口,保护和开辟更多的出海通道,利用全球航道发展对外经济联系,具有重要战略意义。近

海渔场面积约 281 万平方千米,利用浅海和近海发展增养殖业,建设海洋牧场,可以形成具有战略意义的食品资源基地。(3)海盐占全国原盐产量的 70% 以上,海上油气田可以成为国家油气田的战略接替区,海水直接利用有可能代替沿海地区一部分工业用水,这些都是行业性的战略资源。

开发利用海洋可以形成不断扩大的海洋产业群:

本世纪 60 年代以前,主要海洋产业是海洋捕捞、海水制盐和海洋航运业;70 年代以来,海洋油气开发、海水增养殖(海洋农牧化)、海洋旅游和娱乐逐步成为规模越来越大的新兴产业。预计在 21 世纪初期,海水直接利用、海洋化工、海洋药物将成为具有一定规模的产业;深海采矿、海洋能发电是正在进行早期技术准备和资源勘查的未来产业。海洋开发已经成为沿海省份新的经济增长点,"海上辽宁"、"海上山东"等开发建设已取得重大进展;海洋开发也将成为推动国家经济和社会发展的新的积极力量。

(二)西北太平洋的调查研究和利用

西北太平洋调查和利用的主要任务是:海洋防卫;出海通道控制,既保证我国船只自由通行,又在必要时进行战略性威慑性控制;海洋环境变化对我国大陆气候波动的影响研究、预测、预报。

邓小平同志说:"我们的战略是近海战。大家以为近海就是边缘,近海就是太平洋北部,再南也不去,不到印度洋,不到印度洋,不到地中海,不到大西洋。"这里指的北太平洋包括台湾周围、南海北部和中部、西北太平洋。

我国在海洋权益、海洋开发和管理方面面临着严峻的形势。黄海北部我国与朝鲜的渔业矛盾日益突出,朝鲜不惜代价保卫其"黄金渔场",同韩国已经发生军事对峙,对我国也提出了划界和渔业"经济补偿"的要求。我国与韩国、日本都有渔业矛盾。目前签定的渔业协定,期限较短,只能作为一种过渡措施。近年来,日、韩对专属经济区和大陆架实行完全管辖的要求和行动愈演愈烈,形势对我不利。日韩的划界工作基本完成,其后有可能形成集中对我国的局面。东海中、日、韩三国交界水域的渔业安排和划界问题也十分紧迫。我国与周边国家还有岛礁主权争端和抢占岛礁问题。南海地区我国与菲律宾、马来西亚、文莱和越南等国除岛屿归属和海域划界问题外,还有某些大国和势力介入等更加复杂的问题。台湾海峡的军事和政治斗争形势,今后也会更加紧张和突出。

某些大国和周边国家的军事部门采取各种措施调查收集我国近海和西北太平洋的潮汐、声场、温度、密度、海洋锋面、中尺度涡、内波、海底沉积物、海流等海洋环境资料。有些国家的军事海洋预报已经开始专门预报中国近海的次表层水温、盐度、密度、海流及水下声场等与军事活动密切相关的海洋要素,已经对我国的海上安全构成了严重的威胁。

近年来,美国为了执行干涉政策,采取各种方法收集其他国家近海的海洋学资料,为其国际军事目的服务,其中重点海区之一就是中国近海。1995年5月,美国海军利用飞机在我国南海海域投放了360多个温深计;同年8月在我国射阳河口外海发现标有美国海军字样的第二号测流潜标;1997年,在我国沿海多次发现不明国籍国家投放的美国生产的海床基海洋环境综合测量系统;1999年5月美国海军"BOWD-ITCH"号海洋调查船在距我领海线70海里的温州以东海区进行海洋调查。

台湾省内的台独分子及其支持者坚持"一中一台"、两国论,台湾独立,形势十分严峻。台湾已经在积极进行海上战场准备。1997—1999年,台湾在其周围海域布放了13个海洋潜标,3个浮标,并进行了9个航次的海洋调查。从解决台湾问题考虑,开展台湾周围海域军事海洋环境调查研究已是十分必要,迫在眉睫的问题。

我国要在我国近海和第二岛链以内广阔海域进行军事防卫,急需上述海区的海洋环境资料。(1)我国过去的海洋调查范围基本上是在近海和特定洋区,西北太平洋第二岛链以西海域调查研究工作很少,对该海域与军事活动有关的海洋环境要素的状况,只有零散的历史资料,了解甚少,无法满足需要。(2)过去我国海洋调查技术手段落后,调查内容少,资料的精度低,调查研究成果无法满足现代海洋军事活动的需要,例如影响潜艇活动的内波、中尺度涡、温跃层、密度跃层等,基本上没有资料和研究成果。必须有计划地开展这一重要海域的调查研究。(3)三是在高技术条件下,现代海战趋向于海面、空中、水下和海底多层空间的立体战争,必须有立体海洋环境监测工作相配合。作为战场空间的海洋环境,对于敌我双方的活动、对抗,装备的适应性,以至作战保障、后勤保障等具有十分紧密的关系,海上军事装备体系所形成的各种海上作战能力,均受到三维海洋环境的影响,有时还会起到决定性的作用。

因此,首先必须监测并掌握作战海区的海洋环境要素,不单是"点"或"线"的单项要素,更重要的是要有时间和空间上连续的、综合的、流动的、相关的要素,建立数据库和模型,制作仿真软件,还要有作战现场快速、实时、精确的监测和处理手段,利用这些条件,才有可能使舰艇、武器系统和探测器的性能达到最优化。我国海洋部门在海洋立体监测方面已经有一定基础,但是,军民结合为海洋防卫服务的问题刚刚开始考虑,还有许多工作要做。

进行北太平洋海洋环境调查,对于预测我国大陆气候波动也有重要意义。影响全球气候异常的厄尔尼诺事件发生在东太平洋赤道海域,而其先兆现象如赤道偏西北风的爆发和次表层暖水的东移等却发生于西太平洋。为有效监视和预测厄尔尼诺事件的发生发展,国际社会呼吁加强西太地区(包括"暖水池"海域)的表层和次表层海洋环境要素的观测。国际气候预测研究所(美国)为了加强厄尔尼诺事件的观测和研究,拟在亚太地区建立地区应用中心,并对中国参加该中心的活动表示出强烈的兴趣。因此,我国应该加强北太平洋海区的调查和科学研究。

黑潮暖流系统的调查研究工作需要继续深化。世界两大强流的黑潮暖流的变异对西太平洋,尤其是对东海、黄海和南海海洋环境以及中国大陆气候的影响较大,虽然中日黑潮联合调查已取得较好的成果,但从长周期变化角度考虑,仍需在源头区和关键区进行调查研究工作。而且黑潮的变化对上述海区的海洋锋区和中心渔场位置影响颇深,了解和掌握其变化规律,可为海洋生物资源的开发和预测提供依据。

研究东海陆海相互作用的需要。1984 年,我国长江口流域发生洪灾,日本国家环境研究所分析了 NOAA 的 AVHHR 图象,认为,从长江口流出的含泥沙浊水直达日本海和太平洋,说明东海的大陆架物质来自中国,并穿过海槽和岛链直达太平洋,但这必须通过相应的海洋调查资料取证。

(三)国际海底和深海区域的调查开发

沿海国家管辖海域之外的国际海底区域及其资源,全人类共同继承的财产。国际海底区域的总面积 2.517 亿平方千米,占地球总面积的 49%,是一个受特殊法律制度和国际海底管理局管理的政治地理单元。国际海底区域有多种战略性资源,是地球上尚未被人类充分认识和利用的的最大的战略资源基地,其中:(1)多金属结核资源总量达 700 亿吨;(2)富钴结壳资源丰富,资源量正在调查和评估;(3)海底热液硫化物也是重要资源,资源量待调查评估;(4)海底天然气水合物总量$(18 \sim 2.1) \times 10^{16}$ m^2,相当于全世界煤、石油、天然气总量的两倍;(5)深海热泉区的生物基因,有许多特殊价值,有可能成为重要的可开发资源。

进入国际海底区域是我国利用地球空间和世界资源,增加生存和发展能力的战略措施。因此,我国有必要进入国际海底区域,并成为国际海底区域勘探开发和科学研究的大国。(1)作为人口最多、国内自然资源人均占有量少的国家,应该关注国际海底区域的战略性资源,分享国际海底资源开发之利;(2)研究和勘探开发国际海底区域资源,可以推动海洋高技术的发展,形成深海技术体系,包括深海研究和运载技术、深海矿产资源勘探开发技术、深海生物及其基因开发利用技术;(3)国际海底及其资源勘探开发活动,已经成为国际政治和多边外交的重要舞台,我国作为一个大国,必须积极参与其法律制度的制定、参与国际海底科学研究、参与国际海底资源的勘探开发、参与管理国际海底事务,分享国际海底开发利用之利,在国际海底事务中体现大国地位。

我国已经在国际海底区域拥有 7.5 万平方千米的多金属结核勘探开发区。今后应该从三个战略高度考虑国际海底区域的问题:国际海底事务是体现大国形象的重要舞台;国际海底的资源勘探开发是储备后备资源的战略措施;深海技术是继航天技术之后的战略性技术领域。

多元化经略国际海底的战略思想：（1）发展深海科学，为推动地球科学发展、我国利用深海和国际海底提供科学基础；（2）发展深海技术，探查技术、运载技术、勘探开发技术、环境技术，形成深海技术体系；（3）寻找新的可开发资源和建立深海产业，深海技术装备产业、深海采矿业、深海生物产业；（4）探索深海其他利用的可能性，包括国防安全的利用问题。

六、把建设太平洋海洋强国上升为国家战略

海洋和中华民族的命运息息相关。1840—1940 年的 100 年中，外国从海上入侵我国 479 次，规模较大的 84 次，入侵舰船 1 860 多艘，兵力 47 万多人，迫使清朝政府签定不平等条约 50 多个。进入 21 世纪，海洋对于中华民族的生存和发展仍然具有十分重大的意义。台湾问题的解决，必须有强大的海洋力量；台湾问题解决之后，美国的威胁肯定也是长期的，中国没有强大的海洋力量，就没有安全的出海通道；从长期战略考虑，日本可能是最重要的威胁。韩国正在建设与经济实力相当"蓝色海军"，保卫包括韩国船舶出入台湾海峡在内的出海安全。中国成为世界上的强国，必须有安全的海上通道，没有强大海洋力量是不行的。中国是人口最多的大国，应该分享作为人类共同继承财产的 2.5 亿平方千米国际海底区域的资源开发权利、科学研究权利、军事利用权利等。我国在维护海洋权益方面面临十分严峻的形势。在有可能划归我国的近 300 万平方千米海域中，争议区达 150 万平方千米。我国与所有海上邻国存在海域划界问题，与大多数国家存在岛屿归属争议，目前尚无一解决。总之，我国在海上面临的斗争形势是复杂的，任务是艰巨的。

目前，建设太平洋强国的问题还处于研究讨论阶段，要使之成为国家战略，还需要进一步深入研究，需要做很多决策程序方面的工作：

（1）争取全国政协关心海洋战略问题的委员，参加海洋战略研究，并形成战略性建议，上报党中央。

（2）请全国人大关心海洋问题的代表，形成提案，建议国务院有关部门制定 21 世纪的国家海洋战略。

（3）国家计委、国务院发展研究中心、党中央政策研究室等单位汇报，争取在制定国家 21 世纪长远发展规划时，提升海洋问题的战略地位，使建设太平洋强国的战略进入国家长远发展规划，逐步付诸实施。

（4）国家海洋局作为管理全国海洋工作的职能部门，有责任全面考虑国家的海洋战略问题，提出建议，拟定方案。

（5）国防部门在制定海洋战略方面处于重要地位，国家海洋局应该与国防部门密切合作，为研究制定新的海洋战略做更多的贡献。

（6）建立国家海洋高技术研究利用中心，协调国家"海洋 863 计划"、海洋卫星计

划、海洋科技攻关计划、海洋科学基础研究计划，推动海洋科技产业的发展和海洋防卫能力的不断提高。

（《动态》2000 年第 1 期）

修订后的《海洋环境保护法》的内容及特点

杜碧兰

一、引言

21世纪是海洋的世纪,全球各沿海国家大规模开发利用海洋、高速发展海洋经济的新时代正在到来。如何协调海洋开发与环境保护问题已摆在各沿海国家的面前。为了寻找有效的解决途径,近年来国际性和区域性的海洋环境管理学术研讨会接连不断,倍受世人的关注。已经提出的"陆源污染的流域治理"、"海域污染物的总量控制"和"以法律手段为核心的综合治理"等经验已被不同海域的污染治理实践所证实。

随着我国东部沿海地区经济的迅速发展和城市化进程的加快,沿海的河口、海湾和与大中城市毗邻的海域每年接纳的污染物逐年增加,使得我国近海污染加剧,生态系统退化、环境灾害频发、局部(海域)功能损害,污染趋势加重。为了保护和改善海洋环境,保护海洋资源,防治污染及损害,保护生态平衡,促进海洋经济的可持续发展,八届全国人大环境与资源保护委员会已将《海洋环境保护法》列入立法修订计划并于1995年组织力量着手修改海洋环境保护法,经过深入调查研究,认真总结经验和广泛征求意见,拟订了《海洋环境保护法(修订草案)》(以下简称《海环法》,经过九届全国人大常委会的四次审议,于1999年12月25日获得通过,并由江泽民主席签发了主席令,自2000年4月1日起施行。这是我国贯彻"依法治国"基本方略的组成部分,也是我国海洋法制建设的重要基础。

二、《海洋环境保护法》新增加的主要内容

1.增加"海洋环境监督管理"一章

为了强化我国海洋环境管理,新《海环法》增加了"海洋环境监督管理"一章。该章将原《海环法》实施16年来实践证明行之有效的环境监督管理办法和制度均明确

纳入章内。如第六条规定"国家海洋行政主管部门会同国务院有关部门和沿海省、自治区、直辖市人民政府拟定全国海洋功能区划,报国务院批准";第七条规定"国家根据海洋功能区划制定全国海洋环境保护规划和重点海域区域性海洋环境保护规划";第九条规定"国家根据海洋环境质量状况和国家经济、技术条件,制定国家海洋环境质量标准";第十三条规定"国家加强防治海洋环境污染损害的科学技术的研究和开发,对严重污染海洋环境的落后生产工艺和落后设备,实行淘汰制度";第十八条规定"国家根据防止海洋环境污染的需要,制定国家重大海上污染事故应急计划";为了加强海洋监督管理,第十九条还规定"依照本法规定行使海洋环境监督管理的部门可以在海上实行联合执法"。

2. 增加"海洋生态保护"一章

1992年联合国环发大会通过的《21世纪议程》、《中国21世纪议程》和《中国海洋21世纪议程》都把保护自然和生态系统作为21世纪可持续发展的目标和基础。鉴于海洋环境的特殊性,保护海洋生态与保护海洋环境具有密不可分的关系,而我国尚没有法律对保护海洋生态予以规范,为此,新的《环保法》增加了"海洋生态保护"一章,对保护海洋生态系统提出了适当的要求,同时明确规定沿海地方各级人民政府必须对本行政区近岸海域海洋生态状况负责。

第二十条明确规定"国务院和沿海地方各级人民政府应当采取有效措施,保护红树林、珊瑚礁、滨海湿地、海岛、海湾、入海河口、重要渔业水域等具有典型性、代表性的海洋生态系统"。"对具有重要经济、社会价值的已遭到破坏的海洋生态,应当进行整治和恢复"。第二十一条规定"国务院有关部门和沿海省级人民政府应当根据保护海洋生态的需要,选划、建立海洋自然保护区"。第二十三条还规定"凡具有特殊地理条件、生态系统、生物与非生物资源及海洋开发利用特殊需要的区域,可以建立海洋特别保护区"。本章还强调规定(第二十七条)沿海地方各级人民政府应当结合当地自然环境的特点,建设海岸防护设施、沿海防护林、沿海城镇园林和绿地,对海岸侵蚀和海水入侵地区进行综合治理"。本章还明确指出(第二十八条)"国家鼓励发展生态渔业建设,推广多种生态渔业生产方式,改善海洋生态状况。新建、改建、扩建海水养殖场,应当进行环境影响评价"。

3. 设立"防治海洋工程建设项目对海洋环境的污染损害"一章

原《海环法》根据20世纪80年代初我国海洋开发活动的状况,仅对防止海洋石油勘探开发对海洋环境的污染作为规范,十几年来随着海洋开发活动的不断发展,各种类型的海洋工程建设越来越多,如开发海底隧道、铺设海底电缆、建设人工岛、在海岸线以下进行围海工程等,未来海洋工程将有更大的发展,一些海洋工程对海洋环境的污染破坏也将越来越来越严重,因此,将原《海环法》中防止海洋石油勘探开发对海洋环境的污染损害"，扩展为新《海环法》中的"防治海洋工程建设项目对海洋环境的污染损害"。这对规范海洋工程项目的顺利进行有着重要的意义。

本章第四十七条首次明确规定"海洋工程建设项目必须符合海洋功能区域、海洋环境保护规划和国家有关环境保护标准，在可行性研究阶段，编报海洋环境影响报告书，由海洋行政主管部门核准，并报环境保护行政主管部门备案，接受环境保护行政主管部门监督。"第四十八条规定"海洋工程建设项目的环境保护设施，必须与主体工程同时设计、同时施工、同时投产使用。"第五十一条规定"海洋石油钻井船、钻井平台和采油平台的含油污水和油性混合物，必须经过处理达标后排放。"最后还强调规定"勘探开发海洋石油，必须按有关规定编制溢油应急计划，报国家海洋行政主管部门审查批准。"

三、修订后的《海洋环境保护法》的特点

1. 体现了可持续发展的原则

在总则第一条就明确制定本法的目的"为了保护和改善海洋环境，保护海洋资源，防治污染及损害，保护生态平衡，保障人体健康，促进经济和社会的可持续发展"。从可持续利用海洋的角度出发，针对海域浓度控制制度的不合理性，总则中第三条规定国家建立并实施重点海域排污总量控制制度，确定主要污染物排海总量控制指标，并对主要污染源分配排放控制数量。

在海洋环境监督管理中强调了拟定海洋功能区划的重要作用，因为海洋功能区划体现了海洋自然属性科学利用的合理性，是制定全国和重点海域海洋环境保护规划的基础，是实现可持续发展的科学依据。

保护自然、保护生态平衡是 21 世纪可持续发展的努力目标，因此新的《海环法》增加了"海洋生态保护"一章是非常重要和适宜的，也是联合国环发大会后各沿海国家的海洋发展战略目标的重要组成部分。

2. 完善了海洋环境保护法律制度的规定

根据国际海洋环境污染治理经验和国内实践证明行之有效的办法，新的《海环法》确立了以下主要制度：

（1）重点海域污染物总量控制制度；

（2）海洋污染事故应急制度；

（3）船舶油污损害民事赔偿制度和船舶油污保险制度；

（4）"三同时"制度；

（5）对严重污染海洋环境的落后工艺和严重污染海洋环境的落后设备的淘汰制度；

（6）排污收费,超标罚款制度;

（7）申报制度;

（8）现场检查制度;

（9）环境影响评价制度。

在上述法律制度中值得强调的是"重点海域污染物总量控制制度"和"排污收费、超标罚款"制度。前者是为了科学有效地控制重点海域的污染问题,确定主要污染物排海总量控制指标,并对主要污染源分配排放控制数量,具体办法由国务院制定。后者就超标排污征收超标排污费的问题进行了研究和探讨,认为这是不合理的规定,应予以废除而明确规定为"排污收费,超标罚款"。这应视为新《海环法》的一个突破性进展。因为排污费是环境补偿费用,不等于污染治理费。环境标准是环境法的组成部分,超过标准排污的行为就是违法行为。而对超标排污征收超标排污费,无异于把超标排污合法化。

3. 强化了法律责任

新《海环法》大大充实了法律责任一章,法律责任的条款由原法的 4 条增加为修改后的 22 条,占整个新法的 22%。新法明确规定了不同违法行为该由哪个部门管理,并详细规定了罚款数额,加大了处罚力度,从而也大大增强了法律的可操作性。

强化法律责任的主要内容为:

（1）增加了行政强制措施和行政处罚手段

原法在行政处理方法仅限于"限期治理、缴纳排污费、支付消除污染费用,以及警告和罚款"五项。新法增加规定了责令采取补救措施、没收违法所得、限期拆除、责令停止生产或使用、责令停业或者关闭、暂扣或者吊销许可证等,使行政处罚行为更为规范和完善。

（2）强化了对破坏海洋生态系统行为的处罚

近些年来,由于我国沿海一些地区破坏海洋生态系统的现象十分严重,其中以破坏珊瑚礁和红树林最为突出。为此新法特别规定对于破坏珊瑚礁、红树林等海洋生态系统的,没收违法所得,并处以罚款,对于情节严重的,依法追究刑事责任。

（3）强化了对污染破坏海洋环境行为的民事赔偿责任

由于污染和破坏海洋环境给国家造成的损失极大,故在新法中规定"赔偿国家损失"的原则下,明确了有关部门代表国家提出赔偿要求,并将赔偿所得用于补偿国家损失和恢复海洋环境的内容。同时还增加规定了按照船舶油污损害赔偿责任由船车和货主共同承担风险的原则,建立船舶油污保险、油污损害赔偿基金制度。

4. 实现了与国际公约接轨

为了与国际公约相衔接,以履行我国的国际承诺,保护我国在国际海洋事务中的

合法权益,在新法中明确了以下几点:

(1)根据《联合国海洋法公约》,国家对大陆架和专属经济区享有海洋环境保护和保全的管辖权,首次完整地对我国法律适用的海域管辖范围作了规范,即明确规定新《海洋环境保护法》的海域管辖范围为:"中华人民共和国内水、领海、毗连区、专属经济区、大陆架以及中华人民共和国管辖的其他海域"。

(2)根据《联合国海洋法公约》规定,"各国应共同发展和促进各种应急计划,以应付海洋环境的污染事故"。因此,新《海环法》增加了有关海洋应急计划的规定,如五十四条规定"勘探开发海洋石油,必须按有关规定编制溢油应急计划,报国家海洋行政主管部门审查批准"。

(3)根据《1972年防止倾倒废物及其他物质污染海洋公约》和1996年议定书有关向海洋倾倒必须有允许倾倒的废弃物名录的规定,新《海环法》规定,"禁止中华人民共和国境外的废弃物在中华人民共和国管辖海域倾倒。""可以向海洋倾倒的废弃物名录,由国家海洋行政主管部门拟定,经国务院环境保护行政主管部门提出审核意见后,报国务院批准"。"禁止在海上处置放射性废弃物或者其他放射性物质。废弃物中的放射性物质的豁免浓度由国务院制定"。

四、当前贯彻实施《海洋环境保护法》的任务

1. 认真学习宣传《海环法》

新修订的《海环法》是涉海部门依法从事海洋环境保护活动的行为准则,各级涉海部门应认真学习并进行宣传。知法才是执法的基础和保障。由于海洋环境保护工作涉海部门多,有关方面应各司其职,密切配合,"可在海上实行联合执法","共享海洋监视监测资料",使之形成海上执法的 联合有效力量。

2. 抓紧出台《海环法》的配套法规

新的《海环法》规定了几处由国务院具体规定的法规和条例,为使新《海环法》顺利实施,必须抓紧时间制定配套法规。如重点海域排污总量控制的主要污染物排海总量控制指标,主要污染源分配排放控制数量;全国海洋环境保护规划和重点海域区域性海洋环境保护规划;国家海洋环境质量标准;全国海洋功能区划报国务院批准;海洋工程和海岸工程的具体范围和管理条例等。这些配套法规若不能及时出台,将会影响执法工作的开展。

3. 加强执法队伍的建设

为使新《海环法》确立的制度、规定和措施落到实处,必须强化海上执法管理和加强执法队伍的建设,其重点是加强执法队伍的现代化建设和提高执法人员的素质和水平。各涉海执法部门都应以身作则,自觉执行海洋环境保护法,并要作到廉洁执

法、文明执法、严格执法,切实保护公民、法人和其他组织的合法权益,自觉接受来自社会各方面的监督。

4.加强防治海洋污染损害的科学技术研究和开发

这是新《海环法》第十三条规定的。海洋行政主管部门须加强海洋环境调查、监测、评价、科学研究等基础建设和技术队伍的建设,确保海洋环境资料质量,为监督管理部门提供优质服务。同时需建立海洋管理综合信息系统,为海洋环境保护监督管理提供科学依据。目前我国在防治海洋污染损害的基础研究还比较薄弱,政府有关部门需加大这方面研究的投入力度,搞好科技创新。

结束语

李鹏委员长在九届全国人大常委会第十三次会议上对新《海环法》作了一个高度的概括,他指出,"《海环法》是关系到实施经济和社会可持续发展战略的重要法律。为了强化海洋环境管理,适应国际海洋事务的发展,这次修订完善了法律制度的规定,强化了有关法律责任,与国际公约的衔接更加紧密,对保护和改善海洋环境,保护和利用海洋资源,维护生态平衡,防治污染及损害,将起到积极作用"。

《《动态》2000 年第 2 期)

建议启动我国大陆架和

专属经济区内

设施与结构处置的立法工作

成晋豫

随着《联合国海洋法公约》的生效,各沿海国家在推进 200 海里专属经济区国土化的过程中,为维护本国海洋权益,纷纷加快调整各自的海洋开发战略,强化国内海洋立法,相继制订了有关大陆架和专属经济区法规及相应配套的规定。尤其针对海洋环境造成污染和影响的新类型及来源的扩展,制订了一些更为广泛且细化的法律文件。其中,大陆架和专属经济区内设施与结构的处置问题在国际海洋事务中具有一定的代表性。近 30 年来,由于世界海洋经济的迅猛增长,人类工业化生产程度的不断提高,海上工业活动日益频繁,这些活动对海洋环境造成的污染损害也愈来愈严重。可以预计,海上设施与结构的管理与控制有可能成为 21 世纪全球沿海国家关注的热点问题之一。

一、有关国际立法的发展概况

从大陆架和专属经济区内结构处置问题的提出到今天,国际立法经历了 40 多年的时间,就其主要的发展过程看,可大致分为三个阶段。

第一阶段,1958 年经 50 多个国家签署通过,于 1964 年 6 月 10 日生效的《日内瓦大陆架公约》,可视作国际上关于海上设施与结构处置问题的初始标志。

20 世纪 50 年代,从全球范围看,世界海洋经济发展水平远不如今天,海上工业发展也较为缓慢。当时各沿海国的海上结构数量、种类不多,对海上安全和海洋环境的影响也较小。因此,这个时期沿海国家对海上的废弃结构和设施的处置基本呈随意性。最初,在国际法委员会起草的文件中并无海上结构与设施处置要求的规定,后因工业发达国家英国出于维护自身海洋利益的需要首先提出:海上所有废弃的结构应全部拆除。此项建议被采纳,并列入《日内瓦大陆架公约》第 5 章第 5 款——海上"任何被弃置或废弃的结构必须全部拆除"。至此,海上处置废弃结构与设施的问题正式列入国际立法。

　　第二阶段,以《1972伦敦倾废公约》的产生作为发展的标志。70年代初,随着世界海洋经济的发展,各沿海国家,尤其是发达的海洋国家,海上生产开发活动频繁,沿海设施和结构的数量与种类急剧增多。同时,因海上废弃设施与结构的随意处置,危害航行安全、造成环境污染的事件屡屡发生,矛盾与争端不断,引起越来越多的国家和国际组织的关注,相当一部分沿海国家确实感到了对海上结构与设施的管理与处置急需加以限制与约束的重要性。1972年12月3日,由国际海事组织(IMO)在伦敦召开的政府间会议上,经80多个国家的代表签署通过,并于1975年8月30日生效的《1972伦敦倾废公约》第三条规定,为本公约的目的:"倾倒"系指:(Ⅱ)有意地在海上弃置船舶、航空器、平台或其他海上人工构造物的任何行为。但在原《1972伦敦倾废公约》的"倾倒"定义中没有将海上平台或其他海上人工构造物的原址废弃和推倒列入公约内容,后经特别会议协商和同意,在《1972伦敦倾废公约/1996议定书》中增加了这一款项,明确将纯粹为了处置目的在海上弃置或推倒平台或其他海上人工构造物纳入倾倒范围予以管辖。由此,公约附件Ⅰ正式将船舶、平台或其他海上人工构造物列为"工业废弃物"之一。

　　第三阶段,是1982年4月在联合国总部,以130票赞成,4票反对,17票弃权获得通过,并于1994年11月16日生效的《1982联合国海洋法公约》。这部国际海洋大法可以说是20世纪国际海洋事务发展的里程碑,充分体现了发展中国家为反对海洋霸权,维护本国200海里专属经济区的权益斗争的需要。该公约第五部分第60条作了详尽阐述,其中第3款进一步明确规定,已被放弃或不再使用的任何设施或结构应予以撤除,以确保航行安全,同时考虑到主管国际组织在这方面制订的任何为一般所接受的国际标准。这种撤除也应适当的考虑到捕鱼、海洋环境的保护和其他国家的权利和义务。尚未全部撤除的任何设施或结构的深度、位置和大小应妥为公布。

　　与此同时,根据地理区域、利益集团的要求还分别产生了与上述三个国际公约相关的全球性和区域性的公约,例如,《1972年奥斯陆公约》、《1976年地中海公约》、《1991年奥斯陆委员会标准》、《1992年奥斯陆和巴黎公约》以及1988年通过的国际海事组织《关于大陆架和专属经济区内海上设施与结构拆除的原则和标准》。据悉,APEC组织最近也制定了相应的规定。

　　纵观三个发展阶段看出,随着全球海洋经济的发展,世界海洋环境保护意识的增强,国际公约对海上弃置的设施与结构管理的要求和标准在不断提高,并得到越来越多的国家的认同和赞成。但同时也应看到,发达国家经过近百年的发展,工业化程度加速提高,其海上工业发展规模正值巅峰时期,沿海各类民用和军用退役设备的类型和数量对海洋环境的污染与损害已构成突出问题,而发展中国家因海洋资源开发利用起步晚,部分国家的海上工业刚刚兴起,有些国家尚处于初始阶段。因此,海洋经济的发展与海洋资源环境保护两者的矛盾日益突出,对于发展中的海洋国家来说,将面临更加严峻的国际挑战。

在国际立法的发展过程中,中国作为一个海洋大国,几十年来始终积极参与有关公约的制定与活动,忠实地履行国际公约的有关规定,并根据我国的实际情况,制定了一系列相关海洋环境保护的法规与规定,为国际公约在中国的实施和发展起到了积极的推动作用。

二、我国有关海洋立法的进展情况

随着海洋产业迅速发展,我国近海的水下工程、深水港口、人工岛屿、人工鱼礁、钻井平台及海底构造物的建造、操作与使用呈有增无减的趋势。尤其是随着我国加入 WTO 的步伐日益临近,国外的投资者在我海域从事开发活动的领域与规模将进一步扩大。仅以海洋石油工业为例,1980 年,中国与法国首次在渤海湾联合开采石油,拉开了在我国大陆架和专属经济区内中外合资企业联合开采石油的序幕。到目前为止,北起渤海、南至北部湾,我国先后与 18 个国家和地区、69 家石油公司签定了 141 个合同与协议,并且仍有继续增加的势头。但随着时间的推移,因海水对于石油平台及辅助设施的腐蚀、工程项目结束或原址废弃等因素,海上各类设施与结构将会逐渐被锈蚀或弃置。同样,其他海洋工程、海岸工程、海洋倾废及海洋自然保护区等项目也存在类似问题。如何管理与控制这些设施与结构,有效的保护海洋环境与生态平衡,保证海洋资源开发利用的可持续发展达到"科学、合理、安全和经济"的目标,将成为我国面临的一道难题。

自 20 世纪 80 年代初至今,我国政府相继出台了若干关于防止污染损害海洋环境的法规与条例。与海上设施与结构处置管理直接相关的法规、条例有:

(1)1982 年 8 月第五届全国人大常委会第 24 次会议通过的《中华人民共和国海洋环境保护法》第 45 条第 6 款规定,"倾倒"是指通过船舶、航空器、平台或其他载运工具,向海洋处置废弃物或其他有害物质的行为,包括弃置船舶、航空器、平台和其他浮动工具的行为。

(2)1999 年 12 月 25 日修订通过,自 2000 年 4 月 1 日起实行的《中华人民共和国海洋环境保护法》第 95 条第 11 款进一步将上述条款修改为,倾倒,是指通过船舶、航空器、平台或者其他载运工具,向海洋处置废弃物和其他有害物质的行为,包括弃置船舶、航空器、平台及其辅助设施和其他浮动工具的行为。

(3)1985 年 3 月 6 日通过的《中华人民共和国海洋倾废管理条例》第 2 条本条例中的"倾倒"是指……向海洋弃置船舶、航空器、平台和其他海上人工构造物,以及向海洋处置由于海底矿物资源的勘探开发及与勘探开发相关的海上加工所产生的废弃物和其他物质。第 7 条规定,外国的废弃物不得运至中华人民共和国管辖海域进行倾倒,包括弃置船舶、航空器、平台和其他海上人工构造物。第 15 条规定,在海上航行和作业的船舶、航空器、平台和其他运载工具,因不可抗拒的原因而弃置时,其所有人应向主管部门和就近的港务监督报告,并尽快打捞清理。

(4)1990 年 9 月 5 日发布的《中华人民共和国海洋倾废管理实施办法》第 3 条规定与《中华人民共和国海洋倾废管理条例》第 2 条的内容相同。

(5)1998 年 6 月 26 日,我国颁布实施的《中华人民共和国专属经济区和大陆架法》,其中第 3 条明确规定,中华人民共和国对专属经济区的人工岛屿、设施和结构的建造、使用和海洋科学研究、海洋环境的保护和保全,行使管辖权。

第 4 条规定,中华人民共和国对大陆架的人工岛屿、设施和结构的建造、使用和海洋科学研究、海洋环境的保护和保全,行使管辖权。

第 8 条规定,中华人民共和国在专属经济区和大陆架有专属权利建造并授权和管理建造、操作和使用人工岛屿、设施和结构。中华人民共和国对专属经济区和大陆架的人工岛屿、设施和结构行使专属管辖权,包括有关海关、财政、卫生、安全和出境入境的法律和法规方面的管辖权。中华人民共和国主管机关有权在专属经济区和大陆架的人工岛屿、设施和结构周围设置安全地带,并可以在该地带采取适当措施,确保航行安全以及人工岛屿、设施和结构的安全。

近 20 年来,我国政府高度重视海洋环境与资源的保护,海洋环境保护的立法工作也在不断的发展与完善,关于实施海洋倾废管理方面基本形成了一套较为完备的的法律体系,与国际公约保持了一致性和同步性。但笔者认为,就结构与设施的处置方面的问题,目前的法规与条例仅从宏观角度进行了原则性的规定,缺乏具体量化的标准,在今后我国管辖海域内的监测、监督、执法管理的实践中不易操作。

三、建议

为维护我国主权及在大陆架和 200 海里专属经济区的合法权益,保障海上航行安全;为适应国际海洋事务的发展形势,推进与国际公约的紧密衔接;为强化海洋资源与生态环境的保护与监督管理,使海洋监察执法"有章可循"。有必要通过国内立法的形式,对我管辖海域内的各类结构与设施的处置加以规范,制订相应的具体细化和量化的条例或实施办法,将其逐步纳入法制化、科学化和规范化的管理轨道。因此,笔者建议,根据国际公约和国际法的原则,在《中华人民共和国海洋环境保护法》和《中华人民共和国专属经济区和大陆架法》之下,海洋行政主管部门应协同有关涉海单位尽早考虑我国大陆架和专属经济区内结构与设施处置的立法工作。

现将国际海事组织(IMO)《关于大陆架和专属经济区内海上设施与结构拆除的原则和标准》译文附后,供有关部门与领导参考。

附：

关于大陆架和专属经济区内海上设施和结构拆除的原则和标准

1. 拆除的原则

1.1　除按下列原则和标准无需拆除或部分拆除的情况外,大陆架或专属经济区内已废弃或不再使用的设施和结构应予拆除。

1.2　一旦设施和结构不再适用于最初设计和安装的主要目的或以后不具有新的用途,或在本原则和标准中没有引述允许设施和结构留存海底的其他正当理由,对设施与结构具有管辖权的沿海国应确保按照本原则和标准将其全部或部分拆除。已放弃或永久废弃的设施和结构应尽快拆除。

1.3　关于尚未拆除或部分拆除的情况应当报告国际海事组织。

1.4　本原则和标准的任何规定,不妨碍沿海国在其大陆架或专属经济区内对拆除现有或未来设施或结构行使更为严格的拆除要求。

2. 拆除的指导方针

2.1　对设施或结构具有管辖权的沿海国,在做出允许海上设施或结构或其部分留置海底的决定时,应包括对下列内容逐条评估:

（1）对水面或水下航行安全以及其他海洋利用的潜在影响;

（2）结构物损蚀率在目前和将来可能对海洋环境产生的影响;

（3）对海洋环境,包括对生物资源的潜在影响;

（4）结构物将来移位的危险;

（5）拆除设施和结构的费用、技术可行性、风险以及对有关人员造成的危险和伤害;

（6）用于新的用途的决定或准许设施与结构或其部分留置海底的其他正当理由。

2.2　在确定对水面、或水下航行或其他海洋利用的安全的潜在影响时应考虑:在可预见的未来从该海区内过境船舶的数量、类型和吃水情况;运经该海区的货物;潮汐、海流、一般水文状况以及可能出现的特殊气候条件;接近指定的或习惯的海道以及进港航道;附近地区的助航设施;商业捕渔区的位置;通用航道的宽度;以及该区域是否位于国际航行海峡的入口或位于该海峡内,或是用于通过群岛水域的国际航线。

2.3　确定对海洋环境的任何潜在影响,应建立在科学依据的基础上,即,要考虑到水质的影响,地质和水文特征,存在的濒危物种,现有动物栖息地的类型,当地渔业资源,因海上设施或结构锈蚀变质的残留物对该地点造成的潜在污染或沾污。

2.4　对设施或结构具有管辖权的沿海国关于允许设施、结构或其部分留置海底的审批过程还应包括下列行为：明确允许设施或结构或其部分留置海底的条件的特别官方授权；沿海国采取的用以监测留置海底的物质堆积和腐化的具体计划，以确保以后对航海或其他海洋利用和海洋环境没有后续的有害影响；应将海底未全部拆除的设施或结构的具体位置、大小、测量深度以及标志事先通知航海者；并提前通告有关水文部门以便及时修正海图。

3. 拆除的标准

在做出拆除设施或结构的决定时应考虑下列标准：

3.1　凡位于水下高度不足 75 米，水中和水面以上重量小于 4 000 吨的废弃的或停止使用的设施或结构，除甲板和上层结构外，均应全部拆除。

3.2　1998 年 1 月 1 日或其以后放置的水下高度不足 100 米且重量小于 4 000 吨的废弃或停用的设施或结构，除甲板和上层结构外，均应全部拆除。

3.3　拆除工作应以不会对航行或海洋环境引起显著不良影响的方式进行。在全部或部分拆除工作完成之前，仍应继续按照国际灯塔管理局的建议将该设施予以标出。拆除工作结束后应立即将留存结构的位置和范围呈报有关国家主管部门和世界水道测量管理局。拆除或部分拆除的方式不应对海洋环境的生物资源，尤其是濒危物种造成显著的不利影响。

3.4　如果

（1）现有的设施或结构，其中包括第 3 条第 1 款和第 2 款中提到的结构或其部分，充做新用途时（例如生物资源的增殖），可全部或部分留置在海底。

（2）现有的设施或结构，不属第 3 条第 1 款和第 2 款中提到的结构或其部分，可以留在对其他海洋利用不会产生不当干扰的地点。

沿海国可以决定该设施或结构全部或部分地留置海底。

3.5　尽管第 3 条第 1 款和第 2 款作出了规定，如果全部拆除在技术上不可行，或涉及的成本高昂，对人员或海洋环境具有不可接受的风险，沿海国可以决定不必全部拆除。

3.6　凡突出海面废弃或停用的设施和结构或其部分，应进行适当维护以免发生结构锈蚀问题。凡按第 3 条第 4 款和第 5 款的规定实行部分拆除的情况，必须留足不小于 55 米的无障碍水体以确保航行安全。

3.7　已不再适用于当初设计或安装目的的，并且位于海事组织批准的用于国际航行海峡的入口或海峡内，或位于经过群岛水域的国际航线上，或位于习惯的深水航道内，或处于和邻近国际海事组织指定的航道系统的设施和结构，应无一例外全部拆除。

3.8　沿海国应确保在海图上标出海底未全部拆除的设施或结构的方位，测算的深度和范围。如有必要,凡未拆除的物体应辅以助航标志以利航行。沿海国应保证至少提前 120 天发布通告,将有关设施和结构变化的情况,通知航海者和相关的水道测量部门。

　　3.9　在批准设施和结构实行部分拆除之前,沿海国应确保剩余的留置海底的物质不会在波浪、潮汐、海流、风暴的影响下,或其他可预见的自然因素的情况下漂移,从而对航行造成危害。

　　3.10　沿海国应明确对维护助航设备负有责任的当事者,如有必要应标出影响航行的障碍物的位置,并对遗留物质的状况进行监测。沿海国还应确保当事者在必要时实施定期监测,并保证继续遵守本原则和标准。

　　3.11　沿海国应确保海底尚未全部拆除的设施和结构的法定所有权明确无误,并建立维护责任以及具备承担未来损害财政能力的责任制度。

　　3.12　如已拆除的设施和结构的放置有利于生物资源的增殖(例如,建造人工渔礁),应考虑本原则和标准及其他有关维护海事安全的规则,将此类材料放置在远离习惯航道的地点。

　　3.13　自 1998 年 1 月 1 日起,除非设施和结构的设计和建造能确保弃置或永久停用后的全部拆除是切实可行的,否则不得在大陆架或专属经济区内放置任何设施和结构。

　　3.14　除非另有规定,本标准适用于现有和未来的所有设施和结构。

(《动态》2000 年第 4 期)

1999 年南海形势综述

许森安

南沙、西沙、中沙、东沙四群岛历史上就是中国领土,1970 年以来,邻国先后对南沙、西沙、中沙提出主权要求,不仅用武力强行侵占部分岛礁,而且在逐步升级,不断扩大侵占范围。邻国编造了很多"理由",为其侵占行为辩护,这些"理由"起到了混淆视听的作用,但都经不起检验。南沙争端的真正原因是 20 世纪 60 年代,发现南沙地区有丰富的石油资源,在经济利益的驱使下,邻国才改变政策,背弃原有立场和国际信义。

一、主要事件

1999 年,南海周边邻国搞了很多小动作,既连手对我,又互相争夺。发生在南海地区的事件主要有:

1. 越南

(1)越南侵占了金盾、奥南两暗沙,又窥视距我已驻守的南薰礁仅 3 000 米的小南薰礁和郑和群礁东端的安达礁,但未敢进驻。

(2)中越陆地边界谈判据报道已达成协议,尚未公布。

(3)中越北部湾海域划界,越南已不再坚持 108°03′13″线,有望按大体对半分的公平原则划分。

(4)对南沙争端问题,越南主张通过双边谈判解决。过去越南军政要员经常到南沙活动,1999 年未见此类报道。过去常发生越南军人打死打伤我渔民的事件,1999 年也有所减少。但越南仍主张其对西沙、南沙主权的态度无变化。

(5)据 1999 年 1 月 31 日报道,越南已向朝鲜购买 2 艘潜艇用于南海。

2. 马来西亚

(1)5 月 27 日马来西亚总理马哈蒂尔说:南沙群岛考察者暗沙(即我国的榆亚暗沙)的两个岛礁归马来西亚所有。

(2)马侵占我榆亚暗沙和簸箕礁,把侵占范围向北推进越过北纬 8°线。6 月 29

日我外交部发言人向马来西亚提出强烈要求停止侵犯中国领土,马来西亚置之不理。

(3)1998 年 11 月 11 日马来西亚国营石油公司经理就讲马可采石油储量为 77 亿桶(约 11 亿吨),计划 2004—2008 年再开发 15 个油田,其中 10 个在马东部。实际上是公开表明要进一步掠夺南沙资源。

(4)1999 年马在南沙海区多次驱赶我渔民。

(5)马来西亚也不赞成美国插手南沙事务。

3. 菲律宾

(1)邻国中菲律宾的态度最为恶劣,他们继续在美济礁问题上与我纠缠,派飞机到美济礁侦察,同时把争端国际化。

(2)菲藉口航海事故,将一艘船搁浅在仁爱礁,形成变相的实际控制。

(3)5 月 23 日在黄岩岛以西海域菲律宾军舰有意将我国海南省琼海县 03061 号渔船撞沉,扣留 13 名船员,我外交机构提出了严正交涉,菲律宾政府虽表示遗憾,但不肯赔偿,10 月 12 日才将渔民释放,由商会出面给渔民海损补偿金人民币 48 万元。

(4)黄岩岛事件后,6 月 7 日我外交部向菲提出严正警告,他们根本不理,继续在黄岩岛海域巡逻。6 月 10 日菲律宾竟进一步将我黄岩岛列入其版图,并在岛上建设施,朱镕基总理去菲律宾参加东盟会议时,提出交涉,据传他们的船已离开。

(5)菲律宾正加速扩充军事实力,修复中业岛的军事设施,菲军方对我国规定禁渔期也表示反对。

4. 多边关系

(1)11 月东南亚国家在马尼拉东盟首脑会议上讨论"南海行为准则",马来西亚不同意菲律宾、越南起草的文本,马也起草了一个,想拉中国支持;我国也提交了一个文本。马来西亚和菲律宾外交部长都认为,如果没有中国参与,将没有任何价值。

(2)越南、菲律宾、马来西亚之间矛盾也很激烈,马来西亚侵占我榆亚暗沙和簸箕礁后,菲律宾提出抗议,马来西亚反驳菲律宾对此提出主权要求是不正当的。越南则声称斯普拉特利群岛(即我国的南沙群岛)都是越南的。10 月 31 日越南指责菲律宾空军的飞机不断在斯普拉特利群岛一些岛礁上空飞过,是严重侵犯越南主权。1998年初就发生过越南军人打伤菲律宾渔民的事件。10 月 31 日菲律宾外交人士说,28日马来西亚空军的 2 架战斗机跟踪了在考察者暗沙(榆亚暗沙)附近的 2 架菲律宾空军的侦察机,但没有发生对抗,认为两国都声称对该礁拥有主权。

二、周边动向

邻国的这些做法都有其原因,对未来解决南海争端有很大影响。

1. 越南

越南新领导人采取了对华友好的政策,两国关系明显改善,矛盾相对缓和。但是多年来,他们用"说了不算",张冠李戴手法制造理由,影响已经造成,有些人不会改变观点,这对今后谈判解决南沙主权归属、海域划界,仍会有极大困难。

2. 马来西亚

马来西亚采取的是不张扬,只做不说的办法,口头上讲友好,行动上我行我素。邻国中从南沙捞到经济实惠最多的就是马来西亚,今后谈判解决南沙主权归属、海域划界主要难点在如何协调双方经济利益。

3. 菲律宾

1998 年底菲律宾总统就希望美国帮助菲律宾实现军队现代化,支持菲律宾争夺我国的南沙群岛,并拉美国议员到南沙活动,让美国介入南沙争端;菲议员还鼓动日本介入南沙争端,竟说菲律宾是在保卫日本的生存机会;菲还要韩国参加南沙会议。他们的目的就是把南沙问题国际化,把争端长期拖下去。菲律宾总统呼吁批准菲美来访部队协议,协议批准后,以为有了靠山,在美国帮助下积极扩充军事实力,1999 年 2～3 月在离南沙最近的巴拉望岛和美国搞联合军事演习,目标实际是指向南沙。可见我们和菲律宾之间目前不存在谈判解决分歧的可能。

4. 日本

4 月 27 日日本众议院通过日美防卫合作指针相关法案。7 月 27 日公布的日本 1999 年防卫白皮书声称,先发制人的攻击不违宪。防卫厅长官也叫嚣先发制人的攻击合法。日大力扩充海军,以运输舰名义建造小型航空母舰。日本自由党党首小泽一郎竟叫嚣"周边"事态含义包括中国和台湾海峡,这是公然要把干涉中国内政合法化。日本也有可能找机会插手南沙问题。

5. 美国

美国的南海政策也有明显调整,美国籍口要确保南中国海航行自由,过去表示不介入南沙争端,现在说法起了变化,实际是由幕后支持改为半公开介入。美国防部在战区导弹防御系统的对象国中列有中国,他们反共、反华的基本态度是不会变的。

(《动态》2000 年第 5 期)

第 54 届联合国大会海洋和海洋法问题概述

贾 宇

一、《联合国海洋法公约》的现况

自 1994 年 11 月《联合国海洋法公约》(以下简称《公约》)生效至 1999 年 9 月 15 日,缔约国的总数已达 132 个(包括一个国际组织)。其中有 117 个是沿海国,占沿海国总数的 77.4%。而在 42 个内陆国之中,则有 15 个是缔约国。有 47 个国家和欧共体在批准、加入或正式确认《公约》时作了声明。另外,从 1982 到 1984 年,有 35 个国家在签署《公约》时作了声明或说明。到目前为止,还没有一个国家撤销其被认为与《公约》不符的声明或说明。

截至 1999 年 9 月 30 日为止,共有 23 个国家就争端的解决方式(《公约》第 287 条)作了选择。

国际海洋法法庭的 21 名法官中,7 名任期 3 年的法官已于 1999 年 9 月 30 日任期届满。1999 年 5 月 24 日选出了新任法官,新任法官从 1999 年 10 月 1 日起任职 9 年。其中亚洲集团的当选法官有约瑟夫·阿克勒和钱德拉塞卡拉·拉奥,后者还被选为 1999 至 2002 三年期的议长。

二、国内立法和《公约》的协调情况

尽管各国积极调整其国内立法,以便与《公约》的规定相协调,但仍不能就此得出《公约》的规定在所有情况下都得到充分尊重的结论,还有几个国家新的立法违背《公约》所定规则,其中包括:关于要事先通知或得到批准才能行使无害通过领海的权利;关于某类船只在专属经济区的航行权利;以不符合《公约》规定的同意制度的方式管制海洋科学研究等。

应该指出,许多国家,包括缔约国和非缔约国,还没有使其立法与《公约》的规定相一致。

三、各国海洋区域主张

《公约》关于确定海洋区域外部界限的规定得到很多国家的遵守,但还有9个国家仍然主张超过12海里的领海。其中,7个国家主张200海里;2个非缔约国的拉美国家各自主张200海里的单一地区,但明文认可12海里以外的航行和飞越自由;2个亚洲国家各自主张单一的海洋区域,其界限坐标从基线延伸到12海里以外;1个国家主张35海里的毗连区。

关于专属经济区的宽度,各国的做法完全符合《公约》的规定。有些国家把专属经济区同渔区结合起来,另一些国家则是根据不同的情况,只有专属经济区或只有渔区。

有25个国家仍然保持它们有关大陆架的旧立法,采用1958年《大陆架公约》中的定义;有22个国家不是用《公约》或者1958年《大陆架公约》所订的标准来确定它们的大陆架界限。有2国不符合《公约》第76条的规定。

海洋区域主张摘要表

海洋区域	外部界限	非洲国家	亚洲和太平洋国家	欧洲和北美洲国家	拉丁美洲和加勒比国家	共计
领海	12海里或以下	32	46	30	27	135
	12海里以上	6	1	–	2	9
毗连区	24海里或以下	18	24	11	17	70
	24海里以上	–	1			1
专属经济区	200海里或以下(到分界线、中线为止,以坐标确定等等)	27	36	20	27	110
渔区	200海里或以下	3	2	9	–	14
大陆架	200海里和(或)大陆边外缘(《公约》)	10	16	5	13	44
	200米水深和(或)可开发性(1958年公约)	4	7	10	3	24
	其他(自然延伸、没有提供定义等)	1	6	8	7	22
其他海洋区域	200海里				2	2
	以坐标划定的长方形	–	2	–	–	2

截至1999年9月15日止,已经向秘书长交存关于直线基线和群岛基线以及各种海洋区的海图和(或)地理坐标表的缔约国共有21个(包括中国和日本)。

四、海洋环境、资源的开发与管理

海洋对人类具有政治、社会、经济、生态和文化诸方面的价值。虽然在所有这些方面将海洋的价值量化是困难的,但是通过将海洋及其资源提供的物品和服务的价值货币化,大致可以显示海洋的重要经济价值。世界海洋委员会 1998 年报告指出,"最近的一项研究表明,在全球 23 万亿美元的国内生产总值中,现有数据显示的海洋工业总产值约为 1 万亿美元。"这表明海洋具有极大的经济重要性。

一项研究显示,海洋和沿海生态系统提供的生态服务价值达到 21 万亿美元,而陆地生态系统提供的价值为 12 万亿美元。

五、海洋环境的保护和保全

1999 年 9 月 15 日,联合国环境规划署发表了"2000 年全球环境展望(2000 年展望)",对于人类在新千年面临的全球和区域环境问题进行最权威的评估。关于海洋环境,"2000 年展望"的结论是:沿海海洋环境显然正受到生境改变和破坏、过度捕捞和污染的影响。这些影响有许多可以追溯到远离海洋的陆地人类活动。深海基本上没有受到污染,但也有证据显示,某些地区的环境退化了,许多海洋物种正在衰退。

六、水下文化遗产

水下文化遗产的定义包括《公约》第 149 条和第 303 条提到的考古或历史文物。当前技术上的进步已几乎可以从任何深度的海域打捞考古或历史文物。因此,这一问题急需关注。

在 1998 年和 1999 年的两次专家组会议上,关于位于各国专属经济区或大陆架的水下文化遗产的管辖权问题出现大相径庭的意见。多数专家认为沿海国对专属经济区和大陆架的水下文化遗产拥有管辖权。他们的理由是,这不仅符合《公约》,而且也是《公约》第 303 条第 1 款和第 4 款所要求的一项发展。虽然对《公约》第 303 条的解释不同,但专家认为不必破坏《公约》规定的管辖制度。

对沉没的军舰和其他政府船只的主权豁免问题也有不同观点。有一些专家表示,该原则对水下文化遗产而言并非至关重要,不能自动适用于该情况;其他专家明确反对位于其他国家内部水域和领海的沉船享有主权豁免。还有另一派专家认为,享有主权豁免的沉船的船旗国应在所有海域对该沉船及其船上物品永远保持专属管辖权。

七、争端的解决

《公约》第 15 部分第 1 节规定,各缔约国应按照《联合国宪章》第 2 条第 3 项以和平方法解决它们之间有关本公约的解释或适用的任何争端。但是,如果涉及一项争端的《公约》缔约国未能以它们自行选择的和平方法达成解决,这些缔约国就必须采用《公约》规定的强制性解决争端程序。

解决争端领域出现了重大发展,国际法院和国际海洋法法庭都审理了若干与海洋法有关的争端。

提交到国际法院的案件有:

(1)西班牙诉加拿大渔场管辖权问题案

(2)卡塔尔诉巴林海洋划界和领土问题案

(3)伊朗诉美国石油平台案

(4)喀麦隆诉尼日利亚陆地和海洋疆界问题案

(5)印度尼西亚诉马来西亚利吉丹岛和西巴丹岛主权问题案

向国际海洋法法庭提出的案件有:

(1)圣文森特和格林纳丁斯与几内亚之间的"塞加号"商船案

(2)澳大利亚、新西兰与日本之间的麦氏金枪鱼案

(3)厄立特里亚和也门之间的海洋划界案

(《动态》2000 年第 6 期)

关于国际海峡法律制度与我国台湾海峡法律地位的研究

张海文

一、海峡的概念及其重要性

海峡是指位于两块陆地(包括大陆和岛屿)之间、两端与海洋相通的天然的狭窄水道。

全世界可用于航行的海峡约有 130 个,其中经常用于国际航行的海峡约有 40 多个。海峡是世界海上的重要通道。由于国际联系和经济交往的日益频繁,作为世界海上通道的海峡的作用也更加突出。一些处于国际航线上的海峡,对于国际航行更具有特殊的重要性。例如,马六甲海峡是沟通太平洋和印度洋的重要航道,每天就有 2 000 多艘船只经过该海峡。

海峡是沿岸国的门户和屏障。海峡对海峡沿岸国的安全和利益极其重要。长期以来,在一些重要国际海峡的使用和通行问题上,沿岸国与通行国、尤其是那些经常使用海峡的海洋大国之间,一直存在着矛盾,甚至冲突。

二、海峡的法律地位

不同自然条件下的海峡具有不同的法律地位,它们的通行制度也不尽相同。

(一)根据海峡水域的法律地位来区分,海峡可分为内海海峡、领海海峡和非领海海峡三类

1. 内海海峡

内海海峡是指完全处于沿岸国的领海基线以内的海峡,即完全位于沿岸国内海的海峡。这类海峡纯属沿岸国的内水,与沿岸国的陆地领土具有相同的法律地位,完全适用沿岸国的法律,其航行制度也由沿岸国自行制定,沿岸国有权拒绝外国船舶通过。但是,为了照顾近邻国家通航的便利,沿岸国也可以允许外国商船在一定条件和严格管制下通过该海峡。例如,我国的渤海海峡和琼州海峡。琼州海峡处于我国大

陆与海南岛之间,宽约 9.8～19 海里,位于我国领海基线以内,是我国的内海海峡。1964 年我国国务院公布了《外国籍非军用船舶通过琼州海峡管理规则》,规定"琼州海峡是中国的内海,一切外国籍军用船舶不得通过,一起外国籍非军用船舶如需通过,必须按照本规则的规定申请批准"。

2. 领海海峡(领峡)

领海海峡是指位于沿岸国内海之外(领海基线向海一侧),但海峡宽度不超出两岸领海宽度的海峡。

领海海峡具有与领海相同的法律地位,是沿岸国领土的组成部分。国际法上一切关于领海航行、捕鱼和管辖权的规则也适用于领海海峡。领海海峡一般是允许商船无害通过的。如果领海海峡两岸同属于一个沿岸国家的领土(包括大陆和岛屿),从两岸的领海基线量起,其宽度不超过两岸领海宽度的,则该海峡是沿岸国领海的一部分。如果领海海峡两岸不属于一个沿岸国的领土(包括大陆和岛屿),则该海峡水域就属于所有沿岸国的领海,由有关沿岸国共同协商海峡水域的划分和通航制度。

3. 非领海海峡

非领海海峡是指海峡虽位于沿岸国的领海,但其宽度已超过两岸的领海宽度,在该海峡中存在有超出两岸(可能同属于一个沿岸国,也可能分属于不同的沿岸国)领海部分的海峡水域。

非领海海峡中不同宽度的水域分别具有不同的法律地位。位于领海部分的水域具有与领海同等的法律地位;而超出领海以外的海峡水域,根据其宽度不同可能分别是毗连区、专属经济区,甚至公海。因此,广义上也将此类海峡视为国际海峡或用于国际航行的海峡。我国的台湾海峡即属于此类海峡。

(二)根据海峡对于国际航行的意义来区分,海峡可分为用于国际航行的海峡和非用于国际航行的海峡两类

1. 用于国际航行的海峡

"用于国际航行的海峡"(旧称"国际海峡")的概念是在第三次联合国海洋法会议过程中逐渐形成的,也是广大海峡沿岸国(主要是发展中国家)与美国、前苏联等海洋大国之间斗争的妥协结果。

从 1958 年第一次联合国海洋法会议以来,到 1973 年第三次海洋法会议召开时,宣布领海宽度为 2 海里或超过 12 海里的沿岸国从占沿海国总数的 26% 增加到 61%。有些宽度 6 海里到 24 海里的海峡,过去实行 3 海里领海时,留有公海航道,而实行 12 海里领海后,这些海峡就完全处于沿岸国领海范围之内。据国外学者 1973 年的统计,世界上这类海峡有 116 个,其中有 30 余个被认为是"用于国际航行的海峡"。

　　1982 年通过的《联合国海洋法公约》专门在第三部分对"用于国际航行的海峡"进行了规定,其中第一节规定了用于国际航行的海峡的法律地位。根据公约第三十四、三十五条的规定,这类海峡所实施的航行制度,不影响这类海峡水域的原有的法律地位,包括原来作为内水、领海、毗连区、专属经济区和公海的法律地位,以及在国际公约中为这类海峡所规定的、长期存在的、而且现行有效的法律制度;而且也不影响海峡沿岸国对这种水域及其上空、海床和底土行使其主权或管辖权,但这种权利的行使要受本公约和其他国际法规则的限制。

　　公约中未对"用于国际航行的海峡"进行定义。因此,在国际实践中,如何确定一个具体的海峡是用于国际航行的海峡,一直是有争议的。

　　按照公约第三部分的规定,"用于国际航行的海峡"又分为三种,分别实行航行和飞越自由、无害通过和过境通行的航行制度。

　　2. 非用于国际航行的海峡

　　用于国际航行的海峡之外的海峡均属于非用于国际航行的海峡,依其水域所处的范围决定其法律地位。

三、海峡的航行制度

　　根据《联合国海洋法公约》和国际法其他有关规则的规定,各类海峡的通行制度大致有五类:内水制度、无害通过制度、过境通行制度、自由航行制度和特殊通行制度。

　　1. 内水制度

　　处于领海基线以内的海峡是内海海峡。这种海峡构成沿岸国内水的一部分,沿岸国通常按照内水制度加以管理。

　　2. 无害通过制度

　　实行无害通过制度也就是适用公约第 17 条至第 22 条所规定的领海的无害通过制度。主要有以下几种海峡:

　　(1)位于领海范围以内、连接公海或专属经济区的一个部分和外国领海之间的海峡。(公约第 45 条(b))

　　(2)连接公海或专属经济区的一个部分和公海或专属经济区的另一个部分之间的用于国际航行的海峡,这类海峡本应实行过境通行制度,但如果这类海峡是由海峡沿岸国的一个岛屿和该国大陆形成,而且该岛向海一面有在航行和水文特征方面同样方便的一条穿过公海或专属经济区的航道,则适用无害通过制度。(公约第 45 条(a))

　　(3)按照公约第 7 条所规定的方法确定直线基线的效果使原来并未认为是内水

的海域被包围在内成为内水,如果此种内水区域中有连接公海或专属经济区的一个部分和外国领海的一部分,沿岸为一国所有的海峡,则此种海峡应给予外国船舶无害通过权。

在领海宽度统一扩大到 12 海里之后,将有 80 多个海峡符合上述情况而划入海峡沿岸国的领海之内并实行无害通过制度。

3.过境通行制度

过境通行制度是公约第三部分"用于国际航行的海峡"所规定的重点,是一种新的海峡航行制度,即狭义的"用于国际航行的海峡"。它适用于"在公海或专属经济区的一个部分和公海或专属经济区的另一个部分之间的用于国际航行的海峡"。

根据公约第 34 条至第 44 条的规定,过境通行制度包括以下主要内容:

(1)由于这类海峡处于一个或几个沿岸国的领海范围之内,沿岸国对海峡水域及其上空、海床和底土行使主权,实施的过境通行制度不应在其他方面影响构成这种海峡的水域的法律地位。

(2)在这类海峡中,所有船舶和飞机均享有过境通行的权利,所有船舶和飞机应"继续不停和迅速过境",过境通行不应受阻碍。但是,继续不停和迅速过境的要求,并不排除在一个海峡沿岸国入境条件的限制下,为驶入、驶离该国或自该国返回的目的而通过海峡。

(3)海峡沿岸国可于必要时为海峡指定分道通航制,以促进船舶的安全通过。这种海道和分道通航制应符合一般接受的国际规章,并应标出海图,妥为公布。

(4)海峡沿岸国可对有关事项制定法律和规章,并予以公布。主要有四个方面事项,包括航行安全、防止和控制污染、防止捕鱼和有关财政、海关移民或卫生等。

(5)外国船舶或飞机在行使过境通行权时,除因不可抗力或遇难而有必要外,应毫不迟延地通过或飞越海峡,不得对海峡沿岸国的主权、领土完整或政治独立进行任何武力威胁或使用武力。

4.航行自由制度

非领海海峡中超过海峡两岸各 12 海里的之间水道适用航行自由制度。根据公约第 58 条和 37 条的规定,拥有完全的航行和飞越自由。此类海峡的航行问题应遵守公海的一般规定。

5.特殊的通行制度

国际上的一些主要海峡,在历史上已制定了专门的国际条约,规定了这类海峡的法律地位和通行制度。因此,公约第 35 条(c)规定,这类海峡不受本公约规定的影响,继续实行其特殊的法律制度。这类海峡主要有麦哲伦海峡、直布罗陀海峡、达达尼尔和博斯普鲁斯海峡(又称黑海海峡)、松德海峡和大小贝尔特海峡等。

四、各类海峡法律地位的比较

简言之,内海海峡、领海海峡和适用专门的国际条约规定的海峡,均处于一个或几个沿岸国的主权之下,但管辖的方式或程度有所不同:

(1)内海海峡属于一国的排他性管辖。海峡沿岸国完全有权自行规定这种海峡的通行制度,而不受任何限制。

(2)连接一面公海或专属经济区和一面领海的海峡,分属于一国或几国所有,其通行制度应受公约规定的限制,适用无害通过制度,对外国船舶的通过不应予以停止。

(3)连接两面公海或专属经济区、宽度不超过领海宽度的一倍、经常用于国际航行的海峡,其主权和管辖权属于沿岸国,但必须按照公约的规定,实行过境通行制度,海峡沿岸国对外国船舶的通过不应加以阻碍。

(4)连接两面公海或专属经济区或一面公海或专属经济区和另一面领海、宽度超过领海宽度一倍的海峡,应视为非领海海峡,船舶和飞机在其非领海的中间水域航行和飞行,应适用公海自由原则,不受沿岸国的限制和管辖。因此,广义上此类海峡也被视为国际海峡或用于国际航行的海峡。

(5)继续适用特殊通行制度的海峡,其主权和管辖权也属于沿岸国,但对沿岸国的主权或管辖权的行使通常有一定的限制;一般实行较少限制的自由航行原则。

五、台湾海峡的法律地位和航行制度

(一)台湾海峡的重要性

我国位于太平洋西岸,台湾海峡是重要的国际通航海峡,连接太平洋和印度洋航线,日均通过的商船数量可达百艘之多。同时,台湾海峡也是我国北方地区能源等大宗物资南运以及大部分对外贸易运输的必经之路。可见,台湾海峡的航行顺畅对我国国民经济的均衡发展和贸易的顺利进行,均有着极为重要的意义。

台湾海峡也是保卫我国东南沿海地区的战略要地。我国海军战略研究学者指出,在近代史上,进入我国大陆和台湾的外国侵略者,无不首先控制台湾海峡。在台湾和祖国大陆统一之前,台湾海峡是两岸军事对峙的区域。在国家统一之后,海峡两岸完备的军事设施可以有效的维护海峡的安全。

(二)适用于台湾海峡的法律

关于台湾海峡的的法律地位和航行制度的法律主要包括:国内法部分有 1992 年《中华人民共和国领海及毗连区法》和 1998 年《中华人民共和国专属经济区和大陆架法》;国际法部分有《联合国海洋法公约》及其他国际法规则。

中国政府于 1996 年 5 月 15 日正式加入《联合国海洋法公约》,同时发表了"关于中华人民共和国领海基线的声明",公布了我国大陆领海的部分基线及西沙群岛领海基线,其中大陆领海基线部分包括了台湾海峡西侧一些沿岸岛屿,但是,未划定台湾岛四周的领海基线。根据 1958 年中国政府的领海声明和 1992 年《中华人民共和国领海及毗连区法》的规定,我国领海的宽度从领海基线量起为 12 海里。根据 1998 年《中华人民共和国专属经济区和大陆架法》的规定,我国的专属经济区宽度为从领海基线量起 200 海里。

(三)台湾海峡的法律地位和航行制度

台湾海峡位于台湾省和福建省之间,南北长约 370 千米,两端分别连接我国的专属经济区,东西宽约 130 ~ 410 千米(约为 70 ~ 220 海里),面积约 8 万平方千米,水深40 ~ 80 米。

如果严格按照《联合国海洋法公约》的有关规定,即使选择台湾岛四周最外侧的岛屿做基点,并用直线连成领海基线,大陆沿岸的领海基线与台湾岛沿岸的领海基线之间的距离也大大超过领海宽度的一倍(24 海里)。因此,台湾海峡是非领海海峡。由于台湾海峡的宽度远远超过我国领海的宽度的一倍,也不是公约第三部分所专门规定的严格意义上的"用于国际航行的海峡"。但是,由于台湾海峡是一条繁忙的地区性或国际性航道,因此,通常人们将其视为国际海峡或用于国际航行的海峡。

按照《联合国海洋法公约》规定的领海宽度,我国政府已宣布我领海宽度为 12 海里,台湾海峡两边领海宽度相加已经超过 24 海里,因此,台湾海峡水域从东西两侧领海基线算起分别实行内水和相应宽度的领海、毗连区及专属经济区制度。台湾海峡除了东西两侧分别属于我国大陆和台湾岛的领海海域之外,海峡中部水域总的来说不适用"过境通行"和"无害通过"的航行制度,根据《联合国海洋法公约》的规定应实行公海航行和飞越自由制度。

尽管台湾海峡是非领海海峡,外国船舰包括军用船舶和飞机可以在这里自由航行和飞越,但是,这并不等于说,作为该海峡沿岸国的中国,就没有任何权利对通过这里的外国船舰和飞机进行管辖。根据公约的规定,无论实行哪一类航行制度的海峡,沿岸国均有相应的主权或管辖权,可以根据具体情况和需要通过制定法律法规实施管理。

韩国领海、专属经济区和
大陆架勘测的评价

高之国

1994 年《联合国海洋法公约》生效以来,国际上围绕维护海洋权益和争夺海洋资源和空间的斗争趋势更加明显。沿海国家纷纷加大了对海洋立法,维护海洋权益,强化海洋管理的工作力度。我国的周边海上邻国为了最大限度地获得海洋利益,纷纷制定和调整各自的海洋开发战略,出台了一系列维护海洋权益的举措。其中韩国海洋管理体制改革的力度最大。

1996 年韩国正式批准了《联合国海洋法公约》,并成立了韩国海洋水产部,将原来 13 个部门的 50 多项涉海职能和工作纳入一个综合的海洋管理部门。在维护海洋权益和开展海域划界方面,韩国在周边国家中较开展了领海、专属经济区和大陆架的调查和勘测工作。

一、领海基点调查

韩国于 1977 年和 1988 年以总统令的形式宣布了直线基线和领海制度,但一些基点和基线的工作并未全部完成。因此,韩国在批准《联合国海洋法公约》公约后,即开始制定计划,调查领海的基点和基线。

韩国领海基点调查的主要内容是运用全球定位系统(GPS),对作为国家领土组成部分的领海基点进行精确调查和测绘。调查结束后将制作一套领海基点图,作为国家海洋基础图件的一部分。韩国领海基点调查的工作进展和预算情况见下表。

表 1 韩国领海基点调查和预算

类 别 \ 数量 \ 进度	基 点	调 查			预 算
		1986—1998 年	1999 年	2000—2002 年	
直线基点	23	13	4	6	
正常基点	97	44	15	38	13 亿韩元
合 计	120	57	19	44	

韩国领海基点的调查工作于 1997 年启动,整个项目为期 5 年,总投资为 13 亿韩元,约合 1 300 万元人民币。目前大部分调查工作已经完成。

二、专属经济区和大陆架勘测

为了建立 200 海里专属经济区和大陆架制度,掌握和了解区域内的资源情况,做好划界的前期准备工作,韩国启动了专属经济区和大陆架勘测项目,并决定编制一套综合性的国家海洋基本图件。该项工作已于 1996 年启动,计划于 2002 年结束。整个专项工作为期 7 年,总投资 223 亿韩元,约合 2.2 亿元人民币。

调查范围是韩国的专属经济区和大陆架。目前勘测活动主要是韩国周边的 37.6 万平方千米海域内进行。调查的主要内容有水深、地磁、重力、海底测量等项目。在调查研究的基础上,将绘制一套包括水深图、总磁强度图(Total magnetic Intensity Chart)、真空动力异常图和海底回声情况图。这套国家海洋基础图件,可以为今后领海和专属经济区的划界和海洋开发提供必要的基础性数据。

韩国专属经济区勘测的预算,进度和工作安排见表 2。

表 2　韩国专属经济区勘测工作安排和预算

进度 预算	已完成		未完成	共　计
	1996—1998 年	1999	2000—2002 年	
223 亿元	14.1 万平方千米	40 万平方千米	19.5 万平方千米	73.6 万平方千米

三、几点分析和看法

韩国的领海、专属经济区和大陆架勘测项目,有以下几方面的特点。

第一,高度重视海洋权益。韩国政府和公众长期以来高度重视维护国家海洋权益。在岛屿归属、海域划界方面更是寸海必争、寸土不让。领海、专属经济区和大陆架的勘测,主要是为同邻国划界做好充分的准备。

第二,超前安排调查勘测工作。韩国早在 20 世纪 90 年代初期已完成了领海、专属经济区和大陆架勘测的立项调查、论证工作。在 1996 年 1 月 29 日正式批准《联合国海洋法公约》后,立即于当年安排专属经济区和大陆架的调查勘测。1997 年又启动了领海基点调查工作。可见,韩国在维护海洋权益方面,是当机立断、毫不迟疑的。

第三,充分保证勘测资金。韩国单方面主张的管辖海域约为陆地面积的 4.5 倍,大约是 40 多万平方千米。领海、专属经济区和大陆架调查勘测的总投资为 2.4 亿元,平均每平方千米的投入为 600 元,这个投资力度大约为我国内同类项目的 6 倍之多(我国 126 专项投资大约每平方千米为 90 多元)。

第四,专项调查是公开项目。韩国按照《联合国海洋法公约》的有关规定,组织实施其海洋管辖区域的调查和勘测。因此,没有将这一工作作为一个保密项目对待。这样做有利于宣传和维护其海洋权益的主张。

韩国在维护海洋权益,安排和落实领海、专属经济区和大陆架的调查和勘测方面的实践和经验,对我们是有一定借鉴意义的。

(《动态》2000 年第 10 期)

第 55 届联合国大会海洋和
海洋法问题概述

贾 宇

联合国第 55 届大会于 2000 年 10 月在纽约召开。本届联大对海洋事务给予高度关注,不仅全面回顾了 1999 年联合国框架内有关海洋和海洋法的发展,并且审议了联合国秘书长提交的"海洋和海洋法"专题报告。现将本届联大审议海洋和海洋法问题的情况概述如下。

一、各国高度重视海洋法问题

《联合国海洋法公约》缔约国的总数已达 132 个。截至 2000 年 2 月 29 日,已有 24 个国家选择了《公约》第 287 条有关解决"公约的解释或适用的争端"的方法。

55 届联大期间就海洋和海洋法问题发言的国家明显多于往年。各国对《联合国海洋法公约》缔约国大会的"海洋法问题非正式磋商"普遍持欢迎态度,参加非正式磋商的国家也多于往年。包括我国在内的一些国家特别强调:全面审议海洋法问题的主要机构应该是联合国大会,非正式磋商进程不能取代联大的作用。

二、海洋资源成为中心议题

各国普遍关注海洋及其资源问题,特别是海洋渔业资源的合理开发和利用、海洋环境保护、海洋科学研究以及打击海盗问题。许多国家希望国际海底管理局尽快与先驱投资者签定海底采矿合同。部分国家特别是群岛国和沿海国重视"非法、未报告和未管制"的捕鱼问题,希望联合国粮农组织在这方面尽快制定有关规则。许多国家还认为,近年来相继建立的各区域性渔业管理组织,对海洋渔业资源的养护、管理和可持续开发具有积极和重要的作用。

三、《联合国海洋法公约》的主要机构工作顺利

1994 年生效的《联合国海洋法公约》下设的三个主要工作机构是:国际海洋法法庭、国际海底管理局、大陆架界限委员会。国际海洋法法庭自 1996 年 10 月在其驻地

德国汉堡举行第一次会议以来,到目前已举行了 9 次会议。国际海底管理局经过努力,终于在 1999 年通过了"深海采矿规则"。大陆架界限委员会也制定通过了《联合国大陆架界限委员会科学和技术准则》。三机构的工作都取得了较大的进展,为各国和平解决海洋争端、开发国际海底资源以及大陆架划界工作提供了法律基础和有利条件。随着各国对海洋问题重视程度的不断提高,可以预见,上述机构在 21 世纪的工作力度会进一步增强。

　　此外,相关国际组织也越来越关注海洋问题。联合国粮农组织、国际海事组织以及区域性渔业管理组织,都在渔业、航运、环保等方面积极开展工作,正着手制定有关的法律和规则。

　　本届联大对海洋和海洋法问题的审议情况说明,联合国在世纪之交高度重视海洋和海洋法问题,海洋资源的开发和国际立法管理将进入空前活跃的时期。建议我国积极参加联合国框架内的各种海洋法律和事务的磋商,尤其是要高度重视 21 世纪有关国际组织对海洋事务各方面规则的制定工作,更积极主动地参与国际海洋事务,以全面维护我国的海洋权益。

(《动态》2000 年第 11 期)

海域划界辅助决策系统

——"126专项"的阶段性研究成果之一

沈文周　许　坚　彭认灿

　　"海域划界辅助决策系统"由国家海洋局海洋发展战略研究所与大连舰艇学院合作研制,于1998年5月完成,同年8月通过专家鉴定。一致认为,该成果将大地测量学、地图制图学、计算机技术及划界的理论和方法有机地结合起来,精确、直观、快速地解决了涉及海域划界的若干难题,具有国际先进水平。

一、"海域划界辅助决策系统"组成、用途和特点

　　"海域划界辅助决策系统"是专门为我国与周边国家的海上划界而自主开发的计算机软件系统,已建立了一整套划界的模型和算法,并在此基础上提供了两种与某国划定海域界线的参考方案。其远景是为所有与我国海域相连的国家的划界服务的,也就是说,下一步将在此基础上完成黄海、东海和南海海域划界功能的研究开发。它可以在普通586微机上运行,无需对微机作特殊的配置,但若配置64M以上的内存,将会使系统运行得更快。另外,若要获得高质量的图形显示和输出效果,则需配置大屏幕高分辨率彩色显示器和彩色喷墨绘图机。本系统的运行环境是WINDOWS95或WINDOWS NT。系统自身由一个运行文件及几个数据文件组成。数据文件则由其它几个与系统配套的数据获取与预处理软件生成。点、线、面、区和注记等各种要素存成一个结构化二进制数据文件。这个数据文件是一张包括了整个某海域的已拼接好的全要素百万分之一矢量式数字海图,其数据取自二张百万分之一海图和一张七十五万分之一海图,是理想的计算机划界工作底图。

二、"海域划界辅助决策系统"功能

　　1.实现划界模型(方案)的可视化处理

　　主要包括:(1)划界底图的全范围缩放、漫游及任意方向滚屏显示;(2)各要素的分层显示;(3)各种划界方案(等距离线法等)图形的透明叠加显示;(4)数据的图表

化显示等;(5)各要素的显示色彩(图案)选择框。经有关部门人员的实际使用表明,上述功能的设计是合理实用的。

2.实现各种界线位置的精确标定及区域面积的精确计算

无论是采用手工作业还是计算机作业,海域划界工作中的难点和核心问题,就是要精确解算各种界线的位置坐标和各种区域的面积。但由于算法十分复杂,传统的手工计算很难胜任这些工作。即使采用了计算机技术,也需要研究出一种合适的算法模型,才能多快好省地完成诸如领海及毗连区的确定等十分复杂的任务。在本系统中,将所有与精度有关的计算都归化到大地椭球面上,以保证所求的关键结果与所采用的海图的数学基础(如投影性质、比例尺等)无关。如:(1)与领海基线大地线平行的领海线是按照大地线加密后连接成的,这与海图上划的领海线是不同的。即通过求加密后的领海基线的平行点,依次连接并去掉那些不合理的自相交线段可得到上述曲线;(2)为精确计算各种区域的面积,本系统将所有平面坐标归化到大地坐标,对那些较长的线段还必须首先按大地线方程加密后参加求面积的计算。

3.可提供多种的高精度量算工具

如:(1)已知两点大地坐标求其大地线长度及正反方位角;(2)已知三点大地坐标求其中心点大地坐标;(3)直接反算出鼠标点所在的经纬度等。这些计算工具十分实用,可用于快速精确求解各种与划界有关的大地问题。如可用它们来精确确定基点的位置、基线的长度及基线的方位角等。而且这些计算均做到了与底图的数学基础无关。

三、"海域划界辅助决策系统"中的若干关键技术

"海域划界辅助决策系统"是一个在 WINDOWS 95/WINDOWS NT 系统下,利用VB5.0 高级语言独立开发完成的。采用此方法所获得的结果,其精度与地图投影有关。以往在手工作业时,由于划界算法十分复杂,往往将问题作了化简处理。即将许多本应在椭球面上求解的问题近似转换到某一种投影平面上去求解,使得到的处理结果精度不高。有关资料表明,不管采用哪种地图投影,这种解决方案只能用于狭窄海域的划界,一旦用于宽阔海域则无能为力,或者得到的结果精度太差而无法使用。因此,为克服上述不足,本系统将所有可能的计算均建立在大地椭球面上,使得所求结果精度有绝对的保证,真正做到与地图投影无关;将已知条件中的大地经纬度换算到白塞尔辅助球上,得到辅助球上的球面经纬度,建立辅助球上的求解模型并求解,最后结果中与辅助球有关的部分再转换回到大地椭球面上。

1.建立高效实用的数据模型

为使系统能高效可靠地运行,本系统独立设计了一个迷你型的数据结构,有效地

实现了对点、线、面及区域的管理 。做到了对每一要素的分层控制显示及显示图案/颜色的任意选择。从而建立一个高效实用的数据模型。

2. 实现灵活多样的图形显示

本系统在底图显示时，可根据需要作任意分层控制显示；可任意改变要素的显示颜色/图案；可作任意方向的全范围滚动/漫游显示；可作适当的缩放显示。特别是，为加强划界方案的显示效果，还采用了区域透明叠加显示技术，使划界方案能浮现在底图之上。不同区域的透明叠加显示还能十分生动地表示出不同的划界方案的区别，可得到很好的比较效果。

3. 建立精确实用的地图量算工具

为有效解决传统划界方法无能解决的问题，本系统建立了一系列在海域划界中起关键作用的与地图数学基础无关的精确实用的地图量算方法。如前面已经提到的已知两点大地坐标求其大地线长度及正反方位角；已知三点大地坐标求其中心点大地坐标以及直接反算出鼠标点所在的经纬度及各种界线位置的精确标定、区域面积的精确计算及由基线推求领海线和毗连区边线等。它们均是在椭球面求解，在海域划界量算中，多数均与底图资料无关。如由基点经纬度坐标确定基线的位置和长度，进而在此基础上确定的领海线、毗连区边线、经济专属区边线（等距离线或等比例线等）的位置、长度和面积等均与划界底图资料无关，从而保证了所求结果有很高的精度。经测试表明，各种位置点点位误差小于0.01秒，长度误差小于 1 米，面积误差小于 1 平方米。

四、海域划界方案的实现

1. 等距离线法划界方案的实现

按等距离线法的定义，指的是确定出这样一条分界线，使得分界线上的每一点与双方基线上最近点的距离相等。传统的做法往往是通过手工的方法，先将双方的基点展绘在较大比例尺工作底图上，用直线连接出领海基线。然后用卡规、钢尺等以试探的方式确定出每一个分界点。

采用上述传统方法不仅工作效率低下，而且划界精度也难以得到有效的保证。牺牲精度的情况是不可避免的，这是因为当划界区域较大时，为了能实施手工作业，就必须选用较小比例尺地（海）图作为工作底图，而在这样的底图上完成展点、连线、量距离、量方位、量面积等工作，所得到的结果其精度是无法保证的。

显然，为得到高精度的划界结果，必须建立一整套能保证计算精度与所采用的地（海）图的数学基础无关的计算机求解模型。从目前情况看，只能在地球椭球面上寻求解决问题的方法。因此，本系统将所有与精度有关的定位、连线、量距离、量方位、求面积等运算全部归化到地球椭球面上。即完成以下转换：

大地经纬度→辅助球经纬度→大地经纬度

经过这样的处理，在理论上使得各种位置点点位误差小于0.01秒，长度误差小于1米，面积误差小于1平方米。

2.实现各种界线在图上的描绘

由于采用上述计算机划界技术可以得到与底图数学基础无关的精确结果，因此为底图的选择提供了极大的方便，使得本系统可以选择较小比例尺地（海）图作为工作底图，从而能方便地从整体上把握完整的划界区域的形势。另外，所有的界线也可以完整地在一个较小图幅内完全精确地展现出来。

3.各种"直线"的计算及连接

本系统将领海基线、海域分界线、等距离线等几何线称为"直线"。以下以领海基线的计算及连接为例加以说明。

首先，通过投影计算，得到每一领海基点在底图上的精确位置，然后按一定的间隔求出两两基点之间的大地线上的点位，依次连接这些点即可得到图上精确的领海基线。为与底图数据采集的密度相一致，将这一间隔定为图上0.5毫米。

4.各种平行线的计算及连接

平行线指的是平行于领海基线的领海和毗连区外侧边线。按联合国海洋法公约规定，领海宽度从基线起算不得超过12海里；毗连区从基线起算不得超过24海里。

由于推求大地线的平行线十分复杂，还未见精确确定这两种区域的报道。本系统首先通过求加密后基线（大地线）的平行线的方法，按一定的间隔（如图上长0.5毫米）求得基线加密点的坐标，求出基线上每一小段的方位角，然后从每一小段基线的起点出发，以相应的小段基线的方位角加上90°为新的方位角，以领海宽度为大地线长度，求出每一距基线的最短距离均为给定的领海宽度折点。最后依次连接这些折点，并删除那些自身相交的部分后，其最终的连线就是所求的领海线。毗连区边线的求法与此相同。通过此法求得的只能算准平行线，当加密间隔越小时就越接近真正的平行线。

5.各种区域面积的计算

本系统可完成多种区域面积的精确计算。特别是那些靠传统方法难以完成的诸如领海、毗连区等的面积计算。如前所述，面积的计算是在椭球面上完成的。具体计算公式可参照《海图数学基础》，但在实施具体计算之前，一定要把较长的线段按大地线方程加密，才能有效地保证所求面积的准确性。

6. 线段长度及方位角的计算

线段长度及方位角的计算也都是在椭球面上按大地主题反解的方法计算出来的。计算公式参见《椭球大地测量学》。

7. 具体划界方案的实现

利用本系统的基本功能,我们已实现了有关部门要求的两种具体划界方案:等距离线法划界方案和某海域的等面积法划界方案,后一方案本系统称为中间经线法。两种方案的各种点位、界线、区域边线等可详细计算出来并清晰地显示在底图上;各种区域的面积则是按列表的方式详细列出。由于在方案显示中采用了透明叠加技术,使得划界方案可以浮现在底图之上,显示效果比较理想。两种划界方案的透明叠加显示,还能直观、突出地表现出两种方案的差异。

五、结束语

"海域划界辅助决策系统"是在研究不同的划界方法的基础上,针对不同的划界主张、划界海域及不同的自然地理环境,由系统辅助产生领海、专属经济区及海域分界线等,并由此自动量算诸如内水、领海、专属经济区等面积。

本系统属应用类地理信息系统,系统硬件基于高档微机、彩色绘图仪等,系统软件基于 WINDOWS 95 或 WINDOWS NT 平台,后台数据由具有拓扑关系的数字海图、岛屿数据库等构成。前台程序可对划界海域的各种划界结果进行浏览和分析比较,并可将划界结果以图形和表格的方式在绘图机上输出。既有较高的实用价值,也具有一定的学术研究价值:

1. 系统设计思想科学。与传统的图上量算方法相比,大幅度提高了精度,可满足海域划界对精度的高要求。

2. 对领海、毗连区等复杂区域的外边线的精确确定提出了一种独到的解决方法,即领海基线在椭球面上平行线的数值解法。

(《动态》1999 年第 2 期)

关于历史性权利与我国海域划界的研究

曹丕富

《中华人民共和国专属经济区和大陆架法》已由九届全国人大常务委员会第三次会议于 1998 年 6 月 26 日通过。该法第十四条规定"本法的规定不影响中华人民共和国享有的历史性权利。"这清楚的表明,我国将在适当的时候,对一些特殊海区公布为"历史性权利"海域,以补充"专属经济区和大陆架法",全面维护我国海洋权益。

一、历史性海洋权利的产生和发展

"历史性海洋权利"的法律问题,在 20 世纪就提了出来。起先这个概念只用于"历史性海湾"的案例中,后来延伸至"历史性水域"。

"历史性海洋权利",是在"历史性海湾"和"历史性海域"的基础上延伸而来的。它比"历史性海湾"和"历史性海域"概念更宽泛,是一种准"历史性海湾"和"历史性海域"的概念。

海湾是深入陆地形成明显水曲的海域。湾口两个对应岬角的连线是海湾与海的分界限。水曲的面积是位于水曲陆岸周围的低潮标和一条连接水曲天然入口两端低潮标的线之间的面积。"历史性海湾"是指一国历史上长期占领、连续使用,并为他国默认的海湾。因为它是三面陆地环绕水域,一般其法律地位都当成内水看待,是一国领土的组成部分。

"历史性海域"比"历史性海湾"涵义更宽,它是在"历史性海湾"的基础上,经长期实践发展起来的一种理论,《国际法委员会年鉴》关于"历史性海域"是这样定义的:国家长期声称并保持某一海上地区的主权,认为这些地区对其至关重要,不必过于关注一般国际法就领海所作规定的不同和变化的观点。很显然,"历史性海域"和"历史性海湾"一样,也是一国主权的范围。"历史性权利"包括"历史性海湾"和"历史性海域"。正如 1957 年 9 月 30 日联合国秘书处文件 A/CONF,13/1 所指出的"历史性海湾在理论上是一个总的范围的概念,宣布历史性权利不仅适于海湾,而且也适于不构成海湾的海洋水域。例如,群岛水域,群岛和邻接大陆之间的附近水域。此外,在海峡、河口也可宣布历史性权利"。

　　"历史性海湾"和"历史性海域"概念的出现,是陆地占有在海上的一种表现形式,与传统的领土取得的"先占、时效、添附、割让和征服"五种方式一脉相承,是 19 世纪海洋活动实践的结果,反映了陆地占有意识向海洋上的转变。尽管这两个术语概念并没有普遍被接受,但在实践中不断被一些国家应用。例如,美国对特拉华湾和切萨皮克湾称拥有历史性所有权,苏联 1957 年声称彼得大帝湾为其历史海湾,利比亚 1974 年宣称锡特拉海湾是它的"历史海湾",加拿大对北极圈内的海域声称为它的"历史海域"等。1958 年第一次联合国海洋法会议上,有关术语"历史性海湾"和"历史性海域"含义的问题,被日本、巴拿马、印度以及其他国家的代表团提了出来。但是由于代表们普遍认为会议既没有足够的材料也没有足够的时间来正确处理这个问题,因而这次海洋法大会结束的时候,通过了一项要求联合国开展对"历史性海域",包括"历史性海湾"法律制度的研究决议,并在大会通过的《领海及毗连区公约》中插入了保证条款,承认"历史性海湾"和"历史性海域"的合法性。

　　1962 年第二次联合国海洋法会议上,秘书处提出了一份题为《历史性水域,包括历史性海湾的法律制度》的文件,提出构成"历史性水域"的因素主要是:(1)主张历史性权利的国家已对该水域行使权力;(2)行使权力应有连续性;(3)这种权力的行使获得外国的默许。对这一定义虽有不同看法,但毕竟是秘书处研究的结果,代表了一些国家的意见。

　　从 1973 年起召开的第三次联合国海洋法会议上,又对这个问题进行了讨论并成立了一个"关于历史性海湾和其他历史性水域工作组",主要审议由工作组主席哥伦比亚提出的一项条款草案,规定了历史性海湾必须具备的条件:(1)主张某一海湾为历史性海湾的沿海国,按照不断重申的关于船舶过境、捕鱼和别国国民或船舶的任何其他活动的公共规则,通过行使主权或专属管辖权,长期以来一直和平地拥有该海湾的水域;(2)这种做法经第二国,特别是邻国明白地或默示的接受;(3)沿海国为了防卫或为该地区的特殊经济利益,绝对需要全部拥有该海湾,这种事实和其重要性已由该海湾的长期使用明白证实。至于海湾以外的历史性海域,条约草案规定可以准用上述规定,但是这些条件也没有被普遍接受。因此,1982 年通过的《联合国海洋法公约》没有对"历史性海湾"和"历史性水域"的性质、构成因素作任何规定,但"历史性海湾"、"历史性所有权",继续被赋予"例外条款"地位,从而再一次肯定了"历史性所有权"的特殊性、合理性和合法性。并对其法律地位作了三点规定:(1)在公约的第 10 条海湾的规定中,指明该条不适用于所谓历史性海湾,也不适用于采用第 7 条所规定的直线基线法划定领海;(2)第 15 条"关于海岸相向和相邻国家领海界限的划定"中规定,"如因历史性所有权或其它特殊情况而有必要按照与上述规定不同的方法划两国领海的界限,则不适用上述规定;(3)第 298 条关于划定海洋边界的第 15、第 74

和第 83 条在解释和适用上的争端,或涉及历史性海湾或所有权的争端,一国可以在签署、批准或加入公约时,或在其后任何时间,可以书面声明不接受公约规定的有拘束力裁判的强制程序。这些规定说明,在《联合国海洋法公约》中是承认"历史性海湾"和"历史性所有权"的。

二、历史性所有权的国际实践

随着现代海洋技术的发展和 1973 年第三次联合国海洋法会议的召开,人们对海洋资源和环境的利用越来越广泛,特别是 1994 年《联合国海洋法公约》生效,蓝色海洋圈地运动达到高潮,世界上所有的 144 个沿海国家,都在不同程度地把自身的利益塞入公约,同时又最大限度地利用《公约》中的有关条款,谋自己国家的海洋权益。其中"历史性所有权"、"历史性海湾"是广泛被利用的条款之一。尽管应用这种条款的国家,有时会遇到各方面挑战和反对,但一直没有影响适用本条款的趋势。

(1)地处西南太平洋的群岛国汤加,是由 172 个小岛组成的岛国,其中 36 个岛屿上有人居住。1887 年 8 月 24 日汤加国王根据其位置处在 4 个小岛之间,宣布《皇家公告》,硬划出一块四角形之广大水域,主张为其汤加领海。此一水域原本应为公海,但是,汤基于"洋中群岛国"的地位,将此一四角形水域中若干小群岛称为汤加传统领土。1973 年随着第三次联合国海洋法会议召开,汤加政府又以 1887 年《皇家公告》为依据,宣布在四小岛之间划出的长方形水域为"历史性水域",纳入国家主权管辖之下,享有群岛水域的法律地位。

(2)1973 年加拿大外交部宣布北极群岛水域"基于历史原因,属于加拿大的内水"。但遭到一些国家的反对。加拿大外交部在 1973 年 12 月发表的一封信中指出:"基于历史原因,加拿大坚持认为,加拿大北极群岛水域是加拿大的内水,尽管并未在任何条约中或借助于任何法律作过类似的表述。"并提出了如下证据:早在 1880 年大不列颠将其在北美的领土和占据的领地移交给加拿大之前,它在该区的势力范围实际上已经涵盖了加拿大北极群岛水域。移交之后,加拿大开始对北极地区进行定期探查,以加强和巩固其对北极群岛的所有权和对该水域的控制权。第一次世界大战后,加拿大对到北极水域执行某些补给任务的美国舰船开始实施管辖。这些事实就足以满足对该水域在一定时期内行使管辖权和得到外国默认这两项条件。

(3)1974 年印度—斯里兰卡经过谈判签订了《关于两国间历史性水域的疆界及有关事项的协定》。协定称,两国政府"愿意以对双方公正、公平的方式"决定两国之间"历史性水域"的疆界线。协定第 4 条规定:"每个国家对于在上述疆界自己一边的水域、岛屿、大陆架及其底土,应享有主权和专属管辖权及控制权。"

(4)1982 年国际法院对突尼斯—利比亚大陆架划界判决案。这是一个充分涉及到"历史所有权"的案例。1971 年,突尼斯与海岸相向的意大利达成《关于划分两国之间大陆架的协定》,规定两国大陆架的疆界应为中间线,但历史上属于意大利管辖的兰皮恩、兰佩杜萨、利诺萨和潘特莱里亚各岛除外。在上述岛屿区域向突尼斯一侧划出半径为13海里的"圆周信袋形"海域归意大利所有。

(5)1953年国际法院在英—法有关英吉利海峡群岛案中强调英国对该群岛的历史性权利,而判该群岛为英国所有。1928年常设仲裁法院在英国与荷兰之间的帕尔马斯岛主权案中,强调荷兰对该岛历史性权利主张而归其所有。

(6)菲律宾于1961年6月17日第3064号法令:根据1898年12月10日的美国与西班牙缔结的巴黎公约;1900年11月7日美国与西班牙缔结的条约;1930年1月2日美国与英国缔结的条约,宣布所指定的范围为其"历史性领海"。

三、历史性权利与我国海洋划界

我国在黄海、东海和南海,与相邻和相向周边国家,都存在海域划界问题。在黄海存在与朝鲜、韩国划界问题;在东海存在与韩国和日本划界问题;在南海存在与菲律宾、文莱、马来西亚、越南、印度尼西亚等国划界问题。按照《联合国海洋法公约》规定,我国有理由主张海域管辖面积近300万平方千米,但150多万平方千米与邻国要求重叠,其中黄海近3万平方千米,东海约30万平方千米,南海约120万平方千米。目前海域划界谈判已全面展开,我国坚持的基本立场是:坚持公平划界原则,在黄海考虑综合因素划分与朝鲜、韩国海域界限,在东海坚持陆地自然延伸原则与日本划界,在南海由于情况比较复杂,至今还没有形成统一划界说法,只是在西沙群岛宣布了直线基线,在南海西北部—北部湾海域谈判中,提出了中越"大体对半分"的原则。

宣布"历史性权利"是维护我国海洋权益的一种选择。在我国邻接的四个海域中,渤海是我国的内海,宣布不宣布"历史性海湾",对我权益影响不大。黄海、东海由于历史上,朝鲜、韩国、日本、我国等都在这一区域活动,只是钓鱼岛自古以来就是我国的领土,具有历史性权利,我国政府在多次声明中已表明立场,并将其主张纳入《领海及毗连区法》中。南海,也是周边国家活动的海区,由于20世纪80年代石油的发现及开采,南海海区海洋权益主张变得复杂。尽管历史上我国在南海的传统权益一直被国际社会承认,但进入70年代却一直受到周边国家的挑战。能否将传统的九断线之内的海区和岛屿,包括东沙、西沙、中沙和南沙群岛及其附近海域,宣布为"历史性权利"海域,关键看是否符合"历史性海洋权利"的三个基本特征:(1)声称历史所有权的国家对该地区主权的行使;(2)主权行使的持续性;(3)别国的态度,特别是别国的默认。

1. 关于行使主权

行使主权是国家对领土管辖的重要特征。南海海域中的九断线所包围海域是否历来由中国行使主权,是将来能否主张"历史性权利"的关键。

南海是中国人传统活动的海域,东汉以来至隋唐,称为涨海。早在 2100 年前的汉朝我国人民就发现了南沙和西沙群岛。根据国际法和当时的习俗,"谁发现领土,谁就拥有主权"的主张,中国拥有了对这些岛屿的主权。并以岛屿为基地捕鱼、航行,形成了中国传统谋生的区域,并行使了有效管辖:

——派遣水师,巡视海疆。早在北宋时期专门记载宋朝军事制度和国防大事的《武经总要》一书,就记载了中国水师巡视西沙群岛的历史事实。明、清以来,西沙、南沙群岛海域仍然列入水师的巡视范围,史籍对此记载颇多,1405 年郑和将军作为明朝世祖皇帝的特使,对南海进行巡视,并把南沙群岛正式命名为"万里石塘"。宣统元年(1909 年)四月,两广总督张人骏派遣广东水师提督李准领海军官兵 170 余人前往西沙视察,逐岛查勘,命名勒石,并在永兴岛上升旗鸣炮,重申我对西沙群岛主权;

——列入版图,进行管辖。明清时代已将"千里长沙"(指西沙群岛)和"万里石塘"(指南沙群岛)划归广东万州(今海南省万宁、陵水县境)管辖。19 世纪 30 年代,专门论述海防的《洋防辑要》,19 世纪 70 年代郭嵩焘所著《使西纪程》都将西沙、南沙列入中国的版图;

——进行天文测量。早在元朝至元十五年(1279 年),郭守敬到西沙群岛进行天文测量,是我国政府行使主权的行动;

——抗议外国在西沙、南沙群岛海域进行非法调查。清光绪九年(1883 年)德国人曾在西沙、南沙群岛进行调查测量,我国政府为维护领土主权,曾向德国提出抗议,德国不得不停止调查测量。

——18 世纪和 19 世纪期间,清朝连续出版了 6 幅地图,这些地图都包括南沙群岛的名字,诸如《大清中外天下全图》、《清直省分图》(1724 年)、《皇清直省分图》(1755 年)、《大清一统天下全图》(1767 年)、《清绘府州县厅总图》(1800 年)、及新编《大清一统天下全图》(1817 年)。所有地图都包括南沙群岛并标之为"万里石塘"。

——1909 年,清朝派李准将军率领中国海军巡视西沙和南沙群岛,并为这些岛礁重新命名。

——1930 年当日本侵略中国时,法国作为越南殖民地的管理者,占领了西沙和南沙的一些岛屿,他们认为这些岛屿是越南历史上的领土。中国政府于 1932 年 9 月 28 日提出强烈抗议,指责法国对主权的声称是错误的。为了支持这一抗议,中国举证了 1887 年中法之间就中越边界线而达成的协定。这一协定的第 3 条指出:

至于海中岛屿,照两国勘界大臣所划红线向南接划,此线正过茶古岛东边山头,即以该线为界。该线以东海中各岛归中国;该线以西海中九头山(越名格多)归越南。

西沙群岛在其东边较远处,南沙群岛则在更东边。因而法国不能抗拒中国的合法地位。

1933 年 7 月 25 日,法国在其政府公告中,宣称占领南沙群岛中 9 个岛屿,但法国承认以下事实:

1. 在南沙群岛上,有从海南过来的中国人靠捕鱼谋生;
2. 当时,岛上住有中国人;
3. 岛上有叶子搭的房子,有神像,并有供奉着的死者的照片;
4. 每年,海南的中国人用帆船载着食物给住在南沙群岛上的中国人送来。

以法国的描述为证,中国外交部于 1933 年 8 月 4 日对法国的占领提出抗议。

中国外交部根据国际法和国际惯例认为,在新发现的土地上,主权属于其居民在土地上居住的国家。当前居住在南沙群岛的居民都是中国人,因而南沙群岛无疑属于中国。

因为法国在当时不能提出任何反对意见,它没有就该问题与中国争辩。第二次世界大战后,法国政府再也没有就此事提出异议。

——1939 年,日本占领了海南,也占领了西沙和南沙群岛。日本是作为对中国的侵略扩张、而不是考虑到这些岛屿属于越南才占领这些岛屿的。1941 年年底日本才入侵了越南。

——1946 年 11 月,中国政府在日本投降后,派代表乘军舰收复了南沙和西沙群岛。中国政府还建立了一个行政机关,用以行使对西沙和南沙群岛的管辖权。这些岛屿先是归广东省管辖,后划归海南行政区管理。

——1951 年《旧金山和平条约》签订,日本放弃了对台湾、澎湖、南沙和西沙岛屿的所有权益、所有权及主权声称。中国把西沙和南沙连同台湾和澎湖列岛一齐收回,这是初始主人收复原来领土、而不是新主人占据无主土地的行为。

——1947 年 12 月 1 日中国政府公布了《南海诸岛位置图》,图上标绘了一条"断续国界线",按标记方式,与陆上国界线相同。

——1949 年 10 月 1 日中华人民共和国成立,中国政府出版的公开地图上一律采用 1947 年南海断续国界线的划法。

——中国政府从 1950 年开始历次外交声明抗议外国侵犯我南海诸岛主权中,一贯坚持南海诸岛,包括西沙、中沙、南沙和东沙群岛"向来是中国领土的一部分,中华人民共和国对这些岛屿具有无可争辩的主权"。同时一贯重申"这些岛屿附近海域的资源也属于中国所有"。有关这一方面的声明如 1974 年 1 月 11 日外交部发言人抗议南越政府将我南威岛等岛屿划入越南领土的声明中指出:"中华人民共和国政府重申,南沙群岛、西沙群岛、中沙群岛和东沙群岛,都是中国领土的一部分,中华人民共和国对这些岛屿具有无可争辩的主权。这些岛屿附近的资源也属于中国所有。"此外,1974 年 2 月 4 日外交部发言人抗议南越政权侵占我南沙群岛的声明;1978 年 12 月 29 日外交部发言人声明;1979 年 9 月 26 日外交部关于南沙群岛的声明,以及以后的外交声明都作了类似的表述。

——中国政府还对外国侵犯属于我国的南海海域(断续国界线以内)掠夺我国南海资源提出抗议。1976 年 6 月 14 日我外交部就菲律宾宣布我南沙群岛的礼乐滩海域开始石油勘探作业发表声明指出,"中国对这些岛屿(南沙群岛)及其附近海域拥有无可争辩的主权,这些地区的资源属于中国所有。任何外国派兵侵占南沙群岛的岛屿或在南沙群岛地区勘探、开采石油和其它资源,都是对中国领土主权的侵犯,都是不允许的"。1980 年 3 月 21 日我国外交部就苏越合作勘探、开采南海石油和天然气协定发表声明指出:"中华人民共和国对这些岛屿(南海诸岛)及其附近海域享有无可争辩的主权。上述区域内的资源理所当然地属于中国所有。任何国家未经中国许可进入上述区域从事勘探、开采以及其它活动都是非法的,任何国家与国家之间在上述区域内进行勘探、开采等活动而签订的协定和合同都是无效的"。

——中国政府代表在一些国际组织会议上,对该组织文件和工作计划中侵犯我国南海诸岛及其附近海域的行为发表声明抗议。例如 1974 年 3 月 30 日联合国亚远经委会上对会议文件中将属于我国的西沙群岛和南沙群岛划为南越西贡当局的近海岛屿区,将南沙群岛附近海域列为南越西贡当局所划分的 30 个勘探开发协定区表示抗议,要求"秘书处采取措施,纠正错误,并注意今后不再出现这类情况"。1974 年 5 月 6 日我国代表对联合国亚洲及远东区域制图会议成立的"南中国海海道测量委员会",并将我国南沙群岛及其附近海域列入该委员会的测量计划范围一事,要求"有关当局采取措施,停止所谓南中国海海道测量委员会上述海道测量计划,并注意保证今后不再出现此类情况"。

如此种种事实表明,对南海诸岛及附近海域,即九断线之内海区,我国政府一直行使主权管辖。

2. 关于主权行使的连续性

中国发现南海诸岛并以此为基地在南海开发、经营已有 2000 多年的历史。从郑和到南海巡视并命名南沙群岛为"万里石塘",也有 500 多年。从 1947 年 12 月 1 日,中华民国政府在其官方公布的南海区域地图上,正式划出一条 U 型疆界线,到中华人民共和国 1949 年成立至今在正式出版的官方地图上也标有同样的 U 型线,也有 50 多年的历史。尽管 U 型疆界线是 1947 年对外公布的,但中国历届政府,都主张 U 型线内的权利,是一贯的、连续的。

——早在汉代,中国人民就开始在涨海(即今南海)航行,在长期的航行和生产实践中,先后发现了包括西沙、南沙群岛在内的南海诸岛,并将其称为"崎头"。如果从东汉杨孚《异物志》开始记载南海诸岛算起,中国人民在南海谋生并发现南海诸岛的历史也有 2000 多年之久。

——唐宋时期,我国的航海业进一步发展,中国船舶经常往返于中国和东南亚以及东非各国之间,人们对西沙、南沙以及周围海域的认识加深,从而出现专指西沙、南沙群岛及周围海域的古地名,把西沙、南沙群岛及附近海域命名为"九乳螺洲"、"石塘"、"长沙"、"万里石塘"、"万里长沙"、"石塘海"、"长沙海"等,并把其纳入广南西路琼管吉阳军管辖范围。宋太祖赵匡胤在开宝四年(917 年)还在南海诸岛建立军事管区,派军队驻守;建立巡海水师,巡管南海海面,并在永兴岛上升旗鸣炮。

——元代,称南海诸岛为"万里石塘","七州洋"为西沙群岛及其海面,"昆仑洋"为南沙群岛及其航海危险区。南海诸岛及周围海域仍归海南岛管辖。元世祖忽必烈还于至元十五年(1279 年),派遣著名天文学家、主管全国天文测量的同知太使郭守敬去南中国海进行观测,测得"南海"、"琼州"、"雷州"三点纬度值分别为 14°47′,19°28′和 20°27′。

——明朝时期,南海诸岛已是广东省海南岛万州的一部分。1405 年,郑和将军作为明朝世祖皇帝的特使,首次到南海巡视,并绘制了《郑和航海图》,把南海诸岛包括在中国领土之内,并把东沙群岛和西沙群岛命名为"石星石塘",南沙群岛命名为"万里石塘"。黄佐《广东通史》、王佐《琼台外史》还记载了明朝水师在"七州洋"、"昆仑洋"巡海、防寇情况。

——清代时期,我国继续对南海诸岛及周围海域进行管辖。清代康熙丙申年(1716 年)编绘的《大清中外天下全图》、雍正二年(1724 年)《清直省分图》、乾隆二十年(1755 年)《皇清各直省分图》、乾隆三十二年(1767 年)黄证孙编绘的《大清万年一统天下图》、嘉庆五年(1800 年)晓峰重绘的《清绘府州县厅总图》以及嘉庆二十三年(1817 年)《大清一统天下全图》等等,都将西沙、南沙群岛分别标绘为"万里长沙"、"万里石塘",纳入清朝的版图范围之内,郝玉麟《广东通志》和阮元《广东通志》中还分别列有"万州辖治千里长沙、万里石塘"、"万州所属千里长沙、万里石塘"的情况。

——中华民国时期,1911 年广东省政府宣布把西沙群岛划为海南崖县管辖;1916 年—1929 年间,中国政府和广东地方政府曾多次批准商人开采西沙群岛鸟粪和从事垦殖等活动;1933 年广东省建设厅提出建设西沙群岛的计划;1936 年中国政府根据 1930 年在香港召开的远东气象会议的决议,在西沙群岛建成气象台、无线电台和灯塔,指示海上航行船舶。

第二次世界大战期间,南海诸岛一度为日本侵占。1945 年日本投降后,根据 1943 年中美英三国《开罗宣言》和 1945 年《波茨坦公告》的精神,1946 年 11~12 月间,中国政府由内政部会同海军部,委派肖次尹和麦蕴瑜分别为接收西沙、南沙群岛的专员,分乘"永兴"、"中建"、"太平"、"中业"四艘军舰前往接收,并在岛上举行接收仪式,重竖石碑,碑文分别为"海军收复西沙群岛纪念碑"、"南沙群岛太平岛"等。之后,中国政府再度将西沙、南沙群岛划归广东省管辖。1947 年 11 月,中国政府重新命定东沙、西沙、中沙、南沙群岛及其各个岛、礁、沙、滩的名称,并公布施行。1947年12月1日,中华民国公布了南海海域断续国界线,表明对这一区域的历史性权利。

——1949年10月1日,中华人民共和国成立。中国政府继续对南海诸岛及其周围海域行使权利。

1951年8月15日,中国外交部长周恩来发表《关于美英对日和约草案及旧金山会议声明》,严正指出:西沙、南沙群岛和东沙、中沙群岛一样,同为中国领土。不论美英对日草案有无规定和如何规定,中国对西沙、南沙群岛的主权均不受任何影响;1958年9月4日,中国政府发表《关于领海声明》,宣布:中华人民共和国领海宽度为12海里的规定适用于东沙群岛、中沙群岛、西沙群岛、南沙群岛以及其他属于中国的岛屿;1974年1月14日,中国外交部发言人发表声明,抗议南越西贡当局将我南沙群岛中的太平岛、南威岛等岛屿非法划入越南领土;1974年1月15~19日,南越西贡当局出动海空军侵犯我西沙群岛,中国人民解放军海军部队和民兵进行自卫反击,赶走南越军队,捍卫了中国的领土主权。1974年2月4日,中国外交部发言人发表声明,抗议南越西贡当局以武力非法侵占我南沙群岛部分岛屿,再次提出:南沙群岛、西沙群岛、中沙群岛和东沙群岛,都是中国领土的一部分,中华人民共和国对这些岛屿及其附近海域具有无可争辩的主权;1979年9月26日,中国外交部发言人发表声明:中国对西沙群岛、南沙群岛、中沙群岛和东沙群岛及其附近的海域拥有无可争辩的主权,这些地区的资源属于中国所有;1983年4月24日,为了实现全国地名标准化,适应我国社会主义现代化建设的需要和航海事业的发展,中国地名委员会授权公布南海诸岛部分(287个)标准地名。同时为便于对南海诸岛及附近水域的管辖,1959年3月,海南行政区在西沙群岛的永兴岛设立西、南、中沙群岛办事处,1969年3月,又将该办事处改为广东省西沙、中沙、南沙群岛革命委员会,1981年12月20日,我国政府公布设立广东省西沙群岛、南沙群岛、中沙群岛办事处;1988年4月13日,海南行政区改省以后,又将南海诸岛及其周围海域划归海南省管辖。

3. 关于外国默认

南海诸岛及其周围水域主权争端,20世纪70年代以前,周边国家从未对中国主权提出任何挑战。80年代以后,随着南海石油勘探的深入和发现石油储藏,以及第三次联合国海洋法会议召开和《联合国海洋法公约》签署、生效掀起的蓝色圈地运动,周边国家陆续对南海诸岛和周围水域提出主权要求。但是根据国际法对已占有领土的规定,这种声明主权要求是无效的。

——越南

越南在1975年前分为北越和南越。南越称为"越南共和国",从1954年到1975年存在。北越于1975年打败南越。统一后的越南称作"越南民主共和国"。

　　南越对西沙和南沙群岛提出主权要求,是在 1971 年 7 月,1974 年 1 月 19 日和 20 日,南越派军队登上 15 个西沙群岛中的 6 个。为捍卫主权,我国派出军队迫使南越军队撤离。

　　统一后的越南在西沙、南沙主权问题上的立场是不连续的。统一前,越南承认我国对西沙、南沙拥有主权。1956 年 6 月 15 日,越南民主共和国副外长雍文谦接见了中国驻越南大使馆的临时代办李志民,并告诉他说:"根据越南资料,西沙和南沙群岛自古就是中国领土的一部分。"越南外交部亚洲司代司长黎禄当时在场,并特别引述了越南的资料,指出"从历史判断,这些岛屿在宋朝时已经是中国领土的一部分了"。

　　1958 年 9 月 4 日,我国政府发表领海宽度为 12 海里的声明,并明确指出"这一条款适用于中华人民共和国的所有领土,包括东沙群岛、西沙群岛、中沙群岛、南沙群岛,以及其他所有属于中国的岛屿"。1958 年 9 月 6 日,越南工人党的中央报刊《人民报》在第一版的突出位置刊登了中国政府这一声明的具体内容。承认西沙、南沙群岛是我国领土。

　　1958 年 9 月 14 日,越南政府总理范文同在他给我国国务院总理周恩来的照会中郑重指出:"越南承认并支持中华人民共和国政府就中国领海于 1958 年 9 月 4 日发表的声明",而且"越南民主共和国对这一决定表示尊重"。

　　综上所述,越南不管是以前的南越、北越还是现在统一后的越南,70 年代以前都承认西沙、南沙及其附近水域,是中国领土的组成部分。1974 年以后,越南改变其以前的立场,声称西沙、南沙是他们的领土,并占领我一部分岛屿和水域。历史和事实表明,他们的声称是没有根据的,他们占领的我岛屿和水域是非法的。

　　——菲律宾

　　菲律宾无论是在西班牙殖民统治的 300 年之内还是美国统治的近半个世纪中,均未对南沙群岛提出主权要求。1956 年,一个名叫托马斯·科罗玛(Tomas cloma)的菲律宾探险家才声称"首次"发现南沙,并以发现和占有为由,宣布在该地区建立一个范围约为 64 976 平方英里(1 平方英里 = 2.59 平方千米)包括 33 个岛礁的新国家,称之为"自由之邦"(Kalayaan)。1979 年至 1980 年菲以"自由地"不属任何国家管辖为名,占领了我南沙群岛 8 个岛礁。同时还对南沙群岛的其他岛屿提出主权要求。1978 年 6 月 11 日菲以发布 1596 号总统令,宣布将我南沙群岛海域,以 6 个经纬度点限定的范围,面积 24 万平方千米的海域,称为"卡拉延群岛"海域,作为菲之领海。菲主张对南沙群岛及其海域的权利显然是无理的。因为 70 年代菲宣布南沙群岛为"无主地"之前的 1000 多年里,中国政府早已对南沙群岛及其附近海域进行开发、经营和行使管辖。

　　——马来西亚

　　马来西亚在 1968 年以前,从未提出对南沙群岛拥有主权。1968 年马开始在南沙群岛海域进行油气勘探,将我断续国界线以内8万多平方千米南沙群岛海域划为矿区。1974年至1975年,马在我南沙群岛海区非法钻井11口,并在曾母暗沙发现二、三个天然气田,其中在曾母暗沙以北海区一个最大气田命名为"民都鲁气田",储量达5000亿立方米,年产可达100亿立方米,堪称世界第一流大气田。1977年,马在"民都鲁气田"建造一个年产520万吨液化天然气加工厂,并向日本出口。1979年12月,马在官方出版的地图上,公然把我司令礁、破浪礁、南海礁、安波沙州、南乐暗沙、校尉暗沙一线以南的南沙群岛和海域,划入马来西亚版图,并派兵占领我弹丸礁、安渡滩和南海礁。其所谓的"根据"是,南沙群岛部分岛礁是处在马来西亚大陆架上。这显然是违背《联合国海洋法公约》的,因为大陆架和专属经济区这一概念,不要求任何国家改变其领土主权归属。相反,它是基于该国领土存在而与他国解决海域划界问题。

——文莱

文莱1982年以前是英国的保护国,1983年独立。1988年10月对我南沙群岛的南通礁提出主权要求。其根据是该礁临近该国。这同样是违背《联合国海洋法公约》的。

——印度尼西亚

印尼1966年以前,从未对我南沙群岛及周围水域提出主权要求。1966年,印尼引进外资对南沙群岛水域进行勘探和开发,划定了《协议开发区》,侵入我南海断续国界线以内5万多平方千米。1969年10月27日,印度尼西亚和马来西亚签订划分两国之间大陆架协定,印尼大陆架东线(E109°59′,N5°31′2″和E109°38′6″,N6°18′2″等)都在我南海断续国界线之内。1977年12月,印尼和越南协议成立一个工作组,来分割包括我南海断续国界线以内的南沙群岛海域,侵犯了我在南海的历史性权利。

——美国

美国政府对南中国海的主权声称采取一种不介入的立场。1898年在美国—西班牙和平条约的第3条中,菲律宾的领土割让给美国,但不包括南沙群岛。由哥伦比亚大学出版社和美国国家地理协会联合在纽约出版的《世界地名百科全书》中,把西沙和南沙群岛列为中国领土,内容如下:

中国的帕拉塞尔群岛(即西沙群岛)和南沙群岛属于广东省的一部分。在第二次世界大战前,它们被法国统治。从1939年到1945年,它们由日本占领。二战后,它们被归还给中国。

1974年1月19日,美国国务院发言人约翰·金说,美国无意卷进围绕南中国岛屿而展开的主权争端。美国国务卿亨利·基辛格于1974年1月22日会见新闻界时,强调了美国不介入中国和越南之间的争端。1974年3月25日,美国太平洋总司令诺埃尔·盖勒将军在接受《美国新闻与世界报道》采访中说,"我们在西沙争端中当然要袖手旁观,这一点人们已经注意到了"。以后,美国在南海诸岛及周围水域的争端也有类似的表态。但是美国认为,保持南中国海"航行自由",维护"海上通道"涉及到美国的根本战略利益。因此,宣布南海适用于历史性权利制度,同时又保持南海航行自由,美国是不会介入的。

——日本

日本接受了1945年《波茨坦公告》中关于投降的条款,其中包括1943年《开罗宣言》。这些条款都规定日本将归还它从中国掠夺的所有中国领土。南沙和西沙在二战期间被日本占领,自然也属归还之列。事实上日本自战败以后,放弃了对南海诸岛及周围海域拥有主权的声称。1952年日本出版的《标准世界地图集》还采用了我断续国界线的划法。默认我对南沙群岛及历史性水域拥有主权。但是日本对南海海域航行自由十分关心。因此,只要宣布的海洋制度,不对航行构成障碍,日本也不会反对。

——俄国(苏联)

俄国一贯承认中国对西沙和南沙群岛拥有主权。1967年由部长委员会出版社出版的《世界地图》、1953年和1973年版的《苏联百科全书》附图以及国防部出版的《海洋地图》,都把南沙和西沙群岛标为中国领土。并采用我断续国界线的划法。1958年9月,苏联政府照会我国政府,完全尊重我国关于领海的决定。苏联解体以后,俄国政府继续承认我对西沙、南沙及周围海域拥有主权。

——英国

英国历届政府承认南海诸岛是中国的领土。1882年和1902年英国向清政府请求在东沙群岛建立灯塔;1909年香港天文台向清政府请求在东沙群岛建立无线电台和气象台;1957年英国在给我国的一份照会中说:"我们默认中国对普拉塔(东沙)和帕拉塞尔(西沙)群岛的要求。"1971年英国驻新加坡高级专员说:斯普拉多利岛(我南沙群岛)是中国属地,为广东省的一部分……在战后归还中国。我们找不到曾被任何国家占有的任何迹象,因此只能作结论说,它至今仍为共产党中国所有。1985年在英国议会下议院的报告中,下议院主管香港问题的主席维德·布兰奇先生提到,中国的领土包括南中国海岛屿,没有任何国家提出任何抗议。自从有研究表明南中国海蕴藏了大量的石油和矿藏后,邻近的国家才试图介入。

——德国

1883年,德国曾计划对南沙群岛进行考察。但由于中国政府的抗议,德国放弃了这次考察。而且1956年民主德国出版的《世界地图集》、1968年出版的《哈克世界大地图集》、1970年出版的《最新世界地图》、1973年出版的《哈克家庭适用地图集》都采用了我南海断续国界线的划法,说明德国承认我南海诸岛及周围水域的主权。

——法国

法国承认南海诸岛属中国所有。1921年法国殖民政府认为西沙群岛主要是中国渔民来往之地。1933 年法国署理总督称"西沙群岛应认为中国所有"。1933 年法国占领了南沙群岛,中国政府对法国提出强烈抗议,并举证了 1887 年中法之间就中越边界线而达成的协定,该协定指出南沙和西沙群岛位于越南边界线之外。1977 年法国驻香港总领馆领事也称"南沙群岛从来不属于越南"。同时,1964 年法国出版的《拉鲁斯现代地图集》、《世界新地图集》,都采用了我断续国界线的划法,这说明法国对我南海诸岛及周围水域主权是承认的。

四、结论

从以上事实和分析看出,南海诸岛及周围海域,是我国人民最早发现,最早开发,最早经营管辖并赖以生存发展的海区。根据"历史性海域"普遍原则,我国将断续国界线范围内海域适当时机宣布为"历史性权利海区",符合国际上的惯常做法,也有利于维护我国几千年来业已形成的海洋权益。同时,由于宣布的是历史性"权利"海域,而不是"历史性海域",这样就可以适当放松南海航行通道的管制,不至于引起美国、日本等大国的反对。具体地说,就 U 型线内的历史性权利水域而言,似可分为三个部分考虑:

第一部分,西沙和南沙群岛因其地理条件之特殊,可合法地使用直线基线,划成两三块"群岛水域",中国政府在其中享有主权。

第二部分,在 U 型线内其它部分之历史性权利,中国可以享有:

(1)对其中海洋各种资源管理、养护、探勘、开发之优先权利;

(2)保护与保全海洋环境之优先权利;

(3)科学研究之优先权利等。

第三部分,为便于照顾历史形成的航海、航空通行自由,允许周边国家及其他国家在业已形成的航道上通行。

(《动态》1999 年第 3 期)

评台湾从南沙太平岛和东沙群岛撤军替防的负面意义和影响

高之国

最近,台湾当局决定从南沙太平岛和东沙群岛搞撤军。1999年11月17日,台"国防部"为撤军换防而划拨的四个宪兵营和一个海军陆战队营,以"海巡总署"(海岸警备队)的名义出发,全面接替台湾国军在南沙太平岛和东沙群岛的驻防任务。两地现有的军事设备和防卫武器也都将一并归属海岸警备队使用。

台湾撤军替防的想法,始于20世纪90年代初期,但因各部门意见不一,一直未能成案。在台"行政院"最近宣告成立"海巡总警署"后,台湾最终下决心从南沙太平岛和东沙群岛撤出其军事力量。目前,台湾海巡法及所辖单位的组织机构法正在立法程序中加紧审查,顺利的话,"海巡总署"将在元旦挂牌运作。台湾从南海地区撤军替防并非一个偶然和孤立的事件。其负面意义和影响大体可以总结和归纳为以下几个方面:

第一,推行"两国论"的又一实践。自李登辉提出"两国论"以来,在国际上四处碰壁,但既不反思,更不甘心失败。在国际社会的一片批评声中和台湾2000年三月大选的这样一个特殊形势和背景下。台湾从南海这一有争议的地区撤军,其目的是企图向国际社会,尤其是南海周边国家传递一个信息,即台湾是以国家的名份,参与地区和国际事务的,因为驻军和撤军只能是一种国家行为。

第二,具有挑拨离间的性质和目的。南海是一个海洋权益争议十分复杂的地区。争议涉及5国6方(中国、菲律宾、文莱、马来西亚、越南和台湾)。1995年以前,台湾和大陆基本上可以以一个声音对外。其后,台湾离心的倾向逐渐显现。这次,台湾从南沙太平岛和东沙群岛撤军,名义上为了降低南海地区未来可能的军事冲突的敏感性,实际上台湾的撤军可以反衬和突显出祖国大陆与其他各方在南海问题上的对立性。

台湾企图以一个和平使者的形象出现在南海舞台上,其目的就是要诋毁中国大陆在捍卫南海权益方面的立场和形象,其用心之良苦,目的之险恶,不是昭然若揭了吗?!

　　第三,使南海斗争形势更加复杂化。二战以后中国政府收复南沙太平岛以来,尤其是20世纪70年代后期南海形势复杂化以来,海峡两岸在驻守南沙群岛,共同捍卫兰色国土方面总体来说是一致对外的。台湾从南沙群岛撤军替防,实际上打破了两岸在共同捍卫南海主权问题上的默契和实践。台湾的这一举动,有可能为其他争议各方留下一个攻击大陆的潜在借口和可操作空间,从而使南沙斗争形势更趋复杂化。

　　第四,削弱了中国在南海的防卫力量。依据台湾"行政院"海洋巡防法第八条的规定,"海巡总署"是一支准军事力量,主要负责海岸警备和巡逻,查缉走私偷渡,护渔巡航,保护海洋环境等事项。该法并未明确规定"海巡总署"负有保卫海洋国土的责任。在南海这样一个斗争形势空前复杂,敌我双方力量悬殊的地区,台湾突然实行撤军替防,无疑削弱了中国在南海的总体防卫力量。

　　总之,台湾在南海地区唐突撤军替防,与李登辉推出的"两国论"是遥相呼应的。其背后的目的和负面影响除上述几点外,在今后还会逐渐暴露出来。建议国内有关部门密切注视事态的发展,军队部门对台在南沙撤军替防后留下的"真空",成应给予高度重视,尽早制定突发情况下的方案和对策,以确保我对南沙太平岛控制的万无一失。

(《动态》1999 年第 9 期)

海洋权益要点分析

杨金森

一、海洋权益的基本概念

海洋权益这个概念在海洋界已经使用多年,20世纪80年代初期以后,学术界的文章和政府文件中就频繁使用。1992年通过的《中华人民共和国领海及毗连区法》第一次在正式法规中使用了这个概念:"为行使中华人民共和国对领海的主权和对毗连区的管辖权,维护国家安全和海洋权益,制定本法。"《中华人民共和国专属经济区和大陆架法》草案也使用了这个概念:"为保障中华共和国对专属经济区和大陆架行使主权权利和管辖权,维护国家海洋权益,制定本法。"

海洋权益这个概念进入了海洋领域的基本法规,是一个很重要的概念,应该有明确的定义、内涵,这对于统一认识、正确理解有关法规和规范执法行动都是必要的。关于这个问题,已经有一些文章讨论过,笔者也写过东西。在《专属经济区和大陆架法》问世之际,似乎还有深入研究的必要。一方面,过去的认识不完全一致;另一方面,笔者又有些新的认识。

什么是海洋权益? 海洋权益是国家在海洋上的权利和利益;对于中国领海毗连区法及时和专属经济区及大陆架法来说,海洋权益是中国在本国领海、毗连区、专属经济区和大陆架的权利和利益。

问题是:何为国家海洋权利,又何为国家海洋利益?

国家的海洋权利属于国家主权的范畴,是国家的领土向海洋延伸形成的一些权利,或者说,国家在海洋上获得的一些属于领土主权性质的权利,以及由此延伸或衍生的一些权利。国家在领海区域享有完全的主权,这与陆地领土主权是一样的。在毗连区享有安全、海关、财政、卫生几项管制权,这是由领海主权延伸或衍生的权利。在专属经济区和大陆架享有勘探开发自然资源的主权权利,这是一种专属权利,也可以说是仅次于主权的"准主权";另外还有对海洋污染、海洋科学研究、海上人工设施建设的管辖权,这可以说是上述"准主权"的延伸,因为沿海国家在专属经济区和大陆架享有专属权利,才有这些管辖权。其中:

国家的领海主权:《联合国海洋法公约》第二条规定:"沿海国的主权及于其陆地

领土及其内水以外邻接的一带海域","此项主权及于领海的上空及其海床和底土"。
这种主权包括:自然资源的所有权;沿岸航运权;航运管辖权;国防保卫权;边防、关税
和卫生监督权;领空权;管辖权;确定海上礼节权。

　　国家在专属经济区的主权权利:《联合国海洋法公约》第五十六条规定,沿海国在
专属经济区内有:"勘探和开发、养护和管理海床上覆水域和海床及其底土的自然资
源(不论为生物或非生物资源)为目的的主权权利,以及关于在该区内从事经济性开
发和勘探,如利用海水、海流和风力生产能等其他活动的主权权利"。

　　说完权利说利益。利益,通俗地说就是"好处"。权利是利益的根据,有了上述各
种海洋权,国家才可以在海上进行活动,得到各种好处——国家海洋利益。进一步的
问题是:究竟什么是国家海洋利益?

　　海洋利益应该是国家利益的组成部分。根据一位研究国家利益的专家的说法,
国家利益的内容包括经济利益、政治利益、安全利益、文化利益四个方面。国家利益
的排序是:民族生存、政治承认、经济收益、主导地位、世界贡献。借鉴这些概念,我们
可以把国家海洋利益的内容分为:海洋政治利益——维护海洋权利(主权、管辖权、管
制权)是最重要的海洋政治利益,或者说维护海洋权是海洋政治利益的核心;海洋经
济利益——开发领海、专属经济区、大陆架的资源,形成各种海洋产业,发展海洋经
济,是海洋经济利益;海上安全利益——海洋成为国防屏障,避免海上军事冲突。海
上有没有文化利益,笔者还未想好,或许有海洋科学利益,不同的海区都有特殊的科
研资源,这或许是海洋科研利益。

二、中国海洋权益要点分析

　　中国有那些海洋权益? 为了概念清晰,或许可以借助一个表格的形式来表达,例如:

分类＼海区	黄海	东海	南海
海洋政治权益	领海	领海	领海
	专属经济区	专属经济区	专属经济区
	大陆架	大陆架	大陆架
海洋经济权益	渔业生产	渔业生产	渔业生产
	油气开发	油气开发	油气开发
	其它利用	其它利用	其它利用
海洋安全权益	防止海上入侵	防止海上入侵	防止海上入侵
	避免海上冲突	避免海上冲突	避免海上冲突
海洋科研权益	海域特有海洋学问题	海域特有海洋学问题	海域特有海洋学问题

（一）黄海的海洋权益

1. 黄海的政治权益包括建立领海制度、专属经济区（大陆架）制度。

黄海的总面积 38 万多平方千米，将被划分为中、朝、韩三家的管辖海域，没有公海。对于中国来说（其他国家也一样），维护政治方面的权益就是争取多获得一些管辖海域。中国要和朝鲜划分领海边界、专属经济区（大陆架）边界，和韩国划分专属经济区（大陆架）边界。划界工作要根据国际法的有关原则、黄海的特殊条件，通过谈判，最后以协议的方式解决。

海域划界的国际法原则在《联合国海洋法公约》（以下简称《公约》）中有规定，大家都要遵守。关于领海划界，《公约》规定："如果两国海岸彼此相向或相邻，两国中任何一国在彼此没有相反协议的情形下，均无权将其领海伸延至一条其每一点都同测算两国中每一国领海宽度的基线上最近各点距离相等的中间线以外。但如因历史性所有权或其他特殊情况而有必要按照与上述规定不同的方法，划定两国领海的界限，则不适用上述规定。"这里主要是三点：一是领海界限由两国通过协商，以协议形式解决；二是领海界限一般应是中间线；三是如果两国有协议，领海界限可以不是中间线，可以按历史性所有权或其他特殊情况划定。对于这些原则，国际上没有太大的争论。在黄海，中、朝之间的领海边界在鸭绿江口区域已有三个点，其他区域可以按《公约》规定划分，没有特殊难点。

黄海的专属经济区和大陆架划界涉及到中、韩、朝三国，划界原则也不难确定。《公约》规定："海岸相向或相邻国家间专属经济区/大陆架的界限，应在国际法院规约第 38 条所指国际法的基础上以协议划定，以便得到公平解决"。中、韩、朝三国都赞成这些规定，在海区自然地理方面也没有特别困难的问题，划界只是一个时间问题、时机问题。实际划界可能要解决以下问题：①影响划界的政治因素，朝、韩两家要相互承认对方有权与中国划分海上边界，这个问题在韩国方面应该没有问题，朝鲜也应该认可。②法律原则，上述《公约》中提到的国际法，包括当事国承认的国际条约、国际习惯、司法判例等，其中主要是《联合国海洋法公约》，这方面对于中、朝、韩三国都没有困难，谈判也不难达成原则协议。③具体方法，具体划界方法影响各方的海域面积，是划界谈判要解决的实质性问题。

把划界的政治因素、法律原则、具体方法结合在一起，可以形成各国的划界主张。韩国已经正式提出了用中间线方法划界的主张，并且正式公布了中间线的地理坐标；中国主张公平原则，既中间线适当向韩国一侧调整形成边界线。这是一个老问题，第三次联合国海洋法会议期间就有这种争论。根据初步量算，双方实际争议区约 10 000 平方千米。真正坐下来协商，不难找到妥协办法。朝鲜的主张是"面积半分原则"和"纬度等分线"。中国在黄海北部仍然坚持公平原则划界，并且认为考虑岸线长度和岛屿地位等因素,才可以体现公平原则。中、朝海上边界北端为中、朝陆地边界江海分界点,南端为北纬37°附近(朝方意见),或北纬38°03′(韩国意见)。中、朝之间的实际争议区,可能也是约10 000平方千米,如果双方下决心解决,也不难找到解决办法。这里延伸说一下纬度等分线,由于黄海东西两岸极为曲折,纬度等分线也非常曲折,不便于管理,不适合作为边界线。

　　"公平解决"是国际法的规定,符合中国利益,作为原则或目的,韩、朝两方也应该接受。问题的焦点是:从中国的角度看,黄海划界应考虑岸线长度和历史因素;韩国坚持中间线原则;朝鲜坚持等面积和纬度等分线(以纬线上所有中间点的连线作为界限)。中国一侧的海岸线(自然岸线和直线岸线走向)略长于韩、朝一侧岸线。这是黄海地区最重要的自然地理方面的特殊情况。黄海的海底沉积物来源于中国大陆的也多于韩、朝两方的。因此,黄海划界应该在中间线的基础上,适当考虑岸线长度,形成"调整的中间线",作为边界线。韩国反对考虑岸线长度问题,认为"海岸线长度比例,只有在相差悬殊时才应考虑"。"黄海的传统历史状况也不应作为划界时所要考虑的特殊情况"。"在黄海不存在对等距离中间线进行调整的特殊因素"。中、韩、朝三方,三种主张:调整的中间线,严格的中间线,纬度等分线。如何协调这三条线,形成一条"妥协线",就是黄海划界谈判的任务。

　　2. 中国在黄海的经济利益主要是开发生物资源,发展海洋捕捞业。

　　黄海的渔业资源量究竟有多大,尚无准确估计。捕捞量或许可以作为参考。1994年148万吨,1995年170万吨,1996年275万吨。黄海也有沉积盆地,但未发现油气田,今后能否发现大油气田尚不可知。目前,尚未发现其他近期可以开发利用的海洋资源。

　　黄海的渔业利益争端包括:中国的专属经济区渔业利益和传统捕鱼权;朝鲜认为,专属经济区渔业权应得到尊重和实施,这是解决渔业问题的前提和目的。韩国在考虑渔业利益时提出,黄海水域面积均分可保证各方的渔业利益。水域面积均分区域为:北线为连接中国山东高角与韩国白瓴岛的一条直线,南线为济洲岛西北的北纬33°20′线,东西两侧以两国海岸低潮线为基础。

　　3. 黄海对于中国安全利益是很重要的。

　　中国的第一支现代海军被日本战败于黄海,日、俄、美、英、法、德等国的军事力量,多次经黄海,入渤海,侵略中国。韩国和朝鲜当然也很关心黄海的安全问题。

　　4. 黄海有没有特殊价值的海洋科研资源,目前尚不清楚。

　　(二)东海的海洋权益

　　1. 东海的海洋权益大于黄海,也比黄海复杂。

　　其中包括建立领海、专属经济区、大陆架制度。东海的总面积约77万平方千米,由中、韩、日三国划分为管辖海域,也没有公海。东海的划界法律原则与黄海是一样的,与划界有关的特殊情况比黄海要多。中、韩、日三国的划界主张也比较复杂。

韩国在济洲岛以南对日本一侧,主张自然延伸原则;对中国一侧,提出了一条中间线。日本一贯主张用中间线划界,并且单方面划出了一条中间线,政府未正式提出,但采取了实际控制措施,我们可以把它看作日本的影子中间线。中国一贯坚持用大陆架自然延伸原则划分大陆架界限,但尚未对东海的水域划界正式提出主张。由于三个国家的海域划界主张不同,形成了复杂的重叠区。在济洲岛南侧,日本和韩国有 84 000 多平方千米重叠区,未达成划界协议,但建立了日、韩共同开发区;中、日之间也存在大面积重叠区;中、韩之间也有重叠区。三个争议区为:北纬 28°36′以南为中、日争议区,面积约 16 万平方千米;日韩共同开发区为中、日、韩三方争议区,面积84 000 多平方里;济洲岛西南为中、韩争议区,面积比较小。这就是东海划界要解决的问题。

在海域划界问题上,每一个国家都想多获得一些面积。但是,只有公平解决才有可能被各方所接受。东海的大陆架和海域都有一些特殊情况,不能用中间线方法划界。这一点日本和韩国的法学家也都有认识。小田滋就曾说过,东海划界原则应该是中间线 + 特殊情况。日本官方一直强调中间线原则,但有时也不能无条件坚持中间线方法,提出"按协议划线或采用中间线"。假如把水域和大陆架的划界问题统一考虑,划一条线,中国可以坚持以下几点原则意见:大陆架自然延伸原则;公平(解决)原则;等比例(岸线长度比例)方法。认真考虑特殊情况是体现公平原则(或达到公平解决)的重要前提。东海地区的特殊情况包括:中国一侧是大陆,日、韩一侧是岛屿;东海大陆架的沉积物主要来源于中国大陆;中国一侧岸线长,日、韩一侧岸线短,比值约为 2.8∶1;中国一侧人口超过 1 亿,日、韩在东海沿岸和岛屿上的人口约 200万,中国对东海的依赖大于对方。

如果上述方案难于达成协议,也可以考虑水域和大陆架划两条线的方案:①水域以中间线方法为主划分边界,通过协议照顾中国的历史性渔业权益;或水域不划界,以 1997 年中、日渔业协定为基础,调整渔业关系。②大陆架要划界,具体原则有两条:陆地领土自然延伸原则,等比例方法,这在国际法和国际实践中是有根据的。中国可以提出的主张线是:冲绳海槽中心线,海槽北部中心点至长江口北岸与济洲岛连线的中点。

在海区中间线和大陆架界线之间是重叠区:海区中间线以东水域是日、韩的专属经济区,其权利也涉及到海床和底土;大陆架界线以西是中国的大陆架,北部有一部分区域是韩国要求的大陆架。这个区域的面积约 30 万平方千米。这是真正的重叠区,而且,在一定意义上是权利平等的海床和底土重叠区,因为专属经济区也享有海床和底土的权利。划界办法:面积等份、资源共享。

2. 中国在东海的经济利益。

渔业利益,包括传统捕鱼权。1994 年捕捞量 327 万吨,1995 年 438 万吨,1996 年 434 万吨。同黄海一样,主要问题是:中国有一部分渔民长期在日、韩一侧水域捕鱼,有传统捕鱼权,划分专属经济区后,如何保持这种权利,这是很多渔民的生计问题。

东海是中、日、韩三国渔民共同作业的渔场,渔业矛盾也不少。中、日之间一直有渔业协定调节渔业关系。原有渔业协定到期后,1997 年又签署了新的协定。其中涉及东海渔业利益的主要内容包括在双方领海基线 52 海里以外设立一个"暂定措施水域",双方渔民均可以在这些水域捕捞;北纬 27°以南、东经 125°30′以西水域实行特殊管理制度,在上述水域双方合作,确保生物资源不因过度捕捞而受到威胁,不将本国法令适用于对方渔民。

韩国在东海也有渔业利益,包括一部分专属经济区和韩方提出的传统捕鱼权。韩国认为中、日渔业协定设定的"暂定措施水域"影响其渔业利益,要求举行三国渔业会谈。

东海有丰富的油气资源,争议也比较大。主要争议区有三处:①日、韩共同开发区 84 000 多平方千米,有油气沉积盆地,但至今未发现大油田。这实际上是中、日、韩三方的争议区。解决的办法:先划大陆架界限,之后,三国各自开发自己的资源;划界之前如发现大油气田,中国要介入,形成三国共同开发区。②东海中部西湖坳陷也有油气资源,日本可能希望在中间线两侧建立共同开发区,这是中间线划界方案的替代物,中国不能接受;共同开发区可以设在海区中间线至冲绳海槽中心线之间的区域。③钓北坳陷也是油气资源富集区,日本不愿意在此区搞共同开发,中国应争取在这里形成共同开发区。

3. 中、日、韩三国在东海都有很重要的安全利益。

对于中国来说,至少有三个问题:历史上西方国家的海上入侵,东海是重要通道,目前没有直接军事入侵的危险,但不能说今后没有这种威胁;周边地区的威胁没有消除,被卷入战争的危险依然存在;"台湾问题"也影响东海地区的安全。日本已经有一支强大的海军,十分关注东海的安全形势。韩国正在实施蓝水海军计划(Blue Navy),也十分关心东海的安全问题,特别关心台湾海峡通道问题。

4. 东海应该有一些特殊的海洋科研资源,东海大陆架构造、沉积,冲绳海槽地壳性质等,都是受到广泛关注的。

(三)南海的海洋权益

1. 中国在南海的政治权益

这个问题比较复杂,包括建立领海制度、专属经济区制度、大陆架制度,还有断续国界线内的海洋权问题,西沙群岛、东沙群岛、中沙群岛、南沙群岛的主权和海洋权问题。

在南海北部,中国可以划定 200 海里专属经济区,总面积约 70 万平方千米。这个区域海洋权问题主要是与越南划分北部湾的边界。原则:公平原则(解决);体现公平原则的指标是"大体对半分"。越南已经提出了明确的主张线,线内海域面积约占北部湾面积的 60%。解决的办法很简单:坚持面积对等,拿 5% 做妥协,即中国获得总面积 45% ~50% 之间即可达成协议。

南海西部,中、越之间要划界。在这个区域,用中间线方法划界对中国有利。中国一侧的基线以西沙群岛基线为基础向南北延伸,越南一侧用越南的领海基线。

南海东部,中、菲之间要划界。划界海域包括巴士海峡、东沙群岛以东北纬 12°以北海域。这个区域也可以用中间线方法划界。大陆和台湾统一问题解决之前,不宜考虑本区的海域划界问题。

南沙海域有三种办法提出海洋权主张:群岛原则,岛屿制度,历史性权利(断续线范围)。依据群岛原则和历史性权利提出南沙地区海洋权要求,都有法律依据不充分的问题,依据岛屿制度能够拥有的海洋区域是比较少的。南沙群岛中只有太平岛面积比较大,有淡水,可以认为能够维持人类生存,因而可以拥有 200 海里专属经济区。

南沙问题是一个"难熟的长生果",一代人的时间不大可能出现解决问题的时机。我们的责任是:不丢失权利。办法是:采取政治的、经济的、科技的各种手段,维护岛礁主权,这是拥有海洋权益的前提。

2. 南海的经济利益

主要是渔业利益和油气资源开发的利益。南海渔业资源丰富,中国在南海的渔业产量,1994 年 260 万吨,1995 年 238 万吨,1996 年 318 万吨。南海的断续国界线内水域是中国渔民的传统捕鱼区,其中的一部分区域处在周边国家的专属经济区内,从而出现了渔业利益冲突,主要区域在北部湾和南沙海域。中国在断续国界线内的传统捕鱼权是有历史和法理依据的,应该象坚持岛屿主权一样坚持下去。

南海的油气资源也很丰富,已经发现一批油气田。其中,北部湾和南沙海域存在争议区。①北部湾的争议区可以在划界之后得到解决。②南沙西部万安滩油气资源量大,是必争之地。③岛礁区有几处沉积盆地,资源量有些估计数字,但未发现有开发价值的油气资源,今后发现大油气田的可能性也不大。④南沙南部,印尼、马来、文莱等国大陆架油气资源量大,已开发多年,有些勘探开发活动进入我国断续国界线内,这是一个难处理的问题:我们不能到别国 200 海里范围内的大陆架去进行实际勘探开发,外交声明又少有实际作用。

对于周边国家的侵油(气)活动,我们能做的事:①争占万安滩。有一份文件估计,万安滩盆地资源量超过 40 亿吨,假如可采储量有 4 亿吨,就值得开始钻探,与越南形成犬牙交错的局面；中、越共同开发也是可取的。②发表声明。周边国家在南沙其他区域的勘探开发活动，凡是进入我国断续国界线的，都应发表声明。

3. 南海的安全利益

这是国际社会关注的一个热点，南海周边国家关心，美、俄、加等大国关心，日本、韩国也关心。中国在南海当然也有安全利益：被迫卷入与周边国家的军事冲突，其他国家从南海进行军事入侵，这种危险是始终存在的；航运安全，南海是中国进入太平洋、印度洋的通道。

4. 南海的科研利益

南海的面积有 350 多万平方千米，有许多特殊的科学问题，季风问题、海流问题、沉积学问题、珊瑚礁及其生态环境问题、生物多样性问题等，都有很重要的科研价值。专属经济区制度建立之后，这些科研管辖权问题是很重要的海洋权益。

三、疑难问题

（一）断续国界线的政策主张问题

这是一个历史遗留问题。中国政府从未对这条线的含义发表过正式意见，现在也很难处理。关于这条线的名称，在部门文件和学者文献中有多种叫法：断续国界线，传统海疆线，岛屿归属线，历史性水域范围线，历史性权利范围线。这些名称都有一定道理，也都有问题。

断续国界线：断续国界线是 1959 年出版《中华人民共和国边界地图集》时的想法，当时有关部门的意见是：断续线为"目前我国公开出版地图上的断续国界线"。这里的问题是：断续国界线与国界线有何区别？国界线之内的区域应是国土，断续国界线之内的区域都是国土吗？南海的断续国界线内区域有 200 万平方千米，大部分区域既不是领海，又不是大陆架和 200 海里专属经济区，显然不是国土，它的含义究竟是什么？这是一个很难解决的问题。

岛屿归属线：这是一个在历史和法理方面都可能找到根据的说法。这条线在1947 年中国政府正式出版的《南海诸岛位置图》上标出，肯定与图名有联系，因而肯定有岛屿归属的含义；有没有圈定水域的含义？据当时参与标绘此线的人回忆，似乎考虑过水域问题，甚至考虑过中间线和深水线问题，但是，对于水域的要求不明确。如果我们现在把它定为岛屿归属线，线内区域 200 万平方千米海域的权利怎么办？

传统海疆线："传统"的含义是由历史沿传而来的意思；海疆应该是海上疆域或疆土，疆土就是国土，疆域就是国境。传统海疆线应该是由历史沿传而来海上国境线，或海上边界线。这不符合事实，法律上也难于找到解释。

历史性水域范围线：历史性水域的概念在法律上是有的，但把南海 200 万平方千米海域都作为历史性水域,在国际上难于找到先例,事实上它也没有那样高的法律地位。

历史性权利范围线:历史性权利在法律上是有的,中国在南海也确有历史性权利,因此,这个名称可以叫。问题是:中国在线内有何种历史性权利,要作出解释。这个解释也不难:中国在线内拥有岛、礁、滩、沙主权,有传统捕鱼权。这都是有历史依据的。

比较而言,断续国界线的叫法,似乎更好一些。它确实是国界线的海上部分,线内岛屿确实是中国领土;它于非断续的国界线不同,我们可以就此作出解释,这是中国政府的权利。比如,我们可以这样解释:南海九段线是中国在南海的断续国界线,断续国界线内的岛、礁、滩、沙历来是中国领土,水域是中国渔民的传统捕鱼区;根据国际海洋事务的发展,中国还享有断续国界线内其他海洋资源的勘探开发权利。断续国界线是未定国界线,与有关国家有重叠的区域,协商划界。

(二)水下暗沙问题

在法律上这既不能构成领土,也不能拥有海洋区域。可以作为一种历史性权利,坚持对暗沙本身的权利,不要求拥有海洋区域。

(《动态》1998 年第 7 期)

1998《越南海上警察力量法令》简介

成晋豫　李明杰

越南国家主席办公厅、国会办公厅和国防部于 1998 年 4 月 10 日公布了《越南海上警察力量法令》,并决定 I 当年 9 月 1 日起生效施行。

越南拥有 3 260 千米长的海岸线,其所宣称的管辖海域和大陆架面积约 100 万平方千米,经济资源丰富。早在 1986 年越南就将"保卫海洋领土及海洋资源"作为新时期国防与经济建设两大战略任务。随后又提出"东进"政策,将控制南中国海以及泰国湾作为其争夺海洋的重要战略目标。

过去,越南的海上执法主要由军队在内水和沿海海域进行,不能满足开发、管理海洋的新要求。因此越南从确保国防安全、发展海洋经济、加强海上管理的国家利益出发,并参考菲律宾、美国等国的经验教训,决定组建一支海上警察力量,实施国家对领海、专属经济区和大陆架法的执法管理。

20 世纪 90 年代初,越南已将领海、大陆架和海岛作为今后"关系到越南生死存亡的大问题",并不断加强海上各种力量建设与其它军兵种的协调,逐步建立牢固的全民海防体系。越南从 1995 年底开始组建越南海上警察部队,其活动范围是领海、专属经济区和大陆架。主要任务包括以下几个方面:

1. 捍卫国家主权和国家裁判权;

2. 维护近海海域、专属经济区和大陆架的主权权利;

3. 保护海洋资源和海上的权利;

4. 实施国家法律,以维护海上的秩序和安全,打击海上走私和海盗活动。

此次颁布的《越南海上警察力量法令》进一步说明越南加快了调整海洋战略、争夺海洋资源、维护其海上既得利益的步伐。越南颁布的组建海上执法力量的法令已引起东南亚国家的关注。对此,我们也应对越南该法令的出台引起重视和注意,以便提出相应的对策。

《越南海上警察力量法令》共七章 27 条。现将新华社记者凌德权翻译的第一章"总则"和第二章"越南海上警察力量的责任、任务和权限"的全文(刊于 1998 年 5 月 6 日《参考资料》)附后,以供参考。

附：

《越南海上警察力量法令》

第一章　总则

第一条：越南海上警察力量是国家在越南社会主义共和国海域和大陆架上行使安全及治安管理职能、保障实施越南法律及越南社会主义共和国缔结或参加的有关国际条约的专职力量。

越南海上警察力量按本法令的规定及越南法律的其他规定开开展活动。

第二条：越南警察力量是越南社会主义共和国的一支武装力量，受越南共产党的领导、国家主席的统辖、政府的统一管理。

国防部直接组织、管理、指挥越南警察力量的一切活动。

第三条：越南警察力量的活动范围为从基础线到越南专属经济区和大陆架的外线；主持与其他各种有关力量相配合以实施任务。

在内水区域及各个海港，一旦有要求，越南海上警察力量有责任与各地方政权、边防部队、人民公安以及海关、交通运输、海产、油气等方面相配合，以实施任务。

各种力量之间配合行动的规章制度、区域划分和具体责任，由政府规定。

第四条：国家机关、越南祖国战线及成员组织、人民武装单位、经济组织、社会组织和所有公民均有协助越南海上警察力量实施任务之责任。

第二章　越南海上警察力量的责任、任务和权限

第五条：海上警察的干部、战士都应绝对忠诚于越南社会主义祖国，具有良好的道德品质、必要的专业水平，牢牢掌握越南法律的各项规定以及越南社会主义共和国缔结或参加的有关国际条约的各项规定，完成所赋予的一切任务。

海上警察的干部、战士不得利用自己的职务、权限和工作位置来损害国家的利益以及组织和个人的合法权益。

第六条：在越南社会主义共和国的领海及毗连区，越南海上警察力量负有按越南法律以及越南社会主义共和国缔结或参加的有关国际条约的规定执行检查、监控之任务，以维护主权、保护资源，防止和对付环境污染，维护安全和治安，发现、制止人员的非法运输以及商品、武器、爆炸品、毒品和各种刺激品的非法贩运，对付走私、海盗及其他违反法律的行为。

第七条：在越南社会主义共和国的专属经济区和大陆架，越南海上警察力量负有按越南法律以及越南社会主义共和国缔结或参加的有关国际条约的规定执行巡逻、监控之任务，以维护主权权利和仲裁权，防止、对付环境污染，发现、制止各种海盗、奴

隶贩运、毒品和各种刺激品非法贩运等行为。

第八条:越南海上警察力量负有按越南法律以及越南社会主义共和国缔结或参加的有关国际条约之规定在自己的职能、任务范围内开展国际合作的任务,以便为保持地区和国际海域内的安全、秩序、和平与稳定作出贡献。

第九条:越南海上警察负有收集、及时处理并向各级职能机关通报各种必要信息的任务,与其他各种力量相配合,保护国家财产以及在越南海域和大陆架上的合法活动之人员和工具的生命和财产,参加海难的搜寻、营救及善后工作,配合武装力量的其他单位来维护属于越南社会主义共和国的各海岛、海域之主权和国际安全以及越南社会主义共和国专属经济区和大陆架的主权权利。

第十条:一旦发现有人或工具有违反越南法律和越南社会主义共和国缔结或参加有关国际条约的迹象,越南海上警察力量有权实行检查、监控;如有违反行为,则按法律规定作出予以行政处罚的决定,迫使这些人或工具停止其违反行为,离开正在活动的海域或离开越南海域;扣留违法证据确凿的人或工具,编写纪录,转交有关机关按法律规定处理。

第十一条:在违法人员和工具拒不听从号令,反抗或故意逃遁的情况下,越南海上警察力量有权实施强制,按越南法律和越南社会主义共和国缔结或参加的有关国际条约的规定行使追赶权及其他权利。

第十二条:如遇需要追捕违法人员和工具、抢救遇难人员、应付严重环境事故的紧急情况,越南海上警察力量有权调集越南组织和个人的人员及工具,但紧急情况结束后应立即归还。调集的工具如遭损失,海上警察单位负赔偿的责任;调集执行任务的人员如受伤或死亡,则按国家政策加以处理。

在紧急情况下,如果不能调集越南组织、个人的人员、工具,或者所调集的人员和工具不足以解决情况,海上警察力量按越南法律和越南社会主义共和国缔结或参加的有关国际条约的规定,可以要求在越南海域和大陆架活动的外国人员和工具予以帮助。

第十三条:如遇如下情况,海上警察力量可以开枪:

1.违反人用武器反抗,用其他措施直接威胁到海上警察的生命和使用工具的安全;

2.在追赶有严重违反行为的人员和工具时,如不使用武器,这些人员和工具可能逃脱;

3.为保护生命受到他人直接威胁的公民。

在本条规定的可以开枪的情况下,海上警察的干部、战士只能在命令其停下之后或开枪警告无效的情况下向对方开枪射击,紧急情况除外;如遇情况复杂、严重影响到国家主权和安全的场合,则应上报权威级别作出决定。

第十四条:执行任务时,海上警察力量有权对行政违反者作出处罚,对行政违反行为采取制止措施。

关于行政违反的处罚以及对行政违反行为采取制止措施,应按处理行政违反的法令规定以及越南社会主义共和国缔结或参加的有关国际条约的规定执行。

海上警察力量对行政违反处罚以及对行政违反行为采取制止措施的权限,以及对各类行政违反行为的处罚形式和程度,由政府决定。

(《动态》1998 年第 8 期)

1995 年南沙争端形势综述

成晋豫

自 1994 年年初菲律宾就南沙群岛的美济礁问题挑起争端之后，一时间南沙群岛成为 1995 年国际社会关注的一个势点。周边国家（除文莱没有大肆参与外）纷纷登场，在"主权"问题上各不相让。更有意味的是美、日等国也争先恐后插手南沙事务，对南沙问题国际化起到推波助澜的作用。一年来，南沙群岛的局势时而剑拔弩张，时而平稳和缓。总的来说目前该地区保持着相对稳定局势。

一、周边国家的行动

（一）菲律宾

菲是 1995 年南沙群岛争端的挑起者，从 1995 年年初开始菲一些报纸相继报道所谓"中国海军舰船在菲海域活动，抓扣菲渔船，并在美济礁上建立海军基地"后，中国方面就作了明确地解释，即中国地方渔政部门在美济礁上建立的是渔民避风设施，而不是什么军事基地，菲有关方面也根据其侦察的结果，证实了中国的说法。但在菲总统拉莫斯的鼓动下，他们接连发表声明，递交外交照会声称中国的行动"不符合国际法和 1992 年东盟关于南中国海宣言的精神和宗旨"。拉莫斯还命令菲海军向南沙群岛水域增派部队的装备。

8 月初菲海军恢复了 1988 年以前以作战部队——陆战队驻守南沙岛礁的态势，表明其在已占南沙岛礁上的土木工程已基本完成。此后，菲单方面确定美济礁周围 3 海里区为"容易引起冲突的军事区域"，把距巴拉望 200 海里的"专属经济区"定为"限制进入区域"。菲在强化所占南沙岛礁防务时又推动南沙问题"国际化"，众议院防务委员会与外交委员会 1995 年两次提出将南沙问题提交联合国安理会，并拟在东盟地区论坛等场合讨论南沙问题，企图迫使我以"主权不容争议"退到"承认主权争议"的立场。与此同时，菲还借助美国的支持，制造出拆毁中国在南沙岛礁上的测量标志，组织 38 名外国记者到美济礁"采访"，非法抓扣我渔船渔民等种种挑衅事件。并频繁邀请美国高级国防官员访菲，还安排到美济礁访问，企图以此向我施加压力。

菲借"美济礁事件"兴风作浪其目的是：

1. 政治上企图使南沙问题地区化或国际化。菲政府认识到单靠菲律宾一国肯定解决不了美济礁问题，加之自身军力有限，无法抵御来自中国的"威胁"。因此，在政治外交上大作文章，借助国际舆论，扩大政治影响，争取国际同情与支持，才能迫使中国撤出美济礁，进而防止中国对菲占其它岛屿采取新的行动。

2. 军事上谋求美国的军事支持，借以增强菲军队的实力：

一是利用美军力量充当其与我抗衡的"保护伞"，极力使美国介入南沙争端，美总统特使罗斯已向拉莫斯明确表示，如果中菲在南沙问题上发生大规模武装冲突，美将考虑派遣第七舰队前往南沙。另外，应菲军方要求，美对菲海军进行了特种作战训练，在南中海开展联合军事演习，以提高菲海军对南沙地区突发事变的应变能力及加强美菲两国武装部队的协同作战能力。

二是菲军方一直谋求国会通过一项军队现代化计划。该计划耗资40亿美元之巨而被国会长期搁置，菲军方急需寻找机会使该计划得以通过。南沙形势紧张后，东南亚国家兴起新的军备竞赛，使菲产生了危机感。为此在各方面挑起与我国的纷争，然后以菲军装备落后，无力抗击外来"入侵"为理由迫使参议院通过了在未来5年内拨款20亿美元用于更新海空军武器装备的三军现代化议案，并计划后15年内拨出132亿美元用于国防开支。

（二）越南

当"美济礁事件"发生后，越南一方面借机重申对南沙群岛拥有主权，另一方面和菲一道声称中国在南沙的行动是"严重的事态"，多次发表声明攻击中国，支持菲律宾，鼓吹在南沙争端找到永久性解决办法前应维持现状。大肆宣传中国的行动不仅对越南构成了威胁，也对东盟国家的安全构成威胁，企图尽快形成对付中国的"越南和东盟统一战线"。

1995年7月10日，越美关系正常化，接着越又正式加入东盟，这两个事件都为越南改善国际地位，加强东盟和美国在南沙问题上的合作，为其借助国际力量实施其"维持现状，保护其既得利益"的政策提供了条件。

由此，越在九五年加紧在南沙群岛实施"经济与国防相结合"的项目。如：修码头、灯塔、浮标系统和气象科学站，移民到岛上定居谋生，送渔民的船到南沙群岛和大陆架捕鱼等。

加紧掠夺南海海域的油气资源。越自1986年起在"白虎油田"开采石油以来，石油产量连年上升，至1994年越原油产量达710万吨。至1995年底越已与十几个国家的30多家石油公司签定了在南沙联合开发石油的合同，并与俄、英、日法、澳、马等国石油公司签定了在万安滩及附近海域联合勘探油气资源的合同。越南计划90年代末使原油产量突破 2 000 万吨。

加紧对南沙海区的军事控制。不断扩大巡逻警戒范围,增加值班兵力,严密监视、检查和驱捕外国船只,干扰破坏我南沙的石油勘探活动,频繁对南沙的侦察。加紧兴建南沙岛礁的驻防设施建设。去年,越又将大现礁北部的舶兰礁、琼礁、东礁东部、日积礁、鬼喊礁炮楼改建成第四代永久性楼房。不断举行针对南沙的军事演练。

1995 年 5 月越军举行"BM－95"演习,均设想我油气勘探船编队由海军舰艇编队护航至南沙西南部海区进行油气勘探活动。越海空军采取拦截、驱赶、空中威胁等多种方式,企图最终迫使我退出南沙西南部海域。

1995 年 6～9 月,越海军三次派 861 水上特工团技工人员乘船至毕业礁和南沙西南部海区进行蛙人战术、反蛙人劫船攻占高脚屋,抗晕船等训练。从 9 月起越还几次组织苏—22 型机和装装备的苏－27 型机进行昼夜间合练等等。

尤其应该警惕的是,越南企图借助美国力量作为抗衡我国的后盾。已暗示美国可以重新使用金兰湾,95 年 10 月越南邀请美太平洋舰队司令马克将军访越,马克向越南作出了在美军失踪人员问题解决之后双方便可开始军事合作事宜的承诺。

(三)马来西亚

马来西来在南沙争端问题上表现颇耐人寻味,一方面对于"美济礁"事件感到担忧,担心该事件再次导致局势紧张,呼吁中菲双方保持克制,通过和平谈判解决争端。2 月 17 日马外长阿卜杜拉说:"马来西亚认为最近的问题严重,热切希望这个问题不要引起破坏南中国海稳定的危机"。另一方面,对我岛礁占领的"合法性"态度趋硬。声称他所占领的岛礁不属于南沙群岛。5 月 25 日马哈蒂尔到南沙的拉扬礁(弹丸礁)视察并指示要加强旅游开发。次日对记者发表谈话时称马已确立了对拉扬礁的主权,这个问题已不再有争议,其它国家不能说这是他们的领土。因为"我们已断定该岛在我们的领海范围内,因为它位于专属经济区内"。

马赞同我"搁置争议,共同开发"的主张,但却又加紧掠夺我国南沙油气资源,马油气开发范围到目前为止,已深入我断续国界线南海约 120 海里,年开采天然气 110 亿立方米,原油近 800 万吨。

在东盟各国加紧军备的浪潮中,马也不甘落后。

马来西亚是东盟国家中唯一不赞成将南沙问题提交联合国讨论的国家。

(四)印度尼西亚

印尼虽未侵占我岛礁,但也侵占了属于我国断续国界线范围的 5 万多平方千米的海域。

"美济礁"事件后印尼向中国递交了外交照会,要求中国澄清中国航海图上把纳士纳群岛北部的海域标为中国海域一事。4 月 10 日印尼官方安塔拉通讯社援引印尼空军参谋长派布迪的话说,印尼空军已开始同海军协调加强对纳土纳群岛海域的巡逻任务。

在南沙问题上,印尼积极附和美、日等国提出的对南沙问题的解决应依照《南极条约》,建立包括争议各方以及美、日、俄、印尼等国在内的国际性"南沙权力机构"。

印尼认为,南沙争端属国际性问题,不仅其它国家可以参与南沙资源的开发活动,而且应在该海区"建立一支提供航海保障的国际海军力量。"

1995 年 8 月,印尼政府决定拟用 7 年时间在楠榜省南部修建南太平洋最大的海军基地——泰鲁克兰合基地。4 月 17 日,印尼移民事务部官员宣布将向纳士纳群岛移居 810 户居民。该部希望在 1998 年之前使纳士纳群岛人员达到 2 000 人。

二、东盟在南沙争端中的反应

东盟现有成员国 7 个,即泰国、马来西亚、新加坡、印尼、菲律宾、文莱、越南,其中越南是 1994 年 7 月 28 日刚刚加盟的。当今东盟已成为促进东南亚地区与世界重要政治经济力量沟通的一个重要组织,受到世界的瞩目。

由于南沙群岛争端的有关越、马、菲、文等国均为东盟国家,加之这四方竭力希望使南沙争端国际化以争取有利的地位,从而积极鼓动以东盟的名义同我国进行交涉。这种举动同东盟想发挥更大的地区作用的愿望一拍即合,1994 年 4 月,在马尼拉举行的首次东盟防务非官方会议一致同意,让东盟出面向中国提出南沙问题。7 月在文莱举行的第 28 届东盟外长会议发表的声明称,东盟对于南中国海最近的事态"表示担忧",东盟"鼓励提出主权要求的各方重申它们对包含在有关国际法和国际公约中的原则以及东盟在 1992 年通过的关于南中国海声明的承诺","要求有关各国不要采取有可能破坏该地区稳定的行动"。东盟这样做的一个目的,是希望以东盟的名义,在东盟的范围内协商解决南沙群岛所有权等地区内多国间存在的问题。东盟的这种举动实质上在促使南沙问题走向国际化。

与此同时,东盟要求美国继续在亚太保持军事力量,认为"美国是亚太舞台的一部分",在该地区有"合法的利益",美国的军事存在"对保持力量平衡是至关重要的"。在此思想下,东盟一些国家和美国去年来举行了多次军事演习,东盟国家之间也经常举行军方领导人会晤、相互培训军事人员和进行双边的军事演习。

三、美、日、澳等大国插手南沙争端的动向

（一）美国

过去美国对南沙问题上曾宣称"中立",不对各方有关南沙争端的"法律和历史依据表态",也"不想在历史和法律方面参与意见","不介入南沙主权问题的争端",

强烈反对"单方面行动"和"武力解决"、"希望有关各方和平谈判解决",甚至表示美在南沙群岛"没有承担什么具体义务",南中国海"不属美国与有关国家签订的防务条约范围",因此,如果南中国海发生冲突,有关国家不要指望美根据防御条件给予帮助。

但进入1995年以来美国对南沙争端表现出更多的"关注"和"兴趣"。尤其是美国官方逐步改变过去"不介入"南沙争端的立场。支持东盟有关国家意欲共同对付我国的倾向更加明显,强化与东盟有关国家进行军事合作的势头。

2月,美国防部《东亚安全战略报告》明确指出,"在南中国海问题上,美国愿意帮助和平解决这场争端"。

3月,美参谋长联席会议副主席欧文斯上将提出,"美国准备从了解情况的角度来参与这个问题,而且力图参加多方面的对话"。

5月,美国务院发展的政策声明称,美"强烈反对任何国家使用威胁使用武力解决领土争端",认为保持南中国海"航行自由",维护"海上通道"涉及到美国的根本战略利益,宣称美对不符合国际法和联合国海洋法的领海和海上领土要求,将"深表关切"并"必须拒绝"。这项声明还称,美国愿意"以各方认为有益的任务方式给予帮助"。

美国务卿克里斯托弗称,美作为太平洋国家,去防止争端失控方面有"切身利益",根据美菲签订的条约,美"有责任保卫菲律宾不受任务攻击"。

6月,美国海军上将马克在马尼拉与菲军事当局召开的共同防务会议上说,南中国海的自由航行是该地区国家经济发展的关键。并称"对已加剧南中国海紧张局势的几个国家的行动表示关注"。

美国学术界提出解决南沙争端的政策建议:

(1)美中进行双边战略对话。

(2)把解决南沙争端纳入地区多边安全对话机制。

(3)分股联合开发,建立包括争议各方以及美、日、俄、印尼等国在内的国际性"南沙权力机构"。

(4)成立东盟智囊团从中斡旋。

(5)依据海洋法公约制定解决南沙争端的框架。1995年5月26日美华盛顿战略和国际问题研究中心学者基斯、埃林伯格发表文章,称联合国海洋法公约能为外交解决南中国海问题提供框架,建议美尽快批准这项公约以加强影响解决南中国海争端的能力。

(6)参照南极条约冻结所有有关各方的领土要求(1995年5月29日美海洋学家麦克马纳斯提出)。

(7)增强东盟国家的"防御能力"以防不测。

美国会众院国际关系委员会主席本杰明·吉尔曼 1995 年 3 月 10 日提出法案，鼓吹美增加对"南中国海的盟国"的军援。认为"南中国海是美国军舰只从太平洋驶往印度洋和波斯湾的重要通道。它对美国的防务需要来说至关重要"。"为了避免将来发生对抗，我们最好是加强在该地区的民主国家的朋友和盟国的防御力量"。

美国会和学术界对南沙争端的态度概括起来是：(1)普遍否定和攻击我在南沙问题上的主权要求。认为中国对南海主权的要求"没有坚实基础，在法律和历史上都站不住脚"。不能允许中国对南中海行使主权，否则就会使它的邻国沦为附庸国并使北京单方面控制对全球安全至关重要的海上通道，要用集体反应对付中国在南沙的"侵略"。(2)要求美政府调整对南中国海领土争端的政策。认为"如果中国在南中国海采取行动，那就会侵犯美国利益"。美应采取行动"遏制中国收复领土的要求"。

（二）日本

日本扬言对所谓"保卫（南中国海）周围海域自由航行"十分关心。在中菲南沙争端发生后，日本政府表示"正忧虑地注视着南沙势态的发展，有可能卷入保护海上航道的行动"。并宣称"中国单方面采取行动是不可取的"，"要将争端防患于未然"。日本内阁今年通过的"防卫白皮书"声称，"中国在南沙群岛的美济礁修造建筑物使有关各国的担心增加了"，中国"如此扩大海洋活动范围的动向，今后要加以注视"。与此同时，日本的一些官方人士和学者大肆宣传中国是冷战后东盟的"最大威胁"、"中国将在下一个 10 年内对邻国构成威胁"等。日本开放大学中国政策问题讲师佐藤山一在香港《远东经济评论》4 月 13 一期上著文鼓吹要在南沙问题上打"日本版"，建议日本介入南沙争端，如日本石油公司参与开发南沙海域的石油，应邀参加或主持达成联合开发南沙的协议等，并称日本可在经济上和军事上制约中国。有的学者还强调"南沙关系到日本的利益"，因此日本的介入"可能成为解决南沙问题的关键所在"。

（三）澳大利亚

1994 年 2 月澳外长埃文斯在访问马来西亚时，说澳非常担心在南中国海采取的行动会造成提出主权要求的各国关系更趋紧张，认为"每个提出主权要求的国家采取克制态度是至关重要的"。

4 月，澳海军参谋长罗德尼·格雷厄姆·泰勒访问马来西亚，进行防务交流。他在马来西亚海上事务研究所发表演讲时说，澳将把南中国海看作是一个爆炸性地区，"非常关注那里发生的任何可能加剧声称对该群岛拥有主权的国家之间紧张关系的行动"，"切望确保该地区的海上交通航线对所有国家保持开放"。

四、南沙地区形势发展趋势

以上可以看出,1995 年南沙争端形势的特点是:五国六方在主权问题上无让步迹象;以和平方式解决争端走共同开发道路成为共识;南沙问题国际化趋势在发展;东盟国家加紧发展军备增加了南海不稳定因素。

1995 年是南沙争端史上不平常的一年。"美济礁事件"一度使南沙争端迅速升温和国际化,但在 7 月底的东盟和中国外长对话会议上,中国提出解决南沙争端问题的新立场后,形势逐渐缓和下来。

纵观 1995 年,东盟第二届地区论坛会议的召开把九五年分为二个阶段。前一阶段是中菲矛盾激烈各方积极参与,以斗争为主,斗争中有缓和;后一阶段以缓和为主,缓和中又有斗争。一年来中国提出愿同有关国家根据国际法,《联合国海洋法公约》的原则和平解决南沙争端,为缓和紧张局势,防止美国、日本插手南沙争端起到了积极作用。

此外,1995 年 10 月中国发布了历史上第一个《国防白皮书》,向全世界公布了中国军备、军费使用等方面情况,对"中国威胁论"是一个有力的回击。

接着,12 月美国与东盟在东南亚地区无核化问题上发生公开争论,使东盟国家对引进美国势力、解决南沙问题的做法产生了一定的疑虑。这些都对稳定南沙局势产生了很大的影响。

但我们应该看到,南沙群岛争端的由来已久,各种矛盾错综复杂地交织在一起,而且今后进一步复杂化,我建议的"搁置争议,共同开发"的目标,是目前处理南沙争议最现实可行的途径,然而,可能需要一个较长时期逐步实现。

因此,今后南沙争端会有长期性的趋势;多国控制南沙群岛的局面仍将维持;南海问题国际化势头今后会有新发展;南沙问题的处理难度越来越大,我在维护海洋权益和海洋资源的斗争中将面临更加严峻的形势。

(《动态》1996 年第 3 期)

《联合国海洋法公约》生效
加快了各国海洋立法程序和斗争

曹丕富

　　《联合国海洋法公约》（以下简称《公约》）已于 1994 年 11 月 16 日生效。关系到158 个国家和 70 个国际组织、集团利益的这部法律,其内容涉及海洋法的各个方面,包括领海和毗连区、用于国际航行的海峡、群岛国、专属经济区、大陆架、公海、岛屿制度、闭海或半闭海、内陆国出入海洋的权利和过境自由、国际海底、海洋环境的保护和保全、海洋科学研究、海洋技术的发展和转让、争端的解决等各项法律制度,是国际海洋法立法史上最广泛、最全面的一部海洋法典。由于它是 150 多个国家经过 20 多年协商、斗争、再协商、再斗争的产物,它既代表了各方利益,也隐藏着各方矛盾和斗争。各国都想利用海洋法有关条文维护本国最大利益,也都想利用海洋法某些不正确解释使国家损失减少到最小程度。

　　《联合国海洋法公约》于 1982 年 12 月实行开放性签字,由于美、英、德等对《公约》第十一部分国际海底管理局的生产限制、缔约国费用、企业部、技术转让、合同的财政条款、决策程序、审查会议、补偿基金、环境问题等与发展中国家有意见分歧,开放签字时他们没有签约;俄罗斯、日本、法国等虽在《公约》上签字,但也迟迟未在国内正式批准。直到 1994 年 7 月 27 日联合国秘书长就公约第十一部分所涉及的未解决问题进行了为期 5 年非正式协商、达成正式协定,发达国家和发展中国家才算取得了"共识",从而加快了各国批准《公约》的法律程序。1994 年 10 月,美国总统克林顿已将《公约》递交美国参议院,征求意见并请求它批准美国加入该公约;德国已于 1994年 10 月 14 日正式宣布加入《公约》,并在联合国总部交存了加入证书;日本内阁会议1996 年 2 月 20 日通过了联合国海洋法公约和设立专属经济区的决定,并提交 3 月至6 月份国会会议批准;英、法、俄以及其他一些发展中国家也正在加快立法程序,争取尽快加入《公约》。

　　各国特别是海洋大国为什么掀起批准《海洋法公约》的热潮、急于批准《公约》,笔者认为主要有以下原因:

　　一、利益驱动。《联合国海洋法公约》,它所确立的行为规范,实质是世界各国对占地球面积 2/3 海洋利益的一次重新调整和分配,是技术和时代发展的产物,反映了广大海洋发展中国家的呼声,最大的赢家是海洋国家,特别是海洋岛国,其次是地理条件不利国家和内陆国,损失较大的是海洋发达国家。因为依据《公约》,沿海国有权宣布 12 海里领海,24 海里毗连区,200 海里专属经济区,大陆架主张自然延伸原则,不足 200 海里的可以延伸至 200 海里;可以实行岛屿制度;群岛国可以实行群岛制度。大大地扩大了沿海国的管辖权,尤其是海洋岛国和海岸线长的国家,他们得到的海域管辖面积和陆架范围将更大。由此不难看出为什么《联合国海洋法公约》1982 年 12 月实行开放性签字直到公约第十一部分达成协议,就有 65 个国家正式加入公约,其中大部分是沿海发展中国家。这是加入海洋法公约的第一个热潮,它是由沿海发展中国家。这是加入海洋法公约的第一个热潮,它是由沿海国家和中小国家发起的,是利益驱使的自然和必然过程;第二个热潮即是从关于执行公约第十一部分达成协议以后,一些大国的利益得到了解决,尽管他们主张的公海自由论由于沿海国扩大管辖权受到挑战和缩小,但按公约规定它们名正言顺地也都扩大了他们的实际管辖海域,同时海上和海空航行自由也基本得到了保证,特别是公约生效以后,国际海底管理局即将成立,主席、副主席、理事国、秘书长等官员将由大会选出,国际海洋法法庭法官将开始推荐,但这些都必须以正式批准公约并参加其活动为前提,而且都有严格时间限制,如不按期批准公约,将失去争夺国际海底管理局和国际海洋法法庭领导权的机会,大国的利益和影响就不能很好的在国际海底组织中体现。正因为如此,后一段基本是以海洋大国为代表的掀起的加入公约的热潮。

二、《公约》生效,标志着国际海洋新秩序的诞生,这种新秩序各国利益交错,相互影响,推进了签约国加入《公约》的热潮。全世界一共 200 多个国家,其中海洋国家占了一半以上,所有的大国、强国几乎都是海洋国家,且各大洋息息相通,大部分国家都相邻、相向,海域划界问题,专属经济区和大陆架的问题,国际海底资源开采问题等等,都直接涉及到各国的利益,既有主权分割问题又有资源占有、分享问题,由于各国所处的地理位置不同,各国得到的利益也千差万别,得利多的国家首先采取的行动,必然影响相邻、相向国家,即便是相邻、相向国家由于种种原因不愿意采取主动行动,但最终也必须按照《联合国海洋法公约》规定的条文回到加入公约的队伍中来,只有这样才能缩小国家利益损失。

三、联合国海洋法公约虽然本身不解决领土归属问题,但它确以领土归属为准解决海域划分和其他纠纷问题。海域划分的原则和方法直接影响各国的利益,使用什么原则和采用哪种划界方法,是各国关心的问题。20 世纪 70 年代南海周边国家掀起的抢占我南沙岛礁热潮,很难说和联合国海洋法公约制度无关,但是不管使用什么原则和方法都以领海基点、基线为基础向外延伸,因此,基点、基线的选择是关系到各国管辖海域大小的直接因素。基点是指沿海国大陆上或沿海外缘岛屿上选择的点,按照联合国海洋法公约规定,各国一般都选陆上适合点或最外缘岛为基点,目前各国有关岛屿纠纷,一方面固然是领土之争,经济之争,战略地位之争,另一方面因为这些小岛大部是各国外缘岛,一旦这些小岛确定了国家归属,那么这个国家就以这个岛为基点,单独或与其他各点形成连线向外延伸,扩大自己的领海、毗连区、专属经济区、大陆架范围。日、韩竹岛(韩国称为独岛)之争,希、土爱琴海伊米亚里岛(土耳其称卡尔达克岛)之争,也门和厄立特里亚红海大哈尼什岛之争,大都属于这类性质,以前这些岛屿在归属上一直没有解决,但争夺时急时缓,总趋势没有现在这样激烈、直接。其原因就是随着联合国海洋法生效,各国都将逐步重新审查各自的海洋制度,重新宣布自己的领海、毗连区、专属经济区、大陆架,没有加入公约的国家,也都逐步加快立法程序批准加入公约,以便维护各国的海洋权益,从中得到最大的利益。

海洋占地球面积的71%。从长远的观点看问题,海洋是人类赖以生存的主要空间,也是人类生存发展的主要物质基础。随着现代科学技术的发展,海洋的作用和价值将逐步体现出现。《联合国海洋法公约》的达成、签署、生效,既建立了海洋开发、海洋管理的新秩序,也加剧了海洋资源的掠夺,未来的海洋也将是不平静的。

(《动态》1996 年第 4 期)

钓鱼诸岛问题

刘洪儒　侯梦涛

一、钓鱼诸岛的基本情况

钓鱼诸岛(日称尖阁列岛或尖阁群岛),位于我国台湾省基隆市东北约 190 千米,距日本冲绳岛西南约 420 千米、八重山群岛石垣市 190 千米,是我国台湾省的附属岛屿。它主要由钓鱼岛(日称鱼钓岛)、黄尾屿(日称久场岛)、赤尾屿(日称大正岛)、北小岛、大北小岛(日称冲北岸或冲的北岩)和大南小岛(日称冲南岩或冲的南岩)等 11 个岛礁组成,散布在东经 123°20′～124°45′,北纬 25°44′～26°00′之间,总面积为 5.24 平方千米(另有 5.14 平方千米、5.48 平方千米和 6.34 平方千米之说)。钓鱼诸岛处在我国宽广的东海大陆架东南边缘,周围水深 140～150 米。钓鱼诸岛东南侧是 2 000 米深的冲绳海槽,它是我国与日本冲绳群岛的分界。

钓鱼诸岛中以钓鱼岛(又称钓鱼屿、钓鱼山、钓鱼台等,日称鱼钓岛)最大,东西长 3.5 千米,南北宽 1.5 千米,面积为 3.642 平方千米(另有 3.8 平方千米、4.3 平方千米、4.5 平方千米和 5 平方千米之说),大约相当于一个半故宫的面积。钓鱼岛开头宛如一条蠕动的海参,山呈东西走向。从较远东北方望去,东西的两座山峰和位于该岛中部的突出岩石非常明显,东顶海拔 321 米(一说为 350 米),西顶海拔 363 米(另有 362 米和 369 米之说)。该岛周长约 11 千米(一说约 11 128 米)。岛上大都是茂密的原始森林,生长着槟榔树和其他亚热植物。据日本调查,钓鱼岛上的植物有 400 多种已被记录下来,绝大部分的植物没有遭到破坏,在植物学上作为亚热带的标识地有重要价值。岛上海鸟群集,故台湾渔民称钓鱼岛为"花鸟山"。据日本调查,岛上淡水充足,有七处涌泉。岛岸由砂滨和裸露的岩石相互连接,大都是锋利突起而高低不平的岩棚,有的高达 1 米以上,像碎玻璃碴一样尖利。离岛岸约 400 米的任何地方,水深均在 20 米以上,所以船舶可以到达岛的附件,但是没有抛锚的场所。加上海流非常急,船舶在岛的附近漂泊时需十分注意。钓鱼岛的西侧是唯一可以上岛的地方,它是由人工在岩棚上凿出的一条斜路,长 36 米,宽 4.5 米。荒天蔽日时,波涌浪大,小船难以靠近。大潮落时,水深只有 0.3 米,又无法利用。岛上有三块小沙滩,1978 年日本几个右翼团体派人上岛时,帐蓬就搭在沙滩上。这几个右翼团体带着粮食,下决心"坚持到日本政府以某种方式实行有效控制为止",但是坚持了20多天,终于支撑不住了,据说撤离的原因是由于"营养失调"。

黄尾屿,又称黄毛山、黄毛屿、黄麻屿等(日称久场岛),位于钓鱼岛东北约25千米处,是一座直径1.5千米、高118米的玄武岩质火山,略呈圆形,面积为0.874 1平方千米(另有1平方千米、1.08平方千米和3.67平方千米之说)。岛的周长为3 491米(一说为3.45千米)。岛周围为15～25米左右的直立悬崖峭壁,直接濒海。在悬崖处,有颇为壮观的直立柱状的岩石,岩层呈黑绿色。该岛是一座火山岛,在岛顶上有一个火山口凹地。岛上野生甘蔗密布,槟榔树处处可见,海岛群栖于全岛,十分壮观。故台湾渔民又称黄尾屿为"岛港"。岛上遍地蜈蚣,每条长均在半尺以上。岛的西岸有人工开凿的渡口,但有风浪时不能靠近。

赤尾屿,又称赤尾礁、赤尾山、赤屿等(日称大正岛),位于钓鱼岛以东偏北方向90千米处,东西长450米,南北宽280米,高81米(一说为84米),面积为0.041 4平方千米(另有0.05平方千米、0.15平方千米和0.32平方千米之说)。赤尾屿是一座孤岛,从侧面观岛,犹如耸立的一头大象。岛上无树木,但有杂草,是海鸟繁殖的场所,也是壮丽的海岛之家。

北小岛位于钓鱼岛东南约4千米处,海拔129米,周长316 4米,面积为0.258 8平方千米(另有0.3平方千米、0.31平方千米和1.05平方千米之说)。地质水成岩。岛上鸟蛋数量十分惊人,每年四、五月间,这个岛像洒满了白色的石砾一样,渔民们常在岛上拣拾鸟蛋。岛上鸟粪很多,厚达2～3公尺,人走在上面犹如走在地毯上一样。

南小岛位于北小岛东南侧,海拔148米,周长250 9米,面积为0.324 6平方千米(另有0.35平方千米、0.4平方千米和1.25平方千米之说)(参见附图,12页)。岛上也有很多鸟蛋和鸟粪,还有蛇,以海蛇最多,每条约重3公斤左右,故台湾渔民又称南小岛为"蛇岛"。南小岛的东端竖立着一尖头岩,看起来像是从海里直立起来一样,因而被当作航行的重要目标。

在钓鱼岛的东北和东南侧,还有3个岩礁,即:大北小岛(日称冲北岩),有2个小礁组成,西礁0.05平方千米,东礁0.02平方千米,最高海拔24米,无法登上。大南小岛(日称冲南岩),面积为0.01平方千米,海拔5米,无法登上(参见附图,14页)。飞濑(日本名),面积为0.02平方千米,海拔3.4米,无法登上(参见附图,15页)。冲北岩、冲南岩、飞濑是日本名,这是日本1915年海军水路测量班给这些岛礁起的名,在此之前,中国对各岛早有命名。

钓鱼诸岛是一群美丽富饶的岛屿,岛上盛产山茶、棕榈、仙人掌和海芙蓉(是防治风显症和高血压病的珍贵药材)。岛上有数万只海鸟,其中以信天翁为最多,此外还有鹬、鸽子、鹭鸶等。岛上昆虫也很多,有蚊、蝇、金铃子、金琵琶、萤火虫等。1978年日本几个右翼团体派人登岛,每当夜幕降临时,豹脚蚊等倾巢出动,他们只得默默地躲在帐蓬里。

钓鱼诸岛周围海域由于海底基石裸露不多,黑潮暖流又流经于此,是一个优良的渔场。钓鱼岛就是因此而得名。这一带海域盛产鲭鱼、鲣鱼、青花鱼、厚唇鱼、黄鲷鱼、竹荚鱼以及鲨鱼等,故我国渔民称这一带海域为"肥田",鱼类年可捕量在15万吨以上。这一带海域还盛产经济价值很高的鱼翅、玳瑁、海参和贝类等。我国渔民自古以来就在这一带海域捕鱼,渔民经济到岛上补充淡水、避风、休息、修船、补网、捕捉海岛、采集鸟蛋和中草药。

钓鱼诸岛周围一带海底蕴藏着丰富的石油和天然气资源,对其储量看法不一,多数估计石油储量为30亿~70亿吨,主要看法有:

日本:(1)1967年7月和1969年6月,日本先后两次派出地质调查船到钓鱼诸岛周围海域进行调查,据从事第二次地质调查的"东海大学调查团"的报告称,钓鱼岛周围海域可列为"世界十大油田之一",估计蕴藏量达150亿吨。(2)日本《读卖新闻》发表文章说,钓鱼岛周围海域石油储藏量有各种说法,即4亿吨到300亿吨。

美国:(1)1968年美国勘探船"亨特号"到钓鱼岛周围的海域调查后认为,该海区沉积厚度约2千米,石油储量为150亿吨,且系含硫量在0.6%以下的优质原油。(2)1971年5月美国麻省工学院海洋研究所一教授估计,钓鱼岛周围海域至少有114亿吨(800亿桶)石油,等于每个中国人有100多桶。(3)1988年3月美国夏威夷东西方中心资源研究所研究员马克·瓦伦西亚估计,东海石油储量为100亿~1 000亿桶。

我国:海洋石油勘探开发研究中心王善书同志提出的报告认为,综合各种计算结果,东海盆地石油资源量为22亿~168亿吨,石油资源量可能值为50亿吨,天然气资源量可能值为2 000亿~12 000亿立方米。另外,我国台湾当局估计:(1)台湾《中华杂志》1971年5月4日文章认为,钓鱼岛周围海域石油储量其价值约有300兆日元。(2)台湾学者杨仲揆研究认为,钓鱼岛周围海域石油储量为800亿桶。

二、日本侵占我钓鱼诸岛的经过

1868年日本开始明治维新后,国力得到迅速发展,对外开始侵略扩张。琉球群岛原为我国藩属,1879年日本占据琉球群岛,之后又想进一步侵占我钓鱼诸岛。在有记载证明钓鱼诸岛属于我国版图数百年之后,日本才发现了钓鱼岛。1862年日本出版的《日本海军水路志》始有钓鱼岛的记载。1884年(明治17年)福冈县一个名叫古贺辰四郎的渔业主,根据信天翁的行迹,第一次登上钓鱼岛来收海产品,他为了在该岛设置半永久性的工作地点,曾向冲绳县申请租地,未被受理,又向日本中央政府提出申请,亦未成功。与此同时,自1885年(明治18年)至1893年,冲绳县知事曾三次要求日本政府把钓鱼诸岛划归冲绳,当时日本政府考虑中国清政府已注意到日本有意霸占钓鱼岛,怕引起纠纷,没有批准冲绳县知事的要求。

据日本外务省编纂的《日本外交文书》第18卷(该书于1950年3月出版)中"关于久米赤岛、久场岛以及鱼钓岛编入日本版图的经过说明"记载,冲绳县令西村舍三根据日本政府的秘密指令调查了钓鱼岛等岛屿,之后于明治18年(1885年)9月22日上报内务大臣山县有朋,报告称,钓鱼岛等岛屿"要划为冲绳县下属,目前尚有困难。最近曾经去调查过,地形与大东岛(位于本县与小笠原岛之间)不同,不能不怀疑是否与《中山传信录》中所载之钓鱼岛、黄尾屿、赤尾屿是同一岛屿?果系同一岛屿,则不仅为清国册封旧中山王使船所熟悉,且复各有命名,向为琉球航海之目标,此事甚为明显。因此,这次与大东岛一样进行勘查后立即树立国标,总觉不妥。基此之故,拟乘下月中旬驶往前方两岛(官古、八重山)之货轮"出去号"返航之便,先行实地勘查,另行呈报。至于树立国标一节,尚乞指示。"但是,日本内务大臣山县有朋仍企图建立国标,为此于同年10月9日发函征求日本外务大臣井上馨的意见,信函中说:"清国只是将此岛屿作为航船之航行标记,而岛上无清国所属之证迹,且其岛名各有所唱,并不一致。因该岛接近冲绳县所属的宫古、八重山等诸岛,是一无人岛屿,该县准备调查后建立国标。对此事,希望能论审议,恭候回音"。对此,井上馨表示反对,他在同年10月21日关于阻止建立国标一事的公文中说:"有关建立国标之事……几经考虑并协商,认为上述岛屿同清国国境靠近,非以前调查的大东岛可以拟……且中国附有岛名。而且,近来中国报纸连载文章,说我政府想占据台湾附近的清国所属岛屿,对我国持有怀疑态度,……如在此时我国公然有建立国标之措施,就会引起清国的猜疑。……至于着手建立国标、开拓土地等,应让于他日之机会为妥。"因此,日本外务大臣和内务大臣根据协商结果于同年12月5日指令冲绳县知事,指令说"要切记眼下不可建立国标"。冲绳县第二次申请是明治23年(1890年)1月13日,新任县令执事丸冈莞尔以管理水产、建设航标为由,呈报内务大臣,要求把上述岛屿划归冲绳县管辖,并建立国标。日本政府未予批准。第三次申请是明治26年(1893年)11月,冲绳县知事又以上述同样理由重新申请建立标记,而日本政府仍未作出答复。

但是,1894年8月1日,日本发动了侵略中国的甲午战争,到1894年末日本的胜利已成定局。在这种情况下,日本内务大臣野村靖于明治27年(1894年)12月27日就在钓鱼岛建立所属标记问题同日本外务省进行秘密协商,野村靖给外务省的公文称:"关于在久场岛、鱼钓岛建立所辖标牌一事……明治18年已同外务省达成协议并下述指令。可当时情况与今日情况又有所不同,估计可望另草呈文向阁议提出,一并作出决议。"明治28年(1895年)1月11日,日本外务大臣陆奥答复野村靖,同意在钓鱼岛上建立标记。明治28年(1895年)1月12日,日本内务大臣野村靖上书日本内阁总理大臣伊藤博文,"内阁议提出关于建立标牌一案"。明治28年(1895年)1月14日,日本内阁会议决定将久场岛和鱼钓岛(即钓鱼岛)划归冲绳县管辖,并建立标牌。同月21日,日本内务大臣指令冲绳县知事,"关于设置标牌一事,可按阁议决定执行。"但三个月之后,即1895年4月17日,日本政府强迫中国清朝政府签订了不平等的《马关条约》,条约规定"中国将台湾全岛及其所有附属各岛屿、澎湖列岛和辽东半岛给让于日本"。由于签订了《马关条约》,建立标牌已没有必要,直至第二次世界大战结束,日本始终没有建立标牌。

1900年以前,日本文献中对钓鱼岛等岛屿的记载均采用我国已定的名称。1900年(明治33年)5月,日本冲绳县师范学校教师黑岩恒氏,到钓鱼岛等岛屿上进行考察,他根据这些小岛"尖头"这一形状,把袭用了几百年的钓鱼岛等岛屿的名称,改为"尖阁列岛",他自称给这些岛屿"暂命以新名曰尖阁列岛"。所谓"尖阁列岛"名称的出现,晚于中国定名后约500年。

第二次世界大战后,日本沦为战败国,按理钓鱼岛等岛屿应该和台湾一起归还中国,但却未能如愿。据美国公布的记录,在1943年11月举行的开罗会议上,琉球的归属问题曾被提出:"(罗斯福)总统提及琉球问题,并数次询问中国是否要求该岛。(蒋介石)委员长答称将同意同美国共同占领琉球,并愿将来在一国际组织的托管制度下与美国共同管理该地。"但遗憾的是,中国的这一主张却不明不白地没有写入12月1日公布的开罗宣言中。1944年1月12日盟国的太平洋战争会议在白宫举行,中国由国民党政府驻美大使魏道明参加,会上提及琉球时,罗斯福表示:已征求过斯大林意见,"斯大林熟悉琉球历史,他完全同意琉球属于中国并归属于它"。1945年7月26日,中美英三国发布波茨但公告,规定"日本的主权仅限于本州、北海道、九州、四国及盟国所规定的其他小岛"。至此,应该说琉球群岛的归属问题已基本解决了,更不要说我钓鱼岛的归属问题。但是,日本政府投降后,只把台湾和澎湖列岛归还了中国,将附属于台湾的钓鱼岛等岛屿以归还冲绳管辖为借口,交由美军占领。1951年9月8日,在美国的策划下,美英法等国签订了对日和约,即"旧金山对日和约"。该和约第三条规定了在美国控制下的托管制度:"日本将赞成美国向联合国提出的有关将北纬29°以南的西南诸岛(包括琉球群岛)置于其托管之下,并由美国作为唯一行政当局的建议。在上述建议提出和获得确认期间,美国将拥有对这些岛屿的领土和居民以及包括这些岛屿的领水行使施政立法和管辖的一切权力"。美国根据这一条约,片面地宣布对钓鱼岛等岛屿拥有所谓施政权。1953年,美日就归还奄美群岛给日本一事进行谈判,我国要求美国按波茨坦公告精神归还琉球群岛和钓鱼岛等岛屿,未果。

1968年联合国亚洲及远东经济委员会下属的亚洲近海海域矿产资源联合勘探协调委员会(简称CCOP),对东海和黄海进行了广泛的调查。经调查发现,钓鱼岛周围海域蕴藏着丰富的石油资源,"是世界上十大油田这一"。之后,日本当局加快了侵占我钓鱼岛等岛屿的阴谋活动。1969年5月,日本当局在钓鱼岛上竖立了高

1米、宽30厘米的水泥标柱,正面写明"八重山尖阁群岛·鱼钓岛",反面书有"冲绳县石垣市字登野诚二三九二番地"。同时还立了一块大理石标柱,上面书有"八重山尖阁群岛",并列举了鱼钓岛(即钓鱼岛)等8个岛名并刻"石垣市建之"等字样。1969年6月14日至7月13日和1970年11月29日至12月15日,日本东海大学"东海大学丸"号调查船先后到钓鱼岛周围海域进行地质资源调查,并登上钓鱼岛等岛屿上竖立所谓"警告牌"。这种"警告牌"在钓鱼岛(2处)、北小岛、南小岛、黄尾屿(2处)和赤尾屿等5个小岛上设置7处。"警告牌"上用日文、英文和中文三国文字,每种文字都用黑珐琅涂染,表面上涂有白色油漆,文字内容是:"除琉球居民及不得已之航行者外,任何人等,未经美国最高行政长官核准,不得进入琉球列岛及本岛之领海及领土内,如有故违,将受到法律审判,特此公告"。1970年8月31日冲绳县议会通过第12号"关于要求防卫尖阁列岛领土的决议"和第13号"关于尖阁列岛领土防卫决议",决议主要内容是拒绝台湾对尖阁列岛领土的要求并要美国迫使台湾放弃对该列岛的主权。这两个决议和日本天皇的所谓"第十三号敕令"就成了日本政府要求取得这几个岛屿主权的立法"依据"。

1971年4月5日,日本正式提出关于领有尖阁列岛问题的"三个根据":1.尖阁列岛是1884年(明治17年)爱好探险的福冈人古贺辰四郎发现。2.1895年(明治29年)4月1日"第十三号敕令"。1895年(明治28年)1月14日日本内阁会议决定尖阁列岛是日本领土。"第十三号敕令"是接受内阁会议的这项决定下达的,这个列岛成为日本领土。3.1953年(昭和28年)12月25日实施的美国政府颁布的第2号命令,这个命令和关于归还奄美群岛的日美协定同一天生效,是"规定琉球群岛的地理界线",强调这个列岛位于琉球群岛的区域之内。

1971年6月17日,美日两国签署"归还冲绳协定",美国无视我国主权,援引"旧金山对日和约",悍然把钓鱼岛等岛屿一并归还日本。日本外相爱知同年5月18日发表谈话说,随着美日"归还冲绳协定"的签署,日本对尖阁列岛的领有权问题"完全解决了"。对此,我国外交部于1971年12月30日发表声明,严正指出:"钓鱼岛、黄尾屿、赤尾屿、南小岛、北小岛等岛屿是台湾的附属岛屿,它们和台湾一样,自古以来就是中国领土不可分割的一部分。美、日两国政府在'归还'冲绳协定中,把我国的钓鱼岛等岛屿列入'归还区域',完全是非法的,这丝毫不能改变中华人民共和国对钓鱼岛等岛屿的领土主权,中国人民一定要解放台湾!中国人民也一定要恢复钓鱼岛等台湾的附属岛屿"。与此同时,台湾当局也发表了声明,海内外华人发起了轰轰烈烈的"保钓运动"。在这种形势下,美国政府迫于压力,发表声明说,只移交行政权,与主权无关,主权应由有关方面谈判解决。但是日本政府领导人叫嚷"没有任何理由要同什么国家就冲突(指钓鱼岛等岛屿主权)进行交涉"。

1972年3月8日,日本外务省就尖阁列岛问题发表了所谓"正式见解",日本外务省根据"正式见解"认为领为尖阁列岛的"根据"是：(1)明治18年(1885年)现场调查结果，确认这个列岛上没有清国统治的痕迹。(2)在明治28年(1895年)的内阁会议上，作出了把这个列岛编入日本领土的决定。该列岛从那时以来，"在历史上一直构成日本领土西南群岛的一个组成部分"。(3)根据同年5月生效的下关条约即《马关条约》而接受割让的台湾和澎湖群岛中，没有包括尖阁列岛。(4)根据旧金山和约第三条，这个列岛被置于美国的施政权之下，并按照归还冲绳条约而又把行政权表明了尖阁列岛的地位"。对此，我《人民日报》于1972年3月30日发表长篇通讯，批驳日本为侵吞我钓鱼岛等岛屿制造的所谓"根据"。

1972年5月14日，日本外务省再次发表"尖阁列岛领有"问题的"正式见解"称：(1)日本政府根据国际法上的先占权，从明治18年(1885年)以后就再三对尖阁列岛进行实地调查，确认是无人岛，而且清国的统治并没有达到这里。于是，明治28年(1895年)1月内阁会议决定在当地树标，正式划入日本领土。(2)这个列岛从那时起就构成日本的领土西南群岛的一部分。根据明治28年(1895年)5月生效的下关条约(即马关条约)第二条，由清国割让给日本的台湾、澎湖列岛中也不包括这个列岛。(3)因此，"它也不包括在根据旧金山条约第二条放弃的领土之内，而是包括在第三条作为西南群岛的一部分置于美国的行政权之下并根据去年签订的归还冲绳协定归还行政权的地区之内"等等。

1972年5月15日，美日签署的"归还冲绳协定"正式生效，日本利用这一协定将钓鱼岛等岛屿划入日本的"防卫识别圈"内。当天，日本海上保安厅就派出巡视船"巡视"钓鱼岛等岛屿，以"排除"所谓中国和台湾"对尖阁列岛的领海侵犯"。日本外务省官员表示，如果中国和台湾"表现出某种动向，要对他们猛烈打击"。从此，日本把钓鱼诸岛列为防卫重点，正式开始对钓鱼诸岛周围海域进行武装巡逻。

三、钓鱼诸岛自古以来就是中国的领土

钓鱼诸岛自古以来就是中国的领土，它不仅是中国人民最早发现、最早命名、最早开发，而且也是中国政府最早进行管辖并行使主权。

日本政府对我钓鱼诸岛垂涎已久。为了霸占我钓鱼岛，日本政府领导人纷纷声称尖阁列岛是"日本的固有领土"。但是据理不尽一致，为了统一口径，日本外务省分别于1972年3月8日和同年5月14日发表了"尖阁列岛领有权"的"正式见解"，之后，日本便以此正式见解作为对尖阁列岛领有主权的依据。日本的所谓"正式见解"，归纳起来主要有三点理由：(1)自明治17年(1885年)以来，日本政府通过冲绳县当局一再进行实地调查，查明尖阁列岛没有清国统治的痕迹，确认为"无主地"之后，于1895年1月14日经日本内阁会议批准，正式编入日本领土，故是日本的"合法领土"。(2)尖阁列岛编入日本领土，是在中日《马关条约》生效(1895年5月)前4个

月,不包括在该条约规定的割让领土之内。故不是通过战争掠夺来的领土。(3)根据旧金山对日和约第三条,日本于1951年将尖阁列岛的施政权交给美国,对此,中国并未提出异议。这表明中国并不认为尖阁列岛是台湾的一部分。

从历史角度和其他方面来考证,日本提出的这三点理由是十分荒谬的,是站不住脚的,现从四个方面分述如下:

(一)大量史料证明,钓鱼岛历来属于中国,并非"无主地",日本把它当作"无主地"加以占领完全是非法的

早在中国的明朝,即公元十五世纪、十六世纪,我国许多历史文献上,就早有有关钓鱼岛等岛屿的记载,并明确说明钓鱼岛等岛屿是中国的领土,中国与琉球在这一海域的分界线是在赤尾屿和久米岛之间,在明朝这些岛屿就早在中国的海防范围之内。

首先,从中国明、清时代派遣册封使的记录,说明钓鱼诸岛历来属于中国。

明、清时代,琉球(即现在的冲绳)是中国的属地,琉球国王每年要向明、清政府朝贡。琉球国王即位时,为了授予王冠,中国封建皇帝要派遣册封使。从1372年至1879年大约500年间,琉球派进贡船241次,明、清两朝派往琉球的册封船23次。这些册封使官从福建省出发,经钓鱼岛、黄尾屿、赤尾屿到琉球的那霸。册封使官回国后,大都把出使情况写成《册封使录》报告政府。在这些《册封使录》中,多次提到两国的疆界,并一致指出中国与琉球的分界在赤尾屿与久米岛之间,即赤尾屿是中国的边界,久米岛是琉球的边界。有史可考的册封使录中,有《顺风相送》(1403年)、《指南正法》(明代)、陈侃的《使琉球录》(1534年)、郭汝霖的《重编使琉球录》(1562年)、夏子阳的《使琉球录》(1606年)、胡靖的《琉球记》(1633年)、张崇礼的《使琉球录》(1663年)、汪楫的《使琉球杂录》(1683年)、徐葆光的《中山传信录》(1719年)、周煌的《琉球国志略》(1756年)、赵新的《续琉球国志略》(1866年)等历史材料。

1. 1403年,明代永乐元年的《顺风相送》(此书是明朝我国航海人员的记录)一书中的《福建往琉球》一段说:从金门岛"太武放洋,用甲寅针七更船取乌丘。……北风东涌开洋,用甲卯取彭家山(即彭佳屿)。用甲卯及单卯,取钓鱼屿(即钓鱼岛)。南风东涌开洋……至澎家、花瓶屿在内。正南风梅花开洋,……用单乙取钓鱼屿南边,用卯针取赤坎屿(即赤尾屿)。……南风,……用甲辰取琉球国……"。这说明,过了彭佳屿、花瓶屿、钓鱼岛和赤尾屿等岛屿后,才是琉球国。

2. 明代的《指南正法》(此书也是航海记录)一书中的《福建往琉球针》一段说:"梅花开舡(按,"梅花"在福建闽江口的长乐县,明朝政府在此设"梅花所";"开舡"即开航之意),用乙辰七更取圭笼长,用巽三更取花矸屿(即花瓶屿)。单卯六更取钓鱼台,北边过。用单卯四更取黄尾屿北边。……看风沉南北用甲寅,临时机变……。用甲卯寅取濠灟港(即那坝),即琉球也"。可见,航行所经过的钓鱼岛、黄尾屿等岛屿

决不是琉球的岛屿,而是中国的岛屿,只是到了那坝才是琉球。

3.1534年(明朝嘉靖十三年)5月,陈侃出使琉球,随行的还有琉球的进贡船。陈侃写的《使琉球录》一书记载:五月"十日,南风甚迅,舟行如飞。然顺流而下。亦不甚动。过乎嘉山(即彭佳屿),过钓鱼屿(即钓鱼岛),过黄毛屿(即黄尾屿),过赤屿(即赤尾屿),目不暇接,一昼夜兼三日之程。夷舟帆小不能相及矣,相失在后。十一日夕,见古米山(即久米岛),乃属琉球者。夷人歌舞于舟,喜达于家。"陈侃说明,见到古米山(即久米岛),才是属于琉球的地方,琉球人在船上唱歌跳舞,高兴地回到自己的家。此前所经过的岛屿,显然非属于琉球而属于我国疆域。

4.1561年(嘉靖四十年)5月,郭汝霖出使琉球,他写的《重编使琉球录》一书中称:五月"二十八日祭海登舟,二十九日至梅花开洋,三十日过黄茅(即今棉花屿),闰五月初一过钓鱼屿,初三日至赤屿焉;赤屿者,界琉球地方山也。再一日风,即可望姑米山(即久米岛)矣。"这就是说,当时中国与琉球是以赤尾屿为界的,赤尾屿就是与琉球地方交界的山,过了赤尾屿,才是琉球所属的海域。

5.1633年(明朝崇祯六年),胡靖随杜三策出使琉球,他回国后,写成《琉球记》一书。书中说:"余从天使五月二十三日自三山启行……六月四日从广石解缆……八日过姑米山,夷人贡螺献新,乘数小艇没巨浪中,比至,系缆舶旁,左右护驾,镇守姑米夷官远望封船,即举烽闻之中山"。我国使节到姑米山,得到琉球人迎接护驾。姑米山琉球镇守官员向琉球举烽上报,表明琉球边界在姑米山。姑米山以西则属我国,不属琉球。

6.1683年,清朝康熙年间册封使汪楫在其所者的《使琉球杂录》一书中写道:六月"二十四日天明,见山则彭佳山也……,辰时过彭佳山,酉刻遂过钓鱼屿,船如凌空而行……。二十五日见山。应先黄尾后赤屿,无何遂至赤屿,末见黄尾屿也,薄暮过效(或作沟),风涛大作,投生猪羊各一,泼斗米粥,焚纸船,鸣钲击鼓,诸军皆甲露刃,俯舷作御敌状,久之始息。问郊之义何取?曰中外之界也。界于何辨?曰悬揣耳。然顷恰当其处,其臆度也,食之复兵之,恩威并济之义也"。在这里,汪揖不仅详细地记述了过沟祭海经过,而且明确说明赤尾屿和久米岛之间为"中外之界"。

7.1719年,清朝册封使徐葆光所写的《中山传信录》,是在当时琉球王国有名的两位地理学家程顺则和蔡温协助下写成的,其中叙述了徐葆光从福州到那坝的航路,并作了说明,从福州经花瓶屿、彭佳屿、钓鱼屿、黄尾屿北侧,从赤尾屿到达姑米山(即久米岛)。徐葆光特意注意,"取姑山米,琉球西南方界上镇山"。这里所谓的"镇",就是镇国境、镇守的镇,说明久米岛是返往中国与琉球的国境,其界的对方就是中国。徐葆光十分关心琉球王国的领域,他在卷四"琉球三十六岛"一项中,还记载了石垣岛及其附近八岛,称:"以上八岛,俱属八重山,国人皆称之曰八重山,此琉球极西南属界也"。

8. 1756 年,清朝册封使周煌的《琉球国志略》卷十六的《志余》中,对从前使录中有意思的或他认为重要之处再次作了确认。他在这里概括汪楫过"沟"的记述说:"问沟之义,曰中外之界也"。也就是说,他同汪楫一样,认为赤尾屿和久米岛之间是"中外之界",并从文字上明确标明赤尾屿以西是中国的领土。

9. 1866 年(同治五年),赵新出使琉球,进行封典。他写的《续琉球国志略》指明:"……在船保护诏敕,于五年六月十九日,舟抵球界之姑米外洋,连日因风帆未顺,水深不能下碇。"明确指出,姑米附近洋面是琉球国界,姑米附近洋面以西海域,属于我国。等等。

据史料记载,历史册封使都是如此,只要气候无突变,都是从福州离港,经基隆、彭佳屿、钓鱼岛、黄尾屿、赤尾屿等各岛的北侧,达到久米岛,然后进入琉球到达那坝港。

其次,从中国明、清时代官方文件和有关书籍中的记载,说明钓鱼诸岛历来属于中国

1. 明朝人郑舜功出使日本,在九州住了三年进行考察,回国后于 1556 年写了一本名为《日本一签》的书,书中的"桴海图经"卷一写道:"钓鱼屿,小东之小屿也"。"小东",是当时台湾的名称,即是说钓鱼岛是台湾的附属岛屿。《日本一鉴》是研究当时中日经济文化交流的史籍,是曾得到史家高度评价之著作。

2. 1562 年,明朝剿倭总督胡宗宪编写的《筹海图编》中的"沿海山沙图""福七"、"福八"标明了福建省罗源县、宁德县沿海各岛屿名,由西到东把"鸡宠山"、"彭加山"、"钓鱼屿"、"花瓶山"、"黄毛山"、"赤屿"等按序排列,标明这些岛屿都在福建海防管辖区。因为当时倭寇(日本海盗)在这一地区活动十分猖撅,为明确管辖范围,所以把这些岛屿一一列入防区。胡宗宪是当时指挥军队与扰乱中国沿海的倭寇打过 100 多次海战的名将,他的记录是完全可信的。

3. 明代《武备志》、《武备秘书》皆有图标出钓鱼岛等岛屿为我国海防。

《武备志》为明代天启元年(1621 年)茅元仪辑,240 卷。在此书"海防"一章中,所载图幅《福建沿海沙图》中明确标出"钓鱼山"(即钓鱼岛)、"黄毛山"(即黄尾屿)、赤屿等岛,为我国防区(参见附图,17 页)。

明末施永久编的《武备秘书》中卷二有《福建海防图》,其中明确划出"钓鱼山"、"黄毛山"、"赤屿"等岛,把这些岛屿一一列入我国防区(参见附图,18 页)。

4. 清朝康熙年间黄叔敬编写的《台湾使槎录》(又名《赤嵌笔谈》),此书序写于乾隆元年(即 1736 年),此书卷二"武备"一节中详细列举了台湾沿海港口情况,其中有对钓鱼台(即钓鱼岛)的叙述。原文为:"近海港口哨船可出入者,只鹿耳门南路打狗港,北路蚁港,笨港、淡水港、小鸡笼、八尺门。其余如风山大港、西溪蚝港……可通杉板船。台湾州仔、尾西港……今尽淤塞,惟小鱼船往来耳。山后大洋北,有山名钓鱼

台,可泊大船十余"。黄叔敬任台湾最高行政官(巡台御史),他的记载显然是清政府官员和清政府的看法,说明钓鱼岛在行政上早已属于台湾管辖。此后,有关台湾地方志书多引用黄叔敬这一材料,如乾隆年间《台湾府志》,完全引用上述一节:"台湾港口"包括"钓鱼台岛"。这表明清政府确认钓鱼岛在台湾所属域内。

5. 清朝同治二年(1863年),湖北抚署官员胡林翼等人编制的《皇朝中外一统舆图》,图上划了一条从福建到琉球的航线,我国至琉球航线所经各岛标于图上,其中钓鱼屿、黄尾屿、赤尾屿全用我国语文,并无日本、琉球等语。直到"姑米山"处才特别注明"姑米山译日久米岛",用了琉球语。这样便明确表明钓鱼岛等岛屿属于我国的,而"姑米山"是外国的地方,外国名为"久米岛"。

6. 1878年日本占领琉球。1879年,清朝大臣李鸿章与日本谈判琉球归属问题时,日本提出将琉球一分为二,其西南端的宫古、八重山划归中国,东北主要岛屿归日本。由于清朝政府反对,未能签约。当时中日双方都承认琉球是由36个岛屿组成,钓鱼岛等岛屿根本不包括在内。

7. 1893年10月,清朝慈禧皇太后下诏书将钓鱼诸岛中的三个主要岛屿赏给太常寺正卿盛宣怀为产业,供来药之用。诏书内容如下:"太常寺正卿盛宣怀所进药丸,甚有效验。据奏原料药材来自台湾海外钓鱼台小岛,灵药产于海上,功效殊于中土。知悉该卿家世设药局,施诊给药,救济贫病,殊甚嘉许,即将该钓鱼台、黄尾屿、赤屿三小岛赏给盛宣怀为产业,供来药之用。其深体皇太后及皇上仁德,普被之至意钦此。光绪十九年十月"。该诏书为棕红色布料,长59厘米,宽31厘米,上面盖有慈禧太后御玺和"御赏"腰章。盛宣怀曾将此诏书遗赠其四子盛思颐(字泽臣)。盛思颐于民国三十六年十二月五日致函其女盛毓真(又名徐逸),附寄慈禧诏书、钓鱼台地理图说等,现诏书和盛思颐的信件存于盛毓真处。此诏书的英文译文已列入美国第92届国会记录。

8. 1934年4月上海《申报》出版的翁文灏、丁文江、曾世英合编的《新地图》,第38图和第39图,是福建省和台湾的北部图,在台湾基隆东北海域中,绘有钓鱼岛等8个岛屿,注有"尖阁群岛"四个字。当时台湾在日本占领之下,钓鱼岛等岛屿被日本强行改为"尖阁群岛"。这本地图清楚说明钓鱼岛等岛屿是台湾的附属岛屿,而不是冲绳的附属岛屿。等等。

第三,钓鱼诸岛是中国的领土,这在日本和其他国家文献上也有充分反映

1. 1605年,琉球王国的执政官向象贤在其所著的《琉球国中山世鉴》一书中,原封不动地引用陈侃的《使琉球录》中有关钓鱼岛等岛屿的记述,说明"古米山"(即姑米山)为琉球边界。这说明,琉球人历来承认久米岛是其边界,久米岛西南方的钓鱼岛等岛屿是属于中国的。向象贤是琉球王国的执政官,他的看法带有权威性。

2. 1708年,琉球籍华裔学者程顺则所著的《指南广义》一书中,也注明姑米山为

琉球边界。《指南广义》中说："福州往琉球,由闽安镇出五虎门东沙外,开洋,用单(或作乙)辰针十更,取鸡笼头(见山即从山北过船,以下诸山皆同)、花瓶屿,彭家山,用乙卯并单卯针十更,取钓鱼台,用单卯针四更,取黄尾屿,用甲寅(或作卯)针十(或作一)更,取赤尾屿,用乙卯针六更,取姑米山(琉球西南方界上镇山),用单卯针,取马齿[现称庆良间列岛],甲卯及甲寅针,收入琉球那霸港。"程顺则把钓鱼岛等岛屿用中国的名字作了记述,并看作是中国的领土。而对"姑米山",则指出是琉球边界的"镇山"。

3. 琉球国使臣蔡铎于康熙四十年(1701年)进献的《中山世谱》地图及说明中,记载琉球之三十六岛,其中并无钓鱼岛等岛屿。1785年,日本东京顺原屋书店老板须原市兵卫印刷出版的日本人林子平编的《三国通览图说》及其5幅"附图",明确标明钓鱼岛等岛屿为中国领土。其中的《琉球三省并三十六岛之图》是彩色图,图中将日本领土涂为深绿色,包括从东北角的鹿儿岛湾到南方的吐噶喇均为深绿色;把琉球王国的领土涂为浅褐色;把钓鱼岛、黄尾屿、赤尾屿等岛屿和其他从山东到广东省的中国领土涂为淡红色。从图上涂的不同颜色,可以看出日本人林子平承认钓鱼岛等岛屿是中国领土是毫无疑问的。林子平在其序中说明"非个人杜撰"而是"有根据的画图"。这也充分反映了当是中日双方领土分界的事实。日本天宝三年(1832年)阪宅甫所辑的《中山聘使略》中所附《琉球属岛全图》中,并无钓鱼岛等岛屿,其中说明也未提到此岛。日本明治6年(1873年)大文彦制《琉球诸岛全国》,在南部诸岛范围中,并无钓鱼岛等岛屿,且划有一界限,明显地把钓鱼岛屿划出琉球范围之外。日本关口备正辑的《府县改正大日本全图》,是日本明治8年(1875年)11月24日出版的,其中琉球部分也未列入钓鱼岛等岛屿。日本井出猪之助辑的《大日本地理全图》,是十九世纪出版的,其中琉球部分也未列入钓鱼岛等岛屿。1936年出版的《日本满州国年鉴》中所附地图,其中琉球部分也无钓鱼岛等岛屿。

1892年,日本出版了一本比例尺相当大的日本海陆详图,对宫古和八重山群岛中的小岛,逐一绘出并附有详细的里程表,却根本没有钓鱼岛或尖阁列岛。1938年,日本地理学会出版的《大日本府县别地图并地名大鉴》一书中关于冲绳部分,大小岛屿乡村与市镇街道及其名称俱全,却没有钓鱼岛,也没有日本人所称的"尖阁列岛"。1961年5月日本"相模书房"出版的野村孝文所著的《西南诸岛的民家》一书,记述了大隅群岛、奄美大岛群岛、冲绳群岛、宫古列岛、列岛群岛、八重山列岛的房屋构造和居民生活。不论是文字与地图,在本书的冲绳群岛、八重山列岛、石恒岛的各章,都没有钓鱼岛或尖阁列岛。

以上这些足以证明钓鱼岛不属于冲绳,而是我国台湾的附属岛屿,是中国的领土。

4. 1832年,德国东方学家海里希·克拉普罗特(Heinyichklaprtn)把林子平的《三国通览图说》译成法文,其附图和原版一样是彩色的,标明钓鱼岛等岛屿是中国的领土。由此可见,林子平所著的这本书在国际上很受重视,钓鱼岛等岛屿是中国领土已为世人所知。

5.19 世纪英国人金约翰编《海道图说》,其中第九卷讲台湾,包括了钓鱼岛等岛屿。他叙述台湾,依西南、西、北、东、东北海岸顺序,最后三节写和平山(即钓鱼岛)等岛屿。此书对琉球另列一卷,列入第十卷,与钓鱼岛等无关。

6.1916 年英国 G·H·庄土敦著的《现代地理皇家袖珍地图》中,图 30"中国和日本",在东径 122°～124°、北纬 25°之间标明和平屿(即钓鱼岛)、赤尾屿等小岛在中国的东海上,不在琉球列岛内。

7.1950 年,由美国出版的大英百科全书,最后一卷的地图,第二十四、第二十八图中,"尖阁岛"是在中国和台湾的范围之内,而不是列在日本或冲绳的范围之内。

8.1971 年 9 月,巴黎出版的《中国与世界》杂志载称:(1)1928 年版本的法文百科全书第三卷第 567 页,印有台湾地图,而位于北纬 25 度半、东径 123 度半的钓鱼岛等岛屿,虽然只有米粒那样大,却非常清楚而明确地印在地图上。(2)新版插图拉罗斯百科全书通用字典第四卷第 608 页,也同样印有连同钓鱼岛的台湾地图。(3)1968 年巴黎朱勒斯·塔朗迪埃书店出版的陈特拉斯立体地图第 77 页是中国的立体地图,钓鱼岛明确清楚在中国地图之页上,等等。

第四,钓鱼诸岛是中国的领土,还可以从以下两个方面得到证明:

1. 从地理地质特征上看

东海海底大致分为三部分:西部为东海大陆架,坡度平缓,我钓鱼诸岛在此海域;东部为琉球岛架和岛坡区;中部为冲绳海槽。冲绳海槽南北长 630 海里,东西宽 70 - 100 海里,海槽自北向南延伸,南深北浅,大部分深度超过 1 000 米,最深位于台湾东北部海域,达 2 717 米。冲绳海槽把中国大陆架与日本的冲绳群岛完全分割开来,它是我国东海大陆架和日本琉球群岛岛架的终点。钓鱼诸岛与冲绳群岛是两种不同的岛屿类型,钓鱼诸岛是东海大陆架的一部分,是大陆性岛屿,而冲绳群岛是属于海洋性岛屿。

2. 从传统生产习惯上看

钓鱼岛等岛屿与台湾弱部沿海同处一个季风走廊和黑潮走廊,黑潮从台湾东部向东北流,经钓鱼岛转向日本、朝鲜。从风向和潮流来看,从福建和台湾去钓鱼岛是顺风顺流,因此该海域是我国渔民谋生的重要场所,我国渔民,特别是福建和台湾基隆、宜兰的渔民,自古以来就在这一带海域捕鱼,渔民们经常到岛上补充淡水、避风、休息、补网。有些渔民一年中有两、三个月在岛上居住。采药商人也经常到这些岛上来集特种药材。然而,日本人欲来这些岛屿,必须逆风逆流而行,而且要过冲绳海槽,很难从琉球扬帆行使到这里。所以,琉球人只能通过中国才能获得有关钓鱼岛等岛屿的知道,他们几乎没有条件,也没有必要独自记述该岛屿的事情。据台湾《联合报》1970 年 8 月 30 日报道,1940 年,台湾被日本非法占领,台湾北部称作"台北州",琉球叫做冲绳县,当时双方渔民围绕着钓鱼岛等岛屿周围海域的捕鱼权发生争执,两方打官司,最后打到日本东京法庭。日本东京法庭经过一年多的调查,于 1941 年判决钓鱼岛等岛屿周围海域的捕鱼权属于"台北州"。这一事实,有力说明日本自己也认为钓鱼岛等岛屿是属于台湾的一部分,而不是琉球的一部分。此后,台湾基隆、宜兰、苏奥等地的渔民,要到钓鱼岛等岛屿周围海域捕鱼,须具"台北州"的许可证,如果钓鱼岛等岛屿非"台北州"管辖,自然不必持"台北州"的许可证才能到该海域捕鱼作业。现在台湾当局保管有日本占据时期钓鱼岛等岛屿归"台北州"管辖的历史资料。日本至今既没有否认,也没有证实东京法庭曾作过上述裁决。

上述大量事实,充分说明钓鱼岛等岛屿历来属于中国,不仅是中国最早发现、最早开发,而且也是中国政府最早进行管辖并行使主权。决不象日本所说的什么"无主地",日本把它当作"无主地"加以占领完全是非法的。

(二)日本政府从 1885 年开始凯觎钓鱼诸岛,起初由于对中国清朝还有顾虑,历时近十年不敢动手,到 1895 年 1 月日本乘甲午战争胜利之机便暗中侵占了钓鱼诸岛。

从日本政府对冲绳县提出的关于钓鱼岛等岛屿的调查报告的批示及其经过,说明日本开始做贼心虚,后来时机成熟便暗中掠夺。

1885 年,日本内务大臣山县有朋怀着吞并钓鱼岛等岛屿的目的,密令冲绳县当局对这些岛屿进行调查,以便设立国标。冲绳县当局调查后于 1885 年 9 月 22 日报告称,钓鱼岛、尾黄屿、赤尾屿"不但清国早已详知,而且对这些岛屿一一定了名称,在这种情况下,勘查后立即建立国标总觉不妥"。同年 10 月 9 日山县有朋呈外务大臣井上馨声称,这些岛屿"只是作为航行标记,岛上无清国所属之证迹",故希望"建立国标"。10 月 21 日井上馨批复称这些岛屿"靠近清国国境",特别是"清国附有岛名"。"而且近来清朝报纸连载文章,说我政府想占据台湾附近的清国所属岛屿","如在此时,我国公然有建立国标之措施,就会引起清国的猜疑"。"故"着手建立国标、开拓土地等,应让于他日之机会为妥"。由此可见,日本明知这些岛屿属于中国,只是时机尚不成熟,不便动手,才留下了"他日之机会"的伏笔。在井上馨批文的末尾还特意注明,"此次调查,不宜在官方文件或报纸上刊登,你、我都应注意"。做贼心虚,暴露无遗。1890 年 1 月 13 日,冲绳县新任执事丸冈芜尔再次提出报告,称在这些岛屿上设置国标"关系到清朝,万一发生纠纷,应如何处理"?对此,日本内务、外务两大臣联合批示,"要切记眼下不可建立国标"。1893 年 11 月,冲绳县第三次申请,设置国标,日本政府仍压了下来没有批示。

　　这样,冲绳县在九年间三次申请,日本政府都不敢贸然批准。但是,不久之后日本政府态度骤然改变,对冲绳县第三次申请报告,事过一年多突然批了下来。1894 年 12 月 27 日,日本内务大臣野村靖秘密报外务省称,以"当时情况与今日情况又有所不同"为由,要求建立国标。1895 年 1 月 11 日日本外务大臣陆奥答复野村靖说,"我部别无意见,按你部意见办理"。过了三天,即 1895 年 1 月 14 日,日本内阁会议即迅速决定批准冲绳县申请,同意久场岛和鱼钓岛归冲绳县管辖,并建立标牌。1895 年 1 月 21 日,日本内务大臣指令冲绳县知事,"关于设置标牌一事,可按阁议决定执行"。

　　作出这一决定的关键理由是"今日情况"与过去情况"有所不同"。所谓"今日情况""有所不同"是指当时中日甲午战争的局势对日本十分有利。当时情况是,1894 年日本出兵朝鲜,并于同年 7 月对中国海军发动突然袭击,8 月 1 日日本对中国正式宣战,甲午战争爆发,10 月日军进攻中国东北,11 月又攻下我国大连、旅顺,到 1894 年末,日军进攻矛头已指向北京,日本的胜利已成定局。在此情况下,日本显然不必再顾虑"清朝的猜疑",可以为所欲为了。这就是日本所说的"情况不同"之外。

　　另一方面,从日本国内法律手续上来看,日本领有钓鱼岛等岛屿与领有其他岛屿的手续也有不寻常的地方。根据国际法的规定,一个国家领有土地,即应把新领土的位置(经纬度)、名称及其管辖行政区,用敕令或管辖厅署的告示告知国民。1875 年日本领有小笠原群岛、1891 年领有硫黄岛、1905 年领有竹岛,都曾由天皇以敕令或由县知事以布告方式公布新领有岛屿的名称、位置和所属行政管辖区。但是,日本领有钓鱼岛等岛屿却没有发布任何敕令或布告,是偷偷摸摸干的。日本外务省称,是根据明治 29 年(1896 年)第十三号敕令把钓鱼岛等岛屿划归冲绳县管辖的。但是,据日本历史学家井上清考证,"第十三号敕令规定冲绳与日本本土实行同样郡制的敕令,只字未提把尖阁列岛划归冲绳县之事"。据查,日本天皇第十三号敕令的内容是:

"内阁总理大臣侯爵　伊藤博文

内务大臣　芳川显正

皇上批准关于冲绳县的郡编制度,特此公告。

御名御玺

明治 29 年 3 月 5 日

第十三号敕令

第一条:除那霸首里两区外,冲绳县划以下五郡:

岛郡:岛尻各间切、久米岛、关良间诸岛、渡名喜岛、粟国岛、伊平屋诸岛、鸟岛及大东岛。

中头郡:中头各间切。

国头郡:国头各间切及伊江岛。

宫古郡:宫古诸岛。

八重山郡:八重山诸岛。

第二条:要求改变郡的界线或名称时,由内务大臣决定。

附则

第三条:执行本敕令的时期由内务大臣决定"。

从上述内容可以看出,日本"第十三号敕令"与钓鱼岛等岛屿是毫无关系的,日本把这两件毫无关系的事情联系起来,其政治企图是很清楚的,就是制造一个日本侵占钓鱼岛等岛屿的法律根据。这显然是站不住脚的。

由于日本领有钓鱼岛等岛屿没有履行国际法规定的手续,没有通知全国,是偷偷摸摸干的,所以日本后来对钓鱼岛等岛屿即日本所说的"尖阁列岛"的名称、范围,每个时期,每个机关的说法都不一致,甚至一些重要部门都不知道此事,以致于日本某些重要地图并无尖阁列岛之名。例如,1939 年日本地理学会出版的《大日本府县别地图并地名大鉴》,其中冲绳县占八开三个版面,冲绳县所属的大小岛屿俱全,并无尖阁列岛之名。

(三)对《旧金山对日本和约》和《归还冲绳协定》,我国均及时发表声明,认为是非法的,无效的,对我国没有约束力。所谓"中国并未提出异议",纯系瞎说

关于《旧金山对日和约》1951 年,美国和日本背着我国非法签订了《旧金山对日和约》,美国根据这一条约片面地宣布对钓鱼岛等岛屿拥有所谓"施政权"。对此,我国外交部长周恩来于 1951 年 8 月 15 日发表声明称,"对日和约的准备、拟订和签订,如果没有中华人民共和国参加,无论其内容和结果如何,中央人民政府一概认为是非法的,因而也是无效的"。1951 年 9 月 18 日,周恩来外长又发表声明指出,"美国政府在旧金山会议中强制签订的没有中华人民共和国参加的对日单独和约,不仅不是全面和约,而且完全不是真正和约。……中央人民政府认为是非法的,无效的,因而是绝对不能承认的"。声明中,尽管没有直接提出钓鱼岛等岛屿问题,但我既不承认《旧金山对日和约》,当然也就不承认其中关于钓鱼岛等岛屿问题的有关条款。

关于《归还冲绳协定》1971 年 6 月 20 日,我国《人民日报》发表长篇评论员文章,文章称,"美日反动派在所谓'归还'冲绳的协定中,竟把我国领土钓鱼岛等岛屿划在'归还'日本的范围内,妄图以此为日本反动派侵占我国领土寻找'根据'和制造既成事实。……美日反动派的这种侵犯中国主权的罪恶行径,是中国政府和中国人民所绝对不能容忍的"。1971 年 12 月 30 日我国外交部发表声明称,"中华人民共和国外交部严正声明,钓鱼岛、黄尾屿、赤尾屿、南小岛、北小岛等岛屿是台湾的附属岛屿。它们和台湾一样,自古以来就是中国领土不可分割的一部分。美、日两国政府在'归

还'冲绳协定中,把我国钓鱼岛等岛屿列入'归还区域',完全是非法的,这丝毫不能改变中华人民共和国对钓鱼岛等岛屿的领土主权。中国人民一定要解放台湾!中国人民也一定要恢复钓鱼岛等台湾的附属岛屿!"

在"归还"冲绳前后,连美国都表示对钓鱼岛的主权问题采取中立的立场,并不支持日本的主权主张。1971年,在美日谈判归还冲绳问题之前,日本外相福田3月21日在国会中声称,"在归还冲绳时,将要求美国宣布尖阁群岛是日本的固有领土"。但是,美国对此不加理睬,由美国国务院发表人发表声明称,"随着归还冲绳,尖阁群岛的施政权将归还日本。但是关于主权归属问题,美国采取中立的立场"。对此,福田外相非常恼火,他在国会中声称"如果美国正式发表中立的立场,日本政府将提出严重抗议"。1971年6月,日美签订《归还冲绳协定》时,美国务院公开声明,美国根据《旧金山对日和约》,只接受了有关岛屿的施政权,而没有接受其主权,故该协定的签订"不会给任何国家关于尖阁群岛或者钓鱼群岛的主权主张带来影响"。日本政府对钓鱼岛等岛屿的主权主张连美国都不承认,在国际上更是没有得到任何国家的承认。

(四)对日本政府妄图霸占我钓鱼诸岛这一不光彩的行动,一些主张正义的日本、美国等国学者通过著书、发表文章多次公开予以谴责

1. 日本历史学家井上清教授多次著书和发表文章,特别是他编写的《钓鱼列岛的历史和归属问题》一书,考证了大量中、日两国的历史文献资料,非常清晰而条理地从各个方面论述了钓鱼岛等岛屿的归属问题,有力地证明钓鱼岛等岛屿自古以来就是中国的领土,指出"日本是趁日清战争的胜利之机窃取的","日本领有尖阁列岛在国际上也是无效的"。

2. 日本历史学家高桥五郎在其所著的《钓鱼岛等岛屿纪事》一书中,对钓鱼岛问题的出现、钓鱼岛等岛屿的概况、中日两国政府各自拥有主权的观点及日本国内流行的一些主要立场和观点,作了较详细的分析和评论,并在此基础上得出结论说"钓鱼岛等岛屿是中国的领土"。

3. 1972年3月23日,以日本著名评论家石田郁文、历史学家井上清等为首的95名日本著名学者公开发表声明,反对日本侵占钓鱼岛。声明中称,"钓鱼群岛在历史上是中国的固有领土,日本在甲午战争中加以掠夺,我们不能承认日本帝国主义的侵略行为"。这一声明不仅在日本而且在国际上也引起很大反响。

4. 1971年6月,日本占据台湾时期的原"台湾警备府长官"福田良三公开发表谈话,他说,他在担任"台湾警备府长官"时,其管辖范围包括钓鱼岛等岛屿,因此,钓鱼岛等岛屿应属于中国。

5. 1972年日本《亚非团结》4月号刊载日本历史学家石田保昭的文章,标题是《日本政府方面关于领有钓鱼群岛(尖阁列岛)的根据是错误的》,文章列举了大量事实

说明,钓鱼岛等岛屿自古以来属于中国,日本是乘甲午战争的胜利掠夺的。

6. 1978 年 4 月 15 日,日本工人党中央机关报《工农战报》发表文章,标题是《通过战争掠夺的尖阁列岛,要通过缔结友好和平条约友好地解决》,文章列举事实说明,日本是借日清战争非法从中国掠夺来的,从历史和地形角度,尖阁列岛属于台湾的附属岛屿。4 月 20 日,日本工人党中央委员会在《工农战报》上发表文章,标题是《坚决谴责践踏日中联合声明精神的福田内阁》,文章说:"关于尖阁列岛,不论从历史上看,地理上看,显然是台湾的附属岛屿,中国的领土。它是日本在日清战争时趁火打劫中国的。不存在日本拥有领土权的根据"。

7. 1970 年 8 月 29 日,日本《朝日新闻》发表社论称,"日本的立场缺乏说服力,因为从地形上看,尖阁群岛位于和靠近中国大陆和台湾的大陆架的尖端处,与冲绳之间隔着一条水深在 2 000 米以上的冲绳海槽……。这样,主张把尖阁群岛作为冲绳的一部分,不能不说有欠妥之处"。

8. 1972 年 5 月 20 日《日本经济新闻》报道,日本经团联副会长堀越在记者招待会上发表谈话,题目是《尖阁群岛为台湾所有》。

9. 美国卡内基国际和平基金会研究员塞利格·哈里森在他所著的《中国近海石油资源将引起国际冲突吗?》一书中写道:"1894 年第一次中日战争,在清朝战败后,日本就占领了这个群岛","对于日本右翼分子来说,尖阁群岛是昔日帝国光荣的一个遗迹。对于中国来说,它激发人们回忆这个国家在衰弱和分裂时代所受的挫折"。塞利格·哈里森于 1985 年 10 月 25 日在美国圣若望大学亚洲研究学院举行的《东亚现势》讨论会上,呼吁美国政府在东海海床归属问题上明确承认中华人民共和国的主权。他说,"中国对大陆架延伸的海床主权的主张,是根据国际法的原则。国际法的原则给予一个海岸国家对她的海床的主权"。

10. 1970 年 12 月 9 日沙捞越《诗华日报》发表文章,标题是《从情理法各个方面看尖阁群岛属于中国》,文章列举大量事实,说明钓鱼岛等岛屿自古以来就是中国的领土。

11. 南朝鲜朴钟和教授在其所著的《东亚和海洋法》一书中指出,钓鱼岛等岛屿"位于中国和琉球之间中央……为中国人提供了方便的导航陆标"。在十几份据说尚存的完整文件中,写于 1534 年、1559 年以及 1552 年的三份特别提到了琉球王国的边界。除了这些中国的记录外,还有一份 1708 年琉球当地的记录以及 1783 年和 1785 年两份日本地图,每份都详细说明了王国的边界,虽然后者只是间接地说明。这里必须指出的是,这六份记录中每一份提到的边界明示或默示钓鱼岛等岛屿是属于中国的,等等。

从上述大量事实中,可以清楚地看出,钓鱼岛等岛屿自古以来就是中国的固有领土,不仅中国最早发现、最早开发、最早行使管辖,而且也得到了国际上的承认。这都是铁的事实。日本提出的"关于领有尖阁列岛的正式见解",完全是荒谬的,是站不住脚的。

四、近 10 年来日本对我钓鱼诸岛主权的侵犯行为及企图

(一)日本对我钓鱼诸岛主权的侵犯行为

在 1972 年中日建交和 1978 年中日签订和平友好条约时,我国从大局出发,提议将钓鱼岛等岛屿问题阁置起来,留待以后条件成熟时解决,日方对此表示同意。但其后的事实表明,日本顽固坚持钓鱼诸岛是"日本的固有领土",对我钓鱼诸岛主权不断采取侵犯行为,进一步加强实行控制,从而加速了钓鱼诸岛日本国土化的步伐。

1. 将钓鱼诸岛纳入日本军事控制范围之内

美日签署的《归还冲绳协定》于 1972 年 5 月 15 日正式生效后,日本海上保安厅即在冲绳那坝设立了第 11 管区海上保安本部,专门负责以冲绳岛西南 300 海里的与那国岛为支点,东到冲绳岛以东约 300 海里的大东诸岛、西到钓鱼诸岛周围海域的巡逻、警戒,其控守面积为 37.6 万平方千米。现在,第 11 管区已在距钓鱼诸岛 90 千米的石垣市设立了海上保安本部和航空基地,以此作为对钓鱼诸岛巡逻警戒的前进基地。日本海空军对钓鱼诸岛周围海域的巡逻监视分为两种:一是一般的巡逻监视,主要任务是对向南超过北纬 27 度线、向东超过东经 123 度线的过往舰船情况,视为关注的目标,掌握其动向;二是特别跟踪监视,主要任务是对进入钓鱼诸岛海区或可能接近钓鱼诸岛的渔船、潜艇,特别是集团目标、航空和大型作战舰艇实施跟踪监视。为完成上述任务,近几年来第 11 管区的舰、机实力不断增加,船艇由 1978 年 4 月以前的 5 艘增至 1989 年 8 月的 19 艘,其中千吨以上可搭载直升机的大型巡视船 5 艘(有 2 艘部署在石垣);飞机由 1978 年 4 月以前的 4 架增至 1989 年 8 月的 10 架(7 架部署在石坦),从而大大加强了对钓鱼岛周围海域的监视巡逻。在正常情况下,日本海保厅每天上、下午各派飞机 1 架次抵钓鱼诸岛海域上空巡逻;渔汛期间,则派巡视船在这一带海域游弋。同时,日本空军驻冲绳那坝基地的"西南航空混成团"在钓鱼诸岛当面的宫古岛、久米岛设有雷达站,负责对我钓鱼诸岛附近海区的监视。这些雷达站经常以"敌机"侵犯领空为科目,演练引导、拦截等应急措施。日本海上自卫队和日本自卫队的飞机还通常以钓鱼诸岛附近的岛礁为目标,实施射击轰炸训练。

2. 对在钓鱼诸岛附近作业的我方渔船和调查船进行监视、驱赶

据 1986 年日本《海上保安白皮书》透露,"在冲绳群岛西南方的尖阁列岛附近海域,每年都有许多台湾及中国渔船在领海附近捕鱼。因为这是容易发生侵犯领海事件的海域,所以平时应配备有巡视船和飞机进行监视"。对于我方渔船到钓鱼诸岛附近海域捕鱼,日方则更加重视。一般做法是:出动巡视船和飞机对我渔船进行跟踪监

视,主要观察我船的位置、数量和作业情况,监视其去向,防止其因追逐鱼群而"侵入日本领海"。一旦发现我渔船接近或进入"日本领海范围"时,即派舰、机前往调查处理,用喊话和撒传单方式发出警告,予以驱赶;如果我船"不听劝阻"继续靠近,则由巡视船在舰道上予以阻挡;当我船在日方发出要求退出警告经过退出动作所需要的时间之后"仍无退出行动"或妨碍日本官员"执行取缔任务"时,日本则对我渔船实施逮捕、扣留。1989 年,日本海保厅进一步加强了对钓鱼诸岛海域我方作业渔船的监视:首先,扩大监视范围,1989 年发现日本海保厅将关注海区北部向外扩大了 120 海里,西部向外扩大了 30 海里。其次,监视时间提前,1989 年从 2 月起就出动飞机和船只前往监视,比 1988 年同期提前约 1 个月。第三,大幅度提高巡逻机的出动率,并延长值勤时间。1989 年 2 月至 5 月,日巡逻机仅飞临钓鱼诸岛海域监视我渔船就有 400 多次,比 1988 年同期增加 3 倍。单机巡逻时间由以往的 4 ~ 5 个小时延长到 5 ~ 6 个小时;双机不间断巡逻时间,长达 8 ~ 10 个小时,甚至不顾气候恶劣,冒雨出动监视。据不完全统计,1989 年 2 ~ 6 月,日本海保厅发现并监视的我方渔船达 2263 艘次。不过,日方在对我渔船采取上述行动时,一般态度比较谨慎,以防矛盾激化。

对我调查船到钓鱼诸岛周围海域进行海洋调查活动,日方也极为重视,反应强烈。如 1980 年 10 月我"向阳红 1 号"考察船在钓鱼诸岛附近海域作业、1982 年 4 月我"滨海 511 号"海洋调查船在钓鱼诸岛附近海域作业以及 1983 年 5 月我"海洋 3 号"调查船在钓鱼诸岛附近海域作业等,日方都连续派出飞机和巡视船进行监视,上报我调查船的位置、航速及作业情况,防止我船接近钓鱼诸岛,并对我船进行摄影、录相。同时认为,我方行动"牵涉到国际法问题",与我进行交涉,要求我船停止调查,并退出该海域。

3. 派人登钓鱼诸岛加紧进行地质、资源等的调查

日本政府认为,钓鱼诸岛"在历史上和法律上都是日本的固有领土","这种立场是不会改变的"。日本为了开发的需要加强对该岛屿的调查,是日本"国内行政上的措施","当然的权利"。为此,多次派人对钓鱼诸岛及其周围海域进行调查。据不完全统计,1978 年 8 月以来,日方对我钓鱼诸岛较大规模的调查活动共有六次:

第一次:1979 年 5 月 28 日至 6 月 8 日,由日本冲绳开发厅和国土地理院等派学术调查团到钓鱼诸岛进行调查。调查目的是掌握这些岛屿的自然、地理条件,探索利用开发的可能性。调查的内容有:(1)在钓鱼岛设置观测气象的自动气象仪,调查气温、风向、风速和雨量;(2)调查地质、生物、植物;(3)在钓鱼岛和南小岛进行钻探,调查地下水;(4)为说明钓鱼诸岛的地形,制作五千分之一的地图;(5)调查附近海域的水深和海流等。调查人员共 31 人,历时 10 天(42)。

第二次:1980 年 2 月 25 日至 3 月 2 日,由日本琉球大学派员组成"尖阁学术调查

团"到钓鱼诸岛的黄尾屿、大南小岛、大北小岛进行调查。日本海上保安厅那坝基地派巡视船"弥彦号"予以协助。调查人员共9人,历时7天。

第三次:1981年7月11日至22日,由日本冲绳县派员在钓鱼诸岛周围进行渔场调查。调查活动分两个组:一组负责海滨资源调查,包括龙虾、贝类和海藻等资源的繁殖情况;一组负责渔业资源调查,包括该岛周围海底栖鱼和深游鱼的生息情况以及花青鱼等浮游鱼资源的分布情况。参加调查的船只有5艘,共52人,历时12天。

第四次:1981年7月,由日本海上保安厅承担《大陆架海的基本图》、海洋测地网的绘制以及波浪、海流等的调查。在其绘制的《大陆架海的基本图》的示意图中,日方已调查完毕的区域内,很明显地标明有侵犯我东海大陆架、钓鱼诸岛及周围海域的情况。

第五次:1983年11月3日至12月28日,由日本"海洋丸"调查船对我钓鱼诸岛周围海域进行地质调查,历时30天。

第六次:1984年1月5日至20日,由日本"海洋丸"调查船再次对我钓鱼诸岛周围海域进行地质调查,历时15天。

其后,日本每年都要进行"学术调查",具体情况尚不清楚。

从上述情况看出,日本在我钓鱼诸岛周围海域的调查内容相当广泛,包括自然、地理、气象、水深、海浪、海流以及渔业、油气等各种项目。这些调查,不仅使日本掌握了钓鱼诸岛及其周围海域的各种基本资料,而且也为日本今后开发钓鱼诸岛打下了基础。

4. 加强钓鱼岛等岛屿上的设施建设

日本政府认为,对钓鱼诸岛实施有效控制的最有效方式是加强岛上设施建设,以形成实际占领局面。据透露,日本在钓鱼岛等岛屿上所建立主要标志和设施有以下项目:

(1)房屋:位于钓鱼岛东面,占地25平方米,用预制构件建造,周围拦有铁丝网和高3米的石墙。

(2)石碑和"警告牌":石碑位于房屋附近,有两块:一块正面刻有"八重山尖阁群岛·鱼钓岛"字样,反面书有"冲绳县石垣市字登野城二三九二番地";另一块上面书有"八重山尖阁群岛",并列记了"鱼钓岛"(即钓鱼岛)、"久场岛"(即黄尾屿)等8个岛屿的名称,并刻有"石垣市建之"的字样,1969年5月设置。1970年7月,美、日又在钓鱼岛等岛屿上设置7处"警告牌"。

(3)水槽:位于房屋附近,大小不等,共有4个,用混凝土建造。

(4)直升机场:位于钓鱼岛西侧中间,正方形,面积为400平方米,混凝土浇注,1979年5月23建成并首次启用。

(5)气象站:位于钓鱼岛最高峰(标高为363米)的腹部,用钢筋混凝土建造(平房),主要设备有无线电发射塔、V型自动控制仪、百叶箱等,能自动观测和记录气温、风向、风速和雨量,并将观测结果自动送回那坝和日本本土的气象厅。该发射塔和气象仪器每3个月由日本气象协会换一次电池和记录纸。1979年5月23日建成启用。

(6)灯塔:1978年建成启用,每年须更换电池(说明,1989年7月日本拟改建成合于日本航路标识法所核定的正式灯塔,是否改建成,尚待证实)。

(7)水文站:1979年3月,日本在钓鱼岛、南小岛两处分别设置了测量航道所需要的金属制标志,即水文站,连同1975年设置的两处,共四处。日本官员表示,"建立这种无人水文站,是为了更好绘制航海图的需要"。此外,日本从1980年起在钓鱼岛周围水下定期放置测量水文数据的仪器,该仪器每3个月更换一次。

5. 坚持将钓鱼诸岛及其周围海区排除在中日联合开发区之外

我提出中日联合开发钓鱼诸岛周围海域石油问题后,日本财界持积极态度,曾试探搁置钓鱼诸岛领土归属问题而与我联合开发钓鱼诸岛的可能性。但日本政府认为,中日对钓鱼诸岛问题所持的见解不同,联合开发这一地区的石油资源,势必涉及钓鱼诸岛的归属问题。日本政府经过反复研究确定了如下的方针:"由于联合开发牵涉到尖阁列岛的归属问题,日本打算在尖阁列岛海域之外(即该列岛北部海域)设置联合开发区"。从而表明了不在钓鱼诸岛及其周围12海里内进行联合开发的设想。日本所以采取这一方针,主要考虑有三:(1)认为钓鱼诸岛是"日本的固有领土",其本身的归属问题"已经确定",谈不上共同开发的问题,(2)认为中国在钓鱼诸岛领有权问题上的战术是,以中日共同开发的方式来形成事实上的占有状态,从而给人以中国对这些岛屿具有潜在主权的印象;(3)日本自民党内部分人担心,如果中日搞联合开发活动,势必会被中国利用来主张对钓鱼诸岛的领有权。把钓鱼诸岛及其周围12海里区域排除在中日共同开发区之外,有益于消除这种担心。

6. 公然否认中日双方曾达成将钓鱼诸岛问题搁置起来的谅解

1972年9月,日本首相田中访华,与我进行建交谈判。在中日建交谈判中,我国领导人从中日友好大局出发,提出将钓鱼岛等岛屿的归属问题搁置起来,留待以后条件成熟时解决,日方表示同意。当时田中首相和周恩来总理达成中日双方"不触及这一问题"的谅解。在1978年中日签订和平友好条约时,双方又重申了这一谅解。但是,后来日本公然否认中日双方曾达成将钓鱼岛问题搁置起来的谅解。1975年10月22日,日本民社党议员佐佐木良在众院预算委员会会议上问道,"平泽文章写道,在日中和平友好条约谈判时,就搁置尖阁列岛问题达成了默契,这属实吗?"对此,日本外相宫泽答辩说:"这种认识是错误的。尖阁列岛自明治28年以来就是日本的固有领土,现在处在日本的有效的施政之下。说什么采取搁置的形式进行日中谈判,没有这样的事实"。1978 年 4 月 18 日,在日本自民党总务会议上,大平干事长说:"双方同意搁置的说法,不准确。那样一种说法,意味着把尖阁列岛作为日中谈判的议题搁置起来,然而,我们没有这样做"。1979 年 9 月,日本外务省首脑就钓鱼诸岛的归属问题表示说:"尖阁列岛不是中日之间有争议的地区,因此谈不了搁置"。

从上述情况看出,日本不仅对我钓鱼诸岛主权不断采取侵犯行为,而且进一步采取强硬态度,否认中日双方曾达成将钓鱼诸岛问题搁置起来的谅解,甚至不承认钓鱼诸岛是中日有争议的地区,企图将钓鱼诸岛作为所谓"日本的固有领土"来对待。

(二)日本加紧侵占我钓鱼诸岛的目的和企图

日本政府虽然在 1972 年中日建交谈判和 1978 年签订《中日和平友好条约》时,答应把钓鱼诸岛的归属问题搁置起来,但是后来实际上却采取了加速钓鱼诸岛日本国土化的步伐。日本这样做的根本目的,在于长期霸占我钓鱼诸岛,其具体考虑是:

1.造成钓鱼诸岛是日本领土的"既成事实"

日本政府为实现长期霸占我钓鱼诸岛的目的,一方面歪曲历史事实,捏造各式各样的所谓"根据";另一方面采取诸如加强巡罗警戒、加紧地质资源调查、建立直升机场、气象站等措施,保持实际占领的局面。日本认为,这样的搁置对日本是有利的。日本前外相园田在任时曾说:钓鱼诸岛"如果从日利益出发,最好像现在这样一声不响地搁置它 20 年、30 年";"像这样一声不响地搁置下去,才符合国益"。日本前首相大平在任期内也说:钓鱼诸岛"一直受到我国的有效控制,并能平安无事地从事渔业生产,再也没有比这更令人满意的事了"。日本政府就钓鱼诸岛的归属问题解释说:"如果日本的实际控制能够这样维持十年、二十年,那么,就同承认了日本的领有权一样"。

2.为中日东海海域划界谈判造成对日有利的态势

中日东海大陆架界线尚未划定。我国主张按自然延伸原则划分;日本主张按中间线划分。日本认为,尖阁列岛与中国大陆相距只有 200 海里,因此要在双方之间划线,决定各方的专属经济区。日本的意图,就是把钓鱼诸岛占为己有,并以此为基点与我平分东海大陆架。日本政府多次声明,钓鱼诸岛是"日本的固有领土",日本将以此来划分东海大陆架,而且坚持以中间线为界的划分原则。据日本外务省透露,以钓鱼诸岛和"北方四岛"归属于日本为前提计算大陆架,其管辖海域就是日本领土面积(37 万平方千米)的 11 倍;然而,如果丧失这两个地方,日本的管辖海域面积只有日本领土面积的 8 倍。两者相差 111 万平方千米。据台湾学者估算,如果按日本这一主张划界,日本不仅多占了我大约 20 万平方千米的海域,而且东海油气资源的一半以上,特别是在钓北坳陷油气富集区等将划归日本,这对我国是非常不利的。

3. 追求长远的政治、经济和军事利益

钓鱼诸岛位于台湾与琉球群岛的连结点上,战略地位十分重要。日本不断采取侵占我钓鱼诸岛的实际步骤,更为谋求长远的政治、经济和军事利益。

在政治上,日本一直具有侵略扩张的传统,近年来日本军国主义势力有所抬头,日本政界一些右翼势力仍在叫嚷"台湾归属未定",窥视我国台湾和钓鱼诸岛。日本侵占钓鱼诸岛,可以此作为进一步扩大的桥梁。

在经济上,钓鱼诸岛周围海域具有丰富的石油资源,美、日等国的调查都已证明,其储量,多数估计为 30 亿~70 亿吨。钓鱼诸岛东南侧的冲绳海槽,有形成钴壳和重金属泥等矿藏的地理环境,有可能找到新的矿藏资源。钓鱼诸岛周围海域是一个优良的渔场,渔产丰富,年可捕量达 15 万吨以上。

在军事上,钓鱼诸岛是日本实现其保卫海上 1 000 海里航线的重要据点,占据该诸岛可将其防卫范围由冲绳向西南推进 300 多千米,并可以此为基地对我国实施舰、机抵近侦察和监视,进而可大大增强战时行动的突发性。现在日本已在钓鱼诸岛修建了直升机场,还制订有修建港口的计划,只要消费工本就可建成简易军港。日本军事评论家小山宏内著文预言,钓鱼诸岛既适合设立规模适当的电子警戒装置,又可作为地对空导弹基地,将来必定成为日本的军事基地。

当前,日本政府为了达到长期霸占钓鱼诸岛的目的,一方面在公开谈话中做出强硬姿态,强调对日本说"不存在"围绕尖阁列岛的领土问题,"没有必要和中国谈判","没有同中国谈判的理由";另一方面,作为一个实际问题又感到"很难办",决定"将来同中国慢慢地进行谈判"。为此,日本内部正在积极进行谈判的准备工作。日本外务省和民间团体成立了专门研究钓鱼诸岛问题的机构,例如,日本外务省设立了"内阁列岛领有权问题研究机关",日本总理府的外围团体"南方同胞援护会"成立了"尖阁列岛研究会"等。研究机构规模大小不一,规模大者拥有 60 多名教授。这些组织收集资料和调查研究的范围主动要有三个方面:(1)从日本角度收集有利于证明钓鱼诸岛是日本领土的资料;(2)从中国方面收集有利于说明钓鱼诸岛是日本领土的证据;(3)研究近代国际法中有关案例,寻找有利于日本的根据。日本的翻译机构,把中国古籍中有关钓鱼诸岛的部分、中国官方的声明、中国学者撰写的关于钓鱼诸岛问题的文章等,统统翻译成日文,编成小册子,供给不懂中文的日本学者研究。日本内部原来在钓鱼诸岛问题上的看法并不一致,但由于近几年来日本官方新闻机构的大力宣传,造成甚大影响,使一些原来持怀疑态度的日本人转而支持日本政府的主张,一些原来站在中国立场上的日本学者则陷入了孤立境地。因此,日本在钓鱼诸岛问题上的动向值得引起我方严重注意。

(《动态》1996 年第 5 期)

中国图们江通海航行权利与图们江国际合作开发

李德潮

一、引言

中国图们江通海航行权利与图们江国际合作开发研究是 20 世纪 80 年代中期以来中国学者实施的一项比较成功的选题。研究始终受到党和国家领导人的关怀与支持,并得到国际社会的广泛响应。1995 年 12 月 6 日,中、朝、俄、韩、蒙五国在纽约联合国总部签署了三项关于图们江地区开发的国际协定,标志着图们江地区国际合作开发在经历 10 多年专家、学者研究和国际组织、民间团体推动之后,进入了国家间合作的新阶段。

作为联合国开发计划署(UNDP)东北亚首选支持项目,图们江地区开发计划提出的目标是:通过国际合作,将中朝俄三国接壤的图们江下游三角地区建设成为一个新的国际工贸、金融和交通运输中心,建设成东北亚的香港、新加坡或鹿特丹。

图们江地区位于日本海西岸中点、东北亚的重心位置,也是东西方文化交接、东西方种族和多民族会聚之地。这里是世界主要大国利益集中的焦点,冷战时期曾是大国和国家集团政治斗争和军事对峙的前线。这一地区至今仍然存在许多悬而未决的国际敏感问题,不确定因素较多。因此,对这一地区的国际合作开发计划,曾经被人称为"图们江之梦"。实现 UNDP 图们江开发计划的道路或许是艰难和漫长的。但是,恢复并实现中国图们江通海航行权利确是一个现实的和可行的目标。

中国学者开展的图们江开发研究,其核心目标本来就在于恢复并实现中国图们江通海航行权利。图们江地区国际合作开发在 UNDP、UNIDO(联合国工业发展组织)等国际机构支持下,已经取得明显进展。但是,中国图们江通海航行却迟迟不能实现。1995 年 8 月,国家海洋局海洋发展战略研究所和东北师范大学东北亚研究中心根据两家于 80 年代中期开始的《中国图们江通海航行权利及中国在日本海的利益跟踪研究计划》,联合召开了《1995 年图们江通海航行问题研讨会》。会上,东北师范大学东北亚研究中心的陈才教授、袁树人教授等就尽快实现中国图们江通海航行和加速我国图们江地区开发开放进程提出了高水准的论文。来自图们江开发第一线的吉林省、延边自治州、珲春市的研究人员和实际工作者也就这一问题发表了许多深刻的见解。本文就是在这些研究的基础上,结合近一年来的最新发展撰写的,仅供参考。

二、历史的回顾

我国原为日本海沿岸国。1860 年,沙俄利用清朝政府长期封禁政策造成的边疆空虚,在逐步侵略扩张的基础上,以武力相威胁,迫使清廷签定了《中俄北京条约》。根据不平等的《中俄北京条约》,沙俄强割中国在日本海沿岸的全部土地。在图们江地区,中俄边界以极窄的地峡(图们江边的中国防川村中俄土字界碑距海直线距离 10 千米,至河口河道长 15 千米。防川村北数千米的中国五家山哨所边界距日本海仅 3 千米)把中国隔绝在日本海以外。

图们江海口的丧失不仅隔断了中国东北通往世界各地最便捷的海洋通道,而且隔断了中国东北东部(地理学者称为中国东疆)与中国东南沿海各省的海上交通。中国图们江地区与日本海近在咫尺,而且拥有图们江国际水道,但却不能享有海洋运输的便利,以至成为交通口袋底的闭塞死角,严重制约了地区经济社会的发展。有鉴于此,中国的志士仁人,无不痛心疾首。百余年来,为打开吉林通往日本海的海口,前赴后继,竭尽智虑。清末、民初、国民党时期、新中国成立以后,中国人、爱国华侨、外籍华人、外国友人都为此进行过努力和研究。因此可以说,打开图们江日本海通道是中国人民和政府百余年来为之奋斗不息的一个战略目标。

1. 1886 年吴大澄勘界——中俄珲春东界约

1886 年中俄"岩杆河勘界谈判",由于中方使臣吴大澄交涉有力,《中俄珲春东界约》确认中国有权沿图们江航行出海。1860 年签定不平等条约时,清廷有位大臣在奏折中反对割让日本海沿岸土地,他提出的理由为:"这里是为我皇上进贡东珠(珍珠)和海东青(猎鹰)的地方"(见于北京中国第一历史档案馆馆藏档案),并不知道海口对国家和地区经济社会发展的重要性。吴大澄远见卓识争得中国图们江通海航行权利,为后人留下一份宝贵财产,珲春人民至今纪念他。

2. 1911 年吴禄贞"图长航业公司计划"——珲春图长航业公司的创办

1911 年(宣统三年),"吉林浚图们江航路通于海"(《清史稿》:宣统皇帝本记),"吉林巡抚陈昭常创办吉林图长航业公司,自沪越日本长崎达图们江,以沪商朱江募资为之"(《清史稿》:交通志)。"图长航业公司创办计划"详细摘要见于《珲春县志》,是由另一位民族英雄吴禄贞(时为督办吉林边务大臣驻延吉、珲春)主持制定的。当时的目标,重点在于加强祖国东疆与南部沿海诸省,特别是加强这一地区与上海和长江流域(图长取图们江—长江之意)的交通联系,开发珲春,巩固边疆。该计划写道:"果能筹办就绪,则为边镇特辟利源,为三省大开门户,行见穷乡僻壤,一变而为繁盛之市场。而且,开埠之后,事业繁兴,商民稠密,即边务亦将自定。"该公司曾购置"图瑞"、"图琛"两条千吨级轮船,经营珲春与上海之间的海运,这在当时曾被誉为可与上海轮船招商局"相类的独树一帜"(《清史稿》:交通志)。由于当时已经霸占朝鲜半岛的日本帝国主义的阻挠,公司无法经营。《珲春县志》编者在评论此事时说:"虽说公司失败,而此篇文章(指计划)殊有价值,因摘录较多,以期邦人士将来踵起行之,不第交通发展,於实边前途,国防关系,又岂鲜哉。"

3. 日据时期的图们江海运

在日本并吞朝鲜侵略我国东北的特殊历史条件下,珲春港小型江海直达轮短途海运或于江口换载远航海参崴(俄国)、新(日本)、元山(朝鲜)和上海的图们江航运曾经相当发达,直到1938年日苏张鼓峰战役日军封江停航。据1933年《满洲年鉴》记载,1929年进入珲春港的船舶达1 469艘,总吨位达到24 799吨。

4. 1964年苏、朝对中国图们江通海航行权利的再次确认

1964年中苏边界谈判时,中国正式提出中国船只经图们江出海航行权的问题。中苏之间有1886年条约在先,苏固不得否认,但托词需与朝鲜进行三国谈判。经我外交部正式向朝方提出,朝方答复说:"朝认为中国船只通过图们江下游没有任何问题。"后来由于中苏关系破裂,中苏边界谈判中断,问题被搁置起来。

5. 20世纪80年代中期以来中国学者的研究和国际社会的推动

80年代中期,东北师大经济地理学家陈才教授、袁树人教授等受吉林省政府委托,为开辟对苏对朝边贸口岸做可行性研究。他们进一步提出恢复我国图们江通海航行权利问题,由此开创了中国学者图们江开发战略研究。在同一时期,日本经济学家藤间丈夫、金森久雄等为首的日本"日海研"提出"日本海经济圈"的构想。两项研究均受到各自国家政府领导人、在野政治家及有志之士的重视与支持。在中国,在有关部门的推动下,通过与美国东西方研究中心(EWC)和UNDP合作,把图们江开发研究推向国际社会,得到国际社会的广泛响应。1991年10月,UNDP宣布图们江地区国际合作开发计划为其在东北亚的首选支持项目,并为实施该计划成立由中俄朝三国代表组成的项目管理委员会,从而使图们江地区国际合作开发由专家学者的研究进入实施阶段。

UNDP图们江地区开发项目计划,提出重点开发中朝俄三国接壤的图们江口地区。在相互开放、共同受益、协商一致、联合开发的指导原则下,形成新的多国合作区域开发经济增长三角地区。计划还大胆地提出在江口地区建设跨国自由贸易区、跨国港口大城市的设想,即建设东北亚的香港、新加坡或鹿特丹。UNDP图们江开发计

划一经宣布立即受到全世界的关注。对中国而言,图们江开发被一些国际传媒与上海浦东、长江三峡并列,称为中国跨世纪的三大工程之一。

6. 1987—1991 年中俄边界谈判、中朝交涉,俄、朝正式确认中国图们江通海航行权利

1987 年中苏重开边界谈判。1991 年达成《中苏东段边界协定》,并于 1992 年生效。条约第九条:"苏方在与有关方面同意中国船只(悬挂中国国旗)可沿本协定第二条所述第三十三界点以下的图们江(图曼那亚河)通海往返航行。此航行有关的具体问题将由有关各方协商解决"(转引自袁树人教授论文)。在边界谈判过程中,1988 年中苏曾就此达成过正式书面共同记录:"中国方面认为,根据中俄有关界约的规定,中国船舶有权经图们江(苏称图曼那亚河)口出海航行. 苏联方面表示,不反对中国船舶经图们江(苏称图曼那亚河)在其江口地区航行。但解决这个问题也需朝鲜民主主义人民共和国同意。"经我外交部向朝鲜交涉,同年 11 月朝鲜外交部正式答复中国:"朝鲜政府同意中国船只在朝苏之间图们江水域航行。至于航行时要遵守的秩序,要由朝中苏三国具体商定。"(以上引自外交部文件:(89)0374 号)。

这样,在党中央、国务院直接关怀下,经我外交部成功的谈判,将中国图们江通海航行权利重新正式写入中俄边界新约,并得到朝鲜的正式确认,这应当说是我国在打通图们江海口问题上取得的一次重大的外交胜利。

7. 朝、俄阻挠实现中国图们江通海航行的不和谐音调

在俄、朝原则确认中国图们江航行权利的背景下,1990 年 5 月中国曾顺利地实施了图们江复航试验。因战争被迫停航 52 年之后,悬挂中国国旗的中国船只又沿图们江进入日本海。1991 年、1993 年中国又先后派出"向阳红 16"号、"向阳红 09"号考察船进行图们江下游及日本海科学考察,并组成学术团访问沿岸国家,取得圆满成功。人们本来期望通过中、朝、俄三国谈判,建立图们江航行制度,早日恢复中国船只航行。但是,1992 年以后事情的进程却出人意料之外地受到阻挠。

阻挠主要来自朝鲜方面。其主要手段是对我方提出的有关建议拖延,不答复或提出毫不相干的前提条件进行阻挠。如朝方提出:只有在首先解决全部朝、中边界勘定,包括朝、中、俄三国图们江边界点定位和鸭绿江口岛屿问题之后才能考虑谈判中国船只通航问题。1993 年以来,又通过其中央和地方官员,在各种场合散布不和谐音调。这些言论归纳起来可分为三类:一类是国际法方面的问题,主要言论有:(1)1886年《中俄珲春东界约》对朝鲜无效。(2)中国有漫长的海岸线,中国在图们江没有通海航行权。另一类属于经济利益方面的问题:(1)中国建港经济上不合算,不如使用鲜三港(先锋、罗津、清津)。(2)环境损害问题。第三类则是带有民族主义感情色彩的问题:说中国大谈"权利"问题,会伤害他们的民族感情,向他们租用港口或借道方

式还是可以谈判的。

俄罗斯方面不和谐的言论主要来自远东地方个别领导人。他们提出的主要问题是边界土地勘划问题、环境影响问题、俄罗斯远东港口运营经济效益问题，甚至提出中国这一地区经济社会发展和人口的增加对俄国远东地区安全造成威胁等。

三、对几个有关问题的认识和分析

1. 打开图们江出海通道是一项国家发展的战略目标

国家主席江泽民不久前就图们江开发问题题词："开发珲春，开发图们江，发展与东北亚各国的友好合作关系"（见 1995 年 12 月 8 日首都各大报纸刊载新华社关于图们江开发国际协定的电讯）。江泽民的题词说明我国党中央、国务院关于开放珲春、打通图们江海口，建立新的对外开放战略通道，这一重大的战略决心是坚定不移的。同时也为我们指出了实现这一目标的策略思想。

战略是发展和运用综合国力实现国家目标的科学和艺术。目标是构成战略的最基本的要素。打通图们江海口正是从国家安全、民族团结、巩固边疆、繁荣经济、地区和平的长远利益提出的一项战略目标，是为党的建设现代化社会主义强国的政治目标服务的。正如 1995 年初国务委员兼国家科委主任宋健同志在人大吉林代表团会议上说的："图们江的开发是贯彻邓小平同志建设中国特色社会主义理论和党的基本路线总战略中的一个战役。"

因此，对于图们江通航问题决不可以用单纯经济观点、单纯技术观点和实用主义观点来看待。

1994 年以韩国世宗研究所（有政府背景的战略研究所）学者身份来华访问的高丽大学国际法学教授朴椿浩在一次学术会议上针对有关图们江问题的提问，不假思索地极力贬低图们江通航的价值，明显地表现出他狭隘的政治目的。在我国也有否认图们江通航价值的言论，则表现了人们对图们江开发问题认识高度和深度的差异。现任吉林省委书记张德江同志说的好："图们江水多水少、水深水浅、冰冻期长短、能走小船还是能走大船不是问题的实质，实质是我国要恢复行使通海航行这一权利"。（见吉林省人民政府经济技术社会发展研究中心编《图们江通海航行与对外开放研究文集》）。况且，经我国河口港湾专家使用现代化仪器两次勘测证明，图们江具备建设大型河口港的客观条件。根据地区经济社会发展的需要，以现代港口技术和经济实力，逐步地（不是一步到位）建成大型的河口海岸港口群是可以做得到的。

2. 中国图们江通海航行权利已经得到俄朝两国原则上的确认，急需通过外交谈判建立航行规则，尽快实现中国船只的通航

中俄中朝交涉的正式外交文件证明了俄，朝已经原则确认了中国图们江通海航

行权利。俄、朝原则确认中国通航权利,并非是对中国特别友好的优惠,而是对国际法原则和国际惯例适用的一种承认。

已有的研究均确认,图们江属于现代国际法和国际实践中所说的"国际河流"。图们江沿岸中、朝、俄三国在该江所有可航河段,均应享有平等的自由航行权利和进入公海的自由。事实上,在图们江中、朝河段,两国船只是自由航行的。土字界碑以下15千米俄朝入海河段,根据历史条约中国享有通海航行权利,并事实上行使多年。因此,中国图们江通海航行权利是国际法和历史条约规定的权利。权利就是权利,这是丝毫不能含糊的。

中国对图们江通海航行权利的主张,在国际法学界到目前为止尚未遇到任何反对意见。中国船只沿图们江通海航行,不涉及沿岸国主权,也可以做到不损害沿岸国利益,甚至有利于各沿岸国,本应不难解决。朝鲜个别人所唱的反调,固然应当认真对待,但他们的这些言论,并不能改变朝鲜政府历次正式外交文件的承诺。当务之急是应继续进行外交谈判,建立航行规则,尽快实现中国船只的通航。

3. 实施中国图们江通海航行权利是图们江国际合作开发的题中之义,是最活跃的促进因素和成败的关键

UNDP图们江开发计划提出鹿特丹模式。作为建设欧亚陆桥东端港口、国际物流中枢工程的图们江下游开发,航运开发占有重要的地位。没有图们江航运开发,图们江地区国际合作开发将失去它最核心的内容。因此,图们江建港和中国船舶自由航行出海,是图们江国际合作开发问题当中本来应有之义。

国际河流自由航行权利是世界经济国际化时代自由贸易权利的自然延伸。为了国际贸易和国际经济合作,凡具有国际货物运输价值和商业航行可能的国际河流,应向一切利益相关的国家开放。因此,实现中国船只通海航行是地区发展的共同需要,也是对沿岸国家共同有利的。1992年以前,在与朝鲜交涉此事时,朝鲜同志也曾说过,中国通航对朝鲜也有益处。这决不是外交辞令,而是真情的流露。

未来地区主港可能在俄罗斯海岸,也可能在"北鲜三港",也可能在连接三国纽带的河口三角洲,这要根据国际合作开发经济发展的规律来决定。中国船只的通航,由于图们江现有航道条件的限制和俄朝港口尚能满足需要的制约,在相当长的时期内(可能十几年或几十年)不可能形成多大运力。可是,初期阶段中国船只这种仅具象征意义的航行,对于促进地区开发国际合作,却可能发挥巨大的影响。事实已经证明而且将继续证明,中国图们江通海航行是地区开发国际合作最活跃的促进因素。

不可能想像,图们江地区国际合作开发可以在没有中国船只自由航行的情况下能够顺利实现。因此,实现中国图们江通海航行也是地区国际合作开发成败的关键。

4. 实现中国船只图们江通海航行的关键在于地区国际政治关系的发展和地区开发相关国家利益的协调

"95,图们江通海航行问题研讨会"上陈才教授提出的主要论文:《论图们江地区开发多国利益的协调》切中图们江通海航行问题的要害。论文指出:"在东北亚独特的地缘条件下,地缘经济已经成为影响地缘政治的重要因素。"他还给出了"图们江地区地缘经济略图"。

图们江地缘经济相关各国各有自己的意图和目标。除经济目标外,还有政治目标,其中包括朝鲜半岛统一、俄日北方四岛等这样的大问题。中国图们江通海航行应当说是中国的一项政治目标。

处于图们江地缘经济核心圈的中、朝、俄三国,其政治经济关系发展和利益协调最为重要。论文说:"上述三国的各自意图与利益驱动以及 UNDP 的图们江的开发设想,共同构成了图们江地区开发的动力源。三国在图们江地区开发这一重大跨世纪工程中,有着共同的利益基础"。但是,"中、朝、俄三国之间,由于历史、民族、文化、心理等地缘政治因素的差异以及各自诸多经济利益的不同考虑,在图们江地区开发过程中,双边与多边的地缘政治经济关系,必然存在一些矛盾和问题,这些问题有待于在多国合作开发过程中,不断地进行协调与解决"。

遵循国家间基本关系准则和国际法原则是利益协调的基础。在这一地区,中、朝、俄均有边界条约。各方都应严格遵守这些条约,保持边界的安定。民族问题,也必须坚持互不干涉内政,互相尊重对方主权、法律和制度的原则。如能做到这一点,则三国之间没有根本的利害冲突,也不存在政治遗留问题。在这样的政治基础上,协调各种利益关系,就一定能够实现共同的和各自的目标。

四、把握实现中国图们江通海航行最佳时机,统一认识,齐心协力,力争早日达成预期目标

1. 现在是实现图们江通海航行的最有利时机

冷战后的世界格局走向多极化,国家间相互依存日益加强,谈判成为处理国际关系的主要形式。虽然相互制约相互竞争仍然是国家间关系的根本,由于各有难处,互有需求,有关各方有时不得不放弃部分利益,相互协调,相互妥协,在谈判的最后时刻,达成协议,解决争端。冷战后国际关系的大环境如此,图们江问题直接相关的三国关系现状及朝鲜半岛的形势也是如此。

中俄之间排除了意识形态对两国关系的影响,成功的解决了边界纠纷和军事对峙的历史难题,在平等互利和互相尊重国家主权的基础上,确立了面向 21 世纪的建设性的伙伴关系。中俄关系的这种发展绝非权宜之计,而是有着两国长期共同利益

的深刻基础的。特别是俄罗斯传统的东西方政策(双头鹰),需要借助与中国的友好关系以发挥其在亚洲和太平洋的影响。

中朝两国、两党在长期的革命和抗美战争中结下了深厚友谊,一如既往,至今仍然是唇齿相依、唇亡齿寒的友好邻邦。由于中朝之间在几千年历史中形成的特殊关系的影响,有时又不能完全按国际惯例打交道。中国政府坚决支持朝鲜党和人民建设朝鲜式社会主义,实现和平统一的目标。这是中国对朝鲜国家根本利益的最大支持。

环日本海各国关系也基本上保持稳定发展,经济合作越来越密切。虽然尚没有建立可靠的安全体制,但是,安全对话、合作也已提到议事日程。朝鲜半岛虽然存在不稳定因素,只要不出现偶发严重事态,继续保持朝鲜半岛的稳定发展是可能的。因为大国都希望保持朝鲜半岛的和平与稳定。朝鲜奉行和平统一方针;韩国甚至公开表示希望朝鲜稳定并保证不谋求单方面的统一。朝鲜作为朝鲜半岛上的一个主权国家,完全可以与中、俄一起共同解决中国船只通航这一对两国都有利并惠及两国子孙后代的善举。

2. 统一认识,齐心协力,誓在必得,志在必成

战略目标通常是不能轻易改变和动摇的,而且应当始终注意保持目标与行动的一致性。中国图们江通海航行,不仅在国外受到阻挠,在国内、吉林省内也存在一些不同意见,行动上也不尽一致。失去目标,政策错位,政策和策略上的互相矛盾,彼此抵消的内耗,是实现战略目标的大忌。图们江开发是一个巨大的系统工程,是一个只有从整体上考虑才能解决的复杂问题,"集内政外交为一体,非一州一省所能为也"。目前,我国在国务院已经设立了图们江开发领导小组。政府间国际协定的签署为图们江开发奠定了政治和法律的基础。我们应当在打通海口问题上统一认识,加强协调,齐心协力,不断取得实质性进展,直至彻底解决。

3. 充分发挥主观能动性,建设和运用综合国力,实现战略目标

发挥主观能动性是毛泽东同志经常强调的一种思想。实现图们江通海航行的客观条件已经具备,我们必须抓住机遇,积极推进,促其实现。充分发挥主观能动性就是要充分调动一切力量,综合运用国家政治的、经济的、文化的、科学的、心理的、外交的各种手段,去实现目标。客观条件不利,善于从实际情况出发,充分发挥主观能动性,获得成功的事例很多。1689 年《中俄尼布楚条约》、1886 年《中俄珲春东界约》,都可以认为是充分发挥主观能动性,排除国内外阻力等不利客观条件,"不战而胜",达成重大国家目标的事例。

4. 继续加强"民间"学术研究,作为国家外交的有力后援

边疆历史地理和国际法研究一向是直接为国家外交服务和支援国家外交的必不

可少的重要工作。图们江流域所在的"东疆研究"在中国近代史上对于维护国家主权、支持国家外交发挥过特别重大的作用。

祖国东疆为中国少数民族肃慎、沃且、女真、满洲故地，是中国历史上渤海、金朝、清朝的发祥之地。秦、汉以来即为中国行政区域，纳入版图。清朝咸丰、同治以来，俄日侵略，造成边疆危机。爱国志士群起救亡，"东疆研究学派"应运而生。曹廷杰、吴大澄、吴禄贞、宋教仁等论著迭出。他们的研究，考证缜密，文字激昂，有力地驳斥了俄、日侵略的谬论，支持了国家外交斗争。1908 年（光绪三十四年）吴禄贞主持编写的《延吉边务报告》，有理有据，确证图们江为中朝界河，延吉地区向为中国领土，有力地揭露和批驳了当时已霸占朝鲜半岛的日本帝国主义者人为编造的所谓"间岛问题"和"图们（豆满）、土门两江说"的谬论。

八十年代中期以来，与图们江开发战略研究同时，东疆研究又一次掀起高潮。中国学者特别是吉林省学者，"本着爱国之心，应乎时事之需"，抱着"为边界谈判寻证，为边疆开发、开放提供决策咨询和历史借镜"的宗旨，大力开展了东疆研究。吉林师范学院古籍研究所在李澍田教授主持下已经推出数千万字的《长白研究系列丛书》。

回顾图们江问题的历程，研究与发展、研究与外交"双轨驱动"已经被证明是相辅相成、缺一不可的成功经验。建议有关部门继续从组织上、经费上加强对研究的支持。就图们江通海航行问题而言，主要的研究内容应当包括：

（1）国际法、海洋法研究：研究有关国际法问题，弄清可以主张什么，不可以主张什么，维护我国在图们江和日本海方面的权益。直面朝、俄提出的国际法问题，折冲辩论，以理屈之。

（2）图们江河流国际化制度及通航规则研究。此为更加具体的国际法研究，宜同海域划界研究一样，未雨绸缪。

（3）历史地理研究。在已有研究基础上，继续加强研究有关历史地理，分析发展趋势，支持有关决策和权利主张。

（4）国际政治关系研究。苏联解体后俄罗斯政治走向，东北亚国际政治关系发展，朝鲜半岛形势预测，与我国图们江开发战略关系甚大，也是实现我国图们江出海权的关键。

（5）图们江航运开发研究包括有关资源、环境论证、评价，国际合作综合开发治理研究等。

民间研究包括"民间外交"。加强国际学术交流活动，特别是加强对朝、俄两国的民间学术、经济、社会、文化交流活动，相机多做工作。发表学术研究成果，声援和配合外交谈判，以利于问题的解决。

开创并一直致力于图们江问题研究的陈才教授，在写给有关领导及研究同仁的一封公开信中曾经指出："图们江开发研究已进入到关键阶段"。我们必须树立宏观意识,加强研究工作和外交工作力度,尽早实现中国船只沿图们江通海航行的预期目标。

(《动态》1996年第7期)

关于我国海洋权益问题研究

张海文

海洋权益是国家在海洋事务中依法可行使的权利和可获得的利益之总称。目前和未来,海洋权益都是国家利益的重要组成部分,它同时涉及到国家的政治利益、经济利益和军事利益等各方面,也是国际关系和国际政治斗争的一个热点。

目前,海洋权益是处理我国与周边国家关系所面临的重点和难点问题之一。我国海洋权益正受到严峻的挑战,所面临的形势不容乐观。总的来说,主要体现在岛屿主权争端、海域划界冲突和海洋资源争夺等方面。

一、岛屿主权争端将长期陷于僵持局面

目前,在我国所有的岛屿中,位于东海东南部的钓鱼岛和位于南海南部的南沙群岛部分岛礁的主权及其附近海域受到严重的挑战。

(一)岛屿的重要性

一般来说,凡是四面环水并在高潮时高于水面的自然形成的陆地区域都可称为岛屿。

在现实中,从各个岛屿的自然状况来看,情况并不相同。岛屿的面积大小不等、岛屿及其周围海域所拥有的自然资源价值不等、岛屿距离大陆的远近不同。例如,岛屿面积大的可达数万平方千米,面积小的则不足 1 平方千米。我国最大的岛屿是台湾岛,面积约达 36.025 平方千米;而我国南沙群岛众多的珊瑚岛(共约 230 多个)中最大是太平岛,其面积仅有 0.432 平方千米。

1. 岛屿对国家的重要意义

尽管位于不同海域的岛屿大小不一,形态各异,构造复杂多样,有些看上去甚至很不起眼,但是,它们都对国家的政治、经济和军事等方面具有重要的战略意义,这从目前一些周边国家与我国之间的纠纷可窥一斑。一方面,从我国一些较大岛屿的情况看,例如台湾和香港,虽然历史上这些岛屿都只是经济并不发达的孤岛,但是,经过几十年的发展,如今它们对我国的政治、经济和国家安全都具有极其重要的意

义。到 1997 年香港即将回归祖国怀抱,但是,台湾问题却仍是个短时期内无法解决的问题。美国妄想将台湾当成其在太平洋东北部一艘不沉的航空母舰,多次挑起海峡两岸争端;日本为了保证其通过台湾海峡的海上运输线的畅通,也极力反对台湾海峡两岸的统一。另一方面,从我国一些原先荒芜人烟的小岛或小礁情况看,例如钓鱼岛和南沙群岛目前存在的主权纠纷问题,不仅涉及到争端直接的当事国,包括我国、日本、越南、菲律宾、马来西亚、文莱和印度尼西亚等国的利益,而且也受到其它一些非当事国,例如,美国、加拿大和东盟有关国家的关注。这些事实都说明了岛屿的重要性并不取决于其面积大小,有些岛屿对于国家的重要性远远地超出了其本身的价值。

2. 领土问题

国家主权完整的一个重要方面是领土主权完整。在国际法上,国家领土的组成部分包括领陆、领水,领陆和领水下的底土,以及领陆和领水之上的领空。领陆是领土的最基本部分,指国家疆界以内的全部陆地,包括大陆和所有的岛屿。能否维护国家领土主权完整直接关系到一个国家和民族的生死存亡。有些岛屿虽然看起来微不足道,但是,它们实际上是国家的重要门户,它们的安危直接影响到大陆领土的安危,在政治上具有极其重要的意义。

我国是一个岛屿众多的国家,在渤海、黄海、东海和南海的辽阔海域中,星罗棋布着形态各异的岛屿。如果按这些岛屿的地理位置来统计的话,那么以东海为最多,南海次之,并且一般通称为南海诸岛,渤海和黄海分布零星。如果按这些岛屿的成因来划分的话,那么沿岸岛屿多属大陆岛和冲积岛,南海诸岛多属珊瑚岛、礁,此外,台湾岛的周围还有一些火山岛。但是,无论这些岛屿的自然状况有多大的差异,它们有一点是共同的,即根据国际法这些岛屿与我国大陆共同构成我国陆地领土。因此,岛屿不分大小、距离大陆远近,都是国家神圣领土的不可分割的重要组成部分。

3. 民族领土意识问题

中华民族有着强烈的领土意识,也有着悠久的反抗外来侵略的历史。尤其涉及维护领土完整的时刻,历次面临强大的外来势力的入侵,中华民族从未屈服过。

对于目前倍受关注的位于东海的钓鱼岛和位于南海南部的南沙群岛也不例外,从近代到现代,历届中国政府和海内外华人对日本、法国和其他一些国家对这些岛屿的非法侵占从未承认过,并以各种方式进行了长期的斗争。

因为有着无法忘怀的屈辱历史,中国人对于凡是涉及国家领土完整的事件格外敏感,立场也格外的坚定。同时,民族感情历来是维系海内外所有华人的纽带,1997年香港的回归是中华民族的一件大事,所有华人均有一种洗去历史耻辱的自豪感。但是,与此同时,人们也对目前所出现的我们祖先留下来的一些岛屿被一些周边国家所侵占的现实而感到痛心和愤慨。事实已经说明了目前我国与周边国家之间的领土纠纷不仅仅受到我国政府的重视,而且,也受到海内外华人的严重关切。

4. 历史权利问题

目前有争议的钓鱼岛和南沙群岛,有些尽管只是暗礁,但是,它们均是我们祖先留下的宝贵遗产。

据中国史书记载,钓鱼岛至迟在明朝即已纳入中国版图。从18世纪开始,我国渔民及药师就常到岛上避风或采药。1893年(光绪十九年)慈禧太后正式颁发谕旨,将钓鱼岛、黄尾屿和赤尾屿赏给其臣民盛宣怀,供他采药之用。钓鱼岛主权属于中国历来是明确的。回顾漫长的历史,中国人发现南海诸岛已将近二千年之久,明清时代的中国政府就已将西沙和南沙群岛划归广东省琼州府万州管辖。在二战结束后,根据《开罗宣言》和《波茨坦公告》的精神,我国政府于1946年11月委派官员率领舰艇,正式接受了西沙和南沙群岛,并分别在其中最大的两个岛屿永兴岛和太平岛上举行升国旗,重新竖立碑记等活动,并派兵驻守有关岛屿。1947年中国政府正式公布南海诸岛的名称及南海诸岛地图,表明中国对这些岛礁的主权。中国政府的这些活动在当时并未受到任何挑战。自那以后,我国政府从未放弃过对这些岛屿的主权。因此,钓鱼岛和南沙群岛自古以来是属于中国的领土。

相反的,周边国家中只有越南提出了一些所谓的历史证据来与我国主张相对抗,但是,国际上一些著名的国际法学家明确指出,在历史证据方面,中国所提出的是最充分的;其他国家包括日本、菲律宾和马来西亚则完全是20世纪60或70年代才开始分别侵占钓鱼岛和南沙群岛部分岛礁,它们虽然无法为其主权要求提出任何历史证据,但是,它们先用武力占据岛礁,然后开始为自己的非法行为寻找法律依据;而文莱本身是在20世纪80年代才获得独立,由于看到有利可图,也乘机想加入其他国家侵占我国岛礁的行列,以便分得一杯残羹,因此,其对我南通礁提出的主权要求根本就没有任何法律依据。这些国家由于自己提不出充分的依据,就千方百计地贬低和否定中国的历史依据的价值和意义。但是,这并不能影响我国所拥有的自古以来的对钓鱼岛和南沙群岛的主权。

5. 海域问题

近年来,国际上多起历史遗留下来的岛屿问题又重新掀起风波。例如,英国与阿根廷就位于南大西洋的马尔维纳斯群岛的争议、希腊与土耳其就位于爱琴海的加夫佐斯岛的争议以及日本与韩国就日本海南部的竹岛(韩国人称之为独岛)的争议等。日本同时还积极加紧其在我钓鱼岛及附近岛屿的侵占活动。

从表面上看,这些国家为了一些微不足道的小岛不惜展开激烈的外交和军事交锋,似乎令人费解;然而,这些国家其实是"醉翁之意不在酒",它们真正感兴趣的并非仅仅是那些无名小岛,而是那些小岛可能带来的潜在利益。岛屿虽小,作用极大。根据 1982 年通过的《联合国海洋法公约》第一百二十一条第二款的规定,岛屿拥有与大陆一样的权利,可以围绕岛屿划定其领海、毗连区、专属经济区和大陆架等各类管辖海域。

据国外学者统计,以一个直径仅为 1 英里,面积约为 0.8 平方英里的小岛为例,从围绕该小岛的领海基线起划定其宽度为 12 海里的领海,则该小岛可拥有面积为 155 平方英里的领海海域,此海域面积是该小岛陆地面积的 190 倍左右。若考虑到在领海之外,还可以围绕该小岛划定宽度为 12 海里的毗连区以及从领海基线量起宽度为 200 海里的专属经济区和大陆架,那么,我们就不难想象岛屿对国家的重要意义,即除了岛屿本身的战略地位等重要因素之外,岛屿可为国家获得新的大面积的管辖海域,扩大国家在海上的管辖权范围;同时国家通过划定其岛屿的专属经济区和大陆架等管辖海域,可以增大拥有新的鱼类等生物资源和石油、天然气及其它矿产资源等非生物资源的可能性。

正如有的学者所指出的那样,20 世纪七十年代初召开的第三次联合国海洋法会议以及会议上许多国家提出的要扩大国家海上管辖权的呼声,引发了一场争夺海洋的运动,即类似历史上的"圈地运动"。

总之,在陆地空间日显拥挤和资源日益短缺的今天,岛屿将可以为国家获得广阔的新的生存、生活和防御空间以及丰富的资源,同时,由于所处的地理位置不同,有些岛屿本身及其附近海域还具有重要的战略意义。对于目前与我国有海上领土争端的周边国家来说,除了越南之外,其它国家均为岛国,包括日本、菲律宾、文莱、马来西亚和印度尼西亚等国,它们的陆地领土均不辽阔,无论是从生存还是从发展角度看,海洋对于它们来说都具有极其重要的意义。因此,人们就不难明白为什么这些国家假借种种理由极力争夺自古以来主权属于中国,而且长期以来原本并不被人所重视的一些荒凉小岛。

世界上大多数国家已意识到岛屿及其附近海域的权利已构成国家和民族利益中一个不可分割的部分,而且也是维持其国家和民族的生存及发展的一个重要因素。

(二)岛屿主权争端的复杂性

1.岛礁被侵占

目前,在东海的日本和在南海的越南、菲律宾、马来西亚和文莱等周边国家分别以种种非法借口对我钓鱼岛和南沙群岛的部分岛礁提出主权要求,同时它们还实际控制了一些岛礁。

第一,钓鱼岛问题

钓鱼岛是台湾、香港及海内外华人对钓鱼岛、黄尾屿、南小岛、北小岛、赤尾屿、大北小岛、大南小岛和飞濑岛共 8 个大小不等的小岛的统称。日本将这些岛屿称为尖阁列岛。钓鱼岛（以下为了简便，"钓鱼岛"一词将包括上述 8 个小岛）等散布在北纬25°40′～26°及东经123°～124°34′之间。钓鱼岛附近海域是一个大渔场，自古以来台湾渔民常到该海域捕鱼。此外，最引人注目的是钓鱼岛周围海底蕴藏着丰富的石油资源。

日本从近代起就始终觊觎主权属于中国的位于台湾岛东北侧的钓鱼岛。日本通过 1895 年不平等的《马关条约》侵占了台湾岛及其所有附属岛屿，包括钓鱼岛。虽然二战结束后所签订的《开罗宣言》和《波茨坦公告》规定，日本应将其在侵略战争中所非法强占的中国领土全部归还给中国，但是，在当时特定的历史条件下，我国政府未能真正对钓鱼岛行使主权。钓鱼岛在 1953 年被驻琉球美军管辖。由于其一贯具有的扩张本性所致，日本从未放弃过其对钓鱼岛的图谋。1968 年，经科学考察发现在钓鱼岛附近的海底中蕴藏着十分丰富的石油资源，这使钓鱼岛除了具有重要的战略价值之外，还具有了重要的经济价值。严重缺乏石油的日本再次意识到钓鱼岛的重要性，并从那时起就开始逐步实施其吞并钓鱼岛的计划，到 1972 年，日本实际控制了钓鱼岛。由于当时为了尽快顺利实现中日建交，中国政府同意暂时搁置钓鱼岛主权，留待以后解决。但是，到目前为止，在中国单方面严格遵守诺言的同时，日本方面不仅没有收敛其侵占钓鱼岛的野心，反而多次采取各种措施进一步加强了其对钓鱼岛的实际控制。在这种形势下，日本一方面全然不顾历史事实和公认的国际法，无耻地宣称钓鱼岛主权没有争议，钓鱼岛是日本的领土，另一方面辅之以实际行动，继续其在钓鱼岛的设施建设，企图造成既成事实，以便永久侵占主权属于中国的钓鱼岛。

第二，南沙群岛问题

南沙群岛是我国南海诸岛中位置最南、岛礁数目最多、分布面积最广的群岛。南沙群岛实际上是由许多岛屿、沙洲、暗礁和暗滩等组成，根据 1983 年中国地名委员会授权公布的"南海诸岛部分标准地名"，南沙群岛已命名岛、沙、礁、滩共有 185 个。其中主要分布在东经114°～115°之间的环礁上，岛礁的面积都很小。

与钓鱼岛相比较，南沙群岛的问题要复杂的多。因为，分别有越南、菲律宾、马来西亚和文莱等国对我国的南沙群岛的全部或部分岛礁提出了主权要求；此外，印度尼西亚虽然对岛礁没有要求，但是，对南沙群岛西南侧的部分海域主张管辖权。

除了越南提出了一些所谓的历史依据之外，上述其他国家完全是非法的借口和要求。究其原因事实上与钓鱼岛几乎是完全一样，即这些岛礁的重要地理位置和在这些岛礁附近的海域内所蕴藏的丰富的油气资源。目前，这些周边国家非法侵占了南沙群岛中的部分岛礁，并分别对所占的岛礁进行加高和加固以及进行无线电通讯设备或机场等项目建设，以期造成既成事实，达到永久侵占的目的。

　　一些非南海沿海国家,例如日本和美国,对南沙群岛问题也倍加关注,并通过各种途径对我国施加压力,企图插手南沙群岛问题,以便保护其所谓在南海的利益,这使南沙群岛问题更趋复杂化。

　　目前,南沙群岛实际控制的情况是:

国家	岛礁名称	进驻时间	国家	岛礁名称	进驻时间
中国	太平岛	1946 年	越南(占27 个)	景宏岛	1975 年
	永暑礁	1988 年		安波沙洲	1975 年
	赤瓜礁	1988 年		染青沙洲	1978 年
	东门礁	1988 年		中礁	1978 年
	南熏礁	1988 年		毕生礁	1987 年
	渚碧礁	1988 年		柏礁	1987 年
	华阳礁	1988 年		西礁	1988 年
	美济礁	1995 年		无乜礁	1988 年
菲律宾(占8 个)	马欢岛	1970 年		日积礁	1988 年
	费信岛	1970 年		大现礁	1988 年
	中业岛	1971 年		东礁	1988 年
	南钥岛	1971 年		六门礁	1988 年
	北子岛	1971 年		南华礁	1988 年
	西月岛	1971 年		舶兰礁	1988 年
	双黄沙洲	1978 年		奈罗礁	1988 年
	司令礁	1980 年		鬼喊礁	1988 年
马来西亚(占3 个)	安渡礁	1977 年		琼礁	1988 年
	弹丸礁	1977 年		蓬勃堡	1989 年
	南海礁	1979 年		广雅滩	1989 年
越南(占27 个)	鸿庥岛	1975 年		万安滩	1989 年
	南子岛	1975 年		李准滩	1991 年
	敦谦沙洲	1975 年		人骏滩	1991 年
	南威岛	1975 年		西卫滩	1990 年

2. 被占岛礁无法收复

　　目前,我国尚不具备条件采取一些强制性的实际行动去收复那些被他国非法侵占的岛礁。制约我国行动的因素至少有以下几个方面。

（1）复杂的国际形势使领土问题更敏感

我国面临多处海上领土主权和国家管辖海域划界争端，涉及较多的争端直接当事国，主要有日本、越南、菲律宾、马来西亚、文莱和印度尼西亚等国。除了日本，其他各国在历史上均曾沦为列强的殖民地，都是经过了长期的斗争才赢得独立，因此，对一切涉及领土的问题均极为敏感。更有一些别有用心的人极力煽动敌视我国的情绪，到处散布"中国威胁论"，挑拨这些周边国家和我国的关系，使一些不明真相的国家对我国的一些行动产生戒心，甚至敌对情绪。而且，一些非周边国家，尤其是美国和东盟其他各国，也极为关注我国的立场。因此，解决领土问题并不仅仅只是涉及某一个微不足道的岛礁的本身，而是需考虑到种种可预见和不可预见的因素，在采取任何措施处理纠纷之前均需考虑和平衡各方面的因素。

（2）实现我国的战略目标需要稳定的国内外环境

举世公认目前这一时期是各国在本世纪快速发展自己技术和经济的最后机会，同时，世纪之交也正是各国抢占在下一世纪的有利地位和领先地位的起跑点。这机遇对于我国来说更具有重要意义。在历史上，我们由于未能及时把握机会而先后失去过多次发展和强大自己的机会，其结果是落后挨打，从一个辉煌的东方帝国逐渐衰败，最终沦为列强的战利品，任人宰割，致使大片国土被割让，国人被奴役，令中华民族的尊严丧失殆尽。因此，我们没有权利不抓住如今这一千载难逢的发展机遇，再创中华民族的辉煌。

实现我国的"九五"计划和2000年远景规划纲要是迈向我国社会主义现代化和强国富民这一战略目标的重要一步。为了实现我国国民经济持续高速发展，我们需要有良好的周边国家关系和稳定的国内外环境，以便集中一切力量发展我们的经济、技术和文化等各项事业。因此，在进行国家的一切重要决策和采取重大行动之时均需考虑到是否会影响我们的战略目标的实现。

（3）目前的实力制约着我们

从客观情况看，目前我国才刚刚解决了12亿人口的温饱问题，我国只是一个人口大国，而不是经济大国、技术大国或军事大国。我们的国家实力，包括经济实力、技术实力和军事实力远远谈不上强大。这样的事实不可避免地会制约我们的一些行动，影响我国在一些国际事务中的地位和作用。虽然我们与邻国之间存在多处海上纠纷，但是，我国目前的实力决定了我国在短时期内不宜四面出击，处处树敌。我们需要的是目光宜长远，韬光养晦，卧薪尝胆，踏踏实实的增强我们的实力。

3. 潜在的问题尚未被重视

在南海诸岛中，除了存在南沙群岛主权争端之外，事实上中沙群岛和黄岩岛也存在着严重的问题。

（1）中沙群岛问题

中沙群岛在西沙群岛之东，其主要部分位于北纬15°24′～16°5′，东经113°40′～114°57′之间。中沙群岛实际上没有沙洲和岛屿，而是一个巨大的环礁，即中沙环礁，由淹没在水下的20多座暗沙、暗礁和暗滩组成，其顶部离海面平均深度20米。因此，实际上，中沙群岛还只是"中沙群礁"。

由于中沙群岛终年被海水所淹没，因此，与南沙群岛不同的是迄今为止尚无其他国家对它们提出权利要求。也正是由于这原因，长期以来，我们往往只集中力量研究有关钓鱼岛和南沙群岛等有争议的问题，而没有对中沙群岛给予足够的重视。但是，在国际上早已有不少人对我国主张拥有对它们的主权提出了疑问。因为，一般来说，根据国际法国家的陆地领土包括大陆和岛屿，而中沙群岛没有一个岛屿，并且全部位于水下，因此，无法划归国家领土主权之下。我们虽然可以中沙群岛是中国人最早发现为依据而主张我们的权利，但是，若长期不辅之以实际行动，将对我们的权利主张产生不利影响，而且，我国也无法以此为依据进一步主张其专属经济区和大陆架。

（2）黄岩岛问题

中沙群岛除了上述的暗沙、礁和滩之外，还包括其东面的黄岩岛和北面的宪法暗沙和南面的中南暗沙。黄岩岛，又名"民主礁"，实际上只是在环礁上露出水面的几块黄色珊瑚礁，位于北纬15°8′，东经117°45′。不过黄岩岛环礁面积达150平方千米，退潮时水深仅约1米左右。目前，黄岩岛尚未处在我国控制之下，而是被驻扎在菲律宾的美军当作不定期的靶场。菲律宾从未明确地对黄岩岛提出权利要求，但是，菲律宾所颁布的专属经济区范围已超过了黄岩岛，由此也可看出菲律宾吞并黄岩岛的野心。由于在西沙群岛与马尼拉海沟及西吕宋海槽之间广阔的海域中，中沙群岛只是淹没于水下的暗沙，唯有黄岩岛能露出水面，因此，维护我国对黄岩岛的主权，并争取实际控制黄岩岛，对维护我国在南海东北部辽阔海域内的各项权利以及将来我国与菲律宾之间进行海上划界均具有极其重要意义。如果黄岩岛最终被菲律宾所实际控制，那么，将直接威胁到我国对南海东北部大片海域的控制和管辖权。我国将面临南海中一个新的争端，并且将再次处在不利的被动的地位。但是，目前看来，矛盾较尖锐的钓鱼岛和南沙群岛的问题掩盖了黄岩岛问题的严重性和急迫性。此问题亟待引起有关部门的重视。

（三）对策

1. 不可放弃主权属我的主张

关于钓鱼岛的主权归属历来是明确的，日本在200世纪60～70年代才进行的占领是非法和无效的。无论在历史证据方面还是在国际法方面，我国均处在有利的地位。

关于南沙群岛,国际上一些著名学者认为,尽管越南也对南沙群岛和西沙群岛提出主权要求,但是,"从历史证据看,中国拥有最充分的理由"。从现代国际法看,中国和越南都拥有自己的证据,至于其他国家,如菲律宾等,则完全是非法要求,既无历史证据,又无国际法证据。

综上所述,在钓鱼岛和南沙群岛问题上,我国均完全有理由理直气壮地坚持自己历来的主张和立场,不可轻易放弃我对目前有争议的岛屿的主权要求。鉴于目前我国的实际情况,我们应该对日本和其他周边国家的言行保持高度警惕,坚持我国历来的立场和主权要求,尽量利用外交等多种途径保持争议的态势,维持争端的现状,以便尽可能为将来子孙后代解决此问题打下一个良好的基础。

2. 维持现状,防止局势恶化

从目前情况看,我国与周边国家之间的岛屿之争无法在短时期内得到和平解决。而且,这些周边国家利用我国因渴求和平环境而采取的克制立场,纷纷单方面采取行动,除了千方百计的巩固其侵占主权属我的岛屿的地位之外,还妄图侵占更多的岛屿及其附近海域。为此,我国应采取一切可能的措施和通过各种可能的途径防止和遏制事态的发展,争取维持现状,防止局势恶化,为今后解决争端提供较好的条件。

尽管我国与周边国家均已批准《公约》,但是,根据《联合国海洋法公约》的规定,其有关解决争端的条款不适用于解决主权争端,因此,我国与周边国家之间的岛屿之争不能通过《公约》中的解决争端程序予以解决。为了谋求一个长期的和平环境以利于发展我国的经济,近期内缓和这些冲突、防止矛盾激化的有效手段将仍然是有理、有节的外交斗争。

3. 利用一切机会以便体现我实际存在

鉴于目前周边国家纷纷采取实际行动侵占我国岛礁,我们在强调维持大局稳定的同时,需要协调局部行动,正确处理好稳定与维护主权的关系。

我国需要稳定的国内外环境,但是,应争取积极的稳定。有必要深入、细致地研究局部有理、有据、有节的斗争与保持两国间总体上的友好关系之间的辩证关系。国际上已有许多实践证明,在保持国家间友好关系的同时并不妨碍各自保留对一些具体问题的不同立场和主张。例如,日韩竹岛(独岛)之争,两国针锋相对,互不相让,展开一场争夺战,但是,最终的结局是双方达成共识,一致同意并不因此事件影响两国的总体关系。

就我国与日本之间的钓鱼岛之争亦同,实际上,日本国内有不少人很清楚钓鱼岛的主权历来属于中国,只不过承侥幸之心,妄想利用我国重视中日关系,不希望破坏两国间的良好政治和经济关系的善良愿望而非法侵占钓鱼岛,因此,我国可以借鉴韩国的对日斗争策略,即在主权问题上决不退让,但是,同时表明我们不以此事件影响两国友好关系的大局的立场。

南沙群岛问题更显复杂,不仅直接涉及周边国家的利益,而且间接涉及一些非周边国家的利益,如日本和美国等,南海是它们重大的经济或战略利益所在。不过,所有这些国家之间的利益并非一致,因此,不妨碍我国在各个不同的海域对不同的国家采用不同的立场和不同的行动。

总之,在维护稳定大局的前提下,不妨慎重考虑可以采取一些不太激烈的措施和行动,例如,鼓励渔民前往争议区捕鱼、派遣专业人员进行科学考察和勘探等活动,以体现我国在争议地区的实际存在,为我们的主权要求提供充分的证据,以利于问题的将来解决。同时,可选择不同国家进行海洋环境保护等非敏感性问题进行合作,以便增强相互间的了解,建立相互间信任,寻求各方利益的结合点,促使各方保持克制的立场,维持争议区的现状,以便将来妥当的解决。

此外,民间的一些适当的、有组织的活动也可能会起到一些积极作用。因为,民间的活动具有比国家正式的外交或军事行动更大的灵活性,应用得当不仅可以表达广大国民的心声,达到振奋爱国热情,团结海内外华人的作用,而且可以通过民间活动的形式表达出政府不便直接表达的立场。例如,在日韩有争议的独岛(竹岛)上,尽管韩国方面最初并未派驻军队守岛,而只是由一名民间青年在岛上居住。但是,其实际所达到的效果是韩国方面实际控制了该岛,在日韩争端中占据了主动地位。当日本宣布将该岛划入其专属经济区之时,立即招致韩国政府的抗议和反驳,当日本方面扬言要动武时,韩国方面也不示弱,马上宣布派军舰到该岛附近活动。虽然这一争议并未得到彻底的解决,但是,此次冲突最后也只是以双方的外交战而告终,该小岛仍被韩国所实际控制。

二、海域划界潜在冲突表面化

(一)海上划界的性质

海上边界是标明国家主权或管辖权在海上所能延伸的最大范围。海上边界也是国界的一部分。同时,海上划界并不仅仅是单纯的法律问题,往往还是个政治问题。

国家主权下的领海即国家的海上领土,具有与陆地领土同等的法律地位。专属经济区和大陆架是国家管辖权在海上延伸的结果,国家在其专属经济区和大陆架上有勘探、开采和利用自然资源的主权权利,因此,如果仅从国家对资源所拥有的专属的主权权利和对一些与此有关活动的管辖权看,专属经济区和大陆架也是属于国家专属管辖的范围,国家可以根据其国内经济、技术和社会发展的实际需要而对其中的资源进行规划和开发。从这意义上说,专属经济区和大陆架也构成国家的"蓝色国土"的一个部分。

目前,从国际实践看,由于确立了专属经济区和大陆架制度,其宽度为从领海基线量起200海里,远远地超过了领海的宽度,因此,除了海岸相邻国家之间需要划分其领海边界之外,各国间海上划界主要矛盾集中在专属经济区和大陆架的划界问题上。海上划界体现出当代各国重新界定国家版图的大趋势,也是目前和今后一个时期内国际关系的"热点"之一。

(二)我国海上划界任务繁重

我国从未与周边国家正式划定过海上边界。从北到南,我国需划定如下海上边界:

黄海北部:中国与朝鲜的领海、专属经济区和大陆架边界

黄海南部:中国与韩国的专属经济区和大陆架边界

东海:中国与韩国的专属经济区和大陆架边界

　　　中国与日本的专属经济区和大陆架边界

南海:中国与菲律宾的专属经济区和大陆架边界

　　　中国与文莱的专属经济区和大陆架边界

　　　中国与马来西亚的专属经济区和大陆架边界

　　　中国与印度尼西亚的专属经济区和大陆架边界

　　　中国与越南的领海(北部湾)、专属经济区和大陆架边界

虽然上述各个边界都将只是由我国与直接有关的当事国通过谈判来划定,但是,由于在同一海区往往还涉及到其它国家,因此,每条边界线的最终确定都将需要参考或考虑到其它有关的边界线的存在。由于下述各项差异的存在决定了我国与邻国海上边界的划定将是一项错综复杂的艰巨的任务,即各个划界海区的自然地理情况不同,我国与各个邻国之间的政治、经济和外交关系不同,我国与邻国之间对《联合国海洋法公约》有关划界规定的理解和解释不同,我国与邻国各自主张的范围不同而出现权利主张的重叠区。这些差异在划界谈判中均不可忽视。例如,国家间的政治关系问题,在我国分别与朝鲜和韩国进行海上划界时,就不可避免的会遇到如何正确处理它们之间的关系,使它们双方能互相承认分别与我国划定的边界线以及中朝、中韩边界在黄海的交会点。在南海,由于涉及国家多,各国的权利主张范围又互相交错并重叠,因此,在这里如何利用和处理国家间的关系将是个更为复杂和微妙的问题。

虽然目前由于一些领土争端使划界工作一时尚未提到议事日程上来,但是,随着各国对海洋空间及其资源的开发、利用和依赖的程度越来越高,以及在通过友好交往的基础上各国加深对我国的了解,可以预见,有关国家最终将会意识到只有减少冲突、缓和矛盾,才能充分的行使各国在海上的权利,并将达成共识愿意通过和平谈判来尽快划定相互间的海上边界。不难看出,我国与邻国之间的海上划界将是个长期

而现实的任务。

(三)对策

1. 坚持长远战略和基础性研究相结合

如上所述,我国与邻国之间存在着复杂的海上划界任务,同时,海上划界除了涉及划界海区的自然地理状况、应适用的法律原则、可运用的划界方法等一些专业上的问题之外,还将涉及到国家的政治、经济和军事等方面的利益,因此,有必要为我国海上划界问题制定长远战略。

考虑到我国海上划界任务的复杂性和艰巨性,有必要采取必要措施,通过适当的机构,召集相对集中的一批专业人员将我国海上划界基础性问题研究列为重要研究内容,为今后实际开展海上划界工作做必要的理论上和资料上的准备,提出可操作性强的划界备选方案。因为虽然从原则上说,各国均同意以国际法以及包括《联合国海洋法公约》在内的海洋法为依据,通过和平协商来处理海上划界问题。但是,当涉及到具体某一海域时,各国往往从对自己有利的角度来解释具体的法律原则和规则,由此不可避免地又将产生新的分歧和矛盾。目前,除了朝鲜和文莱,我国及其他周边国家均已批准了《联合国海洋法公约》,因此,对于我国来说,不论与具体哪个邻国谈判有关海上边界问题,我们应坚持的总原则与国际法是一致的,即以国际法和海洋法的有关原则和规则为划界依据。但是,实践中还存在许多具体的基础性问题亟待进一步深入研究,例如,具体划定某一具体海上边界时,如何灵活地运用有关的原则和规则来维护我国的海洋权益? 在不同海域应运用同一规则或不同规则对我国更有利? 在各个海区分别应考虑哪些相关的因素? 在各个海区的具体的可供备选的划界方案是什么? 为了有备而战,我们需要未雨绸缪,需要集中力量将长远战略研究与具体的基础性研究工作相结合,争取既有战略目标又有具体行之有效的战术方案,切实地维护我国的海洋权益。

2. 先易后难,逐步解决

一般说来,邻国间进行划界谈判至少必须具备以下前提条件:两国间存在良好的政治外交关系;两国间互相信任;两国间均感到有此需要及迫切性。

就我国具体情况看,有许多条海上边界需要分别划定,但是,所面临的形势很不相同。因此,我们要在细致的分析和深入的研究基础上,判断进行划界的必要性、迫切性和可能性。从可操作性强的角度考虑,一般宜先易后难。所谓易,主要反映在两国间目前的政治和外交关系较稳定,对划界有一致的要求,在划界海区内不存在领土纠纷以及划界海区自然地理情况较为简单等方面。

所谓逐步解决,包括两方面含义,一方面是指我国所有的海上划界工作需要逐步解决,而不能几个海上边界划界谈判同时开始,主要原因在于我国尚缺乏这方面必要的实践经验,因此,需要先通过实践摸索出一套适合我国国情的经验。同时,我国目前尚缺乏足够的专业人员从事这方面工作,需要实践和时间才能锻炼和培养出一批专门人才。

另一方面是指在具体的某一个划界谈判中,应做好充分的思想准备,对已经出现和可能出现的问题要深入研究,做到心中有数后再逐个解决。

3. 深入做好基础工作,制定基本方案

海上划界既是一项法律工作又是一项政治工作。从国际实践看,海上划界一般至少需考虑下列各方面的因素:政治、战略和历史方面的考虑;法律体制方面的考虑;经济环境方面的考虑;地理方面的考虑;地质和地貌方面的考虑;岛屿、岩礁和低潮高地方面的考虑;基线方面的考虑;划界原则、划界方法方面的考虑;技术方面的考虑;以及其他有关方面问题的考虑。

结合我国所面临的划界任务,我们有必要针对各个不同的海区的具体情况,进一步深入研究各项可能对划界有影响的因素,分析利弊,并研究各种可能的划界方案,为实际开展划界谈判做好基础性的工作准备,使我国在有关划界谈判中占据有利的主动地位。

三、海洋资源争夺日趋激烈

(一)海洋资源是可以争夺的资源

1. 海洋生物资源问题

与生活在陆地上的生物资源不同,海洋中的生物资源除了具有可枯竭和有一定的生命周期等特点之外,还具有游动范围广的特性。据此,在《联合国海洋法公约》专属经济区和公海等部分专门设立了多项制度,对沿岸国及其他国家在生物资源的养护和利用方面的权利和义务做出具体规定。

目前,对于我国海洋生物资源方面来说,问题比较严重的是东海和南海。

在东海,我国与韩国及日本存在着渔业纠纷,其中尤以中日渔业问题较为突出。日本不但经常在领土主权有争议的钓鱼岛附近海域,而且在东海其单方面宣布的并部分与我国主张相重叠的专属经济区内行使其所谓的管辖权,抓、扣我渔船和渔民,阻扰我国渔民的正常作业。

在南海,问题较为突出的是中越在北部湾和南沙海域、中菲及中马之间在南沙海域的渔业纠纷。北部湾历来是中越两国渔民传统渔场,两国政府曾三次签订渔业协定,对北部湾渔业资源的管理和开发进行了有效的合作。但是,自从 20 世纪 70 年代中越关系恶化以来直至中越关系早已恢复正常化的今天,越南不断的袭击、抓扣和抢劫我国渔船,造成重大的生命、财产损失。我国渔民自古以来就在南沙海域从事渔业

生产活动。由于南沙海域在军事、经济、外交上的地位越来越重要,越南、菲律宾和马来西亚等国,为了巩固其既得利益,除了加强已侵占的岛礁、海域的防务建设之外,还不断以暴力手段对我从事正常生产的渔船实施抓扣、枪击等袭扰,使我南沙渔业生产受阻,作业渔船的数量下降。与此同时,越南等国则大力发展其渔业生产,如越南政府多年来,采取各种鼓励措施和优惠政策,促使其渔民与我争夺渔场。目前,我国基本丧失了南沙西部的渔场。马来西亚和菲律宾也采取了类似的行动,阻扰我渔民在南沙海域的渔业生产活动,掠夺渔业资源。

2.海洋油气资源问题

海洋中的油气资源亦具有可枯竭和可争夺的特点。

除了位于国家主权下的领海的海底之外,海洋油气资源的主要蕴藏在属于国家主权权利之下的大陆架。《联合国海洋法公约》在其第六部分大陆架制度中明确规定,沿海国为勘探大陆架和开发其自然资源的目的,对大陆架及其资源拥有行使主权权利,并且这种权利是专属性的,即:如果沿海国不勘探大陆架或开发其中的自然资源,任何人未经沿海国明示同意,均不得从事这种活动。但是,由于我国从未明确公布我国大陆架的范围,而一些周边国家早已单方面公布并实施其有关大陆架的国内立法或法令,它们不仅积极勘探和开发其沿岸附近海底的油气资源,而且,大肆掠夺与我国主张相重叠的大陆架区域内的油气资源。

在东海东部的大陆架上,存在着大片中日、中韩、日韩三方的大陆架主张重叠区。1974年,在未经我国同意的情况下,日韩为了勘探油气资源,签订了日韩东海大陆架共同开发协定,所划定的共同开发区包括了我国所主张的大陆架的一部分。日韩无视我国的抗议实施了该协定。

在南海我国南沙群岛附近有争议海域的大陆架上,文莱、菲律宾、马来西亚、越南和印度尼西亚等国分别通过引进外资和技术等手段,积极勘探和开发其中的油气资源。油气资源的出口已成为文莱等国唯一或最大的出口贸易。

3.海洋矿产资源问题

目前,除了油气资源外,海洋矿产资源的勘探问题主要集中在国际海底区域。根据《联合国海洋法公约》第十一部分以及《关于执行〈联合国海洋法公约〉第十一部分的协定》的规定,在国家管辖范围以外的海床、洋底及其底土自然资源是人类的共同继承财产。由国际海底管理局代表全人类对本区域内的勘探和开发等活动进行管理。但是,由于各国的情况不同,例如,有的国家是特定的矿产资源的开发生产国、有的国家是这种矿产资源的消费国、有的国家是这种矿产资源的陆地生产国等,各国对国际海底区域的有关的生产政策、管理规则、收益分配制度等问题自然会产生不同的意见。

我国已通过申请并获得批准,在太平洋洋底获得一个勘探区域,并已积极开展有关的工作。同时,经过选举我国已在国际海底区域有关的重要组织机构中得到一些重要的席位,这对于维护我国在国际海底区域的权益有着重要意义。同时,我国也面临着严峻的挑战,即如何制定并有效的实施我国有关勘探和开发国际海底区域的矿产资源方面的战略和规划,充分行使我国合法的权利。

(二)海洋资源争夺遍及世界各大洋

目前,由于陆地资源日益短缺和枯竭,世界上各国纷纷将注意力转向海洋,因此,对专属经济区内的生物资源、大陆架的油气资源、公海渔业资源和国际海底矿物资源的争夺而产生的纠纷已遍及世界各大洋。

以渔业问题为例,由于各国基本上已先后宣布了其200海里的专属经济区的主张,地球表面的公海面积越来越小;又由于一些沿岸国家分别宣布专属经济区,结果使一些公海海域被包围在各国的专属经济区之中,这些国家已提出要限制其他国家在这类的公海中的自由捕捞,这种主张自然引起世界上许多国家的反对和抗议。

受专属经济区制度的影响,一些传统的远洋捕鱼国家不得不调整其渔业政策。与我国直接有关的是日本,如果日本调整或缩小其远洋渔业的规模,有可能会加重对近岸渔业资源的依赖,并加剧与我国在东海等海域内渔业资源的争夺。

(三)对策

为了保护属于我国的海洋资源不受掠夺和积极参与分享其他海洋自然资源,我国应采取必要的措施和行动。主要可包括以下几方面:

1. 加强行使国家的海上管辖权

应首先明确我国依据《联合国海洋法公约》的有关规定,可享有的各类权利。然后,逐步通过立法程序将我国所享有的权利用我国的法律或规章予以落实和公布,并制定出相应的制度予以贯彻实施。根据《联合国海洋法公约》的规定,我国享有下列各项权利:

第一,在内水,享有对内水及其海床、底土以及其中所有的自然资源、内水上空的主权;

第二,在领海,享有对领海及其海床、底土以及其中所有的自然资源、领海上空的主权;

凡是适用于我国陆地领土的所有法律和规章均适用于我国的内水和领海,包括我国的大陆和我国所有岛屿内水和领海,除了外国船舶享有在我国领海的无害通过权不受阻碍之外。同时,我国还可以颁布一些专门适用于这两个海域的法律和规章。

第三,在毗连区,享有防止和惩治在我国领土或领海内违犯我国海关、财政、移民、或卫生的法律和规章的行为的管制权;

第四,在专属经济区,我国享有:以勘探和开发、养护和管理海床上覆水域和海床及其底土的自然资源,以及关于在该区内从事经济性开发和勘探,如利用海水、海流和风力生产能等其他活动的主权权利;对以下事项的管辖权:人工岛屿、设施和结构的建造和使用;海洋科学研究;海洋环境的保护和保全。为了有效的养护和利用生物资源,我国可以颁布必要的法律和规章,对其他国家的国民到我国的专属经济区来捕鱼的条件作出规定。

第五,在大陆架,为了勘探和开发其自然资源的目的,我国对大陆架及其海床和底土的矿物和其他非生物资源,以及属于定居种的生物享有专属的主权权利。我国还享有对人工岛屿、设施和结构的建造和使用的管辖权。

第六,在公海,我国享有符合国际法的各项公海自由,包括:航行自由;飞越自由;铺设海底电缆和管道的自由;建造人工岛屿和其他设施的自由;捕鱼自由;科学研究的自由。

第七,在国际海底区域(简称为"区域"),我国与世界上其他所有国家一样,共同对"区域"及其资源享有权利。

第八,对岛屿,我国对海上所有属于我国的岛屿的主权不容侵犯,任何国家都不能以《联合国海洋法公约》中的任何制度为借口而改变岛屿的主权归属。

第九,对用于国际航行的海峡,例如我国的台湾海峡,我国可对下列各项事务制定关于通过海峡的过境通行的法律和规章:

航行安全和海上交通管理,包括可为海峡航行指定海道和规定分道通航制,以促进船舶的安全通过;贯彻和实施有关在海峡内排放油类油污废物和其他有毒物质的国际规章的有关规定,防止、减少和控制污染;对于渔船,防止捕鱼,包括鱼具的装载;违反我国的海关、财政、移民或卫生的法律和规章,上下任何商品、货币或人员。

综上所述,我国享有广泛的海上权利,但是,我国尚缺乏完整的国内法体系和完善海洋管理体制以及必要的措施以便有效的行使这些权利。因此,加速国内海洋立法,改革海洋管理体制,加强海洋管理队伍的建设是充分行使国家在海上的管辖权的必要保证;而加强行使国家在海上的管辖权是有效的管理我国海洋自然资源和充分利用公海及国际海底资源的必要途径。

2.积极开发争议区

鉴于海洋资源可枯竭性的特点,以及目前我国所面临的岛屿被侵占、海域被瓜分和资源被掠夺的形势,并借鉴周边国家的实践,我国应采取必要的步骤,通过各种方式和途径积极参与争议区的自然资源,包括生物资源和非生物资源的开发和利用。例如,积极在争议区开展各项非敏感性的科学考察和研究活动,在掌握该海域的一些自然状况等情况的同时,又体现了我国对该海域的重视和不轻易放弃的立场;用优惠政策和提供必要的保护等措施以鼓励渔民继续前往那些曾是我国传统的渔场但如今有争议的海域从事作业活动,以维持我国历来所主张的立场的连贯性和一致性。

只有抓住一切机会,通过不懈的努力,才能逐渐在我国与邻国之间的争议区内体现我国的实际存在,为今后问题的实际处理创造有利条件和奠定基础。

3. 充分利用公海及其资源

我国应该充分行使我国在公海中的各项自由,积极参与利用公海的空间和开发公海中的自然资源,使之为发展我国的经济和社会各项事业服务。

同时,在公海,各国对海上救助、禁止贩运奴隶、合作制止海盗行为等事项赋有义务。

我国还应该对悬挂我国国旗的船舶有效地行使行政、技术及社会事项上的管辖和控制。

4. 积极参与开发国际海底资源

我国与世界上其他所有国家一样,共同对"区域"及其资源享有权利。

我国作为人口众多的国家,人均占有资源量很少,从长远发展的战略上考虑,为我国在下个世纪中叶赶上中等发达国家提供必要的战略储备,在国际海底和公海寻求新的资源来源是一项重要的战略任务。我国在七十年代中期就开始深海多金属结核的调查工作,1991 年正式成为深海采矿先驱投资者之一。

我国享有权利对有关我国企业和个人在"区域"的活动制定必要的国内法。

5. 加强国际和区域合作

《联合国海洋法公约》在许多部分都规定了各沿岸国有进行国际、区域合作的义务,例如,在有关专属经济区和公海的海洋生物资源的养护和利用,第九部分闭海或半闭海,第十二部分有关海洋环境的保护和保全,第十三部分海洋科学研究,第十四部分海洋技术的发展和转让等方面都要求各沿岸国加强国际间或区域性的合作。

从客观上看,我国有着与各国,包括周边国家和非周边国家、沿海国和非沿海国进行广泛国际和区域合作的必要性。一方面,我国所面临的各个海域几乎均被其他国家的陆地所包围,生活在同一海域的沿岸国的活动不可避免的会对其他沿岸国造成直接或间接的影响;同时,同一海域对各沿岸国来说又都具有重要的意义。因此,我国应加强同周边国家之间的合作。另一方面,我国在海洋科学研究、海洋技术发展和转让等方面需要与包括周边国家、非周边国家在内的其他国家进行合作,以便促进我国海洋事业的进一步发展。

6. 努力促成有争议海域的共同开发

《联合国海洋法公约》规定,如有关国家未能达成划界协议,则"应基于谅解和合作的精神,尽一切力量作出实际性的临时安排,并在此过渡期间内,不危害或阻碍最后协议的达成,这种安排应不妨害最后界限的划定"。从国际实践看,若有关国家短时期内无法就划界问题达成共识,最常见的"临时安排"就是由有关国家在争议区进行共同开发。

无论对东海钓鱼岛的争议,还是对南沙群岛的争议,我国早已提出愿与有关国家"搁置争议,共同开发"的倡议。但是,从现实看,各国均停留在口头上的赞同,并不积极落实到行动上。就其主要原因来说,是因为各国长期以来一直在争议区内进行单方面的开发活动没有受到严重的挑战,对它们来说,自然就不存在与我国进行共同开发的必要性和迫切性。而这种状况持续下去,最大的受害者将是始终对争端保持克制立场的我国。因此,我国有必要一方面继续主张各国在对争议的最终解决达成一致意见之前可以进行各种形式的共同开发;另一方面,则有必要在特定海域及特定国家间采取一些有效的措施,积极促成共同开发的实现。

(《动态》1996 年第 8 期)

关于毗邻我国的沿海国家(地区)对海洋权主张的立法活动

海洋发展战略研究所

毗邻我国的沿海国家(地区)自北向南有:朝鲜、南朝鲜、日本、菲律宾、文莱、马来西亚、印度尼西亚、新加坡、越南。这些国家(地区)对海洋权的主张都采取了不同方式的立法活动。

联合国第三次海洋法会议自 1973 年召开,特别是到 1982 年通过《联合国海洋法公约》,尽管截至 1990 年 11 月 10 日,已有 44 个国家或组织批准或加入了公约,距离 60 个国家批准公约方能生效尚需要些时日,但各国对海洋权主张,特别是对国家管辖范围的立法实践更多的采用公约的有关规定。

一、世界各国海洋权主张的立法实践

(一)批准或加入公约

截至 1990 年 11 月 10 日止,批准或加入公约的 44 个国家是:安提瓜和巴布达、巴哈马、巴林、伯利兹、博茨瓦纳、巴西、喀麦隆、佛得角、象牙海岸、古巴、塞浦路斯、埃及、斐济、冈比亚、加纳、几内亚、几纳亚比绍、冰岛、印度尼西亚、伊拉克、牙买加、肯尼亚、科威特、马里、墨西哥、纳米比亚、尼日利亚、阿曼、巴拉圭、菲律宾、塞内加尔、圣卢西亚、圣多米和普林西比、索马里、苏丹、多哥、特立尼达和多巴哥、突尼斯、乌干达、坦桑尼亚、也门、南斯拉夫、扎伊尔、赞比亚。

(二)国家管辖海域海洋主权

各国对海洋权主张采取不同的形式:政府声明、总结宣告、公布法令、载入宪法等。

截至 1990 年 4 月 1 日止,世界各国宣布的国家管辖范围如下:

1.领海,有以下主张:

(1)3 海里:10 国

(2)4 海里:2 国

(3)6 海里:3 国

(4)12 海里:109 国

(5)15 海里:1 国

(6)20 海里:1 国

(7)30 海里:2 国

(8)35 海里:1 国

(9)50 海里:1 国

(10)200 海里:13 国

(11)以经纬度坐标界定:1 国

2. 渔区

(1)12 海里:2 国

(2)25 海里:1 国

(3)50 海里:1 国

(4)200 海里:21 国

3. 专属经济区

200 海里:80 国

4. 大陆架

(1)200 米等深线加允许开发的标准:42 国

(2)允许开发的标准:4 国

(3)200 海里或自然延伸至大陆边缘:21 国

(4)200 海里:自然延伸大陆边缘:1 国

(5)100 海里或从 2 500 米等深线向外 100 海里:1 国

(6)200 海里:6 国

(7)不超过 350 海里:1 国

5. 毗连区

(1)24 海里:32 国

(2)18 海里:4 国

(3)12 海里:1 国

(4)6 海里:1 国

(三)国家间海洋区域划界

由于国家管辖范围扩大,除两个海岸相邻国家需划分各种管辖海域边界外,两国相向距离不足 24 海里要划领海边界,距离不足 48 海里需划毗连区边界,距离不足

400 海里需划专属经济区边界,还有大陆架划界问题。

据研究,全世界各海域需要划定的边界数总计达 370 个。至今已达成划界双边协议的约 110 个,占 33.6%。

在达成的划界协定中,绝大部分通过双边谈判解决,提交第三方解决的,包括提交国际法院、仲裁法庭、调解委员会解决的只有 8 项,占已达成协议的 7%。

二、中国毗邻国家(地区)海洋权主张

(一)对 1982 年《联合国海洋法公约》

1. 1982 年 4 月 30 日海洋法会议通过公约投赞成票的有:朝鲜、南朝鲜、日本、马来西亚、印度尼西亚、新加坡、越南。

2. 签署公约的有:朝鲜、南朝鲜、日本、菲律宾、文莱、马来西亚、印度尼西亚、新加坡、越南。

3. 至 1990 年 11 月 9 日以前批准公约的有菲律宾(1984 年 5 月 8 日)、印度尼西亚(1986 年 2 月 3 日)。

(二)国家管辖海域海洋权主张

1. 领海

(1)3 海里:新加坡。

(2)12 海里:朝鲜、南朝鲜、日本、马来西亚、文莱、印度尼西亚、越南。

(3)以经纬度坐标界定:菲律宾

2. 毗连区

24 海里:越南。

3. 渔区

(1)12 海里:新加坡

(2)200 海里:日本、文莱

4. 专属经济区

200 海里:朝鲜、菲律宾、马来西亚、印度尼西亚、越南。

5. 大陆架

(1)以经纬度坐标界定:南朝鲜。

(2)以容许开发的深度标准:菲律宾、印度尼西亚。

(3)以 200 米水深和容许开发的深度标准:马来西亚。

(4)自然延伸至大陆边,如不足 200 海里至 200 海里:越南。

6. 领海基线

(1)采用直基线,并公布基线坐标:南朝鲜、越南。

(2)立法规定采用直基线,但未公布坐标:朝鲜。

(3)采用群岛基线并已公布:菲律宾、印度尼西亚。

7. 军舰通过领海制度

军舰进入领海需经事先通知并获批准:朝鲜、南朝鲜、印度尼西亚、越南。

(三)国家间海洋区域划界

毗邻我国的邻国之间,至少有 18 个边界需划定。然而,目前只有日本与南朝鲜在日本海的大陆架边界和印度尼西亚与马来西亚在南海南部边界达成划界协议。据悉,朝鲜与苏联在日本海的领海与大陆架边界已达成划界协议,但未公布。

三、中国毗邻国家(地区)的海洋立法

(一)朝鲜

1. 1977 年 6 月 21 日《关于建立朝鲜民主主义人民共同国经济水域的政令》(1977 年 8 月 1 日起实施),宣布朝鲜经济水域从领海基线量起 200 海里,在不能划 200 海里的水域划至海洋半分线。未经朝鲜政府有关机关事先批准,外国人、外国船舶和外国航空器不得进入经济水域捕鱼、设置设施、调查、勘探、开发等活动。

2. 1977 年 8 月 1 日朝鲜人民军最高司令部在毗邻海域设立军事警戒线。在东海(日本海)为从领海基线量起 50 海里,西海(黄海)与经济水域重叠。

在军事警戒线区域内(水上、水中、空中)禁止外国人、外国军事舰船、外国军用飞机活动民用船舶(渔船除外)、民用飞机只有在得到有关方面的事先商定或批准后,才能在军事警戒线区域内航行或飞越。

(二)南朝鲜

1. 1952 年 1 月 18 日发布《南朝鲜关于毗连海域主权的总统声明》。规定:韩国政府对邻接其领土半岛和岛屿沿岸的大陆架,不论其深度如何,坚持并行使国家主权。

声明以经纬度坐标界定了大陆架范围,在黄海从北纬 32°00′至 39°45′,以东经 124°00′为界。

2. 1970 年 1 月南朝鲜颁布《海底矿物资源开发法》,以经纬度坐标划定了南朝鲜在黄海、东海和日本海的大陆架边界。

3. 1970 年 5 月 30 日宣布将上述范围大陆架划成七个矿区,向外招标勘探开发。

4. 1977 年 12 月 31 日发布《第 3037 号领海法令》,规定南朝鲜领海宽度从基线量

起 12 海里。

法令规定军舰和非商业性政府船舶与商业性船舶不同,通过领海时需事先通知有关当局。

5.1978 年 9 月 20 日生效的《第 9162 号关于执行领海法的总统法令》,公布了领海直基线的坐标(见图 1)。

6.1974 年 1 月 30 日与日本签订了《日本与韩国关于确定邻接两国的大陆架北部疆界的协定》,划定了两国在日本海的大陆架边界。

7.1974 年 1 月 30 日与日本签订了《日本与韩国关于共同开发邻接两国的大陆架南部的协定》,将东海东北部,面积约 8.2 万平方千米的海域划成日韩共同开发。侵犯了我国的主权,我多次提出抗议声明。

(三)日本

1.1977 年 5 月 2 日公布了第 30 号法令,即《领海法令》。规定领海范围从基线量起 12 海里。对于宗谷海峡、对马海峡东水道,对马海峡西水道及大隅海峡作为特定海域,领海宽度为 3 海里。

日本的领海基线为低潮线或在湾口、湾内及河口的封闭线。

2.1977 年 5 月 2 日第 31 号法令《关于渔业水域的临时措施法》,规定日本的渔业水域范围从基线量起,距离 200 海里范围内。

发布此项法令同时宣布,对尚未宣布 200 海里管辖海域的中国和南朝鲜不适用。

(四)菲律宾

1.1961 年 6 月 17 日第 3046 号共和国法案《关于确定菲律宾领海基线的法案》,宣布菲律宾国家领土包括:根据 1898 年 12 月 10 日美国与西班牙巴黎条约、1900 年 11 月 7 日美西华盛顿条约、1935 年 1 月 2 日美英条约中所包括的岛屿,以及菲律宾政府在通过宪法时行使管辖权的全部领土。

规定:在上述各条约所载疆界之内的全部水域是菲律宾的领海(所谓的历史性领海)。

2.1968 年 9 月 18 日第 5446 号共和国法案,修正第 3046 号法案,公布了菲律宾领海基线和基点坐标。

3.1968 年第 370 号《总统公告》,宣布菲律宾大陆架范围是在领海以外,直至其上覆水域的深度容许开发资源的范围内。

4.1978 年 6 月 11 日第 1596 号《总统法令》,宣布以经纬度坐标界定所谓"卡拉延岛群"区域(实为我南沙群岛的大片区域),属于菲律宾主权范围,作为一个独立自治区,划归巴拉望省管辖。

5.1978 年 6 月 11 日菲第 1599 号《总统法令》,设立菲律宾的专属经济区,从测算领海基线量起,向外扩展到 200 海里距离。

（五）马来西亚

1. 1966 年 7 月 28 日第 57 号法案《马来西亚大陆架法》,宣布大陆架外界为 200 米水深或容许开发的深度。

2. 1969 年 8 月 2 日发布第七号《紧急(基本权力)法令》,规定领海宽度为 12 海里。

3. 1969 年 10 月 27 日马来西亚与印度尼西亚签订《关于两国之间大陆架划界规定》。所涉及的划界区域有:①马六甲海峡;②南海马来西亚东海岸外;③南海马来西亚沙捞越海岸外。

4. 1980 年 4 月 25 日马来西亚发表《关于专属经济区的宣言》,宣布建立 200 海里专属经济区。

（六）文莱

宣布建立 12 海里领海和 200 海里专属渔区(法案待查)。

（七）印度尼西亚

1. 1960 年 2 月 18 日第 4 号法令《印度尼西亚水域法》、宣布印尼领海宽度为从基线量起 12 海里。

该法同时公布了印度尼西亚的群岛基线,由 195 个基点,连接成 194 段基线,超过 100 海里长度的基线共 5 段,最长基线 124 海里。

规定无害通过内水(群岛水域)由政府法令管理。

2. 1980 年 3 月 21 日印度尼西亚发布《专属经济区的宣告》,规定从测算领海基线量起 200 海里范围。

（八）新加坡

根据 1878 年英国(当时新加坡属之)的《领水管辖法令》、新加坡领海为自低潮线向外 1 海里格(3 海里)。

（九）越南

1. 1977 年 5 月 12 日发布《关于越南领海、毗连区、专属经济区和大陆架的声明》,宣布:越南领海宽度 12 海里;毗连区 24 海里;专属经济区 200 海里;大陆架外限为自然延伸至大陆边,不足 200 海里至 200 海里。

2. 1982 年 11 月 12 日发布《越南政府关于越南领海基线的声明》,以经纬度坐标界定由 12 个点构成的直基线,没有公布北部湾的基线。

苏联、朝鲜在日本海领海和大陆架经济区划界协议及其对中、朝在黄海划界的影响

陈德恭

绪言

1985年4月17日苏联与朝鲜在莫斯科签订了《苏联—朝鲜关于两国边界划界协议》(见图一、二),划定了两国在图们江河口领海的边界。协议第4条规定将于其后在平壤交换批准书后生效,但至今尚未获悉批准情况。

1986年1月22日苏联与朝鲜在平壤签署了《苏联—朝鲜经济区与大陆架边界协议》(见图一、二)划定了两国从领海边界最外点向日本海中部延伸的经济区和大陆架边界。协议第3条规定将于其后在莫斯科交换批准书后生效。但至今尚未获悉批准生效情况。

这两项协议至今尚未公开发表,但苏朝两国在日本海的边状况与中朝在黄海十分相似,因此对上述两项边界协议的研究,对中朝未来在黄海划界将会有重要意义。

本文根据朴春浩教授提供的资料进行研究,供领导参考。

一、苏朝两国海洋权主张

苏联和朝鲜均自始至终参加了第三次联合国海洋法会议。1982年4月30日通过《联合国海洋法公约》时,朝鲜投赞成票,苏联因对国际海底某些事项不满投了弃权表。然而两国均于1982年12月10日公约开放签署的第一天签署了公约。目前两国均尚未批准公约。此外,苏联还是1958年日内瓦三项公约,即《领海和毗连区公约》、《公海公约》、《大陆架公约》的缔约国。

在国家海洋区域主张方面,苏联主要是:

(1)1927年6月15日宣告12海里领海,规定外国军舰进入苏联领海要经苏联事先批准。1989年苏联修改了这项规定,实行了外国军舰无害通过领海的制度。

（2）苏联最高苏联埃 1982 年 4 月 24 日通过第 8318—X 号宣告,即《苏联国家边界综合法》,法律于 1983 年 3 月 1 日生效。

（3）苏联部长会议于 1984 年 2 日 7 日发布第 4604 号公告,1985 年 1 月 15 日发布第 4450 号公告,公布苏联领海直基线。

（4）1984 年 3 月 1 日苏联最高苏维埃宣告建立 200 海里专属经济区。

朝鲜主张的海洋区域制度主要有:

（1）1955 年 3 月 5 日朝鲜政务院第 25 号决议,建立 12 海里领海。

（2）1977 年 6 月 21 日,朝鲜中央人民委员会宣告建立 200 海里专属经济区。

（3）1977 年 8 月 1 日,朝鲜中央军最高司令部宣布建立 50 海里的军事警戒区。

（4）1980 年 1 月 1 日,朝鲜政务院制定发布《外国人、外国航空器和外国航海器经济活动的规定》。

二、关于苏朝国家边界划界协议的介绍

协议划定了两国在图们江河口和在日本海的领海边界。

两国的国家边界在图们江河口由 A 点至 F 点共 6 个边界点沿河流主航道连线形成,总长 16.93 千米。从 F 点至 1 位于日本海,两点连线构成两国领海边界,边界线长 22.2 千米。上述两段边界总长 39.13 千米。

边界协议由三部分组成:(1)苏朝国家边界条约;(2)苏朝国家边界线的说明;(3)1: 5 万国家边界线图。三者构成边界协议的不可分割的组成部分。

在图们江河口的 6 个边界点,由边界线说明具体描述。

边界点 A 为苏、朝和中国三国在图们江口的边界点,亦为边界线起始点。

边界点 B 位于河流主航道中央,距铁桥面西端东南 1.4 千米,距铁桥东端以南约 1.5 千米。

边界点 C 位于河流主航道中央,距朝鲜 89.9 高地东南约 2.5 千米,距朝鲜 120.1 高地东北 3.3 千米。

边界 D 位于河流主航道中央,距朝鲜 120.1 高地东南约 1.2 千米,距朝鲜 148 高地以东 1.5 千米。

边界点 E 位于河流主航道中央,距朝鲜 154 高地东南 1.5 千米,距朝鲜 185 高地东北约 1.0 千米。

河流边界的最后点 F 位于图们江河口中央,为苏联在日本海海岸最南点与朝鲜在日本海海岸最北点连线上。

从 F 点向日本海,连拉 F—1 点的联线为两国在日本海的领海边界线。1 点地理座标绘在 1:5 万地形图上。

三、苏朝国家边界协议分析

1. 苏朝国家边界协议的图们江河流段沿着河流主航道中央延展。这种界线的划法符合一般边界河流划界的惯例。我国与越南在北仑河口划界,按 1887 年当时的中法界约(当时越南为法国的藩属),也是经河流主航道中心线画界的。

2. 苏朝国家边界协议的海洋段即领海边界具有某些特点:

(1)两国领海边界限考虑至两国在边界两侧的领海基线。

苏联一侧的领海基线为大彼得湾的封闭线。苏联四个海军舰阿中最的太平洋舰队以符拉迪沃斯托克为基地,因此大彼得湾在战略上对苏联有很大的重要性。

1957 年苏联部长会议宣布大彼得湾为苏联的历史性海湾,海湾水域为苏联内水。直至 1984 年 2 月 7 日苏联部长会议第 4604 号公告宣布封闭大彼得湾的封口线构成苏联领海的直基线,基线长达 107 海里。

在领海边界线号一侧即朝鲜一侧,海岸线甚不规则,朝鲜的直基线由两段组成,总长 3C0 海里,显然属于国际实践中长基线之列。

(2)两国领海边界线所根据的国际法原则,并不是《联合国海洋法公约》第 15 条所规定的划界基本原则。

按《公约》第 15 条规定:"如果两国海岸彼此相向或相邻,两国中任何一国在彼此没有相反协议的情形下,均无权将其领海伸延至一条其第一点都同测牙两国中第一国领海宽度的基线上最近各点距离相等的中间线以外。"边界协议很可能是按第 15 条的后一项作为特殊情况即"但如果历史性所有权或其他特殊情况而有必要按照与上述规定的不同的方法划定的领海界限,则不适用于上述规定。"

苏朝两国领海边界显然不是严格的中间线。这条边偏向朝鲜一侧,有利于苏联。

根据量算,苏联和朝鲜两条基线的交角为 142°。但领海边界显然不是等分角线,而是偏向朝鲜约 4°。

苏朝领海边界显然是通过谈判产物。其原因,从苏联方面,由于这一海域对苏联具有重要的战略意义,加上历史的原因,苏联显然会作出努力以获取在该海域积的领海。

然而,从朝鲜方面来看,朝鲜在这一海域采用了长达 300 海里的直基线,有可能会遭到一些国家的抗议。苏联在 1957 年宣布大彼得湾的历史性海湾,而正工宣布封闭海湾的直基线,长达 107 海里,则是 27 年以后的 1984 年。苏联的历史性海湾和长的湾口封闭线的主张曾遭到美国、日本等抗议。因此,朝鲜所作出的领海边界线让步,可能是为了获得苏联对其长基线主张的支持。

四、关于苏朝在日本海的经济区和大陆架边界

此项边界协议也未公布。该协议地 1986 年 1 月 22 日在朝鲜平壤签署。

根据协议第 3 条,该协议将于两国在莫斯科交换批准书后生效。

据悉,苏联最高苏维埃于 1986 年 3 月 28 日第 4374—XI 号决定核准了这五协议,但仍不知至今是否已交换批准书而使协议生效。

图一

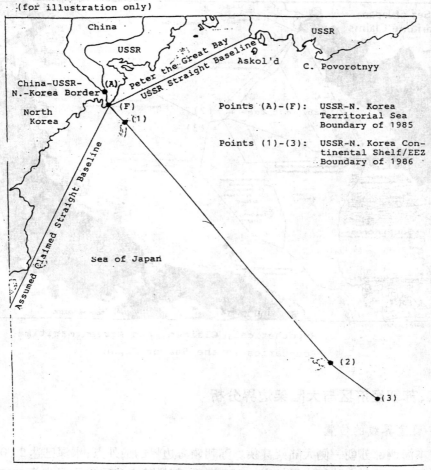

Maritime Boundaries between the USSR and North Korea

苏朝在日本海的经济区和大陆架边界由三点的连线构成。经济区与大陆架采同一边界。

　　边界线第 1 点为苏朝 1985 年领海边界的最外点。地理座标为北纬 42°09.0′,东径 130°53.0′。

　　边界线第 2 点,地理座标为北纬 39°47.5′,东径 133°13.7′。由 1－2 点连线构成的边界线略偏向朝鲜一侧。

　　边界线第 3 点,地理座标北纬度 39°39.3′东径 133°45.0′。由 2－3 点连线构成的第二段经济区与大陆架边界相当于两国的等距线。

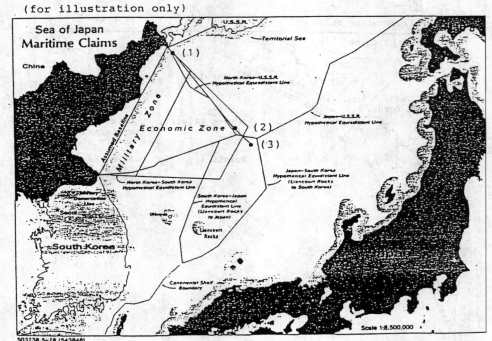

Hypothetical, Claimed, and Agreed Maritime Boundaries in the Sea of Japan

五、苏朝经济区与大陆架边界分析

（一）边界线的位置

日本海西部苏朝一侧大陆架甚狭。苏朝领海边界的最外点,水深已达 2 000 米。

苏朝经济区与大陆架边界长度约 300 海里,其最外点几乎位于日本海中央,水深超过 3 000 米。

图三

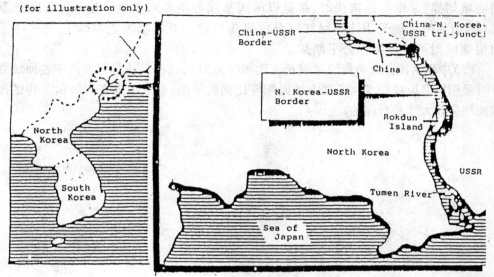

(for illustration only)

China-North. Korea-USSR Border Junction at Tumen River Estuary
(from the tri-junction to the estuary, it is 16.93 kilometers

(二)边界线的法律原则

连接第1、2端点构成的边界线,相当于两国经济区和大陆架边界的6/7的线段,尽管与领海边界相比略向东偏移,但仍然偏向朝鲜一侧。据分析,一种可能是在决定第2个边界端点时可能考虑到苏联大彼得湾封闭线以东向海方向的一个岛屿,即阿斯科尔得岛(ASKOL′D),并颁予该岛以完全效力,而使端点2居于两国海岸的等距离点。另一种可能,可能与领海边界最外点1相同,也是通过谈判达成的。

端点3位于日本海中央,可能是苏联的阿斯科尔得岛、朝鲜的郁陵岛、日本 Noto 半岛的 Hekura 岛的三点的等距离点。由于端点3向苏联偏移,因此由2－3端点构成的第二段经济区与大陆架边界可能近似两国的等距线。

六、苏朝边界协议对中苏边界的影响

苏朝在图们江的河流边界和日本的领海、经济区和大陆架边界,与中朝在鸭绿江的河流边界和黄海的领海、专属经济区与大陆架边界从地理特征上有着十分相似性,不同的是中朝两国在北黄海大部分处于相向国家的地理特征。

从苏联之间的两项边界协议值得研究的问题有:

（1）如何划定两国的河流边界？如何处理河流主航道两侧的沙岛才是合理的？

（2）如何合理、对等决定两国在北黄海分界海域的基线？因为按照相邻国家间海域划界，采取等距离线时，都是以两国基线等距离来衡量。如一方采用长基线（例如朝鲜可能采用连鸭绿江口至白翎岛长约110海里的直基线），另一主采用短基线则可能产生不公平结果。

（3）中朝两国在北黄海海岸线长度比例约为2∶1，按照目前国际实践中在海域划界时采用以海岸线长度与所画海域面积等比例的原则，显然中方在黄海所分得的海域面积应较大才是合理的。

（《动态》1991年第2期）

关于进行专属经济区和大陆架
基础测绘和资源远景评价的建议

海洋发展战略研究所

200 海里专属经济区和大陆架制度已经在世界范围确立起来,我国在已有大陆架问题的基本主张的基础上,也将建立专属经济区制度。20 世纪 90 年代,沿海国家将普遍加强本国大陆架和专属经济区的勘探开发和管理,我国也是这样。为此,首先要对大陆架和专属经济区进行基础测绘声绘色和资源远景评价,为开发活动和与领国划界准备基础图集和资料。这是我国近海基础工作的一项当务之急的任务,也是海洋界的一项历史使用。

一、建议的主要理由

(一)与邻国划界的需要

我国与邻国在海域划界和维护海洋权益方面面临十分复杂的形势,而解决海域划界问题需要有精度比较高的海底地形图,需要了解生物和油气资源的分布状况,以及地形、形貌和地质构造等。例如:与划界有关的海岛的位置、面积、资源状况,对于确定其在划界中的法律地位有重要影响;大陆架边界在什么地方,冲绳海槽的地壳性质等,与划界有直接关系;沉积物来源和分布范围,沉积厚度和沉积物总量,对于我国提出大陆架要求也有重要作用;根据国际上划界的实际经验,大陆架和专属经济区划界一般要有 1∶20 万~1∶100 万的精度比较高的海底地形图。

我国各有关部门在专属经济区和大陆架区域已做了不少工作,但尚满足不了海洋事业发展的要求。(1)海图:新中国成立以来在距岸 100 海里范围内共测图 1 000 余幅,编绘了覆盖大陆架和近海的海图和专用图 3 000 余幅,编绘了各海区 1∶100 万的海底地形图。上述图件从比例尺、投影响方法、成图精度等方面,都满足不了海域划界和海洋开发要求;(2)海洋环境调查:有关部门做了许多工作,也出版过一些图集和资料,但是,这些成果也满足不了上述几方面的要求;(3)生物资源调查:在不同的年代,分海区进行过一些调查,但是,由于各种原因,至今还没有对全部近海进行系统调查,对于我国海区的初级生产力、资源变动状总值等,只有一些不完整的资料;(4)油气资源勘探:已经取得许多成果,但各海区勘探程序不同,有关部门也准备深入进行调查与勘探,并编制出版有关成果。

(二)专属经济区生物资源养护和管理的需要

海洋是人类获取动物蛋白质的重要来源。许多国家都把 200 海里专属经济区或渔区作为生产动物蛋白质的重要基地。我国的邻国日本和南、北朝鲜(特别是南朝鲜),都已对其周围海域开发问题作出了长远规划,其中日本已蕴酿在东海建设海上牧场。目前,近海渔业资源已严重过度捕捞,处于恶性循环状态。为了使近海广大水域的生物资源能够永续的利用,并且逐步提高水产品数量,成为蛋白质的重要生产基地,有必要进行深入的调查研究和评价,制定科学的开发规划。

(三)油气资源开发的需要

大陆架油气资源勘探开发要求更深入的了解海洋水文、气象、地质、地貌等环境因素和资源状况。过去所做的上述几方面调查研究工作,由于技术手段落后、网格稀疏等原因,还满足不了要求,有必要统一组织海洋界有关专业人员,深入进行小比例尺、大范围的区域性调查研究工作,为油气资源勘探开发提供基础资料。

二、主要工作内容、成果和用户

(一)基础测绘的内容

为了满足海域划界和海洋开发的要求,测绘的基本图件包括海底地形图、海底地质构造图、海底地貌图等;测图范围要包括可能划归我国管辖的全部海域;测图比例尺,1:50 万的测图范围覆盖上述全部海域,1:10 万的测图范围为条状带区域,位于可能划界的地带,为精确划界服务。

(二)资源和环境评价的内容

(1)大陆架和专属经济区综合评价图集,以 1:50 万海底地形图为底图,分海区做出综合评价图集,每幅图的内容包括:主要环境特征;油气资源;生物资源;开发利用的战略设想和布局。

(2)专属经济区和大陆架划界方案,维护海洋权益的方针和策略,主要内容包括:与划界有关的各种资料;各海区划界的内定方针和策略;各种划界方案。

(三)服务方向和主要用户

(1)为海域划界和维护海洋权益的海上政治斗争服务,主要用户是外交部、军事领导机关和海军,国家海洋管理部门。

(2)为海洋行政管理工作服务,其中包括专属经济区生物资源的养护和管理,海洋矿产资源勘探开发活动的管理,海洋科研活动管理,海洋环境保护等,主要用户是海洋、水产、矿产、环保等主管部门。

(3)为海洋开发服务,主要是为水产、矿产资源开发企业,提供区域性基础资料和评价成果。

三、基本工作设想、时间和条件保证

(一)工作设想

专属经济区和大陆架基础测绘和资源远景评价的工作设想:

(1)与海域划界和资源开发有关的环境特征调查与评价,以国家海洋局为主,吸收有关部门参加,汇总现有资料,并适当进行补充调查;(2)石油、天然气资源勘探与评价,以地矿部为主,吸收有关单位参加,汇总现在资料,并适当进行补充勘探;(3)生物资源调查与评价,以水产部门为主,吸收有关部门参加,汇总现有资料,并适当进行补充调查;(4)海底地形图测绘(1:50万),工作设想有两种,一是一切有测绘能力的部门都参加(包括海军),用现有技术手段,分片包干,二是引进多波束测绘系统,装备两艘测绘船,统一进行。

(二)时间、资金和设备

(1)时间:1991—2005年:1990年开始早期论证,1991年拟订计划,1992年开始起步,海岛调查野外作业完成之后全面铺开。

(2)资金:首先是海洋及其他参加单位的业务费,必要时申请专项经费。

(3)船只和设备保证:国家海洋局、地矿部、水产部门、科学院各出一两艘船,专门为此工作几年。其他设备也充分利用各部门的现有设备。

(4)人员:海洋、地质、测绘各部门抽人组成专门班子,专事此项工作。

(三)组织实施措施

国家科委牵头,组成联合领导小组,各有关部门参加,国家海洋局承力日常工作。

附件一:日本海洋测绘的简要情况

为了满足与中国和其邻国海域划界和本国海洋开发的要求,日本十分重视海洋测绘工作,已经测绘和计划测绘多种海洋基本图,其中包括与我国划界的海区的基本图。

一、将日本周围大陆架及大陆架斜坡分为26个海区,采用浅海和深海回声测深

仪,地震剖面仪、船用质子磁力仪、船用重力仪,以及底质取样、海底摄影、海底钻探等手段,对周围大陆架从 1967 年开始进行海底地形、海底地质构造、地磁和重力测量,选用双标准纬线园锥投影编制 1∶20 万海底地形图、海底地质构造图、地磁图和重力异常图。截止 1977 年底,共出版日本大陆架全域 26 个海区海洋基本图成 320 幅。在此基础上,1978 年又采用兰勃特标准园锥投影,编制包括日本大陆架及其相邻的大陆坡,以及延伸的海沟 1∶100 万海底地形图共 5 幅。

二、制定了测制 500 幅∶5 万海底地形图和海底地质构造图计划,以实现海洋基本图覆盖全日本沿海海域。即将日本领海分成 545 个区域,于 1975 年正式投入调查,先从重点海域开始,每年计划测制 7－8 幅。

三、根据《联合国海洋法公约》有关规定,确定本国测算领海宽度的基线,必须有准确、可靠的测绘成果图件。日本政府于 1978 年测制了 1∶1 万海底地形图二十四幅,海底地质构造图十六幅。

四、为了按照新海洋法划分大陆架范围的需要,日本政府将大陆架测绘的范围,延伸至其南方 200 海里以久约 300 万平方千米的海域。从 1983 年开始测量,到 1984年已出版有 1∶50 万海底地形图、海底地质构造图、磁力异常图和重力异常图。从1981 年还重新规定了海图增加海象、气象、冲积层分布、底质分布、地质符号、交通运输及公共设施等内容。

五、率先开展海洋大地测量,建立海洋大地测量控制网。在海洋区域,日本采用卫星激光测距(SLR)的联测方法,从 1982 年 3 月开始实施大地测量,建立首级海洋大地测量控制网。

(1)首先确定下乡(simsato)水文站(HO)作为日本海洋大地测量原点。然后,通过与全球卫星激光观测站联测,精确测定新确定的海洋大地测量原点与日本大地测量控制网原点(东京)的相对位置。

(2)布设一等海洋大地测量控制网。为保障确定领海基线和海上其它边界线、保护海洋环境、防灾和救一等活动,提供准确的大地位置,日本于 1980 年就制定了海洋大地测量十年规划,在距离海岸 200 海里海域之内,布设海洋大地控制网。选择日本同围具有代表性的岛屿,作为一等网的控制点,分成每组 10 个,从 1987 年开始联测。

(3)建立二等海洋大地控制网。选择一等点周围一些重要岛屿,设立二等海洋大地控制点,通过以 3～4 年卫星多普勒接收站与一等点联测,作为加密的二等海洋大地控制网。从 1980 年以来,这项测工作一直在持续进行。

六、日本建设省国土地理院于 1971 年 7 月编辑了 1∶120 万沿岸开发计划图,对全国海岸进行概括的分类,划定沿岸开展基础调查的范围,图上详细地列出了沿海 39个都、道、府、县和 20 个地方区近海水深 0～20 米,20 米～50 米,50 米～100 米所占面积的逐级统计。1972 年开始测量沿海区域和内湾内海,编制 1∶2.5 万沿海地形图和沿岸土地条件图,用于沿岸开发、环境保护和灾害防救。

附件二:美国国家海洋大气局战略评价计划简况

自 1979 年以来,美国国家海洋大气局一直致力于整编美国 200 海里专属经济区的环境特证和资源图集资料。这些国集资料都是按解决沿海资源多用途潜在冲突和全国战略评价计划的规定整编的。其目的是:(1)开发并保护海洋资源;(2)确定达到目标的手段;(3)估价各种手段使用的潜在效益。

战略评价活动综合考虑与决策有关的四类信息:(1)资源及其周围环境的理化性质;(2)生物学特性,包括生物分布、丰度、生活史和栖息地;(3)经济学性质,包括资源开发、生产、海上娱乐和土地利用问题;(4)环境质量,包括污染物排放,水质及倾废问题。

目前正在编绘三类图集,专题图总量 700 余幅,现已完成 400 余幅:

一、专属经济区专题图。首先编绘未来经济区使用频度高的四大海区的图集:(1)墨西哥湾;(2)白令海;(3)楚克奇海和波弗特海域;(4)西海岸及阿拉斯加湾。

二、活页式的全国图包括美国海域全图,沿岸水域利用及健康状况图等。

三、河口图集,第一卷为河口区物理及水文信息,其他卷包括土地利用、生物资源、污染物排放等。

附件三:关于建立我国海洋大地测量控制网开展海洋基础测绘的意见(摘要)

到 2000 年,建立起海洋大地测量控制网,完成海洋基础测绘。前五年完成海洋大地控制网的建立与应用研究,海洋边界测量及其制图。后五年完成我国领海及管辖海域的基础测绘。

除台湾省及其所属岛屿外,北起鸭绿江口领海基点,南抵北仑河口领海基点,在我国大陆沿岸和部分重要岛屿上,包括南海诸岛在内,统一选点布网。本规划中,称为一等海洋大地控制网。拟布设 128 个控制点,其中大陆架 96 个,南海诸岛 32 个。此外,在无岛屿或岛屿疏少的海域,拟布设水下声标作为加密的二等海洋大地控制网(根据需要与可能别行致虑)。

在我国领海参及管辖海域内进行海底地形测量及其制图工作,称为海洋基础测

绘。其采用的地图投影、高程基准面和分幅方法,均与陆地测绘相一致。具体实施方案:

一、海洋大地控制网

(1)拟定海洋大地控制网测量技术设计书

(2)踏勘、选点、埋石

控制点一般应尽量选在领海基点或可做领海基点的岛礁上、海洋台站、导航台、永久性灯桩(塔)、重要岛屿与沿海经济特区独立网的起始点上。相邻两点点距一般不大于100千米为宜。大陆沿岸上的控制点应有足够的点与国家一、二等天文大地点重合,以便参与全国天文大地网联合平差后,海洋大地控制网成为全国天文大地网的组成部分。

(3)实施手段

拟采用全球定位系统GPS测量仪联测,进行单点平差、多点联测平差和整体平差,并参与全国天文大地网或全国GPS卫星定位网联合平差。

(4)实施计划

海洋大地控制制网测量工作,拟划分为"大陆架大地控制网"和"南海诸岛大地控制网",分期组织实施。"八五"期间,重点保证"南海诸岛大地控制网"测量计划的实现。

(5)组织领导

由国家测绘局统一规划,国家海洋局会同其组织领导;由全国陆地、海洋卫星定位网协调委员会负责具体组织实施。

(6)经费及来源

据初步估计,除踏勘、埋石、观测用船以及埋石的费用外,海洋大地控制网测量作业的经费为:

①南海诸岛大地控制网五十万。拟向国家申请专款专用。为节省国家的经费开支,拟申请将"南海诸岛大地控制网"的测量任务,正式列入国家"南沙科学考察计划",或与其他有关部门的专题测量、调查结合起来,一并进行。

②大陆架大地控制网约一百五十万。拟以向国家申请专款为主,结合有关部门的测量任同时进行。如第一期工程就是与深圳、海口两市GPS测量控制网一起施测的。这是国家、部门共同建立测量控制网,行之有效的一种形式。

二、海洋基础测绘

为及时、准确、可靠地保障国家管理、经济建设、国防建设、科学研究、文化教育和人民生活等方面对海洋测绘信息产品和技术的需求,从国家"八五"规划起,围绕我国海洋资源调查、开发利用,以及海洋疆界划定的急需,有计划、有重点、有步骤地开展领海及管辖海域的基础测绘。

(1)组织力量,拟定、论证方案,确定测图比例尺和图幅范围

领海线边界测图比例尺为 1:5 万,图幅范围为图上 80 厘米×110 厘米。据分析,1:5 万海图上的划线精度为 5 米左右。以条带状覆盖伪领海边界。领海线外侧占 1/3,内侧占 2/3。

大陆架和 200 海里专属经济区的边界测图比例尺为 1:10 万。图幅面积大小同上,边界线外侧占 1/3,内侧占 2/3。

海洋基础测图比例尺,领海线以内为 1:2.5 万,1:5 万,1:10 万;领海线以外为 1:10 万,1:25 万,1:50 万。拟采用国际分幅方法。

(2)拟定测量任务技术设计书

(3)进行踏勘

(4)确定测量手段

海上定位。拟采用全球定位系统 GPS 测量仪,以实现全天候、高精度、连续定位,提高定位精度。我国《海道测量规范》规定,1:5 万测图定位中误差的限差为 75 米,从目前我国实验情况看,导航型 GPS 测量仪的最大定位中误差小于 100 米,基本上能满足 1:5 万或小于 1:5 万测图的精度要求,是比较理想的定位系统。

水深测量。拟采用多波束声纳或旁侧声纳,以实现带状和面状测深。以往我国一般都是采用回声测深仪,由于是逐点进行,速度慢。如采用多波束声纳,可同时产生数十个窄波束,一次能测得数十个水深点,在航行中还可连续测得一个带状区域的海底地形数据。如 sea - beam 系统最大测深达 11 000 米,横向覆盖宽度约为 78% 水深,测量精度为 2 - 4 米。

海洋基础测量是多学科、同步进行的综合性测量。测量船除测深、定位设备外,还应装备有重力仪、磁力仪、剖面仪、地貌仪等各种测量仪器。以便同时获得定位、水深、底质、重力、磁力、水文、气象等成果资料。

(5)图件编制、出版

为提高成图质量、缩短出版周期,拟采用海图自动制图系统。国际上,美国、加拿大、英国等技术发达国家,都先后成功地研制了海图自动制图系统,并投入了使用。如英国采用自动制图系统生产的海图已占 70% 以上;加拿大的 AUTOCHART 系统,除本国以外,已在澳大利亚、印度等国家得到应用。

(6)建造两艘以上测量船

开展海洋基础测绘,至少要有两艘大型测量船。为缩短测量周期,提高效益,船上各种测量、调查、定位等仪器,必须剂全,以便同时获得各种测量成果资料,实现多学科、同步测量。如目前地矿部、国家海洋局、中科院等 3 000 吨级调查船,将其改装

成海洋测量船,从时间和节省国家开支方面考虑,是比较理想的。

(7)实施计划

海洋测绘技术复杂,工作条件艰苦,涉外问题多,耗资大,必须审密计划、科学安排和严密组织实施。

①海洋边界测绘(1990—1993 年)

拟于 1990 年开始准备,1991 年开始外业,争取到 1993 年底全部完成。本计划中,海洋边界测绘主要指国家领海、200 海里专属经济区和大陆架边界的测量及制图。其目的是为了标绘国家领海线、专属经济区和大陆架边界限。

②海洋基础测绘(1991—2000 年)

完成海洋边界测绘是当务之急。1993 年之前,重点保证边界测绘;基础测绘为准备阶段,仅根据急需开展局部测量;到 1994 年,开始按照总体规划要求施测。到 2000 年,领海线以内 1∶10 万的覆盖率争取达到 100%;领海线以外我国管辖海域 1∶50 万争取全部覆盖。

(8)组织领导

拟由国家计委、国家科委、总参、外交部、国家土地管理局、国家测绘局、国家海洋局等有关部门成立一个联合领导小组,下设技术指导小组和领导小组办公室。

办公室设在国家测绘局或国家海洋局,主要负责领导小组的日常工作。其成员拟由国家测绘局和国家海洋局指派。

(9)经费

除造船用船外,仅测量作业,预计海洋边界测绘到少 500 万～600 万;海洋基础测绘行预算。拟向国家申请专款专用。

(《动态》1990 年第 1 期)

1982 年海洋法公约与国家实践

陈德恭

美国弗吉尼亚大学海洋法律与政策中心于 1990 年 4 月 19 日至 22 日在葡萄牙卡斯卡伊斯召开第 14 届年会,会议围绕"国家实践与 1982 年海洋法公约"问题进行了学术交流。参加本届年会的有:联合国副秘书长南丹、国际海底管理局和国际海洋法法庭筹委会主席吉萨斯(J. L. Jesus)、国际法院法官小田滋、坦桑尼亚第一副总统兼总理瓦里阿巴(J. S. Warioba)、葡萄牙外交部长平托(J. D. Pinheiio)、美国出席第三次联合国海洋法会议代表团团长斯蒂文森、美洲国家组织助理秘书长卡梅诺斯(H. Caminos),以及来自苏联、日本、波兰、英国、西德、马耳他、西班牙、南朝鲜、比利时等国的学者、政府官员 70 余人。我局首次派人参加该中心年会。

现将会议讨论情况综述如下:

一、全球国家海洋法实践

到 1990 年 4 月标志着通过《联合国海洋法公约》进入 8 个年头,虽然公约尚未生效,正如联合国秘书长在 1989 年联大报告中指出:尽管公约尚未生效,但《联合国海洋法公约》已经并将继续对国家海洋法律实践起着重大的影响,它已成为现代国际海洋法的组成部分。

(一)领海范围

在 1958 年,有 42 国主张 3 海里领海;9 国主张 12 海里;2 国主张 200 海里;11 国领海范围介于 3 至 12 海里之间。

到 1990 年,有 10 国主张 3 海里领海;109 国主张 12 海里范围;另有 5 国介于 3 至 12 海里之间;尚有 13 国主张 200 海里范围;6 国于 15 至 50 海里之间,另有一国按经纬度划定领海范围。因此在 140 个沿海国和 4 个地区中,有 124 国主张的领海范围按照公约所规定的 12 海里范围之内。在主张超过 12 海里范围的 18 国中,至少有 6 国(巴西、喀麦隆、尼日利亚、菲律宾、索马里和多哥)已批准了公约。

现今已有若干沿海国,特别是非洲,将其领海宽度从 200 海里或 50 海里,缩减到公约所规定的 12 海里。其中包括：佛得角、知利、加蓬、加纳、几内亚、几内亚比绍、海地、马达加斯加、马尔代夫、毛里塔尼亚、塞内加尔、坦桑尼亚。也有一些国家从 3 海里增加到 12 海里领海，包括最近英国和美国。因此，国家实践趋向采用 12 海里领海宽度清楚地表明公约制度已得到广泛的接受。

（二）毗连区

迄今已有 38 国宣布了毗连区，均不超过 24 海里。其中 32 国为 24 海里；4 国为 18 海里；1 国为 12 海里；1 国为 6 海里。均不超过公约所规定的 24 海里。

（三）专属经济区

专属经济区是国际法中的新概念。1977 年有 24 国宣布 200 海里专属经济区。到 1990 年 4 月 1 日 200 海里专属经济区主张已增加到 80 国。另有 21 国主张 200 海里渔区；4 国渔区范围介于 12～50 海里之间。在某些情况下，一个国家的地理状况，不能扩展到公约所规定的最大限度。换言之，至今已有 101 个国家建立了 200 海里的专属经济区和专属渔区。

国家实践的发展建立 200 海里专属经济区或渔区是十分有趣的。最初 200 海里专属经济区概念由发展中国家提出，而工业化国家给予强烈的评击。然而，仅 1976 年至 1978 年，从东欧、西欧、北美和日本，有 15 个国家主张 200 海里渔区，至少有 3 国主张 200 海里专属经济区，包括：比利时、加拿大、丹麦、法国、西德、东德、冰岛、爱尔兰、日本、荷兰、挪威、波兰、葡萄牙、瑞典、英国、美国和苏联。

（四）大陆架

国家实践有关对大陆架管辖的主张，从 1958 年到 1982 年的变化比较缓慢。原因之一可能是有些国家 200 海里专属经济区包括了整个大陆架；另一原因是按照公约规定自然延伸扩展到大陆边的新标准需要进行调查。因此，很难精确地说明有多少国家有权将大陆架管辖扩展到 200 海里专属经济区以外。

据统计，在 77 个主张大陆架制度的国家中，有 46 个国家仍然采取 1958 年大陆架公约的规定，31 个采取 1982 年公约所规定的标准。其中有 42 国主张以 200 米等深线加以许开发的标准；4 国只用允许开发的标准；21 国用 200 海里加大陆边缘；1 国只用大陆边缘；2 国用 100 海里或从 2 500 米等深线向外 100 海里；6 国用 200 海里；1 国用 200～350 海里宽度。

（五）群岛国

按公约群岛国制度主张权利的已有 14 国，即：安提瓜和巴布达、佛得角、科摩罗、斐济、印度尼西亚、吉里巴提、马尔代夫、毛里求斯、菲律宾、圣多美和普林西比、所罗门群岛、特立尼达和多巴哥、图瓦卢、瓦鲁阿图。这些主张的大多数依据 1982 年《公约》。菲律宾政府已承诺使其国内法与1982年《公约》规定相一致。

（六）国际深海底区

有关公约深海采矿部分，尽管有某些重要的不同意见，但更多的是细节，而不是原则，可以十分肯定的说，《公约》所规定的制度基础在国家实践方面已被广泛接受。包括下列原则：

——深海底资源是人类共同继承财产；

——这些资源的开发必须为全人类的利益；

——国际海底区域应由国际海底管理局管理，管理局应为区域资源开发签订合同。

国际海底管理局和国际海洋法法庭筹备委员会已经代表未来的国际海底管理局开始执行这一制度。1987年，筹委会一致决定授与法国、印度、日本和苏联四个先驱投资者矿址的权利，因此有关《公约》这一部分的国家实践的发展已经开始实行。

（七）海洋环境的保护与保全

1982年《公约》体现了一荐新的全球环境法的格架，一项协调海洋利用与保护的机制，一项协调海洋利用与保护的机制，一项环境方面的调查监测与支持开发相调节的制度。它在全球所有的海洋区域建立了一项有关保护和保全海洋环境的国家的全球义务，包括防止从国家和国际区域陆地来源、倾废、船舶来源、大气来源和海洋开发活动的所有污染来源。公约有关这些方面的规定在海洋法会议早期已达到共同意见。没有证据表明在国家实践中有任何背离所达成的共同意见。

已缔结的许多全球的、区域的和双边条约都是符合1982年《公约》的基本原则的。例如，UNEP主办的有关地中海、东南太平洋、东亚、加勒比海、西非和中非、南太平洋、东非、科威特、红海和亚丁湾、南亚等10个区域海洋环境计划的协定。若干全球或区域技术组织已经审查它们过去发布的指令或协议使之与公约制度相一致，例如国际海事组织若干个技术协议已经使公约的各项规定产生效力。

（八）海洋科学研究

有关海洋科学研究制度，现已有101个沿海国和独立领土立法宣布在200海里区域对海洋科学研究和渔业研究进行管辖。有34国已经制定了有关海洋科学研究的具体法律和程序。其中有些通过外交声明形式，有的制定规则规章，有的规定在专属经济区和大陆架法律中。

根据联合国海洋事务和海洋法办公室最近进行调查，在国家实践中为了从沿海国获得所要求在其海域进行科研的同意，只有非常少的案例存在问题，而完全拒绝同意的案例甚至更少。

（九）关于海洋问题争端的性质

有关公约的国家实践可以从海洋事务争端的性质来证明,大多数争端系由于沿海国扩展管辖结果而引起的海域划界争端,通过双边协议、仲裁委员会或国际法院解决。常用的解决基础是包括在 1982 年公约中新的海洋法制度。应予强调的是从 1982 年以来由法院判决的 10 个争端案例,6 个是与海洋法有关事项或由海洋法所引起的问题。

二、拉丁美洲发展中国家的实践

拉丁美洲国家对制定 1982 年《联合国海洋法公约》做出了有意义的贡献,因此,可以预期这一区域的大多数国家在经过一个合理的时期以后将会批准 1982 年公约。

然而,至今 20 个拉丁美洲国家中只有 4 个——巴西、古巴、墨西哥和巴拉圭批准了 1982 年公约,有 3 国——厄瓜多尔、秘鲁和委内瑞拉仍未签署。在另外签署了 1982 年公约的 13 国,其中有的国家正在提交批准的立法程序。

在拉丁美洲国家中,有的没有签署、批准公约,甚至表决反对 1982 年公约。但事实上,从拉丁美洲国家实践给我们的一个总的结论是,拉丁美洲国家将以 1982 年公约的原则作指导。

三、非洲国家的实践

非洲国家有关海洋法的实践有以下几种趋势:(1)关于领海:第三次联合国海洋法会议以前大多数非洲国家已采取的领海宽度大于海洋大国传统承认的宽度,某些国家的领海宽度达 200 海里。然而,在海洋法会议上趋向于遵从 1972 年雅温得非洲国家区域讨论会的决定,建立不超过 12 海里范围的领海;(2)专属经济区:从 1972 年雅温得讨论会到 1974 年非统组织关于海洋法问题宣言,表明:非洲国家承认每个沿海国有权建立从领海基线量起 200 海里专属经济区;(3)大陆架:1974 年非统组织部长宣言含有承认沿海国大陆架包括在其专属经济区内;(4)群岛基线:非洲国家赞成任何群岛国可以连接群岛最外岛屿的最外点划群岛基线,进而确定群岛国家的领海。

迄今在非洲所有国家,包括纳米比亚和南非都签署了公约。

非洲 37 个沿海国中有 28 个建立了 12 海里领海,与公约相一致。另有 9 个沿海国建立了较宽的领海,范围从 20 海里到 200 海里。然而,所有非洲国家签署公约时,并没有对公约所规定的 12 海里领海作出保留或评论,而且从公约通过以来,没有一个国家对 12 海里进行抨击。因此,可以认为所有非洲国家支持公约所建立的 12 海里领海规则。

专属经济区:早在 1971 年非统组织部长理事会一致支持建立 200 海里专属经济

区,至今,37 个沿海国中有 31 国建立了 200 海里区域,其中有 5 国,即贝宁、刚果、塞拉利昂、索马里、利比里亚为 200 海里领海,而安哥拉、冈比亚、南非等 3 国主张 200 海里渔区。此外,纳米比亚(现已独立)尚未建立 200 海里海洋权。阿尔及利亚、埃塞俄比亚、苏丹、突尼斯、利比亚 5 国由于它们处于半闭海区域地理上的限制没有建立 200 海里海洋权。喀麦隆虽然没有地理上的限制,没有建立 200 海里海洋区域,但由于它已批准了公约,因此,可以认为它默许公约所建立的专属经济区制度。

大陆架:大陆架主要是涉及海洋矿产资源,特别是石油资源。然而,迄今在非洲沿海地区尚未发现大规模的石油资源,因此非洲国家没有按照 1982 年公约扩展大陆架范围和进行立法。

在非洲的 37 个沿海国中只有 13 国宣布了大陆架,它们是:象牙海岸、埃及、加纳、肯尼亚、马达加斯加、毛里塔尼亚、毛里求斯、尼日利亚、塞内加尔、塞舌尔、塞拉利昂、南非和苏丹。然而,大多数仍按 1958 年公约标准。其他如毛里求斯、毛里塔尼亚、塞内加尔、塞舌尔 4 国主张大陆架范围为 200 海里或大陆边外缘。

事实上,非洲国家很少有从 1982 年公约所规定的大陆架外界中得到利益。在海洋法会议上主张宽大陆架的非洲国家只有马达加斯加。

群岛国制度:非洲独立的群岛国有:佛得角、科摩罗、马达加斯加、毛里求斯、圣多美和普林西比以及塞舌尔 6 国。其中佛得角、科摩罗、毛里求斯、圣多美和普林西比 4 国主张群岛国地位。

关于毗连区:非洲所有沿海国均主张建立领海和专属经济区或渔区。然而只有 10 国立法建立毗连区,建立 24 海里毗连区的有吉布提、埃及、加蓬、加纳、马达加斯加、毛里塔尼亚、摩洛哥和塞内加尔等 8 国。另外,冈比亚和苏丹建立 18 海里毗连区。

关于海洋区域划界:非洲有许多沿海国,特别是在大西洋有许多潜在的海洋划界争端,但仍未获得解决。1960 年 4 月 20 日殖民地宗主国法国和葡萄牙有关塞内加尔和内内亚比始之间的划界,由于内内亚比绍的反对而成为问题,现在正提交国际法院解决。

非洲国家海洋边界争端主要通过国家间双连谈判,近来也有通过第三方程序解决的。至今已达成的双边海洋边界协议有:

——1975 年冈比亚与塞内加尔划界协议,1976 年 8 月 27 日生效;

——1975 年肯尼亚与坦桑尼亚海洋边界协议;

——1980 年法国(Reunion)与毛里求斯边界协议;

——1989 年加蓬与圣多美和普林西比达成的划界协议(联合国尚未获得信息)。

至于通过第三方程序达成协议的有:

——1985 年几内亚和几内亚比绍之间的争端仲裁裁决;

——1982 年突尼斯——利比亚大陆架案的国际法院判决；

——利比亚与马耳他大陆架案国际法院判决。

四、西欧、北美和大洋洲国家

在签署联合国海洋法公约 159 个国家和地区中，包括了除美国、英国、西德、土耳其和以色列以外的所有西方发达国家。迄至 1990 年 1 月 1 日为止，冰岛为唯一批准公约的发达国家。除了美国、南非和以色列以外，所有发达国家都参加了筹备委员会。除美国和土耳其反对，联邦德国、英国和以色列弃权外，所有发达国家都赞成 1989 年 11 月 20 日联大决议，该决议要求所有国家作出新的努力，进行对话，寻求对联合国海洋法公约的普遍支持。

虽然美国由于反对公约第十一部分，而没有签署公约，但在 1983 年 10 月 3 日宣造建立专属经济区，其中规定：按受并将按照有关海洋传统利用，例如航行和飞越的利益的平衡采取行动；将行使和维护按照公约中所反映的利益的平衡维护在世界范围内的航行和飞越的权利。

关于领海：比利时、加拿大、法国、爱尔兰、意大利、日本（在 5 个国际海峡为 3 海里）、荷兰、新西兰、葡萄牙、南非、西班牙、瑞典、英国和美国等 14 国为 12 海里；澳大利亚、丹麦、联邦德国主张 3 海里；挪威、芬兰主张 4 海里；希腊、以色列、土耳其（在黑海和地中海为 12 海里）6 海里。除西德在黑尔戈兰湾区主张 16 海里外，没有一个发达国家领海超过 12 海里。

关于专属经济区：至今，法国、冰岛、新西兰、挪威、葡萄牙、西班牙、土耳其（在黑海）和美国已宣布了专属经济区。荷兰希望劝说其他北海国家在 1990 年国际北海部长会议建立专属经济区。而澳大利亚、比利时、加拿大、丹麦、联邦德国、爱尔兰、日本、荷兰、南非、瑞典、英国均已建立 200 海里渔区。日本在 1987 年指出沿海国对 200 海里专属经济区的权利和管辖应作为普遍国际法原则。

西方发达国家对第三次海洋法会议中审议的若干事项表示反对，例如不承认历史性水域；不适当地划基线；领海超过 12 海里；领海通过的限制（事先通知或批准的无害通过）；在专属经济区限制航行和飞越；海峡过境通行的限制；群岛海道通行的限制；极端的空间主张；过分的大陆架权利；捕鱼优惠的限制以及海洋科研的限制等。

——某些西方发达国家已经采取过类似行动，如：

——无害通过的限制（意大利在墨西拿海峡）

——军舰通过领海需事先通知（瑞典）

——海峡过境的限制（西班牙）

——过于严格的领海制度（西德）

——过于严格的空间主张（希腊、西班牙）

——过分的直基线(加拿大、葡萄牙、意大利、丹麦)

——捕鱼优惠权的限制(西班牙)

——渔区(英国)

关于航行权利:除了上述某些例外,西方发达国家强烈支持第三次海洋法会议所建立的传统的航行和飞越自由。保护商业和军事航行和飞越自由的因素包括:狭窄的领海(最大 12 海里);无害通过;国际海峡过境通行;专属经济区的航行权利;群岛海道通航;公海义务有关反对贩卖奴隶、海盗行为、贩毒违禁药品、未经批准的广播、紧追权和海底电缆铺设的规定等。

英国、法国和爱尔兰已达成在多佛海峡领海划界协议,特别是承认不防碍过境通行权利,但为了安全制定分道航行计划。1989 年美国和苏联签署了联合声明,宣告领海无害通过的规定适用于包括军航在内的一切船舶。美国、英国、法国和以色列对利比亚主张锡德拉湾为内水,作出挑战。对印度尼西亚群岛海道通过制度中封闭某些印尼海峡的主张表示反对。支持 1985 年南太平洋无核区条约保护无害通过和过境通行权利。在波斯湾战争期间,联合国安理会确认非交战国自由航行进出港口和利用设施的权利。承认加勒比海特别保护区的航行可以进行管理,但按照 1988 年加勒比海区域海洋环境保护和发展公约和 1990 年特别保护区议定书的规定不得防碍无害通过、过境通行和群岛海道通行权。

认为主张沿海国可登临在海上航行的商船和锚泊在大陆架上的石油钻井平台违反了 1988 年禁止违反航行安全的非法行动公约。1988 年联合国通过反对运送麻醉药品和精神物质的航行公约,委托一个一致同意的机构在海上登临怀疑运送药物的外国船旗船。美国、英国和西德与苏联达成防止在领海以外海域事故的协议。

美国正在执行一项航行自由计划,包括外交抗议和实际行动反对与海洋法公约航行自由不符的权利主张。

海洋环境。西方发达国家与国际海事组织在一些领域采取措施促进海洋环境保护。有关石油泄漏责任、倾废、油船结构、海上碰撞的公约在第三次海洋法会议以前已经制定。事实上,作为主管国家组织的国际海事组织显然以第三次海洋法会议规定作为制定国际标准和规章的基础。国际海事组织的工作将公约的原则和规定继续扩展到各种公约。

1989 年,105 个国家通过了《控制跨国移动的有害废物及其倾倒公约》,它规定了一项保证废弃物在性质上可以处置的制度。此后,在 1989 年 12 月,欧共体与非洲、加勒比和太平洋国家达成了一项题为罗马 IV 的协议,禁止有害的或放射性物质从欧共体国家向非洲、加勒比、太平洋地区国家出口,以及非洲、加勒比和太平洋国家进口这些有害物质。

法国、荷兰和美国参加了加勒比海环境计划,该计划包括特别保护区、野生生物、资源管理、环境监测、教育和污染控制。西方国家也参加了联合国主办的地中海与南太平洋区域环境计划。

1988 年,美国与加拿大达成一项有关北冰洋独特环境协议,规定破冰活动应在一致同意的基础上进行。这表示了美国不承认加拿大在北冰洋群岛基线的主张。

虽然,大多数西方国家同意海洋法公约有关海洋环境的规定,但某些国家关心船旗国拥有过多的管辖权,特别是他们关心出现在专属经济区以外的污染危害到海岸。他们对公约第 221 条(调停条款)是否有效表示怀疑。

未来,人们可预测对于传统的航行自由于沿海国不断增加的政治、环境问题以及由于海洋污染处理费用的增加而受到更多的压力。

渔业。世界渔获量从 1987 年到 1988 年由 9 070 千万吨,增加到 9 600 千万吨。加拿大增加高达 20 万吨。欧共体由于渔船增加而捕获量增加。日本也增加了其渔业的产量。联合国粮农组织渔业委员会(COFL)呼吁合理而适时的管理,以减少资源枯绝危险和进一步发展养殖业。

西方国家支持《海洋法公约》有关国家在公海生物资源养护和管理方面合作的一般条款,然而在规定与实践上有不同。1989 年 11 月,21 国包括美国、澳大利亚和新西兰,通过了一项有关禁止在太平洋流网渔业的公约。日本没有签署该公约的附加议定书。然而,日本同意在北太平洋按照北太平洋公海渔业国际公约缔约国(加拿大、日本、美国)减少施放流网渔船的协议。在这方面,1989 年 12 月联合国大会核准了禁止大规模流网渔业的决议。

最近,美国与欧共体国家、冰岛、南朝鲜、日本达成一项管理国际渔业的协议。

因此,在国际实践中一般是解决在专属经济区的渔业问题,包括那些涉及公海渔业的问题,很少涉及边界争端。

海洋科学研究。西方国家充分参与了政府间海洋学委员会的工作,包括全球气候研究,海洋污染的研究与监测,海洋物理和生物学参数的研究,海洋监测系统的发展。

虽然海洋法公约规定了一项在专属经济区研究的详细的同意制度,需要协调在执行这一制度的国家实践。其目的是减少研究国的负担,与此同时保证和加快有用的资料用于国际社会。在这方面,美国改变了禁止出版高精度深度图的政策,允许出版在其专属经济区(除 2 个区域外)的多波束测深资料。

深海底。西方国家关心勘探开发深海底资源,大多数国家参加了从 183 年起已召开了 8 期会议的筹委会。美国、以色列和南非没有参加,英国、西德作为观察员参加。

法国、印度、日本和苏联根据《海洋法公约》制度和海洋法会议决议Ⅱ关于先驱投资者决定,在解决了重叠矿址主张之后,于 1987 年为其采矿公司取得了具体矿址权利。按照决议,具有先驱投资者地位的潜在的申请者集团,由意大利、加拿大、西德、比利时、荷兰和英国代表的四个跨国财团也在 1987 年解决了相互重叠矿区主张,其中 3 个财团与苏联尚未解决重叠主张。美国、英国、西德、法国、比利时、日本、意大利和荷兰等 8 国曾于 1984 年在筹委会之外达成一项有关深海区采矿临时谅解协议以解决矿区重叠主张。

联合国海洋事务副秘书长建议要解决采矿制度问题。1989 年 9 月筹委会会议上,发展中国家 77 国集团发言人指出该团准备与任何集团和所有国家就有关海洋采矿制度进行对话。1989 年 11 月联大期间,意大利、法国、日本、北欧国家、澳大利亚和爱尔兰促进了这种对话。美国表示承认这种对话。最近,一个美国律师协会提议建立一个高级别的美国工作组,以决定美国可能接受的对联合国海洋法公约第十一部分的修改或澄清。

同时,世界矿物市场的状态,海底矿物勘探的高投资,以及专属经济区采矿可能将实际的深海采矿活动延迟到下一世纪。

解决争端。第三次海洋法会议以来,大多数西方发达国家已接受各种解决争端程序。

1984 年,国际法院法庭决定了划分美国与加拿大在缅因湾的大陆架和专属经济区统一海洋边界。

英国与法国达成的在英吉利海峡东部大陆架边界协议于 1983 年生效。

法国和斐济于 1983 年根据《海洋法公约》达成一项法国(新喀里多尼亚、Wallis 和 Futuna)与斐济的经济区边界协议。

澳大利亚与印尼于 1989 年达成一项协议,在帝汶海大陆架争端区为勘探石油资源建立一个联合开发区。

加拿大与法国于 1989 年协议建立一个仲裁小组,以解决有关纽芬兰岸外圣皮埃尔岛和明贵斯岛的海洋边界争端。这两国也同意在大西洋等海域解决他们之间的渔业和边界争端。

1988 年丹麦提出一项申请要求国际法院决定格陵兰和扬马延岛之间水域丹麦与挪威渔区和大陆架一条单一的分界线。

最近,日本与澳大利亚达成一项允许日本渔船到澳大利亚专属经济区捕鱼协定。日本还与吉里巴提重新签订有关日本渔船进入吉里巴提专属经济区的渔业协定。

1988 年美国参议院表决通过 1987 年南太平洋某些岛屿国家与美国政府之间的渔业条约,确保美国捕捞金枪鱼渔民进入南太平洋国家经济区中捕鱼。

南极。西方发达国家有 9 国是 1959 年南级条约最初缔约国它们是:澳大利亚、比利时、法国、日本、新西兰、挪威、南非、英国和美国。其中,澳大利亚,法国、新西兰、挪威、英国根据扇形理论主张南极部分领土主权。此外,西方国家作为南极条约协商国的还有:联邦德国、意大利、西班牙、芬兰和瑞典。

西方国家支持南极非军事化,非核武器化、科学研究自由,以及其他和平活动自由。他们参加了南极有关养护和管理生物和非生物资源、保护海洋环境的各种条约的制定,包括:

——1972 年南级海豹养护公约;

——1980 年南极生物资源养护公约;

——1988 年管理南极矿物资源活动公约。

传统国际海洋法的变化和第三次海洋法会议促使南极条约制度的某些变化。200 海里专属经济区被广泛接受和建立促使远洋渔业国将它们的捕捞作业向南扩展到南极水域。虽然专属经济区并没有扩展到南极领土以外的海域,但那些具有领土要求的国家妄图扩大其主张。那些不是 1959 年南极条约最初的缔约国或协商国的发展中国家强调重新谈判现在的南极制度并主张以联合国海洋法公约人类共同继承财产概念相一致作为重新谈判的基础。

总之,尽管某些主要的西方发达国家没有签署《联合国海洋法公约》,而且至今除冰岛外没有更多的国家批准公约,但西方国家支持第三次《联合国海洋法公约》,以及由国家实践所表明的作为海洋利用的一项稳固的法律格架。包括军舰、商船和航空器通过国际海峡过境通行权;200 海里专属经济区制度;群岛水域和公海制度的实施;海洋环境保护;进行全球海洋科研的权利;在 200 海里专属经济区和大陆架管理和养护海洋资源的权利;海洋生物物种的养护;协议的和平解决争端机构;联合国海洋法公约所规定的普遍承认基本原则。在这方面,美国强调人类共同继承财产的法律定义提供了所有国家有保证而又不受岐视的进入深海采矿的依据。

西方国家对于公海渔业制度的观点也不尽相同,对防止海洋环境污染规定过分强调船旗国的执行表示关心。

西方国家普遍认为海洋法公约第十一部分需要修改,否则,将妨碍公约批准和生效,或者至少防碍公约受到广泛接受。另一种情况是,各国将不遵守公约规定,世界将发现又回到公约以前的状况,国家各自扩展国家管辖范围将无法控制。

五、苏联、东欧国家

苏联、东欧国家在 1982 年 4 月 30 日表决通过公约时,由于认为公约第十一部分有关理事会组成规定有岐视性而投了弃了权票,但在 1982 年 12 月海洋法最后会议公约开放签署时签署了公约。

苏联(1931 年)、保加利亚(1951 年)、罗马尼亚、波兰、南斯拉夫、东德、阿尔巴尼亚曾在领海通航制度中规定外国军舰通过其领海需经事先通知和批准。

苏联和保加利亚分别于 1989 年和 1987 年按照公约,规定一切船舶(包括军航)

通过领海时享有无害通过权。

1982 年 11 月 24 日苏联发布关于苏联国家领土前沿的法令,规定:外国非军用船舶按照苏联法律和苏联参加缔结的国际条约享有无害通过苏联国家领海的权利。外国军舰和潜水器按照苏联部长会议制定的程序享有无害通过苏联领海的权利。然而,潜艇和其他潜水器要求在海面和悬挂船旗航行。

但是,1983 年苏联部长会议制定的有关军舰无害通过领海的程序时,只对波罗的海、巴伦支海和日本海开放,外国军舰有无害通过权。

1989 年 9 月 23 日美国与苏联签署联合声明;两国政府认为应以 1982 年联合国海洋法公约规定为指导,促进所有国家加速他们的国内法律、规则和实践使之符合公约规定。在管理无害通过的国际法规则的统一解释中,规定:所有船舶,包括军舰按照国际法享有无害通过领海的权利,既不要求事先通知,也不要求批准。

1989 年 9 月 20 日苏联部长会议第 759 号决定(关于船舶包括军舰无害通过领海问题的苏美协议的决定),接受苏联外交部经苏联国防部和国家安全委员会同意的建议签署苏联与美国有关管理无害通过国际法规则的统一解释的联合声明以及为此苏美两国交换的信件,并将其提交苏联最高苏维埃主席团核准。

据苏联与会者介绍,军舰无害通过领海的规定从 1989 年起在全苏实行。

苏联于 1968 年 2 月 6 日发布大陆架宣告,大陆架范围采用 1958 年日内瓦大陆架公约规定以 200 米水深和允许开发的深度标准。

苏联于 1976 年 12 月 10 日发布邻接苏联海岸的海域养护生物资源和管理渔业临时措施,宣告其渔区范围为 200 海里。

苏联于 1987 年在国际海底管理局和国际海洋法法庭筹备委员会申请获准先驱投资者登记。

东欧国家的实践大多数按照 1982 年公约的规定。

东欧国家的领海宽度除阿尔巴尼亚为 15 海里外,其余均为 12 海里。

某些东欧国家已经修改了其国内立法使之符合公约的有关规定,如保加利亚关于军舰无害通过领海的规定。保加利亚和罗马尼亚已宣布建立 200 海里专属经济区。而民主德国和波兰则建立 200 海里渔区。

六、亚洲国家

(一)东亚和东南亚国家。该地区的沿海国(或地区)有:中国、朝鲜、南朝鲜、日本、菲律宾、马来西亚、文莱、印尼、泰国、柬埔寨和越南等 11 国(或地区)。在 1982 年 4 月 30 日表决通过《联合国海洋法公约》时,除泰国弃权外,均投赞成票。所有国家均已签署了公约。印尼(1986 年 2 月 3 日)、菲律宾(1984 年 5 月 8 日)批准了公约。

关于领海:东亚和东南亚国家中新加坡仍采用 3 海里领海、菲律宾 1961 年 6 月

17 日发布 NO. 3044 号法令根据 1898 年美西巴黎条约、1900 年美西华盛顿条约和 1930 年美英条约所确定的范围线(实际上是岛屿范围线)作为其历史性领海。按此,领海宽度在西南角最狭 0.5~2 海里,在南海一侧宽 147~284 海里,而在太平洋宽可达 270 海里,而且在东南部把印度尼西亚的 Miangas(Palmas)岛也包括在内。除以上两国外,领海均为 12 海里,其中日本规定在 5 个国际海峡(宗谷、津轻、对马东、对马西和大隅海峡)仍为 3 海里,南朝鲜在朝鲜海峡领海宽度保持在 3 海里。

关于渔区和专属经济区:在东亚和东南亚国家中大多数宣布了 200 海里专属经济区,包括朝鲜、菲律宾、印尼、泰国、柬埔寨和越南。日本于 1977 年 5 月 2 日宣布建立 200 海里渔区,文莱 1983 年 1 月 1 日生效的法令建立 200 海里渔区。新加坡为地理不利国家,1980 年 9 月 15 日发布通告,将在适当时候建立专属经济区,但没有规定区域的范围。

关于大陆架:东亚和东南亚国家中柬埔寨、马来西亚、文莱(通过英国)、泰国批准了 1958 年日内瓦大陆架公约。在国家立法中多数仍按 1958 年公约规定,例如马来西亚、泰国、柬埔寨规定其大陆架外界为 200 米水深和允许开发的深度标准。菲律宾则只规定允许开发的深度标准。只有越南于 1977 年在领海、毗连区、专属经济区和大陆架声明中,按照第三次联合国海洋法会议规定的标准,即大陆边缘或 200 海里范围确定其大陆架外界。此外,南朝鲜由于 1970 年 1 月通过《海底矿物资源开发法》,马来西亚于 1979 年公布了大陆架范围,曾引起邻国的抗议。

(二)南亚国家。属于南亚的沿海国有缅甸、孟加拉、印度、斯里兰卡、马尔代夫和巴基斯坦。这些国家均已签署了 1982 年海洋法公约,但均未批准公约。

南亚 6 国均在 1974—1977 年通过宣布领海和海洋区域法,公布了领海、毗连区、专属经济区和大陆架制度。印度、巴基斯坦、斯里兰卡和缅甸均按第三次海洋法会议提出的建立 12 海里领海,24 海里毗连区,200 海里专属经济区和大陆边缘或 200 海里确定大陆架范围。但孟加拉毗连区为 18 海里,马尔代夫没有建立毗连区和大陆架制度,其专属经济区以坐标标定,距离 30~300 海里。

1987 年印度在国际海底管理局和国际海洋法法庭筹委会上被核准对印度洋矿址的申请。

(三)西亚国家。西亚沿海国有伊朗、科威特、沙特、巴林、卡塔尔、阿联酋、民主也门、阿拉伯也门、伊拉克、叙利亚、黎巴嫩、约旦、以色列、巴勒斯坦、塞浦路斯、土耳其等 16 国。这些国家大部分属于阿拉伯国家,而且大多数国家处于闭海或半闭海区域,扩展管辖范围受到限制,因此在海洋法会议上,主张大陆架外界不超过 200 海里。然而这些国家盛产海底石油,对大陆架权利的主张和大陆架划界十分重视。

西亚国家在领海宽度有三种主张,一种是 12 海里,其中有:科威特、沙特阿拉伯、民主也门、阿拉伯也门、伊拉克、黎巴嫩、以色列、塞浦路斯、土耳其、阿曼等;另一种主张 3 海里,有:巴林、卡塔尔、埃及、约旦等;只有叙利亚于 1981 年宣布领海 35 海里。

宣布毗连区的只有沙特拉件和民主也门,前者为 18 海里,后者为 24 海里。

建立 200 海里专属经济区制度的只有民主也门和阿曼,这两国面向印度洋,可以向外扩展到 200 海里。伊朗 1973 年宣布专属渔区,在波斯湾与邻国按中间线划界,在阿曼海为 50 海里。处于波斯湾内的阿联酋和卡塔尔尽管宣布了专属经济区制度,但由于与邻国有划界问题不能扩展到 200 海里,因此未规定专属经济区的外界。

至于大陆架制度,只有处于开阔海的民主也门于 1977 年宣布按海洋法公约规定的自然延伸至大陆边,不超过 200 海里可扩展到 200 海里。以色列和塞浦路斯分别于 1953 年和 1974 年按可开发的深度标准确定外界。此外,伊朗、科威特、沙特阿拉伯、阿联酋、伊拉克尽管规定了大陆架制度,但没有规定大陆架范围,只规定与邻国划大陆架边界的原则。

西亚国家均已签署了 1982 年联合国海洋法公约,批准公约的有(截至 1990 年 1 月 1 日)巴林、塞浦路斯、伊拉克、科威特、阿曼、民主也门等 6 国。

七、关于正确适用公约问题

联合国副秘书长南丹认为可以采用以下几种方法,而联合国海洋事务和海洋法办公室正为此而努力。

第一,通过促进对公约规定更好的理解,特别是通过对某些高度敏感性的规定和达成的脆弱平衡的立法历史的了解。

第二,通过其他国家抗议声明反对与公约规定不一致的适用,这或许是促使国家实践的统一和一致的最有效的方法。抗议声明不仅可以提供有关国家对其修改公约原则的注意,而且也可以对那些试图采取同一倾向的其他国家发出警告,抗议声明在若干事例中使之更好的符合公约规定获得了积极的成果。还要指出,对某些国家而言,公布这种抗议声明可能更有助于达成此目的。联合国海洋事务和海洋法办公室将在其出版刊物中继续发表抗议声明。

第三,通过接受和承认公约的原则作为现代国际法组成部分。如同国际法院和仲裁法庭在最近若干案例中所做的那样。

例如,关于美加缅因湾案的法院判决中指出公约有关大陆架和专属经济区的某些规定可能被认为在这一问题上与现在普遍国际法相一致。

有关专属经济区的法律地位,仲裁法庭在解决圣劳伦斯湾加拿大与法国之间的争端时,确认沿海国为了勘探、开发、养护和管理自然资源享有主权权利。

第四,通过公约规定埋接应用于双连或多边协议,这已在若干案例中得到应用。最近的实例是 1989 年 9 月 23 日签订的美苏联合声明,两国同意以 1982 年联合国海洋法公约有关管理无害通过的规定为指导;另一个例子是 1988 年 11 月 2 日英国和法国的联合宣告,在这一宣告中两国承认海峡过境通行权适用于多佛海峡。过境通行权的概念在 1982 年海洋法公约中作了规定。

第五,或许是最有效的方法,那就是为了确保统一的国家实践,使所有国家成为公约的缔约国,从而使公约成为一项真正普遍的国际公约。

八、体会和建议

根据会议提供的情况,证明第三次联合国海洋法会议通过的联合国海洋法公约,不仅在制定过程、表决通过结果、公约签署情况,以及提交批准书的现状表明它已获得广泛接受,而且从公约通过以后的国家实践,尽管至今仍未生效,但世界绝大多数国家已接受公约,并将公约所规定的法律原则和规则作为国家实践的基础。因此,尽管公约的生效由于某些困难尚需等待一段时间,但可以预期,今后公约将成为国际和国家广泛实践的基础,并最终为世界绝大多数国家所接受而生效。为此,建议:

(一)要加强对《公约》法律原则和规定的深入研究,特别深入研究《公约》所包括的各项法律原则制定的历史背景,协商谈判的经过,协商达到平衡的公约规定的实质;

(二)要大力开展对海洋法的国际实践和国家实践的研究,从中了解各国对公约各项规定采取的立场和态度。建议开展海洋法各项内容国际和国家实践的比较研究,例如:基线、领海和毗连区法、专属经济区法、大陆架法、海洋区域划界,以及海洋环境保护和海洋科研制度的比较研究;

(三)尽快宣布我国对海洋权的各项主张,包括领海、毗连区、专属经济区和大陆架,并为此制定各项立法。这既是一项符合国际潮流,又是一项维护我国海洋权益的重大措施;

(四)在制定各项法律和规则、规章进,要进行深入的研究,既要认真细致地研究海洋法中的各项规定和国际、国家实践的具体情况,又要维护我国国家海洋权益,并使二者更好地结合起来。

附件一:各国批准联合国海洋法公约情况统计
(截至 1990 年 1 月 1 日)

1. 斐济		1982 年 12 月 10 日
2. 赞比亚		1983 年 3 月 7 日
3. 墨西哥		1983 年 3 月 18 日

4. 牙买加	1983 年 3 月 21 日
5. 纳米比亚	1983 年 4 月 18 日
6. 加纳	1983 年 6 月 7 日
7. 巴哈马	1983 年 7 月 29 日
8. 伯利兹	1983 年 8 月 13 日
9. 埃及	1983 年 8 月 26 日
10. 象牙海岸	1984 年 3 月 26
11. 菲律宾	1984 年 5 月 8
12. 冈比亚	1984 年 5 月 22
13. 古巴	1984 年 8 月 15
14. 塞内加尔	1984 年 10 月 25
15. 苏丹	1985 年 1 月 23 日
16. 圣卢西亚	1985 年 3 月 27 日
17. 多哥	1985 年 4 月 16 日
18. 突尼斯	1985 年 4 月 24 日
19. 巴林	1985 年 5 月 30 日
20. 冰岛	1985 年 6 月 21 日
21. 马里	1985 年 7 月 16 日
22. 伊拉克	1985 年 7 月 30 日
23. 几内亚	1985 年 9 月 6 日
24. 坦桑尼亚	1985 年 9 月 30 日
25. 喀麦隆	1985 年 11 月 19 日
26. 印度尼西亚	1986 年 2 月 3 日
27. 特立尼达和多巴哥	1986 年 4 月 25 日
28. 科威特	1986 年 5 月 2 日
29. 南斯拉夫	1986 年 5 月 5 日
30. 尼日利亚	1986 年 8 月 14 日
31. 几内亚比绍	1986 年 8 月 25 日
32. 巴拉圭	1986 年 9 月 26 日
33. 民主也门	1987 年 7 月 21 日
34. 佛得角	1987 年 8 月 10 日
35. 圣多美和普林西比	1987 年 11 月 3 日
36. 塞浦路斯	1988 年 12 月 12 日
37. 巴西	1988 年 12 月 22 日

38.	安提瓜和巴布达	1989 年 2 月 2 日
39.	扎伊尔	1989 年 2 月 17 日
40.	肯尼亚	1989 年 3 月 2 日
41.	索马里	1989 年 7 月 14 日
42.	阿曼	1989 年 8 月 17 日

附件二：各国宣布海洋区域范围情况统计
（截至 1990 年 4 月 1 日）

一、领海

（1）3 海里 10 国：

澳大利亚、巴哈马、巴林、伯利兹、丹麦、联邦德国、约旦、卡达尔、新加坡、阿联酋

（2）4 海里 2 国：

芬兰、挪威

（3）6 海里 3 国：

多米尼加、希腊、土耳其（在黑海和地中海为 12 海里）

（4）12 海里 109 国（或地区）：

阿尔及利亚、安提瓜和巴布达、孟加拉、巴巴多斯、比利时、文莱、保加利亚、缅甸、柬埔寨、加拿大、佛得角、智利、中国、哥伦比亚、科摩罗、科克群岛、哥斯达黎加、象牙海岸、古巴、塞浦路斯、吉布提、多米尼加、埃及、赤道几内亚、埃塞俄比亚、密克罗尼西亚联邦国、斐济、法国、加蓬、冈比亚、民主德国、加纳、格林纳达、危地马拉、几内亚、几内亚比绍、圭亚那、海地、洪都拉斯、冰岛、印度、印度尼西亚、伊朗、伊拉克、爱尔兰、以色列、意大利、牙买加、日本、肯尼亚、吉里巴提、朝鲜、南朝鲜、科威特、黎巴嫩、利比亚、马达加斯加、马来西亚、马尔代夫、马绍尔群岛、马耳他、毛里塔尼亚、毛里求斯、墨西哥、摩纳哥、摩洛哥、莫桑比克、纳米比亚、瑙鲁、荷兰、新西兰、纽埃、阿曼、巴基斯坦、巴布亚新几内亚、波兰、葡萄牙、罗马尼亚、圣克兹和尼维斯、圣卢西亚、圣文森特和格林纳丁斯、圣多美和普林西比、沙特阿拉伯、塞内加尔、塞舌尔、所罗门群岛、南非、苏联、西班牙、斯里兰卡、苏丹、苏里南、瑞典、坦桑尼亚、泰国、汤加、特立尼达和多巴哥、突尼斯、图瓦鲁、英国、美国、瓦鲁阿图、委内瑞拉、越南、西萨摩亚、民主也门、阿拉伯也门、南斯拉夫、扎伊尔。

（5）15 海里 1 国：

阿尔巴尼亚

（6）20 海里 1 国：

安哥拉

（7）30 海里 2 国：

尼日利亚、多哥

（8）35 海里 1 国：

叙利亚

（9）50 海里 1 国：

喀麦隆

（10）200 海里 13 国：

阿根廷、贝宁、巴西、刚果、厄瓜多尔、萨尔瓦多、利比里亚、尼加拉瓜、巴拿马、秘鲁、塞拉利昂、索马里、乌拉圭

（11）经纬度坐标 1 国：

菲律宾

二、渔区

（1）12 海里 2 国：

芬兰、新加坡

（2）25 海里 1 国：

马耳他

（3）50 海里 1 国：

伊朗

（4）200 海里 21 国：

安哥拉、澳大利亚、巴哈马、比利时、文莱、加拿大、丹麦、民主德国、联邦德国、圭亚那、爱尔兰、日本、马来西亚、纳米比亚、瑙鲁、荷兰、波兰、南非、瑞典、英国、扎伊尔。

三、专属经济区 80 国（或地区）：

安提瓜和巴布达、孟加拉、巴巴多斯、保加利亚、缅甸、柬埔寨、科摩罗、科克群岛、哥斯达黎加、象牙海岸、古巴、吉布提、多米尼加、多米尼加共和国、赤道几内亚、埃及、密克罗尼西亚联邦国、斐济、法国、加蓬、加纳、格林纳达、危地马拉、几内亚、几内亚比绍、海地、洪都拉斯、冰岛、印度、印度尼西亚、肯尼亚、吉里巴提、朝鲜、马达加斯加、马尔代夫、马绍尔群岛、毛里塔尼亚、毛里求斯、墨西哥、摩洛哥、莫桑比克、新西兰、尼日利亚、纽埃、挪威、阿曼、巴基斯坦、巴布亚新几内亚、菲律宾、葡萄牙、卡达尔、罗马尼

亚、圣克兹和尼维斯、圣卢西亚、圣文森特和格林纳丁斯、圣多美和普林西比、塞内加尔、塞舌尔、所罗门群岛、苏联、西班牙、斯里兰卡、苏里南、坦桑尼亚、泰国、多哥、汤加、特立尼达和多巴哥、土耳其(黑海)、图瓦鲁、阿联酋、美国、瓦鲁阿图、委内瑞拉、越南、西萨摩亚、民主也门、佛得角、智利、哥伦比亚。

(《动态》1990 年第 4 期)

从国际法论我国在图们江的出海权

高之国

我国在图们江的出海权,是一个新近提出来的历史遗留问题。本文拟从讨论国际河流的定义、历史发展、国际实践等方面入手,进而论证我国在图们江的出海权。

一、国际河流的定义及其有关问题

国际河流(International River)包含两个意义:一种是泛指流经或分隔两个或两个以上国家的海流,即地理意义上的国际河流;另一种是指上述河流直接通海,并由条约规定了其法律制度的河流,即法律意义上的国际河流。本文讨论的是法律意义上的国际河流。

国际河流尚有其他一些名称,如国际性可航水道、国际河道、国际水道等。但一般来说,国际河流一词用得更普遍一些。

国际河流尚没有一个统一的定义。传统的国际河流的定义,是指分隔或流经几个国家、直接通海可航的河流。1921年缔结的《国际可航水道制度公约及规约》(简称"巴塞罗那公约")规定,国际性可航水道指"一切分隔或流经几个不同国家的通海天然可航水道,以及其他天然可航的通海水道与分隔或流经不同国家的天然可航水道相连者"。"巴塞罗那公约"还首次提出了国际河流的两个要件:国际价值和可航性。"国际价值"是指河流的国际利用可以促进商业和货物的流通。"可航性"是指河流可以用于商业性航运。

1934年国际法学会通过的《国际河流航行规则》规定:"国际河流,指河流的天然可航部分流经或分隔两个或两个以上国家,以及具有同样性质的支流"。1926年国际法协会通过的《国际河流利用规则》(简称"赫尔辛基规则")规定:"国际流域指跨越两个或两个以上国家、在水系的分水线内的整个地理区域,包括该区域内流向同一终点的地表水和地下水"。可以看出,这个定义已不单指河流本身,而且将河流水系的整个地球区域以及地面水和地下水都包括在内。

我国的国际法专家周鲠生将国际河流定义为:分隔或通过两个或两个以上国家"直接通海而依国际条约或其他法律形式,确定对一切国家开放者。"

　　应该指出,早期国际河流的航行是对一切国家开放的。但现代国际河流的实践并非如此。如非洲的塞内加尔河就仅对沿岸国开放。

　　近年来,对国际河流的概念产生了广义解释的趋向。除国际河流的可航河段外,有的国际法文件和国际法学者把各级支流和分流也包括在内。

　　另外,还需说明,国际河流还包括跨国河流(或称多国河流)和界河两种情况在内。虽然同称国际河流,但两者的法律性质和地位是不一样的。多国河流的沿岸国对其境内的河段享有完全的、排他性的管辖权。同沿岸国原则上享有在多国河流上的自由航行权。界河属于两国共有,一般按主航道中心线或河道中心线划定各自的管辖范围。界河不对国际航行开放,只有同沿岸国才能自由航行。这已成为国际惯例,并为国家实践所接受。

　　关于国际河流的法律制度,可以从国际实践和国际文件中归纳出以下主要规则:

　　(一)河流国际化,航行自由。航行自由的概念实际上包含两个内容:1. 同沿岸国在国际河流上享有平等的自由航行权。2. 国际河流向国际航行开放。目前国际河流实践中这两种情况都存在。

　　(二)沿岸国享有管辖权。沿岸国对其境内河流享有管辖权,包括治安、海关、卫生等事项。

　　(三)保留沿岸航运权(Cabotage)。即外国船舶不得从事同一沿岸国各港口之间的航运。

　　(四)非沿岸国的军舰不享有在国际河流上的航行自由。政府公务船舶也是如此。

　　(五)一般都设立国际委员会,制定和行使必要的规章和管理,以保障河流的航行自由。

　　国际河流制度,是国际法当中一个古老领域。其中的一些问题在法学理论和国际实践方面都存在着争议。

　　争议之一是国际河流的同沿岸国和其他国家是否可以全程航行,历史上一些著名的国际河流航行纠纷案便是因为这一问题引起的。虽然同沿岸国的自由航行权已成为普遍承认的原则,但仍存在着反对意见。即使在主张航行自由的学者中,也有不同解释。一种观点认为,航行自由权仅限于和平时期,战时不能适用。也有意见认为,各沿岸国可以对流经其领土的那段河流作必要和正当的规定,但须以航行不受阻碍为限。关于非沿岸国的航行自由权,一种意见认为,航行自由是一种"自然权利",而反对意见指出,航行自由只是沿岸国的一种"可以撤消的特许。"事实上,非沿岸国无权要求国际河流对所有国家开放,已成为一项普遍承认的国际法原则。

　　争议之二是,沿岸国对多国河流或界河边界线内的部分行使专管辖权,国际实践原则上是承认的。但这种管辖权是否应该受到限制,则一直是有争议的。1895 年美国司法部长哈蒙在美墨界河用水争议中提出"绝对主权"论,主张一国在其领土上行使主权不受任何限制,即上游国对其境内的国际水道可采取任何措施,而不考虑对下游国是否造成损失。这就是所谓的"哈蒙主义"。"哈蒙主义"虽然受到了指责,但仍未绝迹。与此相对,有学者提出"绝对完整论",主张沿岸国不能改变国际河流和自然水流,否则即是侵犯其他沿岸国的领土完整。

争议的另一个法律问题是,非沿岸国是否有权签订国际河流条约。

国际河流制度作为国际法的一个部门,可以直接适用国际法的一般原则,如主权平等、领土完整,平等互利等。实际上,沿岸国享有平等航行权、对国际河流的利用不得损害其他沿岸国家的利益,已经成为国际河流制度的基本原则。

二、国际河流的历史发展

国际河流制度是国际法中的一个传统部门,其历史甚至可以上溯到海洋法产生之前。早在古代城邦时期,就已经出现了划分和使用共有水域的问题。12世纪时,横穿意大利北部的波河就已实行了自由通航的原则。到中世纪时,欧洲已经出现了跨国河流的条约。早期国际河流制度的主要内容是规定航行、捕鱼和划界问题。

近代国际河流制度源于欧洲。1815年维也纳公会宣布欧洲几条主要河流"全程的航行,从其可航点到河口,应完全自由,不得禁止任何人贸易",创建了河流国际化制度。一般认为这近代国际河流法的起源。

国际河流航行自由同公海自由原则一样,反映了资本主义上升时期开展国际贸易、寻求海外市场的需要。

1856年《巴黎和约》规定,多瑙河及其河口航行自由。1868年《曼汉条约》规定莱茵河向一切国家开放。1919年《凡尔赛和约》宣布欧洲的易北河、奥得河、涅曼河、多瑙河为国际可流,对一切国家开放。各国在这些河流上享有完全平等的待遇。

1921年国际联盟根据凡尔赛和约规定,在巴塞罗那召开会议,通过了《国际性可航水道制度公约及规约》,规定在国际性可航水道上,所有缔约国的船舶都享有自由航行的权利,并享受完全平等的待遇。"巴塞罗那公约"是国际河流制度中影响最大的国际文件。

除了上述国际法律文件之外,国际法学团体也对国际河流制度的发展作出了贡献。1887年国际法学会在海德保会议上通过了《国际河道航行规则草案》,规定所有国家的国民和船舶享有平等的待遇,在沿岸国与非沿岸国国民之间没有任何区别。

国际法协会于1966年通过了《关于国际河流的利用规则》(简称"赫尔辛基规则"),提出了若干新的概念和原则。"赫尔辛基规则"将国际河流重新定义为"国际流域"。对传统的公平使用原则作了新的解释,强调指出在确定公平合理分享水益时应考虑多沿岸国的经济和社会需要,明确否定了有关沿岸国的"绝对主权"和"绝对完整"论。关于航行自由，也作了革命性的解释，提出只有沿岸国才能在国际水道的全部航道上享有航行自由权；沿岸国有权决定是否向非沿岸国开放其所属河段。这些新的概念和原则，是对传统的国际河流制度的重大突破，反映了国际河流制度发展的趋向。

国际河流制度产生于欧洲自由资本主义时期。为了满足殖民扩张的需求，欧洲列强又将这一制度扩大适用于非洲、美洲和亚洲。利用国际河流自由航行的原则渗入这些大陆的腹地进行殖民海动。有关这些海流的条约大都是由非沿岸的殖民国家签订的。战后，许多新独立的国家废除了过去由殖民国家签定的不平等条约，重新制定了有关国际河流的法律制度。尼日尔河条约便是一个典型的例子。1963年9个新独立的尼日尔河沿岸国宣布废除旧的关于尼日尔河的国际条约，签订了《尼日尔河流域国家关于航行和经济合条约》，重新建立了尼日尔河的图际制度。

1815年维也纳公会首次提出了国际河流的概念，在其后一百几十年间，这个概念基本上没有什么变化。提及国际河流时，指的是该河流的干流或可航的河段。可航性是国际河流的基本要素。然而，从本世纪初起，国际河流制度开始发生变化。这种变化首先表现在国际河流的概念上，即从传统概念中所指的干流或可航河段扩大到河流的支流和分流。例如，1929年国际常设法院在"奥得河国际委员会管辖范围案"中指出：国际河流指整个河流体系，包括纯属沿岸国内河的支流在内。1966年的"赫尔辛基规则"干脆采用了"国际流域"的概念，将流向同一终点的地表水和地下水也包括在流域的范围内。其次，这种变化表现在对国际河流的利用方面。早期的国际河流制度注重河流的通商航运，有时也涉及捕鱼和灌溉。本世纪以来，国际河流的综合利用和全面开发受到了广泛重视，对国际河流的利用已从航行功能转向多种经济功能的开发使用。1963年非洲9国签定的尼日尔河条约，道先强调了"农业和工业开发"，其次才规定"航行和运输"，可见对综合利用之重视。第三，早期亚洲、非洲的国际河流条约几乎都是由非沿岸的欧洲殖民国家签订的。战后，这种由非沿岸国越俎代庖的现象已不复存在。例如，关于多瑙河、尼日尔河、银河、亚马逊河的国际条约，均是由沿岸国家签订的。第四，这种变化还表现在对国际河流的国际合作开发利用方面，如沿岸国家之间的合作，沿岸国同非沿岸国之间的合作，还有沿岸国同国际组织的合作等。国际河流制度的这些发展变化，反映了时代进步和社会发展的需要，实际上也是国际河流制度健全完善的表现。1973年以来，联合国的国际法委员会一直在研究和制定"国际水道的非航运利用法"。联合国的这一活动也代表了这种转变，即从强调河流转向研究整个水系或水域，从过去的航运转向现在的非航运利用。

近年来，有的学者提出了拟定国际水道法总公约的建议，这种建议类似于制定海洋法公约的设想。其理由是，国际河流习惯已不能适应目前的情况。实际上，拟定一个普遍适用于世界各地国际河流的总公约是很困难的。但是，这种建议至少表示了国际河流制度发展的一个方向。

三、当代国际河流的实践

国际河流制度的实践已遍及世界各地。国际河流制度源于欧洲，盛于欧洲。欧洲已有一半以上的河流建立了国际法律制度。欧洲的国际河流制度在世界上一直处于领先地位，对国际河流制度的影响很大。非洲也是国际实践较多的地区。战后，许多新独立的非洲国家废除了早期不平等的河流条约，重新建立了许多重要国际河流的法律制度。美洲也是一个水系丰富的地区，有许多重要的国际河流。南美洲发展中国家在合作开发、共同利用国际河流方面有许多创新，对国际河流制度的发展作出了贡献。亚洲国际河流的实践是比较少的。

国际河流的法律地位和法律制度是由国际公约、双边或多边条约和其他形式的法律文件(换文、照会、声明等)确定和建立的。迄今已经形成了多种类型的河流制度。这些河流制度既有一些共同的原则，也有各自的差异。"一个河流一个制度"，生动形象地说明了国际河流制度的各别特性。下面分别对世界上主要国际河流的法律制度作概略介绍：

（一）多瑙河

多瑙河是世界上最古老和最典型的国际河流。全长2 850千米，流经8个国家，兼备内河、界河和多国河流的性质。历史上多河的国际法律制度增经发生过几次重要改变。目前的航行制度是由1948年的《多瑙河航行制度公约》规定的。主要内容是：1. 在平等自由的基础上，对各国国民和货物自由开放。2. 沿岸国保留"沿岸航运"的权利。3. 禁止非沿岸国军舰航行。4. 自由开放仅适用于下游出海可航部分。5. 设立"多瑙河委员会。"

（二）莱茵河

莱茵河同多瑙河一样，也是最有代表性的国际河流。全长1 320千米，流经7国。莱茵河的法律制度也经过几次重大修改。目前的航行制度是由1963年修改后的《曼双姆条约》和1972年签订的第一号附加议定书和1979年签订的第二号附加议定书规定的。莱茵河法律制度的主要内容是：在莱茵河实行自由航行的总原则下，对不同类型的国家规定了不同的航行制度。缔约国和欧洲经济共同体成员国的船舶在整个流域享有国民待遇，可以从事沿岸港口之间以及同其他港口的航运。同缔约国经济制度相同的国家的船舶，在接受莱茵河中内委员会规定 的条件后，可以享受同等待遇。其他国家的船只须经莱茵河中央委员会批准，方可以从事沿岸航运，而且应受配额和时间的限制。

（三）尼罗河

尼罗河是世界上第一长河,全长 6 670 千米,流经 9 个国家。尼罗河具有内河、界河和多国河流的性质。尼罗河的法律制度几经沧桑,目前尚未形成一个对所有沿岸国家都有约束力的法律制度。1929 年已获得独立的埃及和英国签署了一项尼罗河协议,但苏丹、坦桑尼亚、乌干达等国认为,该协定对它们没有约束力。1959 年苏丹和埃及签订了关于充分利用尼罗河水的协定。该协定对其他沿岸国家也是没有约束力的。

（四）尼日尔河

尼日尔河全长 4 160 千米,流经 5 个国家。尼日尔河也具有内河、界河和多国河流的性质。尼日尔河是除欧洲河流外最早实行自由航行制度的河流。1963 年 9 月独立的非洲国家宣告废除旧条约,签订了《尼日尔河流域各国航行和经济合作条约》。第约主要规定:尼日尔河及其支流、分流等对一切国家商船开放。沿岸国对河流进行工、农业开发时应密切合作,以达到充分利用水资源的目的。

（五）圣劳伦斯河

圣劳伦斯河全长 4 000 千米。从安大略湖流出的上游一小段为美国和加拿大的界河,是由人工开凿成为通海航道的。该河也属于 1909《美加边界水域条约》高速的范围,适用于该条约的各项规定,其中包括边界水道对沿岸国的船只平等开放和自由通航。但是,该河流也有其专门的制度。圣劳伦斯河从修建到管理均由两国分头进行,没有统一联合机构。由于圣劳伦斯河船道在加拿大境内,密执安湖在美国境内,1971 年两国签定的《华盛顿条约》规定,加拿大有权在密执安湖上航行,而美国则享有圣劳伦斯河航道上的永久航行权,作为两国之间的平等交换。该航道大部分位于魁北克省内,航道的管辖由加拿大政府和魁北克省共同负责。航道的维护和疏浚等事项,由美加两国分担责任。

（六）亚马逊河

亚马逊河是南美洲最大河流,全长 6 400 千米,流经 8 个国家。1978 年 8 个沿岸国家签署了《亚马逊合作条约》。条约主要规定了三方面内容:合作开发;流域国家享有平等权利;环境保护。

（七）湄公河

湄公河是亚洲唯一的国际河流,全长 1 612 千米,流经 6 个国家,具有内河、界河和多国河流的性质。历史上,湄公河的国际化地位是由法国同其被保护国泰国、越南、老挝、柬埔寨签订条约确定的。1954 年越南、老挝、柬埔寨三国在巴黎签订了关于湄公河航行制度的公约。条约规定:凡同缔约国有外交关系的国家均可在湄公河上自由航行；各缔约国承担义务维护境内水道；不得修建防碍通航的任何工程；设立湄公河委员会。需要指出，湄公河的国际化只是就其下游部分而言。河流的两个上游国中国和缅甸没有参加关于湄公河的国际条约，自然是不受条约约束的。

四、根据国际法我国享有从图们江出海航行的权利

我国享有从图们江出海航行的权利，可以从以下七个方面得到论证：

第一，图们江可以认定为国际法上的国际河流。图们江全长 505 千米，大部分河流属于中朝界河，下游出海口部分约 15 千米为苏朝界河。该河流分隔三个国家，直接通海，具备作为国际河流的基本自然条件。更重要的是，图们江具有一定的"国际价值"和"可通航性"。图们江的"国际价值"在于其开发利用，可以沟通和促进东北亚地区的商业贸易和货物流物。"可通航性"是有历史上的航行活动作证明的。即使因河道淤塞，暂时不能航行，并不影响其作为国际河流的地位和性质。按照传统国际法的规定，"通海可航"并不排除换船。因此，可以用换船的方法解决大船不能直接出入的问题。另外，根据国际河流的实践，为补救水道的缺陷和不足，可以开凿河流或修建运河，以利交通。那么，疏浚河道使其能够通海行船当然应属题中之义。

图们江是中朝、苏朝界河。国际河流包括界河在内，而且界河作为国际河流的现象是非常普遍的，综上所述，图们江是符合国际河流的定义的。

第二，我国在图们江的出海权，属于双边条约规定的权利。1886 年《中俄珲春东界约》明确规定："由'土'界牌至图们江口三十里与朝鲜连界之江面，中国有船只出入，应与俄国商议，不得阻拦"（第四条）。虽然这也是一个属于割让中国领土的不平等条约，但条约规定的中国在图们江的出海航行权这一点，今天看来对中国是有利的。同年，俄国在其递交给中国的一份外交照会中也明确承认，"如有中国船只由图们江口出入者，并不可阻拦等因。"中国在图们江上的出海权，是条约上规定的权利。条约上规定的权利是具有权威性的。这项条约仍然有效，出海权也当属依然。

第三，国际法院的判例指明，上游国家享有自由出海的权力。有关国际河流的国际判例极少，迄今只有两起：一起是 1929 年"奥得河国际委员会管辖范围案"；另一起是"默兹河分流案"。两起案件均是由国际常设法院审理的。其中第一起案件对讨论图们江出海权问题有重大借鉴意义。国际法院在"奥得河国际委员会管辖范围案"中阐明的一个重要判例原则是：国际河流自由航行原则的形成，主要是出于使上游国有自由出海口的考虑。从国际判例的角度看，国际河流上游国享有自由出海口是不成问题的。

第四，中国在图们江的出海权，是一项历史性权利，国际法是承认历史性权利的。中国原本是日本海沿岸国，沙皇俄国以武力胁迫，通过不平等条约掠夺了中国 150 多万平方千米土地，包括日本海沿岸地区和出海通道。尽管如此，中国依然一直利用图

们江出海航行通商。1936 年仍有中国图长航运公司的《图瑞》、《图琛》两船,经营长江到图们江之间的航运。这种出海航行权一直持续到 1938 年因日本发动侵略战争而被迫停止,至今不能恢复。可见,中国在图们江上的出海航行权是历史久远的。1966 年国际法协会制定的《国际河流利用规则》规定:公平合理分享水益应根据每个水域的各种有关因至少加以确定,应考虑的有关因素中包括"过去对河流水系的利用情况⋯⋯。"

　　另外,国际法的理论和实践是承认历史性权利的,海洋法中的历史性海湾就是一个明显的例子。所谓历史性权利,是指一个国家长期以来对一个水域行使权利,并且这种权利的行使明示或默示地受到其他国家,尤其是有直接利害关系的国家的承认。中国自古以来在图们江上出海航行,这种权利是得到有关国家乃至国际社会的承认的。迄今没有任何国家对此提出异议。因此,中国在图们江上的通海航行权是不可否认的,是应该充分予以考虑的。

　　第五,中国在图们江的出海权,是由于日本发动侵略战争而被迫停止行使的。这种由于侵略战争而被迫放弃的权利,是应当恢复原状的。战后,同盟国于 1943 年签订的《开罗宣言》和《波茨坦公告》都明确规定,日本应将其在战争中掠夺的一切中国领土归还中国。领土应当归还,因侵略战争而被迫停止行使的权利当然也是应该恢复的。

　　第六,国际河流的沿岸国无权封锁国际河流在其境内的河段或者出海口,否则构成国际侵权行为。航行自由是国际河流制度的实质内容。历史上一些著名的国际河道纠纷案便是由于下游国封闭出海口而引起的。长期以来,沿岸国享有平等航行权,一国对国际河流的利用不得损害其他沿岸国的利益,已是国际社会公认的原则。国际法理论认为,同沿岸国享有自由航行权。任何一个沿岸国都不能对同沿岸国封锁国际河流在其境内的河段或者出海口,除非有正当理由或特殊原因。否则,就属妨碍正常国际航行和侵犯同沿岸国的航行权的行为,构成国际违法行为。

　　第七,中国在图们江上的出海航行权是得到同沿岸国和有关国家承认的。在 1987 年中苏边界谈判中,苏方明确表示"不反对中国船舶有权经图们江航行"。换句话说,苏方承认中国有此项权利。1988 年底,中国在图们江的同沿岸国朝鲜也通过外交途径表示,朝鲜方面"同意"中国从图们江出海航行。这样,中国从图们江出海航行,在政治上和外交上已不存在任何实质性障碍。

　　1988 年,在美国东西方中心和联合国大会联合组织召开的"日本海国际会议上",一些外国学者明确指出:在日本海必须考虑中国的航行利益;并直接提出了中国从图们江出海的问题。中国在图们江的出海航行权,可以说在国际上尚未遇到任何反对意见。

　　综上所述,中国在图们江的出海航行权,无论从国际法的理论和实践方面看,还是从国际判例和国际舆论方面看,都是肯定的,没有争议的。在国际法上,中国有比较充分的理由,主张和行使这项权利。实质上,中国的这项权利是一直存在的,目前只是如何恢复行使的问题。

关于恢复和实现我国在图们江的出海航行权,已有同志做过深入研究,并提出了一些具体方案,如在我境内建港,同苏朝换地或租地、建联合开放港、国际河流化等。这些方案都是在恢复我国从图们江出海问题上可供考虑的选择。但是,其中的一些建议已经超出了"恢复行使出海权"问题的范畴,而且这些方案实施起来难度都很大。因为换地涉及到割让主权的问题,任何一个国家都会十分谨慎的。况且,这样的换地只是对一方面有利,或者说一方面有此种需求,并不是互惠互利的。因此,同苏联和朝鲜换地或租地的可能性是不大的。

关于恢复我国在图们江的出海权,比较切实可行的建议是:图们江国际河流化。目前,图们江的法律地位是不明确的。一方面它不是严格的法律意义上的国际河流;另一方面,它的国际通航地位是部分地得到双边条约保证的。另外,尽管中苏之间有条约规定中国在图们江上有出海航的权利,但图们江下游是苏朝界河,中朝之间没有关于出海航行的协定。因此,此项权利暂时是无法实现的。中国从图们江出海,至少尚需中朝签订条约才能实现。目前,苏朝方面已明确表示不反对中国从图们江出海,因此,建议有关主管部门通过外交途径与苏联和朝鲜缔结关于图们江的三边条约,使图们江的法律地位国际化,恢复和实现我国从图们江出入日本海的权利。

图们江国际河流化,尚有一定的不利条件。第一,图们江与世界上的国际河流相比,其国际价值和重要意义是很小的。第二,世界上主要河流的国际化基本上惠及所有沿岸国或大多数沿岸国,而图们江国际化只是对中国有利,苏朝从中得益甚少。另一方面,图们江国际化也有有利的条件。除上述阐明的七点理由外,还有图们江过去的历史和目前的现实使苏朝无法否认中国的这项权利。国际河流制度的新发展有利于我国提出和解决这一历史遗留问题。另外,中苏1957年签订过《关于国境及其相通河流和湖泊的商船通航协定》,1983年以来中朝对图们江共同进行过污染监测和治理,三国可以借鉴以前在这方面合作的经验。

需要指出,图们江国际河流化以后,并无须向非沿岸国开放。因为国际河流中的界河是不对国际航行开放的。

经过努力,恢复和实现我国在图们江上的出海航行权,是完全有可能的。

附件：世界主要国际河流及其法律制度（包括图们江）

河流	地理位置	河长（千米）	流经国家	性质	法律制度	说明
多瑙河	欧洲	2 850	8	内河、界河、多国河流	航行自由开放	不是全程开放
莱茵河	欧洲	1 320	7	内河、界河、多国河流	自由航行总原则下，不同类型国家实行不同航行制度	
尼罗河	非洲	6 670	9	内河、界河、多国河流	未建立	仅有双边条约
尼日尔河	非洲	4 200	5	内河、界河、多国海流	航行对一切国家开放	
塞内加尔河	非洲	633	4	内河、多国河流	向沿岸国开放	
圣劳伦斯河	北美	4 000	2	内河、界河	向沿岸国开放	部分人工开凿
银河（拉普拉塔河）	南美	320	4	界河、多国河流	合作开发	河口部分
亚马逊河	南美	6 400	8	多国河流	合作开发	
湄公河	亚洲	4 500	6	内河、界河、多国河流	同缔约国有外交关系的国家的船舶可自由航行	中、下游部分
图们江	亚洲	(513)	3	界河	未确定	中苏条约规定中国有自由出海权

（《动态》1989 年第 2 期）

海上邻国海洋油气勘探开发情况

杨金森

我国的海上领国在海上已进行大量的油气资源勘探开发工作。据不完全统计，已知这些国家在海上共打探井和评价井 1 031 口，其中南海的泥沙、沙捞越、文莱海区 1 010 口，（急议区约 120 口），发现油气田 60 多个，探明可采石油储量 28 亿桶，天然气 22.7 ~ 25 万亿立方米，形成了年产原油 1.33 亿桶、天然气 7 376 亿立方米的能力。各国家的情况是：马来西亚至 186 年钻井 491 口；印尼至 1978 年的勘探井及 1980 年以后的发展井共 113 口；泰国至 1985 年已知 178 口；越南至 1985 年已知 31 口；菲律宾至 1985 年已知 112 口；文莱至 1983 年已知 85 口。朝鲜在黄海钻井 6 口，南朝鲜在黄海钻井 4 口，"日韩共同开发区"钻井 11 口。这些国家的勘探开发活动已在一些地区涉及了我国大陆架和岛屿周围海域，有些地区进入了我国断续国界线内，不能不引起我们的关注。

为此，把这些国家的勘探开发活动情况整理如下，供有关领导部门参阅。

一、马来西亚

（一）概述

马来西亚有多种能源资源，其中包括煤、石油、天然气、水力、电力等，石油和电力是主要能源。在能源资料开发方面，马来西亚政府推行能源多样化政策，一方面大力开发石油资源，另一方面又努力减少对石油的依赖，发展水力发电和煤炭发电，以及开发天然气资源。

马来西亚有丰富的油气资源，油气田基本都在南海南部巽他大陆架上，自沙捞越沿海一直延伸到南沙群岛的南康暗沙、北康暗沙、曾母暗沙和海宁礁，其中部区域已进入中国的断续疆界线内。据估计，马来西亚的石油储量约 23 亿桶，排在世界第 23 位，目前已发现的约 12 亿桶。天然气储量约 3 900 亿立方英尺，排在世界第 17 位。

马来西亚的沿海陆地和近海油气资源勘探开发，是 60 多年以前开始的，首先开发的是沙捞越沿海的米里油田。据说，1971 年卢北部 55 英里。壳牌石油公司在沙巴的租界地也发现了石油。另外,法国阿坤延石油公司的子公司东南亚阿坤延石油公司,在沙巴东北部近海一块租界地,也发现了油气资源。大陆石油公司(美国和澳大利亚财团所有)在西马来西亚东海岸,南海的沿海城市关丹近海约100英里的海域,有一块租界地,70年代初发现油气田。埃索石油公司的子公司马来西亚勘探公司,在大陆石油公司租界地北部海域,发现了天然气田。

马来西亚的海上油气资源勘探开发,主要是依赖外资进行的。1974年以前,采用向外国石油公司出租矿区的方式,1974年以后改为产品分成制。马来西亚的石油生产发展速度也很快。据估计,目前马来西亚共有海上油田44个,其中西马来西亚东海岸14个,东马来西亚北部近海30个。近海天然气田45个,其中西马来西亚近海21个,东马来西亚近海24个。现在,海洋石油开发已成为马来西亚的最重要海洋事业,石和天然气产量增长都很快,1984年石油产量达到2 197万吨,天然气产量达到514亿立方英尺。1986年,原油日产量接近50万桶,年产量约2 500万吨。石输出国组织一直要求马来西亚限制石油产量,1986年就要要求马来西亚降低原油产量的20%。由于马来西亚要依靠出口石油换取外汇,无法接受石油输出国组织的要求。1986年,马来西亚的石油出口量为每天36.2万桶。约合1 810万吨。

关于马来西亚的油气资源前景问题,一些专家作出分析研究。其中,石油资源1984年储量为29.5亿桶,1990年可能下降到19亿桶,如果没有新的发现,按目前的消费需要、生产规模和技术水平,可以开发17年。1984年天然气的储量为50百万兆立方英尺,相当于84.5亿桶原油,1990年天然气的储量可能降为45.2百万兆立方英尺,如果没有新的资源发现,预计可开发40年。

(二)各海区的勘探开发活动

马来西亚单方划定的海域总面积约36.445万平方千米,其中浅海陆架(水深小于200米)面积为26.495万平方千米,水深大于200米的深水区面积9.95万平方千米。勘探活动主要集中在陆架区上三个较大的沉积盆地－马来盆地、沙捞越盆地和沙巴盆地。其中沙捞越盆地部分海区以及上述深水区位于我国传统疆界线内。

1. 沙捞越海域

为马来西亚最早开展海上勘探的陆架区,陆架最宽处超过300千米,绝大部分为上第三系厚层岩所覆盖,并可分为巴兰三角洲、巴林基安、中卢科尼亚和西南卢科尼亚四个地质构造区。各区的沉积和构造迥异,巴兰三角洲和巴林基安为碎屑沉积坳陷,主要为背斜和断块圈闭形式,具多层储集砂层。卢科尼亚区属稳定微陆块,广泛发育中中新统碳酸盐岩岩隆。这些地区的第三系层系被细分为8个海退沉积旋回。Ⅰ、Ⅱ旋回(下中新统)为巴林基安和西南卢科尼亚的主要勘探目的层;Ⅳ、Ⅴ旋回(中中新统)为中卢科尼亚的主要目的层;在巴兰三角洲则以Ⅴ、Ⅵ旋回(中上新统－

更新统）为主要目的层。

沙捞越的海上勘探从 1954 年由壳牌沙捞越石油公司第一次海上地震测量开始。直到 1982 年 Eif – Aquitaine 在沙捞越海区获得一个合同区块为止，Shell 一直是此区的唯一作业活动者。目前有美国、日本、意大利、法国、中国台湾等近 10 家公司在此活动。

海上地震测量头十年的地震资料都是模拟记录和模拟处理的，总共 10 700 千米。1965—1966 年仍为模拟记录，但做了数字处理。自 1966 年起即全部为数字记录和数字处理的地震资料。1985 年在油气田开发上引入三维地震技术，做了大量的三维地震测量（1985、1986 年两年做了 51 440 千米的三维地震），截止 1986 年底，在沙捞越海区总共做了 214 852 千米的地震测量，并以 1968—1969 和 1985—1986 为两次地震测量高峰期。

海上钻井于 1957 年钻 Siwa – 1 探井开始，1966 年起钻井速度加快，据 Petronas 高级地质师 Nordin Ramli 文章提供的统计资料，至 1982 年底，共钻探井和评价井 231 口。总进尺 1 778 000 英尺，共钻 126 个构造，获得 50 多个重大的油气发现。1982 年后至 1986 年底，依据 AAPG 报导资料统计约钻探井和评价井 40 口，钻 18 个构造，获得 4 处油气发现。

沙捞越海上的石油勘探以巴兰三角洲区最为成功，共取得 25 处重大油气发现。在巴林基安区则获得 7 处重大发现（1982 年前）。分布在这两个碎屑沉积坳陷的油田已有 11 个油田投入生产，平均日产量 15 万桶（1986），为沙捞越海上产油区。在中卢科尼亚的碳酸盐岩构造里则发现了 30 多个具有较大储量的天然气藏，单个储量超过 1 万亿立方英尺（即 283.2 亿立方米）的有 F_6、E_{13}、E_{11}、E_8 和 F_{23} 五个气田。气田含气柱大，底具油环。目前已投入生产的有 E_{11}、F_{23} 和 F_6 三个气田，平均日产量 10 亿立方英尺以上（1986 年），为沙捞越海上主要产气区。

2. 沙巴西海域

沙巴西海域是构造最复杂的地区，厚大的第三系沉积层系为强烈的角度不整合面分为四大层段。其中第Ⅳ层段为中中新统—更新统，由 7 个明显的亚层段组成，并为此区的主要勘探目的层，中、南海区主要目的层为 IVD – IVF（上新统 – 下更新统）亚层段；北部海区的主要目的层则为 IVA（中中新统）和 IVC（上中新统）亚层段。

海上勘探开始于 1955 年，由 Shell 沙巴公司首次进行海上地震测量。1958 年钻第一口海上探井。1966 年后 Esso、Oceanic 等多家外国公司参与了海上勘探活动，目前主要为美国几家公司在活动。

地震测量在 1966 年以前所获得的模拟地震资料质量很差，1967 年后引入数字地震系统改善了地震资料，从而加速了钻探工作，截至 1986 年底，共采集了 8.1666 万千米的地震剖面。

表1　马来西亚的石油、天然气产量

年	石　油		天然气	
	产量桶/日	增长%	产量 立方英尺/日	增长%
1975	98 029	+21.2	265704	-2.3
1976	165 429	+68.8	342 698	+29.0
1977	183 516	+10.9	262 601	-23.4
1978	216 879	+18.2	233 207	+11.2
1979	283 004	+30.5	289 372	+24.1
1980	275 729	-2.6	258 233	-10.8
1981	258 113	-6.4	234 272	-9.3
1982	303 035	+17.4	336 364	+43.6
1983	381 003	+25.7	722 516	+114.8
1984	440 000	+15.5	1 106 000	+53.2
1985	446 100		1 411 900	+27.6
1986(1月)	495000			

海域钻井以 1958 年钻 Hankin - 1 开始,至 1982 年底共钻了 105 口探井和评价井,其中壳牌沙巴石油公司(SSPC)钻 66 口,Esso 马来西亚石油公司(EPMI)钻 22 口,Carigali - BPQHK 4 口,另 Teiseiki 和 EIF Oceanic 等在沙巴东北部共钻 13 口,总进尺 792 000 英尺。1982～1986 年间又钻了 13 口探井和评价井,其中除 Crigli 和 CPC 各钻 1 口外,其余均是 SSPC 钻的。截至 1986 年底,总共钻探井和评价井 118 口,钻探构造 68 个,发现了 16 个油气田(首批重大油气发现是 1971 年,由 SSPC 和 EPMI 在 Frb west 和 Tembango 构造上获得的)。都位于沙巴西海域。目前有 6 个油田投入生产,平均日产水平 8 万多桶。

3. 马来半岛东海域

马来盆地走向北西 - 南东,第三系主要为非海相碎屑沉积,厚度达 1 万米。有海侵影响并向东南海侵作用增强。自上而下以区域性地震标准层将地层按字母顺序划为许多层组。盆地中发现的大多数油气藏储集在 J、K 层组(渐新统 - 中新统)中。

马来半岛东部海域的烃类勘探于 1968 年由 Esso 和 CONOCO 石油公司进行海上地震测量而开始的。1969 年钻第一口海上钻井(Tapis - 1),Esso 石油公司的勘探获得较大的成功,CONOCO 及其合伙者勘探效果不理想,且与 Petronas 的产量分成合同谈判不成功,而于 1978 年放弃合同区。1985 年后又划出区域招标。目前除 ESSO 和 Carigli 的保留合同区外,另有 5 个区块与多家石油公司签订了新的产量分成合同。

马来半岛海域的地震资料全是数字记录和数字处理的,至 1986 年底,总共做了 8.4398 万千米地震剖面,其中除了 MOBIL 早期在半岛西测马六甲海峡所做的约 6 000 千米的地震剖面外,全都在东部海域。区内地震覆盖良好,个别地区还加密测线。另外,1986 年 Esso 在其保留区(即油田区)内还做了 4 291 千米的三维地震。

海上钻井开始于 1969 年,据 Petronas 高级地质师 Nordin Ramli 文章资料,至 1982 年底共钻探井和评价井 174 口,总进尺 122.9 万英尺。1982—1986 年间据 AAPG 报导,又钻了 28 口探井和评价井。总共为 202 口井。共钻 70 多个构造,发现 15 个油田和几处较小的油藏。此外还发现 26 个构造含有较大的天然气储量。目前有 11 个油田和 1 个气田投入生产,平均日产油量 26 万桶以上(1986 年资料)。新近马来西亚 Petronas 所属 Carigli 作业公司和 Esso 公司正联合实施都兰(Dulang)油田开发项目。该油田跨越两个公司的合同区,分别由两个公司于 1981 年 5 月和 1982 年 5 月发现。油田为一断裂复杂向西倾伏的背斜构造,以 E 层组顶面计,构造范围 27 × 5 千米。油气聚集在埋深 1 146 ~ 1 451 米的砂岩中,估算地质储量 5.5 亿桶,最终采出量 1.7 亿桶,计划建立一个综合处理平台和 3 个卫星平台,钻 77 口生产井和 30 口注水井。预计 1990 年底投产,日生产能力为 7.2 万桶。

二、印度尼西亚

石油是印度尼西亚的主要能源。1970 年,石油在能源产量中占 92%,天然气占 6.6%,1980 年石油占 80.8%,天然气占 15.8%。为了改变过分依赖石油,天然气、煤和水利资源得不到充分开发的局面,印度尼西亚政府决定自 1979 年开始的第三个五年计划起,调整能源开发战略,其目标是逐步减少对石油的依赖,从单一的能源结构向多元化能源结构过渡。在新的战略中,石油和天然气开发仍然是战略重点,因为石油收入是印度尼西亚财政收入和外汇的主要来源,是其整个国民经济的支柱。

印度尼西亚的石油工业是在外资的控制下发展起来的。苏哈托上台之前,印度尼西亚的石油开发被美资卡德士石油公司、美孚石油公司、壳牌石油公司所垄断。苏哈托上台之后,实行以采掘业为目标的工业化政策,其中极为重视石油开发。1969 年成立了国营石油公司,由该公司与外国公司通过"产品分享制"共同开发石油资源。到 1982 年,印度尼西亚与美、日、荷、澳、巴拿马、英、意、法等国的石油公司,在 68 个地区共签订 70 项开发合同。

实行"产品分享制"之后,大量吸引外资开发油气资源,油气资源的开发产量增长很快。1969 年 ~ 1974 年,印度尼西亚的石油产量由 2.7 亿桶增至 5 亿桶,每年平均增长 13.1%。1978 年以后,由于印度尼西亚政府修改与外国石油公司产品分享比例,引起外国石油公司不满,从而减少了勘探和开发活动,石油产量增长速度减慢。1978 年石油产量 5.87 亿桶。

1983 年 12 月 10 日,石油输出国组织商定,石油价格保持每桶 29 美元,产量限额为日产原油 1 750 万吨。按石油输出国组织的配额,印度尼西亚将保持日产原油 130 万桶,年产量为 4.75 亿桶,约合 7 300 万吨,1985 年,印度尼西亚的原油实际日产量约 150 万桶。

早在 20 世纪 60 年代,印度尼西亚的石油开发就开始向周围大陆架海域延伸,并很快发现了有开采价值的油田和气田,自 70 年代以来陆续投产,1984 年海上原油产量达 2 716 万吨。1985 年降为 2 415 万吨。

在印度尼西亚勘探开发其周围海域油气资源时,十分重视南海西南部海域,重点是纳土纳群岛附近海域。1970 年,"雅兰尼迪号"调查船就在这一海域进行人工地震和地磁测量。1972—1975 年,在纳土纳群岛海域钻井 29 口,其中 9 口井有油气显示。1976—1979 年,在这一海域钻井 79 口,1980 年以后钻井数不详。目前,在纳土纳海域共发现了 8 个油气田,至少有 2 个已投产。

表 2　纳土纳海域油气发现井

序号	井号	经度纬度	开钻时间	完钻时间	井度米(英尺)	井度地层	作业公司	简况
1	AL－1X	E109°46′58.808″ N05°27′59.307″		1973.11.24	4604(15102)	Arang 层 (下中新统)	Agip	气显示
2	Terbuk－2	E105°15′52″ N04°21′04″		1974.7.1	2497.5(8194)	基底	Conoco	井深 7 400－8 100 ft;测底油 4 320 桶/日;气 2 400 万立方米/日
3	Udang－1	E106°25′17″ N04°01′08″		1974.8.4	2515(8252)	基底	Conoco	3 412 － 5 702 ft;测试气 1 650 万立方米/日
4	Belanak－1	E106°14′22″ N04°10′31″		1975.11.7	1524(5000)	Cabus 砂层	Conoco	测试见大量油气
5	KG－1X	E106°02′59.31″ N04°59′26.53″	1978.5.20	1978.7.24	2459(8069)	Samala (渐新统)	Marathou	5 层累计产量;油 6 700 桶/日气 1 440 万立方米/日
6	kh－1x	E105°55′37.9″ N05°01′24.35″	1980.6.14	1980.8.18	2589.04(8505)	渐新统	Marathou	油气发现井
7	Kepiting－1	E106°22′31.29″ N04°00′7.96″	1982.6.13	1982.7.7	2076(6810)	Gabus	Gonoce	见油气

续表

序号	井号	经度 纬度	开钻时间	完钻时间	井度 米(英尺)	井度地层	作业公司	简况
8	Anoa – 1	E105°34′20.311″ N05°13′46.375″	1982.2.3	1982.4.22	2286(7500)	Gabus	Gulf	见油、气、凝析油
9	Forel – 1A	E106°04′01.6″ N04°19′04.3″	1984.12.2	1984.12.27	2457(8060)	Belut (下渐新统)	Conoce	油 1522 桶/日,37 * PI 气 253MSCEPD
10	KF – 1X	E105°58′49.5″ N04°54′12.3″	1984.9.14	1985.1.17	2479(8132)	Benua (渐新统)	Marathon	油 7 617 桶/日 气 1 900 万 立方米/日

表3   印度尼西亚部分海上油田

油田名称	盆地名称	发现时间	投产时间	作业者	生产井数	可采储量 (亿桶)	累计原油产量 (1982 亿桶)
森 塔	巽地盆地	1970.9	1971.9	Liapco	37(1979)	1.8	1.4
贝卡尔	库特盆地	1972.4	1974.7	Total	21(1979)	2.3	1.1
阿塔尔	同上	1970.9	1972.11	Union	58(1979)	5.5	3.3
阿里比	西爪哇盆地	1972.12	1976	Atlantic Richfield	11(1980)	0.26	0.18
阿米纳 B	同上	1969.10	1973	同上	153(1979)	6.0	3.8
克里期纳	巽他盆地	1976.1	1980.11	Liapco	15(1981)	2.0	0.35
耶 金	库特盆地	1976.5	1976.10	Union	10	0.11	0.06
克里斯加	同上	1972.5	1975.12	同上	6	0.05	0.04
汉迪尔	同上	1974.3	1975	Total	90	8.0	3.7
拉 马	同上	1974.10	1975	Liapco	32	0.9	0.7
塞平加	同上	1973.5	1975.6	Union	13	0.6	0.3

近年来,印度尼西亚开始重视开展深水盆地的勘探。印度尼西亚石油公司与法国石油研究所合作,调查了 41 个水深超过 200 米的深水盆地。到 1982 年 6 月 41 个盆地的地震普查已完成,并出租给莫比尔公司三个盆地。据普查之后的初步估计,印度尼西亚的近海石油和天然气的蕴藏量比陆地多 3~5 倍,有很大的开发潜力。

三、泰国

泰国自 1971 年颁布向私人公司转让和出租海洋油气资源勘探、生产、贮运法开始,加强泰国湾的近海开发权利,共有 12 家公司申请勘探开发权利,包括莫里安石油公司、泰国海湾石油公司、美泰石油公司、泰英石油开发有限公司、泰国大陆石油公司泰国联合石油公司、太平洋公司等。经过几年的努力,先后发现了七个海上气田,均位于曼谷以南约 400 多千米海面上。目前,泰国在海上共探明天然气储量 967 亿立方米,凝析油 452.5 万吨;潜在的天然气储量 5 815 亿立方米,凝析油 971.5 亿吨。

　　1977 年 3 月,首次在泰国湾发现有开采价值的天然气资源,同年泰国建立了天然气管理机构。1978 年又建立了石油开发管理机构。1979 年两机构合并成为泰国的石油天然气开发管理机构。1978 年正式向泰国联合石油公司和其他公司出租矿区,1981 年以后陆续投入开发。至 1985 年,海上共有油田 4 个,油井 178 口,年产原油 67 万吨;天然气田也陆续投产,1985 年天然气产量 35.7 亿立方米。

　　泰国是缺乏石油天然气的国家。海上气田投产以后,铺设了 425 千米输气管线,把天然气输往曼谷,石油产品也首先满足泰国的需要,对泰国的经济发展发生了重要的作用。(1)减少了对外国石油的依赖程度。1980 年泰国的总能源消费 67% 依赖外国石油,1985 年减少到 45%。(2)节省了大量购买石的外汇。例如,1981 年,泰国要花费全部出口换汇的 42%,支付购买石油的价值,1985 年这个比值降到 29%。(3)由于石油天然气价格下降,泰国发电业和水泥制造业和水泥制造业获得了较快的发展。(4)泰国政府还从出租矿区和税收中获得大量财政收入,到 1985 年,估计共约 2.74 亿美元。(5)泰国在开发油气资源的过程中,积累了海上油气资源调查、勘探、生产、管线铺设等方面的技术。

　　按照规划,泰国的天然气开发分为三个台阶:第一个台阶是满足本国发电、水泥厂和其他产业的需要,1985 年产量 40 亿立方米。第二个台阶是除满足上述需要之外,还要发展天然气加工工业,例如化工和化肥产业,1990 年产量达 70 ~ 90 亿立方米。第三个台阶是把天然气主要用作原料而不是用作燃料,发展新的产业,例如提炼烯烃类和塑料工业。

四、越南

　　越南近海大陆架区也蕴藏着油气资源。越南全国统一之前,1969—1970 年,南越政权就约请美国雷伊地球物理公司开展过地球物理调查,初步确定湄公河三角洲可能有石油资源。1973 年,西贡政权把南越近海划分为 30 个矿区对外招标,其中有 16 个矿区与美、英、法、日等国石油公司签定了勘探合同。1974 年 8 月至 1975 年 4 月,美国城市服务公司、飞马石油公司等打了 4 口探井,其中白虎 1 号井日产原油 320 吨,证实湄公盆地和西贡盆地均有油气资源。在西南政权跨台前夕,外国公司全部撤出。

　　1975 年 8 月越南全国统一以后,越南政府宣布西贡政权与外国石油公司签定的合同一律无效,然后重新约请外国公司勘探。1978 年与意大利阿吉甫公司,联邦德国和挪威的国家石油公司,以及法国埃尔夫 - 阿坤石油公司签订勘探协议,总面积 35 430 平方千米。自 1979 年至 1981 年,这些石油公司共钻井 12 口,其中位于西贡盆地的 2 口探井获天然气。因这些钻探结果不理想,经济效益不高,特别是某些政治上的原因,各国的公司都停止了勘探。

从 1979 年开始,越南又同苏联协商共同开采越南沿海石油,1981 年苏越两国正式成立了越苏石油和天然气联合公司,在头顿大陆架进行勘探。这家公司在白虑滩地区安装了 5 座平台,1984 年 5 月有一口井获油流,目前共钻井 15 口,1985 年生产原油 4.4 万吨。后来又发现了飞龙油田,详细情况不清楚。1987 年安装了两台钻机作业,原油产量达 27 万吨,还铺设了 20 千米的海上输油管。1988 年苏联帮助越南制定了年产 162 万吨原油的计划,预计 1990 年可达 250 万吨,有可能彻底改变依赖进口原油的局面。

越南不具备独立开发近海石油资源的能力,石油开发只能依赖外国的资金和技术,其中主要依靠苏联的力量。但是,由于苏联开采海底石油的技术、装备比西方国家落后,而且,越南也不一定愿意过分依赖苏联,因此,越南正在寻求其他合作伙伴。据人们分析,印度和印度尼西亚最有可能同越南合作。这两个国家有从西方国家获得的西方海上采油技术和经验。在柬埔寨问题解决之前,日本、美国、西欧的石油公司不会在越南大量投资。但是,一旦柬埔寨问题获得解决,西方国家就有可能成为这一地区其他国家吸引外资的竞争对手。

五、菲律宾

(一)概述

菲律宾的陆地和海域都有油、气资源。为了有效地开发油气资源,菲律宾政府于 1949 年颁布了石油法,授予在菲律宾进行石油勘探的国内外石油公司勘探特许权。由于多种原因,菲律宾的石油开发长期没有取得明显进展。为了进一步鼓励国内外石油公司在菲律宾勘探和开发石油资源,1972 年 10 月又颁布了"石油采掘与开发法令",把勘探特许权改为劳务合同制或产量分成制(政府与承包公司的分成比例为 60∶40),还为石油承包商提供免除机器设备进口税,投资资本可以随时汇回本国,剩余外汇收入可以保留或汇出国外等特权。自 1972 年至 1981 年,外国石油公司与菲律宾政府签订了 34 项石油勘探劳务合同,对 56 万平方千米海域和 3.9 万平方千米陆地进行了勘探,共钻井 112 口,其中海上 82 口,陆上 30 口,出油率约 1/10。

菲律宾的能源消耗以石油为主,而且主要依赖进口,因而每年要花费大量外江购买石油。1973 年石油提价后,菲律宾用于购买石油的外汇从 1973 年的 2.3

亿美元,增加到 1981 年的 25.65 亿美元,占当年出口外汇的 44.8%,成为菲律宾贸易收支逆差的主要原因。为了解决能源问题,菲律宾在 1977 年 10 月成立了能源部,并制定了 1978 年至 1987 年的 10 年计划,积极开发本国的各种能源,以减少对进口石油的依赖。1980 年又将 10 年计划高速为 1980 年至 1985 年的 5 年计划。大体在同一时期,菲律宾还制了 1979 至 1988 年的石油勘探 10 年专项规划,规划目标为钻勘探井 203 口,其中沿岸 70 口,近海 133 口。这项能源计划希望石油产量从 1979 年的 1 000 万桶提高到 1988 年的 4 700 万桶。

(二)勘探开发活动

菲律宾拥有整个菲律宾群岛。北隔巴士海峡与我国台湾岛遥对;西和西南越苏拉威西海、苏禄海和巴拉巴克海峡与马来西亚、印度尼西亚的加里曼丹岛、苏拉威西岛相望;西滨南海;东临太平洋。

菲律宾群岛由大小 7 000 多个岛屿组成。在地质构造上可分为东部活动区和西南部稳定区两大构造单元,是一个地质构造十分复杂的地区,区内分布有 12 个不同类型的第三系沉积盆地。

菲律宾的石油勘探史可追溯到 19 世纪末,最早(1896 年)在宿务岛附近开始钻探石油。但直至 20 世纪 60 年代初,只在宿务岛发现一些无工业价值的油流和在卡加延河谷发现一些天然,没有取得突破性的发现。从 20 世纪 60 年代起,勘探工作开始转移到海上,1968 年日本在吕宋岛和海上进行地质调查和区域重力测量,美国在菲律宾部分海域进行航空磁测,1969 年在联合国远东经济委员会的援助下又开展了从我国台湾至菲律宾海区、苏禄,巴拉望海区和北部大陆架的航空磁测和地震测量。但直至 1972 年海上钻井仍很少。从 1973 年开始,菲律宾政府采用服务合同形式吸引外国石油公司投资勘探,海上的油气勘探有了较大进展,特别是 1976 年 Cities 服务公司在巴拉望岛西北陆架区所钻 Nido－1 井的油气发现和 Amoco Salen 在礼乐滩所钻的 Sampaguita－1 测试产气而把巴拉望西北南海海域的油气勘探活动推向高潮,并在以后的七、八年里,这个海区一直是菲律宾石油勘探的热占地区,也是菲律宾唯一的产油区。

菲律宾的石油勘探从一开始就掌握在外国石油公司手中。1973 年以前以租地形式(大约有 300 年左右的租地)为各外国石油公司占有和进行勘探活动。1972 年 12 月 21 日,菲律宾总统签发了第 87 号政令,颁布了油气勘探开发条例,组建菲律宾国家石油公司(PNOC),要求对菲律宾油气勘探有兴趣的外国石油公司必须与菲律宾政府签服务合同。这种合同类似于印度尼西亚的产量分成合同,合同者承担全部勘探风险投资,在发现油田投入开发生产后,从总产量扣出一定百分数的产量偿还作业者的勘探开发费用,其余产量按 60∶40 分成,政府占大头。

表4 菲律宾三个投产油田产量情况表

油田名称	平均日产量(桶)							累计（至 1985 年 12 月 31 日）产量（万桶）
	1979 年	1980 年	1981 年	1982 年	1983 年	1984 年	1985 年	
Nido	23 500	10 400	2 900	2 685	1 541	747	749	1501.3
Codiao			6 257	4 867	5 411	4 839	3 368	754.2
Matinloc				9 568	6 402	5 047	3 773	671.9

表5 菲律宾在南海域的油气发现井

地区	井号	井位（经、纬度）	开钻日期 完钻日期	完钻井深（米）	油气发现情况	作业公司
巴拉望西北陆架	Nido - 1	E118°52′38″ N11°03′19″	1976.1.31 1976.3.13	2 751	测试日产油 1 440 桶	Cities
	S. Nido - 1	E118°49′57.5″ N11°02′18.9″	1977.6.6 1977.7.30	2442	11/2 英寸油嘴最大产量 7 343 桶/日	Cities
	Gadlao - 1	E118°49′57.5″ N11°19′13.5″	1977.8.4 1977.10.23	3292.6	11/2 英寸油嘴 2 800 桶/日	Amoco
	W. Nido - 1	E118°48′36.6″ N11°01′54.76″	1977.10.27 1978.2.25	2393.2	酸化后钻杆测试 11/2 英雨寸油嘴 9540 桶/日	Cities
	Matinioc - 1	E119°01′18.25″ N11°28′47.1″	1978.11.13 1978.12.30	2 874	测试稳定油产量 8 150 桶/日	Cities
	Pandan - 1	E119°0′02.56″ N11°26′14.49″	1980.4.17 1980.6.24	2 501	钻杆测试油 6 154 桶/日 气 6.18 万立方英尺/日	Cities
	Libro - 1	E119°03′42.82″ N11°25′48.69″	1980.6.26 1980.7.29	1 585	稳定产量油 1 600 桶/日 气 1.37 万立方英尺/日	Cities
	Tera - 1	E119°04′01″ N11°26′40″	1981.4.2 1981.5.20	2 168	酸化后稳定产量 3 400 桶/日	Cities
	Galoc - 1	E119°04′01″ N11°59′03″	1981.4.3 1981.8.29	3703	测试最大油产量 1 828 桶/日 （下中新统砂层）	Cities
	S. Caloc - 1A	E119°18′04″ N11°56′17″	1981.8.31 1981.11.6	2 615	气 237 万立方英尺/日 凝析油 145 桶/日	Cities
	Iinacapan A - 1A	E119°16′44″ N11°46′09″	1982.7.6 1982.8.16	888	3/4 英寸可调档板测试 日产气 467 万立方英尺	Cities
	San Martin A - 1X	E119°10′18″ N12°00′58″	1982.6.11 1982.8.30	1305	发现气	Phillips
	Galoc - 2ST	E119°18′29″ N12°00′06″	1984.1.3 1984.2.20	2 580	见油	Occidental

续表

地区	井号	井位 （经、纬度）	开钻日期 完钻日期	完钻井深 （米）	油气发现情况	作业公司
礼乐滩	Sampagui – ta – 1	E116°37′14″ N10°26′09″	1976.4.29 1976.7.28	4123	测试日产气 17 万立方米 （600 万立方英尺）	Amoco Salen
	Sampagui – ta – 1	E116°38′40″ N10°28′22″	1984.1.19 1984.4.24	3 899	测试产气（两井产气层为 下始新统砂岩）	Occidental

　　勘探开发条例政令颁布之后,首先是 Chevron、Texaco 和 Jabpract、Actro 等公司于 1972 年 12 月 30 日与国家石油局签订了第一个服务合同,此后每年都有新的服务合同签订。至 1976 年底是租地使用和服务合同两种形式并存时期。

　　1975 年 8 月,菲律宾总统又颁布了第 782 号政令,撤消 1949 年老的石油条例,要求所有按 1949 年条例而获得的租地特许权都必须在 1976 年 8 月 25 日以前转变为服务合同,否则政府将收回租地。1976 年,总统又把变换租地协议为服务合同的期限延至 1976 年 12 月 31 日。这样从 1977 年起,外国石油公司在菲律宾的油气勘探活动即主要以服务合同形式出现。其中合同区位于南海海域范围内的有 1、2、5、6、13、14 及 27 等几个服务合同。此外,从 1977 年起,菲律宾国家能源开发局又与一些外国石油公司签订地球专业合同,在菲律宾境内从事地球物理勘探。至 1981 年底,服务合同总数达到 34 个,地球物理专业合同达到 46 个,涉及近 50 家外国石油公司。从而 1982 年以后,再没有新的合同签订。至 1986 年,基本上只保留了礼乐滩、苏禄海南缘、吕宋岛和宿务岛为数极少的几个合同区。属于南海海域的西北巴拉望区的几个合同区,一直保留到 1985 年和 1986 年才逐步放弃。

　　地球物理调查工作开始于 20 世纪 60 年代末,并于 1971 年由 Oriental 石油公司在巴拉望西北和卡拉棉岛西海域钻了两口探井;Pagasa – 1（井深 2 306.4 米）和 Caliamin – 1（井深 2 104 米）。据报导,这两口井虽未见到油气显示,却证实了第三系有很好的生油层系(另据《海洋地质参考资料》1974 年第 5 期报导,Pagasa – 1 于井深 2 255 米见少量油气显示)。从 1973 年开始,先后有十几家外国石油公司介入此海域的勘探活动,签订了 1 号（Chevron Texaco）、2 号（Phillips）、5 号（Signal Champlin）、6 号（Amoco Mosbacher）、13 号（Amoco Basic Orienral）、14 号（Cities Husky）、15 号（Salen Amoco）、27 号（Pecten）等 8 个服务合同。其中 Salen、Amoco 合同位于我国的礼乐滩区。礼乐滩地区早先即被菲律宾单方划出 10 个租地（总面积 7 615 平方千米）,先后为 Seafront 和 White eagle、Oversea 所得,后瑞典以 Salen 为代表公司集团获得租地 20% 的股权于 1974 年在该区进行地震作业。1976 年转为服务合同,合同者为 Salen 和 Amoco 石油公司。

　　1973 年,第一个合同者 Chevron/Texaco 在巴拉望岛西南钻了 S. W. Palwan – 1 井,完井井深 7 540 英尺(2 300 米),钻遇地层在 2 252 米不整合全面以上为未成熟的下中新统,以下为混杂岩。1974 年无钻探活动。1975 年,Phillips、Champlin 和 Amoco 在各自的合同区内钻初探井。共钻 5 口井,未有发现。1976 年又钻了 3 口初探井,2 口见油气;其中 Cities 服务公司所钻的 Nido1 井,从下中新统礁灰岩中获得日产 1 400 桶油;Salen 在礼乐滩钻的 Samppaguita – 1 井于井深 3 150 ~ 3 160 米下始新统两层砂岩中测试获得 600 万立方英尺/日(17 万立方米/日的天然气)。从而把巴拉望西北海域的勘探活动推向高潮。统计至 1984 年止(84 年以后无钻探活动),在巴拉望西北的南海海域里总共钻了 59 口初探井(不包括探边井和评价井)有 15 口油气发现井,其中礼乐滩区钻 7 口,2 口测试产气。后经过探边、评价钻探,开成三个油田(Nido Cadlao 和 Matinloc)投入开发生产。

　　1979 年是菲律宾石油勘探史上一个重大里程碑,由 Cities 服务公司发现的尼多油田投产了,这是菲律宾的第一个生产油田。当年钻开发井 6 口,除 1 口井未达目的落空外,其余 5 口井从 2 月 1 日至 8 月 12 日陆续投产,当年产量 887 万桶。随后 Amoco 和 Cadlao 油田和 Gities 服务公司的 Matinloc 复合油田(由 Matinloc、Padan 和 Libro 三个含油构造组成),也分别于 1981 年和 1982 年投产。投产当年的平均日产量,Cadlo 油田为 6 257 桶,Matinloc 复合油田的储油层均为下中新统礁灰岩,投产后产量均下降很快。

　　巴拉望岛西北南海海域的勘探活动,从 1984 年起明显下降,主要是由于油气发现分布的三个范围窄,油田小,产量低且下降快,外国石油公司对此区前景丧失信心。尽管除已开发的三个油田外,还有其它一些发现井,包括 1984 年 Oriental 完钻的 Galoc –2ST 和 Dennison 在礼乐滩所钻的 Sampaguitn – 3 也分别见气,但无论在油藏规模、类型和分布区上都无突破性的进展。因此从 1985 年起,即报导过有什么钻探活动,只保留了油田生产作业和地震勘探活动。三个油田的生产,其总平均日产量也由 1985 年的 7 920 桶至 1986 年降为 6 911 桶。另一变化是 1986 年 Amoco 放弃其 6 号合同区,并把 Cadlao 油田的权益转让给 Alcorn(一个休斯敦公司)为代表的投资集团。与此同时,Alcorn 集团还接管了原 Cities 服务公司的 Nido、Matinloc 两个小油田及 Galoc、N. Matinloc 两个未开发的小油田。

　　据报导 1987 年,Dennison 矿产公司放弃了它在礼乐滩区所获得的 8 020 平方千米区块和菲律宾陆架南中国海前缘大部分地区(其中部分为争议区)。1987 年原油产量也由 1986 年的年产 246.9 万桶降为 203.9 万桶。

　　1988 年,Alcorn 投入较大量的勘探活动,首先是在 Galoc – 1 井进行扩大产量测试,并对 Matinloc – 1 和井进行维修,使它们投入生产。与此同时还钻了 N. Matinloc – 2 井和 S. Tara – 1 均见油。1988 年产油量可回升到 220 万桶,并预计 1988 年当增加

N. Matinloc 油田的产量时,年产量可达到 350 万桶。

六、文莱

文莱位于加里曼丹岛北部,濒临南中国海,陆地面积仅 4 765 平方千米,海岸线长约百余千米。文莱共发现 10 个油气田,除诗里亚(Seria)大油田和拉索(Rasau)小油田位于岸上外,其余都在海上,另有一批尚待进一步评价的油气发现,也几乎全部在海上。

至 1986 年底,在文莱总共进行约 56 120 千米的地震测量(包括小部分陆上地震测量),其中 1986 年所作的三维地震约 14 400 千米。海上探井约 85 口,获得 27 处油气发现,经进一步评价落实的油气田有 10 个。

文莱西北海域巴兰三角洲区的油气勘探活动开始于 20 世纪 50 年代初期。1957 年在安帕构造从一个固定平台下钻了第一口井,未获成功。其后随着移动式钻具和海上地震技术的引进,勘探活动迅速增长,成效显著。1963 年和 1966 年发现了西南安帕油田(S. W. Ampa)和其它北部 21 区,以后差不多每年都有所发现。至 1986 年为止,海上共有 8 ~ 10 个油气田,已投入生产的油田有 4 个(不包括跨越马来西亚 - 文莱海上分界线为双方所共有的费尔利 - 巴兰油田)。这 4 个油田探明的可采石油储量估算约 17 亿桶,区域性估算可采天然气储量约 7.5 亿立方英尺。随着对一些油气发现的进一步评价和新构造的钻探,海上的油气可采储量还会有所增长。

文莱的油气勘探开发活动和石油资源从本世纪初开始就以租地形式掌握在荷兰壳牌石油公司手里。50 年代初油气勘探重点转移到海域,直至 1982 年海域的勘探也一直为壳牌石油公司独家控制。从 70 年代起,虽有多家外国公司如 Wood、Sunray 等参与文莱的油气勘探,但均局限于陆地上,且均无重要的发现。1982 年 Jasra Jackon 石油公司才在海域上获得壳牌石油公司所放弃的部分面积,第一次打破了海上勘探为独家公司所控制的局面。1986 年 Elf - Aquitaine 和 Jackson 又从 Jackson 公司获得出让股权,Elf 成为该合同区的作业者。

表 6　文莱海区油气发现井

序号	发现井	发现日期(年)	发现情况	备注
1	S. W. Ampa - 1	1963	油、气	1965 年投产,开发井 250 口
2	Fairly - 1	1969	油、气	1972 年投产,开发井 61 口
3	Champion - 1	1970	油、气	1972 年投产,开发井 230 口
4	Fairly - Baram	1972	油	1975 年投产
5	Scout Rock - 1X	1975	气,油显示	待开发

序号	发现井	发现日期(年)	发现情况	备注
6	Magpie	1975	油	1978 年投产,开发井 28 口
7	Petrel – 2X	1976	气,油显示	
8	Gannet – 1	1977	气	待开发
9	Pelican – 1	1978	油	
10	Albatross – 1X	1979	气	
11	Frigate – 2X	1979	气,油显示	
12	Egret – 1X	1978	油、气	待开发
13	W. Chearnly	?	油、气	
14	Parak – LSTR	1980	油,气显示	
15	Osprey – 2X	?	气	待开发
16	Punyit – 1X	?	气	
17	Ampa W. – 1X	1981	油,气显示	
18	ron Duke S. – 1X	1981	油,气显示	
19	Punai N. – 1	1983	气	
20	Iron Duke – 6X	1983	重油	1984 年钻的 7X 和 8X 分别为油气井和气井待开发
21	Punai S. – 1X	1984	油	
22	Bubut	1984	油	
23	Kedidi N. – 1X	1984	油	
24	Barampa N.	1984	油	
25	Zz – 1X	1984	气	
26	Nuri – 1X	1984	油	
27	Gannet S. E. – 1X	1984	油、气	

　　壳牌石油公司实际上控制着文莱石经济和各个部门。直至 1973 年,文莱政府通过与壳牌石油公司的谈判协商,才得以参股 25%。1975 年又经过对合同条款的进一步谈判,政府与壳牌公司的股权分配改为 50:50。

七、南朝鲜

　　南朝鲜是一个没有陆地石油资源的国家,急切希望在海上找到海军研究所,亚洲近海矿产资源联合勘探协调委员会,在黄海东部及南朝鲜东部进行了航空磁测和地球物理调查,自认为发现了油气资源区。

　　实际上在埃默里的报告公布之前,南朝鲜政府就在海湾石油公司的帮助下开始考虑近海油气资源的勘探和开发问题。1963 年成立了韩国石油公司。1969 年 4 月向海湾石油公司出租了位于黄海的第 2 和第 4 矿区。当时,南朝鲜还没有公布海洋矿物开发方面的法规。

　　1970 年 1 月 1 日,南朝鲜政府公布了海底矿物资源开发法,同年 5 月 30 日发布总统命令,指定了七个出租区,其中有 5 个矿区出租给壳牌、德士古、雪弗龙石油公司,以及温德尔一菲利普石油公司。温德尔 – 菲利普公司的租让区,后来又转给韩美石油公司。这些公司在自己获得的矿区内进行过一些地震勘探,由于勘探结果不理想,以及政治原因,70 年代中期都陆续停止作业了。

　　海湾石油公司获得租让区最早,做的工作最多,撤离有争议矿区最晚。这家公司1969 年 4 月获得租让区,1969 年至 1972 年进行地球物理勘探的航程 7 261 海里,1973 年 2 月至 6 月在第二矿区进行钻探。第二矿区西部是与中国有争议的区域,由于中国政府的反对,以及没有发现没气显示,1973 年 6 月 10 日停止钻探。到 1976年,在各矿区钻探了 4 口井,均未见油气。

　　南朝鲜石油公司自 1983 年以来,在釜山以东 120 千米的近海区域在以前出租给壳牌石油公司的第六矿区,先后钻了 15 口探井。1987 年 12 月 4 日,在水深 1 370 米的深海区钻获天然气,日产 210 万立方米。为了探明矿区储量,1988 年 4 月以后已开始打评价井。

八、“《日韩共同开发区》”

　　日本和南朝鲜于 1974 年 1 月签订所谓“日韩共同开发大陆架协定”,1977 年 6 月日本国会批准了这一协定,1978 年 6 月日本和南朝鲜互换批准书,从而开始“生效”。1979 年 3 月,日韩之间又就勘探和开采经营方法问题达成协议,开始进入实际开发阶段。1980 年 5 月,日韩之间决定在第五区、第七区进行钻探,中国政府曾多次声明,反对日本政府的一意孤行。但是,日本政府根本不顾中国政府的态度,一味采取片面行动。为此,1980 年 5 月 7 日中华人民共和国政府再一次发表了严正声明:“中国政府再一次郑重声明:日本政府不同中国协商,背着中国而同南朝鲜当局签订的所谓‘日韩共同开发大陆架协定’完全是非法的、无效的。中国政府对于侵犯我国主权和重大利益的行动决不能置若罔闻。任何国家和私人如果在该‘协定’所片面划定的所谓‘共同开发区’内擅自或参与进行开发活动,必须对由此产生的一切后果承担责任。中国政府保留对该区域的一切应有权利。”

　　南朝鲜和日本政府不顾中国和北朝鲜的反对,自 1980 年以后继续进行了钻探活动。据报导,日本、南朝鲜的石油公司,以及在这一地区获得租让权的德士古、雪弗龙公司等,已在"日韩共同开发区"打井 11 口,其中见到井位报导的 6 口,第五矿区 2 口,第七矿区 3 口,第八矿区 1 口,均未见工业性油流。当 1985 年夏季日本和南朝鲜合作在第七矿区和第八矿区各打一口探井均告失败以后,德士古和雪弗龙两家西方石油公司对共同开发区的石油开发远景失去信心,决定撤退。但是,日本和南朝鲜石油公司均认为第五矿区有丰富的油气资源,接受了国际石油资本的勘探开发权权益,还准备进一步进行钻探。

(《动态》1989 年第 3 期)

我国申请海底多金属结核开发先驱投资者的必要性和可行性分析

王志雄

1984 年 8 月 1 日国家海洋局、地质矿产部、冶金部、国家经委、国家科委、外交部、中国有色金属工业总公司联名向国务院上报了《关于加强大洋锰结核资源调查工作的请示》((84)国海外字第 582 号)。提出了"争取在 1990 年前向国际海底管理局筹委会申请一块海底富矿区,待以后开发"。1984 年 8 月 16 日李鹏同志、张劲夫同志批示同意。

因此,我国目前是否正式提出先驱投资者申请的问题已提到议事日程上。本报告着重从经济分析的角度探讨我国申请先驱投资者的必要性和可行性。从利弊分析看,其利大于弊。在我国的调查区域的多金属结核的品位、丰度、储量和开采条件达到要求(这些是首要的先决条件)和具备法律条件的情况下,我国再申请先驱投资者为宜。

一、海底蕴藏着丰富的、具开采价值的多金属结核资源

1. 海底多金属结核的分布

海洋的面积约占地球表面的 70% ,并且其中的 79.4% 水深约 2 000 – 6 000 米。在世界各大洋中,大约有 15% 的深海底被通称为锰结核的富含锰、镍、钴、铜等 76 种元素的多金属结核结壳覆盖。多金属结核中主要含有两类具重要意义的矿产资源,一类是工业生产不可缺少的短缺物资 – 铜和镍;一类是影响国防和经济发展的战略物资—钴和锰。组成多金属结核的矿物主要是铁锰氧化物、氢氧化物和铝硅酸盐矿物。镍和铜一般赋存于锰矿物中,钴赋存于铁矿物中。

由于不同海区的地质、地理、生物和海况条件的不同,多金属结核的丰度(富集度)和品位也有所不同。其最主要的分布区域是太平洋,其次是印度洋和大西洋。

太平洋的多金属结核主要分布于克拉里昂 – 克里帕顿断裂带为边界的地区(通常称为 C – C 区)、东北太平洋盆地、中太平洋盆地、中太平洋海山区和南太平洋、东南太平

洋海盆区。

根据美国地质调查所资料，C－C区（7°－15°N,114°－158°W）的面积约为6×10^6 km^2。Ni＋Cu＞1.8%的面积达2.5×10^6 km^2。该区一大半以上地区的多金属结核的平均丰度为11.9 km/m^2,平均品位为Cu1.02%,Ni1.27%,Co0.22%。

2. 海底多金属结核的可采储量估计及利用前景

大洋底部蕴藏着丰富的多金属结核,但是迄今对其储量的估计仍是不十分确切的。这是由于目前世界各国所进行的详勘的面积仅为整个海域的3%,并且由于对储量等级的评估的不同,其所得的结果也明显不同。

Pasho(1979年)认为,多金属结核的金属价值70%来自镍,其次为铜和钴,作为经济储量的标准,其平均品位Ni＋Cu应为2.25%（储量计算的边界品位Ni＋Cu应为1.8%）,平均丰度应为5 kg/m^2。除此以外,其余的均属于资源,即根据广泛的地质理论和资料加以假设和推论的蕴藏量。

据估计,整个大洋底的多金属结核资源约有3万亿吨。L. J. Mero(1965)根据54个测试样品,29张海底照片,10个挖斗取样,62个岩心,估计整个太平洋的多金属结核资源约为1.7万亿吨。

Archer和Healing(1976)取边界品位Ni＋Cu＝1.76%、丰度＝5 kg/m^2,对各太平洋总储量进行计算,统计362×10 km^{2}内的1523个站位,符合参数的总面积为4.9×10 km^2,总储量750亿吨。Holser(1976)取边界品位Ni＋Cu＝1.76%、丰度＝10 kg/m^2,符合参数的总面积为3.9×10 km^2,总储量700亿吨。

Frazer(1977年)采用网格估计法,计算出太平洋的可采积极为1.37×10 km^2,总储量140亿吨。另据计算,在C－C区,按Ni＋Cu＝1.8%圈定的面积可达2.5×10 km^2,按丰度＝5 kg/m^{2}圈定的富矿区积极可达1.25×10 km^2。该区多金属结核的平均丰度为11.9 kg/m^2,总储量达150亿吨。

如果C－C区富矿区的可采率为20%,则可生产出2.1亿吨干结核(Mckelvey,1983年),可供27家公司开采25年,各获得7 500万吨结核。如果按结核的平均金属含量Mn 25%,Ni 1.3%,Cu 1.0%,Co 0.22%计算,可回收金属Mn 0.525亿吨,Ni 0.0273亿吨,Cu 0.021亿吨,Co 0.046亿吨。

Halbach(1980)计算,一个年产300万干结核的矿区,每年可提取Ni 3.4×10^4吨Cu 3×10^4吨,Co 5×10^3吨和Mn 6×10^5吨。按西德1976年的消耗情况,上述产量可以满足西德60%的Ni,4%的Cu,250%的Co,200%的高碳锰铁合金的需求量。

多金属结核中Mn、Ni、Co、Cu等金属的储量高出陆上相应储量几十到几千倍(见表1)。而四种金属的陆上储量远不能满足人类的长远需要。以美国内政部矿务局公布的储量按1979年世界消耗量计算的陆上储量的静态供应年限Cu、Mn、Ni、Co分别为 53. 7 年、77. 6 年、79. 6 年和 67. 3 年（见表 2）。西德《世界报》按目前消费增长率计算的陆上储量的动态供应年限 Cu、Mn、Ni 分别为 49 年、83 年和 42 年。因此，50～80 年后，上述四种金属的陆上储量可能将枯竭，人类最终必将开发海洋中的矿产资源。

表 1　太平洋多金属结核中 Cu、Ni、Co、Mn 储量与陆地矿山储量之比

金属种类 储量及寿命	Mn	Cu	Ni	Co
世界陆地矿山储量（吨）	10 × 10	1 × 10	0. 15 × 10	0. 01 × 10
1973 年世界的消耗量（吨）	1. 40 × 10	250 × 10	12 × 10	700 × 10
按现在年产量计算陆地矿山资源的寿命（年）	700	40	120	140
太平洋海底 1M 深沉积物内多金属结核中金属储量（吨）	2000 × 10	50 × 10	90 × 10	30 × 10
按现在消耗水平太平洋多金属结核资源的寿命（年）	1. 4 × 10	0. 2 × 10	7. 2 × 10	42 × 10
太平洋多金属结核中金属储量相当于陆地矿山储量的倍数	200	50	600	3000

表 2　世界金属储量和按 1979 年世界消耗计算能供应的年限

金属种类	储量（万吨）	1979 年产量（万吨）	可供年限（年）
Cu	49400	930	53. 7
Mu	163000	2100	77. 6
Ni	5400	67. 8	79. 6
Co	148	2. 2	67. 3

二、海底多金属结核勘探的国际形势

近 20 年来，随着世界工业的发展，人类对矿产资源的需求日益增长，一些工业发达国家对寻找新资源的注意力开始从陆地转向海洋。而富含 Mn、Cu、Co、Ni 等 76 种元素的多金属结核尤为引人瞩目。20 世纪 70 年代以来，美、苏、英、法、西德、比利时、意大利、瑞典、荷兰、挪威、印度、加拿大、澳大利亚和南朝鲜等纷纷卷入海底多金属结核的勘探活动中（近来，东欧的捷克、波兰也表现了兴趣）。

虽然海底多金属结核开发存在着难度大、风险大的问题。但是各国仍不惜耗费巨资和人力进行调查勘探和采集的可行性研究。例如，美国的四个财团 1974－1984 年就投资了 2 亿美元，日本 1981 年制定的 9 年规划投资研究费用 8 000 万美元，西德自 1974 年以来的 10 年中投资 1 亿马克（约 5 800 万美元），法国 1970—1999 年投资 7

亿法郎（约 1 亿美元），南朝鲜在 1984 年投资 3 000 万美元。

在上述国家中，除澳大利亚持坚决反对态度外，美、日、法、西德、苏、印等国的态度和政策尤应值得加以研究和分析。

1. 美国一直在有计划地进行着海底多金属结核勘探活动

美国是一个从事海底多金属结核勘探较早的、并在技术上处于领先地位的国家。自 1957 年以来，美国的海底多金属结核开发活动一直没有中断。1980 年底，一些财团就完成了 10－15 年的深海采矿的调查勘探及开采和冶炼的开发研究。

而自 1984 年以来，美国对于海底多金属结核开发问题的研究和探讨又日趋增多。美国政府的海洋法顾问、国家海洋和大气局矿物能源部的领导及海底采矿的主管员以及采矿公司、研究院校均纷纷发表文章，阐述观点。

美国海洋和大气局（NOAA）海洋矿物和能源部的 J. P. Flanager 认为，多金属结核的开发对美国有 5 点好处：（1）美国的战略金属 Ni，Go，Mn 的 97％ 需要进口，生产国的政治不稳定、高价格、控制产量等有可能使美国得到的供应量受到限制，多金属结核的开发能以竞争的价格保证美国战略金属资源供应的稳定；（2）可以减少美国的外汇赤字；（3）增加基础工业的投资；（4）解决地区劳动力的就业；（5）使美国能继续在海洋技术方面保持领先的地位。

因此，1984 年，NOAA 认为，虽然在过去的 10 年中，世界金属市场价格出现下降、商业开采前景暗淡、对结核的开发出现争议，但是为了美国工业的发展，美国今后应保持对多金属结核开发决策的选择。

1986 年，NOAA 海洋矿物能源部主任 J·Lawless 在"回顾和展望深海底锰结核开发"一文中进一步指出："70 年代末期出现的金属需求量的下降，意味着市场不需要增加新的金属资源。但是决不意味着锰结核没有潜在的经济意义。"他认为，伴随着出现的锰结核开发的短暂的争论，锰结核开发的潜在的发展趋势正在增长。在现时金属市场出现逐渐见好并稳定的局面时，美国的财团正在朝着商业开发的方面继续他们的工作。

美国深海探险公司的 W·D·Siapno（1986 年）认为，多金属结核的开发约在 90 年代以后。但是目前开发活动中的这个冷寂的时期正提供了一个研究将来继续进行开发的极好机会。现在是重新研究资源问题和对未来开发进行更有效的规划的有利时机。

一方面，美国出于其自身利益的考虑，认为《联合国海洋法公约》关于资源规划、生产论证、技术转让、领取许可证、税收、承担费用、生产限额等规定受控于发展中国家，迄今拒绝签署《联合国海洋法公约》。另一方面，美国在 1980 年自行制定"深海硬矿物资源法"（PL－96－283）。为了鼓励私人继续投资和给予场区安全和作业的法律保障，以后又多次修改该资源法。1982年,美国与英、法、西德签订"关于深海海底多金属结核临时谅解协议"(即"八国谅解协议")。美国的所有这些作法,是企图建立一系列讨价还价的国家级协定、无视海洋法公约另搞一套自行开采的制度,以达到其摄取国际海底区域矿产资源的更大利益的目的。

美国开始于1982年实施NOAA制定的深海采矿计划。1982年,NOAA收到四个财团对开发东太平洋10个地区的执照申请。1983年,上述财团与日本协商,签署解决重迭的协议,并于1983年修改了他们申请地区(改为5个)

1984年,NOAA正式向四个财团颁发了勘探执照。执照规定了对每个执照持有者的活动的要求:a)继续申请区的调查;b)进行广泛的海底研究和技术试验,目的为提高研究的精度。其具体内容为:详细的海底地质填图,障碍物的探测,结核品位、丰度、储量的评价,研究海底的工程性质,搜集环境基础资料,进行遥感探测、有纳扫描、海底电视和摄影、深部剖面、样品分析等调查研究活动,以及世界经济市场评价、市场战略和财政计划、技术方案的研究。

NOAA的执照期为10年,并规定在此期间不得进行全规模商业开采,需待执照结束后(即1992年后)另行申请开采执照。

目前,NOAA正在着手制定商业开采法规。

2. 日本是对海底多金属结核开发最积极的国家

日本继法国之后,签署《联合国海洋法公约》,并于1984年8月21日向国际海底管理局筹委会提出了多金属结核开发先驱投资者的申请,1987年得到批准。

日本是对多金属结核开发最积极的国家,在潜在的开发多金属结核的国家中,有着明显的独特表现,日本没有参加美、英、法、西德在海底管理局筹委会外签署的"小条约"。1986年,日本驻联合国代表Moritaka Hayshi阐述了影响日本深海采矿政策形成的四个因素:(1)由于日本的地理位置和地质条件以及历史和文化的背景,海洋利用对日本的生存和发展有着重要的作用,日本希望在世界活动中能建立稳定的经济秩序和法律秩序;(2)日本是世界上最大的Ni和Cu的消费国,须从国外进口100%的Ni,96%的Cu,100%的Co和90%的Mn。日本工业希望减少对这些金属进口的依赖性;(3)日本需要维持和西方工业国家在深海开发的技术、经济、政治方面的紧密合作。如日本的三菱公司(占资本25%)参加了海洋管理公司财团;锰结核开发公司、日立公司参加了海洋采矿财团;(4)日本需要加强政府和私人企业之间传统的紧密的联系,如1981年日本政府制定的多金属结核开发9年计划,是政府和私人企业的一个合作项目,政府投资8 000万美元,由金属采矿公司和19个企业组成的锰结核采矿技术协会承担技术研究项目。

因此,日本的态度是:(1)今后将继续进行深海底的勘探;(2)希望通过进行的大范围的研究项目,在深海底采矿技术方面有所突破;(3)日本将在联合国海洋法公约和国际海底管理局筹委会的规定下进行这些活动;(4)对一些争论,日本与其他西方国家的态度(法国除外)有所不同。然而,从长远考虑,为了避免采矿地区的争执和使实际的勘探得以进行,日本能与西方国家和利益相协调;日本也希望西方国家、社会主义国家和77国集团之间的各种分歧能以实际的有效的方式予以解决。

3. 法国从保障供应、威慑市场价格的战略目标出发进行海底多金属结核勘探活动

法国也是一个申请了先驱投资者的国家。法国的开发研究活动是以政府机构为主进行的,并且企业可以得到政府的资助。

由于法国缺乏多金属结核中的四种金属,为了保障供应,法国采取了开发多金属结核的政策。据 G·Villars,法国认为:(1)无论是现在或将来,即使海底多金属结核的开发得不到经济效益,但通过多金属结核的开发可以控制供应,抑制和威慑陆地生产者提高价格,从而在客观上使结核的开发收到实效;(2)当陆地矿产资源枯竭时,多金属结核有可能成为法国工业原料的来源,从而保障法国矿物原料的长期供应,而价格问题仅是一个次要的问题;(3)由于保障和威慑方面的原因,即使从经济上说多金属结核永远不可开发、也永远得不到利用,但是这一项目的可行研究上所花费的费用,今后也能产生一些实际的、积极的效果。例如,可以促进海洋工程技术、陆地难选矿石冶炼技术的发展等。

因此,法国的一些学者认为:(1)应趁目前多金属结核开发进展之际,赶紧制定一个包括采矿和冶炼在内的详细而切实际的技术经济方案,并对开发方案进行论证,以确定未来开发技术的发展方向;(2)分析发生供应的情况,探讨应付危机的对策,研究技术方法的选择、开发的进度和战略措施等。

4. 西德为满足其工业对镍、铜、钴、锰的需求进行海底多金属结核的勘探

西德也是一个在海底多金属结核开发方面进行得较早的国家,在调查勘探、开采、冶炼技术研究等方面的均取得显著的成绩,而且其调查的技术手段也是较先进的。

西德也是一个消费 Mn,Cu,Co,Ni 的主要的工业国家,其陆上缺少这四种金属资源。氢 U·Boin 认为,一个年产 300 万吨干结核的矿区可满足西德 60% 的 Ni,4% 的 Cu,250% 的 Co,200% 的高碳锰铁的需求量。如果西德在中太平料北部申请一块足够大的矿区,可满足西德 20 年内对 Ni,Cu,Co,Mn 的大部分需求量。

所以,西德的专家认为,多金属结核开发在技术上是可行的。但是,他们信为,目前存在着两个问题,一个是目前的市场需要还不迫切,并且投资较大,需承担较大的风险;一个是国际上还没解决有关开采的法律问题。而对于解决立法争执、划分合法

区域、进行技术开发均需要一定时间。他们认为,深海采矿无疑会实现,但大规模的商业开采不会很快实现,可能要到 2000 年。

西德基于其自身利益的需要,在多金属结核开发的问题上,它与美国是紧密配合、步调保持一致的,如与美、英、法联合搞"小条约"。

5. 苏联进行海底多金属结核开发的目的是实现其亚洲太平洋战略和有效地利用、保护本国的矿产资源

虽然美国等西方国家首先在太平洋地区进行多金属结核的开发活动。但是,苏联利用西方国家尚未协调其立场之机,以及美、英、西德等国未签署《海洋法公约》而不能进行申请。早在 1983 年 7 月抢先向国际海底管理局筹委会提出申请,成为第一个申请先驱投资者的国家。

苏联的考虑主要与维护其超级大国的利益、与美国争霸全球的战略有关,尤其与其实现亚洲太平洋的战略有关(如 1988 年 12 月 29 日日本《产经新闻》述评,苏联一方面宣布削减部队官兵 50 万人,一方面依然增加其太平洋舰队)。

苏联其次考虑的是资源的问题。苏联基本上是一个锰、铜、钴、镍可以自给的国家。但是,它也是一个消费这四种金属的大国。为了有效地合理利用、保护本国的陆地资源,苏联有意识地寻求一些国外的矿产资源。例如,苏联的锰矿的储量是较多的,是一个锰的生产大国。但是,从 1980 年起苏联还从南美和澳大利亚进口锰矿。

6. 印度为谋求称霸印度洋和利用海洋矿产资源,大力从事开发海底多金属结核的活动

印度也是一个申请先驱投资者的国家。

印度对海底多金属结核开发的关注和积极主要出发于两点:(1)海洋资源利用的必要性;(2)海洋在战略上的重要性。

目前,虽然印度出口大量锰矿,但据印度估计其锰的储量的开采不足以维护 25 年以上。印度目前需要的大部分铜和几乎全部镍、钴均需要进口。为了印度工业的发展,印度政府在 20 世纪 70 年代初期就确立了印度潜在资源研究和评价的计划,并支持地质勘探部门和科学界进行海洋开发的研究。

在战略上,印度有大力发展其海军、称霸印度洋的野心,以及企望在第三世界国家中树立形象和维护其在印度洋的利益。

所以,印度主要在印度洋的赤道及其附近区域进行调查研究,并主选印度洋的中印度盆地(估计结核的复盖面积超过 1 000~1 500 km^2)为其申请先驱投资者的主选区。

7. 澳大利亚为维护其资源生产大国的利益,反对进行多金属结核的开发

澳大利亚是目前反对进行海底多金属开发唯一的最坚决的国家。

澳大利亚代表团在 1986 年的国际海底管理局筹委会会议上提出了"锰结核开发的经济可行性"报告,认为需投资 15 亿美元,而利得率为零或低于零,此外目前金属市场价格较低、市场需求量不大、而且代用品普遍增多,加之技术难度大,因而多金属结核的开发在经济上是不可行的。

澳大利亚的观点有其客观的一面,但是主要是从其本国利益考虑的。澳大利亚是世界上主要的矿产资源生产国之一。它是目前世界上最主要的锰的生产出口国。其钴的储量为 650×10^6 磅,生产量仅次于扎伊尔和赞比亚。60 年代后期成立的澳大利亚西方采矿公司的镍矿产量迅速增长,目前已占世界镍产量的 1/10。

1985 年,西德学者 F·Foders 在"谁将从深海采矿中获益?"一文中分析:如果深海采矿得以进行,首先遭受损失的是扎伊尔,其次是澳大利亚和加拿大。

8. 加拿大虽认为多金属结核的开发近期内不可行,但仍参与跨国公司的海底多金属结核勘探活动

加拿大也是一个反对进行多金属结核开发的国家。1985 年,加拿大代表团在国际海底管理局筹季会第四届第一期会议上声明:"深海底采矿不是一项近期可行的活动。由于这一活动不具商业可行性,国家和私人企业在今后 20 年内不会开始采矿。加拿大公司已削减了海底采矿的人力和财政支出"。加拿大只是认为 20 年内不会开采,而没有完全否定;加拿大只是削减该项的财政支出,但并没有完全停止。加拿大的国际镍公司、Noranda 矿业公司和 Cominee 公司仍参加了开采多金属结核的国际财团。加拿大的采矿、冶炼技术是较先进的,因此加拿大代表团在声明中表示愿意提供人员培训和技术帮助。

加拿大也是世界上一个主要的矿产生产国,其反对进行多金属结核的开发,一定程度上也有自身利益考虑的因素。例如,加拿大的国际镍矿公司在 50 年代其镍的产量占世界 80%。目前其国际镍矿公司和 Sherrit Gordor 采矿公司的镍产量仍近世界产量的 1/3。并且,加拿大也是一个铜生产国。据 1982 年资料,加拿大的铜产量占世界的 7.7%,仅次于美(14.1%)、苏(14.0%)、智利(15.4%),高于赞比亚(6.6%)、扎伊尔(6.2%)和秘鲁(4.4%)。而美、苏的产量主要用于本国消费。因此,加拿大是与智利、赞比亚并列的主要铜出口国。

邓小平同志 1988 年会见印度总理拉吉夫·甘地时说:"世界上现在有两件事情要同时做:一个是建立国际政治新秩序;一个是建立国际经济新秩序。"海底多金属结核开发是建立两个国际新秩序的一个具体组成部分,从世界政治、经济的发展和各国对多金属结核开发的态度与政策来看,我们应取积极参与海底多金属结核开发活动的选择。

三、深海多金属结核的生产费用比陆地金属的生产费用少

（一）海底多金属结核开发的投资估算和评价

1. 投资估算的局限性

自 1965 年起,世界各国先后约有 16 个学者和研究单位进行了海底多金属结核开发经济方面的分析。然而,所有这些研究均具有一定的局限性。这是因为:①对于结核的开发,迄今还没有一个国家或财团进行过具一定规模的商业性开采。尚无经验供鉴,所有的估算均是在假设的基础上进行的;②由于结核开发技术尚未得到确证以及金属市场价格的难于估计,影响了经济参数选择的精确性。所依据的数据仅是根据生产者之间谈判时双方提供的数据,加以理论上的推测构成的。

所以,从实质上说,这些经济分析研究均没有达到为评价工业生产的投资和效益所要求具有的高度精确性的水平。并且,由于不同的学者采取的计算方法不同、考虑的侧重面不同、选择的参数不同,从而其结果差距也均较大,很难得出确切的成本投资和作业投资的数据,甚至得出的结论有些方面互为矛盾。例如,对于利得率,有的为 18% －25%。有的为 10% －11%,有的为零或负值。

2. 投资估算的主要标准和内容

多金属结核中最具商品价值的金属是 Ni 和 Co,其次是 Cu。据美国内政部 IC － 8933(1983 年)报告,Ni 的收入在回收四种金属的生产中占 54% －56%,在回收三种金属时占 68% －70%。据 1981.1 的市场价格,Co 的价格为 Ni 的价格的两倍,因而 Co 的利润也是较大的。虽然 Mn 在结核中的含量最高(25% ±),但是其品位远低于工业品位(40% －50%)。法国 G·Villars(1982 年)认为,全部回收 Mn,经济效益可能较小,如果利用湿法提取 Ni,Co,Cu 并部分回收 Mn,可使冶炼费用有所降低。

投资估算的模式一般有提取三种金属和四种金属之分;年产量 100 万吨、200 万吨和 300 万吨之分。利得率的标准为 15% －18%。开采周期 20 年。

在假定多金属结核的品位和丰度符合要求的情况下,多金属结核开发的投资估算常分为开发研究和调查勘探、开采、远输、冶炼加工四个部分,并按成本投资和年作业投资两个项目来进行预算。

关于投资估算的详细内容参阅附录二《多金属结核开发投资估算的明细项目》。

3. 法、美、澳等投估算举例

具代表性的投资估算有法国、美国、澳大利亚等实例。

(1)法国:

法国国家海洋开发中心 J·P·Lenoble(1979)以 300 万吨干结核回收 Ni,Cu,Co

计算,成本投资 12.5 亿美元,年作业投资 2.7 亿美元,总投资 15.2 亿美元。每年可回收金属 Ni 3.8 万吨,Cu 3.4 万吨,年产值 4.07 亿美元,利得率为 11%,回收年限 11.1 年。若从 200 万吨干结核中回收四种金属,成本投资 13.25 亿美元,年作业投资 4 亿美元,每年可加收 Ni 2.5 万吨,Cu 2.3 万吨,Co 0.48 万吨,Mn 50 万吨,利得率 24%,回收年限 5.5 年。

法国 G·Villars(1982)计算,调查勘探和可行性研究需费用 0.5 亿美元,采矿、冶炼 3.3 亿美元,总投资 15.5 亿美元。

通过计算,他们得出结论:①由于目前金属价格萧条,上述方案不赢利;②如果金属市场价格长期稳定,可赢利;③多金属结核开发的经济效益很大程度上取决于未来技术的开发和研究的成果及有关的税收;④除非卡特尔集团打入一、二个市场(Co 或 Mn),否则在 2000 年前无法与陆地矿石进行竞争;⑤在实力雄厚的卡特尔财团的影响下,如果 Mn 和 Co 在威价格范围内,上述方案有可能成为可行。

(2)美国:

美国的麻省理工学院、得克萨斯大学、夏威夷大学、内政部矿务局、伍兹霍尔海洋研究所等均进行了多金属结核开发的经济分析。

Nyart(1978,麻省理工学院):假定年产 300 万吨干结核,开采 25 年,提取 4 种金属,成本投资 5.59 亿美元,年作业投资 1 亿美元,总投资 6.6 亿美元。

Black,John Roland Howand(1982,麻省理工学院):年产 300 万吨干结核,每吨成本投资 302 美元,总成本投资 9 亿美元,每吨作业投资 135 美元,总作业投资 4 亿美元,总投资约 13 亿美元。

Kurt Susterich(1983,伍兹霍尔海洋研究所):所产 300 万吨干结核,提取 4 种金属,成本投资 13.596 亿 – 15.63 亿美元,年作业投资 3.313 亿 – 4.303 亿美元,总投资 17 亿 – 20 亿美元,利得率 8% – 10%。

C. Thomas Hillman(1983,内政部矿务局):提取 3 种金属,300 万吨,研究开发总投资 1.42 亿美元,总采矿投资 5.387 亿美元,总运输投资 3.5 亿美元,加工投资 7.57 亿美元,采矿作业投资 0.7 亿美元,加工作业投资 1.08 亿美元。共计 18.637 亿美元,利得率 4% – 6%。并认为,附带回收铁锰的作用比不同收铁锰的作业的效益低。

C. T. Hillma 和 B. B. Gosling(1985,内政部矿务局):年产 300 万吨,成本投资 16.281 亿美元,年作业投资 2.241 亿美元。

研究表明,回收率、品位、价格、成本投资影响利得率较小,仅 ±1% 的变化;年作业投资影响利得率较大(2.7%)。

他们得出结论:只有具价格支持、税收减低、资助开发和研究的经济基础上,多金属结核的开发才有可能进行。

（3）澳大利亚：

澳大利亚代表团在1986年第四届国际海底管理局筹委会会议上提交了《深海海底开采多金属结核在经济上的可行性》报告：年产300万吨，提取3种金属，成本投资12.216亿美元，年作业投资2.616亿美元，总计15亿美元。利得率为零或低零。其费用的具体分摊为：调查勘探0.21亿美元；开采成本3.207亿美元；开采年作业成本0.931亿美元；运输成本0.855亿美元，年作业成本0.265亿美元；冶炼成本6.234亿美元，年作业成本1.42亿美元。

法国、美国、澳大利亚投资估算实例的详细内容见附录三《法国、美国、澳大利亚多金属结核投资估算详细举例》。

4.22例投资估算实例的分析和评价

各国学者1965—1986年进行的22例多金属结核开发投资估算列于表3。

表3　22例各国学者海底多金属结核生产投资估算

项目估算者	年产量(百万吨)	提取金属	成本投资(百万美元)					年作业投资(百万9元)				总投资(亿美元)
			研究开发调查勘探	采矿	运输	加工	总计	采矿	运输	加工	总计	
Hess H. D(1965)	1.5	5	6.0		75.0~100.0	106.0	81.0~106.0	6.00~9.00	15.0	37.5	58.50~61.50	1.395~1.675
Sorenson P. E(1968)	1.8	4		150.0	15.0	50.0	215.0	16.5	10.5	45.0	72.0	2.87
Dorstewitz G(1971)	1.25	4	0.9	23.1	11.0	35.6	70.0	9.1	7.7	39.1	55.8	1.264
Derchseler M(1972)	1.0	3	6.0	70.0	15.0	70.6	161.0	3.00	15.00		29.25	1.903
Derchseler M(1972)	2.0	4	9.6	112.2	24.0	160.2	306.2	42.5	5.22	29.25	77.06	3.8306
Pearson J. S(1975)	0.907	4	0.1	0.3	3.0		10.0	0.3	4.0	14.0	18.30	0.283
Leipziger D. M(1976)	3.0	3	80.0	(300)			380.0				105.0	4.850
Kennecott(1976)	1.36	3	50.00	16.40	55.00	342.00	250~300	21.1	14.9	64.5	70~120	3.2~4.2
Nyart J. D(1978)	2.72	3		96.00	99.5		559.40	21.1	14.9	64.5	200.5	6.599
Diederich F(1979)	2.72	3	100.0	189.2	510.0		967.9	58.8	22.9	170.0	251.7	12.196
Little Arthur D(1977)	2.72	4	45.0	98.0	331.0		474.0	17.0	31.5	95.0	153.0	6.27
西德深海采矿协会(1979)	3.0	4	3.0	160	17	617	959	42	30	142	314	12.73
Little Akthur D(1979)	2.72	4		(213.2)	421		634	(83)		138	221	8.55
Black J. R. H(1980)	3	4	100.00	120.8	65.5		1363.6	25.2	15.9	369.4	410.5	17.841
高国雄有(日)	3	3	19.9			4.40		15.0	4.0	0.05	3.81	4.45
K. Sustorich	3	4					12.63				19.93	19.93
K. Sustorich							12.50			15.00	15.63	15.93
K. Sustorich	3	3					15.63				2.90	15.20
J. P Lenoble(1979)	3	4	(1.50)	(3.50)	8.25	13.25	11.82	0.80	0.50	2.70	4.0	17.25
G. Villars(1982)	1.5	4		538.70	310	11.82	13.25	25.2	15.9	40.0	3.81	15.63
G. T. Hillman(1983)	3	3	142.0	58.73	310	757	1645.7	70.0	40.0	218	218	18.637
G. T. Hillman(1983)	3	3		590.6	310.6	726.7	1628.2	76.5	36.70	11.09	224.1	15.82
澳大利亚(1986)	3	3	210.0	320.7	85.50	623.4	1221.6	93.1	26.50	14.2	261.6	14.832

综合对比表3中所列各项,得出如下结论:

①1976年以前的估算多以年产100万～200万吨为基点,总投资较为偏低(1亿～3亿美元)。

②1976—1986年各学者计算的总投资数额差别均较大,从4亿～18亿美元不等(成本投资3亿～6亿美元,年作业投资1亿～4亿美元)。并且它们大致可分为3组:a)4亿～7亿美元(Leippiger 1976年,Konnecot 1676,Nyart 1978,LiTTle 1978,高国雄有);b)9亿～12亿美元(Diederich 1979,西德亚琛深海采矿协会1978,Little 1979);c)15亿～18亿美元(Black 1980,Lenoble 1978;Hillnan 1985,澳大利亚1986)。

③对于15亿～18亿美元一组,经对比发现,Black和Lenoble的计算中年作业加工费过高,分别为3.7亿美元和2.7亿美元(一般为0.6亿～1.5亿美元);Hillman的计算中运输成本投资过高,达3.1亿美元(一般为0.5亿～0.8亿美元);澳大利亚的计算中调查勘探费和采矿作业投资过高,分别为2.1亿美元和1亿美元(一般0.5亿～1亿美元和0.4亿美元)。

④经综合分析后,可以看出,美国麻省理工学院的Leipziger,Nyart,Little等学者结合Kennecot公司的采矿实践进行计算的投资为6亿～9亿美元可能交为接近实际。西德Diederich(1978)认为Nyart的6.6亿美元对风险估计不足,他将成本投资增加73.6%,作业投资增加155.5%,其得出的总投资12亿美元可能略为偏高一些。

(5)因此,综上所述,估计多金属结核开发的总投资大约在10亿～11亿美元左右。其中,调查勘探费用约0.5亿～1亿美元,成投资约8.9亿美元,年作业投资约1.5亿～2亿美元。

(二)深海多金属结核生产的投资费用和陆地金属生产的投资费用的比较

目前,对多金属结核开发持反反观点的人的主要理由是其投资成本高。但是,通过陆地镍的生产状况的分析及将陆地矿石和海洋矿石换算成等价镍后加以比较,不难发现,深海多金属结核生产在成本投资、作业投资等方面明显地比陆地金属生产的投资费用低。

1. 陆地镍的生产处于近于亏本的状况

西德海洋矿物资源开发公司的研究表明,在决定是否投资6亿～15亿美元于海底多金属结核开发的论证时,掌握镍和铜的销售行情是一个先决的条件。目前世界上几乎还没有一家处理类似红土镍矿的采冶联合企业,能在回收其投资额的情况下投入生产。澳大利亚、菲律宾、多米尼加、印尼等70年代投产的镍冶炼厂几乎在近于亏本的状况下生产(注:我国在某些方面也有类似情况)。R·Dick指出,目前世界上的镍主要严自红土镍矿,其采—冶成本均较高,海洋多金属结核生产在未来能在价格和需求方面与红土镍矿进行竞争。

2. 按等价镍比较,深海多金属结核生产的投资费用比陆地金属生产的投资费用少

将海洋矿石和陆地矿石按等价镍比较($X\%$的等价镍 $= 1 \times Ni\% + 1/3 \times Cu\% + 5/4 \times Co\% + 1/15 \times Mn\%$),多金属结核所含的等价镍为 $2.0\% \sim 3.8\%$,与陆地红土镍矿类似。

目前,一个年产 23 000 吨等价镍的工厂,每公斤的成本投资 15 ~ 22 美元、作业投资 2.2 ~ 3.3 美元,比年处理 300 万吨干结核的企业(提供 5 200 – 9 500 吨等价镍)的成本还要高。R·dick(1985)通过计算,对 1978 和 1980 年的每磅等价镍的陆地生产和海洋生产的成本投资和作业投资进行比较(列于表 4),发现海洋生产的投资明显低于陆地生产的投资。

表 4　1979 年和 1980 年每磅等价镍的陆地生产和海洋生产的
成本投资、作业投资(据 R·Dick,1985 年)

年代	成本投资		作业投资	
	陆地生产	海洋生产	陆地生产	海洋生产
1979	11.04	7.01	2.16	1.74
1980	22.57	12.18	4.86	3.50

(以 1979 年美元单位)

R·Dick 还从调查、勘探、开采、运输、冶炼等 5 个方面,对陆地生产和海洋生产 1965 – 2000 年间的成本投资和作业投资的变化,进行了计算和图示(示于图 1、图 2)。由图 1 见,至 2000 年,海洋生产的成本投资仅为陆地生产的 1/2。由图 2 见,至 2000 年,海洋生产的作业投资为陆地采生产的 2/3。

3. 我国金川镍矿的投资费用与深海生产多金属结核投资费用的比较

金川镍矿是我国最富的含镍、铜、钴的矿山,1987 年设计,拟 1990 年产量翻一番,增加 2 万吨,形成 4 万吨镍的生产能力,采一冶成本投资约需 15 亿人民币(其中 6 亿为冶炼成本投资),折合 4 亿美元。此为在原有设施基础上的扩建费用。据北京矿冶研究院(1988)计算,如为新建,将交通运输、能源、给排水、职工街道等设施考虑进去,则总投资应为 25 亿元,约折合 6.7 亿美元。

据该院(1988 年)计算,如以太平洋多金属结核的平均镍品位 0.99%(实际上,富矿区的镍品位高于此品位)、镍的回收率 80% 计,300 万吨干结核年产 2.55 万吨。按目前金川镍矿生产 2.0 万吨镍的投资费用计算,生产 2.55 万吨镍需投资 31.88 亿元,约折合 8.45 亿美元。其中,采矿 11.80 亿元(占总投资的 37%),选矿 2.87 亿元(占

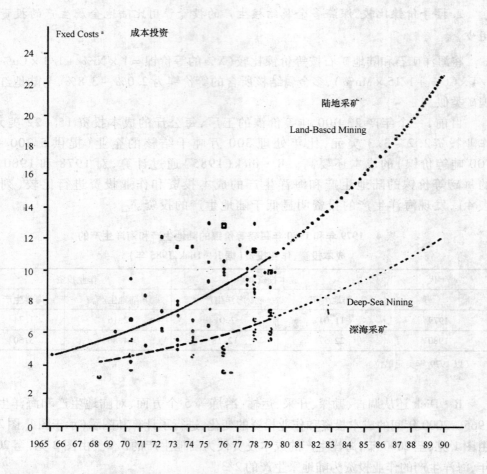

图 1　1965－2000 年陆地生产和深海生产的成本投资变化和比较（包括：调查、勘探、开采、运输、冶炼，每磅等价镍价格以 1979 年美元单位表示）（据 R・Dick，1985）

总投资的 9%），冶炼 17.2% 亿元（占总投资的 54%）。如果加上采矿、冶炼的年作业投资，总投资达 47 亿元（约合 13 亿美元）。

据冶金部长沙矿冶研究院（1984）计算：

金川镍矿每生产 1 万吨镍，副产 0.5 万吨铜、150 吨钴、0.3 吨铂族金属。按国际价格换算，总价值相当于 3.946 万吨铜的价值。

深海多金属结核每生产 1 万吨镍，副产 0.771 万吨铜、0.117 万吨钴、66.8 万吨含 Mn 的锰矿石。其总价值相当于 4.986 万吨铜的价值。

两者差值 4.896 － 3.946 ＝ 1.040（万吨）

作业投资

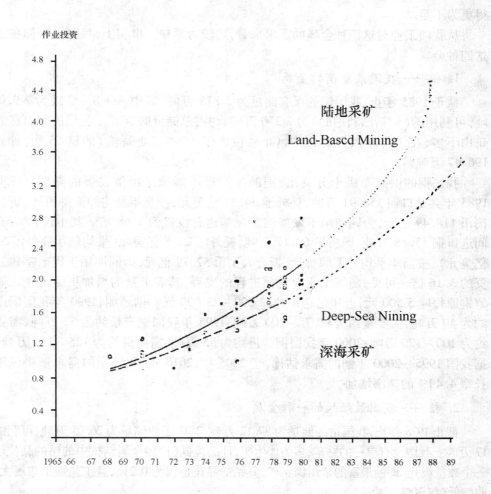

图2　1965—2000年陆地生产和深海生产的作业投资变化和比较（包括：调查、勘探、开采、运输、冶炼，每磅等价镍以1979年美元单位表示）（据R·Dick,1985）

其产值为0.409亿元。

如果与其他单一铜矿、锰矿、镍矿相比较，则回收的金属的价值更高。

四、我国工业对金属原料的需求，要求开发海底多金属结核

我国陆地铜、钴、锰、镍的储量不甚丰富，且多为贫矿、选冶难度大。我国锰的储量约为世界储量的1/70,铜约为世界储量的1/35,镍约为世界储量有1/27,钴约为世界储量的1/35。我国每年约增加1 500万人，如果按人均资源量计算，我国的资源显

得更为不足。

从我国工业对这四种金属的需求来看,均较为紧缺。事实上,我国每年都在进口这四种金属。

1. 铜——我国最紧俏的金属

截于 1985 年止,我国铜的保有储量为 5 875 万吨,其中 A + B + C 级为 2 920 万吨,可利用的(包括已利用的)为 2 250 万吨,约占总储量的 36%。我国的大而富的铜矿山不多,在 117 个大型矿山中,Cu 品位大于 1%(工业品位)的仅 55 个,储量 1 196.47 万吨。

我国铜的供需矛盾十分突出,铜的生产远不能满足经济发展的需要。1950 – 1985 年共进口铜 358.91 万吨,耗外池 54.37 亿美元,按当年平均外汇牌价计,折合人民币 118.49 亿元,为同期用于发展铜工业基建总投资的 1.68 倍。其中仅"六五"期间进口铜 136.8 万吨、铜精矿 69.17 万吨,耗外汇 25.5 亿美元(平均每年耗外汇 5.07 亿美元),按当年平均外汇牌价计,折合人民币 57.79 亿元,为同期用于铜矿基建总投资的 3.16 倍。可见,随着工业现代化进程的发展,其需求量的增加更为迅速。如电解铜原每吨 5 500 元,近年已达每吨 22 000 – 23 000 元。据预测,1990 年我国铜产量约为 40 万吨,需要量约为 90 万 ~ 100 万吨;1995 年我国铜产量约为 52 万吨,需要量约为 100 – 120 万吨;2000 年我国铜产量约为 55 万吨,需要量约为 125 – 150 万吨,根据我国 1995—2000 年铜的需求估计,至 2005 年,2010 年,我国铜的需求量将以年增长率 4.49% 的速率增加。

2. 钴——我国最短缺的一种金属

截止 1978 年止,我国钴的储量为 87.12 万吨,其中工业储量为 26.05 万吨,可利的为 17 万吨。我国没有单一的钴矿,多为伴生矿,且品位低(比多金属结核中的钴的品位还低一个数量级)。即使最富的金川镍钴矿,其钴的品位也仅为 0.2%,且工艺加工难度大、回收率低(仅 30% –40%)。

70 年代以后,随着科技、生产的发展,我国钴的进口量急骤增加,1986 年进口 580 吨,以 1.4 万美元/吨计,耗外汇 812 万美元。"六五"期间共进口 2 000 多吨,耗外汇 2 800 万美元。据预测,1990 年生产量约 860 吨,需要量约 1 200 吨;1995 年生产量约 128 吨,需要量约 1 500 吨;2000 年生产量约 1 700 吨,需要量约 2 000 吨。如果以 2000 年镍需求量与钴需求量的镍钴比(Ni/Co = 83/20)计,2005 年钴需求量约 2 160 ~ 2 650 吨;2010 年钴需求量约 2 880 ~ 3 360 吨。

3. 锰——我国的锰矿石不能满足工业的需要

截止 1986 年止,我国锰的储量为 4.65 亿吨(其中 A + B + C 级为 2.23 亿吨,D 级为 2.4 亿吨),工业储量为 2.2 亿吨。

我国的锰矿多为薄矿、贫矿、杂矿、难选矿,约占总储量的93%。而且品位较低,品位大于30%的锰矿储量仅为0.28亿吨(锰矿的工业品位一般为40%~50%)。所以,我国每年需进口部分优质锰矿石。

1985年,进口50万吨。1980—1987年约进口260万吨,耗外汇1.82亿美元。据预测,2000年,我国钢产量如达到900万~1亿吨,则需锰矿石500万~600万吨,而生产量约为300万吨,缺口300万吨。按68.11美元/吨(1985年价格)计,约耗外汇2亿美元。如果以年增长率1.%计,2005年锰矿石的需求量约640万吨;2010年锰矿石的需求量约700万吨。

4. 镍——我国的镍生产不能保证钢铁生产增长的需要

截于1978年止,我国镍的储量为767.08万吨,其中工业储量为404.04万吨。

三十年来,我国共生产镍17万吨,进口18.2万吨,耗外汇约12亿美元。

据预测(以钢产量估计),1990年我国钢产量约5 800万吨,镍的需求量约4.4-5万吨,镍的生产量约3.52万吨,需进口0.88万~1.48万吨(耗外汇6 200万~1.04亿美元);1995年,我国钢产量约为7 000万吨,镍的需求量约为5.5万~6.5万吨,镍的生产量约为4.96万吨,需进口0.9万~19万吨(耗外汇6 300万~1.13亿美元);2000年,我国的钢产量约为9 000万~1亿吨,镍的需求量约7.5万~9.1万吨,镍的生产量约为6.36万吨,需进口1.14万~2.74万吨(耗外汇约8 000万~2亿美元)。如以年增长率5%计,2005年镍的需求量约9万~11万吨;2010年镍的需求量约12万~14万吨。

综上所述,三十年来,我国平均每年进口铜、钴、镍、锰四种金属所耗外汇为2亿美元。实际上,1980年后随着工业的发展,进口量大幅度增长。据1988年统计,现在我国每年进口铜精矿40万吨,约耗外汇4亿美元。

因此,从战略上分析,在长期利益上,深海多金属结核开发可以部分满足我国矿产资源的需要;在短期利益上,深海多金属结核开发可以实现抑止金属市场价格的战略目标。(因为,即使我国从事深海多金属结核生产,也仍需进口一部分金属)。

五、海底多金属结核开发具有战略意义

对海底多金属结核开发持反对意见(如澳大利亚)的理由之一是,金属市场价格趋于下跌,出现四种金属代用品的趋势。但是,所有这些并不意味着多金属结核开发没有潜在的经济上,政治上的军事上的战略意义。

(一)多金属结核中的镍、铜、钴、锰具重要的经济价值

1. 镍是具高商品价值的金属

关于金属的市场价格的趋势是难于估计的。正如澳大利亚在其报告中说的:"最

大的困难是谁也不知道将来的价格"。例如,澳大利亚在其报告中写道 1985.3 的镍的价格为 3.24 美元/磅,但是 1988 年 11 月 17 日的"经济日报"载的世界镍的价格为 5.6～5.8 美元/磅,上涨了 50% 以上。

实际上,多金属结核中最具商品价值的金属是镍和钴。据美国内政部矿务局 C·Thillman 等关于深海锰结核开发投资的经济分析报告(1985,Ic－9015),镍的收入在回收四种金属中占 54%～56%,在回收三种金属中占 68%～70%。钴因其价格较高,利润也就较大。NOAA 海洋矿物和能源部主任 J·Lawless 明确指出:"多金属结核的未来主要取决于镍的市场变化。并且,结核中还含有除镍、钴以外其他多种金属,镍的市场需求的波动将不会同时影响其他金属的需求。"

澳大利亚在其报告中也承认:"镍也可以代替别的金属,随着过剩生产力的减少,镍的价格按实际计算在长期范围内将会提高。"西德学者指出,1985 年美国政府开始实行的镍的储备计划,将引起生产和价格的增长。在长时期内,镍市场希望有海洋采矿引起其结构改变,以出现激烈的市场竞争。

此外,还有一种观点认为,海洋采矿的进行将使市场价格下降,反过来又刺激了消费的增长,又促进了生产的发展。

2. 镍、铜、钴、锰的应用前途广阔,代用品不可能完全代替它们

西德的 R·Dick(1985 年)认为:"镍和钨能够代替钴的用处,但是这种代替影响其最终产品的特性。一般地说,从钴的价值与最终产品的价值相比,这种代替在经济上的获益是不大的。"他还认为,铝、铅、锌、塑料,纤维等能够代替铜,但是交通运输、能源、航天航空、家用电器、电子仪器及高技术、新技术的发展又为铜的应用开辟了新的领域。

我国的实际情况也是如此。在 80 年代,塑料已普遍应用并代替了一部分铜。但是,随着国民经济的发展,铜仍求大于供。据 1988 年统计,我国铜的采矿生产能力为 27 万吨,冶炼能力为 50 万吨,而工业加工业需要的铜为 144 万吨。

至于镍和锰,对钢铁工业来说更是不可取代的。

(二)海底多金属结核开发可以形成高技术产业——深海采矿业(Deep seabed Mining)

深海多金属结核开发是技术密集型的产业,它涉及了地质、气象、电子、采矿、运输、冶金、化学、深海技术等多种学科、多个部门。海底多金属结核的开发对发展我国的海洋高技术和我国开发利用海洋的深度和广度起极大的推动作用;对发展我国的海洋造船业、海洋运输来、海港建设、海底潜水和打捞、机械工业、电子工业和冶金工业起极大的促进作用。

1988 年 10 月 24 日,邓小平同志在参观北京正负电子对撞机实验室时说:"现代

世界的发展,特别是高科技领域的发展,一日千里,中国也不能不参与。我们要看得远一点,不能只看到眼前。任何时候,我们都必须发展自己的高科技,在世界高科技领域占有一席之地。"

（三）海底多金属结核开发对加强我国的国际地位具有重要的战略意义

1. 海底多金属结核开发对维护我国的国际海底权益有着重要的政治、经济意义

联合国 1970 年《关于各国管辖范围以外海床海底与下层土壤的原则宣言》规定,深海海底及其资源是人类共同继承财产。我国从事海底多金属结核开发,对于打破工业国家对海洋开发活动的垄断,维护我国的国际海底权益有着一定的重要意义。海洋矿产资源的开发是我国资源政策的一个组成部分,也是一项符合国家利益、顺乎民心的事业。

我国的海洋发展战略是"近海干,远海占"。为了我国下一个世纪的发展,为了子孙后代,作为拥有 11 亿人口的大国,我们应在国际海底占有我们应得的一份地区。

2. 海底多金属结核开发对加强我国在国际海洋活动中的地位有着重要的政治、外交意义

权衡海底多金属结核开发先躯投资者的权利和义务,其利大于弊。如果我国不申请先躯投资者,意味着我国不从事海底矿产资源的开发活动,从而也将在即将成立的联合国国际海底管理局中失去理事国的资格和其他一些特权。

此外,一些具远景的国际海底区域已开始为一些国家申请,如果我们贻误时机,以后面临选择的有可能为一些不毛之地。

因此,为了能够分享国际海底矿产资源及在国际海洋活动中保持与我国身份相符的应有的地位,我国有必要申请先躯投资者。

3. 海底多金属结核开发对加强我国在太平洋地区的战略地位有着重要的政治、军事意义

海底多金属结核开发活动多集中在太平洋。太平洋也是美、苏两个超级大国进行军事角逐的重要地区。太平洋对作为太平洋地区的大国的我国有着传统的密切关系和重要的政治、军事、经济意义。从世界经济发展的趋势分析,21 世纪的世界经济发展中心也将移向太平洋区域。

为了扩大我国在亚洲、太平洋地区的影响,加强我国的亚洲、太平洋地区战略,抑制超级大国的亚洲太平洋战略,我国有必要参与太平洋的海底多金属结核的开发。

六、我国开发海底多金属结核在经济上是合算的

（一）镍、钴、铜、锰的消费国将从海底多金属结核开发中获益

西德 Kiel 世界经济学院的 F・Foders（1985）在"谁将从深海底采矿中获益？"一文中阐述，如果深海采矿进行，那么首先获益的是消费金属的工业国家美国、日本、西欧等，受损失的是扎伊尔、加拿大、澳在利亚等陆地矿产生产国。他认为，如果不进行深海采矿，那么原来估计的损失就成为陆地矿产生产国的受益，原来估计的受益就成为主要消费国的损失。

同样，作为主要的金属消费国之一的我国也必将从深海底采矿中获益。

（二）我国海底多金属结核开发投资估算和经济效益分析

按照国外的多金属结核开发投资估算实例，初步推算我国的多属结核开发投资如下：

年产 300 万吨干结核

调查勘探 + 先躯投资者年费 = 0.5 美元；

开采（成本投资 + 年作业投资）= 3 亿美元；

运输（成本投资 + 年作业投资）= 0.5 亿美元；

加工冶炼（成本投资 + 年作业投资）= 6.0 亿美元；

总投资约 10 亿美元。

关于我国的投资估算详见附录四《我国海底多金属结核开发投资估算详表》。

我国海底多金属结核开发总投资需 10 亿美元（约 40 亿人民币），经济上是否能够获益？

1. 中国有色金属工业总公司北京矿冶研究总院于 1987 年进行了《太平洋锰结核直接常压硫酸浸出扩大试验》，试验报告经我国有关冶金专家参加的鉴定验收。

该试验得出结论，年处理 100 万吨干结核的工厂产值为 100 121 万元（见表 5），其成本为 48 280 万元、利润 51 841 万元（见表 6）。由表 5 见，年处理 100 万吨干结核的工厂，每年可获利润 5.18 亿元。年处理 300 吨干结核每年获利润 15.5 亿元。如果考虑税收、利息等，那么其资金回收期不超过 5 年。

表5　常在硫酸浸出法处理 100 万吨干结核/年的工厂产值（据北京矿冶研究总院，1987 年）

金属元素	Ni	Co	Cu	Mn
原料金属含量（%）	0.51	0.29	0.39	17.09
金属回收率（%）	91	95	93	95

续表

产品	名称	Nis	Cos	Cu 粉	碳酸锰
	包含金属量(万吨)	0.4641	0.2755	0.3627	16.235
金属产值	单价(万元)	1.00	5.15	0.48	0.49
	产值(万元)	4641	14188	1741	79551
	总产值(万元)		100121		

(单价据《冶金产品价格目录》)

表 6　工厂成本加利润(年处理 100 万吨干结核)(据北京矿冶研究总院,1987 年)

锰结核	114.7 元/吨	100 万吨	11470 万元	31 美元/吨* 含设备折旧费
破碎磨矿	4.4 元/吨	100 万吨	440 万元	
浓密过滤	2.0 元/吨	30 万吨	60 万元	
硫酸	180 元/吨	82 万吨	14760 万元	
铁屑	200 元/吨	1.44 万吨	288 万元	
二氧化碳	300 元/吨	25.16 万吨	7518 万元	
硫化氢	600 元/吨	0.794 万吨	476.4 万元	
产品过滤脱水	3.5 元/吨	61.4 万吨	215 万元	含设备折旧费
活化剂回收	—	—	460 万元	
水耗	0.1 元/吨	600 万吨	60 万元	
电耗	0.1 元/度	4000 万度	400 万元	
工资	1440 元/人·年	3000 人	432 万元	
小计			36609.4 万元	
工厂企业管理费			3660.9 万元	取以上费用的 10%
产品税			8009.7 万元	取产值的 8%
总计			48280 万元	
利润			51841 万元	

*资料来源:《有色金属》1984.10.P21 – 55。

　　此外,由表 5 见,该产值计算中虽回收率可能过高(91% ~ 95%),但是采用的品位数 Cu + Ci + Co = 1.18% 过低(一般,多金属结核的品位 Cu + Ni + Co 约 2.25%)。所以,其计算的产值基本是较偏低的。

　　上述计算中采用的金属产品价格和原料价格均是 1987 年的。如果按 1988 年下半年我国金属市场的价格计算,则表 5 的产值将成倍增加,利润更大。为何得出如此大的经刘效益？其原因在于冶炼最终产品结构的选择上。该院采用的工艺是,在加收 Ni,Co,Cu 的同时,提取的锰的最终产品是碳酸锰(该产品产值较高)。如果在回收 Ni,CO,Cu 的同时,提取锰铁或富锰渣,则产值和效应均会下降。

（2）据北京矿冶研究总院计算,我国陆地金属生产新建一个年生产能力为 2.55 万吨镍的采—冶企约需投资 47 亿元。如果将生产能力提高到 3.4 万 ~ 3.8 万吨镍(此为深海多金属结核生产投资估算时采用的 300 万吨干结核的年生产能力),则投资额远远高于 47 亿元。

另据,冶金部长沙矿冶研究院将深海多金属结核生产与我国金川镍矿生产相比较,海底多金属结核每生产 1 万吨镍比金川镍矿生产 1 万吨锰多增产值 0.409 亿元。

从而,退一步说,深海多金属结核生产即使不赔不赚,也是可行的。

七、我国国力的增长趋势可以与海底多金属结核的开发进程相适应

（一）10 ~ 15 年的可行性研究阶段的投资数额并不很高

对海底金多属结核开发持反对观点的人认为,海底多金属结核开发投资高,需达 6－18 亿美元。但是由于至今谁也没有进行过商业性开采,其估计数值未免相差颇大或具局限性。即使如此,目前陆地金属生产的投资也与海底多金属结核生产的最高投资相差无几。

据国外资料分析,推断海底多金属结核的开发一般可划分为三个进展阶段。如果以 15 亿美元的高投资额计,则为：

第一阶段：研究和调查勘探阶段 10 年,0.5 亿 ~1.2 亿美元(各国财团已花费)。

第二阶段：中间性试生产阶段(开采、冶炼)2 年,2.5 亿美元。

第三阶段：商业性生产阶段,20 年,10 亿美元。

根据目前各国多金属结核开发的具体进展分析,第一阶段研究和调查勘探约需 15 年(1970—1984 年),第二阶段开发和评价约需 10 年(1984—1994 年),第三阶段商业性生产,约 2000 年后,即 2005 年或 2010 年左右。

美国内政部矿务局的 C・T・Hillman(1985)划分了一个多金属结核开发进度表(示于图 3)。

其具体划分为：

第 1→7 年：研究和开发(7 年)；

第 1→6 年：勘探(6 年)；

第 5→10 年：工厂建设和船舶制造；

第 9→11 年：试运转；

第 9→30 年：详勘；

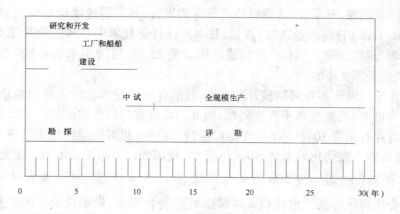

图 3 多金属结核开发进度表

(据 C·T·Hillman,1985)

第 11→30 年:全规模生产。

归纳起来,即研究和调查勘探约需 10 年,开采、冶炼的中试运转约需 2 年,第 10 年开始详勘和全规模生产。

事实上,除了第一阶段各国已进行和正在进行外,世界上还没有一个国家进行过第二、第三两个阶段。确切有据可查的数字是:美国的四个财团 1974—1984 年用于第一阶段的费用分别是 4 000 万~5 000 万美元,美国深海探险公司 1969—1979 年用去 2 000 万美元,西德 10 年投资 1 亿马克(5 800 万美元),法国 1970—1987 年用去 1 亿美元。从而可见,国外用于第一阶段的费用平均每年为 400 万~500 万美元。

因此,从海底多金属结核开发的发展阶段考虑,将总投资按比例分摊,10~15 年的可行性研究阶段的投资数额并不是很高的,如果以国外的每年投资 400 万美元计算,加上先驱投资者年费每年 100 万美元,则每年投资 500 万美元。近年来,我国每年进口 40 万吨铜精矿,约耗外汇 4 亿美元,如规定以 1.5% 的进口税额(600 万美元),即可满足可行性研究阶段的支出。

对于第三阶段的高额投资,10~15 年后我国的国力也已具备能力。同时,如本文"获益"一节中叙述的,海底多金属结核冶炼生产本身的所获的利润可在五年之内偿还全部投资。

(二)10~15 年后我国的开采技术可以过关

对海底多金属结核开发持反对观点的人认为,对 4 000~6 000 米深海下的多金属结核进行调查和开采,技术难度大。

根据各国科学家发表的论文,海底多金属结核开发在技术上是可行的。而且,随着各国对调查勘探、开采、冶炼等可行性研究的进行,其发展速度也是较快的。例如,1988.12.16 日本《日经产业新闻》报道,日本海洋科学技术中心向三菱重工业公司定造的潜水调查船"深海六五00"号制成。该船重 25 吨,可潜至水下 6 500 米,乘员 3人,可续潜 5 天零 9 小时。

对于我国的海底多金属结核开发来说,目前存在的技术上的主要困难是,开采技术和设备不过关(冶炼技术不存在问题,因其冶炼过程与红土镍矿的相类似)。但是,全规模的商业开采需 10～15 年后才得以进行。目前,我国的空间技术已进入世界先进行列,随着四个现代化的发展,10～15 年后,我国的深海采矿技术也一定能够过关。

(三)先驱投资者年费 100 万美元需待 10～15 年后商业开采获利时缴纳

按联合国国际海底管理局和海洋法法庭筹委会规定,先驱投资者的年费 100 万美元,需待商业开采获利时缴纳。所以,目前我国申请先驱投资者,并不给国家财政增加 100 万美元的负担。10－15 年后,从国力的开展和海底多金属结核开发的获利来看,此笔费用所占的比例是极小的。

此外,目前从国际海底管理局和海洋法法庭筹委会内部来看,工业发达国家对此笔费用有异议。该年费的规定现有可能被"为企业部代为勘探或培训人员"的建议所替代。

八、结论

(一)我国申请海底多金属结核开发先驱投资者是必要的和可行的

综上所述,海底多金属结核的开发具有潜在的政治上、经济上、军事上的重要战略意义,我国申请海底多金属结核开发先驱投资者是必要的和可行的。而且,目前签署联合国海洋法公约的国家已达 40 个国家,申请先驱投资者的时间对我国来说也是紧迫的。

目前,在海底多金属结核的调查勘探、开采、冶炼等技术方面,我国约落后于国外10－15 年。从近斯发展看,我们也面临着将海底金属结核开发提到议事日程上的紧迫性。

(二)目前是我国海底多金属结核开发可行研究阶段正式起步的有利时机

正如西德、美国学者指出的,目前虽然海底多金属结核的开发处于进展缓慢的时期,但是这是一个进行战略研究、战术规划和可行性研究的有利时机。

海底多金属结核开发是一项技术难度大、投资大、风险大的产业,因而其可行性研究的周期也就较长,一般约需 15～20 年的时间。美国自 60 年代就开始进行调查活动,1974 年其四个财团又正式投资进行海底多金属结核的调查勘探、开采、冶炼等可行性研究。至 1984 年,美国 NOAA 又正式颁发给四个财团 1982—1992 年为期 10

年的勘探执照。从美国的活动看,美国这样一个技术发达的国家用在多金属结核开发可行性研究上的周期就长达20多年。由此可见,可行性研究是海底多金属结核开发的一个不可缺少或逾越的阶段。

根据目前世界海底多金属结核开发活动的进展状况估计,约在15年后,也就是2000年以后,即2005年或2010年才有可能进行商业性的开采活动。如果我们能在现在趁世界深海采矿活动缓慢进展的时候,不失时机地投入10~15年时间进行海底多金属结核开发的可行性研究,我们就能迎头赶上世界海底多金属结核开发的进程,并为今后可能出现的国际范围的大规模商业性开采作好应有的准备。

目前,我国的改革形象放的形势也为我国海底多金属结核开发的进一步发展创造了有利的条件。正如,赵紫阳同志1988年10月24日参观北京正负电子对撞机实验时说的:"只要我们充分分利用对外开放政策带来的国际经济技术合作的良好条件和环境,发挥社会主义制度下便于集中力量、统一组织攻关的优势,我们在高科技领域和技术密集产业方面是可以有所作为的。"

(三)我国进行海底多金属结核开发的战略和技术路线

海底多金属结核开发是一项技术密集型产业,需要长远规划、统一组织、大力协同才能得以进行。为此,建议如下:

(1)将海底多金属结核开发列入国家长远重点科研项目,建立统一的体领导机构,加强方针、政策的研究,制定具体的技术路线和开发计划。

(2)积极了解国外的开发动态,收集国外的文献资料,加强与国外的技术情报交流(如美国NOAA表示愿与各国交换有关深海采矿环境影响方面的研究资料)。并且加强对具经济意义的海底热液矿床和钴结壳的调查和研究。

(3)加强有关深海矿物资源开发的国际法和国内立法的研究,特别要结合国际情况和我国的具体情况,研究联合国海洋法公约中有关先驱投资者条件的修改及我国的策略。

(4)采取技术合作和合作投资的方式进行开发。深海多金属结核开发技术难度大、投资成本高,以合资的方式进行开发较为适宜。例如可探索与香港、台湾或其他第三世界国家合资(如墨西哥等,可缩短运输路线)。或与瑞典、捷克等进行技术合作(瑞典采矿、造船均较发达,并在个别方面已与我国进行合作研究;捷克也与我国有关部门表示了合作的积极性)。或尝试与开采技术过关的日、西德、法、苏、美等进行部分技术合作。

(5)近期以10~15年进行调查勘探和可行性研究,选择、圈定多金属结核富集矿区,作出开采的远景评价,同时进行采、选、冶的可行性研究。

其具体步骤为:

第一步,以 10 年时间进行调查勘探和矿区评价工作。以使我国在调查船只的性能、船舶的自动控制系统、通讯联络系统、调查仪器、内业分析测试、环境研究、矿区评价等方面接近或赶上世界先进水平。

第二步,在进行调查勘探的同时,适当引进需要量不大、研制难度大、成本高的关键的采矿设备及进行试开采的可行性研究。

第三步,在 10～15 年的可行性研究的中期阶段由冶炼的可行性研究阶段进入建立中试厂的试验阶段。

(《动态》1989 年第 4 期)

南朝鲜扩大捕鱼区和开发东海油气资源新计划值得关注

杨金森

最近,南朝鲜在海洋资源开发及其他方面采取的一些做法,涉及我国与南朝鲜在东海的海洋权益方面的斗争,值得关注。如果今后南朝鲜按计划在"日韩共同开发区"2号和4号小区钻探和开发油气资源,大量渔船进入其新扩大的捕鱼区作业(我国机轮底拖网禁渔区线附近和中日渔业协定规定的保护区和休渔区内),将侵犯我国的海洋权益,有可能引发新的冲突。

一

据新华社《参考资料》1989年4月20日转引南朝鲜《中央日报》的消息说,水产厅决定在所谓西海和东海扩大2.6万平方千米新渔场,其中,"水产厅说,迄今未止,中国资源保护水域外侧5~20海里为缓冲水域,今后取消这一缓冲水域,把控制线移到中国资源保护水域外侧线。"这项新决定从4月13日开始实行。

也是在4月13日,南朝鲜石油公司与英国石油公司在汉城签署了一项特许协议,合作开发东海的油气资源。据新华社伦敦消息,"根据这项为期8年的协议,英国石油公司将投资2000万美元用于钻探项目,包括最初的地震勘探和打4口探井。""这一协议的钻探区定位在大约东经127°、北纬31°周围的南朝鲜、日本联合开发区内的Ⅱ号和Ⅳ号小区。这两个小区仅距我国上海约400千米。""另外,英国石油公司目前正同南朝鲜石油开发公司一道同日本石油钻探公司谈判,准备签署一项联合行动协议,协议将指定英国石油公司为Ⅱ号小区经营者,日本石油钻探公司为Ⅳ号小区经营者"。

南朝鲜在同一天采取两项重要措施,扩大海洋权益,开发海洋资源,决不是偶然的。南朝鲜历来十分重视海洋利益,海洋意识极强,对海域和岛屿都采取寸海必争的方针。例如,1986年(据南朝鲜教授朴椿浩来华访问时说)对东海中北部的苏岩、虎皮礁、鸭礁(水下5~7米)进行了一次调查,然后在电视上放录像片,宣称这些礁是他们的神圣领土,有人还建议用人工方法把这些礁石接出水面成为岛屿。又如:南朝鲜单方面划海区中间线时,没有考虑我国上海以东海礁(我国领海基点)的作用,因而他们划的中间线明显偏向我国一侧。美国国务院地理学家办公室划的本海区中间线,考虑了海礁的作用,中间线就偏东一些。南朝鲜对美国划的图就不满意。对海岸线变动引起的领海基线外移也十分重视。由于他们正在西部海岸填海造地,海岸线不断外移,因而他们不断出新图,为将来的划界准备有利的海图。还有一件事也值得注意。1952 年他们公布李承晚线时,把日本海的一个与日本有争议的礁(日本称独岛,南朝鲜称竹岛)划在自己一侧,日韩双方都不让步,目前每年双方都把一份印制很好的文件通过正式外交途经交给对方,宣布该岛是自己的领土。双方研究该岛的资料都不少,并培养了博士研究生。由此可见,将来与南朝鲜解决海域划界问题和其他海洋权益问题,必然有一场艰苦的斗争。

二

南朝鲜的上述措施本身是油气资源和渔业资源开发问题,但是在某种意义上涉及了海洋权益问题,不能不引起我们的注意。

1. 他们在黄海和东海扩大的捕鱼区都在海区中间线我国一侧,将来划分专属经济区界限时都应属于我国的管辖海域。由于我国目前尚未宣布建立 200 海里专属经济区,因而不好公开说这种做法侵犯了我国专属经济水域的海洋权益,比较被动。另外,中国和日本在东黄海地区有渔业协定,规定了 4 个渔业保护区、2 个休渔区,南朝鲜扩大的捕鱼区涉及了这些区域,这就提出了中国要不要同南朝鲜建立民间的或官方的渔业关系,以便调整中、日、南朝鲜三方的渔业关系,因而这项措施也间接涉及海区多边政治关系问题。最后,这件事的深远影响可能还有:为南朝鲜在东、黄海地区形成历史性捕鱼权提供一种依据。

2. 关于在"日韩共同开发区"开发油气资源问题,也比较复杂。日本和南朝鲜划定的共同开发区位于东海的东北部,按大陆架自然延伸的原则,其中一部分区域应属于我国的大陆架。自 1974 年日本和南朝鲜签订共同开发协定以来,我国曾多次发表声明,提出强烈抗议。日本和南朝鲜不顾我国的反对,进行了几年的实际勘探。4 月13 日签订的新协议,以及日本、南朝鲜和英国石油公司准备签署的联合行动协议,涉及的区域都在共同开发区的西部我国一侧。如果我国对这种协议,以及今后进行的勘探和开发活动不采取有力措施,不能制止他们的开发活动,就会造成既成事实,争议区成为他们实际开发的油田。

三

采取什么样的行动对付南朝鲜的做法,是一个比较复杂的问题。我们初步认为,起码要在以下几方面采取一些措施:

　　1. 加强海上巡逻监视,并适当的在外交上做出反映。扩大捕鱼区后,南朝鲜渔船必定进入他们宣布的区域捕鱼,因此,我们可由渔政、海洋、海军几家海上力量合作,在有关海区加强巡逻监视工作,发现南朝鲜渔船在禁海区或休渔期间进入渔业保护区作业,采取驱赶措施,并发表外交声明,强调我国的原则立场。

　　2. 尽快宣布我国的专属经济区和大陆架制度。南朝鲜通过官方宣布在我国近海扩大捕鱼区这件事说明,尽快宣布我国的大陆架和专属经济区制度是十分必要的。如果我国已宣布建立专属经济区,南朝鲜就不能在我国的专属经济区内建立捕鱼区。据有关研究机构研究,在东海和黄海建立 200 海里专属经济区,对我国利多弊少。目前我国在这两个海区中间线以东的渔业产量般为十几万吨,而且多数是马面鲀等鱼类;而日本和南朝鲜在中间线以西的渔业产量有几十万吨,日本仅底拖网一项每年的产量就在 15 万吨以上。

　　3. 从长远观点看,保护和合理开发利用东海和黄海的渔业资源需要有一个地区性渔业协定,各有关方面都应参加。在这个海区,共有十几种主要经济鱼类是在两国以上的管辖海域洄游的,其中包括带鱼、鲱、鲐鲹类等,由中国、日本、朝鲜、我国台湾省等共同捕捞。这些鱼类一般是在海区南部或东部越冬,在西部、北部产卵,越冬场和产卵场分别在不同国家的近海。即使划定了 200 海里专属经济区界限,也要由有关国家合作保护资源,合理分配捕捞限额。由于政治方面的原因,近期还做不到这一点。但是,政治关系迟早总会有所变化,我们应该研究这个问题,在政治形势有所发展之时,及时提出切实可行的建议,以利保护渔业资源,避免新的冲突。

(《动态》1989 年第 5 期)

日韩共同开发协定与大陆架划界的关系

侯梦涛

日韩之间在东海东北部划定的共同开发区与大陆架划界问题关系是十分明显的,我们在研究中日之间的共同开问题时,应吸取其经验和教训。我们初步考虑,以下三点值得注意:

1. "共同开发区"实际上就是双方大陆架划界的争议区

1970 年至 1972 年,日韩之间就大陆架划界问题上进行了三次对话,在东海东北部大陆架划界问题上南朝鲜主张自然延伸原则,日本主张中间线原则,双方形成的争议区,正是后来划定的共同开发区。共同开发区基本上没有进入日韩任何一方单独占有的非争议区。这说明,讨论共同开发问题之前,双方都有了大陆架划界的基本设想,这一点很重要。

2. 共同开发协定对大陆架划界肯定有某些影响

日韩共同开发协定第 28 条规定:"本协定的任何规定都不能视为确定对共同开发区全部或任何部分的主权权利问题,同时,不妨碍各缔约国关于划分大陆架的立场。"但是,实际上不是一点影响没有,正如一位南朝鲜国际法专家所说的:"日本曾同意与其权利主张的对手共同开发位于中间线向日本一侧的区域的,这个事实可能意味着日本的中间线原则的让步……。虽然该协定第 28 条规定,共同开发协定与海洋疆界毫无关系,但这一点并不是完全没有争议的,现由是:沿岸国对其大陆架的主权权利是为了开采其大陆架上的资源而行使的,对于已经开采完自然资源的大陆架区域这种主张基本上是无意义的,或者甚至是不需要的。"

3. 对中日大陆架划界有影响

中日东海大陆架划界问题的情况与日韩划界有类似之处,即中国也坚持自然延伸原则,日本坚持中间线原则。在确定日韩共同开发区时,日本没有估计到 200 海里专属经济区制度很快确定下来,因此没有坚持中间线原则,对南朝鲜自然延伸原则做了让步。有些国际法专家认为这是日本的一个失误,可能给其与中国的划界谈判带来不利影响。如果日本试图在同一水域的邻接部分对中国采用中间线原则,则中国可以拒绝接受,除了其他理由之外,还可以依据日本自相矛盾的主张(即对南朝鲜未坚持中间线原则)。

(《动态》1988 年第 1 期)

东海大陆架资源开发
(共同开发与国际合作)方案研究

陈德恭

东海大陆架毗邻中国、日本、朝鲜三国,而过去和当前围绕大陆架权利主张和资源开发产生的争端又涉及三国五方(中国、日本、朝鲜、台湾、南朝鲜),因此形势十分复杂。由于围绕东海大陆架划界问题估计将不可能在一较短时期解决,为此,作为解决划界问题以前的临时措施,是否可以采取共同开发和国际合作开发? 本文拟就此进行研究探讨。

一、解决东海大陆架划界谈判的历史发展

从 20 世纪 70 年代开始,毗邻东海的南朝鲜和台湾当局分别在黄海和东海划定大陆架矿区范围,实际上主张了大陆架管辖范围。与此同时日本石油公司也提出在东海的矿区范围,要求日本政府批准授权勘探开发。然而,日本政府却一直未予批准,因此不能认为是日本政府的官方正式立场。

然而,当 1970 年 6 月 16 日南朝鲜宣布设立第七矿区,其东部边缘根据大陆架自然延伸原则,以冲绳海槽中心线为界,日本要求南朝鲜调整边界,主张按中间线划界。1970 年 11 月 4 日日本与南朝鲜当局就南朝鲜在东海划的第七矿区的石油采矿权问题举行谈判。以后还举行了多次谈判。

1973 年 2 月 7 日美国钻探船"格洛玛 IV 号"开始在南朝鲜第二矿区,为海湾石油公司进行钻探。我国外交部发言人于 1973 年 3 月 15 日发表声明,谴责南朝鲜当局单方面引进外国石油公司在黄海与东海尚未与中国划分边界的海域进行钻探。1973 年 3 月 16 日南朝鲜"外务部"发表声明:"愿在任何时候同中华人民共和国开始谈判大陆架划界问题。"

1974 年 1 月 30 日南朝鲜与日本在汉城签署"日韩共同开发大陆架石油协定",在日本与南朝鲜在东海的争议区(相当于南朝鲜所划的第七矿区),将主权问题搁置起来,由双方共同开发。

1974 年 2 月 4 日,我外交部发言人发表声明:"中国政府认为,根据大陆架是大陆

自然延伸的原则,东海大陆架理应由中国和有关国家协商确定如何划分。现在,日本政府和南朝鲜当局背着中国在东海大陆架划定所谓日、韩"共同开发区",这是侵犯中国主权的行为。对此,中国政府决不能同意。"

1974年2月6日,南朝鲜外务部发言人发表声明,声称要同中国"谈判大陆架划界问题"。同时承认,日本和南朝鲜在签订该协定时,"回避了这个海底地带的主权问题。"

同日,日本外相大平正芳在众议院预算委员会上承认"日韩共同开发大陆架协定事实上未与中国协商",声称"只要对方提出要求,就要进行协商,日本不打算拒绝。"

早在1970年,我国台湾省当局由于南朝鲜和日本石油公司在东海划定的矿区与之重叠,也要求与日本和南朝鲜当局进行谈判。为此,三方曾进行过多次谈判。

台湾当局也与日本和南朝鲜当局谈判过"共同开发"问题,但后来由于我反对,便退出了这类谈判。

当日本与南朝鲜于1974年1月30日签署日韩共同开发大陆架协定时,台湾当局"外交部"就此发表声明,指出:"中华民国"对于自其海底延伸包括在东海内之大陆礁层保留一切权利。此项权利包括探测大陆礁层及开发其天然资源在内。

1974年2月22日日本外相大平正芳在众议院外委会上,就我外交部发表声明一事,声称他认为"得到中国方面的同意是不容易的。但是,根据现状,向国会提交该协定的念头并没有放弃。"

1977年4月27日日本众议院外委会在其他党派议员未出度会议的情况下强行通过日韩大陆架共同开发协定法案。1977年4月28日朝鲜民主主义人民共和国外交部发言人发表声明,强烈谴责日本众议院外委会通过"关于共同开发日韩大陆架协定"。指出:这个协定是一个为了进一步打开日本反动派重新侵略南朝鲜道路的卖国的和侵略的文件。

1977年5月28日日本国会通过将会期延长几天,至6月9日,为"自然批准"日韩大陆架协定铺平道路。1977年6月7日朝鲜外交部就此发表声明,宣布:日本政府同南朝鲜傀儡集团如法炮制的"日韩大陆架协定",完全无效。重申:如果朝鲜同日本之间出现有关南海大陆架问题,只能在朝鲜获得统一后由统一政府来加以处理。

1977年6月9日日本国会采取延长国会会期"自然批准""日韩共同开发大陆架协定"。1977年6月13日我国外交部就此发表声明:"东海大陆架是中国大陆领土的自然延伸,中华人民共和国对东海大陆架拥有不容侵犯的主权,东海大陆架涉及其它国家的部分,理应由中国和有关国家协商确定如何划分。日本政府同南朝鲜当局背着中国片面签订的所谓"日韩共同开发大陆架协定"完全是非法的和无效的。任何国家和私人未经中国政府同意不得在东海大陆架擅自进行开发活动,否则,必须对由此引起的一切后果承担全部责任。"

同日,台湾"外交部"发言人就日本国会批准共同开发协定一事答记者询问时指出:"中华民国"对于其海岸延伸包括在东海内的大陆礁层,保留一切权利。此种权利包括探测大陆礁层及开发其天然资源等行使主权上之权利在内。

中、日之间在东海大陆架划界问题还涉及日本妄图霸占我之钓鱼岛等岛屿。

早在1970年12月29日人民日报发表评论员文章,题为"决不允许美日反动派掠夺中国海底资源",主要内容是:(一)"日蒋朴联合委员会"的"海洋开发研究联合委员会"公然决定,对我国台湾省以及附属岛屿的海域,靠近我国和朝鲜的浅海海域的海底资源和其他矿物资源,进行"调查、研究和开发",企图进行掠夺。这是对我国和朝鲜民主主义人民共和国的露骨侵犯。(二)钓鱼岛、黄尾屿、赤尾屿、南小岛、北小岛等岛屿,同台湾一样,自古以来就是中国的神圣领土。(三)但是日本不仅有计划地掠夺我国的海底资源,而且还企图把钓鱼岛等属于中国的部分岛屿编入日本版图。(四)必须立刻停止侵犯我国领土和主权、掠夺我国海底资源的罪恶行径,缩回侵略之手。

1972年5月15日美国将琉球群岛移交日本。在这个协定中公然把钓鱼岛屿划入"归还区域"。

1972年12月30日我外交部发表声明指出:"近年来,日本佐藤政府不顾历史事实和中国人民的强烈反对,一再声称对中国领土钓鱼岛等岛屿"拥有主权",并勾结美帝国主义,进行侵吞上述岛屿的种种活动。不久前,美、日两国国会先后通过了"归还"冲绳协定。在这个协定中,美日两国政府公然把钓鱼岛等岛屿划入"归还区域"。这是对中国领土主权明目张胆的侵犯。中国人民绝不能容忍"。声明还指出:"钓鱼岛等岛屿自古以来就是中国的领土。早在明朝,这些岛屿就已经在中国海防区域之内,是中国台湾的附属岛屿,而不属于琉球,也就是现在所称的冲绳;中国与琉球在这一地区的分界是在赤尾屿和久米岛之间;中国的台湾渔民历来在钓鱼岛等岛屿上从事生产活动。日本政府在中日甲午战争中,掠夺了这些岛屿,并于1895年4月强迫清朝政府签定了割让"台湾及所有附属各岛屿"和澎湖列岛的不平等条约——"马关条约"。现在,佐藤政府竟然把日本侵略者过去掠夺中国领土的侵略行动,作为对钓鱼岛等岛屿"拥有主权"的根据,这完全是赤裸裸的强盗逻辑。第二次世界大战后,日本政府片面宣布对这些岛屿拥有所谓施政权,这本来就是非法的。中华人民共和国成立后不久,1950年6月28日,周恩来外长代表中国政府强烈谴责美帝国主义派遣第七舰队侵略台湾海峡,严正声明中国人民决心要"收复台湾和一切属于中国的领土"。现在,美日两国政府竟再次拿我国的钓鱼岛等岛屿私相授受。这种侵犯中国领土主权的行为不能不激起中国人民的极大愤慨。钓鱼岛、黄尾屿、赤尾屿、南小岛、北小岛等岛屿,它们和台湾一样,自古以来就是中国领土不可分割的一部分。美、日两国政府在"归还"冲绳协定中,把我国钓鱼岛等岛屿列入"归还区域",完全是非法的,这丝毫不能改变中华人民共和国对钓鱼岛等岛屿的领土主权。中国人民一定要解放台湾！中国人民也一定要收复钓鱼岛等台湾的附属岛屿。"

1972 年 9 月 10 日，美国国务院发言人回答钓鱼岛等岛屿所有权的质疑时指出："在归还冲绳时，美国将包括"尖阁列岛"在内的施政权归还给日本。但美国人认为施政权和主权是两回事。如果在主权问题上产生分歧时，应由当事者协商解决。"

1972 年 11 月 2 日美国参议院外交委员会一致承认了归还冲绳协定，但同时表明这个协定与"尖阁列岛"的归属问题无关。

1972 年 9 月 29 日签署了中日联合声明，实现了中日邦交正常化，日本与"台湾"的外交关系于 9 月 29 日结束，"日台条约"随之失效，钓鱼岛等岛屿归属问题暂时搁置起。

1978 年 8 月 12 日签定了《中日和平友好条约》，表明了将钓鱼岛等岛屿主权问题搁置起来的意向。

然而，在此以后一个漫长的时期，围绕黄、东海大陆架划界问题的争端一直存在，日本和南朝鲜在"共同开发区"引进外资进行勘探和钻探，但未获商业价值的成果。对于上述区域的钻探活动，我均发表外交声明表示抗议。至于物探活动一般难以控制，较少为此进行交涉。

虽然，南朝鲜当局多次提出与我国谈判黄、东海大陆架划界问题，但由于我外交上的一项基本政治原则，不与南朝鲜发生外交关系，因此对南朝鲜多次提议均未予签复。

至于中日之间有关东海大陆架划输送问题的全权外交谈判实际上从未进行过。

1980 年 11 月 21 日至 22 日在北京举行过一次中日东海大陆架专家级会谈，简况如下：（一）日方首先向我解释了"日韩共同开发大陆架协定"，我按一贯原则立场，并根据国际法和国际大陆架划界实践反驳了日方的"论点"；（二）我重申大陆架是陆地领土自然延伸的原则，并指出东海大陆架的外缘在冲绳海槽最深线。日方提出，东海大陆架的外缘是琉球海沟，冲绳"舟状海盆"只是大陆架地形上的一个凹陷，日中共处一个大陆架，应按"中间线"划分；（三）我提出搁置领土主权共同开发钓鱼岛等岛屿附近海域的初步设想。共同开发范围由七个经纬占连线组成。日方对此甚感兴趣，认为很重要，下次会谈时再答复。

然而，后来日本政府未予正式答复。

总之，东海大陆架（还包括黄海大陆架）划界问题存在着严重的争端，但除日韩通过搁置主权，搞"共同开发"外，其他争端都没有进行谈判，即使是 1980 年 11 月中日之间也只是专家事务级，而不是正式的全权外交谈判，这种情况是显然是因为日本和南朝鲜当局妄图通过事实上的控制，造成既成事实而有利于其在今后谈判中的地位。例如南朝鲜在黄东海单方主张，日本对钓鱼岛等岛屿的事实占领，以及日本在东海大陆架在中间线靠日方一侧对我调查船只的非法干预造成中间线分界的既成事实,这应引起我们的严重注意。

二、黄、东海大陆架划界各方主张

黄、东海大陆架划界涉及三个地区,我们准备对各方主张,包括国际上的一些评论进行分析:

（一）黄海大陆架

如前所述,南朝鲜当局1970年所划的第一至第四矿区,西部边界实际上是其主张的在南黄海大陆架分界线,南朝鲜当局曾申辩这是根据中间线原则划定的。

朝鲜民主主义人民共和国1977年曾提出与中国在黄海按纬度半分线划界。

我对黄海划界方案未正式提出过,但对南朝鲜在其单方所划矿区,引进外资进行钻探提出抗议。

由于黄海平均水深44米,最深103米,面积38万平方千米,我与朝鲜海岸在黄海间隔102~360海里。如按南朝鲜提出的采用中间线划界,则划归我方的面积约21万平方千米,朝方约17万平方千米,预测南黄海油气远景区(大、中型沉积盆地)主体在我方,北黄海的油气远景区(小型沉积盆地)可能靠近朝方。

如按朝鲜提出的用纬度半分线划界,我方面积较用中间线划界少约1万平方千米。

然而,不管用上述任何一种方法划界,首先要谈判解决两国的基线问题。

最近,美国东西方中心的研究员M·VALENCIA提出的一种划界可能的方案,即以黄海沉积物物质来源的分界线作为大陆架边界。由于黄海我方一侧,黄河带来大量泥沙,沉积在黄海的大部分区域,超过了黄海大陆架中间线,因此这种方案对我也更有利。

（二）东海东北大陆架

南朝鲜所划矿区表明在东海与日本大陆架边界根据自然延伸原则,应为冲绳海槽中心线。至于日本在冲绳海槽以西东海大陆上的两个无人居住的小岛——男女群岛和鸟岛,南朝鲜认为不能作为划界基点,而只能享有最大12海里的领海,据此划分了南朝鲜第七矿区的东部边界。

日本则主张要以男女群岛和鸟岛为基点,与南朝鲜按中间线分界。

这样,日本与南朝鲜的共同开发区的东部边界为南朝鲜所主张的自然延伸线,西部边界为日本和南朝鲜所主张的中间线。

我对这一地区的大陆架边界主张,只是作了原则上的表态,指出:日韩共同开发大陆架协定"侵犯了中国的主权"。又指出:"东海大陆架涉及其他国家的部分,理应由中国和有关国家协商确定如何划分。"

台湾省当局于 1970 年 10 月 15 日所划的第五矿区，其东部边界位于冲绳海槽中心线偏西，但在 200 米等深线以东海槽之中，而北部边界由三点构成，大致与北纬 32°线相当。如此，所划的矿区包括了南朝鲜第七矿区的大部分和第四、五矿区的南部。

（三）东海大陆架主体边界

1969 年日本石油公司在东海所划的矿区，被解释为按中间线原则，并将我钓鱼岛等岛屿包括在所划矿区之内。日本政府未予批准，还不能认为是日本正式的官方主张。

1980 年 11 月中日之间的专家级公谈可以认为是日本正式向我表示主张东海大陆架按中间线划界。1982 年日本运输省曾向我交通部提交了一份所谓东海大陆架中间线的图，该图还非法把我钓鱼岛等岛屿划归日方，并以这些岛屿为基点与我在东海大陆架划中间线。

日本在 1980 年 11 月中日专家级谈判中谈到主张中间线的理由是：冲绳海槽不是大洋地壳性质，没有隔断大陆架的作用，中日之间是同一大陆架的相向国家，因此应是中间线划界。

日本还以 1982 年通过的《联合国海洋法公约》第 76 条第 1 款中的后一句："如果从测算领海宽度的基线量起到大陆边的外缘的距离不到 200 海里，则扩展到 200 海里的距离。"以及第 57 条，"专属经济区从测算领海宽度的基线量起，不应超过 200 海里"为由，主张中间线。

我在历次外交声明中，多次表示："根据大陆架为大陆领土自然延伸的原则，中华人民共和国对东海大陆架拥有不容侵犯的主权。"

1980 年 11 月中日专级会谈中，我向日明确指出："我东海大陆架的外界就是冲绳海槽最大水深线。"其理由是：（一）大陆架是大陆领土自然延伸的原则已成为国际法最根本的规则；（二）从地形地质等方面看，冲绳海槽西坡就是东海大陆坡；（三）国际学者公认冲绳海槽以西就是东海大陆架；（四）国际法院的判例和划界实例也公认海槽有隔断大陆架的法律地位。

而我台湾省当局于 1970 年所划的大陆架矿区（第二至第五矿区），东部边界也是以冲绳海槽为界。

1988 年 4 月，美国东西方中心研究员 M·VALENCIA 研究东海大陆架划界在中日之间的争议是中国根据自然延伸原则主张的冲绳海槽中心线与日本主张的中间线之间的争议。然而，由于对有关钓鱼岛等岛屿归属的急议，中间线方案中，在南部有可能有三条线：（一）不计钓鱼岛在划界中地位以琉球群岛与中国大陆划中间线；（二）钓鱼岛等岛屿归中国，以此为基点与琉球划中间线；（三）钓鱼岛等岛屿归日本，以此为基点与中国大陆划中间线。

从上可见,在东海大陆架主体部分中日之间的争端不仅涉及到划界原则,而且还涉及到岛屿的归属,因此问题十分复杂。

三、东海大陆架划界强制程序的利用问题

鉴于东海大陆架划界问题十分复杂,而且又涉及我重大海洋权益,解决划界争端可能是较长期过程,在这一过程中是否有迫使我接受一项第三方强制解决争端的程序的可能性? 本文对此进行分析论述。

我在海洋法会议上,多次发言,主张:强制解决争端的程序,只能建立在各国自愿接受的基础上。因此,所规定的强制解决争端程序和办法,其前提条件必须是有关缔约国各方事先表明它自愿接受这种管辖,对于大陆架划界争端,由于涉及重大海洋权益,我一般不拟接受强制第三方的解决争端程序的。

然而,在《公约》第 287 条规定:"一国在签署、批准或加入本公约时,或在其后任何时间,应有自由用书面声明的方式选择下列一个或一个以上方法,以解决本公约的解释与适用的争端",这些方法是:(一)国际海洋法法庭;(二)国际法院;(三)促裁法庭;(四)特别促裁法庭。该条第 3 款还规定:"缔约国如为有效声明所未包括的争端一方,应视为已接受附件七所规定的促裁。"按照这一规定,缔约国对于公约的解释与适用的争端应有义务按受第三方强制解决争端程序,至少要接受促裁程序。

但是,《公约》第 298 条规定了适用第三方强制解决争端的例外,其中规定有关海洋区域划界争端,而这种争端发生在公约生效以后,"经争端各方谈判仍未能在合理期间内达成协议",则"经争端任何一方请求,应同意将该事项提交附件 5 第 2 节所规定的调解",亦即强制调解程序,尽管调解委员会的调解建议对双方没有约束力,但争端另一方有义务接受这种程序。

按照我们的设想,由于大陆架划界涉及我方重大海洋权益,因此我们主张通过双边谈判,友好协商解决,即使是强制调解程序我也不宜接受。

然而,该条同时规定:"任何争端如果必然涉及同时审议与大陆或岛屿陆地领土主权或其他权利有关的任何尚未解决的争端,则不应提交这一程序。"

因此,我在东海与日本有关大陆架划界问题,由于涉及到钓鱼岛等岛屿领土主权,不致由于日本单方面的要求,而提交第三方强制解决争端程序。

但是,由于中、日、朝三国五方对于黄东海大陆架划界(包括钓鱼岛主权争端)问题可能长期难以解决,因此共同开发,以及其他合用开发问题就提到日程上来了。

四、关于搁置主权共同开发问题的发展

如前所述,在划界问题未解决以前作为一项临时措施,暂时搁置主权,划定一定

范围的区域搞共同开发,这不仅是海洋法会议审议大陆架划界条款时的一项主要内容,而且在国际实践中也有不少可供借鉴的实例。除日韩共同开发大陆架协定外,还有:1974 年苏丹与沙特阿拉伯共同开发红海 1 000 米水深以下海底资源的协议;1979 年马来西亚与泰国在暹罗湾共同开发两国争议区的协议;1965 年科威特与沙特阿拉伯关于在波斯湾共同开发两国陆地中立区向海延伸未予划分大陆架边界区域的协定(该协定还涉及到三个主权归属未确定的小岛)。此外,曾经谈判或正在谈判双方争议区的还有:(1)澳大利亚与印度尼西亚关于帝汶海大陆架共同开发问题;(2)泰国与柬埔寨(韩桑林集团)谈判暹罗湾争议区共同开发问题;(3)越南曾提出与印度尼西亚共同开发南海南部纳吐拉群岛有争议的大陆架资源的建议。

M·VALENCIA 在 1988 年 4 月在研究南海和东海划界问题时,对中国沿海大陆架有争议的地区认为可以搞共同开发的区域有:(一)黄海大陆架南朝鲜主张中间线,与我可能主张的海底訾物来源分界线之间的争议区;(二)东海大陆架我主张自然延伸至冲绳海槽中心线,与日本主张中间线之间的海域;(三)北部湾 1977 年中越谈判中,曾提到的从东经 107°~108°,北纬 18°~20°之间作为两国争议区互不进入开发的区域。

实际上,我们研究认为,对于日韩共同开发区所划区域侵犯我主权,如果我们研究结论在该区域可以冲绳海槽中心线向西和西北延大陆架谷底线延伸,或以北纬32°划定朝鲜大陆架南部边界,为此产生的争议区也不防可以采用三方(中、韩、日)共同开发。当然在目前朝鲜未统一以前,作为一项政治原则,我不与南朝鲜发生外交关系,故难以提出此项建议,并付诸谈判。但不排除将来朝鲜统一后作为谈判解决东海大陆架东北部分三方争议区的一种可以考虑的方案。

至于中日之间围绕搁置钓鱼岛等岛屿主权,而在附近海域搞共同开发问题,早在1978 年由日方首先提出,后来得到我方赞成。以后由于日本政府出尔反尔,顽固坚持钓鱼岛等岛屿属于日本,"不认为是(归中国)有争议的地区"而拒绝在政府级谈判中协商,从 1979 年以来,转入中日民间磋商。

早在 1978 年 8 月 18 日,日本园田外相在众参两院外务委员会上表示:"由日中合作来搞(开发包括钓鱼岛等岛屿周围在内的大陆架的石油)为好,如(对方)正式提出商谈,将以向前看的姿态进行处理。"

1978 年 10 月 25 日,邓小平同志在日本记协俱乐部主办的记者招待会上答记者问时指出:"尖阁列岛,我们叫钓鱼岛,这个名字我们叫法不同,双方有不同的看法,实现中日邦交正常化的时候,我们又方约定不涉及这一问题,这次谈中日和平友好条约的时候,双方也约定不涉及这一问题。我们认为两国政府把这个问题避开是比较明智的。这样的问题放一下不要紧,将来总会找到一个大家能接受的方式解决这个问题。"

1978 年 5 月 31 日，邓小平副总理会见日本自民党众议员铃木善幸。铃木说：日本已准备在渤海湾同中国合作开发石油。如中国还愿意在其他地区合作，我们也可以。邓副总理表示：请你告诉大平首相，是不是双方都不宣传，先由双方商量，搞共同开发（指钓鱼岛），不涉及领土主权。在这里我们可以组织联合公司嘛。

1979 年 6 月 17 日，李先念副总理会见日本社会党友好访华团时说："日本有人提出在此地区（指钓鱼岛）共同开发怎么样？我们认为可以，不涉及主权权问题。"

1979 年 7 月 10 日森山运输相在日本内阁会议上说："尖阁列岛的领有权问题暂且不谈，是否可在石油问题上同中国方面进行联合开发？"园田外相对这个建议表示完全赞同，并说："我也考虑了那件事，领有权可作别论，想立即同中国方面举行会谈。"

1979 年 7 月 11 日，《日本经济新闻》晚刊报道：政府（指外务省）首脑 11 日晨表示："想在尖阁列岛领海以外设置日本和中国联合开发区域，进行开发。"

1979 年 7 月 15 日，李先念副总理会见《每日新闻》访华团。李副总理表示："我们已经表明了态度。这个办法是日本朋友想出来的。我们很赞成。我看是个好主意，这不涉及领土主权问题。"

1979 年 7 月 16 日，日本《读卖新闻》报道：园田外相明确提出日中联合开发尖阁列岛周围海域的设想。外务省当前在开发区域问题上的方针是：（1）在尖阁列岛领海 12 海里以外的公海；（2）把开发地区限于与台湾无关的海域。

然而，到 1979 年 8 月，日本政府转变了立场，据 1979 年 8 月 1 日新华社东京电：日本外务省认为搁置领有权而进行联合开发，不仅会招致国内反对，而且会给苏联以"可否搁置领土问题而进行缔结睦邻友好条约谈判"的借口，认为搁置领有权而进行联合开发，在外交政策上是拙劣的。

1979 年 8 月 12 日，日本外务省亚洲局长柳谷谦介在答《东京新闻》记者提问时说："尖阁列岛是日本的固有领土。（日本的）立场是在不给领有权以任何意义的影响的情况下，如果可以共同开发，便对其进行研究。"

1979 年 9 月 6 日国务院副总理邓小平在日本记者俱乐部会见记者时指出："钓鱼岛等岛屿本来就明确地属于我国领土。为了联合开发石油，可以把主权问题搁置起来，先着手开发石油，对中日两国都是有利的。"

1979 年 9 月 7 日，园田外相在内阁会议上说：尖阁列岛岛是日本的固有领土，不认为是（同中国）有急议的地区，谈不上把尖阁列岛的领有权搁置起来。森山运输相说：尖阁列岛是海上保安厅巡逻区域。

此后，日本在共同开发问题上不同意提"钓鱼岛周围海域共同开发"，而是在钓鱼岛西面"在希望的储油区的共同开发"。这就是 1979 年 10 月 27 日李先念副总理会见日本驻华大使时，日本大使吉田健提出来的。

1980年10月21日至22日中日东海大陆架专家会谈中,我方提出了搁置领土主权共同开发钓鱼岛等岛屿附近海域的初步设想。共同开发范围由七个经纬度点之连线组成,区域面积6000平方千米,位于钓鱼岛12海里以外,属钓鱼岛附近海域,也是两国主张大陆架范围的重叠区(争议区),当时日方虽表示非常赞赏,但后来未作答复。

然而,日方石油财团从1979年起,不断与我海洋石油总公司,作为民间往来,对在东海共同开发表示兴趣,提出各种有关共同开发的具体方案。

五、东海油气资源开发方案的初步建议

根据上述分析,东海(还包括黄海)大陆架围绕划界问题,三国五方存在着严重的分歧。然而,虽然有关各方表达了进行双边谈判的意向,但有关划界的全权外交谈判,特别是我国参与的谈判实际上并未进行。与之同时,各方正有节制地对大陆架区域进行普查、勘探,包括钻若干口探井,但至今均未获得突破性的进展。从目前情况分析,解决东海大陆架划界问题将是旷日持久的事情,然而作为解决划界问题以前是否有可能作一项临时措施,进行资源开发,包括共同开发和国际合用开发就已提到我们的议事日程上来。

正如前述,东海(包括黄海)存在划界争端的海域可以划分为三个部分,即:(1)南黄海,南朝鲜当局单方划分的大陆架矿区界线与我国的争议;(2)东海大陆架东北,日韩非法划定的"共同开发区"与我国的争议;(3)东海大陆架主体部分中、日之间的争议。

前面两个区域,由于涉及南朝鲜,作为我实施的一项政治原则,不与南朝鲜发生外交关系,因此目前不可能进行谈判。本文主要是研究东海大陆架主体部分中、日争议区,在划界问题未解决以前,作为一项临时措施,进行资源开发问题。

本文拟对东海油气资源开发方案从三方面进行研究分析:(一)东海油气资源开发的意义;(二)在划界未解决以前,进行油气资源开发我应注意的事项或要坚持的原则;(三)东海油气资源开发方案的初步建议。

(一)东海油气资源开发的意义

我国石油工业新中国成立前十分薄弱。1949年新中国诞生时,全国只有甘肃的老君庙、新疆的独山子、陕西的延长三个油田和四川圣灯山、石油沟两气田,以及辽宁的两个页岩油厂,年产原油仅12万吨。

新中国成立以后,石油工业有了很大的发展。特别是1959年在东北松辽盆地发现工业性油流,1960年组织大庆石油会战,只用了两、三年时间,就探明了储量并投入开发,使我国原油产量大幅度增长,1963年原油产量达到648万吨,使我国需要的石

油基本上达到自给。

从 1964 年起,石油勘探开发有了很大的发展,到 1979 年底,已有 19 个省、市、自治区发现了油气田,投入开发的有 122 个,已建成大庆、胜利、华北、辽河、新疆、大港、河南、吉林,以及江汉、江苏、青海、玉门、长庆、延长、四川等 15 个石油和天然气生产基地。1980 年生产原油 1.0595 亿吨(不包括台湾省,下同),仅次于苏联、沙特阿拉伯、美国、伊拉克、委内瑞拉而跃居世界第 6 位;生产天然气 142.7 亿立方米,居世界第 13 位。在全国一次能源生产总量中,石油和天然气占 26.8%。到 1987 年,原油产量达到 1.34 亿吨,年产量居世界第 4 位。

然而,按石油和天然气的均产量和消费量计,我国人口 10.6 亿,产油 1.34 亿吨,天然气 0.14 亿吨油当量,油气合计 1.48 亿吨油当量,人均 140 公斤油当量,为世界人均的 16%。根据 70 多个国家人均石油消费量统计,我国排在 60 位以后。可见我国人均油气产量和消费量都在世界后列。初步计划,本世纪末我国年产油 2 亿吨,气 0.3 亿吨油当量,总计 2.3 亿吨油当量,折合人均油气消费水平是 191 公斤,只是目前世界水平的 21%。从 1980 年到 20 世纪末,我国国民生产总值翻两番,石油年产量仅翻一番,石油供给关系明显不能改善。

作为衡量一个国家石油生产潜力的重要樗是剩余石油可采储量。我国在此居于世界主要产油国第 11 位(即 23 亿吨),前 10 位分别为:沙特(228 亿吨)、科威特(125.9 亿吨)、苏联(80.8 亿吨)、墨西哥(74.8 亿吨)、伊朗(66.8 亿吨)、伊拉克(64.5 亿吨)、阿布扎比(42.4 亿吨)、美国(33.6 亿吨)、委内瑞拉(34.2 亿吨)、利比亚(29.1 亿吨)。据统计,目前全世界剩余可采储量 955 亿吨,平均每人 19 吨。而我国平均每人只有约 2.3 吨。

经过 37 年工作,我国已探明的石油地质储量 125 亿吨,其中可采储量 38 亿吨,现已采出 15 亿吨,还剩 23 亿吨,储采比为 18:1。按目前采油速度(年产量),现有可采储量可以维持生产 18 年,而石油输出国组织为 75 年以上,世界平均为 35 年。我国石油生产和后备储量关系仍然十分紧张,这就迫切要求我们寻找新的储量,为石油生产的延续和增长提供后备实力。寻找新储量的一个重要领域为我国近海大陆架。

我国沿海大陆架蕴藏着丰富的油气资源,总面积约 130 万平方千米。特别是渤海、南黄海、东海、珠江口、莺歌海和北部湾 6 个沉积盆地,可以作为我国 1986~2000 年油气资源保证的重要来源。

我国从 1959 年开始,自力更生地对沿海大陆架进行普查、勘探。到 1979 年,经过了 20 年的努力,发现并圈定了上述 6 个含油气远景沉积盆地,其中渤海、东海、珠江口、莺歌海和北部湾都经钻探获得工业性油气流。

从 1979 年以来,根据我国政府确定的对外开放政策,开展了海洋石油勘探开发对外合作,其历程可分成三个阶段:

第一阶段:为了对海域石油地质情况作出比较准确判断,进行了地球物理普查工作。1979 年,先后与美、英、法、意等国 16 家石油公司签订了南海和南黄海合作进行海上物探普查协议,特探费用由外国石油公司承担,中方承担的义务是特探结束后,拿出一定面积向特探参与者进行招标。协议生效后仅一年多的时间,参与这项工作的 13 个国家、48 家公司,在 42 万平方千米海域内完成地震普查测线 11 万余千米,向中方提交了质量较好的原始资料和地质成果报告和图件。

第二阶段:在以往做过物探工作的海区,通过双边谈判,签订了 5 个石油勘探开发合同。1980 年 5 月,与日本石公团、法国埃尔夫·道达尔石油公司签订了渤海和南海北部湾海域 4 个石油勘探开发合同。1982 年 9 月,又与美国阿科公司签订了莺歌海涪分海域石油合作合同。5 个双边合同区总面积 5.4 万平方千米。合同规定,勘探阶段由外商提供全部或部分勘探费用,并承担风险;开发阶段,由中外双方共同承担开发资金。外国公司承诺的最低勘探义务工作量约 8.5 亿美元。通过双边合同的执行,发现了一批油气田,并为以后大规模的合作提供了有益的经验。

第三阶段:通过招标,广泛进行国际合作。1982 年 2 月,根据我国政府颁布的《中华人民共和国对外合作开采海洋石油资源条例》,中国海洋石油总公司开始第一轮招标。招标的海域包括南海珠江口盆地、北部湾盆地南部、莺歌海盆地西部和南黄海等海区,面积 15 万平方千米,共划分 42 个招标区块。与 28 家外国石油公司签订了 19 个石油合同。合同区总面积 42402 平方千米,外国石油公司承诺的勘探第一阶段最低勘探工作量为地震测线 42200 千米,打预探井 67 口。

第二轮招标于 1984 年 11 月开始,至 1987 年 3 月为止,招标海域为莺歌海东部、珠江口和南黄海等海区,共划分为 22 个区域,面积为 11 万平方千米,共有 10 个国家,28 家公司获得了投标资格。通过投标竞争,中国海洋石油总公司与 5 个国家、15 家公司签订了 8 个石油合同,合同区面积为 44913 平方千米。

此外,还以双边谈判方式,与美国阿莫科东方石油公司签订了珠江口盆地一个石油合同,面积为 6036 平方千米,与日本华南、南海、格蒂、太阳东方公司签订了 3 个物探协议,总面积为 6389 平方千米。

与对外合作的同时,从 1985 年起,开展了上述海域自营勘探开发,使海上的油气勘探开发工作取得较大进展。

到 1987 年底为止,我国海上共打探井 179 口(我国自行钻探 29 口),钻探构造 205 个,发现含油气构造 57 个。共有 4 个油田投入生产,目前生产的油田两个(渤海中日合作区埕北油田,北部湾中法合作区涠 10－3 油田),1987 年产油 71 万吨,历年海上累计产油近 200 万吨。正在开发的油田 3 个(全在渤海),待开发的油田 6 个(渤海 2 个,珠江口 3 个,北部湾 1 个),气田 1 个(莺歌海崖 13－1)。另有正在评价和待评价的油田 20 余个,分布在除南海以外的各海域。

然而,到 1987 年底,我国尽管经历了 30 年的时间(从 1959 年开始),即使是从 1979 年引进外资和外国技术进行普查勘探,钻探了 179 口井,方才探明石油地质储量约 3 亿吨,天然气储量约 1000 亿方。

根据对 6 个主要的中新生代沉积盆地(渤海、南黄海、东海、珠江口、莺歌海、北部湾)油气资源评价,第三系生油岩分布总面积 27 万平方分里,生油岩总体积 24 万立方千米,生油量法预测石油资源量为 207.6 亿吨(代表盆地最终的总资源量)。同时对已发现的近 1000 个圈闭中的 584 个远景圈闭进行了综合评价,圈闭体积法预测远景地质储量 95.7 亿吨(反映在一定勘探程序下的预期资源量)。可见目前探明的地质储量(约 3 亿吨),仅相当于预测远景地质储量的 3% 左右。

从 1979 年开始与外资合作,主要是从事普查和勘探,由外商自承风险,到 1987 年底,外商风险投资(用于勘探)20 亿美元,加上开发投资共 24 亿美元,有二分之一的合同已经终止,外商沉没投资 10 亿美元左右。反映了海上石油勘探开发既需要大量的投资,又有高度的风险。

在与外资合作过程中,中方通过反承包(海洋石油公司物探和钻探,直升飞机公司提供的服务),收入达 9.3 ~ 9.4 亿美元,国家税收 1 亿美元。相当于外商投资的 48%。这些收入,用于自营勘探建设基地,增加海上设施,以及购买船只等。此外,通过与外商合作,大大提高了我国技术人员的水平,引进了大量的先进技术装备。

总之,我国石油资源后备储量严重不足,需要加强从沿海大陆架上获取,包括从我国大陆架上最大的含油气沉积盆地——东海获取。另一方面,从 8 年多与外资合作勘探我沿海大陆架资源的经历说明这一方针是完全正确的,并进一步认识到,海上石油勘探开发,需要有巨额的投资,要有高超的技术,而且勘探风险大,周期长,这就是求我们应尽早把东海大陆架石油勘探开发问题提到日程上来。

(二)在划界问题未解决以前,进行油气资源勘探开发应坚持的原则

正如前已述及,东海大陆架划界问题,由于复杂的政治因素,包括对岛屿领土主权的争议,以及各方对划界主张的严重分歧,因此不可能在短期内解决划界问题。即使是开始谈判,也将是旷日持久的。因此,我们所讨论的问题是在划界问题未解决以前,作为一项临时措施,进行资源勘探开发的问题。

在《联合国海洋法公约》第 83 条第 3 款规定:"在达成第 1 款规定的协议(指划界协议)以前,有关各国应基于谅解和合作的精神,尽一切努力作出实际性的临时按排,并在此过渡期间内,不危害或阻碍最后协议的达成。这种安排应不妨害最后界限的规定。"

这项规定包含有三层意思,一是鼓励在达成划界协议以前,尽一切努力作出实际按排;二是不由于这种临时安排,使得某一方获得不能从划界协议中得到的利益,从

而拖延达成最后协议,亦即危害或阻碍最后协议的达成;第三,不因为这种临时按排造成既成事实,而防害最后界限的规定。

东海大陆架主体部分中、日之间的划界争议,一是有关属于我国的钓鱼岛等岛屿主权归属问题上的争议;二是有关东海大陆架划界原则与划界方法方面的争议。

钓鱼岛等岛屿位于东海大陆架上,是我国领土不可分割的组成部分,这可以从地理上、习惯上、历史上、以及从条约上都可以得出确切的证明。然而,日本妄图侵占我国这些岛屿,进而占据大片大陆架。因此,有关钓鱼岛等岛屿的主权归属便发生了争端。

1972 年中日建交谈判和 1978 年签订中日和平友好条约谈判当时双方实际上同意将钓鱼岛等岛屿的主权归属问题予以搁置。然而,到 1979 年 8 月,日本外务省亚洲局谷谦介否认了这种搁置主权归属争端的谅解,妄称:"尖阁列岛是日本的固有领土。(日本的)立场是在不给领有权以任何意义的影响的情况下,如果可以共同开发,便对其进行研究。"

与此同时,日方在钓鱼岛上建石碑,修机场。特别是在 1978 年,我国渔船在我钓鱼岛等岛屿附近海域捕鱼,日方无理要求我渔船从钓鱼岛附近海域撤离。日本于 1981 年 7 月 11 日至 19 日派船到我钓鱼岛及其附近海域进行渔场调查,我外交部新闻司发言人发表声明,表明我国立场,指出:"钓鱼岛等岛屿自古以来就是中国的领土。鉴于中日双方在钓鱼岛主权问题主张不同,两国政府在 1972 年中日邦交正常化和 1978 年缔结中日和平友好条约时,从大局考虑,一致同意把钓鱼岛问题暂时放一放,以后再说。我们主张,中日双方都应以两国人民世代友好的大局为重,不采取单方面涉及钓鱼岛主权问题的行动。"

钓鱼岛等岛屿主权归属涉及到大片大陆架的归属,面积达 7.8 万平方千米。钓鱼岛目前属于无人定居的小岛,可以视为"不能维持人类居住或其本身的经济生活的岩礁",按照《联合国海洋法公约》第 121 条"不应有专属经济区或大陆架",只能有领海和毗连区。然而,与我南海诸岛相比,其面积(钓鱼岛面积 3.6 平方千米)较西沙群岛最大的岛屿永兴岛(面积 1.85 平方千米)和南沙群岛最大的岛屿太平岛(面积 0.43 平方千米)都要大,而且"能否维持人类居住和本身经济生活"也可以通过人类的经营而改变。因此,这一组岛屿归属的争执便具有重大的意义。

当前我面临着一项突出问题是,日本对我钓鱼岛等岛屿的实际占领。我目前似不宜采取直接对抗,但可通过采取中日之间在钓鱼岛附近争议海域进行共同开发,以使日本在事实上承认搁置钓鱼岛等岛屿的主权争端。因此作为我建议中的共同开发第一个地区,必须坚持在搁置钓鱼岛等岛屿主权的前提下,划定一块涉及钓鱼岛主权争端的海域,作为中日之间"共同开发区"。

至于中日之间有关东海大陆架划界原则与划界方法方面的争端,尽管双方尚未通过全权的外交谈判表明各自主张,但在一些较低一级的会谈中已作过表达。日方主张按中间线原则与中国在东海按中间线划界,而我方则根据自然延伸原则与日方在东海,以冲绳海槽中心线划界。双方都可以为此提出一些由。这样在东海大陆架,以冲绳海槽中心线主张与以中间线划界主张之间在客观上便成为"争议区"。这一争议区的面积达16.6万平方千米。

在国际实践上,无论是1974年日本与南朝鲜共同开发东海大陆架协议,还是1979年马来西亚和泰国在暹罗湾所划的共同开发区协议,1965年科威特与沙特阿拉伯签订的在波斯湾联合开发区协定,以及1974年苏丹与沙特阿拉伯在红海共同开发1 000米水深以下含金属软泥的协议,都是在未缔结边界条约之前,以双方争议区作为共同开发区的。因此,在东海大陆架除钓鱼岛附近海域以外的大陆架部分的共同开发区的选择,原则上应划在双方争议区之内,亦即在我主张的冲绳海槽中心线与日方所主张的中间线之间的海域。至于中间线靠我方一侧,不应作为共同开发区域,而是作为在我大陆架主权权利区域进行国际合作的部分,当然在向国际招标时可以优先考虑日方的申请。

因此,在解决中日大陆架划界达成协议之前,作为一项临时措施,可以采取在急议区划定若干区块,进行共同开发,这种开发是以搁置大陆架主权急端为基础的,并且要注意不要使日方获得不能从划界协议中得到的利益,因而拖延达成最后协议,并且危害或阻碍最后协议的达成,也不能使这种临时按排造成既成事实妨害最后界限的划定。

除了由于中日之间划界争端未解决以前采取共同开发临时措施外,还可以研究其他国际合作措施,亦即在主权归属于我之前提下,划定若干区块向外招标,引进外国资金和技术,进行合作勘探开发,当然这也不排除日本作为投标参与竞争的一方。

在进行这项工作时特别值得注意的是不要造成既成事实,而使日方将来在外交谈判中获有利地位。具体而言,即不能将我所划的招标区块限于中间线我方一侧,而使中间线成为既成事实。

在第三次联合国海洋法会议上,审议大陆架划界条款中有关临时措施的规定,主张中间线或等距离线划界的国家,包括日本,欣赏1975年《非正式单一协商案文》中的规定,即:在协议未达成之前,任何国家均无权将其大陆架扩展到中间线或等距离线以外。而这一规定,受到主张公平原则,包括我国的强烈反对,因为这实际上为中间线划界造成既成事实。

从1976年《订正的非正式单一协商案文》作了修改,即:"在协议未达成或问题未解决之前,各有关国家应作临时按排,预及到第1款(指有关划界原则)的规定。"实际上,这项规定取决于第1款(划界原则)如何规定,但受到主张公平原则国家的支持,因为它没有预断中间线划界的结果。

在以后的协商中,主张中间线划界的国家集团曾提出修正案,规定:"在按照第1款(指划界原则)和第2款(指解决划界争端)的规定达成协议或解决以前,争端各方应避免在中间线或等距线以外行使管辖权,除非他们就彼此克制的临时措施另有协议。"而主张公平原则的国家则主张:(1)在达成划界协议之前,特别是长期未能解决划界问题,不应禁止资源勘探开发活动,必须有临时措施;(2)这种临时措施要符合公平原则,必须保护谈判各方利益,不应满足一方要求,损害另一方利益;(3)该措施不应预断最后划界,使一方获既得利益;(4)不采取可能局势恶化的单方行动,反对以中间线作为临时措施。

最后,在《公约》第83条第3款中规定:"在达成第1款(划界原则)规定的协议以前,有前各国应基于谅解和合作的精神,尽一切努力作出实际性的临时安排,并在此过渡期间内,不危害或阻碍最后协议的达成。这种安排应不防害最后界限的划定。"这种规定属于"中性"的,既可为主张中间线原则的国家所支持,又不为主张公平原则国家所反对。

总之,从以上协商过程说明,作为划界谈判未达成协议之前,可以采取临时措施,开发资源,但不能受中间线的限制,如果不超过中间线进行活动,就很可能造成既成事实,为今后谈判划界时主张中间线国家所利用。

在国际实践中,第三方强制解决争端的判决案例和双边协议中,在划界谈判未进行前双方进行资源勘探的实际情况往往是解决划界问题要考虑的一项重要因素。

例如:1982年2月24日国际法院关于突尼斯和利比亚之间大陆架划界案的判决。两国在未就领海和大陆架划界达成协议之前,并没有妨碍双方对大陆架的勘探开发活动。在利比亚方面,已按早在1955年7月19日生效的第25号石油法和第1号石油管理规章进行管理。然而,初期开发活动是在沿岸进行,到1968年利比亚授出第一个近海租让区。从1968年至1976年间在该近海租让区,钻了15口井,其中有9口已证明有生产价值。突尼斯则于1964年开始授出近海租让区,1972年授出的一块租让区位于突尼斯与利比亚的边界,使用等距离线原则所划定的分界线的东界。同年,利比亚在其西部边界授出一块租让区,位于从两国的陆地分界点——阿雅地尔角与子午线成26°角向海划出的一条线段作为租让区的西界,这就与突尼斯按等距离线所划的范围发生重迭。从1976年起各自对对方的活动发表声明表示抗议。法院在判决中将上述活动作为达成公平划界结果所应考虑的有关情况,即1974年以前双方在沿岸浅海授出的租让区,利用了从阿雅地尔角向海与子午线偏东26°的一条线。法院认为:这条线过去视为事实上的边界线。法院提出的划界方法的第一部分(紧靠双方海岸部分)的分界线为向海以大约北东26°方向延伸的线。

国际法院的这一案例的判决,实际上利用了在划界决定以前双方授出石油租让区的实际控制范围。

在双边谈判达成的协议中也不乏根据达成协议以前所进行资源勘探开发状况的考虑。例如,1972年10月9日澳大利亚与印度尼西亚有关阿拉弗拉海地区大陆架边界,在该地区海底有一深拗地形,称为帝汶海槽,最深3 100米,海槽南北两侧宽度不等,北侧靠近印尼帝汶岛宽仅30海里,南侧邻接澳大利亚海岸宽可达200海里。在两国划界谈判中,澳大利亚坚持大陆架是陆地领土自然延伸原则,要求将海底边界划在帝汶海槽轴部,而印尼则认为帝汶海槽是一在连续的大陆架上并非重要的拗陷,在划分两国大陆架中间线边界时可不予顾及,双方争议区域面积20 900平方海里。通过谈判,于1971年5月达成协议,将边界线划在海槽中,但不是在轴部,而是在海槽南坡,澳大利亚大陆架200米等深线外,主要理由是在界线以南澳大利亚大陆架已向石油公司授与了租让权。

另外,由于达成划界协议以前进行石油勘探,在勘探区域获得重要发现,因而要求将正常边界线作出调正划在该油田以外。例如,1969年2月20日国际法院对北海大陆架案判决以后,有关三国经过了将近一年的谈判,最后于1941年1月28日,丹麦与联邦德国、荷兰与联邦德国同时签订了双边划界条约。然而,丹麦与联邦德国的新边界线曾经较长时期的争议,因为丹麦曾在原来划分荷兰与丹麦的中间线的丹麦一侧进行过工作,发现了油气田,因此丹麦坚持,按正常情况所划的新的边界线,必须向南弯曲,最后形成目前的边界状况。

综上所述,在东海海域如开展国际作用,进行勘探开发,我所划的招标区块,其外界必须超过中间线,以表示我不接受中间线的划界主张。即使由于外国石油公司考虑到中间线以东属于争议区而不投标,也不至使我造成接受中间线的既成事实。

(三)东海油气资源开发方案的初步建议

东海油气资源的普查勘探,从1974年开始至今已有14年的历史,到1985年底共完成重力剖面90 855千米,磁测剖面172 527千米,地震测线123 941千米(模拟磁带地震剖面14 941千米,数字地震剖面约109 000千米,数字地震测网密度一般为4×8千米,重点构造4×4千米,个别局部构造2×4千米或2×2千米)。

从1980年12月地质部开始钻探东海第一口探井——龙井1井、至1985年底共完钻井6口(其中地质部5口——龙井1井、龙井2井、平湖1井、玉泉1井、灵峰1井;石油部1口——东海1井)。上述6口井均见油气显示。

东海盆地由福江、西湖、钓北、舟山、温东、彭佳屿6个沉积拗陷,虎皮礁、舟山两个隆起及渔山东低隆起等9个基本构造单元组成。沉积拗陷面积14.2万平方千米,隆起面积7万平方千米,低隆起面积3.8万平方千米。盆地内以第三纪河湖相及海相沉积为主,第三系沉积厚度达12 000余米。

东海盆地有三个主要油气富集区:(1)西湖拗陷油气富集区;(2)温东拗陷及渔

山东低隆起油气富集区;(3)钓北拗陷油气富集区。

(1)西湖拗陷是目前我钻探证实含油气远景最大的油气富集区。始新、渐新和下中新统三个组合经钻探都见到油气流,渐新统组合已获高产气流。局部构造发育,已发现 42 个局部构造,经综合地质评价,其中有利构造 27 个,构造面积 1 800 平方千米,有利层圈闭 50 个,圈闭面积 3 752 平方千米。用圈闭体积法计算石资源量 11.6 亿吨,占盆地石油资源量的 40.2%;天然气资源量 2 134 亿立方米,占盆地天然气资源量的 90.6%。

西湖拗陷是目前勘探相对比较高程度的区域,该拗陷主体位于中间线我方一侧,但有的构造可能处于中间线上。

(2)温东拗陷及渔山东低隆起油气富集区。本区面积 5.8 万平方千米,其中有始新统分布的低凸起 2.91 万平方千米;有温州、丽水、台北、新竹及福州五个凹陷,面积 2.89 万平方千米。本区局部构造面积大而幅度小。已发现局部构造 52 个,面积 4 549 平方千米,地层圈闭 105 个,圈闭面积 9 637 平方千米。圈闭体积法预测,有石油资源量 10.33 亿吨。

温东拗陷位于中间线我方一侧。如不计钓鱼岛划中间线,渔山东低隆起也位于中间线偏我方一侧。

(3)钓北坳陷油气富集区。

拗陷面积 2.5 万平方千米,沉积岩厚度超过 12 000 米。预测有始新、渐新和下中新统三套生油岩系,并以海相生油岩系为主。已发现局部构造 24 个,面积 1 239 平方千米,层圈闭 58 个,圈闭面积 2 539 平方千米,预测有利构造 7 个,石油资源量 9 680 万吨,天然气资源量 132 亿立方米。

钓北拗陷可能是我国沿海以海相生油岸系为主的拗陷,油气远景较好,但尚未为钻探证实。

钓北拗陷位于钓鱼岛等岛屿附近海域,是与钓鱼岛等岛屿争端相关的争端海域。

有关东海油气勘探开发具体方案,在 1980 年 11 月 21 日至 22 日中日东海大陆架专家级会谈时,我向日方提出搁置领土主权,共同开发钓鱼岛等岛屿附近海域的初步设想。

关于在东海进行石油勘探开发问题,日方曾对三个地区提出过建议:

(1)1979 年 8 月日本大使提出:不要提钓鱼岛的共同开发,而是将共同开发区限定在钓鱼岛以西,日方所划的中间线内,各划出同等面积的区域进行共同开发。这显然是要将中间线强加于我。

(2)1985 年 12 月 25 日日本帝国石油公司提出在东海北部海域(位于西湖拗陷油气富集区)中间线两侧,面积 2.441 万平方千米的海域内共同开发。这种横跨中间线,并在中间线两侧各划出大致面积相等的海域进行共同开发,也是要把中间线当成既成事实。

（3）1987 年 7 月 23 日日商岸井荒木副会长提出：中间线的问题日方不再提了，请中方也不要再提大陆架自然延伸线，双方也不再提钓鱼岛的归属。先共同开发钓北地区，但中方也要同意将来共同开发日本建议的矿区。

根据上述情况分析，在东海海域的开发，除我自营勘探开发外，国际合用应有两种性质不同的开发方案：一是中日双方在划界争议区未解决划界问题之前作为临时措施进行共同开发；二是不属于争议的我方区域，在主权属我的原则基础上划定招标区块，其外界应适当超出中间线，即使暂无人投标，也避免造成中间线划界的既成事实。

至于中日双方在争议区搁置主权进行共同开发的区域，可以考虑两种区域：一是钓鱼岛附近海域，即钓北拗陷区，由于在该区进行共同开发，使日方否认搁置有关钓鱼岛等岛屿主权的立场事实上作出改变，因此我应首先强调在北区域内共同开发；二是在其他两国争议区，即中间线与冲绳海槽中心线之间划出一定面积的区域共同开发。

至于向国际招标区域，是以主权归属于我为前提的。为了表示我不接受中间线划界，所划区块范围在某些局部应有意超过中间线。

以上只是作为初步建议，供参考。

（《动态》1988 年第 2 期）

第四篇

海洋经济与科技

信息不对称对发展海洋循环经济的不利影响及对策分析

刘 明

自 20 世纪 80 年代以来,我国海洋经济迅猛发展,海洋资源可持续利用和海洋环境保护问题逐步得到各级政府的重视。国家"十一五"规划明确提出了发展循环经济的要求,提出了"保护和开发海洋资源"的明确要求。有关海洋循环经济的研究已经逐步开始,但海洋循环经济推进过程中存在的信息不对称问题,尚未得到学术界的重视。本文从海洋循环经济运行机制入手,探讨信息不对称对海洋循环经济发展的影响,并提出相应对策。

一、海洋循环经济的内涵及加快推进海洋循环经济的必然性

(一)"海洋循环经济"的概念与内涵

海洋循环经济是循环经济的一个重要组成部分,其逐步兴起是国内循环经济实践的结果。对海洋循环经济的研究可以借鉴循环经济的理论和方法。

循环经济(Circular economy)是对物质闭环流动型(Closing material cycle)经济的简称。其本质是一种生态经济,是一种按照自然生态系统物质循环和能量流动规律构建的经济系统。它以资源的高效利用和循环利用为核心,把传统的、依赖资源净消耗的发展,转变为依靠生态型资源来循环发展的经济模式。

"循环经济"一词是 20 世纪 60 年代美国经济学家波尔丁在提出生态经济时谈到的,但直到 20 世纪 70 年代,循环经济还更多的是一种超前性理念,世界各国关注的仍然是环境保护的末端治理方式。20 世纪 80 年代,人们注意到应采用资源化的方式处理废弃物,将循环经济和生态经济联系起来,从而拓宽了可持续发展研究视角。在联合国世界环境与发展委员会撰写的总报告《我们共同的未来》中专门写了"公共资源管理"一章,探讨通过管理来实现资源的高效利用、再生和循环。

国内学者对循环经济的内涵阐述了不同的观点,而对于海洋循环经济内涵的研究则较少。根据徐丛春等(2006 年)的研究,海洋循环经济是循环经济的有机组成部

分,是海洋经济新的发展模式,它是指依靠临海区位优势,以海洋资源的高效与循环利用为核心,依托循环经济技术,整合区域经济、社会、环境及技术等资源,实现海陆大循环的经济发展模式,是兼顾发展海洋经济、节约海洋资源和保护海洋环境的一体化战略。

以上对海洋循环经济的内涵表述虽然体现了循环经济的基本特征和原则,但难以涵盖沿海地区居民消费的循环。笔者认为,海洋循环经济可以表述为:海洋循环经济是一种建立在海洋资源不断循环利用基础上的新的海洋经济发展模式,它通过"海洋资源－产品－海洋资源再生"过程,实现海洋资源的高效利用,使得在沿海社会经济系统中生产和消费过程基本不产生或很少产生废弃物,其特征是海洋资源的低投入、高效循环利用以及废弃物的低排放,从而从根本上缓解海洋环境保护与海洋经济及沿海经济发展之间的矛盾冲突。

(二)推进海洋循环经济模式的必然性

1. 发展海洋循环经济是实现海洋经济可持续发展的重要途径

海洋资源具有有限性和不平衡性,许多种类的海洋资源具有不可再生性,海洋对人类生产、生活带来的废弃物容纳量也有一定限度。20世纪90年代,海洋经济以粗放式发展为主要模式,对海洋生态系统和海洋不可再生资源的合理利用造成严重危害。而发展海洋循环经济能缓解或从根本上消除海洋经济发展与海洋资源、海洋环境之间的尖锐矛盾,成为实现海洋经济可持续发展的重要途径和必然选择。

2. 发展海洋循环经济有利于节约海洋资源、养护海洋生态系统、保护海洋环境

传统海洋经济主要是由"海洋资源——产品——污染排放"所构成的物质单行道流动的经济。在这种海洋经济发展模式中,人们以越来越高的速度开发利用海洋资源,又将大量的废弃物排放在海洋水体中,以此来实现海洋经济的增长,最终导致许多种类的海洋资源的短缺和枯竭,并酿成灾难性的海洋环境污染后果,走的是一条高投入、高消耗、高污染、低效益的路子。而发展海洋循环经济倡导的是一种建立在海洋资源不断循环利用的基础上的海洋经济发展模式,它要求将海洋经济活动在海洋生态系统自身规律允许的前提下,进行适度开发的模式,组织成一个"海洋资源——产品——可再生海洋资源利用"的物质反复循环流动的过程,使得整个海洋经济运行过程中基本不产生或只产生很少的废弃物,实现海洋资源利用最小化、海洋生态损害最弱化、海洋环境容量有余化,从而保护海洋生态环境和海洋资源,实现海洋经济的可持续发展。

二、发展海洋循环经济过程中信息不对称的主要表现及影响

信息不对称是存在于经济社会生活中的普遍问题,也贯穿于海洋循环经济运行

的各个环节,对海洋循环经济的发展具有不可忽视的影响。

(一)"信息不对称"的涵义

信息不对称理论是微观经济学研究的核心内容之一。从 1970 年美国经济学家阿可洛夫分析"逆向选择"开始,信息不对称问题已成为最近 30 年来微观经济理论最活跃的研究领域。

信息不对称是指信息在博弈参与人之间不均匀、不对称的分布状态。信息不对称的产生有主观原因,也有客观原因。主观原因是由于不同的参与人获取信息的能力不同。客观方面原因是参与人获得的信息与多种社会因素有关,如由于社会分工不同,不同参与人所拥有和能支配的资源有限,其掌握的知识是有限的。

信息的非对称性可以从两个角度划分:一是非对称发生的时间,二是非对称信息的内容。从非对称发生的时间看,非对称性可能发生在博弈完成之前,也可能发生在博弈完成之后,分别称为事前非对称和事后非对称。研究事前非对称性博弈的模型称为逆向选择模型,研究事后非对称信息的模型为道德风险模型。从非对称信息的内容看,非对称信息可能是某些博弈参与人的行动,也可能是某些参与人的信息。研究不可测行动的模型称为隐藏行动模型,研究不可观测信息的模型称为隐藏信息模型。

(二)信息不对称对不同层面海洋循环经济活动的影响分析

作为一种新的发展模式,海洋循环经济强调海洋资源的低投入、高利用和废弃物的低排放甚至是零排放。我国现实海洋循环经济活动中,因信息不对称对各经济活动类型的发展模式、可持续能力等产生重要影响。以下主要从三个层面进行分析:小循环——企业内部的循环,中循环——沿海区域内的企业之间的循环,以及大循环——企业产品经使用报废后,其中部分物质返回原部门,作为原材料重新利用。

1.企业层面上的海洋循环经济活动

海洋企业是资源消耗和产品形成的单位,实施循环经济必须从每一个海洋企业入手,贯彻低消耗、高利用和低排放的思想。具体循环过程包括:将流失的物料回收后作为原料返回原来的工序中;将生产过程中生成的废料经适当处理后作为原料或原料替代物返回生产流程中;将生产过程中生成的废料经适当处理后作为原料返回用于企业内其他生产过程。

我国沿海地区已有几家资源循环利用,废物排放较少的海洋企业,其中山东鲁北化工股份有限公司是我国海洋企业实施循环经济的最成功的例子。该公司濒临渤海,地处黄河三角洲,横跨化工、建材、轻工、电力等 10 个行业,目前已成为世界上最大的磷酸水泥联产企业,全国最大的磷复合肥基地。依托石膏制硫酸同时联产水泥技术,该公司将磷胺、硫酸、水泥三套生产装置有机地排列组合为一体,形成整体开放、局部封闭的生态工业系统,使副产品和废物在系统内得到充分的利用。

　　该公司利用海水逐级蒸发、净化原理,实现了"初级卤水养殖、中级卤水提溴、饱和卤水制盐、盐碱电联产、高级卤水提取钾镁、盐田废渣制水泥"的良性循环。纵向主链仅利用磷矿石为主要原料生产磷胺,排放的废渣磷石膏分解水泥熟料和二氧化硫,水泥熟料与锅炉排出的煤渣和盐场来的盐石膏等配置水泥,二氧化硫制硫酸,硫酸返回用于生产磷酸。整个生产过程的资源和废弃物全部得到高效循环利用,创造了一种生态型的硫酸和水泥生产新工艺。热电厂以劣质煤和煤矸石为原料,采用海水冷却,排放的煤渣用作水泥混合材料,经预热蒸发后的海水排到盐厂制盐,同时用管道把卤水输送到氯碱装置,生态产业链的构建大大降低了企业的建设成本和运行成本。

　　2. 区域层面上的海洋循环经济活动

　　生态工业园区是实现循环经济的重要形式,是在区域层面上通过废弃物交换建立的生态产业链,是在海洋企业群体之间实施循环经济的典型代表。因此,按照工业生态学的原理,通过企业间的物质集成、能量集成和信息集成,形成海洋企业间的产业代谢和共生关系,建立产业生态园区是在区域层面上实施循环经济的典型模式。生态工业园区是依据循环经济理念和产业生态学原理而设计建立的一种新型产业组织形态,也是通过模拟自然系统建立产业系统中"生产者——消费者——分解者"的循环途径,实现物质闭环循环和能量多级利用。通过分析园区的物流和能流,可以模拟自然生态系统建立产业生态系统的"食物链"和"食物网",形成互利共生网络,实现物流的"闭路再循环",达到物质、能量最大利用。在这样的体系中,不存在着"废物",因为一个企业的"废物"也同时是另一个企业的原料,因此,可望基本实现整个体系向系统外的零排放。实际上就是,将不同的企业联合起来形成共享资源和互换副产品的产业共生组合,使得园区内的一家企业的废气、废热、废水、废物等成为另一家企业的原料和能源。

　　我国沿海地区目前已建立了几个循环利用海洋资源,基本实现循环经济的海洋产业开发区。在区域层面海洋循环经济实践的典型是山东省潍坊海洋化工高新技术产业开发区。潍坊海洋化工高新技术产业开发区目前是全国最大的海洋化工生产和出口基地。开发区运用生态经济原理,将具有产业关联性的企业聚集在一起,形成了一个有机的海洋化工"食物链",实现了资源在区域内闭路循环和废料的全部资源化,建立了区域内的工业经济生态平衡。

　　首先,"一水五用",形成了生态海洋化工产业链。"一水五用",即用海水放养贝类、牡蛎、混养鱼虾等海洋产品;初级卤水放牧卤虫;中级卤水吹溴素;吹溴后的废水送到盐场晒盐;晒盐后的苦卤生产硫酸钾等海洋化工产品,直到用尽有用成分。在"一水五用"的基础上,形成了溴系列、盐及苦卤化工系列、碱系列、精细化工系列四个海洋化工产业链。

第二,产业链不断向纵深延伸,形成了生态海洋化工"互联网"。围绕溴系列、盐及苦卤化下系列、碱系列、精细化工等产业链精深加工、滚动增殖,努力实现由初级原料产品向高科技终端产品的转变。

第三,实现了废弃物的全部资源化,节约了资源,保护了环境。用制碱的废液兑卤晒盐,生产氯化钙,创造了世界制碱史上蒸氨废清液不排海的先例;用吹溴素制盐后的苦卤生产硫酸钾、精盐和氯化镁,将进入生产系统的有用成分全部综合利用;建起水泥厂和新型墙体材料厂,利用粉煤灰、废石、废渣等固体废弃物生产水泥和墙体材料,既消化了废弃物、增加了效益,又节约保护了土地资源。山东省潍坊海洋化工高新技术产业开发区循环经济产业链见图1。

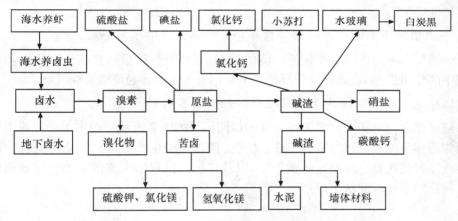

图1　山东省潍坊海洋化工高新技术产业开发区循环经济示意图

3. 社会层面上的海洋循环经济活动

循环型海洋企业、生态海洋产业园区向更大区域扩展就是海岸带地区的社会型海洋循环经济,发展海洋循环经济的最终目的是在沿海地区全社会范围内实现海洋资源的循环利用。社会型海洋循环经济是通过调整社会的产业结构,转变其生产、消费和管理模式,在一定的范围和一、二、三次产业各个领域构建各种产业生态链,把社会的生产、消费、废物处理和社会管理统一组织为生态网络系统。它以污染预防为出发点,以物质循环流动为特征,以沿海社会、沿海经济和海洋经济、海洋环境保护为最终目标,最大限度地高效利用海洋资源和能源,减少废弃物、污染物的排放。此外,社会型海洋循环经济不仅包括海洋循环经济,由于海洋经济与陆域经济具有密切的关联性,海洋经济的发展离不开陆域经济的支撑。因此,社会型海洋循环经济应是既包括海洋经济也包括陆域经济的海陆密切关联的大循环经济。

实施社会化的海洋循环经济主要需通过政府的法律手段、宏观政策的指引和公众规范的微观生活行为,通过废弃物资的再生利用,在整个沿海社会范畴内实现废弃物的减量化、再利用、资源化和无害化处理。国内目前没有对社会型海洋循环经济进行专门的立法,但国内有关海洋环境保护的法律中对实现节约海洋资源,减少海洋污染等问题作了具体规定。如:《中华人民共和国清洁生产法》在总则第二条中规定:"在中华人民共和国领域及管辖海域内从事工业生产经营活动的单位和个人,应当遵守本法"。在《清洁生产法》中对资源的循环利用、环境保护、企业如何实现等问题进行较为详细的规定。《中华人民共和国海洋环境保护法》第十三条规定:"企业应当优先使用清洁能源,采用资源利用率高、污染物排放量少的清洁生产工艺,防止对海洋环境的污染"。

(三)信息不对称对推进海洋循环经济发展的影响机制分析

分析信息不对称对海洋循环经济的影响,有必要分析信息在实施海洋循环经济过程中的作用机理,进而就可分析信息不对称对海洋循环经济的影响机制。

1. 信息不对称对海洋企业实施循环经济的不利影响

信息在企业对实施海洋循环经济的作用机理如图2所示。图中①是将流失的物料回收后作为原料返回原来的工序;②将生产过程中生成的废料经适当处理后作为原料或原料替代物返回原生产流程中,以及将生产过程中生成的废物经过处理后作为原料返回企业内其他生产过程中。

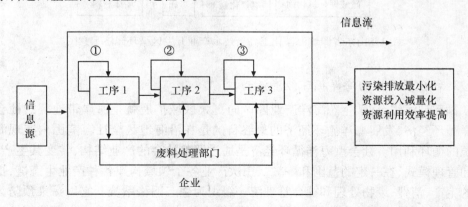

图 2   信息在海洋企业层面的作用机理

图中信息包括:相关政策对海洋企业清洁生产工艺、原材料的五毒无害性的要求,以及对使用标准部件、废弃物排放等要求的信息,以及市场需求、市场价格等。海洋企业获得这些信息后,根据相关要求调整生产经营行为,推行清洁生产,节能降耗,减少产品和服务中物料和能源的使用量,加强物质的循环使用能力。从而使得企业的污染排放最小化、资源投入减量化,并提高资源利用效率。

如果海洋循环型企业与市场之间存在信息不对称现象,则出于利益的考虑,产生废弃物的企业会将废弃物特征的信息"隐藏"起来,而虚报废弃物具有较高回收利用价值的假信息,则以废弃物为原料的海洋循环型企业就有可能形成错误的判断,导致投资损失。此外,循环型企业与科研院所之间也可能存在信息不对称,循环型海洋企业是海洋循环经济的直接实践者,对循环工艺优缺点的信息非常清楚,但企业通常会对废弃物的回收等方面的信息进行隐瞒,从而使从事循环型技术工艺研究的科研院所对有关废弃物信息的掌握处于不完全状态,这势必影响到循环型技术的研究与攻关。

2. 信息不对称对在区域层面实施海洋循环经济的不利影响

信息在沿海区域层面上对循环经济起作用主要通过公共信息平台来实现(见图3)。在区域层面上,以生态产业园区形式,不同企业通过公共信息平台联合起来形成共享资源互换副产品的产业共生组合,使得一家企业的废气、废热、废物成为另一家企业的原料和能源。公共信息平台在海洋循环经济建设中处于至关重要的地位,在企业之间起到信息传递的作用。

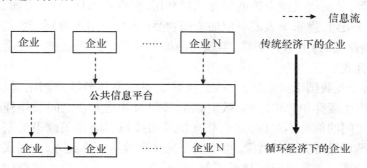

图3　信息在区域层面上的作用机理

如果园区内企业之间存在信息不对称,相互之间缺乏足够的了解和认识,循环型企业不能对其它企业的废弃物具有完全信息,即不能完全获得废弃物的特征、真实价值及来源等信息。这样,循环型企业获得"原料"的成本增加,其经济收益也会减少,从而影响其发展循环经济的积极性。

3. 信息不对称对在社会层面实施海洋循环经济的不利影响

信息在沿海社会层面上实施海洋循环经济起作用是通过政府部门,社会团体以及科研机构以及消费者共同来实现的(见图4)。

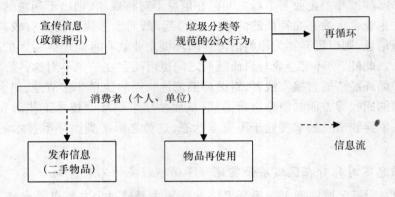

图4 信息对在社会层面实施海洋循环经济作用机理

通过政府部门、社会团体、科研机构等向社会提供大量的宣传信息(包括相关政府政策法规的指引),使消费者(包括居民和单位消费者)规范行为习惯,如养成垃圾分类的习惯等,从而促进废弃物的资源化再利用,实现再循环;另一方面,消费者通过一些信息交流渠道,发布个人或单位的废旧物品(仍有使用价值)信息,使废旧物品在二手市场(跳蚤市场)上进行交易,实现物品的再使用。从而在整个社会层面上促进循环经济的有效运行。

但是,由于在我国沿海地区,在社会层面上实施循环经济尚刚刚起步,存在政府职能部门与产生废弃物单位之间,政府职能部门与普通大众之间及循环型海洋企业与普通大众之间的信息不对称,这些都直接或间接地影响相关政策的制订。即使制订有关海洋循环经济方面的政策,也不能保证其有效执行。此外,普通民众对实现海洋循环经济的理念和重要意义缺乏了解,就不会积极主动地投入到海洋循环经济的建设中,发展海洋循环经济就失去了广泛的社会基础。

三、缓解信息不对称对推进海洋循环经济发展不利影响的对策思考

信息不对称对实施海洋循环经济产生阻碍作用,不利于海洋循环经济的健康发展。大力发展海洋环境信息服务业是缓解信息不对称的最佳选择。海洋环境信息服务业是指为防治海洋环境污染、改善海洋生态环境、保护海洋自然资源等提供废弃物来源及其回收利用、环境技术开发、清洁工艺及绿色产品的开发等各种信息服务的产业。目前,大力发展海洋环境信息服务业,建立海洋环境信息交换平台,将这些信息

当作一种稀缺资源,进行市场化运作,并利用网络等现代化的传媒工具,定期进行信息发布,将信息承载的价值迅速转变为市场信号。这样,就可以转变目前存在的环境信息不对称状况,为我国循环经济快速健康的发展奠定坚实的基础。海洋环境信息服务业是一项新兴海洋产业,对于如何发展海洋环境信息服务业以及其如何为发展海洋循环经济服务,几点对策建议如下:

(一)倡导沿海地区社会全员参与,丰富海洋信息资源

海洋环境信息服务业的发展需要做好两方面的工作:一方面,要加强宣传与引导。利用网络及其它各种大众传媒,宣传海洋环境信息服务产业的内涵及其对海洋生态环境保护事业的重大意义,提高人们对海洋环境信息服务业的认知能力;另一方而,要发挥社会团体的作用。除了政府职能机构外,还要充分发挥共青团、工会、居民委员会及志愿者协会等社会团体的作用,教育和引导不同层而的社会成员自觉地投入到相关环境信息的收集、传输等过程中去。这样,海洋环境信息资源就会极大地丰富,民众才能了解到身边各种废弃物的潜在价值及有关海洋环境保护措施的信息,从而提高民众对推进海洋循环经济的责任感。

(二)完善海洋环境信息公开制度,促进海洋环境信息传播

发展海洋环境信息服务业务,消除信息不对称对发展海洋循环经济的不良影响,需要完善海洋环境信息公开制度。应及时公布产生废弃物企业的信息、废弃物特征及潜在价值信息、循环型企业及其市场准入信息、最新的循环利用技术信息、有关的政策保障信息等各种海洋环境信息。这样,才能保证海洋环境信息能够有效地广泛传播,彻底转变目前发展海洋循环经济过程中存在的信息不对称状况。

(三)健全沿海地区各级政府的海洋管理职能,营造良好的政策环境

营造良好的政策环境是发展环境信息服务业及循环经济等环保产业的重要一环,完善的政策保障体系主要包括法规体系、产业政策、技术政策及经济政策等四个方面。在发展循环经济的初级阶段,如果没有政府职能部门的干预,其对环境信息服务产业的需求只能是潜在的需求。要把潜在需求转变为实际行动,这就要求强化政府的管理职能,完善政策保障体系。政府的作用主要表现在:制订相关的法律法规,为发展我国环境信息服务产业及循环经济保驾护航;引导资金流向环境信息服务业及循环经济等环境保护事业;引导产业的未来发展方向;引导企业与科研机构联姻,及时提供环境技术信息。

(四)建立专家网络,促进海洋环境技术进步

海洋环境技术服务是海洋环境信息服务业的一个重要方面。这里指的海洋环境技术主要是指海洋环境无害化技术,它包括海洋环境工程技术、入海废弃物预处理循

环利用技术及海洋清洁生产技术等。为此,要组织多学科专家队伍,加大研发力度,为发展海洋循环经济设计出具体适用的技术路线和实施方案,并通过建立的专家网络将这些信息定期发布。从而可以改变海洋环境技术信息不对称的现状,为发展海洋循环经济提供技术保障。

(五)强化海洋环境信息服务手段,完善市场化运作机制

政策保障体系为海洋环境信息服务产业的发展提供了滋生的土壤,但要发展壮大最终还是要依靠市场化运作来实现。首先,确立两条腿走路的方针。在积极争取政府职能部门和社会公众广泛支持的同时,发展海洋环境信息服务业必须根据市场规律,并按照现代企业制度的规则运作;其次,要实现海洋环境信息的商品化与市场化。海洋信息也是一种商品,实现海洋信息商品价值的过程也就是海洋信息市场化运作的过程。在这个过程中,要确保海洋环境信息商品的质量,要完善信息服务手段,做到让海洋信息消费者满意;最后,对海洋环境信息商品实行市场导向型定价,确保海洋环境信息商品的价格合理、稳定。只有完善的市场化运作机制,才能最终疏通海洋环境信息服务业中的信息流和物质流,彻底改变海洋环境信息不对称的状况,推进海洋循环经济的发展。

大力发展海洋环境信息服务业,是解决海洋环境信息不对称的最佳方式,是发展海洋循环经济、海洋生态工业、海洋生态大农业等环保型海洋事业的重要保障,值得引起全社会的关注与重视。

(《动态》2006 年第 10 期)

基于区域视角的海洋经济空间
布局思考

曹忠祥

海洋经济布局是海洋经济各部门发展规律的地域空间表现,是不同海洋产业布局的地域动态组合和空间累积结果。海洋经济布局合理与否,不仅影响海洋经济自身的活力与竞争力,而且是影响区域经济结构、经济国际竞争力和可持续发展能力的重要因素。进行海洋经济布局问题研究的目的主要在于寻求实现海洋经济布局优化的方向与途径,从而促进海洋资源、环境的保护与合理利用、提高海洋经济发展的综合效益。为此,探索各海洋产业之间、海洋产业与陆地产业以及城市发展之间空间组织的一般规律和最佳形式,从区域空间结构优化的需要出发,确定海洋经济发展的区域空间结构以及不同功能区的空间范畴,以期协调不同空间单元的发展、解决海洋经济发展中的空间差异和区域性问题、营造区域海洋经济发展乃至区域发展的整体竞争力,是海洋经济布局研究的核心内容①。

一、海洋经济空间布局的实质

如同区域经济一样,海洋经济的发展也具有结构性演进特征,这一特征在空间上表现为海洋产业的空间结构。海洋经济空间布局的实质,可以通过海洋产业空间结构的角度去理解和把握。

所谓产业–空间结构,是指区域内各种生产要素所形成的生产组合在产业及空间形态上形成的综合物质实体。它不是产业结构与空间结构的简单相加,而是区域产业结构与空间结构相互作用所形成的有机整体,共同作用于区域经济的增长和区域内的微观经济组织,并通过不断优化生产要素的配置来实现产出的优化,通过不断的升级换代实现其动态化、协调化和高级化发展。然而,就实质而言,产业–空间结构变化仍然表现为工业化和城市化相互推进的过程②。

---

① 刘卫东,陆大道. 新时期我国区域空间规划的方法论探讨. 地理学报,2005(6)
② 赵改栋,赵花兰. 产业—空间结构:区域经济增长的结构因素[J]. 财经科学, 2002,191(2):112–115

区域海洋产业－空间结构变化的实质,就是在经济集聚与扩散机制的作用下,在陆地产业结构变动的影响下,海洋产业结构演进与海洋产业空间集聚或扩散相互促进的过程,其归根结底也是工业化和城市化有机联系的表现①。海洋产业－空间结构的构成,可以用其所依托的海陆过渡型区域空间结构中的点、线、面等要素来进行刻画。在一个较大区域范围内,在地区海洋产业有所发展而发展程度还不高、地区布局框架还未形成的情况下,可运用点轴开发模式,来构造地区总体布局的框架。这应是区域海洋经济规划中的重要内容。

二、海洋经济空间布局的理论基础

(一)区域空间结构理论

以空间结构分析为基础形成的空间结构理论,旨在揭示人类生产与生活活动的空间分布与空间相互作用规律,不仅是区域经济布局的理论基础,而且是海洋经济空间布局的重要理论依据。为此,正确认识其理论内涵、评断它们的实际应用效果,将是探讨海洋经济空间布局问题的重要科学依据。

空间结构理论是以经典区位论为基础发展起来的②。在我国改革开放以来的区域发展中,最具影响的空间结构理论有梯度推移理论、增长极理论和点－轴开发理论。它们都强调在经济规律的作用下区域发展结构和水平的不均衡性、以及区域间的相互影响作用。优势区位(区域)的率先发展及其对相关地区的带动作用是空间结构理论的主要应用价值。

1. 梯度推移理论

梯度推移理论比较科学地揭示了生产力由高梯度区向低梯度区推移的规律,成为我国实施三大地带宏观区域政策的重要理论基础③。我国改革开放20多年来所取得的建设成说明了该战略和理论是基本正确的。但由于该理论强调经济发展水平在地带之间的梯度差、以及与之相联系的产业地域分工是比较固定的,在现行体制下常常导致经济利益从低层次产业结构和低发展水平地带的外流,产生区域发展的不公平。所以,该理论和战略往往不被落后地区认同。尽管如此,对于海洋经济发展水平不高、区域差距比较明显的地区,用该理论指导海洋经济实践还是具有一定的现实意义。

① 曹忠祥. 区域海洋经济发展的结构性演进特征分析. 人文地理,2005(6)
② 陆大道. 区域发展及其空间结构. 北京:科学出版社,1995
③ 陆大道. 中国工业布局的理论与实践. 北京:科学出版社,1990

2. 增长极理论

增长极理论由法国经济学家佩鲁于 20 世纪 50 年代提出,又经法国地理学家布德维尔和美国发展经济学家赫希曼进一步发展完善。增长极理论建立在区域经济发展不平衡规律的基础上,它强调既要关注经济总量的差异,又要关注结构性的变化。从产业布局的角度看,主导产业的产生和发展对自然、社会及经济资源具有特定要求。因此,进行产业布局时,首先要尽可能把有限的资源集中配置到特定地域发展潜力大、经济效益好的主导产业上,不断培育产业发展中的增长极,强化增长极的实力,然后通过主导产业的扩散效应发挥对周围地区的支配力和影响力。

增长极理论适宜指导局部区域产业布局的"集聚－辐射"过程,对中心地职能的形成与完善针对性更强;但在解决大范围区域生产组织结构和区域开发模式问题时,却存在着明显的缺陷。对地区性海洋经济布局来说,如何利用临海港口的条件和优势海洋产业的积聚来促进滨海(海洋)经济中心的发展和壮大,仍然具有十分重要的现实意义。这是该理论在海洋经济布局中的重要应用价值。

3. "点—轴系统"理论

"点—轴系统"理论是我国经济地理学家陆大道在长期研究工业区位因素和工业交通布局规律的基础上提出的。该理论将区域经济看成是由"点"和"轴"构成的网络体系。"点"是指具有增长潜力的中心地域,"轴"指将各中心地域或产业联系起来的基础设施带。"点－轴系统"理论可以指导产业有效地向增长极轴线两侧集中布局,从而由点带轴、由轴带面,最终促进整个区域经济的发展。这一理论是适应我国国情的产业布局理论的一次重要创新。

与梯度推移和增长极理论相比,点—轴开发理论更为科学地揭示了生产力空间运动的客观规律,深刻反映了区域开发空间的时序、中心地与开发轴线的等级和吸引范围、以及区域发展的空间组织结构等,成为全国及其不同空间尺度区域进行国土与区域规划的基本模式。当然,在海洋经济布局实践中,应该避免一些教条化倾向,如脱离海洋经济发展的实际人为地刻意划定开发轴线,使其难以对海洋经济乃至区域经济的发展起到实质性的带动与组织作用。

(二)地域生产综合体和经济区划理论

地域生产综合体和经济区划理论是影响非常深远的区域组织理论[1][2]。特别是改革开放之前,它们是在全国范围内进行合理生产力布局的重要理论基础。经济区

---

[1]　(Soviet) A. E. Пробст. The Introduction of Socialistic Industry Distribution. Beijing: Commercial Press, 1987
〔(苏联) A. E. 普洛勃斯特. 社会主义工业布局概论. 北京:商务印书馆,1987

[2]　杨开忠. 中国区域发展研究. 北京:海洋出版社,1989

划强调因地制宜的基本理念,客观反映区域发展的比较优势和相对劣势,更突出区域在更高层次上的职能分工,由此成为区域间合作的驱动力。地域生产综合体则着眼于区域的内部,着手于产业间的技术经济联系,通过"投入－产出"的纽带,使区域产业成为一个相互之间有机联系的整体,有利于区域经济在较低层次上的综合发展目标的实现。在完全计划经济时代,它们的应用在促进我国产业布局均衡化、加速形成相对完整的地方工业体系等方面,发挥了重要作用。其中关于生产布局的专业化与综合发展相结合、集聚与分散的辩证关系等思想,在当前仍然具有借鉴意义。但由于理论应用的体制背景是计划经济,计划经济的诸多弊病决定了其本身存在着缺陷,具体表现在:

首先,理论本身尽管强调经济联系的重要性,但实际上地域生产综合体的形成却必须依赖于国家指令性计划指导。国家计划在促进生产力均衡布局的同时,却损失了效率;另一方面,国家投入的大中型项目往往同地方经济的发展缺乏联系,"二元结构"问题就是该理论应用失误的体现。

其次,虽然强调地域分工、以及部门间的协调发展,但由于"条条"、"块块"的管理体制的阻隔,实际操作中很难实现既定目标,也导致企业的小而全、到不同经济地域生产结构的趋同化等问题。

再次,地域生产综合体的形成和经济区的划分是以劳动地域分工为基础的,落后地区尽管在资源性产品的生产上具有相对比较优势,但在区际贸易中仍然处于相对不利的地位,导致其总是处于被盘剥的地位。

（三）产业空间组织理论

产业空间组织理论是从产业视角来揭示经济地域空间组织基本规律的理论。与以上从区域视角考虑经济布局的理论不同,产业空间组织理论的研究更为微观,研究对象为产业群,甚至从单个企业的发展轨迹中去探究企业之间的联系和发展机制,研究重点在于产业区内部的联系。产业空间组织理论以产业集群理论最具有代表性。

产业集群是在产业发展过程中,由相互关联的企业与机构在一定地域内集中分布所构成的产业群。产业集群理论由克鲁格曼、波特等提出,该理论除强调区域分工的重要性外,进一步强调了发挥区域内各种资源整合能力的作用,尤其是技术进步与创新的作用。从产业集群的角度研究产业布局的思想,避免了割裂区域内各种资源之间的联系来讨论区域发展的平衡与否,意在强调发挥区域各种资源要素的整合能力和协同效应,追求适合区域具体特征的区域发展道路,突出技术进步与创新对产业布局的重要意义①②。

三、海洋经济布局的主要依据

　　产业布局是自然、技术、社会经济等多种客观条件综合影响下的产物。无论是单一产业的布局,还是多种产业综合布局最佳区位的选择,惟有在满足自然、技术和经济三种要求的前提下,才能实现并取得最佳效益③。作为区域经济的重要组成部分,海洋经济(产业)发展的空间格局是以海洋特殊的自然地理环境和资源条件为基础,在海洋产业、陆地区域产业以及城市化发展的相互作用中逐步形成的,陆地区域空间结构的发展演化及其客观要求是海洋经济布局的重要背景条件。换句话说,海洋经济的布局在很大程度上要依托陆地区域去实现。从地区宏观经济发展及其布局优化的整体需求出发,海洋经济布局不仅要依托区域海洋自然地理环境和资源分布特点、海洋产业发展与布局的历史基础,而且要充分考虑沿海区域经济布局的特点和要求,其依据主要有以下几个方面:

　　(一)海洋资源禀赋和海洋环境的类似性与关联性

　　由于自然条件、自然资源对劳动生产率、产品质量等方面具有直接或间接的影响,在市场经济条件下,产业活动势必首先向最优的自然条件和自然资源分布区集中,形成一定规模各具特色的专业化生产部门,进而完成产业劳动地域分工的大格局④。以海洋资源和空间(在广泛意义上也属于海洋资源的范畴)的开发利用为主要内容的海洋经济具有资源依赖性强的特点,甚至有很多学者认为海洋经济实质上就是资源经济。海洋自然资源和环境条件是海洋产业布局的物质基础和先决条件,对海洋产业布局具有决定性影响。海洋资源禀赋的地域性差异对海洋产业布局的影响,不仅表现在资源的数量、质量对特定地域海洋产业发展的方向、规模和潜力方面的影响,而且海上通道建设条件(港址资源)的不同也对不同地域利用外来资源、接受外来产业转移的能力存在着差异,进而对海洋产业乃至滨海陆域产业的布局产生深刻影响。相同或者相似资源禀赋条件的临海区域必然成为同类产业的集聚地,进而形成该类产业的专业化生产区,参与地区劳动地域分工与合作。另外,海水的流动性也决定了不同海洋产业发展和不同区域海洋经济发展对海洋环境的影响会互相传递,陆地区域环境状况更与毗邻海域的海洋环境质量密切相关。因此,避免不同海洋产业、不同海域乃至陆域和海域之间的恶性环境冲突,是海洋经济布局中必须考虑的

①　曹颖. 区域产业布局优化及理论依据分析. 地理与地理信息科学. 2005(5)
②　刘斯康,王水嫩.用产业集群理论来规划新的产业布局[J].当代财经,2003(7):118-119.
③　杨万钟主编. 经济地理学导论.上海:华东师范大学出版社,1994
④　苏东水主编. 产业经济学.北京:高等教育出版社,2000

问题。

（二）与海陆经济布局现状的相似性和互补性

海洋经济布局既要从历史上已经形成的社会劳动分工的特点出发,充分考虑本区域经济发展现状(产业结构与发展水平等),更重要的是预测未来,兼顾未来发展方向的一致性。要在对海洋经济布局现状进行科学分析的基础上,结合现实的需要与可能,充分利用其中的有利因素、避免不利因素,做到扬长避短、趋利避害,保证未来海洋经济发展的方向与重点和海洋经济布局现状有一定的相似性和互补性。尤其值得一提的是,作为区域经济的重要组成部分,海洋经济布局必须符合区域经济结构调整和布局优化的基本要求,补充陆域经济发展布局中的不足,促进区域空间结构的优化。

（三）拥有可依托的滨海经济中心

经济中心是组织和协调区域发展的核心,它可以把区域内各部门、各区域、各级城市的经济活动凝聚成一个整体。经济中心的经济实力不同,对周围地区的辐射和吸引范围不同,决定了该地区内产业的规模、级别和经济发展水平。沿海地区的经济中心往往也是海洋经济发展的中心,对组织区域海洋经济生产活动具有重要作用。海洋经济布局要以一定的滨海区域经济中心为依托,同时要有利于经济中心实力的增强和结构的优化。

四、海洋经济布局的主要模式

任何经济地域运动都趋向于最有利于该经济活动的区位,因而区域经济活动总是从区域内地理条件较好的地区起步,逐渐壮大,经过一段时间后才逐步向其他地区扩散开来[①]。

和区域经济一样,伴随着海洋经济的结构性演进,海洋经济的空间布局也处在动态变化之中。随着发展水平与方向的变化,海洋经济的空间布局应该遵循一定的规律。海洋经济布局模式的发展演变应该与海洋经济发展的总体水平及其所处的阶段相适应。现代意义上的海洋经济的发展已经突破了"渔盐之利,舟楫之便"的局限,代之以旅游、海水综合利用、海洋机械制造、海洋能源和矿产资源开采、海洋信息服务等新兴高科技产业成为海洋经济发展的重点,早期以传统渔业、盐业和海洋运输业为主导的海洋经济的相对分散、均衡布局也逐步为现代海洋产业日益显著的空间集聚趋势所取代。换言之,空间集聚已逐步成为现代海洋经济空间布局的主要方向。

从区域视角来看,海洋经济布局主要存在着以下几种模式:

---

① 吴殿廷主编. 区域经济学. 北京:科学出版社,2003

（一）港城互动型滨海经济中心带动模式

港城互动型滨海经济中心带动模式的提出与实践是增长极理论在海洋经济布局中的具体应用。随着当前我国沿海地区人口、资源和环境问题的日益突出，向海拓展已经成为未来沿海地区城市空间发展的重要方向。海洋经济布局与沿海地区城市发展战略重点的向海推移相适应，并为之服务，业已成为当前我国沿海多数地区海洋经济布局规划中遵循的基本思路之一。

从优化海洋经济空间组织的角度来讲，海洋经济布局和城市发展的战略方向相结合，将有利于发挥滨海区域中心城市在经济、科技和文化等方面的优势，促进海洋新兴高科技产业的发展。与此同时，海洋新兴高科技产业向滨海中心城市的集聚也将进一步增强这些城市作为海产品交换、海洋技术研发与扩散、海洋信息交换与信息服务中心的职能，从而使其真正成为代表区域海洋产业发展主导方向、对区域海洋经济发展具有重要组织和领导作用的"增长极"，带动区域海洋经济的快速发展。

港口是海陆运输的枢纽，是现代沿海城市形成与发展的源动力之一。"城以港兴，港为城用"已成为现代滨海城市建设的重要模式。港口与城市相结合，形成海洋开发的依托和据点，既有利于港口建设的进一步完善，也有利于滨海区域经济中心的形成和拓展，二者相辅相成，极大地增强港城据点的双向（向海和向陆）经济辐射能力。在经济全球化和全面对外开放的形势下，优良的港口条件是发展出口导向型经济的必要资源条件之一，以港口为依托的港城互动型滨海经济中心作为对外开放的"窗口"和"门户"，其建设对于加强区域对外经济、科技和文化联系，提高区域参与国际分工与竞争的能力，具有十分重要的意义。在港口资源优势突出、海洋运输业发展基础良好的地区，以港口职能的强化和完善以及临港工业的发展为突破口，带动城市现代服务业的发展和城市核心竞争力的提升，实现以港兴城、以城促港、港城相互促进的目标，是现代海洋经济布局的重要模式之一。

（二）"点－轴"系统模式

海洋经济布局的"点－轴"系统模式是滨海经济中心带动模式的进一步延伸。如同区域经济中心一样，海洋经济中心并不是唯一的，而是由许多不同类型、不同作用的中心形成多级、多层次的辐射和集聚中心体系，成为区域城镇体系的重要组成部分。不同（海洋和滨海陆地）经济中心之间由于生产分工和交换的发展，需要有交通线路等相互连接起来，进而吸引人口和产业向沿线集中，于是形成海陆交错型区域经济的发展"轴"，它同时也是区域海洋经济的发展"轴"。由于轴线是以不同等级的中心点为基础的，相应地就会形成不同等级的点－轴系统。在当前我国沿海的一部分地区中，滨海公路和滨海地方铁路已经在地方交通运输体系中发挥着重要作用，或者已成为未来交通运输建设的重点任务，以贯穿滨海地带的交通运输通道为纽带、以诸多滨海经济中心为"节点"的复合型产业发展轴线也已初具雏形,这不仅为海洋经济的发展、而且为沿海区域空间结构的优化创造了条件。

(三)临港产业集群和港口经济区模式

临港产业泛指布局于港口及其周边区域,依托港口资源和港口转运优势而发展起来的产业群体,是海陆经济一体化发展的载体和主导力量。临港产业集群模式就是将海洋产业和临海陆域产业的布局问题统筹考虑,突出港口在产业发展中的支撑作用,追求产业、港口和城市协同发展的产业布局模式。在当前沿海各地方的海洋经济规划中,多将临港工业作为其中的重要内容而给予了充分重视。尽管在一些学者以及部分地方海洋经济规划中都提到了产业集群发展的问题,但是究竟如何利用港口优势、通过区内各种要素的能力整合、加快临港特色产业集群的培育,还是有待进一步探讨的问题。

相比之下,以港口为依托、着眼于港口区域发展的港口经济区模式近年来在我国部分沿海地区逐步得到实施,取得了一定效果。该模式强调城镇建设、产业聚集和港口基础设施建设相结合,建立现代化港口经济区;通过港口基础设施建设和临港产业、特别是临港工业的发展,带动运输、商贸、旅游等二三产业的发展,加速港区城镇化、现代化、乃至国际化发展的步伐。

(四)海洋经济区域分工与合作模式

由于特定地区范围内海洋资源分布不均、海洋经济和区域经济发展技术梯度的客观存在,加之区域经济、城市发展空间结构优化的战略需求的影响,海洋经济发展的潜力存在着区域差异,不同区域海洋经济发展的时序、方向及重点也会有所不同。因此,海洋经济的发展应该在保证高技术梯度区域优先发展的前提下,强调不同区域的分工与合作,通过优势互补,强化地区海洋经济发展的综合竞争力。这是海洋经济布局区域分工与合作模式的基本着眼点。其基本思路是,遵循以海带陆和海陆一体化发展的基本原则,以港口建设和海洋运输发展为龙头、港城互动型滨海海洋经济中心建设为主导、开放型特色临港产业集群发展为支柱,按照因地制宜、突出重点、循序渐进的原则,着力建设各具特色与优势的海洋经济区域,逐步形成科学合理的海洋经济区域分工与合作格局。该模式在近年来笔者所参与的地方海洋经济规划研究中得到了应用。

五、结语

作为新兴的经济领域,海洋经济的发展目前尚未形成成熟的理论框架,经济地理学和区域经济学是当前国内学者分析海洋经济问题时普遍采用的重要理论工具。以经济地理学和区域经济学理论为指导,从区域发展视角来研究海洋经济布局问题,是将海洋经济作为区域发展空间结构演化的重要因素,按照区域空间结构塑造与优化的基本要求,揭示海洋经济(产业)的地位与作用,进而勾画海洋经济发展的空间格局。

(《动态》2006 年第 12 期)

对编制沿海地区海洋经济发展规划
若干问题的认识和思考

王　芳

　　21 世纪是海洋世纪,沿海地区的可持续发展主要依赖海洋,许多海洋国家都十分重视发展海洋经济,海洋经济已成为世界经济发展的新增长点。做为一个海洋大国,我国也高度重视海洋经济的发展。2003 年 5 月,国务院下发了国发[2003]13 号《国务院关于印发全国海洋经济发展规划纲要的通知》,提出了建设海洋强国的战略目标。《通知》要求,"沿海各省、自治区、直辖市人民政府根据《全国海洋经济发展规划纲要》,制定本地区的海洋经济发展规划"。国家发展与改革委员会、国家海洋局为贯彻落实国务院[国发(2003)13 号]文件精神,于 2003 年 12 月 31 日联合下发了《关于编制省级海洋经济发展规划意见的通知》[发改地区(2003)2375 号],向全国各沿海省、自治区、直辖市人民政府下达编制省级海洋经济发展规划任务。因此,各沿海地区高度重视海洋经济的发展,加紧了地方海洋经济发展规划的编制工作。到目前为止,已有不少沿海省及地级市组织编制了海洋经济发展规划。通过参与编写地方海洋经济发展规划,笔者对编制沿海地方海洋经济发展规划的有关问题进行了思考和总结。

一、规划的性质、作用与编制原则

(一)性质与定位

　　在市场经济条件下,区域经济发展规划必须在综合分析各地区、各行业、各部门规划、计划的基础上全面考虑、统筹规划,对本区域经济的发展起到宏观指导作用。规划关注的问题是宏观的、全局性的,讲求区域的整体效益。在目前的市场经济条件下,政府的导向作用还是非常重要的,因此,经济发展规划一般都定性为引导本地区经济全面发展的政府指导性文件。

　　海洋经济发展规划是指对特定沿海区域的比较长远而全面的发展构想,是描绘海洋区域未来发展的蓝图。为充分发挥沿海地方政府在发展海洋经济中的宏观指导作用,充分调动做为海洋经济主体的各产业部门的积极性和主动性,在研究分析沿海地区海洋资源和自然条件及海洋经济发展现状的基础上,根据沿海地区海洋资源潜力、基础环境条件、产业发展现状、部门计划、规划的现状和基本情况,研究编制的沿海地方海洋经济发展规划应定位为沿海地方政府引导本地区海洋经济发展的宏观指导性文件,同时,也是落实沿海地方社会和经济发展总体规划的一项重要的专项规划。

(二)作用与任务

海洋经济发展规划的性质和特点决定了其作用和现实意义。从国家对国民经济和社会发展计划的重视程度,以及计划在指导我国经济发展中发挥的作用,也可以预见规划对于指导海洋经济发展的地位和作用。编制地方海洋经济发展规划,就是要统筹规划沿海地区涉海领域的经济活动,解决涉海各行业缺乏统筹考虑的问题,形成发展海洋经济的整体规划和观念;同时,通过编制规划和推动规划落实工作,增强政府和民众的海洋意识,促进海洋经济发展,并使之成为实现建设小康社会战略任务的重要措施之一。

海洋经济发展规划的主要任务是根据海洋区域的发展条件,从海洋经济发展的历史、现状和未来社会需求出发,明确海洋经济的发展战略和目标,对海洋区域的生产性和非生产性建设项目进行统筹安排,并对环境保护等方面进行总体部署。沿海地方的海洋经济发展规划的具体任务是解决"为什么要干? 干什么? 在什么地方干? 怎么干? 急需干什么? 长远怎么谋划?"等问题,即:在分析研究海洋经济发展现状和条件的基础,测算海洋经济的发展目标,确定主导产业及重点产业门类和发展方向,规划各类海洋产业的空间格局,提出推动海洋产业发展的各种措施和启动(带动)项目等。

(三)编制原则

一是:与行业规划和计划紧密衔接原则。作为区域性专门规划,坚持协调、衔接的意识,要与行业规划和计划紧密衔接,特别是要参考和兼顾到沿海地方的国民经济和社会发展十五计划、各行业的发展规划和计划、国土综合规划、科技兴海规划等。在不影响海洋经济总体发展方向和布局的情况下,应充分利用已有的各项成果,充分考虑到与上述计划和规划的衔接;

二是:宏观指导性与可操作性相结合原则。作为沿海地方海洋经济发展规划,要坚持规划的战略性、科学性、前瞻性和可操作性,注重发挥规划的导向作用;坚持国家目标与地方目标的统一,体现国家海洋经济发展的战略意图;即要坚持宏观指导性,又必须与可操作性相结合,以真正做到"促进 GDP 增长"。应贯彻《全国海洋经济发展规划纲要》精神,在规划海洋产业发展和布局的同时,要在各主要产业发展、海洋生

态环境保护、开发区建设等方面,谋划一批重大项目,并提出一些具可操作性的对策措施;

三是:研究和借鉴先进经验原则。充分研究和借鉴国内外发展海洋经济的经验,突破就海洋论海洋的传统思维,坚持立足实际,结合沿海地区的具体情况,反映本地社会经济发展特色,编制能够有效促进沿海地区海洋经济发展的海洋经济综合性发展规划。

二、规划的范围与时限

(一)规划范围

在我国的海洋经济发展中,海洋经济涉及的空间包括毗邻海域和滨海陆域。因此,沿海地方海洋经济发展规划的范围应包括陆域和海域两个部分。

海岸带系指海洋和陆地相互交接、相互作用的地带,兼有独特的海陆两种不同属性的环境特征,它包括紧邻海岸一定宽度的陆域和海域。狭义的海岸带仅限于海岸线附近较窄的、狭长的沿岸陆地和近岸水域,广义的海岸带可向海扩展到沿海国家海上管辖权的外界,即200海里专属经济区的外界,向陆离海岸已超过10千米。海岸带是资源最丰富的地带,也是区位优势最明显的地带。在海洋经济高速发展中,就开发产出的区域而言,绝大部分来自海岸带区域。世界各国对于沿海地区的范围,也有不同的考虑。美国在考虑海岸带管理时,把海岸带(Coastal zone)规定为临海邮政区(Post zone)。在研究海洋经济对国家的贡献时,美国也把临海的县作为最小计算单元。在2004年底总统签发的《海洋行动计划》,把临海县的发展,也作为一个重要领域。可见,研究海洋经济,不能不考虑临海一定范围的陆域。但对于陆域范围的确定,各国都不相同。在编制沿海地方海洋经济发展规划时,要根据我国各沿海地区的自然地理条件和社会经济发展基础的具体情况,研究确定一定宽度的海岸带陆域范围。

规划的海域范围为《中华人民共和国海域使用管理法》中规定的内水和领海,即海岸线到领海外缘线之间的区域,包括水面、水体、海床和底土。因为,法律规定在这个区域内的大部分海洋开发活动诸如海水养殖、港口码头、矿产资源开采、旅游、电缆管道铺设、海洋工程、一定规模的填海围海等用海活动都可以由沿海地方来行使海域使用管理权。

规划的产业范围。沿海地方海洋经济发展规划涉及的海洋经济活动包括开发利用海洋资源和空间形成的各类海洋产业(包括加工业),也包括以各种方式依赖海洋而形成的临海产业。也就是说,所有可直接或间接依赖于海洋而发展、壮大起来的产业均可划入海洋产业范畴内。根据沿海地区的实际情况,研究分析海洋产业发展方向和重点,合理确定规划海洋产业类别和范畴。

（二）规划时限

一般说来,区域规划的时限应具有一定的超前性,原则上与当地的国民经济和社会发展总体规划相衔接,一般为 10 年,其中近期规划为 5 年,重大问题和发展远景可展望 15 年至 20 年。对于沿海地方海洋经济发展规划编制中规划期限的设定,要考虑编制规划时沿海省市县的各项统计数据的截止时间,以最新的可获得的比较完整的数据资料的那一年为规划水平年,以此设定发展目标的基础年,这样测算所需的数据便于采集。目前做沿海地方海洋经济发展规划,规划时限的设定要与《全国海洋经济发展规划纲要》的期限相同,与国家的整体海洋经济发展目标体系相一致。值得注意的是,对于沿海地方特别是沿海省级规划时限的确定,还要符合国家发展改革委员会、国家海洋局印发的"关于编制省级海洋经济发展规划意见的通知"即"省级海洋经济发展规划期至 2010 年,为与全国建设小康社会奋斗目标和'十一五'规划相衔接,可展望到 2020 年"的文件要求。因此,目前海洋经济发展规划的规划时限宜以 2003 年为规划水平年,规划期为 2005 年至 2010 年,展望到 2020 年。

三、关于沿海城市发展及城镇化与海洋经济的关系问题

目前,经济全球化和城市化是主流空间布局模式。国家间和区域间的竞争主要取决于城市,特别是大城市的竞争。城市化是经济结构调整的重要手段,是工业化的重要带动措施,是发展第三产业的重要动力,城市化是社会经济发展的必然产物,是经济增长新动力的载体和重要动力之一,是社会进步的重要标志。城市化作为一个经济发展的重要内容被写进党和国家的正式文件,加速城市化进程是我国的重大战略之一。城市化是与工业化相辅相成的,是我国经济发展不可逆转的趋势。在结构性调整和生产力合理布局问题上,通过城市化打破传统的思维模式,从技术创新、制度创新等各方面创造有利条件,使得全国的社会经济发生重大变革,经济发展取得重大突破。城市经济的不断推进必然伴随城市规模扩张、城市产业结构调整、第三产业发展加速等诸多经济现象,在基础设施建设、技术设备投资、房地产等各方面所产生的强大投资需求和提供的各类服务类岗位本身就会带动经济的增长。由于城镇体系和城市带通过对有限的资源进行合理的配置,将城乡、人与自然、发展与生态平衡融为一体,最有可能解决他们之间的矛盾,因此,大力培育城镇体系和城市带是符合可持续发展原则的。纵观世界历史,一个国家工业化、现代化的过程,也是城市化的过程。城市化与经济发展相互促进,经济发展是城市化进程的源动力,而经济发展到一定阶段又必须依靠城市化来进一步推动。

国家中长期科学和技术发展规划中的深化研究"城市发展与城镇化发展战略与

技术经济政策研究报告"指出:"如果以 20 万人以下的小城市的综合投入产出、人均GDP、劳动生产率、人均收入和每增加 1 万人新增产值为 1,则从比较各级规模城市的这些指标可以看出:一般说来,城市规模大,效益好。"研究认为"我国的城镇化与工业化同步推进的同时,还面临信息化、市场化、经济全球化大趋势的影响,要求城市在扩大人口规模和就业能力的同时,完善城市功能,提高城市的核心竞争力……中国现在是两次现代化并存。既有农业社会到工业社会的第一次现代化,又有工业社会到知识经济社会的第二次现代化。城镇化、信息化和现代化交织在一起,形成了错综复杂的综合现代化模式。发达国家城镇化水平达到 60% 才出现的都市连绵区,在我国沿海地区已经出现。……都市连绵区的形成和城镇之间的分工、合作和竞争,将主导区域甚至全国经济发展的格局。都市连绵区对经济和社会发展的作用将进一步加强,并将成为最具活力和实力最强的经济体系。"

由此可以推断,没有大型城市,就不可能实现新型工业化,沿海地区更是如此。目前世界上 60% 以上的人口集中在海岸带,海洋经济与沿海地区城市发展及城镇化问题密切相关。不论是西方国家还是发展中国家,在近几十年,沿海城市规模都迅速扩大。随着我国沿海地区经济的快速发展,沿海区域城市化进程不断加快,大量内陆人口流向沿海城市,沿海地区特别是东部沿海城市人口在急剧增加。大量农村人口涌入城市,改变了过去的城市人口比例,加快了这些地区城市化的步伐。

因此,编制沿海地区海洋经济发展规划,在确定发展目标时,设定一项"沿海城市发展目标"是非常必要的,根据沿海地区的实际情况,加快城市化的进程,培育中心城市,以"实施滨海中心城市带动",并在其周边形成"都市连绵区",辐射和带动整个地区中小城市和地区的发展,形成城镇体系。只有这样,才能解决中小城市集聚效益差、基础设施简陋、就业机会少、不适合外资企业发展等缺陷。

三、关于发展目标和速度的确定

在任何一项规划中,发展目标的确定都是最为关键的问题之一。《全国海洋经济发展规划纲要》要求:"全国海洋经济增长目标:到 2005 年,海洋产业增加值占国内生产总值的 4% 左右;2010 年达到 5% 以上。逐步使海洋产业成为国民经济的支柱产业。"《全国海洋经济发展规划纲要》对地方海洋经济发展目标的要求是,"2010 年,沿海地区海洋产业增加值在国内生产总值中的比重达到 10% 以上。"

在深入研究和分析《全国海洋经济规划纲要》的基础上,基于国家和沿海省市国民经济发展总体规划要求,围绕着沿海地方发展海洋经济的指导思想和基本原则,研究确定适合本地区特点的合理的海洋经济发展目标和发展方向。编制规划对海洋经济发展目标的设定要在综合分析、全面考虑科技进步和其他影响海洋经济发展要素的基础上,根据数学模式及专家经验,并参考兄弟省市做法来进行推算和预测。确定发展目标的基本要求是必须"可靠、可信、可行"。

依据社会经济发展阶段理论,可分为农业社会阶段、工业化初期阶段、工业化中期阶段、工业化后期阶段、后工业化阶段等几个发展时期,每一个时期的发展特点和存在问题都不一样。编制海洋经济发展规划时,首先要从沿海地区的社会经济发展现状分析入手,研究确定当前本地区社会经济总体上处于什么阶段? 这个阶段有些什么样的特点? 需怎样解决? 从而分析得出海洋经济的发展时期及在沿海地区的地位和作用。目前,我国沿海省市县海洋经济大都处于快速发展时期,狭义海洋经济的几个产业可能在一定时间内保持较高的增长速度,广义海洋经济中的临海新兴产业刚刚起步,许多大项目都在谋划之中,而每一个大项目运作都可能形成规模很大的产值,出现跳跃式增长。同时,临海产业成为海洋经济的重要产业类别之一。因此,沿海地区海洋产业增加值的年增长速度一般都会高于沿海地区 GDP 的年增长速度,保持着海洋经济的较高发展速度。

为了更加符合实际情况,在进行指标测算时,应选用数据序列较为完整的沿海地方海洋经济统计报表中的数据进行测算,根据测算结果来确定发展目标。如果条件许可,采用不同来源的数据进行多次测算,然后进行对比分析和排序优选。

四、海洋产业的发展重点和产业布局的确定

确定产业发展重点和方向、合理规划产业布局是编制海洋经济发展规划最为核心的内容。多年的发展使我国沿海地区的海洋产业取得了巨大成就,海洋产业的拉动效应越来越明显,从全国来讲,海洋旅游业带动了沿海第三产业的发展,海上运输业的发展扩大了就业机会,海洋水产业成为沿海农业的重要部分。各沿海地区要坚持"有所为、有所不为"的原则,根据本地实际情况选择发展重点。

确定海洋产业发展重点及方向时,首先,应该遵循充分考虑当地海洋资源环境特点,充分发挥区位优势,努力符合产业结构调整的总体要求的基本原则,要在研究分析沿海地区的资源优势、区位优势和发展阶段优势的基础上,积极挖掘发展海洋经济的各类有利因素,充分发挥资源、区位和产业优势,根据本地区的实际发展状况和特点,选择符合本地区优势的海洋主导产业和支柱产业,并围绕这些产业发展与之配套的相关产业,形成具有鲜明特色、良好经济效益和较强竞争力的适合地区特点的海洋产业群,实现海洋产业持续快速发展。具体到某个沿海省份,比如说广东、山东、上海等海洋经济较发达的省市,要有重点地发展技术密集型产业,迅速提高第三产业、第二产业的比重,使海洋经济由粗放型向集约型方向发展,由低附加值向高附加值方向发展。福建、天津、江苏、河北和辽宁等海洋经济特色比较突出的省区,要充分发挥区域优势,以优势产业为主导产业加大发展力度,例如福建的水产业、滨海旅游;天津的油气业,辽宁的造船业、河北的海盐业、以煤炭运输为主的海洋运输业等,都可以大力

发展,建立全国性的生产基地。

区域产业布局是区域产业运行在空间上的实现,它主要研究在区域经济发展的不同阶段,区域内各产业空间组合的最佳形式和一般规律,以求合理的利用区域资源,求得最大的区域效益。合理的产业布局必须给区域带来经济效益,为地区社会经济发展做出贡献。根据国务院发布的《全国海洋经济发展规划纲要》,在其中的产业发展和区域布局中,对各个沿海省进行了经济区的归属划分,在编制沿海地方海洋经济发展规划时要对照《全国海洋经济发展规划纲要》对本地区的发展方向的定位,特别是在考虑海洋经济发展产业布局时,结合海洋功能区划,按照因地制宜、突出重点、循序渐进的原则,立足本地区实际进行海洋开发区域布局,利用主导产业的"传递性",建立合理的产业布局体系,着力建设资源配置合理、特色突出、结构完整的海洋经济区域和开发区域,逐步形成涵盖海岸带、近海和远洋的科学合理的海洋经济区域分工与合作格局。

五、海洋经济发展中政府的作用问题

在目前的市场经济条件下,政府在发展海洋经济中的作用特别是在创造海洋经济发展的软环境方面仍然是不可或缺的,而政府在海洋经济发展中的作用如何体现呢?借鉴经济发达地区政府部门在产业集群发展过程中的推动和促进作用的先进经验,在沿海地区海洋经济发展过程中,我们认为,政府应在以下方面发挥作用:

一是组织研制和实施海洋经济布局规划。根据新的发展形势编制或修订已有的相关产业规划;组织研究编制本地区经济区域布局规划,并分步组织实施;

二是研究和制定宏观政策体系。在已有优惠政策的基础上,研究构建适应新形势的新的政策体系及加快海洋经济发展的若干政策,研究制定进一步对内对外开放及有关促进临港工业、水产品深加工、滨海旅游业发展等的政策措施;

三是提供各种优惠政策。以优惠政策加快招商引资步伐,促进涉海企业发展;通过土地、税收、政府服务、收费、保护企业等方面制定一系列优惠政策,为海洋产业集群的发展创造宽松的外部环境;

四是创造和谐的社会环境。包括创造法律环境、行政环境;建设公益性基础设施,美化本地环境,增强引资的吸引力;

五是建立工业园区。制定相关政策措施使涉海产业集群在地理上更为集中,规划产业集群发展的长期远景;

六是建立交易市场,扩大市场规模。加强风险资金筹措,加强信息服务及生产要素交易服务;

七是举办产品博览会与商贸会,扩大对外影响力和市场知名度实施区域整体营销,创建产域品牌;

八是引导与支持企业技改,促进产业集群的产品、技术升级。如对一定规模的的技改项目给予贴息,对项目所需用地、用电、资金等给予优惠和优先;

九是协调产学研结合,开展海洋经济发展状况分析和前景预测,为产业集群创造源源不断的技术创新能力;

十是培育中介平台,加强中介服务。如成立行业协会和信息、技术服务中心等中介服务机构,为企业提供全方位服务;

十一是认真组织积极实施人才战略。制定引进人才的有关政策,建立人才引进的绿色通道;分期分批组织企业管理人员到大专院校培训。

十二是加大在公益领域投资力度。根据政府在经济发展中的地位和作用,政府投资的主要领域应包括四个方面:(1)海洋科技领域:基础性海洋调查勘探,战略性海洋高技术研究开发,科技兴海示范工程等。(2)污染治理领域:海洋环境监测和区域性海洋环境治理等;(3)生态建设领域:典型海洋生态系调查保护,重要生态功能区修复治理,生态示范工程,河口、滩涂和海岸保护等。(4)公益服务领域:基础设施建设,海洋环境观测预报,海洋信息,海上安全救助等。

(《动态》2005年第4期)

海洋经济发展规划编制中评价和预测方法研究

刘 明

21 世纪以来,我国海洋经济迅猛发展,已经成为国民经济新增长点。2003 年 5 月,国务院批准实施了《全国海洋经济发展规划纲要》以下简称《纲要》。按照《纲要》要求,沿海省市开始编制省级海洋经济发展规划,与此同时,沿海地级市海洋经济发展规划编制工作也相继开展。

在编制海洋经济发展规划的过程中,海洋经济发展的评价及预测问题是必不可少的,其对于确定海洋经济发展目标、主导海洋产业选择、海洋产业布局、制定海洋经济发展的政策措施都具有重要意义。本文探讨适用于海洋经济评价和预测的方法,并以烟台市海洋经济发展为例加以说明和验证,以期为其他沿海省市海洋经济发展规划的编制提供参考。

一、海洋经济评价的方法

在海洋经济发展规划编制过程中,对海洋经济发展水平进行评价可采用定性和定量相互结合的方法,定量方法以多元统计分析法为主。多元统计分析方法包括多元线性回归分析法、聚类分析、判别分析、主成分分析、因子分析等。

聚类分析法(Cluster Analysis)是研究分类问题的一种多元统计方法,其基本思想是认为所研究的指标(变量)之间存在着程度不同的相似性。根据多个观测指标,把相似度较大的指标聚合在一起,关系密切的聚合到一个小的分类单位,直到把所有指标聚合完毕。

主成分分析法(Principal Components Analysis)是利用降维的思想,把多指标转化为少数几个综合指标的多元统计方法。在对研究对象进行评价时,需要考虑多种影响指标,但指标之间彼此有一定的相关性,因而所得的统计数据反映的信息在一定程度上有重叠。主成分分析法是找出综合指标,使综合指标不仅保留原始指标的主要信息,彼此之间又不相关,这样使得在评价时能够抓住主要矛盾。

判别分析(Discriminant Analysis)是根据影响研究对象的多种指标,依据一定的判别原则,对研究对象的归属作出判断的多元统计方法。判别分析法按判别的组数分,有两组别分析和多组别分析;按区分不同总体的模型分,有线性判别和非线性判别;按判别对所处理的变量方法不同有逐步判别、序贯判别等。判别分析可以从不同的角度提出问题,因此也有不同的判别准则,如费歇尔(Fisher)准则和贝叶斯(Bayes)准则。

因子分析(Factor Analysis)是把一些具有错综复杂关系的变量归结为少数几个综合因子的一种多元统计分析方法。其基本思想是根据研究对象指标相关性大小把变量分组,使得同组内的指标之间相关性较高,不同组之间相关性较低。组代表基本结构,这个基本结构称为公共因子。抓住这些主要因子就能够对复杂的经济问题进行分析和解释。

在使用多元统计方法时,首先需要建立指标体系,然后需要考虑数据的可得性问题。在研究海洋经济水平评价的具体问题时,根据具体情况,选择合适的评价方法。

二、海洋经济预测的方法

在编制海洋经济发展规划时,海洋经济预测问题是一个重要问题,也是一个难点,具体内容包括:总体海洋经济的预测、海洋产业分别预测。海洋经济的预测应采用定性和定量相结合的方法,定性分析的目的是估计出海洋经济发展的大体趋势,定量分析的目的是获得较准确的预测结果。

(一)海洋经济预测的定量方法

海洋经济和海洋产业预测的定量方法包括:成长曲线法、趋势外推法、灰色系统法、组合预测法等。

成长曲线法是一条 S 型曲线,它反映了经济开始增长缓慢,随后增长加快,达到一定程度后,增长率逐渐减慢,最后达到饱和状态的过程,主要包括龚柏兹(Gompertz)曲线模型和罗吉斯缔(Logistic)曲线模型。

趋势外推法是长期趋势预测的主要方法。它是根据时间序列的发展趋势,配合合适的曲线模型,外推预测未来的趋势值,具体包括直线模型预测法、多项式曲线模型预测法、指数曲线模型预测法等。

灰色系统法是一种研究少数据、贫信息不确定性问题的新方法。灰色系统理论以"部分信息已知,部分信息未知"的"小样本"、"贫信息"不确定性系统为研究对象,主要通过对"部分"已知信息的生成、开发,提取有价值的信息,实现对系统运行行为、演化规律的正确描述和有效监控。

组合预测法是将若干种类的预测方法所获得的结果按照一定的权重组合起来,以便减少单项预测误差较大的缺陷的预测方法。按照获得权重的方法可以分为:普通线性组合预测法和基于调和平均的线性组合预测法。

(二)主要海洋产业的选择

主要海洋产业是指海洋产业体系中具有比较优势的,未来有可能成为地区海洋经济发展的主导或支柱的海洋产业。

在具体进行区域海洋产业发展优势分析时,主要从以下几个方面进行选择:

1. 海洋资源优势

通过对海洋资源数量和质量的区域间比较分析,选择出某区域具有比其他区域更丰富、开发条件更好的海洋资源禀赋,并可以通过对海洋资源的开发,形成具有比较优势的产业。海洋资源优势是最容易认识和最容易开发利用的比较优势之一,原因在于对初级海洋资源开发,技术上相对成熟,开发方式方法比较容易掌握,海洋资源产品一般在市场上的销路较好,因此,过去一些地区在制订本地区的海洋经济发展规划时,首先想到的一般是海洋资源产业。但是,仅依靠海洋资源优势来发展海洋经济具有明显的局限性,难以实现海洋经济可持续发展。

2. 产业规模优势

产业基础雄厚可以更好地发挥规模优势,为进一步发展提供条件,同时较大的产业规模可以吸纳更多的就业岗位。

3. 沿海地区环境优势

沿海地区环境优势是指其拥有良好的海洋自然环境和良好的社会人文环境,从而吸引更多的企业参与开发海洋活动。良好的海洋自然环境是指废弃物排放符合一定标准,海洋灾害发生频率较低,损失较小,海洋生态系统健康。良好的社会人文环境是指沿海地区政府对海洋开发的重视以及人民在长期开发海洋中所形成的依海而存、靠海而发展的浓郁海洋文化氛围。由于人是智力资源的载体,人们倾向于选择具有良好环境的区域生活,因此,沿海地区环境优势常常成为吸引高新技术产业、旅游业等新兴产业的主要条件。

在定量预测主要海洋产业发展态势时,需要对主要海洋产业的现状和发展趋势进行定性分析。

三、实证研究——烟台市海洋经济评价和预测分析[①]

(一)烟台市海洋经济在山东省沿海比较优势评价

海洋经济在烟台市经济以及山东省海洋经济中已占有重要位置。到 2004 年,海

---

① 　＊此为战略所承担的《烟台市海洋经济发展规划》编制工作的内容之一。

洋产业总产值达到448.12亿元,增加值239.45亿元,分别占烟台地区生产产值和山东省海洋产业总产值的14.61%和30.33%。但由于自然条件、历史、政治等因素的影响,山东省沿海7个地级市海洋经济发展水平存在着很大差异,烟台市海洋经济发展水平与发达地区仍有差距。分析海洋经济发展的地区差距,判断差异变动的过程,对于提出缩小差距的对策,促进烟台市弥补海洋经济发展方面的差距具有十分重要的意义。

　　此部分遵循科学性、合理性、可比性、可操作性及数据可得性的原则,选取12个反映海洋经济发展水平的主要指标,运用多元统计分析方法比较和评价山东省沿海7个地级以上市海洋经济发展水平,系统、客观地反映烟台市海洋经济发展水平在山东省沿海地区的位置。这12个主要指标为:(1)X_1——海洋产业增加值占GDP比重(%);(2)X_2——海洋产业从业人员占社会从业人员比重(%);(3)X_3——人均海洋产业总产值(元/人);(4)X_4——海洋水产业总产值(亿元);(5)X_5——海洋交通运输业(亿元);(6)X_6——海洋旅游业收入(亿元);(7)X_7——海洋造船工业总产值(亿元);(8)X_8——海洋盐业及盐化工总产值(亿元);(9)X_9——海洋药物总产值(亿元);(10)X_{10}——海洋工程建筑总产值(亿元);(11)X_{11}——海水利用总产值(亿元);(12)X_{12}——海洋电力总产值(亿元);这12项指标分别从经济增长、结构优化的角度构建了反映海洋经济发展程度的指标体系,各指标经过处理后的值见表1。

表1　2003年山东省沿海地区主要海洋经济指标数据

地区	青岛	东营	烟台	潍坊	威海	日照	滨州
X_1(%)	0.011519	0.0447216	0.1812158	0.0862728	0.244343	0.2232746	0.0722091
X_2(%)	0.0485313	0.0339612	0.1234666	0.1083849	0.1283936	0.0513777	0.0037632
X_3(元/人)	6588.1667	3769.7528	6716.3836	1723.3809	18780.115	5786.9865	1443.2063
X_4(亿元)	159.55	179.982	229.202	41.8622	341.014	101.37	28.354
X_5(亿元)	67	0.4	31.001	0.2584	15.183	16.473	0.012
X_6(亿元)	119.72	6.263	71.563	26.81	52.603	17.304	11.706
X_7(亿元)	14.03	29.991	10.474	0.437	21.291	1.572	0.086
X_8(亿元)	25.61	0.8433	3.3331	60.3012	7.005	1.564	10.955
X_9(亿元)	53500		6240		21710	21630	0
X_{10}(亿元)	16.46	1.602	1.021		6.455	14.912	0
X_{11}(亿元)	21.571	0	0.012		0.023	4.462	0
X_{12}(亿元)	0		15.014	0	14.864	0	0

原始数据来源:《山东省海洋与渔业统计手册2003年》

1. 主成分分析

根据主成分分析法,影响山东省沿海地级市海洋经济发展水平的主成分有四个,分别为:第一主成分海洋产业增加值占 GDP 比重、第二主成分海洋产业从业人员占社会从业人员比重、第三主成分人均海洋产业总产值和第四主成分海洋渔业总产值。其中,第一主成分(海洋产业增加值占 GDP 比重)与海洋药物总产值、海洋旅游业收入、海洋交通运输业总产值以及海洋水产业总产值密切相关;第二主成分(海洋产业从业人员占社会从业人员比重)与海洋产业增加值占 GDP 比重、海洋渔业总产值以及人均海洋产业总产值密切相关;第三主成分(人均海洋产业总产值)与海洋产业从业人员占社会从业人员比重、海洋旅游业收入及海洋盐业及盐化工总产值密切相关;第四主成分(海洋渔业总产值)与海洋造船工业总产值、海洋产业从业人员占社会从业人员比重密切相关。

烟台市第一、第三和第四主成分得分在 7 地市中都处于第 4 位,第二主成分得分处于第 2 位。第一主成分得分次于青岛、威海和日照,第三主成分得分次于潍坊、滨州和东营,第四主成分得分次于威海、青岛和日照,第二主成分得分仅次于东营。烟台市海洋经济发展综合水平在沿海 7 个地市中处于中等偏下水平,位列威海、青岛和日照之后居第 4 位,高于东营、潍坊和滨州(见表 2)。

表 2　2003 年山东省海洋经济发展指标体系的主成分得分

地区	第一主成分得分名次	第二主成分名次	第三主成分名次	第四主成分名次	海洋经济发展水平综合得分名次
青岛	1	7	6	7	2
东营	5	1	3	3	5
烟台	4	2	4	4	4
潍坊	6	3	1	2	6
威海	2	5	7	6	1
日照	3	6	5	5	3
滨州	7	4	2	1	7

2. 聚类分析

根据聚类分析法,把山东省沿海地区海洋经济发展水平由强到弱分为三类:第一类是青岛,第二类是威海和日照,第三类是烟台、潍坊、东营和滨州(见表 3)。

表3　山东省沿海地级以上城市聚类分析

类别	第一类	第二类	第三类
强→弱	青岛	威海、日照	烟台、潍坊、东营和滨州

（二）烟台市海洋经济和海洋产业预测

1. 海洋经济总体发展态势预测

（1）海洋经济发展现状水平

烟台市海洋经济经过多年发展，目前已经形成由港口及海洋交通运输业、海洋旅游业、海洋水产业、海洋矿产业在内的 10 多个产业组成的产业体系。到 2004 年底，海洋产业总产值达到 448.12 亿元，海洋产业增加值达到 239.45 亿元，占地方总产值的 14.61%（见表4）。

表4　烟台市海洋经济发展主要指标

年　份	海洋产业总产值 （亿元）	海洋产业增加值 （亿元）	海洋产业增加值占地区 生产总值比重（%）
1995	113.07	58.5001	10.85
1996	117.92	65.6611	10.67
1997	115.49	61.02396	9.04
1998	168.09	85.86808	11.60
1999	184.22	100.87544	12.60
2000	208.5	115.048	13.1
2001	277.93	150.29	15.34
2002	327.59	178.04	15.97
2003	374.05	201.01	15.27
2004	448.12	239.45	14.61

（2）海洋经济发展预测

对烟台市海洋经济发展可分别从两个方面预测，一是预测海洋产业增加值占地区生产值比重，二是预测海洋产业总产值。

海洋产业增加值占地区生产总值比重预测可采用成长曲线法、趋势外推法、灰色系统预测法和组合预测法。根据前三种方法得到海洋产业增加值占地区生产总值比重为：2007 年为 11.7% ~ 16.3%，2010 年为 9.0% ~ 17.2%，2015 年为 7.3% ~ 25.5%，2020 年为5.6% ~ 40.9%，最有效值分别为 15.5%，15.9%，21.7% 和 32.4%（见表5）。根据《烟台市国民经济和社会发展"十一五"规划及到 2020 年发展思路》

预期,地区生产总值到 2010 年达到 4 000 亿元,到 2015 年,全市经济保持两位数以上的增长速度,到 2020 年,力争突破万亿元。根据此预期目标,预计烟台市海洋产业增加值在 2007 年、2010 年、2015 年和 2020 年将分别达到 386.80 亿元、634.16 亿元、1 396.64 亿元和 3 361.37 亿元(见图 1)。

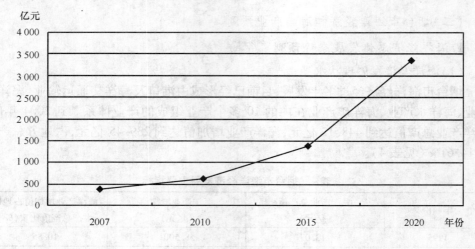

图 1 烟台市海洋产业增加值预测值

采用灰色系统预测法预测海洋产业总产值,得到 2007 年、2010 年、2015 年和 2020 年海洋产业总产值分别为 770.66 亿元、1 313.19 亿元、3 192.28 亿元和 7 760.21 亿元(见图 2)。

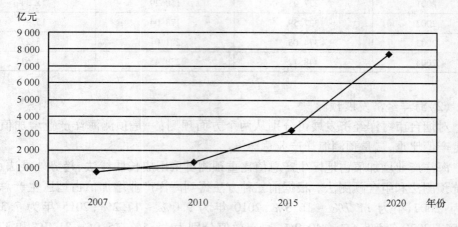

图 2 烟台市海洋产业总产值预测值

表 5　烟台市海洋产业增加值占地区生产总值比重预测(％)

方法	2007	2010	2015	2020
成长曲线法	15.7	17.0	19.2	21.7
趋势外推法	11.7	9.0	7.3	5.6
灰色系统法	16.3	17.2	25.5	40.9
组合预测法	15.5	15.9	21.7	32.4

2. 烟台市主要海洋产业发展的条件和潜力分析

根据主要海洋产业选择的原则,初步选择海洋交通运输业、海洋旅游业、海洋水产业、海洋盐业及盐化工和海洋修造船业作为烟台市未来重点发展的主要海洋产业,对其发展条件和发展潜力进行分析。主要产业发展的历史和现状数据见表6。

表 6　烟台市主要海洋产业发展状况

产业　　年份	海洋交通运输业			海洋旅游业总产值(亿元)	海洋渔业总产值(亿元)	海盐业及盐化工业总产值(亿元)	海洋修造船业总产值(亿元)
	总产值(亿元)	货物吞吐量(万吨)	旅客吞吐量(万人)				
1995	8.03	2374.3	516.3	11.3	88.76	1.8854	1.2
1996	5.56	2368.1	504.6	2.65	104.75	1.0653	1.95
1997	10.3	2473.5	605.2	2.62	97.95	1.1703	3.4
1998	9.41	2568	574.1	41.75	112.06	1.3676	3.5
1999	8.54	2638.8	616.2	52.1	117.97	2.2083	3.51
2000	13.01	3656.1	554.4	57.62	130.52	2.3055	5.04
2001	9.38	3997.4	686.4	67.78	164.2	2.2502	8.1
2002	19.82	4123.8	746.2	79.12	190.6	2.559	9.15
2003	31	4827.5	674.5	71.56	229.2	3.33	10.47
2004	29.73	7220	783	92.93	275.98	5	10.62

数据来源:《烟台市海洋统计资料 1995—2003 年》

（1）主要海洋产业定性分析

海洋交通运输业　　烟台市处于山东省沿海经济带的核心区段,是连接东北、华北和华东经济区的重要城市,与日、韩隔海相望,具有优越的区位条件。近岸7处较大半封闭海湾,近海的庙岛群岛还有大小港湾多处,具有得天独厚的建港自然条件,目前已建成依托港口的海陆空立体交叉的运输网络。港口的经济腹地覆盖广阔,直接经济腹地为烟台市,资源和物产丰富、工业基础较好、外向型经济发展迅速,间接经济腹地有东营、滨州、淄博和潍坊四市,以及河南、河北、山西等省的部分地区。山东省农业、能源、原材料等产业发达、工业基础雄厚,河南、河北、山西尽管经济发展速度与东部沿海地区有差距,但矿产资源丰富,外运量大。

　　海洋旅游业　　烟台市沿海有67%的砂质岸线及64个面积在500平方米以上的基岩海岛,有丰富的历史遗迹、宗教建筑以及军事遗址等人文旅游资源。自然旅游资源与人文旅游资源相得益彰,相互和谐组合极大地提升了旅游资源品位。除此之外,旅游基础设施基本配套,软硬件条件良好,同时,优越的区位条件,以及便利的海陆空立体交叉的交通网络,为大规模开发旅游资源创造了良好的外部条件。

　　海洋渔业　　烟台市海洋渔业资源丰富,具有较强的捕捞能力、加工储藏能力、养殖能力、科技转化能力以及后勤保障服务能力。另一方面,国内经济快速发展,人民生活水平大幅度提高,以及国外水产品消费市场发展,政府对渔业的扶持,都成为促进海洋渔业进一步发展的动力。

　　海盐业及盐化工　　烟台市有丰富的卤水资源,近海海水水质较好,分布在牟平区、莱阳市、莱州市和海阳市的制盐工业历史悠久,具有相当的实力。“十五”期间,烟台市以国际国内市场为先导,加大科技投入,以盐为主,盐业、盐化工并举,积极开发高附加值的产品,经济效益大幅度提高,初步具备了进一步较快发展的产业基础。此外,山东省和烟台市雄厚的工业基础为烟台市盐业和盐化工发展提供了良好的产业外部环境。

　　海洋修造船业　　烟台市海洋修造业产品主要包括海洋工程船舶、豪华游艇、散货船、全回转拖轮、渔轮等8大类30多个品种,以及铅酸蓄电池、船用电缆等船舶配套产品,主要出口日本、新加坡、泰国、欧美等10多个国家和地区。依托港口优势以及政府赋予沿海产业带的政策优势,海洋修造船业未来将进入一个较快的发展时期。

　　(2)主要海洋产业的预测方法和预测结果

　　对于主要海洋产业的预测根据具体情况采用的基本方法有三种,分别为:成长曲线法、趋势预测法、灰色系统法,并以组合预测法获取最佳值。前三种预测方法是基本的预测方法,可获得预测值的浮动范围,但预测值尚存在较大误差。组合预测可以克服用单一预测方法误差较大的缺陷,极大地提高预测精度,因此可使用组合预测法获得最有效的预测值。根据海洋产业的具体情况分别对主要海洋产业选择合适的预测方法进行预测(表7),预测结果见表8。

表 7　烟台市主要海洋产业预测所采用的方法

主要海洋产业		所使用的预测方法
海洋交通运输业	总产值	灰色系统法
	灰色系统法	旅客吞吐量
	货物吞吐量	灰色系统法
海洋旅游业		灰色系统法
海洋渔业		成长曲线法
海盐业及盐化工		趋势外推法、灰色系统法、组合预测法
海洋修造船业		成长曲线法、趋势外推法、灰色系统法和组合预测法

表 8　烟台市主要海洋产业预测结果

主要海洋产业		2007	2010	2015	2020
海洋交通运输业	总产值(亿元)	57.53	112.41	343.24	1048.09
	总产值占海洋产业总产值比重(%)	7.57	8.74	11.10	14.09
	货物吞吐量(万吨)	9814.66	15451.15	32918.28	70131.52
	旅客吞吐量(万人)	872.53	1000.72	1257.59	1580.38
海洋旅游业	总产值(亿元)	184.33	317.94	788.72	1956.63
	总产值占海洋产业总产值比重(%)	24.26	24.72	25.50	26.31
海洋渔业	总产值占海洋产业总产值比重(%)	58.61	53.73	44.69	35.24
海盐业及盐化工	总产值占海洋产业总产值比重(%)	0.77	0.7099	1.1297	0.5399
海洋修造船业	总产值占海洋产业总产值比重(%)	3.07	3.30	3.57	7.25

(3)主要海洋产业选择验证

　　以上预测分别得到海洋经济总体发展水平、海洋交通运输业、海洋旅游业、海洋水产业、海盐业及盐化工及海洋修造船业的预测结果。所选择的主要海洋产业是否符合未来发展情况,需要进行验证。验证方法是通过将所选择的主要海洋产业预测值相加后与海洋经济总体发展水平相比较,验证结果见表9。

表 9　烟台市主要海洋产业选择验证

所选择的主要产业	2007 年	2010 年	2015 年	2020 年
海洋交通运输业	7.57%	8.74%	11.1%	14.09%
海洋旅游业	24.26%	24.72%	25.5%	26.31%
海洋水产业	58.61%	53.73%	44.69%	35.24%

续表

所选择的主要产业	2007 年	2010 年	2015 年	2020 年
海盐业及盐化工	0.77%	0.7099%	1.1297%	0.5399%
海洋修造船业	3.07%	3.30%	3.57%	7.25%
合计	94.28%	91.20%	85.99%	83.43%

由表 9 可见,所选择的主要海洋产业在四个目标年中,占烟台市海洋产业总产值的绝大多数,因此可认为所选择的主要海洋产业是正确的。未来海洋水产业占海洋经济比重将逐步下降,但其仍然是海洋经济中的支柱产业,始终占主体地位。其次是海洋旅游业和海洋交通运输业所占比重也较大,并且未来其所占比重还将不断增大,但海洋交通运输业比重增长更快。此外,海洋修造船未来所占比重快速增长,体现了强大的发展能力,海洋盐业及盐化工业未来将徘徊波动。同时,随着未来海洋经济逐步扩展,这五个主要海洋产业占海洋经济比重呈下降趋势,说明未来海洋产业将快速发展,海洋产业体系逐步壮大成长。

(《动态》2005 年第 8 期)

法国海洋经济发展的经验与启示

刘容子　刘　明

　　海洋经济已经成为世界主要沿海国家的新经济领域。2001 年法国海洋开发研究院(Ifremer)编制完成了《法国海洋经济统计(第四版)》。该文献总结了近年来法国海洋经济的总体情况,对法国主要海洋产业进行了统计核算。笔者认为,法国海洋经济的发展以及海洋经济统计的指标设置、统计核算等工作对完善我国海洋经济统计的理论和实践具有借鉴意义。

一、海洋经济的概念

　　法国海洋经济是指所有公司和部分企业所从事的与海洋相联系活动。海洋经济活动与国民经济各产业活动密不可分,而与工业或服务业整体相互联系。"海洋"意味着"海和海岸",海洋经济活动大多发生在陆地上,有时甚至发生在远离海洋的地方。

　　目前,法国海洋经济包括的海洋产业主要有:海洋食品、海砂开采、船舶修造业、海上石油天然气业、能源与发电、海洋土木工程、海底电缆、滨海旅游、港口与航运、海洋金融服务、海军、涉海公益服务、沿岸和海洋环境保护、海洋科学研究 14 类。法国海洋经济学中对海洋产业产值、增加值和劳动就业这三个指标尤为重视。

二、法国主要海洋产业的情况

1. 海洋食品业

　　海洋食品产业按产业链顺序依次包括:捕捞业、养殖业、食品加工业、拍卖和鱼贩(与海洋渔业有关的服务)。1995 年,该产业总成交额 209.5 亿法郎(1 法郎约合 1.2 人民币),增加值 55.4 亿法郎,就业人数 2.83 万人;1999 年,成交额 247.2 亿法郎,增加值 73 亿法郎,就业人数 2.94 万人。从 1995—1999 年,四年间总成交额年均增长 4%,增加值增长 7%,就业人数年均增长 1%。

2. 海砂开采业

海砂开采产品主要有石英砂和砂砾、石灰砂和泥灰土。该产业活动主要包括各种材料从加工到运输的全过程,如:主要用于建筑材料的石英、石灰质开采。该产业年成交额估计有 5 亿法郎左右,增加值大约是 2 亿法郎,直接就业包括大约 200 名海员和 100 名岸上雇员,包括管理人员、销售和技术服务等。

3. 船舶修造业

包括商船建造、海军舰艇制造、海军设备和装置、修船及小艇制造。从 1995—1999 年该产业的总成交额呈上升态势,但增加值增长下降,就业增加。

4. 海上石油天然气业

主要包括海上工程建设、设备供给、开发生产服务(尤其是海上石油平台、钻井船和钻井系统、液化天然气运载船的建造以及一些天然气加工技术和天然气终端等)。从 1995—1999 年,该产业发展迅速,总成交额由 1 500 亿法郎增长到 2 350 亿法郎,年均增速 13%,增加值从 590 亿法郎到 810 亿法郎,年均增速 10%,就业人数从 1.25 万人到 1.75 万人,年均增长 9.3%。

5. 能源与发电

在法国本土,有十个高压发电厂位于法国的海岸边或是河口,其总发电容量超过 26 000 兆瓦。四个常规热电厂、五个核电厂以及一个潮汐发电厂供应了总电力需求的 1/4,其中三个常规热电发电机组,总共发电能力为 1 550 兆瓦。现有的统计数据信息不足以估计该领域的产值和就业情况。

6. 海洋土木工程

海洋土木工程是指在法国本土和海外领土、自治领土以及国外的海上和内水的建筑和工程,包括自然或人工的抛石护岸,以及修建或管理适合航行或不适合航行的水道。该领域的经济活动包括四方面:一是港口建设,包括港口设施、防波堤、顺岸码头、突岸码头、栈桥、水闸、干船坞、桥梁、船台、航道划线;二是海岸保护,包括抛石护岸、维护防波堤和浪成堤;三是陆军和海军的沿海防卫工事;四是海上平台、灯塔等。1999 年仅在法国本土,土木工程工程公司的海洋土木工程,其成交额就占当年成交额的 1.2%。从 1995—1999 年,该产业年成交额从 28.27 亿法郎增加到 57.39 亿法郎,年均递增 20% 以上,增加值从 12.72 亿法郎到 49.15 亿法郎,年均递增超过 24%,同期,就业人数保持在 1 000 人左右的规模。

7. 海底电缆及铺设

海底电缆业的活动包括海床和路由调查、电缆的工程制造、维护以及铺设。海底电缆产业链主要包括:一是可行性研究,即由专业化船只对海底进行调查,也叫水下路由调查。二是工程建设,包括海底电缆的保护方法,网络容量和线路建筑设计等;三是制造电缆;四是铺设与维护,这一过程需要使用电缆铺设船,海底喷射法埋设电缆过程由遥控操作的机器来实施,目前的铺设深度在1 000米左右,有的深达1 500米。1997年,该产业实现增加值3.2亿法郎,到2000年达到17.7亿法郎,翻了两番以上,期间,就业人数相对其他产业增长快,从1 170人上升到2 168人。

8. 滨海旅游业

该产业包括广泛的商品生产和服务活动。他们以国民及外国人在法国的旅游活动花费来估算其价值。以消费估计产量,消费开支主要包括:食宿、食物、娱乐、购物以及其他服务、交通、包装等。1995—2000年,旅游者在滨海旅游方面的消费从1 057亿法郎增长到1 244.45亿法郎,产业增加值从443.94亿法郎到522.67亿法郎,同期就业人数由15.34万人增加到19.64万人。滨海旅游业的就业增长显著高于产业的经济增长。

9. 港口及航运业

该产业包括商船队的货运、客运和港口的经营、组织活动及其它辅助服务。法国商船队的船只数十年来一直保持稳定,大约有205～210艘船。从量上来说,法国进口的56%和出口的38%是从海上运输的。2000年,法国拥有30个大型集装箱船,占世界集装箱总容量的1.1%。同年,法国港口装卸货物量增长主要归功于液体散装运输,主要是随着石油产品运输量的增长,液体散装运输量增长达6.2%。在过去几年里,全世界乘船旅游市场显著增长,年平均增长率8%。美国从1999到2000年增长18%,乘船旅游游客总人数从1990年的440万达到1999年的800万。法国的乘船旅游在过去10年里一直保持增长,在1992年和1999年提高了90%。现在有5个海上旅游船,有载客超过2 000人的豪华邮轮,载客300到1200人中等规模的船舶和30～60个舱室的大型动力帆船。法国的主要港口包括本土的6个自治港和加来港。港口卸运量从结构上是以液体散装货物(尤其是石油)为主,占总生产能力的49%,保证了总装卸量的79%。1995—1999年以来,法国港口及海上航运业呈逐年增长趋势,总成交额从134.87亿法郎递增到155.88亿法郎,增加值从102.24亿法郎增长到116.22法郎,就业人员保持在5.8万～5.9万人规模。

10. 海洋金融服务业

法国海洋金融服务业主要指船舶保险、所运输货物的保险以及银行所参与的海洋金融服务市场活动。

法国公司在国际保险市场上非常活跃,1999年,法国海洋和运输保险市场包括56个保险经营者(2000年是27个),最高的12家保险经营者控制着90%的市场(2000年是89%)。统计表明,由于受亚洲金融危机和海洋货物运输量下降,法国金融服务业从 1994—1999 年收入有所下降,增加值也相应降低,直接影响该行业的就业,从 2 150 人降到 1 921 人,减员 200 多人。

法国的银行积极参与海洋金融服务市场活动。为海洋渔业部门提供援助的银行以"海洋信用公司"为主体,它聚集了海洋互助信贷公司(SCCMM)和本土及西印度群岛和印度洋的 11 家地区互助银行,这些银行是凯斯中央信用合作社借贷机构的会员。海洋互助信贷公司行使领导、组织和协调海洋信用公司的活动。海洋信用公司是海洋互助合作信用社联盟的成员,该联盟代表其在海洋渔业和养殖业领域的合作经营活动的利益。这个机构拥有 150 个分支办公室和超过 900 个职员。海洋信用公司是在海洋渔业领域首屈一指的金融中介,它独家管理对海洋渔业的资助贷款。海洋信用公司涵盖了渔业部门至少 90% 银行服务,也参与商业港口业务和码头业务。

11. 海军

法国海洋经济统计把海军防卫预算作为重要的海洋经济领域。法国国家防卫预算占全国 GDP 的 1.8% 略低,其中海军预算占国防费用的 17%。1997—2002 年的《军事规划法》使法国海军规模降低并向全职业化转变。海军总体规模降低,人员减少,分配给海军的预算降低。1997—2002 年,分配给海军的预算降低了 10.6%,整个国防预算降低了 1.1%,而同期 GDP 提高 24%。

12. 涉海公益服务

法国政府和各级地方政府对海洋活动的许多方面进行管理。法国涉海公益服务在财政、社会和教育领域,以及监察、安全和营救这几方面较显著。法国涉海公益服务具体包括的内容是:海洋领域的公共开支、海事局的行政管理、海上信号、海上监视、海上安全以及海上搜救。其中海洋领域的公共开支是指对海员的教育和培训,海上商船和安全的支付。1995—2000 年,法国海洋公共干预预算从 3.52 亿法国法郎增长到 4.52 亿法国法郎,年均增长 6.55%。创造的就业岗位从 7 569 人增长到 7 669 人,年均增长 0.329%。

13. 沿岸及海洋环境保护

法国沿岸和海洋环境保护活动包括:建立监测网络、水的管理、污水处理、污染事故及废弃物管理、保护环境和沿岸景观遗产。法国海洋环境保护业收入和就业量没有确切数据。

14. 海洋科学研究

按照预算和人数,法国海洋研究估计占世界海洋研究的几乎 10%。法国海洋研究机构包括:法国海洋开发研究院、大学和国家科学研究中心 - 国家宇宙科学研究所海洋学实验室(CNRS - Insu)、法国海军水文学及海洋学服务局(Shom),法国合作开发研究所(IRD)和法国极地技术研究所(IFRTP),这些研究机构是法国海洋研究的核心。还包括地球观测卫星,它是海洋学研究的空间组成部分。1999年法国海洋开发研究院所获得的预算以及雇佣的人员数量最多,分别占总预算和总人数的为54.37%和61.18%。

三、法国海洋经济发展概况

1999年,法国海洋经济增加值占GDP比重较低,仅占GDP的0.916%。从统计范围来看,法国海洋经济不仅仅专指海洋产业,还包括与海洋产业有关的经济活动。尽管如此,在法国国内核算海洋经济时,仍有大量包括在GDP中的涉海活动没有被纳入海洋经济统计之中,主要原因有二,一是有些数据不容易得到,二是由于其当前其海洋经济定义尚存在局限性。

法国海洋经济统计中突出了各海洋产业的产值、增加值和就业数量这三个指标,说明这三个指标是法国对海洋经济的重点内容。1995—1999年法国海洋经济发展状况见表1。

表1　1995—1999年法国海洋经济状况

年份	1995	1996	1997	1998	1999
总产值(百万法国法郎)	214 182.32	221 702.1	236 091.8	245 348.3	249 653.8
增加值(百万法国法郎)	108 740.26	112 867.9	119 052.2	122 141.1	123 137.9
就业人员(人)	375 385.29	374 886.6	384 511	398 842	413 629

从表1中可看出,法国海洋产业总产值、增加值和海洋劳动就业在1995～1999年是逐年增长的。其中总产值年均增长3.5%,增加值年均增长3.8%。增加值增长率高于总产值增长率,劳动就业增长相对缓慢,年均增长率为2.47%。1999年,法国海洋产业总产值为249.65亿法国法郎,增加值123.14亿法国法郎,海洋劳动就业41.36万人。

在法国海洋经济统计中,增加值和就业两大指标,均以海洋旅游业占首位,后依次为公共部门、海洋运输、造船、海洋食品业等(见图1、图2)。

四、几点启示

1.法国海洋经济的统计范围明显宽于我国现行海洋经济统计。

我国现在列入海洋统计的海洋产业门类有12个及一个其他产业综合。海洋金融服务、海军、涉海公益服务等产业统计在我国还未明确涉及。根据2001年法国海

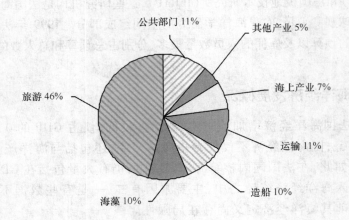

图 1　1999 年法国海洋经济增加值产业贡献分布

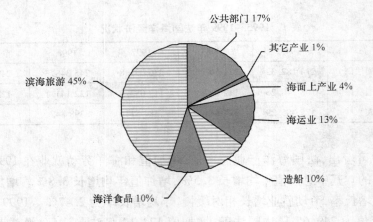

图 2　1999 年法国海洋就业产业分布

洋开发研究院(Ifremer)编制完成了《法国海洋经济统计(第四版)》,1999 年这三部分的增加值占法国海洋经济总增加值的 19.5%,其就业量占法国海洋经济总就业量的 18.6%。此外,海洋环境保护和海洋科学研究的产值等经济指标是列入法国海洋经济的,属于法国海洋经济的范畴。我国海洋经济概念中包括这两个部分,在统计体系中也包括这两部分,但其产值、增加值等指标并未明确进入到海洋产业总产值和海洋产业增加值中来。

2. 法国海洋产业统计内涵比我国宽泛。

海洋食品业、海洋土木工程业、海底电缆及铺设、港口及航运业等产业的统计产业链延伸较长,内涵比我国丰富。

3. 法国海洋经济把海洋就业置于重要地位,值得我们认真研究、借鉴和学习。

毋庸置疑,劳动就业是反映经济发展成就的四大指标之一。劳动就业在某类经济领域中的动态变化既反映该经济活动的社会性,也反映该类经济活动的成长阶段。法国的海洋经济统计强调三大经济指标,即总产值、增加值和就业人数,表明了法国极其重视海洋经济对国民经济和社会发展的整体贡献,这种贡献体现在规模、速度、就业等多方面,非常值得我们研究与借鉴。

综上,笔者建议,开展新的我国现行海洋经济统计指标研究,在广泛进行社会各行业、沿海区域经济各领域调研的基础上,走出单纯海洋领域研究视角,吸纳更多社会、经济领域专家学者,参与海洋经济统计研究与讨论,大量参考国外相关领域工作实践,修订现行海洋经济统计指标体系,推动我国海洋经济研究上一个新台阶,促进我国海洋经济管理向更科学化方向发展。

(《动态》2004 年第 9 期)

海洋自然资源核算及纳入海洋经济核算体系的实证研究

——以海洋渔业资源为例

刘　明

近年来,随着我国海洋开发活动不断扩大,海洋资源和海洋环境面临着前所未有的压力,海洋的可持续利用能力受到损害。造成这种状况的一个重要原因就是对海洋资源价值不能正确认识,在海洋经济核算体系中并未考虑海洋资源过度损耗和海洋环境退化损失。

解决这个问题需要对海洋自然资源进行价值量核算,并将海洋自然资源核算纳入到海洋经济统计体系中,以弥补现行海洋经济核算的不足,促进海洋资源可持续利用。

尽管学术界对海洋资源核算已有一些研究,但存在两个主要缺陷,一是关于海洋自然资源和海洋环境资源价值体系,以及评价方法的研究未取得突破。二是海洋资源核算的实证研究方面比较薄弱。除以上两点外,将海洋资源核算纳入海洋经济统计核算体系中,目前无论是从方法还是实证方面都是国内空白,其落后于如水资源、森林资源等研究领域。

一、海洋自然资源价值理论及评估方法

（一）海洋自然资源经济价值的构成及其分类

海洋资源是自然资源的一部分,因此对海洋资源价值进行研究不能脱离自然资源价值理论。

传统经济学的价值理论,源于对商品价值的认识。传统经济经济学对商品价值或价格赖以形成的原因,主要有两种观点,一是生产商品的劳动,二是商品所具有的效用。劳动和效用在价值概念的发展史上占据重要的地位。也正因为如此,传统经济学的价值论可以分为以劳动价值论为基础的古典劳动价值论、马克思劳动价值论

和以效用为主的效用价值论,以及在效用价值基础上发展起来的边际效用价值论等几个流派。

传统经济价值理论认为,价值是凝结在商品中的无差别人类劳动。它认为自然资源没有凝结人类劳动,因此,其价值长久以来被忽视。但是,随着人类开发自然的深入,自然资源逐渐稀缺,其价值逐渐地显现出来。因此,传统经济价值理论已经不能适合当代可持续发展的需要。

海洋自然资源经济价值的构成及其分类可使用自然资源经济价值的构成和分类理论。联合国环境规划署(UNEP)、经济合作与发展组织(OECD)及英国经济学家皮尔斯(Pearce)等都曾应用当代可持续发展的观点,较系统地研究了自然资源经济价值及其分类系统问题。其中皮尔斯的分类系统影响最大,他将自然资源的价值分为两部分:使用价值和非使用价值。前者包括直接使用价值、间接使用价值和选择价值;后者包括遗传价值和存在价值。选择价值介于使用价值和非使用价值之间。

应用以上自然资源价值分类方法,可对海洋自然资源价值进行分类,如表1所示。

表1　用于海洋资源核算的总经济价值分类体系

海洋自然资源总经济价值	
市场价值	非市场价值
◇生产性直接使用价值:包括:海洋石油,海底矿产等	◇不能用于交易的消费性使用价值:包括:滨海娱乐景观、海洋生物多样性等
◇能在市场上交易的部分消费性直接使用价值:包括:海鱼等	◇间接使用价值:包括:生态功能 ◇选择价值 ◇遗传价值 ◇存在价值

(二)海洋自然资源价格决定

进行海洋自然资源价值核算及对海洋经济进行修正,关键是合理确定海洋自然资源价格。但是,由于海洋自然资源存在非市场价值,决定其市场价格不能反映或完整反映其价值,因此应以社会成本对海洋自然资源进行定价。

社会成本等于私人成本与外部成本之和。边际社会成本(MSC)等于边际私人成本(MPC)和边际外部成本(MEC)之和。而海洋自然资源的边际外部成本主要由两部分构成:资源稀缺带来的边际使用者成本(MUC)和资源利用过程中环境的效益和损失——边际环境成本(MEC)。

在这种情况下,边际社会成本由边际生产成本、边际使用者成本和边际环境成本组成。海洋自然资源价格 P,即边际社会成本:

$$P = MSC = MPC + MUC + MEC$$

(三)海洋自然资源非市场价值评估方法

对于海洋自然资源非市场价值评价,可使用经济学中已有的一系列方法。根据评价时可获得的市场信息完备程度,可将适用于海洋自然资源非市场价值评价的方法分为三类:直接市场法、替代市场法和意愿评价法。

直接市场法是基于市场的经济评价方法,其具体方法很多,比较常用的有生产函数法、人力资本法和重置资本法等。

替代市场法是使用替代物品衡量环境质量变化价值的方法。属于这种价值评估方法主要有旅行费用法、资产价值法和规避行为法等。

意愿评价法是直接询问一组调查对象对诸如减少环境污染损害的不同选择所愿支付价值的一种环境评价方法。

二、海洋自然资源核算纳入海洋经济核算体系研究

在海洋自然资源价值研究的基础上,将海洋自然资源核算纳入海洋经济核算体系。这方面可从调整海洋经济核算若干关键总量指标入手,包括海洋产业增加值以及各个海洋产业增加值指标。对海洋经济核算指标的调整关键是突出海洋自然资源的资产特性,将海洋自然资源耗竭和海洋环境的污染退化视为自然资产的损失。这样,调整后的"海洋产业净增加值"是原海洋产业增加值减去海洋自然资源资产折旧(海洋自然资源总量净变化量)。即:"海洋产业净增加值" = 海洋产业增加值 – 海洋资源资产损耗损失 – 海洋环境污染损失。具体核算表式见表2。

表 2　对海洋产业增加值的调整(单位:亿元)

	海洋产业增加值	海洋自然资源耗竭损失			海洋环境污染损失		海洋产业净增加值
		海洋渔业	海洋矿产	……	海水环境	……	
2000							
2001							
2002							
……							

三、实证研究——以海洋渔业资源为例

我国海域生物物种丰富,但只有一小部分可以成为渔业资源对象的,主要是鱼类,头足类和虾蟹类等。中国海域的鱼类共有 1 694 种,已发现头足类 91 种,目前已知的磷虾类有 42 种、虾类 300 多种、蟹类 600 余种。我国海洋渔业资源目前面临渔业资源日益衰退、捕捞能力严重过剩等问题。

对我国近海渔业资源退化状况定量实证研究,可应用 Walter & Hilborn 提出的非平衡产量模型。Walter&Hilborn 模型是 Schafer 渔业模型差分化结果,模型如下:

$$B_{t+1} = B_t + rB_t(1 - B_t/K) - C_t \tag{1}$$

式中:

B_t——t 时的生物量,

r——渔业资源年自然生长量系数

K——最大渔业资源量,

C_t——t 时的渔获量,C_t 被定义为:$C_t = qB_t f_t$

q——捕获系数

f_t——t 时的捕获努力量。

根据 $B_t = U_t/q$,B_t 用 U_t(U_t 表示"单位努力量的捕获量")来代替,可得:

$$U_t + 1/q = U_t/q + rU_t/q[1 - U_t/(Kq)] - U_t f_t \tag{2}$$

经重新整理可得:

$$U_{t+1}/U_t - 1 = r - rU_t/(Kq) - qf_t \tag{3}$$

此方程可以转化成标准的多元线形回归方程:

$$Y = b_0 + b_1 X_1 + b_2 X_2 \tag{4}$$

式中:Y 是因变量 $U_{t+1}/U_t - 1$,X_1 和 X_2 分别是自变量 U_t 和 f_t,b_t、b_1、b_t 分别是回归参数 r、$-r/(Kq)$ 和 $-q$。通过多元线性回归分析,可计算出 r、q 和 K。

根据 1992~2001 年的我国海洋捕捞状况数据(见表3)和公式(3)和(4)定量模拟了我国近海渔业变化状况,结果如下:

Y = 1.3413781—0.2279602 × X_1—4.85E－09 × X_2

　　(10.532)　(－1.2717790)　　(2.7970407)

　　$R^2 = 0.875$　　F = 3.08482

上述方程经济意义充分,模拟结果的各项检验指标基本通过,说明上述回归模型成立,经计算得到:r = 0.3413781。

表 3　1992—2001 年我国海洋捕捞状况

年　份	$Y(U_t + 1/U_t - 1)$	单位努力量的捕获量$(U_t)X_1$（吨/千瓦）	捕获努力量（渔船总功率千瓦）$(f)X_2$
1992	1. 048562429	0. 882685992	7831000
1993	1. 138128216	1. 004609833	7899201. 5
1994	1. 119286598	1. 124446322	7967403
1995	0. 975498603	1. 096895816	9361302
1996	1. 106922552	1. 214178717	10286601
1997	1. 063310915	1. 291049482	10730653
1998	1. 028500282	1. 327844757	11271472
1999	0. 96933185	1. 287122214	11635432
2000	0. 955128971	1. 229367716	12017986
2001	0. 966267131	1. 187897616	12127429

资料来源：1.《中国海洋统计年鉴》1992 年、1993 年、1997 年、1998 年、1999 年、2000 年、2001 年、2002 年；2.《中国渔业经济》

海洋渔业资源退化经济损失估算模型建立如下：

$D_t = (Y_t — MSY_t) \times r \times P_t$　　　式中：

D_t——第 t 年的渔业资源退化损失，

Y_t——第 t 年的实际捕捞量，

MSY_t——第 t 年的最大持续产量，

r——渔业资源年自然增长率，根据以上计算得到 r = 0. 3413781，

P_t——第 t 年的海产品平均价格，

相关研究表明：最大持续产量（MSY_t）是变量，它随着资源存量变化而变化。但在此模型中，为了简化，假设最大持续产量是不变的，Y_t—MSY_t 表示对捕捞了不应捕捞的渔业资源（如幼鱼、禁渔区的渔业资源等）的保守估计，（Y_t—MSY_t）$\times r$ 表示不应捕捞的渔业资源（如幼鱼、禁渔区的渔业资源等）成为的可捕捞资源量，因此，（Y_t—MSY_t）$\times r \times P_t$ 可作为对第 t 年我国近海渔业资源退化损失价值的保守估计。

据唐启升、丘书院、袁蔚文研究，我国近海渔业可持续捕捞量为 591 万吨，本研究 MSK = 591 万吨。根据以上研究，计算出 1996—2001 年我国海洋渔业资源退化损失及海洋捕捞净增加值。（见表 4）

表4　1996—2001 年我国海洋渔业资源价值核算及对海洋捕捞增加值的修正

年份	海洋捕捞产量（万吨）	渔业资源退化损失（亿元）	海洋捕捞增加值（亿元）	海洋捕捞净增加值（亿元）	渔业资源退化损失占海洋捕捞增加值比例（%）	海洋产业增加值（亿元）	渔业资源损失占海洋产业增加值比重（%）
1996	1248.98	304.89	1199.99	895.11	25.41	1266.3	24.08
1997	1385.38	339.45	1307.93	968.48	25.95	1476.8	22.99
1998	1496.68	382.63	1543.11	1160.48	24.80	1602.92	23.87
1999	1497.62	411.72	799.24	387.51	51.52	2022.2	20.36
2000	1477.45	412.41	813.75	401.35	50.68	2297.04	17.95
2001	1440.61	429.70	641.27	211.58	67.00	3297.28	13.03

资料来源：《中国海洋统计年鉴》1997—2002 年

注释：海洋捕捞净增加值还应扣除海洋渔业资源退化造成的海洋生态资源资产价值损失，但在此为了简便，未加以核算。

　　由表4可以看到，由于我国近海捕捞强度远远超过可持续捕捞产量，海洋渔业资源损失逐年增加，海洋渔业资源退化损失占海洋捕捞增加值比例逐年增加。海洋渔业资源损失由1996年的304.89亿元增长到2001年的429.69亿元，渔业资源退化损失占海洋捕捞增加值比例到2001年达到67%。近年来海洋渔业资源退化损失占海洋产业增加值比重逐年下降，这主要是由于我国近年来大力实施海洋开发，除海洋水产业之外的其他海洋产业快速发展的结果。（见图1）

四、结论和建议

（一）加强海洋资源核算，为海洋经济发展提供更准确衡量指标

　　进行自然资源核算的目的是为了保证社会、经济和资源的协调发展，防止经济增长的空心化。海洋自然资源核算研究结果表明，自然资源作为生产要素必须合理开发利用。自然资源作为生产要素和财富，它的边际效益成本是反映持续发展能力的重要指标。以渔业资源为例，目前海洋经济核算体系中，仅仅考虑了自然资源的边际生产成本，而对自然资源开发利用的边际外部成本考虑较少，或者所考虑的自然资源的价格是非完全价格，由此助长了海洋自然资源的过度开发和浪费。

　　为实现海洋可持续发展，需要对海洋经济与环境政策作出正确的选择。通过海洋自然资源核算研究，可为海洋经济发展提供更准确的衡量指标和决策依据。因此，应加强海洋资源核算应用研究，并在此基础上建立海洋环境与海洋经济发展综合决策机制。

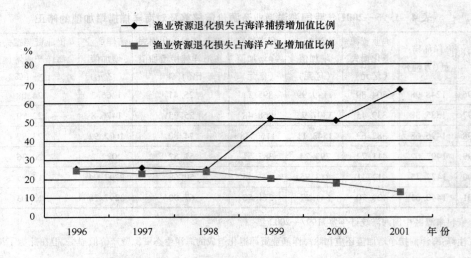

图1　　渔业资源退化损失占海洋捕捞增加值及占海洋产业增加值比例

（二）"海洋产业净增加值"可作为绿色海洋经济核算的途径之一

海洋自然资源核算要求，在进行海洋环境经济（绿色）核算中应将自然资源耗竭从生产中减去，这是传统的核算方法没有要求的。"绿色"核算帐户应该把经济的发展和自然资源的利用及损耗作为整体来考虑，以便反映可持续发展的能力。

对我国海洋渔业资源核算进行实证表明，以目前的海洋产业增加值来度量我国海洋产业发展程度是不适当的。目前的海洋产业增加值过高地估计了我国海洋产业的发展（见表4）。研究表明，以目前海洋产业增加值对海洋经济不准确的描述，以及建立在此基础上的不适当的海洋经济发展政策是导致海洋经济发展不可持续的重要根源。因此，为了实现我国的海洋可持续发展，有必要全面而详尽的海洋自然资源核算研究，以包括海洋资源环境因素的"海洋产业净增加值"来取代目前的海洋产业增加值，作为海洋可持续发展的衡量指标和决策依据。

（三）渔业资源可持续利用政策建议

鉴于我国目前渔业资源退化的现状，为了实现渔业资源可持续利用，可采用对捕捞量课税、对投入要素课税以及实行捕捞量总量限制和生产配额制度。所谓对捕捞量课税，即是对每单位捕捞量征收一定税金。对投入要素课税，即是对每单位投入要素征收税金，如对投入到捕捞生产中的每张鱼网征收一定税金或对每艘渔船征收一定税金。应调整捕捞作业结构，主要任务是减少底拖网和张网作业。加强禁渔区、禁渔期和渔具渔法管理。对捕鱼的鱼网的网眼进行限制。伏季休渔对保护我国有着重要和积极的作用，是一项适合我国现阶段的渔业管理措施，应予以坚决贯彻。

　　法律法规等直接指令控制手段在海洋环境政策和海洋资源保护中起着积极的作用。在现阶段,国家应加强以法律法规为主的直接指令控制手段的运用,在现有的几部海洋资源和海洋环境保护专门法的基础上,根据海洋资源和海洋环境保护内容和范围的扩大和细化,加快对解决其它环境问题的立法。

　　提高公众海洋资源和海洋环境保护意识,促进公众参与海洋资源与海洋环境管理,是改变目前我国海洋资源和海洋环境退化的一大突破口。对公众进行海洋资源和海洋环境保护教育是提高公众海洋资源和环境保护意识的有效途径。

(《动态》2003 年第 11 期)

发展海洋经济面临的形势和任务

刘容子

党的十六大报告提出了 2020 年全面建设小康社会的战略目标,其中"实施海洋开发"是重要的战略措施之一。2003 年 5 月,国务院 13 号文件印发了《全国海洋经济发展规划纲要》(以下简称《规划纲要》)。13 号文件通知指出:"海洋蕴藏着丰富的生物、油气和矿产资源,发展海洋经济对于促进沿海地区经济合理布局和产业结构调整,保持我国国民经济持续快速发展具有重要意义。"21 世纪将是大规模开发利用海洋资源、扩大海洋产业、发展海洋经济的新时期。在这样一个重要的历史时期,需要清醒地认识形势,抓住机遇,明确任务,加速海洋经济发展建设步伐。

《规划纲要》明确提出了 2010 年以前我国海洋经济发展的目标和任务。到 2005 年,全国海洋产业增加值要占国内生产总值的 4% 左右,占沿海地区国内生产总值中的 8% 以上;到 2010 年,全国要达到 5% 左右,沿海要达到 10% 以上。本着"调整结构,优化布局;扩大规模,快速发展"的原则,大力发展海洋产业,使我国逐步成为海运强国、船舶工业强国、海盐生产大国、海洋旅游大国和海洋油气资源开发大国。遵循"由近及远、由浅入深、先易后难"的基本原则,形成四大海洋经济区体系:(1)优先开发海岸带及临近海域;(2)加强海岛保护与建设;(3)有重点地开发大陆架和专属经济区;(4)加大对公海和国际海底区域的勘探开发力度。并争取在本世纪中叶前后,最终把我国建设成为世界性的海洋强国。

落实《规划纲要》的目标和任务将是一个庞大、复杂的社会化系统工程。笔者认为,下一步还应从国家、省市、区县各个层面上,从法规、产业、金融、科教、环保等多个领域,详细研究制定分阶段、分层次的实施计划。把《规划纲要》确定的各项海洋经济建设任务落到实处。在形成海洋经济发展规划体系的同时,使发展建设任务的项目系列化,步步为营,层层推进。

一、要确立统筹海陆经济一体化发展基本思路,在沿海地区形成海陆联动局面,全面推进区域海洋经济的发展

通过在沿海各地大力实施海陆一体化开发战略,把海岸带陆域及其邻近海

域建设成为我国第一海洋经济带,同时使沿海地区在区域经济结构优化调整中抢占新的制高点。《规划纲要》把我国海岸带及邻近海域划分为 11 个海洋综合经济区。沿海各地在细化编制省市、地、县规划或计划时,通过大规模的海洋资源开发规划安排临海工业布局战略调整,纷纷打破行政区划界限,以功能和经济联系为基本依据,划分出各具特色的海洋经济区域。这已经是一个大的趋势。发挥不同区域的比较优势,大力发展有竞争力的产业和产品,生产力布局向临海、临港地区推移,必将在临海区域形成各具特色以海洋经济为主体内容的新型工业化人口密集带。临海型经济发达地带,应该是未来沿海地区经济空间结构调整的重要方向。

二 、应强化保护管理措施先行的思想,加快海岛生态经济区建设

海岛是我国海洋经济发展中的特殊区域,在国防、权益、资源和生态保护方面具有特殊性和重要性。海岛虽然地处东部经济发达地区,但实际处于相对不发达境况,是东部的"西部区域"。因此,海岛经济建设及海岛开发保护工作任务艰巨,也是东部地区整体社会经济再上新台阶的瓶颈之一。一是要坚持开发与保护并重,坚持在开发中保护,在保护中开发的方针,坚定不移地走可持续发展的道路。二是要坚持以经济建设为中心。发展是硬道理,海岛工作必须围绕经济建设这个中心,使海岛经济成为国民经济新的增长点。三是要坚持因岛制宜,打好"特色牌"。海岛生态经济区建设重点任务主要有:加大海岛和跨海基础设施建设力度,加强中心岛屿涵养水源和风能、潮汐能电站建设,调整海岛渔业结构和布局,重点发展深水养殖,发展海岛休闲、观光和生态特色旅游,推广海水淡化利用,建立各类海岛及邻近海域自然保护区。

三、实施可持续发展战略,把我国内水及国家管辖海域建设成为渔业资源开发区和优质蛋白质食物生产基地

(1)渤海是我国的内海,是我国大陆沿岸渔业资源生长的"摇篮"。渤海渔业资源数量与质量都处于危机或临界状态,经济价值低的小型中上层鱼类已经成为渔业资源的主体。恢复和重建渤海渔业资源基础,严格控制陆源污染和海上污染,严格实施限额捕捞制度,重建渤海渔业经济区的任务艰巨紧迫。

(2)黄海自然海域总面积约 30.9 万平方千米,其中我国渔区面积大约有 20 万平方千米,全部为大陆架浅海区域。黄海渔区应该成为食物资源的重要供应基地。黄海渔业资源丰富,需要进一步调查摸清可供捕捞和娱乐(游钓、观赏)的渔业资源种类、数量、分布范围、利用状况,准确评价可持续利用量,把渔业捕捞量控制在最佳可捕量(资源可持续供给量)之下,使区域渔业资源能够可持续利用,渔业产业能够持续发展。

（3）东海自然海域面积 77 万平方千米,我国渔区面积大约 34 万平方千米。东海是我国渔业资源生产力最高的海域,2000 年我国大陆地区在该海域的捕捞产量为 625 万吨,占全国海洋捕捞总产量的 42%。东海渔区同样应该成为食物资源的重要供应基地,为解决食物供应做出重要贡献。

（4）南海自然海域面积约 350 万平方千米,我国传统捕捞作业渔场总面积约 126.3 万平方千米。南海渔业资源丰富,种类繁多,这个广大的海域应该成为食物资源的重要生产基地。南海渔业资源开发区建设任务复杂艰巨,将是一项长期任务。应尽快开展新一轮的渔业资源专项调查,增加可捕捞渔业资源底数。

四、继续实施"走出去、引进来,两种资源、两个市场"战略,把我国大陆架区域建设成为海洋油气和矿产资源开发区

进一步调查勘探黄海油气区,争取发现商业性油气区。加大东海油气区勘探工作力度,采用多种形式进行台西盆地和台西南盆地的勘探,稳步增加油气产量。加大南海油气区的珠江口盆地、琼东南盆地、北部湾盆地边际油田和莺歌海盆地的油气资源勘探力度,扩大勘探的范围和程度,增加油气资源储备。加强南海南部海域油气资源勘探,探索对外合作模式,维护我国南海南部的海洋权益。研究开发新的油气资源勘探开发技术,逐步开发边际油田。同时加强重点区域勘探,力争在我国大陆架区域找到新的大型油气田。

五、在国际海底区域建设矿产资源勘探开发基地

持续开展深海勘查,大力发展深海技术,适时建立深海产业。重点在于提高我国在国际海底区域的矿产资源勘探开发能力,确保我占有资源的质量。开展"区域"及深海多种资源,包括热液硫化物、天然气水合物和生物基因的调查评价工作。

六、大力发展公海渔业

积极进行公海水产资源利用。开展太平洋狭鳕、竹荚,头足类、灯笼鱼、磷虾等渔场调查,发展相应捕捞加工技术,扩大公海渔业规模和积极发展与其他国家合作的远洋渔业。

七、优化海洋产业布局,培育扩大海洋产业群

海洋经济能否保持持续快速发展态势,很大程度上取决于能否有效地对海洋产业结构实施积极的调整。通过积极的结构调整,优化布局,扩大规模,培育海洋支柱产业和新兴产业,发展壮大海洋产业群。

八、提升海洋经济质效水平,推动沿海地区的城镇化、工业化和现代化

随着海洋产业结构的优化调整,以沿海工业和海洋加工制造业为龙头的沿海区域第二产业将大幅增长。以高素质、高文化程度为主的人口趋海集聚趋势将更为明显。在迅速发展的临海经济和海洋经济的集群作用力带动下,现代化城镇服务体系建设将面临更广阔的需求空间。包括更舒适的生活环境、更周到的社区服务体系,以及更现代的休闲度假娱乐条件。沿海地区必将在城镇化、工业化进程中完成现代化,率先进入全面小康社会。现阶段,海洋经济发展主要仍将以沿海地区,特别是临海区域为基地,以高技术、高风险、高投入、高回报为基本特征,以集约化、新型工业化为主体发展趋势,从而推进沿海地区社会、经济、文化意识形态的较大变革。这是一种进步的变革,是海洋经济这一先进生产力推动区域社会经济进步的历史进程。因此,推动沿海地区率先进入全面小康社会也是海洋经济发展的重要目的所在。

九,严格实施海洋功能区划制度

合理开发与保护海洋资源,加大海洋环境保护投入,防止海洋污染和生态破坏,促进海洋经济可持续发展。重点加强污染源治理,加快建设沿海城市、江河沿岸城市污水和固体废弃物处理设施。完善海洋环境监测系统与评价体系。鼓励非政府组织开展海洋生态环境保护活动。加强海洋环境保护的国际合作。

总之,发展海洋经济面临着艰巨庞大的历史性战略任务,要在《规划纲要》的目标、原则指导下,开展多方面的细化工作,启动相应的具体项目,充分发挥市场和企业在经济建设中的主导作用,各级政府和职能部门要创造环境、优化环境,强化法规、政策、投融资机制等保障措施到位,提高管理质效水平,使我国的海洋经济再跃新台阶。

(《动态》2003 年第 12 期)

区域海洋产业—空间结构问题探析

曹忠祥

一、产业—空间结构的理论内涵

作为衡量区域发展水平与状态的重要指标,产业结构和空间结构既是区域社会经济发展的结果,又是区域社会经济向更高水平迈进的重要条件。产业结构以区域经济各产业部门之间的技术经济联系和联系方式为主要内容,具体表现在不同部门之间的数量比例关系以及各产业在区域经济中的职能两个方面。一国一地区的经济发展过程中,始终伴随着产业结构的演变,反映了区域经济发展的阶段性演进特征。空间结构所反映的是不同经济客体在区域空间内相互作用而形成的集聚或分散状态。从区域经济发展的角度来看,空间结构理论所要揭示核心问题实际上是要素的积聚和分散与经济增长之间的关系。无论是早期的中心地理论、梯度推移理论,还是近年来发展起来的点 – 轴系统理论,所揭示的空间结构的演变过程都无一例外地证明,区域发展客观上存在着经济增长与发展不平衡性之间的倒"U"字形相关规律。按照这一规律,任何国家和地区的经济发展,都会在自身的自然、社会、经济诸要素的地域分布特征的基础上,经历一个从不平衡到较为平衡的发展过程。区域发展状态是否健康,与外部关系及内部各部分的组织是否有序、萌芽而有活力的因素是否被置于有利的空间区位等有着密切的联系。

区域产业结构和空间结构关系密切。即一定产业结构的区域内必然有着其特定的空间结构,二者之间相互作用,影响着区域经济的增长。换句话说,不同产业结构状态、不同发展阶段的区域社会经济有着不同的空间结构。随着社会经济由农业社会向工业化和后工业化社会的发展,在"集聚经济"因素的作用下,社会经济空间结构经历着由"平衡"到"不平衡"、再重新回到"平衡"的过程。也正因为如此,有学者将区域产业结构与空间结构作为一个整体进行研究,提出了所谓产业—空间结构的概念。

所谓产业—空间结构,是指区域内各种生产要素所形成的生产组合在产业及空间形态上形成的综合物质实体。它不是产业结构与空间结构的简单相加,而是区域产业结构与空间结构相互作用所形成的有机整体,共同作用于区域经济的增长和区域内的微观经济组织,并通过不断优化生产要素的配置来实现产出的优化,通过不断的升级换代实现其动态化、协调化和高级化发展。然而,就实质而言,产业—空间结构变化仍然表现为工业化和城市化相互推进的过程。一方面,产业结构的成长变化反映了区域经济的发展水平,它与工业化过程密切相关,在一定程度上可以认为,产业结构变化过程就是工业化的进展过程。另一方面,空间结构的变化反映了社会经济空间集聚和分散的趋势,即集聚经济导致空间结构由第一阶段向第二阶段和第三阶段转化。而判断空间集聚程度的指标之一,就是区域的城市等级规模结构。城镇体系不断发展的过程,就是城市化进程。因而,空间结构的变化与发展,在一定范围内可以认为是城市化进程的反映。由于产业结构与工业化、空间结构与城市化密切相关,产业—空间结构变化实质上是工业化和城市化的有机联系。

产业—空间结构理论的思想,对于海陆过渡型区域海洋产业发展与空间布局问题的研究具有借鉴价值。

二、海洋经济的区域经济特性分析

(一)对海洋经济概念的理解

"海洋经济"这一术语,是随着海洋开发实践的迅速发展和相关研究工作的不断深入而提出来的,而且自出现以来其内涵就一直在不断扩大。迄今为止,学术界对海洋经济的概念尚没有形成公认的一致性看法。

在我国,目前从事海洋经济问题研究的主要是经济地理学、区域经济学、资源经济学、海洋经济学以及管理学等学科的学者。由于不同学科、不同学者的着眼点不一样,对海洋经济的概念也有着各自不同的解释。从目前已公开发表的研究成果来看,多数学者倾向于从资源经济的角度理解海洋经济的性质,但是在具体内涵的界定上却仍然存在着比较大的分歧,突出表现在"海洋资源加工(包括一次性加工和深加工)产业"、尤其是临海/临港工业归属方面。也有学者试图从区域角度来界定海洋经济的范畴,或者认为海洋经济实质上就是区域经济。还有学者从沿海区域资源经济、产业经济、和滨海区域经济相结合的角度来理解海洋经济的内涵。此外,在新近颁布的《全国海洋经济发展规划纲要》中,从产业角度对海洋经济进行了概括,这是迄今为止我国官方对海洋经济最权威的解释。

综上所述,在遵循科学性、系统性、可操作性以及兼顾约定俗成惯例等原则的基础上,笔者对海洋经济的内涵做出如下界定:所谓海洋经济,是指在一定的社会经济技术条件下,人们以海洋资源和海洋空间为主要对象,所进行的物质生产及其相关服务性活动的综合。这一定义具有以下几个基本点:第一,海洋经济的内涵是与一定时期的社会经济技术条件紧密联系的,并随着社会经济技术条件的发展而发展;第二,海洋经济具有区域性特点,是与特定区域的资源、环境和社会经济发展基础紧密联系的;第三,涉海性是海洋经济的基本属性,直接以海洋资源和空间为生产对象或主要为此类生产活动服务,是海洋经济有别于陆地经济的内在规定性;第四,海洋经济具有综合性特点,既包括以海洋资源和海洋空间为基本生产要素的生产和服务活动,也包括不依赖海洋资源和海洋空间、但直接为其他海洋产业服务的经济活动,更加宽泛意义上的海洋经济还包括海洋科学研究、教育、技术等其他服务和管理活动。

（二）海洋经济与区域经济的关系

海洋经济活动,即人类以海洋资源为劳动对象所进行的各种社会经济活动,是人类经济活动的一部分。从这个意义上说,海洋经济活动也是一般的人类经济活动。但是,如前所述,由于海洋经济具有区域性的基本特征,那么"以一定地域空间的资源配置和经济活动为研究对象"的区域经济学,也应包括海洋空间为载体的人类经济活动。换言之,可以运用区域经济学的范畴、原理和方法来研究海洋空间经济问题。

第一,海洋与陆地一样,是人类经济活动的空间。如果说陆地是人们从事经济活动的"地域"空间载体,那么海洋则是人们从事经济活动的"海域"空间载体。人类的经济活动具有空间属性,必须凭藉一定的空间载体。海域空间在其构成要素上,无论节点、域面、网络都可以在陆海相连中满足人类经济活动空间载体的要求。当然也有其与陆地不同的地方,但这并不影响其作为经济空间的本质特征。

第二,海洋经济是陆地区域经济的重要组成部分,陆地区域社会经济的发展程度对海洋经济发展具有重要影响。海洋经济开发本身不是一个或几个独立部门的经济活动。与陆地经济一样,海洋经济是多部门、多行业的经济,但这些部门、行业之间多缺乏内在的有机联系,不可能形成一种所谓的海洋经济刚性实体。事实上,这些海洋开发部门、行业是陆地经济的某些部门向海洋空间上的延展,多与陆地的经济活动密不可分,具有内在的联系,形成陆海经济生产与再生产的综合经济系统。陆地社会经济的发达与否,将对海洋经济发展产生促进和制约作用,从而给海洋经济打下深刻的区域经济烙印。因此,虽然我们可以把某一海洋区域的海洋开发活动作为一个国土综合开发系统来进行研究,但无论在哪个层次上也不可能把海洋经济活动作为脱离陆地经济活动的单纯的海洋经济系统来加以对待。海洋区域经济确切地说是陆海区域经济。因此,海洋经济也属于区域经济学研究的范畴。

第三,海洋经济开发是区域经济中重要的增长因素,将对区域社会经济发展产生重要的推定作用。对于海洋开发较晚、海洋经济发展基础比较薄弱的国家和地区,海洋在社会经济发展和资源环境问题解决中的地位尤其突出。在我国,经过改革开放以来20多年的发展,国民经济已基本告别了短缺经济时代。与此同时,国外产品的冲击、中西部地区的经济增长、沿海地区内部经济发展的竞争,都在客观上要求沿海区域经济格局的重组,以产业结构调整为主题的结构创新已成为沿海地区实现现代化的重要任务。从沿海地区产业结构创新的角度来看,不仅新兴海洋产业的发展已成为沿海地区产业结构调整的重要方向,而且海洋科技发展及由海洋开发驱动下的对外开放能力与程度的提高,也将成为沿海地区结构创新的重要动力。从区域空间结构优化的角度来看,以海洋资源开发为基础的海洋产业的发展以及临海产业的发展,将带动临海型经济发达地带的形成和发展,促进区域经济布局重点向滨海地带推移。从生态环境保护和区域经济可持续发展的角度来看,海洋开发将有效缓解沿海地区日益严重的资源和环境压力,从而有效促进沿海社会经济可持续发展和现代化建设进程。

（三）海陆经济一体化发展趋势

1996 年我国颁布的《中国海洋 21 世纪议程》提出了我国海洋可持续发展战略。其战略原则之一就是海陆一体化开发。当前,沿海各省市区在海洋经济发展规划的编制中,也都将海陆一体化作为基本原则之一。

从长远的发展看,海陆一体化是沿海地区海洋与陆地两种生态经济系统相互作用下的必然趋势,这是海洋与陆地两个系统在资源、环境和社会经济发展等方面客观上存在的必然联系所决定的。海陆一体化既是过程,也是结果。简单来说,它可以从经济和生态环境两个方面进行解释。在经济意义上的海陆一体化是供给和需求矛盾运动的产物,陆地产业为海洋产业积累资金、提供装备和技术,海洋产业为陆地产业提供原料和服务,二者相互依赖、相互支持、相互补充、共同发展。从生态环境角度来看,表现为陆地社会经济发展对海洋生态环境的冲击,尤其是对近海生态环境的影响,以及海洋资源开发所引起的生态环境变化对海陆社会经济发展的制约作用,包括:降低生活质量、破坏投资环境、政府通过实行环境保护政策和征收环境治理费而增加产业发展的外部经济成本来,从而限制某些产业的发展等。实际上,从系统论的角度来考虑,海陆一体化的内涵要远比这丰富、复杂得多。

海陆经济一体化发展的基本趋势,要求海洋经济的发展必须实行海陆双栖共同开发战略。所谓海陆双栖共同开发,一方面,就是要求海洋经济发展目标的确定、海洋产业发展方向与重点的选择,必须充分考虑区域社会经济发展的基础,满足区域产业结构升级和社会经济空间结构优化的要求;另一方面,要在开发海洋资源的同时,充分利用临海的区位优势和海洋的开放性特点,推进陆地生产力向海推移和海洋经济、技术由沿海向陆地的转移和扩散。后者具体包含两个方面的内容:一是在海岸带、甚至内陆腹地建立各种海洋开发基地和海洋产品加工业,进行海洋初级产品的深加工,使海洋开发由海上向陆域转移和推进;另一方面,依托临海区位优势,建立临海工业和经济技术开发区,发展外向型经济,促进海内外资金、技术和人才向沿海地区流动。通过这两个方面,把海洋资源和陆地资源、海洋产业和陆地产业联系起来,促进沿海地区经济的可持续发展。

三、区域海洋产业—空间结构及其演变

产业经济是海洋开发的核心内容。与陆地经济一样,海洋产业发展与产业空间布局问题的研究,是海洋经济研究的中心环节。从海洋经济的区域经济特性出发,应用区域经济学的相关理论,对该问题进行研究,无论对于海洋经济理论的完善,还是指导海洋经济实践,都具有重要意义。

（一）区域海洋产业结构特征及其演进的一般规律

产业经济学认为,产业是具有某种同类属性、相互作用的经济活动组成的集合或系统。它具有两个基本属性:从需求角度讲,是指具有同类相互竞争密切关系和替代关系的产品或服务;从供给角度讲,是指具有类似生产技术、生产过程、生产工艺等特征的物质生产活动或类似经济性质的服务活动。

海洋产业的形成是海洋资源开发利用的结果。各种各样海洋资源的开发就形成了各类海洋产业,它们是海洋经济的基本单元。海洋经济发展至今,海洋产业几乎涵盖了国民经济的一、二、三次产业。目前为多数人所认同的海洋产业主要有:海洋水产业、海洋交通运输业、海洋油气业、滨海砂矿业、沿海造船业、海盐业、滨海旅游业、海洋化工业、海洋生物制药和保健品业、海洋电力和海水利用业、海洋工程建筑业、海洋信息服务业等产业。

与陆地产业相比,尽管各海洋产业之间的联系比较松散,但是不同海洋产业之间不同程度的产业经济、技术联系也使海洋产业体系具有结构性特征。符合区域产业结构演变的基本规律,海洋产业结构也存在着静态协调性和由第一产业到第二、再到第三产业为主导的动态演变性特征,这种变化是需求拉动和技术推动共同作用的结果。具体而言,在起步阶段,资金和技术条件不成熟的情况下,一般以海洋运输、海洋水产、海盐等传统产业作为发展重点,并随着资金和技术的逐步积累,滨海旅游、海产品加工、包装、储运等后继产业呈现出加快发展趋势;当资金和技术积累到一定程度后,产业发展的重点将逐步转移到海洋生物工程、海洋石油、海上矿业、海洋船舶等海洋第二产业,海洋经济也随之进入高速发展阶段;第三阶段是海洋产业发展的高级化阶段,也可称之为海洋经济的"服务化"阶段,海洋运输、海岛及滨海旅游、海洋信息、技术服务等海洋第三产业将成为海洋经济的支柱。

海洋产业结构演变的一般规律要求,区域海洋经济发展应该循序渐进地确定发展战略方向与重点,尤其应把在海洋产业中已形成优势或居于主导地位的产业的发

展置于优先位置。但与此同时,还应该立足区位、海洋资源与环境以及区域海洋和陆地产业发展基础,选择在国民经济中具有瓶颈作用的基础性产业和具有导向作用的战略性产业予以优先发展,这将使海洋产业结构的演进有可能偏离一般轨道。

目前,我国的海洋产业发展水平与日、美等发达国家相比还有较大差距,合理的海洋产业结构的形成还有很长的路要走。未来区域海洋产业的发展,应该走阶段性重点发展的道路。

(二)区域海洋产业—空间结构的实质与特征

无论是陆地产业、还是海洋产业,其空间布局总是以一定的"区域"为依托。海洋产业空间布局所依托的"区域"并不完全是"海域",而是海陆交错的过渡型区域。从海陆经济相互作用的关系来考虑,不仅海洋与陆地经济产业结构的变动存在着有机联系,而且海洋产业和临海陆地产业(主要是第二、三产业)布局总是表现出相同的区位指向,如港口以及滨海公路、铁路与内陆中心城市通往滨海地区的交通主干线的交汇点等。这种海洋与陆地产业相互作用所形成的产业"集团",就其产业特征而言代表着区域产业结构的演进方向,在空间上则表现为结构紧密的综合性物质实体——城市。它便是海陆过渡型区域的经济中心。这一经济中心,在集聚和扩散作用下,不仅向陆域释放和吸收能量,同时也向海域传导。由于它具备海洋科技进步快、海洋产业高级化、并对周围地区具有较强的辐射、带动功能等特征,而成为一定区域海洋经济的增长极,或称之为海洋经济中心。海洋经济中心影响和辐射所及的地域范围,负载着具有内在联系和共同指向的经济运动,称为海洋经济中心的依托腹地。如同区域经济中心一样,海洋经济中心并不是唯一的,而是由许多不同类型、不同作用的中心形成多级、多层次的辐射和集聚中心体系,成为区域城镇体系的重要组成部分。不同(海洋和滨海陆地)经济中心之间由于生产分工和交换的发展,需要有交通线路等相互连接起来,进而吸引人口和产业向沿线集中,于是形成海陆交错型区域经济的发展"轴",它同时也是区域海洋经济的发展"轴"。由于轴线是以不同等级的中心点为基础的,相应地就会形成不同等级的点-轴系统。

由此可见,区域海洋产业—空间结构变化的实质,就是在经济集聚与扩散机制的作用下,在陆地产业结构变动的影响下,海洋产业结构演进与海洋产业空间集聚或扩散相互促进的过程,其归根结底仍然是工业化和城市化有机联系的表现。海洋产业—空间结构的构成,可以用其所依托的海陆过渡型区域空间结构中的点、线、面等要素来进行刻画。在一个较大区域范围内,在地区海洋产业有所发展而发展程度还不高、地区布局框架还未形成的情况下,可运用点轴开发模式,来构造地区总体布局的框架。进而,依托不同级别的海洋经济中心,划分不同性质的海洋经济区域,便于分工与协作。这应是区域海洋经济规划中的重要内容。

四、结语

现代海洋经济的兴起是与人类社会经济发展对资源的需求紧密联系的。工业化进程和社会经济发展所导致的世界范围内的资源危机,要求扩大海洋开发和实现由陆地为主到海陆并重的经济发展战略转变,对现代海洋经济的兴起起了决定性作用。简言之,海洋开发本身就是以扩大人类社会经济发展所依赖的资源和环境空间为根本目的的,海洋经济与区域社会经济的发展状况密切相关。海洋经济本质上属于区域经济约束下的资源经济范畴。海洋经济的区域性特性决定了其发展也具有区域经济发展的一般特征,即符合产业结构和空间布局演变的一般规律。立足区域视角研究海洋经济的发展问题,从区域经济发展的基础及其战略需求出发确定海洋经济发展的方向与重点,从优化区域发展空间结构的角度构建海洋产业—空间结构的基本框架等,应该成为海洋经济发展实践中必须遵循的基本原则。

（《动态》2003 年第 13 期）

我国21世纪初海洋经济发展预测初步研究

刘　明　刘容子

海洋经济学作为一门崭新的学科,是随着海洋开发的社会实践而发展中的科学,研究海洋经济的发展规律,不断创新并发展研究方法,充实学科内容,不仅是对学科的贡献,也是对迅猛发展的海洋经济的促进。

目前,国家正在编制《全国海洋经济发展规划》,海洋经济增长速度以及对国民经济的贡献率是规划必须回答的问题。

本研究试图运用经济学的理论,结合海洋产业发展的特殊性,应用数学模型的方法,探讨海洋经济发展的阶段与分期,并对未来我国海洋经济对整体国民经济的贡献进行初步的预测研究。

一、海洋经济预测研究应用的模型——皮尔模型

在对产业问题的研究中,为了研究产业的演进过程,经常用到皮尔曲线。所谓皮尔曲线,它是一种特殊的生长曲线,由美国生物学家和人口统计学家雷蒙得·皮尔提出的,是在广泛研究生物生长过程以后,建立的一种描述生物生长的数学模型。由于产业的成长与生命体的成长有一些类似,所以很多学者将这个模型引入到对产业问题的研究中。

根据皮尔曲线的数学表达式,可以建立海洋产业增加值生长曲线的数学模型:

$$\frac{dy}{dt} = k \times y(\hat{y} - y) \tag{1}$$

其中:y——是指海洋产业增加值占国内生产总值的比重;

$\hat{y}$——是指海洋产业增加值占国内生产总值的最大比重;

$\dfrac{dy}{dt}$——是指海洋产业增加值占国内生产总值比重的增加速度。

该模型的含义是:海洋产业增加值占国内生产总值比重的增加速度既与现有海洋产业增加值占国内生产总值的比重成正比,又与海洋产业增加值占国内生产总值

的比重和海洋产业增加值占国内生产总值的最大比重差值成正比,其比例系数为 k。

对此模型给出经济学的解释是:对于海洋产业来讲,它作为我国国民经济的一个组成部分,海洋产业增加值占国内生产总值的比重显然有一个最大值,并且显然小于1。在本研究中,在测算海洋产业增加值占国内生产总值的比重时,根据我国海洋资源开发利用的历史及现状,以及在未来可预计的时间内,海洋经济对国民经济的贡献,即占 GDP 的比重不会超过 10%。因此,设定海洋产业增加值占国内生产总值的最大比重为 10%。

dy/dt 与现有海洋产业增加值比重成正比的经济学解释是现有比重越大,市场阻力越小、越能享受到现有规模经济的好处,越能享受到经济外部性的好处,因而增长速度越大;$\frac{dy}{dt}$ 与现有比重和最大比重的差值成正比的经济学解释是差值越大,越能享受到成长经济拉动带来的好处,因而增长速度越大。

下面将海洋产业增加值生长曲线的数学模型做一些数学变换和推导。

解常微分方程(1),可得到下式:

$$y = \frac{\hat{y}}{1 + c \times \exp(-rt)} \qquad (2)$$

其中:$r = k\hat{y}, c$ 为常数

我们可以画出海洋产业的生长曲线示意图,并在图上标出一些特征值,见图 1。

图 1 中,t_1、t_2、t_3、t_4、t_5 分别为启动点、起飞点、鼎盛点、成熟点和稳定点。图 1 可以示意描绘我国海洋经济发展的轨迹。

按此分类可得到我国海洋经济的演进阶段在 $(t_1, t_2)(t_2, t_3)(t_3, t_4)(t_4, t_5)$ 分别为孕育期、成长期、全盛期和成熟期。对于每一个国家的海洋经济,都有一条具体的生长曲线。对应此生长曲线,可以判明我国海洋经济目前所处的阶段。

二、我国海洋经济发展的实证分析

1. 21 世纪初海洋产业发展预测与阶段划分

由于我国在 1995 年以前,对海洋产业增加值没有统计测算,因此,海洋产业增加值数据只有 1995—2000 年的。

根据模型,我们设定 1995 年为基期 t_1,令 $\hat{y} = 10\%$,

根据表 1 的 1995—2000 年统计数据,经计算整理可得到:

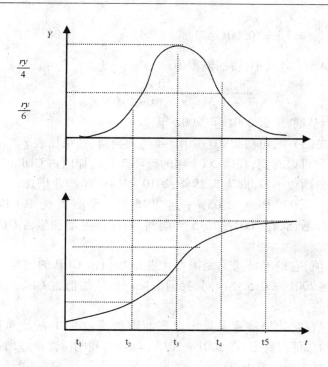

图 1　我国海洋经济的发展轨迹的示意图

表 1　1995—2000 年统计数据及分析结果

年　份	海洋产业增加值（亿元）	国内生产总值 GDP（亿元）	海洋产业增加值占国内生产总值的比重	比重的增加值（$\frac{dy}{dt}$）
1995	1107. 33	58478. 1	0.018936	
1996	1266. 3	67884. 6	0.018654	− 0. 00028
1997	1476. 8	74462. 6	0.019833	0.001179
1998	1602. 92	78345. 2	0.02046	0.000627
1999	2022. 2	81910. 9	0.024688	0.004228
2000	2297. 04	89403. 6	0.025693	0.001005

资料来源:1.《中国海洋统计年鉴》1996 年、1997 年、1998 年、1999 年、2000 年、2001 年海洋出版社。

2.《中国统计年鉴》1999 年,2000 年,2001 年中国统计出版社

$c = 4.515981328$，$r = 0.074828$

$t_1 = 0$　　$t_2 = 2.54822$　　$t_3 = 20.14784$　　$t_4 = 37.74746$　　$t_5 = 40.29568$

$$y'_{t_2} = \frac{r\hat{y}}{6} = 0.0012471 \qquad y'_{t_3} = \frac{r\hat{y}}{4} = 0.0018707$$

将 c 和 r 代入到(2)式中,得到模型为:

$$y = \frac{10\%}{1 + 4.516 \times \exp(-0.0748 \times t)} \tag{3}$$

取 1995 年为基期,那么 2001 年,2002 年,2003 年……年时,t = 6,7,8……。分别把 t 值代入到公式(3)中,可得 2001 ~ 2010 年的预测值,结果见表 2。

由表 2 第三列可以看到,我国 2005 年的海洋产业增加值占 GDP 的比重预测值是 0.031878969,保留两位小数,即为 3.19%;2010 年的海洋产业增加值占 GDP 的比重预测值是 0.040487397,即为 4.05%;到 2015 年,预测值为 0.049723622,即为 4.97%。由此可以看出,在 2001 ~ 2015 年期间,海洋产业增加值占 GDP 比重的预测值是逐年递增的。

第四列是 y' 值,它的经济意义是海洋产业增加值占 GDP 的比重的增长速度,由此列可以看出,在 2001—2015 年期间,我国海洋产业增加值占 GDP 比重的预期增长速度是逐年上升的。

第五列是 y'' 值,它的经济意义是海洋产业增加值占 GDP 的比重的增长的加速度,它是大于零的。可以看出,在 2001—2015 年期间,我国海洋产业增加值占 GDP 的比重的增长速度是逐年加速上升的。

表 2　2001—2015 年的海洋产业增加值占全国 GDP 的比重预测值

年　份	T	海洋产业增加值占 GDP 比重预测值	y'	y''
1995	0	0.018129121		
1996	1	0.019266351		
1997	2	0.020457093		
1998	3	0.021701645		
1999	4	0.023000020		
2000	5	0.024351915		
2001	6	0.025756691	6.37663E - 05	
2002	7	0.027213352	0.001456661	0.001392895
2003	8	0.028720526	0.001507174	5.05124E - 05
2004	9	0.030276451	0.001555925	4.87513E - 05
2005	10	0.031878969	0.001602518	4.65932E - 05
2006	11	0.033525522	0.001646554	4.40358E - 05
2007	12	0.03521316	0.001687637	4.10834E - 05
2008	13	0.036938543	0.001725384	3.77466E - 05

年 份	T	海洋产业增加值占GDP比重预测值	y'	y''
2009	14	0.038697971	0.001759427	$3.40436E-05$
2010	15	0.040487397	0.001789426	$2.99991E-05$
2011	16	0.042302469	0.001815072	$2.56453E-05$
2012	17	0.044138561	0.001836092	$2.10207E-05$
2013	18	0.045990824	0.001852262	$1.61697E-05$
2014	19	0.047854228	0.001863404	$1.11418E-05$
2015	20	0.049723622	0.001869395	$5.99076E-06$

通过对我国海洋产业增加值占国民经济总产值比重及增长速度的研究,同时可以对海洋产业的发展阶段进行划分研究。取基期为1995年,则t_1设定为1995年,通过计算,得到$t_2=2.54822$,$t_3=20.14784$,$t_4=37.74746$,$t_5=40.29568$。则t_2、t_3、t_4、t_5点分别大约对应于1998年、2015年、2033年、2035年。对应图1,由此可以看出,我国海洋经济的发展阶段大致可以划分为如下几个阶段:①1998年以前为孕育期,处于图1的$t_1 \sim t_2$段;②1999—2015年为成长期,处于$t_2 \sim t_3$段;③2016—2033年为全盛期,$t_3 \sim t_4$段;④2034年之后为成熟期,t_4以后的时间段。

2. 全盛期后海洋产业增幅预测

以此模型,也可获得2015—2050年我国海洋产业增加值占GDP的比重的预测值(表4)。但是,从理论上说,这样的直线推算是不符合客观规律的,也是没有太大的科学意义的。但是,由表4的第三列可看到,y'逐年减小,说明海洋产业增加值占GDP比重的增幅在2015—2050逐渐减小的。这也可由表4的第四列y''小于零看出。

表3 1995—2000年的海洋产业增加值占全国GDP的比重预测值

年份	海洋产业增加值占GDP比重预测值	海洋产业增加值占GDP的比重实际值	差值(d)
1995	0.018129121	0.018936	0.0008069
1996	0.019266351	0.018654	-0.0006124
1997	0.020457093	0.019833	-0.0006241
1998	0.021701645	0.02046	-0.0012416
1999	0.02300002	0.024688	0.001688
2000	0.024351915	0.025693	0.0013411

3. 结果验证

将 1995—2000 年我国海洋产业增加值占国内生产总值的实际比重情况与应用皮尔模型经计算得到的预测结果进行对比(表3、图2),不难发现拟合程度非常接近。为了更精确地验证调整后的皮尔模型用于考察海洋经济发展阶段及预测研究的适宜程度,我们下面再通过数理统计的方法来进行验证。

表4 2015—2050 年的海洋产业增加值占全国 GDP 的比重预测值

年 份	海洋产业增加值占 GDP 比重	y'	y''
2015	0.049723622	0.001869	5.99E-06
2020	0.058978748	0.001822	-1.96087E-05
2025	0.067638963	0.001659	-4.01368E-05
2030	0.075238465	0.00142	-5.15191E-05
2035	0.081540389	0.001153	-5.36289E-05
2040	0.086525678	0.000896	-4.9088E-05
2045	0.090324376	0.000674	-4.11968E-05
2050	0.093137082	0.000494	-3.25505E-05

假设差值 d 服从正态分布,那么,可使用统计量

$$t \sim \left| \frac{\bar{d}}{S/\sqrt{n}} \right|$$

此统计量服从自由度为 $n-k-1$ 的 t 分布,即此 t 分布的自由度为3,通过查统计表,在置信度为 0.95 时,$t_{0.95}=2.353$。

通过计算,得:平均值 $\bar{d}=0.0002263$,标准差 $s=0.001208$,$n=6$。

作以下假设检验:$H_0:D=0$ $H_1:D\neq0$

通过计算可得:

$$t \sim \left| \frac{\bar{d}}{S/\sqrt{n}} \right| = 0.458831 < t_{0.95} = 2.353$$

因此,可接受 $H_0:D=0$,即 1995—2000 年海洋产业增加值占 GDP 比重的预测值和海洋产业增加值占 GDP 比重的实际值之间没有明显差异。

由图2,以及以上的假设检验可知,用皮尔模型来预测我国海洋经济发展是可信的。

通过对模型的应用计算,我们认为,皮尔模型在描述和预测我国海洋产业的发展方面是有意义的。以 1998 年为成长期的起点,则成长发展阶段将延展到 2015 年。

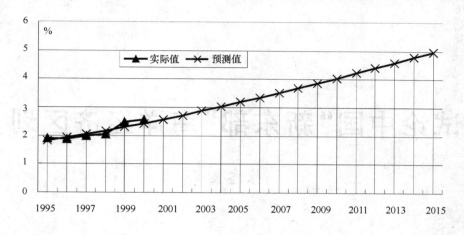

图 2　海洋产业增加值占全国 GDP 比重的实际值与预测值

在此阶段中,海洋产业增加值占全国 GDP 比例将逐年上升,由目前的 2.5% 左右逐步上升到 5% 左右。

三、几点结论与建议

1. 以上预测研究结果表明,我国的海洋经济发展在 1998 年以前处于孕育期,1999—2015 年为成长期、2016—2033 年为全盛期、2034 年之后为成熟期。因此,我国的海洋经济目前正处于成长期。

2. 尽管我们把 2015—2050 年海洋产业增加值占 GDP 比重列于表 4,但是,由于皮尔模型仅考虑了海洋经济的增长,而未考虑制约海洋经济增长的因素,如我国的人口压力、海洋环境污染、海洋灾害等。同时,皮尔模型研究的是海洋产业增加值占 GDP 比重。随着我国西部大开发战略实施,以及重大项目如"西气东输"、"西电东送"、"南水北调"和"青藏铁路"的建设和实施,我国 GDP 必定会有较快增长。因此,我们认为,我国海洋产业对国民经济的贡献最大将达到 5% 的水平。即大约到 2015 年,我国海洋产业增加值占 GDP 比重达到约 5% 时,达到峰值。因此,表 4 仅供参考。

3. 随着我国海洋经济发展的范围更广、程度更深和速度更快,对我国整体海洋经济的经济规律、经济理论进行深入研究,扩大海洋经济研究的内涵,探讨并完善研究理论和方法,需要尽早安排相应的力量,开展相关研究。而且,作为海洋经济规律研究的基础工作,必须首先加强海洋经济统计指标和数据的规范和丰富工作,建立海洋经济学研究的必备基础。

(《动态》2002 年第 2 期)

试论中国"新东部"海洋经济区划

徐志良

一、中国三次经济区划均忽略了海洋

经济区划,也称国土规划,是经济地理学界和经济学界研究的对象。我国地理条件和经济环境南北、东西差别很大,学术界和政府历来对经济区划非常重视,从五十年代以来,我国对全国分别做过三次大的经济区划。第一次是解放初期的省以上设六大行政区的区划,分别为东北行政区,华北行政区,西北行政区,华东行政区,中南行政区,西南行政区。第二次是"七五"计划中的三个经济地带的划分,把全国划分为东部沿海、中部、西部三大经济地带。第三次是"九五"计划中的七大经济区划,把全国划分为东北地区、环渤海地区、长江三角洲及沿江地区、东南沿海地区、中部地区、西南和华南部分省区、西北地区等七大经济区。

新中国成立后的三次经济区划,对国民经济的起步和发展起到了积极作用。尤其"七五"计划中的三个经济地带的划分,第一次把沿海地区划分为一个经济地带,把中国人的地理视野扩展到了海边,摆开了通过海洋向世界开放的态势。三个经济地带划分是中国最具影响力的经济区划,现在的西部大开发,也都延用了这一划分形成的基本格局。东部沿海地带在 20 多年的经济改革开放中,创造了巨大的经济效益,据统计:沿海地带的 11 个省市自治区,仅用了占全国 13% 的土地,就养活了 40% 的人口,创造了 60% 的国内生产值。

但是,在新中国成立后的 50 多年里的三次经济区划中,都没有把海洋部分作为相对独立的经济区域进行区划。

国土规划或经济区划是国家对国土资源的宏观经济认识。笔者认为:中国的三次经济区划没有把海洋当成一个独立的经济区域来看待,说明我们缺乏发展海洋经济的意识,是我国国土规划和经济区划一个缺陷,也是全民的海洋意识在整体上难以提高的原因之一。

二、中国"新东部"区划的提出及理论依据

中国的海洋地理边界，表面看起来，是一个非常复杂而敏感的问题，涉及到国家的外交政策、对台港澳的政策、周边关系、军事战略、海洋划界、海洋权益、边界区域民族心理和文化背景等等，很多学者一碰到这些问题往往就止步了。因此，学术界对中国的海洋地理边界问题的论述很少，至今还没有一个完整的海洋地理边界概念。笔者认为，要想在今天这样一个国际国内条件下，短时间内划出一条明确的海洋地理边界，是有困难的。但划不出明确的海洋地理边界并不等于就不能划出一个原则的海域边界范围，不等于不能作经济区划。

在中国的东部海洋上，有一块不同于大陆国土的海洋国土——内水和领海。按照1996年由我国人大常委会批准的《联合国海洋法公约》的规定，我国主张的管辖海域包括内水、领海、毗连区、专属经济区和大陆架等，总面积近300万平方千米，还包括了7 372个（大于500平方米）海岛。此外，在我国东南沿海还有香港和澳门两个特别行政区及尚待统一的我国台湾省。广义的范围还有已被联合国海底委员会批准属于中国的7.5平方千米的太平洋多金属结核矿区。

有了这个原则的界定，就有了国土整治规划或经济区划的基础，就有可能让中国人从长期传统的地理空间概念中跨跃出来，把国家经济、科技、文化、军事等方面的布局从陆地移向海洋，形成新的中国经济地理概念。提出这一理论的依据为：

（一）海洋是一个区域的概念，海洋在国民经济的发展中有着与陆地国土不同的个性

《联合国海洋法公约》在其开篇就明确写道："意识到各海洋区域的种种问题都是彼此密切相关的，有必要作为一个整体来加以考虑"。

《联合国海洋法公约》还把海洋分为内水、领海、毗连区、专属经济区、公海和国际海底等六种形式，其中特别规定"专属经济区是领海以外并邻接领海的一个以资源开发为主要目的的功能区划"。其实，在经济区划中，国家管辖范围以内的海洋、海岛、海床、海底及其底土，通常就是一个有别于陆地的区域。海洋具有与陆地不同的自然、社会和经济特性，在经济规划中，必须把握这个特性，才不会违背自然规律。

（二）海洋是现代沿海国家立国的基本要素，在国家安全中占有重要的战略地位

海洋，历来不平静。毛泽东同志曾经说过："过去的150年里，一切帝国主义对中国的侵略都是从海上来的。"从地中海发育起来的西方海洋文化都是重视贸易带有扩张性的海洋文化，从16世纪开始的以哥伦布、麦哲伦、达·伽马等为主的西方航海家世界性的航海活动，刺激了资本主义世界贸易和殖民掠夺的发展。在全世界的陆地

面积早已瓜分完毕,陆权国家逐渐走向衰落的今天,海洋是沿海国家实现现代化和走向强国的必经之路。海洋既是通道、屏障、战略要地,也是国家利益和财富之所在。在现代高科技的条件下,海洋更是现代战争的竞技场,在国家安全中占有重要的战略地位。

（三）我国有相当于陆地国土面积 1/3 的管辖海域,有台湾、海南两省和香港、澳门两个特别行政区,海洋的现实的和未来的资源量将超过中国目前规划的任何一个经济区

海洋渔业、盐业、海运业、石油天然气和滨海旅游业等已成为为人民生活和国民经济的支柱产业。海洋运输业是现代物流的基础,在我国约 5 000 亿美元的进出口贸易额中(2001 年,国家统计局),海运承担了 90% 以上的物流,随着中国进入 WTO,进出口贸易扩大,海洋运输业和与其相关的造船工业、港口工业的地位将更加突出。

我国的台湾省和海南省,是中国最大的两个海岛省,香港、澳门特别行政区是一国两制的典范,这四个地区所创造的经济总量,超过了中国现有的任何一个经济区。随着"两岸三通"和统一进程的加快,整个中国海洋将出现前所未有的政治、经济、人文、科技、军事等资源的大整合,海洋区别于陆地其他经济区的特点越来越来明显。海洋应该作为一个独立的经济区来划分和考虑了。

三、确立"新东部"经济区划的意义

确立中国新东部海洋地理边界,把它作为中国经济区划的一个地带,成为中国东部沿海地带以东的"新东部"同时继续保留国家已实施西部大开发战略的西部地带,这样原中部地带的 9 省区和东部沿海地带的 11 省(减去海南加上北京市)共 20 省市区就可整合为中国的"新中部",作为国家经济划中的一个区来对待。

整合中部 9 省和沿海 11 省市区(含北京)为中国的"新中部",(西部仍维持大开发现状),对于提升整个国土(含海洋国土)的优势具有十分重大的意义。

首先,扩大了中国人的地理视野。传统的中国人,长期受黄河文化和传统的陆地观念的影响,狭隘的认为中国是一个陆域大国。例如:含有世纪念价值的中华世纪坛,在表述中国疆域时,用了 960 块方砖砌成一个环形广场,表明中国的国土面积是 960 平方千米,忽略了近 300 万平方千米的管辖海域。如果一个经济学家明确了"新东部"的资源和现实经济总量比现在国家的任何一个经济区的总量学要大的话,就会在经济规划中考虑那一片蔚蓝色的国土和管辖海域。重要是,我们的国家防御战略、经济发展战略、科技文化发展战略等等都将会因为大开视野而出现崭新的格局。

其次,突出了海洋发展战略的鲜明个性。确立经济区划当中的"新东部"海洋地理边界,就把海洋和沿海区分开来。笔者看来,在中国目前这种资源利用的背景中,

所谓沿海,主要还是沿海的土地的功能在发挥作用,占国家经济主导地位的工业主要还是沿海城市工业和临海工业,基础是土地,对海洋的利用只是借用了海洋的运输优势和区位优势,海洋的优势在国家工业中还没有真正的显现出来。这是因为被固定在人们思维里的土地观念大陆观念太强,遮掩了人们发现海洋优势的眼光。确立"新东部",便于人们认识和发现它的特征、个性和本质。

第三,突出"新中部"经济主战场的地位,形成包括海洋在内的完整意义的新中部、新东部、大西部三大战略协调发展,二星捧月比翼齐飞的中国经济、军事、科技、文化发展大战略格局。

确立经济区划当中的"新东部"地理边界,继续延用中国目前最具有影响力的东部、中部、西部三大发展战略的区划格局,完整保留国家已经开始实施的西部发展战略规划,提升原中部九省的区域地位,既能够衔接国家国土开发的整体规划,又对原有的规划有所提升和创新,同时也没有消弱原东部沿海发展战略的地位和功能。

更重要的是:由于认清了中国海洋的地理边界,在中国东部海洋上实施海洋强国战略,结合已经实施的西部大开发战略,从而构成了中国国土开发整体战略布局中的东西协调发展,东西两道安全屏障的发展态势,凸现出原中部九省区(即黑、吉、内蒙古、晋、豫、鄂、湘、皖、赣、重庆)和沿海11省市区(此处不包括海南,即京、津、冀、辽、沪、苏、浙、闽、鲁、粤、桂)共20省市区为中国经济发展主战场的现实地位。这20个省市区,由于有了西部高原(戈壁)和东部海洋(海岛)的空间屏障作用,实际上就自然成为了中国的新的最有安全系数的中部地带。据1995年统计:东部沿海地带(不包括海南省)加上中部地带共400万平方千米的国土面积,人口近8亿,工农业生产值占国民经济总产值90%以上。这个"新中部"地带不是以往概念上的欠发达地区,而是目前国家经济发展的主干地带。而西部黄土高原(戈壁)和"新东部"的海洋强国战略,在国家整体发展战略的布局上,为"新中部"的20个省市的经济发展和安全稳定服务的。惟其这一点,不论是自然地理边界的变化还是人文观念边界的变化,在国家发展中都具有十分重大的战略意义。

(《动态》2002 年第 9 期)

我国海洋产业发展状况分析

刘容子

　　近一二十年来,随着海洋开发热潮在世界范围内的兴起,海洋资源的产业化开发,以及其他海洋经济活动日益扩大、逐年提高。目前,海洋产业已经发展成为一个超出传统产业门类的国民经济新的增长领域。海洋经济迅速成为沿海国家提升国际竞争力、参与全球经济大循环、发展国民经济的新领域。

　　我国海洋产业主要包括七大类:海洋渔业、海洋交通运输业、海洋旅游业、海洋油气工业、造船业、海盐及盐化工业、海滨砂矿业。此外,还有一些新兴的海洋产业正在逐步发展,如:海水利用业、海洋生物医药业及高值化产品加工业、海洋电力工业、海洋工程建筑、海洋化工、海洋信息服务业、海洋环保业等。这些新兴海洋产业已经具有一定的规模和相当数量的经济产出,但是由于统计口径和体系问题,有些暂未计入海洋经济总量之中。另外,与海洋产业发展密切相关的事业也在不断扩大,包括很多软环境和硬环境配套体系,诸如:海洋法律法规、海洋管理、海洋科技和教育、海洋生态建设和环境保护、海洋公益服务和海上救捞等。这些事业也可以说是广义的海洋经济。因此,概括起来,海洋经济是指人类开发利用海洋形成的各种海洋产业及相关经济活动的总和。

　　海洋产业静态分析研究主要指标可以包括:(1)大陆海岸线长度、岸线/港口分布密度、浅海及滩涂面积在区域中所占比例,反映海洋产业发展所依赖的自然基础,以及海洋资源总量在区域经济中所处地位;(2)岸线系数(大陆岸线长度/所在地区陆地总面积),反映进入海洋的方便程度;岸线海洋经济密度,反映区域海洋产业发展强度;(3)海洋产业与沿海地区 GDP 比重关系,反映海洋经济对地区经济的贡献;(4)海洋产业三次结构特点及比例,反映海洋产业的发展程度。

　　海洋产业动态分析研究主要包括:(1)多年海洋经济总量变化轨迹,这对未来走势的判断有重要意义;(2)海洋经济总量的地区分布特点,获得区域支柱性海洋产业及其结构特点,以及潜力优势评价;(3)主要海洋产业多年产值变化、发展速率分析,反映产业间、产业与区域经济之间的相互关系,以及区域主导海洋产业的发展趋势等。

一、海洋产业发展静态分析

(一)岸线资源及地区岸线系数比较

海岸线是区域海洋经济发展的重要资源基础之一。研究大陆岸线长度与沿海地区陆地面积的匹配关系及分布特点,获得岸线系数值及排名,以反映不同地区临海优势和发展海洋经济的资源基础。结果表明,我国 18 000 千米大陆岸线与沿海省区的 123 万平方千米的陆地相比,平均岸线系数为 1.46,也即每百平方千米大陆国土拥有 1.46 千米的海岸线。沿海 11 个省市区陆地总面积占全国的 13%,在自然地理方面比内陆省份更多地拥有了出海便利条件,同时也拥有了内陆省份无法替代的重要海洋资源——海岸线。

以渤黄海、东海和南海三大海区,把我国沿海地区划分为北、中、南三段,分析临海区位优势程度。分别计算结果表明,大陆海岸线长度以北段(渤黄海地区)最长,但岸线系数值以中段(东海地区)最高。三大区段的大陆岸线长度比值为 1:0.76:0.92,三大区段的平均岸线系数比值为 1:2.1:1.2。综合分析表明,我国沿海地区以中段(东海沿岸省份)临海优势最强(表1)。

表1　我国沿海地区临海优势比较

省区	陆地面积(km^2)	大陆海岸线长(km)	区内比例%	岸线系数 km/km^2(排名)
辽宁	146708	1971.5	29.78	0.0134(7)
河北	189222	421.0	6.36	0.0022(11)
天津	11920	153.3	2.31	0.0129(8)
山东	130595	3122.0	47.15	0.0239(4)
江苏	100417	953.0	14.39	0.0095(9)
北段小结	∑578862	∑6620.8	99.99	平均0.0114
上海	6341	172.0	3.40	0.0271(2)
浙江	90475	1840.0	36.34	0.0203(5)
福建	114410	3051.0	60.26	0.0267(3)
中段小结	∑211226	∑5063	100.00	平均0.0240
广西	230000	1083.0	17.84	0.0047(10)
广东	180000	3368.1	55.50	0.0187(6)
海南	34000	1617.8	26.66	0.0476(1)
南段小结	∑444000	∑6068.9	100.00	平均0.0137
全国	1234088	17752.7		0.0146

全国沿海 11 个地区岸线系数排序分析表明,海南省的数值最高,超过全国平均值的 3 倍多,最低为河北省,约为全国平均值的 1/7。11 个省市区中,辽宁、天津、江苏、广西、河北五个地区低于全国平均值,山东、上海、浙江、福建和广东五个地区高于全国平均值。东海沿岸的上海、浙江和福建三省市数值均高于全国平均值;而渤海、黄海沿岸只有山东省数值较高,其余四省市均低于全国平均值。南海沿岸因海南省为我国最大的海岛省,海洋资源得天独厚,岸线资源丰富,岸线系数绝对值最高。广东省数值略高于全国平均值,而广西区岸线系数远低于全国平均值,约为全国平均值的 1/3,排名倒数第二(图 1)。

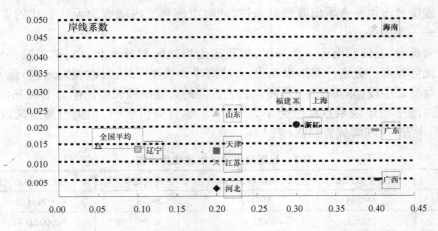

图 1　沿海地区岸线系数比较分析

(二)滩涂、浅海资源分布及经济利用

滩涂、浅海是沿海地区发展海洋产业的重要资源和后备土地资源。全国共有滨海滩涂面积 2.1 万平方千米,浅海 12.4 万平方千米,已开发海水养殖的滩涂 0.68 万平方千米,港湾及浅海 0.92 万平方千米,利用率分别为 32.4% 和 7.4%。

我国滨海滩涂资源的区域分布特点是:渤海沿岸最丰,占全国的 31.3%;黄海和东海沿岸次之,分别占 26.8% 和 25.6%;南海沿岸最低,占 16.3%(表 2)。

表2　沿海滩涂资源分布

海　区	滩涂面积(km²)	构成(%)	其中(km²)		构成(%)
渤海沿岸	6 794.9	31.3	辽宁	2405	11.08
			河北	1102	5.08
			天津	584.8	2.69
			鲁北	2707	12.47
黄海沿岸	5818.0	26.8	鲁东	679.9	3.13
			江苏	5145	23.70
东海沿岸	5 557.5	25.6	上海	551.7	2.54
			浙江	2893	13.33
			福建	2057.5	9.48
南海沿岸	3 538.5	16.3	广东	2046.3	9.43
			广西	1005.6	4.63
			海南	48.8	0.22
合计	21 709	100			

　　浅海资源以东海地区最丰富,占31.5%;渤海和黄海地区次之,分别占25.1%和24.5%;南海地区仅占18.9%。可用于海水养殖的浅海和港湾资源的地区分布也有相当大的差异。渤海地区浅海资源丰富,可养面积占浅海资源总的面积1/4,占全国可养浅海面积总数的48.2%;黄海地区的可养面积仅占浅海总数的0.26%,在全国总可养浅海资源量中也仅占0.49%;东海可养面积占区域内浅海总面积的2.92%,占全国可养总面积的7%;南海虽然浅海资源丰度在四大海区中最低,但可养浅海资源丰度相对较高,区内可养比例为30.83%,占全国可养浅海面积的44.33%(表3)。分析表明,我国浅海资源丰度以渤海最高,可养殖浅海资源则以渤海和南海并驾齐驱。

表3　浅海海域资源分布及构成

岸段和省区	浅海面积(万 ha²)		其中可养面积(千 ha²)	
渤海岸段	311.17	25.1	781.74	48.18
辽宁	148.00	47.6	590.4	36.39
河北	44.09	14.2	49.66	3.10
天津	30.73	9.9	10.00	0.62
鲁北	88.35	28.3	131.68	8.12

岸段和省区		浅海面积(万 ha²)		其中可养面积(千 ha²)	
黄海岸段		303.77	24.5	7.87	0.49
	鲁东	59.99	19.7		
	江苏	243.78	80.3	7.87	0.49
东海岸段		389.78	31.5	113.69	7.00
	上海	65.15	16.7		
	浙江	235.04	60.3	36.30	2.24
	福建	89.59	23.0	77.39	4.77
南海岸段		233.30	18.9	719.21	44.33
	广东	172.24	73.8	664.00	40.92
	海南	23.03	9.9	48.43	2.98
	广西	38.03	16.3	6.78	0.42
全国总计		1238.02	构成100%	1622.56	构成100

①数据来源:《中国海岸带和海涂资源综合调查报告》;

②数据来源:《中国统计年鉴》1998 年。

　　我国沿海地区可养滩涂、浅海和港湾资源情况分析表明,在总数2.6万平方千米可养海水面积中,广东所占分额最大,占 32.14%,辽宁次之,占 27.92%,第三为山东,占 13.78%,三省总共占全国可养面积的 74%,其余 7 省区仅占全国的不足 1/3。分析表明,我国可养浅海滩涂资源分布相对集中,地区分布不均较显著。

　　目前全国海水养殖的浅海和滩涂面积总计达到 124.4 万公顷,占可养面积的47.83%(表4)。沿海地区利用滩涂和浅海进行养殖经济开发的程度各有不同,统计资料表明,广西、浙江、江苏利用率已经达到 100%;山东、福建、河北接近 100%;辽宁、广东、天津和上海尚有潜力;海南尚有较大潜力。

　　从以上对我国滩涂、浅海资源和养殖利用的分析表明,我国北方地区滩涂和浅海发育程度高,更具备进行滩涂、浅海的海水水产养殖的天然地理条件;南方地区浅海养殖条件更优。

　　(三)港湾、港址资源及港口开发利用分析

　　港湾、港址资源及港口的形成与发展,为现代化港口城市的发展壮大提供了天然优势条件,并成为沿海地区经济发展的基本依托和载体。同时,以港兴市、依港建城强有力地推动了沿海地区的城市化进程。

表4 沿海地区海水养殖资源与利用（千 hm²）

地区	海水可养总面积	浅海	滩涂	港湾	已利用面积	利用率%
天津	18.49	10.00	8.49	–	4.438	24.00
河北	111.37	49.66	61.70	–	69.942	62.80
辽宁	725.84	590.44	92.45	42.95	236.483	32.58
上海	3.22	–	3.22	–	0.722	22.42
江苏	139.00	7.87	130.96	0.17	144.180	103.73
浙江	101.46	36.30	57.39	7.77	106.358	104.83
福建	184.94	77.39	100.76	6.79	130.283	70.45
山东	358.21	131.68	173.41	53.12	280.476	78.30
广东	835.67	664.00	120.00	51.67	194.885	23.32
广西	31.95	6.78	22.09	3.08	61.410	192.21
海南	89.52	48.43	26.09	15.00	14.526	16.23
全国	2600.11	1622.56	797.00	180.55	1243.703	47.83

资料来源：《中国统计年鉴》1998年，中国统计出版社；《中国海洋统计年鉴2001年》，海洋出版社。

我国沿海地区拥有可建港口的港湾118个，可供选择建港的港址243处，其中可建中级以上泊位的164处，万吨级以上的40处，5万–10万吨的34处，15万–20万吨的5处（表5）。港址条件在沿海地区存在差异，东海和南海沿岸港址资源及建港条件优于渤海和黄海沿岸。

表5 全国沿海港口资源状况

省（市、区）	海湾个数	可供选择建港的港址数量			
		中级泊位以上	万吨级以上	5万~10万吨级	15万~20万吨级
辽宁	20	21	5	5	1
河北	3	6	1	1	
天津	1	1			
山东	18	24	11	11	1
江苏	2	14	1		
上海	1				
浙江	14	28	3	3	1
福建	21	17	6	6	1
广东和海南	31	42	8	8	1
广西	7	8	2		
合计	118	164	40	34	5

表6 全国沿海地区港口分布密度

地 区	主要港口数(个)	大陆岸线长度(km)	港口密度(个/km)
辽宁	5	1971.5	0.002536
河北	3	421.0	0.007126
天津	1	153.3	0.006523
山东	6	3122.0	0.001922
江苏	3	953.0	0.003148
上海	2	172.0	0.011628
浙江	4	1840	0.002174
福建	5	3051.0	0.001639
广东	14	3363.1	0.004163
广西	3	1083.0	0.002770
海南	5	1617.8	0.003091
全国平均	51	17747.7	0.002874

目前,我国有海港190多个,其中10万吨级以上的93个;大陆沿岸主要港口有51个(表6)。若以全部港口计,则港口密度可达到每100千米1个港口;若以10万吨级为计算,则港口密度下降为约每两200千米1个港口;若仅计算主要港口,则港口密度仅为每500千米1个。这说明我国虽然拥有较长的海岸线资源,也具有较好的港湾和港址资源,但港口建设程度较低,发展港口建设的自然资源和社会需求的潜力均较大。

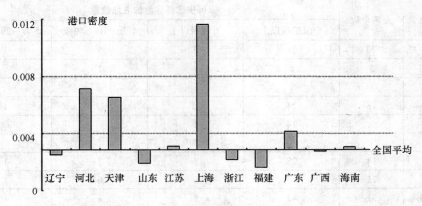

图2 全国沿海地区港口密度

（四）岸线海洋经济密度分析

通过分析对比海洋经济总产值与海岸线的关系，可以获得海洋产业发展与海洋空间的相互关系。分别计算沿海 11 个省市区 2000 年海洋产业总产值与大陆海岸线的比值，可以反映各沿海地区单位岸线长度的海洋产业产出贡献，即单位岸线海洋经济密度。

分析结果表明，上海市单位岸线海洋经济密度遥遥领先，比全国平均值高出 1.5 个数量级。其次是天津，也高出全国平均值的 4 倍。处于第三位的广东省略高于全国平均值。其后就是同等于平均值的山东。其余 7 个省区均低于平均值。岸线经济密度比较结果在一定程度上反映出各沿海地区的发展程度。

表 7　我国地区岸线海洋经济密度（亿元/km）

省区	2000 年海洋产值	产值/岸线系数（正序）
上海	601.37	3.49634(1)
天津	138.63	0.90431(2)
广东	1114.57	0.33092(3)
山东	737.76	0.23631(4)
浙江	399.53	0.21714(5)
辽宁	326.58	0.16565(6)
河北	69.19	0.16435(7)
江苏	146.04	0.15324(8)
福建	419.15	0.13738(9)
广西	110.45	0.10198(10)
海南	70.23	0.04341(11)
全国	4133.5	0.23284

（五）海洋产业在沿海地区经济中的地位

20 世纪 90 年代以来，在海洋高新技术产业化发展的推动下，海洋产业不断增殖扩大，目前已经发展成为不断增殖扩大的海洋产业群，并在沿海地区经济增长中发挥越来越大的作用，成为地区经济发展新的增长点。

从 2000 年情况看，海洋产业增加值 3 000 多亿元，占沿海省区市 GDP 总量的 6.88%，占全国 GDP 总量的 2.6%。沿海地区海洋产业增加值总量排列依次为广东、山东、福建、辽宁、上海、浙江、江苏、天津、海南、广西和河北。广东省海洋产业增加值超过 750 亿元。海洋经济对地区国民经济贡献率排名依次为海南、福建、天津、广东、山东、上海、辽宁、浙江、广西、江苏和河北。贡献率最高的达 18.32%，最低只有 1.26%。在 11 个省市区中，贡献率高于全国平均水平的有海南、福建、天津和广东 4 个省市（表 8）。

表 8　沿海地区 GDP 与海洋产业增加值的关系（2000 年）

地区	国内生产总值（亿元）	海洋产业增加值*（亿元）	占 GDP（%）
辽宁	4669.06	260	5.57
河北	5088.96	69	1.26
天津	1639.36	149.8	9.14
山东	8542.44	520	6.1
江苏	8582.73	190	2.21
上海	4551.15	260	5.71
浙江	6036.34	257	4.26
福建	3920.07	460	11.73
广东	9662.23	750	7.76
广西	2050.14	75	3.66
海南	518.48	95	18.32
合计	55260.96	3085.8	6.88

*为各省统计数，则合计数大于全国统计数（2297.04 亿元）

（六）海洋产业结构特点

在现有统计的 7 个主要海洋产业中，海洋水产独占鳌头，占海洋产业总产值的 51%。其余依次为海洋交通运输业，占 18%，滨海国际旅游业占 15%，海洋油气与天然气开采业占 9%，海洋造船业占 5%，盐业 2%，滨海砂矿开采不足 1%。

沿海省市区 2000 年 7 个主要海洋产业的产值结构，反映了不同地区海洋产业发展的特点，也反映出区域海洋产业结构存在的问题。统计结果表明：有些省份的海洋产业门类较齐全，结构比例也比较平衡。另外一些省份也具有较齐全的海洋产业门类，但海洋水产比例过大，第一产业倾斜现象严重；还有些省区，海洋产业结构不合理，几乎是海洋水产业一枝独秀。

（七）海洋产业静态分析主要结论

通过对海洋资源基础、海洋经济产出及海洋产业结构的分析研究，可以得出以下结论：相对不发达的沿海省份也是海洋资源基础较差的地区，工业基础的相对落后，成为海洋经济发展不平衡的基本原因。我国海洋产业的总体发展状况仍处于初级阶

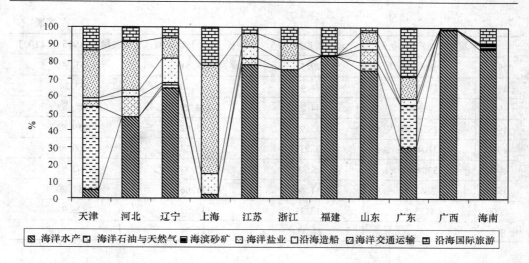

图3 2000年沿海地区海洋产业产值构成比例

段,结构不尽合理,区域布局存在问题,经济密度水平尚低,发展潜力仍有较大空间。

二、海洋产业发展动态分析

（一）九十年代以来海洋产业规模及结构演变

1978年以前,我国海洋产业曾长期停滞,只有渔业、盐业和沿海交通运输三大传统海洋产业,主要海洋产业总产值只有80亿元左右。1980年突破100亿元;1986年达到226.62亿元。14年间,逐年增长率从1.36%到74.40%,波动巨大,年平均递增速率达到22%以上,总体上保持年均两位数的增长势头(表9)。

表9 全国主要海洋产业历年产值及增长指数变化

年 度	海洋产业产值（亿元）	年递增长率（%）	增长指数（上年＝100）	增长指数（1986年＝100）
1986	226.62		100	100
1987	284.88	25.71	125.71	125.71
1988	379.59	33.25	133.25	167.50
1989	384.75	1.36	101.36	169.78
1990	447.37	16.28	116.28	197.41
1991	531.21	18.74	118.74	234.41
1992	755.78	42.28	142.28	333.50

续表

年　度	海洋产业产值(亿元)	年递增长率(%)	增长指数(上年=100)	增长指数(1986年=100)
1993	978.78	29.51	129.51	431.90
1994	1707.00	74.40	174.40	753.24
1995	2463.00	44.29	144.29	1086.84
1996	2855.00	15.92	115.92	1259.82
1997	3104.43	8.737	108.74	1369.88
1998	3269.92	5.33	105.33	1442.91
1999	3651.3	11.66	111.66	1611.20
2000	4133.5	13.21	113.21	1823.98
平均		24.334	122.71	

　　从多年我国主要海洋产业总产值的变化及地区分布变化分析,可以获得以下主要结果:产值总量变化从1985年到2000年的15年间,每5年实现一个增长周期,第一个5年翻一番,第二个5年翻两番,第三个5年翻一番。在"八五"计划期间,海洋产业经历了一个前所未有的快速增长;到"九五"计划期间,在总量基数已经相当大的基础上,仍然能保持5年接近翻1番的较快速度,说明海洋资源基础的整体支撑能力仍具有较大的空间。

　　1990年以来,我国海洋产业结构发生了积极的变化。全国三次海洋产业比重变化趋势表明,经历了从"八五"初期海洋一、二、三次产业比值为56.6:7.5:35.9,到"八五"末的48:14:38,进而发展到"九五"末的50:17:33。10年时间,第二海洋产业比重由7.5%上升到17%,比重翻番,发展迅速;第一海洋产业发展速度减慢,比重略降。第三海洋产业受亚洲金融危机等国际形势变化影响,出现波动,但总体保持增长。

表10　全国三次海洋产业比重(%)

年　份	海洋第一产业	海洋第二产业	海洋第三产业
1990	56.60	7.50	35.90
1991	58.70	9.40	31.90
1992	58.50	11.00	30.50
1993	61.50	10.00	28.50
1994	57.60	9.00	33.40
1995	51.30	7.50	41.20
1996	50.60	15.80	33.60

年　份	海洋第一产业	海洋第二产业	海洋第三产业
1997	50.52	17.91	31.57
1998	54.19	15.27	30.54
1999	54.74	15.36	29.89
2000	50.43	16.77	32.79

（二）沿海地区海洋产业经济总量分布

海洋产业发展具有明显的地区不平衡差异,即使考虑到沿海省市区岸线长度及资源丰度差异的情况下,我国沿海地区海洋产业发展程度仍呈现出较大的梯度。

考察从 1995—2000 年海洋产业总产值地区分布情况,主要表现为:11 个沿海地区海洋产业总产值总体表现为增长趋势(图 4);11 个地区中 6 个呈逐年正增长,包括山东、福建、浙江、辽宁、广西和海南(图 5);7 个地区年均增长值高于全国平均值,包括广东、上海、福建、辽宁、广西、海南和河北(图 6);年均增长波动最大的是广西,其次是天津(图 6)。

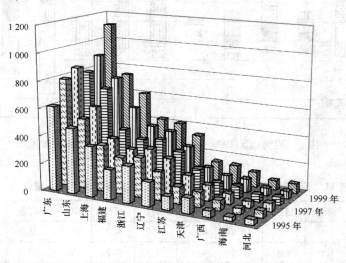

图 4　沿海地区 1995—2000 年海洋产业产值状况

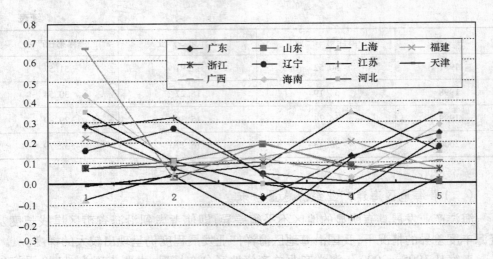

图 5　沿海地区 1995—2000 海洋产值增长速度

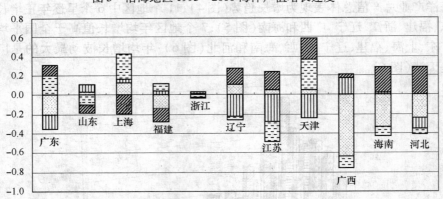

图 6　沿海地区 1995—2000 年海洋产值增长速率波动

表 11　沿海地区主要海洋产业总产值占全国海洋总产值比重(%)

年份	天津	河北	辽宁	上海	江苏	浙江	福建	山东	广东	广西	海南
1995	4.6	1.6	7.2	14.8	4.0	10.9	8.9	19.4	25.0	1.9	1.2
1996	3.9	1.9	7.3	11.8	4.4	10.1	9.3	18.0	27.7	2.7	1.5
1997	3.7	1.9	8.4	11.3	5.3	10.1	9.3	18.3	27.3	2.5	1.5
1998	2.8	1.8	8.4	11.7	5.2	10.5	9.9	20.6	24.1	2.8	1.6
1999	2.8	1.5	7.6	14.2	3.9	10.2	10.7	20.1	24.5	2.7	1.4
2000	3.4	1.7	7.9	14.5	3.5	9.7	10.1	17.8	27.0	2.7	1.7

七个主要海洋产业在沿海地区的分布、发展程度差异较大。多年来总体概况（前3名）如下：①水产业以山东、广东、福建领先；②交通运输业以上海、广东、山东为先；③滨海旅游业以广东、上海、福建为先；④油气业以广东、山东、天津为先；⑤造船业以上海、辽宁、广东为先；⑥海盐业以山东、河北、江苏为先；⑦滨海砂矿业以广东、海南、福建为先。结果表明，占海洋经济总量98%的前5个主要海洋产业的前3名都有广东省，4个有山东省，3个有上海市，2个有福建，天津、江苏和辽宁分别只有1个产业进入前3位。唯独广西和海南没有进入前3位的海洋产业门类。可见，在海洋产业发展程度的地区分布上，广西、海南也处于绝对劣势局面。

（三）主要海洋产业发展动态分析

1. 海洋水产业

80年代以来，海洋渔业率先迎来市场经济机制，生产得到了长足发展。特别是80年代以来"以养为主"的政策性调整，使海水增养殖业迅猛发展，到90年代一跃成为世界养殖产量的主要贡献国，世界养殖产量的一半以上是我国的贡献。近20年来，海洋水产业一直高居我国海洋经济的榜首，占海洋产业总产值的55%左右。

图7 海洋水产业历年总产值

统计分析新中国成立以来海洋水产业产值增长变化状况（图7），可以从中探讨该产业的发展轨迹及特征。1952年海洋水产业总产值只有6 000万元，直到70年代初才突破亿元关，1990年突破百亿元大关，1995年就跃升1 000亿元，到2000年已经达到2 084亿元。从1978年以来连续统计数据的产值增长速率分析（图8），基本上是5年或10年一个增长周期，以1978—1982年为第一个增长周期，此周期内以1982

年增长率出现波峰,增长率超过 11%;1983—1990 年完成第二次加速周期,在 1990年增长速率跃升 200% 多;1994 年再次出现跃升,在 1993 年滑坡的基础上实现 100%的增长,之后,增长速度保持相对平稳。历史上共出现过两次负增长,第一次是 1979年,第二次为 1993 年。

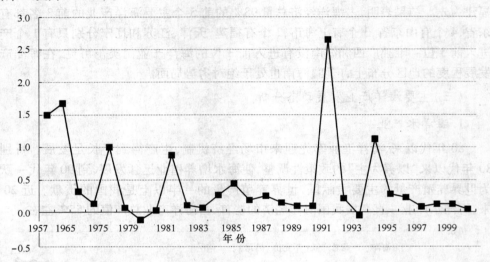

图 8 1952—2000 年海洋水产业产值增长率变化

分析 1997—2000 年沿海地区海洋水产业产值变化情况,可以获得不同地区海洋水产业发展状况,以及该产业在沿海地区的区域分布特征。

全国海洋水产业总产值从 1997 年到 2000 年分别为:1568.51 亿元、1772.11 亿元、1998.83 亿元和2084.34 亿元,年均增长 10%。同期,产值总量一直以山东、广东、福建、浙江为主体,四省占全国总值的 75% 左右(表 12)。

沿海地区海洋水产业产值年均增长速率最大的是海南省,趋向负增长的有上海、河北和山东(图 9)。

表 12 沿海地区海洋水产业产值动态分布(万元)

年度	1997		1998		1999		2000	
天津	41915	0.27	55278	0.31	62198	0.31	66643	0.32
河北	293672	1.87	307101	1.73	354321	1.77	330480	1.59
辽宁	1416422	9.03	1685685	9.51	1932474	9.67	2112957	10.14
上海	145852	0.99	126387	0.71	120999	0.60	131049	0.63

续表

年度	1997		1998		1999		2000	
江苏	993848	6.34	1051047	5.93	1107632	5.54	1143664	5.49
浙江	2648883	16.87	2792012	15.76	2955323	14.79	3007403	14.43
福建	2225600	14.19	2598791	14.67	3198274	16.00	3477594	16.68
山东	4477153	28.54	5197460	29.32	5685765	28.45	5517747	26.47
广东	2398782	15.29	2642385	14.91	3156435	15.79	3356240	16.10
广西	732409	4.67	883128	4.98	947513	4.74	1087716	5.22
海南	310548	1.98	381870	2.16	476427	2.38	611915	2.94
全国	15686084	100	17721117	100	19988361	100	20843408	100

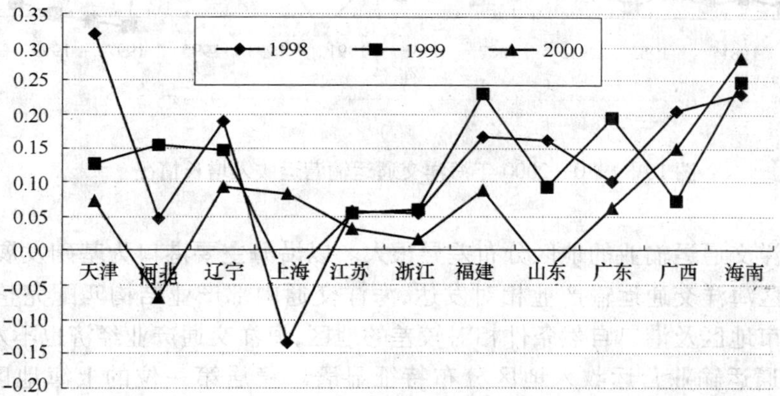

图9　1998—2000年沿海地区海洋水产产值年增长速率

2.海洋交通运输业

我国是世界十大海洋运输国家之一。全国现有海运船舶10 378 艘,净载重吨30 762 117吨位,载客量159 834 客位,集装箱标准箱位344 142,船舶总功率11 834 508 千瓦。2000 年,实现货物周转量22 183.0 亿吨千米,海洋交通营运总收入达717.40 亿元,占海洋经济总产值的17%。

多年来,海洋交通运输一直是我国国民经济发展的主动脉之一。对海洋经济总产值的贡献一直稳居第二,约占1/6 左右。分析多年海洋交通营运收入总值增长情况表明,我国海洋交通营运收入呈平稳增长状态,在1995 年得到一次较大的增幅

（图10）。

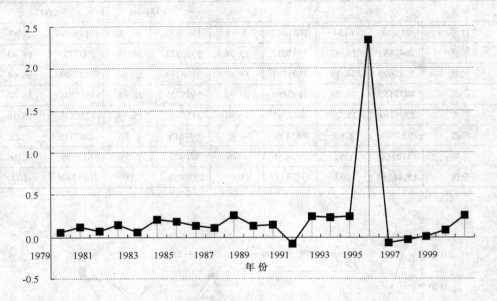

图10　1970—2000 年海洋交通运输营运收入增长情况

　　我国海洋交通运输业的地区分布差异很大。以沿海主要港口为基础发展起来的大中城市地区海洋交通运输产业相对发达，海洋交通内部产业结构匹配完整。而后起的港口城市地区及港口自然条件相对较差的地区，海洋交通产业经济也不发达。

　　海洋交通运输业营运收入地区分布特征显著。稳居第一位的上海地区从"九五"初期占总值的 1/4，发展到 2000 年占据"半壁江山"。处于第二位的广东地区所占比重在 1/4 和 1/5 间波动。天津地区出现下滑趋势，与其相差无几的山东地区保持平稳态势。浙江、辽宁地区几乎处于同等地位并保持平稳水平。江苏地区萎缩趋势明显。河北、福建、广西、海南地区海洋交通运输产业比较薄弱，在全国范围内不具比较优势。

表 13　海洋交通运输营运收入（万元）

年度	1997	占全国%	1998	占全国%	1999	占全国%	2000	占全国%
天津	424243	8.12	306076	5.78	361137	6.31	382291	5.33
河北	159384	3.05	156245	2.95	50393	0.88	194435	2.71
辽宁	276489	5.29	291285	5.50	104020	1.82	374814	5.22

续表

年度	1997	占全国%	1998	占全国%	1999	占全国%	2000	占全国%
上海	1447308	27.71	1815234	34.28	3061996	53.46	3803643	53.02
江苏	463959	8.88	463959	8.76	94364	1.65	112802	1.57
浙江	195026	3.73	314288	5.94	329353	5.75	400629	5.58
福建	120248	2.30	120248	2.27				
山东	352377	6.75	398099	7.52	476524	8.32	453833	6.33
广东	1667388	31.92	1313340	24.80	1214753	21.21	1448234	20.19
广西	35989	0.689	35166	0.66	35209	0.62		
海南	81166	1.55	81166	1.53			3316	0.05
全国	5223577		5295106		5727749		7173997	

3. 滨海国际旅游业

滨海旅游娱乐业是近 20 年来发展起来的新兴海洋产业。1986 年,旅游业正式纳入我国国民经济和社会发展计划。1990 年以来,沿海 11 个省市区的 45 个滨海城市的旅游基础建设不断加强,服务设施日趋配套,综合接待能力初步实现规模化。1995 年,沿海 45 个滨海城市接待来华旅游者 988.41 万人次,比 1990 年增加 216.89 万人次,年平均增长率为 5.1%,旅游收入 364.8 亿元,比 1990 年增加了 306.6 亿元。到 2000 年,沿海城市和旅游景点接待境外游客超过 1 717 万人次,外汇收入 77.13 亿美元。

表 13　滨海国际旅游收入增长率

年份	滨海国际旅游外汇收入(万美元)	年增长率	占全国海洋总产值%
1994	319676		15.54
1995	439469	0.374733	14.81
1996	505723	0.150759	14.70
1997	553320	0.094117	14.79
1998	567134	0.024966	14.39
1999	626815	0.105233	14.25
2000	771347	0.230582	15.49
2001	854700	0.108062	9.77
年均增长		0.155493	

目前,沿海地区已开发或部分开发的滨海景点、山岳和人文景点 300 多处。兴建了各具特色的海洋和海岛旅游娱乐区、旅游娱乐设施和一批中小型度假村、观光路线和站、点,以及水上娱乐和运动场所。全国已初步形成了以城市为依托的滨海旅游网络,使海洋旅游业成为迅速发展的新兴海洋产业。滨海旅游业已跃居我国海洋产业的第三位,正在成为沿海各地重点发展的第三产业和发展外向型经济的先导产业。

作为沿海地区经济重要的新增长点,滨海旅游业成为沿海地区经济结构调整的希望所在。对全国海洋经济进一步发展来说,滨海旅游娱乐业是应对海洋资源、环境压力越来越大与继续保持经济高速增长矛盾,以及扩大劳动就业与提高人民生活质量需求增长的重要出路。"九五"以来,滨海旅游业以极高的增长速度迅猛发展,仅列入国家级统计的主要沿海城市国际旅游收入就显现出较大的增长,外汇收入逐年增长。年均增长率为 15.5% ,占全国海洋经济总产值比率保持在 15% 左右。

三、几点思考

近 20 年来,在世界范围的海洋开发热潮中,我国的海洋产业得到了迅猛发展,海洋经济在国民经济中的地位日益提高,海洋开发成为沿海地区经济发展的新增长点,海洋高新技术促进了海洋产业群的增殖和扩大。我国海洋产业的迅猛发展,导致了一个新的研究领域的诞生与发展,即海洋产业和海洋经济研究。但是,必须指出的是,目前国内对海洋产业及海洋经济的理论和方法研究相对滞后。本研究尝试着从产业发展的资源基础和产业动态发展轨迹来初步勾画出我国海洋产业发展状况,也仅仅是在海洋产业发展的研究方面做了一个初步的探讨,无论是动态研究,还是静态研究,从指标设定、方法选择,到评价技术,都有待逐步完善和深化。

首先是研究方法问题,以海洋产业为研究主体应该是我们研究海洋经济问题的核心。作为一个跨部门、跨行业的新的经济活动范畴,海洋产业本身既不能独立存在,又特性显著,因此需要研究探讨适宜的方法,以更好地促进海洋生产力的发展。

其次是指标确定问题,从资源勘探开发到产业化生产的经济活动,海洋产业和海洋经济发展存在客观规律。研究其客观规律需要相应的科学理论和方法,还需要相应的评价指标,从而使发生在不同地点、不同部门、不同层次上的类似问题能在一个技术指标上进行比较研究和评价。

海洋产业是一个迅速发展的崭新领域,相对不成熟,但潜力巨大。跟踪研究海洋产业的发展非常重要。建议有关部门建立海洋产业发展的跟踪研究制度,并研究建立相关的技术评价体系和指标体系,为国家制定海洋经济发展规划,指导全国的海洋产业发展,以及为地方各级政府推动和发展区域海洋经济提供科学的理论依据。

(《动态》2002 年第 12 期)

对当前我国海洋经济形势
的分析和思考

王　芳

一、前前我国海洋经济面临的形势

海洋经济是以海洋为地域空间,以海洋资源为开发对象形成的经济活动。海洋经济的可持续发展要求有雄厚的资源基础、合理的产业结构和布局、良好的环境保障及综合的开发规划和管理等。但我国目前在这些方面存在着不同程度的问题,海洋经济形势不容盲目乐观。

(一)我国沿海地区人口众多,经济繁荣,海洋产值逐年增长,但存在地域发展差异

我国是一个海洋大国,有广阔的滨海平原和河口三角洲,共有沿海省、市、自治区11个,有海岸线的市(区)县195个,沿海地区人口密集,经济繁荣,集中了全国40%以上的人口和60%以上的工农业产值。自"八五"以来,随着传统海洋产业的加强和新兴海洋产业的兴起,主要海洋产业的总产值逐年稳步增长。1991年,海洋产业总产值仅为531亿元,到1997年已达到了3104亿元。海洋总产值在以海洋经济为依托的濒海市、县的国内生产总值中的比重逐年增长。海洋经济在整个国民经济中的份额越来越大,成为国民经济的重要组成部分。

沿海地区具有海洋资源优势和环境区位优势,但由于沿海自然地理条件及各地经济发展水平的不同,沿海省、市对海洋资源的开发投入和利用程度也有较大的差异,从而在一定程度上影响了海洋经济的发展。据1997年统计数据,我国海岸线最长的省份是广东,3 368千米,其次是山东,3 122千米,最短的是天津市,仅为153千米。海洋主要产业总产值最高的是广东省,849.76亿元,其次是山东,569.73亿元,最低的是海南,仅创造了47.20亿元的产值。海洋经济发展的地域差异明显。

　　(二)海洋资源种类繁多,总量丰富,但资源总体开发利用不足,资源的产业形成率较低

　　新中国成立以来开展过一些海洋资源大调查。如 1958 年全国海洋资源普查,1980－1987 年全国海岸带和海涂资源综合调查及各部门为本行业发展进行的一些专项调查。虽然调查研究程度比较低,对总体状况的掌握不及对陆地资源状况清楚,甚至存在不少空白区域和空白项目,但就目前了解的情况看,海洋资源种类繁多,总量丰富,同时存在资源总体开发利用不充分的问题。

　　生物资源:我国海域已记录的物种数达 2 万多种,海产鱼类 1 694 种,产量较大的 200 多种。渔场面积 281 万平方千米。近海海洋渔业资源量 12 亿吨,年可捕量 750 万吨。据 1997 年海洋统计年鉴,我国海洋捕捞产量 1 385.38 万吨,大大高于近海渔业资源可捕量,但其产量的 90% 以上是在近海超负荷捕获的,且主要集中在黄海和东海,南海的广大海域基本上没有形成规模开发,对外海和大洋丰富的生物资源利用的更少。

　　油气资源:我国大陆架区域辽阔,共有 16 个新生代沉积盆地,拥有石油资源量 200 多亿吨(不含南海南部西沙、中沙和南沙海域)、天然气资源量近 10 万亿立方米。至 1997 年底,已探明石油地质储量约 15 亿吨,天然气地质储量 3 000 亿立方米。油气资源虽然丰富,但开发利用程度却很低。至 1997 年,已投产的油气田有 22 个,海洋石油的原油产量为 1 967.96 万吨,仅占近岸石油经济资源量的 0.2%,天然气产量 440 476 万立方米,所占资源量的比例更小。

　　港址资源:在我国 3 万多千米的大陆与岛屿岸线上,分布着众多的海湾与河口,深水岸线长 400 多千米,宜于建设中等以上泊位的港址有 164 处。其中可建万吨级以上码头的港址约有 40 多处,可建 10 万吨级泊位的有 10 多处,港址资源可谓丰富,但截止 1997 年底,我国沿海拥有的主要港口仅为 62 处,资源利用率还不到 10%。

　　再生能源:海洋再生能源有潮汐能、波浪能、海流能和温差能等。据估计,我国潮汐能量为 1.1 亿千瓦,年发电量可达 2 750 亿度。波浪能理论功率约为 0.23 亿千瓦。海流能可开发的装机容量为 0.18 亿千瓦,年发电量约 270 亿度。这些资源的 90% 是分布在常规能源严重短缺的东南沿海地区,但由于技术条件所限,我国目前仅利用了潮汐能,装机容量为 2 179 万千瓦,年发电量约 624 亿度,绝大部分再生能源尚处于闲置状态。

　　海水化学资源:海水化学资源包括海水制盐和以盐为原料的盐化工、海水中的微量有用元素及矿物的提取、海水的直接利用及海水淡化等。由于科技水平的制约,开发利用成本过高,目前对海水资源的利用非常有限,主要是以海水制盐及盐化工业,其它几项的实际应用很少。

海洋旅游资源：我国海洋旅游资源种类繁多,数量丰富。从鸭绿江口到北仑河口长达 18 000 多千米的海岸线。此外近海域分布有面积在 500 平方米以上的大大小小 5 000 多个岛屿,目前已开发出 1 500 多个各有特色的滨海旅游景点。旅游资源不同于其他海洋资源,它的休闲娱乐功能可以是多层次、全方位的。目前我国的海洋旅游资源开发利用的层次还比较低,随着人民生活水平的提高,海洋旅游资源还有很大的潜力。

大洋矿产资源：1991 年中国作为在国际海底管理局登记的第 5 个先驱投资者,在太平洋上获得 15 万平方千米的多金属结核资源开辟区,据目前的勘查成果,区内的资源量可满足一个年产大于 300 万吨干结核开采 20 年的需要。但目前大洋矿产资源利用尚未成为一种现实。

滩涂资源：我国沿海滩涂总面积为 2.17 万平方千米,而且每年还在不断增长,据统计,辽河、黄河、长江、珠江等主要河流每年平均入海泥沙量约 20 亿吨,可淤长成新陆地面积 40 - 50 万亩。我国水深 15 米以内的浅海域面积约 15 万平方千米,其中浅海滩涂面积 1.2 亿亩,适宜搞养殖的面积有 2 000 多万亩。目前海水养殖面积仅占 1/3,已利用的浅海养殖面积只占 15 米水深浅海域面积的 0.5%。

综上所述,除近海生物资源有过度开发现象外,其他海洋资源总体开发利用程度较低。海洋资源的开发利用状况,导致我国形成了一个由海洋渔业、海洋交通运输业、海洋油气业、滨海和海岛旅游业、海洋盐业、沿海造船业等构成的海洋产业体系。这个体系很不完善,仍以传统产业为主,高附加值的新型产业尚未形成。因此,海洋经济的贡献率难以提高,1997 年主要海洋产业产值的增加值仅占全国国内生产总值的 2.0%。这与中国管辖的广阔海域内所拥有的丰富的资源总量是很不相称的。

（三）各海洋产业蓬勃发展,但目前产业结构和布局仍不甚合理,发展不够平衡

近年来,我国海洋产业蓬勃发展,产值增长很快。从目前各海洋产业的发展速度上看,1997 年第一、二、三产业分别比上年增长 12.5%、53.6%、25.6%,海洋二、三产业增长速度加快,尤以科技含量较高的第二产业的增长最为迅速。但从海洋产业结构看,仍呈传统结构分布。根据 1997 年数据,海洋第一、二、三产业的比例为 4.78：1：3.68。第一产业比重明显偏高,海洋产业产值 50% 以上是靠科技含量相对较低的传统产业,即主要是海洋水产业创造的,第二、三产业产值较低,也就是说,海洋经济增长主要是靠资源消耗型的第一产业带动的。

产业结构是经济领域的基础结构,是经济发展的核心,它反映了产业各门类、各部门之间进行分配而形成的一定比例关系,这种比例构成是否合理和科学,会直接影响经济的发展。虽然新兴海洋产业在迅速发展,但目前的海洋三次产业发展仍不甚协调,产

业其结构和布局都不尽合理,规模小、档次低,资源消耗大,海洋产业体系发育不够,仍为粗放型海洋经济。

四、沿海地区开发力度增大,但缺乏统一规划和管理,致使近海污染加重,环境恶化,海洋灾害加剧

开发利用海洋能否有效地推动海洋经济的发展,形成可持续发展态势,关键在于能否合理有效地开发利用海洋资源。近几年来,我国沿海地区对海洋的重视程度日益提高,海洋开发活动的深度和广度与日俱增。但由于重开发、轻保护,缺乏综合规划和管理,对海域开发利用不合理,违背了自然规律,忽视了海洋资源的多样性、兼容性和多宜性等特点,造成对海洋资源和环境的破坏。对海洋生态环境的影响和破坏的规模、范围和强度的不断增加,致使沿岸海域环境质量普遍下降,海洋灾害频发。

由于缺乏合理的规划和统一的管理,不同行业和部门争占滩涂、岸线和海域,无序状态比较突出。据统计,我国沿海共有工矿企业5万余家,主要污染源300余处。每年排入海域的废水约100亿吨,农药17万吨,化肥400万吨以及大量的工业废渣、肥料和其他废物,使近岸海区环境质量逐年恶化,污染范围不断扩大,使得海洋生态遭受巨大破坏。近海生物资源日趋衰退、生物多样性降低,许多珍稀物种面临灭绝威胁,红树林和珊瑚礁系统破坏较为严重。部分海域海水富营养化,赤潮灾害频发。海岸侵蚀普遍、重要河口淤积等。海洋生态环境遭受破坏最直接的后果就是降低了生产力,影响经济发展后劲。

总体说来,我国的海洋开发存在的问题是:海域使用混乱,综合效益低下;资源开发无序,总体规划性较差;开发保护不力,生态环境恶化;海洋环境破坏加剧,海洋灾害频发。

二、制约海洋经济发展的主要因素分析及对策建议

影响海洋经济发展的因素归纳起来主要有两个,即科学技术水平和综合管理程度。

(一)科学技术水平的提高是合理开发海洋资源、有效保护海洋环境及海洋产业结构调整和新型海洋产业形成的关键

应制定海洋中长期科技发展规划,有针对性地研究应用于海洋资源开发、海洋生态环境保护的科学技术。

海洋领域是一个综合性强、技术密集的特殊领域。海洋资源是海洋经济发展的物质基础,海洋环境的严酷性和海洋资源的特殊性,决定了海洋经济的发展对科学技术的高度依赖性。海洋科技新理论的产生和高技术的应用,对海洋经济的发展具有

极大的促进作用。

海洋领域科技进步能够为海洋资源的可持续利用和防止环境退化提供技术支持,创造清洁生产和节约资源的生产方式,既保证自身的持续发展,又保证海洋的可持续利用。利用科学技术手段,可以减轻由于开发利用海洋资源而对海洋生态环境造成的巨大压力,降低对海洋生态环境的破坏损失程度。

另外,科技进步对产业结构调整具有促进作用。科学技术条件是任何一个新兴产业及产业群产生的必备条件之一。由于科技的不断进步,使开发利用海洋资源的范围不断扩大,深度不断提高,从而不断形成和发展了新的产业部门。科技的迅速发展,必将推动区域产业结构层次的不断提高,知识、技术密集型产业逐步取代劳动和资源密集型产业而占主导地位,转变海洋经济的增长方式,为国民经济增长作出更大的贡献。

（二）加强宏观管理,完善综合管理体系,是资源的综合优势和潜力得到充分发挥的关键所在

应改革管理体制,同时加快立法步伐,强化执法力度,使海洋经济活动能有序、稳步地持续发展。

资源是带动区域经济发展的物质基础,对资源的开发利用得当,可以带动资源所在区域的经济发展与繁荣,开发过度或利用不当将导致环境恶化,使经济出现衰退和萧条。海洋资源管理问题是海洋经济发展的重要制约因素,而海洋综合管理的核心就是海洋资源管理。联合国环境与发展大会制定的《21 世纪议程》提出,为了保证海洋的可持续利用和海洋事业的可持续发展,沿海国家应建立海洋综合管理制度。我国是一个沿海大国,当然也不应例外。

多年来我国海洋管理工作从中央到地方基本上是分散在行业部门的计划管理。各行业各地方自成体系,各行其事,彼此缺乏有效的沟通和协调。由于缺乏科学合理的综合管理体系,缺少能统筹全局的高层次的综合管理机构,海洋工作宏观管理能力薄弱,使得资源管理工作中的矛盾日益尖锐,工作关系日益复杂化。其结果造成对海洋资源的过度利用或不合理利用,海洋生态环境恶化,使资源的综合优势和潜力不能得到充分的发挥,从而严重制约海洋经济的发展。

影响海洋经济发展的另一个重要原因就是有关的海洋法律制度不健全。为加强我国沿海地区海洋开发活动的管理,我国曾相继颁布实施了一些行业法律法规。但各种开发利用活动往往强调其自身的发展,难免互相干扰和影响。如在海域使用的问题上。现有的有关行业性管理法规,缺乏对国家整体利益的考虑,不能有效地规范海域使用活动,各部门各行业争占海域现象严重,行业矛盾日趋突出。目前我国尚未建立国家海域所有权制度和使用权管理制度,因而国家不可能对海域使用进行宏观

有效管理,国家的海洋经济利益也得不到保障。因此,应建立和完善海域使用管理和海洋环境保护的法律制度,加快立法步伐,强化执法力度,加强对海洋的科学化、专业化、法制化管理。使我国沿海海洋经济活动能有序、稳步地持续发展。

(《动态》1999 年第 7 期)

海洋科技体制结构调整的建议

杨金森　杨华庭

结构调整是科技体制改革的重点,海洋科技体制中的最突出的结构性问题集中反映在 5 个综合性海洋所方面,调整这 5 个海洋所的结构应该提到日程上了。

一、形势和压力

国家科技体制改革的内容包括调整组织结构、运行机制改革、微观基础改革、宏观管理改革等多方面内容,其中调整组织结构是最主要的也是难度最大的改革内容。国家科委的一份文件指出:"本世纪的最后两年,是建立新型科技体制的关键时期,要以调整组织结构为重点,带动改革的全面深化。"组织结构改革的目标是:形成结构优化、布局合理、精干高效、纵深配置的现代研究开发体系。在组织结构优化方面,2000年的阶段性目标是:形成一支 10 万人左右的高水平的基础研究、高技术研究、重大项目攻关队伍;90% 以上的科技力量进入经济建设主战场。大部分科研机构通过分流人员、调整专业结构和发展壮大,形成各自的优势和特色;研究开发工作低水平重复的现象大为改观。

上述形势对海洋科技体制改革形成了很大的压力:假如国家建立 200 个国家科研基地和行业性、区域性研究开发中心,形成 10 万人的"攀高峰"队伍,海洋领域要不要有一席之地? 比如,要不要有 1~2 个综合性海洋科研机构进入 200 个国家科研基地的行列,10 万人的队伍中要不要有一定数量的海洋科技专家? 这是海洋科技界面临的一个重大问题。要解决这个问题,首先海洋界自己要把组织结构问题解决好,现有 58 个海洋或主要从事海洋研究的机构,综合性基础海洋研究机构 5~6 个,怎样进入 200 个国家级研究机构? 13 000 多名科技人员怎样选择一部分进入 10 万人的队伍? 都要在海洋界先行研究,形成方案。研究海洋科技体制的结构性调整方案是当务之急。

二、海洋科技体制中的结构性问题

我国现有完全从事或主要从事海洋研究和科技开发的机构 58 个,职工 13 468

人。其中,27 个省、地(市)属海洋研究机构在地方科技体制改革中考虑,31 个属于国务院各部、委、局和中国科学院的机构,总人数 10 740 人,这是这次结构调整的重点。

上述 31 个机构分属于国家海洋局、中国科学院、交通部、地质矿产部、中国气象局等 9 个部门。其中,有 5 个社会公益型的综合性海洋研究所,3 个分海区设置的综合性海洋水产研究所,其他都是技术开发型专业性研究机构。结构性调整的主要任务是解决 5 个兼有海洋基础研究的社会公益型综合性海洋研究所的问题,进入 200 个国家级研究机构和 10 万人"攀高峰"队伍的潜力也出在这 5 个所。因此,海洋科技体制结构调整的核心问题,是调整这 5 个所的结构。科技体制改革要解决的"机构重复"、"力量分散"、"游离于设计和生产单位之外"、"相当一部分机构的人员和设备闲置率达到 30%"、"学科设置和人才分布不合理"、"研究开发项目在低水平和高水平两个层次上重复"等问题也都出在这 5 个所。因此海洋科技体制调整结构,首先要解决这个问题。

三、调整的目标

1. 5 个综合性海洋科研机构的调整方案。

方案一:保留 1 500 人进入国家级"攀高峰"队伍,设立两个机构,一个基础海洋科学研究机构,一个行业性研究开发中心。

方案二:保留 1 000 人进入国家级队,设立中国海洋科学院。

2. 进入国家"攀高峰"队伍之外的 60%~70% 科技人员进入经济建设主战场。这个比例比较适合社会公益型海洋研究机构的情况。

四、调整的办法

1. 执行方案二,建立中国海洋科学院,争取 1 000 人进入国家"攀高峰"队伍。办法是合并重组五个综合性海洋研究所。这 5 个所的结构性问题是由于两个系统分三个海区设置机构造成的,解决的办法也要从这里着手。国家科委的有关文件已经有明确的办法:"坚决地、有步骤地解决部分科研机构设置严重不合理、人员臃肿等问题。对大量重复设置的机构,应打破不同系统、不同地区的壁垒,逐步合并重组"。具体办法是:

(1)在青岛建立中国海洋科学院董事会,以国家重点试验室、部门重点试验室为基础,分别在青岛、杭州、厦门、广州设立研究部(室);

(2)中国海洋科学院由国家海洋局和中国科学院共建共管。管理办法要改革,变直接管理为间接管理(这也是科技体制的重要内容)。主要管理办法和任务是:任免董事会成员,制定考核指标、定期考核研究院的管理和运行,检查督导研究院完成国家、行业任务的进度和水平,完善相关法规,引导研究院的健康发展;

（3）其他科研力量继续完成已经承担的国家任务,以及走向社会承揽任务,逐步进入经济建设主战场,包括形成海洋工程勘察产业、海洋生物技术产业、海洋农牧化种子工程中心等。

2. 执行方案一:中国科学院合并两个研究所,建立中国海洋科学院;国家海洋局合并三个综合研究所,成立中国海洋研究开发中心。具体办法如上。

五、难点分析

1. 旧体制和部门所有制的束缚。这是全国科技体制改革要解决的问题,也是海洋科技体制结构调整必须解决的问题。症结主要在有关部门的领导机关。解决的办法是加快转变政府领导科技工作的职能,实行科技工作的社会化管理。

2. 人员分流问题。5 个综合性海洋研究所 1995 年总人数 3 400 余人,其中国家海洋局的 3 个所 1 441 人,中国科学院的 2 个所约 2 000 人(在岗 1 458 人,离退休人员 537 名)。假如保留 1 500 人进入国家的 10 万人队伍,要分流近 2 000 人。具体分流办法有:

（1）一部分人员从事海洋工程环境服务,有可能形成几个海洋工程勘查企业,以及若干海洋环境服务中心。

（2）承担国家和地方的海洋环境和资源调查任务,"九五"期间其中大部分人员都有任务。

（3）退休减员,据不完全统计,在上述 3 400 人中,2000 年退休人员将达到 1 400 人,2010 年退休人员约 2 100 人,在岗人数约 1 300 人,略低于应该保留的规模。这就是说,从现在起,经过 13 年时间,仅退休减员一项就可以把人员规模过大的问题解决。这个时间不算多。

3. 异地搬迁问题。把分支机构分地区建设的设计工作搞好,可能避免研究室以上的机构搬迁,只进行个别专业骨干调动,因而不引起过大的混乱。

4. 退休人员养老问题。这个问题不是海洋科技体制结构调整的主要问题:五年左右社会保险制度可能建立起来,这也是科技体制改革的重要配套措施;现有事业费不减可以保证基本工资和退休金;从各所的收入状况看,1995 年科技人员人均经费 5 万余元,支付 2000 多人的退休金应该没有问题。

六、其他问题

1. 三个海区水产研究所是否需要进行结构性调整,未做深入研究,难于提出建议。

2. 在 31 个部、委、局领导的海洋研究机构中,其他 23 个机构,基本都是技术开发型专业性机构,他们的主要问题是如何同发展经济相结合的问题,有的已形成改革雏形,有的正在进行改革,不存在所一级结构性问题,可能有一些室以下小单位的结构性问题,可以在各系统内部调整。

3. 有一个老龄化问题分析,值得重视:1995 年离退休人员 3 555 人,与在职人员的比例为1: 3.79,2010 年在职人数不足 5 000 人,离退休人员将超过 8 000 人。全国海洋科技人员 5 000 ~ 6 000 可能是比较适当的规模。这就是说,如果适当控制进人数量,到 2010 年,全国海洋科技人员规模过大的问题,都可以比较平稳地解决。

(《动态》1998 年第 2 期)

海洋领域科技进步评价研究刍议

王 芳

　　二十世纪以来,世界进入了一个科学技术日新月异的时代,科学技术是现代经济和社会发展中最活跃的因素和最主要的推动力,科学技术日益渗透于经济发展和社会生活的各个领域,成为现代社会进步的主要推动力量。当今世界竞争主要集中在科学技术的竞争上,科技实力成为一个国家综合实力的重要体现。

　　海洋领域是一个综合性强、技术密集的特殊领域,海洋环境、资源的特殊性,决定了海洋经济的发展对科学技术的高度依赖性。根据《联合国海洋法公约》和我国的主张,我国拥有近300万平方千米的管辖海域,随着陆地资源的日趋枯竭,这片近陆地国土1/3 的蓝色国土将成为重要的资源基地。利用海洋高新科技对海洋资源进行开发和利用,将是解决我国所面临的人口剧增、资源匮乏、环境恶化三大难题的重要途径。依靠科技进步,增强综合国力,建设海洋经济强国,对于民族的繁荣昌盛具有重大战略意义。因此,了解海洋科技进步现状,研究科技将在实现我国国民经济和社会发展第二步、第三步战略目标中应起的作用具有重要意义。

一、国内外科技进步研究概况

　　科技进步即科学技术进步,是指自然科学与技术上的发现和发明被应用于生产过程,引起生产力诸因素的发展变化,从而提高了生产效率,增加了经济效益。科技进步说明了科研成果的生产和物化的综合过程,这种进步是以科学技术为主导,与相关的教育、人才、管理等因素进行有机的结合,影响和作用于生产方式及社会形态,从而促进经济增长和社会发展。

　　从20世纪20年代开始,世界上许多国家就已认识到了科技进步是推动社会发展的巨大力量,开始重视和进行科技进步的研究,各个国家都先后投入了数量不同的人力、物力和财力对科技进步进行研究,它们不但把研究成果作为经济分析资料,而且作为制订政策和规划的参考和依据。相比较而言,西方发达国家的研究更要早些和广泛些,我国对科技进步的研究开始得较晚。目前,在科技进步研究的内容上,国内外主要集中在科技进步理论与内涵、科技进步评价模型与方法、加速科技进步的途径和办法、促进科技进步的政策与措施四个方面。

（一）国外科技进步研究概况

国外科技进步的研究可分为两大体系，一是以美国为代表的西方发达国家，一是前苏联。

19 世纪中叶，西方国家就有人开始了广义技术进步的研究，到 1928 年尝试进行了定量方法的测算，即用柯布－道格拉斯生产函数对科技进步做定量测算评价，但直到 1942 年，丁伯根对柯布－道格拉斯生产函数做了重大改进之后，人们才真正利用它来测算技术进步。1957 年，美国著名经济学家索洛在生产函数基础上演绎出增长速度方程，用"余值法"测算技术进步。由于其实用性比较强，"余值法"一问世就得到了广泛应用，各国学者纷纷采用"余值法"或与柯布－道格拉斯生产函数相结合来分析各国的科技进步和经济发展状况。60 年代初，丹尼森又提出了增长因素分析方法，但众多的因素分解麻烦，在宏观评价上不如"余值法"方便，于是在 1961 年，他与阿罗、索洛三人合作，提出了 CES 生产函数，建立起更具一般性的数学模型，即全要素生产率测算法。由于 CES 生产函数待估参数多，计算复杂，难于应用。之后在 70 年代和 80 年代，纳尔逊、温特和帕斯奈特分别提出了适用于微观公司行为分析和结构变化分析的经济增长分析及经济增长模型。目前西方国家在测算科技进步对经济增长的作用时，用的最多的是柯布－道格拉斯生产函数和索洛的增长速度方程。

前苏联科技进步研究的高峰出现在 20 世纪 60 年代中期以后，他们评价科技进步的方法主要有生产函数法、直接计算科技进步经济效益的指标法和应用部门联系的平衡表法。前苏联的研究特色是注重活劳动的节约和强调生产的集约化，体现了当时计划经济体制下的管理形式。

（二）我国科技进步研究概况

我国对科技进步的研究始于 20 世纪 70 年代。70 年代末期，我国提出了到本世纪末工农业总产值翻两番的战略目标，急需了解科技进步现状和科技将在实现战略目标中应起的作用，因此对我国的科技进步进行了大规模研究。据有关部门测算，为实现这一目标，除进行一些新项目建设外，有一半要依靠科技进步。可见科技进步在促进国民经济增长中的重要地位和作用。

80 年代以后，我国的科研单位及工业部门继续科技进步研究工作，如国家计划经济研究所所作的技术进步对工业总产值增长的贡献测算，科技促进发展中心所作的总体技术进步对国民收入增长贡献测算，农科院农业经济研究所对农业技术进步的测算等。研究中所用的方法分别有生产函数模型法、索洛余值模型法、指标法、投入产出法、层次分析法等。其中，模型法和指标法应用最多。1992 年，国家计委和国家局联合发出《关于开展经济增长中科技进步作用测算工作的通知》，提出了测算科技进步作用的三种参考方法，即增长速度方程法、迭加法和综合指标评估法。目前国内常用的有指数因素分析法、劳动生产率和资金产出率的综合分析法、生产函数法、增长速度方程法、技术水平法、因素分析法和投入产出法等。各行业根据其具体情况选择不同的评价方法。

在海洋领域，科技进步的研究工作做的很少，至今尚未进行过全面系统的科技进步贡献率的测算，只是通过对典型地区的调查，估算出科技进步因素在产值增长中所占的比重在40%以上，对科技进步在各个历史时期的变动情况和发展过程未进行过计算分析。

二、海洋领域科技进步的主要表现

海洋领域的需求与科技的发展具有相互制约、相互促进的作用，海洋工作的需求刺激了科技的发展，科技的不断进步才能满足海洋领域的发展需求。科技进步在海洋领域主要表现在新理论的产生和高技术的应用、技术装备水平的改善、现代海洋新产业的出现、职工素质和组织管理水平的提高等几个方面。

海洋科技新理论的产生和高技术的应用对海洋工作具有极大的促进作用。海洋的资源条件具有一定的特殊性，如海洋生物资源，具有不固定性、分散性、易受外界环境影响等特点；海洋底矿产资源虽然储量巨大，但却蕴藏在海底深处且分布分散，上覆厚厚的水层，开采难度大；海洋化学资源多呈溶解状态，相对浓度极小，不易开采；海洋能源的总量虽很大，但能量密度低，能量转换率小，并网难度大。海洋资源的特殊性，决定了海洋开发与科学技术的密切联系，科技进步直接影响海洋开发的规模和效益。例如，深潜器的发明和应用，使人类到达了地球最深的马里亚纳海沟的万米洋底，声呐技术的发明已用来有效调查鱼群和海底地貌，三维数字勘探技术广泛应用于探测海底含油气构造工作中，以深海固定或座式平台和自升和浮式平台为代表的海上钻探、采油系统取得的进展，大大提高了钻井深度，钻进海底的深度普遍超过3 000米。这些新理论和高科技的产生应用和发展，必将给海洋领域带来全新的面貌。

生产工具是生产力的一个重要因素，在一定程度上标志着生产力发展的水平，因此从某种意义上讲，技术装备的水平代表着海洋领域的工作水平。海洋环境条件不同于陆地，海面辽阔易受气候条件制约，海水有很强的腐蚀性和破坏性，海底低温、缺氧、高压、黑暗。这些限制性因素对开发海洋所使用的工程设备材料及结构提出了严格的要求。由于海洋环境的严酷性和海洋资源的特殊性，开发海洋的技术装备现代化显得尤为重要，科技进步满足了海洋开发对技术设备现代化需求。如先进的深海采掘技术和设备的发明和应用使得在恶劣的洋底作业成为可能，依靠电子计算机的控制动力定位装置，人们能在7 000米深的海面上，使钻探船始终保持在预定的钻井位置上方进行钻探活动等。可以认为,只有科技进步,才能够提高海洋技术装备水平,而海洋领域工作对技术装备的现代化需求又反过来加速科技的进步。

科学技术的进步能推动海洋产业的增值和扩大。70 年代以前,我国的海洋产业只有渔业、盐业和运输业,由于科技的进步,目前我国的海洋产业有海洋水产、海洋交通、滨海旅游、沿海造船、海洋油气、海滨砂矿及海洋盐业等,产业结构发生了一定的变化,但在产业布局上仍呈传统结构,第一、二、三产业之比基本上是 1.00: 0.27: 0.81(1995 年),而美国 1992 年海洋第一、二、三产业之比是 1.0: 14.6: 34.4。可以看出,我国海洋产业的布局与发达国家存在着很大的差距。只有重视了海洋领域高新技术的应用,才有可能快速推动科技含量高的海洋第二、三产业的发展,使产业布局尽快调整完善。

劳动力是最根本的生产要素,提高劳动者素质是提高劳动力质量的主要办法。新理论新技术都是由人研究出来的,先进的仪器设备也必须由人来操纵使用,因此人员素质的高低决定了生产效率和经济效益的高低,由于海洋领域的特殊性,全员文化知识水平和技术水平尤其重要。

三、海洋科技进步评价方法

科技进步评价一般包括两方面内容,一是科技进步水平,即指在特定时空内科技进步所达到的水平,二是科技进步对经济增长所作的贡献,即科技进步率占经济增长率的比重。科技进步评价方法是指对上述科技进步内容的定量测算与分析的方法。

经济增长是各"硬投入"的增长和各种"软投入"的作用共同影响的结果。所谓"硬投入",是指劳动资料、劳动力和劳动对象,"软投入"主要是指政策、市场条件、自然条件以及其它影响产出的随机因素。由于软投入的难以计量,这里的经济增长是指海洋各产业净产值的增长,硬投入指固定资产和劳动力的投入,软投入不计。海洋领域科技进步评价的总体思路是:设定产出的增长是由资本、劳动投入量的增加和科技水平的提高带来的,通过海洋产业总投入与总产出在时间序列的变动状况来反映科技进步的作用。在评价方法上,根据海洋领域的具体情况,可采用数学模型评价方法进行定量测算,并以指标法作为补充。

(一)数学模型评价方法

即生产函数变形后的增长速度方程,增长速度方程从总量上评价投入与产出的关系,从多个投入与产出的关系综合分析中,观察科技进步的经济效益。基本理论是在总产出中扣除由于资金和劳动增加而使产出增加的部分,余值为科技进步的作用。这种方法的局限是在生产函数中只包括资金和劳动两个生产要素,生产要素质量的变化全部归入技术进步范围内,并且假定规模效益不变。这是从宏观上评价海洋科技进步的作用的方法,比较简单易行。

数学表达式如下:$Y = \alpha K + \beta L + a$　式中,

Y——海洋各产业部门产出增长速度;

K、L——分别为资金和劳动增长速度;

α、β——分别为资金弹性系数和劳动弹性系数;

a 海洋领域科技进步速度。

海洋科技进步评价中需要确定的经济量及参数主要有:产出量、资金量、劳动量、资金弹性系数、劳动弹性系数。

1. 有关评价参数的确定

产出量:从理论上讲,产出量应以实物量来分析,但在实际应用时由于需要把不同产业综合起来考察,用实物量难以做到,所以以价值形式来表示,以海洋领域各产业部门的总产值做为产出量。

资金量:资金投入量采用固定资产原(净)值期末数与流动资金年平均余额之和表示。

劳动量:用海洋领域各产业部门的劳动者总人数表示,在海洋产业中,有大量的外来从业人员,但这部分数量在统计资料中没有反映,在计算中以统计数据为准。

资金弹性系数和劳动弹性系数:资金弹性系数和劳动弹性系数在不同的时期会有所不同,应分时期进行资金弹性系数和劳动弹性系数的测算。可采用1992 年国家计委、国家,统计局在关于开展经济增长中科技进步作用测算工作通知中推荐的公式测算:

资金弹性系数

$$a = a_0 L_n \left(e - 1 + \frac{1}{N_i} \sum_{i=1}^{N} \frac{K_{oi}}{L_{oi}} \right) \div \left(\frac{1}{N_i} \sum_{i=1}^{N} \frac{K_{Ci}}{L_{Ci}} \right)$$

式中,

α—修正的资金弹性系数;

K_{oi}、L_{oi}—海洋领域各产业部门第 i 年资金和劳动力的投入量;

K_{ci}、L_{ci}—全国第 i 年资金和劳动力的投入;

α_0——一般资金弹性系数,计委给出参考值为 0.3,可结合部门特性给予修正。劳动弹性系数 $\beta = 1 - \alpha$

评价参数统计表格式如下:

海洋领域科技进步评价参数统计表格式

海洋产业	资金投入(万元)		劳动者人数(万人)	产值(万元)
	固定资产	流动资金		
海洋水产				
海洋交通				
滨海旅游				
沿海造船				
海洋石油				
海洋盐业				
其 它				
总 计				

2. 投入产出变化趋势分析

投入产出时间序列的变化是测算科技进步对产出增长作用的依据,可通过对不同历史时期海洋领域投入产出变化情况研究,总结其中规律性,从而定量测算出科技进步对海洋领域产出增长的作用。选定某一时期或年份做为基期,以后的各时期或年份与基期比较,得出各时期或年份投入产出增长指数。统计计算表格式如下:

投入产出统计及增长指数计算表格式

历史时期或年份	投入		产出产值(万元)
	资金投入(万元)	劳动投入(万人)	
增长指数	K	L	Y

在做了大量的统计计算工作后,根据分析确定的各参数,利用前述的增长速度方程公式,即可计算出海洋领域科技进步速度及对海洋经济的贡献率等指标:

科技进步增长速度 $a: a = Y - \alpha K - \beta L$

科技进步贡献率: $E_A = a / Y$

资金贡献率: $E_K = \alpha K / Y$

劳动贡献率: $E_L = \beta L / Y$

（二）指标法

指标法是通过分析科技进步在海洋领域的主要表现,进行分项评价,这种方法比较具体、直观。前已述及,科技进步在海洋领域主要表现在五个方面:新理论的产生和高技术的应用、技术装备水平的改善、现代海洋新产业的出现、职工素质的提高和组织管理水平的完善等。这五个方面反映了科技进步对生产力要素发生全方位作用,任何一个要素改变,都将对海洋领域工作产生影响,评价指标的设置也是按这几个方面进行的。

指标法中评价指标的设置主要依据两个原则,一是从效果上评价,即科技进步前后工作效果的变化,二是反映自身技术水平的变化,如劳动者知识水平和技术装备水平的提高等。这种方法比较烦杂,但却很简单,这里就不一一列出了。

四、存在问题与建议

本文所述科技进步评价理论和方法是比较成熟的,在其它部门已得到广泛应用,如地矿部对新中国成立以来各个时期的科技进步速度和贡献率做了测算和分析,得出 1965—1980 年、1980—1990年和 1990—1994 年的科技进步贡献率分别为 22%、38% 和 45% ,与实际情况基本吻合。因此这种方法应用于海洋领域应该是可行的,在成文过程中,曾试图做一投入产出分析,并对海洋领域科技进步速度及科技进步贡献率做初步测算,但在进行数据资料整理分析过程中,发现"投入"项很难统计,在海洋领域比较系统的统计资料《中国海洋统计年鉴》中,各产业部门的"产出项"较为齐全,但缺少投入项,即各海洋产业部门的固定资产和流动资金数据项,而《中国统计年鉴》中固定资产和流动资金虽有统计,但统计口径与海洋产业部门不相一致。基础统计资料的缺乏使科技进步评价工作难以进行,因此,建议在各统计报表中加入各种形式的"投入项",使统计年鉴中的经济参量更为完整。

21 世纪是海洋世纪,海洋已成为国际竞争的重要领域,谁能最早最好地开发利用海洋,谁就能获得最大的利益。我国是一个海洋大国,但就海洋经济对国民经济的贡献来讲,还不能算是一个海洋经济强国。海洋经济是综合性强、技术密集的高科技经济,发展海洋经济,科技必须先行。为配合《"九五"和 2010 年全国科技兴海规划纲要》的实施,适应现代海洋经济发展的需求,应积极开展海洋领域科技进步的研究工作,利用已有的科技进步评价模型与方法,花费一定的精力去进行科技进步的跟踪研究和测算,并定期公布海洋领域科技进步对海洋经济增长的贡献率,以后逐步将研究重点放在研究加速科技进步的途径和办法及促进科技进步的政策与措施方面来。

科技进步速度及贡献率是经济增长方式的重要体现,是一个国家经济发展水平的标志。例如,1950 年至 1962 年期间,英国的科技进步贡献率为 53.6% ,1953—1971

年期间,日本的科技进步贡献率为 55.6% ,另一些发达国家 1980—1990 年期间的科技进步贡献率指标已达 70% ~80% 。可以看出,科技进步贡献率的高低与一个国家的经济发达程度密切相关。开展海洋领域科技进步研究能够正确评价以往的工作绩效和经济增长方式,牢固树立科技兴海意识,重视科技进步对转换经济增长方式的作用,从而促进海洋领域经济增长方式逐步转向依靠科技进步和提高劳动者素质的轨道上来。科技进步评价研究成果既可以作为经济分析的基础资料,也可作为制订海洋发展规划和战略的参考和依据。因此开展海洋领域科技进步研究工作是具有现实意义的。

(《动态》1998 年第 3 期)

第五篇

海洋环境与资源

我国海洋资源可持续发展战略初探

王　芳　杨金森　高之国

引　言

资源与环境是人类生存和发展的基本条件。生产力的飞跃发展、社会的文明进步、国家的繁荣富强,都与资源环境条件息息相关。资源的安全是国家的安全,资源的危机是民族的危机。海洋是富饶而未充分开发的资源宝库。海洋占地球表面的71%,是各国分别占有和世界共有的。世界海洋中有2.5亿平方千米公海和国际海底区域丰富的共有海洋资源。随着陆地战略资源的日益短缺,迫使沿海各国加大向海洋索取资源的力度和强度,同时,也更加重视对海洋及其资源的开发利用和保护。为迎接21世纪海洋开发的机遇和挑战,各沿海国家纷纷制定了新一轮的海洋资源开发保护规划和战略。我国是世界上人口最多的沿海国家,国土跨越热带、亚热带和温带,东南濒临渤海、黄海、东海和南海,岸线漫长,港湾众多,海域辽阔。广袤的海洋蕴藏着极其丰富的海洋资源,中国的可持续发展与兴盛越来越依赖海洋。形势分析表明,必须加强海洋资源开发与保护,促进社会经济可持续发展。

一、海洋资源开发背景分析

（一）我国社会经济的可持续发展承受的资源环境压力越来越大

保持资源的相对充足,是社会经济可持续发展的重要前提。要保障21世纪我国国民经济持续、快速、健康的发展,现有陆域资源开发形势将更加严峻,面临土地、淡水、矿产等资源短缺,环境污染严重,交通拥挤等问题。

我国虽然幅员辽阔,但陆地自然资源人均值低于世界平均水平,多种陆地资源日渐短缺。人均占有陆地面积仅0.08平方千米,远低于世界人均0.3平方千米的水平;中国人均耕地1亩多,低于世界人均水平,后备土地资源也只有2亿亩,在占世界7%的耕地上养活了22%的人口;淡水资源人均占有量只有世界平均水平的1/4;人均矿产资源量仅相当于全世界平均水平的1/2,45种主要矿产资源的保证程度日益严重。而且,随着我国经济建设的发展和人口的不断增长,资源供需的矛盾更为尖锐化。据专家预测,到2050年,中国的人口总量将达到16亿,这意味着,政府需要为今后30～50年内大约3亿～3.5亿的新增劳动力人口提供就业岗位;需要为今后20～30年内大约8亿劳动力提供大量的生产资料,需要为今后30～50年内增长的7亿～8亿城市人口提供粮食、副食品、社会生活基础设施等,还要在目前资源已严重短缺的情况下为巨大的新增人口提供资源增量。陆域所承受的粮食、资源、水源和环境等方面的压力越来越大。

　　(二)海洋资源丰富,开发不足、潜力巨大

　　我国大陆濒临四大边缘海,海岸线北起鸭绿江口,南至北仑河口,长18 000多千米,海域南北跨度为38个纬度,兼有热带、亚热带和温带三个气候带的海域特征,开发利用环境条件良好。渤海、黄海、东海与南海的面积共计470万平方千米,每年提供的生态服务价值共计2 700多亿美元,约为23 000亿元人民币。是富饶而未充分开发的资源宝库,是发展经济的新领域。

　　我国海洋渔场面积281万平方千米,已鉴定的海洋生物2万多种,其中海洋鱼类3 000多种。大陆架面积130多万平方千米,在7个近海大型含油气盆地、9个中小型盆地,发现含油气构造112个,油气田76个,已勘探证实具有商业开发价值的油气田38个。石油资源量约240亿吨,天然气资源量14万亿立方米。东海和南海还有天然气水合物资源。深水岸线400多千米,宜建中级以上泊位的港址160多处,其中深水港址62处。滨海景点1 500多处。滩涂面积217.1万公顷。0～15米水深的浅海面积12.4万平方千米。滨海砂矿资源储量31亿吨。海洋能源理论蕴藏量6.3亿千瓦。在国际海底区域拥有7.5万平方千米多金属结核矿区,探明多金属结核资源5亿多吨。

　　我国大规模的海洋开发利用,较世界滞后大约10年多,虽然发展速度很快,但与发达国家相比,开发利用程度不高。统计数据表明,我国近海油气探明储量仅占资源量的1%,累计开采量仅占探明储量的5%。滨海旅游资源利用率不足1/3,且开发深度不够。可养殖滩涂利用率不足60%。宜盐土地和滩涂利用率只有45%。15米水深以内浅海利用率不到2%。海水直接利用规模较小。滨海砂矿累计开采量仅占探明储量的5%。沿海地区一些深水港址未开发,外海渔业资源利用不足,海滨砂矿利用率不高,海水和海洋能的开发程度和利用水平更低。大洋矿产尚未开发。我国海洋资源基本情况及开发利用程度见下表:

中国海洋资源基本情况一览表

中国资源人均值在世界上的水平		
陆地面积	水资源量	矿产资源
27%	25%	50%
中国海洋资源与世界平均水平比较排位情况		
人均占有海域	海陆面积比	海岸线系数
122 位	108 位	94 位
中国海洋渔业与油气资源在世界同类资源的百分比		
渔业可捕量		石油可采储量
1.75%		12%

中国已开发利用的海洋资源所占比例				
油气	旅游	砂矿	浅海滩涂	近海渔业
5%	30%	5%	2%	过度开发

（三）海洋资源开发形成海洋产业群，海洋经济实力迅速提高

海洋资源开发利用是海洋产业形成、海洋经济发展的基础和条件。改革开放以来，我国海洋经济发展迅速，在我国社会经济发展中占据越来越重要的地位，成为国民经济的新增长点。开发利用海洋资源形成了不断扩大的海洋产业群，全国海洋产业总产值从 1978 年的 60 亿元增加到 2000 年的 4 100 多亿元，翻了六番。海洋产业增加值占国内生产总值的比重上升到 2.6%。从事海洋开发的劳动力 400 多万人，兼业人员超过 1 000 万。海洋环境保护工作逐步加强，海洋科技水平不断提高。我国的海洋事业已经有比较好的基础，海洋经济实力迅速提高。

21 世纪海洋的大规模开发利用，将使得海洋开发实物产量不断增多，就海洋资源基础来看，将可能长期提供 60% 左右的水产品，10% 左右的石油和天然气，70% 左右的原盐，70% 左右的外贸货运量，以及不断增多的海洋药物、海洋化工、海洋矿产、海洋电力、生产和生活用水等方面的产品。开发利用海洋来缓解 21 世纪社会经济发展所需的食物、能源和水资源紧张局面具备现实需求的必要性和经济技术的可能性。

以上分析可以看出，我国社会经济发展对海洋资源需求旺盛，在海洋资源方面有广泛的战略利益。从自然、经济、社会等方面基础条件来看，我国拥有丰富的海洋自然资源、广阔的海洋空间、良好的开发利用条件等自然基础，综合国力逐步增强、海洋开发能力提高、海洋产业规模较大等经济基础，国家重视发展海洋事业、劳动力多和人力资本素质较高等社会基础。我国已经具备了大规模开发利用海洋，为国家 21 世纪的粮食问题、水资源问题和能源安全问题做出贡献的经济技术能力。海洋是中华

民族生存和发展的重要空间,是战略性资源基地,把眼光转向海洋,大规模开发利用海洋资源的条件已经成熟。以海洋作为自然资源开发的后备战略基地,不断加快海洋开发步伐,是我国实施可持续发展战略的必然选择。

二、支持我国可持续发展的海洋资源战略

海洋资源潜力巨大,但勘探开发程度远远低于陆地;我国既有赋存于国家管辖海域的拥有专属管辖权、勘探开发权的自然资源,又有分布于公海和国际海底的共有海洋资源。在我国的经济和社会发展越来越需要海洋资源及其资源配置向全球化方向发展、资源在国际合作中的地位日益重要、海洋共有资源开发保护成为全球共同性任务的新形势下,要形成新的海洋资源战略:树立大海洋思想,珍惜我国专属管辖的海洋资源,放眼关注世界海洋资源;确立大力开发、积极保护、永续利用的基本战略,以及合理开发保护海洋资源、多元化利用国外海洋资源、积极参与分享世界共有海洋资源、依靠科技进步促进海洋资源开发保护、发展海洋生态经济等具体战略;实现使海洋成为战略性资源基地、海洋资源永续利用、促进经济和社会持续发展的战略目标。

(一)合理开发、积极保护专属管辖海洋资源战略

管辖海域的自然资源是我国重要的战略资源,是21世纪中华民族可持续发展的重要物质基础。我国的海洋资源既有巨大的开发潜力,又有急需加强保护的双重任务,应该实行合理开发、积极保护战略,使国家管辖海域成为海洋资源可持续开发利用基地。

海洋矿产资源包括国家管辖海域的石油资源、天然气资源、天然气水合物资源、砂矿资源,国际海底区域的多金属结核资源、富钴结壳资源、热液硫化物矿产等,有巨大的潜力。要加大海洋矿产资源勘探力度,增加探明储量,提高国家的资源保证程度。要力争在海上发现新的大型油气田,使海洋油气产量在全国油气总产量中的比重从目前的10%提高到25%以上,达到世界的平均水平。要把天然气水合物勘探列入国家计划,重点进行南海北部陆坡区相关海洋环境和天然气水合物资源调查,为商业性勘查做好资源、环境和技术准备。要加强有争议海区的石油和天然气勘探,并积极贯彻"搁置争议、共同开发"原则,维护我国的海洋权益,力争海洋权益主张重叠区域的资源份额。

重视保护已经严重衰退的海洋生物资源,海洋捕捞业要采取捕捞量"零"增长甚至"负"增长政策,减少捕捞量,争取逐步恢复主要经济鱼类、重要渔场的渔业资源。科学合理利用滩涂和浅海的可养殖海域,减少养殖业的自身污染,保护养殖海域的生态环境,积极推广生态优化养殖模式,采取大型海湾和近海的海洋农牧化、重要经济种类的人工增殖放流、近海渔场综合整治等措施,保证海洋生物资源的可持续利用。

　　珍惜爱护每一处可用于海洋旅游娱乐业发展的海滩、海水浴场、海水运动场、珊瑚礁区、沿海红树林等资源,积极发展海洋旅游业。要重视保护海洋生态环境,防止海洋生态环境退化,保证海洋的永续利用。

　　(二)实施多元化利用国外海洋资源战略

　　根据我国的国情和海洋资源特点,从战略角度考虑,既要充分挖掘本国海洋资源的潜力,也要走出去,采取各种形式,多元化利用国外资源:

　　(1)要进一步合作开发利用外国渔业资源。我国远洋渔业的作业区域遍布西非、东非、南亚、中东、南太平洋、北太平洋和南美洲 30 多个国家和地区的近海,今后应进一步加强这种合作,开发这些国家管辖海域的渔业资源,尤其应加强与阿拉斯加、非洲沿岸和拉美地区国家合作,采取各种形式开发这些国家的近海资源。

　　(2)我国与日本、韩国、越南的渔业协定生效后,有大批渔船要退出传统作业渔场,大量渔民面临转产转业的严重形势。要加强与周边国家的合作,延长现有渔业协定中的安排,也可考虑争取建立共同渔业开发区等措施,维护我国渔船在传统渔场的捕捞利益,减少渔业协定生效造成的损失,为渔民转产转业争取时间。

　　(3)要利用我国的政治优势和地缘优势,争取与海上邻国、海洋油气资源条件较好的非洲和拉美国家合作,勘探开发其海洋油气资源,优化我国油气资源配置。

　　(三)积极参与分享世界共有海洋资源战略

　　国际海底区域约占地球表面积的 49%,是地球上具有特殊法律地位的最大的政治地理单元,蕴藏着丰富的多金属结核、钴结壳、热液硫化物、天然气水合物和深海生物基因等资源,是地球上尚未被人类充分认识和开发利用的潜在战略资源基地。我国于 1991 年 3 月获准在联合国登记为国际海底先驱投资者,获得了 7.5 万平方千米矿区。今后要在进一步加强多金属结核勘探工作的基础上,关注其他深海矿产资源,尽快摸清富钴结壳矿区资料,提出探矿区,并选择较好矿区,适时向国际海底管理局提出申请。

　　公海有丰富的优质渔业资源。我国应积极参与联合国关于公海渔业资源开发和保护管理条约的制定,积极加入国际性和区域性渔业组织,为我国企业利用公海渔业资源创造良好的大环境。要鼓励有条件的企业发展大洋性公海渔业,开辟新的作业海域和新的捕捞品种,要把金枪鱼资源丰富的西印度洋和中西太平洋海域作为新的作业区。

　　(四)发展高科技,促进海洋资源可持续利用战略

　　海洋资源开发需要海洋科技支撑,要实行高技术先导战略,形成高技术、关键技术、基础性工作相结合的战略部署。发展海洋资源勘查技术,不断发现新的可开发资源;发展低成本高效益海洋资源利用(海水利用等)技术,开发利用密度低、品位低、开

发难度大、成本高的海洋资源;发展海洋资源深加工技术,开发利用海洋功能食品、海洋医药产品、海洋精细化工产品等,提高资源的二次利用率,废弃物再利用;发展海洋环境保护和生态修复技术体系,包括污染物在环境中的行为和影响、局部海域环境自净能力和环境容量、污染物的生物效应及局部生态变化过程的监测、预报、控制和管理技术,海域生态环境的修复技术、生态工程技术和污染损害的防治技术等,为修复近海的生态环境作好技术储备;发展海洋监测技术领域的高新技术,重视海洋自动监测技术的研究和应用,广泛应用卫星遥感技术,逐步实现对我国近海海域的全自动动态监测。

(五)以经济为主导,发展海洋生态经济战略

海洋已经出现严重的生态经济问题,沿海地区发展受到影响。海洋资源的可持续利用是由海洋环境、海洋资源、海洋开发活动、沿海地区经济与社会发展共同决定的。海洋资源开发要走资源持续利用、产业持续发展、生态优化的可持续发展之路,不断增加新的可开发资源,但开发规模和速度不应超过海洋资源和环境的承载力。实施资源和环境综合管理,把海洋资源开发保护纳入国民经济和社会发展总体规划,逐步形成生态经济可持续发展的模式。

三、实施海洋资源战略的政策措施

(一)加强管辖海域的战略性、区域性调查评价

重点海区的基础调查与评价。采取综合性调查和专题性调查相结合的方式,面向国民经济和社会发展的需要,基本查清海洋资源开发利用现状,发现一批新的可开发资源。重点是一海(渤海)、一湾(北部湾)、一峡(台湾海峡)、三洲(黄河三角洲、长江三角洲、珠江三角洲),以及海岸带国土资源环境最大承载力研究,环渤海及东南沿海的海洋地质——生态环境评价。

管辖海域的综合地质调查。实现我国领海和管辖海域1:100万区域地质调查全覆盖;有重点地开展典型海域1:25万综合地质调查;逐步建立具有中国海域特点、能为我国海洋规划、海洋资源开发利用和保护提供有效服务,与全球变化研究和国际减灾基础研究接轨的海洋地质科学体系。

我国海域矿产资源的潜力调查。大力开展海洋油气资源调查工作,提出新的油气远景区和新的含油气层位,对资源远景作出评价,对南沙海域、南海北部陆坡区和黄海等海域石油天然气资源进行全面调查研究,对资源远景作出战略预测和评价。

国际海底区域的资源勘查。与国际上同步开展深海资源的调查研究,以富钴结壳和天然气水合物为勘探重点,面向多种资源,圈定多金属结核资源合同区的可采地段,富钴结壳资源较好的矿区。同时,对热液硫化物、深海生物基因资源和其他潜在

的非传统资源进行综合调查评价研究,为商业性勘探开采做好资源和技术准备。

海底天然气水合物资源的调查取样。优选南海北部等陆坡区作为试验勘查区,分阶段开展调查工作,初步查清天然气水合物特征和赋存条件。要安排一定的航次调查取样和钻探,圈定我国海域天然气水合物资源远景区,查明资源量和探明一定的地质储量。

（二）积极参与全球海洋科学研究和资源开发保护

积极参与联合国系统的各项海洋事务,为发展海洋科学、保护海洋资源和环境、完善海洋资源和环境保护规章制度做出贡献。参与全球性和区域性海洋科学研究的国际合作,海洋生物资源开发和保护的国际合作,海洋生态环境保护领域的国际合作,以及国际海底区域资源勘探开发与环境保护的国际合作,为我国利用世界海洋资源创造有利的大环境和条件。

（三）制定鼓励利用世界海洋资源的政策和措施

为鼓励和引导"走出去"开发利用世界海洋资源,应建立协调机制,统一规划管理,简化审批。相关的驻外机构提供有关信息,建立联系渠道,为"走出去"开发利用世界海洋资源提供联络和服务。对于在重点海区和重大海洋资源开发利用的前期工作,安排专项经费支持,以减少风险,鼓励和引导利用国外海洋资源的积极性。对于开发利用世界海洋资源的项目,在出口信贷计划中予以扶持。对在国外开发海洋资源所取得的份额产品,在进口配额、进口许可方面给予特殊安排,并实行优惠的关税政策。开展世界范围内的海洋资源可供性研究,建立"走出去"开发利用世界海洋资源的服务和支持系统,为实施全球战略提供决策支持。

（四）制定和完善海洋资源开发保护规划

海洋资源勘探开发需要有宏观规划指导,建立资源规划体系。要制定必要的专项资源规划,如渔业资源规划、海洋油气资源规划等,以及地方的区域性规划,形成国家、省、市（县）规划体系。要理顺不同种类海洋资源规划之间的关系,资源开发与环境保护之间的关系,确保海洋资源的合理开发与有效保护。

（五）建立和健全海洋资源管理体系

海洋资源管理是一个系统工程。首先要以海域使用管理为基础,加强海洋综合管理的体制建设,包括建设相对集中的海洋管理机构,建立一支装备精良的多职能的海上执法队伍,建立中央与地方分级管理的体制。第二要加强海洋综合管理的行政措施的制定,包括维护海洋权益、合理开发和利用海洋资源、保护海洋生态环境等多方面海洋政策,以及海洋资源开发和保护规划等。第三要加强执法管理工作,依据《中华人民共和国海域使用管理法》加强海域使用管理和海洋资源综合管理,加大海洋资源开发利用管理的执法力度,保证依法有序开发保护海洋资源。

（六）开展和加强海洋生态建设

海洋资源开发与海洋环境保护、海洋生态建设要紧密结合起来,逐步淘汰污染严重、浪费资源的开发活动,控制污染物排放总量,减轻环境污染和生态破坏的压力。发展生态型养殖业和滨海旅游业,建立沿海生态城市、生态示范区,把海洋经济快速增长建立在海洋生态良性循环的基础上。建立海洋环境监测、观测系统与评价体系,加强总量控制、污染防治和生态保护,减缓和遏制近岸重点海域环境污染和生态环境破坏的势头。启动渤海湾、辽东湾、大连湾、胶州湾、长江口、杭州湾、大亚湾和珠江口海域的入海污染物总量控制工程。加强海洋生态建设与海洋保护区管理,切实保护海洋生物多样性,建立一批海洋资源和生态保护示范工程。

结语

海洋是富饶而未充分开发的资源宝库。海洋资源是人类共同的继承遗产。人类的可持续发展必然越来越多的依赖海洋,开发利用海洋资源对于我国的长远发展具有十分重大的战略意义。海洋资源勘探开发还处于初始阶段,人类详细调查勘探过的海域不超过海洋总面积达10%,许多海洋资源尚未被发现,许多已经发现的海洋资源还不能开发利用。海洋资源问题是长远战略问题,需要国家统筹规划。21世纪是海洋世纪,我们要用战略眼光筹划海洋资源的勘探开发,安排一些世纪性工程,摸清我国管辖海域的资源家底,制定出合理开发规划,走出国门积极利用世界海洋资源,为国民经济和社会的可持续发展提供资源基础和保证,为21世纪实现中华民族的伟大复兴做出更大贡献。

（《动态》2002 年第 5 期）

从国际公约看我国海洋生态溢油损害评估的相关法律问题

刘家沂

目前,就我国海洋溢油生态损害评估技术标准的确定问题专家之间存在很大争议,其中关于生态溢油损害索赔及评估标准是否符合国际公约的相关规定,有关专家提出以下观点:第一,我国批准加入的《1969 年民事国际油污损害责任公约》以及 1992 年议定书不承认将海洋生态损害列入油污损害的赔偿范围;第二,《1969 年民事国际油污损害责任公约》以及 1992 年议定书不承认评估标准依据模式推导的生态损害计算方法,其与国际公约的限制赔偿责任原则不符;第三,《1969 年民事国际油污损害责任公约》以及 1992 年议定书是限制赔偿责任的国际公约,我国关于海洋生态损害赔偿为实际损失赔偿,因而违背了国际公约的赔偿原则;第四,英国互保协会认为中国违背了国际油污基金管理委员会的《索赔手册》,对中国政府要求"塔斯曼海"案责任人赔偿海洋生态损失的做法强烈不满;第五,在中国尚未建立跟国际接轨的分摊损害油污基金的情况下,依据模式推导出来的生态损害计算方法尚不符合中国国情;第六,美国并非国际公约缔约国,参考美国油污损害机制确立我国生态损害计算标准,违背了对国际公约的履行义务。对于以上观点,笔者从学术研究的角度进行如下探讨。

一、从立法技术上来说,国际公约只是规定了赔偿原则,并没有对赔偿范围直接作出明确规定,而是交由各缔约国的国内法解决,我国关于海洋生态索赔的国内立法并不违背国际公约

严格的说,《1969 年民事国际油污损害责任公约》(以下简称"69 国际公约"或 CLC1969)第 1 条第 6 款关于"在运油船舶本身以外因污染而产生的灭失损害,并包括预防措施的费用以及由于采取预防措施而造成的进一步灭失或损害"的规定,并不能明确油污损害的赔偿范围。而《1992 年国际油污损害民事责任公约议定书》(以下简称"92 国际议定书"或 CLC1992)在前述条文的基础上增加了"对环境损害(不包括此种损害的盈利损失)的赔偿,限于已实际采取或将要采取的合理恢复措施的费用"

的规定,虽然显示出 CLC1992 对环境生态问题的重视,但公约仍然没有对赔偿范围作直接规定。

因此,从立法技术上来说,"69 国际公约"和"92 国际议定书",对污染损害的定义采用的是概括表述法,只是规定了认定污染损害的原则"因污染而产生的灭失或者损害"以及"已实际采取或将要采取的合理恢复措施的费用",然而对污染损害的赔偿范围没有作出列举,而是将"灭失或者损害"以及"合理恢复措施"的含义交由各缔约国的国内法解决,以回避对赔偿范围作出直接规定。加拿大、英国等缔约国都在本国的油污机制中对赔偿范围作了扩大公约赔偿范围的规定。在优先适用没有相应规定的前提下,根据普通法,我国《中华人民共和国海洋环境保护法》第 90 条第 2 款规定:"对破坏海洋生态、海洋水产资源、海洋保护区,给国家造成重大损失的,由依照本法规定行使海洋环境监督管理权的部门代表国家对责任者提出损害赔偿要求"的规定,将海洋生态列入油污损害的赔偿范围并不违背国际公约的原则。

二、运用模式计算方法对溢油生态损害进行评估,并非国际公约所否定的方法,也没有违背国际公约的限制赔偿责任原则

国际公约作为我国的法律渊源之一,当国内法与国际公约的规定不一致时,根据国际公约优先适用原则,按照国际公约的规定执行;但是国际公约没有相关规定时,只能按照国内法作为依据,因此对于海洋生态的索赔应按照我国《海洋环境保护法》的规定执行。基于从立法技术上,"69 国际公约"和"92 国际议定书"没有明确规定生态环境损害的评估技术应适用哪一种方法,因此我国运用模式计算方法对溢油生态损害进行评估,并非国际公约所否定的方法。海洋溢油生态损害评估技术标准是依法进行索赔时法院用以参考的技术手册,其本身没有法律效力。推导的结论属于法律依据,不影响油污责任人按照公约的规定申请责任限制。

再者,运用模式计算方法评估的结论作为生态损害索赔的依据,也并非与国际公约的限制赔偿责任原则不符。CLC1969 规定的限制赔偿责任原则是在严格责任制度前提下制定的,并且要求在缔约国登记载运 2 000 吨以上散装油类货物的船舶,必须持有《油污损害民事责任保险或其他财务保证书》,以作为对限制赔偿责任的缓冲。海洋溢油生态损害评估技术标准只是技术手册,模式计算方法评估的结果与法院认定的油污责任人应根据哪一种法律承担哪一种赔偿责任无关;因此,模式计算方法评估的结果属于环境侵权法律的证据范畴,与生态环境是否能够作为油污损害的赔偿范围,是否违反了国际公约关于限制赔偿责任的规定是两个不同的概念,不能一概而论。

国际上对环境损害提起的诉讼,包括不可恢复的环境损害赔偿的诉讼有增无减,许多国家在司法实践中也认可了这一请求(包括不可恢复的环境损害赔偿请求)。如

意大利在 1989 年"Patmos"案和 1991"Haven"案、澳大利亚在 1995 年"ok Tedi co"案中,都支持了原告的环境损害赔偿请求。在目前的司法实践中,仅凭现有科技手段,要确定一场油污事故所导致的海洋环境的受损程度及责任人应赔偿的数额,确非易事。但毫无疑问,海洋环境是油污事故的最直接的受害者,对其不予保护,不符合现代环保要求。据预测,我国海域可能是未来船舶溢油事故的多发区和重灾区,船舶油污事故给沿海生态环境带来的损害和风险在日益增大,我们不能因为其操作繁琐而回避该问题。模式计算方法标准的出台首先对认定生态损害的价值有了可操作性。

三、国际公约的赔偿原则在于保护油污责任人的合法利益,保障油污受害人的损失得到合理、充分的赔偿;限制赔偿责任只是国际公约赔偿原则的一部分,并非全部原则

谈到国际公约的赔偿原则,正是由于当时震惊世界的 TORREY CANYON 油轮溢油污染事故造成的巨大损失,国际海事组织才通过了"69 国际公约",其初衷并非保护油污责任人限制承担责任,更多地还是为了严格赔偿责任和保护油污受害人的合法利益得到充分、合理的赔偿。CLC1969 考虑到船舶航运事业的发展等原因,作出限制赔偿责任的规定,以适应船东的赔付能力。鉴于 CLC1969 并不能给油污受害人提供足够赔偿,而这种情况下有可能导致油污受害人的利益存在风险,于是 CLC1969 同时制定了强制保险的规定,并且,国际海事组织接着通过了关于《1971 年国际油污赔偿基金公约》(以下简称"71 基金公约"或 FC1971)。FC1971 的产生,是货主分摊油污损害原则的体现,在某种意义上,是 CLC1969 的延续,正如 FC1971 序言中所申明的,基金公约(FC1971)是责任公约(CLC1969)的必要补充。根据"71 基金公约"第 2 条第 1 款第(1)项,设立基金的目的是"在责任公约所不宜提供保护的范围内提供油污损害赔偿",因此,对于 CLC1969 否定的期待利益损失等损失,FC1971 原则上都予以赔偿。也就是说,赔偿基金对油污受害人不能按照 CLC1969 的规定得到全部或足够的损害赔偿时给予赔偿。CLC1992 在以上的基础上,作出了关于"船舶所有人故意造成或明知可能造成此种损害而毫不在意的个人行为或不为所致的情况下,则船舶所有人不能享受责任限制"的规定,以制约 CLC1969 限制赔偿责任[①]。因此,责任限制并非没有一定条件。以上均可以看出,"69 国际公约"和"92 国际议定书"的立法意图并非限制赔偿责任的国际公约,也不是实际损失赔偿原则,而是一个整体机制下的各个组成部分,不能以面概全的对待这个问题。

国际公约将赔偿范围交与各缔约国国内法解决。海洋生态索赔只能依据我国国

---

① 司玉琢,国际海事立法趋势及对策研究. 北京:法律出版社,2002

内法进行调整的。目前就我国海洋生态损害索赔的责任原则,应当依据我国《海洋环境保护法》第 90 条第 1 款的规定:"造成海洋环境污染损害的责任者,应当排除危害,并赔偿损失;完全由于第三者的故意或者过失,造成海洋环境污染损害的,由第三者排除危害,并承担赔偿责任。"和《中华人民共和国民法通则》第 117 条规定:"损害国家的、集体的财产或者他人财产的,应当恢复原状或者折价赔偿。受害人因此遭受其他重大损夫的,侵害人并应当赔偿损失。"以及其他关于环境侵权方面的规定予以确认。据此,对于海洋生态损害侵权行为,侵害人对其侵权行为所造成的损害,须承担全部赔偿的责任,即赔偿受害人的所有实际损失,属于全部赔偿原则。今后,我国油污损害赔偿机制建设如何确立海洋生态索赔的责任原则,可在以上内容的基础上进一步探讨。

四、国际油污基金管理委员会的《索赔手册》只是技术性文件,不是国际公约,在法律上没有约束力,它可以成为司法机构审理案件的重要参考,但不能成为审理案件的唯一依据

　　国际油污赔偿基金《索赔手册》虽然对赔偿范围作了细致的规定,可以接受的索赔包括清污操作、财产损失、相继经济损失和纯经济损失,以及环境资源的损失等,但该手册只是技术性文件,许多国家在审理案件时根本不考虑手册的规定,甚至拒绝以该手册作为审理的参考,仅根据本国的法律原则进行案件的审理。英国就是拒绝《索赔手册》作为法律依据的国家之一,例如英国在 LandcatCh 案中,原告的理由之一就是他们的索赔可以得到国际油污赔偿基金的支持,符合《索赔手册》的规定;但本案的 Cu11fen 和 Clerk 法官认为基金的规定仅是一种内部规定,不管实践中国际油污赔偿基金是否支持此种索赔,法院都不会考虑《索赔手册》的规定;Landcatch 公司将此案上诉至最高民事法庭枢密院,法官确认了一审确立的原则,认为普通法的规则不应改变①。

　　事实上,英国将"69 国际公约"和"92 国际议定书"分别转化为英国《1971 法案》和《1974 法案》,但英国法院否认《1971 法案》和《1974 法案》涉及赔偿范围的规定,而是适用普通法原则(国内法)解决赔偿范围问题。而《1971 法案》和《1974 法案》被英国《1995 商船航运法》取代后,英国法院判例认为,《1995 商船航运法》仍不能解决赔偿范围问题,因此在审理油污案件的赔偿范围时仍需根据普通法的原则处理②。所以说,英国首先就是一个选择性承认国际惯例,并且适用普通法优先原则的国际公约缔约国。对"塔斯曼海"案的生态损害索赔,英国互保协会的强烈不满是没有道理的。

---

　　①　(1999) Lloyd's Law Report Vol. 2 ,P316
　　②　(1999) Lloyd's Law Report Vol. 2 ,P322

五、我国海洋生态环境索赔机制建设仍然应主要参考现行国内法的相关规定,海洋溢油生态损害评估技术标准并不妨碍建立按照中国国情确定实际赔付金额的油污损害机制

据统计,我国沿海自1976年至1996年间,发生50万吨以上的重大油污事故就有44起,其中10起是外轮造成,但只有17起得到了赔偿;国际油污基金赔偿水平为每吨溢油34 000元人民币,我国平均每吨溢油赔偿2 600元人民币,前者是后者的13倍;另一方面,我国作为世界上仅居美国、日本之后的第三大石油进口国,海上溢油污染的威胁日益增强。鉴于以上国情,交通部也在组织相关课题进行研究,在我国确立强制保险和分摊基金的赔偿机制,在"71基金公约"还没有在中国大陆地区正式生效的情况下,该机制建立的主要法律渊源仍然是国内法,即以国内法作为主要法律依据(《海洋环境保护法》第66条"按照船舶油污损害赔偿责任由船东和货主共同承担风险的原则,建立船舶油污保险、油污损害赔偿基金制度。"),以国际条约、惯例、技术手册等作为参考。那么,在机制建立过程中,确立海洋生态损害作为油污损害的赔偿范围问题,以及海洋生态损害是否适用限制责任原则的问题,海洋生态价值与赔付实现问题,可以再根据我国国情进行探讨,海洋溢油生态损害评估技术标准并不妨碍按照国情确定实际赔付金额的机制建立。

船舶油污损害赔偿机制,目前国际上的主要类型有3种:即参加两个国际公约,按国际公约机制运作,如日本;本国立法建立机制,如美国;参加国际公约和本国立法建立机制并存,如加拿大[①]。根据国际油污赔偿的实践和交通部对我国建立油污赔偿机制的可行性研究,可以说在我国建立一个符合我国国情的赔偿机制是切实可行的[②]。生态损害索赔是近几年随着各国环保意识的逐步提高刚刚出现的,以我国加入的国际条约、国际管理上解决我国的生态问题是不现实的;从国情出发,从我国海域溢油灾害日益增加的角度,我国更应建立本国的海洋生态损害索赔机制。我国目前没有专门的油污立法,但是与油污赔偿相关的法律规定在《中华人民共和国民法通则》、《中华人民共和国环境保护法》、《中华人民共和国水污染防治法》和《中华人民共和国海洋环境保护法》等法律法规、司法解释中有部分规定。其中,新修订的《海洋环境保护法》从法律上为建立我国船舶油污损害赔偿机制奠定了基础[③]。因此,海洋生态损害索赔的机制建设应当主要参考我国现行国内法的有关规定予以确立。

---

① 劳辉《船舶溢油污染损害赔偿》
② 刘功臣《加快油污损害赔偿机制建立,完善船舶防污体系》
③ 刘功臣,《加快油污损害赔偿机制建立,完善船舶防污体系》

六、我国确定海洋溢油生态损害评估技术标准参考美国的油污损害机制,并非违背对国际公约的履行义务

美国没有加入任何国际公约,其关于油污损害赔偿范围的规定见于《1990 年油污法》。《1990 年油污法》的污染损害赔偿范围包括两个部分,第一是清除费用,第二是损害。可以索赔的油污损害包括了六个方面:自然资源损坏,动产或个人财产损坏,自然资源生活用途方面的损失而遭受的损害,税、费、收益,利润和赢利能力,公共服务费用。该法规定的范围大于国际海事委员会的《指南》中所列的范围,几乎包括了可以想象到的全部损失,极大地突破了原有的赔偿原则,包括所有为了恢复、复原、替代及因自然资源遭到破坏而需还原的费用,在未能还原恢复期间的自然资源的贬值损失,对该损害进行评估、计算、量化的合理费用等,对受害人的保护极为全面①。"69 国际公约"和"92 国际议定书"规定的损害赔偿范围和方法过窄,这是与其时代局限性分不开的,我国在制定海洋溢油生态损害评估技术标准时,可以参考任何一个具备较成熟的油污损害赔偿机制国家关于这方面的规定,当然也可以参考美国油污损害机制中的规定。海洋溢油生态损害评估技术标准与公约的赔偿原则不相背离,技术标准的进步,是具有时代意义的。至于每一油污事件的赔偿限额,应由有关方面专家结合我国国情而定,这与技术标准的认定无关。这也是与我国侵权行为法原则相吻合的,因为环境损害赔偿虽是特殊侵权责任范畴,但它同样要遵循全面、充分的赔偿原则,应对受害人的环境损害赔偿请求给予合理支持。因此,参考美国油污损害评估技术标准,并非违背对国际公约的履行义务。

(《动态》2006 年第 2 期)

---

① 宋家慧,参见《美国 1990 年油污法籍船舶油污损害赔偿机制及运行经验》

对基于生态系统的海洋
管理的一些思考

丘 君 李明杰

基于生态系统的管理(Ecosystem - Based Management，EBM)是新的资源环境管理理念。该理念尤其得到海洋学术界和海洋管理部门的关注和认可,美国、加拿大和澳大利亚等海洋大国均把 EBM 作为海洋管理的基本原则。EBM 对我国的海洋管理也有积极的借鉴作用。本文就 EBM 的内涵和基本原则、世界各沿海国海洋管理中的EBM 实践,以及 EBM 在我国海洋管理中的初步实践进行了介绍和总结,并在此基础上对改进我国海洋管理提出了一些建议。

一、EBM 的内涵和原则

EBM 是综合性的资源环境管理方法,其提倡通过管理包括人类在内的生态系统,实现保持生态系统健康和稳定,并保证其持续提供各种人类所需的服务。基于生态系统的管理与先前管理模式最大的不同在于:(1)前者认为人类及其活动也是生态系统的一部分,并强调通过管理对生态系统造成影响的人类活动来达到管理目的。而后者把人类和生态系统分成两个系统对待,更多的强调人类通过控制自然生态系统来达到管理目的;(2)前者能综合考虑所有人类活动及其对生态系统的现实影响和潜在影响;后者通常把各项人类活动独立开来,分别进行研究。

EBM 的核心原则可以简单概括如下:

1. 以生态系统特征定义的管理范围

基于生态系统的海洋管理的空间范围不是随意划定的,而必须遵循以下原则:(1)打破传统的由行政边界分割形成的管理范围,改变为根据生态系统分布的空间范围划定管理范围,保证每一个管理单元所包含的都是相对完整的生态系统;(2)管理范围本身具有多层次多尺度性。基于生态系统海洋管理的国家战略包含了国家的、区域的和地方的等不同空间尺度上的策略。

2. 管理目标的长远性和全面性

EBM 是目标驱动的管理,制定一个明确、合理的管理目标至关重要。管理目标必须具备长远性,符合可持续发展的原则;目标必须具备全面性,能考虑到所有相关方的利益所在,包括支撑经济发展、维持生态系统健康、满足社会需求等等。

3. 适应性管理

由于对海洋的了解很有限,社会、经济和生态环境又处在发展变化过程中,有可能导致管理措施实施的结果偏离预定目标的情况,必须(1)通过经常性的监测评价检验管理措施的有效性,及时发现并纠正结果偏离目标的情况;(2)在管理实施过程中为可能产生的不确定性做好预案。

4. 鼓励广泛的合作和参与

(1)海洋管理涉及渔业、矿产、交通运输、环保、旅游等行业和部门,要求涉海部门通力合作;(2)需要运用最可靠的科学知识(社会、经济、和生态)作为决策基础,要求跨学科、跨部门的科学家积极参与、集思广益;(3)海洋管理涉及不同团体的利益,比如,政府、渔民、旅游者、商人等等,鼓励所有相关利益者共同参与,以保证管理结果能最大限度的符合相关者的利益。

二、EBM 得到海洋大国的普遍重视

虽然从 20 世纪 90 年代才刚开始兴起,基于生态系统的海洋管理却迅速得到学术界、各海洋大国和相关国际组织的高度关注和认可。2002 年首届 APEC 海洋相关部长级会议上,各国部长就 EBM 在海洋管理中的积极作用达成共识。会议产生的 Seoul 宣言中呼吁用基于生态系统的方法管理国家和地区的相关海洋事务。澳大利亚、美国、加拿大等海洋大国以及欧盟等都在海洋发展战略中明确提出实施基于生态系统的海洋管理。

1998 年,澳大利亚颁布了《澳大利亚海洋政策》,使其成为世界上第一个专门针对海洋环境保护和管理制定国家级综合规划的国家。该政策的核心内容是倡导通过制定《区域海洋规划》并实施基于生态系统的海洋管理。

2003 年 3 月,美国国家海洋与大气局颁布了 2003—2008 年海洋战略计划,确定了从海洋和海洋资源管理到环境预报等诸多领域在 21 世纪的工作重点及其保障措施。该战略确定的第一个任务是:用以生态系为基础的管理方式,保护、恢复和管理好海洋和海洋资源。2004 年 9 月美国海洋政策委员会给总统和国会提交了国家海洋政策报告,在该报告中,EBM 被定为新世纪美国海洋管理的基本原则。2005 年 3 月,美国 204 位著名学术和政策方面的专家共同发表了题为《Scientific Consensus Statement on Marine Ecosystem – Based Management》的声明,指出解决目前美国海洋和海岸

带生态系统的遇到的各种危机的办法就是用基于生态系统的方法管理海洋①。

2002 年 7 月问世的《加拿大海洋战略》提出综合规划和管理人类活动,贯彻实施 EBM 的理念。该战略明确提出基于生态系统的海洋管理和保护措施对于保持海洋生物多样性和生产力具有十分重要的意义。

欧盟同样重视基于生态系统的方法在海洋管理中的应用。2002 年 5 月欧盟通过了关于在欧洲实施海岸带综合管理的建议,该建议提出了管理海岸带战略方法,方法的第一条提出:用基于生态系统的方法保护海洋环境,保护其整体性和功能,可持续地管理海岸带地区的海洋和陆地自然资源。

2002 年调整后的日本海洋政策基本构思中包含了 EBM 的思想,其中提到:海洋作为国民共有财产,让美丽、安全、充满生机的海洋代代相传;确保海洋开发和海洋环境保护的协调发展;从长远目光考虑,加强各部门在海洋开发利用政策上的协调与合作。

三、EBM 在我国的初步实践

目前,我国的海洋管理还停留在以地方行政管理和行业管理层次上,综合管理机制刚起步。这里包含了四方面的含义:(1)行政分割。我国的海洋管理是以行政地域分割的,我国的海岸和相应的海域被沿海县区级行政单元分割成 242 个部分、并由各县分别负责日常管理;(2)行业(部门)分割。在每个县级单元中,不同的海洋事务又分属不同的行政主管部门管理,海洋渔业归口农业部门管理,海洋交通归属交通部门管理(3)海陆分割。海洋管理中,海陆是分离的。通常以多年高潮线为标准划分海洋与陆地,即使是同一类事务,也可能因为发生在高潮线以上或者高潮线以下这种纯粹的位置的差别,而划归为不同部门管理。(4)海域使用管理作为一种综合管理模式已经实施。

尽管海洋资源可持续利用已经被列为海洋管理的基本原则和目标,但是在实际的管理工作中,我国的海洋管理还是以获取资源最大化为目的,可持续利用还只是一个兼顾发展的目标或者停留在规划文本上的蓝图。在我国目前的海洋管理模式下,EBM 远远没有成为指导海洋管理的基本理念,值得注意的是,在厦门等少数海域实施的海岸带综合管理模式和黄海大海洋生态系项目是我国海洋管理中为数不多的体现 EBM 理念的初步尝试。

---

① 执行摘要原文:The current state of the oceans requires immediate action and attention. Solutions based on an integrated ecosystem approach hold the greatest promise for delivering desired results. From a scientific perspective, we now know enough to improve dramatically the conservation and management of marine systems through the implementation of ecosystem – based approaches.

1. 海岸带综合管理

海岸带综合管理(Integrated Costal Management, ICM)形成于 20 世纪 70 年代初期,旨在用综合的方法对海岸带的资源、生态和环境实施管理,力求最大限度地获得综合利益的过程。海岸带综合管理体现了很多 EBM 的思想。比如,海岸带综合管理强调应该制定海岸带的综合发展规划,亦即制定管理目标;强调相关知识的综合、相关部门的合作,提倡相关利益者的广泛参与等等。

1994 年,国际组织的资助下,我国开始了 ICM 实验。我国政府和东亚海域环境管理组织等机构合作,在厦门市建立海岸带综合管理示范区。1997 年,中国又与联合国开发计划署合作,在广西的防城市、广东的阳江市、海南的文昌市进行海岸带综合管理试验。实践表明厦门的海岸带综合管理成效显著,是成功的范例。

ICM 和 EBM 理念都强调"综合",但是两个综合有所区别,ICM 强调的综合是指建立综合管理的体制和运行机制,EBM 强调的综合是指综合考虑生态的、经济的和社会的等因素,综合管理在完整的生态系统上的所有人类活动。

海岸带综合管理还远没有在我国得到推广,厦门示范区的成功得益于下面两大因素 (1)政府的高度重视,综合管理示范区处在市政府能控制各项相关事务的地域范围内,政府的强制和协调作用不可低估;(2)外部资金支持,包括联合国开发计划署在内的多个国家组织的资金和技术大力支持起了重要的作用。

2. 大海洋生态系统

大海洋生态系统(Large Marine Ecosystem, LME)是研究全球海洋生态系统过程中的区域划分,包括从河流盆地的沿岸区域和海湾到陆架边缘或到近海环流系统边缘的相对较大的区域。

大海洋生态系统的方法是全球尺度的海洋管理中的体现 EBM 的实践。自从大海洋生态系统被提出以来,科学家从生态系统和海洋管理的角度进行了大量的研究,海洋管理(主要是资源和环境管理)从行政区划管理走向生态系统管理。大海洋生态系研究计划倡导长期的、大尺度的管理。管理目标不仅包括大海洋生态系的产品(如鱼、虾、贝等)的可持续生产,还要使大海洋生态系的服务功能持续发挥(如营养盐循环、氧气生产、碳固定等)。已经启动的黄海大海洋生态系项目,主要由全球环境基金和美国海洋及大气管理局国家海洋渔业部资助,旨在以生态系统为基础,对黄海大海洋生态系统及其水域进行环境可持续管理和利用,推动地区可持续发展。

大海洋生态系统只是我国海洋管理的一种补充形式,不能成为海洋管理的基本模式。

3. 生态经济管理

杨金森等人曾深入探讨生态经济管理在海洋管理中的应用,该理念提出海洋生态环境管理应该采用生态经济管理的方法,形成管理范围区域化、管理内容系统化和管理体制网络化的管理模式。这种生态经济管理模式综合考虑了生态的、经济的和社会的因素,但是该模式并没有在我国海洋管理实践中得到应用。

四、对改进我国海洋管理的初步建议

联合国一直呼吁沿海国家实施综合的海洋管理,海洋综合管理是各沿海国海洋管理模式的发展方向。综合管理的实现需要建立的海洋综合管理体制。如果综合管理体制建立不起来,综合管理也就无法得到推广和有效实施。体制的变革是复杂的、艰巨的、长期的,也不是仅靠海洋主管部门推动或者涉海部门的合作可以实现的。目前我们国家还不具备全面实施基于生态系统的海洋管理的条件,但是,当前的海洋管理当中可以逐步引入基于生态系统的管理理念,为将来全面实现海洋综合管理奠定基础。为此,我国应当重视并适当开展以下方面工作:

1. 开展海洋管理单元区划研究

以自然生态系统特征划分的管理单元是 EBM 的基本特征和要求。简单的把我国海域划归为渤海、黄海、东海和南海四个海区显然过于粗略。海洋生态经济管理曾提出以海洋生态经济区为基础,把我国的自然海区划分为渤海、黄海北部、黄海南部、东海、台湾海峡、南海北部、北部湾、台湾东部和南部、西沙周围海域以及南沙群岛等10 个区域,实行分区而治。这种分区并没有生态系统的依据,更多的是根据地理空间特征进行的划分。需要在对我国海洋生态系统进行更为细致和深入调查研究的基础划分管理单元。

目前,我国正在开展近海生态系统调查和区划的工作,该工作将为划分海洋生态系统管理单元提供重要的依据。但是,近海生态系统区划还不能完全满足生态系统管理的需求。一方面,近海只是根据距离划分的一个不严格的地理单元,而海洋生态系统并不是按照离海岸线的距离划分的。另一方面,近海陆地生态系统和海洋生态系统并没有因为海陆界面的不同而分离,海陆之间相互作用的复杂的生态系统过程把海洋和陆地连接成为一个整体。

一般认为基于生态系统的海洋管理的管理单元应该包括一定范围的近海陆地和通常延伸到陆架边缘或到近海环流系统边缘的区域。海洋生态系统管理单元划分的依据应该包括:温度、溶解物、海流等海洋基本物理和化学特征;海洋生物,包括主要的动物、植物和微生物的组成、结构、数量、运动、生产力等生态学特征;物质和能量循环的特征;以及人类活动的干扰等等多方面。管理单元区划是一项庞大的基础性工程,需要综合多方面的科学力量共同完成。

2.确定科学的管理目标

基于生态系统的海洋管理是一种目标驱动的管理模式。海洋管理的目标应该体现出明确、综合、因地制宜和可持续的特点。"明确"是指海洋管理的目标不能过于笼统,除了"实现可持续发展"这种宽泛的长远目标之外,我们还需要制定能相互衔接的、具体的、阶段性发展目标。"综合"是指管理目标不能局限在传统的例如渔业资源收获、海洋矿产资源收获、旅游和海洋生物资源保护等单目标,而必须关注多方面利益的综合目标。"因地制宜"指的是应该针对每个管理单元,制定适应各自特点的管理目标。"可持续"指的是应该有广阔和长远的视野,确保阶段性目标与可持续发展的终极目标相衔接。

科学的管理目标还体现在不同层次的管理目标的一致性。把我国的海洋管理目标分为两个层次,首先是国家层面上的,比如,国家海洋局制定的国家海洋事业发展规划和目标。其次是地方政府层面的,比如各省市县的海洋经济发展规划。由于我国海洋管理体制上的"条块"分割,这两个层次的目标容易出现错位。具体操作实施海洋开发保护与管理的是沿海的省市县地方政府,实际上,地方政府部门更偏向于关注短期的、自身行政管辖范围内的、能短时间内突现的利益,而很少能真正关注生态系统对未来经济发展的长期的支撑能力等,而这些方面往往是国家层面的海洋管理部门所关注的。

3.建立和健全监测和评价系统

监测评价的目的是为了检验管理措施是否恰当有效。监测评价包括了两方面的内容:(1)为了解系统运行的机制和判断系统发展趋势的目的而进行的数据收集;(2)为判断管理目标和标准是否达到,而进行的关键变量的度量和评价。

目前,我国监测网下设渤海、黄海、东海和南海4个海区的环境污染监测网。这些监测网监测的重点分为三大类,以海水温度、盐度、海浪、潮汐、风暴潮等为主的海洋物理指标,以溶解氧、pH值、磷酸盐、硅酸盐和硝酸盐等为主的海洋化学参数,以及以重金属、油类、悬浮物等为主的污染物指标。这三大类指标远远不能满足海洋管理的需要,海洋监测和评价内容应该扩展,比如海洋生物多样性变化、海洋经济鱼类的生产能力,甚至某些重要海洋生态系统的结构和生态过程的变化等,都应该被列入监测和评价内容。

我国曾在20世纪50年代、80年代和90年代进行过大面积综合的海岸带和近海调查,这几次调查获得的信息成为研究海洋生态系统的重要一手资料,了解海洋生态系统更需要长期的不间断的监测数据,海洋调查不能取代海洋监测。由于人类活动的影响,海洋生态系统变化迅速,这也让海洋生态系统监测和评价工作变得紧迫。

4. 建立机构和部门之间的有效合作机制

涉海机构和部门之间的合作已经成为影响我国海洋管理政策有效落实的关键因素,也是我国实施 EBM 的基本保障。海洋管理关系到方方面面的事务,仅靠单一的涉海机构是没有办法实现的。在我国,同时有多个部门共同参与海洋管理,如果部门的合作协调问题没有解决好,海洋管理工作难有大的进展。以海洋自然保护区管理为例,海洋自然保护区通常受陆源污染、捕捞、旅游、航运等人类活动的影响,而这些活动分属几个不同部门管理,要管理好此类保护区,保护区的主管部门就必须协调多个部门的关系,但在当前的体制背景下,协调工作是困难的。

机制不畅通还体现在:(1)研究机构为海洋管理部门所起的决策咨询作用弱小。海洋科学研究机构应该为管理部门提供信息服务和决策咨询,目前研究机构所起的服务咨询作用非常弱小。没有科学家的广泛参与,海洋相关政策难免缺乏针对性和有效性。(2)科学研究机构之间缺乏坦诚的交流与合作。以信息资料共享为例,尽管信息资料共享已经被呼吁了多年,国家海洋行政主管部门也设立了相关的部门和制度,大力推进信息共享。但是,现实的情况还是调查研究成果难以共享,并由此造成对已有信息的不充分利用、大量的重复投资;(3)基层的海洋部门和上级主管部门之间缺乏沟通。基层的海洋管理部门是海洋管理的具体实施者,通过在第一线上的长年累月的工作,他们发现过很多问题,产生过很多想法,积累有很多经验,这些都是上级的科学决策所需要的。但是,由于自下而上的沟通机制不畅通,问题得不到及时反映,好的经验得不到及时推广。

5. 拓展公众参与的渠道

在现有的海洋管理体制下,公众的角色是"遵照执行",即使是与公众关系密切的政策措施制定过程,公众也少能参与。公众的意愿在政策中得不到及时反映,政策执行可能受到很大的阻力。既然海洋管理是为最广泛的利益相关者的利益服务的,相关政策措施也得听取最广大受益人的意见。时下兴起的听证会制度,领导见面制度等等,为公众提供了很多表达意愿的机会和渠道,未来,此类工作还得加强,交流渠道还得拓宽。

提到公众参与,不能不提到加强公众教育问题。公众利用和保护海洋的意识不提高,他们就不了解相关政策和切身利益相关性何在,就缺乏参与政策制定过程的积极性,也没有自觉维护政策有效实行的动力。需要进一步研究如何通过切实有效的宣传教育手段,提高公众的海洋意识。

实施生态化海洋管理的战略设想

刘 岩

一、生态化海洋管理的内涵

什么是生态化海洋管理(Ecosystem – based Marine Management,EBM),目前还没有统一的定义。概括来讲,应该是生态系统管理原则与方法在海洋管理中的应用。

与生态系统管理相关的术语有生态系统方法(Ecosystem Approach)、基于生态系统的方法(Ecosystem – Based Approach)、生态系统管理方法(Ecosystem Management Approach)、生态系统综合管理(Ecosystem Integrated Management)等,共同标准是,以科学为依据,以综合方式养护和管理自然资源。1995 年美国生态学会生态系统管理特别委员会对生态系统管理方法进行了较为全面和系统地阐述:具有明确且可持续目标的管理活动,由政策、协议和实践活动保证实施,并在对维持生态系统组成、结构和功能必要的生态相互作用和生态过程的最佳认识的基础上从事研究和监测,以不断改进管理的适合性。作为起源于自然资源管理,形成于 20 世纪 90 年代的生态系统管理理论,得到世界一些国家、国际组织的高度重视,并将其应用到管理实践中,作为管理的基本原则。目前在我国,主要应用于陆地自然资源和生态系统管理,如森林、草原、流域等。

人类对海洋进行某种方式的管理有几个世纪的历史,但现代海洋管理是第三次联合国海洋法会议之后在国际组织和沿海国家普遍开展起来的。作为国家行政管理的一个领域,现代海洋管理任务可以分为维护国家海洋权益、保护海洋生态环境和海洋资源管理[1]。海洋管理的方式方法很多,可以按行业、管理任务和管理手段分类。如海洋环境管理、海域管理、渔业资源管理、海岸带综合管理等都属于海洋管理的范畴。

近年来,国际社会越来越认识到必须有效管理影响海洋环境及其生态系统的人

---

① 杨金森. 现代海洋管理的任务是什么. 海洋发展战略研究动态,1998(6)

类活动,才能促进海洋及其资源的可持续发展。生态化海洋管理是管理影响海洋生态系统的人类活动,即通过与社会和经济目标充分结合的管理制度,以科学信息为基础,以自然地理/生态边界而不是政治地理边界为管理范围,以综合管理、适应性管理和预防性为基本原则,重视管理过程中人的因素,维护海洋生态系统健康、生物多样性和自然资源可持续性利用的全面管理方式和活动。相比较单个生物群落/资源管理而言,生态化海洋管理需要考虑到一系列相关的生态环境和人的因素,与社会选择密切相关,可视为是综合管理的一种发展,但更强调生态系统的影响,考虑生态系统的全部内容,具有区域性。

二、实施生态化海洋管理的必要性

（一）我国海洋生态系统的多样性和脆弱性决定必须对海洋生态系统进行有效管理,必须建立以生态系统为基础的管理模式

我国是一个海洋大国,18 000多千米的大陆岸线,6 500多个大于500平方米的海洋岛屿,近300万平方千米的管辖海域,纵跨温、亚热、热带三个气候带,具有黄海、东海、南海北部和南沙四个区域性特征明显的大海洋生态系统。每个大海洋生态系又包括大大小小的生态系统单元,包括湿地、珊瑚礁、红树林等,生物种类繁多,生物多样性丰度指数较高;丰富多样的海洋生态系统价值巨大。但除台湾东岸濒临太平洋外,其他各海域大洋之间均有大陆边缘的半岛和群岛断续间隔,外部大洋洄游性生物资源补充量少,海域生态系统具有明显的区域性和封闭性,造成物种对原始生境依赖程度高、生态系统抗干扰能力弱,资源承载力有限,生态系统脆弱性特征明显。海洋生态系统极易受到人类活动的干扰和影响,从而造成生态系统功能服务价值的下降。因此,必须广泛采用现代化的科学技术手段和研究方法,研究海洋生态化管理及相关问题,整体规划海洋生态系统,综合协调各种开发活动,提出相应的重大实施步骤和配套措施。

（二）我国海洋经济的快速发展要求海洋管理必须保护海洋经济赖以发展的生态基础,维护或提高海洋生态力

近年来,我国海洋经济发展迅速,2005年,海洋产业增加值占国内生产总值的4.0%,成为沿海地区经济新增长点,海洋经济区域布局已基本形成。海洋经济的发展目标是,到2010年海洋产业增加值占国内生产总值的5%,2020年将达到6%。届时海洋将成为我国的食品基地、能源基地和空间利用基地。但产业结构分析表明,海洋经济仍处于资源依赖型阶段,区域海洋生态经济系统呈现不和谐状态,新的生态环境问题不断出现,区域性海洋生态环境问题凸显。与20世纪80—90年代相比,我国海洋生态环境问题已进入大范围生态退化和复合污染的新阶段,海洋环境健康风险

不断增加,已成为影响食品安全、经济发展和人类健康的重要因素。大力发展海洋经济的现实需求以及海洋生态环境问题的严重性,必须统筹海陆一体化发展,推进生态化海洋管理模式,对各类海洋生态系统进行科学和有效的综合管理,保护和修复近岸海域生态系统和生态资源,维护或提升海洋生态力,形成与生态环境承载力相适应的开发格局。

(三)生态化海洋管理是国际海洋管理的发展趋势和要求

全球的法律和政策框架内若干国际文书都明确或暗含地提到海洋管理中采用生态系统方法[1]。第一项采用生态系统方法管理海洋的文书是 1980 年《南极海洋生物资源保护公约》它提出了保护海洋生物资源制度今后发展的基准。后来,1992 年联合国环境与发展会议(环发会议)从全球政策角度阐述了这个概念。《联合国海洋法公约》提出了海洋区域所有活动采用生态系统方法的法律框架。2002 年《约翰内斯堡执行可持续发展问题首脑会议的计划》鼓励各国在 2010 年之前采用生态系统方法并促进国家一级综合、多部门的沿海和海洋管理,包括援助沿海各国制定关于沿海综合管理的海洋政策和机制。近年来,许多区域组织已将生态系统方法纳入工作方案,还有一些区域组织正考虑这样做。美国、加拿大、日本等国家海洋政策都提出以生态系统为基础的管理原则,正在走向生态化海洋管理的新时期。2006 年联合国秘书长就海洋和海洋法向联合国大会第六十一届会议提交的年度报告第十章"生态系统方法和海洋",对生态化海洋管理及其方法进行了较为系统、前面的阐述,认为:"保护海洋生态系统是可持续发展的基本条件"。生态化海洋管理已成为国际海洋管理的新趋势、发展模式和必然要求。

(四)我国实施生态化海洋管理已具有一定的基础

目前,我国的海洋管理还停留在以地方行政管理和行业管理层次上,综合管理和分区管理刚起步,还不能完全实施以生态系统方法来管理海洋[2],但已具备了一定的实施生态化海洋管理的基础。

首先,近年来,党和国家高度重视海洋事业,海洋资源可持续利用已经被列为海洋管理的基本原则和目标,制定了系列相关法律法规和政策措施保护海洋生态环境,为实施生态化海洋管理提供了相关制度保障。国民经济和社会发展第十一个五年规划纲要中提出"根据资源环境承载力,……,推进形成国土开发主体功能区",为海洋实施分区管理提供了依据和要求;《海域使用管理法》提出了"海域使用权属审批制度、海洋功能区制度、海域有偿使用制度";《海洋环境保护法》更为明确地提出了生

---

① 《联合国秘书长报告——海洋和海洋法》,2006
② 丘君等. 对基于生态系统海洋管理的一些思考. 海洋发展战略研究动态,2006(3)

态环境保护目标和法律制度;《全国海洋经济规划纲要》提出"海洋经济发展规模和速度要与资源和环境承载能力相适应,走产业现代化与生态环境相协调的可持续发展之路";《全国海洋功能区划》提出了我国重点海域主要功能及其开发顺序。

其次,我国已在 18 个近岸海域生态监控区开展了生态监测,主要生态类型包括海湾、河口、滨海湿地、珊瑚礁、红树林和海草床等典型海洋生态系统,监测内容包括环境质量、生物群落结构、产卵场功能以及开发活动等;海洋环境已经初步建立了卫星、飞机和海洋环境监测网、站组成的全方位监控、多要素监测海洋生态环境立体监测系统,形成了有效的海洋监测、评价和预报预警能力。此外,旨在摸清我国海洋家底的"我国近海海洋综合调查与评价"项目的开展为实施生态化海洋管理提供了科学基础。

第三,以综合管理和区域管理为核心的生态化海洋管理试点示范工作正在开展。联合国环境规划署、全球环境基金、国际海事组织及东亚海管理机构等在福建厦门、广西防城港、海南文昌等地开展了海岸带综合管理示范工作,并取得了初步成效;目前正在实施的黄海大海洋生态系管理、南海生物多样性管理都是生态系统管理的理念与方法的应用。渤海地区三省一市建立了合作伙伴关系,开展跨区域的环境综合整治;长江三角洲、珠江三角洲正在开展区域合作,试图通过区域合作和互动解决区域内可持续发展问题。

三、实施生态化海洋管理的战略设想

(一)确定管理目标

实施生态化海洋管理首先要确定适宜的管理目标是。生态化海洋管理总体目标是维护或提高生态系统对海洋经济的支撑和服务能力——海洋生态力,实现海洋可持续发展。实施生态化海洋管理是个渐进过程,需要建立与国家经济社会发展需求相适应的阶段性管理目标。2010 年在海洋管理中全面采用生态系统方法,海洋政策中正式提出以生态系统为基础原则;2020 年,实现以生态系统为基础的区域化海洋管理,建立与生态化海洋管理相配套的法律框架和规划体系,对我国管辖海域生态系统实施全面、有效管理,被破坏的海洋生态系统功能得到恢复、重点污染海域得到有效治理,形成与小康社会建设相一致的海洋开发与管理新格局。

(二)界定管理范围和界限

生态系统具有层/等级结构,管理范围和界限的确定依管理目标和需要解决的问题而定,以生态系统为基础的管理单元区划是实施生态化海洋管理的重要内容。生态系统域界应该以国家辖区内海域生物地理和海洋学方面的特征为依据,同时考虑到现有政治、社会和经济分布,以期减少管理工作中的冲突和不一致。在此基础上,管理单元区划应该遵循海洋国土全覆盖原则、适度突破海陆界限和行政界限、自上而下的原则。从政策实施有效性和可操作性,建议构建国家(海区)和省二级管理单元。从国家层面建议将我国主张管辖海域划分为渤海、黄海、东海和南海四个海域开展总体规划,按照不同的管理目标和任务实施区域管理。在省级层面,在全国海洋生态系统管理框架下,建议将沿海省市有权使用管理的海域与相邻陆域,以生态系统功能为基础,进行一体化规划和布局,作为国家国土主体功能区划和未来修订海域功能区划的基础和依据。

(三)建立和健全综合管理体制、法规和政策

建立跨部门、跨区域的综合管理部门和合作机制是实施生态化海洋管理的关键和保障。分析国家现有法律和政策,建立和健全与生态化海洋管理相适应的法律法规体系。在理顺和制定现有海洋管理法律法规及其配套制度基础上,加快制定和出台实施《海岛法》,抓紧制定《海岸带管理法》,实现从海岸、海岛和管辖海域的全面管理;抓紧渤海特别区域管理立法工作。在现有海洋管理法律体系框架下,国家和沿海省市二级分类设计分区管理政策,制定切实可行的分区管理配套政策措施,其中建立区域生态补偿机制、海洋经济绿色核算体系,实施海洋生态资源资产化管理,体现海洋生态系统服务价值的政策体系尤为重要。

(四)开展近岸海域区域化海洋管理

为保障海洋经济的发展需求和实现海洋可持续发展的目标,在生态监控区、生态环境恢复区、污染物入海总量控制区、开发与保护示范区监控与管理基础上,开展海岸带的经济活动和开发规划对近岸海域生态系统的影响评价,重点是生态健康与安全评价及累积影响评价,在生态系统承载力范围内调整开发活动,规划布局,对全国近岸海域实施区域化管理。

为此,近期要开展以下工作:加强生态监控区的建设与管理,到2020年,力争建设成基本覆盖近岸海域的生态监控区,建立长时序、大范围的监控体系;优化监控指标,增加反映生态系统健康状态、生态系统过程和变化的指标体系,及时评估、预测、预报生态系统变化,采取调控措施;实施重点海域综合整治工程,推进重点海域污染物总量控制制度,实施重要受损海洋生态系统恢复工程;加强海洋保护区和特别保护区建设与管理;以渤海为例,开展生态化海洋管理前期研究及示范试点工作,及时总结经验与教训,推进生态化海洋管理进程。

(五)科学认识海洋生态系统、过程、功能和服务价值

生态化海洋管理是在对海洋生态系统的科学认识和理解上进行管理活动,科学信息是管理的基础。必须在现有研究的基础上,利用高科学技术手段和学科交叉方法,采取相应措施,加快对海洋生态系统及其相关管理问题研究。如在全国范围内建

立一些重点科学基地,制定生态系统管理研究计划,建立实验性生态学和观测系统,充分利用相关海洋调查和业务化监测体系数据信息,对海洋生态系统健康状况、功能和价值进行评估(包括风险评估)和预测,制定管理方案。

(六)建立科学综合决策机制和公众参与机制

生态化海洋管理是管理人类活动对海洋生态系统管理的影响,强调人是生态系统方法的一个重要组成部分。生态化海洋管理需要科学家与政治家的紧密合作,更需要生态系统内的管理者、公众和科学工作者的有效合作,共同在一种复杂的社会政治和价值框架内,综合有关生态学知识、统筹考虑人与生态系统之间的关系,通过科学的、综合的决策机制,在开发利用海洋的同时,维护或提高生态力,实现海洋资源的持续利用。在综合决策过程中要坚持适应性和预防性原则。通过多种公众教育方式提高公众利用、保护海洋、参与海洋管理的意识和能力,拓展公众参与海洋管理的渠道,真正使公众成为实施生态化海洋管理的重要力量。

(《动态》2006 年第 14 期)

"十一五"我国海洋环境质量变化趋势分析

郑淑英

海洋是全球生态系统的重要组成部分,是人类生产生活的重要空间。海洋环境作为海洋生态系统的支撑条件对海洋资源的开发和可持续利用起着至关重要的作用。保护海洋环境、维护海洋生态健康已成为海洋可持续发展目标之一。2006年是我国进入第十一个五年规划的开局之年,回顾"十五"期间我国海洋环境质量情况,分析"十一五"海洋环境变化趋势,提出政策建议是本文的主要目的。

一、"十五"期间我国海洋环境质量回顾

"十五"末的2005年,我国近海海域非清洁海域总面积13.928万平方千米,与"十五"初的2001年相比减少16.7%,五年中仅有两个年份海域污染面积减少,总体呈不稳定减缓趋势(如图1)。

"十五"期间,我国的四个海区中只有东海污染面积减少,2005年与2001年相比减少42%,其他三个海区污染面积均有不同程度增加:渤、黄、南海污染面积分别增加4.7%、37.98%和6.5%(如图2所示)。

虽然"十五"期间我国近海污染面积有所减少,但局部海域的污染程度却有所增加。全国海域的中、轻度污染面积有所增加,重度污染面积基本持平。全国海洋环境状况没有明显好转,污染扩大趋势未得到有效控制。

渤海在我国的四个海区中污染状况最为严重。"十五"末,渤海重度和中度污染面积之和由"十五"初的2081平方千米增至4660平方千米,增幅为124%(见图4)。长江口、珠江口、杭州湾邻近海域污染程度加重,监测海域生态系统均为不健康状况。

"十五"期间我国近海海域累计发现赤潮453次,赤潮年发现率为89.4次/年,"九五"期间共发现赤潮77次,平均发现率为15.4次/年。我国近海海域,"十五"期间共发现赤潮425起,是"九五"期间赤潮发现次数的5.52倍(见图5)。以上情况表明"十五"期间我国近海海域海洋环境质量没有明显好转,局部海域污染加重。

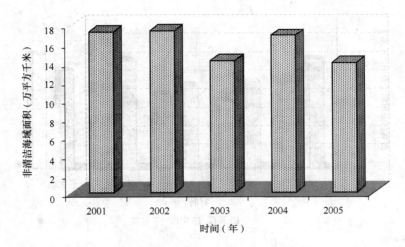

图1 "十五"期间全国非清洁海域面积变化情况

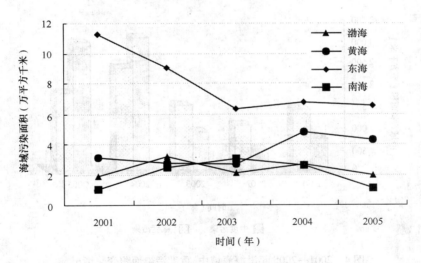

图2 "十五"期间年各海域污染面积变化曲线

二、造成近海环境污染的主要原因

陆源污染物大量排海,超标排污现象普遍,是造成近海环境污染的主要原因。据监测,陆源污染物持续增加已导致我国领海50%的海域受到污染。

2005年由28条主要入海河流排入海洋的污染物总量1 035.6万吨,其中长江532万吨,珠江201万吨,黄河69万吨,共计802万吨,占监测入海主要河流污染物入

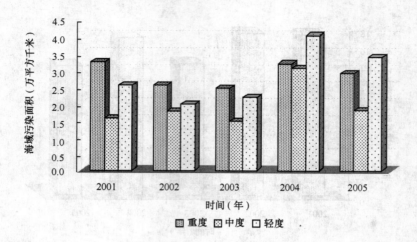

图3　2001—2005年全国海域污染程度对比

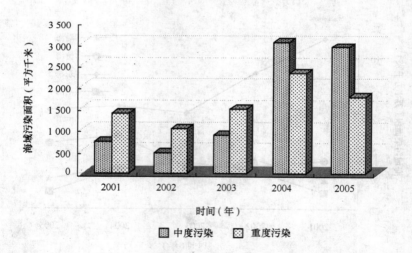

图4　2001—2005年渤海海域中\重度污染面积变化情况

海总量的78%。由岸边排污口排海(含部分入海河流)污水总量300多亿吨;主要污染物1463万吨,其中COD954万吨,占污染物总量的65%。2005年,国家海洋局对507个入海排污口进行监测,结果显示超标排污口426个,占总监测排污口的84%;排污口邻近海域严重污染区占82%,中度和轻度污染面积占13%,共占排污口邻近海域的95%。53个重点排污口评价结果,其中对海洋环境造成危害最大或较大的有30个,占排污口的56%(见图6),其中一半以上集中在渤海、珠江口和杭州湾,这是

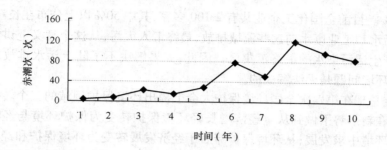

图 5　1996—2005 年全国赤潮发现次数曲线

造成这几个局部海域污染加重的直接原因。

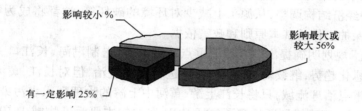

图 6　近岸排污口对海洋环境影响程度比例

　　除陆源污染外,海上排污及废物倾倒造成的污染也是不可忽视的问题。据《海洋工程环境保护和海洋倾废管理月报》数据统计,"十五"期间我国近海油气开发含油污水排海共计 35 447 吨,废弃物海洋倾倒量为 66 304.2 万立方米。由于严格执行国家海洋石油平台含油污水排放标准,各级海洋行政主管部门对倾倒区进行有力管理和监督,油气田周围海域环境质量基本符合功能区划的要求,倾倒区附近海域及底栖环境质量未有明显变化。

　　大气污染对海洋的影响也在逐步加大。监测结果表明,"十五"期间全国重点海域大气沉降通量和污染物在气溶胶中的含量呈增长趋势。

三、"十一五"海洋环境质量变化趋势分析

　　我国近海海洋环境质量变化主要取决于陆源污染物排海量。减少入海河流污染物排海数量、提高岸边排污口污水排放质量是减轻海洋环境压力、改善海洋环境质量的关键,其中长江、黄河、珠江三大入海河流水污染的治理最为关键。

　　长江、珠江、黄河三流域共经我国大陆的 22 个省和二个直辖市,沿江城市占据了中国城市总量的大部分,仅长江流域的城市在 1995 年就达 216 个,占当时全国城市

总数的 35%。目前全国化工企业共有 2 100 多家,其中 50% 以上分布在长江、黄河两岸。城市污水和工业废水向这些流域排放,最终汇入大海,从这个意义上讲海洋是接纳陆地生产生活污染水的最终汇集区。因此,如果解决不了陆上污水排放超标超量问题,海洋环境问题是无法解决的。

温家宝总理在第六次全国环境保护大会上提出环境保护领域的三个转变与四项任务,要求在新形势下做到从重经济增长轻环境保护转变为保护环境与经济增长并重,在保护环境中求发展;从环境保护滞后于经济发展转变为环境保护和经济发展同步,改变先污染后治理、边治理边破坏的状况;从主要用行政办法保护环境转变为综合运用法律、经济、技术和必要的行政办法解决环境问题,遵循经济规律和自然规律,提高环境保护工作水平。在温总理提出的四项任务中提到切实解决突出的环境问题,重点加强水污染、大气污染和土壤污染防治;加强生态保护、控制不合理的资源开发活动、加快经济结构调整,从源头上减少对环境的破坏等,这都将成为“十一五”期间国家环境保护工作的基本原则和政策依据。

“十一五”规划明确提出综合整治重点海域环境,遏制渤海、长江口、珠江口等近岸海域生态恶化趋势,继续对“三江、三河”进行重点整治,但对长江、黄河、珠江的治理没有作为重点治理流域,只将长江上游、黄河中上游的治理列入水污染防治的重点工程项目。“十一五”规划还规定了包括 COD 在内的主要污染物减少 10% 的约束性指标。实现这一硬性指标无疑对减少 COD 入海排放也会起一定的作用。根据“十一五”规划纲要的具体要求,严禁向江河湖海排放超标污水;加强城市污染水处理设施建设,全面开征污水处理费,到 2010 年城市污水处理率不低于 70%。这些无疑会对减少污染物排海总量起间接作用。

但是,鉴于从“十一五”规划纲要到目标实施需要一个过程,包括部门、项目等具体指标分解与设定等需要一定时间,且从以往规划编制、批复到实施存在一定时间差;另外,规划目标的实现受着国家经济、技术水平、资金筹措能力能制约,同时环境管理基本是以行政区为单元的管理机制下的地方保护主义的影响,由此带来的环境信息与时间障碍等多方面的因素,都是实现规划目标需要考虑的问题。对岸边污染物排放的控制,受水处理技术、设备及资金的限制等因素影响,减少岸边排放在短时期内难以要求过高。从上述情况分析,陆源污染物排海量在“十一五”期间应该会有所减少,从而使得海洋环境质量得到一定程度的改善。

四、对我国海洋环境保护工作的几点建议

海洋环境质量受海洋开发活动的影响,更与岸边活动与入海河流的排污有关。为落实“十一五”规划提出的综合治理重点海域环境、遏制渤海、长江口和珠

江口等近岸海域生态恶化趋势,恢复近海海洋生态功能、保护红树林、海滨湿地和珊瑚礁等海洋、海岸带生态系统的目标,依据温家宝总理的指示精神,我国的海洋环境保护工作可考虑在以下方面加强工作。

（一）加强重点海域海洋环境容量研究

《中华人民共和国海洋环境保护法》第 3 条规定:国家建立并实施重点海域排污总量控制制度,确定主要污染物排海总量控制指标,并对主要污染源分配排放控制数量。温总理在第六次全国环境保护大会上指出:实行污染物排放总量控制制度,是减少环境污染的"总闸门"。实行重点海域污染物排放总量控制制度是解决海洋环境问题、保护海洋生态健康的根本措施,在已有专项及重点项目基础上,继续开展如长江口、珠江口和渤海等重点海域海洋环境容量研究,为制定控制污染物总量排放制度提供科学依据。

（二）建立海洋环境保护区域管理协调机制

我国大陆海岸线 18 000 千米,沿岸陆域分属于 11 个省、直辖市、自治区,有着分明确行政界限;海域分为渤、黄、东、南海四个海区,每个海区都较明确的自然地理界限和水化气候特征成为独立的海洋生态体系;沿岸海域分布着珊瑚礁、红树林、海滨显地等多种生态系统,对海域的管理存在着行政与自然属性的矛盾,海洋环境问题与海洋开发问题一样是跨区域、跨行政部门的事情。建立重点海域环境协调机制,是解决重点海域环境问题的可行途径。

（三）建立重大海洋环境事故通报机制

海上环境事故是造成海洋环境污染的一个突发性因素,如海洋油气开发、船舶碰撞等发生的溢油;海水富营养化引发的赤潮等,是造成海洋环境污染或二次海洋环境污染的重大事件,对这种环境事故及时发现、及时处理是减小污染的必要措施,但是由于行政管理,邻近海域基本以省区为管理单位,海上部门又归各产业企业部门管理,因此在省区间、部门间的信息沟通上存在一定障碍,使得污染事故不能及时得以通报相关部门及地区,导致处理时机延误等问题。目前,海上环境事故基本是靠新闻媒体传播,尚未建立一种常规性业务性的通报制度。对于沿岸人口密集、产业密集的渤海、长江口、珠江口、杭州湾等海区,建立区域海洋环境事故通报机制,将污染事件造成的危害减小到最低程度。

（四）研究和探讨海上排污收费制度及排污权交易制度等问题

扩大排污费征收范围,适当提高标准。我国目前执行的海洋倾倒收费标准仍是1992 年国务院制定的标准,至今已执行 15 年之久,倾倒费收费标准未进行调整。随着海洋开发活动形式的增加,制定新增海洋工程建设项目等排污收费标准,同时加大对海上违反法律法规行为的处罚力度,更好地以经济手段促进企业推进清洁生产技术,减少废弃物的海上倾倒或排放。

(《动态》2006 年第 5 期)

关于完善溢油污损海洋生态索赔诉讼制度的建议

刘家沂

近年来,海上溢油事件日益增多,已经成为威胁我国海洋生态安全的主要原因之一。溢油污损事件发生后,针对海洋生态环境被破坏的情况,除采取必要的应急措施以外,利用法律手段保证污染责任人承担污损责任以维护国家利益也是十分必要的。2000年4月1日实施的新《中华人民共和国海洋环境保护法》(以下简称《海洋环保法》)第九十条第二款规定"对破坏海洋生态、海洋水产资源、海洋保护区,给国家造成重大损失的,由依照本法规定行使海洋环境监督管理权的部门代表国家对责任者提出损害赔偿要求",从而正式确立了海洋环境监督管理部门对海洋生态污损责任人的索赔权。

与其他权益相比,生态权益的公益性特点明显;生态学关系的调整已经超越了法律公平正义的局限,其必须适应社会发展的规则。因此,完善污损海洋生态索赔诉讼制度,对于保护海洋生态环境,维护全民族共同利益是有重要意义的。本文拟从我国处理溢油污损海洋生态事件入手,对完善法律制度、促进相关管理工作提出几点建议,以供参考。

一、溢油污损海洋生态事件的处理方式分析

(一)典型案例

1. 巴拿马籍货轮"曼德利"号沉船溢油事故

1992年10月3日,巴拿马籍货轮"曼德利"轮在渤海中部驶往天津港途中沉没,导致大量燃料油泄露,在渤海中部发生了大面积的污油漂移,产生了严重污染损害。国家海洋局北海分局经过科学估算,在确定溢油量和直接渔业损失后,提出人民币赔偿额1 081.07万元的索赔要求,经过长达两年的谈判,原告获赔。

2. 珠江口"闽燃供2"号溢油环境污染损害案

1999年3月24日,台州东海海运"东海209"轮与中国船舶燃料"闽燃供2"号在

伶仃岛与淇澳岛之间海域相撞,所载的 1 032 吨重油大量泄露入海,致使珠江口伶仃洋西海域水质和潮间带生态受到严重破坏,受灾面积达 380 平方千米。珠海市环境保护局以主张恢复海洋环境原貌为由诉至法院且最终胜诉。

3. 渤海湾"塔斯曼海"溢油污损海洋生态索赔案

2002 年 11 月,满载原油的马耳他籍"塔斯曼海"油轮与中国大连船舶"顺凯 1 号"在天津大沽锚地东部海域发生碰撞,造成大量原油泄露,原油在海面形成了长 4.6 千米、宽 2.6 千米的漂流带,严重破坏渤海生态。2002 年 12 月,天津市海洋局代表国家向天津海事法院提起诉讼,要求该轮船东英费尼特航运有限公司、伦敦汽船互保协会对溢油造成的海洋生态污染损害进行赔偿,从而拉开了国内首起涉外海洋生态环境民事索赔案的序幕。经过 6 次公开审理,2004 年 12 月 30 日,天津海事法院一审判决天津市海洋局胜诉,被告赔偿海洋环境容量损失等费用 995.81 万元人民币,原告的其他五项索赔要求不予支持。由于原被告双方均不服该判决,上诉至天津市高级人民法院。

(二)处理方式及存在的问题

1. 谈判是过去解决问题的主要方式

在新《海洋环保法》出台之前,谈判是解决溢油事件的主要方法,其特点表现为解决争议的时间较长,往往久而不决,最后成为遗留问题。

2. 职能重叠或分散可能会导致国家利益得不到有效的维护

职能重叠或分散问题表面上是部门与部门互相调整的关系,但如果协调处理不当,则可能对国家或人民的重大利益带来损失。例如"闽燃供 2"号溢油事件,珠海市环境保护局提起诉讼主张恢复海洋环境原貌,那么海洋行政管理部门是否应同时主张海洋生态损害索赔? 恢复海洋环境原貌权与海洋生态损害赔偿权,在法律上属环境权益的两种概念,在行政管理上分属两家不同部门,分别索赔不但对溢油责任人显失公平,而且造成行政部门时间、精力上的巨大浪费。还有,以"塔斯曼海"为例,案发后,按照惯常的程序,肇事船只要向天津市海事局办理完罚款和缴纳清污费后,就可以正常离开,因为海洋生态维护,并非海事管理部门的职能所在。该案若非天津市海洋局及时提起生态环境损害索赔之诉,那么将会给国家造成巨大损失。

3. 海洋溢油生态损失评估技术不成熟

中国海洋溢油生态损失评估方面唯一有记录的一例就是"塔斯曼海"案。目前,负责对"塔斯曼海"生态损害价值评估的北海监测中心现已开始推广其海洋溢油生态损失评估技术成果,这是我国海洋科技事业的重大进步,也是"塔斯曼海"案带动的另一进步,但从技术完善的角度上仍有待于进一步提高。

4."塔斯曼海"案的上诉暴露出索赔诉讼制度存在的问题

"塔斯曼海"案是新《海洋环保法》实施以后,国家海洋局在法律制度框架内委托沿海地方人民政府的海洋行政管理部门,提起的首例涉外海洋生态侵权损害民事索赔案。"塔斯曼海"案的上诉,从表面看,双方的焦点主要是海洋生态价值评估的认证问题,即海洋生态侵权损害赔偿民事诉讼的证据制度问题,其实更深层次的说明了目前我国该诉讼制度不健全的问题,包括了实体法的适用问题、责任倒置和因果推定理论在生态范畴的适用问题、以及行政机关作为民事诉讼原告的主体资格问题等。

二、完善海洋生态侵权民事索赔诉讼制度的建议

(一)确立生态学法律范畴的四大特殊原则

1. 举证责任倒置原则

根据《中华人民共和国民事诉讼法》第六十四条第 1 款"当事人对自己提出的主张有责任提供证据"的规定确立了我国民事纠纷的证据制度"谁主张谁举证"的原则,基于这一原则民事诉讼举证责任为主张诉讼的一方承担。然而,生态环境侵权损害事件的特点决定了此类民事索赔诉讼不宜适用"谁主张谁举证"原则,因此在《民事诉讼法》无明确规定的情况下,最高人民法院于 1992 年 7 月 14 日发布《关于使用〈中华人民共和国民事诉讼法〉若干问题的意见》第七十四条规定,因环境污染引起的损害赔偿诉讼中,对原告提出的侵权事实,被告否认的,由被告负举证责任。这就是通常所讲的举证责任转移或举证责任倒置原则,美国、日本、德国都在环境权领域做出过这一原则的法律规定。根据该规定,我国海洋生态环境侵权民事索赔诉讼应首先确立该原则,从而保障原告的利益及赔付实现。

2. 因果关系推定原则

侵权的因是指行为,果是指事实,因果关系则是指侵权行为与损害事实之间的关系。一般侵权损害认为,侵权行为与损害事实之间一定具有必然的因果关系才能导致损害赔偿的成立。但是,由于海洋生态侵权损害事件本身具有复杂、多变的特点,再加上有害物质迁移、扩散、复合、转化等因素,即使运用高科技手段也难以准确得出因果关系的结论。鉴于此,最高人民法院于 2001 年出台的《关于民事诉讼证据若干规定》的第四条做出以下规定:"因环境污染引起的损害赔偿诉讼,由加害人就法律规定的免则事由及其行为与损害结果之间不存在因果关系承担举证责任"。因此,环境侵权的因果关系应采取"原因推定理论",即造成环境损害的责任者要免除责任就应当举证其行为与环境损害事实之间没有因果关系。

3. 赔付实现原则

一般意义上,危险责任论是以公平原则为基础,不以主观心理为必要要件,而以

客观行为是否创造了危险为责任构成,其基本思想在于不幸损害的合理分配。该理论已经成为环境侵权民事责任的核心归责原则,指导着环境损害赔偿的进行。在危险责任论下,环境侵权行为只要造成环境利益的危险状态,加害人即须承担赔偿责任。赋予责任人更多的举证责任与注意义务,能够平衡责任人与受害人之间的地位关系,利于环境侵权民事赔偿的实现,同时也给加害人形成压力,有利于实现预防损害发生的效果。关于赔付实现原则,可以借助国际条约规定之责任限制得以实现。国内油污基金的设立,今后应作为海洋生态侵权索赔的最终义务承受人保障赔付的最终实现。

4. 惩罚性赔偿原则

生态侵权是指由于人类活动所造成的环境污染和破坏,以至于危害环境权益及人类生存和发展的侵权行为。国内通说以为民事侵权行为的构成需具备四个要件:行为人主观上有过错,行为的违法性,损害事实存在,违法行为与损害结果之间有因果关系。但在生态侵权损害中,不要求责任人的侵权行为在主观上有过错;另一方面,虽然生态损害并非全由违法行为而引起,但毕竟已经造成特定或不特定人的环境权益的损失,如果不要求其赔偿,而是将责任转嫁给国家,势必有悖于公平、正义原则。环境侵权行为的构成,不要求行为的违法性,此即"合法侵权行为"。因此,生态侵权损害赔偿应当确立不同于传统侵权损害的特别原则,即惩罚性赔偿原则和赔付实现原则。虽然环境侵权归责以危险责任论为基本理念,不问责任人是否有过失,但是如果不加区别,也不符合法律的基本价值取向。因此有必要对有过失的生态侵害行为施以更重的责任,予以惩罚性赔偿,这将给予事业经营者更多的谨慎、注意义务。

(二)调整适用国际条约的有关实体法规定

1. 缔约情况

《1969 油污损害赔偿民事责任公约》(以下简称《69 公约》)、《1971 年设立国际油污损害赔偿基金国际公约》(以下简称《71 基金公约》)分别于 1975 年 6 月 19 日和 1978 年 10 月 16 日生效。《69 公约》和《71 基金公约》生效后,为了适应社会的发展,国际海事组织三次对《69 公约》和《71 基金公约》进行修正,通过了《69 公约》的 1976 年议定书、1984 年议定书和 1992 年议定书,《71 基金公约》1976 年议定书、1982 年议定书和 1992 年议定书。三个议定书不同程度扩大了公约的适用范围并提高了赔偿限额。《69 公约》和《71 基金公约》的 1984 年议定书由于生效条件严格最终没有生效。而 1992 议定书的实际内容与 1984 年议定书虽然相同,由于放宽了生效条件,因此于 1996 年 5 月 30 日正式生效。由于原《69 公约》和《71 基金公约》的部分缔约国没有参加《69 公约 1992 年议定书》和《71 基金公约 1992 年议定书》,所以《69 公约》和《71 基金公约》仍然有效,但是《69 公约 1992 年议定书》和《71 基金公约 1992 年议定书》逐渐替代了前两个公约,为越来越多的国家接受。我国是《69 公约》和《69 公约 1992 年议定书》的缔约国,但是我国没有参加《71 基金公约》和《71 基金公约 1992 年议定书》,只在我国香港特区从 2000 年 1 月 5 日起生效。

2.《69 公约》的有关规定

(1)对"油类"进行了规定:"指任何持久性烃类矿物油,例如原油、燃油、重柴油和润滑油,不论作为货物装运于船上,或是作为这类船舶的燃料";

(2)对"污染损害"的规定:"①由于船舶泄漏或排放油类,而在船舶之外因污染而造成的损失和损害,不论这种泄漏或排放发生于何处,但是,对环境损害的赔偿,除这种损害所造成的盈利损失外,应限于已实际采取或行将采取的合理复原措施的费用;②预防措施的费用和因预防措施而造成的进一步损失或损害";

(3)对"赔偿范围"的规定:油污损害应分为三大类:即清除和防污措施费用、间接损失和纯经济损失、自然环境损害;其中,溢油对海洋生态污损部分包含在自然环境损害中。

3. 法律冲突

《69 公约》和《71 基金公约》的适用范围过窄,仅适用油轮和持久性烃类矿物油产生的污染损害,对于货轮、海上设施、海岸设施、港口等可能导致的油污染没有涉及,对于持久性矿物油以外的油类污染也不适用,而现实中,存在大量此类污染事故。以 50 吨以上溢油事故为例,1978 年至 1996 年的 20 年间,我国共发生溢油污染事故 39 起,其中货轮事故 19 起,从比例来看,油轮与货轮发生油污染事故的比例相当。虽然国际上已经注意到船用燃油造成海洋环境污染的严重性,已经通过有关燃油污染损害的民事责任公约,但是公约的生效和实施需要一个较长的时间,况且对海上设施、海岸设施和码头导致的油污染损害,仍缺乏法律调整。

另外,虽然公约对自然环境损害进行了一些原则性的规定,但未给出详细的操作办法。英法等国是依据司法案例对溢油损失进行评估,我国司法体系与英法等有较大不同,且缺乏司法案例,客观上对海洋溢油生态损害评估技术提出了更高要求;主要缺乏指导海洋溢油对环境与生态损害评估的技术性文件,以及对海洋溢油的环境与生态损害评估内容、程序及方法,也缺少实际案例进行充分研究,导致诸多溢油事件无法得到有效的索赔,造成了我国海洋生态资源的巨大损失。

4. 责任限制

《69 公约 1992 年议定书》规定了船东的"油污赔偿限额":①不超过 5 000 总吨的油船油污赔偿限额为 300 万"特别提款权"(SDR);②超过 5 000 总吨以上的油船,每增加 1 总吨,增加 420 个 SDR 计算;③但无论任何情况,船东油污赔偿总额不得超过 5 970 万 SDR;也就是说,加入《69 公约》的船舶享有责任限制权利。我国新"海洋环保法"第六十六条规定:"国家完善并实施船舶油污损害民事赔偿责任制度;按照船舶油污损害赔偿责任由船东和货主共同承担风险的原则,建立船舶油污保险、油污损害赔偿基金制度。实施船舶油污保险、油污损害赔偿基金制度的具体办法由国务院规定。"虽然此条款中的《油污损害赔偿基金》已在我国确立,但根据事实情况,在海洋生态项下,还必须将条款予以细化并协调部门之间的职责,明确油污基金是否作为生态赔偿的最终义务承受人。

(三)确立生态侵权民事索赔诉讼的原告主体资格

海洋溢油生态侵权事件本身具有不同于一般民事侵权行为的特点,因此在损害赔偿诉讼主体上决定了原告的身份要么是代表国家利益或者大多数受害个体利益的行政机关、要么是代表个人利益的自然人或法人组织,而被告则一定是以赢利为目的的非行政机关组织。根据我国国内法的现行规定,无论谁作为海洋生态侵权损害赔偿诉讼的原告都存在主体不适格的问题,原告主体不适格最直接的后果就是导致诉讼灭失。研究适格的原告主体是建立海洋生态侵权损害制度的一个重要环节。

1. 必须依法确立行政主管机关提起诉讼的主体资格

民事诉讼程序是解决非行政机关平等主体之间因财产关系和人身关系产生的民事纠纷,而中国目前的海洋生态侵权损害赔偿诉讼都是具有执法特权的行政机关向非行政机关组织提起的民事诉讼。行政机关和非行政机关之间的纠纷不是民事诉讼法管辖的范畴,不符合民事诉讼法的基本原则,这样势必使原告与被告不能站在平等的地位上进行举证和抗辩。新《海洋环保法》第九十条确立了行政主管机关作为国家代表人的身份享有要求损害赔偿的权利,但是该法没有明确规定行政主管机关可以作为国家代表人的身份提起损害赔偿民事诉讼的规定。因此,尽快完善行政主管机关的起诉权是规范主体资格的基础。

2. 明确自然人或法人组织对海洋生态不具备主体资格

海洋生态侵权的责任人一旦造成生态的破坏必然不只是对一到两个自然人或法人的小范围损害,而是对不特定区域内的多数人群造成了损害从而产生直接或间接的利益损失。根据我国《民事诉讼法》第一百零八条的规定"原告是于本案有直接利害关系的公民、法人和其他组织",这一条款规定了原告的起诉资格,也就是说公民、法人或其他组织,必须是为了自己的利益才能起诉,而不能为了与自己有间接利害关系的社会、公众和他人的利益去起诉。因此,自然人或法人组织对大气、水域、海洋、风景名胜区等环境元素没有所有权和排他使用权,即被认为是与本案无直接利害关系,进一步说就是没有起诉资格。简单的说,也就是受到污染损害的渔民可以向被告索赔直接经济损失,但是没有权利向被告索赔间接的生态环境损失。

三、完善溢油污损海洋生态管理工作的几点建议

解决这些问题的关键仍在于政府首先应加强管理工作，强化社会维护海洋生态的意识，从而使得用海人自觉降低或减少海洋开发所产生的生态损害。既然"塔斯曼海"案从实践角度奠定了国家海洋局代表国家要求生态索赔的行政职能，那么应立即着手加强海洋生态侵权的管理工作。

（一）确立国家海洋局关于海洋生态环境损害索赔的行政职能

根据新《海洋环保法》第九十条的规定和"塔斯曼海"案，奠定了国家海洋局代表国家行使生态索赔权的法律地位，但是新《海洋环保法》第五条关于我国海洋环境监督管理部门职责的划分，国务院环境保护行政主管部门、国家海洋行政主管部门、国家海事行政主管部门都负有海洋环境监督管理职责，因此无法界定海洋生态索赔权的国家义务承受人。海洋污染事件具有复杂多变的特点，遇到具体案件再分辨行政职责划分显然不恰当，事发突然的话还会影响执法权威性，更容易出现行政漏洞，造成国家利益受损。国家海洋局应以"塔斯曼海"案的实际工作经验，建议国家有关立法部门将"海洋环境监督管理权的部门"这一概念细则化具体化，这样不仅有利于职能划分、集中管理，也有利于将来更好的参与诉讼工作。

（二）尽快建立海洋生态环境损害索赔的工作机制

据不完全统计，2000年4月—2002年12月我国海域的溢油污染事件约为50起，然而"塔斯曼海"案起诉的时间是2002年12月，新《海洋环保法》已经正式实施二年零八个月，在这一时间内只有"塔斯曼海"案就海洋生态损失提出了索赔要求，一方面说明海洋环境监督管理部门贯彻实施新《海洋环保法》的力度有待于进一步加强；另一方面说明目前我国溢油生态损害索赔的机制还没有建立起来。目前，应尽快组织专家进行研讨，建立起一套行之有效的工作机制，以应付我国海洋日趋严峻的生态破坏情况。

（三）制定国家海洋局对地方海洋行政管理部门的工作指导办法

"塔斯曼海"案一审判决书中明确指出："中华人民共和国领海内的海洋资源属于国家所有……中华人民共和国国家海洋局是海洋行政主管部门，对海洋生态损害责任人具有索赔权。国家海洋局依法将索赔权授予原告（天津市海洋局），代表国家就污染事故所造成的海洋环境损害向两被告行使索赔权符合法律规定。"由"塔斯曼海"案说明，国家海洋局和地方海洋行政管理部门就海洋生态环境索赔权的法律关系应属于委托关系，因为地方海洋行政管理部门的索赔权来自国家海洋局的授权，因此国家海洋局应尽早制定《关于海洋生态侵权损害索赔的工作指导办法》，其中除包括委托办法、参与诉讼工作办法外，还应包括海洋生态发生应急处理办法、赔偿金的管

理和使用办法等,以规范未来海洋生态环境损害的管理工作。

　　(四)组织专家为"塔斯曼海"案的上诉审提供支持依据

　　2004 年 12 月 30 日,天津海事法院一审判决天津市海洋局胜诉,被告赔偿海洋环境容量损失等费用 995.81 万元人民币,但是原告的其他五项索赔要求不予支持。双方的焦点主要是海洋生态价值评估的认证问题,实体法的适用问题、责任倒置和因果推定理论在生态范畴的适用问题。建议国家海洋局作为天津海洋局的委托人,即"塔斯曼海"案事实原告人,应尽快组织各方面的专家投入该工作,为"塔斯曼海"案的上诉审提供支持依据,协助天津市海洋局赢得该案的上诉,以维护国家权益,保障国家利益的最终实现。

(《动态》2005 年第 6 期)

我国海洋自然保护区存在的主要问题及对策建议

刘 岩 丘 君

海洋是人类社会可持续发展的战略资源基地,海洋生物资源价值巨大。中国海域辽阔,海岸线漫长,海洋环境多样,其海洋生物资源在世界上占有重要地位。随着海洋开发利用强度日益增大,中国生物资源和海洋生态环境面临严重威胁。为保护海洋生物资源和特殊生境,我国建立了海洋自然保护区制度,依法把一定面积的海岸、河口、岛屿、湿地或海域划分出来,进行特殊保护和管理。研究和实践证实,建立自然保护区是保护海洋生物资源和海洋自然环境的有效途径。

一、我国海洋自然保护区发展现状

我国的海洋保护区建设最早可追溯到 1963 年在渤海海域划定的蛇岛自然保护区(1980 年升级为国家级海洋自然保护区)。到目前为止,我国已经建立了包括国家、省、市、县级的海洋自然保护区 108 个,总面积达 7.69 × 10⁶ 公顷(不含台湾、香港和澳门),这些保护区分属海洋、林业、环保、农业、国土等部门管理。

依照我国自然保护区分类,我国海洋自然保护区分为 6 个类型(表 1)。其中海洋和海岸带生态系统保护区数量最多,共 54 个,占总数的 50%,野生动物类保护区面积最大,共 6.2 × 106 公顷,占海洋自然保护区总面积的 82%。

表 1 海洋自然保护区类型、数量和面积

类 型	个数(个)	面积(公顷)
古生物遗迹	2	3 217
野生植物	2	9 000
湿地和水域生态系统	5	91 275
地质遗迹	7	14 348
野生动物	38	6 225 307
海洋和海岸带生态系统	54	1 350 009
合计	108	7 693 156

二、我国海洋自然保护区存在的主要问题

(一)管理体制制约保护效率

我国自然保护区管理体制比较复杂,综合管理、分部门管理、分级管理并存。综合管理是指由国家环境保护总局负责全国自然保护区的综合管理;分部门管理是指林业、农业、国土资源、水利、海洋等有关行政主管部门在各自的职责范围内,主管相关的保护区;分级管理是指我国把保护区划分为国家、省、市和县4个级别,根据保护区级别,由所在地的省、市或县的行政主管部门负责日常管理工作。如此复杂的管理体制被认为是制约保护区管理和保护效率的重要因素之一。作为自然保护区的一部分,我国海洋自然保护区存在类似的问题。

海洋自然保护区主管部门有海洋、林业、环保、农业、国土等(表2),其中海洋部门管理的保护区类型比较全面,其主管的保护区数量占40%,面积占70%。各部门都有自己的管理体制、经费来源,都在积极发展隶属于本部门的保护区,由此造成相互竞争、重复建设、各自为政、整体效率低下;由于受到部门体制的制约,综合管理部门与具体主管部门之间缺少主动的沟通和协调,综合管理部门也很难对各部门的自然保护区在宏观决策、政策指导与监督检查方面有所作为。导致无论在国家层面还是在省市层面,都难以实现保护区建设的统一规划。

表2　海洋自然保护区分部门管理

主管部门	个数(个)	面积(公顷)
海洋	42	5 326 445
农业	9	1 002 096
环保	18	725 938
林业	29	584 306
国土	8	49 411
其他	2	4 960
合计	108	7 693 156

分级管理体制下(表3),包括国家级自然保护区在内的各级自然保护区都由地方政府的相关行政主管部门负责管理。相关部门在自然保护区内设立专门的管理机构,配备专业技术人员。保护区管理机构在业务上受上级行政主管部门管理,而在行政上受地方政府领导,比如南麂列岛国家级海洋自然保护区管理局业务上接受浙江省海洋管理部门的管理,行政上隶属于平阳县人民政府。行政和业务分离的管理体

制导致管理工作在很大程度上受当地政府的牵制。不少保护区得不到实权,自然保护区的各项事务还是由地方政府说了算,当自然保护区的利益与当地经济发展出现冲突时,地方政府往往优先考虑后者,由于缺乏地方政府支持,管理工作难以取得实效。

表3　海洋自然保护区的分级管理

级别	个数(个)	面积(公顷)
国家	25	2 046 559
省级	26	3 053 008
市级	22	330 883
县级	25	2 262 706
合计	108	7 693 156

（二）保护与开发之间的矛盾,不利于有效管理

我国自然保护区实施保护为主、适度开发,分区管理。目前海洋自然保护区也实行分区管理,不过由于海洋自身的特殊性,其方式和陆地上通用的三级分区管理不完全一致,甚至不同的海洋自然保护采用的分区方式也不同。比如,河北省昌黎黄金海岸国家级海洋自然保护区划为科研区、开发区、治理区和监测区,并在四个分区中分别划定一级小区为核心区;上海市金山三岛海洋生态自然保护区只划分核心区和非核心区两类。尽管分区管理的方式不尽相同,但是各海洋自然保护区一致强调以保护为主,并允许在规定的区域内进行适度开发。

和许多陆地自然保护区一样,如何在适度开发原则下协调自然保护和社区发展是目前不少海洋自然保护区面临的一大难题。在过去很长一段时间里,保护区政策都主要关注当地社区生产活动对保护区的生态环境影响,很少考虑保护区的建立给社区带来的社会经济影响。相关政策禁止当地社区有背于自然保护的传统生产生活方式,但又很少考虑为社区寻找替代发展途径,致使自然保护与社区发展矛盾不断。

协调自然保护和社区发展已经越来越得到学术界和政府部门的关注。在实践中被各保护区广泛采用,而且行之有效的方式是发展生态旅游。实际上,在保护区发展生态旅游已经成为一种全球性趋势,被证明是发展社区经济的有效途径。按照生态旅游原则在保护区开发生态旅游,有可能通过自然保护区开展生态旅游使自然保护和地区经济协调发展。我国海洋自然保护区的生态旅游开发整体水平不高,海洋自然保护区内的生态旅游开发远远落后于陆地。除了生态旅游,海洋自然保护区的另一种可供选择的开发活动是生态养殖,在广东和福建的实践表明,科学规划和管理的

滩涂养殖和红树林保护能相互促进。

（三）多数保护区经费不足，保护管理难以落到实处

多数海洋自然保护区都面临运行经费严重不足的问题。国家规定，自然保护区管理及建设所需经费来源主要是地方财政，国家只对国家级自然保护区的建设给予有限的资金补助。因此对于一些经济不发达的地区来说，保护区的运行经费根本无从落实。仅有的经费多数被用于保护区的基础设施建设，投入到科学研究上的资金少之又少，保护区能自主开展的科学研究非常有限，保护区的工作多停留在看护阶段，谈不上主动的科学研究。由于缺乏运行经费，加上海洋自然保护区通常远离大陆，条件艰苦，管理成本高，保护区在执法队伍建设和执法装备配备上很难满足执法管理需求，保护区保护的功效因此大打折扣。

保护区运行经费缺乏不能完全归咎于国家投入不足，几乎所有国家或地区都存在保护区体系经费不足的问题。在发达国家，虽然保护区费用纳入国家财政总预算，但是国家财政对保护区的经费支持也只占保护区运行经费的一小部分，大部分经费还是依靠在保护区经营生态旅游等方式筹集。

（四）海洋保护区总体布局规划有待改善

目前，我国沿海 76 个县区中有 67 建立了各级海洋自然保护区，其中 22 个市县建立了国家级海洋自然保护区。我国国家级的海洋自然保护区分布极不均衡，集中分布的现象非常突出：在我国海岸线的东北端的渤海海峡及海区集中分布了 7 个；在我国海岸线的西南端的北部湾及海南岛周边集中分布了 8 个，从山东到广东漫长的海岸线上只有 9 个。

中国海域纵跨 3 个温度带（暖温带、亚热带和热带），海洋生物物种、生态类型和群落结构表现为丰富的多样性特性。根据国际标准（即地区物种丰富度和特有物种数量）以及专家长期综合研究的结果，中国划定 17 个具有全球保护意义的生物多样性关键地区，其中海洋类 3 个地区是：沿海滩涂湿地（包括辽河口海域、黄河三角洲滨海地区、盐城沿海、上海崇明岛东滩）；闽江口外—南澳岛海区；渤海海峡及海区；舟山—南麂岛海区。对照我国国家级海洋自然保护区的分布，可以发现作为关键地区的上海崇明岛东滩和南澳岛海区是国家级保护区的空白区。

生物多样性状况是决定是否建立保护区的最重要依据，"在保护力量有限的情况下，生物多样性关键地区应该优先得到保护"也已经成为国际通用做法，国家级海洋自然保护区未能覆盖生物多样性关键地区，而非关键地区的海南、广东和广西沿海国家级海洋保护区密布的事实说明我国保护区的选址和建设中存在不足，缺乏从国家层面上综合考虑海洋保护区总体规划并合理安排有限的保护力量。

我国已在 10 前就编制了《中国海洋生物多样性保护行动计划》、《中国海洋

保护区发展规划纲要》、《中国红树林生态系统保护和管理行动计划》等海洋自然保护区建设发展的指导性计划,但是从上面分析的情况看,在国家层面上的海洋保护区总体规划有待进一步加强。

三、对策和建议

《中国海洋保护区发展规划纲要(1996—2010 年)》中提到的保护区建设战略目标:全国力争在规划期间,建成类型比较齐全、系统均衡的海洋自然保护区网络,基本实现对我国具有代表性、典型性的海洋资源、环境及海洋生物多样性的有效保护。围绕这个目标,至少还应该进一步加强以下方面工作:

（一）调整保护区管理体制

体制变革不可能一蹴而就,因此在短期内多部门共管海洋保护区的体制弊端难以得到解决。因此应当寻求协调部门关系的有效机制,尽量减弱现有体制的弊端。可行的办法是分别在国家(或省、直辖市)的层面上组建由海洋、环保、林业等相关主管部门共同参与的领导小组,负责统一指导、协调和管理国家级(或省级)自然级保护区。特别针对海洋自然保护区,建议由海洋部门负责组织管理在海洋自然保护区范围内的全部海上活动。从长远看,应该改变保护区管理体制,明确由国家海洋局负责管理全部海洋自然保护区及相关事务,彻底解决多部门管理带来的各种负面影响。

针对地方政府积极性欠高的问题,建议把保护区建设成绩纳入地方政府工作绩效的考核内容。保护区对地方经济发展不一定能起显著的作用,但是保护区为地方经济发展储备了持续发展的资源和动力。地方政府是我国海洋自然保护区建设和发展的实际操作者,在我国海洋自然保护区的发展中扮演重要的角色,有必要通过把保护区建设成绩纳入地方政府工作绩效的考核内容,以提高地方政府建设和发展保护区的积极性,改变目前我国海洋自然保护区建设靠法律推动被动发展的局面。

（二）明确保护区的法规政策

海洋自然保护区发展的总目标应该明确包括自然保护和社区发展两个方面,该目标必须在法规政策中明确,在管理行动中得以体现。探索和建立把当地群众和地区的经济利益与自然生态保护结合起来的机制。鉴于旅游业在我国的迅速发展,以及生态旅游在国外自然保护区的成功实践,我们建议加强在海洋自然保护区开展生态旅游的研究,提高对旅游开发活动的管理能力。通过保护区建设带动周围社区的生态型海水养殖也有可能成为带动社区发展的有力途径。

（三）在经费问题上国家应实行"政府为主,多方参与"的原则

首先对于那些在生物多样性保护上具有重要意义的需要严格保护的保护区,应禁止一切开发活动,其运行所需费用由政府全额负担;第二各级政府部门应积极鼓励

保护区采用多种渠道筹集运行经费,并给予必要的协助、指导和管理。比如允许民营资金投入保护区保护和开发,在不背离保护原则等前提下,政府在政策、资金、技术、土地、海域使用权等一系列问题给予支持和协调。这方面中国雨田集团参与南麂列岛自然保护区开发和管理的成功经验值得借鉴。

(四)加强保护区的调查研究工作

进一步加强对海洋生物资源和海洋生物多样性的调查研究,选取有代表性和典型性的地区,设立海洋自然保护区。由于我国目前经济发展水平所限制,我们能用于自然保护区的力量有限,因此当前尤其要加强几个生物多样性关键地区的调查研究和自然保护区建设工作。其方式可以是升级现有的省市级保护区为国家级保护区,也可以是经过严格论证后新建国家级海洋自然保护区。

(《动态》2005 年第 10 期)

日本濑户内海环境立法与管理及其对我国渤海整治的借鉴作用

杜碧兰

一、濑户内海环境立法背景

(一)濑户内海的自然环境与社会经济条件

濑户内海是日本最大的内海,由本州、四国和九州所环抱,东西长450千米,西北宽15~55千米,面积为23 203平方千米,海岸线长度6 868千米,平均水深38.0米。濑户内海有大小岛屿1 015个,其中主要岛屿有167个,另有众多的海峡、内湾和岩礁。东为纪伊水道,西为丰后水道及关门海峡,与太平洋、日本海相通,自然环境优美。

濑户内海平均气温为15℃,年平均降水量约1 000~1 600毫米,属较温暖少雨地带;而其周围山间地带,年平均降水量为2 000~3 000毫米,属多雨地带。

流入濑户内海的河流有669条,年平均流量为500亿立方米。其中一级水系有21个,流域面积为32 936平方千米;二级水系有643个,流域面积为16 077平方千米。

濑户内海周边共有13个府县,总面积为68 000多平方千米,占日本全国总面积的18%。计有人口3 500万,占日本总人口的28%。这个地区的人口密度是全国平均人口密度的1.9倍,为每平方千米649人。

1955年后进入经济高度成长期,形成许多联合企业,推动了基础化学工业的发展。这里的工业产值占全国的比重虽不很高,但钢铁、炼油和石化工业等主要基础工业的生产能力却占全国的40%以上。另外,作为建筑材料的碎石、砂子等采集量约占全国的22%,尤其是海砂砾几占全国的74%。

濑户内海鱼、贝种类繁多,单位面积产量很高。1982年,该区渔获量达79万吨,约占全国沿海渔业渔获量的26%。浅海水产养殖业也在不断发展,1982年达到32万多吨,其中以牡蛎(58%)、紫菜(30%)养殖为主,鱼类较少(仅占6%)。

作为第三产业的海运业也比较发达。1982年,濑户内海进港船舶总吨位及港湾货物吞吐量均占全日本的50%。在主航道上通航的船舶极为频繁,以明石海峡为例,每天平均约有1 500条船从这里通过。而且随着濑户内海沿岸工业生产的增长,濑户内海的航运地位也得到进一步提高。

(二)濑户内海的环境问题

1. 水质、底质污染

随着沿海地区工业化、人口不断增加,以及生产和生活污水的排入,水质污染渐甚,赤潮的发生也使渔业蒙受损失,濑户内海一度被称为"濒死之海"。这里的水质存在有机质污染、富营养化等许多问题。

1973～1999年期间,有机污染的代表指标——化学需氧量(COD),徘徊于1.3～2.1毫克/升之间,最大值出现在1974年,为2.1毫克/升。海水透明度为5.5～7.7米,1985年透明度最小,为5.5米。有机氮含量为0.24～0.40毫克/升,最大值出现在1976年,为0.4毫克/升。有机磷含量为0.023～0.035毫克/升,最大值出现在1974年,为0.035毫克/升。1982年,COD达到环境标准的情况是,A型(水产一类水质)为55%,B型(水产二类水质)为89%,C型(水产二类以上水质)为100%,平均为81%。与全国的平均值相比,占海域大部分的A型达到环境标准的比例还是相当低的。

濑户内海的底质污染也比较严重。据1975年11月调查,每克干泥中COD的含有量在20毫克以上的底质分布,多见于大分市近海、丰前市近海、大阪湾湾底和广岛湾湾底。而1982年8月的调查结果是,每克干泥中COD的含量在20毫克以上的底质,除分布在大阪湾湾底、播磨滩中央部、燧滩中央部、广岛湾湾底、别府湾等地外,在福山市近海、竹原市近海也有局部分布。

2. 填海造地失控

濑户内海地区的填海造地工作,多年来一直在持续进行。1898—1925年填海造地约35平方千米,1925—1949年约为66平方千米。此后填海造地面积激增,1949—1969年造地面积多达163.4平方千米,从1898至1969年,填海造地总面积为246平方千米。填海造地虽然扩大了土地使用面积,但也破坏了沿岸地区的自然景观。作为有利于人和自然相互接触的自然海岸则日渐萎缩。伴随着海域被填埋以及水质、底质恶化,对海域中多种生物栖息的海藻丛生区也日渐减少。

3. 赤潮频发

由于氮、磷等营养盐类的排入、积蓄,濑户内海趋向富营养化,并导致该地区赤潮频繁发生,而且有日益增多的趋势。1970年赤潮发生次数还仅仅为79件,1976年就增加到 299 件,此后几年下降比较明显,80 年代至 90 年代呈缓慢下降趋势,年度间无显著变化。1980 年为 188 件,1984 年为 130 件,1990 年为 108 件,1994 年为 96 件,2000 年为 106 件。伴随赤潮发生,各地还引发了大规模的渔业灾害。

4.海上油污损害

随着海上石油运输量的增加,油船造成的海洋污染事件也频频发生。从 1970 年至 1973 年,油污事件呈上升趋势,占全国油污事件 40% 多。1973 年,濑户内海发生油污损害事件 848 宗,占全国发生件数(2060 件)的 41.2%。

二、濑户内海环境立法与管理机制

(一)《濑户内海环境保护特别措施法》的制定和主要内容

日本政府对濑户内海的环境保护工作极为重视,为此专门制定了保护濑户内海环境的区域法。这部法律是由环濑户内海的各府、市、县推选出来的国会议员起草,并直接递交国会审议后通过的。至今,《濑户内海环境保护特别措施法》曾经历了临时法、永久法和修订本三个阶段。

1973 年 10 月,日本国会通过了第 110 号法律《濑户内海环境保护临时措施法》。原定有效期为 3 年,后又延期 2 年。临时措施法实施 5 年来,对恢复该海域的良好环境确实起了很大的作用。但至 1978 年期满后,该海域的环保问题还没有完全解决,如海区富营养化及赤潮问题等。这就说明,要彻底解决海区环保问题不可能一蹴而就,往往需要几代人的持续努力。基于这样的认识,1978 年日本国会通过决议,将《濑户内海环境保护临时措施法》,改为永久法,更名为《濑户内海环境保护特别措施法》(1978 年第 68 号法律)。以后又经过 1996 年第 58 号法律;1999 年第 87 号,第 102 号,第 105 号和 160 号法律修订后,予以颁布。

《濑户内海环境保护特别措施法》共五章二十七条及附则,其主要内容有以下几个方面:

(1)明确提出制定本法的目的是"为推进濑户内海环境保护有效措施的实施,制定有关濑户内海保护基本计划的必要事项,并通过采取有关控制特定设施的设置,防止因富营养化引起危害的发生,保护自然海滨,以谋求保护濑户内海的环境。"

(2)为了濑户内海有效推进环境保护措施的实施,政府应制定有关濑户内海的水质保护、自然景观保护等有关濑户内海的环境保护基本计划。同时要求有关府、县必须根据基本计划,结合本府、县的实际情况制定本府、县的海域环境保护基本计划。

(3)该法对本区内向公共水域排放废水的特定设施进行控制,规定日排放量高于50 立方米的企业必须向当地政府提出申请,经批准后方能设置这些特定设施。该法还要求内阁总理大臣为防止濑户内海有关化学需氧量的水质污染,贯彻污染负荷量总量削减的方针。

（4）为了防止因海域富营化而造成对生活环境的危害,要求削减向公共水域排放有关磷及其他指定物质。规定削减的总目标、年度目标以及其他指定物质削减的指导方针。

（5）该法要求对海滨沙滩、岩礁、海水浴场、赶海区域等设置自然海滨保护区,并规定在自然保护区内新建建筑物、改变土地使用现状、采掘矿物、开采土石及其他活动要进行必要的申报。

（6）要求政府制定净化濑户内海污染水质的基本计划,采取措施防止因海难引起的大量溢油,强化指导和监督,健全外排油防治体系等。开发船舶油处理技术,研究赤潮发生机理及防治技术。

（7）规定了日本环境厅长官及各府、市、县知事在贯彻该法中相应的职责和权限。

（二）环境保护管理机制

（1）健全管理体系。日本环保执法管理是由中央和地方政府共同负责进行的。它们之间有较明确的分工,各司其责,基本上做到了对污染事件的及时发现、及时防治,保证法规得以顺利执行。为了更好地实施《濑户内海环境保护特别措施法》,建立了由该海区沿岸13个府、县和5个市的知事、市长参加的环境保护工作会议制度,即知事、市长联席会议制度。在联席会议上通过了"濑户内海环境保护宪章",制定了"濑户内海环境保护知事、市长会议纲领"。

（2）根据《濑户内海环境保护特别措施法》,于1978年5月制定了"濑户内海环境保护基本计划",提出了计划目标和基本措施,此外,还鼓励地方政府根据所属地区的环境状况,制定本区的环境保护计划与对策。

（3）实行特定设施设置的许可制度,从1973年到1983年3月,共办理了特定设施许可4 128件,变更许可4 956件。

（4）对污染物排放总量实行控制,有关府、县根据内阁总理大臣1979年6月制定的"减少污水排放量的基本方针"制定了"污水排放削减计划",以及削减磷和其他化合物的指导方针。海洋环境污染物总量控制的管理机制是:国家负责制定COD、氮、磷等污染物的总量控制指标,并由环境大臣提出削减计划;地方政府根据国家污染物总量削减计划,制定本府、县的相应计划,制定污染源的削减目标和对策。

（5）消除石油污染是海洋环保工作的重点任务之一。日本政府专门制定了排放油防除计划。在执行计划过程中,海上保安厅在排放油防除措施方面,除充分考虑让排放油船舶所有者承担防除措施义务外,还建立了一个海洋污染及海上灾害防治措施系统,该系统由海上保安厅与有关行政机关、有关地方公共团体、船舶所有者团体以及其他有关方面联合组成,并通过全面地、不失时机地采取防除措施,以防止海上石油污染及海上溢油灾害的发生。

（6）在濑户内海滨海地带和毗邻海域设立自然海滨保护区。在海滨带上对具有沙滩、岩礁以及其他与此类似的处于自然状态的区域，海水浴场、赶海区以及其他类似区域，建立自然海滨保护区。在自然海滨保护区内，对增加设施采用了申请制，以谋求保护自然海滨和便于利用自然海滨。

（7）积极开展濑户内海的环境调查、监测和研究。日本自1972年就开始进行濑户内海的污染综合调查。1978年5月，日本制定了"濑户内海环境保护基本计划"，实施了更大规模的污染综合调查，并就其水质、底质、生物区系等项目进行归纳，做成基本的环境情报图。1982年将指定物质污染调查列入计划，研究削减氮、磷等指定物质量的对策，并于1985年研制成覆盖整个濑户内海的富营养化模拟模式和做出氧负荷量的调查总结。

（8）重视普及提高全民环境保护意识。加强环保教育，提高全民环境认识也是治理濑户内海环境的基本经验之一。在这项工作中，濑户内海环境保护协会发挥了很大的作用。该组织成立后，主要开展了普及宣传工作、调查研究工作以及其他指导和资助环境保护工作等。

三、依法整治濑户内海的成效

（一）产业状况在整治前后有明显的改善

濑户内海的经济实力在日本占有举足轻重的地位。1998年本地区的国内生产总值已达到133万亿日元，占全日本GDP的26.9%。其中，第一产业占0.9%，第二产业占30.1%，第三产业占69%。产业结构日趋合理，尤其是主要污染行业的工业产值，除石油和煤炭行业外，占全国的比重都有所下降。而且这些行业占制造业的比重也有大幅度的下降，全国从40%降到3%，濑户内海从47.8%下降到3.8%，说明制造业的重心已从重工业移向高新技术制造业，这一产业结构调整非常有利于本地区环境状况的改善，

（二）填海造地活动得到扼制

《濑户内海环境保护特别措施法》施行后，海域内被允许填埋的面积大幅度减少。从1973年前的2 000～3 700公顷下降到2000年的100多公顷。实际填埋情况是，从1950—1973年23年累计填埋面积达225平方千米，而从1974—2000年27年累计填埋面积只有122平方千米。

（三）赤潮发生次数减少

从现有的赤潮数据变化看出，赤潮发生次数以20世纪70年代中期为顶峰（1976年达299次），其后不断减少，目前已下降到70年代出现次数的约三分之一，约100

次左右,这是被世界海洋环保界公认的濑户内海治理的直接成效。

（四）水质状况有明显的改善

COD 在环境整治前有逐年增加的趋势,从 1973 年开始,由于实施《濑户内海环境保护特别措施法》限制了沿海 COD 排放量,到 1979 年 COD 排放水平出现较大幅度下降,尤其是生产企业的 COD 排放量减少更为明显。污染物质磷的负荷量也有大幅度下降。至于氮负荷量的减少,则始于 1998 年,主要原因是 1993 年首次将氮引入了海洋环境限制标准,1996 年又确定了年度了限制标准和措施,由此导致氮负荷量在全海域的下降。

（五）海洋油污染逐年减轻

海洋油污染事件在 1972 – 1974 年上升到高峰,以后由于实施《濑户内海环境保护特别措施法》和海洋污染及海上灾害防治等相关法律,采取严格的限制,强化监视体系,建立应急体制和完善溢油处理设施等,导致海上溢油事件逐步减少。

（六）自然保护区增多,生态环境逐渐改善

1985 年已指定鸟兽保护区 729 处,面积为 471 000 公顷,其中重点保护区 117 处,面积 13 000 公顷。2000 年,鸟兽保护区已增加到 834 个,面积 528 000 公顷,其中特别保护区为 136 处,面积 24 000 公顷。

四、整治濑户内海对渤海整治工作的借鉴作用

作为世界典型的封闭性海域之一的中国内海——渤海,在地区经济迅速发展的情况下,也同样面临着一些较为严重的环境问题。这些问题概括起来有:水质、底质污染严重,生态环境恶化;渔业资源趋于枯竭,生物多样性锐减;养殖病害蔓延,资源再生能力下降;海岸破坏严重,海域功能降低;溢油、违章倾废事件频发;资源环境开发利用无序;大片海区趋于"荒漠化",某些海域已成"死海"。整治渤海已经到了刻不容缓的地步。渤海所面临的环境问题,与濑户内海比较,有许多相似之处,而后者的许多成功整治经验自然也是我们借鉴的重点。

（1）先要针对渤海现存的环境问题,在贯彻《中华人民共和国海洋环境保护法》等全国性相关法律的基础上,制定渤海地区的区域性环境保护法或综合管理法,以及与之配套的法规和条例。

（2）依据《中华人民共和国海洋环境保护法》和现有环渤海地区各省、市的环境保护法规,制定长期的综合整治规划和阶段性实施计划,提出长期设想和阶段性治理目标,并采取一系列切实可行的措施,以推进整治规划的实施。

（3）渤海地区共有三省一市,海洋开发利用涉及到许多行业。为了有效地整治渤海的环境,必须调动各方面的积极性,建立统一协调的综合管理机制。建议由国家发

展改革委员会和国家海洋局牵头,环渤海三省一市以及有关涉海部门参加,组成联合管理委员会,建立定期协商会议制度。

（4）加强对渤海环境状况的调查研究,建立长期稳定、布局合理的调查监测网。重点建成结构合理、机制健全、管理协调、功效显著并有先进技术支持的生态监测网络系统和污染监测网络系统,定期对渤海环境状况做出科学评估,为海洋综合管理和生产活动提供决策支持信息。

（5）全面实施渤海污染物总量控制制度。制定污染物总量控制计划和削减陆源COD、氮、磷入海量计划。环渤海三省一市也须制定相应的污染物总量控制和削减计划。对渤海三个重点海湾（辽东湾、渤海湾、莱州湾）及重点河口建立污染防治示范工程。

（6）加强渤海监察执法系统的建设,形成联合执法机制。通过国务院各有关部门、三省一市的执法力量的相互结合,依据我国有关海洋法律和法规,对渤海的资源开发、海洋倾废、海洋石油勘探开发、海域使用、海岸侵蚀、重点陆源排污、海洋自然保护区等进行全面监察,为从速处理各种违法违章事件提供依据,不断提高海上执法力度。

（7）努力提高公众海洋意识和海洋知识水平。要保护渤海的环境、资源和生态系统,维护渤海可持续利用功能,单靠政府职能部门的力量是不够的,必须通过各种方式,调动渤海周边地区群众的积极性。只有在公众的广泛参与下,渤海环境保护工作才能顺利进行,并取得成效。

（《动态》2003 年第 8 期）

无居民海岛环境保护问题初探

郑淑英　毛丽斐

我国是一个海洋大国,也是一个岛屿众多的国家。据全国海岛资源调查数据显示,除台湾、香港、澳门外的大陆沿海 11 省市,面积在 500 平方米以上的海岛 6 961 个,面积总和 6 691 平方千米,岸线长度 12 710 千米。以离岸距离划分,我国海岛距岸 10 千米以内的占 70%;大于 10 千米小于 100 千米的占 8%;大于 100 千米的占 2%。其中,有居民海岛 433 个,无居民海岛 6 528 个,无居民海岛占我国海岛总数的 93.78%。

无居民海岛系指在我国管辖海域不作为常住户口居住地的岛屿、岩礁和低潮高地,是国家领土的重要组成,也是领海及其他管辖海域划分的重要标志,在维护海洋权益和保卫国家安全中起着特殊的作用;同时海陆资源兼备,具有很大的开发价值。21 世纪是海洋的世纪,各沿海国家将开发新的海洋能源和资源作为基本国策加以筹划和实施,党的"十六大"也明确提出了"实施海洋开发"的号召。随着新的国际海洋法制度的建立及我国海洋开发时代的到来,加强无居民海岛的管理,利用和开发无居民海岛及其周围海域资源,是维护国家海洋权益、发展海洋经济的需要。为了对无居民海岛进行管理,国家海洋局会同国家民政部和总参谋部于 2003 年制定了《无居民海岛保护与利用管理规定》(2003 年 7 月 1 日开始实施,以下简称《无居民海岛管理规定》),明确了"无居民海岛属于国家所有,不得非法侵占和买卖。国家对海岛功能区划、保护和利用实行规划制度,并对其开发利用的审批、保护整治、名称管理、处罚等作了明确规定。依据《无居民海岛管理规定》,经审批,无居民海岛可以由单位和个人利用,利用期限 50 年。

我国的无居民海岛多集中在浙江、福建、广东、广西、山东沿海,其中的一些海岛仅是在新中国成立后的"小岛迁,大岛建"的政策实施后岛上居民才迁出的,至今岛上还留有畜水池、民居等设施,另有一些邻近大陆,周围海域资源丰富,风光秀丽,气候宜人,具有较大的开发潜力。据计,浙江省无居民海岛 2 871 个,具有开发利用条件的约占 50% 左右。广东省无居民海岛 1 443 个,其中汕头市面积在 500 平方米以上的有 41 个,周围海域生物资源丰富,鱼虾贝类 500 多种,开发利用前景广阔,目前该市

在无居民海岛周围海域通过确权发证的海域面积达 3 000 多亩。珠江市,在册的 147
个岛屿中有 135 个是无居民海岛;南澎列岛及勒门列岛海域周围野生石斑鱼类、鲍
鱼、海参、海萝、海龟、红珊瑚等稀有品种。《无居民海岛管理规定》的实施,在沿海民
众中引起很大反响,地方政府也在积极着手为执行《规定》制定实施细则,《厦门市无
居民海岛保护与利用规划》成果已通过专家评审;《台山市无居民海岛开发管理暂行
规定》也已出台。可以预见,随着《无居民海岛管理规定》的实施,会有一批无居民海
岛被单位或个人开发和利用。因地理、环境、气候等因素的制约,无居民海岛大多距
陆较远,属于相对独立的生态系统,社会与经济发展基础薄弱,一旦开发过度,生境破
坏,将对其生态系统造成不可逆的影响。因此,无居民海岛的环境保护是一个具有深
远意义的战略问题,本文试就此作如下探讨。

一、无居民海岛的环境特征及环境要素

环境是相对于某一个中心事物相关的周围事物,称为这一中心事物的环境。就
无居民海岛的环境而言,开发利用是此处环境的中心事物,与此相关的周围事物称之
为无居民海岛开发利用的环境。由此,可将开发利用的主体、对象以及与此相关的其
他自然因素视为这一特定事物中的环境因素。

(一)无居民海岛的环境特征

从对无居民海岛开发利用是否有利的角度,我们将其分为有利和不利两种。有
利的海岛环境有:自然环境条件复杂多样,有利于海岛综合开发利用;良好的海洋生
态环境,有利于发展渔业生产;优美、宜人的环境,有利于发展海岛旅游业。对无居民
海岛开发利用不利的环境有:地表、地下储水条件差,水源短缺;自然灾害较多,破坏
性大;海岛生态系统较脆弱,影响海岛的稳定性和持续发展;距陆较远,交通和通讯不
便。

(二)无居民海岛的环境要素

无居民海岛的开发利用活动是由人进行的,人的生存条件是无居海岛开发利用
的重要环境因素。

1. 淡水资源

淡水是人类生存的必要条件,也是无居民海岛开发利用的基础条件。有无淡水
是开发者需要考虑的问题之一。依据全国海岛资源调查结果,我国有淡水的海岛数
量约 490 个(因调查资料和实地考察的限制,有淡水岛的数量应大于此数),约占我国
海岛总数的 7% 以上,且目前大多已有居民居住。无淡水海岛 6 400 多个,约占全国
海岛总数的 92% 左右,具体分布情况见表 1。

表 1　我国无居民/有淡水海岛数量与分布　　　　　（单位：个）

省份	辽宁	河北	山东	江苏	上海	浙江	福建	广东	广西	海南
岛屿数量	265	132	326	17	13	3061	1546	759	651	231
有人居住岛	31	2	35	6	3	189	102	44	9	12
有淡水岛	42	2	35	1	4	208	102	56	17	21
有淡水的无居民岛	11	0	0	1	19	0	12	8	9	（不包括本岛）

资料来源：依《全国海岛资源综合调查报告》（1996 年，海洋出版社编制）

由表1可以看出，我国有淡水且无居民海岛的数量在全国不多，主要分布在辽宁、浙江、广东、广西和海南。

2．气候、水文、自然灾害

无居民海岛的水文、气候与自然灾害是开发利用者需要考虑的问题。我国的海岛跨跃热带、亚热带和南温带三个气候带，分布于渤、黄、东海及南海，各岛气候不仅受纬度的影响，也受大陆和海洋的影响，各岛的气候特征、气象要素的分布和变化差异较大；水文要素，包括水温、盐度、潮汐、海浪、波浪、海冰等差异也比较悬殊。另外，我国海岛自然灾害较多，主要有地震、灾害性天气、风暴潮、海岸浸蚀、赤潮等，灾害性天气是成灾频率高、影响广泛、灾情严重的自然灾害，主要有热带气旋、寒潮、海雾、旱灾、冰雪和干热风等，更需要注意台风、龙卷风、海啸等自然灾害因素对开发利用的影响。

3．交通与通讯

交通与通讯是无居民海岛开发利用需要考虑的又一重要环境要素。我国海岛距陆大多在 10 千米至 100 千米之间，开发海岛需要的生产设备、资料、人员与产品出进，不但受制于海岛与大陆的距离，也受制于交通与通讯工具的先进程度，同时海上突发事件的处置与救助也与交通与通讯条件密切相关。

4．自然资源

环境要素与自然资源是既有联系又有区别的两个概念，二者都是自然界中客观存在的物质，又都有是人类生存的必要条件，按此理论我们可将自然资源作为环境要素考虑。就我国目前海岛的资源类别可分为：水资源、水产资源、岛陆经济生物资源、森林资源、港口资源、矿产资源、海盐资源、旅游资源、海岛土地资源和再生能源；按照海岛资源开发的前景划分，可分为海岛优势资源、潜在资源、有限资源、短缺资源、海岛珍稀濒危资源。具体见表2。

表2 按开发前景及经济地位划分的海岛资源分类

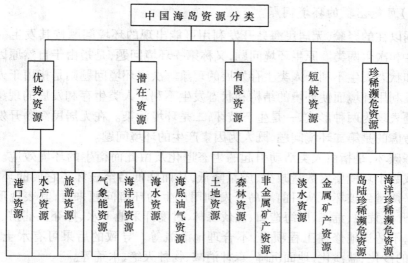

资料来源：依全国海岛资源综合调查（1996年，海洋出版社编制）

目前,我国无居民海岛利用的自然资源情况还没有全国性的调查,但是从沿海各省掌握的情况看,无居民海岛利于开发的自然资源类别主要有:旅游资源;土地资源和水产资源。

二、无居民海岛开发利用的类型及可能出现的环境问题

（一）无居民海岛的利用类型

《无居民海岛管理规定》指出:"无居民海岛利用类型的确定应依据无居民海岛功能区划和规划,国家实行无居民海岛功能区划和保护利用规划制度";国家海洋局会同国务院有关部门和总参谋部制定公布实施全国无居民海岛功能区划,沿海县以上地方海洋行政主管部门会同同级有关部门和有关军事机关,依据上一级无居民海岛功能区划编制地方无居民海岛功能区划;地方无居民海岛功能区划应当报上一级海洋行政主管部门备案,经上一级海洋行政主管部门审查同意、准予备案后,公布实施。该《规定》还明确了无居民海岛功能区划编制的原则,包括按照海岛的区位、自然资源和自然环境等自然属性,确定海岛的利用功能,同时还要考虑保护海岛及其周围海域生态环境,促进海岛经济和社会发展,以及维护国家主权权益,保障国防安全,保护军事设施原则。因此,在无居民海岛利用类型的确定中,自然资源因素仅是一个方面。仅就自然资源而言,目前适合无居民海岛利用与开发的类型主要有:海岛旅游中

心、海岛仓库、海岛资源开采或水产养殖、或中转站等。

（二）可能出现的环境问题

根据以往的经验,无居民海岛开发利用可能出现的环境问题按其发生的原因可分为原生和次生两类。原生环境问题,又称第一环境问题,是指由于自然原因使环境的结构和状态发生不利于人类生存发展的现象。次生环境问题则是指由于人类不恰当地开发利用环境而使环境的结构和状态发生不利于人类生存和发展的现象。次生环境问题表现为两种形式,一是生态破坏,二是环境污染。在无居民海岛开发利用中应重点考虑的是第二环境问题,既人为因素产生的环境问题。

生态破坏,是指由人类活动引起的生态退化及由此而衍生的环境效应。它可以使一个或数个环境要素数量减少,质量降低,从而降低乃至破坏了它们的环境效能,使生态平衡遭到破坏。从目前海岛开发利用产生的环境问题来看,其表现形式主要有:盲目开垦荒地、荒滩、围海造田、滥伐森林、过度开采地下水、掠夺性捕捞、乱采、乱挖、乱猎,不适当地修建工程项目,不合理地灌溉等。导致的后果可有水土流失,风蚀,土地的沙化、盐渍化,地面沉降、森林消减、物种灭绝、水荒等。

环境污染,是指由于人类活动直接或间接地向环境排入了超过其自净能力的物质或能量,从而使环境质量降低,以至影响人类及其他生物的正常生存和发展的现象。在海岛开发中容易出现的是生产和生活垃圾与污水的排放对环境造成的水污染、海域污染和土壤污染。

三、无居民海岛环境保护的措施建议

无居民海岛的生态保护对海岛自身及周围海域的可持续利用至关重要,需要地方政府、居民以及开发利用者的高度重视与周密规划。按照《无居民海岛规定》,任何法人单位或个人利用无居民海岛申报时,需同时提交海岛的利用方案和保护方案。无居民海岛环境保护方案,需要在正确理论指导下,采取先进的方法,考虑海岛开发类型及相关因素,深入研究,仔细规划。为此,建议:

（一）加大舆论宣传力度

利用各种媒体,包括报刊、广播、电视等有效手段,使沿岸居民了解无居民海岛现状与开发前景,宣传我国无居海岛的管理政策、规定,充分认识无居民海岛在我国经济建设与国防安全中的战略地位;宣传无居民海岛环境保护的重要性,提高公众,特别是开发利用者的环境保护意识;向公众介绍环境保护的理论、方法,以及制定无居民海岛环境保护规划相关的知识。

（二）制定无居民海岛环境保护的技术性或指导性文件

包括无居民海岛环境保护的原则、目标、实施步骤与方案等,以使环境保护工作

制度化、规范化、科学化和系统化,有助于无居民海岛开发利用管理。

(三)有关单位应积极配合《无居民海岛管理规定》的实施

开展相关研究,向《规定》的实施提供科技与决策支持。目前,国家海洋局海洋发展战略研究所资源环境研究室正在开展"我国海岛生态环境管理模式研究",并将无居民生态保护作为一项重要研究内容,以期为有关政府部门决策提供科学的参考依据。

无居民海岛的开发利用者,对海岛的保护应以生态环境理论为指导,严格执行《中华人民共和国海洋环境保护法》、《中华人民共和国水污染防治法》等国家法律及其相关法规,综合考虑人、资源、环境、经济发展及社会的承载能力,对环境问题以预防为主、防治结合为原则。在制定方案时,考虑海岛资源储量与开发潜力,以海岛的可持续利用为基本目标,合理规划开发强度,防止对海岛资源的过度开发带来的环境问题;保护有特殊价值的自然环境,防止因海岛开发和相关活动对特殊自然景观及珍稀物种的损害,注重珍稀物种及其生态环境的保护,重视对特殊发展历史的遗迹、生物多样性、风景名胜的保护;规范生产与开发行为,按照国家标准对海岛开发活动中产生的有毒有害物质进行处理,防止固体废物或生活垃圾等对海岛环境及海域造成的污染。沿海地方政府要加大对无居民海岛的监管力度,建立无居民民海岛生态环境的监测与监控体系。

总之,无居民海岛的环境保护,必须在《无居民海岛管理规定》的指导下,采用生态环境管理的理论与方法,对海岛资源种类、数量、储量进行科学调查,对开发活动进行规划和监督,以促进海岛资源开发与环境保护的协调发展,实现无居民海岛的可持续利用。

(《动态》2003 年第 15 期)

创建新型合作伙伴关系，构筑渤海环境管理新方略

——《渤海环境管理战略计划》简介

刘　岩　郑淑英　付　玉

一、制定《渤海环境管理战略计划》的背景

渤海是中国唯一的半封闭型内海，面积 77 284 千米，具有独特的地缘优势、资源优势和悠久的历史文化，可为人类提供多种生态服务，开发价值巨大，是环渤海经济圈的重要生命支持系统。

渤海沿岸地区目前是我国经济较为发达的地区之一。然而，长期以来，渤海沿岸地区在利用渤海环境与资源发展经济的同时，缺乏对海岸带/海洋生态价值的正确认识，海洋资源开发利用存在无偿、无序、无度的现象，其结果是渤海近海海域局部污染严重、渔业资源衰退，海洋/海岸带生态系统健康受到严重损害，海洋环境灾害频发。海域环境污染、海洋资源多种利用冲突及其影响已经超越行政边界。日趋严重的环境与资源问题已经成为制约渤海地区经济可持续发展的"瓶颈"因素。

渤海生态环境问题已经引起中央和沿岸地方省市政府的高度重视。为改善渤海生态环境状况，实现海洋资源的可持续利用，中央和以国家海洋局为主的相关行政主管部门、渤海沿岸地方政府近年来在不同层次上开展了渤海恢复及整治工程，制定了一系列的规划、计划，收到了较好的效果。其中，2001 年 10 月 1 日，国务院对以国家环保总局为主编制的《渤海碧海行动计划》（简称《计划》）做出批复，原则同意《计划》，并要求有关方面认真组织实施开始启动。2000 年，国家海洋局制定并实施了《渤海综合整治规划》。《渤海碧海行动计划》、《渤海综合整治规划》是目前渤海实施环境管理和治理的重要依据，对指导渤海污染防治和生态保护工作，改善渤海环境质量具有重要的作用。但无论是《渤海碧海行动计划》还是《渤海综合整治规划》都有其自己的目的和重点，前者强调对陆源入海污染物的综合整治，而后者重点是加强渤海环境监测和执法方面的能力建设等。

渤海的生态环境问题不仅与渤海自身的特点及其运行机理相关,而且也与区域人类社会经济活动相关,与渤海环境管理体制落后、海洋生态系统与社会经济系统缺乏相互耦合机制关系重大。总的来看,渤海地区经济发展水平不一,海洋资源多种利用冲突,污染多头,政出多门、管理多头,渤海原有的以部门管理为主环境管理方法和手段已经不能适应新形势的发展需要。因此,采取行动,创新管理方法,建立海洋环境综合管理机制,在不同的利益相关者之间建立新型合作伙伴关系,协调国家、地方政府、行业、企业、社区公众之间的利益关系,使其共同参与渤海环境保护,是新形势下渤海环境管理的必然要求。

保护渤海生态环境不仅得到中央与地方省市政府的高度重视,而且也得到沿岸广大居民的理解和支持,以及相关国际组织的重视。2001 年,联合国开发规划署(UNDP)/全球环境基金(GEF)/国际海事组织(IMO)建立了东亚海环境保护及管理的伙伴关系——渤海示范区项目,目的在于通过建立政府间及部门间的伙伴关系,共同保护和管理跨区域面临的沿海及海洋环境问题。项目启动不久,国家海洋局、沿海三省一市政府共同签署了《渤海环境保护宣言》,初步建立了国家与地方政府、地方政府之间的合作伙伴关系,并着手制定《渤海环境管理战略计划(Strategic Environmental Management Plan)。国家海洋局海洋发展战略研究所是《渤海环境管理战略计划》项目的承担单位,经过 2 年多的努力,完成了《渤海环境管理战略计划》的编制任务。

下面将对《渤海环境管理战略计划》(以下简称《渤海战略》)制定的理念、方法和主要内容作以简单介绍。

二、《渤海战略》的理念与方法

从国际发展状况来看,现行的海洋管理缺乏综合协调管理,管理零碎而无效。管理系统由重复并矛盾的法律和管理机构组成,注重的是按行业或机构来解决问题。这样的"体系"需要大量的时间和法律程序来解决问题,而在解决单个问题之后往往导致部门间、产业间的冲突。近年来,以生态系统为基础的区域海洋管理已经成为当今海洋管理发展的趋势。东亚海环境管理战略计划从总体上采用了以多层次和多部门综合为特征的生态系统管理方法,以提高区域环境管理能力。

（一）生态系统管理概述

生态系统管理是由两个很难下定义的词组成的。"生态系统"是一个老词,1935 年首次由 Tansley 应用,它涉及到动植物本身之间及他们与自然环境的一种动态和复杂的相互作用。当加上"管理"这个词时,它就包括社会和经济方面。两个词合二为一,指人类社会和生物成分之间的一种复杂的相互作用。目前普遍认为人是生态系统的重要组成部分采取一种方法来管理生态系统各方面的相互关系应称之为基于生态系统管理。生态系统管理主要立足于寻求那些我们对自然系统如何运行的认识还不够完善的很多知识,因此,其应用只是部分地关系到科学,而更多关系到文化和社会。生态系统管理方法是对传统环境管理方法的挑战,它暗含着管理单元的创新,同时也包括需要管理者理念、工作方法、重点以及制度安排的变化。

生态系统管理优于如保护区这样传统的管护概念,它考虑生物及其环境中的综合动态,包括由人类文化所造就和改变的状况在内。生态系统管理必须在多种利用系统内完成,所有的利用必须在被影响的社会经济和文化背景下达到最优化。这就要把经济、社会和政治体制与我们所依赖的生物多样性的保护和和自然资源的持续利用结合起来;通过综合管理和协调,将管理问题集中在一个共同的目标上,防止在当前的环境资源管理中普遍存在的不同管理部门之间的冲突和竞争;然后通过行政、法规、教育、经济等手段,调节和防止污染或其它损害人类的行动以及恢复等各种活动来达到。生态系统管理强调充分的估计、历史实例和预防性原则的运用;强调利益相关者的参与。

一般而言,生态系统管理方法的运用需要经过以下步骤:(1)界定适宜的管理界限,要求综合考虑生态系统界限和行政管理边界;(2)包括所有的利益相关者,要求所有的利益相关者参与政策的制定与实施的全过程;(3)形成一个长期设想,该设想界定理想的最终状态和对所有的利益相关者的利益;(4)描述当前自然生态、经济、环境和社会条件,以及生态系统的变化趋势,其目的在于提供可衡量的未来的努力和结果的基础;(5)建立可以实现的、可测量、可评估的生态系统目标;(6)发展可实现上述目标和实施行动计划;(7)监测和评估管理行动的结果和条件。

(二)《渤海战略》制定的方法框架

依据生态系统管理理论,渤海战略制定的方法框架如图1所示。

(三)《渤海战略》的基础要素

渤海战略制定与有效实施必须建立在下列基本要素的支持基础上。

(1)伙伴关系:渤海战略必须由所有的利益相关者,包括国家、省、市、县区政府及相关管理部门、企业、科研团体、社区居民以及国际组织和援助机构,通过彼此间合作,才能保障其实施效果。

(2)长期和持续性:渤海战略有效实施要求相关政策的连续和长期有效,要求利益相关者的长期承诺、自我调节、协调一致,并积极参与行动计划的执行。因此,促进区域利益相关者管理海洋/海岸带环境的自我更新能力建设是渤海战略重点之一。

(3)协同作用:渤海战略有效实施需要多个利益相关者共同努力、协作,产生有利于设想目标实现的协同效应。

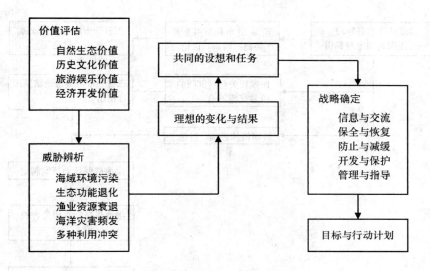

图 1　渤海战略制定的方法框架

（4）国际公约或协议/国家和地方政策、计划和规划：中国政府签署批准的、相关国际公约或协议，以及国家及地方颁布实施的法律法规、政策、计划或规划是渤海战略制动和实施的法律基础和依据。

（四）《渤海战略》的形成过程

渤海战略制定过程实际上也是利益相关者咨询讨论、协商达成一致、建立伙伴关系并界定、承诺承担自己的责任和义务的过程（图2）。在这一过程中，通过专题讨论会、或非正式会议、电话、随机访谈等多种方式，最终产生所有的利益相关者同意的未来设想、理想的变化，以及实现其的协作框架、战略和行动计划。

三、《渤海战略》制定的原则

渤海战略的制定遵循以下几项原则：

（一）政策相容性原则

渤海战略必须与国家/地方政府制订的相关海洋环境与资源保护管理政策法规、中长期保护规划、海洋功能区划相协调一致，保证政策的相容性。

（二）可持续发展原则

发展是人类社会进步的主题，但渤海地区的发展应以自然资源的可持续利用、生态系统良性运行为基础，不能超过环境资源承载力，不能破坏后代人赖以为生的自然

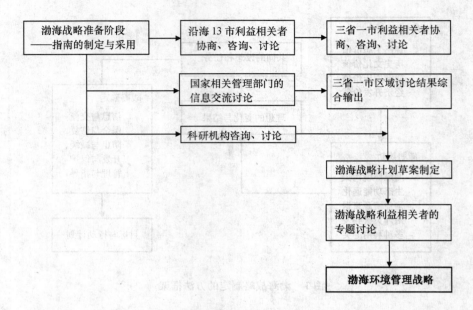

图2 《渤海战略》的形成过程

基础。可持续发展是渤海战略制定和实施的最终目标。

（三）生态维护和预防性原则

渤海战略关注海洋/海岸带生态系统健康,对维护海洋/海岸带生态安全具有重要意义的关键性生态系统、生境和物种提出保护性管理策略;在不确定的情况下,尽量维护自然资本。

（四）管理优先原则

渤海战略以强化管理为先导,以能力建设为重点,以提高公民的环境意识为基础,强调利益相关者的积极参与,促进相关政府部门之间的交流与合作,建立、健全海洋综合管理机制,建立不断自我更新和维持的环境管理和投融资机制。

四、《渤海战略》的主要内容及特点

（一）《渤海战略》的范围

渤海战略涉及空间范围较宽,海域范围为从辽东半岛的老铁山至山东半岛的蓬莱连线以西的海域。陆域范围以流域为界,汇入渤海的流域水系包括辽河、滦河、海河、黄河等7个水系、40余条河流,行政区划主体包括辽宁、河北、山东、天津三省一市。渤海战略的直接受益者为三省一市辖区内的13个沿海市,面积为13.4万平方千米;间接受益者为上述13沿海城市以外的三省一市其它区域,以及包括北京在内的与渤海有着密切联系的整个华北及东北地区。

作为渤海环境管理的长期、战略指导框架,渤海战略没有严格的时间界限。战略的采用和具体工作计划将取决于所有的利益相关者的承诺和动员情况、工作方式,需要利益相关者的持续投入,可能需要25年或更长。

在上述时空界限内,渤海战略涉及任何在现在或将来,发生在沿海陆地/流域、海岸带以及海域对海洋环境有影响的行动和或过程。

(二)《渤海战略》的主要内容

按照渤海战略制定的方法框架,渤海战略首先对渤海自然生态、社会文化、经济和战略价值进行描述及评估,对其所面临的来自人类活动的各种威胁和影响进行分析;在此基础上,渤海利益相关者共同发展了渤海未来设想目标、任务及其理想变化和结果;识别并确定了实现设想目标的战略措施及其行动计划;以及实施渤海战略计划中的不同利益相关者/伙伴的职责。

渤海环境管理战略计划文本包括以下几部分内容:1 渤海概况;2 渤海的价值;3威胁及其影响;4 我们的响应;5 战略制定的原则与基础;6 战略;7 战略实施;8 战略监测。

渤海利益相关者识别并确定实现渤海未来发展设想目标的渤海环境管理战略有5项,具体如下:

战略1:信息与交流

通过信息公开,广泛的海洋环境保护宣传教育,与利益相关者进行环渤海区域开发与环境保护方面的信息交流与沟通,使其充分认识渤海海洋环境管理中的问题和面临的挑战,明确其权利与责任,动员他们积极参与渤海环境管理战略的制定与实施。

战略2:保全与恢复

通过海洋综合开发规划和管理计划,保全海洋/海岸带关键自然生态系统、生物群落、生境的完整性,维护生物多样性,为后代人的利益保护和恢复渤海重要的自然生态、历史文化价值。

战略3:减缓和防治

利用行政、法律、经济和科技手段,防治、减缓、控制人类直接或间接的开发活动(包括陆地和海洋开发活动)对海洋环境造成的污染。

战略4:开发与保护

充分开发利用现有的海岸带/海洋资源与环境,在维持和保护渤海自然生态价值的同时,发展地区经济、提高居民的生活和福利水平,实现环境保护与经济发展的"双赢"目标。

战略 5:管理与指导

通过建立国家和地方政府机构间和部门间的合作伙伴关系,建立和完善海岸带综合管理机构、机制和政策体系,管理和指导利益相关者以可持续方式开发利用渤海环境资源,保障渤海环境管理战略计划的实施,实现渤海地区的可持续发展。

在每个战略内,按照原则、目标和行动计划,分别进行了详细阐述,由于篇幅限制,本文不作具体介绍。

(三)《渤海战略》的特点

渤海战略在以下几方面不同于以前和正在进行的环境管理计划/行动:

(1)在方法上,采用了生态系统管理方法,强调多层次、多部门的综合方法,强调政府间、管理部门间和其它利益相关者的合作伙伴关系,建立系统的、综合的、全新的环境管理工作模式。这样通过信息共享与交流、能力建设等计划,渤海战略的实施将促进有效地利用和节约人力资源、财政资源。

(2)渤海战略不是环境规划,而是一个长期的、综合的、具有战略导向意义的海洋/海岸带环境管理框架,在这个框架内界定了社会各部门重要的角色,包括中央和地方政府机构、私人部门、社会团体、研究机构和当地社区,以及 UN 和国际捐助机构,和双边和多边财政机构。

(3)把区域社会经济发展计划与渤海环境和资源管理目标结合起来。

(4)包含了影响渤海海洋/海岸带环境与资源的以海洋和陆地为基础的人类开发活动。

(5)转变了环境管理财政模式,使其从政府投资为主的环境设施和服务建设,逐步向公共部门和私人部门共同参与的自我维持财政投资机制转变。

"渤海环境管理战略计划"是国家海洋局在《渤海环境保护宣言》的基础上,会同三省一市政府、国家相关部门和其它利益相关者经过反复讨论研究后共同制定的。渤海战略表达了渤海地区的利益相关者共同形成的、关于渤海未来发展的共同设想,以及实现该设想目标的途径;它提供了一个解决渤海环境问题的区域协作框架、战略和行动计划。该战略计划旨在通过强调建立中央与地方政府、相关管理部门、私人部门、社区居民之间的新型伙伴关系,建立一个长期的、综合的渤海环境管理指导框架,构筑渤海环境管理新方略。

渤海环境管理战略计划运用了生态系统管理的理念与方法,这是一个新的尝试,其实施效果还有待于实践的检验。

渤海环境现状和治理前景

郑淑英

2002 年是第二届联合国环境与发展大会 10 周年纪念。今年 8 月 26 日至 9 月 4 日将在南非的约翰内斯堡举行可持续发展世界首脑会议。对《里约宣言》和《21 世纪议程》的执行情况进行全面回顾。海洋环境是世界环境的重要组成。我国是一个拥有 18 000 千米陆地岸线和近 300 万平方千米主张管辖海域的沿海大国,海洋经济在国民经济中占重要地位。海洋环境对海洋经济的可持续发展起着十分重要的作用。

渤海是我国重要的海区之一,随着渤海地区经济的快速发展,渤海的环境承受了前所未有的巨大压力而严重退化。为了改善包括渤海在内的海洋环境状况,实现海洋的可持续利用,我国政府和国家海洋行政主管部门的国家海洋局等付出了艰苦努力,包括制定《中华人民共和国海域使用管理法》,修订《海洋环境保护法》,规划并实施"渤海环境综合整治规划",及全球环境基金和联合开发署东亚海域计划合作,实施"渤海环境管理项目"等,为 21 世纪海洋的可持续利用奠定了良好基础。

在第二届联合国环境与发展大会召开 10 周年之际,对渤海环境状况做一简要回顾,结合国家渤海综合整治规划等项目的目标及实施,对渤海环境的治理前景进行初步展望是非常有意义的。

一、渤海环境现状

目前渤海严重退化的环境状况十分令人堪忧,主要表现在以下几个方面:

(一)近岸水体污染日趋严重,污染面积持续扩大

渤海水体污染严重,污染面积持续扩大。据统计,1992 年至 1998 年间,仅 6 年中渤海水域污染面积扩大了一倍;2001 年末,渤海未达到清洁海域水质标准的面积为 18 990 平方千米,占渤海海域总面积的 24.6%,其中,轻度污染、中度污染和重度污染海域面积分别为 15 610 平方千米、1 300 平方千米,710 平方千米和 1 370 平方千米,中度和重度污染面积占污染总面积的 11.5%,与 2000 年的污染面积相比同样呈扩大趋势。主要污染物指数,COD、油类、无机氮和无机磷的水体含量均有不同程度的增

长。下面是依据有关统计数据制作的渤海主要污染物变化趋势图。

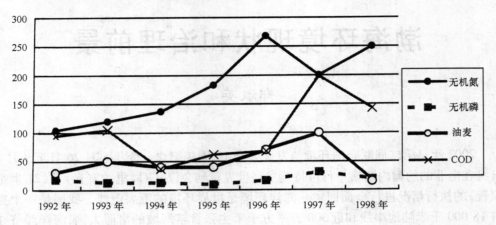

渤海主要污染物变化趋势图

　　注:为在同一图中显示,无机氮、无机磷、油类单位为 μg/l,COD 单位为 10μg/l。数据来源:渤海综合整治规划。按照国家海洋局 2001 年中国海洋环境质量公报的解释,清洁水域指符合国家一类海水标准水域;轻度污染指符合三类海水标准;重度污染指劣于四类海水标准。

　　(二)海洋灾害频发,加重渤海污染程度

　　渤海整体防御自然灾害的能力减退,海域污染与不适当的资源开发诱发的海关灾害不断发生。赤潮是氮磷富营养化污染引发的二次污染,是渤海主要的海洋灾害形式。1990 年以来,平均每年由陆源进入渤海的氮 1.5 万吨,磷 0.005 万吨、海水养殖业产生的氮 0.5 万吨。自 1990 年以来,过去少见的重大赤潮发生了 20 余起,新发现有毒赤潮藻 14 种。2001 渤海沿岸各省市沿海水域共发生赤潮 24 起,占当年全国赤潮发生总数的 31%。近年来,渤海近岸赤潮发生的总趋势与全国近海赤潮趋势相同,发生时间提前,持续时间延长,主要赤潮生物种类增多,总次数和累计影响面积逐年上升,危害越发严重。1998 年和 1999 年渤海连续发生重大赤潮灾害。1998 年,渤海发生大面积赤潮,持续时间 40 余天,最大覆盖面积达 5 000 多平方千米,范围遍及辽宁湾、莱州湾和渤海中部部分海域;1999 年秋季赤潮面积为 6 300 多平方千米,每升海水中有赤潮藻类 12 ~ 140 万个,是渤海历史上赤潮规模最大的一次。赤潮发生时,一些优势藻类疯狂繁殖,形成厚厚的覆盖层,阻断阳光和水能的交换,到处流动扩散,所过之处,大量的鱼虾等生物因缺氧窒息而死,构成对海洋生物的极大威胁。赤潮是海洋环境严重恶化和生态环境受损的标志,渤海赤潮发生的频度和程度表明渤海的污染程度已经到了十分危险的程度。

（三）海上溢油等突发性事故频发，加剧了海域污染程度

突发性海上事故是造成海域污染的又一个重要因素，其中以溢油和船舶碰撞为主要污染源，据有关统计：1973 年 11 月至 1999 年 6 月间，共发生一次性在 10 吨以上的船舶海上溢油 11 起，总泄油量 2 497 吨。渤海周围有 4 大油田（辽宁、大港、胜利、渤海油田）、66 个大小港口、80 多条航线、9 万多艘轮船。加之渤海平均水深 18m，海湾宽度 103 千米，水动力弱，自净能力低，多年石油污染难以降解。自 1991 年至 2000 年，共发生溢油事故 70 余起，溢油 100 多万吨，仅造成的养殖损失就达 20 多亿元。有些油污染直接引发赤潮，以 1990 年的大连老铁山海域外轮相撞事故为例，溢油面积达 120 平方千米，4 天后引发赤潮污染 1 000 多平方千米。1998 年 12 月，由于渤海埕岛油田油井发生倒塌，油井底部大道这破裂，造成历时半年的重大原油泄漏事故，溢油面积达 250 平方千米，造成渤海主要经济鱼虾类重大产卵场和细长体索饵场，以及山东浅海滩涂增养区严重污染，经济损失达 1 000 多万元。石油污染不但构成对赤潮发生区域海洋生物及渔业资源的威胁，还使近岸湿地、滩涂、海水浴场受到威胁，使相关的旅游业和居民生活受到影响。

上述污染使得渤海的生态环境遭受严重破坏，海洋资源的可持续利用受到威胁，海洋环境功能减退。渤海污染及环境恶化的直接后果，使我国北方失去了最大的"天然鱼池"，辽宁湾、渤海湾、莱州湾原有的 3 大渔场和 4 大鱼虾产卵地已经全部丧失。环境功能退化不仅使渔业和其他生物资源的数量减少，而且使其种类锐减，结构发生变化。渤海湾和辽东湾 1982 到 1993 年间的一组数据足以警示我们渤海的环境已经到了十分危急的地步：十年间鱼类群落多样性指数从 3.61 降至 2.53，即鱼类群落由 85 种降至 74 种，叶绿素 α 和初级生产力分别减少 37% 和 30%。目前，渤海的渔业以虾、蟹类和小杂鱼等渔获物为主。据计，渤海原有鱼类 116 种，现在减到 60 种。小黄鱼、带鱼、真鲷等经济鱼汛已经从 1985 年以后渔汛断绝。优质鱼被低质鱼代替，种群结构日趋小型化、低质化、低龄化。

渤海生态环境的恶化，不仅使渔业和生物资源受到破坏，还使沿岸人民生命健康遭到威胁。据调查，医学专家已经从污染区人体骨骼、头发中检测出汞、铅、镉、砷等有害物质，发现污染引起的肝肾病变、低寿死亡、男女生育能力下降等问题增多，个别地方发现新生儿畸型，多年征兵缺少合格兵员，对社会经济的可持续发展造成严重影响。

二、渤海环境退化的主要原因

（一）陆源污染是渤海海域污染的主要原因

陆源污染的近岸排放得不到有效控制是渤海海域污染的主要原因。陆源污染物

进入渤海主要由沿岸河流和排污口带入。进入渤海的主要三大水系有辽河、海河、黄河,每年注入渤海的径流量为 500 多亿立方米,各水系污染严重。其中,辽河水系中的大辽河、双台子河流经盘山和营口入渤海;海河水系包括滦河、永定河、大清河、子牙河等 9 个系。据国家环境保护部门的调查结果表明,大辽河水系污染严重,大辽河水质常年为五类或超过 5 类标准。主要污染物为 COD、石油、氨和氮;还有统计,辽河水域,全流域随生活污水排放的 COD 是工业废水排放的 COD 的 3 倍,至 1998 年整个辽河流域还没有一座已经建成运行的城市污水处理厂,再有辽河流域耕地面积广阔,多年大量施加农药和化肥,使得农田尾水的化肥、农药残留物逐年增加,并随河流入海,加重了渤海水质的恶化。海河是注入渤海的主要水系之一,据同一资料表明,80% 以上的海河水系河流已经受到污染,半数以上的河流或河流段已经丧失了环境功能,目前,海河干流水质全年近一半的时间超过五类标准,并将大量有害有毒物质带入渤海。渤海沿岸,1999 年入海排污口 89 个,其中混排污口 38 个,直接口 15 个,入海河口 29 个,市政下水口 7 处,1999 年,年排工业污水 27.3 亿吨,生活污水 12.3 亿吨。据统计,自 1970 年至 2000 年,渤海共受纳陆源排放污水 500 多亿吨、污染物 1 600 多万吨。陆源污染物约占渤海污染物总数的 95%。

（二）海上污染是造成渤海资源环境的重要因素

海上污染源主要来自于港口、船舶、石油平台、海水养殖、海上倾废等。目前,渤海大的水运港口 9 个,其中有大连、营口、秦皇岛、天津、龙口、烟台、威海及渤海中原油海面交货点,还包括二类口岸 10 个,这些口岸及码头建设的同时也在相当程度上改变了海洋动力环境,其废弃物的近岸处置,也对海域环境造成污染。超面积及高密度海水养殖也是重要的污染源,据专家调查,每养殖 1 吨贝类,会产生 2 吨粪便沉入海底,并有计算,渤海三湾的养殖量高出理论养殖量 1 倍之多。据抽样调查,在养殖高峰期,辽东湾虾池 17.5 万亩,渤海湾有虾池 37.1 万亩,以 1.5 米水深计算,每周每亩 1 000 立方米海水进行一次 100% 换水,在 7～10 月间,会有 5.46 亿立方米的虾池废水注入渤海,加上渔民向海水中播撒化学农药,加重了海域污染。石油平台含油污水的排放与钻井平台泥浆的海上处置,也是一个重要海上污染,虽然国家有严格的规定,向海洋倾倒废物必须经过国家海洋行政主管部门的批准并按指定地点倾倒,但仍有一些单位对此规定不予执行,包括一些港口和油田,将海洋作为垃圾场进行任意倾废。

（三）缺少地区性管理机构及统一的环境标准是造成渤海污染管理机制方面的原因

与陆地环境不同,海水的流动性,决定了海洋环境的整体性。渤海是一个跨行政区域、具有独特社会经济和自然地理特征的独立的海洋单元。渤海地区,面对同一个渤海,没有一个高层次的权威机构,对整个渤海地区的环境进行统一规则、协调及管理,是造成渤海环境问题的管理原因。

三、渤海综合治理规划概况

为改善渤海的环境状况,还渤海一盆清水,在渤海沿岸地区政府、国家海洋行政主管部门及有关国际组织的共同努力下,近年来在不同层次上开展了渤海环境的恢复及整治工程,制定了一系列的规划、计划,其中有国家级的"渤海综合整治规划"和"渤海碧海行动计划","渤海综合整治规划"包括了联合国开发规划署、全球环境基金、国际海事组织与国家海洋局合作,由渤海三省一市地区政府参加的"渤海环境管理项目",两个项目共涉及国内资金 682 亿元人民币,国外资金 80 万美元,项目完成历时 15 年。

通过这些规划的陆续实施,到 2015 年,渤海生态系统将得到初步恢复,污染得到控制,海域环境质量明显好转,此时,改善了的渤海环境,将对渤海地区经济的发展和人民生活水平的提高起积极作用。

（一）渤海环境治理规划的基本内容

根据渤海环境问题及其原因,环境治理与恢复工程大致可归为受损生态环境修复与资源恢复;重点污染整治工程;陆源污染物控制,海上污染源控制,法规与管理机制建设,及科技支持 6 个方面,子项目总计 106 个（其中,渤海综合整治规划"十五"期间 27 个,2006～2015 年间 29 个,包括国际合作项目"渤海环境管理项目"25 个;"渤海碧海行动计划"25 个）。按内容划分为:

（1）

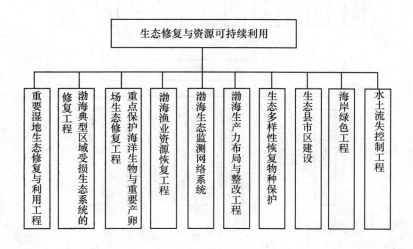

（2）

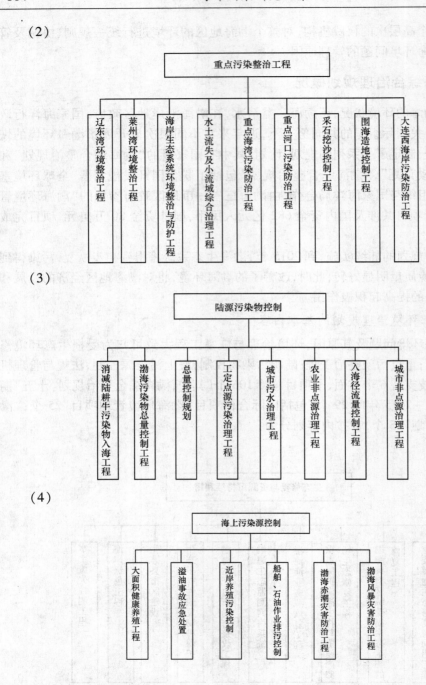

重点污染整治工程
- 辽东湾环境整治工程
- 莱州湾环境整治工程
- 海岸生态系统环境整治与防护工程
- 水土流失及小流域综合治理工程
- 重点海湾污染防治工程
- 重点河口污染防治工程
- 采石挖沙控制工程
- 围海造地控制工程
- 大连西海岸污染防治工程

（3）

陆源污染物控制
- 消减陆耕生污染物入海工程
- 渤海污染物总量控制工程
- 总量控制规划
- 工定点源污染治理工程
- 城市污水治理工程
- 农业非点源治理工程
- 入海径流量控制工程
- 城市非点源治理工程

（4）

海上污染源控制
- 大面积健康养殖工程
- 溢油事故应急处置
- 近岸养殖污染控制
- 船舶、石油作业排污控制
- 渤海赤潮灾害防治工程
- 渤海风暴灾害防治工程

（5）

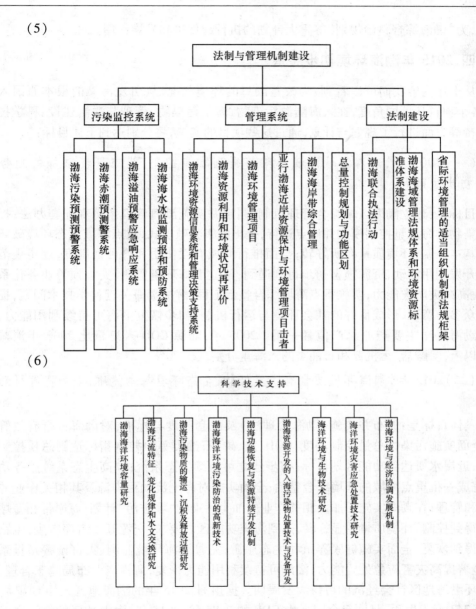

（6）

除上述六方面内容外,还包括在"渤海综合整治规划"中的国际合作项目"渤海环境管理项目",该项目主要对渤海省际间管理的模式及可持续投资机制进行研究,其中设有专项:渤海环境管理战略计划;建立省际间渤海环境管理的适当组织机制和法律框架;投资机遇;渤海环境管理的可持续财政机制;渤海环境论坛等。通过这些项目的实施,在管理、财政、机构和公众参与方面为渤海的环境恢复进行有益探索与尝试,为"渤海综合整治规划"等重大计划的执行起促进和先导作用。

四、2015 年渤海环境初步展望

从上述内容我们可以看到,为改善渤海的环境状况,从引发污染的根本原因入手,各个项目从不同角度,在入海陆源污染物、海上污染物、管理与法制建设、科学技术支持等方面进行了规划与计划,通过这些项目的实施,将分别达到下述目标:

(一)2005 年,渤海海域环境污染将得到初步控制,生态环境破坏的趋势得到初步缓解

具体目标是:建立渤海区域综合管理机制,制定并实施渤海管理条例和配套办法;提出污染物排海总量控制模式并试点运行,提出健康养殖模式,重点海域生态环境破坏得到基本控制,环境质量有所好转;全面推行海域有偿使用和许可证制度,逐步规范资源开发利用活动,资源损害初步得到遏到;建立渤海环境监测、灾害预警业务化系统,提高减灾防灾能力;实施重点海域综合整治工程,解决渤海关键科学技术问题;提高公众参与意识,形成良好的社会环境与运行机制,初步恢复渤海可持续利用能力,实现渤海海洋主要产业总产值翻一番。2005 年,陆源 COD 入海量比 2000 年消减10%以上,磷酸盐、无机氮和石油类的入海量分别减少20%。

(二)2015 年,渤海环境质量有明显好转,生态环境基本健康,生物资源得到恢复

具体目标是:颁布并实施《渤海管理法》及配套制度与标准,对渤海进行有效管理;全面实施污染物总量控制制度,COD、氮、磷、石油类等项控制指标达到总量控制要求;近岸水质达到功能区划目标;初步建立可持续生态系统;提高生态系统服务功能;完成一批重点海域的环境综合整治;全面实施对海上流动污染源及其相关作业的监控和管理;在渤海实施船舶及相关作业的油类污染物"零排污"计划;海岸带和海域污染得到控制,环境质量明显好转,达到海洋功能区划要求;资源开发有序有度,生物资源得到恢复,全面实施健康养殖和生态旅游;完善渤海环境监测、灾害预警预报系统,显著提高灾害应急处置能力;渤海可持续利用能力恢复,海洋产业布局趋于合理,实现环渤海地区社会经济的可持续发展期。据预测,2015 年的渤海地区人均 GDP 将达 19 243 元人民币,是同年全国人均 GDP 的 2.85 倍;2015 年,渤海地区的海洋产业总产值将占同年全国 GDP 的 6.1%,比 1998 年提高 4.7 个百分点。

(《动态》2002 年第 6 期)

关于在我国沿海地区实行
"海水开源"的建议

杜碧兰

一、严峻的缺水形势

水资源是 21 世纪重要的战略资源。随着全球社会经济的快速发展和人口的急剧增加,淡水资源短缺问题日益突出,已成为国际社会普遍关注的问题。联合国于 1999 年指出,21 世纪水将成为全世界最紧缺的自然资源,并警告:除非各国政府采有力措施,否则到 2050 年,全世界将有近 1/3 的人口(约 23 亿)无法获得安全的饮用水。

我国是一个水资源贫乏的国家,水资源总量约为 2.8 亿立方米,人均占有的水资源量为 2 200 立方米,只有世界人均占有量的 1/4 左右,在联合国统计的 153 个国家和地区中居第 121 位。随着国民经济的持续快速发展、城市化进程加快和人民生活水平不断提高,我国水资源短缺和水环境恶化等问题日益严重。

水资源短缺在我国沿海城市尤为突出,据了解大部分沿海城市人均水资源量低于 500 立方米,其中大连、天津、青岛、连云港和上海的人均水资源量更低于 200 立方米,处于极度缺水境地。国家海洋局 1998 年对我国沿海 10 个城市(天津、烟台、大连、青岛、上海、宁波、厦门、广州、深圳和珠海)的淡水供需状况进行了调查和预测。1988—1997 年 10 年间,天津、上海、广州和大连市的工业用水平均年增长率较低(1.5% ~2.4%);其他发展中城市及新兴城市保持中等增长速度(5.9% ~9.3%);个别城市如深圳则高速增长达 16%。10 个城市的平均年增长率为 5.4%。十年间 10个城市的生活用水普遍高速增长,除天津外,其他 9 个城市平均年生活用水增长速度为 11.22%,珠海增长最快为 16.4%,厦门较慢为 6.6%。十年间平均生活用水增增长了 2.69 倍。

基于上述十年的工业用水和生活用水情况,对 1998—2007 年沿海 10 个城市的需水情况进行了预测:三大发达城市上海、广州、天津需水量增长较缓,而其它发展中城市和新兴沿海城市则今后 10 ~15 年需水量增长迅猛,形势将十分严峻。从 2010—

2020年,我国北方沿海城市将相继进入严重缺水状态。若再考虑海岛的淡水需求,沿海地区缺水形势将更加严峻,因此寻找稳定可靠的新水源已是当务之急。

二、"海水开源"是沿海缺水地区的必然选择

我国沿海地区,特别是北方沿海地区缺水问题已引起中央和地方各级政府的重视,各地纷纷采取措施进行开源节流,比较普遍采用的蓄水、就近调水、废水回用、开采地下水和用经济手段促进节水等。上述这些措施在缓解水资源短缺方面确实起了不小的作用,但这种作用是有限和短暂的,并不能从根本上解决缺水问题。于是,人们又不得不把希望寄托在"南水北调"工程上,认为只有实现这项巨大工程,北方缺水问题才能得到彻底解决。当然,从丰水地区向缺水地区调水具有不可低估的作用,但是也不应该把这一措施过于理想化,因为在调水过程中肯定会遇到不少复杂的问题而最终影响到它的经济效益。就从已经竣工的"引滦济津"、"引黄济青"工程来看,它们所起的作用也不是无可非议的。调水工程面临巨额工程投资、运行费用、污水处理费用,占用大量土地,以及沿途蒸发、渗漏、截流等重大损耗,这一切必然会大大增加调水成本而降低其社会经济效益。更何况上述种种措施只能使水资源实现时空调度,并没有增加沿海地区的淡水总量。

随着经济迅速发展和科技日益进步,一个在沿海地区开发利用海水资源的计划渐趋成熟。这就是淡化和直接利用取之不尽用之不竭的海水,用海水替代宝贵的淡水,并增加淡水总量,这项计划是行之有效的水资源的开源措施,因而可以称之为"海水开源"计划。"海水开源"是沿海缺水地区的必然选择,对解决水资源短缺问题具有重要的战略意义。

三、海水利用的国内外现状

所谓"海水开源"包括海水淡化和海水直接利用两个方面。海水淡化是运用科技手段使海水变为淡水,从而增加淡水资源量。目前全世界海水淡化日产水量为2 700万立方米,其中80%用于饮用水,主要分布在严重缺乏淡水的国家。国际市场上海水淡化装置的年销售额在90年代就达到了20亿美元左右,并以每年30%的幅度增长。南亚、中亚和非洲有很多用户,国际市场容易很大。在海水淡化装置的制造国中,美国和日本大约分别占了30%的市场份额。韩国于80年代起步,目前在中东已有了若干套日产万吨级的蒸馏法海水淡化装置。

海水淡化对解决沿海地区缺水问题具有明显的优势。首先,海水淡化可以增加淡水资源的总量,达到科学开源的目的。第二,海水淡化比跨流域调水成本低。目前小规模海水淡化的吨成本约为5~7元,若日处理量达到10万吨,吨成本即可降到4元左右。跨流域调水若将工程投资、运行费用、污染处理费用及沿途蒸发、渗漏、截流

等损耗占用大量土地资源均计算在内,调水成本将远高于海水淡化。第三,海水淡化有利于解决沿海城市超采地下水所造成的环境问题,可逐渐恢复地下水位和遏制地质环境的恶化。第四,海水淡化可以形成产业,形成新的经济增长点。随着人们生活水平的不断提高,对饮用水的要求也越来越高,海水淡化可形成质量较高的纯净水。

海水直接利用是直接采用海水代替淡水以满足工业用水和生活用水的需求。世界许多拥有海水资源的国家,都大量采用海水替代淡水直接作为工业冷却水,其用量占工业总用水量的40%～50%。应用历史较久的国家有日本、美国、前苏联和西欧六国,它们主要用于火力发电、核电、冶金、石化等企业。日本仅电力冷却用海水每年就达1 200多亿立方米。欧盟海水年用量可达2 500亿立方米,美国工业用水的1/3为海水。

海水作为大生活用水,英、美、日、韩等国已有多年应用历史。我国香港地区也有成熟的海水直接利用经验。香港于20世纪50年代末开始采用海水冲厕。发展到现在,冲厕海水的用量已达每天35万立方米,占冲厕用水的2/3左右。据估计,到2010年广东省东江水系向香港供水量将达到饱和,新淡水资源难以寻找。因此香港特区的最终目标是将冲厕用水全部用海水代替。目前香港已以兴建16座海边海水抽水站和15座陆上海水提水站。香港海水冲厕系统中的设备防腐、海生物防治、管道防腐等方面的技术问题已得到解决。

海水直接利用的经济分析结果证明,对地面高度较低,距海岸较近,耗水量大,直取海水成本低廉的一般大型企业,采用海水作直接冷却用水是合适的;对于地面高程较高,距海岸较远,耗水量大,直取海水成本高的大型企业,采用海水循环冷却方式更为经济合理。

总之,无论是通过海水淡化以增加淡水资源,或是直接利用海水以节约淡水的消耗,不但在技术上是可行的,而且在经济上也是有效的,这在国内外都有许多成功的经验。只要国家重视这项工作并坚持不懈地推广应用,"海水开源"必将成为现实,它将成为我国沿海缺水地区增加水资源的另一把金钥匙。

"海水开源"的核心问题是掌握海水淡化和直接利用的先进技术。在这方面,我国与发达国家相比还有较大的差距。但是,经过多年努力,特别是改革开放以来,我们已取得了较大的进展,可以说是初步具备了开创"海水开源"新局面的良好基础。40多年来,我们经历了国家四个五年计划的持续科技攻关,在海水资源开发利用方面共完成科技攻关项目25项,获得省部委级以上奖励10项,解决了该领域的许多关键技术,取得了重大的突破和进展,培养造就了一支高素质的海水资源开发利用技术队伍,我国已成为世界上少数几个掌握海水淡化等海水资源利用先进技术的国家之一,具备了坚实的技术基础,为产业大发展创造了技术条件。

我国海水技术研究起步于20世纪60年代,经过国家"六五"、"七五"、"八五"和

"九五"科技攻关计划的支持,技术和装置都有了较大提高,基本具备了产业化条件。在海水淡化方面,我国已完成3千吨级的示范、正在实施万吨级示范工作。海水淡化常用的电渗析(ED)、反渗透(RO)和蒸馏法均已在国内的已建和在建的12项大型海水和苦咸水淡化工程中广泛应用,并取得很好的成效(见表)。海水淡化的吨水成本已经从90年代的7元多降低到目前的5元多。若能在政府大力支持和加大投入的情况下,海水淡化产业可望在沿海得到迅速的发展。

我国已建和在建的海水淡化工程项目表

序号	地 点	规模(吨/日)	工艺路线	完成单位	投产年份
1	西沙永兴岛	200	电渗析	杭州水中心	1986
2	天津大港电厂	2×3000	多级闪蒸	美国 ESC	1989
3	浙江舟山嵊山镇	500	反渗透	杭州水中心	1997
4	浙江舟山马迹山	350	反渗透	美国 UAF	1997
5	辽宁长海县大长山镇	1000＋500	反渗透	广西玉柴	1999
6	辽宁长海县獐子岛镇	2×500	反渗透	德国普罗名特	2000
7	沧州化学工业公司	18000(苦咸水)	反渗透	广东玉柴	2000
8	山东长岛县长山岛	1000	反渗透	杭州水中心	2000
9	浙江嵊泗县驹礁岛	1000	反渗透	杭州水中心	2000
10	山东威海华能电厂	2000	反渗透	半岛水处理	2000
11	大连华能电厂	2000	反渗透	半岛水处理	2002
12	浙江嵊泗县驹礁岛	1000(二期)	反渗透	德国普罗名特	2002

我国海岸线长达18 000多千米,有很好的直接利用海水的条件,青岛、大连、天津、上海、宁波、厦门、深圳等沿海城市近百家单位均有利用海水作为工业冷却用水的应用历史。如大连市工业取用海水量1990年已达5.99亿立方米,为全市总用水量的78%。天津大港电厂年冷却海水用量达17亿立方米。青岛市有近30个企业直接利用海水,年海水取用量达8亿多立方米。广东大亚湾核电站海水年采用量近27亿立方米,浙江秦山核电站海水年取用量为4亿立方米以上。其他城市如上海、烟台、威海、宁波、厦门等城市海水用量也在不断增加。2002年3月,天津市通过了《万吨级海水循环冷却示范工程可行性研究报告》,随着该工程的建设和运行,天津市将成为我国海水循环冷却利用规模最大的示范城市,并对我国沿海城市和地区产生巨大示范效应,从而推动我国海水直接利用产业的发展。

海水作为大生活用水在我国也得到了初步推广,大连、天津已有小型海水冲厕系统在运行,青岛也准备建立海水冲厕的示范生活小区。应用海水作为大生活用水的某些技术研究工作也在努力进行中。

五、加快我国海水资源开发利用的建议

(一)将海水资源开发利用纳入全国水资源综合规划

2002 年 6 月中旬,国家计委和水利部牵头成立了全国水资源综合规划编制工作领导小组,国家计委刘江副主任为组长,领导小组的成员有国家计委、国家经贸委、国土资源部、建设部、农业部、国家环保总局、国家林业局、中国气象局等 9 个部门。领导小组办公室设在水利部规划计划司,负责规划的具体组织和业务工作。7 月 29 日成立了全国水资源综合规划专家组并召开了第一次会议。编制全国水资源综合规划是实现我国水资源可持续利用和保障经济社会可持续发展的重要基础条件。我们认为,水资源综合规划除统筹考虑地表水、地下水、雨水资源利用、污水处理再利用以及跨流域调水之外,对面临严重缺水的沿海地区,还应该考虑海水资源的开发利用。这一新水源可以作为沿海地区的第二水源和海岛的第一水源,只有实施"海水开源",才能增加我国淡水资源的总量,也只有这样才能使全国水资源综合规划具有前瞻性、科学性、全面性和综合性。

(二)制定国家海水资源开发利用规划

沿海地区淡水资源短缺已成为我国沿海经济快速发展的瓶颈,实施"海水开源"计划将成为沿海社会经济可持续发展的必然选择。因此,制定我国海水资源开发利用的规划已是当务之急。规划需明确海水资源开发利用的总体目标和阶段目标、以及每个阶段的开发利用重点和保障措施。海水资源开发利用规划应纳入"全国水资源综合规划"和"全国海洋经济发展规划"。

(三)加大投入,建立国家级海水资源开发利用综合示范区

借鉴国际海水资源开发利用实践经验,在资源开发利用起步阶段,都由政府适当投入并进行政策引导、培育市场,逐步实现产业化。建议在沿海几个条件较好的严重缺水城市,如天津、大连和青岛,建立国家级海水资源开发利用综合示范区区。规模示范是推动产业发展的有效途径。通过海水资源开发利用的规模示范,可以加速海水淡化、海水直接利用和海水化学资源综合利用技术的集成和成熟度的提高,在此基础上逐步向市场化、产业化方面推进。

(四)制定海水资源开发利用的引导和鼓励政策

建议国家制定和出台关于海水资源开发利用的宏观引导政策和对沿海城市企业利用海水的鼓励政策。对沿海海水利用的推广可借鉴国际对可再生清洁能源所采取

的配额制,规定使用可再生能源比例的强制性政策,该政策在实践中是行之有效的。对我国沿海工业企业冷却用水亦可采取使用海水的规定比例定额,以缩减其淡水的供应量,最终由海水完全代替淡化,尤其是那些工业用水大户,替代的潜力是很大的。对积极利用海水的企业在税收和信贷方面应给予一定的优惠;同时,对那些有条件利用海水而不利用的企业则采取一定的惩罚措施,以达到沿海地区工业企业普遍利用海水,节约我国淡水资源的目的。

(《动态》2002 年第 8 期)

建议我国尽早批准
《1972 伦敦公约/1996 议定书》

郑淑英

一、《伦敦公约/96 议定书》产生的背景

《防止倾倒废物和其他物质污染海洋的公约/1996 议定书》(以下简称为《伦敦公约/96 议定书》或议定书)是在修订《防止倾倒废物及其他物质污染海洋的公约》(以下简称《伦敦公约》)的基础上形成的独立的法律文件,它保留了公约的基本内容,是继《伦敦公约》之后的又一个全球性海洋环境保护公约。

20 世纪后半叶,由于不正当的人类活动及对海洋资源的过度开发造成的污染日益严重,使得海洋环境不断恶化,海洋的可持续利用受到威胁。海上废物倾倒是公认的五大污染源之一,倾倒废物总量占海洋排污总量的 10%。为了对海洋废物倾倒进行控制,1972 年在斯德哥尔摩第一次世界人类环境会议上审议了《伦敦公约》草案,同年该公约草案在关于海上倾倒废物政府间会议上通过,并于 1975 年生效。《伦敦公约》通过发放倾倒许可证的方式,对各缔约国海上倾倒进行管理,目前公约缔约国数目已近 80 个。各沿海缔约国按照公约的规定,可以倾倒除公约附件 1 规定的 9 类有毒有害物质以外的一切废物,但是需事先获得许可证。

《伦敦公约》生效后的 20 多年来,人类环境保护意识得到明显提高,环境问题已经不再是单纯的科学问题,并带有浓重的政治色彩。例如,低放射性废物的海上倾倒,虽然在科学上尚没有证明其会给海洋环境和海洋生物造成影响,但是在观念上低放射性废物的海上处置已经受到普遍的抵触;工业废物的海上处置也存在相应问题。事实上并不是所有的工业废物都是有害和有毒的,无毒或无害的工业废物可以将海上处置作为一种方式,关键是如何介定工业废物的有害和有毒与无害和无毒的界线。在工业废物的定义问题上,公约缔约国之间也存在分歧。另外,还有公约执行过程中出现的其他问题,如内水管辖问题、履约问题、争端解决程序问题等,这些公约自身发展的问题丞待解决。由此引发缔约国对公约进行修改的动意,这是公约修改和最终产生议定书更为直接的原因。

1992 年,联合国环境与发展大会将环境保护提到前所未有的高度倍受世人关注,环境与发展成为人类的共同命题。为了响应环发大会的精神,环境保护领域,包括海洋环境保护领域在内的各国和各公约组织,纷纷调整其发展战略,在这样的国际背景下,《伦敦公约》缔约国提出了对公约进行全面修改的建议,这是议定书产生的国际背景。

在上述国际背景和公约自身发展需要的前提下,由芬兰、挪威、瑞典、巴西等 12 个缔约国在 1992 年提出了召开修改公约会议的决议案,并得以通过。经过三年的努力,于 1996 年全面修正完成,并在此基础上产生了《伦敦公约/96 议定书》。

《伦敦公约/96 议定书》是《伦敦公约》的发展与完善,它保留了公约的基本内容,但是在管理程序上有了重要改变。其实质性的变化是废物管理程序上的变化,倾倒的废物类别由公约规定的 9 类严格禁止倾倒的废物以外的所有废物,变到只限定了可以倾倒的 7 类物质。这从倾倒废物的类别数量上加大了限制。

按规定,《伦敦公约/96 议定书》在其第 26 个批准国交存批准文书之后的一个月生效。《伦敦公约》与《伦敦公约/96 议定书》并行存在,《伦敦公约》缔约国批准加入议定书之后,原公约对该缔约国自动废止。

据《伦敦公约》秘书处的报告,截至 2001 年 9 月已有 15 个国家批准加入议定书,正在进行国内批准工作的国家还有 12 个国家。据预测,《伦敦公约/96 议定书》可能在 2002 年生效。

二、批准《伦敦公约/96 议定书》的基础及其影响

我国是《伦敦公约》缔约国,在海洋倾倒废物的国内法规方面,符合公约的要求,并有国家实践的经验与国内执行机制。《伦敦公约/96 议定书》是公约的发展和完善,其管理内容和运行机制没有实质性的改变。

我国参与了《伦敦公约》修改和议定书形成的全过程。尽管《伦敦公约/96 议定书》规定的只有 7 类可以考虑倾倒的物质类别,但是我国近期或中期需要进行海上倾倒的废物类别基本包括在内。因此,批准和执行议定书不会对我国海上倾倒的相关部门产生不利影响。

在争端强制解决机制问题上,议定书采取的程序与联合国《海洋法公约》大体上一致。鉴于我国已经批准《海洋法公约》,因此接受议定书规定的争端解决程序原则上与我国的立场与态度不相矛盾。

1997 年以前,香港作为英国的海外附属地执行《伦敦公约》。香港回归后,该公约仍适用于香港,但其执行情况的报告,是通过中华人民共和国转交给国际海事组织。香港具有执行《伦敦公约》的基础及条件,《伦敦公约/96 议定书》的规定也与香港现行的海洋倾废管理体制不矛盾。因此,我国批准《伦敦公约/96 议定书》不会对

香港产生大的影响。据悉,香港特别行政区政府正在与中华人民共和国主管海洋倾废工作的国家海洋局就议定书的执行问题进行接触与商洽。

基于上述分析,我们认为我国基本上具备批准《伦敦公约/96 议定书》的基础和条件,批准议定书不会对我国产生大的影响和冲击。

三、批准《伦敦公约/96 议定书》的意义

2002 年,是 1992 第二次联合国环境与发展大会 10 周年纪念。联合国第 55 届大会决定,明年 9 月在南非约翰内斯堡举行可持续发展世界首脑会议。这次首脑会议将是继 1992 年巴西里约热内卢举行的联合国环发大会和 1997 年在纽约举行的第 19 届联大特别会议之后,全面审查和评价《21 世纪议程》的执行情况,重振全球可持续发展伙伴关系的重要会议。自 1992 年以来,全球环境事务越来越倚向于法律机制,多边、双边合作和发展援助逐渐向环保领域倾斜。环境问题将作为可持续发展的重要内容提到一个更高的高度。及早批准《伦敦公约/96 议定书》有利于发展国际合作、提高我国的国际声望和影响。

批准该议定书,可在国际海洋环境保护事务中占据主动,尽可能地在国际海洋法律制度的制定、发展和执行过程中体现我国的利益和主张。另外,批准该议定书有助于实现在海洋环境保护领域的国际法实践中逐步由被动执行到主动参与的转变。

批准《伦敦公约/96 议定书》,可以促进我国海洋倾废管理与新的国际海洋倾废管理机制相适应和接轨的过程,提高国家海洋行政管理水平,更好地保护海洋环境及其资源。

综上所述,我国基本上具备执行议定书的基础和条件,批准议定书对我国相关行业不会产生大的影响。建议我国适时批准《伦敦公约/96 议定书》。

(《动态》2001 年第 6 期)

朝鲜半岛和解与黄海资源环境问题

郑淑英

黄海是世界的重要海区之一,是我国重要的资源获取地,也是重要的国际航运通道。沿岸国有中国、朝鲜、韩国,与黄海相邻的有日本的九洲。近年来,由于沿岸国经济的迅速发展和人口的急剧增加,过渡捕捞、海洋及海岸工程产生的废物、陆源污染物排放及海上废物倾倒数量增大,已经造成了黄海环境的严重污染和资源的日益匮乏。海洋污染的扩散性及洄游鱼类的跨界问题等,决定了黄海环境保护与资源开发在很大程度上依赖周边国家的合作,如海上倾倒、海上交通安全和应急处理、渔业资源开发、油气资源、赤潮监测与通报等方面。但是由于冷战后的 50 年间,朝鲜半岛一直处于敌对状态,有关国际合作受到限制,特别是多边合作没能展开。目前,随着朝韩最高领导人会晤的成功举行,朝韩关系开始缓和,尽管其和平进程会遇到各种波折,但是民族和解为大势所趋。朝鲜半岛和解将对黄海地区乃至东北亚地区产生积极影响,特别是各方在政治及社会问题解决之前的经济技术合作会是一种务实的选择。由此可认为,黄海洋资源环境方面的多边合作将成为可能。在这样的前提下,我有关部门应对这一地区的政治形势变化给以关注,并对可能进行的多边合作有所准备,适时提出有关国际合作项目的建议,以求得有关国际组织的支持和相关国家的响应,这将有利于黄海资源环境的开发和保护,有利于扩大我国在本地区的影响。

一、朝韩和解为地区合作创造了条件

黄海是世界的重要海区之一,沿岸约有 6 亿人口(占世界人口的 10%)。沿岸国家有中国、朝鲜、韩国,与黄海相邻的还有日本的九洲。作为东北亚地区的一部分,黄海无论在政治、军事和经济方面都具有重要的战略意义,是重要的国际航运通道。对我国来讲,沿岸人口约占我国人口的 40%;国民生产总值(GNP)占全国国民生产总值的 51%;进出口贸易额占 71%,旅游业收入占 13%。海区内蕴藏着丰富的海洋生物资源和油气资源,是我们赖以生存的重要资源获取地之一。

近年来,由于沿岸各国经济的迅速发展和人口的急剧增加,捕捞量增大,海岸及海洋工程产生的废物、陆源污染物排放量增大等对海洋生态环境造成危害,使黄海生物资源衰退、生物多样性下降、生境和生态系统退化,对黄海资源环境可持续发展构成严重威胁。对此,我国政府和国际社会均给予了极大的关注。

海洋污染的扩散性及洄游鱼类的跨界问题,使得海洋环境保护和渔业资源开发在很大程度上依赖于周边国家的合作。但是,由于冷战后朝鲜半岛一直处在敌对状态,黄海资源开发与环境保护的有关国际合作受到限制,多边合作没能进行。

近年来,世界格局朝着多极化方向发展,和平与发展成为世界政治的主流。在这样的国际背景下,朝韩最高领导人会晤于 2002 年 7 月 12 日至 14 日如期举行,并发表了关于离散家庭团圆、经济合作和朝鲜半岛统一问题的《南北共同宣言》。随后又实现了离散家属团聚等民间往来活动,朝鲜半岛和解初见曙光。虽然和平进程可能会遇到各种波折,但是民族和解是大势所趋。

朝鲜半岛和解对黄海地区乃至东北亚地区的稳定与和平将带来积极影响。朝鲜已经改变了冷战后 50 年的对外政策,正在以积极的态度参与到国际事务中来,并在巧妙地推进多边外交政策,正在打开与世界沟通的大门。与此同时,朝日恢复了中断 8 年的邦交正常化谈判,日韩也在积极谋求改善双边关系。

黄海地区乃至东北亚地区将随着朝韩和解、朝日对话及朝俄关系、日韩关系的改善向着和平方向发展。黄海是这一地区各国联系的纽带,海洋经济是沿海各国经济的重要组成部分。因此,海洋经济中的资源开发及环境保护的多边合作将成为可能。过去由于朝鲜没有参加而无法全面展开的多边合作项目可能会得以安排,对这一局面的到来,我们应有所准备。日本九洲通产局已经于 2002 年 4 月间提出建立环黄海经济圈的构想,并正在为推进经济圈的形成进行各种筹划,应引起我们的重视。

二、黄海资源环境方面多边合作的主要问题

(一)海洋环境保护方面的合作

在黄海海洋环境保护中,减少和控制海上废物倾倒是一个重要方面。海洋倾废是利用海洋自净能力处理废物的一种方法,但是需要对倾倒废物的种类和数量进行控制和倾倒区进行监测。否则,将会造成污染,并将污染带给其他海区。由于倾倒废物的活动多在公海上进行,因此,利用相关的国际公约和地区公约对海洋倾废活动进行管理和限制是一种有效途径。适合黄海海洋倾倒废物管理的国际公约是《1972 防止倾倒废物和其他物质污染海洋的公约》,即通常所指的《1972 伦敦公约》及经修改后制定的新的《1972 伦敦公约 1996 议定书》,但地区公约尚未缔结。我国和韩国是《1972 伦敦公约》缔约国,朝鲜尚未批准该公约。所以,在这方面寻求多边合作、在可能的情况下缔结区域公约显得更为重要。所以,海洋废物倾倒可以作为黄海多边合作的问题之一。

（二）海上交通安全和应急处理的合作

海上紧急事故造成的海洋污染是一个不容忽视的环境问题,如船舶溢油、海难事故等。特别是在公海发生此类事件,或在非本国领海内的其他国家的海域发生这类事件的事故通报、救援及污染物排除等方面需要多边合作,以使污染减小到最低程度。在这方面的国际公约有:1969 年《对公海上发生油污事故进行干涉的国际公约》、1973 年《关于油类以外物质造成污染时在公海上进行干涉的议定书》、1989 年《国际救援公约》和 1990 年《关于石油污染的准备、反应与合作的伦敦国际公约》。这些公约分别对海上事故、海难事故、船舶失事等情况下沿岸缔约国应采取的措施进行了规定。朝鲜和韩国基本上没有参加这些公约,目前我国批准加入的也只限于1973 年《关于油类以外物质造成污染时在公海上进行干涉的议定书》。所以,黄海的海上事故应急处理,如事故通报、紧急救援、污染物回收等,可以成为地区合作的内容之一。

（三）油气资源合作

油气资源合作也是黄海资源合作的一个方面。特别是黄海北部,中、朝海洋划界尚未进行,存在管辖海域的重叠问题。据悉,朝鲜着手在北黄海中间地带打钻勘探石油天然气,并企图引进一些西方石油公司。对于朝鲜单方采取的这种行动,应引起我有关部门的重视。鉴于中朝友好关系等历史原因,在划界没有完成之前,对黄海北部的石油资源可考虑采取共同开发的方式。

（四）渔业资源开发方面的合作

黄海海洋环境的恶化已经造成了生物资源衰竭,生物多样性降低的后果。保护黄海海洋资源,特别是保护生物资源和渔业资源刻不容缓。基于海洋生物资源,特别是渔业资源的特点,保护的措施之一是限制各沿海国的捕捞量。又因为,黄海地区的中、日、韩均有互渔活动,黄海的某些重要捕捞对象(如鲐鱼)具有复杂的洄游路线,且黄海整个海区的初级生产力分布、底层和上层鱼类的可捕量和现存量不详。要想达到对黄海渔业资源合理管理及可持续开发的目的,需要进行多边合作,缔结双边和多边渔业协定。但目前,只有中日、中韩、日韩双边渔业协定。所以黄海的渔业资源保护和管理的多边合作,可以成为发展合作的内容。

（五）污染和赤潮监测和通报的合作

黄海是一个半封闭浅海,其海水更新周期约为 10 年,如果污染物无限量的排放必将导致有害物积累,使海水水质恶化,进而对海洋生物资源和渔业资源构成威胁。另外,黄海近岸赤潮多有发生,有害赤潮的发生频率逐渐上升,赤潮生物种类增加,并且发生面积和发生时间都明显增加,随着黄海沿岸国间贸易和海上运输业的发展,赤潮生物通过船舶压仓水的排放跨界进入其他沿海国海区的可能性也在加大,所以,为了减少由突发赤潮引起的对周边海域的影响,赤潮发生国应将有关情况及时通报给其他沿岸国,如赤潮发生的海区、面积及其他情况,便于共同采取措施,减少损失。与此同时,开展黄海海洋环境监测方面的多边合作,对主要污染物的化学耗氧量、无机盐、无机磷等陆源污染物排放量进行汇总,从而对整个黄海海区的海洋污染现状、污染物容纳量和水体的自净能力进行评估和对污染发展趋势进行预测,是黄海环境保护的重要方面。因此,污染和赤潮监测与通报可以作为发展合作的方向之一。

以上是黄海环境和资源方面需要多边合作的主要问题。

三、建议

基于上述原因,建议我国有关部门,对黄海区域政治形势的变化给以重视。对此产生的影响,特别是在海洋资源环境方面可能带来的合作机遇有所准备,适时提出有关海洋资源环境方面的合作项目,以求得有关国际组织的支持与相关国家的响应。这将有利于黄海资源环境的开发与保护,有利于扩大我国在本地区的影响。

(《动态》2000 年第 7 期)

渤海的环境问题及对策建议

杜碧兰　田素珍

一、渤海环境特征及开发利用概况

渤海是世界公认的全球主要封闭性海域之一,三面环陆,是中国的内海。渤海总面积为 7.7 万平方千米,海岸线总长 3 784 千米,平均水深只有 18 米,其东北部的辽东湾平均水深为 22 米,西南部的渤海湾为 20 米,东南部的莱州湾为 13 米,东部为渤海海峡,最大水深 86 米。据估计,渤海水体交换一半的时间至少要 4 年,全部交换的时间约为 16 年。

注入渤海的河流有 40 余条,主要有黄河、海河、辽河、滦河、双台子河、大小凌河、小清河、潍河等,年径流量 720 亿立方米,每年入海泥沙达 13 亿吨。渤海沿海有淤泥岸、基岩岸和砂砾岸三种类型。黄河口、海河口、辽河口等大河河口附近为淤泥岸,且地势低平,易受风暴潮和海平面上升的影响。

渤海处于北温带且注入河流较多,其生物资源十分丰富。渤海的浮游植物 120 多种,浮游动物 100 多种,潮间带底栖植物 100 多种,底栖动物 140 多种,而且盛产对虾和大黄鱼等优质鱼类。渤海传统渔业资源,如春季的小黄鱼、真鲷、带鱼等,由于捕捞过度,已濒临枯竭。现在能形成渔汛的仅有对虾、蓝点马鲛、鲐鱼、黄鲫、青鳞等,还有一些近岸资源如中国毛虾还较为丰富。历年渤海渔获量虽有所增加,但渔获品种却变化很大。1980 年渤海区海洋捕捞量为 29.43 万吨,1985 年为 37.53 万吨,1990 年为 51.57 万吨。渤海海洋捕捞 50 年代以经济鱼、虾为主;60 年代为大型杂鱼所替代,80 年代以来,则以虾、蟹类和小杂鱼资源为主。

渤海除丰富的生物资源外,油气资源、港口资源、海盐、砂矿和旅游资源均具有较大的潜力。渤海现有 5 个重要的港口,即大连、秦皇岛、天津、烟台和青岛,这些港口的年吞吐量在 500 万吨以上。港口吞吐量占全国主要海港的 45% 以上。渤海沿岸有盐田 300 多万亩,盐产量占全国的 2/3。渤海已开发油、气田 11 个,其中,埕北油田产量一直居全国海洋石油产量之首,累计生产原油 1200 多万吨,天然气 13 亿立方米。渤海沿岸的旅游资源,如大连、秦皇岛、烟台、青岛、威海等地久负盛名,开发潜力很大。

二、渤海的海洋灾害频繁

渤海地区自然灾害较多,对海洋资源的开发利用活动有一定的制约作用,主要的海洋灾害有风暴潮、海冰、赤潮、海水入侵和海平面上升等,渤海沿岸有些地区地势低洼,而且现有的防潮设施标准偏低,再加上长期抽取地下水,导致大面积的地面沉降,因而加剧了风暴潮灾害、海水入侵和海平面上升的灾害。同时由于环渤海地区经济的快速发展,城市人口的不断增长,渤海近海的环境质量下降较快,污染比较严重,因此赤潮灾害频繁发生,对该区经济的持续发展带来不利影响。

(一)渤海的风暴潮灾害

渤海地区的风暴潮灾害多由温带气旋引起,台风引起的风暴潮灾次之。占主导地位的温带风暴潮主要影响地区为莱州湾和渤海沿岸。据新中国成立以来40多年的灾害统计,曾发生过50次温带风暴潮,占渤海风暴潮灾的78%。在莱州湾地区曾纪录到增水为3.55米的温带风暴潮,居全球首位。40年统计中曾发生过22次台风暴潮,但仅有5次造成灾害,其中最严重的是9216号台风引起的台风暴潮,在环渤海地区造成约50亿元的经济损失。

(二)海冰灾害

渤海地区冬季每年结冰(始于11月中、下旬,终于翌年3月中、下旬),而且以流冰为主,渤海三个湾中,辽东湾的冰情最重,冰厚一般为20~40厘米,最大单层冰厚达80厘米。20世纪以来,渤海共发生过5次严重冰灾,其中最严重的一次发生在1969年1月下旬至3月下旬,整个渤海除渤海海峡外均为流冰所覆盖。流冰推倒了石油平台,使进入天津塘沽港的123艘客货轮中,有58艘被夹入冰中难以主动航行,其中5艘万吨级货轮,其螺旋桨被流冰击毁,而被围在海上。这次冰灾造成的经济损失达数亿元。

(三)赤潮灾害

由于环渤海地区工农业的迅速发展,城市人口剧增,大量工农业废水、生活污水以及海水养殖排泄物和剩余饵料等直接排海,使近海海域富营养化严重,加之该海域高温、少雨和海水交换不畅,近几年来赤潮灾害连续发生,危害程度也越来越大,如1989年8月至10月在黄骅、唐海县、天津塘沽和莱州市沿岸海域,赤潮面积达1300千米,造成黄骅市、唐山市、天津市、潍坊市和莱州市的对虾等减产,直接经济损失达2亿多元。

(四)海水入侵和地面沉降灾害

渤海沿岸有不少平原低洼地区,有些地区由于降雨量和径流量不足,淡水资源缺乏,满足不了当地经济发展的需要,因此有些地区不得不开采地下水,从而引起地面沉降和海水入侵等问题,如老黄河三角洲平原以塘沽为中心,已形成一个地面沉降区,其沉降速率已超过由于全球变暖海平面上升的速率。又如渤海湾和莱州湾地区,包括龙口、莱州、东营、胶州等10多个处于山东中部平原地带的市县,受海水入侵十分严重。山东已有500多平方千米的海水入侵区,使山东沿海3 000多万亩肥沃农田盐碱化,农作物减产,每年损失超过10亿元。

（五）海平面上升

考虑了全球海平面上升及中国沿海地壳垂直运动和地面沉降的现实,我们对中国沿岸相对海平面上升进行了预测,预计2030年将上升6～14厘米,2050年将上升12～23厘米,2100年将上升47～65厘米,其中,山东半岛东部和南部,由于地壳上升海平面相对下降,2030年前后预计这一区域的海平面将不会有明显上升,但海平面上升将对渤海湾和莱州湾西岸构成威胁。据计算,渤海湾和莱州湾地区在现有防潮设施情况下,未来海平面,在历史最高潮位上,上升30厘米时,其可能淹没面积达2万平方千米,可能造成的经济损失达百亿元。而且还会出现沿海洪涝面积扩大,海水入侵加剧和沿岸防潮设施功能降低的后果。

三、渤海环境污染日趋严重

多年的调查监测结果表明,渤海近海的污染状况日趋严重,其中辽东湾北部、渤海湾西部、大连湾、胶州湾等局部海域污染比较突出。

改革开放以来,环渤海地区三省一市的经济得到快速的发展,海洋资源开发和海洋产业已成为环渤海经济的重要领域。渤海沿岸地区的工农业总产值从1980年的515.8亿元,上升到1995年的5 737.6亿元。其中,主要海洋产业产值已上升至448.8亿元。目前三省一市的人口已达1.98亿,其中,环渤海的沿海市县人口亦达3688万人。

随着环渤海经济的快速增长和沿海城市人口的不断增加,渤海海域承受着环境污染的巨大压力。渤海沿岸产生的污染物种类多,数量大。大量的工业废水和生活污水以不同渠道排放入海,造成沿岸海域污染严重,环境质量下降。

1995年,对渤海污水排海量进行了初步统计,渤海沿岸有主要入海排污口6处,混排口9处,排污河29条（渤海湾沿岸排污河16条,莱州湾12条,辽东湾1条）。1995年渤海的各种污水排海量高达27.8亿吨,占全国主要直接入海排污口排放入海总量的32.2%。其中,工业污水22.2亿吨,生活污水5.6亿吨。通过直排口入海2406万吨,混排口入海60 449万吨,排污河入海215 304万吨。辽东湾受纳9 434万吨,渤海湾受纳17.24亿吨,莱州湾受纳9.77亿吨。

（一）渤海的主要入海污染物

渤海沿岸通过主要入海排污口排放的各种污染物总量达 69.97 万吨,占全国主要入海排污口排放入海主要污染物的 47.7%。其中,COD 为 63.81 万吨(天津 48.55 万吨),占 91.2%。BOD5 为 3.61 万吨,占 5.2%。氨氮为 1.54 万吨,占 2.2%。油类为 7 170 吨,占 1%。以上四种污染物入海量合计达 69.68 万吨,占渤海主要污染物入海总量的 99.6%,其中,辽东湾纳污量为 3.4 万吨,渤海湾为 50.3 万吨,莱州湾为 16.1 万吨。

（二）环境质量

目前渤海水质的主要污染物质仍为无机氮、无机磷和油类。全海域无机氮平均含量 182.78 微克/升,其超标率达 65%。全海域无机磷平均含量 9.66 微克/升,超标率为 17%,全海域水质油类平均含量为 0.04 毫克/升,超标率仅为 7%,辽东湾油类的平均含量最高,超标率达 17%。全海域水质重金属含量和其他水质指标均处于正常水平。渤海沉积物主要受重金属污染,但仅限于沿岸局部海域,个别排污口附近较为严重。1992 至 1995 年,渤海海域无机氮、总磷、油类、COD 等主要污染物综合指数呈逐年增大的趋势,特别是总氮,其增幅较高。

（三）污染损害

1. 海域污染影响海洋生物的栖息和繁衍

渤海近海在污染严重的海域,出现了生物种群的变化,使经济鱼类和贝类产量降低,资源衰退。如锦州湾五里河口有 7 000 多亩盛产四角蛤蜊和文蛤的滩涂,因受污染现已绝迹。又如大连湾有 7 处海参养殖场、两处扇贝养殖场及大批海带养殖场,都因污染而报废,年经济损失达 3 500 万元。

2. 海上溢油事件增多

随着海上交通运输和石油开发活动的增多和海上船舶碰撞、石油平台违章排污等,所造成的海洋溢油事件时有发生。如 1986 年渤海 2 号平台井喷,进入渤海大量原油;1990 年巴拿马籍货轮与利比亚货轮在老铁山水道相撞,造成溢油面积达 120km^2,造成直接经济损失3 000多万元。1992 年巴拿马籍油轮"曼得利"号在渤海中部沉没,沉船造成的石油污染,给海洋渔业、盐业及海滨旅游业带来严重损失。

3. 海域富营养化引发的赤潮灾害频繁

多年调查分析结果表明,渤海的三大海湾(辽东湾、渤海湾和莱州湾)均呈现出不同程度的富营养化。渤海的水体中无机氮和无机磷含量超过一类水质标准的区域逐渐扩大,1995 年已达渤海总面积的 56%。

四、渤海综合治理对策及建议

渤海海洋资源开发利用历史悠久,随着渤海沿岸经济的发展,海洋开发活动日益增多,海洋产业之间的矛盾也日益突出,沿海海域的环境污染逐年加剧,海洋资源损害和不合理开发利用事件也日趋增多。目前海洋综合治理存在的主要矛盾有:排污与水产养殖和旅游业的矛盾;石油和天然气开发与渔业的矛盾;交通运输与海水养殖和渔业的矛盾;盐业与水产养殖的矛盾;海岸工程设施与海洋产业的矛盾;行业之间在岸滩空间利用上的矛盾等。

为了科学地合理开发利用渤海的资源和保护好渤海的海洋环境,使其对沿海的经济发展发挥更大的作用,必须充分调动环渤海三省(辽宁、河北、山东)一市(天津)地方政府的积极性,并在现有海洋管理机构(辽宁省海洋水产厅、河北省海洋局、山东省海洋水产厅和天津市海洋局)的基础上,继续加强各省市县级的海洋综合管理机构,这是实施海洋综合管理的基础。下面就如何加强渤海的综合治理提几点对策建议:

(一)建立渤海综合管理委员会

鉴于目前渤海涉海部门各自为政,管理上"政出多门",综合管理十分薄弱,使渤海资源开发受到一定的影响,海洋环境污染也逐年加重,因此,加强渤海的整治和综合管理已迫在眉睫。而尽快建立高层次的"渤海综合管理委员会"又首当其冲。建议该委员会由国家计委、国家科委、国家海洋局等有关部门和环渤海三省一市的领导组成,负责制定渤海海域的统一开发规划、功能区划、海域管理法规、及环境治理保护等重大措施。该委员会下设办公室,负责渤海整治与综合管理的日常工作。

(二)制定渤海海洋开发规划

海洋开发规划是实施海洋综合管理的重要依据,编制渤海海洋开发规划要充分考虑渤海的海域特征、地区优势、资源状况、开发现状和社会经济基础,及地区发展需求等因素,再结合本海区各海域的主导功能进行合理规划。规划中必须考虑海洋资源开发与海洋环境保护的统筹兼顾,合理安排海洋产业,使海域功能区划与环境整治有机结合,使海洋资源开发的经济效益、社会效益和环境效益达到统一。

(三)建立渤海污染防治与管理的法规体系

(1)制定"渤海污染防治管理条例";

(2)建立渤海环境质量评价标准体系,包括生物、沉积物、水质及大气环境质量标准、评价方法及评价标准;

(3)建立环渤海污染物入海标准体系;

(4)制定陆源污染物的监控体系;

(5)制定入海河流的治理规划；

(6)制定渤海大比例尺海洋功能区划和环境规划。

（四）实行渤海排海污染物总量控制

在渤海海域需开展总量控制管理，采取入海排放量控制、环境经济手段控制、海域占用与纳污区控制、许可证控制、规划目标控制等措施，并与入海河流整治相结合，逐步恢复渤海的良好环境和生态系统。目前需建立渤海污染物总量控制目标及区域分目标体系，环渤海污染源排放的削减与控制目标体系；制定渤海沿岸排海污染物总量控制规划和环渤海区域总量控制计划；建立监测、监督和评价系统，以实施有效的入海污染物控制与管理。

（五）开展渤海污染基线调查

为了解和掌握渤海污染本底情况和现状，以及环渤海主要陆源点源排污入海量和海上污染排放量，需对污染物的种类、数量及其分布做出分析，对渤海污染物本底水平做出估计，对渤海受污染的影响程度做出评价。因此，已开始的渤海海域和环渤海地区的第二次污染调查是非常必要的和及时的。该调查包括渤海水质污染、沉积物污染、生物污染、放射性污染等内容。同时，还需进行渤海污染监测和历史数据分析与评价，渤海污染史及本底调查研究，环渤海地区陆源污染源调查与评价，海上及大气污染物输入量调查评估，以及环渤海主要城区的社会经济状况调查等。

（六）建立健全渤海污染监测系统

建立健全渤海污染监测、监视、监察和应急响应系统，它是现代综合管理的基础。只有对渤海海域实施联合的、快速的、实时的监测，才能对当前的污染状况及时地做出预警和评价，以提高环渤海污损事件的应急响应能力。因此，建立和完善渤海及沿海环境监测系统、渤海污损灾害应急响应系统、渤海污染管理信息系统、以及污染监察执法系统是当务之急，也是实施渤海污染防治管理的先决条件。

（七）强化渤海污染防治与环境保护的科学研究

科学技术是第一生产力，要使渤海的开发利用和环境保护提高到一个新水平，必须有高新技术的开发和应用来支撑。因此，须在现有国家有关海洋环境保护和污染防治研究成果的基础上，深化渤海资源开发和环境问题的科学研究，为渤海污染控制、预防整治、及环境管理提供科学依据，也为制定渤海污染物总量控制目标和各类标准提供科学基础。目前急需开展的研究项目有：渤海交换能力和纳污能力研究，污染物生物及生态效应研究，渤海及三个海湾总量控制模式研究，渤海近岸生境保护、整治与恢复技术研究，养殖海域污染控制机理研究，渤海环境质量基准和标准研究，高新技术在海洋环境监测中的应用研究，渤海环境灾害的监测、预测和评价研究，以及海洋环保技术成果的推广转化研究等。

（八）提高污染防治管理能力与技术能力建设

通过培训和国内外经验交流等活动，提高渤海污染防治和综合管理能力，借鉴东亚海域厦门示范区的海洋污染预防和管理的成功经验，并以厦门为基地进行学习交流及人员技术培训，以提高渤海海区的管理和技术能力。为此，需制定综合管理能力建设计划，主要污染企业技术能力建设计划，环渤海污染监测、监视技术培训计划，以及污染评估和控制技术培训计划等。

（《动态》1999 年第 8 期）

我国海洋资源的背景问题
分析与建言

成晋豫

引　言

据统计资料表明,世界人口正以每天 25 万、每年 9 000 万至 1 亿的速度增长,中国每年新增加人口 1 500 万。预计 21 世纪中叶世界人口将超过 60 亿,而中国的人口将会突破 16 亿。如此庞大的人口数量势必给我们生存的环境和自然资源带来前所未有的重负,加上多年来我们对自然环境的严重透支,我国的生态环境的破坏一直处于不断加剧的趋势。在今后的二三十年中,我国人口生存与发展的矛盾将会极其尖锐。尽管我国陆地资源品种繁多,但与世界相比,许多资源的人均值在世界排名几十位,甚至百位之后。

陆地资源、环境的恶化与我国人均资源占有量的贫乏早已成为不可回避的危机。然而单位国民生产总值的耗费量也在急剧上升,远远高于发达国家和中等发达国家。以最基本的生活资料粮食生产为例,1983 年中国粮食产量为 38 728.0 万吨,1993 年增长到 4.6 亿吨,增长 17.9%,而同期人口增长 15.1%,人均占有粮食从 376 公斤提高到 385 公斤,十年间人均占有粮食仅增长 2.4%。1996 年中国的粮食产量达到历史创记录的 4.8 亿吨,人均 400 多公斤。到 21 世纪中期就 16 亿人口而言,每年谷物收成要达到 6.4 亿吨才能保证人均 400 公斤的供应标准。如要实现这个目标,必须在今后 30 - 40 年内使粮食总产量再增加 30%,平均每年增加 1%。但随着工业发展和城市的扩张,耕地面积的锐减,对满足不断增长的人口对粮食的需求会越来越困难。陆地资源的危机与人均资源的过量消耗迫使我们不得不把未来的希望寄予海洋。向海洋要资源,向海洋要发展,成为我国社会经济发展战略的重点之一。

一、我国海洋资源的优势与潜力

联合国《21 世纪议程》指出:海洋是全球生命支持系统的一个基本组成部分,也是一种有助于实现持续发展的宝贵财富。我国不仅是一个陆地国家,同时也是一个海洋国家。按照联合国海洋法公约的规定,我国管辖的海域面积包括领海、毗连区、专属经济区、大陆架区域近 300 万平方千米。这 300 万平方千米相当于陆地面积的 1/3。我国海岸线长度、大陆架面积、200 海里水域面积,均排在世界前 10 位,在这片 300 万平方千米的海洋国土上蕴藏着丰富的海洋生物资源、化学资源、矿产资源以及空间资源等,是中华民族未来生存与持续发展的战略物质储备库和资源开发基地。

（一）海岸带土地资源

我国沿海 15 米水深以内的浅海和滩涂面积约 2 亿余亩,相当于全国耕地面积的 13%,其中适合水产养殖的面积 2000 多万亩。目前已开发的只占其中很少部分,因此,浅海养殖潜力巨大,效益可观。

（二）渔业资源

中国水深 200 米以内的大陆架渔场面积约 281 万平方千米,近海鱼类资源可捕量约占世界海洋鱼类可捕量的 5%。目前,中国海洋水产品产量约 500 多万吨,占全国水产品产量的 60% 以上。

（三）海洋油气资源

据有关部门资料估计,我国陆架区海域面积达 200 多万平方千米,其中含油气盆地面积近 70 万平方千米,共有大中型新生代沉积盆地 16 个。目前,天然气总资源量为 43 万亿立方米,其中海域的资源量就占 14.09 万亿立方米,这无疑将是未来我国油气资源的战略接替区。

（四）滨海砂矿资源

我国漫长海岸线的一半以上为沙质海岸,岸段类型多样而曲折,具有良好的地形地貌条件和丰富的陆源物质来源,在近岸河口区浅滩和沿岸浅海海域蕴藏着极为丰富的砂矿资源。目前已探明矿种 65 种,储量达 1.6 亿多吨。主要矿产地有上百处,各类矿床 208 个、矿点 106 个。

（五）港口资源

我国岸线曲折,岬湾相间,深入陆地的港湾众多,自然条件优越,开发前景广阔。据初步统计,可供选建中级泊位以上的港址 164 处。目前,我国主要海港年吞吐量在 50 万吨以上的有 36 个,100 万吨以上的有 32 个,500 万吨以上的有 13 个,1 000 万吨以上的有 9 个,2 000 万吨以上的有 7 个,3 000 万吨以上的有 5 个。我国港口资源条件完全能够满足海上交通发展的需要。

（六）海洋可再生能源资源

海洋可再生能源包括潮汐能、波浪能、海流能、温差能和盐差能等。根据调查计算,我国潮汐能资源量约为1.1亿千瓦,年发电量可达2 750亿千瓦小时。波浪能理论功率约为0.23亿千瓦。海流能可开发的装机容量约为0.18亿千瓦,年发电量约270亿千瓦小时。温差和盐差能蕴藏量分别为1.5亿吨和1.1亿千瓦,两者的总量超过海流能和潮汐能。目前,我国只开发了潮汐能,其他能源仍在实验探索阶段。可见,我国海洋能资源量与开发的潜力巨大。

另外,海水资源、滨海旅游资源以及海洋空间资源等的开发利用均有不可估量的开发利用潜力与前景。

二、目前海洋资源存在的主要问题

(一)海洋环境质量呈恶化趋势

近年来,由于沿海地区经济飞速发展,工业废水和生活污水直接排放入海,大大超过海洋的承受能力,造成局部海洋环境质量急剧恶化。以渤海为例,每年排入渤海的污水量约为28亿吨,占全国入海污水量的1/3;渤海接纳的污染物量约为70万吨,占全国入海污染物总量的近一半。而渤海的面积仅为我国四大海区的1/60。统计资料表明,东海沿岸的两省一市共有排污口11个,每年排入海洋的废水达12亿吨以上,过量的陆源污染物已经对东海近海的海洋生态,海水养殖等造成严重危害。我国四大海区因富营养化的日趋严重,以至大面积的赤潮频发。据不完全统计,60年代以前3次,70年代9次,80年代74次,进入90年代,仅1990年发生的有记载的赤潮就有34次。每年因赤潮造成的经济损失达数亿元。仅1998年一年,赤潮造成的经济损失就已超过10亿元。从总体上看,我国沿岸海域赤潮有加重之势。

(二)海洋生态系统逐渐退化

由于污染破坏了生物的生存环境,致使很多海洋生物濒临灭绝或数量锐减。例如,渤海海域的三大湾辽东湾、渤海湾和莱州湾,原本是经济鱼虾类的最重要的产卵场、索饵场和育幼场,如今这里的渔业资源几乎遭到毁灭性破坏。部分渔场基本报废,一些鱼类已绝迹。污染也成为威胁南海渔业资源的首要问题。近年来,渔获中优质鱼比重急剧下降,渔获质量也呈下降趋势,部分鱼类种质退化令人忧虑。综观整个南中国海,目前已基本上无新渔场可言,即使远至南沙边缘渔场,资源状况也大不如前。

(三)滥捕乱捞造成渔业资源衰竭

多年来许多渔民受"靠山吃山,靠海吃海"的传统观念的影响,缺乏忧患意识和长远目光,认为海洋资源是流动的财富,谁捕谁受益,以至纷纷以消耗、毁灭资源的代价换取一时的经济增长和个人财富。到70年代渔业捕捞呈过度趋势,资源小型化、低龄化和低值化。渔业资源的可再生能力遭到严重损害。曾是我国出口"拳头商品"的鳗鱼苗,由于近几年的狂捕滥捞,造成鳗鱼苗迅速枯竭,如今竟一变而成进口的热门货。来自上海海关的统计表明,1999 年 1 月至 2 月,上海口岸进口鳗鱼苗 36 吨,同比增长 2.7 倍,相当于 1998 年全年进口量的 89%,创历史之最。

（四）缺乏总体规划,资源开发利用无序无度

按宪法规定,滩涂、浅海等海洋资源,除法律规定属于集体所有外,其余都属于国家所有。但长期以来,有的部门、企业甚至个人成了海洋资源的所有者。沿海地区争占海域的现象时有发生,利用无序、开发无度,也导致生态环境恶化。有的因过度利用海沙资源导致海水浴场资源破坏和海岸侵蚀,某些不合理的海岸工程造成海岸生态系统破坏和岸线资源的浪费等。

（五）法规体系不够健全

在海洋资源开发和海洋环境保护方面,我国虽已出台许多相关法律和法规,但并未形成系统配套的海洋法律制度。有些国家性法规,规格较低,贯彻实施难度大;有些法规缺乏相应的管理实施细则和具体技术规定,可操作性较差;有的地方性法规实际上是行业的规章制度,不具备法律效力。这些都影响海洋执法的力度。

（六）我国海洋权益受到威胁,海洋资源遭掠夺

近年来,我国海上周边八国,(朝鲜、韩国、日本、越南、菲律宾、印度尼西亚、马来西亚与文莱)已先后建立了专属经济区或渔区制度,宣布了大陆架范围,形成了抢占我岛礁,超强度地掠夺我海洋资源的态势。120 多万平方千米争议海域内每年有数百万吨海底石油和大量渔业资源被掠夺。预计,此种态势还将长期维持下去。再过几十年,我国某些海域的油气与渔业资源将所剩无几。

三、对策与建议

（一）深化海洋资源的堪查与探索,造福子孙后代

自 20 世纪 80 年代起,我国先后进行了多次大规模的海洋资源综合调查,但都不能完全满足海洋资源开发、利用与保护的要求。迫切需要进一步深化海洋国土资源的调查,查明中国海现有海洋资源的储量、种类和质量,探索新的具有潜在的战略价值的资源,为合理开发利用海洋资源,提供系统、全面的基础资料与信息。这不仅有利于子孙后代的生存与发展,而且,对于保障我国国民经济持续、健康地发展具有长远的战略意义。

（二）加大对海洋资源与环境保护的"高层设计"力度

民族生存环境的修复与保护不单是某个地区或某个部门与行业的个别行为,而是一种国家行为、政府行为。需要一整套自上而下系统完善的制度、政策和行动。在

制定政策法规时,应从国家的战略高度出发使其真正具有权威性与法律效应;在制定国家财政分配预算时,中央财力应有重点、有计划的,按轻重缓急地安排、支持用于保护、修复已遭破坏与濒临毁灭的海洋资源与环境。简言之,涉及海洋资源与环境保护的关键问题,应显示政府的凝聚意志。仅靠地区或部门与行业的投入,只是杯水车薪,效果甚微。

（三）加快完善法规建设的步伐,提高执法的力度与可信度

（1）建立健全配套海洋法规,强化法制管理,将传统的依靠行政管理方法转到依靠经济和法律的手段进行管理的轨道上,为海洋资源与环境保护提供有力的法律支持。

（2）提高执法的力度与可信度。目前,我国关于海洋资源和海洋环境管理问题已先后或即将出台的法规、法律为数不少,问题的关键是如何将法律、法规的实施落实到位,如果不改变过去那种执法的分散、弱化和随意的状况,那么,再完善的法规也只是一纸空文。长此下去,法制的强化管理得不到有利的保障,将会影响海洋资源的科学开发利用,不利于我国海洋经济的持续发展。

（四）坚持适度增长、适度消费的原则,积极稳妥地开发利用海洋资源

中国的海洋资源并不是取之不尽,用之不绝的。因此,在海洋资源的开发利用过程中,对海洋资源的需求和索取,不能效仿高消耗、高消费的西方模式,一味的"靠海吃海"发财致富的动员与宣传,更不应盲目追求速度与规模,刺激畸形的"高消费"的行为。而应根据我国国情,建立一种适度增长,适度消费,在资源约束下的经济规划和经济目标,以保证我国海洋资源开发利用的良性循环。

（五）加强全国涉海部门的协作,为维护我国海洋权益、保护我海洋资源免遭掠夺,建设"海上屏障"

针对当前周边国家对我国海域资源的掠夺与侵占的态势,首先要坚持"主权归我,共同开发"的原则,理直气壮地维护我国海洋权益。其二,应积极开展必要的科研调查,资源勘探等基础性工作,以及进行一些必要的基本建设,保持一定的开发力度。涉及到事关实质性的海域应及早采取行动,形成我国实际控制的态势,并制定必要的长远开发规划与措施。其三,为对应未来战争需要,军事、渔政、海监、水文气象、航海、通讯及海洋管理部门应加强平战结合,保护我海洋资源免遭掠夺,携手共建"海上屏障"。

（六）加强国际间海洋资源的保护与开发的合作

抓住全球重视海洋开发的有利时机,针对目前国际上关注的海洋资源的热点问题,提出一些适合我国实际情况和需要的国际合作项目。例如,海洋石油资源开发的

对外招标;海洋资源与环保的区域性国际合作;申请国际金融组织的优惠贷款,多渠道争取国际上的资金和引进国外先进技术的支持。

(《动态》1999 年第 5 期)

我国批准《1972 伦敦公约/1996 议定书》可行性分析

　　《1972 伦敦公约/1996 议定书》是《防止倾倒废物和其他物质污染海洋的公约》（简称《1972 伦敦公约》）不断补充和完善的结果。具体地说,议定书是在《1972 伦敦公约》20 年实践的基础上,经 1993 年至 1996 年 4 年时间的全面修订形成的。该议定书在去年召开的公约缔约国特别会议上正式通过,并将在 1997 年 3 月 31 日至 1998年 4 月 1 日在伦敦国际海事总部面对所有国家开放签字。

　　我国于 1985 年经全国人大常委会批准正式加入伦敦公约已有 12 年的时间。在此期间,一方面我国按照公约的要求对国内海洋倾倒废物的活动进行管理,另一方面本着维护我在海洋权益的原则,积极参与公约组织的活动和各种公约会议,为公约的实施和发展作出了贡献。特别是在近五年,我国代表团参与了公约修改的全部工作,在外交部和国家科委的直接领导下,按照批准的方案,为使公约的修改方向更加符合大多数沿海国家和发展中国家的利益,在坚持原则的前题下,顺应世界环保形势的发展趋势,作出了一些适当让步,使得现《伦敦公约/1996 议定书》的内容基本符合我国的利益要求。

　　我国作为伦敦公约缔约国,同时又作为一个在政治上有较大影响的发展中国家,及时作好签署《伦敦公约/1996 议定书》的论证工作,适时对《伦敦公约/1996 议定书》是否接受的问题表明态度,不但对扩大我国在世界海洋环境保护领域中的影响和声誉是十分重要,而且对我国的海洋倾废管理体制及时地与国际公约接轨、保护和保全我国的海洋环境不受倾倒废物和其它物质的污染也是至关重要的。

　　《伦敦公约/1996 议定书》作为《伦敦公约》的产物,一方面在内容上与其有着密不可分的联系,另一方面在废物倾倒的管理方法等其它一些重要问题上又有着部分质的不同。我们只有在搞清它们的区别和联系的基础上,结合我国在公约修改过程中已经形成的原则和立场,分析议定书的实施对我国产生的影响,以决定是否批准签署《伦敦公约/1996 议定书》。

　　本文就议定书的产生、伦敦公约与 1996 议定书的区别和联系、议定书的执行对我国的影响及我国执行议定书的基础和条件等在审批议定书工作中可能会涉及的一些问题作如下分析：

一、《伦敦公约》的实施与发展是《伦敦公约/1996 议定书》产生的重要基础

《1972 防止倾倒废物和其它物质污染海洋的公约》,1972 年制定、1975 年生效。它的基本框架是公约条款及三个附件。其条款内容包括：各种公约涉及的名词定义、目标、缔约国的一般义务、许可证的签发规定、紧急情况的处置、公约实施程序等。附件内容包括：严格禁止在海上倾倒的物质名单作为附件 1（俗称：黑名单）；加以严格控制倾倒（需要事先申请并获得特别许可证方可倾倒的）物质名单作为附件 2（俗称：灰名单）；对可以倾倒的物质颁发普通许可证要考虑的因素作为附件 3（俗称：白名单）。

公约内容与实际要求之间需要一个协调的过程。实践作为检验理论的客观标准起着重要的作用,在实践中不断地发现问题对其作相应的调整是认识的规律。伦敦公约的发展也遵从了这样一个规律。在公约实施的初期阶段就开始了对公约修改的讨论。1977 年的第二次公约缔约国协商会议上曾对公约附件 1 中是否增加铅和铅的合成物和其它未列入的物质、在严格控制倾倒的附件 2 物质中增加"氧化反应物和还原物"、在附件 3 中增加人工有机化学物质及其副产品等的讨论。在这以后的历届公约缔约国协商会议上,均涉及一些对公约条款和公约附件的修改内容。据统计,自 1979 年的第 3 次公约缔约国协商会议至 1990 年的第 13 次公约缔约国协商会议的 10 年期间,就公约修改共通过了 14 个决议案文,涉及对公约及其附件的修改就有 23 处。其中包括暂停一切放射性废物的海洋处置、争端解决程序的 1978 修正案、在 1994 年年底前停止一切有毒液体的海上焚烧的决议、在 1995 年以前逐步停止工业废弃物的海上处置、禁止以海上处置为目的的废物出口等重大决议。这些决议是对公约的补充和完善。

《1972 伦敦公约》的实践丰富了公约的内容,同时也带来了所通过的诸多决议如何正式纳入公约和其它问题,如：暂停一切放射性废物或其它放射性物质的海洋倾倒的暂停令是无限期的延长还是解除；如何在 1995 年底逐步停止工业废弃物的海洋处置的实施等。另外,公约实施近 20 年的本世纪 90 年代初,正是准备召开第二次世界环发大会的时候,环境保护在世界范围内受到了空前的重视。如何使伦敦公约适应变化了的情况、赋予公约新的生命力摆到了伦敦公约面前,由此各缔约国要求修改公约的呼声愈来愈高。在这样一个内部机制需要调整和外部舆论促成的情况下,《1972 伦敦公约》进入了一个全面修改的阶段。

二、《伦敦公约》的全面修改和《伦敦公约/1996 议定书》的形成

1991 年伦敦公约缔约国第 14 次协商会议上通过一个由芬兰、瑞典、挪威、巴西等 12 国提出的在 1993 年召开修改《1972 伦敦公约》会议的决议案。由公约秘书处根据以往对公约的修改情况拟定了一个公约修改核心问题。经过核实和筛选,基本归纳为:扩大公约管辖范围、是否延长暂停一切放射性废物的处置的暂停令、逐步停止工业废物的海上处置问题、终止有毒液体的海上焚烧问题、在伦敦公约中纳入预防方法问题、公约附件结构问题、禁止以海上处置为目的的废物越境运输问题、公约实施程序问题、废物评价框架问题、技术合作问题、防止污染的整体方法问题以及对公约的修改形式等共 12 个主要问题。

对公约修改的程序是,根据公约的有关规定,先由各缔约国提出自己对公约的修改意见并提交给公约秘书处,由秘书处进行归纳后提交公约修改组讨论,经修改组讨论形成意见将结果(有争议的不同观点一同)提交缔约国协商会议经审议和通过。

从 1992 年到 1996 年的 4 年之间,就公约修改共召开了三次修改组会议和四次缔约国协商会议及一次缔约国特别会议。经过努力和多方协商,公约修改的若干问题一一得到了解决,包括以议定书的形式修改公约的问题。在以何种形式修改的问题上曾经有过两种意见:建立全新的公约;采用议定书。究竟采取何种方式要依公约修改的情况而定。从结果看,对公约的修改虽然在个别重要问题上有了实质性改变,但是并没有突破原伦敦公约海洋倾废管理的基本框架。所以,大多数缔约国倾向于采用议定书的形式修改公约。经公约第二、三次修改组会议的讨论,向第 18 次协商会议提出了这一建议,并由第 18 次缔约国协商会议通过。议定书草案经第三次修改组会议的讨论,提交第 18 次缔约国协商会议协商,又经特设语言和法律小组考虑了语言与法律关系后提交给 1996 年 11 月至 12 月间召开的缔约国特别会议上正式通过。至此,《1972 伦敦公约/1996 议定书》产生,并标志着《1972 伦敦公约》进入了一个新的发展阶段。

因此,《伦敦公约/1996 议定书》是以《1972 伦敦公约》为基础、经全面修正的必然结果。

三、《伦敦公约/1996 议定书》与《伦敦公约》的联系、区别及我国相应的态度

(一)《伦敦公约/1996 议定书》与《伦敦公约》的联系

从上述议定书的产生过程可以看出,《伦敦公约 1996 议定书》源于《伦敦公约》,但作为二个独立的法律文件,在内容和法律程序和组织方面的联系可归为:

在内容方面,《伦敦公约》经过 20 多年的实践,已将以往通过的决议内容正式纳入公约;而议定书则是在经修订的伦敦公约的基础上的调整和补充。

对议定书的批准和接受的法律规定方面,所有原《伦敦公约》缔约国有权接受或不接受议定书。对于批准和接受议定书的《伦敦公约》缔约国来说,《伦敦公约》对其自动废止。

不接受议定书的伦敦公约缔约国还将继续执行《伦敦公约》,但所执行是经修订的《伦敦公约》。

在组织方面,公约与议定书的工作紧密相联,公约的责任机构和议定书的责任机构同为国际海事组织。公约与议定书秘书处的职责和议定书缔约国协商会议的召开等程序性内容大体一致。

（二）《伦敦公约/1996 议定书》与《伦敦公约》的主要区别及我国相应的态度

1. 管辖范围问题

在管辖范围方面,可分为地理区域和实际内容两方面:

在管辖地理区域方面议定书与公约的区别是:议定书在伦敦公约"海"的定义上增加了各国内水以外的"海床及其底土",强调了"不包括仅由陆地进入的海底贮藏所"。

这一问题的由来和政治背景是:由于高放射性废物和底放射性废物的海洋处置早已被禁止和暂停,所以一些核大国提出了在海底埋设核废料的方法。虽然这种方法由于技术复杂、耗资巨大,同时由于海底地壳的变动和废物包装设备易于老化,有着放射性泄漏的危险而只是在理论上成立,并未进行实验,但是却引起了不具备核处置能力的中、小国家的反对,并主张将海床及其底土纳入公约管辖。以英、美、法及前苏联为代表的核大国为其将来进行海底核废料的处置试验留有余地,对此极力反对。

为了防止核废料海底处置的可能,伦敦公约第 13 次缔约国协商会议通过一项由西班牙提出的"暂停放射性废物由海上通入的海床中贮藏所中的处置"的第 41 号决议。在修改公约时,将海床及其底土包括在"海"的定义中符合大多数缔约国的利益,对核大国企图在海床中处置核废料是一个限制,我国对此表示支持。由于伦敦公约尚属海上倾倒废物管理的国际公约,对陆源污染物的管理不列入公约范围,而在"海"的定义中特别注明"不包括仅由陆地进入的海底贮藏所"。

在管辖内容上,议定书与伦敦公约的区别可分为两个方面:

（1）内水管辖问题。关于管辖内水问题,在 1987 年的伦敦公约特设法律专家组第一次会议上就提出过将伦敦公约的管辖范围扩大至领海、200 海里专署经济区和大陆架的国际法依据,1988 年伦敦公约第 11 次缔约国协商会议上作过专门讨论。一些法律专家认为,《联合国海洋法公约》是在《1972 伦敦公约》之后的更具有普遍性和权威性的国际公约。因此,应当依据《联合国海洋法公约》的有关条款对《伦敦公约》进行解释。联合国第 42/187 号决议(环境与发展世界委员会报告的有关建议),要求各联合国组织结合本决议的各项建议考虑决定它们的政策和计划。在这一决议中明确了:"应鼓励伦敦公约重申其各缔约国在其 200 海里专属经济区内倾倒控制规定的权利和责任"。另外,法律专家提出在国际法实践中也有一些相应的区域性公约将内水纳入管辖范围,如《西北太平洋环境保护公约》。第 11 次公约缔约国协商会议在其会议工作报告中曾经写到:"同意由国际海事组织秘书长通报给联合国秘书长:伦敦公约各缔约国同意:可以考虑除在其领海外的 200 海里专属经济区内执行伦敦公约的问题"。但是也指出,在公约缔约国中对适用 200 海里专属经济区这一问题上存在不同看法。也就是说,将伦敦公约对内水的管辖范围扩大至包括各国内水并不是为了修改公约而提出的问题,而是在出现了这一问题之后被提到公约修改的议事日程中,并作为一个十分重要的问题提出。

在公约修改的过程中,对这一问题的争论最为激烈。支持将内水纳入公约管辖范围的缔约国大多是以海洋资源为生的岛国和群岛国家及北欧一些发达国家。如德国、荷兰、冰岛等国。这些国家或是因为其工业生产已经基本实现清洁生产技术的应用,或是由于其地理条件所限没有内水可言,或由于种种原因没有在内水处置废物的需要而主张将公约的管辖范围扩大到各国内水。包括我国在内的工业国和经济发展中的沿海国家,如美国、日本、法国、澳大利亚、墨西哥等国,则由于内水主权的原因和内水界限不易确定以及在国内立法和管理上难于实施等原因而反对将内水纳入公约范围。这两种主张的区别在于以绝对禁止海上废物倾倒以保护海洋环境和承认海洋自身自净能力并加以利用。

在两种观点僵持不下的情况下,为了解决问题,采取了一种折衷的方式:在公约"海"的定义中不写入内水,另加一"内水"条款作专门规定。

我国对这一问题的基本态度是:反对内水纳入公约管辖范围,在此基础上积极寻求协调方法。基于这种考虑,我国代表团在公约修改组和公约缔约国协商会议上,多次明确了我们的主张,并同意目前议定书中"海"的定义指不包括各国内水以外的所有海域及其海床和底土。对"内水"条款规定的缔约国义务,一些原主张对内水实行严格管辖的国家曾提出过比较苛刻的要求,企图以此达到对各国内水的限制。我国代表团对此表示坚决反对,并提出了可行的办法,对达成现议定书的"内水"条款起了积极的作用。现议定书的"内水"条款的内容是:每一缔约国应当可以自行决定适用本议定书的条款或者采取其它有效许可和管理措施来控制在其内水故意处置废物或其它物质;每一缔约国应向本组织提供其有关在海洋内水执行、遵守和实施方面的立法和组织机制方面的信息。各缔约国应尽其最大努力在自愿的基础上提供有关内水倾倒的物质类型和性质的简要报告。对于这种任择性条款列出的义务可以按各国意愿执行,不涉及国家内水的权益问题。因此,我国是可以接受的。

(2)倾倒定义中增加近海石油平台的废弃和就地推倒行为。

在原伦敦公约的"倾倒"定义中没有将海上平台或其它海上人工构造物的原址废弃和推倒列入公约内容。现议定书将"纯粹为了处置为目的的平台或其它海上人工构造物的弃置和原址推倒作为"倾倒行为进行管理。这一问题的提出背景是:1988年第11次伦敦公约缔约国协商会议在近海设施和构造物问题上依据联合国环境开发署和联合国粮农组织的意见,由国际海事安全委员会通过了国际海事组织在大陆架和专属经济区内可移动的近海设施和构造物处置指南和标准。为此,伦敦公约第11次协商会议经讨论同意:伦敦公约在观点上接受由国际海事组织所准备的关于可移动近海设施的标准和指南;责成公约特设科学组对此提出技术指南和执行标准,并责成伦敦公约特设法律专家组考虑对平台的弃置、平台的就地推倒和为其它使用目的的海底放置的法律问题。科学组认为:在伦敦公约附件3中已有的规定对近海平台和设施的海洋处置作了充分的考虑,没有必要再制定新的标准。特设法律专家组在1990年的第4次会议上提出应当在伦敦公约的"倾倒"定义中考虑近海平台的弃置、就地推倒和为其它使用在海底的放置三种不同的情况,并增加缔约国在这方面的责任和权利;应当将有意处置为目的的近海平台的弃置和就地推倒这两种行为应纳入公约范围进行管辖。伦敦公约第13次缔约国协商会议同意法律工作组的意见,认为对于那种"非处置为目的的弃置"不应列入"倾倒"定义。由此,在这次公约修改过程中,德国提出将平台或其它海上人工构造物的原址推倒和废弃写入议定书。经特别会议协商和同意,在议定书中增加了这一款项。明确的将纯粹为了处置目的在海上弃置或推倒平台或其它海上人工构造物纳入倾倒范围予以管辖。

由于近海石油平台在完成生产后的原址放弃或就地推倒不仅是一种处置这种退役设备的经济手段,而且废弃的平台可以作为灯塔或人工渔礁,若将其运回陆上进行处理费用十分昂贵,对废弃平台的原址放弃和就地推倒既经济又方便,对海洋环境的影响也不大。因此,议定书又将"船舶、平台或其它海上人工构造物"列入了可以考虑倾倒的废物或其它物质名单。这对我国近海石油工业废弃的平台的处置不会产生影响。因此,我国是可以接受的。

2. 附件问题

公约对禁止倾倒的废物、严格加以控制需获得特别许可证方可倾倒的物质类别以及颁发普通许可证可进行倾倒的因素和条件分别列入附件1、附件2和附件3。也就是说,凡是没有列入公约附件1和2、并符合附件3的物质类别均可倾倒。这样的规定特点是允许倾倒的废物范围比较宽泛。而议定书则采取的是与公约附件相反的反列方式,即将可以倾倒的废物或其它物质名单代替禁止名单作为议定书的附件1。

换句话说,凡是不在议定书附件1名单上的物质均不可倾倒。这种规定是对倾倒范围的要求比较严格。

对这一变化,就其实质可作如下分析:

议定书与公约附件形式上的变化体现了议定书比公约在对废物海洋倾倒物质的管理机制上趋向严格。这样的结果,无疑在客观上起到了减少废物的海洋倾倒对海洋环境的污染,但是却没有充分考虑海洋自身对废物引起的局部污染的稀释、溶解、吸收直至消除的作用。从实际需要考虑,积极主张使用反列方法的国家大多都是清洁化生产达到相当程度的发达国家和以海洋资源为生的岛国和群岛国家,它们不考虑那些还正在处于工业化发展进程中的国家在现阶段还不大可能完全利用陆地进行废物处置的实际情况,一味强调保护环境。虽然,这是一种比较极端的观点,但是由于伦敦公约缔约国大多属于工业化程度很高的发达国家和以海洋资源为生的岛屿和群岛国家而得到相当程度的认同。我国及美国、俄罗斯国在内的一些国家,反对使用反列方式。反对的理由是担心会对限制海上处置合理废物而对相关经济的发展造成不利影响。在两种主张互不相让的情况下,一些国家提出了暂且避开是否使用反列方式的问题,而在反列名单的具体物质类别上寻求共识的建议。我国代表团在修改组和缔约国协商会议召开之前,征求了国内有关部委的意见,在基本掌握了我国近期和将来相当一段时期内对海洋倾倒废物的要求后,采取了灵活的态度,积极参与了反列名单内容的讨论。经过力争,现议定书中对我国需要和有可能需要在海上倾倒的废物物质类别基本包括进去。

因此,议定书所采用的"可以考虑倾倒的废物和其它物质名单",基本不会防碍我国工业部门现阶段和将来一段时期内的海洋废物处置要求,也不会产生对我国沿海工业和相关产业不利影响。

议定书的附件2是伦敦公约的废物评价框架。废物评价框架是伦敦公约的执行程序。其内容反映了废物管理策略,提供了哪些废物应禁止倾倒和如何考虑其它处置方法、哪些废物需控制倾倒及相应的管理方案,是废物特性、处置技术优先、环境影响评价与监测的一整套完整的框架。该框架经过一段时间的各国实践,证明是一种行之有效的废物审查方法。在公约缔约国第15次协商会议上,包括我国在内的多数国家认为"废物评价框架"已被证明是废物综合管理、审查的有效方法,它与公约的三个附件相比更具有可操作性。我国同意将废物评价框架引入公约。因此现议定书将"废物评价框架"作为附件2与我国意见是一致的。

3. 禁止放射性废物和放射性物质的海洋处置问题

放射性废物的海洋处置可分为两类。一是高放射性废物的海洋处置,一类是低放射性废物的海洋处置。

在伦敦公约中,对于高放射性废物的海洋处置已明确规定予以禁止。这在公约缔约国之间无争议。关于低放射性废物的海洋处置,在1985年的伦敦公约第9次缔约国协商会议上作出了第21号,暂停低放射性废物的海洋处置的决议,并决定直到最终的研究和评价之前维持无限期的暂停低放射性废物及其它放射性物质的海上倾倒;并责成政府间放射性专家组对低放射性废物的海洋处置在科学、法律及社会影响方面作出进一步的研究和评价,从而最后决定是否恢复低放射性废物的海洋倾倒。

是否恢复低放射性废物的海洋倾倒,是公约修改中的一个十分敏感的问题。随着人类对海洋认识的逐步加深,是否恢复低放射性废物的海洋处置,不仅受科学结论的影响,同时也受社会和政治因素的制约,这种趋势也在明显加强。尽管公约特设政府间放射性专家组在1993年5月在对低放物质的海洋倾倒作出的最后评价时并没有给出低放物质的海洋倾倒会对海洋环境造成潜在危害的科学证明,国际原子能机构也未就低放射性废物的最低标准作出结论,但是由于俄联邦在1993年的10月间在日本海倾倒了900吨的低放射性废物的事件引起了国际舆论的哗然和日本、韩国的强烈反对,使得1993年11月召开的审议是否恢复低放射性废物的海洋倾倒问题的伦敦公约第16次协商会议上反对解除暂停令的呼声愈来愈大,停止一切放射性废物的海洋处置的决议并以唱票的形式和绝对多数赞同而通过。现在议定书中的有关禁止一切放射性废物的海洋处置的规定由此而来。

我国对于高放射性废物的海洋处置一贯坚持禁止倾倒的原则,并在《中华人民共和国海洋倾废管理条例》中予以明确规定。对于低放射性废物的海洋倾倒,《中华人民共和国海洋倾废管理条例》的规定是需获得特别许可证可以倾倒。

对于放射性废物的海洋处置问题,我代表团在1993年的第16次协商会议上明确表示了我们的态度:中国没有向海洋中处置过放射性废物,也不赞同这种处置活动。但是对于是否继续延长低放射性废物海洋处置的暂停令,在1995年7月国际原子能机构对放射性废物作出科学研究和评价之前匆忙就此修改公约是不适当的。因此,在第16次协商会议上,对于停止一切放射性废物的海洋处置的第51号决议表决时我暂时投弃权票。会后,考虑到我在世界上的地位和影响,在这样一个涉及广泛政治和社会因素的重大问题上顺应国际潮流对我有利;同时,经国内有关部门,包括外交、电力、环保、交通、渔业、核工业、化工、冶金、海军、卫生等部门的协商一致的情况下,经国务院批准,在决议未生效的规定时间内表明了我接受禁止一切放射性废物的海洋处置的决议。

因此,1996议定书在对放射性废物的处置规定方面与我国的利益要求无矛盾,我已经予以接受。

4. 禁止工业废弃物的海洋处置问题

在原伦敦公约中,没有单独对工业废物的海洋处置作出规定。随着沿海工业的发展,在海上倾倒的废物中属于工业废物的逐渐增多。为了对工业废物的海洋处置进行限制,1990 年召开的公约第 13 次协商会议通过了一个由丹麦、冰岛、芬兰、挪威等北欧五国提出的"在 1995 年底终止工业废物的海洋倾倒"的决议。当时决议上对工业废物的含义是指在制造和加工过程中产生的废物,其中不包括天然组成的未经沾污的有机物质和稳定物质。

在现议定书中,并没有明确写入禁止工业废物的具体内容,而是在附件 1"可以考虑倾倒的废物和其它物质"名单中列出了工业废物的豁免物质类别,如:疏浚物、阴沟污泥、鱼废物或渔业加工作业中产生的物质、船舶和平台或其它海上人工构造物、惰性的无机的地质材料、自然有机物等共 7 项类别。

我对于禁止工业废物的海洋处置问题的态度是:禁止倾倒的应当是那些对海洋环境有害的工业废物,不应包括那些对海洋环境不产生有害影响的工业废物。因此,禁止工业废物海洋处置的前提是对工业废物作一个科学的定义。

在公约修改中,由于这一问题与"反列名单"是联系一起的,所以为了在议定书草案中的"可以考虑倾倒废物或其它物质"的名单中列入无害的可倾倒的工业废物或物质,不致使禁止工业废物的决定对我国海洋倾废需要产生影响,在结合国内多年对倾废的跟踪研究的基础上,征求了有关部委的意见,将我目前已经倾倒的和在将来一段时间可能倾倒的物质类别列入议定书草案附件 1。因此议定书中体现的对工业废物的海洋处置的规定也不会对我产生不利影响。

5. 争端解决的程序问题

在原伦敦公约框架下的争端解决是在公约条款第 11 条仅作了:在第一次协商会议上审议解决有关"各缔约国因解释及适用本公约引起的争端程序"的规定。在1978 年的公约第三次协商会议上,审议并通过了名为"就争端解决程序问题对 1972防止倾倒废物及其它物质污染海洋的公约的修改案",通称"1978 修正案"。在该修改案上对公约第 11 条的替代文字是:"两个或两个以上缔约国就解释或适用本公约而发生的任何争端,如果不能通过谈判或其它途径予以解决,则应当根据该争端各方的协议提交国际仲裁,或者按其中一方的请求提交仲裁。除非争端各方另有决定,仲裁程序应当依据本公约附录所载规定"。由于批准该修正案的缔约国数目没有达到缔约国总数的 2/3,时至今日未能生效。

当前的环境保护形势与 70 年代末和 80 年代初相比变化很大。特别是随着 1994年《联合国海洋法公约》的生效,因而在海洋事物方面有了一个可以依据和效仿的具有代表性和权威性的国际准则。伦敦公约中的许多缔约国建议用《联合国海洋法公约》中的仲裁程序代替伦敦公约的"1978 修正案",或者使用原《伦敦公约》和《联合国海洋法公约》中的两种仲裁程序。为此,加拿大代表团提出了一个原则性的意见供第三次修改组会议讨论,其建议的基本内容是:任何争端应首先通过谈判解决,如果在12 个月内不能得到解决则应提交仲裁,除非双方同意使用《联合国海洋法公约》第287 条第 1 款的程序,12 个月的期限还可以根据双方同意和延长为 24 个月。这一意见在第三次修改组会上初步讨论后提交缔国协商会议审议。《1996 议定书》上的争端解决程序条款基本采用了这一建议,即:有关解释或执行议定书的争端,首先应通过谈判、调解或其它和平方式解决;若在 12 个月内不能得到解决,则应通过议定书规定的仲裁程序解决,除非各方同意利用 1982《联合国海洋法公约第》287 条第 1 款的一种程序予以解决。

因此,在争端解决程序上《伦敦公约/1996 议定书》与《伦敦公约》的区别在于:议定书中的仲裁程序与伦敦公约相比增加了在双方都同意的情况下采用《联合国海洋法公约》第 287 第 1 款中规定了 4 种导致有拘束力裁判的强制程序的一种选择:(1)按照附件 6 设立的国际海洋法法庭;(2)国际法院;(3)按照附件 7 组成的仲裁法庭;(4)按照附件 8 组成的处理其中所列一类或一类以上争端的特别仲裁法庭。

虽然我国在外交政策上一般不主张争端付诸强制性的国际仲裁,但是由于我已经批准了联合国海洋法公约,这意味着在某种程度上我们也可以接受国际仲裁。因此我们接受《伦敦公约/1996 议定书》中的争端程序与我批准《联合国海洋法公约》的态度不相矛盾。

6. 预防原则在《伦敦公约》中的执行问题

伦敦公约制定于 20 世纪 70 年代,当时环境保护界未出现预防原则和预防方法这一新的概念。随着环境问题的日益突出和人类自身处置废物能力的提高,人们的环保观念从开始的被动治理向事先预防的方向发展,随之出现了所谓的"预防原则"和该原则下的"预防方法"。1989 年联合国环境署将其作为环境保护的原则之一推荐给海洋环境保护界,并将其用于关于海洋和沿海生态系进行有效的全球保护的决定和关于综合治理危险废物的决定中。

"预防原则"将其具体到海洋环境保护领域中的解释是:"根据适当的标准认为进入海洋环境的物质的能量可能会对海洋环境产生有害影响时,即使在进入和能量或物质与其影响的因果之间的关系尚无科学结论的情况下,也应采取预防措施。"为了在伦敦公约中实施预防原则,在其第 14 次缔约国协商会议上通过了一项"在伦敦公约范围内的环境保护工作中应用预防原则"的第 44 号决议。由此,该问题提到了公约修改的日程上来。各缔约国对执行这一方法无异议,对如何实施却争议很大。坚持绝对环保观点的缔约国主张在公约中明确预防原则的定义,从而对各缔约国加以约束。另一种观点是,主张科学的利用海洋的自净能力、对海洋倾废活动进行适当的管理,预防原则作为废物管理战略,无需再搞新的定义。我国代表团持后一种观点,认为伦敦公约已经体现了预防原则,例如:废物评价框架就是预防原则的具体实施措施。在对公约的修改中应当将预防原则具体化,加强和补充公约相应条款,无需将其作为单独内容纳入公约。

在后来的用词上多采用预防方法,这比预防原则更为具体和宜于实施。大多数缔约国同意将执行预防方法的有关内容写入公约。协商的结果是,在议定书第3条"一般义务"第1款写入这一内容:"在执行本议定书时各缔约国应当适用防止倾倒废物或其它物质保护海洋环境的预防方法,当有理由认为这类废物或其它物质进入海洋环境可能造成危害,甚至在没有确定性的证据证明这类物质的输入与其影响之间的因果关系时也应采取预防措施。"

7. 污染者付费原则问题

《1996议定书》在第3条一般义务中增加了污染者付费原则的规定,其内容是:原则上考虑污染者承担经批准进行海上倾倒者应负担的用于批准活动所产生的污染的防止和控制所需的费用。原伦敦公约中没有有关规定。

关于污染者付费原则,在环发大会的里约宣言中曾作了明确表述。污染者付费在公约修改中是与预防原则相结合而提出的具体预防方法。对这一问题持赞成意见的国家认为:将这一原则写入公约的目的是使企业在做生产决策时考虑到污染的费用;反对将这一原则写入的国家则是担心在处理污染事故时会涉及国家责任。

我国的态度是,力争不将污染者付费原则写入公约,如果一定要写进去的前提是避免涉及国家责任。就这一问题,议定书的规定没有涉及国家责任。因此,我是能够接受的。

8. 禁止以海上处置为目的的废物出口和越境运输问题

废物出口和越境运输,特别是危险废物出口和越境运输问题近些年来在全球范围内愈加严重。一些发达国家将第三世界国家作为自己的垃圾场进行污染转移,海洋越境运输废物则作为一种主要的方式达到其出口的目的。对此进行管理的国际公约是《控制危险废物越境运输的巴塞尔公约》。伦敦公约管辖的仅为以海上处置为目的的废物出口和越境运输。

SS鉴于在伦敦公约范围内加强这方面的工作,以减轻由于危险废物的海上越境运输造成的海洋的污染,第13次伦敦公约协商会议通过了第42号决议,呼吁缔约当事国尽可能地防止出口以海上处置为目的的废物,特别是不要出口载于附件1和附件2的物质,并禁止缔约国向非本公约缔约国出口旨在海上处置为目的的废物。依据这一决议,《伦敦公约1996议定书》专门增加了废物或其它物质出口的条款,即议定书第6条,内容是:各缔约国不得允许为海上倾倒或焚烧的目的向其它国家出口废物或其它物质。

我国没有也不赞同用以海上处置为目的的废物出口和废物越境运输,对任何国家的这类不考虑他国人民利益的行为予以坚决反对。因此,我同意伦敦公约原42号决议的内容,并支持将其作为《1996议定书》的内容予以限定。

9. 交叉区域海洋污染影响和整体方法问题

交叉区域海洋污染影响和整体方法在公约修改中作为12个问题之一,得到了应有的重视。该问题的核心是,如何制定一个新的条款以防止由于某一区域的污染传播到其它区域。

为此在议定书中的第三条一般义务中增加了(4)款,即:在执行本议定书的各项规定时,各缔约国所采取的行动不应直接或间接地将损害或可能发生的损害从环境的一部分转移到另一部分,或者将一种类型的污染变为另一种类型的污染。

我国代表团的态度是:支持就这一问题对公约进行补充。对此我们也提出过积极的建议。现议定书的这一规定与我意见一致。

10. 海上焚烧问题

海上焚烧废物和其它物质属于伦敦公约的管辖范围。在原伦敦公约中对"海上焚烧"和"海上焚烧设施"都作过定义,并有相应的"海上焚烧管理条例"作为技术指南。

伦敦公约与奥斯陆公约联合组成专家组对海洋环境对海上焚烧的接受能力进行过评估。认为海上焚烧作为处置含有毒物质和有害液体的办法,对大气和海洋构成潜在的危害。由此,伦敦公约在1988年召开的第11次协商会议上作出第35号决议。决议决定,在1991年1月1日以前尽量减少或大量减少海上焚烧活动;在1992年尽早对海上焚烧活动重新评价,以便在1994年12月31日前结束这种做法。在1990年的第13次缔约国协商会议上又对有毒液体的海上焚烧作出了第39号决议,决议要求各缔约国在1992年以前对海上焚烧有毒液体的做法作出重新评价期间不要从事海上焚烧有毒液体的活动。事实上,至1992年各伦敦公约缔约国已经停止了这项活动。

在修改伦敦公约中对这一问题各缔约国之间不存在分歧。只是曾经讨论过海上焚烧的反列名单,但最终没有采用。

议定书第1条明确定义了"海上焚烧"和"不属于海上焚烧"的例外情况。议定书与原公约相比减少了"海上焚烧设施"的定义;专门用第5条规定了"各缔约国应当禁止在海上焚烧废物和其它物质",并对除伴随海上作业船舶、平台或其它海上人工构造物的正常作业中产生的废物的焚烧以外的海上焚烧作为例外情况予以豁免。我国没有进行过海上焚烧活动,将来也没有进行海上焚烧作业的要求。禁止有毒液体的海上焚烧活动,对保护海洋和大气环境有着十分重要的意义,对此我表示赞同。

11. 技术援助与合作问题

原伦敦公约框架下的技术合作,在公约第9条有过专门规定。这次修改公约中,为了使更多的缔约国特别是使那些发展中国家和正在进行经济体制过渡的国家(指前苏联等)具备执行公约的废物处置和处理能力,提出了加强和扩大技术合作问题。

我国作为一个发展中国家,在废物处置和处理技术上,本着自力更生的原则基础,也希望能得到其它国家的先进技术和相应的援助。因此,在这一问题的讨论中,我力图使技术合作与援助问题更有利于我国和其它发展中国家,并作了积极的努力。

议定书在原公约的基础上增加了一些技术合作的具体内容。例如,对发展中国家作出了"考虑到保护知识产权的需要以及发展中国家和向市场经济过度国家的特殊需要,按照共同议定的特许或优惠条件,特别是向发展中国家和向市场经济过渡的国家提供和转让环境可靠的技术和专门技能"。这里需要解释的是,伦敦公约缔约国中相当一部分国家是北欧和其它一些发达国家,包括美国、英国、加拿大、澳大利亚、日本、韩国等。由于其国家的私有制度所限,绝大部分技术是掌握在私人企业手里,对技术转让起着很大的限制作用。因此,在公约的修改组会上,一些发达国家的代表提出了这一实际操作中的困难。因此,在公约中提到了"保护知识产权的需要"。

另外,为了弥补伦敦公约这方面的不足,在1996年的特别会议上通过了"1972伦敦公约有关的技术合作和援助行动"的决议,并制定了一个相应的技术援助项目的框架作为这一决议的附录。

在这一问题上,议定书的规定比较令人满意的,与我国的基本利益一致。

从以上分析中可得出结论:《伦敦公约/1996议定书》与《伦敦公约》之间带有方向性和原则性问题的主要区别是《伦敦公约》继续使用"禁止倾倒和控制倾倒的物质名单",《伦敦公约/1996议定书》则采用相反的"可以考虑倾倒的物质名单"方式。公约修改的大部分内容与我的利益基本相符,是可以接受的。

四、批准或实施《伦敦公约/1996议定书》对我国的利弊分析

(一)执行议定书对我国的影响

《伦敦公约/1996议定书》是对原《伦敦公约》的补充和完善,议定书规定的问题基本符合我立场。执行议定书对促进和完善我国海洋倾废管理工作有利;不利的地方是议定书比起公约对海洋倾倒废物的管理更加严格。考虑到我国正处于工业发展阶段,清洁化的生产技术还没有得到普及,在短时期内达不到现在发达国家废物再处置和再循环的水平。因此,必然会有一些工业和城市生活废物海上处置的要求。批准或实施议定书有可能会对我工业废物海上处置产生限制,但是从实际考虑,海上废物处置需要专门的倾倒船舶和在专门划定的倾倒区倾倒,装船运输

费用比较大,我国目前大多数的生产部门一般不具备这样的经济实力,在今后的 20 至 30 年的时期内,这种情况会有一些变化,但也不会超出议定书所规定范围。因此,从总体看,执行议定书对我国不会产生大的不利影响,某种意义上对我国是有利的。

（二）我国执行《伦敦公约/1996 议定书》的基础和条件

我国作为原伦敦公约缔约国,在执行公约的实践中,我们不但建立了与伦敦公约相适应的管理机制、机构、法规和政策,而且积累了较丰富的经验,并有着一支相应的执行队伍。由于《伦敦公约/1996 议定书》与《伦敦公约》在执行机制与方式上基本相同,我国执行议定书不存在机构重新设置问题。在政策法规方面,我国也有着相应的国内法规与之匹配,在某些规定上比《伦敦公约》更加严格。

我国正在进行中的《中华人民共和国海洋环境保护法》的修改,也对相关问题进行考虑,如:禁止有毒物质海上焚烧、污染者付费原则;禁止废物进口;对海洋倾废物质按其毒性、有害物质的含量和对海洋环境的影响程度的进行数量和类别的分级管理并制定制定相应标准;对倾倒区建立的申报、监测和监督和管理等;在第九章"法律责任"在第八章所涉及的问题规定了相应的法律责任。

由此可见,我国基本具备执行议定书所需的管理机构、人员及相应的政策法规。这是我国执行议定书的重要基础。

（三）我国批准《1972 伦敦公约/1996 议定书》的必要性

《伦敦公约/1996 议定书》于 1997 年 4 月 1 日至 1998 年 3 月 31 日开放签字。根据议定书生效程序规定,在有 26 个缔约国交存了批准、接受、核准、或加入文书后(其中至少含有 15 个《1972 伦敦公约》缔约国)的第 30 天生效。从目前情况分析,现伦敦公约缔约国的国家中参加全部公约修改和议定书制定的国家约有 40 个左右。从历次修改公约会议的情况看,对议定书持积极态度的国家有:澳大利亚、比利时、加拿大、丹麦、芬兰、法国、德国、希腊、冰岛、爱尔兰、荷兰、新西兰、挪威、瑞典、瑞士、英国等约 16 个。另外,美国、日本虽属发达工业国家,对内水和工业废物处置问题上的观点与北欧国家不同,但是议定书的结果已作了妥协和折衷。特别是在除放射性废物以外的其他废物处置上,议定书规定可以由缔约国申请一个不超过 5 年的宽限期,也为其他一些国家接受议定书创造了有利条件。另有 16 个非缔约国作为观察员参加了 1996 年的特别会议,其中有:孟加拉、印度尼西亚、马来西亚、利比亚、哥伦比亚等。以上这些国家都有可能在适当的时候考虑批准或加入议定书。因此可作这样的预测,达到议定书生效条件的时间不会太长。

我国从 1983 年参加了公约的主要活动,至今共 14 年,在公约实施发展过程中,特别是在公约的修改和议定书的制定工作中发挥了重要作用。加入议定书有利于扩大我国的影响,阐明我们的主张,维护我国的利益和原则。所以在适当时候批准加入《伦敦公约/1996 议定书》是必要的。

（四）结论及建议

综上所述,《伦敦公约/1996 议定书》源于《伦敦公约》,基本维持了原《伦敦公约》的基本框架,我国作为原伦敦公约缔约国具备执行议定书的基本条件;议定书的执行不会对我国的近期或中期利益产生大的不利影响。为促进和提高我国的海洋倾废管理水平,扩大我国影响,建议我有关部门立即组织力量进行批准《伦敦公约/1996 议定书》的论证工作,争取适时报请上级部门审批。与此同时,结合议定书的条款规定,做好国内相关法规的修改准备工作。

（《动态》1997 年第 4 期）

我国沿海海平面上升问题不容忽视

杜碧兰

　　"温室效应"引起的全球海平面上升严重地威胁着世界沿海国家和小岛国家的持续发展,已成为国际社会关注的环境热点问题和重大科学课题。我国政府决策部门对此也给予了关注和支持。"八五"期间,由国家科委组织,农业部某部门主持,国家海洋局海洋发展战略研究所和海洋信息中心,承担了"气候变化对沿海地区海平面的影响及适应对策研究",经过四年多的努力,出色地完成了攻关任务,并通过了专家鉴定和国家验收。鉴定委员会一致认为:"从攻关专题所取得的研究成果、所解决的关键技术和重要进展考虑,该成果总体上达到了国际先进水平"。

　　该成果取得的重要进展有:

　　1. 在建立的中国沿海包括 35 个长期验潮站的海平面变化及其影响因素综合数据库的基础上,采用 EOF 等方法对中国家沿海海平面长期变化时间序列进行高、低频振动的分析后,发现由于我国大陆岸线漫长,沿海不同岸段的海平面变化趋势不一。从山东半岛到长江口以北,相对海平面有下降趋势,而沿海其他区域相对海平面则普遍呈上升趋势。这一特点是构造中国沿海海平面变化预测模型的基础。

　　2. 影响中国沿海相对海平面变化的主要因素是"温室效应"引起的全球海平面上升,沿海地区近代地壳垂直运动和因超采地下水引起的地面沉降,以及天体运动的长周期变化。五十年来,我国沿海相对海平面总体呈上升趋势,海平面上升年变率在 1.4～2.0 毫米/年,南北部沿海差异较大。

　　3. 为了适应中国沿海相对海平面变化的特征,建立了中国沿海分区域的海平面上长预测模型。将沿海分为五个区域,其未来海平面上升的预测估计如表 1 所示:

　　从表中看出,山东半岛东南部沿海,由于地壳的缓慢垂直上升,相对海平面的上升幅度在 2050 年时仍较小,其余岸段的上升幅度多在 20 厘米以上。

表 1　中国沿海五个区域未来海平面上升预测(厘米)

沿海区域	2030 年	2050 年	2100 年
辽宁—天津沿海	13.1	22.5	69.0
山东半岛东南部沿海	1.1	5.7	40.2
江苏—广东东部沿海	15.5	25.4	73.9
珠江口附近沿海	7.6	14.8	55.8
广东西部—广西沿海	15.3	25.5	74.2

4. 采用 GIS 技术,在沿海现有防潮设施情况下,从历史最高潮位和百年一遇高潮位起算,对珠江三角洲、长江三角洲及苏北沿岸、黄河三角洲及渤莱湾地区,根据数字高程(等高距为 1 米)、潮位和堤顶高程等,计算了未来海平面上升 30 厘米和 65 厘米时海水可能淹没的范围,如表 2 所示。

从表 2 中看出,珠江三角洲、长江三角洲和苏北沿岸,在历史最高潮位和百年一迁高潮位上,海平面上升 30 厘米时,淹没面积较小,说明该地区的防潮设施标准较高;而黄河三角洲及渤莱湾,则淹没面积较大,说明该地区防潮设施只能抵御较低的海平面上升值。

5. 珠江三角洲、长江三角洲及苏北沿岸、黄河三角洲及渤莱湾,均为我国沿海经济发展很快的地区,不仅城市密集、人口集中,工农业产值巨大,而且进出口外贸额也在全国占有很大的比重,对我国经济和社会发展有着举足轻重的作用。未来相对海平面上升,一旦超过这些地区现有防潮能力,将会出现海水淹没的局面,带来严重的经济损失。为了避免或减少这种损失,必须采取有效的"防护"对策,它与"后退"对策和"顺应"对策相比,是最佳的选择,而且这种对策具有明显的经济效益,如表 3 所示。

表 2　中国沿海三个重点区未来海平面上升可能淹没面积(平方千米)

不同地区和不同背景潮位		上升 30 厘米		上升 65 厘米	
		淹没面积	占总面积%	淹没面积	占总面积%
历史最高潮位	珠江三角洲	1 153	4	3 453	11
	长江三角洲及苏北沿岸	898	0	27 241	13
	黄河三角洲及渤莱湾	21 010	17	23 100	19
百年一遇高潮位	珠江三角洲	1 719	6	2 875	9
	长江三角洲及苏北沿岸	4 015	2	31 001	15
	黄河三角洲及渤莱湾	22 435	18	23 322	19

表3　海平面上升防护对策选择的经济效益(按1990年统计)

不同地区和背景潮位情况		海平面上升					
		30厘米			65厘米		
		淹没损失（亿元）	加高加固费用（亿元）	经济效益（亿元）	淹没损失（亿元）	加高加固费用（亿元）	经济效益（亿元）
历史最高潮位	珠江三角洲	136	17.6	118.4	416	29.1	386.9
	长江三角洲及苏北沿岸	13	3.2	9.6	477	16.5	400.5
	黄河三角洲及渤莱湾	589	5.6	583.4	618	8.1	609.9
百年一遇高潮位	珠江三角洲	190	20.8	169.2	389	33.7	355.3
	长江三角洲及苏北沿岸	130	13.6	116.4	477	29.6	447.4
	黄河三角洲及渤莱湾	603	7.0	596.0	621	10.5	610.5

　　从表3中给出的结果看出,上述三个沿海重点区的海水淹没损失,当海平面从历史最高潮位或百年一迁高潮位起算上升30厘米时,长江三角洲及苏北沿岸的淹没损失量小,为13亿元,珠江三角洲次之,为136亿元,黄河三角洲及渤莱湾损失最大,达589亿元。这说明长江三角洲及苏北沿岸现有防潮设施具有能抵挡海平面上升30厘米的能力,因此所需加高加固海堤的费用为3.2亿元,其经济效益达9.6亿元。黄河三角洲及渤莱湾沿岸地区,由于现有防潮设施较差,当海平面从历史最高潮位起算上升30厘米时,其淹没面积高达21 010平方千米,占全区总面积的17%（表2）,其可能出现的淹没经济损失高达589亿元。但若需花费约5.6亿元的海堤加高加固费用,即可大大提高本区的防潮能力,以抵御海平面上升30厘米的危胁,其经济效益高达583.4亿元。

　　综上所述,我们呼吁,我国政府决策部门及沿海省、市、区政府决策部门,对沿海地区海平面上升问题绝不能掉以轻心! 建议各级政府应将海平面上升的防潮规划,纳入全国和各省、市、区的国民经济和社会发展"九五"计划和2010年远景目标纲要。目前我国沿海地区急需加强对海平面变化、地壳形变、地面沉降、岸线后退等的监测;加强我国沿海地区对海平面上升危害的脆弱性研究及社会经济影响评价研究;提高沿海地区建筑物的设计标高,并改造城市的排水、排污系统;加强海岸防护工程的建设,加高加固现有防潮设施,提高防护设施的设计标准,以达到我国沿海地区对海平面上升的有效防护。

(《动态》1996年第2期)

白令海公海区渔业资源捕捞和管理的状况及趋势

郑淑英

一、白令海公海的捕鱼状况

白令海(Bering Sea)位于太平洋最北端,西伯利亚与阿拉斯加之间,是北太平洋海域中的一个边缘海。海区形状似扇形,北以白令海峡与北冰洋相通,南部以阿拉斯加半岛、阿留申群岛和科曼多尔群岛等为界。东西最长为 2 394 千米,南北宽约为 1 596 千米。总面积为 230 万平方千米,平均水深 1 636 米。

白令海渔业资源十分丰富,据统计有 300 多种鱼类,包括 50 种底栖鱼类。其中重要的经济鱼类有:鲱鱼、比目鱼、鳕鱼、大马哈鱼等,是远洋渔业国家关注的优良渔场。特别是其中有一块叫做 Dought Hole 的公海,目前尚无一个较为适用的国际性公约予以限制和管理,因而为各远洋渔业大国的竞争提供了条件。

由于各方面技术条件的限制,在 1982 年以前能够到达白令海捕鱼的国家和地区为数不多,只有日本、南朝鲜、苏联等。我国只是从 1985 年开始进入该海域进行捕渔作业的。

自 1982 年以来,世界范围内新的海洋秩序的建立,各沿海国纷纷实行 200 海里专属经济区制度,迫使外国渔船离开本国近海海域,使得远洋渔业国家的注意视线移到了 Dought Hole 这块公海海域,试图在这里寻找新的渔业资源以弥补由于从所在专属经济区退化而造成的损失。日本,在此方面动作十分迅速。1983 年日本在白令海的捕鱼量仅为 4 096 吨,1984 年的捕鱼量就猛增到 100 899 吨,到 1990 年在白令海公海的捕鱼量就达到 416 885 吨,七年间的产量增加了 100 倍之多。另外,南朝鲜在白令海的捕获量从 1983 年的 66 558 吨增到 1990 年的 219 500 吨。我国的远洋渔业起步较晚,1985 年以前在远洋渔业史上为空白时期,1985 年开始进入公海,捕捞量为 1 599 吨,后来逐年有所增长,到 1990 年捕捞量上升到 26 500 吨,但也只是日本的捕捞量的 1/20、南朝鲜的 1/9。

表中记载了自 1980 年至 1990 年间各国在白令海公海的捕鱼量及捕捞船数量。

表:截止1991年2月各国在白令海公海捕鱼量及捕捞船数量一览表

单位:吨

Year	日本 Catch	boate	朝鲜 Catch	Boate	波兰 Catch	Boate	中国 Catch	Boate	苏联 Catch	Boate	美国 Catch	Boate	公海总渔量 Catch	Boate	美 EEZ Catch	苏 EEZ Catch	白令海总渔量 Catch
1980	2 401	–	12 059		0	0	0	0	0	0	0	0	14 460	0	958 300		972 760
1981	221	–	0	0	0	0	0	0	0	0	0	0	221	0	973 500		973 721
1982	1 298	–	2934	5	0	0	0	0	0	0	0	0	4 232	5	955 900		960 132
1983	4 096	–	66 558	25	0	0	0	0	0	0	0	0	70 654	25	982 400		1 053 054
1984	100 899	–	80 317	26	0	12	0	0	0	0	0	0	181 216	38	1 098 800	756 00	2 036 016
1985	136 475	–	82 444	26	115 874	15	1 599	3	0	0	0	0	336 392	44	1 178 800	662 000	2 177 192
1986	697 967	93	155 718	30	163 249	15	3218	.	12 000	–	0	0	1 032 152	141	1 189 400	871 000	3 092 552
1987	803 549	100	241 870	32	230 318	20	16 500	3	34 000	0	0	0	1 326 237	155	1 253 500	812 000	3 391 737
1988	749 981	103	268 600	41	298 714	39	18 400	5	61 000	0	0	0	1 396 695	188	1 228 000	1 327 000	3 951 695
1989	654 907	98	301 600	41	268 570	39	31 100	7	151 000	0	0	0	1 407 177	185	1 386 000	1 119 000	3 912 177
1990	416 885	97	219 500	41	223 140	39	26 500	7	4 900	0	852	10	891 777	194	1 353 000	814 000	3 058 777

资料来源:Ocean Development and International Law, Vol. 22 p353

　　各远洋渔业国家纭集公海捕鱼的势态有增无减,由于各国利益的需要而共同关注着这块人类共有的渔业资源贮量丰富的海区。随着捕鱼船只的增加,渔业纠纷增多,资源开发与管理问题急待解决。

　　鳕鱼作为重点捕渔目标被过渡捕捞。若不及时加以管理,将会使其再生能力遇到破坏,后果极不乐观。另外,Dought Hole 处于白令海中部,被苏、美经济渔区所环绕,使得回游鱼种群问题较为突出,苏、美作为鱼源国又有着其特殊要求。由于公海捕鱼量的猛增,使得苏、美经济鱼区的鳕鱼资源储量受到严重威胁。对此,美国的渔业界和企业界向美国政府提出要求,敦促美国政府与苏联就有关问题进行协商,达成双边协定。措词委婉地讲,是保护苏美的海上共同利益,实则以此扩大领海主权。这种建议企图在以下有关方面达成一致:

1. 在 Dought Hole 建立禁渔规定;
2. 对违反者予以严格处罚;
3. 在所有渔业国家未达成一致性意见之前采取上述措施。

　　上述建议,不符合《联合国海洋法公约》的有关规定。公海禁渔是不可行的。《联合国海洋法公约》对公海捕鱼中有关沿海国的权利、义务作了如下规定:"如果同一种群或有关联的鱼种的几个种群出现在专属经济区内而又出现在专属经济区外的邻接区域内,沿海国和在邻接区内捕捞这种种群的国家,应直接或通过适当的分区域或区域组织,设法就必要措施达成协议,以养护在邻接区域内的这些种群。"也就是说,美国只能通过适当的区域组织设法就此达成协议,而不能单方或双方对公海捕鱼实行规定,这种规定在国际海洋法中尚属无效。

鉴于公海渔业资源的养护需要,对 Dounght Hole 的捕捞活动予以适当限制,建立可行的管理制度,是有利于沿海国及其他各国利益的。因此,建立白令海公海的渔业管理制度已成为一种趋势,势在必行。

二、白令海公海管理制度的建立及有关情况

非溯河鱼类(non - anadromous)鱼种贮量及保护问题在白令海公海中较为突出。根据联合国海洋法有关规定,应通过或直接由区域组织或分区域组织达成有关措施及协议。因此,在白令海建立区域性国际组织是必要的。为此,在 1987 年底,日本曾提议召开一次国际北太平洋渔业委员会会议,就共同关心建立(非溯河鱼类)鱼种贮量保护的国际组织的可能性进行商讨;日本还曾提议召开预备会议,商讨建立白令海区域组织的问题。但是由于其他国家的反对而未能使会议如期召开。

为解决白令海公海问题,各方均作了相应努力。基本可分为两种形式,一是沿海国家之间,二是远洋渔业国家之间。科学界的研讨会包含于这两种形式之中。

苏美作为两个具有共同利益要求的国家,这种接触十分频繁。1988 年 1 月,两国渔业界在莫斯科就有关问题进行磋商,同年 4 月在华盛顿两国政府达成共识,一致认为控制白令海的捕捞业是十分急迫的事情。这种商讨继续在政府间协商会议上进行,特别是在白令海渔业咨询委员会上,委员会得出以下看法:(1)白令海的公海源于美国与苏联的 EEZs;(2)公海 Dounght Hole 的捕鱼量已超过生物自身再生需要的标准;(3)由于过度捕捞,公海已没有剩余的渔业资源供人类享用。

苏美两国于 1990 年 3 月商讨建立白令海公海保护与管理体制问题。同年 6 月,两国政府发表了名为“保护白令海渔业资源的联合声明”。声明中指出白令海的鳕鱼资源已受到严重威胁,迫切需要制定有关捕捞标准,进行合作,共同建立一种新的国际秩序,对白令海公海渔业资源进行管理及保护。

在各远洋渔业国家间,为建立白令海公海的国际秩序也做了相应努力。1988 年8 月在日本曾召开过一次有关其科学问题的国际合作研讨会。在日本、中国、朝鲜、波兰间也召开过一系列的双边协商会议。另外,来自沿海国及远洋渔业国家的科学研讨会,曾在阿拉斯加和哈巴罗夫斯克举行,议题为白令海公海鱼类储量的有关问题。

1991 年 2 月,曾在美国的华盛顿召开过一次名为“白令海生物资源的保护与管理”研讨会,到会的包括了所有有关的沿海国家及远洋渔业国。会议主要议题是讨论白令海的生物资源,特别是鳕鱼资源状况,为建立白令海国际保护与管理秩序提供科学依据,并就其暂行规定与长远计划预以讨论。其中在暂行规定中包括:不扩大捕鱼范围,不对溯河产卵的鱼类或鲱鱼进行船舶捕捞,并联合对该海域的生物资源进行科学评价。

1991 年 7 月,在日本东京召开了第二次研讨会,予会代表均意识到白令海的鳕鱼

资源已经处于严重的过度捕捞状态,迫切需要实施管理与保护措施。会上,美国代表起草了一份名为"管理和保护白令海渔业资源公约的长期性依据"的报告,苏联提出一项临时措施议案,希望能在 1992 年实现对白令海公海海域禁止捕鱼活动,美国对此持赞同态度,日本和其他国代表对此持否定态度,建议寻求其他方式预以限制。其他国家包括日本在内没有提出有关议案。

据有关情况表明,在制定白令海公海管理秩序中,日、美、苏、加四国正在联合起草所谓"多国条约",我国有被抛置一边的可能。对此,我国应予以足够重视,采取相应对策,争取参与起草工作,以体现我国利益。

三、白令海公海生物资源养护的目标、国际合作及我国应采取的决策

由上述情况可见,公海渔业资源的管理关系着人类共有财富的保持与再生,具有深远意义。就公海渔业资源管理而言,尽管《联合国海洋法公约》对此有明确规定,但就包括有效养护措施的选用、监测和执行,在许多区域是不够完善的。

加强公海的渔业资源的养护和管理,已成为世界有关国家和组织密切关注的问题。今年 6 月在巴西的里约热内卢召开的第二次联合国环境与发展大会上通过的《21 世纪议程》也就有关公海海洋生物资源的养护目标、管理措施等一系列问题作了进一步说明与规定,将公海海洋生物资源的养护目标定为:养护和可持续地利用公海海洋生物资源,开发和增加海洋生物资源的潜力,以满足人类营养的需要以及实现社会、经济和发展的目标。

在上述目标之下,具体应考虑以下管理问题:考虑到各种群之间的关系,维持和恢复海洋种群水平,使之能够在有关环境和经济要素的限制下获得最大的持续产量;促进选定捕鱼器具和捕鱼方法的开发和利用。确保捕鱼活动在有效的监测和管理之下进行;保护和恢复濒临绝种的海洋生物种群,促进关于公海的海洋生物资源的科学研究,实行国际合作以确保公海捕鱼不会对在沿海国管辖范围内的海洋生物资源产生不利的影响。

在公海渔业资源管理的国际合作方面,《联合国海洋法公约》第 116 条明确规定:所有国家均有权由其国民在公海捕鱼;所有国家均有义务与其他国家合作采取养护和管理公海区域内的生物资源,凡其国民开发相同资源的国家,或在同一区域内开发不同生物资源的国家,应进行谈判,以期采取养护有关生物资源的必要措施。《21 世纪议程》对此作进一步解释:对有国民、船只在公海捕捞跨区鱼种的国家以及专属经济区内出现这种鱼群的国家应进行合作,以期议定在公海适用的必要措施,从而确保这种鱼群的养护和可持续利用。

我国同其他发展中国家一样,对于上述目标的实现受着技能、财政、科技手段的制约。《21 世纪议程》呼吁发达国家与发展中国家实行充分的财政、科技合作,以支

持发展中国家实现上述目标。

按照《联合国海洋法公约》规定,我国在享有公海捕鱼权利和负有养护公海海洋资源的义务的同时,有权参与对公海渔业资源的管理活动,是任何他国所不能剥夺的。这种意味着我国有权利参加"多国条约"的起草和制定工作,将我国抛置一边不予考虑的作法不符合国际法原则。对此我国应采取积极态势,利用各种新闻媒介渠道阐述我方立场,强调有关国际法依据,为我国介入"多国条约"的制定工作作相应的舆论准备。同时可采取外交方式,与参与"多国条约"起草工作的各国尽可能地进行双边对话,以期获得对方的支持。两种方式相互配合,达到最终参与白令海公海的管理,以体现我国人民的利益需要。

我国作为一个刚刚起步不久的远洋渔业国家,受财力及科技水平的限制,远洋渔业规模还不能适应我国人民对渔业资源的实际需要,有待于发展。我们应在现有基础上量力而行,积极稳妥地发展我国的远洋渔业。开展对策研究,及时准确地掌握有关国际最新动向。并参照有关国际法规定,履行应尽的义务。最终实现远洋渔业济身于世界前列之目标,为我国的国民经济、社会发展及人民生活水平的提高服务之目的。

(《动态》1992 年第 1 期)

全球海平面上升问题及其对策

杨华庭

全球环境问题日益引起世界各国的关注,并且已经成为当前涉及政治、经济、科学、外交等领域,具有广泛影响的国际关系中的一个热点问题。其中,由于"温室效应"导致全球气候变暖,及由此可能导致的全球平均海平面上升,对在世界经济和人口上占有极重要地位的沿海地区,特别是沿海大城市,具有巨大的影响。因为这种情况一旦发生,则上升的海平面可能威胁各沿海国家滨海地区的工农业和城市生存,从而造成政治上的混乱。自 20 世纪 70 年代以来,一些国际组织和科学家,以致某些国家的首脑,都曾不止一次地对此发生警告的和呼吁。1990 年我国国家气象局发表的《气温蓝皮书》也涉及到了这个问题。国家海洋局于同年 4 月发表的《1989 年中国海平面公报》,公布了我国近百年来海平面变化的情况,并且预测了今后 5 年间海平面的变化,提出了相应的对策和建议。国内许多学者也纷纷撰文,提出了许多对策性建议。但如何历史地科学地,并且从经济及社会发展的角度看待海平面变化问题,如何从这些众多的对策性建议中,结合沿海的发展战略选择优先实施的对策,仍有许多需要特殊研究的地方。

一、海平面上升的速度和量值究竟有多大?

海平面是海洋科学中平均海平面的简称。按观测时间的长短,可分为日平均海平面、月平均海平面、年平均海平面和多年平均海平面等。日平均海平面随天气等因素变化,同时具有季节、半年和多年的周期性变化。月平均海平面受气象因素的季节性变化影响,也有一年和多年的周期性变化。它在一年中的最大变幅称为年较差,在我国各海区一般为 20~70 厘米。不同年份的年平均海平面之间的差异,可达 10 厘米左右,它主要取决于气候和天体运动的长周期变化。至于地质年代中的海平面变化,则与冰川的消长和地壳的变迁有关。上述的日平均海平面与多年平均海平面之差最大可达米级;月平均海平面与多年平均海平面之差最大可达数 10 厘米;年平均海平面与多年平均海平面之差可达数厘米;而全球性平均海平面的年际变化量值很小,仅为毫米级。现在我们所讨论的全球海平面变化问题,主要是指后一种变化。

一些验潮站常用18.6年或19年里每小时的观测数据进行平均,求出该站的平均海平面。这种平均海平面可取为高程测量系统的基准面,因此在科学领域中占有很重要的位置。在测绘科学中多称海平面为海水面。

对于海平面变化,人类很早就有发现。全球性气候的变化是影响海平面升降的主要原因。据地质及古气候研究发现,我国大陆大约在3万年前进入大理冰期,年平均温度比现在低4~6℃(还有人认为比现代低8~12℃)。至1.8万—1.5万年前,即全球进入冰后期,气温开始回升,陆上冰川溶化,海平面也随之升高,造成全球性海侵。这时的海平面升高速率并不一致(见表1),至6000年前左右,这种海平面上升趋势停止。好在大约1万年左右的时间里,全球海平面上升了100多米,那时我国渤海岸线在昌黎、杨村、文安、献县、德州到济南一线。换句话说,当时华北平原的大部分还是一片汪洋大海。自那以后,全球海平面的变化进入相对稳定阶段。这期间源渊中国大陆的河流泥沙大量入海,造成大片冲积平原,海岸线开始逐渐东移,才接近于今天的位置。这种历史年代中的海平面变化,尽管由于各国科学家所依据资料取地的不同,得出的结论不尽相同,但可以肯定的至少有两点:第一,全球性的海平面变化自古就有,而某些历史年代的变化速率比现在大10多倍;第二,那时的海平面变化与人类活动几乎无任何关系。

表1 大理冰期以后全球海平面变化

年 代	海平面上升速率毫米/年
1.7万–1.2万年前	*13.4
1.2万–0.9万年前	*7.7
9000–8500年前	*24.0
8500–6000年前	*8.4
6000–5000年前	–8.0
5000–2500年前	上升中有波动,但速率渐小

近代海平面变化研究是建立在科学观测的基础上的。近50年来各国学者得出的最近100年左右的时间里海平面上升速度综合汇总在表2。其上升速率大体在0.5~2.5毫米/年,这个数值无疑包含了自工业革命以来的,收于CO_2等温室气体排放导致的"温室效应"的作用,但其量值只有3000~5000年前的1/5~1/10。若按此速率,至2100年的海平面只比1980年上升5~25厘米,即不可能有很大幅度的上升。但据政府间气候变化委员会的最新预测,至2030年全球海平面将上升20厘米,21世纪末将上升65厘米。

表 2 各国学者得出的海平面上升速率

人 各	发表年份	结果(毫米/年)	方法及所用资料情况
Tborarineeon	1940	0.5	冰川学
Gutrenberg	1941	1.1 ±0.8	大量海平面资料分析
Kunen	1950	1.2 - 1.4	综合法
Valentin	1954	1.1 - 3.9	各国海平面资料
Liaitain	1958	1.12 ±0.36	精选 6 个站资料
Wexler	1961	1.18	冰川学
Fairbridge	1961	1.12	海平面资料分析
Morner	1973	0 - 1.1	精选三个站资料
Kluze	1978	1.4 - 1.5	1 500 个验潮站资料
尤芳潮	1979	5.5	
Emery	1980	2.5 - 3	725 个验潮站资料
郑文●等	1986	1.1 - 1.4	100 个验潮站资料统计分析
王志豪	1986	3.8	50 个验潮站资料
赵明才等	1986	2.3 ±0.9	10 年周期法
Dennss	1986	1.4	历史记录
加拿大部分学者	1989	2.45	
张祖胜等	1989	0.4 - 1.3	中国验潮站资料
史瑞海	1989	0.5 - 1.4	世界 37 个验潮站资料统计分析

二、导致海平面上升的原因是什么?

导致未来海平面上升的主要原因是,温室效应气体在地球大气中的积累所引起的全球气温的升高。

(一)温室效应

短波太阳辐射通过透明大气时几乎无衰减地到达地球表面,并使其增温。而温暖的地球表面辐射的长波辐射则被若干种气体部分地吸收和重新辐射到较冷的上层大气,从而有一个长波和短波辐射平衡,这种平衡使地球表面升温约达 33℃。这个过程与种植学上的温室原理是一样的,故称为温室效应(图 1)。应用卫星的幅射观测已经证明了在地球上存在有上边所说的温室效应。

另外,金星、地球和火星的大气组成极不相同,而它们的表面温度则完全符合温室效应理论。更重要的是,通过测量南极洲 16 万年以来的冰心证明,地球温度与大气中

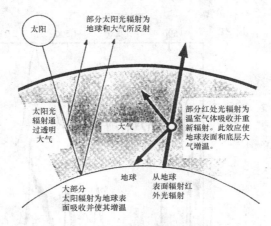

图 1　温室效应原理示意图

二氧化碳及甲烷的含量有极好的对应关系(图2)。

（二）温室效应气体

大气中温室效应气体主要有二氧化碳、甲烷(俗名沼气)、一氧化二氮和卤族碳化物(主要是卤族中的氟和氯)等。

它们在大气中的总含量约为千分之三到四,即不足 440ppmv。下表是主要温室效应气体的含量及其自 1980 年至 1990 年在全球升温中的作用。

CO_2	340ppmv	55%
CH_4	1.72ppmv	16%
N_2O	0.31ppmv	6%
CFC_s	0.0002ppmv	23%

其中 CFC_s 是最近 50 年来由人类活动新产生的。图 3 表明大气中的各种温室效应气体的浓度在最近 250 年迅速增高的情况。（每个 ppmv 的 CO_2 相当 21.2 亿吨碳或 78 亿吨 CO_2。1ppmv = 1000ppbv）。

（1）CO_2 浓度增加是怎样造成的呢？目前估计燃烧矿物燃料,包括煤、石油及天然气,每年向大气输送 57 ±5 亿吨碳。砍伐森林又增加 19 ±11 亿吨碳。即由于人类活动总向大气输送 76 ±16 亿吨碳。当然,这与每年大气与生物圈的碳交换（约 100 亿吨）或大气与海洋的碳交换（约 900 亿吨）相比,是一个不大的量。但是,大气与生物圈,大气与海洋的碳交换基本处于平衡状态。因此,燃烧矿物燃料与砍伐森林所造成的多余的碳积累足以破坏气候系统的碳平衡。不过,幸好这些碳并不是完全以 CO_2 气体形式存在大气中。大气中碳的年积累量大约只有 34 亿吨,即只有排放量的 40%。其余的被海

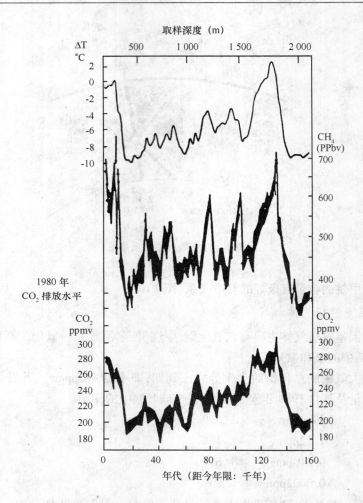

图 2　南极洲 16 万年以来冰心气体测量结果

洋吸收 25 亿吨,因施氮肥而进入生态系统 10 亿吨,还有 7 亿吨不明去向。这或者是由于对海洋吸收估计过低,或者生态系统中还有其他重要的能吸收 CO_2 的过程未被考虑。但也可能是对砍伐热带森林造成的碳排放估计过高。但一个主要的量的概念是,目前每年有 34 亿吨碳以 CO_2 的形式积累在大气中,使 CO_2 的浓度每年增加 1.6ppmv。值得指出的是,排放量在二次大战后是呈指数形式增加的。

　　我们可以根据未来人类活动的情况估计大气中 CO_2 浓度的可能变化。根据箱 – 扩散模式,若采用海洋湍流扩散系数为 5 350 米/年,海气间的气体交换率相当于交换系数的 0.12/年,假定没有生物—气候反馈,并假定 1990 年以后生物界之排放量为零,即砍

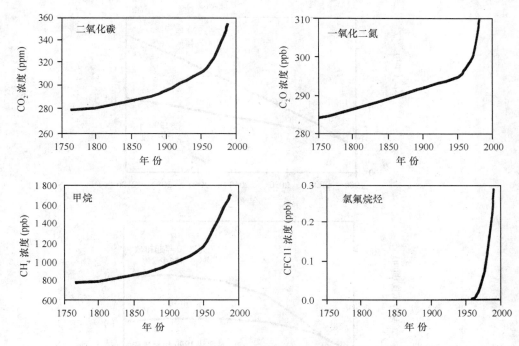

图3　18世纪以来二氧化碳、甲烷、一氧二氮和氯氟烷烃在大气中的含量

伐热带森林之排放与生态系统的吸收相抵。对燃烧矿物燃料做了四种假设:(a)保持1990年的排放率;(b)以1990年一半的排放率;(c)排放率从1990年始每年减少2%。(d)排放率从2010年起每年减少2%。模式给出这4种排放情况下CO_2浓度的变化如图4。

(2)CH_4,甲烷即沼气,产生于厌氧微生物活动,其增长与世界人口的增长有密切的关系。在200至2000年前,大气中的浓度大约为0.8ppmv,100年前增加到0.9ppmv。太阳红外光谱分析表明,近40年来增加了30%。从1987年有正式观测,测得浓度为1.51ppmv,现已达到1.72ppmv,年增量在0.014～0.017ppmv之间,即大气中甲烷含量的0.8%～1.0%。

稻田是CH_4的重要源地,世界上90%的稻田在亚洲,其中60%在中国和印度,其次是牲畜。如果今后CH_4浓度依然保持与世界人口的密切关系,则预计到2030年可达2.34ppmv,2050年可达2.5ppmv。

(3)N_2O在大气在中的浓度占温室气体的第三位,主要来自生物源。1990年大气中的N_2O约为310ppbv,相当于1 500百万吨氮。大气中的N_2O大约从1700年开始增加,工业化前约为285ppbv,至今已增加了8%,年增长率0.2%～0.3%。N_2O主要来自

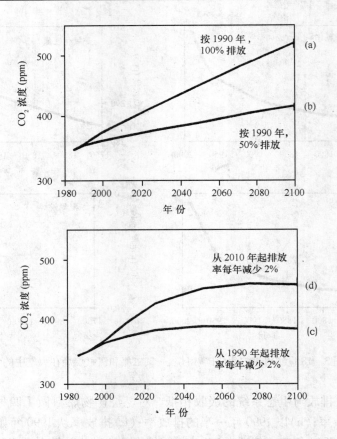

图4　1990～2100年四种二氧化碳排放假定方案的比较

土壤,海洋也是一个重要源,主要在海水的涌升区排放,那里的 N_2O 的分压过饱和,有时达到40%。在厄尔尼诺年,由于海水涌升受到抑制,从海洋向大气排放的 N_2O 就下降。燃料矿物燃料向大气排放的 N_2O,约比土壤和海洋向大气的排放小一个数量级。平流层超音速飞行亦产生 N_2O。N_2O 在大气中存留时间可在150年以上。从目前增加的趋势估计,到2030年可达0.375pbmv,比工业化前增加34%。

　　(4)卤族碳化物。大气中人工合成的卤族碳化物主要是氯氟烷烃 CFC。含溴卤代烷烃(哈龙)也是一种温室气体。它们在导致全球气候变暖中所起的作用约占15%～20%。它们的浓度增加非常快,目前年增加量大约4%。

　　卤族碳化物主要来自烟雾喷射剂、制冷装置的工作流体、泡沫发生剂、溶剂及灭火剂。另外,卤族化合物还有自然生成的,其中氯甲烷主要来自海洋及燃烧生物量。

　　国际上已达成若干协议,如蒙特利尔公约等,以限制卤族碳化物的生产和使用。但即使在 2000 年完全停止生产,大气中的 CEC_s11,12,13 等至少也要存留到下一个世纪。而且,正在研制的一些卤族碳化物的代用品,虽然会减少对臭氧层的破坏,但却仍然是温室气体,其主要优点是在大气中的存留期短。

(三)气候变暖和海平面升高:

政府间气候变化委员会对策工作组,对未来温室效应气体假定了四种排放情景,并在此基础上估计出到 2100 年气候变暖和海平面升高的情况。

1. 四种排放情景

提出的四种排放情景,包括二氧化碳 CO_2,甲烷 CH_4,一氧化二氮 N_2O,氟氯烷(氟利昂)CFC_s,一氧化碳 CO 和氮氧化物(NO∗)等从现在起至 2100 年的排放。每种情景都考虑了经济和人口的增长。即假定下世纪后期的人口将达到 105 亿,考虑下个十年的年经济增长率为:经济合作与发展组织国家 2%－3%,东欧及发展中国家为 3%－5%。十年后的经济增长率都将有所下降。为了达到前述目标,还必须有相应的技术发展的保证和环境控制。

情景 A:即常规情景。能源结构仍以煤为主,只考虑适当提高能源效率,以适度控制一氧化碳的排放。热带森林继续砍伐直至全部毁灭,农业排放甲烷及一氧化二氮无任何限制。只有部分国家参加蒙特利尔公约对 CFC_s 的限制。即按政府间气候委员会的预测,至 2025 年二氧化碳及甲烷的排放增加 10%－25%(图5)。

情景 B:能源结构朝混合型发展,碳燃料减少,天然气显著增加。大幅度提高能源效率,一氧化碳的排放得到有效控制,停止热带森林砍伐,蒙特利尔公约得到公认。

情景 C:下世纪中叶,全部更换能源和核能,CFC_s 被取缔,农业排放得到控制。

情景 D:下世纪前期即已推广再生能源和核能,从而降低了二氧化碳的排放,并且在工业化国家内排放量已基本稳定。在工业化国家严格控制排放量的同时,发展中国家只适度增长了排放量,从而使大气中的浓度得以稳定下来。到 21 个世纪中期,二氧化碳排放量将比 1985 年降低 50%。

2. 全球气候变暖的预测

(a)若温室效应气体的排放按情景 A 考虑,则下个世界全球平均气温上升速率约为每 10 年 0.3℃(幅度变化在 0.2℃至 0.5℃之间)。这就是说,全球平均气温在 2025 年时将比现在高 1℃,而下世纪末将比现在高 3℃。图 6 是这种预测的高、中、低三种估计。全球变暖将导致全球平均降水量和蒸发量在 2030 年前增加几成,海冰和积雪区域将有所减少。

(b)若温室效应气体的排放得到控制,则下个世纪的全球平均气温的升高有所缓解(图7)。

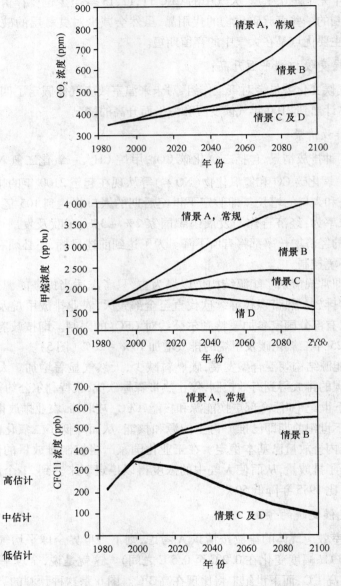

图 5　政府间气候变化委员会设定四种排放情景下的温效气体含量

3. 全球平均海平面上升的预测

用于海平面升高的计算模式没有考虑与温室效应无关的长周期变化,因为现有

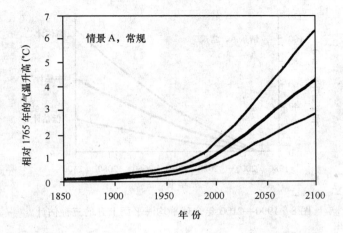

图 6　1990—2100 年全球气候变暖的三种估计

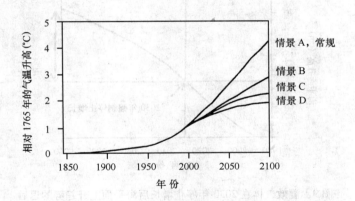

图 7　控制温效气体排放情景下全球升温的估计

有关海洋和陆源冰的资料都不反映上述变化,故这个模式是极简单的。若排放按情景 A,则 1990 年至 2100 年的全球平均海平面将以每 10 年 6 厘米(范围在每 10 年 3 至 10 厘米)的速度上升。也就是说,预测在 2030 年时将上升 20 厘米,下世纪末将上升 65 厘米,这期间,各地区的差异可能是很显著的(图 8)。

上述的适中估计主要考虑的是海洋的热澎涨和冰山的溶解。尽管南极大陆和格陵兰冰原的消溶的增长在今后 100 年中所起作用不大,但它却是预测中最难估计的主要部分。

另外,即使温室气体在不久就停止增长,由于气候、海洋和海冰的迟后现象,其海平面的上升也要延续几十年至几世纪。图 9 表示,若温室效应气体在 2030 年即停止

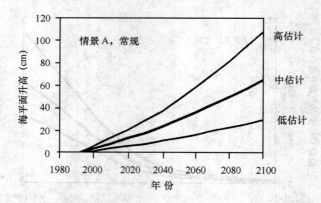

图8　1990—2100年全球平均海平面上升的三种估计

增长,则在21世纪的后70年中海平面仍将上升20多厘米。

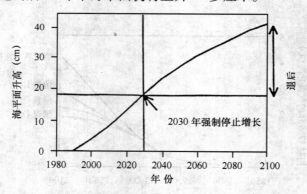

图9　温效气体在2030年停止增长后海平面上升趋势的迟后

　　对其它三种情景下的预测见图10。

　　一些作者不久前曾预言,由于全球气候变暖将导致南极西部广大冰原迅速溶解。这部分冰量相当于全球海平面上升5米。但最近的研究表明,只有个别冰流具有10到100年时间尺度的变异,而且不一定与气候变化有关。因此,21世纪期间内,似乎不可能直接由于全球变暖而使南极西部的冰原瓦解和溶化。

　　其他原因都不大可能引起全球性的海平面上升。热澎涨、海洋环流的变异及海面气压和地球增温一样都有很大的地区性差异,而且对此目前知之甚少。进行这种区域性变化的精细研究,必需开发出较为有效的海气耦合模式。另外,某些地域的地面沉降可能大大超过全球平均海平面上升对该地区的影响。更值得注意的是某些区

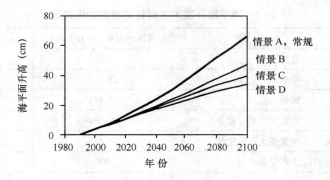

图 10　控制温效气体排放情景下全球海平面的上升

域的风暴潮灾害将由于海平面上升而变得更为严重。

三、全球性对策及建议

气候变暖引起的全球海平面上升问题,需要一个全球性的科学基础牢靠的对策方案。为此,政府间气候委员会对策工作组的海岸带管理分组,承担了提出制订适应海平面上升及气候变化给海岸地区造成的其它不利影响的对策。该组曾在美国的迈阿密、佛罗里达及澳大利亚西部佩斯市举行过研讨会,从而产生和提出了适应性的对策方案及其环境、经济、社会、文化、法律、行政,以及财政方面的影响后果,提出了名为"海平面上升及全球气候变化影响海岸地区的对策和效果"的报告。该报告提交对策工作组的 1990 年 6 月的大会予以通过,成为第二次世界气候大会(1990 年 11 月)的正式文件。以下将简要介绍该报告中提出的对策选择方案,然后再结合我国的实际情况,提出相应的意见和建议。

（一）全球性的对策方案

全球性气候变化有可能引起海平面在下个世界上升 65 厘米,最坏的情况可能上升 1 米多。如果这种情况出现,除了某些地方将增加风暴潮灾害的发生频率和强度外,沿海将有数十万平方千米低洼地被淹(表3),许多海滩将后撤数百米,某些防护工程将遭破坏,潮水将加重威胁生命、农牧业、建筑工程和基础性设施的安全。海咸水将入侵沿海地区的地下含水层和淹没河口三角洲,从而威胁某些地区的淡水供应、生态系统以及农业生产。

表 3 海平面升高 1 米时将威胁到的低洼地

编 号	区 域	低洼地面积(平方千米)	占国土面积比(%)
1	北美洲	32 330	1.639
2	中美洲	25 319	0.882
3	加勒比群岛	24 452	9.431
4	南美洲大西洋沿岸	158 260	1.132
5	南美洲大平洋沿岸	12 413	0.534
6	大西洋各小岛	400	3.287
7	西北欧	31 515	0.713
8	波罗的海沿岸	2 123	0.176
9	地中海北部	6 479	0.609
10	地中海南部	3 941	0.095
11	非洲大西洋沿岸	44 369	0.559
12	非洲印度洋沿岸	11 755	0.161
13	海湾国家	1 675	0.079
14	亚洲印度洋沿岸	59 530	1.196
15	印度洋各小岛	——	——
16	东南亚	122 595	3.424
17	东亚	102 074	0.999
18	太平洋各大岛屿	89 500	19.385
19	太平洋各小岛	——	——
20	俄罗斯	4 191	0.019
	合计或平均	732 921	0.864

　　一些国家在这个问题上就更脆弱。孟加拉国、埃及和越南约有 800 万～1 000 万人居住在高潮面以上不足 1 米,且无防护的河口三角洲地区。50 万人居住在各种珊瑚环礁的国家,这些地方几乎全部在海拔 3 米之内,如马尔代夫、马绍尔群岛、图瓦卢、基里巴里和托克劳(tokelau)群岛。而另外一些岛国,如斐济、所罗门群岛、萨摩亚和瓦努阿图(Vanuatu),则会失去大片耕地,从而可能引起经济和社会的动荡。

　　有些国家,从整体上看对海平面上升并不脆弱,只有某些地区可能受到损害,如悉尼、上海、美国路易斯安那海岸,以及在经济上依赖渔业或敏感于海平面变化的河口居民点。

　　人口的增长和发展,使得沿海区域的负担日益严重。此外,非再生资源的开发,正使世界许多地方的海岸带功能和使用价值变低。另外,人口聚集的海岸带可能变得对海平面上升越发脆弱,即使是不大的海平面上升,也能导致严重的后果。

全球性对策应是适应全球气候变暖及其影响的潜在后果,尤其是适应海平面上升的,实际的行政方面的战略、对策和建议。

1. 对策

提出的任何对策都必须把保护人命安全放在首位。这些对策大体可分为三类:后撤、适应和防护。

所谓撤,就是指陆上部分对海不进行防护,而让人员和生态系统向陆地方向后撤和转移。选择这种对策,往往是由于采取措施的经济负担过重或者是由于环境效益方面的原因。在不得已的情况下,还可能放弃内陆的一些区域。

适应,是指人们继续使用有危险的陆地,且不力求防护不被淹。这种选择包括建立潮水避难听,加高各类建筑物的基础,改农为渔或种植耐涝盐碱的作物。

防护,则包括硬结构方向的,如修筑海堤和防潮堤;和软结构方面的,如添造护岸沙丘和种植护岸植物等,其目的都是防护陆地以求继续使用。

适合每一种对策的实行机制都取决于所选择的对策本身。假若同时存在地面下沉问题,则后撤行动可以通过土地使用规划和法规、建筑物标准和经济刺激等手段来实现。选择适应方面的对策,甚至也可以不采取政府的行政手段,但必须加强防洪防潮准备和洪水保险事业。防护行动则可由职能部门的水资源和海岸防护的日常对策予以实施。

增强科学方面和公众宣传教育方面对海平面上升问题实际情况的了解,是任何对策方案选择中都必须考虑的主要问题。科学技术方面最主要的课题是改进和提高海平面上升、降水和风暴潮发生频率及强度等的变化速率的预测。非常主要,而又往往被忽略的是应用研究方面,例如为了解确定采用什么样的对策方案而进行的,围绕如何获取日常的准确的信息而进行的研究等等。另外,许多国家不具备足够精确的沿海陆地高程资料,以及那些将被淹没区域的各种资料情况,因此很难确定那些地方在海平面上升时会被淹没。除少数国家外,也都没有相应的资料能表明有多少人员和多少建筑项目被毁。更存在许多科学和环境方面的不确定因素,需要加倍努力和认真研究。

2. 环境及生态后果

世界渔获量的2/3,以及行多种海洋物种都依托于沿海的低洼地。如果在海平面上升中不存在人为干予(如后撤方案中),则生态系统将随之向陆地方向迁移。而且,尽管低洼地的总面积在数量上下降,但其生态系统的大部分仍不受损失。采取防护性方案,尤其是硬结构方案,将会阻塞生态系统向陆迁移的通道,这时生态系统的相当部分会遭到破坏。

　　沿海岸的硬结构防护总比软结构防护产生的后果严重。硬结构构筑物会影响到海岸带的岸滩、航道、海滩形貌、沉积沉淀和地貌。

　　必须要求防护构筑物的设计尽可能少地造成对环境的不良影响后果。人工礁能提供海洋物种的新栖息地,水坝能减轻海盐水内侵,当然有时会以牺牲别处的环境为其代价。软性构筑物,如海滩养护工程,能保护天然的岸线状况,而一些仍属必要的矿砂采掘则可能破坏生物的栖息地。

　　3. 经济后果

　　不可能存在一种对策方案能够全部消除由于全球气候变化所带来的经济方面的后果。选择后撤方案时,海岸的占有者和社会团体,会因丧失表征所有权、开支安置费用和重建基础性设施的投资而受损。适应性方案则会改变财产价值,增加风暴潮危害和用于改造基础设施的投资。而采取防护方案,则要求国家和社会团体筹集足够的资金用于防护工程的建设。防护工程保护了经济开发项目,然而往往损害依靠渔业养殖和捕捞为生的那些人们的经济利益。

　　据最近的研究和调查资料,为了防护因海平面升高 1 米而构成威胁的经济开发项目,需要修筑约 36 万千米的岸防工程,投资 5 000 亿美元(表 4)。上述数字只是用于最关键性的或者说是追加的投资。并不包括现有岸防工程设施的维护投入。这个资金估计也不包括必然要失去的无防护土地及生态系统的价值,以及其他不良影响后果所带来的损失。因而其总费用将明显地更为庞大。尽管有一些国家能够承受这些投资的全部或部分,然而多数国家,特别是珊瑚环礁的国家是不能承受的。

表 4　　今后 100 年中的适应海平面上升 1 米的防护工程费用

编　号	区　域	总投入(亿美元)	人均投入(美元)	年防护投入占国民经济总产值(GNP)的%
1	北美洲	1 062	306	0.03
2	中美洲	30	117	0.12
3	加勒比群岛	111	360	0.20
4	南美洲大西洋沿岸	376	173	0.09
5	南美洲大平洋沿岸	17	41	0.04
6	大西洋各小岛	2	333	0.12
7	西北欧	498	190	0.02
8	波罗的海沿岸	289	429	0.07
9	地中海北部	210	167	0.04
10	地中海南部	135	87	0.06

续表

编　号	区　域	总投入(亿美元)	人均投入(美元)	年防护投入占国民经济总产值(GNP)的%
11	非洲大西洋沿岸	228	99	0.17
12	非洲印度洋沿岸	174	98	0.17
13	海湾国家	91	115	0.02
14	亚洲印度洋沿岸	359	34	0.14
15	印度洋各小岛	31	1 333	0.91
16	东南亚	253	69	0.11
17	东亚	376	38	0.02
18	太平洋各大岛屿	350	1 550	0.17
19	太平洋各小岛	39	1 809	0.75
20	苏联	250	89	0.01
	合计或平均	4 881	103	0.04

为了确保沿岸开发能继续下去,必须从长远和近期的投入和产出两方面同时考虑和评价,以确定其对策方案。

4.社会后果

选择后撤方案,移民问及此事题就是个大问题。被迫迁移的人往往得不到尽心合理的安置,还常常面临着语言问题、宗教和信仰的差别,以及就业安置的困难。甚至最好的情况下,也要承受家庭、友谊和传统的破坏。

尽管适应和防护方案下的不良影响较轻,社会后果问题亦很重要。这是因为,失去赖以维持正常经济、文化生活和提供休息的传统环境,就会破坏居民生活和社会的安定。因此往往需要吸收社会各阶层共同商议和决定,以便选择那些是更适合的对策方案。

5.法律和行政问题

现行制度和法律可能不适应对策方案的设施。例如,可能需要制订由于海岸防护工程导致破产的责任问题。选择某些对策方案时出现的移民问题(后撤)和构筑工程导致的冲刷(防护选择)等,都可能产生跨区界的问题。在国际上,则主要是淹没陆地导致的国土及海域疆界问题,如专属经济区或管辖水域的争端。适应发展的需要,可能要建立新的机构,以实施选择的对策方案和进行长期的管理。为了计划、实施和维护必要的适应性选择方案,需要制订国家海岸管理规划及建立新的法律制度。

（二）全球性对策的建议

政府间气候变化委员会对策工作组海岸带管理分组经过近两年的工作认为,虽然前一节所谈到的对策选择必须根据国家和地区的具体情况来决定,但很多的对策性方案不但能提高沿海国家适应海平面上升的能力,并且还会增强其政治经济效益。这就是指,如果近期内所采取的行动不仅仅是因为面临海平面上升的危害,而是一种减轻不利影响和后果的良好时机。也就是说,如果海平面上升过程有所延缓,所采取的行动也不无益处的话,则这类对策选择的实施必定是最富有成效的。这类对策性的建议共有 10 点,分为 3 个方面:

1. 国家海岸规划方面

（1）建议在 2000 年以前,各沿海国家都要实施国家综合性海岸带管理规划。这个规划必须:(a)即考虑海平面上升问题,也考虑到全球气候变化的其他影响;(b)保证在灾难来到时人员损失最低,重视了防护和保护重要的沿岸生态系统。

（2）建议查清沿岸受害区域。国家必须查清:(a)海平面上升 1 米对沿岸区域功能和资源的危害;(b)采取适当对策措施后的效果评价。

（3）开发沿岸地区时不能进一步增加海平面上升的危害程度。首先总对一下这方面已经采取的措施,如修筑的江河岸堤和水坝,为农业和人类居住而改造红树林、低洼地、珊瑚采获及垫高下沉的低洼区等。另外,在沿岸基础设施和防御工程的选址和设计中,必须考虑未来海平面的危害及气候变化对海岸地带的其他影响。有时候,今天在工程性设计中的少许代价,明天就能减少因为没能考虑到这些因素而造成的,用于重新改建的许多许多费用。

（4）建立和加强紧急救援准备及海岸带区域的相应能力。采取措施发展和建立紧急救援准备方案,以减轻沿岸风暴潮的危害,主要包括完善减灾规划和计划,发展针对海平面上升的沿岸防御能力。

2. 国际合作方面

（1）建议维持一个连续的国际间的对海平面上升影响后果的密切关注。需要赋予现有的某些国际组织以新的职责,以密切注意与了解海平面变化和气候变化对海岸带所造成的影响,并促进世界各国发展相应的对策和措施。

（2）向发展中国家提供技术援助与合作。必须考虑提供技术援助和合作所必须的财政支持,以发展海岸带管理规划、沿岸资源的风险评估,以及通过教育、培训和技术转让等,增强各国应付海平面灾害的能力。

（3）国际组织应对各国限制沿海人口增长的努力给予鼓励。总的说来,人口听过快增长是一个潜在问题,它对海岸管理有效性的发挥和适应性对策能否成功,都有极大影响。

3. 科研、资料及情报方面

(1) 加强全球气候变化对海平面上升影响的研究。要求国际和国家的气候研究计划,都能包括研究和预测海平面的变化及其异常情况,以及降水量和全球气候变化对沿岸区域的其他影响的研究内容。

(2) 发展并实施全球海洋观测网络腮胡子。建议各成员国都努力促进和支持政府间海洋学委员会、世界气象组织和联合国开发计划署,建立一个协调的国际海洋观测网络,以便更精细地评价和连续地监测全球海洋和沿岸区域的变化,尤其是海平面的变化及海岸侵蚀。

(3) 更广泛地提供有关海平面变化及适应性选择的资料和情报。需要指定一个国际机构,负责收集和交换有关气候变化及其对海平面和海岸带的影响,以及有关各种适应性对策方面的资料和情报。享用这些资料对发展中国家制订海岸带管理规划尤为重要。

需要强调指出的是,不论已经提到的适应性对策还是有关当前工作的建议,都认为要以特别慎重的态度来对待所采取的硬结构(防护工程)对策,认为应该在可能的条件下把各种后果都考虑进去,应该针对各国、各地区的具体情况,从后撤、适应和防护三个方面选择适应性好的对策方案,并且慎重对待随之而来的环境生态、经济、社会、文化、法律、行政和技术等方面产生的影响和后果。

四、加强海岸带管理是当前对策的核心

前面已经提到,我国沿海亦发现多年平均海平面正在持续上升。针对这种情况,近一、二年来有关政府部门、研究机构和一些作者都提出了许多对付未来海平面上升的对策和建议。这些对策和建议大体可归纳为如下几类:

(一) 防护工程方面

如建议推广上海市建设防潮江堤的做法,在沿海重点城市和敏感于海平面变化的经济开发地带修筑防潮堤、防潮闸。建议在沿海低洼地加高建筑物基础高度、建设地下水回灌工程以减少由地面沉降引起的"相对海平面升高"。显然,把应该采取的工程性措施纳入沿海城市和乡村的综合发展计划,并逐步加以实施,在绝大多数情况下会带来效益好的社会及经济后果。但是,如果把这类对策认为是"唯一可行"的,则是不全面的。而且,即使采用防护工程措施,也要配之根据计算,按照现在正在加高的上海市区防潮堤的高度,在某些极端情况下,潮水位仍有可能超过甚至多达 1 米以上。因此不同时制订适应方面的紧急防御方案,势必有朝一日酿成大祸。何况对广大中小城市、乡村城镇,在经济上只能采用标准较低的防护工程或根本不能采取硬结构方式的防护。

（二）适应性对策方面

如加强风暴潮灾害的预报警报能力，制定沿海重点地区防潮规划等。

（三）科学技术方面

例如提出完善全国验潮站、以至整个海洋监测网络体系；重视沿海地区的测绘工作，首先是建立沿岸及岛屿验潮站网精密水准联测；加强科学技术和资料情报方面的国际合作等等。

上述这些对策和建议，无凝是非常重要的和必要的，但就总体而言，仍是不够全面的。因此建议有关部门重视研究有关国际组织提出的对策报告，并且从加强海岸带的综合管理入手，研究和提出针对中国国情的，以及适应全球海平面上升及气候变化影响后果的对策和措施。在制订适应海平面上升的海岸管理规划时，建议重视和研究如下的问题：

1. 要区分由于全球气候变暖引起的"绝对海平面"的变化，与其他原因引起的"相对海平面"的变化之间的不同，从而采取不同的对策

我国沿海不少城市和地区，出现了不同程度的区域性地面沉降。上海市从 1992 年至 1965 年最大累积沉降量 2.63 米，平均 60 毫米/年，至 50 年代已控制到 5 毫米/年；天津市从 1959 年至 1987 年的 22 年间最大累计沉降量为 2.15 米。1982 年测得市区沉降速率为 94 毫米/年。目前最大累积沉降量已达 2.5 米，沉降量 100 毫米以上的范围已达 900 平方千米。塘沽和汉沽两区最大沉降速率曾达 156 毫米/年和 183.4 毫米/年。这些速率在一定程度上反映该地区相对平均海平面的上升速率，它比目前的全球平均海平面的上升速率大几十至上百倍！这种情况在大连、青岛、宁波、广州等沿海大城市和一些中小城市也日趋严重。

另外，根据 1951—1982 年观测的近 30 万千米的精密水准测量资料，给出的中国大陆近几十年来地壳垂直运动的总趋势，表明天津塘沽至山东北部沿海、苏北沿海、上海沿海、福建和广东两省大部分沿海地区及海南岛西部沿海地区都呈下沉趋势。这些地区的地面下沉，除超采地下水等原因外，还可能有其他地质原因。这种地面下沉造成的相对海平面的上升速率，有时是不容忽视的。

一般讲，各种原因引起的地区性相对海平面上升的对策是治理，而对付全球性绝对海平面的上升的对策的核心是建立和加强海岸带管理制度。防护工程则要在考虑防风暴潮工程时同时考虑缓慢的海平面上升因素。

2. 要明确全球海平面上升的危害主要在于增加风暴潮灾害的频率和强度，以及缓慢淹没沿海低洼地两个方面

这一点决定了对策方案选择的重点是对付风暴潮灾害的增加和重视沿海低洼地的开发利用中所造成的影响后果的评价。显然，由于风暴潮的强度往往几倍于平均

海平面的上升,不可能有脱离考虑风暴潮灾害的任何对策性选择。

我国是世界上风暴潮灾害非常严重的少数国家之一,风暴潮从南到北,一年四季均有发生。自古以来,我国在减轻风暴灾害的工程性和非工程性措施方面。花费了可与修筑万里长城相比的人力和财力,同时也积累了相当丰富的经验,只要从海岸带管理方面提出适应全球性海平面上升的对策要求,即在考虑防御潮灾同时也考虑绝对海平面的上升,则可达到事半功倍的效果。

3. 要认识到沿海不少地区出现的海咸水倒灌(即海咸水侵染地下含水层)灾害,主要是由于沿海地区地表水干涸和过量开采地下水造成的

海平面上升会加重海水倒灌现象的发生,但它的作用只占很小的比例。因此,解决海咸水内侵的对策,也与对付地面沉降一样,要从引起原因方面着手治理。

4. 要强调海岸管理的立法和实施

我们注意到,目前我国海岸带管理的准备主要侧重于资源开发和保护的管理,如已经起草的“海岸带管理条例”(送审稿),虽然也提到了防御海洋灾害的对策,而实质上则是很空洞的。应该认识到,从加强海岸带管理入手,是当前和今后几十年内解决全球海平面上升问题上效益最好的途径。

(《动态》1991 年第 1 期)

《伦敦倾废公约》缔约国协商会议的
实质和现状

海洋发展战略研究所

一、伦敦倾废会议是防止海洋污染方面科学和政治相结合的国际会议

（一）《伦敦倾废公约》的基本内容

《伦敦倾废公约》的全称为《防止倾倒废物和其他物质污染海洋公约》。

《伦敦倾废公约》的产生源于 1972 年在瑞典斯德哥尔摩举行的联合国人类环境会议。自 1972 年 12 月 29 日开放签字以来，已有 63 个国家批准该公约，成为缔约国。《伦敦倾废公约》缔约国协商会议（简称伦敦倾废会议）每年在伦敦举行一次。其事务由联合国国际海事组织环境部主管，具体问题由各国专家组成的科学组进行研究，并按专题建立特设专家组。1983 年，我国以观察员身份参加了第 7 次协商会议。1985 年，我国正式批准《伦敦倾废公约》，并派代表团参加协商会议年会期。

《伦敦倾废公约》的基本内容，可归纳为 6 个方面：

（1）公约黑名单（附件 1）中的物质和废物禁止倾倒入海洋，如含有机卤素化合物、汞及汞化合物、塑料物品等。但微含量或能在海水中迅速转化为无害的物质除外。

（2）公约灰名单（附件 2）中的物质需获得特别的许可证才能倾倒，如砷及其化合物、铅及其化合物、铜及其化合物、锌及其化合物、有机硅化合物、氰化物、氟化物等。

（3）上述两类以外的其他物质，获国家权威机构一般许可证，均可倾倒。

（4）各国颁发许可证时，应按照附件 3 的要求，列具下列诸项内容：废物的性质和成分的研究、倾倒地区的特点、处置方法、是否有其他的替代的陆地处置方法或减少危害的方法……。

（5）倾倒时对废物的特征和数量等进行登记。

（6）对倾倒地区进行监测和记录。

(二)《伦敦倾废公约》缔约国协商会议的实质

从上述伦《敦倾废公约》的基本内容看,伦敦倾废会议应该属科学范畴内的会议。但是,由于海洋倾废这一问题本身的特殊性质,使它涉及了科学、政治、经济、社会、法律、外交等各个方面,因而在伦敦倾废会议上,一些海洋倾废问题的争论常以下列之循环方式进行:

科学上提出问题,但需从政治上解决;

政治上解决不了时,又要去寻找科学上的证据;

当科学上找到根据,又由于政治上的原因,问题无法解决;

从而,一些问题或是不了了之,或是旷日持久地讨论下去。

因此,伦敦倾废会议讨论、解决问题的方法通常为"和稀泥"、折衷的办法;对有争议的问题都不在大会上讨论,而是留待专家组磋商、讨论。例如,目前最具争议的放射性废物海洋处置、废物的海上焚烧两个问题正以这种方式进行着。

产生上述现象的原因,主要是科学上的分歧与政治上的分歧造成的。

科学上分歧的表现是:各据一理的环境保护观点的争议。这些观点一般有"制止型"、"利用型"和"中间型"三种类型。

"制止型"观点:认为海洋倾废给人类带来重大危害,必须禁止。如北欧的丹麦、瑙鲁及绿色和平组织大都持此观点。

"利用型"观点:认为人类社会和经济的发展必然要产生废物,而海洋具有一定的吸收容量(即环境容量,就是环境靠自然生态系统将有害物质转化为无害物质的能力)。在利用型观点中,又有无节制地利用和有条件、有措施的利用两种态度。

"中间型"观点:认为在海洋倾废上还有许多问题没有得到科学上的证实。因此,一方面要在可能范围内尽量减少、控制海洋倾废;一方面要加强环境保护的科学研究,探求合适的措施和对策。

政治上分歧的表面是:每个国家根据各自国家的政治、经济、社会、法律、地理、政策等条件和需要,为维护自身利益的争论。

例如,在1989年11月的第12次伦敦倾废会议上,"有机硅化合物"的议题就是一个典型的科学与政治纠合在一起的问题。1987年第10次协商会议通过提案,建议1989年第12次协商会议正式通过"将有机硅化合物从附件2(需获特别许可证倾废)中删去",改为获一般许可证即可倾倒。科学组专家自第6次协商会议以来的6年中,广泛搜集、研究了大量的资料和数据,经过毒理学家、海洋学家、地球化学家的审查和论证,证实有机硅化合物是较稳定的,可以从附件2中删去。这本来是一个科学上已经确定的不是问题的问题,可是在第12次协商会议上进行大会表决时,这样的修正案未能获2/3多数票通过。甚至工业发达的西德为其自身利益考虑,也投反对票。由于我国的"海洋倾废管理条例"将有机硅化合物列为需获特别许可证倾倒的物质,按我国法律程序规定,修改条例需经国务院讨论批准,所以,在投票时,我国代表团投了弃权票。

虽然伦敦倾废会议对问题常常不能解决,但是各缔约国对该会议都特别予以关注。例如,这次第 12 次协商会议,美国就派出了以副助理国务卿为首的 13 人代表团,英国代表团有 9 人,日本代表团也有 8 人。而且,有时散会后,美国、日本代表团立即在会场里分别围坐讨论。为什么各缔约国对伦敦倾废会议都那么关心,究其原因,主要有三点:

一是各国关心本国的利益。目前来说,伦敦倾废公约是一个科学上较为全面的全球性的防止海洋污染、保护海洋环境的国际公约,它具有一定的国际道义上的约束力。工业发达国家担心公约修改或增加新的内容,对他们不利,影响其经济的增长;环境保护主义国家担心修改公约条款,影响其自身利益;中间状态的国家,通过充任调停的中间角色,可以借以提高自己的声望。

二是在当今世界上,环境问题已成为人类最关心的问题。环境问题不仅是科学家们关心的问题,而且成了政治家们需要注意和加以利用的问题。

三是随着国际形势发展的需要,联合国各组织在世界事务中的作用正在得到加强,国际组织的兴旺和发展已成为当今世界的一大趋势,各国越来越希望在国际组织中发挥作用。

另外,伦敦倾废会议也是防止、减少、控制海洋污染,保护海洋环境的国际论坛。目前,联合国系统广为采纳、许多宣言、条件和法律广为采用的海洋污染的定义为:

海洋污染是指人类直接或间接地将各种物质或能量传入海洋环境,造成毁坏生物资源、危害人类健康、降低海水使用质量和减少海洋游乐可能性等有害后果。

在某种程度上,伦敦倾废公约是联合国海洋法公约第十二部分的具体贯彻。在第 12 次伦敦倾废会议上,科学组的工作报告表明,"伦敦倾废公约的目的不是结束在全球的倾废,而是对海洋倾废采取颁发许可证的制度,要采取预防措施,保护海洋⋯⋯"。

因此,从环境保护的意义看,伦敦倾废会议的方向是顺应人类日益重视环境问题的国际趋势的。

二、伦敦倾废会议的现状

（一）《伦敦倾废公约》缔约国及其分类

虽然,目前《伦敦倾废公约》缔约国的成员数低于国际海事组织的 133 个成员国的数目,但是,它包括了主要的工业发达国家和发展中国家。并且,对于每次协商会议,其他政府间的或非政府间的国际组织都积极申请派观察员参加。如 1989 年的第 12 次协商会议,有 37 个缔约国、4 个观察员国家、3 个联合国组织、6 个政府间组织、10 个非政府组织,约 60 多个国家和组织参加。

从目前的伦敦倾废会议的现状来看,由于不同的科学观点、不同的政治利益和经济利益,使会议出现了不同的政治势力的纷争:美国等工业发达国家在会上甚为活跃,企图控制会议;瑙鲁、丹麦等环境保护主义国家咄咄逼人,不断提出具争议性的提案;芬兰、荷兰、葡萄牙等小国家乘势斡旋、频繁活动,成为引人瞩目的国家;日本也在静观态势,企图崛起;墨西哥、智利等发展中国家正积极准备,拟与上述国家平分秋色。在工业发达国家中,由于自身利益的不同,西德与美国也矛盾尖锐(如西德投票反对通过"有机硅化合物"提案,当大会散发西德的"环境保护指南"时,美国代表立即发言指责西德的指南不够全面)。

（二）伦敦倾废会议的进程是缓慢的

从目前伦敦倾废会议的发展情况看,其进程是缓慢、艰难的。其主要原因有以下几点:

（1）《伦敦倾废公约》的法律上的局限性。各国有自己的法律体系,各国对公约有不同的解释,公约对"国家的责任"是明确的,但是对"国家的义务"是不明确的。

（2）《伦敦倾废公约》主要指的是控制人为的海上倾倒废物,它只控制海洋污染物的 10%。而其他 90% 的海洋污染物是通过河流、管道等流入海洋的。所以,对人类来说,控制海洋污染,仍然有许多工作要做。

（3）《伦敦倾废公约》的修改困难重重。《伦敦倾废公约》本身需要进一步完善,然而从第 12 次协商会议的"有机硅化合物"提案的被否决来看,在伦敦倾废会议的目前状况下,要对公约进行修改,是较为困难的。

（4）缔约国之间矛盾重重。例如,工业发达国家企图控制会议,环境保护主义国家认为工业发展国家在削弱公约的作用,常常很难达成一致的意见。

（5）组织松散,经费缺乏。海洋污染方面的一些问题的争论,需要进行科学实验,提供科学的论证;控制海洋污染,也需要进行环境监测和环境影响评价的研究。而伦敦倾废会议没有专门的组织和专门的经费去落实和研究,从而有时科学家们也只能空谈一番。伦敦倾废会议应象联合国的国际原子能机构等组织一样,有专门的经费和计划,组织成员国的专家们进行专项研究,提供科学的数据和见解。

因此,有人寄希望于 1992 年在巴西召开的第二次联合国人类环境会议,也许该会议能使伦敦倾废会议在组织机构上有所改观,建立一个具有更大效能的国际组织。

三、我们策略

伦敦倾废会议是一个科学和政治相结合的全球的重要的国际会议。对待这样一个会议,我们也应从科学上和政治上两个方面入手。在科学上,提出我们的见解;在政治上,展开我们的活动。伦敦倾废会议的目前状况,在政治上为我们提供了回旋的余地。从科学上和政治上考虑,从政治上入手更易获得"急功近利"的效果。因此对于伦敦倾废会议,建议我们采取以下的策略:

(1)根据在开发利用海洋的同时重视保护海洋环境的方针,积极参与国际海洋倾废事务,以维护我国的海洋利益。我国是一个经济正在迅速发展的发展中大国,我国既不同于某些发展中国家,又不同于工业发达的国家。伦敦倾废公约是一个全球性的控制海洋倾废的国际公约,对我国具有一定的重要关系。为了维护我国的政治和经济利益,我们要时时关注伦敦倾废会议的进展和变化,要积极参与国际海洋倾废的立法和其他一切重大事物,以维护我国的利益为主要目标。与我有利的,据理力争;与公约发展方向符合的,积极支持;根据我国的国情和－国际形势,积极提出建设性的提案;对于不符合我国利益和人类利益的,坚决反对。

(2)在充分考虑发展中国家要求的前提下,积极开展海洋外交,以提高我国的国际威望。伦敦倾废会议是一个防止、减少、控制海洋污染和保护海洋环境的国际论坛。这是一个阐述我国的政策,与各国交流经验、获取资料和信息的很好的场所。伦敦倾废会议是加强我国在国际海洋活动中的地位和增加我国的国际影响的有利的舞台。在伦敦倾废会议上,我们要根据具体情况,适时地积极支持发展中国家;要视不同的情况和需要,积极发挥斡旋作用和领导作用,提高我国的国际地位,发挥我们应发挥的作用。

(《动态》1990 年第 3 期)